Rechenmethoden für Studierende der Physik im ersten Jahr

Markus Otto

Rechenmethoden für Studierende der Physik im ersten Jahr

Einfach und praktisch erklärt

2. Auflage

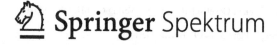

Markus Otto
Max-Planck-Institut für Gravitationsphysik
(Albert-Einstein-Institut) und Institut für
Gravitationsphysik Hannover
Leibniz Universität Hannover
Hannover, Deutschland

ISBN 978-3-662-57792-9   ISBN 978-3-662-57793-6   (eBook)
https://doi.org/10.1007/978-3-662-57793-6

Die Deutsche Nationalbibliothek verzeichnet diese Publikation in der Deutschen Nationalbibliografie;
detaillierte bibliografische Daten sind im Internet über http://dnb.d-nb.de abrufbar.

Springer Spektrum

Verantwortlich im Verlag: Margit Maly
Einbandabbildung: © jpramirez/stock.adobe.com

Springer Spektrum ist ein Imprint der eingetragenen Gesellschaft Springer-Verlag GmbH, DE und ist
ein Teil von Springer Nature
Die Anschrift der Gesellschaft ist: Heidelberger Platz 3, 14197 Berlin, Germany

Vorwort

Als ich 2002 anfing, Mathematik und Physik zu studieren, kam es mir und meinen Kommilitonen vor, als befänden wir uns im freien Fall. Der Stoff in den Vorlesungen prasselte regelrecht auf uns ein, schnell stießen unsere Schulkenntnisse an ihre Grenzen. Doch damit nicht genug – in Linearer Algebra I, Analysis I und in den Rechenmethoden der Physik I gab es jede Woche einen Hausübungszettel. Das Lösen der Aufgaben gipfelte dann in sehr langen Montagabenden (Dienstag um 11 Uhr war Abgabe) mit Spaghetti-Verköstigung für acht Personen gegen 23 Uhr. Und nicht nur einmal war der Zettel quasi „druckfrisch" um 11 Uhr fertig zur Abgabe. Irgendwie haben wir es aber doch geschafft – wir haben uns „durchgebissen". Nun haben die Seiten gewechselt und ich bin mittlerweile derjenige, der die Aufgaben stellt.

In diesem Buch habe ich all die eigenen Erfahrungen und begangenen Fehler verarbeitet und außerdem die Erfahrungen als Tutor, Übungsleiter und Dozent einfließen lassen. Das Anliegen dieses Buches ist es, den besagten freien Fall mit einem Fallschirm (das vorliegende Buch) zu dämpfen. Eine Anmerkung gleich vorweg: Das Buch erhebt mitnichten den Anspruch, mathematisch präzise zu sein (wie dies in den Mathematikvorlesungen oft der Fall ist), sondern versteht sich vielmehr als eine Stütze für die ersten zwei Semester, um die dort benötigten Rechentechniken zu verstehen. Ich habe versucht, mich auf das Wesentliche zu beschränken, und verzichte bewusst auf mathematische Beweise. Die wesentlichen Gleichungen und Beziehungen werden entwickelt und anschließend an Beispielen ausführlich (!) ausexerziert.

Ich selbst neige beim Lesen sehr dazu, lange Rechnungen zu überspringen und nur auf das Ergebnis zu schielen. Bitte nicht! Ich habe mich bemüht, die Rechnungen ausführlich auszuschreiben, so dass ein „Mitrechnen" jederzeit möglich und vor allem erwünscht ist.

Das Buch versteht sich als Brücke zwischen Schule und Universität. Dennoch kommt es nicht ohne gewisse Voraussetzungen aus: Der Begriff des Grenzwerts wird als bekannt vorausgesetzt. Ebenso sollte man schon einmal ein Summenzeichen, lineare Gleichungssysteme, Polynomdivision und Kegelschnitte (Kreis, Ellipse, Hyperbel, Parabel) gesehen haben. Für das „Wiederauffrischen" der Begriffe eignen sich Mühlbach (2005), Walz et al. (2007) und Wille (2010).

Inhaltlich stellt das vorliegende Buch in Kap. 1, 2, 4 und 5 die vier fortgeschrittenen „Grundrechenarten" Vektorrechnung, Matrizenrechnung, Differenzial- und Integralrechnung bereit. Die Indizes in Kap. 3 nehmen eine gesonderte Position ein: Zwar liefern sie keine neue Mathematik, bereiten erfahrungsgemäß aber durch die Stenografie arge Schwierigkeiten im Umgang. Kap. 6 bis 11 verstehen sich als weiterführende Hilfsmittel beim Lösen physikalischer Probleme. Hierzu gehören Bahnkurven, gewöhnliche und partielle Differenzialgleichungen, komplexe Zahlen, Vektoranalysis und Fourier-Analysis. In Kap. 12 und 13 werden schließlich die bisher entwickelten Werkzeuge auf physikalische Probleme der Mechanik und Elektrodynamik angewendet. Am Ende des Buches stehen zwei Übungsklausuren mit Kurzlösungen nebst Literaturverzeichnis und Schlagwortregister.

Beim Erstellen dieser zweiten, korrigierten und erweiterten Auflage habe ich u. a. einige Passagen komplett neu geschrieben und hinzufügt. So findet man nun beispielsweise eine Erklärung zur Kräftezerlegung auf der schrägen Ebene in Kap. 1. Der Begriff der gleichförmigen sowie gleichmäßig beschleunigten Kreisbewegung wird in Kap. 6 sauber erläutert und die Metrik hält neuerdings Einzug in Kap. 9. Die Abschnitte zur Rotation von Punktmassen und ausgedehnten Körpern sowie Schwingungen (12.4, 12.6 und 12.7) sind zum großen Teil neu geschrieben und um viele Aspekte gegenüber der ersten Auflage ergänzt worden. In Kap. 13 ist schließlich der Spannungsbegriff über das elektrostatische Potenzial ergänzt worden. Darüber hinaus wurden etliche neue Beispiele eingebaut und alle paar Seiten findet man eine umfangreichere Aufgabe zum Vertiefen des Stoffes mit vollständigen Lösungen im Anhang zur Lernkontrolle.

Dieses Buch und seine zweite Auflage wäre niemals ohne die zahllosen fleißigen Hände und Helfer zustande gekommen. Zuallererst möchte ich dem Institut für Gravitationsphysik in Hannover für die stetige Unterstützung und die vielen Anregungen und Nachfragen danken. Hierbei sind Prof. Dr. Karsten Danzmann, Dr. Gerhard Heinzel, Dr. Michael Tröbs und Dr. Gudrun Wanner zu nennen.

Neben den Testlesern und Unterstützern der ersten Auflage aus meinem Umfeld möchte ich mich auch für die vielen externen Anregungen und Hinweise auf fehlerhafte Textstellen bzw. Tippfehler in Gleichungen per Mail bedanken, namentlich bei: D. Meyer (kenne leider den Vornamen nicht), Michael Lenz, Louis-Victor Schäfer, Vincent Drechsler, Markus Boesinger, Laura Kahle, Michael Baum, Anna Golubeva, Eckard Suckow und vor allem Sebastian Schreiber, der mir auch bei der Erstellung einiger Lösungen im Anhang geholfen hat.

Dieses Buch wäre jedoch nie ohne die tolle und äußerst freundliche Zusammenarbeit mit dem Springer Verlag zustande gekommen. Meine Ansprechpartnerinnen Anja Groth und Margit Maly standen mir tatkräftig zur Seite, haben mir notwendige Deadlines gesetzt (sonst wäre ich wohl nie in die Strümpfe gekommen) und waren bei Fragen immer ansprechbar. Frau Christine Hoffmeister danke ich für das ausführliche Korrekturlesen. Schließlich gebührt auch Malathi Rajendren und ihrem Team für die Umgestaltung der zweiten Auflage mein herzlicher Dank.

Zu guter Letzt möchte ich meinen Freunden und meiner Familie danken, dass sie mich immer darin unterstützt haben, dieses Buch zu schreiben und auch ausführlich zu überarbeiten.

Danke!

Hannover   Dr. Markus Otto
19.06.2018

Inhaltsverzeichnis

Über den Autor

 **Dr. Markus Otto** wurde 1982 in Hildesheim geboren und studierte von 2002 bis 2008 Physik an der Leibniz Universität Hannover. Er hat in dieser Zeit viele Tutorien zu Rechenmethoden der Physik geleitet. Während seiner anschließenden Promotion am Institut für Gravitationsphysik war er zusätzlich mehrere Jahre als Lehrbeauftragter an der Hochschule Hannover und der Stiftung Universität Hildesheim tätig. Seit Ende 2016 arbeitet er als Lehrkraft für besondere Aufgaben an der Leibniz Universität Hannover und unterrichtet Nebenfachstudierende in Physik.

Vektorrechnung

1

Inhaltsverzeichnis

Im ersten Kapitel dieses Buches werden wir als ein grundsätzliches Werkzeug in der Physik die Vektorrechnung einführen. Mit Hilfe von Vektoren lassen sich gerichtete Größen wie z. B. Kräfte mathematisch handhaben. Dazu führen wir zunächst den Begriff des Vektors und die grundlegenden Rechenoperationen ein, betrachten anschließend Skalar- und Kreuzprodukt sowie deren Kombination und Anwendung, und werden am Ende des Kapitels die physikalische Definition eines Koordinatensystems nebst wichtigen Vertretern kennenlernen.

1.1 Grundlagen der Vektorrechnung

Oft haben physikalische Größen nicht nur einen Zahlenwert und eine Einheit, sondern auch eine Richtung. Die mathematische Beschreibung geschieht mit Vektoren. Sie sind die „Finger" des Physikstudenten, die den Ort von Teilchen markieren oder die Richtung und Größe der auf eine Feder wirkenden Kraft angeben. Man nennt Größen, die durch einen Vektor beschrieben werden, vektorwertige oder vektorielle Größen. Einige Beispiele für vektorielle Größen in der Physik sind:

$$\text{Ort } \vec{r}, \text{ Kraft } \vec{F}, \text{ Impuls } \vec{p}, \text{ Geschwindigkeit } \vec{v}.$$

Im ersten Abschnitt werden wir den Begriff des Vektors erläutern, einfache Rechenoperationen einführen und anhand mehrerer Anwendungen demonstrieren.

© Springer-Verlag GmbH Deutschland, ein Teil von Springer Nature 2018
M. Otto, *Rechenmethoden für Studierende der Physik im ersten Jahr,*
https://doi.org/10.1007/978-3-662-57793-6_1

1.1.1 Richtung und Betrag

Vektorbegriff

Um den Ort eines Objekts zu kennzeichnen, stellen wir uns einen Pfeil vor, der vom Ursprung eines Koordinatensystems zu dem Objekt zeigt. Diesen Pfeil nennen wir **Vektor** und schreiben ihn in der folgenden Form:

$$\vec{r} = (x, y, z) = \begin{pmatrix} x \\ y \\ z \end{pmatrix}. \tag{1.1}$$

x, y, und z heißen **Komponenten** des Vektors $\vec{r}$ und beziehen sich auf die x-, y- und z-Achse (in der Umgangssprache bedeutet dies „links/rechts, vorn/hinten, oben/unten"). Dabei ist es für uns momentan noch unerheblich, ob die Komponenten nebeneinander oder untereinander geschrieben werden. Im ersten Fall nennt man den Vektor **Zeilenvektor**, im zweiten Fall **Spaltenvektor**. Abb. 1.1 veranschaulicht einen Vektor mit drei Komponenten.

Der **Ursprung** wird vektoriell als Nullvektor geschrieben:

$$\vec{0} = (0, 0, 0). \tag{1.2}$$

Für den Vektor als mathematisches Objekt an sich ist der Ursprung jedoch unbedeutend. Ein Vektor, welcher in Länge und Richtung übereinstimmt, ist ein und derselbe Vektor. Man nennt ihn Repräsentant einer Pfeilklasse, siehe hierzu Abb. 1.2.

Vektor = Länge mal Richtung

Eine zweite Beschreibung eines Vektor verwendet man im Alltagsgebrauch bei Wegbeschreibungen: „Wo ist der Bahnhof?" Antwort: „Ca. 200 Meter in diese Richtung!" Ein Punkt lässt sich also durch Angabe einer Richtung und Entfernung ebenso

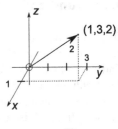

Abb. 1.1 Veranschaulichung eines dreidimensionalen Vektors (1, 3, 2). Er zeigt vom Ursprung auf einen Punkt mit den Koordinaten (1, 3, 2)

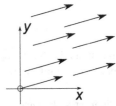

Abb. 1.2 Ein Vektor ist ein Repräsentant einer ganzen Pfeilklasse

Abb. 1.3 Zur Herleitung der Länge eines Vektors

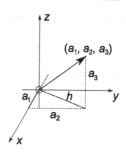

festlegen wie durch die Koordinatenangabe (1.1). Wir schreiben „Vektor gleich Länge mal Richtung", also

$$\vec{r} = r \cdot \vec{e}_r, \quad r := |\vec{r}|. \tag{1.3}$$

Dabei ist r die **Länge** (oder Betrag) des Vektors $\vec{r}$ und $\vec{e}_r$ die **Richtung,** in die $\vec{r}$ zeigt. Richtungen werden stets vektoriell, Längen als Zahl angegeben. Die Länge des Vektors trägt die jeweilige physikalische Einheit. So würde man z. b. für die Koordinatenangabe eines Punktes $\vec{a}$ mit richtigen Einheiten schreiben: $\vec{a} = (2\,\text{m}, 2\,\text{m}, 1\,\text{m})$. Es stellt sich nun die Frage: Wie berechnet man die Länge eines Vektors?

Länge eines Vektors

Die Länge a eines Vektors $\vec{a} = (a_1, a_2, a_3)$ mit den Komponenten a_1, a_2 und a_3 (wobei die Indizes die Koordinatenachsen durchzählen) lässt sich anhand der Zeichnung 1.3 herleiten.

Es gilt nach dem Satz des Pythagoras $h^2 = a_1^2 + a_2^2$ und $h^2 + a_3^2 = a^2$. Daraus folgt $a^2 = h^2 + a_3^2 = a_1^2 + a_2^2 + a_3^2$ und somit

$$|\vec{a}| := a = \sqrt{a_1^2 + a_2^2 + a_3^2}. \tag{1.4}$$

Beispiel 1.1 (Länge eines Vektors)

▷ Welche Länge besitzt der Vektor $\vec{a} = (2, 2, 1)$?

Lösung: Die Länge des Vektors errechnet sich nach (1.4) zu

$$a = \sqrt{2^2 + 2^2 + 1^2} = 3,$$

was auch gleichzeitig der Abstand des Punktes $(2, 2, 1)$ zum Ursprung ist. ■

1.1.2 Normierung

Vektoren der Länge eins (so z. B. $\vec{e}_r$ in Gl. (1.3)) heißen **Richtungsvektoren, Einheitsvektoren** oder **normierte Vektoren:**

$$\vec{e} \text{ normiert} \iff |\vec{e}| = 1. \tag{1.5}$$

Abb. 1.4 Die kanonischen
Basisvektoren $\vec{e}_1$, $\vec{e}_2$ und $\vec{e}_3$
zeigen jeweils entlang der
Koordinatenachsen. Alle
haben die Länge eins

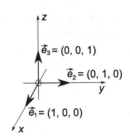

Ein Vektor $\vec{r}$ wird normiert, indem man ihn durch seinen Betrag $|\vec{r}| = r$ teilt:

$$\vec{r} \text{ gegeben} \implies \vec{e}_r = \frac{\vec{r}}{r}. \tag{1.6}$$

Gl. (1.6) geht aus (1.3) durch Division von r hervor. Sie gilt für beliebige Vektoren $\vec{r} \neq \vec{0}$. Die prominentesten Einheitsvektoren sind die sogenannten **kanonischen Basisvektoren**

$$\vec{e}_1 = (1, 0, 0), \quad \vec{e}_2 = (0, 1, 0), \quad \vec{e}_3 = (0, 0, 1) \tag{1.7}$$

entlang der x-, y- und z-Achse. Abb. 1.4 veranschaulicht diese.

Beispiel 1.2 (Beispiel einer Normierung)

▷ Normiere $\vec{a} := (4, 1, 3)$.

Lösung: Wir bestimmen zunächst den Betrag: $a = \sqrt{4^2 + 1^2 + 3^2} = \sqrt{26}$. Also ergibt sich der normierte Vektor zu

$$\vec{e}_a = \frac{\vec{a}}{a} = \frac{1}{\sqrt{26}}(4, 1, 3).$$ ∎

1.1.3 Einfache Rechenoperationen

Vektoren sind für uns bisher Pfeile im Raum, die durch Anfangs- und Endpunkt festgelegt sind oder durch eine Richtung und gewisse Länge definiert werden. Jetzt machen wir etwas mit diesen Pfeilen: Wir verlängern oder verkürzen sie, legen ihre Enden aneinander und kehren ihre Richtung um. Dazu werden die nachfolgenden einfachen Rechenoperationen für Vektoren definiert. Dabei gilt es zu beachten:

Teile niemals durch einen Vektor!

Addition

Legen wir zwei Vektoren $\vec{a} = (a_1, a_2, a_3)$ und $\vec{b} = (b_1, b_2, b_3)$ wie in Abb. 1.5 aneinander, d. h. das Ende von Vektor $\vec{a}$ an den Anfang des Vektors $\vec{b}$, so addieren wir diese:

$$\vec{a} + \vec{b} := \begin{pmatrix} a_1 \\ a_2 \\ a_3 \end{pmatrix} + \begin{pmatrix} b_1 \\ b_2 \\ b_3 \end{pmatrix} = \begin{pmatrix} a_1 + b_1 \\ a_2 + b_2 \\ a_3 + b_3 \end{pmatrix}. \tag{1.8}$$

Mathematisch geschieht die Addition komponentenweise (hier exemplarisch für Vektoren im dreidimensionalen Raum). Beachte dabei:

Addiere nur Vektoren mit gleicher Anzahl von Komponenten!

Die Addition ist vertauschbar, denn wie Abb. 1.5 zeigt, ist es egal, ob man $\vec{a}$ an $\vec{b}$ legt oder umgekehrt $\vec{b}$ an $\vec{a}$:

$$\vec{a} + \vec{b} = \vec{b} + \vec{a}. \quad \text{(Kommutativgesetz)} \tag{1.9}$$

Aus Abb. 1.5 folgt weiterhin die sogenannte Dreiecksungleichung:

$$|\vec{a} + \vec{b}| \leq |\vec{a}| + |\vec{b}|. \tag{1.10}$$

Sie sagt aus, dass die direkte Verbindung $\vec{a} + \vec{b}$ zwischen den Punkten $\vec{0}$ und $\vec{a} + \vec{b}$ die kürzeste und immer kleiner gleich der Summe der Einzellängen $|\vec{a}|$ und $|\vec{b}|$ ist.

Skalare Multiplikation

Die Multiplikation eines Vektors $\vec{a}$ mit einem **Skalar** λ (vornehmer Ausdruck für Zahl) – Schreibweise $\lambda \cdot \vec{a} =: \lambda\vec{a}$ – verlängert mit $\lambda > 1$ den Vektor $\vec{a}$, $0 < \lambda < 1$ verkürzt ihn und $\lambda < 0$ kehrt die Richtung um, wie exemplarisch in Abb. 1.6 zu sehen ist.

Die skalare Multiplikation ist wie folgt definiert:

$$\lambda \cdot \vec{a} = \lambda \begin{pmatrix} a_1 \\ a_2 \\ a_3 \end{pmatrix} := \begin{pmatrix} \lambda a_1 \\ \lambda a_2 \\ \lambda a_3 \end{pmatrix}. \tag{1.11}$$

Abb. 1.5 Addition zweier Vektoren. Der resultierende Vektor ergibt sich durch Aneinanderlegen der Vektoren

Abb. 1.6 Multiplikation des Vektors $\vec{a}$ mit reellen Zahlen

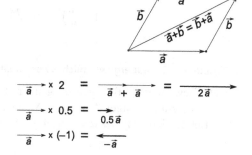

Abb. 1.7 Subtraktion
zweier Vektoren liefert den
Verbindungsvektor

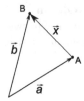

Multipliziere also jede Komponente von $\vec{a}$ mit der Zahl λ, welche beliebige Werte annehmen kann. Für den Betrag gilt

$$|\lambda\vec{a}| = |\lambda|\,|\vec{a}| = |\lambda|\,a, \tag{1.12}$$

d. h., ein Skalar kann aus dem Betrag herausgezogen werden.

Subtraktion

Anschaulich kann die Subtraktion zweier Vektoren $\vec{a}$ und $\vec{b}$ als Verbindungsstrecke zwischen diesen interpretiert werden, denn wir können nach Abb. 1.7 aufstellen: $\vec{a} + \vec{x} = \vec{b} \iff \vec{x} = \vec{b} - \vec{a}$, was dem **Verbindungsvektor**

$$\overrightarrow{AB} = \vec{b} - \vec{a} \tag{1.13}$$

entspricht. Auch hier wird analog zur Addition komponentenweise subtrahiert.

Wie man an Abb. 1.7 sieht, ist die Richtung von $\vec{x}$ wichtig. Kehrt man $\vec{x}$ um, so dreht sich das Vorzeichen in Gl. (1.13):

$$\overrightarrow{BA} = -\vec{b} + \vec{a} = \vec{a} - \vec{b} = -\overrightarrow{AB}. \tag{1.14}$$

Beispiel 1.3 (Spielerei mit Vektoren)

▷ Man berechne $|3\vec{a} - 2\vec{b}|$ für $\vec{a} := (1, 2)$, $\vec{b} := (5, 3)$.

Lösung: Einsetzen und ausrechnen.

$$\left|3\vec{a} - 2\vec{b}\right| = \left|3\binom{1}{2} - 2\cdot\binom{5}{3}\right| \overset{(1.11)}{=} \left|\binom{3\cdot1}{3\cdot2} - \binom{2\cdot5}{2\cdot3}\right|$$

$$\overset{(1.8)}{=} \left|\binom{3-10}{6-6}\right| = \left|\binom{-7}{0}\right| \overset{(1.4)}{=} \sqrt{(-7)^2 + 0^2} = 7. \qquad\blacksquare$$

Beispiel 1.4 (Ein außergewöhnliches Koordinatensystem)

▷ Die Bewohner auf Beteigeuze legen ihre Koordinaten durch Angabe der Länge des Lotes zur jeweiligen Achse fest. Man mache eine Skizze! Wie berechnet sich der Betrag eines Punktes $\vec{a} = (a_1, a_2, a_3)$ dann in den neuen Koordinaten?

Abb. 1.8 Das Koordinatensystem der fernen Zivilisation. Der Vektor $\vec{a}$ wird in den neuen Koordinaten u, v und w gemessen

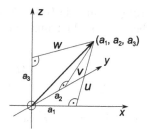

Lösung: In Abb. 1.8 ist das neue Koordinatensystem skizziert. Wir stellen anhand dieser mehrmals Pythagoras auf:

$$a_1^2 + u^2 = |\vec{a}|^2, \quad a_2^2 + v^2 = |\vec{a}|^2, \quad a_3^2 + w^2 = |\vec{a}|^2,$$

wobei u, v und w die Koordinanten im neuen System sind. Addieren der drei Gleichungen liefert

$$a_1^2 + u^2 + a_2^2 + v^2 + a_3^2 + w^2 = 3|\vec{a}|^2.$$

Wir wollen ja den Betrag $|\vec{a}|$ in den neuen Koordinaten (u, v, w) aufstellen. Löse also nach $|\vec{a}|$ auf:

$$u^2 + v^2 + w^2 + \underbrace{(a_1^2 + a_2^2 + a_3^2)}_{=|\vec{a}|^2} = 3|\vec{a}|^2 \Leftrightarrow |\vec{a}|^2 = \frac{u^2 + v^2 + w^2}{2}$$

und somit

$$|\vec{a}| = \sqrt{\frac{u^2 + v^2 + w^2}{2}}.$$

Das ist die Länge in den neuen Koordinaten u, v und w. ∎

1.1.4 Masse und Schwerpunkt

Als erste Anwendung der bisherigen Werkzeuge wollen wir uns überlegen, wie man den **Schwerpunkt** eines Körpers berechnet. Dies ist z.B. in 2-D anschaulich die Stelle, an der wir eine unförmige Fläche einfach mit einem spitzen Bleistift von unten stützen könnten und sie nicht von der Spitze fallen oder kippen würde. Hier soll der Körper aber keine ausgedehnte Scheibe sein, sondern eine Ansammlung mehrerer Massen ohne Ausdehnung (sogenannte Punktmassen), welche durch masselose Stangen starr verbunden sind. Für eine Masse schreiben wir m, sie hat die Einheit

Kilogramm. Die **Gesamtmasse** M erhalten wir dann durch Aufsummierung aller beteiligten n Punktmassen:

$$M = m_1 + m_2 + \ldots + m_n = \sum_{i=1}^{n} m_i. \tag{1.15}$$

Der Schwerpunkt $\vec{R}$ ist definiert als Gewichtung der Massenpositionen $\vec{r}_i$ mit den dazugehörigen Massen m_i, normiert auf die Gesamtmasse M:

$$\vec{R} = \frac{1}{M}(m_1\vec{r}_1 + m_2\vec{r}_2 + \ldots + m_n\vec{r}_n) = \frac{1}{M}\sum_{i=1}^{n} m_i\vec{r}_i. \tag{1.16}$$

Die Wichtungsfaktoren m_i stellen sicher, dass der Schwerpunkt z. B. näher an großen Massen liegt als an vergleichsweise kleinen Massen.

Beispiel 1.5 (Schwerpunkt von vier Massen)

▷ Vier Massen $m_1 = m$, $m_2 = 3m$, $m_3 = m$, $m_4 = 3m$ seien wie ein Kreuz an den Punkten $\vec{r}_1 = (1, 0, 0)$, $\vec{r}_2 = (0, 1, 0)$, $\vec{r}_3 = (-1, 0, 0)$ und $\vec{r}_4 = (0, -1, 0)$ im Raum platziert. Wo befindet sich der Schwerpunkt der Massenanordnung?

Lösung: Zunächst berechnen wir die Gesamtmasse. Da wir vier Teilmassen haben, läuft die Summe in (1.15) von eins bis vier:

$$M = \sum_{i=1}^{4} m_i = m_1 + m_2 + m_3 + m_4 = m + 3m + m + 3m = 8m.$$

Nun setzen wir in die Schwerpunktsformel (1.16) ein:

$$\begin{aligned} \vec{R} &= \frac{1}{M}\sum_{i=1}^{4} m_i\vec{r}_i = \frac{1}{M}(m_1\vec{r}_1 + m_2\vec{r}_2 + m_3\vec{r}_3 + m_4\vec{r}_4) \\ &= \frac{1}{8m}(m \cdot (1, 0, 0) + 3m \cdot (0, 1, 0) + m \cdot (-1, 0, 0) + 3m \cdot (0, -1, 0)) \\ &= \frac{1}{8m}((m, 0, 0) + (0, 3m, 0) + (-m, 0, 0) + (0, -3m, 0)) \\ &= \frac{1}{8m}(m + 0 - m + 0,\ 0 + 3m + 0 - 3m,\ 0 + 0 + 0 + 0) = \vec{0}. \end{aligned}$$

Der Schwerpunkt der oben gegebenen Konstellation liegt somit im Ursprung. ∎

1.1.5 Kanonische Basisdarstellung

Mit den kanonischen Basisvektoren $\vec{e}_1$, $\vec{e}_2$ und $\vec{e}_3$ aus Gl. (1.7) lässt sich jeder Vektor zerlegen:

$$\vec{a} = \begin{pmatrix} a_1 \\ a_2 \\ a_3 \end{pmatrix} = \begin{pmatrix} a_1 \\ 0 \\ 0 \end{pmatrix} + \begin{pmatrix} 0 \\ a_2 \\ 0 \end{pmatrix} + \begin{pmatrix} 0 \\ 0 \\ a_3 \end{pmatrix} = a_1 \begin{pmatrix} 1 \\ 0 \\ 0 \end{pmatrix} + a_2 \begin{pmatrix} 0 \\ 1 \\ 0 \end{pmatrix} + a_3 \begin{pmatrix} 0 \\ 0 \\ 1 \end{pmatrix}.$$

Somit gilt die Beziehung

$$\vec{a} = a_1 \vec{e}_1 + a_2 \vec{e}_2 + a_3 \vec{e}_3 = \sum_{i=1}^{3} a_i \vec{e}_i. \tag{1.17}$$

Beispiel 1.6 (Ein Trivialbeispiel zur Basisdarstellung)

▷ Man stelle $\vec{a} := (5, 1, 2)$ durch die kanonischen Basisvektoren dar!

Lösung:

$$\vec{a} = \begin{pmatrix} 5 \\ 1 \\ 2 \end{pmatrix} = \begin{pmatrix} 5 \\ 0 \\ 0 \end{pmatrix} + \begin{pmatrix} 0 \\ 1 \\ 0 \end{pmatrix} + \begin{pmatrix} 0 \\ 0 \\ 2 \end{pmatrix} = 5 \begin{pmatrix} 1 \\ 0 \\ 0 \end{pmatrix} + 1 \begin{pmatrix} 0 \\ 1 \\ 0 \end{pmatrix} + 2 \begin{pmatrix} 0 \\ 0 \\ 1 \end{pmatrix}$$
$$= 5\vec{e}_1 + 1\vec{e}_2 + 2\vec{e}_3.$$

■

1.1.6 Geometrie mit Vektoren

Mit Vektoren kann man als weitere Anwendung auch Geometrie betreiben. Hierzu betrachten wir zwei Beispiele.

Geschlossener Streckenzug
In Abb. 1.9 ist ein **geschlossener Streckenzug** gezeichnet, bestehend aus den Vektoren $\vec{r}_1, \ldots, \vec{r}_6$. Welche Gleichung beschreibt solch ein Objekt?

Letztendlich ist es wie beim Spaziergang. Wir starten am Hannoveraner Bahnhof und gehen den Weg $\vec{r}_1$ zum Steintor, von da aus um $\vec{r}_2$ zum Kröpcke weiter usw.

Abb. 1.9 Ein geschlossener Streckenzug

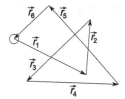

Schließlich beenden wir den Rückweg $\vec{r}_6$ wieder am Bahnhof (am Ausgangspunkt). Ein Fußlahmer hätte am Bahnhof auf uns warten können und den gleichen Start- und Endpunkt unserer Reise gehabt: $\vec{0}$. Damit gilt für unseren Weg aus Abb. 1.9

$$\vec{r}_1 + \vec{r}_2 + \vec{r}_3 + \vec{r}_4 + \vec{r}_5 + \vec{r}_6 = \vec{0}.$$

Allgemein gilt für einen geschlossenen Streckenzug

$$\vec{r}_1 + \vec{r}_2 + \ldots + \vec{r}_{n-1} + \vec{r}_n = \sum_{i=1}^{n} \vec{r}_i = \vec{0}, \qquad (1.18)$$

d. h. Startpunkt = Endpunkt.

Beispiel 1.7 (Dreieck)

▷ Wie kann man ein Dreieck mit den Ecken $\vec{a}$, $\vec{b}$ und $\vec{c}$ vektoriell beschreiben?

Lösung: Wir stellen die Verbindungsvektoren $\vec{u}$, $\vec{v}$ und $\vec{w}$ zwischen den Eckpunkten auf und verwenden (1.18). Dabei ist $\vec{u}$ der Verbindungsvektor zwischen $\vec{a}$ und $\vec{b}$, d. h. $\vec{u} = \vec{b} - \vec{a}$ (Abb. 1.10).
Ebenso folgen

$$\vec{u} = \vec{b} - \vec{a}, \quad \vec{v} = \vec{c} - \vec{b}, \quad \vec{w} = \vec{a} - \vec{c}.$$

Schließlich legen wir die Vektoren aneinander gemäß des geschlossenen Streckenzugs von eben und erhalten die Dreiecksgleichung

$$\vec{u} + \vec{v} + \vec{w} = (\vec{b} - \vec{a}) + (\vec{c} - \vec{b}) + (\vec{a} - \vec{c}) = \vec{0}. \qquad \blacksquare$$

Das Teilverhältnis
Es ist das allgemeine Teilverhältnis τ mit $0 \leq \tau \leq 1$ eines beliebigen Punktes $\vec{t}$ entlang der Verbindung $\overrightarrow{AB}$ gesucht. Für den Teilungspunkt $\vec{t}$ gilt gemäß Abb. 1.11 links:

$$\vec{t} = \vec{a} + \tau(\vec{b} - \vec{a}),$$

Abb. 1.10 Vektorielle
Darstellung eines Dreiecks

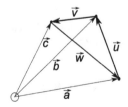

Abb. 1.11 Links:
Allgemeiner Teilungspunkt $\vec{t}$
der Strecke $\vec{b} - \vec{a}$. Rechts:
Liegt $\vec{t}$ genau in der Mitte
der Verbindungsstrecke, so
spricht man vom
seitenhalbierenden Punkt. Es
gilt dann $\vec{a} + \vec{b} = 2\vec{s}$

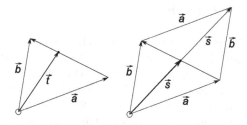

d. h., wir springen bei $\vec{a}$ auf die Verbindung zwischen $\vec{a}$ und $\vec{b}$, gehen diese ein τ-faches entlang und erreichen den Teilungspunkt $\vec{t}$. Für $\tau = 0$ verbleibt man am Punkt $\vec{a}$, wird $\tau = 1$, so erreicht man $\vec{b}$. Ein analoges Vorgehen werden wir in Abschn. 1.4.1 zum Aufstellen einer Geradengleichung sehen.

Umformen der oberen Gleichung liefert

$$\vec{t} - \vec{a} = \tau(\vec{b} - \vec{a}).$$

Um diese Gleichung nach dem Teilungsverhältnis τ umzuformen, teilt man bitte nicht (!) durch $\vec{b} - \vec{a}$ (Teilen durch Vektoren verboten). Vielmehr nehme man auf beiden Seiten den Betrag und teile durch diesen:

$$|\vec{t} - \vec{a}| = |\tau(\vec{b} - \vec{a})| \overset{(1.12)}{\Longleftrightarrow} |\vec{t} - \vec{a}| = |\tau| \cdot |(\vec{b} - \vec{a})|.$$

Daraus folgt für das Teilungsverhältnis:

$$|\tau| = \frac{|\vec{t} - \vec{a}|}{|\vec{b} - \vec{a}|}.$$

Beispiel 1.8 (Seitenhalbierender Punkt)

▷ Wie lautet die Gleichung des Punktes $\vec{s}$, der genau zwischen $\vec{a}$ und $\vec{b}$ liegt?

Lösung: In diesem Fall heißt $\vec{s}$ seitenhalbierender Punkt und $\tau = \frac{1}{2}$. Dann gilt

$$\vec{s} = \vec{a} + \frac{1}{2}(\vec{b} - \vec{a}) = \frac{\vec{a} + \vec{b}}{2}.$$

Abb. 1.11 rechts verdeutlicht dies. ■

1.1.7 Statik

Wann ändert eine Masse ihren Bewegungszustand nicht? Richtig, wenn *keine* Kräfte auf die Masse wirken (Triviallösung). Das ist aber nur ein Spezialfall. Denn das aufgehängte Schild „Tellergericht" in der Mensa ändert seinen Bewegungszustand nicht (es hängt nur). Dennoch wird es bekanntlich von der Erde angezogen. Dieser Kraft entgegen wirkt eine Kraft entlang der Aufhängung, welche die Erdanziehung kompensiert. Wäre dies nicht der Fall, so würde das Schild auf einen unschuldig wartenden Studenten knallen. Das Beibehalten des Bewegungszustandes rührt also im Allgemeinen daher, dass sich sämtliche Kräfte kompensieren und die resultierende Kraft $\vec{F}_{res}$ null ist. Genau dies drückt der **Statikansatz** für eine ruhende Punktmasse aus:

$$\vec{F}_{res} = \vec{F}_1 + \vec{F}_2 + \ldots + \vec{F}_{n-1} + \vec{F}_n = \sum_{i=1}^{n} \vec{F}_i = \vec{0}. \qquad (1.19)$$

Es gilt Statik, wenn alle angreifenden Kräfte $\vec{F}_1, \vec{F}_2, \ldots, \vec{F}_n$ sich zu Null addieren. Dass sich alle wirkenden Kräfte auf einen Massepunkt kompensieren, bedeutet jedoch nicht zwangsläufig, dass die Masse dann ruht. Vielmehr bedeutet es, dass sich der momentane Bewegungszustand des Massepunktes nicht ändert. Dies ist eines der Newton'schen Axiome, auf die wir in Kap. 12 noch ausführlich zu sprechen kommen.

Die Gewichtskraft
Eine Kraft, die sehr oft mit im Spiel ist, kennen wir von Kindesbeinen an: die **Gewichtskraft** $\vec{G}$. Wir wissen aus Erfahrung, dass sie nach „unten", d. h. in Richtung $-\vec{e}_3$ wirkt. Ihr Betrag ist $G = mg$, was aus der Schule bekannt sein sollte. Hierbei ist $g \approx 9{,}81 \frac{m}{s^2}$ die **Erdbeschleunigung** und m die punktförmige Masse.

Wie wir aus Abschn. 1.1.1 wissen, kann ein Vektor als Länge mal Richtung geschrieben werden. Dann ist

$$\vec{G} = G(-\vec{e}_3) = -mg \cdot \vec{e}_3 = (0, 0, -mg), \quad |\vec{G}| = mg, \quad g \approx 9{,}81 \frac{m}{s^2}. \qquad (1.20)$$

Das ist die Gewichtskraft. Bei vielen Statikproblemen läuft es darauf hinaus, $\vec{G}$ geschickt vektoriell zu zerlegen und die Einzelteile zu berechnen. Ist nach der Stärke einer Kraft gefragt, so muss der Betrag berechnet werden.

Beispiel 1.9 (Der Kleiderbügel)

▷ Wir haben im Garten unsere schwere Winterjacke (Masse m) mit Hilfe eines Kleiderbügels im Abstand a zum linken und Abstand b zum rechten Masten an einer horizontal gespannten Wäscheleine aufgehängt. Doch oje, die um h aus der Waagerechten abgesenkte Leine reißt! Mit einem „Ha, hab ich mir doch gleich gedacht, dass der sogar zu blöd ist, die Wäsche aufzuhängen"-Blick drückt die

Nachbarin ihre Missachtung aus. Doch wir sind fasziniert! Welche Kraft musste die Leine denn überhaupt aushalten? Und wie stark müsste man waagerecht an der Leine ziehen, damit sich die Jacke gar nicht absenkt?

Lösung: Zentraler Ansatz zur Lösung ist Gl. (1.19). Wir betrachten den Fall, dass die Leine gerade so noch nicht reißt und die Jacke ruht: Statik. Dann geht es Schritt für Schritt:

1. Wir machen zunächst eine Skizze und zeichnen die wirkenden Kräfte ein. Dazu wählen wir einen günstigen Ursprung, der die Rechnung vereinfacht (meist den Mittelpunkt der Masse, auf die die Kräfte wirken).
   Die Gewichtskraft $\vec{G}$ zeigt nach unten und muss durch eine Kraft $-\vec{G}$ kompensiert werden, so dass $\vec{G} + (-\vec{G}) = \vec{0}$. Der einzig mögliche Kraftübertrag ist entlang der Leinen (gestrichelt) möglich. Da wir nicht wissen, wie genau die Gegenkräfte sich aufteilen, nennen wir sie $\vec{F}$ und $\vec{K}$. Diese müssen addiert die Gewichtskraft kompensieren, d. h. $\vec{F} + \vec{K} = -\vec{G}$. Dies ist aber gerade unser Statikansatz:

$$\vec{F} + \vec{K} + \vec{G} = \vec{0}.$$

2. Wir drücken die Kräfte durch die uns bekannten Systemgrößen aus. Dabei können wir das Problem auf die x-z-Ebene reduzieren, wie Abb. 1.12 zeigt. Die Gewichtskraft kennen wir schon: $\vec{G} = (0, -mg)$. $\vec{F}$ und $\vec{K}$ lassen sich nicht ganz so einfach aufstellen, da deren Längen unbekannt sind. Ihre Richtungen kennen wir aber schon: $\vec{F}$ zeigt in Richtung $(-a, h)$ und $\vec{K}$ in Richtung (b, h), wo die Aufhängungen sitzen. Nehmen wir die Beträge der Kräfte als unbekannt, so können wir aufstellen:

$$\vec{G} = (0, -mg), \quad \vec{F} = \lambda \cdot (-a, h), \quad \vec{K} = \mu \cdot (b, h).$$

λ und μ sind Skalierungsfaktoren der Kräfte $\vec{F}$ und $\vec{K}$ und liefern die gesuchten Beträge. Diese müssen wir bestimmen.

3. Wir setzen in den Statikansatz ein:

$$\vec{F} + \vec{K} = -\vec{G} \iff \lambda \begin{pmatrix} -a \\ h \end{pmatrix} + \mu \begin{pmatrix} b \\ h \end{pmatrix} = \begin{pmatrix} 0 \\ +mg \end{pmatrix}.$$

Abb. 1.12 Die wirkenden Kräfte auf den Massepunkt (Jacke). $\vec{F}$ und $\vec{K}$ müssen sich so addieren, dass $\vec{G}$ kompensiert wird

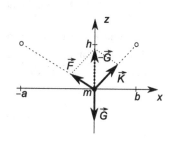

Diese vektorielle Gleichung muss für alle Komponenten erfüllt sein. Wir können also jede Komponente einzeln betrachten und erhalten ein Gleichungssystem mit zwei Unbekannten λ und μ:

$$-\lambda \cdot a + \mu \cdot b = 0$$
$$\lambda \cdot h + \mu \cdot h = mg.$$

Wir müssen es nun nach λ und μ lösen. Dabei dürfen a, b, m und h als gegeben angesehen werden. Los geht's mit Hilfe des Einsetzverfahrens, d. h., wir lösen hier die erste Gleichung nach λ und setzen in die zweite Gleichung ein:

$$\begin{aligned}-\lambda \cdot a + \mu \cdot b &= 0 \\ \lambda \cdot h + \mu \cdot h &= mg.\end{aligned} \iff \begin{aligned}\lambda &= \tfrac{b}{a}\mu \\ \tfrac{b}{a}h \cdot \mu + h \cdot \mu &= mg.\end{aligned}$$

Ausklammern von μ liefert in der zweiten Gleichung

$$\frac{b}{a}h \cdot \mu + h \cdot \mu = mg \Leftrightarrow \underbrace{\left(\frac{b}{a} + 1\right)}_{=\frac{a+b}{a}}\mu = \frac{mg}{h} \Leftrightarrow \mu = \frac{mg}{h}\frac{a}{a+b}.$$

Eingesetzt in die λ-Gleichung folgt

$$\lambda = \frac{b}{a}\mu = \frac{b}{a}\frac{mg}{h}\frac{a}{a+b} = \frac{mg}{h}\frac{b}{a+b}.$$

4. Da wir λ und μ bestimmt haben, können wir sie schließlich in $\vec{F}$ und $\vec{K}$ einsetzen:

$$\vec{F} = \frac{mg}{h}\frac{b}{a+b} \cdot \begin{pmatrix} -a \\ h \end{pmatrix}, \quad \vec{K} = \frac{mg}{h}\frac{a}{a+b} \cdot \begin{pmatrix} b \\ h \end{pmatrix}.$$

Da nach der Stärke der Kraft gefragt wurde, muss noch der Betrag berechnet werden. Hierzu empfiehlt es sich, die Faktoren aus dem Betrag herauszuziehen und nur vom Vektor den Betrag zu berechnen:

$$|\vec{F}| = \left|\frac{mg}{h}\frac{b}{a+b} \cdot \begin{pmatrix} -a \\ h \end{pmatrix}\right| \overset{(1.12)}{=} \left|\frac{mg}{h}\frac{b}{a+b}\right| \cdot \left|\begin{pmatrix} -a \\ h \end{pmatrix}\right| = \frac{mg}{h}\frac{b}{a+b}\sqrt{a^2 + h^2},$$

$$|\vec{K}| = \left|\frac{mg}{h}\frac{a}{a+b} \cdot \begin{pmatrix} b \\ h \end{pmatrix}\right| \overset{(1.12)}{=} \left|\frac{mg}{h}\frac{a}{a+b}\right| \cdot \left|\begin{pmatrix} b \\ h \end{pmatrix}\right| = \frac{mg}{h}\frac{a}{a+b}\sqrt{b^2 + h^2}.$$

Das sind die Kräfte, die auf die Leine wirken.

Die letzte Frage lässt sich beantworten, indem man $h \to 0$ in $|\vec{F}|$ und $|\vec{K}|$ gehen lässt. Dann gelten zwar für die Wurzeln $\lim_{h\to 0}\sqrt{a^2 + h^2} = \sqrt{a^2} = a$ bzw. $\lim_{h\to 0}\sqrt{b^2 + h^2} = \sqrt{b^2} = b$ (also endlich), aber der Nenner des Bruchs $\frac{mg}{h}$

strebt jeweils gegen null, wodurch der Bruch selbst jeweils gegen unendlich strebt. Damit ergibt sich:

$$\lim_{h \to 0} F = \lim_{h \to 0} K = \infty.$$

Tatsächlich ist es so, dass selbst bei einem 10-g-Bügel die Leine ein „klitzekleines bisschen" durchgedehnt wird und ein V bildet (mit ganz flachen Schenkeln). Da die Gewichtskraft in $-z$-Richtung wirkt, man aber waagerecht an der Leine zieht, können sich diese beiden Kräfte nicht kompensieren (d. h. zu null addieren), und es entsteht eine Resultierende, die fast waagerecht, aber eben nicht ganz waagerecht wirkt. Dadurch wird die Leine mit Gewicht immer ein ganz bisschen „durchhängen". Erst, wenn der waagerechte Kraftanteil gegen unendlich geht, wird die Resultierende waagerecht zeigen. Dann ist die Leine aber schon längst durchgerissen.   ■

Die erste Hausübung

In der neuen Buchauflage sind größere Aufgaben, vom Umfang her einer typischen Hausübungsaufgabe entsprechend, in regelmäßigen Abständen eingeflochten. Bevor es gleich losgeht, erfolgen allerdings erst ein paar grundsätzliche Kommentare. Im gut aufeinander abgestimmten Lehrbetrieb setzen die Hausübungen jeweils nur das Wissen voraus, das bis zu dem Zeitpunkt in der Vorlesung vermittelt wurde (wie gesagt, ein Idealfall). Manchmal kann es auch passieren, dass das folgende Tutorium oder die Übung zur Lösung benötigt wird. Wir betrachten hier in unserem Mikrohörsaal aber nun natürlich den Idealfall. Heißt: Mit Hilfe des Wissens des Abschn. 1.1 lösen wir die Aufgabe. Jedoch kann in späteren Aufgaben auch auf Wissen aus Abschn. 1.1 zurückgegriffen werden bzw. es wird als bekannt vorausgesetzt. Bitte also erworbenes Wissen nicht einfach abhaken, sondern im Werkzeugkasten belassen – man wird es später wieder brauchen!

Der zweite Kommentar bezieht sich auf die Aufgabenstruktur insgesamt. Häufig kann man die Hauptherausforderung anhand der Punktevergabe erkennen. Unten folgende Aufgabe gibt insgesamt 4 Punkte, 3 davon in Aufgabenteil (a). Die Hauptarbeit wird also in (a) stattfinden. In Teil (b) werden dann Spezialfälle, also sogenannte Grenzfälle, betrachtet. Diese Struktur findet sich übrigens in vielen Aufgaben im gesamten Studium wieder. Aus der Punkteverteilung kann man aber auch ableiten, dass eine einzeilige Rechnung in (a) in der Regel nicht ausreichend ist bzw. man irgendwo einen Denkfehler gemacht hat (was durchaus mal passiert!). Im Zweifel hilft es hier, den jeweiligen Übungsleiter zu kontaktieren und ihm die Lösung zu präsentieren.

Genug der Vorrede, nun ist Zeit für den ersten Selbsttest. Wir beginnen mit einer etwas aufwendigeren Aufgabe zur Statik. Die ausführlichen Lösungen befinden sich im Anhang B.

[H1] Der Bergsteiger   **(3 + 1 = 4 Punkte)**

Ein Bergsteiger hängt wie skizziert im Seil, welches bei $\vec{r}_S$ am Steilhang befestigt ist. Er wird nun mit einem weiteren Seil herüber auf ein bei $\vec{r}_p$ beginnendes Plateau gezogen und durchläuft dabei die Punkte (x, z).

a) Mit welcher Kraft F ist zu ziehen? Wovon hängt diese ab?
b) Was ergibt sich jeweils im Grenzfall $a < L$, $x = a$ sowie für $L \gg a$, $L \gg x$?

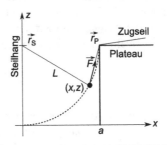

Spickzettel Grundlagen der Vektorrechnung

- **Vektorbegriff**
  Ein Vektor hat Richtung und Betrag, $\vec{r} = r \cdot \vec{e}_r$, $\vec{r} = (x, y, z)$. $\vec{e}_r = \frac{\vec{r}}{r}$ Einheitsvektor; Länge eines Vektors: $r := |\vec{r}| = \sqrt{x^2 + y^2 + z^2}$, insbesondere beim Einheitsvektor: $|\vec{e}_r| = 1$.

- **Einfache Vektoroperationen**
  - Addition: $\vec{a} + \vec{b} = \begin{pmatrix} a_1 \\ a_2 \\ a_3 \end{pmatrix} + \begin{pmatrix} b_1 \\ b_2 \\ b_3 \end{pmatrix} := \begin{pmatrix} a_1 + b_1 \\ a_2 + b_2 \\ a_3 + b_3 \end{pmatrix}$, $\vec{a} + \vec{b} = \vec{b} + \vec{a}$.
  - Subtraktion entspricht Verbindungsvektor: $\overrightarrow{AB} = \vec{b} - \vec{a} = -\overrightarrow{BA}$.
  - Skalare Multiplikation: $\lambda \vec{a} = \lambda \begin{pmatrix} a_1 \\ a_2 \\ a_3 \end{pmatrix} := \begin{pmatrix} \lambda a_1 \\ \lambda a_2 \\ \lambda a_3 \end{pmatrix}$, $|\lambda \vec{a}| = |\lambda||\vec{a}|$.
  - Teile niemals durch einen Vektor!

- **Kanonische Basisdarstellung**
  $\vec{a} = \sum_i a_i \vec{e}_i$, wobei $\vec{e}_1 = (1, 0, 0)$, $\vec{e}_2 = (0, 1, 0)$ und $\vec{e}_3 = (0, 0, 1)$.

- **Geschlossener Streckenzug**
  $\sum_i \vec{r}_i = \vec{0}$.

- P - H - Y - S - I - K -

- **Masse und Schwerpunkt**
  Gesamtmasse: $M = \sum_{i=1}^{n} m_i$; Schwerpunkt $\vec{R} = \frac{1}{M} \sum_{i=1}^{n} m_i \vec{r}_i$.

- **Statik**
  Statikansatz: $\sum_i \vec{F}_i = \vec{0}$; Gewichtskraft $\vec{G} = (0, 0, -mg)$, $g = 9{,}81 \frac{\text{m}}{\text{s}^2}$.

1.2   Skalarprodukt

Ein wenig Trigonometrie
Bevor wir das Skalarprodukt einführen, müssen wir kurz die Definition von Sinus und Kosinus repetieren. Dazu betrachten wir den **Einheitskreis** in Abb. 1.13.
Im skizzierten rechtwinkligen Dreieck heißt der Radius Hypothenuse (er liegt dem rechten Winkel gegenüber), die Seite x Ankathete (weil sie an dem Winkel φ anliegt) und y Gegenkathete (weil sie dem Winkel φ gegenüberliegt). Dann kann man aufstellen:

$$\sin(\varphi) = \frac{\text{Gegenkathete}}{\text{Hypothenuse}}, \quad \cos(\varphi) = \frac{\text{Ankathete}}{\text{Hypothenuse}}, \quad \tan(\varphi) = \frac{\text{Gegenkathete}}{\text{Ankathete}}. \tag{1.21}$$

Hier sind dies $\sin(\varphi) = \frac{y}{1} = y$, $\cos(\varphi) = \frac{x}{1} = x$ und $\tan(\varphi) = \frac{y}{x} = \frac{\sin(\varphi)}{\cos(\varphi)}$.
Eine sehr wichtige Beziehung folgt, wenn man den Satz des Pythagoras in Abb. 1.13 aufstellt. Es ist $x^2 + y^2 = 1^2$ bzw.

$$\cos^2(\varphi) + \sin^2(\varphi) = 1. \tag{1.22}$$

Das ist der **trigonometrische Pythagoras**. Er wird uns noch oft helfen. Jetzt können wir aber erst einmal das Skalarprodukt einführen.

1.2.1   Skalarprodukt und Projektion

An einem schönen Herbsttag scheint uns draußen im Park vor der Uni die Sonne in den Rücken und wir werfen einen Schatten auf den Weg. In diesem Fall sind wir das Objekt, das von der Lichtquelle (Sonne) auf einen Schirm (Weg) projiziert wird. Somit ist der Kiesweg die Projektionsebene und unser Schatten die Projektion von uns auf die Ebene.

Projektion
Nicht anders verhält es sich anschaulich mit dem Begriff der **Projektion**. Siehe dazu das linke Bild in Abb. 1.14: Der Vektor $\vec{b}$ (Objekt) steht im Winkel φ zu Vektor $\vec{a}$

Abb. 1.13 Definition der trigonometrischen Funktionen am Einheitskreis. Die x-Koordinate entspricht dem Kosinus, die y-Koordinate dem Sinus

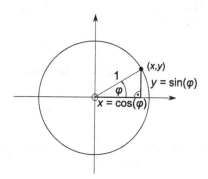

Abb. 1.14 Projektion von $\vec{a}$
auf $\vec{b}$ und umgekehrt

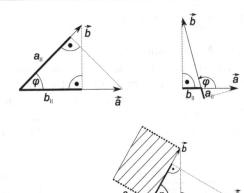

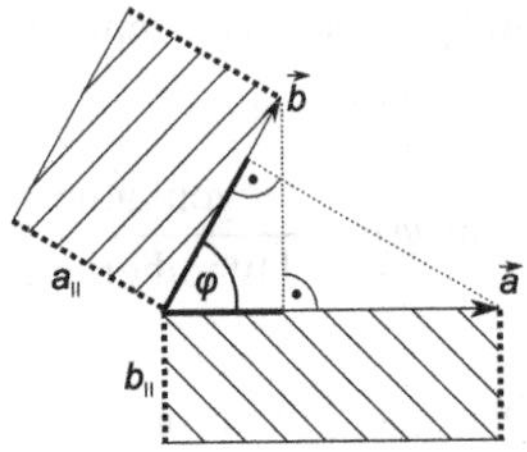

Abb. 1.15 Geometrische
Interpretation des
Skalarprodukts von $\vec{a}$ und $\vec{b}$.
Die schraffierten Flächen
sind gleich groß

und wird auf diesen senkrecht von oben projiziert. Als Schatten entsteht sodann $b_\parallel$, was man auch als Anteil des $\vec{b}$-Vektors parallel zum $\vec{a}$-Vektor verstehen kann. Ganz analog definiert sich $a_\parallel$, nämlich als Schattenwurf von $\vec{a}$ senkrecht auf $\vec{b}$, wobei die Lichtquelle von rechts unten schräg nach links oben scheinen würde. $a_\parallel$ und $b_\parallel$ heißen Projektionslängen.

Sowohl $a_\parallel$ als auch $b_\parallel$ können negativ werden, nämlich genau dann, wenn φ größer als 90° wird. Dann befindet sich $b_\parallel$ auf dem negativen $\vec{a}$-Bereich und entsprechend für $a_\parallel$, was im rechten Bild gezeigt ist.

Betrachtet man Abb. 1.14 so kann man eine nützliche Relation der Strecken zueinander durch Aufstellen des Kosinus gewinnen:

$$\cos(\varphi) = \frac{b_\parallel}{b}, \quad \cos(\varphi) = \frac{a_\parallel}{a} \iff \frac{a_\parallel}{a} = \frac{b_\parallel}{b} \iff a_\parallel b = a b_\parallel.$$

Letzter Sachverhalt kann auch noch geometrisch gedeutet werden (Abb. 1.15): Das Rechteck, das durch $a_\parallel$ und b begrenzt wird, besitzt den gleichen Flächeninhalt wie jenes, das von a und $b_\parallel$ begrenzt wird.

Definition des Skalarprodukts

Das **Skalarprodukt** definiert sich genau über den Flächeninhalt der Rechtecke aus Abb. 1.15:

$$\vec{a} \cdot \vec{b} := a b_\parallel = a b \cos(\varphi) = b a \cos(\varphi) = b a_\parallel = \vec{b} \cdot \vec{a}, \qquad (1.23)$$

wobei beim zweiten Gleichheitszeichen die trigonometrische Beziehung

$$\cos(\varphi) = \frac{\text{Ankathete}}{\text{Hypothenuse}} = \frac{b_\parallel}{b}$$

im rechtwinkligen Dreieck verwendet wurde. Gl. (1.23) sagt weiterhin aus, dass das Skalarprodukt kommutativ ist, also $\vec{a} \cdot \vec{b} = \vec{b} \cdot \vec{a}$ gilt. Wird nach dem **Winkel** zwischen zwei Vektoren $\vec{a}$ und $\vec{b}$ gefragt, so ist die direkt aus (1.23) ablesbare Beziehung nützlich:

$$\cos(\varphi) = \frac{\vec{a} \cdot \vec{b}}{ab}. \tag{1.24}$$

1.2.2 Folgerungen aus dem Skalarprodukt

Orthogonalität von Vektoren

Wir gehen entlang einer beleuchteten Straße und beobachten unseren Schatten. Befinden wir uns direkt senkrecht unter der Laterne, so können wir keinen Schatten mehr entdecken. In diesem Szenario sind wir das Objekt $\vec{a}$ und werden auf die zu uns senkrechte Projektionsebene $\vec{b}$, den Fußweg, projiziert; dabei ist die Projektion null (kein Schatten sichtbar). In der Sprache des Skalarprodukts bedeutet dies

$$\vec{a} \perp \vec{b} \iff \vec{a} \cdot \vec{b} = 0. \tag{1.25}$$

Wenn also $\vec{a}$ senkrecht ($\perp$) auf $\vec{b}$ steht, so ist das Skalarprodukt zwingend null. Die umgekehrte Argumentation gilt ebenso: Wenn das Skalarprodukt von $\vec{a}$ und $\vec{b}$ verschwindet, stehen notwendigerweise $\vec{a}$ und $\vec{b}$ senkrecht aufeinander – oder vornehmer ausgedrückt: $\vec{a}$ und $\vec{b}$ sind **orthogonal** zueinander. (1.25) ist ein geschicktes Kriterium für die Überprüfung, ob zwei Vektoren senkrecht aufeinander stehen und wird uns später bei der Konstruktion von Koordinatensystemen mit senkrecht zueinander stehenden Koordinatenachsen helfen.

Sachverhalt (1.25) lässt sich wunderbar mit der Skalarproduktdefinition per Kosinus nachweisen. Für zwei orthogonale Vektoren $\vec{a}$ und $\vec{b}$ gilt dann

$$\vec{a} \cdot \vec{b} \overset{(1.23)}{=} ab \cos(\varphi = 90°) = ab \cdot 0 = 0.$$

Insbesondere sind die Basisvektoren $\vec{e}_1$, $\vec{e}_2$ und $\vec{e}_3$ orthogonal zueinander:

$$\vec{e}_1 \cdot \vec{e}_2 = 0, \quad \vec{e}_1 \cdot \vec{e}_3 = 0, \quad \vec{e}_2 \cdot \vec{e}_3 = 0, \tag{1.26}$$

denn die Einheitsvektoren zeigen entlang der Koordinatenachsen; und diese stehen jeweils paarweise senkrecht aufeinander.

Skalarprodukt und Länge eines Vektors

Eine weitere nützliche Beziehung ist

$$\vec{a} \parallel \vec{b} \iff \vec{a} \cdot \vec{b} = a \cdot b, \tag{1.27}$$

für $\vec{a}, \vec{b}$ antiparallel ist dann $\vec{a} \cdot \vec{b} = -ab$. Insbesondere gilt für die Einheitsvektoren

$$\vec{e}_1 \cdot \vec{e}_1 = 1, \quad \vec{e}_2 \cdot \vec{e}_2 = 1, \quad \vec{e}_3 \cdot \vec{e}_3 = 1. \tag{1.28}$$

Im Falle $\vec{a} = \vec{b}$ folgt

$$\vec{a} \cdot \vec{a} = a \cdot a \cdot \cos(0°) = a^2 = |\vec{a}|^2,$$

ferner durch Wurzelziehen $\vec{a} = a$ und dann gleich die Exmatrikulation (man kann aus $\vec{a}^2 = \vec{a} \cdot \vec{a}$ keine Wurzel ziehen, es gäbe dann Vektor = Zahl!). Im Ernst:

$$a = |\vec{a}| = \sqrt{(\vec{a} \cdot \vec{a})}. \qquad (1.29)$$

Bei der Berechnung der Länge eines Vektors spielt das Skalarprodukt also eine wichtige Rolle. Wir werden in späteren Kapiteln darauf zurückkommen.

Skalarprodukt liefert Zahl

Abschließend folgt noch ein Seitenhieb aus der Erfahrung mit Übungszetteln und Klausuren. Ein Skalar ist ein vornehmes Wort für eine Zahl; und beim Skalarprodukt zweier Vektoren kommt am Ende eine Zahl heraus, und kein Vektor:

> Das Skalarprodukt liefert eine Zahl!

Bei Umformungen wie zur Gl. (1.29) muss daher Vorsicht walten, damit man nicht in die beschriebene Falle tappt. Überprüfe also stets, ob auf beiden Seiten einer Gleichung ein Vektor bzw. eine Zahl steht! Ach so, und noch ein Reminder: Teile niemals durch Vektoren. Auch wenn es noch so verlockend erscheint, es ist schlicht und einfach verboten!

1.2.3 Skalarprodukt in Komponenten

Damit wir im Folgenden nicht immer über die Skalarproduktdefinition und Anschauung das Skalarprodukt ausrechnen müssen, brauchen wir eine Rechenvorschrift. Jeder Vektor lässt sich gemäß (1.17) durch die kanonischen Einheitsvektoren mal Komponenten in der Basis ausdrücken. Damit gilt für das Skalarprodukt zweier Vektoren $\vec{a}$ und $\vec{b}$:

$$\vec{a} \cdot \vec{b} = \begin{pmatrix} a_1 \\ a_2 \\ a_3 \end{pmatrix} \cdot \begin{pmatrix} b_1 \\ b_2 \\ b_3 \end{pmatrix} = (a_1\vec{e}_1 + a_2\vec{e}_2 + a_3\vec{e}_3) \cdot (b_1\vec{e}_1 + b_2\vec{e}_2 + b_3\vec{e}_3).$$

Wie es weitergeht, ahnt man wahrscheinlich schon. Ausmultiplizieren:

$$\begin{aligned}
\vec{a} \cdot \vec{b} = &+ a_1b_1(\vec{e}_1 \cdot \vec{e}_1) + a_1b_2(\vec{e}_1 \cdot \vec{e}_2) + a_1b_3(\vec{e}_1 \cdot \vec{e}_3) \\
&+ a_2b_1(\vec{e}_2 \cdot \vec{e}_1) + a_2b_2(\vec{e}_2 \cdot \vec{e}_2) + a_2b_3(\vec{e}_2 \cdot \vec{e}_3) \\
&+ a_3b_1(\vec{e}_3 \cdot \vec{e}_1) + a_3b_2(\vec{e}_3 \cdot \vec{e}_2) + a_3b_3(\vec{e}_3 \cdot \vec{e}_3).
\end{aligned}$$

Dieser lange Wulst löst sich jedoch in Wohlgefallen auf. Nach (1.26) verschwinden alle $\vec{e}$-Skalarprodukte mit ungleichen Indizes, d.h. $\vec{e}_1 \cdot \vec{e}_2 = \vec{e}_1 \cdot \vec{e}_3 = \vec{e}_2 \cdot \vec{e}_3 = 0$ und wegen Vertauschbarkeit des Skalarprodukts gilt ebenfalls $\vec{e}_2 \cdot \vec{e}_1 = \vec{e}_3 \cdot \vec{e}_1 = \vec{e}_3 \cdot \vec{e}_2 = 0$ (die Einheitsvektoren stehen jeweils senkrecht aufeinander). Jetzt wird es übersichtlicher:

$$\vec{a} \cdot \vec{b} = a_1 b_1 (\vec{e}_1 \cdot \vec{e}_1) + a_2 b_2 (\vec{e}_2 \cdot \vec{e}_2) + a_3 b_3 (\vec{e}_3 \cdot \vec{e}_3).$$

Das Skalarprodukt eines Einheitsvektors mit sich selbst ist allerdings nach Gl. (1.28) eins. Ergebnis:

$$\vec{a} \cdot \vec{b} = a_1 b_1 + a_2 b_2 + a_3 b_3. \tag{1.30}$$

Multipliziert man also zwei Vektoren miteinander, so errechnet sich das Skalarprodukt als Summe der Produkte der Komponenten und ergibt eine Zahl.

Beispiel 1.10 (Spielerei mit Skalarprodukten)

▷ Es seien $\vec{a} := (1, 2)$ und $\vec{b} := (-6, 2)$. Man berechne $\vec{a} \cdot \vec{b}$, die Projektionslängen $a_\parallel$ und $b_\parallel$ sowie den Winkel zwischen $\vec{a}$ und $\vec{b}$.

Lösung:

1. Zunächst berechnen wir das Skalarprodukt nach (1.30):

$$\vec{a} \cdot \vec{b} = \begin{pmatrix} 1 \\ 2 \end{pmatrix} \cdot \begin{pmatrix} -6 \\ 2 \end{pmatrix} = 1 \cdot (-6) + 2 \cdot 2 = -2.$$

2. Weiterhin sollen die Projektionslängen $a_\parallel$ und $b_\parallel$ berechnet werden. Es gilt

$$\vec{a} \cdot \vec{b} = a_\parallel b \iff a_\parallel = \frac{\vec{a} \cdot \vec{b}}{b} = \frac{-2}{\sqrt{(-6)^2 + 2^2}} = \frac{-2}{\sqrt{40}}.$$

Ebenso:

$$\vec{a} \cdot \vec{b} = a b_\parallel \iff b_\parallel = \frac{\vec{a} \cdot \vec{b}}{a} = \frac{-2}{\sqrt{5}}.$$

3. Schließlich ist der Winkel zwischen $\vec{a}$ und $\vec{b}$ gesucht. Da hilft uns (1.24) weiter:

$$\cos(\varphi) = \frac{\vec{a} \cdot \vec{b}}{ab} = \frac{-2}{\sqrt{5}\sqrt{40}} = -\frac{2}{\sqrt{200}} \implies \varphi \approx 98{,}1°.$$

Je nach Vereinbarung darf hier auch der kleinere Winkel $\varphi' = 180° - \varphi = 81{,}9°$ angeben werden. ∎

1.2.4 Weitere Rechenregeln

Wir listen nun weitere Rechenregeln und Hilfen für Skalarprodukte auf. Es gilt

$$(\lambda \vec{a}) \cdot (\mu \vec{b}) = \lambda \mu (\vec{a} \cdot \vec{b}) = (\mu \vec{a}) \cdot (\lambda \vec{b}). \tag{1.31}$$

Wir dürfen also Faktoren λ und μ im Skalarprodukt beliebig hin- und herschieben (Bilinearität). Für Vektoren gilt dies im Allgemeinen nicht:

$$\vec{a}(\vec{b} \cdot \vec{c}) \neq (\vec{a} \cdot \vec{b})\vec{c}.$$

Weiterhin ist das Skalarprodukt distributiv:

$$\vec{a} \cdot (\vec{b} \pm \vec{c}) = (\vec{a} \cdot \vec{b}) \pm (\vec{a} \cdot \vec{c}). \tag{1.32}$$

Diese Regeln helfen beim Umformen und Vereinfachen von Skalarprodukten.

Konstruktion eines senkrechten Vektors
Ist ein zweidimensionaler Vektor $\vec{r} = (x, y)$ gegeben, so kann man einen zu $\vec{r}$ senkrechten Vektor $\vec{r}_\perp$ konstruieren, indem man die Komponenten des Vektors vertauscht und bei einer Komponente ein Minus spendiert:

$$\vec{r} \cdot \vec{r}_\perp = \begin{pmatrix} x \\ y \end{pmatrix} \cdot \begin{pmatrix} -y \\ x \end{pmatrix} = x(-y) + yx = 0. \tag{1.33}$$

Es folgt eine weitere Demonstration der Nützlichkeit des Werkzeugs Skalarprodukt.

Beispiel 1.11 (Beweis des Kosinussatzes)

▷ Beweisen Sie mit Hilfe der Vektorrechnung den Kosinussatz im beliebigen Dreieck,

$$c^2 = a^2 + b^2 - 2ab \cos(\gamma).$$

Lösung: Wir stellen das Dreieck mit Winkel γ wie in Abb. 1.16 gezeigt dar. Dann gilt $\vec{a} + \vec{c} = \vec{b}$ oder $\vec{c} = \vec{b} - \vec{a}$. Quadrieren liefert

$$\vec{c} \cdot \vec{c} = \vec{c}^2 = (\vec{b} - \vec{a})^2 = (\vec{b} - \vec{a}) \cdot (\vec{b} - \vec{a}) \overset{(1.32)}{=} \vec{b} \cdot \vec{b} - \vec{b} \cdot \vec{a} - \vec{a} \cdot \vec{b} + \vec{a} \cdot \vec{a}.$$

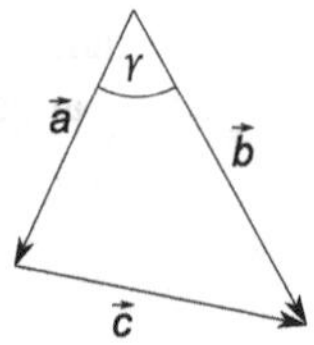

Abb. 1.16 Zur Herleitung
des Kosinussatzes

Die mittleren Terme lassen sich wegen $\vec{a} \cdot \vec{b} = \vec{b} \cdot \vec{a}$ zusammenfassen, ferner ist $\vec{a} \cdot \vec{a} = a^2$ usw. Mit Hilfe der Skalarproduktdefinition (1.23) folgt schließlich

$$c^2 = b^2 - 2\vec{a} \cdot \vec{b} + a^2 = a^2 + b^2 - 2ab \cos(\gamma),$$

da γ der von $\vec{a}$ und $\vec{b}$ eingeschlossene Winkel ist. ∎

1.2.5 Parallel-Senkrecht-Zerlegung

Besonders bei Berechnungen von Beschleunigungen, Geschwindigkeiten und Kräften ist ein gängiger Trick, die beteiligten Vektoren in zwei Anteile zu zerlegen: **Parallel- und Senkrechtanteil.** Es gilt für einen beliebigen Vektor

$$\vec{a} = \vec{a}_{\parallel} + \vec{a}_{\perp}. \tag{1.34}$$

Man fragt sich jedoch: Zu was parallel und senkrecht? Die Antwort: zu einem beliebigen Vektor $\vec{b}$. In Abb. 1.17 ist solch eine Vektorzerlegung bezüglich $\vec{b}$ gezeigt.

Der $\vec{a}$-Anteil bezüglich $\vec{b}$ ist unsere Projektionslänge $a_{\parallel} = \frac{\vec{a} \cdot \vec{b}}{b}$. Damit ist $\vec{a}_{\parallel}$ darstellbar als Betrag $a_{\parallel}$ mal seine Richtung. Die Richtung ist gegeben durch den Einheitsvektor entlang $\vec{b}$, d. h. $\vec{e}_{\vec{b}} = \frac{\vec{b}}{b}$. Damit ergibt sich die Zerlegung zu

$$\vec{a}_{\parallel} = a_{\parallel} \cdot \vec{e}_{\vec{b}} = \frac{(\vec{a} \cdot \vec{b})}{b} \frac{\vec{b}}{b} = \left(\vec{a} \cdot \frac{\vec{b}}{b} \right) \frac{\vec{b}}{b} = (\vec{a} \cdot \vec{e}_{\vec{b}}) \vec{e}_{\vec{b}},$$

$$\vec{a}_{\perp} = \vec{a} - \vec{a}_{\parallel} = \vec{a} - \frac{(\vec{a} \cdot \vec{b})}{b} \frac{\vec{b}}{b} = \vec{a} - (\vec{a} \cdot \vec{e}_{\vec{b}}) \vec{e}_{\vec{b}}. \tag{1.35}$$

Man beachte bitte stets die Klammersetzung in solcherlei Termen. Wir dürfen nicht einfach umklammern, denn $(\vec{a} \cdot \vec{b})\vec{b} \neq \vec{a}(\vec{b} \cdot \vec{b})$.

Beispiel 1.12 (Parallel-Senkrecht-Zerlegung eines Vektors)

▷ Man zerlege den Vektor $\vec{a} = (3, 4)$ bezüglich des Vektors $\vec{b} = (1, 1)$.

Lösung: Wir berechnen $\vec{a}_{\parallel}$ und $\vec{a}_{\perp}$ mit gegebenem $\vec{b}$. Dann sind

$$\vec{a}_{\parallel} = \frac{(\vec{a} \cdot \vec{b})}{b} \frac{\vec{b}}{b} = \frac{(3 \cdot 1 + 4 \cdot 1)}{\sqrt{2}} \frac{(1,1)}{\sqrt{2}} = \frac{7}{2}(1, 1),$$

$$\vec{a}_{\perp} = \vec{a} - \vec{a}_{\parallel} = (3, 4) - \frac{7}{2}(1, 1) = \left(-\frac{1}{2}, \frac{1}{2} \right).$$

Abb. 1.17 Zerlegung eines Vektors $\vec{a}$ in Parallel- und Senkrechtkomponente bezüglich eines anderen Vektors $\vec{b}$

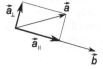

Test: $\vec{a}_\parallel + \vec{a}_\perp = \frac{7}{2}(1,1) + \left(-\frac{1}{2}, \frac{1}{2}\right) = \left(\frac{6}{2}, \frac{8}{2}\right) = (3,4) = \vec{a}$ (passt!), und auch die

Orthogonalität ist gegeben, denn $\vec{a}_\parallel \cdot \vec{a}_\perp = \begin{pmatrix} \frac{7}{2} \\ \frac{7}{2} \end{pmatrix} \cdot \begin{pmatrix} -\frac{1}{2} \\ \frac{1}{2} \end{pmatrix} = \frac{7}{2} \cdot \left(-\frac{1}{2}\right) + \frac{7}{2} \cdot \frac{1}{2} = 0.$ ∎

Beispiel 1.13 (Orthogonalität der Zerlegung)

▷ Man zeige $\vec{a}_\parallel \perp \vec{a}_\perp$.

Lösung: Zu zeigen ist $\vec{a}_\parallel \cdot \vec{a}_\perp = 0$. Einsetzen liefert

$$
\vec{a}_\parallel \cdot \vec{a}_\perp = \frac{(\vec{a}\cdot\vec{b})}{b}\frac{\vec{b}}{b} \cdot \left(\vec{a} - \frac{(\vec{a}\cdot\vec{b})}{b}\frac{\vec{b}}{b}\right) = \frac{(\vec{a}\cdot\vec{b})}{b}\frac{\vec{b}}{b}\cdot\vec{a} - \frac{(\vec{a}\cdot\vec{b})}{b}\frac{\vec{b}}{b}\cdot\frac{(\vec{a}\cdot\vec{b})}{b}\frac{\vec{b}}{b}
$$

$$
= \frac{(\vec{a}\cdot\vec{b})(\vec{b}\cdot\vec{a})}{b^2} - \frac{(\vec{a}\cdot\vec{b})(\vec{a}\cdot\vec{b})}{b^2}\frac{(\vec{b}\cdot\vec{b})}{b^2} = \frac{(\vec{a}\cdot\vec{b})(\vec{a}\cdot\vec{b})}{b^2} - \frac{(\vec{a}\cdot\vec{b})(\vec{a}\cdot\vec{b})}{b^2} = 0,
$$

wobei im vorletzten Schritt $\frac{\vec{b}\cdot\vec{b}}{b^2} = \frac{b^2}{b^2} = 1$ verwendet wurde. Damit stehen $\vec{a}_\parallel$ und $\vec{a}_\perp$ senkrecht aufeinander. ∎

Die Parallel- und Senkrechtanteile haben in vielen physikalischen Problemen einen eigenen Namen. Insbesondere bei mechanischen Größen wie Kräften $\vec{F}$, Geschwindigkeiten $\vec{v}$ und Beschleunigungen $\vec{a}$ unterscheidet man zwischen **Tangentialvektoren** (d. h. $\vec{F}_\parallel$, $\vec{v}_\parallel$ und $\vec{a}_\parallel$) und **Normalvektoren** (d. h. $\vec{F}_\perp$, $\vec{v}_\perp$ und $\vec{a}_\perp$).

Kräftezerlegung an der schrägen Ebene und beim Pendel

Das Paradebeispiel für eine Vektorzerlegung ist die Kräftezerlegung auf der schrägen Ebene. Eine Masse m rutsche wie in Abb. 1.18 skizziert ohne Reibung die Schräge herunter. Hierbei muss die Erdanziehung ihre Finger im Spiel haben, denn im schwerefreien Raum würde die Masse das nicht freiwillig tun. $\vec{G}$ wirkt senkrecht nach unten, jedoch fällt die Masse nicht einfach durch die Ebene hindurch, sondern bewegt sich den Hang abwärts. Ein Teil von $\vec{G}$ muss folglich durch das Gegendrücken der Ebene ausgeglichen werden.

Wir zerlegen also die Gewichtskraft in einen Anteil senkrecht und einen Anteil parallel zur Ebene. Der senkrechte Anteil $\vec{G}_\perp =: \vec{F}_N$ wird **Normalkraft** genannt, der Anteil $\vec{G}_\parallel =: \vec{F}_{\text{Hang}}$, der hangabwärts zeigt, heißt **Hangabtriebskraft**. Schließt die Schräge mit der Horizontalen einen Winkel α ein, so ergeben sich die Beträge der Kräfte zu

$$
F_N = G\cos(\alpha) = mg\cos(\alpha), \quad F_{\text{Hang}} = G\sin(\alpha) = mg\sin(\alpha). \tag{1.36}
$$

Abb. 1.18 Zerlegung der
Gewichtskraft $\vec{G}$ an der
schrägen Ebene in
Normalkraft $\vec{G}_\perp = \vec{F}_N$ und
Hangabtriebskraft
$\vec{G}_\parallel = \vec{F}_{\text{Hang}}$

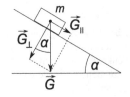

Für die Bewegung abwärts ist einzig die Hangabtriebskraft verantwortlich, die Normalkraft wird durch eine Gegenkraft kompensiert, die die Ebene aufbaut und dadurch verhindert, dass der Klotz einfach nach unten durchfallen würde.

Beispiel 1.14 (Kräfte beim Pendel)

▷ Welche Kräfte wirken auf eine an einem Faden aufgehängte Kugel der Masse m, wenn diese aus ihrer Ruhelage (am tiefsten Punkt) um den Winkel α ausgelenkt wird?

Lösung: Anhand von Abb. 1.19 stellen wir die wirkenden Kräfte auf. Dieses funktioniert analog zur eben vorgestellten schrägen Ebene.

Zunächst wirkt die Gewichtskraft $\vec{G} = (0, -mg)$ auf die Masse. Das Band des Pendels verhindert, dass die Kugel auf den Boden fällt. Wir zerlegen $\vec{G}$ bezüglich der Bahn des Pendels, welches in Richtung $\vec{e} = (\cos(\alpha), \sin(\alpha))$ ausgelenkt wurde. Dann gilt nach (1.35) und wegen $\vec{e}^{\,2} = e^2 = \cos^2(\alpha) + \sin^2(\alpha) \overset{(1.22)}{=} 1$ (trigonometrischer Pythagoras!):

$$\vec{G}_{\parallel} = \frac{(\vec{G} \cdot \vec{e})}{e} \frac{\vec{e}}{e} = (\vec{G} \cdot \vec{e})\vec{e} = \left[\begin{pmatrix} 0 \\ -mg \end{pmatrix} \cdot \begin{pmatrix} \cos(\alpha) \\ \sin(\alpha) \end{pmatrix} \right] \begin{pmatrix} \cos(\alpha) \\ \sin(\alpha) \end{pmatrix} = -mg\sin(\alpha) \cdot \begin{pmatrix} \cos(\alpha) \\ \sin(\alpha) \end{pmatrix}.$$

Das ist der Anteil der Gewichtskraft, der das Pendel wieder in Ausgangsposition zurückstellen soll. Daher heißt

$$F_{\mathrm{r}} := -mg\sin(\alpha)$$

Rückstellkraft und entspricht der Hangabtriebskraft bei der schrägen Ebene. Die Komponente $\vec{G}_{\perp}$ (die Normalkraft) wird durch die Fadenspannung direkt ausgeglichen. Die einzig wirkende Kraft beim Pendel ist damit $F_{\mathrm{r}} = -mg\sin(\alpha)$. ∎

Abb. 1.19 Zerlegung der Gewichtskraft $\vec{G}$ beim Fadenpendel bezüglich der Bahn. Die Tangentialkomponente $\vec{G}_{\parallel}$ treibt das Pendel in die Ruhelage zurück, die Normalkomponente $\vec{G}_{\perp}$ wird durch die Fadenspannung ausgeglichen

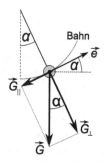

1.2.6 Skalarprodukte in der Physik

Skalarprodukte treten in vielfältigen Formen in der Physik auf. Ein bekanntes ist das Skalarprodukt von Kraft und Weg, die **Arbeit** W:

$$W = \vec{F} \cdot \vec{s}. \tag{1.37}$$

Die an einer Masse m verrichtete Arbeit entspricht damit dem Produkt aus der Kraft, die auf die Masse m wirkt, und dem Weg $\vec{s}$, den die Masse gegen die Krafteinwirkung zurücklegen muss.

Nun gilt es zwei Dinge zu beachten: Erstens ist (1.37) nur gültig für geradlinige Wege, die durch $\vec{s}$ beschrieben werden und für Kräfte, die sich entlang des Weges nicht ändern. Zweitens ist die bekannte Floskel „Arbeit ist Kraft mal Weg" nicht korrekt. Vielmehr betont das Skalarprodukt, dass „Arbeit gleich Kraft in Wegrichtung mal Weg" ist, denn nur der Anteil $s_{\parallel}$ bezüglich $\vec{F}$ trägt tatsächlich etwas zur Arbeit bei (Abb. 1.20). Dies ist direkt aus der Definition der Arbeit ersichtlich. Ein Verschieben gegen eine Kraft $\vec{F}$ entlang eines Wegstücks $\vec{s}_{\perp}$, welches senkrecht auf der Kraft steht, erfordert die Arbeit $W = \vec{F} \cdot \vec{s}_{\perp} = 0$, da nach (1.25) das Skalarprodukt verschwindet. Dagegen ist $W = \vec{F} \cdot \vec{s}_{\parallel} = F s_{\parallel}$. Es ist beim Berechnen der Arbeit daher nützlich, den Weg in Anteile $\vec{s}_{\parallel}$ parallel zur Kraft und $\vec{s}_{\perp}$ senkrecht zur Kraft aufzuteilen.

Beispiel 1.15 (Arbeit im Schwerefeld der Erde)

▷ Jemand hebt eine Stahlkugel der Masse m auf geradem Wege von $\vec{a} = (1, 2, 0)h$ nach $\vec{b} = (3, 1, 2)h$. Welche Arbeit muss dazu verrichtet werden?

Lösung: Die Masse wird geradlinig auf dem Weg $\vec{s} = \vec{b} - \vec{a} = (2, -1, 2)h$ (der Verbindungsvektor) bewegt. Dabei muss gegen die Gewichtskraft $\vec{G} = (0, 0, -mg)$ gearbeitet werden. Es ergibt sich für die Arbeit:

$$W = \vec{G} \cdot \vec{s} = \begin{pmatrix} 0 \\ 0 \\ -mg \end{pmatrix} \cdot \begin{pmatrix} 2h \\ -h \\ 2h \end{pmatrix} = 0 + 0 - 2mgh = -2mgh.$$

Das Minuszeichen bedeutet, dass die Arbeit $2mgh$ aufgewendet werden muss, um die Masse wie gewünscht zu verschieben. Wie man hier sieht, trägt nur die Wegdifferenz in z-Richtung, also $2h$, zur Arbeit bei. ∎

Abb. 1.20 Verschieben eines Teilchens entgegen einer Kraftwirkung $\vec{F}$ (z. B. Gewichtskraft). Nur entlang $\vec{s}_{\parallel}$ muss beim Verschieben Arbeit aufgewendet werden

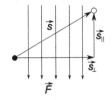

[H2] Die Radarfalle   **(4 Punkte)**

Während einer Ausflugsfahrt in der Ebene werden wir im Halbdunkel in einer 60er-Zone geblitzt. Rekonstruktion des Unglücks: Direkt vor dem Blitzer befindet sich unser Auto bei $\vec{r} = (-100\,\text{m},\ 10\,\text{m})$ und bewegt sich in Richtung $(8, 1)$. Der Autoscheinwerfer strahle weitläufig und treffe einen Strommasten im Ursprung. Der Schatten desselben wird auf eine dahinterliegende, parallel zur y-Achse ausgerichtete Hauswand (Abstand $h = 10\,\text{m}$ vom Ursprung) geworfen und bewegt sich dort kurzzeitig mit Geschwindigkeit $u = 50\,\frac{\text{cm}}{\text{s}}$. Wie schnell waren wir unterwegs?

Spickzettel Skalarprodukt

- **Trigonometrischer Pythagoras**
  $\cos^2(\varphi) + \sin^2(\varphi) = 1$.

- **Definition des Skalarprodukts**
  Skalarprodukt $\vec{a} \cdot \vec{b} = ab_\parallel = a_\parallel b = ab \cdot \cos(\varphi) = ba_\parallel = \vec{b} \cdot \vec{a}$ (= Zahl!). Dabei ist $\vec{a} \cdot \vec{b} = a_1 b_1 + a_2 b_2 + a_3 b_3$ (bezüglich kanonischer Basis); Winkel zwischen zwei Vektoren: $\cos(\varphi) = \frac{\vec{a} \cdot \vec{b}}{ab}$.

- **Folgerungen**
  - Wenn $\vec{a} \perp \vec{b} \Longleftrightarrow \vec{a} \cdot \vec{b} = 0$.
  - Wenn $\vec{a} \parallel \vec{b} \Longleftrightarrow \vec{a} \cdot \vec{b} = ab$.
  - speziell: $\vec{a} \cdot \vec{a} = \vec{a}^2 = a^2$; insbesondere: $a = |\vec{a}| = \sqrt{(\vec{a} \cdot \vec{a})}$.
  - Für die Einheitsvektoren gilt $\vec{e}_i \cdot \vec{e}_j = \begin{cases} 1, & i = j \\ 0, & i \neq j \end{cases}$.

- **Weitere Rechenregeln**
  - $(\lambda \vec{a}) \cdot \vec{b} = \lambda (\vec{a} \cdot \vec{b}) = \vec{a} \cdot (\lambda \vec{b})$.
  - Distributivgesetz $\vec{a} \cdot (\vec{b} \pm \vec{c}) = \vec{a} \cdot \vec{b} \pm \vec{a} \cdot \vec{c}$.
  - Obacht: $\vec{a}(\vec{b} \cdot \vec{c}) \neq (\vec{a} \cdot \vec{b})\vec{c}$.

- P - H - Y - S - I - K -

- **Parallel-Senkrecht-Zerlegung von Kräften**
  - Zerlegung $\vec{F} = \vec{F}_\parallel + \vec{F}_\perp$ bezüglich $\vec{a}$, wobei

$$\vec{F}_\parallel = \frac{(\vec{F} \cdot \vec{a})}{a} \frac{\vec{a}}{a}, \quad \vec{F}_\perp = \vec{F} - \frac{(\vec{F} \cdot \vec{a})}{a} \frac{\vec{a}}{a}.$$

  - Schräge Ebene mit Winkel α: Zerlegung von $\vec{G}$ in Normalkraft $G_\perp = F_\text{N} = mg\cos(\alpha)$ und Hangabtriebskraft $G_\parallel = F_\text{Hang} = mg\sin(\alpha)$.

- **Arbeit**
  $W = \vec{F} \cdot \vec{s}$, Arbeit = Kraft in Wegrichtung mal Weg; gilt nur für geradlinigen Weg; $W < 0$: Arbeit muss aufgewendet werden; $W > 0$: Arbeit wird gewonnen.

1.3 Kreuzprodukt

Mit Hilfe des Skalarprodukts konnten wir überprüfen, ob zwei Vektoren senkrecht aufeinander stehen oder nicht (Gl. (1.25)). Wie konstruiert man aber einen Vektor, der jeweils senkrecht auf zwei Vektoren steht? Erraten und Ausprobieren ist natürlich möglich, mit Hilfe des **Kreuzprodukts** (auch bekannt als **Vektorprodukt**) bekommen wir allerdings eine mathematische Technik an die Hand.

1.3.1 Definition des Kreuzprodukts

Der **Kreuzvektor**

$$\vec{c} = \vec{a} \times \vec{b} = -\vec{b} \times \vec{a} \tag{1.38}$$

zweier Vektoren $\vec{a}$ und $\vec{b}$ steht jeweils senkrecht auf $\vec{a}$ und $\vec{b}$. Vertauscht man die Reihenfolge der Vektoren im Produkt, dreht sich das Vorzeichen um.

Geometrisch lässt sich der Kreuzvektor per **Drei-Finger-Regel** mit der rechten Hand bestimmen: Der Daumen zeigt in $\vec{a}$-Richtung und der Zeigefinger in $\vec{b}$-Richtung. Dann gibt der gekrümmte Mittelfinger die Richtung des Kreuzvektors $\vec{c}$ an. Abb. 1.21 verdeutlicht dies.

Eine weitere Charakteristik ist die Länge des Kreuzvektors:

$$|\vec{c}| = |\vec{a} \times \vec{b}| = ab\sin(\varphi) = ab_{\perp} = a_{\perp}b. \tag{1.39}$$

$b_{\perp}$ ist dabei der zu $\vec{a}$ senkrechte Teil von $\vec{b}$ (entsprechend für $a_{\perp}$). Abb. 1.22 zeigt die geometrische Interpretation.

Abb. 1.21 Zur Bestimmung
des Kreuzvektors

Abb. 1.22 Die Länge des
Kreuzvektors $\vec{c}$ entspricht
dem Flächeninhalt des von $\vec{a}$
und $\vec{b}$ aufgespannten
Parallelogramms

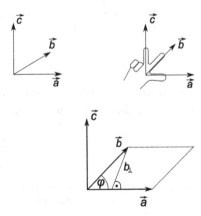

Wir fassen zusammen: $\vec{a} \times \vec{b}$ liefert einen sowohl zu $\vec{a}$ als auch $\vec{b}$ senkrechten Vektor, dessen Länge $|\vec{a} \times \vec{b}|$ der Fläche des von $\vec{a}$ und $\vec{b}$ aufgespannten Parallelogramms entspricht. Man beachte weiterhin:

Das Kreuzprodukt ist nur in 3-D definiert und liefert einen Vektor!

1.3.2 Folgerungen und Rechenregeln

Kreuzprodukt paralleler Vektoren liefert Nullvektor

Anhand von Gl. (1.39) können wir einen Spezialfall erschlagen: Wenn $\vec{a} \parallel \vec{b}$, d. h. $\vec{b} = \lambda \vec{a}$, dann spannen anschaulich die Vektoren $\vec{a}$ und $\vec{b}$ keine Fläche auf, und es gilt $|\vec{a} \times \vec{b}| = ab \sin(0°) = 0$. Somit folgt

$$\vec{a} \parallel \vec{b} \Longleftrightarrow \vec{a} \times \vec{b} = \vec{0} \tag{1.40}$$

und weiterhin

$$\vec{a} \times (\lambda \vec{a}) = \vec{0}, \quad \text{speziell: } \vec{a} \times \vec{a} = \vec{0}. \tag{1.41}$$

Ein Vektor mit sich selbst (oder mit einem zu sich selbst parallelen Vektor) gekreuzt ergibt immer den Nullvektor!

Das Kreuz mit den Einheitsbasisvektoren

Für die Einheitsbasisvektoren gilt:

$$\vec{e}_1 \times \vec{e}_2 = +\vec{e}_3, \quad \vec{e}_2 \times \vec{e}_3 = +\vec{e}_1, \quad \vec{e}_3 \times \vec{e}_1 = +\vec{e}_2. \tag{1.42}$$

In vertauschter Reihenfolge ergibt sich

$$\vec{e}_3 \times \vec{e}_2 = -\vec{e}_1, \quad \vec{e}_2 \times \vec{e}_1 = -\vec{e}_3, \quad \vec{e}_1 \times \vec{e}_3 = -\vec{e}_2, \tag{1.43}$$

was man sich mit der Drei-Finger-Regel bildlich klarmachen kann. Wir sehen außerdem: Das Kreuzprodukt zweier zueinander senkrechter 3-D-Einheitsvektoren liefert wieder einen Einheitsvektor. Dies gilt generell und nicht nur für die kanonischen Einheitsvektoren.

Linearität des Kreuzprodukts

Wie auch beim Skalarprodukt darf man Faktoren aus dem Kreuzprodukt herausziehen:

$$(\lambda \vec{a}) \times (\mu \vec{b}) = \lambda \mu \cdot (\vec{a} \times \vec{b}). \tag{1.44}$$

Weiterhin gilt das Distributivgesetz

$$\vec{a} \times (\vec{b} \pm \vec{c}) = \vec{a} \times \vec{b} \pm \vec{a} \times \vec{c}. \tag{1.45}$$

Beispiel 1.16 (Beweis des Sinussatzes)

▷ Beweisen Sie den Sinussatz für ein ebenes Dreieck: $\frac{\sin(\alpha)}{\sin(\beta)} = \frac{a}{b}$.

Lösung: Wir stellen wie in Abb. 1.23 gezeigt unser Dreieck auf: $\vec{c} = \vec{a} - \vec{b}$. Wie wird man nun den Vektor $\vec{c}$ los (denn offensichtlich ist der Sinussatz in obiger Formulierung unabhängig von c)? Der Trick: von links mit $\vec{c} \times$ multiplizieren:

$$\vec{c} \times \vec{c} = \vec{c} \times (\vec{a} - \vec{b}) \quad \Leftrightarrow \quad \vec{0} = \vec{c} \times \vec{a} - \vec{c} \times \vec{b} \quad \Leftrightarrow \quad \vec{c} \times \vec{a} = \vec{c} \times \vec{b}.$$

Bei der ersten Umformung wurden $\vec{c} \times \vec{c} = \vec{0}$ sowie das Distributivgesetz (1.45) verwendet. Den Sinus können wir nun über den Betrag des Kreuzprodukts hineinmogeln, denn es gilt $|\vec{c} \times \vec{a}| = ca \sin(\beta)$ und $|\vec{c} \times \vec{b}| = cb \sin(\alpha)$. Hiermit folgt

$$ca \sin(\beta) = cb \sin(\alpha).$$

Division durch $c \neq 0$ und Umformen liefert den Sinussatz: $\frac{a}{b} = \frac{\sin(\alpha)}{\sin(\beta)}$. ■

1.3.3 Kreuzprodukt in Komponenten

Jetzt aber her mit dem mathematischen Werkzeug! Wir wollen ja nicht alles per Argumentation erschlagen, sondern rechnen. Hierzu stellen wir das Kreuzprodukt mit unseren bisherigen Werkzeugen auf:

$$\vec{a} \times \vec{b} = (a_1 \vec{e}_1 + a_2 \vec{e}_2 + a_3 \vec{e}_3) \times (b_1 \vec{e}_1 + b_2 \vec{e}_2 + b_3 \vec{e}_3).$$

Ausmultiplizieren liefert

$$\begin{aligned}
\vec{a} \times \vec{b} = {} & a_1 b_1 (\vec{e}_1 \times \vec{e}_1) + a_1 b_2 (\vec{e}_1 \times \vec{e}_2) + a_1 b_3 (\vec{e}_1 \times \vec{e}_3) \\
& + a_2 b_1 (\vec{e}_2 \times \vec{e}_1) + a_2 b_2 (\vec{e}_2 \times \vec{e}_2) + a_2 b_3 (\vec{e}_2 \times \vec{e}_3) \\
& + a_3 b_1 (\vec{e}_3 \times \vec{e}_1) + a_3 b_2 (\vec{e}_3 \times \vec{e}_2) + a_3 b_3 (\vec{e}_3 \times \vec{e}_3).
\end{aligned}$$

Nach (1.41) fallen alle Kreuzprodukte mit gleichen Einheitsvektoren weg, es überleben

$$\begin{aligned}
\vec{a} \times \vec{b} = {} & a_1 b_2 (\vec{e}_1 \times \vec{e}_2) + a_1 b_3 (\vec{e}_1 \times \vec{e}_3) + a_2 b_1 (\vec{e}_2 \times \vec{e}_1) \\
& + a_2 b_3 (\vec{e}_2 \times \vec{e}_3) + a_3 b_1 (\vec{e}_3 \times \vec{e}_1) + a_3 b_2 (\vec{e}_3 \times \vec{e}_2).
\end{aligned}$$

Abb. 1.23 Zur Herleitung des Sinussatzes

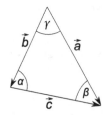

Diese sind nach (1.42) und (1.43)

$$\vec{a} \times \vec{b} = a_1b_2\vec{e}_3 - a_1b_3\vec{e}_2 - a_2b_1\vec{e}_3 + a_2b_3\vec{e}_1 + a_3b_1\vec{e}_2 - a_3b_2\vec{e}_1$$
$$= (a_2b_3 - a_3b_2)\vec{e}_1 + (a_3b_1 - a_1b_3)\vec{e}_2 + (a_1b_2 - a_2b_1)\vec{e}_3.$$

In voller Schönheit lautet das **Kreuzprodukt in Komponenten** damit

$$\vec{a} \times \vec{b} = \begin{pmatrix} a_1 \\ a_2 \\ a_3 \end{pmatrix} \times \begin{pmatrix} b_1 \\ b_2 \\ b_3 \end{pmatrix} := \begin{pmatrix} a_2b_3 - a_3b_2 \\ a_3b_1 - a_1b_3 \\ a_1b_2 - a_2b_1 \end{pmatrix}. \tag{1.46}$$

Wir bilden dabei dreimal ein Kreuz: Um die erste Komponente des Kreuzvektors zu berechnen, halten wir die erste Komponente im Produkt zu und bilden das verbleibende Kreuz (links oben mal rechts unten minus rechts oben mal links unten): $a_2 \cdot b_3 - b_2 \cdot a_3$. Analog verfahren wir mit den anderen Komponenten, wobei bei der zweiten das Kreuz umgekehrt ist: $a_3b_1 - a_1b_3$. Abb. 1.24 versinnbildlicht dieses Schema für die erste Komponente.

Beispiel 1.17 (Ein Beispiel zum Kreuzprodukt)

▷ Man berechne das Kreuzprodukt von $\vec{a} = (1, 2, 3)$ und $\vec{b} = (4, 5, 6)$.

Lösung: Wir halten die erste Komponente zu und bilden das verbleibende Kreuz (links oben mal rechts unten minus links unten mal rechts oben, siehe Abb. 1.24). Anschließend halten wir die zweite Komponente zu, bilden das umgedrehte Kreuz (links unten mal rechts oben minus links oben mal rechts unten) und das dritte Kreuz wieder regulär. Dann folgt

$$\begin{pmatrix} 1 \\ 2 \\ 3 \end{pmatrix} \times \begin{pmatrix} 4 \\ 5 \\ 6 \end{pmatrix} = \begin{pmatrix} 2 \cdot 6 - 3 \cdot 5 \\ 3 \cdot 4 - 1 \cdot 6 \\ 1 \cdot 5 - 2 \cdot 4 \end{pmatrix} = \begin{pmatrix} -3 \\ 6 \\ -3 \end{pmatrix}.$$ ∎

Wie man sich leicht vorstellen kann, wird es rechentechnisch aufwendig, wenn Produkte der Form $(\vec{a} \times (\vec{b} \times \vec{c})) \times \vec{d}$ oder Ähnliches auftreten. Wir beschäftigen uns nun damit genauer.

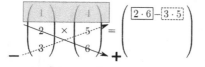

Abb. 1.24 Zur Bildung der ersten Komponente des Vektorprodukts. Die erste Zeile des Produkts selbst wird zugehalten (grau hinterlegt). Die verbleibenden vier Zahlen werden wie in einem Kreuz zusammengerechnet

1.3.4 Doppelte Produkte

Bei vielen physikalischen Problemen, z. B. der Berechnung eines Strömungsfeldes, treten doppelte Produkte auf. Wir werden zwei näher betrachten.

Spatprodukt

Das **Spatprodukt** dreier Vektoren $\vec{a}$, $\vec{b}$ und $\vec{c}$ ist definiert als das Skalarprodukt aus Vektor $\vec{a}$ und Kreuzvektor $\vec{b} \times \vec{c}$, d. h., ein Konstrukt der Form $\vec{a} \cdot (\vec{b} \times \vec{c})$. Das Spatprodukt spannt ein Volumen V (Parallelepiped bzw. Spat mit a, b und c als Kanten) auf. Dieses veranschaulicht Abb. 1.25.

Das Volumen des Spats berechnet sich aus Grundfläche mal Höhe. Die Grundfläche ist das von $\vec{b}$ und $\vec{c}$ aufgespannte Parallelogramm, also lediglich $|\vec{b} \times \vec{c}|$. Die Höhe des Spats entspricht der Projektion von $\vec{a}$ auf den Kreuzvektor $\vec{b} \times \vec{c}$, sprich $a_{\|}$. Somit gilt für das Spatprodukt

$$\vec{a} \cdot (\vec{b} \times \vec{c}) = a_{\|} \cdot |\vec{b} \times \vec{c}| = V \qquad (1.47)$$

und liefert eine Zahl (ein Volumen).

Das Spatprodukt ist zyklisch

Man kann die Grundflächen und Höhen zur Berechnung des Volumens auch anders ansetzen (als Grundfläche z. B. $|\vec{a} \times \vec{b}|$ und als „Höhe" $c_{\|}$ nehmen), so dass für das Spatprodukt gilt:

$$\vec{a} \cdot (\vec{b} \times \vec{c}) \overset{(*)}{=} \vec{c} \cdot (\vec{a} \times \vec{b}) = \vec{b} \cdot (\vec{c} \times \vec{a}). \qquad (1.48)$$

Man sagt hierzu: Das Spatprodukt ist **zyklisch**. Das bedeutet, dass wir die Vektoren im Kreis durchtauschen können, siehe dazu den Schritt bei (*): $\vec{a}$ wandert an die Stelle von $\vec{b}$, $\vec{b}$ rückt auf die $\vec{c}$-Position, und $\vec{c}$ – die Erde ist rund – kommt an der $\vec{a}$-Position an und steht plötzlich außerhalb des Kreuzprodukts. Gewiss kann man auch gegen den Uhrzeigersinn tauschen (wie es beliebt):

$$\vec{a} \cdot (\vec{b} \times \vec{c}) = \vec{b} \cdot (\vec{c} \times \vec{a}) = \vec{c} \cdot (\vec{a} \times \vec{b}) = \dots$$

Spezialfall des Spatprodukts

Speziell gilt für das Spatprodukt

$$\vec{a} \cdot (\vec{b} \times \vec{a}) = \vec{a} \cdot (\vec{a} \times \vec{b}) = \vec{b} \cdot (\vec{a} \times \vec{a}) = \vec{b} \cdot \vec{0} = 0. \qquad (1.49)$$

Abb. 1.25 $\vec{a} \cdot (\vec{b} \times \vec{c})$ spannt ein Parallelepiped mit schraffierter Grundfläche $|\vec{b} \times \vec{c}|$ und Höhe $a_{\|}$ auf

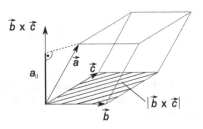

Dieses ist anschaulich klar, denn das Produkt $\vec{b} \times \vec{a}$ erzeugt einen Vektor, der sowohl senkrecht auf $\vec{b}$ als auch auf $\vec{a}$ steht. Wie wir aber vom Skalarprodukt wissen, gilt dann für das Produkt $\vec{a} \cdot (\vec{b} \times \vec{a}) = \vec{a} \cdot (\text{Vektor} \perp \vec{a}) = 0$.

Beispiel 1.18 (Ein Spatprodukt)

▷ Welches Volumen spannen $\vec{a} = (1, 1, 1)$, $\vec{b} = (2, -1, 1)$ und $\vec{c} = (1, 0, -1)$ auf?

Lösung: Wir berechnen das Volumen mit Gl. (1.47):

$$V = \vec{a} \cdot \left(\vec{b} \times \vec{c} \right) = \begin{pmatrix} 1 \\ 1 \\ 1 \end{pmatrix} \cdot \left[\begin{pmatrix} 2 \\ -1 \\ 1 \end{pmatrix} \times \begin{pmatrix} 1 \\ 0 \\ -1 \end{pmatrix} \right] = \begin{pmatrix} 1 \\ 1 \\ 1 \end{pmatrix} \cdot \begin{pmatrix} 1 \\ 3 \\ 1 \end{pmatrix} = +5. \quad ■$$

Es kann durchaus passieren, dass sich in der Berechnung ein Volumen mit negativem Vorzeichen ergibt. Durch Betragsbildung kann man aber diese Komplikation umgehen, wenn nur nach der Größe des Volumens gefragt ist. Die Interpretation eines negativen Wertes im Spatprodukt werden wir in Abschn. 1.5.1 kennenlernen.

Doppeltes Kreuzprodukt
Nicht selten tritt ein doppeltes Kreuzprodukt in der Form $\vec{a} \times (\vec{b} \times \vec{c})$ oder, noch schlimmer, $(\vec{a} \times \vec{b}) \times (\vec{c} \times \vec{d})$ auf. Für diese Fälle hilft die – studentischerseits – sogenannte **bac-cab-Formel** (Graßmann-Identität):

$$\vec{a} \times (\vec{b} \times \vec{c}) = \vec{b}(\vec{a} \cdot \vec{c}) - \vec{c}(\vec{a} \cdot \vec{b}). \quad (1.50)$$

Aus einem doppelten Kreuzprodukt ergibt sich somit recht fix eine Differenz zweier Vektoren (da die Klammerterme auf der rechten Seite als Skalarprodukte Zahlen liefern). Konstruiert man sich das doppelte Produkt aus drei beliebigen Vektoren $\vec{a}$, $\vec{b}$ und $\vec{c}$ wie in Abb. 1.26, so sieht man, dass sich ein Vektor ergibt, der in der durch $\vec{b}$ und $\vec{c}$ aufgespannten Ebene liegt.

Dieses beschreibt (1.50) auf mathematischem Weg, wie wir in Abschn. 1.4.2 bei der Ebenengleichung sehen werden. Der Beweis der bac-cab-Formel wird in Abschn. 3.5.1 nachgereicht.

Man beachte: Das doppelte Kreuzprodukt ist – im Gegensatz zum Spatprodukt – in seiner Reihenfolge nicht vertauschbar. Das Kreuzprodukt war es ja auch nicht, es

Abb. 1.26 $\vec{a} \times (\vec{b} \times \vec{c})$
liefert einen Vektor, der in
der von $\vec{b}$ und $\vec{c}$
aufgespannten Ebene liegt

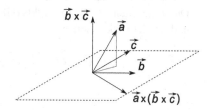

drehte sich das Vorzeichen unter Vertauschung der zu kreuzenden Vektoren. Deswegen gilt im Allgemeinen

$$\vec{a} \times (\vec{b} \times \vec{c}) \neq (\vec{a} \times \vec{b}) \times \vec{c}, \quad \vec{a} \times (\vec{b} \times \vec{c}) \neq \vec{c} \times (\vec{a} \times \vec{b}).$$

Beispiel 1.19 (bac-cab-Beispiel)

▷ Man berechne $\vec{a} \times (\vec{b} \times \vec{c})$ mit den Vektoren $\vec{a}$, $\vec{b}$ und $\vec{c}$ aus Beispiel 1.18.

Lösung: Entweder per Hand:

$$\vec{a} \times (\vec{b} \times \vec{c}) = \begin{pmatrix} 1 \\ 1 \\ 1 \end{pmatrix} \times \left[\begin{pmatrix} 2 \\ -1 \\ 1 \end{pmatrix} \times \begin{pmatrix} 1 \\ 0 \\ -1 \end{pmatrix} \right] = \begin{pmatrix} 1 \\ 1 \\ 1 \end{pmatrix} \times \begin{pmatrix} 1 \\ 3 \\ 1 \end{pmatrix} = \begin{pmatrix} -2 \\ 0 \\ 2 \end{pmatrix};$$

oder durch Einsetzen in (1.50):

$$\vec{a} \times (\vec{b} \times \vec{c}) = \vec{b}(\vec{a} \cdot \vec{c}) - \vec{c}(\vec{a} \cdot \vec{b})$$

$$= \begin{pmatrix} 2 \\ -1 \\ 1 \end{pmatrix} \left[\begin{pmatrix} 1 \\ 1 \\ 1 \end{pmatrix} \cdot \begin{pmatrix} 1 \\ 0 \\ -1 \end{pmatrix} \right] - \begin{pmatrix} 1 \\ 0 \\ -1 \end{pmatrix} \left[\begin{pmatrix} 1 \\ 1 \\ 1 \end{pmatrix} \cdot \begin{pmatrix} 2 \\ -1 \\ 1 \end{pmatrix} \right]$$

$$= \begin{pmatrix} 2 \\ -1 \\ 1 \end{pmatrix} \cdot 0 - \begin{pmatrix} 1 \\ 0 \\ -1 \end{pmatrix} \cdot 2 = -2 \begin{pmatrix} 1 \\ 0 \\ -1 \end{pmatrix} = \begin{pmatrix} -2 \\ 0 \\ 2 \end{pmatrix}. \qquad \blacksquare$$

Am Beispiel mit gegebenen Vektoren rechnet es sich per Hand leichter als mit bac-cab. Doch im abstrakteren (nächsten) Beispiel bekommt bac-cab seine Daseinsberechtigung.

Beispiel 1.20 (Vereinfachung von Doppelprodukten)

▷ Man vereinfache $(\vec{a} \times \vec{b}) \cdot (\vec{c} \times \vec{d})$.

Lösung: Wir betrachten zunächst genau die Struktur des zu vereinfachenden Ausdrucks. Ein Kreuzprodukt (Ergebnis ist ein Vektor) wird skalar mit einem zweiten Kreuzprodukt (auch als Ergebnis ein Vektor) multipliziert. Ein Vektor skalar mit einem Vektor multipliziert sollte eine Zahl liefern. Wir erwarten also eine Zahl.
    Wo hilft uns nun bac-cab? Zunächst fassen wir das Kreuzprodukt $\vec{a} \times \vec{b}$ als Kreuzvektor $\vec{v}$ auf, d.h. $(\vec{a} \times \vec{b}) \cdot (\vec{c} \times \vec{d}) = \vec{v} \cdot (\vec{c} \times \vec{d})$. Nun können wir per Durchtauschen des Spatprodukts (Gl. (1.48)) den Vektor $\vec{v}$ in die Klammer ziehen und wieder rückeinsetzen:

$$\vec{v} \cdot (\vec{c} \times \vec{d}) = \vec{c} \cdot (\vec{d} \times \vec{v}) = \vec{c} \cdot (\vec{d} \times (\vec{a} \times \vec{b})).$$

Auf den Klammerterm können wir jetzt bac-cab anwenden:

$$\vec{c} \cdot (\vec{d} \times (\vec{a} \times \vec{b})) = \vec{c} \cdot (\vec{a}(\vec{d} \cdot \vec{b}) - \vec{b}(\vec{d} \cdot \vec{a})) = (\vec{c} \cdot \vec{a})(\vec{d} \cdot \vec{b}) - (\vec{c} \cdot \vec{b})(\vec{d} \cdot \vec{a}).$$

Nun drehen wir die Skalarprodukt als kosmetischen Eingriff noch um und erhalten das Ergebnis

$$(\vec{a} \times \vec{b}) \cdot (\vec{c} \times \vec{d}) = (\vec{a} \cdot \vec{c})(\vec{b} \cdot \vec{d}) - (\vec{a} \cdot \vec{d})(\vec{b} \cdot \vec{c}). \qquad \blacksquare$$

1.3.5 Lorentz-Kraft

In der Mittelstufe haben wir – ohne es zu wissen – schon mit Kreuzprodukten gearbeitet. Aus einem Physiktest, den der Autor dieses Buches seinerzeit schreiben durfte: „Ein Teilchen mit positiver Ladung wird von links in ein Magnetfeld geschossen, das in das Buch hineinzeigt. Wohin wird das Teilchen abgelenkt?"
Die Lösung lieferte die Drei-Finger-Regel. Dazu gab es folgendes Vorgehen:

1. Für positiv geladene Teilchen verwende die rechte Hand, für negative Teilchen die linke Hand.
2. Richte den Daumen in Bewegungsrichtung des Teilchens aus.
3. Richte den Zeigefinger in Richtung des Magnetfeldes aus.
4. Der Mittelfinger gibt die gesuchte Ablenkung an.

Im obigen Fall nehmen wir die rechte Hand (Teilchen ist positiv geladen). Dann zeigt der Daumen von links nach rechts und der Zeigefinger in das Buch. Der halb ausgestreckte Mittelfinger zeigt schließlich nach oben. Ergebnis: Das eingeschossene Teilchen wird sich nach oben wegbewegen (Abb. 1.27).
Nun wollen wir uns über die quantitative Beschreibung Gedanken machen und weisen den o.g. Begriffen physikalische Größen zu. Die Bewegungsrichtung des Teilchens wird durch die Geschwindigkeit $\vec{v}$ angegeben (Daumen). Das Magnetfeld

Abb. 1.27 Ablenkung eines bewegten, geladenen Teilchens in einem Magnetfeld. Sie ergibt sich mit Hilfe der Drei-Finger-Regel

wird durch einen Vektor $\vec{B}$ beschrieben (Zeigefinger) – ein Feld, das wir in Kap. 13 noch ausführlich besprechen werden. Senkrecht zum Feld und zur Geschwindigkeit wirkt die Ablenkung, beschrieben durch die Kraft $\vec{F}$ (Mittelfinger). Solch eine Konstellation dreier Vektoren ist uns allerdings auch schon beim Kreuzprodukt begegnet. Dort gab der Daumen den Vektor $\vec{a}$, der Zeigefinger $\vec{b}$ und der Mittelfinger den Vektor $\vec{a} \times \vec{b}$ an. Wir können also für die Krafteinwirkung schreiben:

$$\vec{F} \sim \vec{v} \times \vec{B}.$$

Nun muss noch zwischen rechter Hand und linker Hand unterschieden werden. Dies geschieht durch die Ladung q. Ist diese positiv, so kann die Drei-Finger-Regel mit der gewohnten rechten Hand durchgeführt werden. Ist q negativ, so wechselt man die Hand, was gleichbedeutend mit dem Vertauschen der Reihenfolge der zu kreuzenden Vektoren ist. Die Ladung legt dementsprechend als Vorfaktor die Richtung der Ablenkung modulo 180° fest. Somit ist die Krafteinwirkung auf ein geladenes Teilchen im Magnetfeld – die sogenannte **Lorentz-Kraft** $\vec{F}_L$ – gegeben durch

$$\vec{F}_L = q\vec{v} \times \vec{B}. \tag{1.51}$$

Beispiel 1.21 ($\vec{B}$-Feld-Bestimmung durch Lorentz-Kraft)

▷ Ein Teilchen mit Ladung q wird mit Geschwindigkeit $\vec{v}$ senkrecht in ein unbekanntes Magnetfeld $\vec{B}$ geschossen und mit der Kraft $\vec{F}_L$ abgelenkt. Dann ist $\vec{B} = ?$

Lösung: q, $\vec{v}$ und $\vec{F}_L$ sind gegeben. Prinzipiell läuft es also darauf hinaus, Gl. (1.51) nach $\vec{B}$ aufzulösen. Hierzu müssen wir wieder tricksen, denn ein Kreuzprodukt kann nicht einfach umgeformt werden. Multipliziere (1.51) von links mit $\vec{v} \times$, wobei der Skalar q aus dem Kreuzprodukt herausgezogen werden darf:

$$\vec{v} \times \vec{F}_L = q\vec{v} \times (\vec{v} \times \vec{B}).$$

Nun können wir bac-cab auf der rechten Seite anwenden:

$$\vec{v} \times \vec{F}_L = q(\vec{v}\underbrace{(\vec{v} \cdot \vec{B})}_{=0} - \vec{B}(\vec{v} \cdot \vec{v})) = -q\vec{B}v^2,$$

wobei $\vec{v} \cdot \vec{B} = 0$, da das Teilchen senkrecht zu $\vec{B}$ eingeschossen wird. Umformen liefert schließlich

$$\vec{B} = \frac{\vec{v} \times \vec{F}_L}{-qv^2} = \frac{\vec{F}_L \times \vec{v}}{qv^2}. \qquad \blacksquare$$

Spickzettel zum Kreuzprodukt

- **Definition des Kreuzprodukts**
  Nur gültig in drei Dimensionen! $\vec{c} = \vec{a} \times \vec{b}$ steht senkrecht auf $\vec{a}$ und auf $\vec{b}$, $|\vec{a} \times \vec{b}|$ entspricht der Fläche des von $\vec{a}$ und $\vec{b}$ aufgespannten Parallelogramms, damit also $|\vec{a} \times \vec{b}| = ab\sin(\varphi)$. Die Drei-Finger-Regel ergibt den Kreuzvektor.

- **Folgerungen**
  - Kreuzprodukt ist antikommutativ: $\vec{a} \times \vec{b} = -\vec{b} \times \vec{a}$.
  - $\vec{a} \parallel \vec{b} \Rightarrow \vec{a} \times \vec{b} = \vec{0}$, speziell $\vec{a} \times \vec{a} = \vec{0}$.
  - $\vec{a} \perp \vec{b} \Rightarrow |\vec{a} \times \vec{b}| = ab\sin(90°) = ab$.

- **Kreuzprodukt in Komponenten**
  $$\begin{pmatrix} a_1 \\ a_2 \\ a_3 \end{pmatrix} \times \begin{pmatrix} b_1 \\ b_2 \\ b_3 \end{pmatrix} = \begin{pmatrix} a_2b_3 - a_3b_2 \\ a_3b_1 - a_1b_3 \\ a_1b_2 - a_2b_1 \end{pmatrix}.$$

- **Weitere Rechenregeln**
  - Konstanten können aus dem Kreuzprodukt herausgezogen werden:
    $(\lambda\vec{a}) \times (\mu\vec{b}) = \lambda\mu \cdot (\vec{a} \times \vec{b})$.
  - Distributivgesetz: $\vec{a} \times (\vec{b} \pm \vec{c}) = \vec{a} \times \vec{b} \pm \vec{a} \times \vec{c}$.

- **Spatprodukt**
  - entspricht Volumen (bis auf Vorzeichen), $\vec{a} \cdot (\vec{b} \times \vec{c}) = a_\parallel \cdot |\vec{b} \times \vec{c}| = V$.
  - Das Spatprodukt ist zyklisch, d. h., es gilt $\vec{a} \cdot (\vec{b} \times \vec{c}) = \vec{c} \cdot (\vec{a} \times \vec{b}) = \vec{b} \cdot (\vec{c} \times \vec{a})$.
  - Insbesondere ist $\vec{a} \cdot (\vec{b} \times \vec{a}) = \vec{a} \cdot (\vec{a} \times \vec{b}) = \vec{b} \cdot (\vec{a} \times \vec{a}) = \vec{b} \cdot \vec{0} = 0$.

- **Doppeltes Kreuzprodukt**
  - bac-cab: $\vec{a} \times (\vec{b} \times \vec{c}) = \vec{b}(\vec{a} \cdot \vec{c}) - \vec{c}(\vec{a} \cdot \vec{b})$.
  - Im Allgemeinen gilt aber
    $\vec{a} \times (\vec{b} \times \vec{c}) \neq (\vec{a} \times \vec{b}) \times \vec{c}$ und $\vec{a} \times (\vec{b} \times \vec{c}) \neq \vec{c} \times (\vec{a} \times \vec{b})$.

---------------------- P - H - Y - S - I - K ----------------------------------

- **Lorentz-Kraft**
  Bewegte Ladungen q mit Geschwindigkeit $\vec{v}$ im Magnetfeld $\vec{B}$, Ablenkung dann:

$$\vec{F}_L = q\vec{v} \times \vec{B}.$$

1.4 Vektorgleichungen

In diesem Abschnitt werden wir Vektorgleichungen betrachten. Dies sind Gleichungen, die Objekte wie Geraden, Ebenen, Kreise und Kugeln vektoriell beschreiben.

1.4.1 Geradengleichung

Eine Gerade ist bei gewähltem Ursprung durch zwei Punkte $\vec{a}$ und $\vec{b}$ (wobei natürlich $\vec{a} \neq \vec{b}$ ist!) eindeutig festgelegt. Für die Menge aller Punkte $\vec{x}$ auf der Geraden g gilt dann die **vektorielle Geradengleichung:**

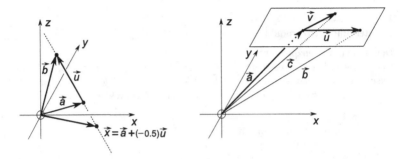

Abb. 1.28 Zum Aufstellen der Geraden- und Ebenengleichung

$$g: \vec{x} = \vec{a} + \lambda(\vec{b} - \vec{a}) =: \vec{a} + \lambda\vec{u}. \tag{1.52}$$

Mit dem **Verankerungsvektor** $\vec{a}$ (auch: Stützvektor) springen wir auf die Gerade, der Vektor $\vec{u} = \vec{b} - \vec{a}$ gibt uns die Richtung der Geraden an. Mit wählbarem reellen **Parameter** λ können wir dann auf der Geraden herumspazieren und jeden beliebigen Punkt auf ihr erreichen, in die eine wie in die andere Richtung (für $\lambda > 0$ bzw. $\lambda < 0$). Für $\vec{a} = \vec{0}$ spricht man von einer Ursprungsgeraden.

Gl. (1.52) hat noch eine andere Lesart. Eine Gerade ist danach auch durch Angabe eines Verankerungsvektors $\vec{a}$ und eines **Richtungsvektors** $\vec{u}$ eindeutig festgelegt. Das linke Bild in Abb. 1.28 verdeutlicht dies.

Beispiel 1.22 (Aufstellen einer Geradengleichung)

▷ Man bestimme eine Geradengleichung durch die Punkte $(2, 1, -1)$ und $(3, 1, 2)$.

Lösung: Setze in die Geradengleichung (1.52) ein. Wähle dazu einen Punkt als den Verankerungsvektor (hier $\vec{a}$):

$$g: \vec{x} = \begin{pmatrix} 2 \\ 1 \\ -1 \end{pmatrix} + \lambda \left[\begin{pmatrix} 3 \\ 1 \\ 2 \end{pmatrix} - \begin{pmatrix} 2 \\ 1 \\ -1 \end{pmatrix} \right] = \begin{pmatrix} 2 \\ 1 \\ -1 \end{pmatrix} + \lambda \begin{pmatrix} 1 \\ 0 \\ 3 \end{pmatrix}. \qquad \blacksquare$$

Man hätte auch Vektor $\vec{b}$ als Verankerungsvektor und entsprechend $\vec{a} - \vec{b}$ als Richtungsvektor nehmen können, was auf eine Darstellung mit einem anderen Parameter λ' geführt hätte. Dennoch beschreiben dann beide Darstellungen die gleiche Gerade.

Beispiel 1.23 (Lineare Bewegung eines Schlittens)

▷ Ein Schlitten bewege sich auf einer Eisschicht mit Geschwindigkeit $\vec{v} = (0, v, 0)$. Startpunkt sei $\vec{x}_0 = (x_0, y_0, z_0)$. Auf welcher Geraden bewegt sich der Schlitten?

Lösung: Die Geschwindigkeit $\vec{v}$ gibt die Richtung der Geraden an, der Verankerungsvektor ist der Startpunkt $\vec{x}_0$. Wir stellen auf:

$$\vec{x} = \vec{x}_0 + \lambda \vec{v} = (x_0, y_0, z_0) + (0, \lambda v, 0) = (x_0, y_0 + v\lambda, z_0).$$

Je länger sich der Schlitten mit konstanter Geschwindigkeit v bewegt, desto größer ist die zurückgelegte Strecke in y-Richtung. Der Parameter λ kann somit als Zeit interpretiert werden. Wir schreiben t statt λ und erhalten

$$\vec{x}(t) = (x_0, y_0 + vt, z_0).$$

Diese Darstellung eines zeitabhängigen Vektors beschreibt eine Bahnkurve und wird in Kap. 6 ausführlich behandelt. ∎

1.4.2 Ebenengleichung

Parameterform

Analoge Überlegungen zur Geraden führen auf die Ebenengleichung. Betrachte dazu Abb. 1.28 rechts. Damit eine Ebene festgelegt ist, benötigen wir neben der Ursprungswahl drei Vektoren: einmal den Verankerungsvektor $\vec{a}$, mit dem man auf die Ebene springt; dann einen Richtungsvektor $\vec{u}$, mit dem wir von links nach rechts laufen können. Schließlich brauchen wir für die dritte Dimension einen weiteren Richtungsvektor $\vec{v}$ (welcher nicht parallel oder antiparallel zu $\vec{u}$ sein darf!), um nach vorn und hinten laufen zu können. Jetzt ist es möglich, jeden Punkt auf der Ebene E zu erreichen:

$$\text{E}: \ \vec{x} = \vec{a} + \lambda \vec{u} + \mu \vec{v}.$$

Eine Ebene kann aber auch aufgespannt werden, indem drei Punkte der Ebene gegeben sind, die nicht auf einer Linie liegen. Legt man z. B. eine Holzplatte auf einen Finger, so wird – wenn man durch Zufall nicht gerade das Brett am Schwerpunkt stützt, selbiges kippen. Nimmt man einen zweiten Finger zum Stützen, so kann das Brett nur noch entlang der Achse über beide Finger kippen. Ein dritter Finger macht das System gegen Kippen dann stabil. Somit kann man eine Ebene durch drei Punkte $\vec{a}$, $\vec{b}$ und $\vec{c}$ festlegen:

$$\text{E}: \ \vec{x} = \vec{a} + \lambda(\vec{b} - \vec{a}) + \mu(\vec{c} - \vec{a}),$$

da die Differenzen geradewegs die Richtungsvektoren liefern. Ergebnis:

$$E: \vec{x} = \vec{a} + \lambda(\vec{b} - \vec{a}) + \mu(\vec{c} - \vec{a}) =: \vec{a} + \lambda\vec{u} + \mu\vec{v}. \qquad (1.53)$$

Beispiel 1.24 (Aufstellen der Ebenengleichung)

▷ Man bestimme die Ebenengleichung durch $(1, 1, 2)$, $(1, 1, 0)$ und $(-1, 0, -2)$.

Lösung: Setze in die Parameterform (1.53) ein, z. B. mit $\vec{a} = (1, 1, 2), \vec{b} = (1, 1, 0)$ und $\vec{c} = (-1, 0, -2)$ (andere Reihenfolge der Verankerungs- und Richtungsvektoren natürlich möglich):

$$E: \vec{x} = \begin{pmatrix} 1 \\ 1 \\ 2 \end{pmatrix} + \lambda \left[\begin{pmatrix} 1 \\ 1 \\ 0 \end{pmatrix} - \begin{pmatrix} 1 \\ 1 \\ 2 \end{pmatrix} \right] + \mu \left[\begin{pmatrix} -1 \\ 0 \\ -2 \end{pmatrix} - \begin{pmatrix} 1 \\ 1 \\ 2 \end{pmatrix} \right]$$

$$= \begin{pmatrix} 1 \\ 1 \\ 2 \end{pmatrix} + \lambda \begin{pmatrix} 0 \\ 0 \\ -2 \end{pmatrix} + \mu \begin{pmatrix} -2 \\ -1 \\ -4 \end{pmatrix}. \qquad ∎$$

(Hesse'sche) Normalenform
Eine andere Überlegung führt auf eine alternative Beschreibung. Gl. (1.53) beschreibt eine Ebene mit Hilfe von drei Punkten. Das muss nicht unbedingt sein! Eine Ebene – sie liege momentan im Ursprung – kann mit Hilfe eines auf ihr senkrecht stehenden Vektors $\vec{n}$, dem sogenannten **Normalenvektor einer Ebene,** beschrieben werden. Wenn $\vec{n}$ senkrecht auf der Ebene steht, bedeutet das, dass alle Vektoren $\vec{x}$, die in der Ebene liegen, senkrecht zum Normalenvektor stehen, also dessen Skalarprodukte verschwinden:

$$\vec{n} \cdot \vec{x} = n_1 x + n_2 y + n_3 z = 0.$$

Im allgemeinen Fall (Abb. 1.29, Seitenansicht) liegt die Ebene im Raum. Die Ebenenpunkte werden ausgehend vom Ursprung durch $\vec{x}$ beschrieben, der Normalenvektor $\vec{n}$ steht weiterhin senkrecht auf der Ebene E. Der Abstand d ist die kürzeste Strecke vom Ursprung zur Ebene und liegt natürlich parallel zu $\vec{n}$. Die Projektion von $\vec{x}$ auf $\vec{n}$ liefert

$$\vec{n} \cdot \vec{x} = n x_{\parallel} = n \cdot d.$$

Abb. 1.29 Links: Zum Aufstellen der Normalenform einer Ebene E. Rechts: Der Abstand d_p eines Punktes $\vec{p}$ zur Ebene E lässt sich durch eine parallel zu E liegende und durch $\vec{p}$ gehende Ebene E_p konstruieren

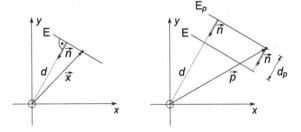

Hieraus erhalten wir per Division durch n die (normierte) Ebenengleichung und die sogenannte **Hesse'sche Normalenform**

$$\frac{\vec{n}}{n} \cdot \vec{x} - d = \vec{e}_n \cdot \vec{x} - d = 0. \tag{1.54}$$

Dabei ist $\vec{e}_n := \frac{\vec{n}}{n}$ der normierte Normalenvektor der Ebene und d der Abstand zum Ursprung. Den Abstand von einem beliebigen Punkt $\vec{p}$ zur Ebene erhält man durch $d_p = \vec{e}_n \cdot \vec{p} - d$, wobei $\vec{e}_n \cdot \vec{p}$ der Abstand der Ebene E_p vom Ursprung ist. Das rechte Bild in Abb. 1.29 verdeutlicht dies.

Beispiel 1.25 (Bestimmung der Hesse'schen Normalenform)

▷ Wie lautet die Ebenengleichung in Hesse'scher Normalenform aus Beispiel 1.24?

Lösung: Die Parameterform ist aus vorherigem Beispiel bereits bekannt:

$$\vec{x} = \begin{pmatrix} 1 \\ 1 \\ 2 \end{pmatrix} + \lambda \begin{pmatrix} 0 \\ 0 \\ -2 \end{pmatrix} + \mu \begin{pmatrix} -2 \\ -1 \\ -4 \end{pmatrix}.$$

$\vec{u} := (0, 0, -2)$ und $\vec{v} := (-2, -1, -4)$ sind die Richtungsvektoren der Ebene. Diese liegen jeweils *in* der Ebene. Wir können also per Vektorprodukt von $\vec{u}$ und $\vec{v}$ einen Vektor basteln, der sowohl senkrecht auf $\vec{u}$ als auch auf $\vec{v}$ steht. Sofern $\vec{u}$ und $\vec{v}$ nicht auf einer Linie liegen (was hier offensichtlich nicht der Fall ist), liefert das Kreuzprodukt also einen Vektor, der senkrecht auf der Ebene steht, also unseren Normalenvektor:

$$\vec{n} = \vec{u} \times \vec{v} = \begin{pmatrix} 0 \\ 0 \\ -2 \end{pmatrix} \times \begin{pmatrix} -2 \\ -1 \\ -4 \end{pmatrix} = \begin{pmatrix} -2 \\ 4 \\ 0 \end{pmatrix} \quad \text{bzw.} \quad \vec{e}_n = \frac{1}{\sqrt{20}} \begin{pmatrix} -2 \\ 4 \\ 0 \end{pmatrix}.$$

Durch Multiplikation mit der Parameterform folgt eine Darstellung $\vec{e}_n \cdot \vec{x} = d$:

$$\vec{e}_n \cdot \vec{x} = \frac{1}{\sqrt{20}} \begin{pmatrix} -2 \\ 4 \\ 0 \end{pmatrix} \cdot \begin{pmatrix} x \\ y \\ z \end{pmatrix} = \frac{1}{\sqrt{20}}(-2x + 4y + 0z).$$

Andererseits ist

$$\frac{1}{\sqrt{20}} \begin{pmatrix} -2 \\ 4 \\ 0 \end{pmatrix} \cdot \left[\begin{pmatrix} 1 \\ 1 \\ 2 \end{pmatrix} + \lambda \begin{pmatrix} 0 \\ 0 \\ -2 \end{pmatrix} + \mu \begin{pmatrix} -2 \\ -1 \\ -4 \end{pmatrix} \right] = \frac{1}{\sqrt{20}}(2 + 0 + 0) = \frac{2}{\sqrt{20}}.$$

Ergebnis: Die Hesse'sche Normalenform lautet $\frac{1}{\sqrt{20}}(-2x + 4y + 0z) = \frac{2}{\sqrt{20}}$ bzw.

$$\vec{e}_n \cdot \vec{x} - d = \frac{1}{\sqrt{20}} \begin{pmatrix} -2 \\ 4 \\ 0 \end{pmatrix} \cdot \begin{pmatrix} x \\ y \\ z \end{pmatrix} - \frac{2}{\sqrt{20}} = 0.$$

Die Ebene steht also senkrecht auf der x-y-Ebene, da die Gleichung für beliebiges z erfüllt ist und der Normalenvektor in der x-y-Ebene liegt. Der Abstand zum Ursprung beträgt dabei $d = \frac{2}{\sqrt{20}}$. Aus der Parameterform lässt sich all dies nicht ablesen. ∎

1.4.3 Kreis- und Kugelgleichung

Der Kreis

Alle Punkte auf einem Kreis mit dem Ursprung als Mittelpunkt und Radius R lassen sich mit Hilfe des Satzes von Pythagoras beschreiben (Abb. 1.30):

$$x^2 + y^2 = R^2.$$

Das bedeutet, dass die Punkte (x, y) auf dem Kreis stets den konstanten Abstand R vom Mittelpunkt besitzen.

Schreibe nun obige Gleichung als Skalarprodukt:

$$\begin{pmatrix} x \\ y \end{pmatrix} \cdot \begin{pmatrix} x \\ y \end{pmatrix} = R^2 \quad \text{bzw.} \quad \vec{x}^2 = R^2 \quad \text{bzw.} \quad |\vec{x}| = R,$$

wobei $\vec{x} = (x, y)$. Im allgemeinen Fall (Mittelpunkt $\vec{x}_0 = (x_0, y_0) \neq \vec{0}$) erhalten wir die **Kreisgleichung**

$$(x - x_0)^2 + (y - y_0)^2 = R^2 \tag{1.55}$$

bzw. vektoriell

$$\begin{pmatrix} x - x_0 \\ y - y_0 \end{pmatrix} \cdot \begin{pmatrix} x - x_0 \\ y - y_0 \end{pmatrix} = R^2 \quad \text{bzw.} \quad (\vec{x} - \vec{x}_0)^2 = R^2 \quad \text{bzw.} \quad |\vec{x} - \vec{x}_0| = R. \tag{1.56}$$

Die Kugel

Analog lassen sich die obigen Überlegungen auf die Kugel übertragen. Für diese gilt der dreidimensionale Pythagoras (zur Herleitung der Länge eines Vektors bereits benutzt):

$$x^2 + y^2 + z^2 = R^2$$

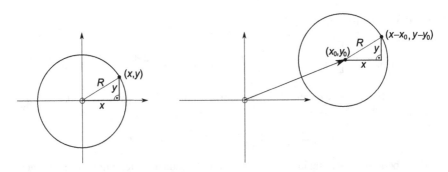

Abb. 1.30 Zur Kreisgleichung. Links: Alle Punkte auf einem Kreis haben konstanten Abstand (Radius R) zum Mittelpunkt. Rechts: verschobener Kreis

bzw. im allgemeinen Fall die **Kugelgleichung**

$$(x - x_0)^2 + (y - y_0)^2 + (z - z_0)^2 = R^2 \qquad (1.57)$$

und vektoriell mit $\vec{x} = (x, y, z)$ sowie $\vec{x}_0 = (x_0, y_0, z_0)$:

$$\begin{pmatrix} x - x_0 \\ y - y_0 \\ z - z_0 \end{pmatrix}^2 = R^2 \text{ bzw. } (\vec{x} - \vec{x}_0)^2 = R^2 \text{ bzw. } |\vec{x} - \vec{x}_0| = R. \qquad (1.58)$$

Der geneigte Betrachter mag sich nun fragen, was denn der Unterschied zwischen Kreis- und Kugelgleichung in vektorieller Form sei. Antwort: Beim Kreis handelt es sich bei $\vec{x}$ und $\vec{x}_0$ um einen zweidimensionalen Vektor, bei der Kugel haben beide Vektoren jedoch die Dimension drei.

Beispiel 1.26 (Aufstellen der Kreis- und Kugelgleichung)

▷ Man bestimme die Gleichung eines Kreises mit Mittelpunkt $(1, -2)$ und Radius 3 sowie die Gleichung einer Kugel mit Mittelpunkt $(-1, 2, -1)$ und Radius 1.

Lösung: Wir setzen in obige Formeln ein. Zunächst gilt für den Kreis

$$(x - 1)^2 + (y - (-2))^2 = 3^2 \iff (x - 1)^2 + (y + 2)^2 = 9$$

$$\text{oder } \left(\vec{x} - \begin{pmatrix} 1 \\ -2 \end{pmatrix}\right)^2 = 9 \text{ oder } \left|\vec{x} - \begin{pmatrix} 1 \\ -2 \end{pmatrix}\right| = 3.$$

Ebenso folgt die Kugel:

$$(x + 1)^2 + (y - 2)^2 + (y + 1)^2 = 1$$

$$\text{oder } \left(\vec{x} - \begin{pmatrix} -1 \\ +2 \\ -1 \end{pmatrix}\right)^2 = 1 \text{ oder } \left|\vec{x} - \begin{pmatrix} -1 \\ 2 \\ -1 \end{pmatrix}\right| = 1. \qquad ∎$$

[H3] Der Meteorit (4 Punkte)

Ein Meteorit (Bahn gestrichelt) kürzt eine Wetterantenne eines Turmes bei $\vec{w}$ und schlägt weit entfernt davon auf dem Boden ein. Er bewegt sich mit (als konstant angenommener) Geschwindigkeit $\vec{v} = v\vec{e}$ entlang einer Geraden. Durch ein kleines Loch im Dach fällt sein Licht wie skizziert auf den Boden einer Dachgeschosswohnung. Zum gezeigten Zeitpunkt hat der dort beobachtbare

Lichtfleck die Geschwindigkeit $\vec{u}$. Wie schnell ist der Meteorit, und wie nahe kam er dem Loch im Dach? Bekannt sind $\vec{w}$, $\vec{e}$, $\vec{u}$ und Höhe H des Lochs über dem Boden. Hierbei steht $\vec{a}$ senkrecht auf $\vec{v}$.

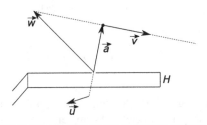

Spickzettel zu Vektorgleichungen

- **Gerade**
  $\vec{x} = \vec{a} + \lambda(\vec{b} - \vec{a}) = \vec{a} + \lambda\vec{u}$ ($\vec{u} \neq \vec{0}$ Richtungsvektor, $\lambda \in \mathbb{R}$ Parameter).

- **Ebene**
  - Parameterform: $\vec{x} = \vec{a} + \lambda(\vec{b} - \vec{a}) + \mu(\vec{c} - \vec{a}) = a + \lambda\vec{u} + \mu\vec{v}$ ($\lambda, \mu \in \mathbb{R}$ Parameter), wobei $\vec{u}$ und $\vec{v}$ nicht parallel bzw. nicht antiparallel sein dürfen.
  - Normalenform: $\vec{n} \cdot \vec{x} - d = 0$, $\vec{n}$ ist der Normalenvektor senkrecht auf der Ebene. Wenn $\vec{n}$ normiert ist, gibt die Zahl d den Abstand zum Ursprung an (Hesse'sche Normalenform): $\vec{e}_n \cdot \vec{x} - d = 0$. Für $d = 0$ geht die Ebene durch den Ursprung.

- **Kreis- und Kugel**
  Mittelpunkt $\vec{x}_0$, Radius R:
  - Vektoriell: $(\vec{x} - \vec{x}_0)^2 = R^2$ bzw. $|\vec{x} - \vec{x}_0| = R$.
  - Nicht vektoriell. Kreis: $(x - x_0)^2 + (y - y_0)^2 = R^2$.
    Kugel: $(x - x_0)^2 + (y - y_0)^2 + (z - z_0)^2 = R^2$.

1.5 Koordinatensysteme

1.5.1 Orientierung

Man fragt sich des Öfteren: In was für einer Welt leben wir? Bevor wir uns in philosophischen Antworten ergießen: Wir leben in den drei Raumdimensionen x, y und z – bei einem Quader z. B. Breite, Höhe, Tiefe. Das Koordinatensystem aus Abb. 1.1 entspricht dieser Anschauung. Die **Koordinatenachsen** stehen, wie Gl. (1.26) zeigt, senkrecht aufeinander. Nimmt man die *rechte* Hand und lässt den Daumen in Richtung der ersten Koordinatenachse (x) und den Zeigefinger in Richtung der zweiten Achse (y) zeigen, so kann man sehr gut mit dem Mittelfinger in Richtung der dritten Achse zeigen, ohne sich den Finger zu verrenken (Prinzip wie beim Kreuzprodukt).

Abb. 1.31 Unterscheidung
zwischen Rechtssystem mit
Koordinaten (x, y, z) und
Linkssystem mit
Koordinaten (u, v, w)

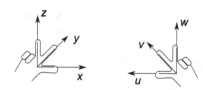

Ein solches System von Achsen nennt man **Rechtssystem** und sagt, dass die Vektoren $\vec{e}_1$, $\vec{e}_2$ und $\vec{e}_3$ (welche die Achsen charakterisieren) **positive Orientierung** besitzen. Würde nun die y-Achse nach vorn zeigen, so hätte man mit der rechten Hand Probleme, die Finger entlang der Achsen auszurichten; mit der *linken* Hand aber nicht! Man nennt solch ein Koordinatensystem **Linkssystem** bzw. sagt, die Vektoren entlang der Achsen hätten **negative Orientierung**. Abb. 1.31 verbildlicht dies.

Mathematisch definieren sich im dreidimensionalen Raum positive wie negative Orientierung bzw. Rechts- und Linkssystem wie folgt:

$$\vec{f}_1 \cdot (\vec{f}_2 \times \vec{f}_3) = +1 \text{ (Rechtssystem)},$$
$$\vec{f}_1 \cdot (\vec{f}_2 \times \vec{f}_3) = -1 \text{ (Linkssystem)}, \tag{1.59}$$

wobei $\vec{f}_i$ beliebige Basisvektoren sind – also Vektoren, aus denen sich jeder beliebige Vektor konstruieren lässt.

Zur Erklärung von (1.59): Das Kreuzprodukt liefert einen Vektor, der sowohl senkrecht auf dem zweiten als auch dritten Basisvektor steht und zusätzlich Länge eins besitzt. Dieses ist im bisher gebräuchlichen Koordinatensystem durch die erste Achse (entlang des ersten Basisvektors $\vec{f}_1$ orientiert) sowieso gegeben. Zeigt der Kreuzvektor $\vec{f}_2 \times \vec{f}_3$ in die gleiche Richtung wie der erste Basisvektor, so liefert das Skalarprodukt des Kreuzvektors mit $\vec{f}_1$ eins, und wir haben es mit einem Rechtssystem zu tun. Zeigt der Kreuzvektor andererseits entgegengesetzt zum ersten Basisvektor, ergibt das Skalarprodukt von Kreuzvektor mit erstem Basisvektor -1, und wir haben ein Linkssystem vorliegen.

1.5.2 Orthonormalbasis und Koordinatensysteme

Die für uns wichtigen Koordinatensysteme im dreidimensionalen Raum bilden ein **Dreibein,** d. h., die Achsen stehen paarweise senkrecht aufeinander. Man beschreibt Koordinatensysteme durch die Einheits- bzw. Basisvektoren entlang der Achsen.

Hat man n Vektoren vorliegen, die jeweils Länge eins haben und paarweise senkrecht stehen, so sagt man, dass sie eine **Orthonormalbasis** (ONB) bilden und somit die Achsen eines Koordinatensystems festlegen. Mathematisch bedeutet dies: Die Vektoren $\vec{f}_i$, $i = 1, \ldots, n$ bilden eine ONB, wenn

$$\vec{f}_i \cdot \vec{f}_j = \begin{cases} 1 \text{ für } & i = j \\ 0 \text{ für } & i \neq j \end{cases}, \tag{1.60}$$

d. h., sie sind normiert (Vektor mit sich selbst multipliziert ergibt eins) und stehen paarweise senkrecht (alle weiteren Skalarprodukte verschwinden). Soll also untersucht werden, ob gegebene Vektoren eine ONB bilden, so müssen lediglich diese beiden Eigenschaften der Definition (1.60) überprüft werden.

Beispiel 1.27 (Eine einfache ONB)

▷ Bilden die Vektoren $\vec{a} = \frac{1}{\sqrt{2}}(1, 1)$ und $\vec{b} = \frac{1}{\sqrt{2}}(1, -1)$ eine ONB?

Lösung: Abklappern der Definition (1.60):

$$\vec{a} \cdot \vec{b} = \frac{1}{\sqrt{2}} \begin{pmatrix} 1 \\ 1 \end{pmatrix} \cdot \frac{1}{\sqrt{2}} \begin{pmatrix} 1 \\ -1 \end{pmatrix} = \frac{1}{2}(1^2 + 1 \cdot (-1)) = 0,$$

$$\vec{a} \cdot \vec{a} = \frac{1}{\sqrt{2}} \begin{pmatrix} 1 \\ 1 \end{pmatrix} \cdot \frac{1}{\sqrt{2}} \begin{pmatrix} 1 \\ 1 \end{pmatrix} = \frac{1}{2}(1^2 + 1^2) = 1,$$

$$\vec{b} \cdot \vec{b} = \frac{1}{\sqrt{2}} \begin{pmatrix} 1 \\ -1 \end{pmatrix} \cdot \frac{1}{\sqrt{2}} \begin{pmatrix} 1 \\ -1 \end{pmatrix} = \frac{1}{2}(1^2 + (-1)^2) = 1.$$

Somit ist Bedingung (1.60) erfüllt: $\vec{a}$ und $\vec{b}$ bilden eine ONB.   ∎

Für dreidimensionale Koordinatensysteme fordert man neben der ONB-Eigenschaft der Basisvektoren, dass die Achsen ein Rechtssystem bilden mögen:

$$\vec{f}_1 \cdot (\vec{f}_2 \times \vec{f}_3) = +1. \quad \text{(Rechtssystem)} \qquad (1.61)$$

Nun haben wir alle Vorkenntnisse, um Koordinatensysteme zu definieren.

1.5.3 Prominente Koordinatensysteme

Jede Orthonormalbasis kann zur Beschreibung der Achsen eines Koordinatensystems verwendet werden. Für dreidimensionale Koordinatensysteme fordert man zusätzlich, dass die Basisvektoren ein Rechtssystem aufspannen. Wir führen im Folgenden die gebräuchlichsten Koordinatensysteme ein, die immer wiederkehren werden.

Kartesische Koordinaten

Kartesische Koordinaten sind die uns geläufigsten. Ein Ortsvektor $\vec{r}$ wird durch die bekannten Koordinaten x, y und z beschrieben, er besitzt einen Abstand $\sqrt{x^2 + y^2 + z^2}$ zum Ursprung. Das kartesische Koordinatensystem wird durch die Basisvektoren $\vec{e}_1 = (1, 0, 0)$, $\vec{e}_2 = (0, 1, 0)$ und $\vec{e}_3 = (0, 0, 1)$ erzeugt. So weit, so gut. Aber leider gibt es in der Physik viele Probleme, die durch Beschreibung mit kartesischen Koordinaten sehr kompliziert werden (z. B. Bewegungen auf einer Kugel). Dann ist es zweckmäßig, aus unserer vertrauten Welt heraus in ein neues Koordinatensystem zu wechseln.

Polarkoordinaten (2-D)
Polarkoordinaten benutzt man, um in der Ebene kreisförmige Probleme zu beschreiben (z. B. zur Flächenberechnung eines Kreises). In kartesischen Koordinaten wird
ein Kreis um den Ursprung durch $x^2 + y^2 = R^2$ beschrieben. Hiermit lässt sich allerdings schlecht rechnen, denn wenn man z. B. die Funktion y des Kreises haben
möchte, muss jene Gleichung nach y aufgelöst werden, was unangenehm wird:

$$x^2 + y^2 = R^2 \iff y(x) = \pm\sqrt{R^2 - x^2}.$$

Damit rechnet es sich offensichtlich nicht mehr gut. Aufgrund dessen überlegt
man sich: Wie kann der Kreis geschickter beschrieben werden? Die Antwort liefert Abb. 1.32.

Nach der Sinus- und Kosinusdefinition gilt im linken Bild

$$\cos(\varphi) = \frac{x}{r} \iff x = r \cdot \cos(\varphi),$$
$$\sin(\varphi) = \frac{y}{r} \iff y = r \cdot \sin(\varphi).$$

Um also einen Punkt auf dem Kreis zu beschreiben, benötigt man entweder die x-
und y-Komponente oder aber den Radius r des Kreises sowie den Drehwinkel φ,
gemessen ab x-Achse und gegen den Uhrzeigersinn. Letzteres ist oftmals sehr viel
einfacher zu bewerkstelligen.

Damit wir jeden Punkt (x, y) in der Ebene erwischen, muss der Radius von null
bis unendlich laufen, während wir mit dem Winkel φ von 0 bis 2π alle Richtungen
durchscannen (wie bei einem überdimensionalen Feldsprenger, der die gesamte
x-y-Ebene nass machen möchte). Wir erhalten die **Polarkoordinaten:**

$$\vec{r}_{\text{Pol}} = \begin{pmatrix} x \\ y \end{pmatrix} = \begin{pmatrix} r\cos(\varphi) \\ r\sin(\varphi) \end{pmatrix}. \tag{1.62}$$

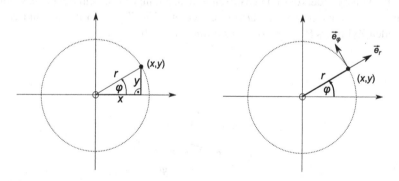

Abb. 1.32 Die Polarkoordinaten r und φ (2-D). r ist der Abstand vom Ursprung, φ der Winkel ab
x-Achse gegen den Uhrzeigersinn gezählt. Im rechten Bild sind die Basisvektoren $\vec{e}_r$ und $\vec{e}_\varphi$ der
Polarkoordinaten eingezeichnet

Sind demnach der Abstand vom Ursprung r sowie der Winkel φ gegeben, so kann man den Vektor im Kartesischen anhand dieser Transformation angeben. Doch wir benötigen auch ein Verfahren für die andere Richtung, d.h. x, y gegeben, bestimme r und φ. Dabei hilft uns Quadrieren der Gl. (1.62):

$$x^2 + y^2 = r^2 \cos^2(\varphi) + r^2 \sin^2(\varphi) = r^2 \underbrace{(\cos^2(\varphi) + \sin^2(\varphi))}_{=1} = r^2.$$

Dass $\cos^2(\varphi) + \sin^2(\varphi) = 1$, wissen wir vom trigonometrischen Pythagoras (1.22). Durch Wurzelziehen erhält man die Bestimmungsgleichung für r. Jene für φ findet man durch Division beider Komponenten von (1.62):

$$\frac{y}{x} = \frac{r \sin(\varphi)}{r \cos(\varphi)} = \tan(\varphi).$$

Ergebnis:

$$\text{Umkehrung:} \quad r = \sqrt{x^2 + y^2}, \quad \tan(\varphi) = \frac{y}{x}. \tag{1.63}$$

Die neuen Koordinaten haben wir nun eingeführt, doch in welche Richtung $\vec{e}_r$ und $\vec{e}_\varphi$ zeigen die Achsen? Sie zeigen in Richtung der Koordinaten (Abb. 1.32), d.h., der $\vec{e}_r$-Vektor ist gegeben durch $\vec{e}_r = (\cos(\varphi), \sin(\varphi))$ und zeigt radial nach außen. Er hat aufgrund des trigonometrischen Pythagoras (1.22) die Länge eins. Der $\vec{e}_\varphi$-Vektor zeigt in Drehrichtung des Winkels φ und steht senkrecht auf $\vec{e}_r$. Aus Abschn. 1.2 wissen wir: Vertausche in 2-D die Komponenten und spendiere ein Minus, schon hat man einen senkrechten Vektor zu $\vec{e}_r$. Somit haben wir die neuen Achsen gefunden:

$$\vec{e}_r = \begin{pmatrix} \cos(\varphi) \\ \sin(\varphi) \end{pmatrix}, \quad \vec{e}_\varphi = \begin{pmatrix} -\sin(\varphi) \\ \cos(\varphi) \end{pmatrix}. \tag{1.64}$$

Zylinderkoordinaten (3-D)
Mit Hilfe von Zylinderkoordinaten lassen sich Strömungen in einem Rohr oder Felder um einen stromdurchflossenen Draht betrachten. Wir überlegen uns anhand eines stehenden Zylinders (Radius ρ) die Koordinaten (Abb. 1.33).

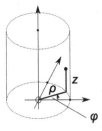

Abb. 1.33 Die Zylinderkoordinaten ρ, φ und z (3-D). ρ ist der Abstand vom Ursprung in der x-y-Ebene, φ der Winkel ab x-Achse gegen den Uhrzeigersinn gezählt (ebenfalls in der x-y-Ebene) und z die aus dem Kartesischen bekannte Koordinate

Dabei sehen wir, dass die x-y-Ebene wieder durch Polarkoordinaten beschrieben werden kann. Als dritte Koordinate können wir einfach z aus der kartesischen Beschreibung übernehmen und erhalten die **Zylinderkoordinaten:**

$$\vec{r}_{Zyl} = \begin{pmatrix} x \\ y \\ z \end{pmatrix} = \begin{pmatrix} \rho \cos(\varphi) \\ \rho \sin(\varphi) \\ z \end{pmatrix} \qquad (1.65)$$

$$\text{Umkehrung: } \rho = \sqrt{x^2 + y^2}, \quad \tan(\varphi) = \frac{y}{x}, \quad z = z \qquad (1.66)$$

mit den Einheitsvektoren (Achsen)

$$\vec{e}_\rho = \begin{pmatrix} \cos(\varphi) \\ \sin(\varphi) \\ 0 \end{pmatrix}, \quad \vec{e}_\varphi = \begin{pmatrix} -\sin(\varphi) \\ \cos(\varphi) \\ 0 \end{pmatrix}, \quad \vec{e}_z = \begin{pmatrix} 0 \\ 0 \\ 1 \end{pmatrix}. \qquad (1.67)$$

Die Ermittlung der Achsen läuft analog zu denen der Polarkoordinaten. Die dritte Achse wird einfach aus dem Kartesischen übernommen.

Beispiel 1.28 (Zylinderkoordinaten bilden eine ONB)

▷ Man zeige: Die Vektoren $\vec{e}_\rho$, $\vec{e}_\varphi$ und $\vec{e}_z$ der Zylinderkoordinaten bilden eine ONB. Bilden sie auch ein Rechtssystem?

Lösung: Wir müssen die ONB-Definition überprüfen:

$$\vec{e}_\rho \cdot \vec{e}_\rho = \cos^2(\varphi) + \sin^2(\varphi) + 0^2 = 1,$$
$$\vec{e}_\varphi \cdot \vec{e}_\varphi = \sin^2(\varphi) + \cos^2(\varphi) + 0^2 = 1,$$
$$\vec{e}_z \cdot \vec{e}_z = 0^2 + 0^2 + 1^2 = 1.$$

Normiert sind sie damit. Stehen sie paarweise senkrecht?

$$\vec{e}_\rho \cdot \vec{e}_\varphi = -\cos(\varphi)\sin(\varphi) + \sin(\varphi)\cos(\varphi) + 0 \cdot 0 = 0,$$
$$\vec{e}_\rho \cdot \vec{e}_z = \cos(\varphi) \cdot 0 + \sin(\varphi) \cdot 0 + 0 \cdot 1 = 0,$$
$$\vec{e}_\varphi \cdot \vec{e}_z = -\sin(\varphi) \cdot 0 + \cos(\varphi) \cdot 0 + 0 \cdot 1 = 0.$$

Ja, auch das ist erfüllt. Bilden sie schließlich ein Rechtssystem?

$$\vec{e}_\rho \cdot (\vec{e}_\varphi \times \vec{e}_z) = \begin{pmatrix} \cos(\varphi) \\ \sin(\varphi) \\ 0 \end{pmatrix} \cdot \left[\begin{pmatrix} -\sin(\varphi) \\ \cos(\varphi) \\ 0 \end{pmatrix} \times \begin{pmatrix} 0 \\ 0 \\ 1 \end{pmatrix} \right] = \begin{pmatrix} \cos(\varphi) \\ \sin(\varphi) \\ 0 \end{pmatrix} \cdot \begin{pmatrix} \cos(\varphi) \\ +\sin(\varphi) \\ 0 \end{pmatrix}$$
$$= \cos^2(\varphi) + \sin^2(\varphi) = +1.$$

Damit bilden sie ein Rechtssystem! ∎

Kugelkoordinaten (3-D)

Kugelkoordinaten treten immer dann auf den Plan, wenn das zu betrachtende Problem rotationssymmetrisch ist, also die Physik nur vom Abstand zum Ursprung abhängt. Die **Kugelkoordinaten** sind gegeben durch

$$\vec{r}_{\text{Kugel}} = \begin{pmatrix} x \\ y \\ z \end{pmatrix} = \begin{pmatrix} r\sin(\theta)\cos(\varphi) \\ r\sin(\theta)\sin(\varphi) \\ r\cos(\theta) \end{pmatrix} \tag{1.68}$$

mit Achsen

$$\vec{e}_r = \begin{pmatrix} \sin(\theta)\cos(\varphi) \\ \sin(\theta)\sin(\varphi) \\ \cos(\theta) \end{pmatrix}, \quad \vec{e}_\theta = \begin{pmatrix} \cos(\theta)\cos(\varphi) \\ \cos(\theta)\sin(\varphi) \\ -\sin(\theta) \end{pmatrix}, \quad \vec{e}_\varphi = \begin{pmatrix} -\sin(\varphi) \\ \cos(\varphi) \\ 0 \end{pmatrix}. \tag{1.69}$$

Dabei bezeichnet, wie Abb. 1.34 zeigt, φ den Winkel in der x-y-Ebene (Azimutwinkel) und θ den „Herunterklapp"-Winkel von der z-Achse aus gemessen (Polarwinkel).

Wir fassen die Umkehrtransformation für Kugelkoordinaten zusammen:

$$r = \sqrt{x^2 + y^2 + z^2}, \quad \tan(\theta) = \frac{\sqrt{x^2 + y^2}}{z}, \quad \tan(\varphi) = \frac{y}{x}. \tag{1.70}$$

Um zu verstehen, warum die Kugelkoordinaten wunderbar zur Beschreibung rotationssymmetrischer Probleme geeignet sind, schauen wir uns das folgende Beispiel an.

Abb. 1.34 Die Kugelkoordinaten r, θ und φ in 3-D. r ist der Abstand zum Ursprung, θ der Winkel ab z-Achse abwärts gemessen und φ der Winkel in der $z = 0$-Ebene ab der x-Achse gemessen

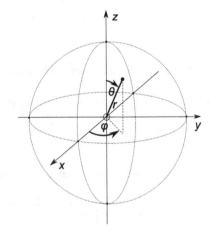

Beispiel 1.29 ($|\vec{r}| = r$ bei Kugelkoordinaten)

▷ Berechnen Sie den Betrag $|\vec{r}|$ der Kugelkoordinaten.

Lösung: Bevor es losgeht, definieren wir zur Abkürzung $S := \sin(\theta), C := \cos(\theta)$
und $s := \sin(\varphi), c := \cos(\varphi)$. Dann ist

$$|\vec{r}_{\text{Kugel}}| = \left| r \begin{pmatrix} \sin(\theta)\cos(\varphi) \\ \sin(\theta)\sin(\varphi) \\ \cos(\theta) \end{pmatrix} \right| = \left| r \begin{pmatrix} Sc \\ Ss \\ C \end{pmatrix} \right| = r\sqrt{S^2c^2 + S^2s^2 + C^2}$$

$$= r\sqrt{S^2(c^2 + s^2) + C^2} = r\sqrt{S^2 + C^2} = r,$$

wobei zweimal der trigonometrische Pythagoras verwendet wurde. ∎

Das ist ein wichtiges Ergebnis! Merke:

$$|\vec{r}_{\text{Kugel}}| = r. \tag{1.71}$$

Zwei Bemerkungen zum Schluss: Zunächst muss bei den Umkehrtransformationen
aufgepasst werden. Einerseits sind sie nicht für alle Punkte definiert ($x = 0$ bereitet
z. B. Probleme). Andererseits ist die Umkehrung des Tangens (der Arcus-Tangens)
nur abschnittsweise definiert und man muss bei φ- bzw. θ-Bestimmung immer darauf
achten, in welchem Quadranten sich der zu bestimmende Punkt befindet. Weiterhin
ist die Notation der Koordinatentransformationen bis dato etwas schludrig. Wir werden später bei der Betrachtung krummliniger Koordinaten in Kap. 9 eine bessere
Notation verwenden und dort auch z. B. die Basisvektoren für die Kugelkoordinaten
rechnerisch bestimmen.

[H4] Rechnen mit Kugelkoordinaten   **(2 + 2 = 4 Punkte)**

a) Die Gleichungen der Kugelkoordinaten

$$x = r\sin(\theta)\cos(\varphi), \quad y = r\sin(\theta)\sin(\varphi), \quad z = r\cos(\theta)$$

möchten mit Hilfe von Abb. 1.34 geometrisch hergeleitet werden. Wohin
zeigen in der Abbildung die Basisvektoren?

b) Man zeige: $\vec{e}_r$, $\vec{e}_\theta$ und $\vec{e}_\varphi$ bilden die Achsen eines Koordinatensystems.

Spickzettel ONB und Koordinatensysteme

- **Rechts-/Linkssystem**
  Rechtssystem: $\vec{f}_1 \cdot (\vec{f}_2 \times \vec{f}_3) = +1$ bzw. Linkssystem $\vec{f}_1 \cdot (\vec{f}_2 \times \vec{f}_3) = -1$.
- **Orthonormalbasis und Koordinatensysteme**

  - ONB: $\vec{f}_i \cdot \vec{f}_j = \begin{cases} 1 & \text{für } i = j \\ 0 & \text{für } i \neq j \end{cases}$.

  - Jede ONB kann als Koordinatensystem interpretiert werden. In 3-D fordert man zusätzlich
    Rechtssystem.

- **Wichtige Koordinatensysteme**
  Die wesentlichen Koordinatensysteme im Vergleich:
  - Kartesisch (2-D und 3-D): $\vec{r} = (x, y, z)$ mit Basisvektoren: $\vec{e}_1 = (1, 0, 0)$, $\vec{e}_2 = (0, 1, 0)$, $\vec{e}_3 = (0, 0, 1)$.
  - Polarkoordinaten (2-D): $\vec{r} = r(\cos(\varphi), \sin(\varphi))$, Rücktransformation gegeben durch: $r = \sqrt{x^2 + y^2}$ und $\tan(\varphi) = \frac{y}{x}$, Basisvektoren: $\vec{e}_r = (\cos(\varphi), \sin(\varphi))$, $\vec{e}_\varphi = (-\sin(\varphi), \cos(\varphi))$.
  - Zylinderkoordinaten (3-D): $\vec{r} = (\rho\cos(\varphi), \rho\sin(\varphi), z)$, Rücktransformation gegeben durch: $\rho = \sqrt{x^2 + y^2}$, $\tan(\varphi) = \frac{y}{x}$ und $z = z$, Basisvektoren: $\vec{e}_\rho = (\cos(\varphi), \sin(\varphi), 0)$, $\vec{e}_\varphi = (-\sin(\varphi), \cos(\varphi), 0)$, $\vec{e}_z = \vec{e}_3 = (0, 0, 1)$.
  - Kugelkoordinaten (3-D): $\vec{r} = r(\sin(\theta)\cos(\varphi), \sin(\theta)\sin(\varphi), \cos(\theta))$.
    Rücktransformation: $r = \sqrt{x^2 + y^2 + z^2}$, $\tan(\theta) = \frac{\sqrt{x^2+y^2}}{z}$ und $\tan(\varphi) = \frac{y}{x}$, insbesondere gilt $|\vec{r}| = r$, Basisvektoren: $\vec{e}_r = (Sc, Ss, C)$, $\vec{e}_\theta = (Cc, Cs, -S)$, $\vec{e}_\varphi = (-s, c, 0)$ mit $S := \sin(\theta)$ und $s := \sin(\varphi)$ (entsprechend cos).

Man beachte die abschnittsweise Definition bei Umkehrung des Tangens!

Lineare Algebra

2

Inhaltsverzeichnis

Die Lineare Algebra beschäftigt sich mit speziellen Abbildungen, z. B. Spiegelungen und Drehungen von Vektoren. Hierbei ist das zentrale Werkzeug die Matrix, mit der die Abbildungen beschrieben werden können. Wir werden uns zunächst mit Matrizen und ihren Rechengesetzen beschäftigen, anschließend eine zentrale Anwendungsmöglichkeit der Matrizen in linearen Gleichungssystemen diskutieren und danach Abbildungen, speziell Drehungen behandeln. Im letzten Abschnitt werden wir schließlich einen Algorithmus kennenlernen, der aus einem nicht notwendigerweise geeigneten, vorgegebenen Koordinatensystem zur Beschreibung eines physikalischen Problems ein maximal angenehmes Koordinatensystem durch Drehung konstruiert.

2.1 Matrizenrechnung

2.1.1 Matrixbegriff

Was ist eine Matrix? Nein, kein System, das Menschen ausnimmt und als Batterien benutzt – zumindest nicht im mathematischen Sinn. Es handelt sich vielmehr um eine bestimmte Anordnung von Zahlen in einem Tabellenschema. Wir stellen uns eine **Matrix** zunächst als beliebig große Tabelle – so wie bei Excel – vor. Diese Tabelle unterteilt sich in **Zeilen** (vertikal gezählt, bei Excel durch Zahlen nummeriert) und **Spalten** (horizontal gezählt, bei Excel nach Großbuchstaben benannt). In diesen

© Springer-Verlag GmbH Deutschland, ein Teil von Springer Nature 2018
M. Otto, *Rechenmethoden für Studierende der Physik im ersten Jahr,*
https://doi.org/10.1007/978-3-662-57793-6_2

Zeilen und Spalten stehen die **Einträge** der Matrix. Matrizen werden im Folgenden durchgehend mit Großbuchstaben bezeichnet. Beispiele sind

$$A = \begin{pmatrix} 2 & 1 \\ 1 & 3 \end{pmatrix}, \quad B = \begin{pmatrix} 1 & 6 & -1 & \pi \\ 2 & 3 & 7 & e \end{pmatrix}, \quad C = \begin{pmatrix} 1 & 0 & 0 \\ 0 & 1 & 0 \\ 0 & 0 & 1 \end{pmatrix}.$$

Wir sehen sofort: Die Vielfalt ist groß. Matrizen gibt es in jeder Größe und Gestalt. Matrix B hat zwei Zeilen und vier Spalten und wird aus diesem Grund 2×4-Matrix genannt (lies „2 kreuz 4"). Eine Matrix mit n Zeilen und m Spalten heißt dementsprechend $n \times m$-Matrix.

Matrix A und C werden **quadratisch** genannt, da sie die gleiche Anzahl an Zeilen und Spalten besitzen (nämlich 2×2- bzw. 3×3-Matrix). Für quadratische Matrizen kann man den Begriff der **Hauptdiagonalen** definieren. In obigen Beispielen besteht bei Matrix A die Hauptdiagonale aus den Einträgen 2 und 3 bzw. bei C aus den Einsen (in der Matrix von links oben nach rechts unten gelesen).

Die mathematische Beschreibung einer Matrix M ist Folgende – hier für Matrizen mit zwei Zeilen und zwei Spalten, d. h. für 2×2-Matrizen (Verallgemeinerung analog):

$$M := (M_{ij}) := \begin{pmatrix} M_{11} & M_{12} \\ M_{21} & M_{22} \end{pmatrix}, \quad i, j = 1, 2. \tag{2.1}$$

Der Index i bezeichnet dabei die Zeile, j die Spalte („**Z**eilen **z**uerst, **S**palten **s**päter"). So ist z. B. im obigen Beispiel $B_{21} = 2$ (Eintrag in der zweiten Zeile und ersten Spalte) und $C_{33} = 1$ (dritte Zeile, dritte Spalte). M und (M_{ij}) sind äquivalente Schreibweisen, jedoch Achtung:

M_{ij} (ohne Klammern) ist nur *ein* Eintrag in der i-ten Zeile und j-ten Spalte, aber keine ganze Matrix!

Zur Verdeutlichung, dass es sich bei M_{12} nicht um „M zwölf" handelt, kann man anfangs auch ein Komma dazwischensetzen: $M_{1,2}$ – wenn es denn hilft. Als Nächstes schauen wir uns an, wie man mit Matrizen rechnet.

2.1.2 Grundlegende Rechengesetze

Die im Folgenden aufgeführten Rechengesetze sind exemplarisch für 2×2-Matrizen aufgeführt und ähneln teilweise in ihrer Struktur den Gesetzen der Vektorrechnung aus Abschn. 1.1. Die Verallgemeinerung auf $n \times n$-Matrizen (bzw. $n \times m$) ist selbsterklärend.

Addition und Subtraktion
Die Addition/Subtraktion erfolgt elementweise. Dabei dürfen – wie auch bei Vektoren – nur Matrizen exakt gleicher Größe addiert bzw. subtrahiert werden:

$$\begin{pmatrix} a & b \\ c & d \end{pmatrix} \pm \begin{pmatrix} e & f \\ g & h \end{pmatrix} := \begin{pmatrix} a \pm e & b \pm f \\ c \pm g & d \pm h \end{pmatrix}. \tag{2.2}$$

Es entsteht also bei Addition/Subtraktion zweier gleich großer Matrizen wieder eine ebenso große Matrix, nicht etwa ein Vektor oder eine Zahl. Die Reihenfolge der Addition ist beliebig vertauschbar, d. h. für zwei gleich große Matrizen A und B gilt:

$$A + B = B + A. \tag{2.3}$$

Skalare Multiplikation

Die Multiplikation einer Matrix mit einer Zahl $\lambda \in \mathbb{R}$ erfolgt ebenfalls elementweise:

$$\lambda \begin{pmatrix} a & b \\ c & d \end{pmatrix} := \begin{pmatrix} \lambda a & \lambda b \\ \lambda c & \lambda d \end{pmatrix}. \tag{2.4}$$

Beispiel 2.1 (Ein einfaches Beispiel)

▷ Man berechne für die Matrizen $A := \begin{pmatrix} 1 & 1 \\ -1 & 0 \end{pmatrix}$ und $B := \begin{pmatrix} 2 & 3 \\ 1 & -1 \end{pmatrix}$ den Ausdruck $2A - 3B$.

Lösung: Wir verwenden die Gl. (2.2) und (2.4):

$$2A - 3B = 2 \begin{pmatrix} 1 & 1 \\ -1 & 0 \end{pmatrix} - 3 \begin{pmatrix} 2 & 3 \\ 1 & -1 \end{pmatrix} \overset{(2.4)}{=} \begin{pmatrix} 2 \cdot 1 & 2 \cdot 1 \\ 2 \cdot (-1) & 2 \cdot 0 \end{pmatrix} - \begin{pmatrix} 3 \cdot 2 & 3 \cdot 3 \\ 3 \cdot 1 & 3 \cdot (-1) \end{pmatrix}$$

$$= \begin{pmatrix} 2 & 2 \\ -2 & 0 \end{pmatrix} - \begin{pmatrix} 6 & 9 \\ 3 & -3 \end{pmatrix} \overset{(2.2)}{=} \begin{pmatrix} 2-6 & 2-9 \\ -2-3 & 0-(-3) \end{pmatrix} = \begin{pmatrix} -4 & -7 \\ -5 & 3 \end{pmatrix}. \quad ■$$

Transponieren

Transponieren einer Matrix bedeutet: Vertausche sämtliche Zeilen mit den entsprechenden Spalten, also Zeile 1 mit Spalte 1, Zeile 2 mit Spalte 2 usw. Für quadratische Matrizen sieht dieses so aus:

$$\begin{pmatrix} a & b \\ c & d \end{pmatrix}^{\mathsf{T}} := \begin{pmatrix} a & c \\ b & d \end{pmatrix}, \quad \begin{pmatrix} a & b & c \\ d & e & f \\ g & h & i \end{pmatrix}^{\mathsf{T}} := \begin{pmatrix} a & d & g \\ b & e & h \\ c & f & i \end{pmatrix}, \tag{2.5}$$

wobei T keine Potenz, sondern die Aufforderung zum Transponieren bezeichnet. Bei quadratischen Matrizen hilft die Vorstellung, an der Hauptdiagonalen (Diagonale von links oben nach recht unten, hier a, d bzw. a, e, i) zu spiegeln. Für nicht quadratische Matrizen funktioniert die Vorstellung durch Verlängern der Spiegeldiagonalen oder durch stückweises Vertauschen von Zeilen und Spalten:

$$\begin{pmatrix} a & b & c \\ d & e & f \end{pmatrix}^{\mathsf{T}} = \begin{pmatrix} (a,b,c) \\ (d,e,f) \end{pmatrix}^{\mathsf{T}} := \left(\begin{pmatrix} a \\ b \\ c \end{pmatrix} \begin{pmatrix} d \\ e \\ f \end{pmatrix} \right) = \begin{pmatrix} a & d \\ b & e \\ c & f \end{pmatrix}. \tag{2.6}$$

Man kann sich (wie hier geschehen) die Zeilen einer Matrix als Vektoren vorstellen (die inneren Klammern helfen hier beim Verständnis, werden aber in der Regel nicht explizit hingeschrieben). Mit Hilfe dieser Vorstellung lässt sich das Transponieren als ein Tauschen von Spalten- und Zeilenvektoren der Matrix interpretieren. In diesem Zusammenhang macht auch das Transponieren von Vektoren, interpretiert als 1×3-Matrizen, Sinn:

$$(a, b, c)^{\mathsf{T}} = \begin{pmatrix} a \\ b \\ c \end{pmatrix}. \tag{2.7}$$

Transponieren eines Zeilenvektors erzeugt einen Spaltenvektor und umgekehrt.

Ab jetzt müssen wir zwischen Zeilen- und Spaltenvektoren unterscheiden. Unser Skalarprodukt (1.30) bekommt dann auch eine andere Form und darf genau genommen nur so berechnet werden:

$$\vec{a}^{\mathsf{T}}\vec{b} = (a_1, a_2, a_3) \cdot \begin{pmatrix} b_1 \\ b_2 \\ b_3 \end{pmatrix} := a_1b_1 + a_2b_2 + a_3b_3. \tag{2.8}$$

In dieser Schreibweise bezeichnet der Punkt die Matrixmultiplikation einer 1×3-Matrix mit einer 3×1-Matrix (s. u.). Man könnte den Punkt in diesem Fall auch weglassen, in der Schreibweise $\vec{a} \cdot \vec{b}$ allerdings nicht, weil er betont, dass es sich um das Skalarprodukt handelt. Mr. T macht letztendlich den Unterschied.

Die soeben eingeführte Darstellung des Skalarprodukts als Zeilenvektor mal Spaltenvektor wird uns die Multiplikation zweier Matrizen vereinfachen. Zuvor sind noch zwei Regeln fürs Transponieren erwähnenswert:

$$(A^{\mathsf{T}})^{\mathsf{T}} = A, \quad (A \pm B)^{\mathsf{T}} = A^{\mathsf{T}} \pm B^{\mathsf{T}}. \tag{2.9}$$

Multiplikation quadratischer Matrizen

Im Allgemeinen wird eine Matrix mit dem rechts daneben stehenden Objekt verarbeitet. Es gilt z. B. für die Matrix-Vektor-Multiplikation:

$$\begin{pmatrix} a & b \\ c & d \end{pmatrix} \cdot \begin{pmatrix} e \\ f \end{pmatrix} := \begin{pmatrix} (a, b) \cdot \binom{e}{f} \\ (c, d) \cdot \binom{e}{f} \end{pmatrix} = \begin{pmatrix} ae + bf \\ ce + df \end{pmatrix}, \tag{2.10}$$

Matrix $\cdot$ Vektor $=$ Vektor.

Hier zeigt sich nun der neue Gebrauch des Skalarprodukts: Eine Matrix wird mit einem Spaltenvektor multipliziert, indem man die Skalarprodukte der Zeilenvektoren der Matrix mit dem Spaltenvektor bildet und diese komponentenweise in einen Vektor schreibt. Matrix mal Vektor ergibt somit einen Vektor!

Analog läuft der Hase auch bei der Matrix-Matrix-Multiplikation:

$$\begin{pmatrix} a & b \\ c & d \end{pmatrix} \cdot \begin{pmatrix} e & f \\ g & h \end{pmatrix} := \begin{pmatrix} (a, b) \cdot \binom{e}{g} & (a, b) \cdot \binom{f}{h} \\ (c, d) \cdot \binom{e}{g} & (c, d) \cdot \binom{f}{h} \end{pmatrix} = \begin{pmatrix} ae + bg & af + bh \\ ce + dg & cf + dh \end{pmatrix}, \tag{2.11}$$

Matrix $\cdot$ Matrix $=$ Matrix.

Der Unterschied zur Matrix-Vektor-Multiplikation besteht darin, dass sämtliche Zeilen der ersten Matrix Stück für Stück mit allen Spalten der zweiten Matrix multipliziert werden.

Beispiel 2.2 (Multiplikation quadratischer Matrizen)

▷ A, B wie oben in Beispiel 2.1. Was sind $A \cdot B$ und $B \cdot A$?

Lösung:

$$A \cdot B = \begin{pmatrix} 1 & 1 \\ -1 & 0 \end{pmatrix} \cdot \begin{pmatrix} 2 & 3 \\ 1 & -1 \end{pmatrix} = \begin{pmatrix} (1,1) \cdot \binom{2}{1} & (1,1) \cdot \binom{3}{-1} \\ (-1,0) \cdot \binom{2}{1} & (-1,0) \cdot \binom{3}{-1} \end{pmatrix} = \begin{pmatrix} 3 & 2 \\ -2 & -3 \end{pmatrix},$$

$$B \cdot A = \begin{pmatrix} 2 & 3 \\ 1 & -1 \end{pmatrix} \cdot \begin{pmatrix} 1 & 1 \\ -1 & 0 \end{pmatrix} = \begin{pmatrix} (2,3) \cdot \binom{1}{-1} & (2,3) \cdot \binom{1}{0} \\ (1,-1) \cdot \binom{1}{-1} & (1,-1) \cdot \binom{1}{0} \end{pmatrix} = \begin{pmatrix} -1 & 2 \\ 2 & 1 \end{pmatrix}.$$ ∎

Hmpf, haben wir uns wohl verrechnet – noch mal im Kopf – den Fehler gefunden? Tja, da gibt es auch keinen Fehler; denn im Gegensatz zu Vektoren ist die Matrizenmultiplikation nicht kommutativ, d. h., im Allgemeinen gilt

$$A \cdot B \neq B \cdot A.$$

Somit muss bei Matrizenmultiplikation genauestens auf die Reihenfolge geachtet werden. Assoziativ- und Distributivgesetze gelten jedoch:

$$A \cdot (B \cdot C) = (A \cdot B) \cdot C, \tag{2.12}$$
$$A \cdot (B \pm C) = A \cdot B \pm A \cdot C, \quad (B \pm C) \cdot A = B \cdot A \pm C \cdot A. \tag{2.13}$$

Multiplikation nicht quadratischer Matrizen
Was ändert sich nun bei der Matrizenmultiplikation, wenn nicht quadratische Matrizen beteiligt sind? Hierzu dient die goldene Regel:

Multiplikation zweier Matrizen funktioniert nur, wenn die Spaltenanzahl der ersten Matrix gleich der Zeilenanzahl der zweiten Matrix ist!

So funktionieren

$$\begin{pmatrix} a & b & c \\ d & e & f \end{pmatrix} \cdot \begin{pmatrix} g & h \\ i & j \\ k & \ell \end{pmatrix} = \begin{pmatrix} (a,b,c) \cdot \begin{pmatrix} g \\ i \\ k \end{pmatrix} & (a,b,c) \cdot \begin{pmatrix} h \\ j \\ \ell \end{pmatrix} \\ (d,e,f) \cdot \begin{pmatrix} g \\ i \\ k \end{pmatrix} & (d,e,f) \cdot \begin{pmatrix} h \\ j \\ \ell \end{pmatrix} \end{pmatrix}$$
$$= \begin{pmatrix} ag + bi + ck & ah + bj + c\ell \\ dg + ei + fk & dh + ej + f\ell \end{pmatrix},$$

$$\begin{pmatrix} a & b \\ c & d \\ e & f \end{pmatrix} \cdot \begin{pmatrix} g & h \\ j & k \end{pmatrix} = \begin{pmatrix} (a,b) \cdot \begin{pmatrix} g \\ j \end{pmatrix} & (a,b) \cdot \begin{pmatrix} h \\ k \end{pmatrix} \\ (c,d) \cdot \begin{pmatrix} g \\ j \end{pmatrix} & (c,d) \cdot \begin{pmatrix} h \\ k \end{pmatrix} \\ (e,f) \cdot \begin{pmatrix} g \\ j \end{pmatrix} & (e,f) \cdot \begin{pmatrix} h \\ k \end{pmatrix} \end{pmatrix}$$

$$= \begin{pmatrix} ag+bj & ah+bk \\ cg+dj & ch+dk \\ eg+fj & eh+fk \end{pmatrix},$$

nicht aber Multiplikationen à la

$$\begin{pmatrix} a & b \\ c & d \\ e & f \end{pmatrix} (g,h) = ?, \quad \begin{pmatrix} a & b \\ c & d \end{pmatrix} \cdot \begin{pmatrix} e & f \\ g & h \\ i & j \end{pmatrix} = ?$$

Eine Dimensionsprobe

Um schnell abschätzen zu können, wie die Ergebnismatrix aussieht bzw. ob überhaupt ein Ergebnis existiert, ist folgende Regel hilfreich:

$$[(m \times n)\text{-Matrix}] \cdot [(p \times q)\text{-Matrix}] = \begin{cases} m \times q\text{-Matrix} & \text{für } n = p \\ \text{nicht definiert} & \text{für } n \neq p \end{cases}. \quad (2.14)$$

Multipliziert man z. B. eine 2 × 3-Matrix (zwei Zeilen, drei Spalten) mit einer 3 × 7-Matrix, so ergibt sich eine 2 × 7-Matrix. Versucht man dagegen eine 3 × 5-Matrix mit einer 4 × 1-Matrix oder auch 3 × 5-Matrix zu multiplizieren, so gibt es kein Weiterkommen.

Beispiel 2.3 (Multiplikation nicht quadratischer Matrizen)

▷ Für die folgenden Matrizen berechne man – sofern überhaupt möglich – $A \cdot B$, $B \cdot A$ und $B^\mathsf{T} \cdot A^\mathsf{T}$:

$$A = (6,1,2), \quad B = \begin{pmatrix} 1 & 3 \\ 4 & -1 \\ 0 & 2 \end{pmatrix}.$$

Lösung:

1. $A \cdot B$ entspricht $(1 \times 3) \cdot (3 \times 2)$ und liefert dementsprechend eine (1×2)-Matrix:

$$(6,1,2) \cdot \begin{pmatrix} 1 & 3 \\ 4 & -1 \\ 0 & 2 \end{pmatrix} = \left((6,1,2) \cdot \begin{pmatrix} 1 \\ 4 \\ 0 \end{pmatrix} \quad (6,1,2) \cdot \begin{pmatrix} 3 \\ -1 \\ 2 \end{pmatrix} \right) = \begin{pmatrix} 10 & 21 \end{pmatrix}.$$

2. $B \cdot A$ entspricht $(3 \times 2) \cdot (1 \times 3)$, funktioniert also nicht.
3. Wir berechnen $B^\mathsf{T} \cdot A^\mathsf{T}$. Dies funktioniert, da $(2 \times 3) \cdot (3 \times 1) = (2 \times 1)$:

$$B^\mathsf{T} \cdot A^\mathsf{T} = \begin{pmatrix} 1 & 3 \\ 4 & -1 \\ 0 & 2 \end{pmatrix}^\mathsf{T} \cdot (6,1,2)^\mathsf{T} = \begin{pmatrix} 1 & 4 & 0 \\ 3 & -1 & 2 \end{pmatrix} \cdot \begin{pmatrix} 6 \\ 1 \\ 2 \end{pmatrix} = \begin{pmatrix} 10 \\ 21 \end{pmatrix} \stackrel{1.}{=} (A \cdot B)^\mathsf{T}. \quad \blacksquare$$

Im dritten Beispiel erkennt man eine weitere Rechenregel, die für funktionierende Multiplikation allgemein gültig ist:

$$(A \cdot B)^{\mathsf{T}} = B^{\mathsf{T}} \cdot A^{\mathsf{T}} \text{ und } \textit{nicht } A^{\mathsf{T}} \cdot B^{\mathsf{T}}! \tag{2.15}$$

Division von Matrizen

Teile niemals durch Matrizen!

Das Teilen durch Matrizen ist grundsätzlich verboten. Allerdings gibt es mit Hilfe der Invertierung ein Verfahren, was der Division ansatzweise entspricht; mehr dazu in Abschn. 2.1.4.

Nullmatrix und Einheitsmatrix
Wir betrachten abschließend zwei spezielle, einfache Matrizen. Die **Nullmatrix** $\mathbb{O}$ besitzt nur Nullen als Einträge:

$$\mathbb{O} := \begin{pmatrix} 0 & 0 \\ 0 & 0 \end{pmatrix}, \quad A \cdot \mathbb{O} = \mathbb{O} \cdot A = \mathbb{O}. \tag{2.16}$$

Die **Einheitsmatrix** $\mathbb{1}$ beinhaltet spalten- und zeilenweise die kanonischen Einheitsvektoren, d. h., auf der Hauptdiagonalen stehen Einsen, sonst ist alles null:

$$\mathbb{1} := \begin{pmatrix} 1 & 0 \\ 0 & 1 \end{pmatrix}, \quad A \cdot \mathbb{1} = \mathbb{1} \cdot A = A, \quad \mathbb{1}^n = \mathbb{1}, \tag{2.17}$$

wobei A jeweils eine beliebige Matrix ist und $n = 1, 2, 3, \ldots$

Beispiel 2.4 (Abschließendes Rechenbeispiel)

▷ A, B wie in Beispiel 2.1. Man berechne $X := 3(A \cdot B) \cdot \mathbb{1} + 2B \cdot B^{\mathsf{T}}$.

Lösung:

$$\begin{aligned} X &= 3\left(\begin{pmatrix} 1 & 1 \\ -1 & 0 \end{pmatrix} \cdot \begin{pmatrix} 2 & 3 \\ 1 & -1 \end{pmatrix}\right) \cdot \begin{pmatrix} 1 & 0 \\ 0 & 1 \end{pmatrix} + 2\begin{pmatrix} 2 & 3 \\ 1 & -1 \end{pmatrix} \cdot \begin{pmatrix} 2 & 3 \\ 1 & -1 \end{pmatrix}^{\mathsf{T}} \\ &= 3\begin{pmatrix} 3 & 2 \\ -2 & -3 \end{pmatrix} \cdot \begin{pmatrix} 1 & 0 \\ 0 & 1 \end{pmatrix} + 2\begin{pmatrix} 2 & 3 \\ 1 & -1 \end{pmatrix} \cdot \begin{pmatrix} 2 & 1 \\ 3 & -1 \end{pmatrix} \\ &= 3\begin{pmatrix} 3 & 2 \\ -2 & -3 \end{pmatrix} + 2\begin{pmatrix} 13 & -1 \\ -1 & 2 \end{pmatrix} = \begin{pmatrix} 9 & 6 \\ -6 & -9 \end{pmatrix} + \begin{pmatrix} 26 & -2 \\ -2 & 4 \end{pmatrix} = \begin{pmatrix} 35 & 4 \\ -8 & -5 \end{pmatrix}. \end{aligned}$$ ∎

2.1.3 Die Determinante

Die **Determinante** (Abkürzung det) ist für uns zunächst eine Abbildung, die einer quadratischen 2×2-Matrix eine Zahl zuordnet gemäß

$$\det \begin{pmatrix} a & b \\ c & d \end{pmatrix} = \begin{vmatrix} a & b \\ c & d \end{vmatrix} := a \cdot d - b \cdot c. \tag{2.18}$$

Man bildet dazu das Produkt der auf den Diagonalen stehenden Einträge a und d sowie b und c und zieht diese voneinander ab. Die det- und | |-Schreibweise ist äquivalent (erste ist u. a. für Mainzelmännchen-Fans). Man beachte:

> Determinanten sind nur für quadratische Matrizen definiert!

Insbesondere gilt: det(Zahl) = Zahl selbst.

Beispiel 2.5 (Eine 2×2-Determinante)

$$\det \begin{pmatrix} 2 & 1 \\ -3 & 2 \end{pmatrix} = \begin{vmatrix} 2 & 1 \\ -3 & 2 \end{vmatrix} = 2 \cdot 2 - 1 \cdot (-3) = 7. \qquad \blacksquare$$

Das kreuzweise Rechnen erinnert doch an – richtig, an das Kreuzprodukt! Die Verwandtheit werden wir gleich noch einsehen. Zunächst müssen wir uns allerdings mit Determinanten von größeren Matrizen beschäftigen.

Regel von Sarrus

Wir beginnen aufgrund leidvoller Korrekturerfahrungen in den Klausuren mit einer Warnung:

> Die **Regel von Sarrus** gilt nur für 3×3-Matrizen.

Sie lässt sich formulieren als

$$\det \begin{pmatrix} a & b & c \\ d & e & f \\ g & h & i \end{pmatrix} = +aei + bfg + cdh - ceg - afh - bdi. \tag{2.19}$$

Da man sich dies mit Sicherheit nicht merken möchte, ist es sehr hilfreich, die erste und zweite Spalte der Matrix hinter die Determinante zu schreiben und dann die Diagonalen herunterzumultiplizieren – die Linksoben-Rechtsunten-Diagonalen werden positiv gezählt, die Rechtsoben-Linksunten-Diagonalen werden negativ gezählt (Abb. 2.1). Schließlich addiert man alle Terme zusammen.

Abb. 2.1 Schema der
Sarrus-Regel

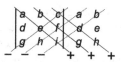

Beispiel 2.6 (Sarrus-Beispiel)

Wir berechnen

$$\det\begin{pmatrix} 1 & 3 & 1 \\ 2 & 4 & -1 \\ 1 & -1 & 0 \end{pmatrix} = \begin{vmatrix} 1 & 3 & 1 \\ 2 & 4 & -1 \\ 1 & -1 & 0 \end{vmatrix}\begin{matrix} 1 & 3 \\ 2 & 4 \\ 1 & -1 \end{matrix}$$

$$= +1 \cdot 4 \cdot 0 + 3 \cdot (-1) \cdot 1 + 1 \cdot 2 \cdot (-1)$$
$$- 1 \cdot 4 \cdot 1 - 1 \cdot (-1) \cdot (-1) - 3 \cdot 2 \cdot 0$$
$$= -3 - 2 - 4 - 1 = -10. \qquad ■$$

Die Regel von Sarrus ergibt sich auch, wenn wir das Spatprodukt in Komponenten aufschreiben:

$$\vec{a} \cdot (\vec{b} \times \vec{c}) = \begin{pmatrix} a_1 \\ a_2 \\ a_3 \end{pmatrix} \cdot \left[\begin{pmatrix} b_1 \\ b_2 \\ b_3 \end{pmatrix} \times \begin{pmatrix} c_1 \\ c_2 \\ c_3 \end{pmatrix} \right] = \begin{pmatrix} a_1 \\ a_2 \\ a_3 \end{pmatrix} \cdot \begin{pmatrix} b_2 c_3 - b_3 c_2 \\ b_3 c_1 - b_1 c_3 \\ b_1 c_2 - b_2 c_1 \end{pmatrix}$$

$$= a_1 (b_2 c_3 - b_3 c_2) + a_2 (b_3 c_1 - b_1 c_3) + a_3 (b_1 c_2 - b_2 c_1)$$
$$= a_1 b_2 c_3 - a_1 b_3 c_2 + a_2 b_3 c_1 - a_2 b_1 c_3 + a_3 b_1 c_2 - a_3 b_2 c_1$$
$$= a_1 b_2 c_3 + b_1 c_2 a_3 + c_1 a_2 b_3 - c_1 b_2 a_3 - a_1 c_2 b_3 - b_1 a_2 c_3,$$

und dies entspricht Sarrus:

$$\begin{vmatrix} a_1 & b_1 & c_1 \\ a_2 & b_2 & c_2 \\ a_3 & b_3 & c_3 \end{vmatrix} = \vec{a} \cdot (\vec{b} \times \vec{c}). \qquad (2.20)$$

Die Gleichheit von Determinante in 3-D und Spatprodukt, welches ein Kreuzprodukt beinhaltet, ist dafür verantwortlich, dass das vom Vektorprodukt bekannte kreuzweise Berechnen hier erneut auftaucht.

Wie wir beim Spatprodukt $\vec{a} \cdot (\vec{b} \times \vec{c})$ in Abschn. 1.3.4 gesehen haben, gibt jenes das Volumen des von den Vektoren $\vec{a}$, $\vec{b}$ und $\vec{c}$ aufgespannten Parallelepipeds an. Die Determinante tut dies auch aufgrund der Analogie (2.20). In 3-D kann die Determinante also als eine Art Volumen interpretiert werden, in 2-D als Flächenzahl. Genauer wird hierauf in Abschn. 2.3.1 eingegangen.

Laplace'scher Entwicklungssatz

Der **Entwicklungssatz** garantiert für alle quadratischen Matrizen die erfolgreiche Berechnung der Determinante. Der mathematische Formalismus ist ziemlich aufwendig (und einschlägigen Mathematikbüchern zu entnehmen), deswegen betrachten wir das Verfahren zum besseren Verständnis an einem Beispiel. Grundidee des Entwicklungssatzes ist es, $(n \times n)$-Matrizen nach dem unten erläuterten Verfahren auf n Determinanten der Größe $(n-1) \times (n-1)$ zurückzuführen. Dieses Verfahren wird ebenso auf die neu entstandenen $(n-1) \times (n-1)$-Determinanten angewandt und hintereinandergeschachtelt so lange durchgeführt, bis nur noch 2×2-Determinanten übrig bleiben. Diese werden dann schließlich nach (2.18) berechnet.

Beispiel 2.7 (Determinante mit Entwicklungssatz)

▷ Die Determinante ist wie in Beispiel 2.6 gegeben. Diese möchte nun gemäß Laplace berechnet werden.

Lösung:

1. Zunächst malen wir ein $+/-$ - **Schachbrettmuster** in die Determinante, links oben mit $+$ beginnend:

$$\begin{vmatrix} 1^+ & 3^- & 1^+ \\ 2^- & 4^+ & -1^- \\ 1^+ & -1^- & 0^+ \end{vmatrix}.$$

2. Suche nun eine Zeile/Spalte mit möglichst vielen Nullen (da die Entwicklung dann besonders einfach wird). Hier bietet sich die dritte Zeile oder dritte Spalte an. Wir entwickeln nach der dritten Zeile.

3. Entwicklung: Wir fangen links an (Zeile: $1^+ \ -1^- \ 0^+$). Zunächst muss das hochgestellte Plus aus dem Schachbrettmuster beachtet werden und ist quasi Vorfaktor (1^+ entspricht $\cdot(+1)$). Der Eintrag 1 ist der Vorfaktor der ersten **Streichdeterminante.** Diese erhält man – wie das Wort verrät – durch Streichen, und zwar derjenigen Zeile und Spalte, aus der die 1^+ entnommen wurde: hier also die erste Spalte und die dritte Zeile. Übrig bleibt rechts oben die Streichdeterminante. Analog verfahren wir mit der -1 und der Null in der Entwicklungszeile. Somit folgen die Streichdeterminanten zu

$$\begin{vmatrix} \cancel{1} & 3^- & 1^+ \\ \cancel{2} & 4^+ & -1^- \\ \cancel{1} & \cancel{-1} & \cancel{0} \end{vmatrix}, \quad \begin{vmatrix} 1^+ & \cancel{3} & 1^+ \\ 2^- & \cancel{4} & -1^- \\ \cancel{1} & \cancel{-1} & \cancel{0} \end{vmatrix}, \quad \begin{vmatrix} 1^+ & 3^- & \cancel{1} \\ 2^- & 4^+ & \cancel{-1} \\ \cancel{1} & \cancel{-1} & \cancel{0} \end{vmatrix}.$$

Nun kann die Entwicklung hingeschrieben werden:

$$\begin{vmatrix} 1^+ & 3^- & 1^+ \\ 2^- & 4^+ & -1^- \\ \boxed{1}^+ & \boxed{-1} & \boxed{0}^+ \end{vmatrix} = + \boxed{1} \cdot \begin{vmatrix} 3 & 1 \\ 4 & -1 \end{vmatrix} - \boxed{(-1)} \begin{vmatrix} 1 & 1 \\ 2 & -1 \end{vmatrix} + \boxed{0} \cdot \begin{vmatrix} 1 & 3 \\ 2 & 4 \end{vmatrix}$$

$$= \begin{vmatrix} 3 & 1 \\ 4 & -1 \end{vmatrix} + \begin{vmatrix} 1 & 1 \\ 2 & -1 \end{vmatrix}$$

$$\overset{(2.18)}{=} (3 \cdot (-1) - 1 \cdot 4) + (1 \cdot (-1) - 1 \cdot 2) = -10,$$

was glücklicherweise das Gleiche liefert wie bei Sarrus in Beispiel 2.6. Es zeigt sich in obiger Rechnung der Vorteil, nach Zeilen/Spalten zu entwickeln, die Nullen beinhalten, da dann die Streichdeterminanten wegen des Vorfaktors Null einfach wegfallen (wie hier bei der dritten Streichdeterminante der Fall). ∎

Sarrus ist für 3×3-Determinanten auf jeden Fall schneller, doch bei 4×4 oder größer führt kein Weg an Laplace vorbei. Allerdings gibt es einige Rechenregeln, die das Leben mit Determinanten vereinfachen.

Rechentricks für Determinanten

Soll man aus einem Matrixprodukt die Determinante berechnen, so gilt, falls Matrix A und B quadratisch sind:

$$\det(A \cdot B) = \det(A) \cdot \det(B). \tag{2.21}$$

Häufiger Irrtum:

$$\det(A \pm B) \neq \det(A) \pm \det(B).$$

Was auch sehr nützlich zu wissen ist:

$$\det(A) = \det(A^{\mathsf{T}}). \tag{2.22}$$

Hierin manifestiert sich die Aussage, dass der Wert der Determinante unabhängig davon ist, ob man nach Zeilen oder Spalten entwickelt. Weitere Regeln für den (mathematischen) Werkzeugkasten:

$$\begin{vmatrix} a & b \pm k \\ c & d \pm m \end{vmatrix} = \begin{vmatrix} a & b \\ c & d \end{vmatrix} \pm \begin{vmatrix} a & k \\ c & m \end{vmatrix}, \tag{2.23}$$

$$\begin{vmatrix} \lambda a & \lambda b \\ c & d \end{vmatrix} = \lambda \begin{vmatrix} a & b \\ c & d \end{vmatrix}, \quad \begin{vmatrix} \lambda a & \lambda b \\ \lambda c & \lambda d \end{vmatrix} = \lambda^2 \begin{vmatrix} a & b \\ c & d \end{vmatrix}. \tag{2.24}$$

Wollen wir also einen Faktor aus der Determinante herausziehen, so passiert dies jeweils *pro* Zeile bzw. Spalte. Wird z. B. der Faktor λ aus zwei Zeilen einer Determinante herausgezogen, so muss λ in die zweite Potenz genommen werden. Umgekehrt tritt die gern benutzte Falle auf:

$$\left| \lambda \begin{pmatrix} a & b \\ c & d \end{pmatrix} \right| \neq \lambda \left| \begin{pmatrix} a & b \\ c & d \end{pmatrix} \right|, \text{ wohl aber } \left| \lambda \begin{pmatrix} a & b \\ c & d \end{pmatrix} \right| = \lambda^2 \left| \begin{pmatrix} a & b \\ c & d \end{pmatrix} \right|.$$

Zwei weitere Regeln zur Umformung, die wir aber nicht weiter im Detail besprechen, sind die Folgenden. Vertauscht man zum einen zwei Zeilen bzw. zwei Spalten der Determinante, so springt ein Vorzeichen heraus. Zum anderen ist es erlaubt, ein Vielfaches einer Spalte (bzw. Zeile) zu einer anderen Spalte (bzw. Zeile) zu addieren. Diese Operation ändert den Wert der Determinante nicht. Allerdings aufpassen: nicht die Zeile, zu der man hinzuaddiert, ebenfalls mit einem Vielfachen multiplizieren. Dann wird es falsch.

2.1.4 Inverse einer Matrix

Genau wie man nicht durch Vektoren teilen darf, so ist es auch ein mathematisches Verbrechen, durch Matrizen zu teilen. Wir werden nun eine mit der Division vergleichbare Matrixoperation kennenlernen: das Invertieren einer Matrix (das allerdings nur für quadratische Matrizen definiert ist). Dieses erfordert die Definition der **inversen Matrix** bezüglich M. Wir möchten eine Matrix X finden, für die gilt:

$$M \cdot X = \mathbb{1}. \tag{2.25}$$

Dann heißt $X = M^{-1}$ inverse Matrix zu M mit

$$M \cdot M^{-1} = M^{-1} \cdot M = \mathbb{1}. \tag{2.26}$$

Berechnung der Inversen

Die Inverse M^{-1} einer quadratischen Matrix M berechnet sich über

$$M^{-1} = \frac{1}{\det(M)} \cdot \left[\mathrm{adj}\,(M) \right]^{\mathsf{T}}. \tag{2.27}$$

Die Bildung der **Adjunkten** $\mathrm{adj}(M)$ ähnelt stark dem Entwicklungssatz der Determinante und funktioniert wie folgt. Man malt ein Schachbrettmuster (wie bei der Determinantenberechnung) in die zu adjugierende Matrix, bildet dann zu jedem Eintrag der Ausgangsmatrix die Streichdeterminante und schreibt diese unter Beachtung des Schachbrettmuster-Vorzeichens, aber nun unter Vernachlässigung des Eintrags selbst (d. h. ohne Vorfaktor) in die Matrix:

$$\mathrm{adj}\begin{pmatrix} a\ b\ c \\ d\ e\ f \\ g\ h\ i \end{pmatrix} := \begin{pmatrix} +\begin{vmatrix} e\ f \\ h\ i \end{vmatrix} & -\begin{vmatrix} d\ f \\ g\ i \end{vmatrix} & +\begin{vmatrix} d\ e \\ g\ h \end{vmatrix} \\ -\begin{vmatrix} b\ c \\ h\ i \end{vmatrix} & +\begin{vmatrix} a\ c \\ g\ i \end{vmatrix} & -\begin{vmatrix} a\ b \\ g\ h \end{vmatrix} \\ +\begin{vmatrix} b\ c \\ e\ f \end{vmatrix} & -\begin{vmatrix} a\ c \\ d\ f \end{vmatrix} & +\begin{vmatrix} a\ b \\ d\ e \end{vmatrix} \end{pmatrix}. \tag{2.28}$$

Für 2×2-Matrizen wird (2.27) sehr überschaubar:

$$\begin{pmatrix} a\ b \\ c\ d \end{pmatrix}^{-1} = \frac{1}{\begin{vmatrix} a\ b \\ c\ d \end{vmatrix}} \cdot \begin{pmatrix} d\ -c \\ -b\ a \end{pmatrix}^{\mathsf{T}} = \frac{1}{ad - bc} \begin{pmatrix} d\ -b \\ -c\ a \end{pmatrix}. \tag{2.29}$$

Invertierbarkeit von Matrizen

Gl. (2.27) liefert ein Kriterium, um zu überprüfen (bevor man drauflos rechnet), ob eine Matrix überhaupt **invertierbar** ist oder nicht: Es muss

$$M \text{ invertierbar} \iff \det(M) \neq 0 \tag{2.30}$$

gefordert werden, um Teilen durch Null zu verhindern. Ist die Determinante einer Matrix null, so ist diese nicht invertierbar.

Beispiel 2.8 (Invertieren einer 2×2-Matrix)

▷ Man invertiere – sofern möglich – die Matrix $M = \begin{pmatrix} 2 & 1 \\ -1 & 3 \end{pmatrix}$.

Lösung: Berechne zunächst die Determinante von M, um zu überprüfen, ob die Matrix überhaupt invertierbar ist: $\det(M) = 2 \cdot 3 - (-1) \cdot 1 = 7 \neq 0$. Damit existiert eine Inverse. Diese bestimmen wir über

$$M^{-1} \overset{(2.29)}{=} \frac{1}{\det \begin{pmatrix} 2 & 1 \\ -1 & 3 \end{pmatrix}} \cdot \begin{pmatrix} 3 & -1 \\ 1 & 2 \end{pmatrix} = \frac{1}{7} \begin{pmatrix} 3 & -1 \\ 1 & 2 \end{pmatrix}.$$

Dies lädt direkt zur Probe des Ergebnisses gemäß (2.26) ein:

$$M \cdot M^{-1} = \begin{pmatrix} 2 & 1 \\ -1 & 3 \end{pmatrix} \cdot \frac{1}{7} \begin{pmatrix} 3 & -1 \\ 1 & 2 \end{pmatrix} = \frac{1}{7} \begin{pmatrix} 7 & 0 \\ 0 & 7 \end{pmatrix} = \begin{pmatrix} 1 & 0 \\ 0 & 1 \end{pmatrix} = \mathbb{1}, \quad \text{passt!} \qquad \blacksquare$$

Weitere merkenswerte Regeln sind

$$(A \cdot B)^{-1} = B^{-1} \cdot A^{-1}, \quad \left(A^{\mathsf{T}}\right)^{-1} = (A^{-1})^{\mathsf{T}},$$

$$\det(A^{-1}) = [\det(A)]^{-1} = \frac{1}{\det(A)}. \qquad (2.31)$$

2.1.5 Weitere Matrixoperationen

Im Folgenden werden wir noch ein paar weitere Definitionen und Rechengesetze für Matrizen kennenlernen, die uns später wiederbegegnen werden.

Spur einer Matrix

Die **Spur** einer quadratischen (!) Matrix M mit Schreibweisen $\mathrm{Spur}(M)$, $\mathrm{Sp}(M)$ oder $\mathrm{tr}(M)$ (*trace*) ist die Summe der Hauptdiagonalelemente von M:

$$\mathrm{Spur} \begin{pmatrix} a & b \\ c & d \end{pmatrix} = a + d, \quad \mathrm{Spur} \begin{pmatrix} a & b & c \\ d & e & f \\ g & h & i \end{pmatrix} = a + e + i. \qquad (2.32)$$

Allgemein definiert man

$$\mathrm{Spur}(M) = M_{11} + M_{22} + \ldots + M_{nn} = \sum_{i=1}^{n} M_{ii}. \qquad (2.33)$$

Ist sie null, so heißt die Matrix M **spurfrei**. Weiterhin ist die Spur eines Matrixprodukts $A \cdot B \cdot C$ zyklisch. Das bedeutet, dass wir durchtauschen können:

$$\text{Spur}\,(A \cdot B \cdot C) = \text{Spur}\,(C \cdot A \cdot B) = \text{Spur}(B \cdot C \cdot A). \tag{2.34}$$

Man schiebt das A auf den Platz von B, B rutscht auf den Platz von C, und C geht auf den Platz von A. Achtung: A und B dürfen im Dreierprodukt nicht einfach die Plätze miteinander tauschen. Denn wir erinnern uns, dass im Allgemeinen $A \cdot B \neq B \cdot A$ gilt. Allerdings ist

$$\text{Spur}(A \cdot B) = \text{Spur}(B \cdot A). \tag{2.35}$$

Auch ein beliebter Fehler:

$$\text{Spur}(A \cdot B) \neq \text{Spur}(A) \cdot \text{Spur}(B).$$

Beispiel 2.9 (Spur eines Matrixprodukts)

▷ Was sind $\text{Spur}(A)$, $\text{Spur}(B)$ und $\text{Spur}(A \cdot B)$ für $A = \left(\begin{smallmatrix} 1 & 2 \\ 3 & -1 \end{smallmatrix}\right)$ und $B = \left(\begin{smallmatrix} 1 & 1 \\ 0 & 1 \end{smallmatrix}\right)$?

Lösung: Es sind $\text{Spur}(A) = 1 + (-1) = 0$ und $\text{Spur}(B) = 1 + 1 = 2$, aber es ist

$$\text{Spur}(A \cdot B) = \text{Spur}\left(\begin{pmatrix} 1 & 2 \\ 3 & -1 \end{pmatrix} \cdot \begin{pmatrix} 1 & 1 \\ 0 & 1 \end{pmatrix} \right) = \text{Spur} \begin{pmatrix} 1 & 3 \\ 3 & 2 \end{pmatrix}$$

und somit

$$\text{Spur}(A \cdot B) = 3,$$

was offensichtlich nicht das Gleiche liefert wie $\text{Spur}(A) \cdot \text{Spur}(B) = 0 \cdot 2 = 0$. ■

Symmetrische und antisymmetrische Matrizen

Wir definieren **symmetrische** und **antisymmetrische Matrizen** (zwingend quadratisch) wie folgt:

$$M \text{ symmetrisch} \iff M = M^\mathsf{T}, \quad M \text{ antisymmetrisch} \iff M = -M^\mathsf{T}. \tag{2.36}$$

Jede quadratische Matrix M lässt sich in einen symmetrischen und antisymmetrischen Teil aufspalten:

$$M = \frac{1}{2}\left(M + M^\mathsf{T}\right) + \frac{1}{2}(M - M^\mathsf{T}) = \text{sym.} + \text{antisym.} \tag{2.37}$$

Beispiel 2.10 (Symmetriezerlegung einer Matrix)

▷ Wie lautet die Symmetrie/Antisymmetrie-Zerlegung der Matrix $M = \left(\begin{smallmatrix} 1 & 3 \\ -1 & 4 \end{smallmatrix}\right)$?

Lösung: $M = \left(\begin{smallmatrix} 1 & 3 \\ -1 & 4 \end{smallmatrix}\right)$ ist offensichtlich weder symmetrisch noch antisymmetrisch, da $M \neq \pm M^\mathsf{T}$ gilt. Wir zerlegen gemäß (2.37):

$$M = \tfrac{1}{2}\left[\left(\begin{smallmatrix} 1 & 3 \\ -1 & 4 \end{smallmatrix}\right) + \left(\begin{smallmatrix} 1 & -1 \\ 3 & 4 \end{smallmatrix}\right)\right] + \tfrac{1}{2}\left[\left(\begin{smallmatrix} 1 & 3 \\ -1 & 4 \end{smallmatrix}\right) - \left(\begin{smallmatrix} 1 & -1 \\ 3 & 4 \end{smallmatrix}\right)\right] = \underbrace{\tfrac{1}{2}\left(\begin{smallmatrix} 2 & 2 \\ 2 & 8 \end{smallmatrix}\right)}_{\text{sym.}} + \underbrace{\tfrac{1}{2}\left(\begin{smallmatrix} 0 & 4 \\ -4 & 0 \end{smallmatrix}\right)}_{\text{antisym.}}.$$

Das ist die Zerlegung der Matrix M in Symmetrie- und Antisymmetrieanteil. Wie man sieht, ist der antisymmetrische Anteil spurfrei und hat nur Nullen auf der Hauptdiagonalen. Zufall? ∎

Allgemein gilt

$$M \text{ antisymmetrisch} \iff M^\mathsf{T} = -M \implies \text{Spur}(M) = 0, \qquad (2.38)$$

wie man wie folgt einsieht. Da sich die Diagonale von M beim Transponieren nicht verändert, muss aber wegen (2.38) $M_{11} = -M_{11}, \ldots, M_{nn} = -M_{nn}$ gelten. Dieses geht jedoch nur, wenn alle Diagonalelemente gleichzeitig null sind (z. B. liefert $M_{11} = -M_{11} \Leftrightarrow 2M_{11} = 0 \Leftrightarrow M_{11} = 0$ und ebenso alle anderen). Dann ist aber auch die Spur null! Doch Vorsicht: Es gilt nicht zwangsläufig, dass M bei verschwindender Spur antisymmetrisch ist, wie man an der Matrix

$$M = \left(\begin{matrix} 1 & 3 \\ 1 & -1 \end{matrix}\right)$$

direkt sieht. Zwar ist $\text{Spur}(M) = 1 + (-1) = 0$, aber dennoch gilt nicht $M = -M^\mathsf{T}$. Dieses wird durch den Folgepfeil in (2.38) verdeutlicht, welcher nur Schlüsse in eine Richtung erlaubt.

Dyadisches Produkt

Mit Hilfe des **dyadischen Produkts** ∘ werden zwei Vektoren so miteinander „multipliziert", dass eine Matrix entsteht:

$$\left(\begin{matrix} a \\ b \end{matrix}\right) \circ \left(\begin{matrix} c \\ d \end{matrix}\right) := \left(\begin{matrix} a \\ b \end{matrix}\right) \cdot (c, d) = \left(\begin{matrix} ac & ad \\ bc & bd \end{matrix}\right) \qquad (2.39)$$

(analog höhere Dimensionen). Vergleiche die Schreibweisen:

$\vec{a} \cdot \vec{b} = \vec{a}^\mathsf{T} \vec{b}$:   Skalarprodukt, liefert Zahl,

$\vec{a} \circ \vec{b} = \vec{a} \cdot \vec{b}^\mathsf{T}$:   dyadisches Produkt, liefert Matrix,

wobei die zweite Schreibweise die Matrixmultiplikation meint (hier wird der Malpunkt oft weggelassen). Das Skalarprodukt $\vec{a} \cdot \vec{b}$ entspricht einer $1 \times n$-Matrix multipliziert mit einer $n \times 1$-Matrix; beim dyadischen Produkt $\vec{a} \circ \vec{b}$ entspricht dies einer $(n \times 1) \cdot (1 \times n) = (n \times n)$-Matrix.

Das dyadische Produkt wird uns bei Drehmatrizen (Abschn. 2.3.3) und in der Mechanik (Kap. 12) beim Trägheitstensor wiederbegegnen. Außerdem kann man mit ihm sehr schön die Parallel-Senkrecht-Zerlegung eines Vektors aus Gl. (1.35) fassen und erkennt gleich, wie das dyadische Produkt auf einen Vektor wirkt:

$$\vec{a} = \mathbb{1} \cdot \vec{a} = (\vec{e}_{\vec{b}} \circ \vec{e}_{\vec{b}}) \cdot \vec{a} + (\mathbb{1} - \vec{e}_{\vec{b}} \circ \vec{e}_{\vec{b}}) \cdot \vec{a} \overset{(1.35)}{=} \underbrace{(\vec{a} \cdot \vec{e}_{\vec{b}}) \vec{e}_{\vec{b}}}_{= \vec{a}_\parallel} + \underbrace{\vec{a} - (\vec{a} \cdot \vec{e}_{\vec{b}}) \vec{e}_{\vec{b}}}_{= \vec{a}_\perp},$$

wobei beim zweiten Gleichheitszeichen eine clevere Null $(\vec{e}_{\vec{b}} \circ \vec{e}_{\vec{b}} - \vec{e}_{\vec{b}} \circ \vec{e}_{\vec{b}}) \cdot \vec{a}$ addiert wurde. Damit ergibt sich durch Vergleich beider Seiten

$$\vec{a}_\parallel = (\vec{a} \cdot \vec{e}_{\vec{b}}) \vec{e}_{\vec{b}} = (\vec{e}_{\vec{b}} \circ \vec{e}_{\vec{b}}) \cdot \vec{a}, \quad \vec{a}_\perp = \vec{a} - (\vec{a} \cdot \vec{e}_{\vec{b}}) \vec{e}_{\vec{b}} = (\mathbb{1} - \vec{e}_{\vec{b}} \circ \vec{e}_{\vec{b}}) \cdot \vec{a}.$$

Aus der ersten Beziehung lässt sich nun ablesen, wie das dyadische Produkt $\vec{e}_{\vec{b}} \circ \vec{e}_{\vec{b}}$ auf einen Vektor $\vec{a}$ wirkt:

$$(\vec{e}_{\vec{b}} \circ \vec{e}_{\vec{b}}) \cdot \vec{a} = (\vec{a} \cdot \vec{e}_{\vec{b}}) \vec{e}_{\vec{b}} = \vec{e}_{\vec{b}} (\vec{e}_{\vec{b}} \cdot \vec{a}). \tag{2.40}$$

Dies ist nicht nur für beteiligte Einheitsvektoren so, sondern für beliebige Vektoren. In allgemeinster Form gilt

$$(\vec{a} \circ \vec{b}) \cdot \vec{c} = \vec{a} (\vec{b} \cdot \vec{c}) = (\vec{b} \cdot \vec{c}) \vec{a}. \tag{2.41}$$

Beispiel 2.11 (Ein dyadisches Produkt)

▷ Wie lautet das dyadische Produkt des Vektors $\vec{r} = (x, y, z)^\mathsf{T}$ mit sich selbst?

Lösung: Wir berechnen $\vec{r} \circ \vec{r} = \vec{r} \cdot \vec{r}^\mathsf{T}$:

$$\begin{pmatrix} x \\ y \\ z \end{pmatrix} \circ \begin{pmatrix} x \\ y \\ z \end{pmatrix} = \begin{pmatrix} x \\ y \\ z \end{pmatrix} \cdot (x, y, z) = \begin{pmatrix} x \cdot x & x \cdot y & x \cdot z \\ y \cdot x & y \cdot y & y \cdot z \\ z \cdot x & z \cdot y & z \cdot z \end{pmatrix} = \begin{pmatrix} x^2 & xy & xz \\ xy & y^2 & yz \\ xz & yz & z^2 \end{pmatrix}. \quad \blacksquare$$

Beispiel 2.12 (Test von (2.40))

▷ Man teste Gl. (2.40) durch Einsetzen zweier allgemeiner Vektoren.

Lösung: Wir verwenden $\vec{a} = (x, y, z)^{\mathsf{T}}$ und $\vec{e}_{\vec{b}} = (u, v, w)^{\mathsf{T}}$ und setzen in obige Gleichung ein. $\vec{e}_{\vec{b}} \circ \vec{e}_{\vec{b}}$ können wir direkt mit Hilfe des letzten Beispiels aufstellen:

$$\vec{e}_{\vec{b}} \circ \vec{e}_{\vec{b}} = \begin{pmatrix} u \\ v \\ w \end{pmatrix} \circ \begin{pmatrix} u \\ v \\ w \end{pmatrix} = \begin{pmatrix} u^2 & uv & uw \\ uv & v^2 & vw \\ uw & vw & w^2 \end{pmatrix}.$$

Multipliziert man diese Matrix mit $\vec{a}$, so ergibt sich

$$(\vec{e}_{\vec{b}} \circ \vec{e}_{\vec{b}}) \cdot \vec{a} = \begin{pmatrix} u^2 & uv & uw \\ uv & v^2 & vw \\ uw & vw & w^2 \end{pmatrix} \cdot \begin{pmatrix} x \\ y \\ z \end{pmatrix} = \begin{pmatrix} u^2x + uvy + uwz \\ uvx + v^2y + vwz \\ uwx + vwy + w^2z \end{pmatrix} = (ux + vy + wz) \begin{pmatrix} u \\ v \\ w \end{pmatrix}.$$

Andererseits ist

$$(\vec{a} \cdot \vec{e}_{\vec{b}})\vec{e}_{\vec{b}} = \left[\begin{pmatrix} x \\ y \\ z \end{pmatrix} \cdot \begin{pmatrix} u \\ v \\ w \end{pmatrix} \right] \begin{pmatrix} u \\ v \\ w \end{pmatrix} = (ux + vy + wz) \begin{pmatrix} u \\ v \\ w \end{pmatrix}.$$

Damit haben wir die Gleichheit gezeigt. ∎

Tensorprodukt

Das **Tensorprodukt** wird erst bei Spinberechnungen später in der Quantentheorie ein steter Leidgenosse werden – gesehen haben sollte man es aber schon:

$$\begin{pmatrix} a \\ b \end{pmatrix} \otimes \begin{pmatrix} c \\ d \end{pmatrix} = \begin{pmatrix} a \begin{pmatrix} c \\ d \end{pmatrix} \\ b \begin{pmatrix} c \\ d \end{pmatrix} \end{pmatrix} = \begin{pmatrix} ac \\ ad \\ bc \\ bd \end{pmatrix}, \tag{2.42}$$

und für Matrizen gilt

$$\begin{pmatrix} a & b \\ c & d \end{pmatrix} \otimes \begin{pmatrix} e & f \\ g & h \end{pmatrix} = \begin{pmatrix} a \begin{pmatrix} e & f \\ g & h \end{pmatrix} & b \begin{pmatrix} e & f \\ g & h \end{pmatrix} \\ c \begin{pmatrix} e & f \\ g & h \end{pmatrix} & d \begin{pmatrix} e & f \\ g & h \end{pmatrix} \end{pmatrix} = \begin{pmatrix} ae & af & be & bf \\ ag & ah & bg & bh \\ ce & cf & de & df \\ cg & ch & dg & dh \end{pmatrix}. \tag{2.43}$$

Auch hier kann wieder eine Dimensionsprobe gemacht werden, denn im ersten Fall ist die Dimension der Produktmatrix $(2 \times 1) \otimes (2 \times 1) = (2 \cdot 2 \times 1 \cdot 1) = (4 \times 1)$ und im zweiten Fall $(2 \times 2) \otimes (2 \times 2) = (2 \cdot 2 \times 2 \cdot 2) = (4 \times 4)$.

Spickzettel zur Matrizenrechnung

- **Matrixbegriff**
  - Matrix $M = (M_{ij})$, M_{ij} ist der Eintrag der Matrix M in der i-ten Zeile und j-ten Spalte. M ist quadratisch, wenn #Zeilen = #Spalten.
  - Nullmatrix: $\mathbb{O} = \left(\begin{smallmatrix} 0 & 0 \\ 0 & 0 \end{smallmatrix}\right)$, Einheitsmatrix: $\mathbb{1} = \left(\begin{smallmatrix} 1 & 0 \\ 0 & 1 \end{smallmatrix}\right)$.

- **Einfache Rechenregeln**
  - Addition/Subtraktion: $\left(\begin{smallmatrix} a & b \\ c & d \end{smallmatrix}\right) \pm \left(\begin{smallmatrix} e & f \\ g & h \end{smallmatrix}\right) := \left(\begin{smallmatrix} a\pm e & b\pm f \\ c\pm g & d\pm h \end{smallmatrix}\right)$, $A + B = B + A$.
  - Skalare Multiplikation $\lambda \cdot \left(\begin{smallmatrix} a & b \\ c & d \end{smallmatrix}\right) := \left(\begin{smallmatrix} \lambda a & \lambda b \\ \lambda c & \lambda d \end{smallmatrix}\right)$.

- **Transponieren einer Matrix**
  Vertauschen der Zeilen und Spalten, $\left(\begin{smallmatrix} a & b \\ c & d \end{smallmatrix}\right)^{\mathsf{T}} := \left(\begin{smallmatrix} a & c \\ b & d \end{smallmatrix}\right)$; bei Vektoren $(a, b)^{\mathsf{T}} = \left(\begin{smallmatrix} a \\ b \end{smallmatrix}\right)$, $(A^{\mathsf{T}})^{\mathsf{T}} = A$ und $(A \pm B)^{\mathsf{T}} = A^{\mathsf{T}} \pm B^{\mathsf{T}}$.

- **Matrixmultiplikation**
  - Geht nur, wenn #Spalten der ersten Matrix = #Zeilen der zweiten Matrix.
  - Matrix mal Vektor = Vektor, Matrix mal Matrix = Matrix:

  $$\left(\begin{smallmatrix} a & b \\ c & d \end{smallmatrix}\right) \cdot \left(\begin{smallmatrix} e \\ f \end{smallmatrix}\right) = \left(\begin{smallmatrix} ae+bf \\ ce+df \end{smallmatrix}\right), \quad \left(\begin{smallmatrix} a & b \\ c & d \end{smallmatrix}\right) \cdot \left(\begin{smallmatrix} e & f \\ g & h \end{smallmatrix}\right) = \left(\begin{smallmatrix} ae+bg & af+bh \\ ce+dg & cf+dh \end{smallmatrix}\right).$$

  - $A \cdot \mathbb{1} = A = \mathbb{1} \cdot A$, $A \cdot \mathbb{O} = \mathbb{O}$.
  - Beachte: $A \cdot B \neq B \cdot A$, $(A \cdot B)^{\mathsf{T}} = B^{\mathsf{T}} \cdot A^{\mathsf{T}}$ (Reihenfolge umgedreht).
  - $A \cdot (B \cdot C) = (A \cdot B) \cdot C$, $A \cdot (B \pm C) = A \cdot B \pm A \cdot C$ und $(A \pm B) \cdot C = A \cdot C \pm B \cdot C$.

- **Determinante**
  - $\det\left(\begin{smallmatrix} a & b \\ c & d \end{smallmatrix}\right) = \left|\begin{smallmatrix} a & b \\ c & d \end{smallmatrix}\right| := a \cdot d - b \cdot c$ ist Zahl und nur für quadratische Matrizen definiert.
  - Größere Determinanten per Sarrus (nur für 3 × 3) oder Entwicklungssatz;

  Sarrus: $\begin{vmatrix} a & b & c \\ d & e & f \\ g & h & i \end{vmatrix} = aei + bfg + cdh - ceg - afh - bdi$.

  - $\det(A \cdot B) = \det(A)\det(B)$, $\det(A) = \det(A^{\mathsf{T}})$, $\left|\begin{smallmatrix} \lambda a & \lambda b \\ c & d \end{smallmatrix}\right| = \lambda^1 \left|\begin{smallmatrix} a & b \\ c & d \end{smallmatrix}\right|$ und $\det(\lambda A) = \lambda^n \det(A)$. Beachte: $\det(A \pm B) \neq \det(A) \pm \det(B)$.
  - Vertauschen zweier Zeilen bzw. Spalten liefert Vorzeichen; erlaubt: Addition eines Vielfachen einer Zeile bzw. Spalte zu einer anderen Zeile bzw. Spalte.

- **Inverse einer Matrix**
  - $M \cdot X = \mathbb{1} \Rightarrow X = M^{-1}$ existiert, wenn $\det(M) \neq 0$. Dann $M \cdot M^{-1} = \mathbb{1} = M^{-1} \cdot M$.
  - Berechnung: $M^{-1} = \frac{1}{\det(M)} \cdot [\mathrm{adj}\,(M)]^{\mathsf{T}}$; speziell $\left(\begin{smallmatrix} a & b \\ c & d \end{smallmatrix}\right)^{-1} = \frac{1}{ad-bc}\left(\begin{smallmatrix} d & -b \\ -c & a \end{smallmatrix}\right)$.
  - $(A \cdot B)^{-1} = B^{-1} \cdot A^{-1}$, $\left(A^{\mathsf{T}}\right)^{-1} = (A^{-1})^{\mathsf{T}}$; $\det(A^{-1}) = [\det(A)]^{-1} = \frac{1}{\det(A)}$.

- **Spur einer Matrix**
  - $\mathrm{Spur}(M) = M_{11} + M_{22} + \ldots + M_{nn} = \sum_{i=1}^{n} M_{ii}$ (Summe Hauptdiagonale).
  - Die Spur ist zyklisch tauschbar: $\mathrm{Spur}(A \cdot B) = \mathrm{Spur}(B \cdot A)$. Für drei Matrizen: $\mathrm{Spur}\,(A \cdot B \cdot C) = \mathrm{Spur}\,(C \cdot A \cdot B) = \mathrm{Spur}(B \cdot C \cdot A)$.
  - Obacht: $\mathrm{Spur}(A \cdot B) \neq \mathrm{Spur}(A) \cdot \mathrm{Spur}(B)$.

- **Symmetriezerlegung**
  S symm., wenn $S = S^{\mathsf{T}}$, A antisymm. wenn $A^{\mathsf{T}} = -A$; jede Matrix M lässt sich zerlegen in $M = \frac{1}{2}\left(M + M^{\mathsf{T}}\right) + \frac{1}{2}(M - M^{\mathsf{T}}) = $ sym. + antisym.

- **Dyadisches Produkt**
  Spaltenvektor mal Zeilenvektor liefert Matrix: $\left(\begin{smallmatrix} a \\ b \end{smallmatrix}\right) \circ \left(\begin{smallmatrix} c \\ d \end{smallmatrix}\right) = \left(\begin{smallmatrix} a \\ b \end{smallmatrix}\right) \cdot (c, d) := \left(\begin{smallmatrix} ac & ad \\ bc & bd \end{smallmatrix}\right)$; Wirkung einer Dyade $(\vec{a} \circ \vec{b})$ auf einen Vektor: $(\vec{a} \circ \vec{b})\vec{c} = \vec{a}(\vec{b} \cdot \vec{c})$.

2.2 Lineare Gleichungssysteme

Eine der wesentlichen Verwendungsmöglichkeiten der Matrizenschreibweise zur Beschreibung linearer Gleichungssysteme werden wir im Folgenden kurz diskutieren. Wir betrachten dabei aber wie gewohnt weniger die Theorie, sondern fokussieren auf die Rechenmethoden für die spätere Anwendung auf physikalische Problemstellungen.

2.2.1 Was ist ein lineares Gleichungssystem?

Ein **lineares Gleichungssystem** (kurz LGS) besteht aus mehreren Gleichungen, in denen Variablen $x_1, \ldots, x_n$ nur in erster Potenz auftreten (d. h. $(x_1)^1$, $(x_2)^1$, $(x_3)^1$ usw.). Ein LGS mit k Gleichungen und n Variablen hat folgendes Aussehen:

$$A_{11}x_1 + A_{12}x_2 + \ldots + A_{1n}x_n = b_1$$
$$A_{21}x_1 + A_{22}x_2 + \ldots + A_{2n}x_n = b_2$$
$$\vdots \quad \vdots \quad \vdots$$
$$A_{k1}x_1 + A_{k2}x_2 + \ldots + A_{kn}x_n = b_k.$$

Dabei sind die A_{ij}'s und b_i's Zahlen und die x_j's die Variablen des LGS, nach denen gelöst werden soll ($i = 1, \ldots, k$, $j = 1, \ldots, n$). Obiges System lässt sich mit Hilfe der Matrix-Vektor-Multiplikation (2.10) in der folgenden Form ausdrücken:

$$\underbrace{\begin{pmatrix} A_{11} & A_{12} & \cdots & A_{1n} \\ A_{21} & A_{22} & \cdots & A_{2n} \\ \vdots & \vdots & \ddots & \vdots \\ A_{k1} & A_{k2} & \cdots & A_{kn} \end{pmatrix}}_{=:A} \cdot \underbrace{\begin{pmatrix} x_1 \\ x_2 \\ \vdots \\ x_n \end{pmatrix}}_{=:\vec{x}} = \underbrace{\begin{pmatrix} b_1 \\ b_2 \\ \vdots \\ b_k \end{pmatrix}}_{=:\vec{b}}.$$

A heißt **Koeffizientenmatrix** des LGS, die Matrix $(A|\vec{b})$, bei der neben A rechts $\vec{b}$ als $n + 1$-te Spalte angefügt wird, heißt **erweiterte Matrix** des LGS. Die Kurzform obiger Gleichungen lautet damit

$$A \cdot \vec{x} = \vec{b}. \tag{2.44}$$

Das LGS heißt **homogen,** falls $\vec{b} = \vec{0}$ und **inhomogen** für $\vec{b} \neq \vec{0}$. Im Falle, dass $n = k$ (d. h., es gibt genauso viele Variablen wie Gleichungen), nennt man das LGS **quadratisch,** da dann auch die Koeffizientenmatrix quadratisch ist. Wir werden in den meisten Fällen mit quadratischen LGS zu tun haben.

▷ Man bringe das LGS

$$3x_1 + 5x_2 - x_3 + x_4 = 2$$
$$2x_1 - 3x_2 + 2x_4 = 1$$

in die Form $A \cdot \vec{x} = \vec{b}$. Was sind dann $A = ?$, $\vec{b} = ?$ und $(A|\vec{b}) = ?$

Lösung: Wir haben vier Variablen x_1 bis x_4. Damit ist unser Variablenvektor $\vec{x} = (x_1, x_2, x_3, x_4)^\mathsf{T}$. Den Vektor $\vec{b}$ können wir ebenfalls direkt ablesen: $\vec{b} = (2, 1)^\mathsf{T}$. Die Matrix A hat dann also 2×4-Form, da bei der Matrix-Vektor-Multiplikation für die Dimensionsprobe

$$\underbrace{(2 \times 4)}_{\hat{=} A} \cdot \underbrace{(4 \times 1)}_{\hat{=} \vec{x}} = \underbrace{(2 \times 1)}_{\hat{=} \vec{b}}$$

gilt und A somit sinnvoll zwischen $\vec{x}$ und $\vec{b}$ vermittelt. Dann sind

$$A = \begin{pmatrix} 3 & 5 & -1 & 1 \\ 2 & -3 & 0 & 2 \end{pmatrix}, \quad (A|\vec{b}) = \left(\begin{array}{cccc|c} 3 & 5 & -1 & 1 & 2 \\ 2 & -3 & 0 & 2 & 1 \end{array}\right)$$

die gesuchte Koeffizientenmatrix und erweiterte Matrix.   ■

Das Umschreiben eines LGS in Matrixform kennen wir nun, doch wie lösen wir ein solches nach den Unbekannten $\vec{x} = (x_1, \dots, x_n)^\mathsf{T}$?

2.2.2 Gauß-Algorithmus

Ziel vom **Gauß-Algorithmus** ist es, die Lösung eines LGS schematisch zu bestimmen. Dazu muss die erweiterte Matrix $(A|\vec{b})$ so umgeformt werden, dass man mindestens eine Einzellösung (d. h. eine Variable x_j) des LGS $A \cdot \vec{x} = \vec{b}$ sofort ablesen, dann in die anderen Gleichungen rückwärts einsetzen und die restlichen Variablen bestimmen kann. Besonders einfach wird dies, wenn die erweiterte Matrix auf die sogenannte **Zeilen-Stufen-Form** gebracht wurde:

$$\left(\begin{array}{ccc|c} (*) & * & * & * \\ 0 & (*) & * & * \\ 0 & 0 & (*) & * \end{array}\right), \tag{2.45}$$

schematisch dargestellt für ein 3×3-LGS. Dabei steht $*$ für eine beliebige Zahl. Die eingeklammerten Einträge heißen **Pivotelemente**. Sie haben eine besondere

Bedeutung, wie wir gleich sehen werden. Entscheidend an der Zeilen-Stufen-Form ist, dass unterhalb der Pivotelemente alles Nullen sind.

Um die erweiterte Matrix auf die Zeilen-Stufen-Form zu bringen, sind folgende Umformungen erlaubt:

- Vertauschen von Zeilen,
- Multiplikation einer Zeile mit einer Zahl $\lambda \neq 0$,
- Addition eines Vielfachen einer Zeile zu einer anderen.

Dabei darf beliebig multipliziert und addiert werden, das LGS ändert sich hierdurch nicht.

Beispiel 2.14 (Lösung eines LGS mit Gauß)

▷ Man löse das LGS

$$
\begin{aligned}
x_1 + x_2 + x_3 &= 1 \\
-x_1 + x_2 - 2x_3 &= 4 \\
2x_1 + x_2 + x_3 &= 2.
\end{aligned}
$$

Lösung:

1. Schreibe in Matrixform um und bestimme $(A|\vec{b})$:

$$
\iff \begin{pmatrix} 1 & 1 & 1 \\ -1 & 1 & -2 \\ 2 & 1 & 1 \end{pmatrix} \cdot \begin{pmatrix} x_1 \\ x_2 \\ x_3 \end{pmatrix} = \begin{pmatrix} 1 \\ 4 \\ 2 \end{pmatrix} \implies (A|\vec{b}) = \begin{pmatrix} 1 & 1 & 1 & | & 1 \\ -1 & 1 & -2 & | & 4 \\ 2 & 1 & 1 & | & 2 \end{pmatrix}.
$$

2. Bringe die erweiterte Matrix auf Zeilen-Stufen-Form. Addiere dazu zunächst $1 \times$ Zeile I $+ 1 \times$ Zeile II um die eingekästete (-1) wegzubekommen:

$$
\begin{pmatrix} \boxed{1} & 1 & 1 & | & 1 \\ \boxed{-1} & 1 & -2 & | & 4 \\ 2 & 1 & 1 & | & 2 \end{pmatrix} \begin{matrix} +|\cdot 1 \\ +|\cdot 1 \\ \end{matrix} \to \begin{pmatrix} 1 & 1 & 1 & | & 1 \\ (-1)+1 & 1+1 & (-2)+1 & | & 4+1 \\ 2 & 1 & 1 & | & 2 \end{pmatrix}
$$

$$
= \begin{pmatrix} 1 & 1 & 1 & | & 1 \\ 0 & 2 & -1 & | & 5 \\ 2 & 1 & 1 & | & 2 \end{pmatrix}.
$$

Damit steht an der (-1)-Stelle nun eine schicke Null. Gleicher Gedankengang schafft es, sich der unten eingekästeten 2 zu entledigen (erinnere: wir wollen die Zeilen-Stufen-Form erreichen!). Addiere dazu $(-2) \times$ Zeile I zu $1 \times$ Zeile III:

$$\begin{pmatrix} 1 & 1 & 1 & | & 1 \\ 0 & 2 & -1 & | & 5 \\ \boxed{2} & 1 & 1 & | & 2 \end{pmatrix} \begin{matrix} +|\cdot(-2) \\ \\ +|\cdot 1 \end{matrix} \rightarrow \begin{pmatrix} 1 & 1 & 1 & | & 1 \\ 0 & 2 & -1 & | & 5 \\ 0 & -1 & -1 & | & 0 \end{pmatrix}.$$

Nun müssen wir die unten eingekästete -1 noch zu Null machen, um die Zeilen-Stufen-Form zu erreichen. Dies geschieht mit Hilfe der zweiten Gleichung (dank der Nullen in der ersten Spalte unbedenklich!). Multipliziere die dritte Zeile mit 2 und addiere die zweite dazu:

$$\begin{pmatrix} 1 & 1 & 1 & | & 1 \\ 0 & 2 & -1 & | & 5 \\ 0 & \boxed{-1} & -1 & | & 0 \end{pmatrix} \begin{matrix} \\ +|\cdot 1 \\ +|\cdot 2 \end{matrix} \rightarrow \begin{pmatrix} 1 & 1 & 1 & | & 1 \\ 0 & 2 & -1 & | & 5 \\ 0 & 0 & -3 & | & 5 \end{pmatrix}.$$

Somit haben wir die Zeilen-Stufen-Form erzeugt.

3. Lösung bestimmen: Die Zahlen in der ersten Spalte stehen für die Koeffizienten von x_1, die der zweiten für x_2 usw. Die dritte Zeile obiger erweiterten Matrix in Zeilen-Stufen-Form liest sich somit als $0x_1 + 0x_2 - 3x_3 = 5$. Hieraus kann $x_3 = -\frac{5}{3}$ bestimmt werden. Dies können wir in die zweite Zeile einsetzen und x_2 bestimmen: $0x_1 + 2x_2 - x_3 = 5 \Rightarrow 2x_2 - (-\frac{5}{3}) = 5 \Leftrightarrow x_2 = \frac{5}{3}$. Schließlich fehlt noch x_1. Die bisherigen Erkenntnisse in die erste Zeile eingesetzt liefern $x_1 + x_2 + x_3 = x_1 + \frac{5}{3} + (-\frac{5}{3}) = 1$. Damit folgt $x_1 = 1$. Ergebnis:

$$\vec{x} = (x_1, x_2, x_3)^\mathsf{T} = \left(1, \tfrac{5}{3}, -\tfrac{5}{3}\right)^\mathsf{T}.$$

Wer möchte, kann das Resultat durch Einsetzen in das LGS überprüfen. Alle drei Gleichungen werden durch den Lösungsvektor $\vec{x}$ erfüllt. ∎

Man beachte unbedingt folgenden Rat – er wird enorm Zeit sparen:

> Falls Brüche im LGS auftauchen, sollte man mit dem Hauptnenner die jeweilige Zeile durchmultiplizieren! Man vermeide unbedingt das Rechnen mit Brüchen innnerhalb des Gauß-Verfahrens.

2.2.3 Lösbarkeit linearer Gleichungssysteme

Beim Lösen von LGS können im Gauß-Algorithmus folgende Fälle auftreten:

1. Es entsteht eine Nullzeile der Form $(0\ 0\ \dots\ 0\ |\ 0)$. In diesem Fall kann eine Variable frei gewählt werden, allerdings kein Pivotelement. Man setzt die Variable gleich einem **Parameter** t. Pro Nullzeile kann genau ein Parameter gewählt werden. Die Lösung heißt dann **Parameterschar.**
2. Es entsteht eine falsche Aussage in einer Zeile: $(0\ 0\ \dots\ 0\ |\ \neq 0)$. In diesem Fall gibt es keine Lösung des LGS!
3. Es gibt eine eindeutige Lösung wie im obigen Beispiel, d.h., weder Fall 1 noch Fall 2 treten auf.

Die Behandlung des 3. Falls haben wir schon in Beispiel 2.14 gesehen. Wir zeigen zwei explizite Beispiele für Fall 1 und 2.

Beispiel 2.15 (LGS ohne Lösung)

▷ Man löse das LGS

$$x_1 + x_2 + x_3 = 1$$
$$-x_1 + x_2 - 2x_3 = 4$$
$$2x_1 + 2x_2 + 2x_3 = 3.$$

Lösung: Wir verwenden wieder das Gauß'sche Eliminationsverfahren und stellen direkt die Zeilen-Stufen-Form her, wie wir es in Beispiel 2.14 ausführlich demonstriert haben:

$$(A|\vec{b}) = \begin{pmatrix} 1 & 1 & 1 & | & 1 \\ \boxed{-1} & 1 & -2 & | & 4 \\ \boxed{2} & 2 & 2 & | & 3 \end{pmatrix} \begin{matrix} +|\cdot 1 + |\cdot 2 \\ +|\cdot 1 \\ +|\cdot(-1) \end{matrix} \longrightarrow \begin{pmatrix} 1 & 1 & 1 & | & 1 \\ 0 & 2 & -1 & | & 5 \\ 0 & 0 & 0 & | & -1 \end{pmatrix}.$$

In der letzten Zeile ergibt sich dabei $(0\ 0\ 0|-1)$, d.h. in eine Gleichung übersetzt: $0 \cdot x_1 + 0 \cdot x_2 + 0 \cdot x_3 = -1$ und somit $0 = -1$. Das ist offensichtlich eine falsche Aussage. In diesem Fall ist das LGS nicht lösbar. ∎

Beispiel 2.16 (LGS mit unendlich vielen Lösungen)

▷ Man löse das LGS

$$x_1 + x_2 + x_3 = 1$$
$$-x_1 + x_2 - 2x_3 = 4$$
$$2x_1 + 2x_2 + 2x_3 = 2.$$

Lösung: Aufstellen und Umformen der erweiterten Matrix liefert

$$(A|\vec{b}) = \begin{pmatrix} 1 & 1 & 1 & | & 1 \\ -1 & 1 & -2 & | & 4 \\ 2 & 2 & 2 & | & 2 \end{pmatrix} \begin{matrix} +|\cdot 1 + |\cdot 2 \\ +|\cdot 1 \\ +|\cdot(-1) \end{matrix} \longrightarrow \begin{pmatrix} 1 & 1 & 1 & | & 1 \\ 0 & 2 & -1 & | & 5 \\ 0 & 0 & 0 & | & 0 \end{pmatrix}.$$

In der letzten Zeile ergibt sich nun $(0\ 0\ 0|0)$, d.h. $0 = 0$. Das ist offensichtlich eine richtige Aussage; und sie bleibt richtig, unabhängig davon, was wir für x_1, x_2 und x_3 in diese Gleichung einsetzen! Damit haben wir zur Bestimmung der Lösung des LGS effektiv nur noch zwei Gleichungen zur Verfügung. Zwei Gleichungen gegenüber drei Unbekannten – das kann nicht eindeutig sein. Wir haben somit den Fall unendlich vieler Lösungen vorliegen. Was nun?

Gängige Praxis ist es, eine Variable frei zu wählen. Dabei dürfen jedoch keine Pivotelemente gewählt werden, was x_1 und x_2 als Wahl ausschließt, da die Vorfaktoren beide in den oberen Gleichungen die Pivotelemente bilden (Gl. 2.45). Setze somit $x_3 := t$, wobei t ein beliebiger, reeller Parameter ist. Dann folgt in der zweiten Gleichung

$$2x_2 - 1 \cdot t = 5 \ \Leftrightarrow \ x_2 = \tfrac{5}{2} + \tfrac{1}{2}t$$

sowie in der ersten Gleichung

$$1 \cdot x_1 + 1 \cdot \left(\tfrac{5}{2} + \tfrac{1}{2}t\right) + 1 \cdot t = 1 \ \Leftrightarrow \ x_1 = -\tfrac{3}{2} - \tfrac{3}{2}t.$$

Ergebnis: Die Lösung des LGS ist gegeben durch die Parameterschar:

$$\vec{x} = \begin{pmatrix} x_1 \\ x_2 \\ x_3 \end{pmatrix} = \begin{pmatrix} -\tfrac{3}{2} - \tfrac{3}{2}t \\ \tfrac{5}{2} + \tfrac{1}{2}t \\ t \end{pmatrix} = \begin{pmatrix} -\tfrac{3}{2} \\ \tfrac{5}{2} \\ 0 \end{pmatrix} + t \begin{pmatrix} -\tfrac{3}{2} \\ \tfrac{1}{2} \\ 1 \end{pmatrix}.$$

wobei für t beliebige Werte eingesetzt werden können – $\vec{x}$ liefert für *jedes* t dann eine Lösung des LGS.   ■

Das gleichzeitige Abprüfen aller drei Fälle (z.B. in Klausuren) ist durch die Einführung eines Parameters im LGS selbst möglich. Das Vorgehen ist zunächst das Gleiche: Bringe das LGS auf Zeilen-Stufen-Form. Jetzt kann allerdings nicht sofort die Lösung bestimmt werden, sondern es muss eine Fallunterscheidung bzgl. des Parameters getroffen werden. Wir demonstrieren dies hier abschließend.

Beispiel 2.17 (LGS mit Parameter)

▷ Für welche $a \in \mathbb{R}$ hat das LGS

$$\begin{aligned} x_1 + x_2 + x_3 &= 2 \\ (a-1)x_2 + ax_3 &= 2a - 1 \\ 2x_1 + (3-a)x_2 + 3x_3 &= 7 \end{aligned}$$

keine, eine, unendlich viele Lösungen? Wie lauten diese ggf.?

Lösung: Gauß-Verfahren. Es ergibt sich

$$(A|\vec{b}) = \begin{pmatrix} 1 & 1 & 1 & 2 \\ 0 & a-1 & a & 2a-1 \\ 2 & 3-a & 3 & 7 \end{pmatrix} \begin{matrix} +|\cdot(-2) \\ \\ +|\cdot 1 \end{matrix} \longrightarrow \begin{pmatrix} 1 & 1 & 1 & 2 \\ 0 & a-1 & a & 2a-1 \\ 0 & 1-a & 1 & 3 \end{pmatrix} \begin{matrix} + \\ \\ + \end{matrix}$$

$$\longrightarrow \begin{pmatrix} 1 & 1 & 1 & 2 \\ 0 & a-1 & a & 2a-1 \\ 0 & 0 & 1+a & 2a+2 \end{pmatrix} = \begin{pmatrix} 1 & 1 & 1 & 2 \\ 0 & a-1 & a & 2a-1 \\ 0 & 0 & a+1 & 2(a+1) \end{pmatrix}.$$

Wir gehen wie zuvor stückchenweise vor und beginnen mit der letzten Zeile. Es können hier die drei o. g. Fälle auftreten. Eine Nullzeile – und somit als Lösung eine Parameterschar – erhält man im Fall $a = -1$. Für $a \neq -1$ können wir die dritte Gleichung durch $a + 1$ teilen und erhalten $x_3 = 2$. Dies kann in die zweite Gleichung eingesetzt werden: $(a - 1)x_2 + 2a = 2a - 1 \Leftrightarrow (a - 1)x_2 = -1$. Für $a = 1$ liefert dies jedoch $0 = -1$, also einen Widerspruch. Somit ist das LGS für $a = 1$ nicht lösbar. Da die erste Zeile jedoch nicht von a abhängt, ist in allen anderen Fällen (d. h. für $a \neq \pm 1$) das LGS eindeutig lösbar. Bestimmung der Lösungen:

- $a \neq \pm 1$: LGS eindeutig lösbar, dann ist $x_3 = 2$ und weiterhin $(a - 1)x_2 = -1$ $\Leftrightarrow x_2 = -\frac{1}{a-1}$ sowie $x_1 - \frac{1}{a-1} + 2 = 2 \Leftrightarrow x_1 = \frac{1}{a-1}$. Ergebnis: $\vec{x} = \left(\frac{1}{a-1}, -\frac{1}{a-1}, 2\right)^\mathsf{T}$ mit $a \in \mathbb{R}$.

- Nun der Fall $a = -1$. Dann ist x_3 beliebig, und wir setzen $x_3 := t$ (Achtung: hier nicht gleich a setzen!). Damit folgt aus der zweiten Gleichung $-2x_2 - t = -3 \Leftrightarrow x_2 = \frac{3}{2} - \frac{1}{2}t$ und weiter $x_1 + \frac{3}{2} - \frac{1}{2}t + t = 2 \Leftrightarrow x_1 = \frac{1}{2} - \frac{1}{2}t$. Ergebnis: $\vec{x} = (\frac{1}{2} - \frac{1}{2}t, \frac{3}{2} - \frac{1}{2}t, t)^\mathsf{T} = (\frac{1}{2}, \frac{3}{2}, 0)^\mathsf{T} + t \cdot (-\frac{1}{2}, -\frac{1}{2}, 1)^\mathsf{T}$ mit $t \in \mathbb{R}$. $\blacksquare$

2.2.4 Matrizengleichungen

Eine Gleichung, welche sich aus Matrizen (und optional Vektoren) zusammensetzt, nennt man **Matrizengleichung**. So ist z. B. die Definition der Inversen $X = M^{-1}$ einer Matrix M eine Matrizengleichung: $M \cdot X = \mathbb{1}$. Bei der Lösung von solchen Gleichungen muss man folgende Dinge beachten:

- Es gelten die bekannten Rechenregeln für Matrizen.
- Man beachte $A \cdot B \neq B \cdot A$ im Allgemeinen. Das bedeutet:

Unterscheide zwischen **links-** und **rechtsseitiger Multiplikation**!

- Es darf nicht durch Matrizen (und Vektoren) geteilt werden! Verwende stattdessen bei Matrizen die Multiplikation mit der Inversen. So löst sich z. B. die Gleichung des LGS $A \cdot \vec{x} = \vec{b}$ formal dadurch, dass von links mit A^{-1} multipliziert wird (sofern A^{-1} existiert!):

$$A^{-1} \cdot A \cdot \vec{x} = A^{-1} \cdot \vec{b} \iff \underbrace{(A^{-1} \cdot A)}_{=\mathbb{1}} \cdot \vec{x} = A^{-1} \cdot \vec{b} \iff \mathbb{1} \cdot \vec{x} = A^{-1} \cdot \vec{b},$$

und damit löst $\vec{x} = A^{-1} \cdot \vec{b}$ formal das *quadratische* LGS $A \cdot \vec{x} = \vec{b}$:

$$A \cdot \vec{x} = \vec{b} \iff \vec{x} = A^{-1} \cdot \vec{b}, \text{ sofern } \det(A) \neq 0. \qquad (2.46)$$

Man könnte also vor dem Lösen eines quadratischen LGS zunächst überprüfen, ob die Determinante der Koeffizientenmatrix nicht verschwindet, also $\det(A) \neq 0$ ist, da andernfalls gar keine Inverse existiert. Weiterhin könnte man durch Berechnen der Inversen dann die Lösung des LGS über (2.46) bestimmen. Tatsächlich empfehlen wir aber immer den Gauß-Algorithmus zur Lösung, da er auch im Falle $\det(A) = 0$ – wenn nämlich eine Nullzeile im Gauß-Verfahren auftaucht – das Bestimmen einer (Parameter-)Lösung ermöglicht.

- Bei Ausklammern von Faktoren ggf. eine Einheitsmatrix einfügen, z. B. bei

$$A \cdot \vec{x} = \lambda \vec{x} \iff (A - \lambda \mathbb{1}) \cdot \vec{x} = \vec{0}, \tag{2.47}$$

und *nicht* $(A - \lambda)\vec{x}$, da in der Klammer sonst eine Zahl von einer Matrix abgezogen wird ... Äpfel und Birnen!

Beispiel 2.18 (Eine Matrizengleichung)

▷ Man löse die Gleichung $2X + A \cdot X = B$ für $A = \left(\begin{smallmatrix} 1 & 2 \\ 1 & 0 \end{smallmatrix}\right)$ und $B = \left(\begin{smallmatrix} -2 & 1 \\ -1 & 1 \end{smallmatrix}\right)$.

Lösung: Wir stellen zunächst formal die Matrizengleichung um, so dass X nur auf einer Seite auftaucht. Es ist

$$2X + A \cdot X = B \iff (2 \cdot \mathbb{1} + A) \cdot X = B.$$

Hier unbedingt Ausklammerregel (2.47) und Multiplikationsrichtung beachten: Im Allgemeinen ist $(2 \cdot \mathbb{1} + A) \cdot X \neq X \cdot (2 \cdot \mathbb{1} + A)$. Im nächsten Schritt multiplizieren wir mit $(2 \cdot \mathbb{1} + A)^{-1}$ *von links* (kurz: v.l.):

$$(2 \cdot \mathbb{1} + A) \cdot X = B \qquad | \cdot (2 \cdot \mathbb{1} + A)^{-1} \text{ v.l.}$$
$$\iff \underbrace{(2 \cdot \mathbb{1} + A)^{-1} \cdot (2 \cdot \mathbb{1} + A)}_{=\mathbb{1}} \cdot X = (2 \cdot \mathbb{1} + A)^{-1} \cdot B.$$

Damit erhalten wir $X = (2 \cdot \mathbb{1} + A)^{-1} \cdot B$. Erst jetzt setzen wir die Matrizen explizit ein und verwenden Gl. (2.29) zur Berechnung der Inversen:

$$X = \left[2 \left(\begin{smallmatrix} 1 & 0 \\ 0 & 1 \end{smallmatrix}\right) + \left(\begin{smallmatrix} 1 & 2 \\ 1 & 0 \end{smallmatrix}\right) \right]^{-1} \cdot \left(\begin{smallmatrix} -2 & 1 \\ -1 & 1 \end{smallmatrix}\right) = \left(\begin{smallmatrix} 3 & 2 \\ 1 & 2 \end{smallmatrix}\right)^{-1} \cdot \left(\begin{smallmatrix} -2 & 1 \\ -1 & 1 \end{smallmatrix}\right)$$
$$\overset{(2.29)}{=} \tfrac{1}{4} \left(\begin{smallmatrix} 2 & -2 \\ -1 & 3 \end{smallmatrix}\right) \cdot \left(\begin{smallmatrix} -2 & 1 \\ -1 & 1 \end{smallmatrix}\right) = \tfrac{1}{4} \left(\begin{smallmatrix} -2 & 0 \\ -1 & 2 \end{smallmatrix}\right).$$

Das ist die Lösung der Matrizengleichung! ∎

[H5] LGS mit zwei Parametern   **(3 + 1 = 4 Punkte)**

Es seien $\vec{e}_1, \dots, \vec{e}_5$ die fünfdimensionalen kanonischen Basisvektoren, und es sei $\vec{b} = (1, 1, 1, 1, 1)^{\mathsf{T}}$. Die quadratische 5×5-Matrix

$$A(\alpha, \beta) = ((1 - \alpha)\vec{e}_1 + \alpha\vec{b}, \vec{e}_2, \vec{e}_3, \vec{e}_4, (1 - \beta)\vec{e}_5 + \beta\vec{b})$$

ist von zwei reellen Parametern α und β abhängig.

a) Für welche $\alpha, \beta \in \mathbb{R}$ besitzt das lineare Gleichungssystem $A(\alpha, \beta)\vec{x} = \vec{b}$ keine, genau eine, mehr als eine Lösung? Im letzten Fall ermittle man die Lösungen.

b) Für welche α, β ist $A(\alpha, \beta)$ nicht invertierbar?

Spickzettel zu linearen Gleichungssystemen

- **Lineares Gleichungssystem (LGS)**
  - LGS: k Gleichungen mit n Unbekannten in erster Potenz; in Matrixform:
    $A \cdot \vec{x} = \vec{b}$ mit $k \times n$-Koeffizientenmatrix A.
  - $\vec{b} = \vec{0}$: homogenes LGS (für $\vec{b} \neq \vec{0}$ inhomogen); $n = k$: quadratisches LGS.

- **Gauß-Algorithmus**
  Bringe erweiterte Koeffizientenmatrix $(A|\vec{b})$ auf Zeilen-Stufen-Form. Möglich durch folgende Operationen: Vertauschen von Zeilen, Multiplikation einer Zeile mit einer Zahl $\lambda \neq 0$, Addition eines Vielfachen zu einer anderen Zeile.

- **Lösbarkeit linearer Gleichungssysteme**
  Drei Fälle:
  - $(0\ 0\ \dots\ 0\ |\ 0)$: unendlich viele Lösungen, pro Nullzeile ein Parameter wählbar.
  - $(0\ 0\ \dots\ 0\ |\ \neq 0)$: keine Lösung (nicht möglich für $\vec{b} = \vec{0}$).
  - eindeutige Lösung.

- **Matrizengleichungen**
  = Gleichung aus Matrizen und Vektoren bestehend, z. B. $A \cdot X = \mathbb{1}$ (Def. der Inversen).
  Beachte beim Lösen:
  - $A \cdot B \neq B \cdot A$, auch beim Ausklammern!
  - Nicht durch Matrizen teilen!
  - Beim Ausklammern von Faktoren muss Einheitsmatrix eingefügt werden, z. B. bei
    $A \cdot \vec{x} - \lambda\vec{x} = (A - \lambda\mathbb{1}) \cdot \vec{x}$!
  - LGS als Matrizengleichung: $A \cdot \vec{x} = \vec{b} \iff \vec{x} = A^{-1} \cdot \vec{b}$, sofern $\det(A) \neq 0$.
  - Erst allgemein lösen, dann Matrizen einsetzen!

2.3 Abbildungen

Matrizen kommen nicht nur bei linearen Gleichungssystemen zum Einsatz. Mit ihnen lassen sich auch Abbildungen, z. B. von Vektoren, beschreiben. Eine **Abbildung** f ist in unserem Kontext eine Vorschrift, die einem **Argument** $\vec{x}$ einen eindeutigen **Bildvektor** $\vec{x}' = f(\vec{x})$ zuordnet. Eine spezielle Klasse von Abbildungen sind **lineare Abbildungen** L, die auf einen beliebigen Vektor $\vec{x}$ wirken:

$$L(\vec{x}) = M \cdot \vec{x} + \vec{b}, \tag{2.48}$$

wobei die Schreibweise sehr stark der linearen Funktion $y = mx + b$ ähnelt. L heißt affine Abbildung mit **Abbildungsmatrix** M und Translation (das ist eine konstante Verschiebung) $\vec{b}$. Die für uns interessanten Abbildungen sind jene mit $\vec{b} = \vec{0}$, entsprechend beschreibbar durch eine Matrix-Vektor-Multiplikation

$$f(\vec{x}) = M \cdot \vec{x}, \tag{2.49}$$

zu denen z. B. Spiegelungen und Drehungen gehören. Auf Drehungen werden wir in Abschn. 2.3.3 intensiv eingehen.

2.3.1 Abbildungsmatrix

Um die Matrix M einer beliebigen Abbildung zu bestimmen, braucht man nur zur schauen, auf welche Bildvektoren (Notation mit einem Strich) die Basisvektoren einer beliebigen Basis abgebildet werden. Beachte:

Die Darstellung der Abbildung, das ist die Matrix M, ist für unterschiedliche Basen verschieden. Die Abbildung selbst ändert sich unter Basiswechsel aber nicht!

Meist ist es zweckmäßig, für die Bestimmung von M die kanonischen Basisvektoren $\vec{e}_1$, $\vec{e}_2$ und $\vec{e}_3$ zu betrachten. Diese Bildvektoren

$$\vec{e}_1{}' = M \cdot \vec{e}_1, \quad \vec{e}_2{}' = M \cdot \vec{e}_2, \quad \vec{e}_3{}' = M \cdot \vec{e}_3$$

schreiben wir dann in die Spalten von M und haben die gesuchte Abbildungsmatrix bestimmt. Man beachte dabei, dass der erste Bildvektor in die erste Spalte geschrieben wird, der zweite in die zweite usw. Die Abbildung eines Vektors $\vec{a}$ schreibt sich allgemein als

$$\vec{a}\,' = M \cdot \vec{a}. \tag{2.50}$$

wobei auch hier′ das abgebildete Objekt meint.

Beispiel 2.19 (Spiegelung an der y-Achse)

▷ Wie lautet die Abbildungsmatrix, die in 2-D die Spiegelung an der y-Achse beschreibt?

Lösung: Wir schauen uns an, wie die kanonischen Basisvektoren $\vec{e}_1$ und $\vec{e}_2$ abgebildet werden. Dazu malen wir uns das Geschehen erstmal hin. Anhand von Abb. 2.2 links kann man ablesen:

$$\vec{e}_1{}' = -\vec{e}_1 = \begin{pmatrix} -1 \\ 0 \end{pmatrix}, \quad \vec{e}_2{}' = \vec{e}_2 = \begin{pmatrix} 0 \\ 1 \end{pmatrix}.$$

Schreibe die beiden Bildvektoren $\vec{e}_1{}'$ und $\vec{e}_2{}'$ spaltenweise in die Matrix M und erhalte direkt die Abbildungsmatrix:

$$M = \begin{pmatrix} -1 & 0 \\ 0 & 1 \end{pmatrix}.$$

Wir testen das Resultat an $\vec{a} = (1, 1)^{\mathsf{T}}$ und erwarten aus Anschauungsgründen $\vec{a}' = (-1, 1)^{\mathsf{T}}$ (Abb. 2.2 rechts). Test:

$$\vec{a}{}' = M \cdot \vec{a} = \begin{pmatrix} -1 & 0 \\ 0 & 1 \end{pmatrix} \cdot \begin{pmatrix} 1 \\ 1 \end{pmatrix} = \begin{pmatrix} -1 \\ 1 \end{pmatrix},$$

was unseren Erwartungen entspricht. ∎

Determinante entspricht Volumenverzerrungsfaktor

In Abschn. 2.1.3 wurde die Determinante als eine Funktion eingeführt, die einer Matrix scheinbar willkürlich eine Zahl zuordnet. Wir stellten dabei fest, dass der Wert der Determinante in drei Dimensionen mit dem Wert des von den Spaltenvektoren gebildeten Spatprodukts übereinstimmte. Hieraus schlossen wir, dass die Determinante ein Volumen angibt.

Dieses ist fast richtig. Genau genommen entspricht der Wert der Determinante einem **Volumenverzerrungsfaktor.** Dieser gibt an, ob und wie sich die Fläche bzw. das Volumen, welches von den Basisvektoren aufgespannt wird, unter einer Matrixabbildung ändert (vergrößert/verkleinert). Das Vorzeichen der Determinante gibt überdies Auskunft darüber, ob sich die **Orientierung** – das ist die Durchlaufrichtung vorgegebener Punkte auf einer Oberfläche bzw. einem Volumen – ändert oder nicht. Abb. 2.3 verdeutlicht dies.

Abb. 2.2 Spiegelung an der y-Achse. Links: $\vec{e}_1$ wird auf $-\vec{e}_1$ abgebildet, $\vec{e}_2$ bleibt unter der Abbildung M unverändert. Rechts: Eine Testabbildung

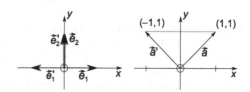

Abb. 2.3 Zum Begriff der
Orientierung. Links bei der
Drehung ändert sich die
Durchlaufrichtung von A, B
und C nicht, rechts bei der
Spiegelung allerdings schon

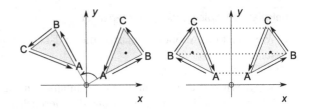

Beispiel 2.20 (Eine Streckspiegelung)

▷ Ändert sich das Volumen und die Orientierung unter der Abbildung
$M = \begin{pmatrix} 1 & 1 \\ 1 & -1 \end{pmatrix}$? Wenn ja, wie?

Lösung: Die Determinante von M ist $\det(M) = -2$, d. h, wegen $|\det(M)| = 2 > 1$ vergrößert sich ein 2-D-Volumen (das ist eine Fläche) unter Abbildung von M um den Faktor zwei (Abb. 2.4). Überdies ändert sich die Orientierung des Objekts (da $\det(M) < 0$), so dass es sich bei M um eine Streckung und Spiegelung – eine sogenannte Streckspiegelung – handelt.   ■

Orthogonale Transformationen
Im Folgenden wünschen wir uns Abbildungen, die Längen und Winkel unverändert lassen. Eine Abbildung O (O wie orthogonal, nicht mit der langweiligen Abbildung $\mathbb{O}$ verwechseln!) lässt Längen unverändert, wenn das Skalarprodukt zweier Vektoren unter der Transformation M unverändert bleibt. Dies bedeutet:

$$\vec{a}' \cdot \vec{b}' = \vec{a}'^{\mathsf{T}} \vec{b}' = (O \cdot \vec{a})^{\mathsf{T}} (O \cdot \vec{b}) \overset{(2.15)}{=} \vec{a}^{\mathsf{T}} O^{\mathsf{T}} O \vec{b} = \vec{a}^{\mathsf{T}} (O^{\mathsf{T}} \cdot O) \vec{b} \overset{!}{=} \vec{a}^{\mathsf{T}} \vec{b} = \vec{a} \cdot \vec{b},$$

woraus $O^{\mathsf{T}} \cdot O = \mathbb{1}$ folgt (denn nur dann ist die Forderung $\vec{a}^{\mathsf{T}} (O^{\mathsf{T}} \cdot O) \vec{b} \overset{!}{=} \vec{a}^{\mathsf{T}} \vec{b}$ erfüllt). Bildet man die Determinante dieser Gleichung, so folgt

$$\det(O^{\mathsf{T}} \cdot O) = \det(\mathbb{1}) \overset{(2.21)}{\Longleftrightarrow} \det(O^{\mathsf{T}}) \det(O) \overset{(2.22)}{=} \det(O) \det(O) = (\det(O))^2 = 1.$$

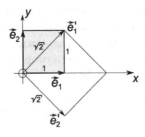

Abb. 2.4 Zur Streckspiegelung. Die kanonischen Basisvektoren $\vec{e}_1$ und $\vec{e}_2$ spannen eine Fläche der Größe $1 \cdot 1 = 1$ auf. Die Bildvektoren $\vec{e}_1' = M \cdot \vec{e}_1 = (1, 1)^{\mathsf{T}}$ und $\vec{e}_2' = M \cdot \vec{e}_2 = (1, -1)^{\mathsf{T}}$ bilden dagegen ein doppelt so großes Quadrat mit Flächeninhalt $\sqrt{2} \cdot \sqrt{2} = 2$ (gestrichelt). Durchläuft man beide Quadrate gegen den Uhrzeigersinn, so wird im Ausgangsquadrat erst die Spitze des ersten Basisvektors, dann die Spitze des zweiten Basisvektors erreicht. Im größeren, gestrichelten Quadrat ist es umgekehrt

Damit folgt $\det(O) = \pm 1$.

Wir fassen zusammen: Abbildungen der Form

$$O^{\mathsf{T}} \cdot O = \mathbb{1}, \quad \det(O) = \pm 1 \tag{2.51}$$

heißen **orthogonale Transformationen** und lassen Längen und Winkel unverändert. Weiterhin stellen sie sicher, dass die Bildvektoren abgebildeter senkrechter Vektoren wieder senkrecht sind. Dies ist genau der Fall, wenn $O^{\mathsf{T}} \cdot O = \mathbb{1}$ ist. Nimmt man beispielsweise die kanonischen Basisvektoren (sind normiert und stehen paarweise senkrecht) und bildet diese ab, dann sind unter orthogonaler Transformation auch die entstehenden Bildvektoren normiert und stehen paarweise senkrecht.

Da die Bildvektoren die Abbildungsmatrix festlegen, lässt sich noch eine andere Lesart von $O^{\mathsf{T}} \cdot O = \mathbb{1}$ feststellen. Bei orthogonalen Transformationen bilden die Spaltenvektoren der Matrix O eine ONB (Kap. 1)! Anders gesagt: Bildet man die Basisvektoren einer ONB mit O ab, so bilden die Bildvektoren wieder eine ONB. Die zwei wichtigsten Spezialfälle orthogonaler Transformationen sind Spiegelungen und Drehungen, die wir im Folgenden erläutern.

2.3.2 Spiegelungen

Eine Matrix S heißt **Spiegelmatrix,** wenn

$$S \cdot S^{\mathsf{T}} = \mathbb{1} = S^{\mathsf{T}} \cdot S \quad \text{und} \quad \det(S) = -1. \tag{2.52}$$

Die Forderung, dass die Determinante $\det(S) = -1$ ist, bedeutet, dass sich unter Spiegelung das Volumen eines abgebildeten Körpers nicht ändert, allerdings die Orientierung wechselt.

Beispiel 2.21 (Eine Spiegelmatrix)

▷ Man zeige, dass die Matrix M aus Beispiel 2.19 eine Spiegelmatrix ist.

Lösung: Wir überprüfen mit $M = \begin{pmatrix} -1 & 0 \\ 0 & 1 \end{pmatrix}$ die Definition (2.52):

$$M \cdot M^{\mathsf{T}} = \begin{pmatrix} -1 & 0 \\ 0 & 1 \end{pmatrix} \cdot \begin{pmatrix} -1 & 0 \\ 0 & 1 \end{pmatrix}^{\mathsf{T}} = \begin{pmatrix} -1 & 0 \\ 0 & 1 \end{pmatrix} \cdot \begin{pmatrix} -1 & 0 \\ 0 & 1 \end{pmatrix} = \begin{pmatrix} 1 & 0 \\ 0 & 1 \end{pmatrix} = \mathbb{1}.$$

Damit bilden die Spaltenvektoren eine ONB. Nun müssen wir noch die Determinante berechnen:

$$\det(M) = \det \begin{pmatrix} -1 & 0 \\ 0 & 1 \end{pmatrix} = (-1) \cdot 1 = -1.$$

Also ist M eine Spiegelmatrix. ■

2.3.3 Drehungen

Ziel der hiesigen Bestrebungen ist es, ein Verfahren zu ermitteln, mit dessen Hilfe man günstige Koordinatensysteme basteln kann. Hat man zunächst nicht ganz so tolle Systeme erwischt, so möchte man mittels Transformation die Koordinatenachsen so verändern – bzw. *drehen* –, dass man ein möglichst einfaches System zur Beschreibung physikalischer Probleme findet. Grund genug, sich einmal näher mit Drehungen auseinanderzusetzen.

Definition einer Drehmatrix
D heißt **Drehmatrix**, wenn die Spaltenvektoren von D eine Orthonormalbasis bilden. Überdies soll sich die Orientierung nicht ändern, das Volumen/die Fläche ebenso nicht:

$$D \text{ Drehmatrix } \iff D \cdot D^{\mathsf{T}} = \mathbb{1} = D^{\mathsf{T}} \cdot D \text{ und } \det(D) = +1, \qquad (2.53)$$

d. h., D ist eine orthogonale Transformation, welche Volumen ($|\det D| = 1$) und Orientierung ($\det(D) > 0$) erhält. Drehungen lassen dementsprechend Längen und Winkel unverändert:

$$|D \cdot \vec{a}| = |\vec{a}\,'| = |\vec{a}|, \quad D(\vec{a} \times \vec{b}) = D\vec{a} \times D\vec{b}. \qquad (2.54)$$

Beispiel 2.22 (Eine Drehmatrix)

▷ Man prüfe, ob die Abbildungsmatrix $A = \begin{pmatrix} \frac{1}{\sqrt{2}} & \frac{1}{\sqrt{2}} \\ -\frac{1}{\sqrt{2}} & \frac{1}{\sqrt{2}} \end{pmatrix}$ eine Drehung beschreibt.

Lösung: Überprüfen der Definition (2.53): Es ist

$$A \cdot A^{\mathsf{T}} = \begin{pmatrix} \frac{1}{\sqrt{2}} & \frac{1}{\sqrt{2}} \\ -\frac{1}{\sqrt{2}} & \frac{1}{\sqrt{2}} \end{pmatrix} \cdot \begin{pmatrix} \frac{1}{\sqrt{2}} & -\frac{1}{\sqrt{2}} \\ \frac{1}{\sqrt{2}} & \frac{1}{\sqrt{2}} \end{pmatrix} = \begin{pmatrix} \frac{1}{2}+\frac{1}{2} & -\frac{1}{2}+\frac{1}{2} \\ -\frac{1}{2}+\frac{1}{2} & \frac{1}{2}+\frac{1}{2} \end{pmatrix} = \begin{pmatrix} 1 & 0 \\ 0 & 1 \end{pmatrix} = \mathbb{1}.$$

Damit bilden die Spaltenvektoren eine ONB. Doch bleiben das Volumen und die Orientierung unter der durch A beschriebenen Transformation erhalten?

$$\det(A) = \det \begin{pmatrix} \frac{1}{\sqrt{2}} & \frac{1}{\sqrt{2}} \\ -\frac{1}{\sqrt{2}} & \frac{1}{\sqrt{2}} \end{pmatrix} = \frac{1}{\sqrt{2}}\frac{1}{\sqrt{2}} - \left(-\frac{1}{\sqrt{2}}\right)\frac{1}{\sqrt{2}} = +1, \text{ ja.}$$

Also ist A eine Drehmatrix! ■

Drehmatrix in zwei Dimensionen
Wir bestimmen nun die Matrix, die eine Drehung in der x-y-Ebene um den Ursprung mit dem Winkel φ (gegen den Uhrzeigersinn, also im mathematisch positiven Sinn gezählt) beschreibt. Das Vorgehen kennen wir aus Abschn. 2.3.1. Wir nehmen uns die einfachsten Einheitsvektoren $\vec{e}_1 = (1, 0)^{\mathsf{T}}$ und $\vec{e}_2 = (0, 1)^{\mathsf{T}}$ her und bestimmen deren Bildvektoren.

Abb. 2.5 Zum Aufstellen der Drehmatrix in zwei Dimensionen

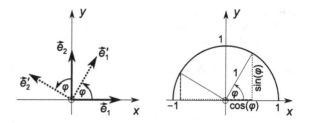

Anhand von Abb. 2.5 können wir ablesen:

$$\vec{e_1}' = \begin{pmatrix} \cos(\varphi) \\ \sin(\varphi) \end{pmatrix}, \quad \vec{e_2}' = \begin{pmatrix} -\sin(\varphi) \\ \cos(\varphi) \end{pmatrix}.$$

Damit erhalten wir die Drehmatrix in zwei Dimensionen:

$$D^{\mathbb{R}^2}(\varphi) = \begin{pmatrix} \cos(\varphi) & -\sin(\varphi) \\ \sin(\varphi) & \cos(\varphi) \end{pmatrix}. \tag{2.55}$$

Dieses ist eine Drehmatrix, denn mit $s := \sin(\varphi)$ und $c := \cos(\varphi)$ ist

$$D \cdot D^{\mathsf{T}} = \begin{pmatrix} c & -s \\ s & c \end{pmatrix} \cdot \begin{pmatrix} c & s \\ -s & c \end{pmatrix} = \begin{pmatrix} c^2 + s^2 & cs - sc \\ sc - cs & s^2 + c^2 \end{pmatrix} = \begin{pmatrix} 1 & 0 \\ 0 & 1 \end{pmatrix}$$

unter Verwendung des trigonometrischen Pythagoras $c^2 + s^2 = 1$ und weiterhin

$$\det \begin{pmatrix} c & -s \\ s & c \end{pmatrix} = c^2 - (-s^2) = c^2 + s^2 = +1.$$

Beispiel 2.23 (Eine 2-D-Drehmatrix)

Die Matrix A aus Beispiel 2.22 ist – wie gezeigt wurde – eine Drehmatrix. Für den Drehwinkel gilt dabei im Vergleich mit (2.55)

$$\frac{1}{\sqrt{2}} = \cos(\varphi), \quad -\frac{1}{\sqrt{2}} = \sin(\varphi).$$

Dieses bedeutet $\varphi = -45°$ bzw. $-\frac{\pi}{4}$ (alternativ könnte man auch $+315°$ sagen, man wählt aber immer die kleineren Winkel als Bezeichnung). So wird der Vektor $\vec{a} = (1, 1)^{\mathsf{T}}$ um $-45°$ auf

$$\vec{a}' = A \cdot \vec{a} = \begin{pmatrix} \frac{1}{\sqrt{2}} & \frac{1}{\sqrt{2}} \\ -\frac{1}{\sqrt{2}} & \frac{1}{\sqrt{2}} \end{pmatrix} \cdot \begin{pmatrix} 1 \\ 1 \end{pmatrix} = \begin{pmatrix} \frac{2}{\sqrt{2}} \\ 0 \end{pmatrix} = \begin{pmatrix} \sqrt{2} \\ 0 \end{pmatrix}$$

gedreht, was auch zu erwarten war. Und was ist mit dem Volumen? Dies bleibt wegen $|\vec{a}| = \sqrt{1^2 + 1^2} = \sqrt{2}$, $|\vec{a}'| = \sqrt{(\sqrt{2})^2 + 0^2} = \sqrt{2}$ und folglich $|\vec{a}| = |\vec{a}'|$ erhalten! ∎

Abb. 2.6 Zur Drehrichtung.
Es wird immer um die Achse
entlang des Daumens gegen
den Uhrzeigersinn gedreht
(hier entlang $\vec{e}_1$ bzw. der
x-Achse)

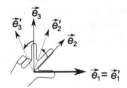

Drehmatrix in 3-D um Koordinatenachsen

Die einfachsten Drehungen sind in drei Dimensionen jene, die um die Koordinatenachsen x, y und z geschehen. Anhand dieser werden wir zwei weitere wichtige Charakteristika von Drehmatrizen – die Drehachse und den Drehwinkel – kennenlernen.

Wir bestimmen mit unserem Verfahren aus Abschn. 2.3.1 exemplarisch die Drehung um die x-Achse. Die anderen gehen analog. Überlege dazu wieder, wohin die kanonischen Basisvektoren $\vec{e}_1$, $\vec{e}_2$ und $\vec{e}_3$ bei Drehung um den Winkel φ um die x-Achse abgebildet werden. Dabei ist die Drehrichtung entscheidend (Abb. 2.6). Es gilt dann für die Drehung um die x-Achse

$$\vec{e}_1 \to \vec{e}_1, \quad \vec{e}_2 \to \vec{e}_2{}' = (0, \cos(\varphi), \sin(\varphi))^\mathsf{T}, \quad \vec{e}_3 \to \vec{e}_3{}' = (0, -\sin(\varphi), \cos(\varphi))^\mathsf{T}.$$

Damit folgt

$$D_x^{\mathbb{R}^3} = \begin{pmatrix} 1 & 0 & 0 \\ 0 & \cos(\varphi) & -\sin(\varphi) \\ 0 & \sin(\varphi) & \cos(\varphi) \end{pmatrix}$$

und analog die anderen. Ergebnis:

$$D_{x,\varphi}^{\mathbb{R}^3} = \begin{pmatrix} 1 & 0 & 0 \\ 0 & c & -s \\ 0 & s & c \end{pmatrix}, \quad D_{y,\varphi}^{\mathbb{R}^3} = \begin{pmatrix} c & 0 & s \\ 0 & 1 & 0 \\ -s & 0 & c \end{pmatrix}, \quad D_{z,\varphi}^{\mathbb{R}^3} = \begin{pmatrix} c & -s & 0 \\ s & c & 0 \\ 0 & 0 & 1 \end{pmatrix}, \qquad (2.56)$$

wobei die Indizes angeben, um welche Achse um den Winkel φ gedreht wird und wir wieder die Abkürzungen $c := \cos(\varphi)$ und $s := \sin(\varphi)$ verwendet haben.

Drehachse und Drehwinkel

Um die **Drehachse** wird gedreht. Anders gesagt: Die Koordinaten eines Punktes auf der Drehachse verändern sich unter Drehung um die Drehachse nicht. Stellt man sich z. B. auf dem Jahrmarkt in die Mitte einer rotierenden Platte und macht sich unendlich dünn (ja, ich weiß: Theoretiker!), so bleibt man stets ortsfest an diesem Fleck und ändert seine Position nicht. Genauso verhält es sich mit der Drehachse. Mathematisch wird der Vektor $\vec{b}$, welcher entlang der Drehachse zeigt, unter der Drehung D wieder auf sich selbst abgebildet:

$$D \cdot \vec{b} = \vec{b}. \qquad (2.57)$$

Lösen dieses linearen Gleichungssystems nach den Koordinaten b_1, b_2 und b_3 liefert schließlich die Drehachse $\vec{b}$. Gl. (2.57) ist ein prominentes Beispiel einer sogenannten Eigenwertgleichung. Eigenwertprobleme werden in Abschn. 2.4 ausführlich behandelt.

In 2-D kann man den **Drehwinkel** direkt ablesen, wie in Beispiel 2.23 gezeigt wurde. In 3-D ist es durch scharfes Hingucken möglich, bei (2.56) abzulesen, dass stets gilt:

$$\text{Spur}(D) = 1 + 2\cos(\varphi) \iff \cos(\varphi) = \frac{\text{Spur}(D) - 1}{2}, \qquad (2.58)$$

woraus dann der Drehwinkel φ bestimmt werden kann. In der Hauptdiagonalen steckt also die Information über den Drehwinkel! (2.58) gilt für jede 3-D-Drehmatrix, wie wir in Abschn. 2.3.4 noch zeigen.

Beispiel 2.24 (Eine 3-D-Drehmatrix)

▷ Man zeige, dass

$$D = \frac{1}{\sqrt{2}} \begin{pmatrix} 1 & -1 & 0 \\ 1 & 1 & 0 \\ 0 & 0 & \sqrt{2} \end{pmatrix}$$

eine Drehmatrix um die z-Achse mit Drehwinkel $\frac{\pi}{4}$ ist.

Lösung:

1. Wir zeigen zunächst, dass D eine Drehmatrix ist:

$$D \cdot D^{\mathsf{T}} = \frac{1}{\sqrt{2}} \begin{pmatrix} 1 & -1 & 0 \\ 1 & 1 & 0 \\ 0 & 0 & \sqrt{2} \end{pmatrix} \cdot \frac{1}{\sqrt{2}} \begin{pmatrix} 1 & 1 & 0 \\ -1 & 1 & 0 \\ 0 & 0 & \sqrt{2} \end{pmatrix} = \frac{1}{2} \begin{pmatrix} 2 & 0 & 0 \\ 0 & 2 & 0 \\ 0 & 0 & 2 \end{pmatrix} = \mathbb{1}.$$

Weiterhin berechnen wir die Determinante mit Hilfe von Gl. (2.24) und dem Entwicklungssatz (nach der dritten Zeile!). Beachte dabei, dass der Vorfaktor hoch der Dimension der Matrix genommen werden muss:

$$\det(D) = \left(\frac{1}{\sqrt{2}}\right)^3 \begin{vmatrix} 1 & -1 & 0 \\ 1 & 1 & 0 \\ 0 & 0 & \sqrt{2} \end{vmatrix} = \left(\frac{1}{\sqrt{2}}\right)^3 \cdot \sqrt{2} \begin{vmatrix} 1 & -1 \\ 1 & 1 \end{vmatrix} = \left(\frac{1}{\sqrt{2}}\right)^3 \cdot \sqrt{2} \cdot 2 = +1.$$

Damit ist D eine Drehmatrix!

2. Den Drehwinkel erhalten wir mit Gl. (2.58) über die Spur:

$$\text{Spur}(D) = \frac{1}{\sqrt{2}} + \frac{1}{\sqrt{2}} + 1.$$

Für den Kosinus des Drehwinkels gilt dann

$$\cos(\varphi) = \frac{\text{Spur}(D) - 1}{2} = \frac{\frac{2}{\sqrt{2}} + 1 - 1}{2} = \frac{1}{\sqrt{2}}.$$

Damit folgt für den Drehwinkel $\varphi = \arccos\left(\frac{1}{\sqrt{2}}\right) = \frac{\pi}{4}$.

3. Die Drehachse berechnen wir über $D \cdot \vec{b} = \vec{b} \Longleftrightarrow D \cdot \vec{b} - \mathbb{1} \cdot \vec{b} = \vec{0}$ bzw. $(D - \mathbb{1}) \cdot \vec{b} = \vec{0}$. Setze also mit $\vec{b} = (b_1, b_2, b_3)^\mathsf{T}$ das LGS an:

$$\left[\begin{pmatrix} \frac{1}{\sqrt{2}} & -\frac{1}{\sqrt{2}} & 0 \\ \frac{1}{\sqrt{2}} & \frac{1}{\sqrt{2}} & 0 \\ 0 & 0 & 1 \end{pmatrix} - \begin{pmatrix} 1 & 0 & 0 \\ 0 & 1 & 0 \\ 0 & 0 & 1 \end{pmatrix} \right] \cdot \begin{pmatrix} b_1 \\ b_2 \\ b_3 \end{pmatrix} = \begin{pmatrix} 0 \\ 0 \\ 0 \end{pmatrix}.$$

Damit ergibt sich im Gauß-Verfahren

$$\begin{pmatrix} \frac{1}{\sqrt{2}} - 1 & -\frac{1}{\sqrt{2}} & 0 & | & 0 \\ \frac{1}{\sqrt{2}} & \frac{1}{\sqrt{2}} - 1 & 0 & | & 0 \\ 0 & 0 & 0 & | & 0 \end{pmatrix} \begin{matrix} +| \cdot \left(-\frac{1}{\sqrt{2}}\right) \\ +| \cdot \left(\frac{1}{\sqrt{2}} - 1\right) \\ {} \end{matrix} \rightarrow \begin{pmatrix} \frac{1}{\sqrt{2}} - 1 & -\frac{1}{\sqrt{2}} & 0 & | & 0 \\ 0 & * & 0 & | & 0 \\ 0 & 0 & 0 & | & 0 \end{pmatrix},$$

wobei $*$ wieder eine bestimmte Zahl bezeichnet. Aus der dritten Zeile folgt sofort: b_3 ist beliebig, setze also $b_3 := t$. Zwei Fälle können nun in der zweiten Zeile auftreten: Entweder ist $*$ null, was bedeutet, dass auch b_2 frei wählbar ist, oder $*$ ist ungleich null. Letzteres würde bedeuten, dass $b_2 = 0$ und dann auch $b_1 = 0$. Rechnen wir es aus:

$$* = \left(\frac{1}{\sqrt{2}} - 1 \right) \left(\frac{1}{\sqrt{2}} - 1 \right) - \frac{1}{\sqrt{2}} \left(-\frac{1}{\sqrt{2}} \right) = \frac{1}{2} - 2 \frac{1}{\sqrt{2}} + 1 + \frac{1}{2} = 2 - \frac{2}{\sqrt{2}} \neq 0.$$

Damit sind $b_2 = 0$ und $b_1 = 0$. Ergebnis der Drehachse: $\vec{b} = (0, 0, t)^\mathsf{T} \sim \vec{e}_3$. Somit zeigt sie entlang der z-Achse, was final zu zeigen war. ∎

Umkehrtransformation

Es ist manchmal wie beim Chiropraktiker: Was ist, wenn man sich verdreht hat und die Drehung rückgängig machen will? Wie sieht die Umkehrtransformation einer Drehung D aus? Die Antwort auf diese Frage ist eine weitere äußerst benutzerfreundliche Eigenschaft von Drehungen (überdies auch deutlich weniger schmerzhaft als die Methode des Chiropraktikers!). Wir kennen die Umkehrtransformation quasi schon und haben mit ihr gerechnet, ohne zu wissen, dass sie die Umkehrabbildung ist.

Man erinnere: In Abschn. 2.1.4 haben wir die Inverse einer Matrix A über die Gleichung $A \cdot X = \mathbb{1}$ eingeführt. Für uns lautet die Frage: Für welches $X = D^{-1}$ gilt $D \cdot X = \mathbb{1}$? Ein schneller Blick auf die Definition (2.53) – $D \cdot D^\mathsf{T} = \mathbb{1}$ – liefert die Antwort:

$$D^{-1} = D^\mathsf{T}. \tag{2.59}$$

Die Inverse einer Drehmatrix ist somit gleich ihrer Transponierten, und da $\det(D) = 1 \neq 0$ für alle Drehmatrizen gilt, existiert die Inverse immer. Wenn das Leben doch immer so einfach wäre!

2.3.4 Allgemeine Drehmatrix

Als Nächstes müssen wir uns um den Fall kümmern, dass die Drehachse beliebig im Raum liegt. Ist die *normierte* Drehachse $\vec{e}_{\vec{b}}$ (und Drehwinkel φ) beliebig gegeben, so lässt sich mit folgender Formel die dazugehörige Drehmatrix konstruieren:

$$D(\vec{e}_{\vec{b}}, \varphi) = \cos(\varphi) \cdot \mathbb{1} + (1 - \cos(\varphi)) \cdot (\vec{e}_{\vec{b}} \circ \vec{e}_{\vec{b}}) - \sin(\varphi) \cdot (\vec{e}_{\vec{b}} \times). \tag{2.60}$$

Den Beweis dieser äußerst merkwürdigen Formel sparen wir uns aus, werden aber im Folgenden eine explizite Matrixdarstellung bestimmen.

Die mittlere Matrix $(\vec{e}_{\vec{b}} \circ \vec{e}_{\vec{b}})$ können wir mit unseren Kenntnissen aus Abschn. 2.1 bestimmen. Setze der Übersichtlichkeit und Lesbarkeit halber den Vektor $\vec{e}_{\vec{b}}$ als $\vec{e}_{\vec{b}} = (u, v, w)^\mathsf{T}$ an. Dann gilt für das dyadische Produkt nach Gl. (2.39)

$$\vec{e}_{\vec{b}} \circ \vec{e}_{\vec{b}} = \begin{pmatrix} u \\ v \\ w \end{pmatrix} \circ \begin{pmatrix} u \\ v \\ w \end{pmatrix} = \begin{pmatrix} u^2 & uv & uw \\ vu & v^2 & vw \\ wu & wv & w^2 \end{pmatrix}.$$

Nun müssen wir uns noch überlegen, was dieses merkwürdige Konstrukt $(\vec{e}_{\vec{b}} \times)$ sein soll. Oftmals hilft es, das Konstrukt – dessen Wirkung man verstehen will – auf ein Testobjekt loszulassen. Hier wäre dies z. B. ein Vektor $\vec{a}$, denn wir wissen, wie das Kreuzprodukt von $\vec{e}_{\vec{b}} \times \vec{a}$ berechnet wird:

$$(\vec{e}_{\vec{b}} \times)\vec{a} = \begin{pmatrix} u \\ v \\ w \end{pmatrix} \times \begin{pmatrix} a_1 \\ a_2 \\ a_3 \end{pmatrix} = \begin{pmatrix} va_3 - wa_2 \\ wa_1 - ua_3 \\ ua_2 - va_1 \end{pmatrix}.$$

Wir wollen jedoch $(\vec{e}_{\vec{b}} \times)$ als Matrix auffassen, d. h., bei Anwenden dieser Matrix auf einen Vektor $\vec{a}$ soll gerade der Kreuzvektor $\vec{e}_{\vec{b}} \times \vec{a}$ herauskommen, also ist der Ansatz

$$\begin{pmatrix} ? & ? & ? \\ ? & ? & ? \\ ? & ? & ? \end{pmatrix} \cdot \begin{pmatrix} a_1 \\ a_2 \\ a_3 \end{pmatrix} = \begin{pmatrix} va_3 - wa_2 \\ wa_1 - ua_3 \\ ua_2 - va_1 \end{pmatrix}.$$

Dies kann jedoch direkt abgelesen werden; so ist z. B. die erste Zeile der Matrix-Vektor-Multiplikation durch das Skalarprodukt $(0, -w, v) \cdot \vec{a}$ entstanden usw. Ergebnis:

$$(\vec{e}_{\vec{b}} \times) = \begin{pmatrix} u \\ v \\ w \end{pmatrix} \times = \begin{pmatrix} 0 & -w & v \\ w & 0 & -u \\ -v & u & 0 \end{pmatrix}.$$

Wie man sieht, ist diese Matrix antisymmetrisch, denn es gilt $(\vec{e}_{\vec{b}} \times)^\mathsf{T} = -(\vec{e}_{\vec{b}} \times)$. Das war aber auch zu erwarten, denn das Kreuzprodukt ist ja nicht kommutativ, sondern ändert beim Vertauschen der Kreuzreihenfolge das Vorzeichen ($\vec{a} \times \vec{b} = -\vec{b} \times \vec{a}$).

Schließlich können wir die allgemeine Drehmatrix aus unseren soeben gewonnenen Erkenntnissen zusammensetzen. Mit den üblichen Abkürzungen c und s folgt:

$$D(\vec{e_b}, \varphi) = \cos(\varphi) \cdot \mathbb{1} + (1 - \cos(\varphi)) \cdot (\vec{e_b} \circ \vec{e_b}) - \sin(\varphi) \cdot (\vec{e_b} \times)$$

$$= \begin{pmatrix} c & 0 & 0 \\ 0 & c & 0 \\ 0 & 0 & c \end{pmatrix} + (1 - c) \begin{pmatrix} u^2 & uv & uw \\ vu & v^2 & vw \\ wu & wv & w^2 \end{pmatrix} + \begin{pmatrix} 0 & ws & -vs \\ -ws & 0 & us \\ vs & -us & 0 \end{pmatrix}.$$

Ergebnis:

$$D(\vec{e_b} = (u, v, w), \varphi) = \begin{pmatrix} c + (1 - c)u^2 & (1 - c)uv + sw & (1 - c)uw - sv \\ (1 - c)uv - sw & c + (1 - c)v^2 & (1 - c)vw + su \\ (1 - c)uw + sv & (1 - c)vw - su & c + (1 - c)w^2 \end{pmatrix}$$
(2.61)

mit der Spur

$$\text{Spur}\left(D(\vec{e_b}, \varphi)\right) = c + u^2 - cu^2 + c + v^2 - cv^2 + c + w^2 - cw^2$$
$$= 3c + u^2 + v^2 + w^2 - c(u^2 + v^2 + w^2).$$

Da $\vec{e_b} = (u, v, w)^\mathsf{T}$ aber ein Einheitsvektor ist, d. h. $\vec{e_b}^2 = u^2 + v^2 + w^2 = 1$ gilt, folgt

$$\text{Spur}\left(D(\vec{e_b}, \varphi)\right) = 3c + 1 - c = 2\cos(\varphi) + 1,$$

was Formel (2.58) bestätigt.

Beispiel 2.25 (Eine allgemeine Drehmatrix)

▷ Man bestimme die Drehmatrix, welche als Drehachse $\vec{b} = (1, 0, -1)^\mathsf{T}$ besitzt und um den Winkel π dreht.

Lösung: Zunächst bestimmen wir die normierte Drehachse bzgl. des gegebenen Vektors $\vec{b}$, d. h., $\vec{e_b} = \frac{\vec{b}}{|\vec{b}|} = \frac{1}{\sqrt{2}}(1, 0, -1)^\mathsf{T}$. Nun können wir direkt in (2.61) einsetzen. Es sind $\vec{e_b} = (u, v, w)^\mathsf{T} = \left(\frac{1}{\sqrt{2}}, 0, -\frac{1}{\sqrt{2}}\right)^\mathsf{T}$ nebst $\varphi = 180°$, d. h. $\sin(\pi) = 0$ und $\cos(\pi) = -1$:

$$D(\vec{e_b}, \varphi) = \begin{pmatrix} c+(1-c)u^2 & (1-c)uv+sw & (1-c)uw-sv \\ (1-c)uv-sw & c+(1-c)v^2 & (1-c)vw+su \\ (1-c)uw+sv & (1-c)vw-su & c+(1-c)w^2 \end{pmatrix}$$

$$= \begin{pmatrix} -1+(1-(-1))\left(\frac{1}{\sqrt{2}}\right)^2 & 0+0 & (1-(-1))\left(\frac{1}{\sqrt{2}}\right)\left(-\frac{1}{\sqrt{2}}\right)-0 \\ 0-0 & -1+0 & 0+0 \\ (1-(-1))\left(\frac{1}{\sqrt{2}}\right)\left(-\frac{1}{\sqrt{2}}\right)+0 & 0-0 & -1+(1-(-1))\left(-\frac{1}{\sqrt{2}}\right)^2 \end{pmatrix}$$

$$= \begin{pmatrix} 0 & 0 & -1 \\ 0 & -1 & 0 \\ -1 & 0 & 0 \end{pmatrix}.$$

Wie man leicht im Kopf überprüft ($D \cdot D^\mathsf{T} = \mathbb{1}$ und $\det(D) = +1$), ist dies eine Drehmatrix. ∎

Abb. 2.7 Aktive und passive Drehung. Links: aktiv, es wird das Objekt (z. B. ein Vektor) gedreht. Rechts: passiv, das Koordinatensystem wird entgegengesetzt gedreht, während das Objekt unverändert bleibt. Beide Abbildungen führen auf eine äquivalente Beschreibung

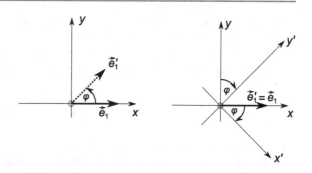

2.3.5 Basiswechsel = Drehung des Koordinatensystems

Bisher haben wir Drehmatrizen aufgestellt und die Objekte (z. B. Vektoren) gedreht. Jetzt gehen wir den umgekehrten Weg und lassen den Vektor unverändert, drehen dafür aber die Achsen. Diese Prozedur nennt man **Basiswechsel**. Wir betrachten einen Vektor $\vec{a}$ im Ausgangskoordinatensystem, beschrieben durch die Basisvektoren $\vec{e}_i$ und schauen, was passiert, wenn man ihn aus der Sicht neuer Basisvektoren $\vec{e}\,'_i$ betrachtet. Die Komponenten des Vektors bezüglich der alten Basis bezeichnen wir dabei mit a_i, die Komponenten bezüglich der neuen Basis mit a'_i. Es gilt dann

$$\vec{a} = a_1\vec{e}_1 + a_2\vec{e}_2 + a_3\vec{e}_3 = a'_1\vec{e}\,'_1 + a'_2\vec{e}\,'_2 + a'_3\vec{e}\,'_3, \tag{2.62}$$

wobei man den letzten Teil bitte streng unterscheidet von

$$\vec{a}' = a'_1\vec{e}_1 + a'_2\vec{e}_2 + a'_3\vec{e}_3.$$

$\vec{a}'$ ist der gedrehte Vektor, gesehen aus dem alten System, während $a'_1\vec{e}\,'_1 + a'_2\vec{e}\,'_2 + a'_3\vec{e}\,'_3$ der Vektor $\vec{a}$ ist, gesehen aus dem neuen System. Wir müssen somit streng zwischen passiver Drehung (Vektor bewegt sich nicht, Koordinatenachsen werden gedreht) und aktiver Drehung (Koordinatenachsen bleiben fest, Vektor wird gedreht – haben wir bisher gemacht) unterscheiden. Allerdings ist es egal, ob man aktiv um den Winkel φ dreht oder das Koordinatensystem passiv um $-\varphi$ dreht. Bezüglich der Abbildungsmatrix ändert sich bei passiven Drehungen, dass die Bildvektoren *zeilenweise* statt spaltenweise in die Matrix einbeschrieben werden. Abb. 2.7 veranschaulicht die beiden Dreharten.

Beispiel 2.26 (Ein einfacher Basiswechsel)

▷ Wie lautet die Identitätsabbildung, d. h. diejenige, die einen Vektor auf sich selbst abbildet, wenn als Basis $\vec{f}_1 = (0, -1)^{\mathsf{T}}$ und $\vec{f}_2 = (1, 0)^{\mathsf{T}}$ verwendet wird?

Lösung: Das Vorgehen zur Bestimmung der Abbildungsmatrix ist nach wie vor das Bekannte: Schaue, auf welche neuen Vektoren die Basisvektoren abgebildet werden und schreibe diese spaltenweise in die Abbildungsmatrix M. Los geht's:

$$\vec{f}_1\,' = \vec{f}_1 = \begin{pmatrix} 0 \\ -1 \end{pmatrix}, \quad \vec{f}_2\,' = \vec{f}_2 = \begin{pmatrix} 1 \\ 0 \end{pmatrix} \implies M = \begin{pmatrix} 0 & 1 \\ -1 & 0 \end{pmatrix}$$

Wie rechnet man aber nun damit? Denn offensichtlich ist $M \cdot \vec{a} = M \cdot (1, 1)^{\mathsf{T}} \neq (1, 1)^{\mathsf{T}}$. Das Problem: $\vec{a} = (1, 1)^{\mathsf{T}} = (a_1, a_2)^{\mathsf{T}} = a_1 \vec{e}_1 + a_2 \vec{e}_2$ ist aus Sicht der kanonischen Basis mit $\vec{e}_1 = (1, 0)^{\mathsf{T}}$ und $\vec{e}_2 = (0, 1)^{\mathsf{T}}$ aufgeschrieben. Tatsächlich lässt sich $\vec{a}$ mit Hilfe der neuen Basisvektoren wie folgt linear kombinieren (vgl. (2.62)):

$$\vec{a} = (1, 1)^{\mathsf{T}} = (-1) \cdot (0, -1)^{\mathsf{T}} + 1 \cdot (1, 0)^{\mathsf{T}} = (-1) \cdot \vec{f}_1 + 1 \cdot \vec{f}_2 = a'_1 \vec{f}_1 + a'_2 \vec{f}_2$$

bzw. in den neuen Koordinaten aus Sicht der neuen Basis $\vec{a} \doteq (a'_1, a'_2) = (-1, 1)^{\mathsf{T}}$. Dies ist der Vektor aus Sicht der neuen Basis (d. h. mit den zugehörigen Koordinaten, durch den Punkt über dem Gleichheitszeichen notiert), und jetzt ist

$$\vec{a}\,' = M \cdot \vec{a} \doteq \begin{pmatrix} 0 & 1 \\ -1 & 0 \end{pmatrix} \cdot \begin{pmatrix} -1 \\ 1 \end{pmatrix} = \begin{pmatrix} 1 \\ 1 \end{pmatrix} = \vec{a} = a'_1 \vec{e}_1 + a'_2 \vec{e}_2.$$

Man kann sich dies wie folgt vorstellen: Die Basen und Ausdrücke mit ihnen (wie z. B. die Darstellung eines beliebigen Vektors) sprechen nicht die gleiche Sprache, und es braucht einen Dolmetscher. Dies ist die Basistransformation M. Hier wird nämlich zunächst die Matrix M aus Sicht der neuen Basis dargestellt, allerdings mit Basisvektoren, die in der alten, kanonischen Basis formuliert sind. Möchte man also einen beliebigen Vektor anwenden (hier haben wir $\vec{a} = (1, 1)^{\mathsf{T}}$ gewählt), so muss dieser in die neue Basis übersetzt werden. Dann angewendet ergibt sich das erwartete Ergebnis.   ∎

Die gute Nachricht ist aber im Folgenden, dass wir stets alle Abbildungsmatrizen und Vektoren aus Sicht der kanonischen Basis ausdrücken können und somit nicht dolmetschen müssen.

[H6] Der Schuhstreich   **(4 Punkte)**
Böse Schurken vertauschen im Schuhregal einer Jugendherberge mehrmals hintereinander die Schuhe der Bewohner. Dabei gehen sie so vor, dass pro Prozedur 20 % der Schuhe weiterhin geordnet bleiben, 60 % falsche Partner bekommen und 20 % einzeln gestellt werden. Die ungeordneten Paare werden zu 70 % ungeordnet im Paar bleiben, 30 % jedoch getrennt und einzeln gestellt. Die einzelnen Schuhe werden zu 90 % zu einem anderen, nicht passenden Schuh gestellt, der Rest bleibt einzeln. Am Anfang stehen alle Schuhpaare geordnet, keiner einzeln. Wie sieht die Verteilung nach dreimaliger Prozedur aus? Welche Verteilung stellt sich auf lange Sicht ein? Beachte: Summe aller Wahrscheinlichkeiten ist eins!

Spickzettel zu Abbildungen

- **Abbildungen**
  - Lineare Abbildung $L(\vec{x}) = M \cdot \vec{x} + \vec{b}$, wobei M Abbildungsmatrix und $\vec{b}$ Translation.
  - Bestimmung von M: Schreibe Bildvektoren $\vec{e}_i{}'$ der Basisvektoren $\vec{e}_i$ spaltenweise.
  - Abbildung eines Vektors (z. B. Drehung/Spiegelung): $\vec{a}' = M \cdot \vec{a}$.
  - Determinante $=$ Volumenverzerrungsfaktor; $|\det(M)| \gtrless 1$: Volumen wird größer/kleiner; $|\det(M)| = 1$: Volumen bleibt erhalten; $\det(M) \gtrless 0$ Orientierung erhalten/nicht erhalten.
  - Orthogonale Transformation: $O^{\mathsf{T}} \cdot O = \mathbb{1}$ und $\det(O) = \pm 1$. Wichtige Beispiele: $\det(O) = 1$: Drehungen, $\det(O) = -1$: Spiegelungen.

- **Spiegelungen**
  S Spiegelmatrix $\Leftrightarrow S \cdot S^{\mathsf{T}} = \mathbb{1}$ und $\det(S) = -1$.

- **Drehungen**
  - D Drehmatrix $\Leftrightarrow D \cdot D^{\mathsf{T}} = \mathbb{1}$ und $\det(D) = +1$; Drehungen lassen überdies Längen und Winkel unverändert.
  - Drehmatrix in 2-D um Winkel φ: $D^{\mathbb{R}^2}(\varphi) = \begin{pmatrix} \cos(\varphi) & -\sin(\varphi) \\ \sin(\varphi) & \cos(\varphi) \end{pmatrix}$.
  - Drehmatrix in 3-D um die Achsen:

$$D^{\mathbb{R}^3}_{x,\varphi} = \begin{pmatrix} 1 & 0 & 0 \\ 0 & c & -s \\ 0 & s & c \end{pmatrix}, \quad D^{\mathbb{R}^3}_{y,\varphi} = \begin{pmatrix} c & 0 & s \\ 0 & 1 & 0 \\ -s & 0 & c \end{pmatrix}, \quad D^{\mathbb{R}^3}_{z,\varphi} = \begin{pmatrix} c & -s & 0 \\ s & c & 0 \\ 0 & 0 & 1 \end{pmatrix}.$$

  - Drehwinkel: $\cos(\varphi) = \frac{\mathrm{Spur}(D)-1}{2}$, Drehachse: $D \cdot \vec{b} = \vec{b}$.
  - Umkehrtrafo der Drehung: $D^{-1} = D^{\mathsf{T}}$.
  - Allgemeine Drehmatrix: $D(\vec{e}_{\vec{b}}, \varphi) = c \cdot \mathbb{1} + (1-c) \cdot (\vec{e}_{\vec{b}} \circ \vec{e}_{\vec{b}}) - s \cdot (\vec{e}_{\vec{b}} \times)$ oder explizit in Matrixform

$$D(\vec{e}_{\vec{b}} = (u, v, w),\ \varphi) = \begin{pmatrix} c+(1-c)u^2 & (1-c)uv+sw & (1-c)uw-sv \\ (1-c)uv-sw & c+(1-c)v^2 & (1-c)vw+su \\ (1-c)uw+sv & (1-c)vw-su & c+(1-c)w^2 \end{pmatrix}$$

  mit normierter Drehachse $|\vec{e}_{\vec{b}}| = \sqrt{u^2 + v^2 + w^2} = 1$.

- **Basiswechsel**
  - Aktive Drehung: Objekt wird gedreht: $\vec{a}' = D \cdot \vec{a}$.
  - Passive Drehung: Koordinatensystem wird gedreht: $\vec{a} = D^{\mathsf{T}}\vec{a}'$.

2.4 Diagonalisierung und Hauptachsentransformation

Wir werden nun ein Verfahren kennenlernen, mit dem man möglichst günstige Koordinatenachsen zur Beschreibung eines physikalischen Problems finden kann, und anschließend demonstrieren, wie man das ursprüngliche System in das günstige Koordinatensystem überführt. Im Folgenden betrachten wir nur noch quadratische, symmetrische Matrizen $A = A^{\mathsf{T}}$.

2.4.1 Eigenwertproblem

Viele physikalische Probleme sind in ungünstigen Koordinaten formuliert, mit denen es sich nicht schön rechnen lässt. Dies zeigt sich darin, dass in der Matrixformulierung des Problems Einträge außerhalb der Matrixdiagonalen ungleich null sind. Sehr viel schöner wäre allerdings eine matrixartige Beschreibung, in welcher nur auf der Hauptdiagonalen Einträge ungleich null stehen. In diesem Fall heißt die Matrix **diagonal**. In Kap. 12 bei gekoppelten Schwingungen werden wir verstehen, warum dies schön ist.

Um jene Vereinfachung des Problems zu erreichen, führt man – sofern möglich – eine sogenannte **Diagonalisierung** (Abschn. 2.4.2) durch. Zentrale Idee ist hierbei eine (nicht diagonale) Matrix A mit Drehmatrizen D so zu multiplizieren, dass sich eine neue Matrix A' ergibt, welche diagonal ist. Diese Prozedur beschreibt eine passive Drehung des Koordinatensystems. Wir suchen dazu Drehmatrizen, die A durch die folgende Kombination in Diagonalgestalt bringen:

$$A' = D \cdot A \cdot D^{\mathsf{T}} = \begin{pmatrix} \lambda_1 & 0 & 0 \\ 0 & \lambda_2 & 0 \\ 0 & 0 & \lambda_3 \end{pmatrix}. \tag{2.63}$$

Hierbei werden λ_1, λ_2 und λ_3 **Eigenwerte** von A genannt.

Aufgabe der Diagonalisierung ist es, die Eigenwerte und Drehmatrizen D zu finden, die die obige Überführung (2.63) gewährleisten. Die zentrale Gleichung, welche in diesem Kontext gelöst werden muss, ist die **Eigenwertgleichung**

$$A \cdot \vec{f} = \lambda \vec{f}, \quad \vec{f} \neq \vec{0}. \tag{2.64}$$

Bei gegebener Matrix A müssen wir Vektoren $\vec{f}$ finden (die **Eigenvektoren**), die unter der Abbildung A bis auf ein Vielfaches λ invariant, d. h. unverändert, bleiben. λ heißt Eigenwert und $\vec{f} \neq \vec{0}$ Eigenvektor zu A. Die gesuchte Drehmatrix D für die Transformation (2.63) erhält man dann durch *zeilenweises* Einschreiben der Eigenvektoren. Diese können dabei als Basisvektoren (bzw. Achsen) eines neuen, besseren Koordinatensystems interpretiert werden.

In der Tat kennen wir schon eine Eigenwertgleichung, und zwar zum Eigenwert $\lambda = 1$. Dieses ist die Gleichung der Drehachse $D \cdot \vec{b} = 1 \cdot \vec{b}$.

2.4.2 Diagonalisierung

Man kann zeigen, dass sich reelle, symmetrische Matrizen immer per (2.63) auf Diagonalgestalt bringen lassen. $A = A^{\mathsf{T}}$ stellt sicher, dass die Eigenvektoren (das sind die Achsen des neuen Koordinatensystems) paarweise senkrecht aufeinander stehen und somit ein wichtiges Kriterium für eine Orthonormalbasis – bzw. für ein Koordinatensystem mit senkrecht aufeinander stehenden Achsen – erfüllen. Die physikalisch relevanten Matrizen sind häufig symmetrisch, wie z. B. der Trägheitstensor bei ausgedehnten, rotierenden Körpern oder die Kraft bei gekoppelten Masse-Feder-Systemen (Kap. 12). $A = A^{\mathsf{T}}$ ist also eine gute Forderung. Allerdings sollte man im

Hinterkopf behalten, dass sich auch viele nicht symmetrische Matrizen diagonalisieren lassen.

Kochrezept zur Diagonalisierung
Die Matrix $A = A^\mathsf{T}$ ist gegeben und soll diagonalisiert werden.

1. **Bestimmung der Eigenwerte**
   Man bestimme aus der polynomialen (meist quadratischen oder kubischen) Gleichung

$$\det(A - \lambda \mathbb{1}) = 0$$

die Eigenwerte λ_i. Oftmals sortieren die Physiker die Eigenwerte zusätzlich noch der Größe nach, d. h. $\lambda_1 \leq \ldots \leq \lambda_n$.
Test: Ist die Spur von A gleich der Summe der Eigenwerte, d. h.

$$\mathrm{Spur}(A) = \sum_{i=1}^{n} \lambda_i \quad ?$$

2. **Bestimmung der Eigenvektoren**
   Für jeden Eigenwert λ_i, $i = 1, \ldots, n$ löse man das LGS

$$(A - \lambda_i \mathbb{1}) \cdot \vec{f}_i = \vec{0}$$

und bestimme damit die Eigenvektoren $\vec{f}_i$. Normiere diese!
Test: Bilden sie eine ONB? (In 3-D ist überdies $\vec{f}_1 \cdot (\vec{f}_2 \times \vec{f}_3) = +1$ für ein Rechtssystem gefordert.)

3. **Ergebnis notieren**

$$A' = \begin{pmatrix} \lambda_1 & 0 & 0 \\ 0 & \ddots & 0 \\ 0 & 0 & \lambda_n \end{pmatrix}, \quad D = \begin{pmatrix} --- & \vec{f}_1 & --- \\ --- & \vdots & --- \\ --- & \vec{f}_n & --- \end{pmatrix}.$$

Test: Ist $D \cdot A \cdot D^\mathsf{T} = A'$? Gilt jeweils $A \cdot \vec{f}_i = \lambda_i \vec{f}_i$?

Ein Tipp in 3-D: Der dritte Eigenvektor lässt sich per Kreuzprodukt aus den ersten beiden erhalten. Das Kreuzprodukt zweier (normierter!) Eigenvektoren ergibt nämlich einen senkrechten dritten (normierten) Vektor. Dieser Trick spart ein LGS-Lösen.

Bevor wir das auf den ersten Blick erschlagend wirkende Verfahren der Diagonalisierung an einem ausführlichen Beispiel diskutieren (und es dann hoffentlich den Schrecken verliert!), erfolgt noch ein kurzer Einwurf zu Schritt 1. Wie zuvor gesagt, ist die zentral zu lösende Gleichung die Eigenwertgleichung (2.64). Diese führt auf das homogene LGS (siehe Schritt 2):

$$A \cdot \vec{f} = \lambda \vec{f} \iff (A - \lambda \mathbb{1}) \cdot \vec{f} = \vec{0}.$$

Wichtig ist nun, dass die triviale Lösung $\vec{f} = \vec{0}$ als Eigenvektor ausgeschlossen ist – das wäre auch offensichtlich keine sinnvolle Koordinatenachse. Es interessiert folglich der Fall, dass das LGS eine Parameterschar als Lösung besitzt. Wie wir aus Abschn. 2.2.4 wissen, bedeutet $\det(A - \lambda\mathbb{1}) \neq 0$ hier, dass es eine eindeutige Lösung gibt. Bei homogenen LGS ist dies dann automatisch der Nullvektor, der aber als Eigenvektor ausgeschlossen ist. Wir interessieren uns folglich für den Fall, dass $\det(A - \lambda\mathbb{1}) = 0$, und dann insbesondere, für welche λ dies der Fall ist. Aus diesem Grund berechnet man die Eigenwerte in Schritt 1 über die polynomiale Gleichung $\det(A - \lambda\mathbb{1}) = 0$. Wir suchen also alle Vektoren $\vec{f_i} = (\alpha_i, \beta_i, \gamma_i)^\mathsf{T}$ mit $\alpha_i^2 + \beta_i^2 + \gamma_i^2 = 1$ (Normierung!), die das LGS $(A - \lambda_i\mathbb{1})\vec{f_i} = \vec{0}$, $\vec{f_i} \neq \vec{0}$ erfüllen.

Beispiel 2.27 (Diagonalisierung einer Matrix)

▷ Man bestimme Eigenwerte und Eigenvektoren von $A = \frac{1}{2}\begin{pmatrix} 1 & 1 & 0 \\ 1 & 1 & 0 \\ 0 & 0 & 2 \end{pmatrix}$.

Lösung: Wir sehen sofort, dass $A = A^\mathsf{T}$ ist und wenden das Kochrezept an.

1. **Bestimmung der Eigenwerte**
   Löse

$$\det(A - \lambda\mathbb{1}) = \det\left[\begin{pmatrix} \frac{1}{2} & \frac{1}{2} & 0 \\ \frac{1}{2} & \frac{1}{2} & 0 \\ 0 & 0 & 1 \end{pmatrix} - \begin{pmatrix} \lambda & 0 & 0 \\ 0 & \lambda & 0 \\ 0 & 0 & \lambda \end{pmatrix}\right] = \det\begin{pmatrix} \frac{1}{2}-\lambda & \frac{1}{2} & 0 \\ \frac{1}{2} & \frac{1}{2}-\lambda & 0 \\ 0 & 0 & 1-\lambda \end{pmatrix} = 0.$$

Diese Determinante wird nun per Entwicklung nach der dritten Zeile berechnet:

$$\det\begin{pmatrix} \frac{1}{2}-\lambda & \frac{1}{2} & 0 \\ \frac{1}{2} & \frac{1}{2}-\lambda & 0 \\ 0 & 0 & 1-\lambda \end{pmatrix} = +(1-\lambda)\cdot\begin{vmatrix} \frac{1}{2}-\lambda & \frac{1}{2} \\ \frac{1}{2} & \frac{1}{2}-\lambda \end{vmatrix} = (1-\lambda)\left(\frac{1}{4}-\lambda+\lambda^2-\frac{1}{4}\right)$$

$$= (1-\lambda)(-\lambda+\lambda^2) = \lambda(1-\lambda)(-1+\lambda) = 0.$$

Dieses gilt genau dann, wenn $\lambda = 0$ oder $\lambda = 1$ (wobei $\lambda = 1$ doppelter Eigenwert ist). Die Eigenwerte sind damit (der Größe nach geordnet):

$$\lambda_1 = 0, \quad \lambda_2 = \lambda_3 = 1.$$

Test: $\mathrm{Spur}(A) = \frac{1}{2} + \frac{1}{2} + 1 = 2 = \lambda_1 + \lambda_2 + \lambda_3 = 0 + 1 + 1$, ja!

2. **Bestimmung der Eigenvektoren**
   Löse dazu für jeden Eigenwert das LGS

$$(A - \lambda_i\mathbb{1})\cdot\vec{f_i} = \vec{0} \iff \begin{pmatrix} \frac{1}{2}-\lambda_i & \frac{1}{2} & 0 \\ \frac{1}{2} & \frac{1}{2}-\lambda_i & 0 \\ 0 & 0 & 1-\lambda_i \end{pmatrix}\cdot\vec{f} = \vec{0},$$

wobei die Koeffizientenmatrix $A - \lambda_i \mathbb{1}$ des LGS direkt aus Schritt 1 übernommen werden kann. Los geht's mit $\lambda_1 = 0$. Wir setzen ein und lösen per Gauß-Algorithmus nach dem ersten Eigenvektor $\vec{f}_1$:

$$\begin{pmatrix} \frac{1}{2} & \frac{1}{2} & 0 & \big| & 0 \\ \frac{1}{2} & \frac{1}{2} & 0 & \big| & 0 \\ 0 & 0 & 1 & \big| & 0 \end{pmatrix} \begin{matrix} + | \cdot 1 \\ + | \cdot (-1) \\ \ \end{matrix} \rightarrow \begin{pmatrix} \frac{1}{2} & \frac{1}{2} & 0 & \big| & 0 \\ 0 & 0 & 0 & \big| & 0 \\ 0 & 0 & 1 & \big| & 0 \end{pmatrix}.$$

Aus der dritten Gleichung folgt sofort, dass $\gamma = 0$. Die Nullzeile sagt uns, dass wir die zweite Komponente von $\vec{f}_1$, also β, frei wählen dürfen. Setze also $\beta := 1$, und sofort folgt aus der ersten Zeile $\alpha = -1$. Die explizite Wahl für β darf hier erfolgen, da die gefundenen Vektoren ohnehin noch normiert werden. Man könnte ebenso jede beliebige andere Zahl außer 0 für β setzen. Damit haben wir unseren ersten (nicht normierten) Eigenvektor gefunden: $(-1, 1, 0)^\mathsf{T}$. Normiert ergibt sich also

$$\vec{f}_1 = \tfrac{1}{\sqrt{2}}(-1, 1, 0)^\mathsf{T}.$$

Den zweiten Eigenvektor finden wir analog durch Einsetzen von $\lambda = 1$ in das obige LGS. Dann folgt

$$\begin{pmatrix} -\frac{1}{2} & \frac{1}{2} & 0 & \big| & 0 \\ \frac{1}{2} & -\frac{1}{2} & 0 & \big| & 0 \\ 0 & 0 & 0 & \big| & 0 \end{pmatrix} \begin{matrix} + | \cdot 1 \\ + | \cdot 1 \\ \ \end{matrix} \rightarrow \begin{pmatrix} -\frac{1}{2} & \frac{1}{2} & 0 & \big| & 0 \\ 0 & 0 & 0 & \big| & 0 \\ 0 & 0 & 0 & \big| & 0 \end{pmatrix}.$$

Damit sind zwei von drei Variablen frei wählbar. Setze $\gamma := 1$ sowie $\beta := 1$, dann folgt aus der ersten Zeile $\alpha = 1$. Ergebnis:

$$\vec{f}_2 = \tfrac{1}{\sqrt{3}}(1, 1, 1)^\mathsf{T}.$$

$\vec{f}_3$ gewinnen wir mit Hilfe des Kreuzprodukts (zumal hier ja der dritte Eigenwert $\lambda_3 = 1$ wieder auf das zuvor gelöste LGS und folglich den gleichen Eigenvektor führen würde):

$$\vec{f}_3 := \vec{f}_1 \times \vec{f}_2 = \tfrac{1}{\sqrt{2}} \begin{pmatrix} -1 \\ 1 \\ 0 \end{pmatrix} \times \tfrac{1}{\sqrt{3}} \begin{pmatrix} 1 \\ 1 \\ 1 \end{pmatrix} = \tfrac{1}{\sqrt{6}} \begin{pmatrix} 1 \\ 1 \\ -2 \end{pmatrix}.$$

Test auf ONB: Die Vektoren ergeben mit sich selbst multipliziert jeweils eins (weil normiert); berechne die gemischten Skalarprodukte. Man sieht schnell ein, dass $\vec{f}_1 \cdot \vec{f}_2 = \vec{f}_2 \cdot \vec{f}_3 = \vec{f}_3 \cdot \vec{f}_1 = 0$. Berechne also noch

$$\vec{f}_1 \cdot (\vec{f}_2 \times \vec{f}_3) \stackrel{(1.48)}{=} \vec{f}_3 \cdot \underbrace{(\vec{f}_1 \times \vec{f}_2)}_{= \vec{f}_3} = \vec{f}_3 \cdot \vec{f}_3 = +1.$$

Damit bilden die Vektoren eine ONB und ein Rechtssystem! Sie spannen also wiederum ein Koordinatensystem in 3-D auf, wie Abb. 2.8 zeigt.

Abb. 2.8 Wechsel der Koordinatensysteme. Das gedrehte System ist gestrichelt skizziert. Die x'-Achse zeigt entlang $\vec{f}_1$, y' entlang $\vec{f}_2$ und z' in Richtung $\vec{f}_3$

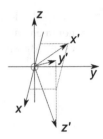

3. Ergebnis notieren

$$A' = \begin{pmatrix} 0 & 0 & 0 \\ 0 & 1 & 0 \\ 0 & 0 & 1 \end{pmatrix}, \quad D = \begin{pmatrix} -\frac{1}{\sqrt{2}} & \frac{1}{\sqrt{2}} & 0 \\ \frac{1}{\sqrt{3}} & \frac{1}{\sqrt{3}} & \frac{1}{\sqrt{3}} \\ \frac{1}{\sqrt{6}} & \frac{1}{\sqrt{6}} & -\frac{2}{\sqrt{6}} \end{pmatrix}.$$

Test: Gilt wirklich $A' = D \cdot A \cdot D^\mathsf{T}$?

$$D \cdot A \cdot D^\mathsf{T} = \begin{pmatrix} -\frac{1}{\sqrt{2}} & \frac{1}{\sqrt{2}} & 0 \\ \frac{1}{\sqrt{3}} & \frac{1}{\sqrt{3}} & \frac{1}{\sqrt{3}} \\ \frac{1}{\sqrt{6}} & \frac{1}{\sqrt{6}} & -\frac{2}{\sqrt{6}} \end{pmatrix} \cdot \begin{pmatrix} \frac{1}{2} & \frac{1}{2} & 0 \\ \frac{1}{2} & \frac{1}{2} & 0 \\ 0 & 0 & 1 \end{pmatrix} \cdot \begin{pmatrix} -\frac{1}{\sqrt{2}} & \frac{1}{\sqrt{3}} & \frac{1}{\sqrt{6}} \\ \frac{1}{\sqrt{2}} & \frac{1}{\sqrt{3}} & \frac{1}{\sqrt{6}} \\ 0 & \frac{1}{\sqrt{3}} & -\frac{2}{\sqrt{6}} \end{pmatrix}$$

$$= \begin{pmatrix} -\frac{1}{\sqrt{2}} & \frac{1}{\sqrt{2}} & 0 \\ \frac{1}{\sqrt{3}} & \frac{1}{\sqrt{3}} & \frac{1}{\sqrt{3}} \\ \frac{1}{\sqrt{6}} & \frac{1}{\sqrt{6}} & -\frac{2}{\sqrt{6}} \end{pmatrix} \cdot \begin{pmatrix} 0 & \frac{1}{\sqrt{3}} & \frac{1}{\sqrt{6}} \\ 0 & \frac{1}{\sqrt{3}} & \frac{1}{\sqrt{6}} \\ 0 & \frac{1}{\sqrt{3}} & -\frac{2}{\sqrt{6}} \end{pmatrix} = \begin{pmatrix} 0 & 0 & 0 \\ 0 & 1 & 0 \\ 0 & 0 & 1 \end{pmatrix} = A'.$$

Und schließlich funzt auch

$$A \cdot \vec{f}_1 = \begin{pmatrix} \frac{1}{2} & \frac{1}{2} & 0 \\ \frac{1}{2} & \frac{1}{2} & 0 \\ 0 & 0 & 1 \end{pmatrix} \cdot \frac{1}{\sqrt{2}} \begin{pmatrix} -1 \\ 1 \\ 0 \end{pmatrix} = \begin{pmatrix} 0 \\ 0 \\ 0 \end{pmatrix} = 0 \cdot \vec{f}_1 = \lambda_1 \vec{f}_1,$$

$$A \cdot \vec{f}_2 = \begin{pmatrix} \frac{1}{2} & \frac{1}{2} & 0 \\ \frac{1}{2} & \frac{1}{2} & 0 \\ 0 & 0 & 1 \end{pmatrix} \cdot \frac{1}{\sqrt{3}} \begin{pmatrix} 1 \\ 1 \\ 1 \end{pmatrix} = \frac{1}{\sqrt{3}} \begin{pmatrix} 1 \\ 1 \\ 1 \end{pmatrix} = 1 \cdot \vec{f}_2 = \lambda_2 \vec{f}_2,$$

$$A \cdot \vec{f}_3 = \begin{pmatrix} \frac{1}{2} & \frac{1}{2} & 0 \\ \frac{1}{2} & \frac{1}{2} & 0 \\ 0 & 0 & 1 \end{pmatrix} \cdot \frac{1}{\sqrt{6}} \begin{pmatrix} 1 \\ 1 \\ -2 \end{pmatrix} = \frac{1}{\sqrt{6}} \begin{pmatrix} 1 \\ 1 \\ -2 \end{pmatrix} = 1 \cdot \vec{f}_3 = \lambda_3 \vec{f}_3. \quad \blacksquare$$

2.4.3 Quadriken

Bevor wir zum Höhepunkt dieses Kapitels – der Hauptachsentransformation – kommen, müssen wir uns noch mit dem Begriff der Quadrik vertraut machen. Wir werden noch oft mit Quadriken zu tun haben, da sie in vielen Anwendungen der Mechanik vorkommen.

Abb. 2.9 Beispiel der
Oberfläche eines Körpers,
beschrieben durch eine
Quadrik in 3-D – ein
Ellipsoid $\frac{x^2}{a^2} + \frac{y^2}{b^2} + \frac{z^2}{c^2} = 1$

Definition der Quadrik

Eine **Quadrik** ist ein geometrisches Objekt, das durch eine (skalare) Gleichung der
Form

$$\vec{x}^\mathsf{T} \cdot A \cdot \vec{x} + \vec{b}^\mathsf{T} \cdot \vec{x} + c = 0 \tag{2.65}$$

beschrieben werden kann, wobei A zwingend symmetrisch sein muss, d. h. $A = A^\mathsf{T}$.
In obiger Gleichung beinhaltet $\vec{x} = (x_1, \ldots, x_n)^\mathsf{T}$ die Koordinaten, $\vec{b} = (b_1, \ldots, b_n)^\mathsf{T}$
ist ein konstanter Vektor sowie $c \in \mathbb{R}$ eine reelle Zahl. Eine Quadrik beschreibt in
zwei Dimensionen Flächen (z. B. Kreis, Ellipse) und in drei Dimensionen Körper
wie z. B. Ellipsoiden (Zeppelin; Abb. 2.9) und Hyperboloiden (Kühlturm).

Im Folgenden beschränken wir uns auf maximal drei Dimensionen und wählen
die kartesischen Koordinaten als Beschreibung, d. h. $\vec{x} = (x, y, z)^\mathsf{T}$. Weiterhin kon-
zentrieren wir uns auf Quadriken $Q(\vec{x})$ mit $\vec{b} = \vec{0}$:

$$Q(\vec{x}) := \vec{x}^\mathsf{T} \cdot A \cdot \vec{x} + c = 0. \tag{2.66}$$

Quadrik ausgeschrieben

In zwei Dimensionen gilt mit $A = \begin{pmatrix} a & b \\ b & d \end{pmatrix}$ (bedenke: $A = A^\mathsf{T}$) und $\vec{x} = (x, y)^\mathsf{T}$:

$$Q(\vec{x}) = (x, y) \cdot \begin{pmatrix} a & b \\ b & d \end{pmatrix} \cdot \begin{pmatrix} x \\ y \end{pmatrix} + c = (x, y) \cdot \begin{pmatrix} ax + by \\ bx + dy \end{pmatrix} + c$$

$$= x(ax + by) + y(bx + dy) + c = 0.$$

Es ergibt sich also ausmultipliziert

$$Q^{(2)}(\vec{x}) = \vec{x}^\mathsf{T} \cdot A \cdot \vec{x} + c = ax^2 + 2bxy + dy^2 + c = 0. \tag{2.67}$$

Die ausgeschriebene Form in drei Dimensionen folgt analog zu

$$Q^{(3)}(\vec{x}) = (x, y, z) \cdot \begin{pmatrix} a & b & d \\ b & e & f \\ d & f & g \end{pmatrix} \cdot \begin{pmatrix} x \\ y \\ z \end{pmatrix}$$

$$= ax^2 + ey^2 + gz^2 + 2bxy + 2dxz + 2fyz + c = 0. \tag{2.68}$$

Rückwandlung

Nun müssen wir uns noch überlegen, wie man aus der Quadrik, gegeben in Form
von (2.68), rückwärts die dazugehörige Matrix gewinnt. Dafür gibt es wieder zwei
Methoden. Entweder man liest die einzelnen Matrixeinträge a, b, d, e, f und g ab
(ist fisselig, dauert und ist fehleranfällig) oder man verwendet das folgende Schema.

Beispiel 2.28 (Matrixbestimmung bei einer Quadrik)

▷ Gegeben ist die Quadrik $Q(\vec{x}) = Q(x, y, z) = 2x^2 + 5y^2 - z^2 + 2xy + 4yz.$
Man bestimme die dazugehörige Matrix A.

Lösung: Wir malen eine Art Raster (wie beim Schiffeversenken) über und neben die Matrix, wobei von vornherein die Matrixsymmetrie $A = A^{\mathsf{T}}$ sichergestellt wird:

$$A = \begin{array}{c} \\ x \\ y \\ z \end{array} \begin{array}{c} x\ y\ z \\ \begin{pmatrix} \diamond & \sharp & \heartsuit \\ \sharp & \clubsuit & \spadesuit \\ \heartsuit & \spadesuit & \triangle \end{pmatrix} \end{array}.$$

Im Eintrag $\diamond$ steht der Vorfaktor von $x \cdot x$ aus der Quadrik, bei $\clubsuit$ steht der Vorfaktor vom $y \cdot y$ usw. Auf der Hauptdiagonale steht also

$$A = \begin{array}{c} \\ x \\ y \\ z \end{array} \begin{array}{c} x\ y\ z \\ \begin{pmatrix} 2 & \sharp & \heartsuit \\ \sharp & 5 & \spadesuit \\ \heartsuit & \spadesuit & -1 \end{pmatrix} \end{array}.$$

Nun muss man aufpassen. Der Vorfaktor vor dem $x \cdot y$ – die 2 – darf z. B. nicht einfach an die x-y-Position in der Matrix geschrieben werden (bei $\sharp$ in der ersten Zeile), sondern muss symmetrisch auf $x \cdot y$ und $y \cdot x$ *aufgeteilt* werden (beachte, dass $A = A^{\mathsf{T}}$ gelten muss)! Dann folgt also

$$A = \begin{array}{c} \\ x \\ y \\ z \end{array} \begin{array}{c} x\quad\ \ y\ \ \ z \\ \begin{pmatrix} 2 & 2/2 & 0/2 \\ 2/2 & 5 & 4/2 \\ 0/2 & 4/2 & -1 \end{pmatrix} \end{array} = \begin{pmatrix} 2 & 1 & 0 \\ 1 & 5 & 2 \\ 0 & 2 & -1 \end{pmatrix}. \qquad ■$$

Soll man umgekehrt eine Quadrik ausmultiplizieren, kann auch das eben gezeigte Verfahren rückwärts verwendet werden. Man mache die Probe an Gl. (2.68).

2.4.4 Hauptachsentransformation

Jetzt haben wir alle Hilfsmittel, um die **Hauptachsentransformation** durchzuführen. Das Vorgehen kann folgendermaßen interpretiert werden: Ein „Objekt" (z. B. physikalisches Problem oder geometrisches Objekt), beschrieben durch eine Quadrik $Q(\vec{x})$ in ungünstigen Koordinaten $\vec{x} = (x, y, z)^{\mathsf{T}}$, soll aus Sicht eines neuen, günstigeren Koordinatensystems mit Koordinaten $\vec{u} = (u, v, w)^{\mathsf{T}}$ betrachtet werden.

Dazu wird das ursprüngliche Koordinatensystem per Drehung in das neue System überführt.

Wir können unser Koordinatensystem drehen, wie es uns beliebt – am besten aber so, dass die Beschreibung des „Objekts" einfach wird (getreu dem Motto „Ich mach mir die Welt, wie sie mir gefällt!"). Liegt z. B. ein Körper schräg im Koordinatensystem, drehen wir es einfach so, dass die Achsen des neuen Systems mit den Hauptachsen (in diesem Fall die Symmetrieachsen) des Objekts zusammenfallen. Der Körper selbst wird dabei nicht gedreht. Dieses neue, günstige Koordinatensystem heißt **Hauptachsensystem**. Zur Transformation eignet sich das folgende Kochrezept.

Kochrezept zur Hauptachsentransformation

Ein Körper sei durch eine Quadrik $Q(\vec{x}) = \vec{x}^{\mathsf{T}} \cdot A \cdot \vec{x} + c = 0$ in einem ungünstigen Koordinatensystem (x, y, z) gegeben (das Ungünstige macht sich darin bemerkbar, dass A nicht diagonal ist).

1. **Vorbereitung**
   Bestimme aus der gegebenen Quadrik die Matrix A. Beachte: $A = A^{\mathsf{T}}$.
2. **Diagonalisierung von A**
   Diagonalisiere die aufgestellte Matrix A nach dem in Abschn. 2.4.2 erläuterten Verfahren. $A' = ?$ und $D = ?$ Hilfreich ist auch der Drehwinkel $\varphi = ?$
3. **Hauptachsentransformation**
   Jetzt kommt das Upgrade gegenüber der Diagonalisierung. Führe – der Lesbarkeit halber verwenden wir den Vektor $\vec{u}$ – die neuen, gedrehten Koordinaten $\vec{x}' := \vec{u} = (u, v, w)^{\mathsf{T}}$ ein via

$$\vec{u} = D \cdot \vec{x} \iff \vec{x} = D^{-1} \cdot \vec{u} \overset{(2.53)}{=} D^{\mathsf{T}} \cdot \vec{u}. \tag{2.69}$$

Dann bekommt die Quadrik in den (u, v, w)-Koordinaten die folgende Gestalt:

$$\lambda_1 \cdot u^2 + \lambda_2 \cdot v^2 + \lambda_3 \cdot w^2 + c = 0, \tag{2.70}$$

wobei λ_1, λ_2 und λ_3 die Eigenwerte von A sind.
4. **Bestimmung der Art der Quadrik**
   Bestimme nun mit Hilfe von Gl. (2.70) das Objekt. Hierfür ist insbesondere Tab. 2.1 hilfreich.

Was ist bei Schritt 3 passiert? Wie folgt durch die einfache Koordinatentransformation (2.69) die äußerst freundliche Gl. (2.70)? Das nehmen wir nicht einfach hin und überprüfen dies! Also Ausgangsquadrik genommen und nachgeprüft:

$$Q(\vec{x}) = \vec{x}^{\mathsf{T}} \cdot A \cdot \vec{x} + c = 0 \iff (D^{\mathsf{T}}\vec{u})^{\mathsf{T}} \cdot A \cdot (D^{\mathsf{T}}\vec{u}) + c = 0.$$

Tab. 2.1 2-D- und 3-D-Objekte und deren Klassifizierung durch Kegelschnitte bzw. Quadriken. + bedeutet positiv, − negativ. Dabei ist die Reihenfolge der Eigenwerte unerheblich, also selbst wenn man die λ's nicht nach der Größe sortiert, gilt die Tabelle

Typ (2-D)	λ_1	λ_2	c	Typ (3-D)	λ_1	λ_2	λ_3	c
Leere Menge	+	+	+	Ellipsoid	+	+	+	−
Nullpunkt	+	+	0	Zweischal. Hyperboloid	+	+	−	+
Ellipse/Kreis	+	+	−	Ellipt. Doppelkegel	+	+	−	0
Hyperbel	+	−	±	Einschal. Hyperboloid	+	+	−	−
Zwei Geraden Durch $\vec{0}$	+	−	0	Ellipt. Zylinder	+	+	0	−
				Hyperbolischer Zylinder	+	−	0	±
Leere Menge	+	0	+	2 Ebenen der w-Achse	+	−	0	0
v-Achse	+	0	0	v-w-Ebene	+	0	0	0
Zwei Geraden || v-Achse	+	0	−	Zwei Ebenen || Zur v-w-Ebene	+	0	0	−

Beim Transponieren der ersten Klammer muss wieder beachtet werden, dass sich bei $(A \cdot \vec{b})^{\mathsf{T}} = \vec{b}^{\mathsf{T}} \cdot A^{\mathsf{T}}$ die Reihenfolge der Produktpartner ändert. Hier:

$$(D^{\mathsf{T}}\vec{u})^{\mathsf{T}} \cdot A \cdot (D^{\mathsf{T}}\vec{u}) + c = 0$$
$$\Longleftrightarrow \vec{u}^{\mathsf{T}} \cdot (D^{\mathsf{T}})^{\mathsf{T}} \cdot A \cdot D^{\mathsf{T}} \cdot \vec{u} + c = 0$$
$$\Longleftrightarrow \vec{u}^{\mathsf{T}} \cdot D \cdot A \cdot D^{\mathsf{T}} \cdot \vec{u} + c = 0.$$

Sieh einmal an, das Matrizenprodukt $D \cdot A \cdot D^{\mathsf{T}}$ in der Mitte kennen wir doch – richtig, Gl. (2.63), d. h. $D \cdot A \cdot D^{\mathsf{T}} = A'$! Dann folgt sofort

$$\Longleftrightarrow \vec{u}^{\mathsf{T}} \cdot A' \cdot \vec{u} + c = 0.$$

A' ist aber gerade nach Definition die Diagonalmatrix mit Einträgen $\lambda_1, \lambda_2, \lambda_3$ auf der Hauptdiagonalen und sonst null:

$$\vec{u}^{\mathsf{T}} \cdot A' \cdot \vec{u} = (u, v, w) \cdot \begin{pmatrix} \lambda_1 & 0 & 0 \\ 0 & \lambda_2 & 0 \\ 0 & 0 & \lambda_3 \end{pmatrix} \cdot \begin{pmatrix} u \\ v \\ w \end{pmatrix} = \lambda_1 u^2 + \lambda_2 v^2 + \lambda_3 w^2.$$

Ergebnis: Die neue Quadrik $\tilde{Q}$ schreibt sich in den günstigen Koordinaten $\vec{u} = (u, v, w)^{\mathsf{T}}$ als

$$\tilde{Q}(\vec{u}) = \lambda_1 u^2 + \lambda_2 v^2 + \lambda_3 w^2 + c = 0.$$

Nun aber genug der Theorie, wir betrachten die Prozedur der Hauptachsentransformation explizit an einem Beispiel.

Beispiel 2.29 (Planetenbahn)

▷ Die Bahn eines Himmelskörpers werde aus dem Erdsystem gesehen durch die Quadrik $3x^2 + 2xy + 3y^2 = 4$ beschrieben. Auf welcher Bahn bewegt er sich?

Lösung: Per Hauptachsentransformation.

1. **Vorbereitung**
   Wir bestimmen zunächst aus der gegebenen Quadrik die Matrix A. Verwende hierzu das Rückwandlungsverfahren aus Abschn. 2.4.3 und beachte die Symmetrie der Systemmatrix A:

$$3x^2 + 2xy + 3y^2 - 4 = (x, y) \cdot \begin{pmatrix} a & b \\ b & d \end{pmatrix} \cdot \begin{pmatrix} x \\ y \end{pmatrix} + c = 0$$

$$\Longrightarrow A = \begin{pmatrix} 3 & 1 \\ 1 & 3 \end{pmatrix} = A^{\mathsf{T}}, \quad c = -4.$$

   A muss nun diagonalisiert werden.

2. **Diagonalisierung von A**
   a) Bestimme die Eigenwerte:

$$\det(A - \lambda \mathbb{1}) = \det\left[\begin{pmatrix} 3 & 1 \\ 1 & 3 \end{pmatrix} - \begin{pmatrix} \lambda & 0 \\ 0 & \lambda \end{pmatrix} \right] = \det \begin{pmatrix} 3 - \lambda & 1 \\ 1 & 3 - \lambda \end{pmatrix}$$

$$= 9 - 6\lambda + \lambda^2 - 1 = \lambda^2 - 6\lambda + 8 = 0.$$

   Damit ergeben sich die Eigenwerte zu $\lambda_1 = 2$ und $\lambda_2 = 4$.
   (Test: $\lambda_1 + \lambda_2 = 2 + 4 = 3 + 3 = \text{Spur}(A)$, ok.)
   b) Bestimmung der Eigenvektoren. Löse $(A - \lambda_i \mathbb{1}) \cdot \vec{f}_i = \vec{0}$ für jedes λ_i. Für $\lambda_1 = 2$ folgt im Gauß-Algorithmus:

$$\left(\begin{array}{cc|c} 1 & 1 & 0 \\ 1 & 1 & 0 \end{array} \right).$$

   Zieht man Zeile 2 von Zeile 1 ab, so bekommt man sofort eine Nullzeile. Wähle also $\beta := 1$, dann folgt $\alpha = -1$. Damit ist $\vec{f}_1 = \frac{1}{\sqrt{2}}(-1, 1)^{\mathsf{T}}$. Der zweite Eigenvektor muss natürlich senkrecht auf $\vec{f}_1$ stehen. Dieser ist $\vec{f}_2 = \frac{1}{\sqrt{2}}(-1, -1)^{\mathsf{T}}$, welchen man natürlich auch rechnerisch aus dem LGS für λ_2 erhalten kann. Wie man durch Skalarprodukt-Bilden nachprüft, ist $\vec{f}_1 \perp \vec{f}_2$. Somit bilden $\vec{f}_1$ und $\vec{f}_2$ eine ONB.

c) Zwischenergebnis:

$$A' = \begin{pmatrix} 2 & 0 \\ 0 & 4 \end{pmatrix}, \quad D = \begin{pmatrix} -\frac{1}{\sqrt{2}} & \frac{1}{\sqrt{2}} \\ -\frac{1}{\sqrt{2}} & -\frac{1}{\sqrt{2}} \end{pmatrix}$$

nebst Drehwinkel $\cos(\varphi) = -\frac{1}{\sqrt{2}} \Rightarrow \varphi = 135°$, welcher wie in Beispiel 2.23

durch Vergleich mit $D = \begin{pmatrix} \cos(\varphi) & -\sin(\varphi) \\ \sin(\varphi) & \cos(\varphi) \end{pmatrix}$ bestimmt wurde.

3. **Hauptachsentransformation**
   Nun kommt der entscheidende Schritt mit neuen Koordinaten $\vec{u} = (u, v)^\mathsf{T}$:

$$\vec{x}^\mathsf{T} \cdot A \cdot \vec{x} + c = 0 \longrightarrow \vec{u}^\mathsf{T} \cdot A' \cdot \vec{u} + c = \lambda_1 u^2 + \lambda_2 v^2 + c = 0.$$

   In unserem Fall ergibt sich $2u^2 + 4v^2 - 4 = 0.$ (∗)

4. **Art der Quadrik**
   Wegen $\lambda_1 = 2 > 0$ und $\lambda_2 = 4 > 0$ handelt es sich bei (∗) um die Gleichung
   einer Ellipse (Tab. 2.1). Eine Ellipse mit Mittelpunkt (x_0, y_0) und Halbachsen
   a und b wird allgemein durch die Ellipsengleichung $\frac{(x-x_0)^2}{a^2} + \frac{(y-y_0)^2}{b^2} = 1$
   beschrieben. Die Rückführung auf diese Form liefert hier:

$$2u^2 + 4v^2 = 4 \Leftrightarrow \frac{u^2}{2} + v^2 = 1 \Leftrightarrow \frac{(u-0)^2}{(\sqrt{2})^2} + \frac{(v-0)^2}{1^2} = 1.$$

   Damit ist die Bahn des Himmelskörpers in gedrehten Koordinaten eine Ellipse
   mit Mittelpunkt $(0, 0)$ und Halbachsen $a = \sqrt{2}$ und $b = 1$ (Abb. 2.10).   ∎

Abb. 2.10 Ellipse in
Ausgangskoordinaten (x, y)
und dem Hauptachsensystem
(u, v). Das (x, y)-System
geht in das gestrichelte
(u, v)-System durch
Drehung um $\varphi = 135°$ über

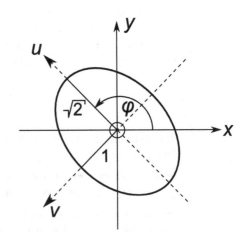

[H7] Ärger mit dem Bauamt **(5 Punkte)**

Wir bekommen per Post eine Mitteilung vom städtischen Bauamt. Betreff: ein Neubau in der direkten Umgebung unseres „schönen" Brutalismus-Baus namens Zuhause. Es handelt sich dabei um ein Gebäude, dessen Außenfläche gewiefte Beamte durch

$$-3x^2 + 4y^2 - 3z^2 - 10xz = 8$$

verklausuliert haben. Man klappere den vollen Fahrplan der Hauptachsentransformation (exklusive Drehwinkel und Drehachse) ab. Um was für ein Gebäude handelt es sich?

Spickzettel zur Hauptachsentransformation

- **Eigenwertgleichung**
  Oft auftauchende Gleichung: $A \cdot \vec{f} = \lambda \vec{f}$, wobei $A = A^\mathsf{T}$ und $\vec{f} \neq \vec{0}$. λ heißt Eigenwert, $\vec{f}$ Eigenvektor. Die $\vec{f}$'s entsprechen den Koordinatenachsen des Hauptachsensystems.

- **Diagonalisierung**
  Bestimmung der Hauptachsen durch Diagonalisierung. Fahrplan:
  a) Bestimmung der Eigenwerte (EW) von A durch $\det(A - \lambda \mathbb{1}) = 0$. Dann $\lambda_i = ?$
  Test: $\sum \lambda_i = \mathrm{Spur}(A)$?
  b) Bestimmung von normierten Eigenvektoren $\vec{f}_i$ zu jedem EW λ_i aus dem homogenen LGS $(A - \lambda_i \mathbb{1}) \cdot \vec{f}_i = \vec{0}$ ($\vec{f}$'s müssen ONB bilden). Bei 3-D: $\vec{f}_3 = \vec{f}_1 \times \vec{f}_2$.

  c) Ergebnis: $A' = \begin{pmatrix} \lambda_1 & 0 & 0 \\ 0 & \lambda_2 & 0 \\ 0 & 0 & \lambda_3 \end{pmatrix}$, $D = \begin{pmatrix} --- & \vec{f}_1 & --- \\ --- & \vec{f}_2 & --- \\ --- & \vec{f}_3 & --- \end{pmatrix}$.

  Test: $A \cdot \vec{f}_i = \lambda_i \vec{f}_i$, $A' = D \cdot A \cdot D^\mathsf{T}$.

- **Quadrik**
  Objekt, beschrieben durch $\vec{x}^\mathsf{T} \cdot A \cdot \vec{x} + c = 0$; $Q^{(2)}(\vec{x}) = a \cdot x^2 + 2b \cdot xy + d \cdot y^2 + c = 0$ und $Q^{(3)}(\vec{x}) = a \cdot x^2 + e \cdot y^2 + g \cdot z^2 + 2b \cdot xy + 2d \cdot xz + 2f \cdot yz + c = 0$.

- **Hauptachsentransformation**
  $Q(\vec{x})$ gegeben mit $A = A^\mathsf{T}$. Diagonalisiere A, um A' und D zu bestimmen; transformiere dann das alte System ins neue per $\vec{x} = D^\mathsf{T} \vec{u}$; hier kann das Objekt beschrieben werden durch $\widetilde{Q}(\vec{u}) = \lambda_1 u^2 + \lambda_2 v^2 + \lambda_3 w^2 + c = 0$ bestimmt werden (z. B. mit obigen Tabellen und durch Rückführung auf die algebraischen Grundgleichungen der Objekte).

Rechnen mit Indizes

3

Inhaltsverzeichnis

Die bisherigen Themen sollten noch dem einen oder anderen aus der Schule geläufig sein. Was aber garantiert noch niemand – zumindest auf einem gewöhnlichen Gymnasium – gesehen haben dürfte, ist die sogenannte Indexschreibweise. Hierbei handelt es sich um eine Art Stenografie und schockt erfahrungsgemäß die Erstsemesterstudierenden. Wir werden die Schreibweise im Folgenden sehr ausführlich einführen und besprechen. Vermutlich wird ihr Nutzen jedoch erst im weiteren Verlauf ersichtlich, und auch der Umgang mit der Indexschreibweise bedarf einiger Übung. Daher: Keine Panik, und immer ein Handtuch dabeihaben!

3.1 Einstein'sche Summenkonvention

In den letzten Kapiteln tauchten immer wieder Rechenvorschriften mit Indizes auf, wie z. B. die Sarrus-Regel ($\det(A) = a_1 b_2 c_3 + \ldots$), Skalar- oder Kreuzprodukt, welche sehr unübersichtlich erschienen. Wir werden nun eine Schreibweise kennenlernen, die solche langen Terme in eleganter Weise zusammenfasst und bei vielen Rechnungen eine Hilfe ist. Eine wichtige Festlegung vorweg ist:

© Springer-Verlag GmbH Deutschland, ein Teil von Springer Nature 2018
M. Otto, *Rechenmethoden für Studierende der Physik im ersten Jahr*,
https://doi.org/10.1007/978-3-662-57793-6_3

Einstein'sche Summenkonvention (ES)

Wenn Indizes doppelt auftreten (nur doppelt!) und klar ist, wie weit   (3.1)
summiert wird, dann kann das Summenzeichen weggelassen werden.

Beispiel 3.1 (Basiszerlegung eines Vektors in Indizes)

▷ Wie lautet die Zerlegung eines Vektors $\vec{x} = (x_1, \ldots, x_n)$ in der kanonischen Basis?

Lösung: Für die Basiszerlegung gilt

$$\vec{x} = x_1 \vec{e}_1 + \ldots + x_n \vec{e}_n = \sum_{i=1}^{n} x_i \vec{e}_i = x_i \vec{e}_i,$$

wobei im letzten Schritt die Einstein'sche Summenkonvention verwendet wurde. Dies ist hier möglich, da der Index i im zu summierenden Term $x_i \vec{e}_i$ doppelt auftaucht und der Laufbereich der Summe, nämlich $i = 1, 2, \ldots, n$, bekannt ist. ∎

Laufindizes und freie Indizes

Begrifflich unterscheiden wir zwei Klassen von Indizes. Befindet sich in einer Gleichung ein doppelter Index, so heißt dieser **Laufindex** und impliziert direkt eine Summe. Da der Wert einer Summe unabhängig vom Namen des Laufindex ist, können wir doppelte Indizes umbenennen:

$$\sum_{i=1}^{3} x_i y_i = x_1 y_1 + x_2 y_2 + x_3 y_3 = \sum_{j=1}^{3} x_j y_j$$

oder kurz in Einstein'scher Summenkonvention

$$x_i y_i = x_j y_j \quad (= x_k y_k = x_\ell y_\ell = \ldots). \tag{3.2}$$

Ein einzelner Index dagegen heißt **freier Index,** weil man ihm zum expliziten Ausschreiben der stenografierten Gleichung einen beliebigen, frei wählbaren Wert $(1, 2, 3, \ldots)$ zuweisen kann. So ist z. B. c_i die i-te Komponente des Vektors $\vec{c}$. Bei $\vec{c} = (1, 4, -2)$ wäre $c_{i=2} = c_2 = 4$. c_i dagegen wäre nur eine abstrakte Schreibweise der i-ten Komponente. Beachte ganz besonders drei Dinge:

- Freie Indizes dürfen nicht umbenannt werden!
- c_i impliziert keine Summe über i, sondern beschreibt die i-te Komponente des Vektors $\vec{c}$: $c_i = \vec{e}_i \cdot \vec{c}$.
- $a_i b_i c_i$ ist keine gültige Summenkonvention, da der Index i dreifach auftritt.

Oben und unten

Wie soll man unterscheiden, ob bei $\vec{e}_1$ die erste Komponente von $\vec{e}$ gemeint ist oder dieses den ersten Einheitsvektor bezeichnet? Und wie soll man zwischen Zeilen- und Spaltenvektor unterscheiden (z. B. beim Skalarprodukt $\vec{a}^\mathsf{T} \cdot \vec{b}$)? Dazu gibt es folgende Vereinbarung: Indizes von Spaltenvektoren werden nach oben geschrieben, d. h., a^i ist die i-te Komponente des Spaltenvektors $\vec{a}$, dagegen werden bei transponierten Vektoren die Indizes nach unten geschrieben, genau wie beim Durchzählen der Einheitsvektoren. b_j ist folglich die j-te Komponente des Zeilenvektors $\vec{b}^\mathsf{T}$. Um jedoch die ganze Sache für uns einigermaßen lesbar zu machen, verzichten wir auf diese Unterscheidung und lassen alle Indizes unten stehen. Folglich ist es für uns in diesem Kapitel eine lässliche Sünde, auf das Transponieren des ersten Vektors beim Skalarprodukt zu verzichten.

Wie eingangs erwähnt, ist die Indexschreibweise eine sehr elegante Schreibweise, welche viel Schreibarbeit spart, deren Formalismus zugegebenermaßen aber nicht sofort zugänglich und somit befremdlich erscheint. Die gute Nachricht: Im Folgenden laufen die Indizes $i, j, k, \ldots$ nur von 1 bis 3, so dass ein explizites Ausschreiben der versteckten Summen jederzeit möglich ist.

3.2 Skalarprodukt und das Kronecker-Symbol

Als Paradebeispiel für die Einstein'sche Summenkonvention fungierte in Beispiel 3.1 das Ausschreiben von $\vec{x}$ als Kombination von Koordinaten und Basisvektoren:

$$\vec{x} = x_i \vec{e}_i. \tag{3.3}$$

Auch das Skalar- und Kreuzprodukt, Matrizenprodukt etc., also alle Objekte und deren Operationen mit Indizes, können mit Hilfe der Indexrechnung sehr kurz gefasst werden.

3.2.1 Skalarprodukt in Indizes

Wir betrachten zunächst das Skalarprodukt, wieder darauf verzichtend, den ersten Vektor zu transponieren:

$$\vec{a} \cdot \vec{b} = a_1 b_1 + a_2 b_2 + a_3 b_3 = \sum_{i=1}^{3} a_i b_i$$

oder in Kurzform

$$\vec{a} \cdot \vec{b} = a_i b_i. \tag{3.4}$$

Beispiel 3.2 (Umgang mit Einstein'scher Summenkonvention)

▷ Wie lesen sich $a_k a_k$, $\sqrt{a_\ell a_\ell}$ und $a_j b_k c_j d_k$ in verständlicher Sprache?

1. Wir schreiben die Summe aus: $a_k a_k = a_1 a_1 + a_2 a_2 + a_3 a_3 = a_1^2 + a_2^2 + a_3^2$ $= |\vec{a}|^2$. Das ist gerade das Betragsquadrat des Vektors $\vec{a}$.

2. $\sqrt{a_\ell a_\ell} = \sqrt{a_\ell^2} = a_\ell \dots$ und voll reingefallen! Denn dort steht unterhalb der ersten Wurzel eine versteckte Summe über ℓ – und wie wir wissen gilt: Ziehe aus Summen niemals die Wurzel! Ferner wird beim ersten Gleichheitszeichen der Fehler gemacht, dass ein doppelt auftretender Laufindex zu einem einfachen, freien Index mutiert. Richtig heißt es daher:

$$\sqrt{a_\ell a_\ell} = \sqrt{a_1 a_1 + a_2 a_2 + a_3 a_3} = \sqrt{a_1^2 + a_2^2 + a_3^2} = |\vec{a}| = a.$$

Es handelt sich somit um die Kurzschreibweise des Betrags des Vektors $\vec{a}$, d. h., $a = |\vec{a}| = \sqrt{\vec{a} \cdot \vec{a}}$.

3. Die Symbole a_j, b_k, c_j und d_k bezeichnen Komponenten und sind somit nur Zahlen. Diese können wir beliebig umsortieren – und zwar so, dass die gleichen Summationsindizes nebeneinander stehen. Dadurch wird der kryptische Term lesbar:

$$a_j b_k c_j d_k = a_j c_j b_k d_k = (a_j c_j)(b_k d_k) = (\vec{a} \cdot \vec{c})(\vec{b} \cdot \vec{d}),$$

wobei im letzten Schritt die Beziehung (3.4) in den Klammertermen rückwärts angewandt wurde.   ∎

Aus dem Beispiel lernen wir zweierlei:

$$a_k a_k \neq a_k^2 \,, \quad \sqrt{a_\ell a_\ell} \neq a_\ell.$$

3.2.2 Definition des Kronecker-Symbols

Die Herleitung des Skalarprodukts in Komponenten (1.30) bzw. (3.4) war sehr indexlastig. Wir erinnern uns:

$$\begin{aligned}
\vec{a} \cdot \vec{b} &= (a_1 \vec{e}_1 + a_2 \vec{e}_2 + a_3 \vec{e}_3) \cdot (b_1 \vec{e}_1 + b_2 \vec{e}_2 + b_3 \vec{e}_3) \\
&= + a_1 b_1 \, (\vec{e}_1 \cdot \vec{e}_1) + a_1 b_2 \, (\vec{e}_1 \cdot \vec{e}_2) + a_1 b_3 \, (\vec{e}_1 \cdot \vec{e}_3) \\
&\quad + a_2 b_1 \, (\vec{e}_2 \cdot \vec{e}_1) + a_2 b_2 \, (\vec{e}_2 \cdot \vec{e}_2) + a_2 b_3 \, (\vec{e}_2 \cdot \vec{e}_3) \\
&\quad + a_3 b_1 \, (\vec{e}_3 \cdot \vec{e}_1) + a_3 b_2 (\vec{e}_3 \cdot \vec{e}_2) + a_3 b_3 (\vec{e}_3 \cdot \vec{e}_3) \\
&= a_1 b_1 \cdot 1 + 0 + 0 + 0 + a_2 b_2 \cdot 1 + 0 + 0 + 0 + a_3 b_3 \\
&= a_1 b_1 + a_2 b_2 + a_3 b_3 = a_i b_i.
\end{aligned}$$

Dabei wurde ausgenutzt, dass die Einheitsvektoren normiert sind und senkrecht aufeinander stehen, d. h. also

$$\vec{e}_1 \cdot \vec{e}_1 = \vec{e}_2 \cdot \vec{e}_2 = \vec{e}_3 \cdot \vec{e}_3 = 1,$$
$$\vec{e}_1 \cdot \vec{e}_2 = \vec{e}_1 \cdot \vec{e}_3 = \vec{e}_2 \cdot \vec{e}_3 = 0.$$

Wir sehen: Das Skalarprodukt der Einheitsvektoren liefert nur etwas ungleich null – nämlich genau eins –, wenn die Indizes der Einheitsvektoren gleich sind. Abgekürzt heißt dies:

$$\vec{e}_i \cdot \vec{e}_j = \begin{cases} 1 & \text{für } i = j \\ 0 & \text{für } i \neq j \end{cases}.$$

Für diesen Sachverhalt wird das **Kronecker-Symbol** eingeführt:

$$\vec{e}_i \cdot \vec{e}_j =: \delta_{ij} = \begin{cases} 1 & \text{für } i = j \\ 0 & \text{für } i \neq j \end{cases}, \quad \delta_{ij} = \delta_{ji}. \tag{3.5}$$

Es ist also z. B. $\delta_{11} = 1$ (da beide Indizes gleich sind: $\delta_{11} = \vec{e}_1 \cdot \vec{e}_1 = 1$) und $\delta_{21} = 0$ (weil $\vec{e}_2 \cdot \vec{e}_1 = 0$). Wegen $\delta_{ij} = \delta_{ji}$ heißt das Kronecker-Symbol **symmetrisch,** da ein Vertauschen der Indizes den Wert des Symbols nicht ändert. Dies lässt sich auch anhand der Definition selbst einsehen, denn das Skalarprodukt zweier Vektoren ist ja kommutativ.

3.2.3 Rechenregeln für das Kronecker-Symbol

Mit Hilfe des Kronecker-δ kann das Skalarprodukt geschrieben werden als

$$\vec{a} \cdot \vec{b} = \left(\sum_{i=1}^{3} a_i \vec{e}_i \right) \left(\sum_{j=1}^{3} b_j \vec{e}_j \right) = \sum_{i=1}^{3} \sum_{j=1}^{3} a_i b_j \left(\vec{e}_i \cdot \vec{e}_j \right) \overset{(ES)}{=} a_i b_j \left(\vec{e}_i \cdot \vec{e}_j \right) \overset{(3.5)}{=} a_i b_j \delta_{ij}.$$

Wie wir aber wissen, muss $\vec{a} \cdot \vec{b} = a_i b_i = a_j b_j$ sein (Indexname egal!). Wir vergleichen:

$$\sum_j a_j b_j = \sum_{i,j} a_i b_j \delta_{ij} = \sum_i a_i b_i,$$

was die obige Herleitung des Skalarprodukts in Kurzform darstellt! Wie man sieht, wird beim Ausführen einer Summe – vornehm auch **Kontraktion** eines laufenden Index genannt – der Index der ausgeführten Summe vom Kronecker „geschluckt"! Beispielsweise taucht in der j-Summe links der Index i aus der Doppelsumme in der Mitte nicht mehr auf. a_i wurde quasi durch a_j ersetzt. Um dies zu verstehen, betrachten wir

$$\sum_i a_i \delta_{ij} = \sum_{i=1}^{3} \delta_{ij} a_i = \delta_{1j} a_1 + \delta_{2j} a_2 + \delta_{3j} a_3$$

mit frei wählbarem Index j. Je nachdem, wie j gewählt wird, bleibt immer nur ein Term über – und zwar aufgrund der Kronecker-Eigenschaften (3.5) derjenige, bei dem der feste Index j mit dem zweiten δ-Index übereinstimmt (für $j = 1$ fest gewählt überlebt z. B. nur der erste Term, da $\delta_{21} = \delta_{31} = 0$). Für einen freien Index j überlebt folglich a_j. Somit gilt $\sum_i a_i \delta_{ij} = a_j$ bzw.

$$\delta_{ij} a_i = a_j\,, \quad \delta_{ij} a_j = a_i\,, \tag{3.6}$$

$$a_i b_i = \delta_{ij} a_i b_j = a_j b_j\,. \tag{3.7}$$

Salopp gesagt: Wenn *ein* Kronecker vor einem Indexwulst steht, so darf – sofern möglich – *ein* Index mit dem „Ersatzindex" vom Kronecker ersetzt werden und das verwendete δ verschwindet (mathematisch wird die Summe über den Laufindex ausgeführt und (3.5) ausgenutzt). Schematisch bedeutet dies:

$$\delta_{ij} a_j = \delta_{i\!\!\!/j} a_{\!\!\!/} = a_i = a_i\,,$$

wobei das erste Gleichheitszeichen so natürlich nicht geschrieben werden darf, sondern nur der Illustration dient. Analoges gilt für eine Multiplikation zweier Kronecker-Symbole:

$$\delta_{ij} \delta_{jk} = \delta_{ik} \tag{3.8}$$

(schematisch $\delta_{i\!\!\!/} \delta_{\!\!\!/k} = \delta_{ik}$), wogegen $\delta_{ij} \delta_{k\ell}$ nicht weiter vereinfacht werden kann (kein Index doppelt, alle sind frei wählbar).

Eine beliebte Falle ist $\delta_{ii} \neq 1$,

denn wir müssen Einstein beachten:

$$\delta_{ii} = \vec{e}_i \cdot \vec{e}_i = \sum_i \delta_{ii} = \delta_{11} + \delta_{22} + \delta_{33} = 1 + 1 + 1 = 3. \tag{3.9}$$

Beispiel 3.3 (Rechnen mit Kronecker)

▷ Wie vereinfachen sich $c_m a_i a_\ell b_m \delta_{i\ell}$ sowie $\delta_{j\ell} \delta_{\ell m} \delta_{mn} \delta_{nk}$ und $\delta_{j\ell} \delta_{j\ell} \delta_{mn} \delta_{mn}$?

Lösung:

1. $c_m a_i a_\ell b_m \delta_{i\ell} = ?$ Wir halten zunächst nach einem rettenden δ Ausschau, womit wir eventuell einen Index ersetzen und das ganze Ungeheuer dann weiter zusammenziehen können:

$$c_m a_i a_\ell b_m \delta_{i\ell} = c_m a_\ell a_\ell b_m = a_\ell a_\ell b_m c_m\,,$$

wobei zunächst die Summe über i ausgeführt wurde (und wegen $\delta_{i\ell}$ der Index vom a durch ein ℓ ersetzt wurde) und anschließend nach Laufindizes umsortiert wurde. Das dürfen wir, denn in Indexschreibweise entsprechen die indizierten Größen lediglich Zahlen (in diesem Fall den Komponenten eines Vektors), die wir nach Belieben tauschen dürfen. Nach Gl. (3.4) folgt

$$a_\ell a_\ell b_m c_m = (a_\ell a_\ell)(b_m c_m) = (\vec{a} \cdot \vec{a})(\vec{b} \cdot \vec{c}).$$

2. $\delta_{j\ell}\delta_{\ell m}\delta_{mn}\delta_{nk} \overset{(3.8)}{=} \delta_{jm}\delta_{mk} \overset{(3.8)}{=} \delta_{jk}$, und dieses kann nicht weiter umgeschrieben werden, da j und k frei wählbare Indizes sind. Im ersten Schritt wurden hierbei das erste und zweite sowie dritte und vierte δ zusammengezogen, d.h. die Summen über ℓ und n ausgeführt.

3. $\delta_{j\ell}\delta_{j\ell}\delta_{mn}\delta_{mn} = \delta_{j\ell}\delta_{\ell j}\delta_{mn}\delta_{nm} \overset{(3.8)}{=} \delta_{jj}\delta_{mm} \overset{(3.9)}{=} 3 \cdot 3 = 9$, wobei im ersten Schritt die Symmetrie des Kronecker-Symbols verwendet wurde (was aber hier auch nicht zwingend notwendig ist). ∎

3.2.4 Interpretation des Kronecker-Symbols

Schließlich sind wir noch eine verständliche Interpretation von δ_{ij} schuldig. Wir ziehen hierzu die Definition (3.5) des Kronecker-Symbols heran. δ_{ij} liefert eins, wenn die fest gewählten Indizes i und j gleich sind und sonst null. Lassen wir nun i und j von Eins bis Drei laufen, zählen i aufsteigend senkrecht nach unten und j aufsteigend waagerecht nach rechts und schreiben tabellenartig die Werte von δ_{ij} hin, was erhalten wir dann? Richtig, die Einheitsmatrix:

	$j = 1$	$j = 2$	$j = 3$
$i = 1$	$\delta_{11} = 1$	$\delta_{12} = 0$	$\delta_{13} = 0$
$i = 2$	$\delta_{21} = 0$	$\delta_{22} = 1$	$\delta_{23} = 0$
$i = 3$	$\delta_{31} = 0$	$\delta_{32} = 0$	$\delta_{33} = 1$

δ_{ij} ist nichts anderes als der Eintrag $\mathbb{1}_{ij}$ in der Einheitsmatrix, d.h. in der i-ten Zeile und j-ten Spalte.

Nun macht die Summation δ_{ii} Sinn, denn hierbei handelt es sich lediglich um die Summation entlang der Hauptdiagonalen, d.h. um die Spur der Einheitsmatrix; also sollte sich bei der 3×3-Einheitsmatrix eine Drei für δ_{ii} ergeben. Und weiterhin können wir auch das „Index-Ersetzen" verstehen: $\delta_{ij}a_j$ ist nichts anderes als die Multiplikation der Einheitsmatrix mit dem Vektor $\vec{a}$, wobei eine bestimmte Zeile i betrachtet wird. Beispiel für festes $i = 1$:

$$\begin{pmatrix} 1 & 0 & 0 \\ \vdots & \vdots & \vdots \end{pmatrix} \cdot \begin{pmatrix} a_1 \\ a_2 \\ a_3 \end{pmatrix} = \begin{pmatrix} 1 \cdot a_1 + 0 \cdot a_2 + 0 \cdot a_3 \\ \vdots \end{pmatrix} = \begin{pmatrix} a_{i=1} \\ \vdots \end{pmatrix}$$

$$(\; \delta_{1j} \;\cdot\; a_j \;=\; \underbrace{\delta_{11}}_{=1} \cdot a_1 + \underbrace{\delta_{12}}_{=0} \cdot a_2 + \underbrace{\delta_{13}}_{=0} \cdot a_3 \;=\; a_1 \;).$$

Wir werden darauf noch zurückkommen.

3.3 Das Levi-Civita-Symbol

Neben dem Kronecker-Symbol ist das Levi-Civita-Symbol eine weitere wichtige Größe, um vektorielle Beziehungen wie z. B. das Kreuzprodukt kurzfassen zu können. Um dieses Objekt verstehen zu können, benötigen wir den Begriff der **Permutation** – ein vornehmes Wort für Vertauschung.

3.3.1 Zyklische und antizyklische Permutationen

Wir betrachten zur Erläuterung der Permutation ein Zahlentripel $(i\ j\ k)$, wobei jeder Index die Werte 1, 2 oder 3 annehmen kann. Wir unterscheiden die für uns wichtigen:

$$\text{zyklische Tripel: } (123),\ (231),\ (312), \tag{3.10}$$

$$\text{antizyklische Tripel: } (213),\ (132),\ (321). \tag{3.11}$$

Dies kann man sich anhand der Drei-Stunden-Uhr in Abb. 3.1 verdeutlichen. Zyklische Tripel sind diejenigen, dessen Zahlen im Uhrzeigersinn durchlaufen werden (durchgezogene Pfeile); antizyklische sind jene, bei denen die Zahlen im Gegenzeigersinn durchlaufen werden (gestrichelte Pfeile).

Man sagt nun, dass die Tripel jeweils durch **zyklische** Permutation ineinander überführt werden können. Um z. B. aus (123) das Tripel (231) zu machen, müssen wir zyklisch durchtauschen, besser sogar durchrotieren: Die 1 rutscht auf den Platz der 2, die 2 auf den Platz der 3 und die 3 auf den Platz der 1 ($1 \rightarrow 2, 2 \rightarrow 3, 3 \rightarrow 1$). Ebenso kann auch das Tripel (312) erzeugt werden, und ferner können wir so auch aus einem antizyklischen Tripel die anderen beiden antizyklischen Tripel erzeugen.

Tauscht man nun jedoch bei einem Tripel nur die Position von *zwei* Indizes aus, z. B. die ersten beiden, so nennt man dies eine **antizyklische Vertauschung,** da man dadurch aus einem zyklischen Tripel plötzlich ein antizyklisches Tripel erzeugt und umgekehrt. Tauscht man beispielsweise in (123) die ersten beiden Indizes, so erhält man das antizyklische Tripel (132). Diese beiden Permutationen, zyklisch und antizyklisch, gilt es im Folgenden streng zu trennen.

Abb. 3.1 Die Drei-Stunden-Uhr. Im Uhrzeigersinn ergeben sich die zyklischen Tripel, gegen den Uhrzeigersinn die antizyklischen

Tatsächlich gibt es insgesamt $n = 3^3 = 27$ mögliche Anordnungen dreier Zahlen in einem Tripel, nämlich

$$
\begin{array}{l}
(123),\ (231),\ (312), \\
(321),\ (132),\ (213), \\
(111),\ (112),\ (113),\ (121),\ (122),\ (131),\ (133), \\
(211),\ (212),\ (221),\ (222),\ (223),\ (232),\ (233), \\
(311),\ (313),\ (322),\ (323),\ (331),\ (332),\ (333).
\end{array}
\tag{3.12}
$$

Diese willkürliche Anordnung – die zyklischen Tripel in der ersten Zeile, die antizyklischen in der zweiten Zeile und der Rest mit doppelten und dreifachen Zahlen darunter – wird ihren Sinn noch offenbaren. Mit Hilfe dieser Vorüberlegung können wir nun das Levi-Civita-Symbol einführen und seine Eigenschaften verstehen.

3.3.2 Definition des Levi-Civita-Symbols

Paradebeispiel für das Levi-Civita-Symbol ist die Sarrus-Regel bei Determinanten:

$$
\det \begin{pmatrix} a_1\ a_2\ a_3 \\ b_1\ b_2\ b_3 \\ c_1\ c_2\ c_3 \end{pmatrix} = +a_1 b_2 c_3 + a_2 b_3 c_1 + a_3 b_1 c_2 - a_3 b_2 c_1 - a_1 b_3 c_2 - a_2 b_1 c_3.
$$

Wenn man genau hinsieht, fällt etwas auf: Die Terme mit zyklischen Indexanordnungen (123), (231), (312) gehen allesamt positiv in den Gesamtausdruck von Sarrus ein, die mit antizyklischen Indextripeln (321), (132) und (213) allesamt negativ. Die restlichen Kombinationen aus (3.12) tauchen gar nicht auf. Alles nur Zufall?

Man zerlege das Kreuzprodukt $\vec{a} \times \vec{b}$ in die Basisvektoren $\vec{e}_1$, $\vec{e}_2$ und $\vec{e}_3$:

$$
\begin{aligned}
\begin{pmatrix} a_1 \\ a_2 \\ a_3 \end{pmatrix} \times \begin{pmatrix} b_1 \\ b_2 \\ b_3 \end{pmatrix} &= \begin{pmatrix} a_2 b_3 - a_3 b_2 \\ a_3 b_1 - a_1 b_3 \\ a_1 b_2 - a_2 b_1 \end{pmatrix} \\
&= \begin{pmatrix} a_2 b_3 - a_3 b_2 \\ 0 \\ 0 \end{pmatrix} + \begin{pmatrix} 0 \\ a_3 b_1 - a_1 b_3 \\ 0 \end{pmatrix} + \begin{pmatrix} 0 \\ 0 \\ a_1 b_2 - a_2 b_1 \end{pmatrix} \\
&= (a_2 b_3 - a_3 b_2)\,\vec{e}_1 + (a_3 b_1 - a_1 b_3)\,\vec{e}_2 + (a_1 b_2 - a_2 b_1)\,\vec{e}_3 \\
&= +\vec{e}_1 a_2 b_3 + \vec{e}_2 a_3 b_1 + \vec{e}_3 a_1 b_2 - \vec{e}_1 a_3 b_2 - \vec{e}_2 a_1 b_3 - \vec{e}_3 a_2 b_1.
\end{aligned}
$$

Auch hier entdeckt man das gleiche Schema wie oben: Zyklische Indexstellungen werden positiv, antizyklische negativ gezählt und doppelte oder dreifache Indizes mit Null gewichtet. Wer glaubt jetzt noch an Zufall?

Das erwähnte „System" hinter obigen Sachverhalten wird durch das **Levi-Civita-Symbol** beschrieben:

$$\varepsilon_{ijk} := \vec{e}_i \cdot (\vec{e}_j \times \vec{e}_k) = \begin{cases} 1 & \text{für} \quad i, j, k \text{ zyklisch} \\ -1 & \text{für} \quad i, j, k \text{ antizyklisch}, \\ 0 & \text{sonst} \end{cases} \tag{3.13}$$

was dem Spatprodukt von Einheitsvektoren entspricht. ε_{ijk} ist damit nichts anderes als die i-te Komponente des Kreuzprodukts von $\vec{e}_j \times \vec{e}_k$ bei festgewähltem i, j und k. Für ε_{123} z. B. werden wir den Wert 1 erwarten, da das Zahlentripel (123) ein zyklisches Tripel ist. Es ist $\varepsilon_{123} := \vec{e}_1 \cdot (\vec{e}_2 \times \vec{e}_3) = \vec{e}_1 \cdot \vec{e}_1 = +1$, wie erwartet. Ebenso folgen z. B. $\varepsilon_{132} = \vec{e}_1 \cdot (\vec{e}_3 \times \vec{e}_2) = \vec{e}_1 \cdot (-\vec{e}_1) = -1$ und $\varepsilon_{133} = \vec{e}_1 \cdot (\vec{e}_3 \times \vec{e}_3) = \vec{e}_1 \cdot 0 = 0$, was mit der Definition übereinstimmt, denn (132) ist ein antizyklisches Tripel (das Levi-Civita-Symbol ε sollte also den Wert -1 liefern) und (133) hat zwei oder mehr Indizes doppelt (ε sollte den Wert 0 liefern).

Antisymmetrie des Levi-Civita-Symbols

ε_{ijk} heißt hochtrabend **total antisymmetrisch unter Vertauschung zweier Indizes** (im Gegensatz zum symmetrischen Kronecker-Symbol, für das $\delta_{ij} = \delta_{ji}$ gilt!). Das bedeutet zweierlei. Erstens: Unter Vertauschung zweier *beliebiger* Indizes springt ein Minus heraus:

$$\varepsilon_{ijk} = -\varepsilon_{jik} = \varepsilon_{kij} = \ldots \tag{3.14}$$

Bei zyklischer Vertauschung der Indizes ändert sich jedoch nicht das Vorzeichen:

$$\varepsilon_{ijk} = \varepsilon_{kij} = \varepsilon_{jki}. \tag{3.15}$$

Zweitens: Sind zwei Indizes gleich, so liefert ε eine Null, d. h.

$$\varepsilon_{iij} = 0, \quad \varepsilon_{ijj} = 0, \quad \varepsilon_{jij} = 0. \tag{3.16}$$

Aufgrund dieser beiden Eigenschaften nennt man das Levi-Civita-Symbol total antisymmetrisch.

3.3.3 Spatprodukt und Kreuzprodukt in Kurzform

Wir kehren zu den Paradebeispielen zurück und wollten die Regel von Sarrus kurzschreiben; benutze dazu die Umschreibung ins Spatprodukt (2.20):

$$\det \begin{pmatrix} a_1 & a_2 & a_3 \\ b_1 & b_2 & b_3 \\ c_1 & c_2 & c_3 \end{pmatrix} = \vec{a} \cdot (\vec{b} \times \vec{c}).$$

Nun schreiben wir mit Hilfe der Einstein'schen Summenkonvention die Vektoren $\vec{a}$, $\vec{b}$ und $\vec{c}$ kurz:

$$\vec{a} \cdot (\vec{b} \times \vec{c}) = a_i \vec{e}_i \cdot (b_j \vec{e}_j \times c_k \vec{e}_k) = \underbrace{\vec{e}_i \cdot (\vec{e}_j \times \vec{e}_k)}_{=\varepsilon_{ijk}} a_i b_j c_k,$$

dabei beim ersten Gleichheitszeichen bewusst darauf achtend, dass nicht mehr als zwei gleiche Indizes auftreten. Im zweiten Schritt war es möglich, die Komponenten der Vektoren (es sind ja Zahlen!) nach hinten zu ziehen. Nun taucht jedoch das Spatprodukt der Einheitsvektoren, also gerade unser ε-Symbol, auf! Ergebnis:

$$\det \begin{pmatrix} a_1 & a_2 & a_3 \\ b_1 & b_2 & b_3 \\ c_1 & c_2 & c_3 \end{pmatrix} = \vec{a} \cdot (\vec{b} \times \vec{c}) = \varepsilon_{ijk} a_i b_j c_k. \tag{3.17}$$

Beispiel 3.4 (Sarrus in Indizes)

▷ Man zeige durch explizites Ausschreiben, dass $\varepsilon_{ijk} a_i b_j c_k$ der Sarrus-Regel entspricht.

Lösung: Wir schreiben die Summen explizit hin und verwenden die Eigenschaften des Levi-Civita-Symbols:

$$\varepsilon_{ijk} a_i b_j c_k = \sum_{i,j,k} \varepsilon_{ijk} a_i b_j c_k = \sum_i \sum_j \sum_k \varepsilon_{ijk} a_i b_j c_k$$
$$= \sum_i \sum_j \left(\varepsilon_{ij1} a_i b_j c_1 + \varepsilon_{ij2} a_i b_j c_2 + \varepsilon_{ij3} a_i b_j c_3 \right)$$

mit ausgeschriebener k-Summe im letzten Schritt. Bevor wir nun die gesamte j-Summe ausschreiben und es dann mit 9 Termen zu tun haben, überlegen wir uns doch erstmal, welche Terme überhaupt überleben. Denn beachte (3.13): Terme mit doppelt oder dreifach auftretenden Indizes werden durch das ε-Symbol sowieso null. Somit fällt z. B. im ersten Summanden $j = 1$ weg, im zweiten $j = 2$ und im dritten $j = 3$. Die Überlebenden sind damit

$$\sum_{i,j,k} \varepsilon_{ijk} a_i b_j c_k = \sum_i (\varepsilon_{i12} a_i b_1 c_2 + \varepsilon_{i13} a_i b_1 c_3 + \varepsilon_{i21} a_i b_2 c_1$$
$$+ \varepsilon_{i23} a_i b_2 c_3 + \varepsilon_{i31} a_i b_3 c_1 + \varepsilon_{i32} a_i b_3 c_2).$$

Analoge Überlegung: Bei der Summation über i fallen weitere Terme weg, und nur noch wenige überleben; so überlebt z. B. im ersten Summanden nur $i = 3$, im zweiten Summanden $i = 2$ usw. Es folgt mit Hilfe von Umsortierung

$$\varepsilon_{ijk}a_ib_jc_k = \underbrace{\varepsilon_{123}}_{=1} a_1b_2c_3 + \underbrace{\varepsilon_{132}}_{=-1} a_1b_3c_2 + \underbrace{\varepsilon_{213}}_{=-1} a_2b_1c_3 + \underbrace{\varepsilon_{231}}_{=1} a_2b_3c_1$$

$$+ \underbrace{\varepsilon_{312}}_{=1} a_3b_1c_2 + \underbrace{\varepsilon_{321}}_{-1} a_3b_2c_1$$

$$= a_1b_2c_3 + a_2b_3c_1 + a_3b_1c_2 - a_3b_2c_1 - a_1b_3c_2 - a_2b_1c_3 = \text{Sarrus!} \quad ∎$$

Kreuzprodukt in Indizes

Auch das Kreuzprodukt lässt sich mit Hilfe des ε-Symbols kurz schreiben. Betrachte die i-te Komponente $(\vec{a} \times \vec{b})_i$, was nichts anderes ist als

$$(\vec{a} \times \vec{b})_i = \vec{e}_i \cdot (\vec{a} \times \vec{b}). \tag{3.18}$$

In Einstein'scher Summenkonvention ist dies

$$(\vec{a} \times \vec{b})_i = \vec{e}_i \cdot (\vec{a} \times \vec{b}) = \vec{e}_i \cdot (a_j\vec{e}_j \times b_k\vec{e}_k),$$

wobei wieder darauf zu achten ist, dass wir nicht mehr als zwei gleiche Indizes benutzen. Herausziehen der Vektorkomponenten a_j und b_k liefert

$$(\vec{a} \times \vec{b})_i = \underbrace{\vec{e}_i \cdot (\vec{e}_j \times \vec{e}_k)}_{=\varepsilon_{ijk}} a_jb_k.$$

Ergebnis:

$$(\vec{a} \times \vec{b})_i = \varepsilon_{ijk}a_jb_k. \tag{3.19}$$

Dies ist das Kreuzprodukt in Indexschreibweise, genauer: die i-te Komponente des Kreuzprodukts $\vec{a} \times \vec{b}$.

Beispiel 3.5 (Kreuzprodukt in Indizes)

▷ Man zeige durch Ausschreiben des Ausdrucks $\varepsilon_{ijk}a_jb_k$, dass dies bei fest gewähltem Index $i = 3$ der dritten Komponente von $\vec{a} \times \vec{b}$ entspricht.

Lösung: Wir möchten die dritte Komponente von $\vec{a} \times \vec{b}$ berechnen und wissen natürlich, dass $(\vec{a} \times \vec{b})_3 = a_1b_2 - a_2b_1$ ist. Doch ergibt sich dieses auch aus (3.19)? Zur Überprüfung wählen wir fest $i = 3$ und schreiben die Summen explizit aus. Dabei werden wieder viele Terme mit gleichen Indizes dank ε wegfallen.

$$(\vec{a} \times \vec{b})_3 \overset{(3.19)}{=} \varepsilon_{3jk}a_jb_k = \sum_j \sum_k \varepsilon_{3jk}a_jb_k = \sum_j \left(\varepsilon_{3j1}a_jb_1 + \varepsilon_{3j2}a_jb_2 + 0\right)$$

$$= \underbrace{\varepsilon_{312}}_{=+1} a_1b_2 + \underbrace{\varepsilon_{321}}_{=-1} a_2b_1 = a_1b_2 - a_2b_1. \quad ∎$$

3.4 Produkte mit Kronecker und Levi-Civita

Ein Produkt kennen wir schon: (3.8)!

$$\delta_{ij}\delta_{jk} = \delta_{ik}.$$

Ein weiteres einfaches entsteht bei Kontraktion von ε und δ. Dabei ist es das alte Spiel: Ersetze mit Hilfe des Kronecker-δ einen Index, also

$$\delta_{im}\varepsilon_{ijk} = \varepsilon_{mjk}. \tag{3.20}$$

Bei doppelter Kontraktion gilt

$$\delta_{ij}\varepsilon_{ijk} = \varepsilon_{iik} = 0, \tag{3.21}$$

da bei Ausführen der i-Summe immer die ersten beiden Indizes des ε-Symbols gleich sind und ε folglich durchgehend null liefert!

Aufwendiger ist es, zwei ε-Tensoren miteinander zu kontrahieren. Ganz allgemein ergibt sich das Produkt bei sechs ungleichen Indizes zu

$$\varepsilon_{ijk}\varepsilon_{\ell mn} = +\delta_{i\ell}\delta_{jm}\delta_{kn} + \delta_{j\ell}\delta_{km}\delta_{in} + \delta_{k\ell}\delta_{im}\delta_{jn} - \delta_{i\ell}\delta_{km}\delta_{jn}$$
$$- \delta_{j\ell}\delta_{im}\delta_{kn} - \delta_{k\ell}\delta_{jm}\delta_{in}. \tag{3.22}$$

Dieses Monstrum beschreibt $3^6 = 729$ Gleichungen auf einen Schlag, da jeder Index die Werte 1, 2 oder 3 annehmen kann und es insgesamt sechs frei wählbare Indizes gibt. Zum Aufbau: Zunächst folgt der jeweils zweite δ-Index in einem Summand immer der Reihenfolge ℓ, m, n. Bei den positiv gezählten Termen wird der erste Index zyklisch durchlaufen, also $(ijk) \to (jki) \to (kij)$; analog wird bei den negativ gezählten Termen der erste Index antizyklisch durchlaufen: $(ikj) \to (jik) \to (kji)$. Produkte dieser Form werden höchst selten auftreten. Interessanter sind da die folgenden Spezialfälle:

- **Ein Index doppelt.** Es sei $n = k$:

$$\varepsilon_{ijk}\varepsilon_{\ell mk} \overset{(3.22)}{=} +\delta_{i\ell}\delta_{jm}\delta_{kk} + \delta_{j\ell}\delta_{km}\delta_{ik} + \delta_{k\ell}\delta_{im}\delta_{jk}$$
$$- \delta_{i\ell}\delta_{km}\delta_{jk} - \delta_{j\ell}\delta_{im}\delta_{kk} - \delta_{k\ell}\delta_{jm}\delta_{ik}$$
$$\overset{(3.8),\,(3.9)}{=} 3\delta_{i\ell}\delta_{jm} + \delta_{j\ell}\delta_{im} + \delta_{j\ell}\delta_{im} - \delta_{i\ell}\delta_{jm} - 3\delta_{j\ell}\delta_{im} - \delta_{i\ell}\delta_{jm}$$
$$= \delta_{i\ell}\delta_{jm} - \delta_{j\ell}\delta_{im},$$

wobei wir im letzten Schritt die gleichnamigen Terme wie bei der Äpfel- und Birnenrechnung zusammengezogen haben. Somit folgt

$$\varepsilon_{ijk}\varepsilon_{\ell mk} = \delta_{i\ell}\delta_{jm} - \delta_{im}\delta_{j\ell}. \tag{3.23}$$

Aus dem ε-Produkt werden zwei δ-Produkte!

- **Zwei Indizes doppelt.** Es seien $n = k$ und $m = j$. Aus (3.23) folgt

$$\varepsilon_{ijk}\varepsilon_{\ell jk} = \delta_{i\ell}\delta_{jj} - \delta_{ij}\delta_{j\ell} = 3\delta_{i\ell} - \delta_{i\ell} = 2\delta_{i\ell}.$$

Ergebnis:

$$\varepsilon_{ijk}\varepsilon_{\ell jk} = 2\delta_{i\ell}. \tag{3.24}$$

Es bleibt bei dieser Multiplikation somit nur ein δ mit den nicht doppelten Indizes der ε-Symbole über.

- **Alle Indizes doppelt.** Aus (3.24) folgt

$$\varepsilon_{ijk}\varepsilon_{ijk} = 2\delta_{ii} = 2 \cdot 3 = 6. \tag{3.25}$$

Nun kennen wir alle relevanten Gleichungen für die Kontraktion von ε und δ.

Beispiel 3.6 (Ein Dreifachprodukt)

▷ Man vereinfache $\varepsilon_{ijk}\varepsilon_{jn\ell}\varepsilon_{i\ell m}$.

Lösung: Wir gehen zunächst auf die Suche nach doppelt auftretenden Indizes, um die obigen Regeln für ε-Produkte anwenden zu können. Hier haben wir die Wahl, da offensichtlich i, j und ℓ Laufindizes sind (d. h., sie tauchen doppelt auf). Wir starten mit den letzten beiden ε-Symbolen. Um die Form der obigen Gleichungen zu erzeugen (d. h., der doppelte Index steht jeweils hinten), tauschen wir im letzten ε die Indizes zyklisch durch:

$$\varepsilon_{ijk}\varepsilon_{jn\ell}\varepsilon_{i\ell m} = \varepsilon_{ijk}\varepsilon_{jn\ell}\varepsilon_{mi\ell}.$$

Nun steht der doppelte Index ℓ im zweiten und dritten Levi-Civita-Symbol hinten, und wir können die beiden mit Hilfe von Gl. (3.23) zusammenfassen:

$$\varepsilon_{ijk}\varepsilon_{jn\ell}\varepsilon_{mi\ell} = \varepsilon_{ijk}\left(\delta_{jm}\delta_{ni} - \delta_{ji}\delta_{nm}\right) = \delta_{jm}\delta_{ni}\varepsilon_{ijk} - \delta_{ji}\delta_{nm}\varepsilon_{ijk},$$

wobei im letzten Schritt nur die Klammer ausmultipliziert wurde. Jetzt ersetzen wir munter mit den Kronecker-δ diverse Indizes und es folgt

$$\varepsilon_{ijk}\varepsilon_{jn\ell}\varepsilon_{i\ell m} = \delta_{jm}\delta_{ni}\varepsilon_{ijk} - \delta_{ji}\delta_{nm}\varepsilon_{ijk} = \delta_{jm}\varepsilon_{njk} - \delta_{nm}\underbrace{\varepsilon_{jjk}}_{=0} = \varepsilon_{nmk}.$$

Ergebnis: $\varepsilon_{ijk}\varepsilon_{jn\ell}\varepsilon_{i\ell m} = \varepsilon_{nmk}$. ∎

3.5 „Anwendungen"

3.5.1 Beweis der bac-cab-Formel

Wir sind noch den Beweis der bac-cab-Formel aus Kap. 1 schuldig. Man erinnere:

$$\vec{a} \times (\vec{b} \times \vec{c}) = \vec{b}(\vec{a} \cdot \vec{c}) - \vec{c}(\vec{a} \cdot \vec{b}).$$

Zum Beweis betrachten wir eine Komponente i und verwenden zweimal die Kurzschreibweise des Kreuzprodukts (3.19):

$$\left[\vec{a} \times (\vec{b} \times \vec{c}) \right]_i \overset{(3.19)}{=} \varepsilon_{ijk} a_j (\vec{b} \times \vec{c})_k \overset{(3.19)}{=} \varepsilon_{ijk} a_j \varepsilon_{k\ell m} b_\ell c_m = \varepsilon_{ijk} \varepsilon_{k\ell m} a_j b_\ell c_m.$$

Man achte wiederum darauf, dass nicht mehr als zwei Indizes gleich sind (um dies zu vermeiden, haben wir ℓ und m in der Kurzschreibweise des Kreuzprodukts von $\vec{b} \times \vec{c}$ eingeführt).

Nun steht dort ein ε-Produkt, bei dem ein Index doppelt ist. Wir tauschen die Indizes im zweiten ε zyklisch durch, so dass anschließend (3.23) angewendet und die δ's kontrahiert werden können:

$$\left[\vec{a} \times (\vec{b} \times \vec{c}) \right]_i = \varepsilon_{ijk} \varepsilon_{k\ell m} a_j b_\ell c_m = \varepsilon_{ijk} \varepsilon_{\ell m k} a_j b_\ell c_m \overset{(3.23)}{=} \left(\delta_{i\ell} \delta_{jm} - \delta_{im} \delta_{j\ell} \right) a_j b_\ell c_m$$

$$= \delta_{i\ell} \delta_{jm} a_j b_\ell c_m - \delta_{im} \delta_{j\ell} a_j b_\ell c_m = \delta_{i\ell} a_m b_\ell c_m - \delta_{im} a_\ell b_\ell c_m$$

$$= a_m b_i c_m - a_\ell b_\ell c_i = b_i a_m c_m - c_i a_\ell b_\ell = b_i (a_m c_m) - c_i (a_\ell b_\ell).$$

Die Klammern kommen nicht von ungefähr, denn wie wir wissen, sind $a_m c_m = \vec{a} \cdot \vec{c}$ und $a_\ell b_\ell = \vec{a} \cdot \vec{b}$. Somit

$$\left[\vec{a} \times (\vec{b} \times \vec{c}) \right]_i = b_i (a_m c_m) - c_i (a_\ell b_\ell) = b_i (\vec{a} \cdot \vec{c}) - c_i (\vec{a} \cdot \vec{b}).$$

Betrachtet man also nicht mehr nur die Komponente i, sondern das gesamte Gebilde, ergibt sich in der Tat bac-cab:

$$\vec{a} \times (\vec{b} \times \vec{c}) = \vec{b}(\vec{a} \cdot \vec{c}) - \vec{c}(\vec{a} \cdot \vec{b}). \tag{3.26}$$

3.5.2 Matrizenrechnung in Kurzform

Wie wir wissen, hat eine Matrix Zeilen und Spalten. Ein Vektor hat entweder nur Zeileneinträge oder Spalteneinträge. Vielleicht ist es dann intuitiv, dass Matrizen zwei Indizes benötigen (einen für die Zeilen, einen für die Spalten):

$$\left(A_{ij} \right) = \begin{pmatrix} a_{11} & \cdots & a_{1m} \\ \vdots & \ddots & \vdots \\ a_{n1} & \cdots & a_{nm} \end{pmatrix}.$$

$i = 1, \ldots, n$ gibt den Zeilenindex, $j = 1, \ldots, m$ den Spaltenindex an. Für Matrizen kennen wir u. a. folgende Operationen:

1. **Addition/Subtraktion zweier Matrizen**
   Diese geschieht wie bekannt komponentenweise, so dass aus A und B eine neue, gleich große Matrix C wird:

$$A_{ij} \pm B_{ij} = C_{ij}. \tag{3.27}$$

Dabei sind i und j fest gewählt. Diese Gleichung beschreibt exakt das Gleiche wie (2.2).

2. **Matrix mal Vektor**
   Hierbei wird eine Zeile der Matrix A mit der Spalte des Vektors $\vec{b}$ multipliziert, wodurch ein neuer, nicht notwendigerweise gleich großer Vektor $\vec{c}$ entsteht. Es laufen somit der Spaltenindex der Matrix sowie der Zeilenindex des Vektors in gleicher Manier, und die i-te Zeile des Matrix-Vektor-Produkts ergibt sich zu

$$(A \cdot \vec{b})_i = A_{ij} b_j = c_i. \tag{3.28}$$

Schreibt man z. B. für $i = 1$ die Formel für eine 2×3-Matrix und einen Vektor $\vec{b} = (b_1, b_2, b_3)^{\mathsf{T}}$ aus, so ergibt sich:

$$(A \cdot \vec{b})_1 = A_{1j} b_j = \sum_{j=1}^{3} A_{1j} b_j = A_{11} b_1 + A_{12} b_2 + A_{13} b_3 = c_1,$$

was offensichtlich das richtige Ergebnis liefert:

$$\begin{pmatrix} A_{11} & A_{12} & A_{13} \\ * & * & * \end{pmatrix} \cdot \begin{pmatrix} b_1 \\ b_2 \\ b_3 \end{pmatrix} = \begin{pmatrix} A_{11} b_1 + A_{12} b_2 + A_{13} b_3 \\ \ldots \end{pmatrix} = \begin{pmatrix} c_1 \\ \ldots \end{pmatrix}.$$

3. **Matrix mal Matrix**
   Dies läuft ähnlich wie eben. Der Spaltenindex der ersten Matrix läuft in gleicher Manier wie der Zeilenindex der zweiten Matrix beim Berechnen der jeweiligen Skalarprodukte. Außerdem ist das Ergebnis jetzt eine Matrix C_{ij}:

$$C_{ij} = (A \cdot B)_{ij} = A_{ik} B_{kj}. \tag{3.29}$$

4. **Transponieren**
   Wir tauschen Zeile mit Spalte:

$$A_{ij}^{\mathsf{T}} = A_{ji}. \tag{3.30}$$

Damit formuliert sich die Bedingung, dass A symmetrisch ist, als

$$A_{ij} = A_{ji} \iff A = A^{\mathsf{T}}. \tag{3.31}$$

5. Spur
Summiere über die Hauptdiagonale:

$$\mathrm{Spur}(A) = A_{ii}. \tag{3.32}$$

6. Dyadisches Produkt
Jede Komponente des ersten Vektors wird mit jeder Komponente des zweiten Vektors multipliziert und ergibt eine Matrix:

$$(\vec{a} \circ \vec{b})_{ij} = a_i b_j. \tag{3.33}$$

Nun versteht man auch direkt Gl. (2.41), denn es ist

$$\left[(\vec{a} \circ \vec{b}) \cdot \vec{c} \right]_i \overset{(3.28)}{=} (\vec{a} \circ \vec{b})_{ij} c_j = a_i b_j c_j = a_i (\vec{b} \cdot \vec{c}) \iff (\vec{a} \circ \vec{b}) \cdot \vec{c} = \vec{a}(\vec{b} \cdot \vec{c}).$$

Drehmatrizen
Für Drehungen D gilt bekanntermaßen $D \cdot D^{\mathsf{T}} = D^{\mathsf{T}} \cdot D = \mathbb{1}$. In Indizes formuliert sich dies wie folgt:

$$\delta_{ij} = \mathbb{1}_{ij} = (D^{\mathsf{T}} \cdot D)_{ij} = D^{\mathsf{T}}_{ik} D_{kj} = D_{ki} D_{kj} \iff D_{ki} D_{kj} = \delta_{ij}. \tag{3.34}$$

Beispiel 3.7 (Invarianz des Skalarprodukts unter Drehungen)

▷ Man zeige, dass Längen unter Drehungen D unverändert bleiben.

Lösung: Wir starten mit dem Skalarprodukt $\vec{a}' \cdot \vec{b}'$ der gedrehten Vektoren im gestrichenen System und müssen nun zeigen, dass dies exakt das Gleiche ist wie $\vec{a} \cdot \vec{b}$ im ungestrichenen System. Es ist

$$\vec{a}' \cdot \vec{b}' = (D\vec{a}) \cdot (D\vec{b})$$

und aufgeschlüsselt in Indizes

$$(D\vec{a}) \cdot (D\vec{b}) \overset{(3.4)}{=} (D\vec{a})_i \cdot (D\vec{b})_i \overset{(3.28)}{=} D_{ij} a_j \cdot D_{ik} b_k = D_{ij} D_{ik} a_j b_k.$$

Um die Summe über i ausführen zu können bzw. die Drehmatrizen miteinander zu multiplizieren, müssen wir i und j in der ersten Matrix tauschen. Dies geschieht per Transposition:

$$D_{ij} D_{ik} a_j b_k \overset{(3.30)}{=} D^{\mathsf{T}}_{ji} D_{ik} a_j b_k = (D^{\mathsf{T}} D)_{jk} a_j b_k \overset{(3.34)}{=} \delta_{jk} a_j b_k = a_j b_j.$$

Schließlich wissen wir, dass $a_j b_j = \vec{a} \cdot \vec{b}$. Damit ist gezeigt: Das Skalarprodukt ist invariant unter Drehungen:

$$\vec{a}' \cdot \vec{b}' = \vec{a} \cdot \vec{b}. \qquad \blacksquare$$

3.5.3 Tensoren

Objekte, die gewissen Eigenschaften unter Drehungen gehorchen – bzw. unter Drehung des Koordinatensystems –, nennt man aus physikalischer Sicht Tensoren. $T_{i_1 \ldots i_n}$ ist ein **Tensor n-ter Stufe** genau dann, wenn folgendes Transformationsverhalten vorliegt:

$$T'_{i_1 \ldots i_n} = \underbrace{D_{i_1 k_1} D_{i_2 k_2} \ldots D_{i_n k_n}}_{n \text{ Stück}} T_{k_1 \ldots k_n}. \qquad (3.35)$$

Das bedeutet: Pro Index benötigen wir eine Drehmatrix, um den Tensor $T_{i_1 \ldots i_n}$ ins neue System zu transformieren und seine dortige Koordinatendarstellung $T'_{i_1 \ldots i_n}$ zu erhalten. Wir betrachten ein paar Spezialfälle:

- $n = 0$: kein Index, Schreibweise: T.
  Das bedeutet $T' = T$. Tensoren nullter Stufe heißen **Skalare,** und das sind nichts anderes als Zahlen! Physikalisch bedeutet das: Längen, Winkel, Flächeninhalte usw. ändern sich unter Drehungen überhaupt nicht. Ein Meter bleibt ein Meter, egal aus welchem Koordinatensystem man die Länge betrachtet!
- $n = 1$: ein freier Index, Schreibweise: T_i.
  Dieses kennen wir aber, denn T_i ist doch die i-te Komponente des Vektors $\vec{T}$. Befragen wir (3.35) dazu. Es gilt dort $T'_i = D_{ik} T_k$. Man schiele auf (3.28) und sofort erkennen wir, dass es sich hierbei um die Matrix-Vektor-Multiplikation $\vec{T}' = D \cdot \vec{T}$ handelt. Dieses beschreibt aber auch gleichzeitig die Drehung des Vektors $\vec{T}$! Merke also: Ein Tensor erster Stufe ist ein einfach indiziertes Objekt, also ein Vektor.
- $n = 2$: zwei freie Indizes, Schreibweise: T_{ij}.
  Man ahnt schon: Eine Matrix, und dies bestätigt sich. Unsere Gleichung sagt das Transformationsverhalten $T'_{ij} = D_{ik} D_{j\ell} T_{k\ell}$ voraus. Dort stehen nur Komponenten – Matrixeinträge –, deswegen dürfen wir beliebig durchtauschen, so dass $T'_{ij} = D_{ik} T_{k\ell} D_{j\ell}$. Es dürfen aber bei Matrizenmultiplikation nur gleiche Indizes aufsummiert werden, wenn sie nebeneinander stehen. Hier hilft uns (3.30) weiter: $T'_{ij} = D_{ik} T_{k\ell} D^{\mathsf{T}}_{\ell j}$. Und was steht dort nun? Richtig: $T' = D \cdot T \cdot D^{\mathsf{T}}$ in Komponenten, und das entspricht der Matrixtransformation, die wir von der Diagonalisierung bzw. passiven Drehung aus Abschn. 2.4 kennen! Merke: Ein Tensor zweiter Stufe ist eine Matrix. Beachte dabei allerdings:

Jeder Tensor zweiter Stufe lässt sich nach Auswahl einer Basis als Matrix darstellen. Während der Tensor bei Basiswechsel invariant bleibt, ändern sich die als Matrix zusammengefassten Tensorkomponenten; dies ist analog zur Änderungen der Komponenten eines Vektors bei Basiswechsel, man vergleiche dazu auch die Anmerkung in Abschn. 2.3.1 und Beispiel 2.26.

- $n = 3$: drei freie Indizes, Schreibweise: T_{ijk}.
  Ein Objekt mit drei Indizes? Da kennen wir doch einen Vertreter: ε_{ijk}. In der Tat handelt es sich auch hierbei um einen Tensor, und zwar dritter Stufe (der überdies total antisymmetrisch ist, wie zuvor schon festgestellt wurde).

Beispiel 3.8 (Transformation des Kronecker-Symbols)

▷ Man zeige, dass δ_{ij} ein Tensor ist.

Lösung: Zu zeigen ist hier, dass $\delta'_{ij} = \delta_{ij}$, also δ_{ij} mit zwei Drehmatrizen gemäß der Tensordefinition (3.35) transformiert:

$$\delta'_{ij} = D_{ik} D_{j\ell} \delta_{k\ell}.$$

Wir können das Kronecker-Symbol mit der hinteren Drehmatrix kontrahieren und erhalten

$$\delta'_{ij} = D_{ik} D_{jk} = D_{ik} D^{\mathsf{T}}_{kj} = (D \cdot D^{\mathsf{T}})_{ij} = \mathbb{1}_{ij} = \delta_{ij}. \qquad \blacksquare$$

Häufiger Irrtum:

Nicht jede indizierte Größe ist auch automatisch ein Tensor! Stets muss (3.35) überprüft werden.

Es gibt Größen, die von der Wahl des Ursprungs abhängig sind (z. B. der Drehimpuls $\vec{L}$; s. Kap. 12) und (3.35) nicht erfüllen. Aufgrund dieser Abhängigkeit sind diese Größen keine Tensoren, sondern sogenannte Pseudotensoren. In der gleichen Manier unterscheidet man Vektoren von Pseudovektoren.

Symmetrische und antisymmetrische Tensoren
Ein Tensor heißt **symmetrisch,** wenn er unter Vertauschen zweier Indizes unverändert bleibt, d. h.

$$S_{ij} = S_{ji} \text{ bzw. allgemein } T_{i_1 \dots i_k \dots i_\ell \dots i_n} = T_{i_1 \dots i_\ell \dots i_k \dots i_n}. \qquad (3.36)$$

So ist z. B. das Kronecker-Symbol symmetrisch, da $\delta_{ij} = \delta_{ji}$ gilt.

Ein Tensor heißt **antisymmetrisch,** wenn er unter Vertauschen zweier Indizes sein Vorzeichen wechselt:

$$A_{ij} = -A_{ji} \text{ bzw. allgemein } T_{i_1 \ldots i_k \ldots i_\ell \ldots i_n} = -T_{i_1 \ldots i_\ell \ldots i_k \ldots i_n}. \tag{3.37}$$

ε_{ijk} ist antisymmetrisch, da $\varepsilon_{ijk} = -\varepsilon_{jik}$. Er heißt sogar **total antisymmetrisch,** weil er unter Vertauschung zweier *beliebiger* Indizes antisymmetrisch ist.

Kontraktion von Tensoren

Die **Kontraktion zweier Tensoren** oder **Verjüngung** bedeutet, dass man zwei Indizes eines Tensors (z. B. $\varepsilon_{ijk} \to \varepsilon_{iik}$) oder eines Produkts zweier Tensoren (z. B. $A_{ij}B_{k\ell} \to A_{ij}B_{j\ell}$) gleichsetzt und über diese summiert. Dies kann man mehrfach ausführen, bis – bei Tensoren gleicher Stufe – nurmehr ein Skalar übrig bleibt. Dann spricht man von **vollständiger Kontraktion.**

Hilfreich ist dabei folgende Regel: Ein antisymmetrischer Tensor A werde mit einem symmetrischen Tensor S kontrahiert (die Schreibweise hierfür sei •). Das Kontrahieren dieser beiden Tensoren liefert

$$S \bullet A = A \bullet S = 0. \tag{3.38}$$

Zwei prominente Fälle kennen wir schon: zum einen $\delta_{ij}\varepsilon_{ijk} = \varepsilon_{iik} = 0$. δ_{ij} ist symmetrisch, während ε_{ijk} total antisymmetrisch ist. Deren Kontraktion muss zwangsläufig null werden. Zum anderen ist $\varepsilon_{ijk}a_j a_k = 0$, da ε_{ijk} total antisymmetrisch, $a_j a_k = a_k a_j$ aber symmetrisch ist. Natürlich kommt man zum gleichen Ergebnis, wenn man die Summe über j und k ausführt. Andere Argumentation: $\varepsilon_{ijk}a_j a_k$ ist nach (3.19) die i-te Komponente des Kreuzprodukts $\vec{a} \times \vec{a} = \vec{0}$.

[H8] Indexrechnung   **(2 + 2 = 4 Punkte)**

a) Wie vereinfacht sich der Ausdruck $\vec{a} \cdot (\vec{b} \cdot (\vec{c} \circ \vec{d})) - \vec{a} \cdot (\vec{b} \times (\vec{c} \times \vec{d}))$?

b) Man zeige in Indizes, dass für Drehungen $D \cdot (\vec{a} \times \vec{b}) = (D \cdot \vec{a}) \times (D \cdot \vec{b})$ gilt. Hierzu benutze man die allgemeine Beziehung

$$\varepsilon_{i_1 i_2 \ldots i_n} M_{i_1 j_1} M_{i_2 j_2} \ldots M_{i_n j_n} = \varepsilon_{j_1 j_2 \ldots j_n} \det(M)$$

mit linearer Abbildungsmatrix M.

Spickzettel zum Rechnen mit Indizes

- **Einstein'sche Summenkonvention**

  Wenn Indizes doppelt auftreten (nur doppelt!) und klar ist, wie weit summiert wird, dann kann das Summenzeichen weggelassen werden, so z. B. $\vec{a} = a_i \vec{e}_i$; a_i dagegen ist die i-te (fest gewählte) Komponente von $\vec{a}$ und $a_i b_i c_i$ keine gültige Summenkonvention! Beachte: $a_k a_k \neq a_k^2$ und $\sqrt{a_\ell a_\ell} \neq a_\ell$.

- **Kronecker, Skalarprodukt**

  Kronecker ist definiert als $\vec{e}_i \cdot \vec{e}_j =: \delta_{ij} = \begin{cases} 1 & \text{für } i=j \\ 0 & \text{für } i \neq j \end{cases}$; $\delta_{ij} = \vec{e}_i \cdot \vec{e}_j = \vec{e}_j \cdot \vec{e}_i = \delta_{ji}$.

  Damit: $\vec{a} \cdot \vec{b} = a_i b_j \delta_{ij} = a_i b_i = a_j b_j$; weiterhin $\delta_{ij} a_i = a_j$, $\delta_{ij} \delta_{jk} = \delta_{ik}$ und $\delta_{ii} = 3$. δ_{ij} entspricht den Komponenten der Einheitsmatrix.

- **Levi-Civita, Spat- und Kreuzprodukt**

  Levi-Civita definiert als

  $$\varepsilon_{ijk} := \vec{e}_i \cdot (\vec{e}_j \times \vec{e}_k) = \begin{cases} 1 & \text{für} & i, j, k \text{ zyklisch} \\ -1 & \text{für} & i, j, k \text{ antizyklisch} \\ 0 & \text{sonst} \end{cases}.$$

  ε_{ijk} heißt total antisymmetrisch, d. h. $\varepsilon_{ijk} = -\varepsilon_{jik} = \varepsilon_{kij} = \dots$ und weiterhin $\varepsilon_{iik} = \varepsilon_{iji} = \varepsilon_{ijj} = 0$. Bei zyklischer Indexvertauschung kein Vorzeichenwechsel: $\varepsilon_{ijk} = \varepsilon_{kij} = \varepsilon_{jki}$. Mit Levi-Civita lautet das Spatprodukt $\vec{a} \cdot (\vec{b} \times \vec{c}) = \varepsilon_{ijk} a_i b_j c_k$ und das Kreuzprodukt $(\vec{a} \times \vec{b})_i = \varepsilon_{ijk} a_j b_k$.

- **Doppelte Produkte**

  Tensorprodukte: $\delta_{ij} \varepsilon_{ik\ell} = \varepsilon_{jk\ell}$, insbesondere $\delta_{ij} \varepsilon_{ijk} = \varepsilon_{iik} = 0$; weiterhin $\varepsilon_{ijk} \varepsilon_{\ell mn} = \dots$ (18 Kroneckers) mit den drei wichtigen Spezialfällen $\varepsilon_{ijk} \varepsilon_{ijk} = 6$, $\varepsilon_{ijk} \varepsilon_{\ell jk} = 2\delta_{i\ell}$ und $\varepsilon_{ijk} \varepsilon_{\ell mk} = \delta_{i\ell} \delta_{jm} - \delta_{im} \delta_{j\ell}$.

- **Matrizen in Indizes**

  A_{ij} ist Matrixeintrag in der i-ten Zeile und j-ten Spalte, Addition zweier Matrizen $(A \pm B)_{ij} = A_{ij} \pm B_{ij}$; Multiplikation: $(A \cdot \vec{b})_i = A_{ij} b_j$, $(A \cdot B)_{ij} = A_{ik} B_{kj}$; Transposition: $A_{ij}^\mathsf{T} = A_{ji}$; $\text{Spur}(A) = A_{ii}$; Dyade: $(\vec{a} \circ \vec{b})_{ij} = a_i b_j$ Drehungen: $D_{ik} D_{jk} = (D \cdot D^\mathsf{T})_{ij} = \delta_{ij}$.

- **Tensoren**

  $T_{i_1 \dots i_n}$ heißt Tensor n-ter Stufe genau dann, wenn

  $$T'_{i_1 \dots i_n} = D_{i_1 k_1} D_{i_2 k_2} \dots D_{i_n k_n} T_{k_1 \dots k_n}.$$

$n = 0$: T ist ein Skalar; $n = 1$: T ist Vektor; $n = 2$: T ist Matrix. Kontraktion eines Tensors/Tensorprodukts = Gleichsetzen zweier Indizes und Ausführen der Summe; es gilt $S \bullet A = 0 = A \bullet S$, wenn $S_{ij} = S_{ji}$ und $A_{ij} = -A_{ji}$.

Differenzialrechnung

4

Inhaltsverzeichnis

4.1 Ableitungen

Die Differenzialrechnung beschäftigt sich mit der lokalen Änderungsrate von Funktionen, salopp gesprochen geht es um die winzigen Änderungen einer Funktion, wenn an ihrem Argument ein ganz klein wenig, d. h. infinitesimal gewackelt wird. Anwendungen gibt es zuhauf:

- Geometrisch: Man möchte die Steigung einer beliebigen Funktion $f(x)$ an einer Stelle x_0 bestimmen.
- Änderungen: Wie ändert sich eine Funktion bei kleiner Abänderung der Argumente (z. B. räumliche Änderung der Temperatur)? Wie ändert sich der Ort eines Teilchens in der Zeit?
- Extremwertuntersuchung: Wie muss ein System gestaltet sein, damit eine Größe (z. B. die Arbeit) minimal wird?
- Linearisierung: Man möchte eine Funktion in der Umgebung eines Punkts linear annähern.

All diese Fragestellungen und Motivationen werden wir in diesem Kapitel und den folgenden beantworten. Wir führen die Ableitung zunächst geometrisch ein und stellen uns dazu die Frage: „Wie kann man die Steigung einer Funktion bestimmen?", deren Beantwortung auf den Begriff der Ableitung führt. Anschließend erweitern wir

© Springer-Verlag GmbH Deutschland, ein Teil von Springer Nature 2018
M. Otto, *Rechenmethoden für Studierende der Physik im ersten Jahr,*
https://doi.org/10.1007/978-3-662-57793-6_4

das Konzept auf Funktionen mehrerer Veränderlicher und schauen uns die Linearisierung genauer an. Im letzten Abschnitt diskutieren wir die Ableitung vektorwertiger Funktionen.

4.1.1 Begriff der Ableitung

Ziel der hiesigen Bestrebungen ist es, die Steigung einer beliebigen Funktion $f(x)$ an einer Stelle x_0 zu bestimmen. Dies ist die Steigung der Geraden, die nur in einem Punkt $(x_0, f(x_0))$ die Funktion $f(x)$ berührt – die sogenannte Tangentensteigung. Die grundsätzliche Idee der Herleitung zeigt Abb. 4.1.

Im linken Bild legen wir eine Gerade durch die Punkte $(x_0, f(x_0))$ (unser Zielpunkt) und $(x_0 + \varepsilon, f(x_0 + \varepsilon))$, leicht abseits davon liegend. Dann folgt mit Hilfe des Steigungsdreiecks:

$$m_s = \frac{\Delta y}{\Delta x} = \frac{f(x_0 + \varepsilon) - f(x_0)}{(x_0 + \varepsilon) - x_0}$$

und wir erhalten den sogenannten **Differenzenquotienten**

$$m_s = \frac{f(x_0 + \varepsilon) - f(x_0)}{\varepsilon}. \tag{4.1}$$

Dies ist jedoch nur die Sekantensteigung, definiert durch zwei Punkte $(x_0, f(x_0))$ und $(x_0 + \varepsilon, f(x_0 + \varepsilon))$. Die Tangentensteigung erhalten wir, wenn wir den zweiten Punkt immer weiter auf $(x_0, f(x_0))$ zurutschen lassen, also den Abstand ε der beiden Stellen x_0 und $x_0 + \varepsilon$ gegen null gehen lassen. Im Grenzfall $\varepsilon \to 0$ (Abb. 4.1 rechts) liegen beide Punkte aufeinander, und wir erhalten als Steigung den **Differenzialquotienten**

$$\lim_{\varepsilon \to 0} \frac{f(x_0 + \varepsilon) - f(x_0)}{\varepsilon} =: f'(x_0), \tag{4.2}$$

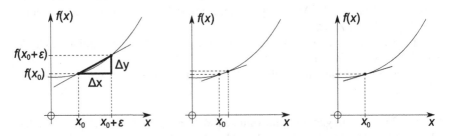

Abb. 4.1 Links: Bestimmung der Sekantensteigung durch ein Steigungsdreieck. Mitte: Die Sekantensteigung nähert sich immer weiter an die tatsächliche Steigung an der Stelle x_0 an, je näher man die Schnittpunkte der Sekanten mit der Funktion aneinanderbringt. Rechts: Im Grenzfall $\varepsilon \to 0$ ergibt sich die Steigung von $f(x)$ in x_0

wobei wir die linke Seite mit $f'(x_0)$, der **ersten Ableitung** von f an der Stelle x_0, abkürzen. Die Ableitung $f'(x_0)$ entspricht genau der gesuchten Tangentensteigung.

Eine analoge Beschreibung der Ableitung ist durch den abgewandelten Differenzialquotienten

$$f'(x_0) = \lim_{x \to x_0} \frac{f(x) - f(x_0)}{x - x_0} \qquad (4.3)$$

für $x = x_0 + \varepsilon$ gegeben, welche aber auf die gleichen Ergebnisse wie Gl. (4.2) führt.

Notation

Wir werden ab sofort für die Ableitung einer Funktion $f(x)$ die folgenden Notationen äquivalent verwenden:

$$f'(x) = f' = \frac{\mathrm{d}f}{\mathrm{d}x} = \frac{\mathrm{d}}{\mathrm{d}x} f, \quad \begin{array}{l} \text{bzw. für} \\ \text{festes } x = x_0 \text{:} \end{array} \quad f'(x_0) = f'(x)|_{x_0} = \frac{\mathrm{d}f}{\mathrm{d}x}\bigg|_{x_0}.$$
$$(4.4)$$

Der „Bruch" $\frac{\mathrm{d}f}{\mathrm{d}x}$ (welcher nur als Symbol gelesen werden sollte!) heißt Leibniz'sche Schreibweise der Ableitung und ist formaler Natur. Man hüte sich strengstens vor der falschen Vereinfachung

$$\frac{\mathrm{d}f}{\mathrm{d}x} \neq \frac{f}{x},$$

da „d" keine Zahl ist, sondern daran erinnern soll, dass unendlich kleine Stückchen von f und x betrachtet werden. $\frac{\mathrm{d}}{\mathrm{d}x} f$ ist eine typische Physikerschreibweise, die manchmal sehr hilfreich ist, da man sofort die Operatoreigenschaft der Ableitung erkennen kann. Man stelle sich dazu einen hungrigen Operator $\frac{\mathrm{d}}{\mathrm{d}x}$ vor, welcher nach rechts wirkt und auf eine Funktion $f(x)$ wartet.

Eine Warnung zur Schreibweise der Ableitung an einer bestimmten Stelle x_0 ist ebenfalls erforderlich. Gerade die erste Schreibweise $f'(x_0)$ suggeriert, dass eine feste Zahl x_0 für x in die Funktion eingesetzt und anschließend abgeleitet wird. Sobald jedoch eingesetzt wurde, haben wir es mit einem konstanten Funktionswert $f(x_0)$ zu tun, und die Steigung einer konstanten Funktion ist offensichtlich null, was ziemlich langweilig ist. Beachte daher:

> $f'(x_0)$ berechnen heißt: *Erst* ableiten, *dann* einsetzen, und nicht umgekehrt!

Schließlich tauchen in der Physik neben Ortsableitungen auch sehr regelmäßig Zeitableitungen auf, für die wir eine gesonderte Notation einführen:

$$\frac{\mathrm{d}f}{\mathrm{d}t} =: \dot{f}(t). \qquad (4.5)$$

Die erste Zeitableitung wird also mit einem Punkt gekennzeichnet, während die erste Ortsableitung meist mit einem Strich notiert wird.

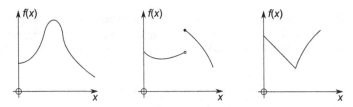

Abb. 4.2 Drei mögliche Fälle. Links: Die Funktion ist überall differenzierbar und stetig. Mitte: Die Funktion ist unstetig, also nicht überall differenzierbar. Rechts: Die Funktion ist zwar stetig, hat jedoch einen scharfen Knick, an der die Tangente nicht definiert ist

Differenzierbarkeit

Eine Funktion heißt in x_0 **differenzierbar**, wenn der Differenzialquotient (4.2) an der Stelle x_0 existiert und einen endlichen Wert besitzt. Existiert an jeder Stelle, an der die Funktion definiert ist, der Wert des Differenzialquotienten, so heißt die Funktion differenzierbar auf ihrem Definitionsbereich $\mathbb{D}$.

Die große Frage ist natürlich: Wie wird sichergestellt, dass die Funktion auf ganz $\mathbb{D}$ differenzierbar ist? Nun, die Funktion darf zum einen keine Sprünge machen, d. h., sie muss stetig sein. Dies ist der Fall, wenn links- und rechtsseitiger Grenzwert $(x \to x_0^-$ bzw. $x \to x_0^+)$ an jeder Stelle $x_0 \in \mathbb{D}$ gleich sind:

$$\lim_{x \to x_0^-} f(x) = f(x_0) = \lim_{x \to x_0^+} f(x). \tag{4.6}$$

Ist man sich an einer Stelle x_0 ob der Stetigkeit nicht sicher, so muss rechts- und linksseitiger Grenzwert der Funktion verglichen werden. Existieren beide Grenzwerte und sind sie gleich, so ist die Funktion stetig.

Zum anderen darf die Funktion keine spitzen Ecken und Kanten haben, was z. B. durch eine abschnittsweise Definition der Funktion jedoch auftreten kann. Dies ist z. B. der Fall bei der Betragsfunktion $|x| = \left\{ \begin{smallmatrix} x, & x \geq 0 \\ -x & x < 0 \end{smallmatrix} \right.$. Malt man den Graphen von $|x|$, so sieht man eine scharfe Ecke bei $x = 0$. An dieser Ecke ist die Funktion nicht differenzierbar (obwohl stetig), da es dort – salopp gesagt – unendlich viele Möglichkeiten gibt, eine Tangente anzulegen.

Anschaulich erkennt man also die Nichtdifferenzierbarkeit einer Funktion daran, dass sie Knicke/Spitzen und/oder Sprünge besitzt (Abb. 4.2). In der Regel haben wir es in der Physik aber mit stetigen und genügend oft differenzierbaren Funktionen zu tun. Ab sofort seien unsere Funktionen differenzierbar und stetig, sofern nichts anderes gesagt wird.

Beispiel 4.1 (Ableitung zu Fuß)

▷ Man bestimme die Ableitung von $f(x) = x^2$ an der Stelle $x_0 = 2$.

Lösung: Wir verwenden dazu den Differenzialquotienten (4.2) und setzen anschließend die Stelle ein:

$$f'(x_0) := \lim_{\varepsilon \to 0} \frac{f(x_0 + \varepsilon) - f(x_0)}{\varepsilon} = \lim_{\varepsilon \to 0} \frac{(x_0 + \varepsilon)^2 - x_0^2}{\varepsilon}$$

$$= \lim_{\varepsilon \to 0} \frac{x_0^2 + 2x_0\varepsilon + \varepsilon^2 - x_0^2}{\varepsilon} = \lim_{\varepsilon \to 0} \frac{2x_0\varepsilon + \varepsilon^2}{\varepsilon}.$$

Hier liegt immer noch das Problem vor, dass Zähler und Nenner gleichzeitig gegen null gehen und wir nicht sagen können, was „$\frac{0}{0}$" ist. Wir möchten also das störende ε loswerden. Klammere dazu im Zähler ε aus und kürze mit dem Nenner. Dann lässt sich der Grenzprozess gefahrenlos ausführen:

$$f'(x_0) = \lim_{\varepsilon \to 0} \frac{2x_0\varepsilon + \varepsilon^2}{\varepsilon} = \lim_{\varepsilon \to 0} \frac{(2x_0 + \varepsilon)\varepsilon}{\varepsilon} = \lim_{\varepsilon \to 0} (2x_0 + \varepsilon) = 2x_0.$$

Wir erhalten als Ableitung der Normalparabel die Steigung $2x_0$, was schließlich mit Schulkenntnissen auch zu erwarten war. Somit ergibt sich die Ableitung von f bei $x_0 = 2$ zu $f'(2) = 2 \cdot 2 = 4$. ∎

4.1.2 Ableitungsregeln

Analog zum vorangegangenen Beispiel können wir auch die Ableitungen von $x^3, \sqrt{x}, \sqrt[3]{x}, \ldots$ berechnen. Doch dieses wird über den Differenzialquotienten äußerst unbequem und aufwendig. Es müssen vernünftige Rechenregeln her!

Einfache Ableitungsregeln
In Tab. 4.1 listen wir die wichtigsten einfachen (aus der Schule bekannten?) Ableitungsregeln tabellarisch mit je einem Beispiel auf.

Weiterhin hilft es, Wurzeln und inverse Terme zum Ableiten (und auch Integrieren!) in Potenzschreibweise umzuschreiben:

$$[\sqrt[n]{x^m}]' = [x^{\frac{m}{n}}]' = \frac{m}{n}x^{\frac{m}{n}-1}, \quad \left[\frac{C}{x^n}\right]' = [C \cdot x^{-n}]' = C[x^{-n}]' = C(-n)x^{-n-1}.$$

Tab. 4.1 Die einfachen Ableitungsregeln, an je einem Beispiel demonstriert

$f(x)$	$f'(x)$	Beispiel
x^λ	$\lambda x^{\lambda-1}$	$[x^3]' = 3x^{3-1} = 3x^2$
x	1	–
$g(x) \pm h(x)$	$g'(x) \pm h'(x)$	$[x^3 + x^2]' = 3x^2 + 2x$
$C \cdot g(x)$	$C \cdot g'(x)$	$[5x^2]' = 5 \cdot [x^2]' = 5 \cdot 2x = 10x$
C	0	$[5]' = 0$

Sofern möglich, sollte durch Anwenden von Wurzel- und Potenzgesetzen oder Exponential-/Logarithmusregeln der abzuleitende Term vereinfacht werden. Merke also:

Erst vereinfachen, dann ableiten!

Beispiel 4.2 (Einfache Ableitungen)

1. $[\sqrt{x}\,]' = [x^{\frac{1}{2}}]' = \frac{1}{2}x^{-\frac{1}{2}}$.

2. $[2\sqrt[3]{x} + \sqrt{x^3}]' = [2x^{\frac{1}{3}}]' + [x^{\frac{3}{2}}]' = \frac{2}{3}x^{-\frac{2}{3}} + \frac{3}{2}x^{\frac{1}{2}}$.

3. $\left[\frac{1}{x}\right]' = [x^{-1}]' = -x^{-2}$.

4. $\left[\frac{\sqrt{x^3}}{\sqrt[3]{x}}\right]' = \left[\frac{x^{\frac{3}{2}}}{x^{\frac{1}{3}}}\right]' = [x^{\frac{3}{2}-\frac{1}{3}}]' = [x^{\frac{9}{6}-\frac{2}{6}}]' = [x^{\frac{7}{6}}]' = \frac{7}{6}x^{\frac{1}{6}}$.

Natürlich kann man auch die Ergebnisse wieder in Wurzeln und Brüche umwandeln, doch sollte man für Rechnungen stets die Potenzdarstellung vorziehen. ∎

Produktregel

Leiten wir betont blauäugig das Produkt $x^2 \cdot x^3$ faktorweise ab, so erhalten wir hierbei $2x \cdot 3x^2 = 6x^3$. Dummerweise gilt jedoch $[x^2 \cdot x^3]' = [x^5]' = 5x^4 \neq 6x^3$. Offensichtlich geht es also nicht ganz so intuitiv. Hier hilft die **Produktregel** (Leibniz-Regel) aus: Soll ein Produkt aus zwei Funktionen $g(x)$ und $h(x)$ abgeleitet werden, gilt

$$[g(x) \cdot h(x)]' = g'(x) \cdot h(x) + g(x) \cdot h'(x) \tag{4.7}$$

und ganz analog

$$[u(x)v(x)w(x)]' = u'(x)v(x)w(x) + u(x)v'(x)w(x) + u(x)v(x)w'(x).$$

Die Ableitung wird also pro Summand nach hinten durchgezogen. So liefert

$$[x^2 \cdot x^3]' = [x^2]' \cdot x^3 + x^2 \cdot [x^3]' = 2x \cdot x^3 + x^2 \cdot 3x^2 = 2x^4 + 3x^4 = 5x^4$$

das richtige Ergebnis.

Quotientenregel

Für die Ableitung von Quotienten von Funktionen gilt mit $h(x) \neq 0$ die **Quotientenregel:**

$$\left[\frac{g(x)}{h(x)}\right]' = \frac{g'(x)h(x) - g(x)h'(x)}{h^2(x)}. \tag{4.8}$$

wobei die Notation $h^2(x)$ nichts anderes bedeutet als $(h(x))^2$.

Beispiel 4.3 (Produkt- und Quotientenregel)

1. $[x^2\sqrt{x}]' \overset{(4.7)}{=} [x^2]' \cdot x^{\frac{1}{2}} + x^2 \cdot [x^{\frac{1}{2}}]' = 2x \cdot x^{\frac{1}{2}} + x^2 \cdot \frac{1}{2}x^{-\frac{1}{2}} = \frac{5}{2}x^{\frac{3}{2}}$.

   Die kurze Variante ist natürlich $[x^2\sqrt{x}]' = [x^{2+\frac{1}{2}}]' = [x^{\frac{5}{2}}]' = \frac{5}{2}x^{\frac{3}{2}}$.

2. $\left[\frac{x^4}{2x^3-x}\right]' \overset{(4.8)}{=} \frac{[x^4]'\cdot(2x^3-x)-x^4\cdot[2x^3-x]'}{(2x^3-x)^2} = \frac{4x^3(2x^3-x)-x^4(6x^2-1)}{(2x^3-x)^2}$.

3. Wir leiten die Dreifach-Produktregel her. Es ist $uvw = u(vw)$ und folglich $[u(vw)]' = u'(vw) + u[vw]' = u'vw + u(v'w + vw') = u'vw + uv'w + uvw'$. ∎

Verkettung

Zum Verständnis der Kettenregel wiederholen wir kurz, was eine Verkettung überhaupt ist. Dies tun wir exemplarisch ohne großes mathematisches Tamtam anhand der folgenden Funktion: $f(x) = \sqrt{x+1}$. f setzt sich zusammen aus zwei Funktionen, welche miteinander verkettet werden. Die eine ist die Gerade $h(x) = x + 1$ (die innere Funktion), die ohne etwas zu ahnen ganz brav in $\mathbb{R}$ lebt. Doch jetzt kommt die verkomplizierende Wurzel $g(u) = \sqrt{u}$ (die äußere Funktion) daher und stülpt sich von außen über die Gerade. Wir erhalten damit eine neue Funktion f, die sich durch Verkettung von g mit h ergibt. Schreibweise:

$$f = g \circ h \quad \text{oder} \quad f(x) = (g \circ h)(x) = g(h(x)).$$

In unserem Fall gilt $f(x) = (g \circ h)(x) = g(h(x)) = g(x+1) = \sqrt{x+1}$ mit $u = h(x) = x + 1$ und $g(u) = \sqrt{u}$.

Im Allgemeinen muss die Reihenfolge der Verkettung beachtet werden, denn es gilt $g \circ h \neq h \circ g$, was man auch an unserem Beispiel erkennt. $h \circ g$ wäre die umgekehrte Verkettung $(h \circ g)(x) = h(g(x)) = h(\sqrt{x}) = \sqrt{x} + 1$, was offensichtlich nicht das Gleiche liefert wie $g \circ h$ (auch wenn es noch so einlädt: Nein, wir ziehen keine Wurzel aus einer Summe, es ist $\sqrt{x+1} \neq \sqrt{x} + 1$!).

Kettenregel

Die Ableitung von einer Verkettung $f(x) = g(h(x))$ ergibt sich mit Hilfe der **Kettenregel**:

$$f'(x) = g'(h(x)) \cdot h'(x). \tag{4.9}$$

Man beachte hierbei die Argumente: $h'(x)$ ist die Ableitung der inneren Funktion h nach x, $g'(h(x))$ ist jedoch die Ableitung der äußeren Funktion nach dem Argument $h(x)$! Wem dies Unbehagen beschert (Ableiten nach Funktionen?), der schreibe statt $g'(h(x))$ am besten $g'(u)|_{u=h(x)}$ und leite dann nach der neuen Variablen *u* ab. Landläufig ist Gl. (4.9) auch bekannt als „äußere mal innere", was sich natürlich auf die Ableitungen bezieht. Analog läuft es bei Mehrfachverkettungen $f(x) = (u \circ v \circ w)(x) = u(v(w(x)))$:

$$f'(x) = u'(v(w(x))) \cdot v'(w(x)) \cdot w'(x).$$

In der Leibniz'schen Schreibweise nimmt die Kettenregel (4.9) folgende Form an:

$$\frac{\mathrm{d}g(h(x))}{\mathrm{d}x} = \frac{\mathrm{d}g}{\mathrm{d}h}\bigg|_{h(x)} \cdot \frac{\mathrm{d}h}{\mathrm{d}x}. \tag{4.10}$$

An dieser Darstellung erkennt man, dass die Kettenregel einer Art Erweiterung des Bruches $\frac{\mathrm{d}g}{\mathrm{d}x}$ mit $\mathrm{d}h$ entspricht. Natürlich handelt es sich hierbei um keine echten Brüche, sondern nur um Symbole. Zum Merken der prinzipiellen Struktur der Kettenregel hilft aber vielleicht dieses Erweitern.

Beispiel 4.4 (Kettenregel ausführlich)

▷ Man berechne die Ableitung der Funktion $f(x) = (x^2 + 1)^{1001}$.

Lösung: Wir berechnen diese Ableitung in aller Ausführlichkeit. Zunächst müssen wir die Struktur des abzuleitenden Ausdrucks verstehen. Man könnte nun nach der Regel $[x^\lambda]' = \lambda x^{\lambda-1}$ ableiten und würde $1001(x^2 + 1)^{1000}$ erhalten. Leider hätte man aber in diesem Fall die Struktur nicht verstanden. Denn als innere Funktion haben wir nun nicht nur x, sondern eine Funktion $h(x) = x^2 + 1$, die von einer (äußeren) Funktion g hoch 1001 genommen wird. Wir müssen also berücksichtigen, dass die innere Funktion $x^2 + 1$ selbst noch differenziert werden muss. Willkommen bei der Kettenregel!

Die äußere Funktion g erwartet ein Argument u, das es mit 1001 potenzieren darf: $g(u) = u^{1001}$. Das ist die äußere Funktion mit Ableitung $g'(u) = 1001u^{1000}$. Das Argument, also die innere Funktion, ist $u = h(x) = x^2 + 1$. Nach Kettenregel (4.9) folgt dann:

$$[(x^2 + 1)^{1001}]' = 1001u^{1000}\big|_{h(x)} \cdot [x^2 + 1]'$$
$$= 1001(x^2 + 1)^{1000} \cdot 2x = 2002x(x^2 + 1)^{1000}.$$

Das war es schon! Im ersten Schritt haben wir einmal $g(u) = u^{1001}$ nach u differenziert, nebst der inneren Ableitung $h'(x) = [x^2 + 1]' = 2x$. Anschließend haben wir in der äußeren Ableitung das Argument u durch $h(x) = x^2 + 1$ ersetzt und im letzten Schritt noch etwas Ergebniskosmetik betrieben. ∎

Weitere wichtige Ableitungen

Was weiterhin zur Grundausstattung des ableitungsbildenden Physikstudenten gehören sollte, ist Tab. 4.2.

Tab. 4.2 Ableitungen spezieller Funktionen

$f(x)$	$f'(x)$	$f(x)$	$f'(x)$
$\sin(x)$	$\cos(x)$	a^x	$\ln(a)a^x$ für $a > 0$
$\cos(x)$	$-\sin(x)$	$\ln(|x|)$	$\frac{1}{x}$
$\tan(x)$	$1 + \tan^2(x) = \frac{1}{\cos^2(x)}$	$\log_a(x)$	$\frac{1}{\ln(a)}\frac{1}{x}$
$\sqrt{x}$	$\frac{1}{2\sqrt{x}}$	$\sinh(x)$	$\cosh(x)$
$e^x := \exp(x)$	e^x	$\cosh(x)$	$\sinh(x)$
$\arctan(x)$	$\frac{1}{1+x^2}$	$\arcsin(x)$	$\frac{1}{\sqrt{1-x^2}} = -[\arccos(x)]'$

Beispiel 4.5 (Ableitungsmix)

▷ Man berechne die erste Ableitung von $x(t) = Ae^{-\delta t}\cos(\omega_0 t + \phi_0)$.

Lösung: $x(t)$ soll nach der Zeit t abgeleitet werden. Da nichts anderes gesagt ist, dürfen wir annehmen, dass A, δ, ω_0 und ϕ_0 allesamt konstant sind. Die übergeordnete Struktur entsteht durch das Produkt aus $e^{-\delta t}$ und $\cos(\omega_0 t + \phi_0)$, weshalb zunächst die Produktregel beachtet werden muss:

$$\dot{x}(t) = A\left(\frac{\mathrm{d}}{\mathrm{d}t}e^{-\delta t}\right)\cdot\cos(\omega_0 t + \phi_0) + Ae^{-\delta t}\cdot\left(\frac{\mathrm{d}}{\mathrm{d}t}\cos(\omega_0 t + \phi_0)\right).$$

Sowohl der e-Term als auch der cos-Term müssen per Kettenregel abgeleitet werden. Im ersten Fall ist exp( ) die äußere Funktion mit innerer Funktion $u = h(t) = -\delta t$, im zweiten ist der cos die äußere und $\omega_0 t + \phi_0$ die innere Funktion. Damit folgt:

$$\begin{aligned}\dot{x}(t) &= A\left(\frac{\mathrm{d}}{\mathrm{d}t}e^{-\delta t}\right)\cdot\cos(\omega_0 t + \phi_0) + Ae^{-\delta t}\cdot\left(\frac{\mathrm{d}}{\mathrm{d}t}\cos(\omega_0 t + \phi_0)\right)\\ &= Ae^{-\delta t}(-\delta)\cdot\cos(\omega_0 t + \phi_0) + Ae^{-\delta t}\cdot(-\sin(\omega_0 t + \phi_0)\omega_0)\\ &= -Ae^{-\delta t}(\delta\cos(\omega_0 t + \phi_0) + \omega_0\sin(\omega_0 t + \phi_0)),\end{aligned}$$

wobei für die äußeren Ableitungen $[e^u]' = e^u$ und $[\cos(u)]' = -\sin(u)$ aus Tab. 4.2 verwendet wurden. ■

Ableiten kann beliebig kompliziert werden. Wir belassen es aber zunächst bei diesem Beispiel und betrachten eine weitere, weniger bekannte Ableitungsregel.

Ableitung der Umkehrfunktion

Die Umkehrfunktion $g(y)$ einer Funktion $y = f(x)$ ist so definiert, dass die Verkettung beider die Identität liefert:

$$g(y) = g(f(x)) = f(g(x)) = x \quad \text{bzw.} \quad f^{-1}(f(x)) = x = f(f^{-1}(x)), \quad (4.11)$$

wobei f^{-1} ebenso wie g die Umkehrfunktion bezeichnet und vor allem in mathematischer Literatur verwendet wird.

$f^{-1}(x)$ bezeichnet die Umkehrfunktion zu f. Beachte $f^{-1}(x) \neq \frac{1}{f(x)}$!

Ableiten der linken Gleichung in (4.11) liefert nach der Kettenregel

$$[g(f(x))]' = x' \iff g'(f(x)) \cdot f'(x) = 1 \iff g'(f(x)) = \frac{1}{f'(x)}$$

und folglich wegen $x = g(y)$:

$$g'(y) = \frac{1}{f'(g(y))} \quad \text{bzw. mit Leibniz} \quad \frac{dx}{dy}\bigg|_{f(x)} = \frac{1}{\frac{dy}{dx}\big|_x}. \qquad (4.12)$$

Das ist die Regel zur Ableitung der Umkehrfunktion. Als Ursprungsfunktion f nehme man stets die leichtere Funktion, von der man die Ableitung kennt.

Beispiel 4.6 (Ableitung der Wurzel)

▷ Man differenziere die Umkehrfunktion von $y = x^2$ für $x > 0$.

Lösung: Die Umkehrfunktion im Intervall $(0, \infty)$ von $y = x^2$ ist $x = g(y) = \sqrt{y}$. Dann gilt nach Formel (4.12)

$$g'(y) = \frac{1}{f'(x = g(y))} = \frac{1}{[x^2]'|_{x=g(y)}} = \frac{1}{2x|_{x=\sqrt{y}}} = \frac{1}{2\sqrt{y}}. \qquad \blacksquare$$

Beispiel 4.7 (Ableitung des Arcus-Tangens)

▷ Man bilde die Ableitung von $\arctan(x)$.

Lösung: Die Umkehrfunktion ist offensichtlich $\tan(x)$, so dass wir setzen: $y = f(x) = \tan(x)$ und $x = g(y) = \arctan(y)$. Dann folgt

$$g'(y) = \frac{1}{f'(x = g(y))} = \frac{1}{[\tan(x)]'|_{x=g(y)}}.$$

Nach Tab. 4.2 ist $[\tan(x)]' = 1 + \tan^2(x)$ oder per Hand wegen $\tan(x) := \frac{\sin(x)}{\cos(x)}$ nach Quotientenregel:

$$\begin{aligned}
[\tan(x)]' &:= \left[\frac{\sin(x)}{\cos(x)}\right]' \\
&= \frac{\cos(x)\cdot\cos(x) - \sin(x)\cdot(-\sin(x))}{\cos^2(x)} = \frac{\cos^2(x) + \sin^2(x)}{\cos^2(x)} \\
&= 1 + \frac{\sin^2(x)}{\cos^2(x)} = 1 + \left(\frac{\sin(x)}{\cos(x)}\right)^2 = 1 + (\tan(x))^2.
\end{aligned}$$

Damit folgt

$$g'(y) = \frac{1}{[\tan(x)]'|_{x=g(y)}} = \frac{1}{(1 + (\tan(x))^2)|_{x=\arctan(y)}}$$
$$= \frac{1}{1 + (\tan(\arctan(y)))^2} = \frac{1}{1 + y^2},$$

was auch mit Tab. 4.2 korrespondiert. Das letzte Gleichheitszeichen erklärt sich dadurch, dass sich Funktion und Umkehrfunktion gegenseitig fressen und per Definition (4.11) die Identität ergibt. ∎

4.1.3 Kurvendiskussion light

Wir werden nun lernen, wie man die Charakteristika einer zu untersuchenden Funktion $f(x)$ bestimmt, d.h. eine **Kurvendiskussion** durchführt. Dazu benötigen wir u. a. höhere Ableitungen. Analog zur Ableitungsschreibweise (4.4) schreiben wir für höhere (zweite, dritte) Ableitungen

$$f''(x) = \frac{d^2 f}{dx^2} = \frac{d^2}{dx^2} f(x), \quad f'''(x) = \frac{d^3 f}{dx^3} = \frac{d^3}{dx^3} f, \ldots$$

und allgemein für die n-te Ableitung

$$f^{(n)}(x) = \frac{d^n f}{dx^n} = \frac{d^n}{dx^n} f(x). \tag{4.13}$$

Für die höheren Zeitableitungen schreiben wir einfach mehr Punkte: $\ddot{f} = \frac{d^2 f}{dt^2}$ und $\dddot{f} = \frac{d^3 f}{dt^3}$, wobei dem Autor bisweilen noch keine Formel mit höherem Zeitableitungsgrad als drei über den Weg gelaufen ist.

Geometrische Interpretation der Ableitungen
Die erste Ableitung $f'(x)$ ist geometrisch gesehen die Steigung der Tangente an der Kurve $f(x)$ oder auch die Änderung der Funktion im Argument x. Abb. 4.3 links zeigt dies.

Es fällt auf, dass direkt bei $x_{\max}$, $x_{\min}$ und x_{SP} die Tangentensteigung der Funktion null ist. Dies ist eine notwendige Bedingung für die Existenz eines **Extremums** (d.h. Minimum oder Maximum):

$$x_E \text{ Extremstelle} \iff f'(x_E) = 0. \tag{4.14}$$

Läuft man kurz vor der Stelle $x_{\min}$ ein kleines Stück nach rechts entlang des Graphen über $x_{\min}$ hinweg, so nimmt die Steigung der Tangente – entspricht der zweiten

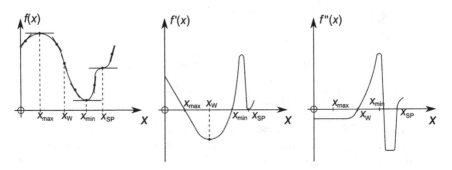

Abb. 4.3 Interpretation der ersten und zweiten Ableitung. Links: Ausgangsfunktion mit Tangenten. Mitte: erste Ableitung. Rechts: zweite Ableitung

Ableitung $f''(x)$ – immer weiter zu. Sie ist zunächst fallend bzw. negativ und nimmt zu auf 0 in $x_{\min}$ und weiter auf positiv steigend (Abb. 4.3 Mitte). Schaut man sich dagegen die Umgebung an der Stelle $x_{\max}$ an, so nimmt die Tangentensteigung von links nach rechts immer weiter ab. Wir merken uns:

$$f''(x) \begin{cases} < 0 : & \text{Steigung nimmt ab (Rechtskurve),} \\ > 0 : & \text{Steigung nimmt zu (Linkskurve),} \\ = 0 : & \text{höhere Ableitungen untersuchen.} \end{cases} \qquad (4.15)$$

Die zweite Ableitung kann als Änderung der Ableitung im Argument x interpretiert werden, d. h., sie ist ein Maß dafür, wie die Funktion ihre Steigung ändert. Das rechte Bild in Abb. 4.3 illustriert dies.

Lokale Extrema

Für viele Anwendungen ist es eine wichtige Fragestellung, wo die Extrema liegen und welcher Art (Minimum, Maximum?) sie sind. Wir unterscheiden begrifflich lokale (auf ein bestimmtes Intervall begrenzte) und globale (auf den gesamten Definitionsbereich gesehene) Extrema.

Mit Gl. (4.14) ist uns ein gutes Werkzeug gegeben, die Extremstellen zu suchen. Dazu müssen wir alle x bestimmen, die die Gleichung $f'(x) = 0$ erfüllen. Die so gefundenen Extremstellen x_E sind anschließend zu klassifizieren. Dabei hilft uns die zweite Ableitung weiter. Macht die Funktion an der Stelle x_E eine Linkskurve (d. h. $f''(x_E) > 0$), so handelt es sich bei x_E zwingend um die Stelle eines Minimums. Ist die durchfahrene Kurve durch x_E jedoch eine Rechtskurve (d. h. $f''(x_E) < 0$) so ist x_E die Stelle eines Maximums. Wechselt die Kurve gerade in x_E ihre Krümmung (d. h. $f''(x_E) = 0$; in Abb. 4.3 bei x_W), so muss mit Hilfe der höheren Ableitungen die Stelle untersucht werden (für die Physiker von geringem Interesse). Wir fassen zusammen:

$$(x_E, f(x_E)) \begin{cases} \text{Maximum} \\ \text{Minimum} \\ \text{weiter zu untersuchen} \end{cases} \iff f'(x_E) = 0 \text{ und } \begin{cases} f''(x_E) < 0, \\ f''(x_E) > 0, \\ f''(x_E) = 0. \end{cases}$$

(4.16)

Kochrezept für Kurvendiskussion

Folgendes Kochrezept eignet sich gut, um die wesentlichen Eigenschaften einer Funktion $f(x)$ zu bestimmen.

1. **Charakteristische Punkte**
   Bestimme die Schnittpunkte $S_y = (0, f(0))$ mit der y-Achse und $S_{x_i} = (x_i, 0)$ mit der x-Achse. Gibt es Definitionslücken?
2. **Randuntersuchung**
   Wie verhält sich die Funktion im Unendlichen, $\lim_{x \to \pm \infty} f(x) = ?$ Was ist bei den Definitionslücken los? Bilde hier rechts- und linksseitigen Grenzwert.
3. **Lokale Extrema**
   a) Notwendige Bedingung: Setze $f'(x) = 0$ und bestimme alle Extremstellen x_E aus dieser Gleichung.
   b) Hinreichende Bedingung: Bilde $f''(x)$. Untersuche nun jede Extremstelle. Ist $f''(x_E) < 0$, so liegt bei $(x_E, f(x_E))$ ein lokales Maximum, ist $f''(x_E) > 0$, so liegt bei $(x_E, f(x_E))$ ein lokales Minimum.
4. **Graph skizzieren**
   Zeichne die wesentlichen Punkte ein und skizziere das Verhalten der Funktion im Unendlichen und an den Definitionslücken.

Beispiel 4.8 (Gauß-Kurve)

▷ Diskutieren Sie die Funktion $f(x; \sigma, \mu) = \frac{1}{\sqrt{2\pi}\sigma} \cdot e^{-\frac{(x-\mu)^2}{2\sigma^2}}$ mit Parameter $\mu \in \mathbb{R}$ und $\sigma > 0$. f ist als Gauß'sche Normalverteilung in der Statistik bekannt.

Lösung: Wir verwenden das eben vorgestellte Kochrezept.

1. **Charakteristische Punkte**
   Wir bestimmen zunächst die Schnittpunkte mit der y-Achse. Setze dazu $x = 0$:

$$f(x = 0; \sigma, \mu) = \frac{1}{\sqrt{2\pi}\sigma} e^{-\frac{\mu^2}{2\sigma^2}}.$$

Damit liegt bei $S_y = \left(0, \frac{1}{\sqrt{2\pi}\sigma} e^{-\frac{\mu^2}{2\sigma^2}}\right)$ der Schnittpunkt mit der y-Achse. Dieser ist von der Wahl der Parameter σ und μ abhängig.

Für die Schnittpunkte mit der x-Achse setzen wir $f(x) = 0$. Hier:

$$\frac{1}{\sqrt{2\pi}\,\sigma} \cdot e^{-\frac{(x-\mu)^2}{2\sigma^2}} = 0.$$

Da jedoch $e^{(\cdots)}$ immer größer null ist und auch der Vorfaktor nicht null werden kann, kann die Gleichung nicht erfüllt werden. Somit besitzt f keine Nullstellen.

f ist für alle $x \in \mathbb{R}$ definiert, somit gibt es keine Definitionslücken.

2. **Randuntersuchung**

Wir untersuchen das Verhalten der Funktion im Unendlichen:

$$\lim_{x \to +\infty} f(x; \sigma, \mu) = \frac{1}{\sqrt{2\pi}\,\sigma} \cdot \lim_{x \to +\infty} e^{-\frac{(x-\mu)^2}{2\sigma^2}} = 0,$$

$$\lim_{x \to -\infty} f(x; \sigma, \mu) = \frac{1}{\sqrt{2\pi}\,\sigma} \cdot \lim_{x \to -\infty} e^{-\frac{(x-\mu)^2}{2\sigma^2}} = 0,$$

da $e^{-u^2} \to 0$ für $u \to \pm\infty$. Die Funktion nähert sich also in beiden Achsenrichtungen der x-Achse an.

3. **Lokale Extrema**

a) Notwendige Bedingung: Bestimme die erste Ableitung und setze sie null:

$$f'(x) = \frac{1}{\sqrt{2\pi}\,\sigma} \cdot \left[e^{-\frac{(x-\mu)^2}{2\sigma^2}} \right]'.$$

Nun kommt die Kettenregel ins Geschäft. Innere Funktion ist $u = h(x) = -\frac{1}{2\sigma^2}(x - \mu)^2$ und wird per Kettenregel abgeleitet:

$$h'(x) = -\frac{1}{2\sigma^2} \cdot (2(x - \mu)^1 \cdot 1) = -\frac{x - \mu}{\sigma^2} = \frac{\mu - x}{\sigma^2}.$$

Die äußere Funktion $g(u) = e^u$ leitet sich einfach zu $g'(u) = e^u$ ab. Damit folgt

$$f'(x) = \frac{1}{\sqrt{2\pi}\,\sigma} \cdot e^{-\frac{(x-\mu)^2}{2\sigma^2}} \cdot \left(\frac{\mu - x}{\sigma^2} \right) = \frac{\mu - x}{\sqrt{2\pi}\,\sigma^3} e^{-\frac{(x-\mu)^2}{2\sigma^2}}.$$

Jetzt setzen wir die Ableitung null. Da die e-Funktion stets größer null ist, kann man sie wegkürzen:

$$\frac{\mu - x}{\sqrt{2\pi}\,\sigma^3} e^{-\frac{(x-\mu)^2}{2\sigma^2}} = 0 \iff \frac{\mu - x}{\sqrt{2\pi}\,\sigma^3} = 0.$$

Dies kann nur erfüllt werden, wenn $x = \mu$. Damit ist die einzige Extremstelle $x_{\mathrm{E}} = \mu$, wo dann $f'(x_{\mathrm{E}}) = 0$ gilt.

b) Hinreichende Bedingung: Zur Untersuchung der Extremstelle benötigen wir die zweite Ableitung. Diese wird per Produkt- und Kettenregel ermittelt. Die Ableitung der e-Funktion kann direkt aus a) übernommen werden.

$$f''(x) = \left[\frac{\mu - x}{\sqrt{2\pi}\sigma^3} e^{-\frac{(x-\mu)^2}{2\sigma^2}} \right]'$$

$$= \frac{-1}{\sqrt{2\pi}\sigma^3} \cdot e^{-\frac{(x-\mu)^2}{2\sigma^2}} + \frac{\mu - x}{\sqrt{2\pi}\sigma^3} \cdot e^{-\frac{(x-\mu)^2}{2\sigma^2}} \frac{\mu - x}{\sigma^2}$$

$$= \left(-\frac{1}{\sqrt{2\pi}\sigma^3} + \frac{(\mu - x)^2}{\sqrt{2\pi}\sigma^5} \right) e^{-\frac{(x-\mu)^2}{2\sigma^2}}.$$

Wir schauen uns an, was an der Extremstelle $x_E = \mu$ los ist:

$$f''(x = \mu) = \left(-\frac{1}{\sqrt{2\pi}\sigma^3} + 0 \right) \cdot e^{-0} = -\frac{1}{\sqrt{2\pi}\sigma^3}.$$

Dieses ist jedoch kleiner als null, da $\sigma > 0$ per definitionem. Somit liegt wegen $f'(x_E) = 0$ und $f''(x_E) < 0$ bei $(x_E, f(x_E)) = \left(\mu, \frac{1}{\sqrt{2\pi}\sigma} e^{-0} \right) = \left(\mu, \frac{1}{\sqrt{2\pi}\sigma} \right)$ ein Maximum vor.

4. **Graph zeichnen**

   Wir tragen nun alle Ergebnisse in Abb. 4.4 zusammen und konstruieren daraus den Verlauf von f.

   μ gibt die Stelle des Maximums an und wird auch Mittelwert genannt. σ (die sogenannte Streuung) hat folgenden Einfluss auf die Funktion: $0 < \sigma < 1$ schmälert die Breite des Maximums, erhöht aber das Maximum, während $\sigma > 1$ das Maximum verbreitert, jedoch den Wert des Maximums schmälert. ∎

Damit es nicht so rein mathematisch zugeht, betrachten wir abschließend ein Beispiel aus der Physik.

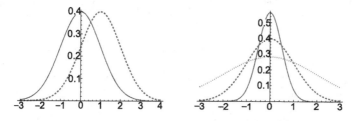

Abb. 4.4 Die Gauß-Kurve. Links für $\sigma = 1$ und $\mu = 0$ (durchgezogen) sowie $\mu = 1$ (gestrichelt). Rechts: $\mu = 0$ und $\sigma = 0.5$ (durchgezogen), $\sigma = 1$ (gestrichelt) und $\sigma = 2$ (gepunktet)

Beispiel 4.9 (Lennard-Jones-Potenzial)

▷ Zwischen ungeladenen, nicht chemisch aneinandergebundenen Atomen bestehen Bindungskräfte (Van-der-Waals-Kräfte). Die Bindungsenergien werden durch das Lennard-Jones-Potenzial beschrieben:

$$E_{\text{Bindung}} = -V(r) = -\varepsilon \left(\frac{a}{r^{12}} - \frac{b}{r^6} \right),$$

wobei r der Abstand zwischen den Atomrümpfen ist und $\varepsilon, a, b, r > 0$. Welche Form hat das Potenzial? Welcher Wert der Bindungsenergie ergibt sich für große Atomabstände? Für welchen Abstand r_0 zwischen den Atomen wird man die maximale Bindungsenergie $E_{\text{Bindung}} = ?$ erhalten?

Lösung: Das Potenzial $V(r^6)$ verhält sich prinzipiell wie $V(x) \sim \frac{1}{x^2} - \frac{1}{x}$. Abb. 4.5 zeigt das Potenzial. Für große Atomabstände r ergibt sich im Grenzfall $r \to \infty$

$$\lim_{r \to \infty} V(r) = a \lim_{r \to \infty} \frac{1}{r^{12}} - b \lim_{r \to \infty} \frac{1}{r^6} = 0.$$

Das bedeutet: Für $r \to \infty$ spüren die Atome nichts mehr von den Bindungskräften.

Da $E_{\text{Bindung}} = -V(r)$, wird E_{Bindung} maximal, wenn $V(r)$ minimal wird. Wir bestimmen nach dem altbekannten Verfahren die Extrema:

$$V'(r) = \varepsilon(ar^{-12} - br^{-6})' = -12\varepsilon ar^{-13} + 6\varepsilon br^{-7} \overset{!}{=} 0.$$

Multiplikation mit r^{13} liefert

$$-12\varepsilon a + 6\varepsilon br^6 = 0 \Leftrightarrow r^6 = \frac{2a}{b}.$$

Die einzige mögliche Stelle für das Potenzialminimum ist $r_{\text{min}} = +\sqrt[6]{\frac{2a}{b}}$ (die negative Lösung ist physikalisch Unsinn, denn was soll ein negativer Abstand sein?), was sich auch schon in der Skizze zuvor abzeichnete. Damit folgt für den Wert des Minimums:

$$E_{\text{Bindung, max}} = -V(r_{\text{min}}) = -\varepsilon \left(\frac{a}{\left(\frac{2a}{b}\right)^2} - \frac{b}{\frac{2a}{b}} \right) = -\varepsilon \left(\frac{b^2}{4a} - \frac{b^2}{2a} \right) = \varepsilon \frac{b^2}{4a}. \ \blacksquare$$

Abb. 4.5 Das Lennard-Jones-Potenzial. Bei r_0 befindet sich das Minimum; hier besitzen die Atompaare die höchste Bindungsenergie

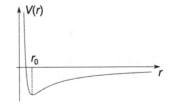

[H9] Die Wasserleitung (**4 Punkte**)

Das Wasserwerk W möchte zum Universitätsgebäude U (Entfernung 3 km) eine Hauptleitung bauen. Da klingelt die Mensa M an: „Wir brauchen auch Wasser!" Deren Abstand zur geplanten Hauptleitung beträgt 300 m. Der Fußpunkt des von M auf die Hauptleitung gefällten Lotes hat von der Universität die Entfernung 500 m. Währenddessen kommt der Bauleiter (nennen wir ihn Bob) beim Betrachten der Preistabelle ins Schwitzen: 700 $\frac{\text{€}}{\text{m}}$ für Hauptleitung, 300 $\frac{\text{€}}{\text{m}}$ für entlastete Hauptleitung, 500 $\frac{\text{€}}{\text{m}}$ für die Nebenleitung. Wo baut Bob am kostengünstigsten den Abzweig zur Mensa, und wie teuer wird das Ganze dann?

Spickzettel zu Ableitungen

- **Definition der Ableitung**

  Die Ableitung von f in x_0 ist über den Differenzialquotienten definiert:

  $$\lim_{\varepsilon \to 0} \frac{f(x_0 + \varepsilon) - f(x_0)}{\varepsilon} =: f'(x_0) = \lim_{x \to x_0} \frac{f(x) - f(x_0)}{x - x_0}.$$

  Notation: $f'(x) = \frac{df}{dx} = \frac{d}{dx} f(x)$; bei Ableitungen nach Zeit: $\dot{f} = \frac{df}{dt} = \frac{d}{dt} f(t)$ (analog höhere Ableitungen); Ableitungen geben Veränderungen an.

- **Ableitungsregeln**

  - Triviale: $[x^\lambda]' = \lambda x^{\lambda-1}$, $[g(x) \pm h(x)]' = g'(x) \pm h'(x)$, $[Cf(x)]' = Cf'(x)$ sowie $C' = 0$; erst algebraisch vereinfachen, dann ableiten!

  - Produktregel: $[f(x)g(x)]' = f'(x)g(x) + f(x)g'(x)$.

  - Quotientenregel: $\left[\frac{f(x)}{g(x)}\right]' = \frac{f'(x)g(x) - f(x)g'(x)}{g^2(x)}$.

  - Kettenregel: $[f(g(x))]' = f'(g(x))g'(x)$ bzw. $\frac{d}{dx} f(g(x)) = \frac{df}{dg}\Big|_{g(x)} \frac{dg}{dx}$.

  - Ableitung der Umkehrfunktion: $y = f(x)$, $x = g(y) = f^{-1}(y)$. Dann gilt: $g'(y) = \frac{1}{f'(g(y))}$.

- **Lokale Extrema**

  $$(x_E, f(x_E)) \begin{cases} \text{Maximum} \\ \text{Minimum} \end{cases} \iff f'(x_E) = 0 \text{ und } \begin{cases} f''(x_E) < 0 \\ f''(x_E) > 0 \end{cases}.$$

- **Kurvendiskussion**

  a) Charakteristische Punkte: Bestimme Schnittpunkte $S_y = (0, f(0))$ mit der y-Achse und $S_{x_i} = (x_i, 0)$ mit der x-Achse. Gibt es Definitionslücken?

  b) Randuntersuchung: $\lim_{x \to \pm\infty} f(x) = ?$ Was ist bei den Definitionslücken los? Bilde hier rechts- und linksseitigen Grenzwert.

  c) Lokale Extrema: notwendige Bedingung $f'(x) = 0$; hinreichende Bedingung: $f''(x_E) < 0 \Rightarrow$ Max. bei $(x_E, f(x_E))$, $f''(x_E) > 0 \Rightarrow$ Min. bei $(x_E, f(x_E))$.

  d) Graph skizzieren.

4.2 Mehrdimensionale Ableitungen

Wir werden nun lernen, wie wir mehrdimensionale Funktionen differenzieren können. Dazu schauen wir uns überhaupt erstmal an, wie man mehrdimensionale Funktionen visualisieren kann.

4.2.1 Skalare Funktionen mehrerer Veränderlicher

Skalare Funktionen $f : \mathbb{R}^n \to \mathbb{R}$ sind Funktionen, in die wir n Variablen $x_1, \ldots, x_n$
hineinstecken und eine Antwort u (den Funktionswert) erhalten:

$$u = f(x_1, \ldots, x_n).$$

Wir betrachten zunächst den Fall zweier Veränderlicher, da dieser sich visualisieren
lässt. $z = f(x, y)$ könnte eine Höhenfunktion bezeichnen, von der man an einer
bestimmten Stelle (x_0, y_0) im Gebirge wissen möchte, wie hoch man sich ü. NN.
befindet. $f(x_0, y_0)$ ist dann die gewünschte Antwort. Klappert man alle Stellen der
x-y-Ebene ab, so erhält man ein gebirgsartiges Gebilde. Dieses Gebilde ist der Graph
der Funktion $z = f(x, y)$. Eine Funktion zweier Veränderlicher stellt somit eine
Fläche im Raum dar (Abb. 4.6).

Für Funktion zweier Veränderlicher $f(x, y)$ gibt es zwei gängige Darstellungsmethoden, die wir im Folgenden kurz beleuchten.

Blockbild

Das **Blockbild** ist die räumliche Darstellung einer Funktion $f(x, y)$ in einem
bestimmten Intervall, z. B. $-1 \leq x \leq 1$, $-1 \leq y \leq 1$. Innerhalb dieses Intervalls
schaut man sich spezielle Kurven an, die nur noch von einer Variablen abhängen.
Dazu setzt man x oder y gleich einem festen Wert. In obigem Intervall wären dies z. B.
$f(x, y = 0) = f(x, 0)$ (die x-Achse), $f(x = 0, y) = f(0, y)$ (y-Achse), $f(x, \pm 1)$
(Vorder- und Hinterkante) sowie $f(\pm 1, y)$ (Außenkanten). Sie spiegeln die Schnittkanten der Funktion mit den jeweiligen Schnittebenen wider. Zeichnet man alle
Schnittfunktionen in einen 3-D-Plot ein, so bekommt man oft schon eine deutliche
Vorstellung von der Beschaffenheit der Funktion und kann ihr lokales (d. h. örtlich
begrenztes) Verhalten verstehen.

Abb. 4.6 Darstellung einer
Funktion $z = f(x, y)$.
Eingezeichnet ist der
Funktionswert $f(x_0, y_0)$ an
einer Stelle (x_0, y_0). Der
Funktionswert gibt hier die
Höhe über der x-y-Ebene an

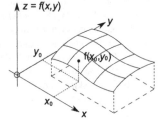

Beispiel 4.10 (Blockbild eines 2-D-Potenzials)

▷ Skizzieren Sie das dimensionslose Potenzial $V(x, y) = \frac{y}{1+x^2}$ im Intervall $-1 \leq x \leq 1$ und $-1 \leq y \leq 1$.

Lösung: Wir betrachten zunächst ein paar spezielle Kurven:

$$V(0, y) = \frac{y}{1 + 0^2} = y, \quad V(x, 0) = \frac{0}{1 + x^2} = 0.$$

Hierbei gewinnen wir noch nicht allzu viel Information. Wir wissen lediglich, dass wenn wir entlang der x-Achse laufen, immer „on-ground" bei $V = 0$ bleiben und entlang der y-Achse auf einer Geraden laufen. Mehr Informationen liefern uns die Seiten des Intervalls:

$$V(1, y) = \frac{y}{2} = V(-1, y), \quad V(x, -1) = -\frac{1}{1 + x^2}, \quad V(x, 1) = \frac{1}{1 + x^2}.$$

Auf Parallelen zur x-Achse würden wir also eine sogenannte Lorenz-Kurve hoch- und runterlaufen, während auf parallelen Linien zur y-Achse allesamt Geraden mit unterschiedlichen Steigungen abgelaufen werden. Schließlich tragen wir unsere Erkenntnisse in das Blockbild in Abb. 4.7 links ein. ∎

Äquiniveaulinien

Eine andere Darstellungsmöglichkeit kann über **Äquiniveaulinien** (oft auch Äquipotenziallinien oder Höhenlinien) erfolgen. Diese Linien kann man sich als Höhenlinien in einer Wanderkarte vorstellen. Liefen wir exakt entlang dieser Linien, so würden wir immer auf der gleichen Höhe C verbleiben. Auf der gesamten Linie bleibt also der Funktionswert konstant:

$$f(x, y) = C = \text{const.} \tag{4.17}$$

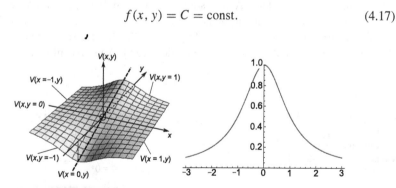

Abb. 4.7 Blockbilddarstellung des Potenzials. Links: Die Schnittkanten bei $x = \pm 1$ werden durch die Gerade $V(\pm 1, y) = y$ gebildet, jene bei $y = \pm 1$ durch die Lorenz-Kurven $V(x, \pm 1) = \pm\frac{1}{1+x^2}$. Rechts: Die Lorenz-Kurve $f(x) = \frac{1}{1+x^2}$

Das ist der grundlegende Ansatz für Äquiniveaulinien. In den meisten Fällen löst man diese Gleichung nach x oder y und skizziert diese Funktion dann in der x-y-Ebene für einige beliebig gewählte C-Werte. Manchmal kann man die Niveaukurve auch auf Kegelschnitte wie z. B. Kreise oder Ellipsen zurückführen.

Beispiel 4.11 (Äquipotenziallinien)

▷ Bestimmen Sie einige Äquipotenziallinien des Potenzials aus Beispiel 4.10.

Lösung: Wir setzen $V(x, y)$ gleich einer Konstanten:

$$V(x, y) = \frac{y}{1 + x^2} = C.$$

Nun lösen wir diese Gleichung nach y auf und erhalten die Parabelschar

$$y(x) = C(1 + x^2).$$

In Abb. 4.8 sind für einige C-Werte die Niveaulinien skizziert. Das Niveau $C = 0$ entspricht in diesem Fall der x-Achse. Dies sehen wir auch in Abb. 4.7 links. Man stelle sich dazu vor, dass bei $y < 0$ ein Meer wäre. Dann entspräche die x-Achse gerade dem Strand, den entlangzuwandern zumindest bezüglich des Höhenunterschieds ein Spaziergang ist. Das Niveau $C = 1$ (im „echten" Strandbild z. B. 100 m) liegt auf einer Parabel. Laufen wir in Abb. 4.7 links etwas entfernt vom Strand auf dem Land parallel zum Strand (z. B. auf der dritten Rasterlinie), so würden wir bis $x = 0$ eine Steigung zu erklimmen haben (wobei wir das Niveau 100 m erreichen) und anschließend wieder abfallen.

Gehen wir entlang der sechsten Rasterlinie, so würden wir unter Umständen schon $C = 2$ (entspräche 200 m) erreichen. Laufen wir dagegen entlang der dritten Rasterlinie unterhalb der x-Achse, so würden wir auf Tauchgang im Meer gehen (entspräche -100 m) mit Tiefpunkt bei $x = 0$. Liefen wir dagegen auf den in Abb. 4.8 gezeigten Parabeln um die Bergkuppe oder den Tiefseegraben herum, so bliebe man immer auf gleichem Niveau (deswegen: Äquiniveaulinien). ∎

Abb. 4.8 Niveaulinienbild von $V(x, y) = \frac{y}{1+x^2}$. Eingezeichnet sind die Niveaus $C = -3, -2, -1,$ 0, 1, 2, 3

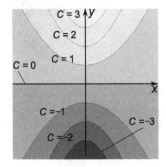

4.2.2 Partielle Ableitung und Gradient

Im vorhergehenden Abschnitt haben wir skalare Funktionen $y = f(x_1, \ldots, x_n)$ eingeführt. Nun wollen wir die Ableitung $y' = f'(x_1, \ldots, x_n)$ bestimmen. Bei dieser Notation stellt sich allerdings die berechtigte Frage, wonach denn bitte abgeleitet wird.

Partielle Ableitung
Wir definieren die sogenannte **partielle Ableitung** ∂ wie folgt: $f(x_1, \ldots, x_n)$ heißt an der Stelle $(a_1, \ldots, a_n)$ partiell nach x_1 differenzierbar, wenn die partielle Funktion $f(x_1, a_2, \ldots, a_n)$ an der Stelle $x_1 = a_1$ differenzierbar ist, d. h.

$$\lim_{\varepsilon \to 0} \left. \frac{f(x_1 + \varepsilon, a_2, \ldots, a_n) - f(x_1, a_2, \ldots, a_n)}{\varepsilon} \right|_{x_1 = a_1}$$

existiert. Wir schreiben dann für die partielle Ableitung von f nach x_1

$$\frac{\partial f}{\partial x_1} = \frac{\partial}{\partial x_1} f(x_1, \ldots, x_n) =: f_{x_1}, \tag{4.18}$$

wobei die mittlere Schreibweise wieder die Operatoreigenschaft der Ableitung betont. Obiger Differenzialquotient entspricht ziemlich genau jenem der Ableitung in Abschn. 4.1. Wir halten sozusagen alle Variablen bis auf die, nach der abgeleitet wird, fest. Damit kommen wir letztendlich doch wieder auf eine Funktion „einer" Variablen zurück.

Und genauso geht es auch rechentechnisch vonstatten: Alle Variablen, nach denen nicht „abgelitten" wird (ist zwar grammatikalisch falsch, trifft aber den Kern ziemlich gut!), sind aus Ableitungssicht konstant. Die gewohnten Ableitungsregeln aus Abschn. 4.1 gelten aber ohne Einschränkung weiterhin. Soll die partielle Ableitung an einer bestimmten Stelle berechnet werden, wird wie üblich erst abgeleitet und dann eingesetzt. Wir schreiben dafür wie bekannt

$$\frac{\partial f(\vec{a})}{\partial x_i} =: \left. \frac{\partial f}{\partial x} \right|_{\vec{a}},$$

wobei wir die zweite Schreibweise bevorzugen. Eine Warnung noch an dieser Stelle:

Unterscheide $\frac{\partial}{\partial x_i} \neq \frac{d}{dx_i}$ (partielle vs. totale Ableitung)!

Die Verwendung des Symbols „d" im mehrdimensionalen Fall wird in Abschn. 4.4 näher erläutert.

Beispiel 4.12 (Partielle Ableitung einer Funktion)

▷ Man bestimme die ersten partiellen Ableitungen von $f(x, y, z) := x^2 \cos(yz) + 2x$ an der Stelle $(2, 0, 1)$.

Lösung: Wir starten mit der x-Ableitung:

$$\frac{\partial f}{\partial x} = \frac{\partial}{\partial x}\left[x^2\cos(yz) + 2x\right] = \frac{\partial}{\partial x}\left[x^2\cos(yz)\right] + \frac{\partial}{\partial x}[2x].$$

Wir haben im ersten Schritt die Summe auseinandergezogen, genau wie auch im eindimensionalen Fall. Jetzt wird abgeleitet. Beachte: y und z sind aus x-Ableitungssicht konstant. Wir leiten somit im ersten Term im Prinzip $x^2\cos(\text{const.}) = x^2 \cdot \text{const.}$ ab. Der Kosinus muss also mitgeschleppt werden:

$$\frac{\partial f}{\partial x} = \frac{\partial}{\partial x}\left[x^2\cos(yz)\right] + \frac{\partial}{\partial x}[2x] = 2x\cos(yz) + 2.$$

Das ist die partielle Ableitung nach x. Wir können schließlich die Stelle einsetzen:

$$\frac{\partial f}{\partial x}\bigg|_{(2,0,1)} = (2x\cos(yz) + 2)|_{(2,0,1)} = 4\cos(0\cdot 1) + 2 = 6.$$

Analog rechnen sich die anderen, u. a. mit Kettenregel:

$$\frac{\partial f}{\partial y}\bigg|_{(2,0,1)} = \left(\frac{\partial}{\partial y}\left[x^2\cos(yz)\right] + \frac{\partial}{\partial y}[2x]\right)\bigg|_{(2,0,1)}$$
$$= (x^2(-\sin(yz)z) + 0)|_{(2,0,1)} = -4\sin(0)\cdot 1 = 0,$$

wobei bei $\frac{\partial}{\partial y}\cos(yz)$ die innere Funktion $h(y,z) = yz$ mit Ableitung $\frac{\partial h}{\partial y} = z$ und die äußere Funktion $g(u) = \cos(u)$ mit $g'(u) = -\sin(u)$ ist. Schließlich ist die partielle Ableitung nach z

$$\frac{\partial f}{\partial z}\bigg|_{(2,0,1)} = -x^2 y\sin(yz)|_{(2,0,1)} = 0.$$

∎

Der Gradient

Ableitungen geben Veränderungen an. Interessiert die räumliche Änderung (z. B. bei einer Temperaturverteilung in einem Raum), so benötigt man die Ableitungen in alle Raumrichtungen. In drei Dimensionen x und y und z sind dies die partiellen Ableitungen $\frac{\partial}{\partial x}$, $\frac{\partial}{\partial y}$ und $\frac{\partial}{\partial z}$. Da oftmals der gesamte Satz dieser benötigt wird, fassen wir alle partiellen Ableitungen erster Ordnung in einem Spaltenvektor zusammen,

$$\operatorname{grad} f(x_1,\ldots,x_n) := \left(\frac{\partial f}{\partial x_1},\ldots,\frac{\partial f}{\partial x_n}\right)^{\mathsf{T}}, \tag{4.19}$$

Abb. 4.9 Darstellung des Gradienten. Er steht senkrecht auf den Niveaulinien und zeigt in Richtung des steilsten Anstiegs der Funktion $f(x, y)$

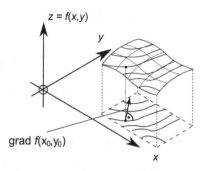

und nennen diesen „Vektor" **Gradient** (ganz streng genommen ist der Gradient kein Vektor, aber wir dürfen so rechnen als ob). Er hat folgende Eigenschaften:

1. Interpretiert man f als eine Fläche im Raum (wie in Abb. 4.7), so gibt der Gradient die Richtung des steilsten Anstiegs in dem jeweiligen Punkt an.
2. Der Gradient ist ein Vektor in der x-y- bzw. x_1-...-x_n-Ebene, in der auch die Niveaulinien leben.
3. Der Gradient grad $f|_{\vec{a}}$ steht senkrecht auf der durch $\vec{a}$ verlaufenden Niveaulinie.

Abb. 4.9 verdeutlicht die Eigenschaften.

Beispiel 4.13 (Aufstellen des Gradienten)

▷ Wie lautet grad $f|_{(2, 0, 1)}$ für die Funktion aus dem letzten Beispiel?

Lösung: Aus dem Beispiel können wir direkt den Gradienten bestimmen. Dazu schreiben wir die schon berechneten partiellen Ableitungen in einen Spaltenvektor und sind fertig:

$$\text{grad } f|_{\vec{a}} = \left(2x \cos(yz) + 2, -x^2 z \sin(yz), -x^2 y \sin(yz)\right)^\top |_{(2, 0, 1)} = (6, 0, 0)^\top.$$

Den steilsten Anstieg erleben wir also von $(2, 0, 1)$ startend in Richtung $(6, 0, 0)$ (bzw. $(1, 0, 0)$, wenn nur nach der Richtung gefragt ist), d. h. in Richtung positiver x-Achse. ∎

Nabla

Wir betrachten noch einmal die Gradienten-Definition (4.19) und schreiben sie ein wenig um:

$$\text{grad } f = \left(\frac{\partial}{\partial x_1}, \ldots, \frac{\partial}{\partial x_n}\right)^\top f(x_1, \ldots, x_n) =: \nabla f(x_1, \ldots, x_n),$$

wobei ein neuer Ableitungsoperator ∇ (lies: „Nabla")

$$\nabla := \left(\frac{\partial}{\partial x_1}, \ldots, \frac{\partial}{\partial x_n} \right)^{\mathsf{T}} \tag{4.20}$$

definiert wurde. Für skalare Funktionen $f(x_1, \ldots, x_n)$ beschreibt ∇f damit gerade den Gradienten.

Beispiel 4.14 (Anwenden von Nabla auf eine skalare Funktion)

▷ Man berechne $\nabla(x^3 y + \ln(x)\mathrm{e}^{2y})$.

Lösung:

$$\nabla(x^3 y + \ln(x)\mathrm{e}^{2y}) = \left(\frac{\partial}{\partial x}, \frac{\partial}{\partial y} \right)^{\mathsf{T}} (x^3 y + \ln(x)\mathrm{e}^{2y})$$

$$= \left(3x^2 y + \frac{\mathrm{e}^{2y}}{x}, \; x^3 + 2\ln(x)\mathrm{e}^{2y} \right)^{\mathsf{T}},$$

was natürlich gleichzeitig der Gradient von $f(x, y) = x^3 y + \ln(x)\mathrm{e}^{2y}$ ist. ∎

Der Spezialfall $\nabla f(r)$

Ein besonders wichtiger Spezialfall tritt immer dann auf, wenn die zu betrachtende Funktion f nur vom Abstand vom Ursprung $\sqrt{x_1^2 + \ldots + x_n^2} =: r$ abhängt. Dann gilt nach Kettenregel z. B. für die erste Variable

$$\frac{\partial f\left(\sqrt{x_1^2 + \ldots + x_n^2} \right)}{\partial x_1} = f'(r) \cdot \frac{1}{2}(x_1^2 + \ldots + x_n^2)^{-\frac{1}{2}} \cdot 2x_1 = f'(r)\frac{x_1}{\sqrt{x_1^2 + \ldots + x_n^2}}.$$

Die anderen Ableitungen errechnen sich vollkommen analog, so dass folgt

$$\nabla f(r) = f'(r) \left(\frac{x_1}{\sqrt{x_1^2 + \ldots + x_n^2}}, \ldots, \frac{x_n}{\sqrt{x_1^2 + \ldots + x_n^2}} \right)^{\mathsf{T}} = f'(r)\frac{(x_1, \ldots, x_n)^{\mathsf{T}}}{r}.$$

Ergebnis:

$$\nabla f(r) = f'(r)\frac{\vec{r}}{r}. \tag{4.21}$$

Das ist erstaunlich! Falls der Gradient einer sogenannten **isotropen Funktion** $f(r)$ gebildet werden soll, leiten wir lediglich nach dem Abstand $|\vec{x}| =: r$ ab und hängen anschließend einen Einheitsvektor $\frac{\vec{r}}{r}$ dahinter! Eine Funktion $f(r)$ heißt häufig auch radialsymmetrisch oder kugelsymmetrisch, d. h., sie sieht vom Ursprung aus gesehen in alle Richtungen gleich aus. Dies erkennt man immer daran, dass eine Funktion nur vom Abstand r vom Ursprung, aber nicht von der Richtung abhängt.

Beispiel 4.15 (Gradient des Gravitationspotenzials)

▷ Der Gradient des Gravitationspotenzials $V(r) = -\gamma \frac{mM}{r}$ möchte berechnet werden, wobei $r = \sqrt{x_1^2 + x_2^2 + x_3^2}$.

Lösung: Entweder berechnet man alle partiellen Ableitungen umständlich oder verwendet (4.21):

$$\nabla V(r) = -\gamma m M \nabla \frac{1}{r} = -\gamma m M \nabla r^{-1} \stackrel{(4.21)}{=} -\gamma m M \left(r^{-1} \right)' \frac{\vec{r}}{r} = \gamma m M \frac{1}{r^2} \frac{\vec{r}}{r},$$

wobei im ersten Schritt γ, m, M als Konstanten an der Ableitung vorbeigezogen werden dürfen. ∎

4.2.3 Lokale Extrema

Wir gehen ähnlich wie im 1-D-Fall auf Suche nach lokalen Extrema. Das Verfahren ähnelt sehr stark dem aus Abschn. 4.1. Bevor wir das Kochrezept kennenlernen, benötigen wir ein paar weitere Werkzeuge.

Partielle Ableitungen höherer Ordnung, Satz von Schwarz
Wie auch im 1-D-Fall definieren wir partielle Ableitungen höherer Ordnung gemäß

$$f_{xx} = \frac{\partial^2 f}{\partial x^2} = \frac{\partial^2}{\partial x^2} f \qquad \text{(reine Ableitung)}, \qquad (4.22)$$

$$f_{xy} = \frac{\partial^2 f}{\partial y \partial x} = \frac{\partial}{\partial y} \left(\frac{\partial}{\partial x} f \right) \qquad \text{(gemischte Ableitung)}, \qquad (4.23)$$

und analog für Ableitungen nach anderen Veränderlichen.

Beispiel 4.16 (Berechnung partieller Ableitungen zweiter Ordnung)

▷ Berechnen Sie alle partiellen Ableitungen zweiter Ordnung für

$$f(x, y) := 2e^x y + 4xy^3 - x^2 \cos(y)$$

Lösung: Ausrechnen!

$$f_x = 2e^x y + 4y^3 - 2x \cos(y) \qquad\qquad f_y = 2e^x + 12xy^2 + x^2 \sin(y)$$

$$f_{xx} = 2e^x y - 2\cos(y) \qquad\qquad f_{yy} = 24xy + x^2 \cos(y)$$

$$f_{xy} = 2e^x + 12y^2 + 2x \sin(y) \qquad\qquad f_{yx} = 2e^x + 12y^2 + 2x \sin(y). \quad ∎$$

Hierbei fällt allerdings auf, dass $f_{xy} = f_{yx}$, es somit also egal wäre, in welcher Reihenfolge abgeleitet wird. Das ist kein Zufall, wie der folgende Satz zeigt.

Satz von Schwarz: Für alle gutmütigen Funktionen (d. h. alle zweimal stetig differenzierbaren Funktionen) gilt:

$$\frac{\partial}{\partial x_i} \frac{\partial}{\partial x_j} f = \frac{\partial}{\partial x_j} \frac{\partial}{\partial x_i} f, \tag{4.24}$$

es ist somit egal, ob erst nach x_i und dann nach x_j abgeleitet wird oder umgekehrt.

Hesse-Matrix
Die **Hesse-Matrix** fasst alle partiellen Ableitungen zweiter Ordnung einer skalaren Funktion $f(x_1, \ldots, x_n) =: f(\vec{x})$ zusammen:

$$\text{Hess } f(\vec{x}) := \begin{pmatrix} f_{x_1 x_1} & f_{x_1 x_2} & \cdots & f_{x_1 x_n} \\ f_{x_2 x_1} & f_{x_2 x_2} & \cdots & f_{x_2 x_n} \\ \vdots & \vdots & \ddots & \vdots \\ f_{x_n x_1} & f_{x_n x_2} & \cdots & f_{x_n x_n} \end{pmatrix} = \left(\frac{\partial^2 f}{\partial x_i \partial x_j} \right). \tag{4.25}$$

Sie ist immer quadratisch und enthält alle reinen Ableitungen auf der Diagonalen, während die gemischten Ableitungen auf den Nebendiagonalen stehen. Die Hesse-Matrix ist weiterhin wegen des Satzes von Schwarz (4.24) symmetrisch, d. h. $\text{Hess } f = (\text{Hess } f)^{\mathsf{T}}$. Zur Bildung: In der ersten Spalte steht der Gradient ∇f nochmals nach x_1 abgeleitet, also quasi $\frac{\partial}{\partial x_1} \text{grad } f$. In der zweiten Spalte steht $\frac{\partial}{\partial x_2} \text{grad } f$ usw.

Im 1-D-Fall, d. h. für $y = f(x_1)$, ist die Hesse-Matrix keine Matrix mehr, sondern liefert $f_{x_1 x_1} = f''(x_1)$ – also einfach die aus Abschn. 4.1 bekannte zweite Ableitung. $\text{Hess } f$ entspricht folglich dem Upgrade der zweiten Ableitung f'' des 1-D-Falls auf n Veränderliche.

Beispiel 4.17 (Eine Hesse-Matrix)

▷ Wie lautet die Hesse-Matrix der Funktion aus Beispiel 4.16?

Lösung: Da die Ableitungen zuvor berechnet wurden, brauchen wir diese nur als Matrix zu schreiben:

$$\begin{aligned} \text{Hess } f(x, y) &= \begin{pmatrix} f_{xx} & f_{xy} \\ f_{yx} & f_{yy} \end{pmatrix} \\ &= \begin{pmatrix} 2e^x y - 2\cos(y) & 2e^x + 12y^2 + 2x\sin(y) \\ 2e^x + 12y^2 + 2x\sin(y) & 24xy + x^2 \cos(y) \end{pmatrix}. \end{aligned}$$ ∎

Definitheit

Eine reelle, symmetrische, quadratische $n \times n$-Matrix A heißt

- positiv definit: $\Longleftrightarrow$ alle EW (Abschn. 2.4) von A sind > 0,
- positiv semidefinit: $\Longleftrightarrow$ alle EW von A sind ≥ 0,
- negativ definit: $\Longleftrightarrow$ alle EW von A sind < 0,
- negativ semidefinit: $\Longleftrightarrow$ alle EW von A sind ≤ 0,
- indefinit: $\Longleftrightarrow$ EW von A sind > 0 und < 0.

Beispiel 4.18 (Definitheit einer Matrix)

$\triangleright$ Man untersuche die Matrix $A = \begin{pmatrix} 2 & -1 \\ -1 & 2 \end{pmatrix}$ auf Definitheit.

Lösung: Wir bestimmen die Eigenwerte von A:

$$\det(A - \lambda \cdot \mathbb{1}) = \det \begin{pmatrix} 2-\lambda & -1 \\ -1 & 2-\lambda \end{pmatrix} = (2-\lambda)^2 - 1 = \lambda^2 - 4\lambda + 3 = 0.$$

Die Eigenwerte ergeben sich zu $\lambda = 1$ und $\lambda = 3$. Da beide (alle) Eigenwerte größer als null sind, ist A positiv definit. ∎

Lokale Extrema

Nun haben wir alle Hilfsmittel zusammen, um skalare Funktionen mehrerer Veränderlicher auf lokale Extrema zu untersuchen. Dabei wird einem das folgende Kochrezept von der Struktur her vom 1-D-Fall aus Abschn. 4.1 bekannt vorkommen. Wir ersetzen dabei bei der Extremstellenberechnung grob gesprochen $f'(x) = 0$ durch grad $f = \vec{0}$ und die Untersuchung der zweiten Ableitung an den Extremstellen durch die Untersuchung der Definitheit der Hesse-Matrix Hess f an den jeweiligen Extremstellen.

Kochrezept für Extremwertuntersuchung von $f(\vec{x})$

1. **Notwendige Bedingung:**
   Setze alle partiellen Ableitungen erster Ordnung von f gleich null

$$\frac{\partial f}{\partial x_1} = \ldots = \frac{\partial f}{\partial x_n} = 0 \iff \nabla f = \vec{0}. \qquad (4.26)$$

Aus diesem oftmals nicht linearen (!) Gleichungssystem werden dann die möglichen Extremstellen $\vec{x}_E$ ermittelt.

2. **Hinreichende Bedingung:**
   Bilde für jede Extremstelle die Hesse-Matrix Hess $f|_{\vec{x}_E}$ und untersuche diese auf Definitheit. Ist sie positiv definit, so liegt bei $\vec{x}_E$ ein lokales Minimum mit Funktionswert $f(\vec{x}_E)$ vor; ist sie negativ definit, so liegt bei $\vec{x}_E$ ein lokales Maximum mit $f(\vec{x}_E)$ vor. Ist sie indefinit, so handelt es sich um einen Sattelpunkt.

Beispiel 4.19 (Extrema einer Temperaturverteilung)

▷ Eine zeitunabhängige Temperaturverteilung in einem Saal (d. h., die Luft steht sprichwörtlich, kein Ventilator, keine Klimaanlage) sei durch

$$T(x, y, z) = \beta[(y^2 - x^2)e^{-\alpha x^2} + z^2] + T_0$$

gegeben, α, $\beta > 0$. Wo sollten wir uns aufhalten, um nicht vor Hitze zu zerfließen?

Lösung: Wir suchen die lokalen Extrema von T mit Hilfe des obigen Kochrezepts und bevorzugen schließlich natürlich als Aufenthaltsort das Temperaturminimum.

1. **Notwendige Bedingung**
   Berechne alle partiellen ersten Ableitungen:

$$\nabla T = \beta \left(-2x e^{-\alpha x^2} + (y^2 - x^2)e^{-\alpha x^2}(-2\alpha x) \,,\; 2y e^{-\alpha x^2}, 2z \right)^\mathsf{T} = \vec{0},$$

wobei bei der x-Ableitung Produkt- und Kettenregel angewendet werden müssen. Hieraus folgt wegen $\nabla T = \left(\frac{\partial T}{\partial x}, \frac{\partial T}{\partial y}, \frac{\partial T}{\partial z} \right)^\mathsf{T}$ das nicht lineare Gleichungssystem

$$\begin{aligned}
\frac{\partial T}{\partial x} &= \beta \left(-2x e^{-\alpha x^2} + (y^2 - x^2)e^{-\alpha x^2}(-2\alpha x) \right) \\
&= \beta e^{-\alpha x^2}(-2x + 2\alpha x^3 - 2\alpha x y^2) = 0, \\
\frac{\partial T}{\partial y} &= 2\beta y e^{-\alpha x^2} = 0, \\
\frac{\partial T}{\partial z} &= 2\beta z = 0.
\end{aligned}$$

Aus der dritten Gleichung folgt direkt $z = 0$. Die zweite Gleichung kann gefahrenlos durch $e^{-\alpha x^2} \neq 0$ und $\beta > 0$ (laut Aufgabenstellung) geteilt werden, so dass sich $y = 0$ ergibt. Dies setzen wir in die erste Gleichung ein und erhalten (auch durch $\beta > 0$ und $e^{-\alpha x^2} \neq 0$ geteilt)

$$-2x + 2\alpha x^3 - 0 = 0 \iff -x(1 - \alpha x^2) = 0 \iff x = 0 \lor x = -\frac{1}{\sqrt{\alpha}} \lor x = \frac{1}{\sqrt{\alpha}}.$$

Damit ergeben sich drei Extremstellen:

$$\vec{x}_E^{(1)} = (0, 0, 0), \quad \vec{x}_E^{(2)} = \left(\frac{1}{\sqrt{\alpha}}, 0, 0 \right), \quad \vec{x}_E^{(3)} = \left(-\frac{1}{\sqrt{\alpha}}, 0, 0 \right).$$

2. **Hinreichende Bedingung**
   Nun wird geschaut, was an den Extremstellen los ist. Bilde dazu die Hesse-Matrix, wofür wir die partiellen Ableitungen zweiter Ordnung benötigen:

$$\frac{\partial^2 T}{\partial x^2} = \beta(-2\alpha x)e^{-\alpha x^2}(-2x + 2\alpha x^3 - 2\alpha xy^2) + \beta e^{-\alpha x^2}(-2 + 6\alpha x^2 - 2\alpha y^2)$$

$$= \beta e^{-\alpha x^2}(10\alpha x^2 - 4\alpha^2 x^4 + 4\alpha^2 x^2 y^2 - 2 - 2\alpha y^2),$$

$$\frac{\partial^2 T}{\partial x \partial y} = -4\alpha\beta xye^{-\alpha x^2} = \frac{\partial^2 T}{\partial y \partial x},$$

$$\frac{\partial^2 T}{\partial x \partial z} = \frac{\partial^2 T}{\partial z \partial x} = 0 = \frac{\partial^2 T}{\partial y \partial z} = \frac{\partial^2 T}{\partial z \partial y},$$

$$\frac{\partial^2 T}{\partial^2 y} = 2\beta e^{-\alpha x^2},$$

$$\frac{\partial^2 T}{\partial^2 z} = 2\beta.$$

Damit ergibt sich die Hesse-Matrix zu

$$\text{Hess } T = \begin{pmatrix} \beta e^{-\alpha x^2}(10\alpha x^2 - 4\alpha^2 x^4 + 4\alpha^2 x^2 y^2 - 2 - 2\alpha y^2) & -4\alpha\beta xye^{-\alpha x^2} & 0 \\ -4\alpha\beta xye^{-\alpha x^2} & 2\beta e^{-\alpha x^2} & 0 \\ 0 & 0 & 2\beta \end{pmatrix}.$$

Wir setzen nun nacheinander die Extremstellen ein und untersuchen auf Definitheit. Für $\vec{x}_E^{(1)} = (0, 0, 0)$ gilt

$$\text{Hess } T|_{(0,0,0)} = \begin{pmatrix} -2\beta & 0 & 0 \\ 0 & 2\beta & 0 \\ 0 & 0 & 2\beta \end{pmatrix}.$$

Diese Matrix ist diagonal und wir können direkt die Eigenwerte von der Hauptdiagonalen ablesen. Offensichtlich haben die EW kein einheitliches Vorzeichen, so dass wir keine weitere Aussage über dieses Extremum machen können (Sattelpunkt). Für $\vec{x}_E^{(2)} = \left(\frac{1}{\sqrt{\alpha}}, 0, 0\right)$ und $\vec{x}_E^{(3)} = \left(-\frac{1}{\sqrt{\alpha}}, 0, 0\right)$ folgt

$$\text{Hess } T|_{(\pm\frac{1}{\sqrt{\alpha}}, 0, 0)} = \begin{pmatrix} \beta e^{-1}(10-4+0-2-0) & 0 & 0 \\ 0 & 2\beta e^{-1} & 0 \\ 0 & 0 & 2\beta \end{pmatrix} = \begin{pmatrix} 4\beta e^{-1} & 0 & 0 \\ 0 & 2\beta e^{-1} & 0 \\ 0 & 0 & 2\beta \end{pmatrix}.$$

Wegen $e^{-1} > 0$ und $\beta > 0$ laut Aufgabe sind alle EW dieser Matrix (stehen auf der Hauptdiagonalen!) größer null. Damit ist die Hesse-Matrix von $T(x, y, z)$ an den Stellen $\vec{x}_E^{(2)} = \left(\frac{1}{\sqrt{\alpha}}, 0, 0\right)$ und $\vec{x}_E^{(3)} = \left(-\frac{1}{\sqrt{\alpha}}, 0, 0\right)$ positiv definit, und es liegt ein lokales Minimum mit Funktionswert

$$T\left(\pm\frac{1}{\sqrt{\alpha}}, 0, 0\right) = \beta\left(-\frac{1}{\alpha}e^{-1} + 0\right) + T_0 = T_0 - \frac{\beta}{\alpha}e^{-1}$$

vor. Wir haben also zwei mögliche Standorte im Saal, an die wir uns stellen können, um die Hitze ertragen zu können (und zwar bei $\vec{x}_E^{(2)}$ oder $\vec{x}_E^{(3)}$). ∎

[H10] Wanderung im Harz   **(4 Punkte)**

In einem Talkessel ist die Höhe über dem tiefsten Punkt gegeben durch

$$h(x, y) = H \left(\frac{a^2 x^2}{a^4 + x^4} + \frac{y^2}{a^2} \right) e^{-\frac{y^2}{a^2}}.$$

Am Ort $\vec{c} = (a, a, h(a, a))^\mathsf{T}$ liegt die Berghütte Molkenhaus. In welcher Richtung (2-D-Einheitsvektor in der (x, y)-Ebene angeben) ist die Steigung des Talkessels vom Molkenhaus aus am größten? Und wo befinden sich mögliche Extremstellen im Kessel? (nicht weiter auf Art untersuchen).

Spickzettel zu mehrdimensionalen Ableitungen

- **Skalare Funktionen mehrerer Veränderlicher**
  Funktionen $f : \mathbb{R}^n \to \mathbb{R}$ mit $y = f(x_1, \ldots, x_n) = f(\vec{x})$; Darstellung im Blockbild oder durch Äquiniveaulinien $f(x, y) = C$.

- **Partielle Ableitung**
  Betrachte alle Variablen bis auf die abzuleitende Variable als konstant. Schreibweise: $f_x = \frac{\partial f}{\partial x}$ (partielle Ableitung von f nach x); bekannte 1-D-Ableitungsregeln bleiben gültig. Achtung: $\frac{d}{dx_i} \neq \frac{\partial}{\partial x_i}$ im Allgemeinen!

- **Der Gradient und Nabla**
  - Gradient = Zusammenfassen aller partiellen Ableitungen in Spaltenvektor: grad $f = \left(\frac{\partial f}{\partial x_1}, \ldots, \frac{\partial f}{\partial x_n} \right)^\mathsf{T}$; gibt Richtung des steilsten Anstiegs von f an und steht senkrecht auf den Äquiniveaulinien.
  - Ableitungsoperator: $\nabla = \left(\frac{\partial}{\partial x_1}, \ldots, \frac{\partial}{\partial x_n} \right)^\mathsf{T}$, damit grad $f = \nabla f$.
  - Spezialfall: $\nabla f(|\vec{x}|) = \nabla f(r) = f'(r) \frac{\vec{r}}{r}$.

- **Ableitungen höherer Ordnung**
  - Schreibweise für höhere Ordnungen analog, z. B. $f_{xy} = \frac{\partial^2 f}{\partial x \partial y}$ (gemischt) und $f_{yy} = \frac{\partial^2 f}{\partial y^2}$ (rein); Satz von Schwarz: $f_{x_i x_j} = f_{x_j x_i}$.
  - Hesse-Matrix: Hess $f(\vec{x}) = \left(\frac{\partial^2 f}{\partial x_i \partial x_j} \right) = (\text{Hess } f(\vec{x}))^\mathsf{T}$ beinhaltet spaltenweise alle partiellen Ableitungen erster Ordnung des Gradienten.

- **Lokale Extrema**
  a) Notwendige Bedingung: $\nabla f(\vec{x}) = \vec{0}$, ermittle hieraus die Extremstellen $\vec{x}_E$.
  b) Hinreichende Bedingung: Bilde für jede Extremstelle die Hesse-Matrix Hess $f|_{\vec{x}_E}$. Ist sie positiv definit (alle EW > 0) $\Rightarrow$ lokales Minimum bei $(\vec{x}_E, f(\vec{x}_E))$; ist sie negativ definit (alle EW < 0) $\Rightarrow$ lokales Maximum bei $(\vec{x}_E, f(\vec{x}_E))$.

4.3 Reihenentwicklung

Leider ist das Verhalten eines Systems selten vollständig analytisch zu berechnen. Um trotzdem eine „einigermaßen genaue" mathematische Lösung aufstellen zu können, bedient man sich oftmals der **Reihenentwicklung**. Wir werden sie in diesem Abschnitt kennenlernen, auch wenn wir vielleicht noch nicht den vollständigen Nutzen dieser Entwicklung erkennen können. Spätestens in Kap. 12 werden wir jedoch die Mächtigkeit des Werkzeugs Reihenentwicklung und den damit verbundenen Begriff der Näherung zu schätzen wissen.

4.3.1 Taylor-Entwicklung in 1-D

Für die Analysis (Ableiten und Integrieren) sind Polynomfunktionen von großer Wichtigkeit, da sie sich einfach ableiten und integrieren lassen (s. Kap. 5). Daher wäre es wünschenswert, eine beliebige Funktion mit Hilfe von Polynomen auszudrücken bzw. anzunähern, um ihre Analyse möglichst einfach betreiben zu können. Genau das ist die Grundidee der Potenzreihenentwicklung: Nähere eine beliebige Funktion $f(x)$ durch ein Polynom an einer Stelle x_0. Abb. 4.10 veranschaulicht das Prinzip.

In den meisten Fällen gilt: Je höher der Polynomgrad (die höchste Potenz in der Entwicklung) bzw. die Ordnung der Näherung, desto besser wird die Näherung. In vielen Fällen in der Physik reicht es jedoch schon, je nach Fragestellung die Funktion an einer Stelle durch eine Gerade oder eine Parabel zu approximieren.

Die Taylor-Formel
Die **Taylor-Entwicklung** einer Funktion $f(x)$ an der Stelle x_0 ist gegeben durch

$$f(x) = \sum_{k=0}^{\infty} \frac{f^{(k)}(x)|_{x_0}}{k!}(x - x_0)^k, \tag{4.27}$$

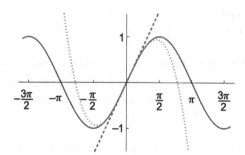

Abb. 4.10 Prinzip der Taylor-Entwicklung. $f(x) = \sin(x)$ soll um $x_0 = 0$ durch Polynome angenähert werden. Annäherung erster Ordnung durch Gerade $y(x) = x$ (Tangente, gestrichelt) und Annäherung dritter Ordnung durch $y(x) = x - \frac{x^3}{6}$ (gepunktet)

wobei $f^{(k)}(x)$ die k-te Ableitung der Funktion $f(x)$ beschreibt und

$$k! := 1 \cdot 2 \cdot \ldots \cdot (k-1) \cdot k$$

Fakultät heißt. Es sind per Definition $1! := 1$ und auch $0! := 1$.

Prinzipiell verhält es sich einfach: Wir müssen zur Bestimmung der Taylor-Entwicklung nur ableiten – allerdings unendlich oft (für den unendlichsten Summanden). Sofern die Funktion nicht polynomial ist oder eine einfache Regel für die n-te Ableitung besitzt, scheint dieses Anliegen hoffnungslos. Wie jedoch Abb. 4.10 gezeigt hat, wird durch Polynome dritter Ordnung schon eine erstaunlich gute Annäherung des Sinus um $x_0 = 0$ erreicht. Es macht also durchaus Sinn (und ist mathematisch zu rechtfertigen), die Reihe (4.27) nach endlich vielen Gliedern n abzubrechen:

$$f(x) \approx \sum_{k=0}^{n} \frac{f^{(k)}(x)|_{x_0}}{k!} (x - x_0)^k.$$

Terme höherer Potenzen lässt man dann einfach weg und schmeißt sie in den **Landau'schen Papierkorb** $\mathcal{O}$. Dabei beinhaltet z. B. $\mathcal{O}(x^3)$ alle Terme mit x-Potenz drei oder höher, also x^3, x^4, … Dann lautet (4.27) explizit ausgeschrieben:

$$f(x) = f(x_0) + f'(x_0)(x - x_0) + \frac{f''(x_0)}{2!}(x - x_0)^2 + \ldots + \frac{f^{(n)}(x_0)}{n!}(x - x_0)^n + \mathcal{O}(x^{n+1}).$$
$$(4.28)$$

Dieses ist die Taylor-Entwicklung bis einschließlich n-ter Ordnung (da die höchste $(x - x_0)$-Potenz den Grad n hat).

Oftmals ist in der Physik nur die Taylor-Entwicklung bis einschließlich *zweiter* Ordnung notwendig (z. B. zur Bestimmung von Schwingungsfrequenzen; mehr dazu in Kap. 12):

$$f(x) \approx f(x_0) + f'(x_0)(x - x_0) + \frac{f''(x_0)}{2}(x - x_0)^2. \qquad (4.29)$$

Die Taylor-Entwicklung erster Ordnung, d. h. $f(x) \approx f(x_0) + f'(x_0)(x - x_0)$, wird auch **lineare Näherung** genannt. Eine Warnung zum Schluss:

Es gibt Fälle, in denen approximiert die Taylor-Entwicklung die Funktion gar nicht (z. B. bei $f(x) = e^{-\frac{1}{x^2}}$). Um zu prüfen, ob die Taylor-Entwicklung gegen die Funktion konvergiert, muss das sogenannte Restglied untersucht werden, was hier aber nicht ausgeführt werden soll.

Bei den im Folgenden betrachteten Funktionen ist die Konvergenz allerdings stets gegeben.

4.3.2 Hilfreiche Reihen

Um ein wenig Praxis mit der Taylor-Formel (4.28) zu bekommen, betrachten wir ein paar prominente Beispiele.

Beispiel 4.20 (Exponentialreihe)

▷ Wie lautet die Taylor-Entwicklung der Exponentialfunktion um $x_0 = 0$?

Lösung: Wir müssen die fehlenden Teile $f(x_0 = 0)$, $f'(x_0 = 0)$, $f''(x_0 = 0)$, ... in Gl. (4.28) berechnen. Es sind

$$f(x) = e^x, \qquad f'(x) = e^x, \quad f''(x) = e^x = f'''(x) = \ldots$$
$$f(0) = e^0 = 1, \qquad f'(0) = 1 = f''(0) = f'''(0) = \ldots$$

Damit ergibt sich in (4.28)

$$e^x = 1 + 1(x - 0) + \frac{1}{2!}(x - 0)^2 + \frac{1}{3!}(x - 0)^3 + \frac{1}{4!}(x - 0)^4 + \ldots$$

und somit

$$e^x = 1 + x + \frac{1}{2!}x^2 + \frac{1}{3!}x^3 + \frac{1}{4!}x^4 + \ldots = \sum_{k=0}^{\infty} \frac{x^k}{k!}. \tag{4.30}$$

Das ist die **Reihendarstellung der Exponentialfunktion**; den Ausdruck als Summe nennen wir geschlossene Form. ∎

In diesem Buch werden wir drei Darstellungen von e^x kennenlernen. Die Reihendarstellung haben wir soeben gesehen, eine weitere wird in Kap. 7 eingeführt. Die folgende Darstellung der **Exponentialfunktion als Grenzwert** (ohne Beweis) wird uns in Kap. 11 noch nützlich sein:

$$e^x = \lim_{N \to \infty} \left(1 + \frac{x}{N}\right)^N. \tag{4.31}$$

Beispiel 4.21 (Kosinusreihe)

▷ Der Kosinus möchte in $x_0 = 0$ Taylor-entwickelt werden.

Lösung: Wir berechnen wieder die Ableitungen und hoffen auf wiederkehrende Werte:

$$f(x) = \cos(x), \qquad\qquad f'(x) = -\sin(x), \qquad f''(x) = -\cos(x),$$
$$f'''(x) = \sin(x), \qquad\qquad f^{(IV)}(x) = \cos(x), \ldots$$
$$f(0) = \cos(0) = 1, \qquad\quad f'(0) = 0, \qquad\qquad f''(0) = -1,$$
$$f'''(0) = 0, \qquad\qquad\qquad f^{(IV)}(0) = 1, \ldots$$

Ab der vierten Ableitung reproduziert sich die Funktion wieder. Damit folgt

$$\cos(x) = 1 + 0(x-0) + \frac{-1}{2!}(x-0)^2 + 0(x-0)^3 + \frac{1}{4!}(x-0)^4 \mp \cdots$$

und insgesamt

$$\cos(x) = 1 - \frac{1}{2!}x^2 + \frac{1}{4!}x^4 \mp \ldots = \sum_{k=0}^{\infty} \frac{(-1)^k}{(2k)!}x^{2k}. \qquad (4.32)$$

Die geschlossene Form kommt dabei durch folgende Überlegung zustande: Es tauchen nur gerade Potenzen (die nullte, zweite, vierte, allgemein $2k$-te) und gerade Fakultäten in der Entwicklung auf. Weiterhin wechseln die Terme durchgehend ihr Vorzeichen, beim nullten Term $+$, beim ersten Term $-$, beim zweiten $+$, beim dritten $-$, allgemein $(-1)^k$. ∎

Beispiel 4.22 (Sinusreihe)

Vollkommen analog zum vorherigen Beispiel findet man

$$\sin(x) = x - \frac{x^3}{3!} + \frac{x^5}{5!} \mp \ldots = \sum_{k=0}^{\infty} \frac{(-1)^k}{(2k+1)!}x^{2k+1}. \qquad (4.33)$$

∎

Beispiel 4.23 (Logarithmusentwicklung)

▷ Man gebe die Logarithmus-Entwicklung an.
Lösung: Da die meisten Funktionsentwicklungen an der Stelle $x_0 = 0$ gegeben sind, führt man die Logarithmusentwicklung auch auf $x_0 = 0$ zurück. Es ergibt sich allerdings das offensichtliche Problem, dass der Logarithmus $f(x) = \ln(x)$ bei $x = 0$ nicht definiert ist. Deswegen entwickeln wir einen verschobenen Logarithmus $\ln(1 + x)$ um $x_0 = 0$:

$$f(x) = \ln(1+x), \quad f'(x) = \frac{1}{1+x}, \quad f''(x) = -(1+x)^{-2}, \quad f'''(x) = 2(1+x)^{-3}, \ldots$$
$$f(0) = \ln(1) = 0, \quad f'(0) = 1, \quad f''(0) = -1, \quad f'''(0) = 2, \ldots$$

und ferner gilt

$$\ln(1+x) = 0 + 1(x-0) - \frac{1}{2}(x-0)^2 + \frac{2}{6}(x-0)^3 \pm \ldots$$

Ergebnis:

$$\ln(1+x) = x - \frac{x^2}{2} + \frac{x^3}{3} - \frac{x^4}{4} \pm \ldots = \sum_{k=1}^{\infty} \frac{(-1)^{k+1}}{k} x^k. \tag{4.34}$$

Das ist die Logarithmusreihe. ∎

Es lässt sich analog zeigen, dass für $x \ll 1$ gilt:

$$\sqrt{1+x} \approx 1 + \frac{x}{2}, \quad \frac{1}{1-x} \approx 1 + x. \tag{4.35}$$

Die Reihenentwicklungen (4.30)–(4.35) gehören auf jeden Fall in unseren Werkzeugkasten, denn diese werden uns noch häufig wiederbegegnen.

4.3.3 e hoch Matrix

Zur Verwunderung führen immer wieder Terme à la e^A, wobei A eine Matrix ist. Es stellt sich die Frage, was man in diesem Fall tut. Gleich vorweg: e hoch Matrix (bzw. e hoch Operator) kommt in diesem Buch nur in wenigen, aber wichtigen Fällen zum Zuge (vgl. z. B. Diffusion; Kap. 11). Später in der Quantenmechanik wird aber die zeitliche Entwicklung z. B. eines Atoms über solch einen Operator beschrieben.

Der zugrunde liegende Trick bei einem Konstrukt mit e hoch Matrix ist die Entwicklung der Exponentialfunktion nach Gl. (4.30):

$$e^A = \mathbb{1} + A + \frac{A^2}{2!} + \frac{A^3}{3!} + \frac{A^4}{4!} + \ldots$$

Sofern man die Potenzen der Matrix A vorhersagen kann, lässt sich die Entwicklung in eine geschlossene Form überführen. Dieses ist der Fall, wenn z. B. die Multiplikation der Matrix A irgendwann wieder A oder $\mathbb{1}$ ergibt.

Beispiel 4.24 (Drehmatrix als Reihendarstellung)

▷ Man vereinfache e^{xA} mit $A = \begin{pmatrix} 0 & -1 \\ 1 & 0 \end{pmatrix}$ und $x \in \mathbb{R}$.

Lösung: Wir hoffen, dass nach endlich vielen Potenzen wieder die Matrix A oder die Einheitsmatrix auftritt. Berechne also

$$A^2 = \begin{pmatrix} 0 & -1 \\ 1 & 0 \end{pmatrix} \cdot \begin{pmatrix} 0 & -1 \\ 1 & 0 \end{pmatrix} = \begin{pmatrix} -1 & 0 \\ 0 & -1 \end{pmatrix} = -\mathbb{1},$$

$$A^3 = A^2 \cdot A = \begin{pmatrix} -1 & 0 \\ 0 & -1 \end{pmatrix} \cdot \begin{pmatrix} 0 & -1 \\ 1 & 0 \end{pmatrix} = \begin{pmatrix} 0 & 1 \\ -1 & 0 \end{pmatrix} = -A,$$

$$A^4 = A^2 \cdot A^2 = (-\mathbb{1}) \cdot (-\mathbb{1}) = \begin{pmatrix} 1 & 0 \\ 0 & 1 \end{pmatrix} = \mathbb{1},$$

und damit wissen wir, dass $A^5 = A$, $A^6 = -\mathbb{1}$, $A^7 = -A$, $A^8 = \mathbb{1}$ usw. Die geraden Potenzen liefern mit wechselndem Vorzeichen die Einheitsmatrix, die ungeraden Potenzen mit ebenfalls alternierendem Vorzeichen die Ausgangsmatrix A. Wir können also die Taylor-Reihe

$$e^{xA} = \mathbb{1} + xA + \frac{x^2 A^2}{2!} + \frac{x^3 A^3}{3!} + \frac{x^4 A^4}{4!} + \ldots = \sum_{k=0}^{\infty} \frac{x^k A^k}{k!}$$

in diesem Beispiel in gerade und ungerade Anteile aufspalten und ausklammern:

$$e^{xA} = \left(\mathbb{1} - \mathbb{1} \cdot \frac{x^2}{2!} + \mathbb{1} \cdot \frac{x^4}{4!} \mp \ldots \right) + \left(A \cdot x - A \cdot \frac{x^3}{3!} + A \cdot \frac{x^5}{5!} \mp \ldots \right)$$

$$= \mathbb{1} \left(1 - \frac{x^2}{2!} + \frac{x^4}{4!} \mp \ldots \right) + A \left(x - \frac{x^3}{3!} + \frac{x^5}{5!} \mp \ldots \right)$$

$$= \mathbb{1} \sum_{k=0}^{\infty} \frac{(-1)^k}{(2k)!} x^{2k} + A \sum_{k=0}^{\infty} \frac{(-1)^k}{(2k+1)!} x^{2k+1}.$$

Doch die beiden Summen kennen wir: Das sind gerade die Kosinus- und Sinusreihe (4.32) und (4.33)! Ergebnis:

$$e^{xA} = \mathbb{1} \cdot \cos(x) + A \cdot \sin(x)$$

$$= \begin{pmatrix} \cos(x) & 0 \\ 0 & \cos(x) \end{pmatrix} + \begin{pmatrix} 0 & -\sin(x) \\ \sin(x) & 0 \end{pmatrix} = \begin{pmatrix} \cos(x) & -\sin(x) \\ \sin(x) & \cos(x) \end{pmatrix}.$$

Donnerschlag! Das ist die Drehmatrix in 2-D um den Winkel x. Der Ausdruck e^{xA} stellt (mit dem gegebenen A) also nichts anderes als eine Drehung dar. ∎

e hoch Diagonalmatrix

Ein weiterer interessanter Fall tritt auf, wenn A diagonal ist, d.h. $A = \begin{pmatrix} \lambda_1 & 0 \\ 0 & \lambda_2 \end{pmatrix}$ (Verallgemeinerung analog). Wir schreiben die Exponentialreihe zunächst aus:

$$e^A = 1 + A + \frac{A^2}{2!} + \frac{A^3}{3!} + \frac{A^4}{4!} + \cdots$$

$$= \begin{pmatrix} 1 & 0 \\ 0 & 1 \end{pmatrix} + \begin{pmatrix} \lambda_1 & 0 \\ 0 & \lambda_2 \end{pmatrix} + \frac{1}{2!} \begin{pmatrix} \lambda_1 & 0 \\ 0 & \lambda_2 \end{pmatrix}^2 + \frac{1}{3!} \begin{pmatrix} \lambda_1 & 0 \\ 0 & \lambda_2 \end{pmatrix}^3 + \frac{1}{4!} \begin{pmatrix} \lambda_1 & 0 \\ 0 & \lambda_2 \end{pmatrix}^4 + \cdots$$

$$= \begin{pmatrix} 1 & 0 \\ 0 & 1 \end{pmatrix} + \begin{pmatrix} \lambda_1 & 0 \\ 0 & \lambda_2 \end{pmatrix} + \frac{1}{2!} \begin{pmatrix} \lambda_1^2 & 0 \\ 0 & \lambda_2^2 \end{pmatrix} + \frac{1}{3!} \begin{pmatrix} \lambda_1^3 & 0 \\ 0 & \lambda_2^3 \end{pmatrix} + \frac{1}{4!} \begin{pmatrix} \lambda_1^4 & 0 \\ 0 & \lambda_2^4 \end{pmatrix} + \cdots$$

$$= \begin{pmatrix} 1 + \lambda_1 + \frac{\lambda_1^2}{2!} + \frac{\lambda_1^3}{3!} + \frac{\lambda_1^4}{4!} + \cdots & 0 \\ 0 & 1 + \lambda_2 + \frac{\lambda_2^2}{2!} + \frac{\lambda_2^3}{3!} + \frac{\lambda_2^4}{4!} + \cdots \end{pmatrix}.$$

Aber in den einzelnen Matrixeinträgen stehen wiederum Exponentialreihen; und zwar von e^{λ_1} und e^{λ_2}. Damit haben wir eine schöne Regel gefunden: Wenn A diagonal ist mit Eigenwerten λ_i, dann gilt

$$e^A = \exp\left[\begin{pmatrix} \lambda_1 & & 0 \\ & \ddots & \\ 0 & & \lambda_n \end{pmatrix}\right] = \begin{pmatrix} e^{\lambda_1} & & 0 \\ & \ddots & \\ 0 & & e^{\lambda_n} \end{pmatrix}. \tag{4.36}$$

Beachte:

> Nur wenn A *diagonal* ist, gilt (4.36).

Beispiel 4.25 (Vereinfachung von e hoch Diagonalmatrix)

▷ Man vereinfache e^A für $A = \begin{pmatrix} 1 & 0 & 0 \\ 0 & 2 & 0 \\ 0 & 0 & -3 \end{pmatrix}$.

Lösung: A ist offensichtlich diagonal. Wir dürfen also direkt mit Hilfe von (4.36) ersetzen:

$$e^A = \begin{pmatrix} e^1 & 0 & 0 \\ 0 & e^2 & 0 \\ 0 & 0 & e^{-3} \end{pmatrix}.$$

∎

4.3.4 Allgemeine Taylor-Entwicklung

Die Taylor-Entwicklung einer Funktion $f(x)$ – das war die Annäherung durch Polynome – wurde im vorhergehenden Abschnitt diskutiert. Nun verallgemeinern wir die Entwicklung auf mehrere Veränderliche.

Taylor-Formel für mehrere Veränderliche

Die Taylor-Entwicklung einer skalaren Funktion von n Veränderlichen, $f : \mathbb{R}^n \to \mathbb{R}$, $u = f(x_1, \ldots, x_n)$, bis zur N-ten Ordnung ist an der Stelle $\vec{a}$ (dem Entwicklungspunkt) durch eine äußerst unangenehme Formel gegeben, die man z. B. im Bronstein (2000) nachschlagen kann. Wir betrachten hier die für uns interessanten Spezialfälle zweier Veränderlicher und für n Veränderliche bis zur zweiten Ordnung.

- **Taylor-Entwicklung mit $n = 2$, d. h.** $y = f(x, y)$
  Die Taylor-Entwicklung einer Funktion $f(x, y)$ zweier Veränderlicher an der Stelle $\vec{a} = (a_1, a_2)$ ist gegeben durch

$$
\begin{aligned}
f(x, y) = {}& f(\vec{a}) + f_x|_{\vec{a}}(x - a_1) + f_y|_{\vec{a}}(y - a_2) \\
&+ \tfrac{1}{2!}\left(f_{xx}|_{\vec{a}}(x - a_1)^2 + 2 f_{xy}|_{\vec{a}}(x - a_1)(y - a_2) + f_{yy}|_{\vec{a}}(y - a_2)^2 \right) \\
&+ \tfrac{1}{3!}\left(f_{xxx}|_{\vec{a}}(x - a_1)^3 + 3 f_{xxy}|_{\vec{a}}(x - a_1)^2(y - a_2) \right. \\
&\left. + 3 f_{xyy}|_{\vec{a}}(x - a_1)(y - a_2)^2 + f_{yyy}|_{\vec{a}}(y - a_2)^3 \right) + \ldots
\end{aligned}
\tag{4.37}
$$

Meist ist allerdings nur die Entwicklung bis zur zweiten Ordnung interessant, d. h. hier die ersten zwei Zeilen.

- **Entwicklung für allgemeines n bis zur zweiten Ordnung**
  Allgemein gilt bis einschließlich zweiter Ordnung die zentrale Formel:

$$
f(\vec{x}) \approx f(\vec{a}) + \operatorname{grad} f|_{\vec{a}} \cdot (\vec{x} - \vec{a}) + \frac{1}{2}(\vec{x} - \vec{a})^{\mathsf{T}} \operatorname{Hess} f|_{\vec{a}} \cdot (\vec{x} - \vec{a})
\tag{4.38}
$$

mit $\vec{x} = (x_1, \ldots, x_n)^{\mathsf{T}}$ und $\vec{a} = (a_1, \ldots, a_n)^{\mathsf{T}}$. Hier bezeichnet $\operatorname{grad} f|_{\vec{a}} \cdot (\vec{x} - \vec{a})$ das Skalarprodukt des Gradienten $\operatorname{grad} f$ an der Stelle $\vec{a}$ mit dem Spaltenvektor $\vec{x} - \vec{a} = (x_1 - a_1, x_2 - a_2, \ldots, x_n - a_n)^{\mathsf{T}}$. Ferner entspricht das Konstrukt $(\vec{x} - \vec{a})^{\mathsf{T}} \operatorname{Hess} f|_{\vec{a}} \cdot (\vec{x} - \vec{a})$ einer Quadrik mit der Hesse-Matrix von f an der Stelle $\vec{a}$ (Abschn. 2.4.3).

Gl. (4.38) ist eine sehr nützliche Formel, denn es lassen sich aus ihr z. B. auch die Taylor-Entwicklungen für Funktionen dreier Veränderlicher ableiten.

Beispiel 4.26 (Eine einfache Taylor-Entwicklung)

▷ Wie lautet die Taylor-Entwicklung für das Potenzial $V(x, y) = V_0\sqrt{1 + x + y}$ um $(1, 2)$ bis einschließlich zweite Ordnung?

Lösung: Wir benutzen (4.37) und bestimmen dazu die partiellen Ableitungen. Für diese folgt mit $V(x, y) = V_0(1 + x + y)^{\frac{1}{2}}$:

$$
V_x|_{(1, 2)} = \frac{V_0}{2}(1 + x + y)^{-\frac{1}{2}}|_{(1, 2)} = \frac{V_0}{4} = V_y|_{(1, 2)},
$$

$$
V_{xx}|_{(1, 2)} = -\frac{V_0}{2}\frac{1}{2}(1 + x + y)^{-\frac{3}{2}}|_{(1, 2)} = -\frac{V_0}{32} = V_{xy}|_{(1, 2)} = V_{yy}|_{(1, 2)}.
$$

Weiterhin ist $V(1, 2) = 2V_0$. Jetzt können wir in (4.37) einsetzen und erhalten

$$V(x, y) \approx 2V_0 + \frac{V_0}{4}(x - 1) + \frac{V_0}{4}(y - 2)$$
$$+ \frac{1}{2}\left(-\frac{V_0}{32}(x - 1)^2 - 2 \cdot \frac{V_0}{32}(x - 1)(y - 2) - \frac{V_0}{32}(y - 2)^2\right) + \dots$$

Wie man sieht, ist die Rechnung straight-forward. Einzig bei den Faktoren ($\frac{1}{2!}$ und Faktor 2 vor dem Mischterm) besteht die Gefahr, dass man diese vergisst. ∎

[H11] 3-D-Taylor-Entwicklung (4 Punkte)
Man entwickle die Funktion

$$f(\vec{x}, \vec{y}) = \frac{A}{|\vec{x} - \vec{y}|}$$

für $\vec{x} = (x_1, x_2, x_3)^\mathsf{T} \neq \vec{0}$ um $\vec{y} = (y_1, y_2, y_3)^\mathsf{T} = \vec{0}$ bis einschließlich zweite Ordnung.

Spickzettel zur Reihenentwicklung

- **Taylor-Entwicklung**
  Annäherung beliebiger Funktionen an einer beliebigen Stelle durch Polynom:

  - 1-D: $f(x) = \sum_{k=0}^{\infty} \frac{f^{(k)}(x)|_{x_0}}{k!}(x - x_0)^k$; meist nur interessant bis zur zweiten Ordnung:

  $$f(x) \approx f(x_0) + f'(x_0)(x - x_0) + \frac{f''(x_0)}{2}(x - x_0)^2.$$

  - n-D bis zur zweiten Ordnung:

  $$f(\vec{x}) \approx f(\vec{a}) + \mathrm{grad}\, f|_{\vec{a}} \cdot (\vec{x} - \vec{a}) + \frac{1}{2}(\vec{x} - \vec{a})^\mathsf{T}\,\mathrm{Hess}\, f|_{\vec{a}} \cdot (\vec{x} - \vec{a}).$$

- **Hilfreiche Reihen**
  - Exponentialreihe: $e^x = \sum_{k=0}^{\infty} \frac{x^k}{k!}$.
  - Kosinusreihe: $\cos(x) = 1 - \frac{1}{2!}x^2 + \frac{1}{4!}x^4 \mp \dots = \sum_{k=0}^{\infty} \frac{(-1)^k}{(2k)!}x^{2k}$.
  - Sinusreihe: $\sin(x) = x - \frac{x^3}{3!} + \frac{x^5}{5!} \mp \dots = \sum_{k=0}^{\infty} \frac{(-1)^k}{(2k+1)!}x^{2k+1}$.
  - Logarithmus: $\ln(1 + x) \approx x - \frac{x^2}{2} + \frac{x^3}{3} - \frac{x^4}{4} \pm \dots = \sum_{k=1}^{\infty} \frac{(-1)^{k+1}}{k}x^k$.
  - Wurzelentwicklung: $\sqrt{1 + x} \approx 1 + \frac{x}{2}$ für $x \ll 1$.
  - $\frac{1}{1-x} \approx 1 + x$ für $x \ll 1$.

- **e hoch Matrix**
  e hoch Matrix kann in Reihe entwickelt werden: $e^A = 1 + A + \frac{A^2}{2!} + \frac{A^3}{3!} + \ldots$; gut berechenbar, wenn sich A irgendwann reproduziert. Falls A diagonal ist $\Rightarrow e^A$ diagonal mit Eigenwerten als Einträgen auf der Diagonalen.

4.4 Ableitung vektorwertiger Funktionen

Wir betrachten in diesem Abschnitt **vektorwertige Funktionen** $\vec{x} : \mathbb{R}^n \to \mathbb{R}^k$. Das sind Funktionen, in die n Variablen hineingesteckt werden und einen k-komponentigen Vektor $\vec{x}$ liefern. Sie können geschrieben werden als Abbildungen der Form

$$\vec{x}(\vec{u}) = \vec{x}(u_1, \ldots, u_n) = \begin{pmatrix} x_1(u_1, \ldots, u_n) \\ \vdots \\ x_k(u_1, \ldots, u_n) \end{pmatrix}. \tag{4.39}$$

$\vec{x}(\vec{u})$ besteht aus k **Komponentenfunktionen** $x_1(\vec{u}), \ldots, x_k(\vec{u})$, wobei jede wiederum von n Variablen $\vec{u} = (u_1, \ldots, u_n)$ abhängen kann.

Beispiel 4.27 (Abbildung der Kugelkoordinaten)

▷ Wie stellt sich die Abbildung der Kugelkoordinaten im obigen Formalismus dar?

Lösung: Nach (1.68) ist

$$\vec{x}(\vec{u}) = \vec{x}(r, \theta, \varphi) = \begin{pmatrix} x_1(r, \theta, \varphi) \\ x_2(r, \theta, \varphi) \\ x_3(r, \theta, \varphi) \end{pmatrix} = \begin{pmatrix} r \sin(\theta) \cos(\varphi) \\ r \sin(\theta) \sin(\varphi) \\ r \cos(\theta) \end{pmatrix}.$$

$\vec{u} = (r, \theta, \varphi)$ sind dabei die Kugelkoordinaten, welche auf die kartesischen Koordinaten $(x_1, x_2, x_3)^{\mathsf{T}}$ abgebildet werden. ∎

Vektorwertige Funktionen werden komponentenweise abgeleitet. Das bedeutet,

$$\frac{\partial \vec{x}(\vec{u})}{\partial u_j} = \begin{pmatrix} \frac{\partial x_1(\vec{u})}{\partial u_j} \\ \vdots \\ \frac{\partial x_k(\vec{u})}{\partial u_j} \end{pmatrix} \tag{4.40}$$

bezeichnet die partielle Ableitung der vektorwertigen Funktion $\vec{x}$ nach einer Variablen u_j. Dabei gelten alle bekannten Ableitungsregeln wie gehabt. So ist z. B. die Ableitung von $\vec{x}(r, \theta, \varphi)$ aus Beispiel 4.27 nach φ gegeben durch

$$\frac{\partial \vec{x}}{\partial \varphi} = \left(\frac{\partial x_1}{\partial \varphi}, \frac{\partial x_2}{\partial \varphi}, \frac{\partial x_3}{\partial \varphi}\right)^{\mathsf{T}} = (-r \sin(\theta) \sin(\varphi), r \sin(\theta) \cos(\varphi), 0)^{\mathsf{T}}.$$

4.4.1 Jacobi-Matrix und Funktionaldeterminante

Möchte man nicht nur nach einer Variablen u_j, sondern auf einen Schlag nach $\vec{u} = (u_1, \ldots, u_n)$ ableiten, so benötigen wir ein neues Handwerkszeug. Mit Hilfe der **Jacobi-Matrix** formulieren wir die Ableitung einer vektorwertigen Funktion mehrerer Veränderlicher, welche wie in (4.39) gegeben ist. Sofern alle Komponentenfunktionen $x_1(\vec{u}), \ldots, x_k(\vec{u})$ nach allen Variablen $u_1, \ldots, u_n$ differenzierbar sind, können wir die Jacobi-Matrix $\mathcal{J}$ dann wie folgt definieren:

$$\frac{\partial \vec{x}}{\partial \vec{u}} = \mathcal{J}_{\vec{u}}\, \vec{x} = \begin{pmatrix} \frac{\partial x_1}{\partial u_1} & \frac{\partial x_1}{\partial u_2} & \cdots & \frac{\partial x_1}{\partial u_n} \\ \frac{\partial x_2}{\partial u_1} & \frac{\partial x_2}{\partial u_2} & \cdots & \frac{\partial x_2}{\partial u_n} \\ \vdots & \vdots & \ddots & \vdots \\ \frac{\partial x_k}{\partial u_1} & \frac{\partial x_k}{\partial u_2} & \cdots & \frac{\partial x_k}{\partial u_n} \end{pmatrix} = \begin{pmatrix} (\mathrm{grad}_{\vec{u}}\, x_1)^{\mathsf{T}} \\ (\mathrm{grad}_{\vec{u}}\, x_2)^{\mathsf{T}} \\ \vdots \\ (\mathrm{grad}_{\vec{u}}\, x_k)^{\mathsf{T}} \end{pmatrix}. \qquad (4.41)$$

Dabei heißt $\mathcal{J}_{\vec{u}}\, \vec{x}$ die „Jacobi-Matrix von $\vec{x}$ bezüglich $\vec{u}$", ebenso bezeichnet $\mathrm{grad}_{\vec{u}}$ den Gradienten bezüglich der Koordinaten $\vec{u}$, d. h., $\mathrm{grad}_{\vec{u}} = \left(\frac{\partial}{\partial u_1}, \frac{\partial}{\partial u_2}, \ldots, \frac{\partial}{\partial u_n}\right)^{\mathsf{T}}$.

Die erste Zeile der Jacobi-Matrix ergibt sich dadurch, dass man die erste Komponentenfunktion $x_1(u_1, \ldots, u_n)$ nimmt und nacheinander alle partiellen Ableitungen $\frac{\partial x_1}{\partial u_1}, \ldots, \frac{\partial x_1}{\partial u_n}$ bildet. Die zweite Zeile ergibt sich, wenn $x_2(\vec{u})$ genommen wird und man diese auch wieder nach allen Veränderlichen ableitet usw. Diese Prozedur endet mit der untersten, der k-ten Komponentenfunktion $x_k(\vec{u})$. Anders gesagt: In Zeile 1 der Jacobi-Matrix (4.41) steht der transponierte Gradient von x_1 bezüglich $\vec{u}$ (wir leiten nicht mehr nach x, y und z ab, sondern nach $u_1, \ldots, u_n$!), in Zeile 2 der transponierte Gradient von $x_2(\vec{u})$ usw. Merke:

> Die Anzahl k der Komponenten von $\vec{x}$ ergibt die Zeilenzahl der Jacobi-Matrix, aus der Anzahl n der Veränderlichen erhält man die Spaltenzahl. So entsteht eine $k \times n$-Matrix, die nicht unbedingt symmetrisch sein muss.

Soll z. B. die Jacobi-Matrix einer Funktion $\vec{x}(u, v, w) = \begin{pmatrix} x(u, v, w) \\ y(u, v, w) \end{pmatrix}$ berechnet werden, so ergibt sich eine 2×3-Matrix ($k = 2$ Komponenten, $n = 3$ Variablen) der Form $\mathcal{J}_{(u, v, w)}\, \vec{x} = \begin{pmatrix} \frac{\partial x}{\partial u} & \frac{\partial x}{\partial v} & \frac{\partial x}{\partial w} \\ \frac{\partial y}{\partial u} & \frac{\partial y}{\partial v} & \frac{\partial y}{\partial w} \end{pmatrix}$. Im einfachsten Fall gilt für $k = 1$, d. h. $f(u_1, \ldots, u_n)$:

$$\mathcal{J}_{\vec{u}}\, f(u_1, \ldots, u_n) = \left(\frac{\partial f}{\partial u_1}, \ldots, \frac{\partial f}{\partial u_n}\right) = (\mathrm{grad}_{\vec{u}}\, f(\vec{u}))^{\mathsf{T}}. \qquad (4.42)$$

Funktionaldeterminante

Für die Integration in verzerrten oder krummlinigen Koordinaten in Kap. 5 benötigen wir den Begriff der **Funktionaldeterminante**. Dieser geschwollene Ausdruck bedeutet nichts weiter als die Determinante der Jacobi-Matrix, d. h., $\det(\mathcal{J}_{\vec{u}}\,\vec{x})$. Dies setzt notwendigerweise voraus, dass die Jacobi-Matrix quadratisch ist (da sonst keine Determinante berechnet werden kann), d. h. die Anzahl der Variablen muss gleich der Anzahl der Komponenten sein. Nur dann lässt sich die Funktionaldeterminante berechnen. Für Koordinatentransformationen, die uns insbesondere interessieren, ist dies aber immer der Fall.

Beispiel 4.28 (Funktionaldeterminante der Kugelkoordinaten)

▷ Man berechne Jacobi-Matrix und Funktionaldeterminante für Kugelkoordinaten.

Lösung: Die Kugelkoordinaten sind wie im vorherigen Beispiel als

$$\vec{x}(\vec{u}) = \vec{x}(r, \theta, \varphi) = \begin{pmatrix} r\sin(\theta)\cos(\varphi) \\ r\sin(\theta)\sin(\varphi) \\ r\cos(\theta) \end{pmatrix} =: \begin{pmatrix} rSc \\ rSs \\ rC \end{pmatrix}$$

gegeben mit Variablen $\vec{u} = (r, \theta, \varphi)$, wobei zur Abkürzung $s := \sin(\varphi)$ und $S := \sin(\theta)$ gewählt wurde (analog für die „Kosinusse"). Wir haben hier folglich drei Komponentenfunktionen $x_1(r, \theta, \varphi) = rSc$, $x_2(r, \theta, \varphi) = rSs$ und $x_3(r, \theta, \varphi) = rC$ vorliegen. Diese müssen wir jeweils nach allen Variablen r, θ und φ ableiten:

$$\mathcal{J}_{(r, \theta, \varphi)}\,\vec{x} = \begin{pmatrix} \frac{\partial x_1}{\partial r} & \frac{\partial x_1}{\partial \theta} & \frac{\partial x_1}{\partial \varphi} \\ \frac{\partial x_2}{\partial r} & \frac{\partial x_2}{\partial \theta} & \frac{\partial x_2}{\partial \varphi} \\ \frac{\partial x_3}{\partial r} & \frac{\partial x_3}{\partial \theta} & \frac{\partial x_3}{\partial \varphi} \end{pmatrix} = \begin{pmatrix} Sc & rCc & -rSs \\ Ss & rCs & rSc \\ C & -rS & 0 \end{pmatrix}.$$

Wie man direkt sieht, muss die Jacobi-Matrix (im Gegensatz zur Hesse-Matrix!) nicht symmetrisch sein. Wir berechnen schließlich die Funktionaldeterminante. Dazu verwenden wir den trigonometrischen Pythagoras $\cos^2(x) + \sin^2(x) = 1$ sowie die Sarrus-Regel:

$$\begin{aligned} \det(\mathcal{J}_{(r, \theta, \varphi)}\,\vec{x}) &= \det \begin{pmatrix} Sc & rCc & -rSs \\ Ss & rCs & rSc \\ C & -rS & 0 \end{pmatrix} \\ &= 0 + r^2SC^2c^2 + r^2S^3s^2 + r^2SC^2s^2 + r^2S^3c^2 - 0 \\ &= r^2S(C^2c^2 + S^2s^2 + C^2s^2 + S^2c^2) \\ &= r^2S(C^2(c^2 + s^2) + S^2(s^2 + c^2)) \\ &= r^2S(C^2 + S^2) = r^2S = r^2\sin(\theta). \end{aligned}$$

Dieses Ergebnis wird uns in Kap. 5 wiederbegegnen. ∎

4.4.2 Kettenregel

Wir verallgemeinern nun die aus Abschn. 4.1 bekannte Kettenregel für Ableitungen. Zunächst klären wir den Begriff der Verkettung für vektorwertige Funktionen mehrerer Veränderlicher. Wir wollen die Funktionen $\vec{x} : \mathbb{R}^n \to \mathbb{R}^k$ und $\vec{u} : \mathbb{R}^p \to \mathbb{R}^n$ verketten, also dementsprechend

$$\vec{x}(\vec{u}) = \vec{x}(u_1, \ldots, u_n) = \begin{pmatrix} x_1(u_1, \ldots, u_n) \\ \vdots \\ x_k(u_1, \ldots, u_n) \end{pmatrix},$$

$$\vec{u}(\vec{v}) = \vec{u}(v_1, \ldots, v_p) = \begin{pmatrix} u_1(v_1, \ldots, v_p) \\ \vdots \\ u_n(v_1, \ldots, v_p) \end{pmatrix}.$$

Die Verkettung $\vec{x} \circ \vec{u} = \vec{x}(\vec{u}(\vec{v}))$ ergibt

$$\vec{x}(\vec{u}(\vec{v})) = \begin{pmatrix} x_1(u_1(v_1, \ldots, v_p), \ldots, u_n(v_1, \ldots, v_p)) \\ \vdots \\ x_k(u_1(v_1, \ldots, v_p), \ldots, u_n(v_1, \ldots, v_p)) \end{pmatrix}. \tag{4.43}$$

Diese Schreibweise bedeutet: Jede Komponente $x_1, \ldots, x_k$ einer vektorwertigen Funktion $\vec{x}$ hängt von n Variablen $u_1, \ldots, u_n$ ab, während jede dieser Variablen wiederum von neuen Variablen $v_1, \ldots, v_p$ abhängt.

Allgemeine Kettenregel
Die große Frage ist nun: Wie leitet sich ein Monster à la (4.43) nach den innersten Variablen $v_1, \ldots, v_p$ ab? Hier hilft die allgemeine Kettenregel:

$$\frac{\partial \vec{x}}{\partial \vec{v}} = \frac{\partial \vec{x}}{\partial \vec{u}}\bigg|_{\vec{u}(\vec{v})} \cdot \frac{\partial \vec{u}}{\partial \vec{v}}. \tag{4.44}$$

Diese Schreibweise entspricht der Kettenregel in Leibniz'scher Schreibweise (4.10) aus Abschn. 4.1, hier allerdings für mehrere Dimensionen. Dabei meint $\frac{\partial \vec{x}}{\partial \vec{u}}$, dass jede Komponente $x_1, \ldots, x_k$ von $\vec{x}$ nach allen Variablen $u_1, \ldots, u_n$ abgeleitet werden muss. Dies entspricht aber gerade der Jacobi-Matrix $\mathcal{J}_{\vec{u}}\,\vec{x}$ (vgl. Gl. (4.41)). Also kann (4.44) geschrieben werden als

$$\mathcal{J}_{\vec{v}}\,\vec{x}(\vec{u}(\vec{v})) = \mathcal{J}_{\vec{u}}\,\vec{x}|_{\vec{u}(\vec{v})} \cdot \mathcal{J}_{\vec{v}}\,\vec{u} \tag{4.45}$$

bzw. in voller „Schönheit"

$$\begin{pmatrix} \frac{\partial x_1}{\partial v_1} & \frac{\partial x_1}{\partial v_2} & \cdots & \frac{\partial x_1}{\partial v_p} \\ \frac{\partial x_2}{\partial v_1} & \frac{\partial x_2}{\partial v_2} & \cdots & \frac{\partial x_2}{\partial v_p} \\ \vdots & \vdots & \ddots & \vdots \\ \frac{\partial x_k}{\partial v_1} & \frac{\partial x_k}{\partial v_2} & \cdots & \frac{\partial x_k}{\partial v_p} \end{pmatrix} = \begin{pmatrix} \frac{\partial x_1}{\partial u_1} & \frac{\partial x_1}{\partial u_2} & \cdots & \frac{\partial x_1}{\partial u_n} \\ \frac{\partial x_2}{\partial u_1} & \frac{\partial x_2}{\partial u_2} & \cdots & \frac{\partial x_2}{\partial u_n} \\ \vdots & \vdots & \ddots & \vdots \\ \frac{\partial x_k}{\partial u_1} & \frac{\partial x_k}{\partial u_2} & \cdots & \frac{\partial x_k}{\partial u_n} \end{pmatrix}_{\vec{u}(\vec{v})} \cdot \begin{pmatrix} \frac{\partial u_1}{\partial v_1} & \frac{\partial u_1}{\partial v_2} & \cdots & \frac{\partial u_1}{\partial v_p} \\ \frac{\partial u_2}{\partial v_1} & \frac{\partial u_2}{\partial v_2} & \cdots & \frac{\partial u_2}{\partial v_p} \\ \vdots & \vdots & \ddots & \vdots \\ \frac{\partial u_n}{\partial v_1} & \frac{\partial u_n}{\partial v_2} & \cdots & \frac{\partial u_n}{\partial v_p} \end{pmatrix}$$

Dieses ist die allgemeinste Form der Kettenregel, und es lassen sich aus ihr wieder einmal alle Spezialfälle ableiten. Am schwierigsten ist es, bei der Jacobi-Matrix die Struktur der Verkettung und somit das Aussehen der Formel zu begreifen, das Ableiten und Ausmultiplizieren sind dann reine Formsache.

Beispiel 4.29 (Ableitung eines Kraftfeldes nach Polarkoordinaten)

▷ Gegeben ist das Kraftfeld $\vec{F}(x,\ y) = \begin{pmatrix} F_1(x,y) \\ F_2(x,y) \end{pmatrix} = \begin{pmatrix} \alpha(x^2+y^2) \\ \beta xy \end{pmatrix}$ und die Koordi-

natenabbildung der Polarkoordinaten $\vec{x}(r,\ \varphi) = \begin{pmatrix} x(r,\ \varphi) \\ y(r,\ \varphi) \end{pmatrix} = \begin{pmatrix} r\cos(\varphi) \\ r\sin(\varphi) \end{pmatrix}$. Jemand

möchte die Jacobi-Matrix $\mathcal{J}_{(r,\ \varphi)}\,\vec{F}$ wissen. Helfen wir!

Lösung: Wir verwenden die Kettenregel (4.45)

$$\mathcal{J}_{(r,\ \varphi)}\,\vec{F}(\vec{x}(r,\ \varphi)) = \left. \mathcal{J}_{(x,y)}\,\vec{F} \right|_{\vec{x}(r,\ \varphi)} \cdot \mathcal{J}_{(r,\ \varphi)}\,\vec{x}$$

und berechnen dafür nacheinander die beiden Jacobi-Matrizen auf der rechten Seite. Für die erste Jacobi-Matrix müssen wir $\vec{F}$ komponentenweise nach x und y ableiten und in das Ergebnis $x = r\cos(\varphi)$ und $y = r\sin(\varphi)$ einsetzen:

$$\left. \mathcal{J}_{(x,y)}\,\vec{F} \right|_{\vec{x}(r,\varphi)} = \left. \begin{pmatrix} \frac{\partial F_1}{\partial x} & \frac{\partial F_1}{\partial y} \\ \frac{\partial F_2}{\partial x} & \frac{\partial F_2}{\partial y} \end{pmatrix} \right|_{(x(r,\varphi),y(r,\varphi))} = \left. \begin{pmatrix} 2\alpha x & 2\alpha y \\ \beta y & \beta x \end{pmatrix} \right|_{(x(r,\varphi),y(r,\varphi))}$$

$$= \begin{pmatrix} 2\alpha r\cos(\varphi) & 2\alpha r\sin(\varphi) \\ \beta r\sin(\varphi) & \beta r\cos(\varphi) \end{pmatrix} = \begin{pmatrix} 2\alpha rc & 2\alpha rs \\ \beta rs & \beta rc \end{pmatrix}.$$

Die zweite Jacobi-Matrix erhalten wir durch komponentenweises Ableiten von $\vec{x}$ nach r und φ:

$$\mathcal{J}_{(r,\ \varphi)}\,\vec{x} = \begin{pmatrix} \frac{\partial x}{\partial r} & \frac{\partial x}{\partial \varphi} \\ \frac{\partial y}{\partial r} & \frac{\partial y}{\partial \varphi} \end{pmatrix} = \begin{pmatrix} \cos(\varphi) & -r\sin(\varphi) \\ \sin(\varphi) & r\cos(\varphi) \end{pmatrix} = \begin{pmatrix} c & -rs \\ s & rc \end{pmatrix}.$$

Multiplikation liefert schließlich

$$\mathcal{J}_{(r,\ \varphi)}\,\vec{F} = \begin{pmatrix} 2\alpha rc & 2\alpha rs \\ \beta rs & \beta rc \end{pmatrix} \cdot \begin{pmatrix} c & -rs \\ s & rc \end{pmatrix}$$

$$= \begin{pmatrix} 2\alpha rc^2 + 2\alpha rs^2 & 0 \\ 2\beta rsc & -\beta r^2 s^2 + \beta r^2 c^2 \end{pmatrix}$$

$$= \begin{pmatrix} 2\alpha r & 0 \\ 2\beta rsc & \beta r^2(c^2 - s^2) \end{pmatrix}.$$

Das ist die Ableitung, in diesem Fall eine Matrix!

Das gleiche Ergebnis erhält man, wenn man direkt in $\vec{F}$ die Polarkoordinaten einsetzt und nach r und φ differenziert:

$$\left. \vec{F}(x,y) \right|_{\vec{x}(r,\varphi)} = \left. \begin{pmatrix} F_1(x,y) \\ F_2(x,y) \end{pmatrix} \right|_{\vec{x}(r,\varphi)} = \left. \begin{pmatrix} \alpha(x^2+y^2) \\ \beta xy \end{pmatrix} \right|_{(x(r,\varphi),\ y(r,\varphi))} = \begin{pmatrix} \alpha r^2 \\ \beta r^2 sc \end{pmatrix}.$$

Berechnen der Jacobi-Matrix ergibt

$$\mathcal{J}_{(r,\varphi)}\,\vec{F} = \begin{pmatrix} 2\alpha r & 0 \\ 2\beta rsc & \beta r^2(c \cdot c + s(-s)) \end{pmatrix} = \begin{pmatrix} 2\alpha r & 0 \\ 2\beta rsc & \beta r^2(c^2 - s^2) \end{pmatrix},$$

wobei bei der Ableitung $\frac{\partial F_2}{\partial \varphi}$ die Produktregel zum Einsatz kam. ∎

Wie man an dem vorangegangenen Beispiel sieht, kann bei expliziter Angabe der Transformationsvorschriften oftmals das Ableiten nach Einsetzen deutlich kürzer ausfallen als mit Hilfe unserer Kettenregel. Allerdings werden in diesem Buch kaum verkettete Ableitungen vektorwertiger Funktionen mehrerer Veränderlicher auftauchen; die meisten verketteten Probleme sind in der folgenden Form.

Kettenregel für skalare Größen
Wir stellen uns vor, dass wir schwitzend irgendwo im heißen Saal von Beispiel 4.19 sitzen. Wir halten es nicht mehr aus und bewegen uns. Dadurch wird unsere Ortsposition $\vec{r} = (x, y, z)^{\mathsf{T}}$ zeitabhängig: $\vec{r}(t) = (x(t), y(t), z(t))^{\mathsf{T}}$. Solch eine vektorwertige Funktion, abhängig von nur einer Variablen (hier die Zeit), heißt Bahnkurve. Mit diesen werden wir uns noch ausführlich in Kap. 6 beschäftigen. Uns interessiert jetzt aber zunächst, wie sich die Temperatur $T(x, y, z)$ ändert, wenn wir unsere Position ändern. Dann wird aus unserer Sicht die Temperatur zeitabhängig: $T = T(x(t), y(t), z(t))$. Die zeitliche Änderung erhalten wir mittels Kettenregel:

$$\mathcal{J}_t\,T(\vec{r}(t)) = \mathcal{J}_{\vec{r}}\,T|_{\vec{r}(t)} \cdot \mathcal{J}_t\,\vec{r}$$

bzw. in der Differenzialschreibweise

$$\frac{\mathrm{d}}{\mathrm{d}t}T(\vec{r}(t)) = \frac{\partial T}{\partial \vec{r}}\bigg|_{\vec{r}(t)} \cdot \frac{\mathrm{d}\vec{r}}{\mathrm{d}t} = (\nabla T|_{\vec{r}(t)})^{\mathsf{T}} \cdot \dot{\vec{r}} = \frac{\partial T}{\partial x}\frac{\mathrm{d}x}{\mathrm{d}t} + \frac{\partial T}{\partial y}\frac{\mathrm{d}y}{\mathrm{d}t} + \frac{\partial T}{\partial z}\frac{\mathrm{d}z}{\mathrm{d}t}. \quad (4.46)$$

Was ist hier passiert? Nun, zunächst wurde erkannt, dass die Jacobi-Matrix $\mathcal{J}_t\,T(\vec{r}(t))$ einer *skalaren* Funktion T bezüglich *einer* Variablen t gerade die „normale" Ableitung $\frac{\mathrm{d}}{\mathrm{d}t}T(\vec{r}(t))$ bezeichnet. Weiterhin bedeutet das Symbol $\mathcal{J}_{\vec{r}}\,T$ auf der rechten Seite, dass die Funktion T partiell nach dem Vektor $\vec{r}$ abgeleitet wird, d. h., T wird jeweils nach x, y, z abgeleitet und dann in einen Vektor geschrieben – das ist aber nichts anderes als $(\mathrm{grad}\,T)^{\mathsf{T}}$, was wir schon von (4.42) kennen! Weiterhin wurde $\mathcal{J}_t\,\vec{r}$ in $\frac{\mathrm{d}\vec{r}}{\mathrm{d}t}$ umgeschrieben. Im letzten Schritt wurde dann das Skalarprodukt ausmultipliziert.
Allgemein gilt:

$$\frac{\mathrm{d}}{\mathrm{d}t}f(x_1(t), \ldots, x_n(t)) = \sum_{i=1}^{n} \frac{\partial f}{\partial x_i}\frac{\mathrm{d}x_i}{\mathrm{d}t}. \quad (4.47)$$

Das ist die Kettenregel für skalare Größen. Was lernen wir hieraus? Wir müssen höllisch aufpassen, ∂ und d sorgsam zu unterscheiden. Gibt es nur eine Variable, nach der abgeleitet werden kann (wie z. B. bei $\frac{\mathrm{d}\vec{r}(t)}{\mathrm{d}t}$), so schreiben wir d. Gibt es dagegen mehrere Veränderliche, nach denen abgeleitet werden könnte, so schreiben wir die partielle Ableitung ∂. Möchte man eine **totale Ableitung** von einer Verkettung (z. B. $f(x(t), y(t))$ bilden, so schreiben wir ebenfalls d. Man beachte in diesem Zusammenhang:

$$\frac{\partial}{\partial t} T(\vec{r}(t)) = 0, \quad \text{aber} \quad \frac{\mathrm{d}}{\mathrm{d}t} T(\vec{r}(t)) = \frac{\partial T}{\partial r} \cdot \frac{\mathrm{d}\vec{r}}{\mathrm{d}t} = (\nabla T)^{\mathsf{T}} \cdot \dot{\vec{r}}.$$

$$\frac{\partial}{\partial t} T(\vec{r}(t), t) = \frac{\partial T}{\partial t}, \quad \text{aber} \quad \frac{\mathrm{d}}{\mathrm{d}t} T(\vec{r}(t), t) = \frac{\partial T}{\partial r} \cdot \frac{\mathrm{d}\vec{r}}{\mathrm{d}t} + \frac{\partial T}{\partial t}.$$

Beispiel 4.30 (Zeitliche Ableitung der Lagrange-Funktion)

▷ Später in höheren Semestern wird man die Lagrange-Funktion $\mathcal{L}(\vec{x}(t), \dot{\vec{x}}(t), t)$ in der analytischen Mechanik kennenlernen. Wie lautet die zeitliche Ableitung $\frac{\mathrm{d}}{\mathrm{d}t} \mathcal{L}(\vec{x}(t), \dot{\vec{x}}(t), t)$ formal?

Lösung: Wir lesen zunächst die Lagrange-Funktion als skalare Funktion, die von drei Veränderlichen $\vec{x}$, $\dot{\vec{x}}$ und t abhängt (die Vektoren werden hier je als eine Einheit gelesen). Damit gilt für die Ableitung nach der Kettenregel in extrem ausführlicher Form:

$$\frac{\mathrm{d}}{\mathrm{d}t} \mathcal{L}\left(\vec{x}(t), \dot{\vec{x}}(t), t\right) = \mathcal{J}_{\left(\vec{x}(t),\, \dot{\vec{x}}(t),\, t\right)} \mathcal{L} \cdot \mathcal{J}_t \begin{pmatrix} \vec{x} \\ \dot{\vec{x}} \\ t \end{pmatrix} = \left(\frac{\partial \mathcal{L}}{\partial \vec{x}}, \frac{\partial \mathcal{L}}{\partial \dot{\vec{x}}}, \frac{\partial \mathcal{L}}{\partial t} \right) \cdot \begin{pmatrix} \dot{\vec{x}} \\ \ddot{\vec{x}} \\ 1 \end{pmatrix}$$

$$= \frac{\partial \mathcal{L}}{\partial \vec{x}} \cdot \dot{\vec{x}} + \frac{\partial \mathcal{L}}{\partial \dot{\vec{x}}} \cdot \ddot{\vec{x}} + \frac{\partial \mathcal{L}}{\partial t} \cdot 1.$$

Ergebnis:

$$\frac{\mathrm{d}}{\mathrm{d}t} \mathcal{L}\left(\vec{x}(t), \dot{\vec{x}}(t), t\right) = \frac{\partial \mathcal{L}}{\partial \vec{x}} \frac{\mathrm{d}\vec{x}}{\mathrm{d}t} + \frac{\partial \mathcal{L}}{\partial \dot{\vec{x}}} \frac{\mathrm{d}\dot{\vec{x}}}{\mathrm{d}t} + \frac{\partial \mathcal{L}}{\partial t},$$

was mit Gl. (4.47) konform geht.   ∎

4.4.3 Totales Differenzial

Ableitungen geben Veränderungen an. Wackeln wir bei der Funktion $y = f(x)$ ein klein wenig an der Variablen x herum, so gibt das **totale Differenzial** die daraus resultierende f-Änderung an. Das winzige Herumwackeln bezeichnet das Differenzial $\mathrm{d}x$, die (winzige) f-Änderung beschreibt $\mathrm{d}y$. Dann gilt

$$y = f(x) \Longrightarrow \mathrm{d}y = \frac{\mathrm{d}f}{\mathrm{d}x}\mathrm{d}x = f'(x)\mathrm{d}x. \tag{4.48}$$

Abb. 4.11 Das totale
Differenzial. Deutlich ist der
Unterschied zwischen Δy
(resultierend aus
Steigungsdreieck und
gestrichelt dargestellter
Sekante) und $\mathrm{d}y$
(Höhenunterschied der
Tangente im Intervall
$\mathrm{d}x = \Delta x$) zu erkennen

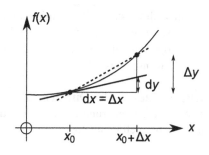

Dies entspricht einer Linearisierung der Funktion f mit linearer Abbildung $\mathrm{d}y$. Der Linearisierungsgedanke wird in Abb. 4.11 veranschaulicht.

Totales Differenzial für skalare Funktionen
Das totale Differenzial $\mathrm{d}f$ für Funktionen $f(\vec{x})$ ist gegeben durch

$$y = f(x_1, \ldots, x_n) \implies \mathrm{d}y = \sum_{i=1}^{n} \frac{\partial f}{\partial x_i} \mathrm{d}x_i, \qquad (4.49)$$

was man sich aus (4.47) durch Multiplikation mit $\mathrm{d}t$ entstanden denken kann. Dies gibt Auskunft über die gesamte Änderung $\mathrm{d}y$ des Funktionswertes einer skalaren Funktion mehrerer Veränderlicher, wenn gleichzeitig an mehreren Variablen um sehr kleine Beträge $\mathrm{d}x_1, \ldots, \mathrm{d}x_n$ gewackelt wird.

Beispiel 4.31 (Fehlerbehaftete Messung einer Fläche)

▷ Die Fläche eines DIN-A4-Blattes ($29{,}7\,\mathrm{cm} \times 21\,\mathrm{cm}$) soll mit einem Lineal bestimmt werden. Dabei lässt sich eine Länge dank der Millimetereinteilung des verwendeten Lineals nur auf $1\,\mathrm{mm}$ genau messen. Wie groß ist der maximal erwartbare Fehler $\mathrm{d}A$ bei der Bestimmung?

Lösung: Totales Differenzial der Rechteckflächenfunktion $A(x, y) = x \cdot y$ berechnen. Es ist dann nach (4.49)

$$\mathrm{d}A = \frac{\partial A}{\partial x}\mathrm{d}x + \frac{\partial A}{\partial y}\mathrm{d}y = y\,\mathrm{d}x + x\,\mathrm{d}y.$$

$\mathrm{d}x$ und $\mathrm{d}y$ sind die Fehler in den Messungen der beiden Papierkanten, hier jeweils $1\,\mathrm{mm}$ groß. Damit ergibt sich als Gesamtfehler in der Fläche

$$\mathrm{d}A = 21\,\mathrm{cm} \cdot 0{,}1\,\mathrm{cm} + 29{,}7\,\mathrm{cm} \cdot 0{,}1\,\mathrm{cm} = 5{,}07\,\mathrm{cm}^2.$$

Im schlimmsten Fall – würde man beide Kanten zu lang oder zu kurz messen – ist somit ein Absolutfehler von $5,07\,\text{cm}^2$ zu erwarten. Auf die Gesamtfläche bezogen ergibt sich daraus ein relativer Fehler von $\frac{\mathrm{d}A}{A} = \frac{5,07\,\text{cm}^2}{29,7\,\text{cm}\cdot 21\,\text{cm}} \approx 0,008$, also weniger als 1 %. ∎

Allgemeines totales Differenzial

Die Verallgemeinerung auf vektorwertige Funktionen $\vec{x} : \mathbb{R}^n \to \mathbb{R}^k$ mehrerer Veränderlicher gelingt analog:

$$\vec{x} = \vec{x}(u_1, \ldots, u_n) \implies \mathrm{d}\vec{x} = \mathcal{J}_{\vec{u}}\,\vec{x} \cdot \mathrm{d}\vec{u} \qquad (4.50)$$

bzw. in Komponenten

$$\begin{pmatrix} \mathrm{d}x_1 \\ \vdots \\ \mathrm{d}x_k \end{pmatrix} = \begin{pmatrix} \frac{\partial x_1}{\partial u_1}\mathrm{d}u_1 + \ldots + \frac{\partial x_1}{\partial u_n}\mathrm{d}u_n \\ \vdots \\ \frac{\partial x_k}{\partial u_1}\mathrm{d}u_1 + \ldots + \frac{\partial x_k}{\partial u_n}\mathrm{d}u_n \end{pmatrix}. \qquad (4.51)$$

Beispiel 4.32 (Totales Differenzial der Zylinderkoordinaten)

▷ Die Zylinderkoordinaten sind gegeben durch $\vec{x}(\rho, \varphi, z) = (\rho\cos(\varphi), \rho\sin(\varphi), z)^{\mathsf{T}}$. Wie lautet das totale Differenzial $\mathrm{d}\vec{x}$?

Lösung: Berechne das totale Differenzial mit Hilfe der Jacobi-Matrix:

$$\mathrm{d}\vec{x} = \mathcal{J}_{\vec{u}}\,\vec{x} \cdot \mathrm{d}\vec{u},$$

wobei $\vec{u} = (\rho, \varphi, z)$. Hier:

$$\begin{pmatrix} \mathrm{d}x_1 \\ \mathrm{d}x_2 \\ \mathrm{d}x_3 \end{pmatrix} = \begin{pmatrix} \frac{\partial x_1}{\partial \rho} & \frac{\partial x_1}{\partial \varphi} & \frac{\partial x_1}{\partial z} \\ \frac{\partial x_2}{\partial \rho} & \frac{\partial x_2}{\partial \varphi} & \frac{\partial x_2}{\partial z} \\ \frac{\partial x_3}{\partial \rho} & \frac{\partial x_3}{\partial \varphi} & \frac{\partial x_3}{\partial z} \end{pmatrix} \cdot \begin{pmatrix} \mathrm{d}\rho \\ \mathrm{d}\varphi \\ \mathrm{d}z \end{pmatrix} = \begin{pmatrix} \cos(\varphi) & -\rho\sin(\varphi) & 0 \\ \sin(\varphi) & \rho\cos(\varphi) & 0 \\ 0 & 0 & 1 \end{pmatrix} \cdot \begin{pmatrix} \mathrm{d}\rho \\ \mathrm{d}\varphi \\ \mathrm{d}z \end{pmatrix}$$

$$= \begin{pmatrix} \cos(\varphi)\mathrm{d}\rho - \rho\sin(\varphi)\mathrm{d}\varphi \\ \sin(\varphi)\mathrm{d}\rho + \rho\cos(\varphi)\mathrm{d}\varphi \\ \mathrm{d}z \end{pmatrix} = \begin{pmatrix} \cos(\varphi) \\ \sin(\varphi) \\ 0 \end{pmatrix}\mathrm{d}\rho + \rho\begin{pmatrix} -\sin(\varphi) \\ \cos(\varphi) \\ 0 \end{pmatrix}\mathrm{d}\varphi + \begin{pmatrix} 0 \\ 0 \\ 1 \end{pmatrix}\mathrm{d}z.$$

Ergebnis:

$$\mathrm{d}\vec{x} = \vec{e}_\rho\,\mathrm{d}\rho + \rho\vec{e}_\varphi\,\mathrm{d}\varphi + \vec{e}_z\,\mathrm{d}z.$$

∎

Hier tauchen wieder Basisvektoren der Zylinderkoordinaten auf. Diese Begebenheit wird uns beim Bilden diverser Größen noch sehr hilfreich sein, wie z. B. der folgenden.

Das Bogenelement
Eine Größe, die sich direkt aus dem totalen Differenzial ableitet, ist das **Bogenelement** (bzw. sein Quadrat)

$$ds^2 := d\vec{x} \cdot d\vec{x}, \tag{4.52}$$

auch **Linienelement** genannt. Dabei ist ds ein winziges Bogenstück einer Kurve. Wir kommen darauf in Kap. 6 und 9 beim Berechnen der Bogenlänge zurück.

Beispiel 4.33 (Linienelement für Zylinderkoordinaten)

▷ Wie lautet das Bogenelement für Zylinderkoordinaten?

Lösung: Aus Beispiel 4.32 wissen wir:

$$d\vec{x} = \vec{e}_\rho d\rho + \rho \vec{e}_\varphi d\varphi + \vec{e}_z dz.$$

Quadrieren liefert unter Beachten der ONB-Eigenschaften der Basisvektoren (d. h., $\vec{e}_\rho \cdot \vec{e}_\varphi = 0$ sowie $\vec{e}_\rho \cdot \vec{e}_\rho = 1$ usw.):

$$
\begin{aligned}
ds^2 = d\vec{x} \cdot d\vec{x} &= (\vec{e}_\rho d\rho + \rho \vec{e}_\varphi d\varphi + \vec{e}_z dz) \cdot (\vec{e}_\rho d\rho + \rho \vec{e}_\varphi d\varphi + \vec{e}_z dz) \\
&= (\vec{e}_\rho \cdot \vec{e}_\rho) d\rho^2 + \rho^2 (\vec{e}_\varphi \cdot \vec{e}_\varphi) d\varphi^2 + (\vec{e}_z \cdot \vec{e}_z) dz^2 \\
&= d\rho^2 + \rho^2 d\varphi^2 + dz^2.
\end{aligned}
$$

Das ist das Linienelement in Zylinderkoordinaten. ∎

Analog lassen sich für die anderen bekannten Koordinaten auch die Linienelemente bestimmen. Die Wichtigsten sind

$$ds^2 = dx^2 + dy^2 + dz^2 \qquad \text{(kartesisch)}, \tag{4.53}$$
$$ds^2 = dr^2 + r^2 d\varphi^2 \qquad \text{(polar)}, \tag{4.54}$$
$$ds^2 = d\rho^2 + \rho^2 d\varphi^2 + dz^2 \qquad \text{(zylindrisch)}, \tag{4.55}$$
$$ds^2 = dr^2 + r^2 d\theta^2 + r^2 \sin^2(\theta) d\varphi^2 \qquad \text{(kugelig)}. \tag{4.56}$$

Mit Hilfe dieser Linienelemente lassen sich Bogenlängen in beliebigen Koordinaten berechnen, wie in Kap. 6 gezeigt wird.

[H12] Kugelkoordinaten reloaded $\qquad$ **(3,5 + 1,5 = 5 Punkte)**
Die Kugelkoordinaten kennen wir schon aus Kap. 1:

$$\vec{x}(\vec{u}) = \vec{x}(r, \theta, \varphi) = r \begin{pmatrix} \sin(\theta)\cos(\varphi) \\ \sin(\theta)\sin(\varphi) \\ \cos(\theta) \end{pmatrix}$$

nebst Jacobi-Matrix $M := \mathcal{J}_{\vec{u}}\,(\vec{x}(\vec{u}))$ aus Beispiel 4.28.

a) Berechnen Sie die Jacobi-Matrix $N := \mathcal{J}_{\vec{x}}\,(\vec{u}(\vec{x}))$ der Umkehrtransformation sowie die dazugehörige Funktionaldeterminante und überprüfen Sie $M \cdot N = \mathbb{1}$.

b) Verifizieren Sie durch explizites Ausrechnen das Linienelement (4.56).

Spickzettel zu Ableitungen vektorwertiger Funktionen

- **Vektorwertige Funktion**

  Funktion $\vec{x}(\vec{u}) = \begin{pmatrix} x_1(u_1,...,u_n) \\ \vdots \\ x_k(u_1,...,u_n) \end{pmatrix}$, dabei $u_1, \ldots, u_n$ Variablen und $x_1, \ldots, x_k$

  Komponenten. Vektorwertige Funktionen werden komponentenweise abgeleitet:

  $\frac{\partial \vec{x}}{\partial u_j} = \left(\frac{\partial x_1}{\partial u_j}, \ldots, \frac{\partial x_k}{\partial u_j} \right)^{\mathsf{T}}$.

- **Jacobi-Matrix**

  Beinhaltet zeilenweise die transponierten Gradienten der einzelnen Komponentenfunktionen bzgl. $\vec{u}$:

  $$\mathcal{J}_{\vec{u}}\,\vec{x}(\vec{u}) = \begin{pmatrix} \frac{\partial x_1}{\partial u_1} & \cdots & \frac{\partial x_1}{\partial u_n} \\ \vdots & \ddots & \vdots \\ \frac{\partial x_k}{\partial u_1} & \cdots & \frac{\partial x_k}{\partial u_n} \end{pmatrix} = \begin{pmatrix} (\mathrm{grad}_{\vec{u}}\, x_1)^{\mathsf{T}} \\ \vdots \\ (\mathrm{grad}_{\vec{u}}\, x_k)^{\mathsf{T}} \end{pmatrix}.$$

  Für quadratische Jacobi-Matrizen heißt $\det(\mathcal{J}_{\vec{u}}\,\vec{x})$ Funktionaldeterminante.

- **Allgemeine Kettenregel**

  $\vec{x} = \vec{x}(\vec{u})$, $\vec{u} = \vec{u}(\vec{v})$ sind verkettet zu $\vec{x}(\vec{u}(\vec{v}))$; die Ableitung folgt per Kettenregel:

  $$\mathcal{J}_{\vec{v}}\,\vec{x}(\vec{u}(\vec{v})) = \mathcal{J}_{\vec{u}}\,\vec{x}|_{\vec{u}(\vec{v})} \cdot \mathcal{J}_{\vec{v}}\,\vec{u}.$$

  Spezialfall: $\frac{\mathrm{d}}{\mathrm{d}t} T(\vec{r}(t)) = \frac{\partial T}{\partial \vec{r}}\big|_{\vec{r}(t)} \cdot \frac{\mathrm{d}\vec{r}}{\mathrm{d}t} = (\nabla T|_{\vec{r}(t)})^{\mathsf{T}} \cdot \dot{\vec{r}} = \sum_i \frac{\partial T}{\partial x_i} \frac{\mathrm{d}x_i}{\mathrm{d}t}$.

- **Totales Differenzial**

  Totales Differenzial einer Funktion $\vec{x} = \vec{x}(u_1, \ldots, u_n)$: $d\vec{x} = \mathcal{J}_{\vec{u}}\,\vec{x} \cdot d\vec{u}$. Spezialfälle:

  - skalare Funktion $y = f(x_1, \ldots, x_n)$: $dy = \sum_i \frac{\partial f}{\partial x_i} dx_i$.
  - 1-D: $dy = f'(x)dx$.

  Bogenelement $ds^2 = d\vec{x} \cdot d\vec{x}$, die Wichtigsten:

  - kartesisch: $ds^2 = dx^2 + dy^2 + dz^2$,
  - polar: $ds^2 = dr^2 + r^2 d\varphi^2$,
  - zylindrisch: $ds^2 = d\rho^2 + \rho^2 d\varphi^2 + dz^2$,
  - kugelig: $ds^2 = dr^2 + r^2 d\theta^2 + r^2 \sin^2(\theta) d\varphi^2$.

Integration

5

Inhaltsverzeichnis

Neben der Vektor-, Matrizen- und Differenzialrechnung gibt es noch eine vierte „Grundrechenart", die einem ab dem ersten Semester sehr häufig in vielerlei Gestalt begegnet: die Integralrechnung. Im letzten Kapitel bei der Differenzialrechnung war eine der Motivationen, die *Änderung* einer Größe zu mathematisieren. Die Integralrechnung beschreitet nun den umgekehrten Weg und fragt unter anderem, zu welchem *Gesamtresultat in Summe* kleinste Änderungen einer Größe beitragen können. Integralrechnung ist vor allem dann unumgänglich, wenn sich die Größe selbst ständig ändert, was so gut wie immer der Fall ist. Über diesen Summenbegriff werden wir das Integral zunächst mit einer Veränderlichen als mathematisches Werkzeug einführen, einfache und ausgefeilte Rechenmethoden kennenlernen, dann das Integral auf mehrere Veränderliche erweitern und zum Abschluss eine besondere Klasse Funktionen, die sogenannten Distributionen, kennenlernen, deren zentrale Eigenschaft über ein Integral definiert ist.

5.1 Grundlegende Integralrechnung

In diesem Abschnitt werden wir die Integralrechnung beleuchten, welche als Umkehrung der Differenzialrechnung gesehen werden kann. Dazu wird das Integral kurz motiviert und eingeführt, anschließend werden Rechenregeln für Integrale demonstriert.

© Springer-Verlag GmbH Deutschland, ein Teil von Springer Nature 2018
M. Otto, *Rechenmethoden für Studierende der Physik im ersten Jahr,*
https://doi.org/10.1007/978-3-662-57793-6_5

5.1.1 Integralbegriff

Integrale treten in den vielfältigsten Bereichen auf. Beispielsweise braucht man sie, wenn Längen, Flächen und Volumina von beliebig geformten Körpern berechnet werden sollen, weiterhin sind sie ein nützliches Werkzeug zur Lösung von Differenzialgleichungen. Wir werden noch ausführlich mit ihnen zu tun haben.

Das Integral motivieren wir über die Berechnung der Fläche unter einer beliebigen Kurve $f(x)$ im Intervall $[a, b]$. Die zentrale Idee ist dann, den Flächeninhalt I durch n Rechtecke anzunähern. Dazu zerlegen wir das Intervall $[a, b]$ bzw. die Strecke $b - a$ in n Rechtecke der Breite Δx, wie in Abb. 5.1 links für $n = 5$ und in der Mitte für $n = 16$ dargestellt ist.

Es gilt nun $n \cdot \Delta x = b - a$ und dementsprechend für die Rechteckbreite $\Delta x = \frac{b-a}{n}$. Je größer also n, desto schmaler die Rechtecke. Ihre Höhe wird durch den Funktionswert an einer geeigneten Stelle des Rechtecks gebildet.

Die Rechteckapproximation wird umso genauer, je schmaler wir die Rechtecke machen bzw. umso mehr Rechtecke wir benutzen. Dabei gibt es zwei Möglichkeiten: Wir können die Untersumme (grau schraffierte Blöcke in der linken Grafik) bilden, d. h., alle Rechtecke liegen unterhalb der Kurve. Wir können aber auch die Obersumme (graue Blöcke + nicht gefüllte Rechtecke) bilden, d. h., alle Rechtecke reichen bis oberhalb der Kurve. Macht man nun die Anzahl der Rechtecke sehr groß (bzw. die Approximation genauer), so nähern sich Ober- und Untersumme an. Im Grenzfall unendlich vieler, unendlich dünner Rechtecke ($n \to \infty$ bzw. $\Delta x \to 0$) sind für stetige Funktionen Obersumme und Untersumme gleich, und der Wert entspricht exakt dem Flächeninhalt unter der Kurve (Abb. 5.1 rechts).

Damit können wir das **Integral** und seine Schreibweise motivieren. Es kann als eine unendliche Summe der infinitesimal dünnen Rechtecke $f(x)\Delta x$ im Intervall $[a, b]$ interpretiert werden und man schreibt

$$I = \int_a^b \mathrm{d}x \, f(x) \tag{5.1}$$

mit Differenzial $\mathrm{d}x$, **Integranden** $f(x)$ und **Integrationsgrenzen** a (untere Grenze) und b (obere Grenze).

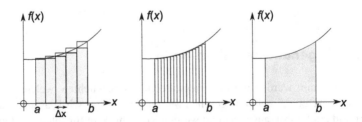

Abb. 5.1 Rechteckapproximation der Fläche einer Kurve. Je schmaler die Rechtecke gemacht werden, desto genauer wird die Approximation (von links nach rechts). Im Grenzfall $\Delta x \to 0$ (rechts) sind Approximation und tatsächliche Fläche gleich

5.1.2   Der Hauptsatz

Wir schauen uns nun an, wie man ein Integral berechnet. Dazu hilft der folgende
Satz. Im Folgenden seien übrigens die Funktionen allesamt stetig.

Hauptsatz der Differenzial- und Integralrechnung
Soll das Integral im Intervall $[a, b]$ berechnet werden (d. h., es handelt sich um ein
sogenanntes bestimmtes Integral), so hilft der Hauptsatz:
Ist $F(x)$ *eine* **Stammfunktion** der stetigen Funktion $f(x)$, gilt also

$$\frac{dF}{dx} = f(x), \tag{5.2}$$

so berechnet sich das **bestimmte Integral** wie folgt:

$$\int_a^b dx\, f(x) = [F(x)]_a^b = F(x)|_a^b = F(b) - F(a). \tag{5.3}$$

Diese beiden Gleichungen sind von zentraler Bedeutung für das Integrieren. Das
genaue Verfahren legt (5.3) fest: Der Integrand $f(x)$ – das ist die zu integrierende Funktion – wird über die Variable x in den Grenzen von a bis b integriert. Die
Aufgabe ist es dabei, eine Funktion $F(x)$ zu suchen, welche abgeleitet wieder $f(x)$
ergibt (vgl. (5.2)). $F(x)$ wird Stammfunktion genannt und ist bis auf eine Integrationskonstante C eindeutig, da ja $[F(x) + C]' = F'(x) + 0 = F'(x) = f(x)$ mit
$C \in \mathbb{R}$. So ist beispielsweise x^2 eine Stammfunktion zu $2x$ (da $[x^2]' = 2x$), aber
ebenso kann $x^2 + 1$ den Titel „Stammfunktion zu $2x$" für sich beanspruchen (da
auch $[x^2 + 1]' = 2x$). Hat man $F(x)$ (quasi den großen Bruder von $f(x)$) gefunden,
so setzt man die obere und untere Grenze in diese Stammfunktion ein und zieht das
jeweilige Resultat $F(b)$ bzw. $F(a)$ voneinander ab.
   Durch Gl. (5.2) ist uns eine gute Kontrollmöglichkeit gegeben, ob wir richtig
integriert haben: Die Ableitung der (vermeintlichen) Stammfunktion muss wieder
$f(x)$ ergeben. Merke dazu folgendes Schaubild:

$$f(x) \xrightarrow{\int dx} F(x) + C, \quad F(x) + C \xrightarrow{\frac{d}{dx}} f(x). \tag{5.4}$$

Zusammengefasst entspricht die Integration der Umkehrung der Ableitung und wird
daher manchmal auch „Aufleitung" genannt.

Beispiel 5.1 (Ein einfaches Integral)

▷ Man berechne die Fläche unter der Kurve $f(x) = x$ im Intervall $[0, 1]$.

Lösung: Die Fläche ist gegeben durch das Integral $\int_0^1 dx\, x$. Unsere Aufgabe ist
es, eine Funktion zu finden, welche abgeleitet $x = x^1$ ergibt. Die Potenz 1 kommt
beim Ableiten dadurch zustande, das vor dem Ableiten x im Quadrat vorgele-
gen hat. Test: $[x^2]' = 2x$. Offensichtlich ist der Faktor 2 zu viel. Ergebnis: Die

Stammfunktion zu x ist bis auf Konstanten $\frac{1}{2}x^2$, da $\left[\frac{1}{2}x^2\right]' = \frac{1}{2}(2x) = x$ ist. Wir erhalten also mit Hilfe des Hauptsatzes

$$\int_0^1 dx\, x = \left[\frac{1}{2}x^2 + C\right]_0^1 .$$

Nun setzen wir die Integrationsgrenzen 0 und 1 ein und ziehen die Resultate gemäß (5.3) voneinander ab:

$$\left[\frac{1}{2}x^2 + C\right]_0^1 = \left(\frac{1}{2}\cdot 1^2 + C\right) - \left(\frac{1}{2}\cdot 0^2 + C\right) = \frac{1}{2}.$$

Das war auch zu erwarten, denn die Fläche unter $f(x) = x$ im Intervall $[0, 1]$ entspricht einem rechtwinkligen Dreieck mit Grundseite 1 und Höhe 1, woraus $A = \frac{1}{2}\cdot 1 \cdot 1 = \frac{1}{2}$ für die Fläche folgt (Abb. 5.2 rechts entspricht diesem). ■

Soeben haben wir auch gesehen, dass es beim bestimmten Integral nicht nötig ist, die Konstante C formal mitzuschleppen, da sie sich ohnehin beim Einsetzen der Grenzen wieder heraushebt.

Integral = Fläche?
Betrachten wir noch einmal die Funktion $f(x) = x$. Gibt das Integral wirklich die Fläche? Wir testen dieses, indem wir f von -1 bis $+1$ integrieren. Da $f(x)$ punktsymmetrisch ist, sollte die Gesamtfläche $2 \cdot \frac{1}{2} = 1$ herauskommen (Fläche von -1 bis 0 ist exakt gleich groß wie die von 0 bis 1). Das testen wir:

$$\int_{-1}^1 dx\, x = \left[\frac{1}{2}x^2\right]_{-1}^1 = \frac{1}{2}\cdot 1^2 - \frac{1}{2}\cdot (-1)^2 = 0.$$

Oje, was ist passiert? Haben wir uns verrechnet? Nein, denn das Integral liefert nicht die Fläche unter der Kurve, sondern die *Bilanz* der Flächen, wie Abb. 5.2 zeigt: Das Integral zählt Flächen unterhalb der x-Achse negativ. Um die absolute Fläche einer Funktion zu berechnen, bestimmt man zunächst sämtliche Nullstellen $x_1, \ldots, x_n$ im Intervall $[a, b]$ und summiert dann über die einzelnen Flächenstücke zwischen jeweils zwei Nullstellen bzw. den Randstellen $x_0 = a$ und $x_{n+1} = b$:

$$A = \sum_{i=0}^n \left| \int_{x_i}^{x_{i+1}} dx\, f(x) \right|, \quad x_0 = a,\ x_{n+1} = b. \qquad (5.5)$$

Abb. 5.2 Integral ist Flächenbilanz. Flächen unterhalb der x-Achse werden negativ, oberhalb positiv gezählt

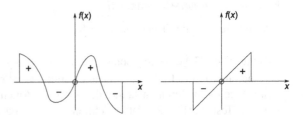

Beispiel 5.2 (Fläche unter der Sinusfunktion)

▷ Man bestimme die Fläche unter der Kurve $f(x) = \sin(2x)$ im Intervall $[0, \pi]$.

Lösung: Wir bestimmen zunächst die Nullstellen:

$$f(x) = \sin(2x) = 0 \iff x = 0, \tfrac{\pi}{2}, \pi, \tfrac{3\pi}{2}, 2\pi, \ldots$$

Im gegebenen Intervall zwischen den Rändern $x_0 = 0$ und $x_2 = \pi$ liegt also nur eine Nullstelle, und zwar bei $x_1 = \tfrac{\pi}{2}$. Spalte zur Flächenberechnung das Integral auf:

$$I_1 = \int_0^{\frac{\pi}{2}} dx \ \sin(2x) = \left[-\tfrac{1}{2}\cos(2x)\right]_0^{\frac{\pi}{2}} = \tfrac{1}{2} - \left(-\tfrac{1}{2}\right) = 1,$$

da $\left[-\tfrac{1}{2}\cos(2x)\right]' = -\tfrac{1}{2}(-\sin(2x)) \cdot 2 = \sin(2x)$ nach Kettenregel, und ebenso

$$I_2 = \int_{\frac{\pi}{2}}^{\pi} dx \ \sin(2x) = \left[-\tfrac{1}{2}\cos(2x)\right]_{\frac{\pi}{2}}^{\pi} = -\tfrac{1}{2} - \left(-\tfrac{1}{2}\right)(-1) = -1.$$

Für den Flächeninhalt ergibt sich dann nach (5.5)

$$A = |I_1| + |I_2| = 1 + |-1| = 2.$$

Das Integral wäre allerdings null, da $I_1 + I_2 = 1 + (-1) = 0$ (ohne Betragszeichen). ∎

5.1.3 Einfache Integrationsregeln und -tricks

Folgende Regeln vereinfachen das Leben mit bestimmten Integralen erheblich:

- Zerlegen der Intervalle (was schon in Beispiel 5.2 geholfen hat):

$$\int_a^c dx \ f(x) = \int_a^b dx \ f(x) + \int_b^c dx \ f(x), \tag{5.6}$$

- Spezialfall:

$$\int_a^a dx \ f(x) = 0, \tag{5.7}$$

- Vertauschen der Grenzen:

$$\int_a^b dx \ f(x) = -\int_b^a dx \ f(x), \tag{5.8}$$

● Linearität des Integrals:

$$\int_a^b dx\,(C_1 f(x) \pm C_2 g(x)) = C_1 \int_a^b dx\, f(x) \pm C_2 \int_a^b dx\, g(x), \qquad (5.9)$$

d.h., Summen im Integranden können auseinandergezogen und Konstanten $C_1, C_2 \in \mathbb{R}$ aus dem Integral herausgezogen werden.

Integration von Potenzfunktionen

Potenzfunktionen können nach der folgenden Integrationsformel berechnet werden:

$$\int dx\, x^\lambda = \frac{1}{\lambda + 1} \cdot x^{\lambda+1} + C, \quad \lambda \neq -1. \qquad (5.10)$$

Was ist die Stammfunktion im Falle $\lambda = -1$, also von $\frac{1}{x}$? Man erinnere sich daran, dass Integration die Umkehrung der Ableitung darstellt. Dann können wir allerdings auch die Ableitungstabellen in Abschn. 4.1 umgekehrt als Integrationstabellen lesen. Und siehe da, in Tab. 4.2 finden wir $[\ln(|x|)]' = \frac{1}{x}$, also wissen wir: $\int dx\,\frac{1}{x} = \ln(|x|) + C$. Der Betragsstrich kommt im Übrigen daher, dass der Logarithmus nur für Argumente größer null definiert ist und dass für $x < 0$ die Ableitung von $\ln(|x|)$ gleich $-\frac{1}{|x|}$ ist.

Beispiel 5.3 (Ein paar Integrale)

1. $\int_0^1 dx\, x^2 = \left[\frac{1}{3}x^3\right]_0^1 = \frac{1}{3} \cdot 1^3 - \frac{1}{3} \cdot 0^3 = \frac{1}{3}$.

2. $\int dx\,(e^{3x} + \sqrt[5]{x^2}) = \int dx\, e^{3x} + \int dx\, x^{\frac{2}{5}} = \frac{1}{3}e^{3x} + \frac{5}{7}x^{\frac{7}{5}} + C$.

3. $\int dx\,\frac{\sqrt{x}-1}{x} = \int dx\,\left(\frac{1}{\sqrt{x}} - \frac{1}{x}\right) = \int dx\, x^{-\frac{1}{2}} - \int dx\,\frac{1}{x} = 2x^{\frac{1}{2}} - \ln(|x|) + C$.

4. $\int dx = \int dx\, 1 = x + C$.

5. $\int_0^1 dx\,\frac{1}{\sqrt{x+1}} = 2\sqrt{x+1}\,|_0^1 = 2\sqrt{2} - 2$. Zugegebenermaßen musste man hier schon gut raten. In Kürze werden wir aber ein Verfahren kennenlernen, mit dem sich dieses Integral systematisch lösen lässt. ∎

Symmetrien erleichtern das Leben

Ist eine Funktion $f(x)$ achsen- oder punktsymmetrisch, so gilt für die Integration in einem symmetrischen Intervall $[-a, a]$:

$$f(-x) = \left\{ \begin{array}{l} f(x)\ \text{(achsensymm.)} \\ -f(x)\ \text{(punktsymm.)} \end{array} \right\} \implies \int_{-a}^a dx\, f(x) = \left\{ \begin{array}{l} 2\int_0^a dx\, f(x) \\ 0 \end{array} \right.. \qquad (5.11)$$

Das erklärt auch das Ergebnis der Fläche von $f(x) = x$ von -1 bis 1. $f(x)$ ist punktsymmetrisch, damit verschwindet das Integral über symmetrische Grenzen.

Verschiebetrick

Um lästige (additive) Konstanten im Integranden loszuwerden, kann man den **Verschiebetrick** anwenden:

$$\int_a^b \mathrm{d}x \, f(x + x_0) \stackrel{x \to x - x_0}{=} \int_{a+x_0}^{b+x_0} f(x). \tag{5.12}$$

Verschiebt man die Variable im Integranden um x_0 (daher die Schreibweise $x \to x - x_0$), so müssen die Grenzen um $-x_0$ verschoben werden. Diese Methode ändert nichts am Wert des Integrals!

Reskalierungstrick

Um lästige multiplikative Konstanten im Integranden loszuwerden, kann man das Integral **reskalieren**:

$$\int_a^b \mathrm{d}x \, f(\lambda x) \stackrel{x \to \frac{1}{\lambda} x}{=} \frac{1}{\lambda} \int_{a \cdot \lambda}^{b \cdot \lambda} \mathrm{d}x \, f(x). \tag{5.13}$$

Man lässt dabei die Variable x im Integranden $f(\lambda x)$ einen Faktor $\left(\text{hier: } \frac{1}{\lambda}\right)$ „ausspucken", woraufhin $\mathrm{d}x$ dasselbe tut (daher der Vorfaktor rechts vor dem Integral). Weiterhin müssen die Grenzen reziprok, d. h. mit $\frac{1}{\lambda} = \lambda$, multipliziert werden. Wie wir in Abschn. 5.2.2 sehen werden, sind Verschiebe- und Reskalierungstrick nur abgespeckte Versionen der wesentlich mächtigeren Substitutionsmethode.

Beispiel 5.4 (Anwenden der Integrationstricks)

▷ Man berechne $\int_c^d \mathrm{d}x \, \frac{1}{\sqrt{ax+b}}$.

Lösung: Als Erstes werden wir per Reskalierung den Vorfaktor a im Integranden unter der Wurzel los:

$$\int_c^d \mathrm{d}x \, \frac{1}{\sqrt{ax + b}} \stackrel{x \to \frac{1}{a} x}{=} \frac{1}{a} \int_{ac}^{ad} \mathrm{d}x \frac{1}{\sqrt{x + b}}.$$

Man beachte dabei stets, dass $\mathrm{d}x$ auch den Faktor ausspuckt! Dies wird gerne vergessen. Als Nächstes werden wir per Verschiebetrick die Konstante b los:

$$\frac{1}{a} \int_{ac}^{ad} \mathrm{d}x \frac{1}{\sqrt{x + b}} \stackrel{x \to x - b}{=} \frac{1}{a} \int_{ac+b}^{ad+b} \mathrm{d}x \frac{1}{\sqrt{x}}.$$

Der Integrand lässt sich in Potenzschreibweise elementar mit (5.10) integrieren:

$$\frac{1}{a} \int_{ac+b}^{ad+b} \mathrm{d}x \frac{1}{\sqrt{x}} = \frac{1}{a} \int_{ac+b}^{ad+b} \mathrm{d}x \, x^{-\frac{1}{2}} = \frac{2}{a} x^{\frac{1}{2}} \Big|_{ac+b}^{ad+b} = \frac{2}{a} \left(\sqrt{ad + b} - \sqrt{ac + b} \right).$$

Ergebnis:

$$\int_c^d dx \; \frac{1}{\sqrt{ax+b}} = \frac{2}{a} \left(\sqrt{ad+b} - \sqrt{ac+b} \right),$$

und mit $a = b = 1$ folgt auch direkt das gut geratene Ergebnis aus Beispiel 5.3, Integral **5.** ∎

Spickzettel zur grundlegenden Integralrechnung

- **Integralbegriff und Hauptsatz**
  Integral = Flächenbilanz;
  Hauptsatz (Integral = Umkehrung der Ableitung): Gilt $\frac{dF}{dx} = f(x)$, (mit $F(x)$ Stammfunktion), dann ist

  $$\int_a^b dx \; f(x) := [F(x)]_a^b =: F(x)|_a^b = F(b) - F(a)$$

  das bestimmte Integral von $f(x)$ in den Grenzen a bis b.

- **Integrationsregeln**

  $$\int_a^b dx \; f(x) + \int_b^c dx \; f(x) = \int_a^c dx \; f(x),$$

  $$\int_a^b dx \; f(x) = - \int_b^a dx \; f(x), \quad \int_a^a dx \; f(x) = 0,$$

  $$\int_a^b dx \; (C_1 f(x) \pm C_2 g(x)) = C_1 \int_a^b dx \; f(x) \pm C_2 \int_a^b dx \; g(x).$$

  Berechnung der Integrale von Potenzfunktionen:

  $$\int dx \; x^\lambda = \frac{1}{\lambda + 1} \cdot x^{\lambda+1} + C, \quad \lambda \neq -1.$$

- **Integrationstricks**
  - Symmetrie: $f(-x) = \begin{Bmatrix} f(x) \\ -f(x) \end{Bmatrix} \implies \int_{-a}^a dx f(x) = \begin{cases} 2\int_0^a dx \; f(x) \\ 0 \end{cases}$.
  - Verschiebetrick: $\int_a^b dx \; f(x + x_0) \overset{x \to x - x_0}{=} \int_{a+x_0}^{b+x_0} dx \; f(x)$.
  - Reskalierungstrick: $\int_a^b dx \; f(\lambda x) \overset{x \to \frac{1}{\lambda} x}{=} \frac{1}{\lambda} \int_{a\cdot\lambda}^{b\cdot\lambda} dx \; f(x)$.

5.2 Integrationsmethoden

Leider kommt es sehr häufig vor, dass ein Integral nicht einfach durch „Hinschauen" und Aufschreiben der Stammfunktion berechenbar wird (wie im vorherigen

Abschnitt suggeriert wurde). In diesen Fällen muss man schwereres Geschütz auffahren. Wir werden nun ein paar Integrationsmethoden vorstellen, die in vielen Fällen hilfreich sein werden. Allerdings gibt es zum Knacken der Integrale kein wirkliches Patentrezept. In der Regel muss man unterschiedliche Brecheisen ansetzen und hoffen, dass die bekannten Methoden zum Ziel führen.

5.2.1 Partielle Integration

Besteht der Integrand aus einem Produkt zweier Funktionen $u(x) \cdot v'(x)$ und lässt sich zu $v'(x)$ leicht eine Stammfunktion $v(x)$ finden, dann empfiehlt es sich oftmals, **partielle Integration** anzuwenden. Sie ist die Umkehrung der Produktregel aus der Differenzialrechnung. Es gilt

$$\int_a^b dx \, [u(x)v(x)]' = \int_a^b dx \, u'(x)v(x) + \int_a^b dx \, u(x)v'(x),$$

wobei die Summe per (5.9) auseinandergezogen wurde. Wie wir bereits wissen, ist die Integration formal die Umkehrung der Ableitung. Auf der linken Seite kompensieren sich also Ableitung und Integral, und es verbleibt die Stammfunktion der Ableitung – also die Funktion selbst – in den Grenzen: $[u(x)v(x)]_a^b$. Wir können umstellen und erhalten

$$\int_a^b dx \, u(x)v'(x) = [u(x)v(x)]_a^b - \int_a^b dx \, u'(x)v(x), \qquad (5.14)$$

wobei die große Hoffnung ist, dass das Integral auf der rechten Seite einfacher oder sogar direkt lösbar geworden ist. Das ist das Prinzip der partiellen Integration. Wir demonstrieren dies an zwei Beispielen.

Beispiel 5.5 (Partielle Integration I)

▷ Man berechne $\int_0^1 dx \, x e^{-x}$.

Lösung: Offensichtlich besteht der Integrand aus einem Produkt: $x \cdot e^{-x}$. Wir müssen uns jetzt überlegen, zu welchem Produktpartner die Stammfunktion bestimmt werden soll; nehmen wir $v'(x) = e^{-x}$. Seine Stammfunktion (ohne Integrationskonstante) ist $v(x) = -e^{-x}$. $u(x) = x$ muss dagegen abgeleitet werden: $u'(x) = 1$. Die Integrationskonstante C bei $v(x)$ kann hier vernachlässigt werden, da wir ein bestimmtes Integral berechnen und sich durch Einsetzen der Grenzen und Differenzbildung die Konstante wieder wie in Beispiel 5.1 weghebt.

Nun haben wir alle Vorbereitungen getroffen und können die partielle Integration (5.14) anwenden:

$$\int_0^1 dx \underbrace{x}_{u(x)} \underbrace{e^{-x}}_{v'(x)} = [\underbrace{x}_{u(x)} \underbrace{(-e^{-x})}_{v(x)}]_0^1 - \int_0^1 dx \underbrace{1}_{u'(x)} \underbrace{(-e^{-x})}_{v(x)}$$

$$= -1 \cdot e^{-1} + 0 \cdot e^0 + \int_0^1 dx\, e^{-x}.$$

Doch welch ein Glück! Das Integral auf der rechten Seite lässt sich einfach integrieren:

$$\int_0^1 dx\, e^{-x} = -e^{-x}|_0^1 = -e^{-1} + 1.$$

Ergebnis:

$$\int_0^1 dx\, xe^{-x} = -e^{-1} + (-e^{-1} + 1) = 1 - \tfrac{2}{e}.$$

Was passiert aber, wenn man die partielle Integration umgekehrt ansetzt? Leite also $v'(x) = x$ auf, d. h. $v(x) = \tfrac{1}{2}x^2$ und $u(x) = e^{-x}$ ab: $u'(x) = -e^{-x}$. Dann folgt mit (5.14):

$$\int_0^1 dx\, e^{-x}x = \left[e^{-x}\tfrac{1}{2}x^2\right]_0^1 - \int_0^1 dx(-e^{-x})\tfrac{1}{2}x^2.$$

Wie man allerdings am rechten Integral erkennt, ist die ganze Sache noch komplizierter geworden. Dieser Ansatz würde also in eine Sackgasse führen. ∎

Beispiel 5.6 (Partielle Integration II)

▷ Man berechne eine Stammfunktion zu $f(x) = \sin(x)\cos(x)$.

Lösung: Wir verwenden partielle Integration und setzen $u(x) = \sin(x)$ und $v'(x) = \cos(x)$. Dann ist $v(x) = \sin(x)$ und $u'(x) = \cos(x)$ und es ergibt sich mit (5.14)

$$\int dx\, \sin(x)\cos(x) = [\sin^2(x)] - \int dx\, \cos(x)\sin(x),$$

wobei [ ] andeutet, dass bei Weglassen der Klammern dort noch eine Integrationskonstante fällig wird. „Na toll" mag man nun denken, „auf der rechten Seite taucht das zu lösende Integral nochmal auf! Drehen wir uns im Kreis?" Nein, denn die Lösung liegt näher, als man glaubt. Bringe das rechte Integral per Addition auf die linke Seite und teile durch zwei. Fertig:

$$\int dx\, \sin(x)\cos(x) = \tfrac{1}{2}\sin^2(x) + C.$$ ∎

5.2.2 Integration durch Substitution

Die **Integration per Substitution** entspricht der Umkehrung der Kettenregel beim Differenzieren und tritt in der Physik deutlich häufiger als die partielle Integration auf. Bei der Substitution gibt es zwei Fälle, die zu unterscheiden es sich lohnt:

Typ 1:   Setze Funktion $h(x) :=$ neuer Variable t.
Typ 2:   Setze $x :=$ neuer Funktion $g(t)$.

Durch diese Substitution ergeben sich dann die Substitutionsregeln zu

$$\text{Typ I} \quad \int_a^b \mathrm{d}x\, h'(x) f(h(x)) = \int_{\underline{t}=h(a)}^{\bar{t}=h(b)} \mathrm{d}t\, f(t) \tag{5.15}$$

$$\text{mit} \quad t := h(x) \Leftrightarrow \mathrm{d}t = h'(x)\mathrm{d}x,$$

$$\text{Typ II} \quad \int_a^b \mathrm{d}x\, f(x) = \int_{\underline{t}=g^{-1}(a)}^{\bar{t}=g^{-1}(b)} \mathrm{d}t\, g'(t) f(g(t)) \tag{5.16}$$

$$\text{mit} \quad x := g(t) \Leftrightarrow \mathrm{d}x = g'(t)\mathrm{d}t.$$

Dabei bedeutet g^{-1} die Umkehrfunktion zu g, wobei vorausgesetzt wird, dass die Umkehrung existiert. Ferner bezeichnen $\underline{t}$ bzw. $\bar{t}$ die untere bzw. obere Grenze des t-Integrals. $\mathrm{d}x$ und $\mathrm{d}t$ heißen Differenziale. Die hinten anstehenden Gleichungen der Differenziale kommen wie folgt zustande:

$$t = h(x), \quad \frac{\mathrm{d}t}{\mathrm{d}x} = h'(x) \Leftrightarrow \mathrm{d}t = h'(x)\mathrm{d}x, \quad x = g(t), \quad \frac{\mathrm{d}x}{\mathrm{d}t} = g'(t) \Leftrightarrow \mathrm{d}x = g'(t)\mathrm{d}t.$$

Typ I beinhaltet irgendwo im Integranden eine Funktion $h(x)$ (kann auch anderweitig verkettet sein) und gleichzeitig ihre Ableitung $h'(x)$. Dieses ist ein gutes Charakteristikum zur Wahl der „richtigen" Integrationsmethode. Jedenfalls sollte man in diesem Fall sein Glück mit der Substitutionsmethode probieren. Häufig auftretende Integrale:

$$\int \mathrm{d}x\, \frac{f'(x)}{f(x)} = \ln(|f(x)|) + C, \quad \int \mathrm{d}x\, f(x) f'(x) = \frac{1}{2} f^2(x) + C. \tag{5.17}$$

Typ II ist schwieriger zu durchschauen. Er beruht darauf, dass durch Einführen einer neuen Funktion $g(t)$ das Integral lösbar wird. Was allerdings sowohl bei Typ I als auch Typ II gerne vergessen wird:

> Die Grenzen ändern sich durch Substitution!

Aus den obigen Gleichungen folgt schließlich direkt der Reskalierungs- und Verschiebetrick aus Abschn. 5.1.3 durch Setzen von $h(x) = \lambda x$ bzw. $h(x) = x + x_0$.

Beispiel 5.7 (Substitution Typ I)

▷ Man berechne $\int_0^2 dx\, 2xe^{x^2}$.

Lösung: Wie man leicht erkennt, taucht im Integranden eine Funktion mit Ableitung auf. So ist der Vorfaktor $2x$ die Ableitung des Exponenten x^2. Jetzt sollten die Glocken klingeln! Verwende Substitution Typ I. Wir setzen dazu $h(x) = x^2 =: t$ und erhalten $\frac{dt}{dx} = h'(x) = 2x$ und umgeformt $dx = \frac{dt}{2x}$. Einsetzen (zunächst ohne Beachtung der Grenzen) in das Integral würde dann ergeben:

$$\int_0^2 dx\, 2xe^{x^2} = \int_{\ldots}^{\cdots} \frac{dt}{2x} 2xe^{x^2} = \int_{\ldots}^{\cdots} dt\, e^{x^2} = \int_{\ldots}^{\cdots} dt\, e^t,$$

und dieses Integral ist offensichtlich sehr leicht zu lösen! Die Substitution hat somit den Faktor $2x$ herausgeschmissen. Die mittleren Schritte lässt man beim Aufschreiben weg, weil t und x gleichzeitig im Integral auftauchen und dies unerwünscht ist. Zur Illustration des Prinzips der Substitution ist dieser Schritt jedoch hilfreich.

Nun wissen wir, dass sich das Integral in Wohlgefallen auflöst, müssen allerdings noch die Grenzen ändern. Dies geht wie folgt: Wir haben $x^2 = t$ gesetzt. Damit haben wir eine direkte Transformation der x-Grenzen in die t-Grenzen gegeben. So gilt für die obere Grenze $\bar{t} = \bar{x}^2 = 2^2 = 4$ und für die untere Grenze $\underline{t} = \underline{x}^2 = 0^2 = 0$, wobei $\bar{x} = 2$ die obere bzw. $\underline{x} = 0$ die untere Grenze im x-Integral notieren. Damit haben wir die neuen Grenzen gefunden und können jetzt formal richtig das Integral lösen:

$$\int_0^2 dx\, 2xe^{x^2} = \int_0^4 dt\, e^t = e^t\big|_0^4 = e^4 - 1. \qquad \blacksquare$$

Beispiel 5.8 (Substitution Typ II: Fläche eines Kreises)

▷ Man berechne den Flächeninhalt eines Kreises (Radius R) per Integralrechnung.

Lösung: Wir erwarten als Ergebnis natürlich $A = \pi R^2$. Dies kommt per Integralrechnung wie folgt heraus: Da keine Angaben zum Kreis gemacht werden, legen wir o. B. d. A. (ohne Beachtung der Aufgabenstellung ...äh, ohne Beschränkung der Allgemeinheit) den Kreismittelpunkt in den Ursprung. Aus Symmetriegründen betrachten wir nur ein Viertel des Kreises im ersten Quadranten und multiplizieren diese Fläche dann mit dem Faktor 4. Für den Kreis gilt $x^2 + y^2 \leq R^2$ nach Gl. (1.55), wobei der Gleichheitsfall $x^2 + y^2 = R^2$ die Randkurve beschreibt. Daraus erhalten wir im ersten Quadranten, d. h. für $y \geq 0$, die Randfunktion

$y(x) = +\sqrt{R^2 - x^2}$ und können per Integration die Fläche unter der Kurve $y(x)$ bestimmen. Dazu verwenden wir Integralrechnung wie in ihrer ursprünglichen Motivation. Es gilt dann für die Gesamtfläche des Kreises

$$A = 4 \cdot \int_0^R dx \, \sqrt{R^2 - x^2}.$$

Zunächst wollen wir die Konstanten aus dem Integranden loswerden. Ziehe dazu R^2 aus der Wurzel heraus:

$$A = 4R \int_0^R dx \, \sqrt{1 - \frac{x^2}{R^2}}.$$

Nun kann man reskalieren und das x ein R „ausspucken" lassen, d. h. $x \to R \cdot x$:

$$A = 4R \int_0^R dx \, \sqrt{1 - \frac{x^2}{R^2}} \overset{x \to Rx}{=} 4R^2 \int_0^1 dx \sqrt{1 - x^2}.$$

Es verbleibt zu zeigen, dass das Integral den Wert $\frac{\pi}{4}$ hat. Dies geschieht mit Hilfe der Typ-II-Substitution. Oben haben wir $y(x)$ über die Kreisgleichung hergeleitet. Dann liegt es doch nahe, als Substitution eine trigonometrische Funktion zu nehmen, oder? Wir versuchen unser Glück: Setze $x := \cos(t)$, dann ist $\frac{dx}{dt} = -\sin(t)$ und somit das Differenzial $dx = -dt \sin(t)$. Wir bestimmen zusätzlich die Grenzen. Die Transformation $x := \cos(t)$ kann umgestellt werden zu $t = \arccos(x)$. Damit folgen die Grenzen zu $\underline{t} = \arccos(\underline{x}) = \arccos(0) = \frac{\pi}{2}$ (man fragt: wo wird der Kosinus null? Z. B. bei Winkel $\frac{\pi}{2}$!) und $\bar{t} = \arccos(\bar{x}) = \arccos(1) = 0$. Es folgt dann für das Integral

$$\int_0^1 dx\sqrt{1 - x^2} = -\int_{\frac{\pi}{2}}^0 dt \, \sin(t) \underbrace{\sqrt{1 - \cos^2(t)}}_{\sin(t)} = \int_0^{\frac{\pi}{2}} dt \, \sin^2(t),$$

wobei der trigonometrische Pythagoras und Vertauschen der Grenzen (5.8) verwendet wurden. Nun können wir partiell integrieren (zur Übung). Ein schnellerer Weg geht über Geometrie. In Abb. 5.3 ist die Funktion $\sin^2(x)$ aufgetragen.

Das Integral über $\sin^2(x)$ soll von 0 bis $\frac{\pi}{2}$ berechnet werden. Dies liefert aber gleichzeitig den Flächeninhalt unter der Kurve, da $\sin^2(x)$ keine Nulldurchgänge besitzt. Es ist aufgrund trigonometrischer Beziehungen nun so, dass sich über der Kurve (schraffiert) und unter der Kurve (nicht schraffiert) exakt die gleiche Fläche befindet. Da es bei einer Flächenhalbierung egal ist, wie eine Fläche in zwei gleiche Teile zerlegt wird, können wir die gesuchte Fläche auch auf das Rechteck mit Seitenlängen $\frac{\pi}{2}$ und $\frac{1}{2}$ (gestrichelt) „umkneten". Diese Fläche ist dann einfach angebbar: $\frac{\pi}{2} \cdot \frac{1}{2} = \frac{\pi}{4}$. Damit ergibt sich

$$\int_0^1 dx \, \sqrt{1 - x^2} = \frac{\pi}{4}, \tag{5.18}$$

Abb. 5.3 Zur Integration
von $\sin^2(x)$. Die schraffierte
und nicht schraffierte Fläche
im skizzierten Rechteck sind
gleich groß; ihr
Flächeninhalt ist $0,5 \cdot \frac{\pi}{2}$

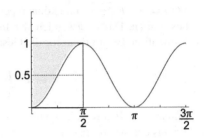

und wir merken uns ebenfalls den Trick

$$\int_0^{\frac{n\pi}{2}} du \, \sin^2(u) = \int_0^{\frac{n\pi}{2}} du \cos^2(u) = \frac{1}{2} \cdot \frac{n\pi}{2}, \ n \in \mathbb{N} \qquad (5.19)$$

d. h., das Integral ist gleich $\frac{1}{2}$ mal oberer Grenze. Zum Kreis zurückkehrend ergibt sich insgesamt:

$$A = 4R^2 \int_0^1 dx \sqrt{1 - x^2} = 4R^2 \cdot \frac{\pi}{4} = \pi R^2. \qquad \blacksquare$$

5.2.3 Ableiten nach Parametern

Ein weiterer Griff in die Integrationstrickkiste ist das **Ableiten nach Parametern.** Der Trick hierbei ist, dass man (sofern nicht schon existent) einen künstlichen Parameter α einführt und den zu knackenden Integranden dann als Ableitung des Parameters an der Stelle $\alpha = 1$ schreibt. Oftmals vereinfacht sich die Ausgangsintegration dann. Schematisch bedeutet dies:

$$\int dx \, f(x) = \int dx \, f(x; \alpha = 1) = \frac{\partial}{\partial \alpha} \int dx \, g(x; \alpha) \bigg|_{\alpha=1}, \qquad (5.20)$$

wobei g eine (hoffentlich) einfacher nach x integrierbare Funktion ist. Die Ableitung nach α kann unter geeigneten Voraussetzungen (die im Regelfall erfüllt sind) am x-Integral vorbeigezogen werden, da dies $\frac{\partial}{\partial \alpha}$ nicht sieht.

Beispiel 5.9 (Umgehen einer n-fachen partiellen Integration)

▷ Berechnen Sie für $n \in \mathbb{N}$

$$\int_0^\infty dx \, x^n e^{-x}.$$

Lösung: Eigentlich müssten wir nun n-fach partiell integrieren (für $n = 1$ haben wir es schon in Beispiel 5.5 gesehen). Diese Tortur umgehen wir jedoch geschickt, indem wir einen Parameter α einführen:

$$\int_0^\infty dx\, x^n e^{-x} = \int_0^\infty dx\, x^n e^{-\alpha x}\bigg|_{\alpha=1}.$$

Dies ist immer und überall möglich. Doch was haben wir dadurch gewonnen? Nun, wir können uns jetzt überlegen, wie wir den Integranden als Ableitung nach α schreiben. Bei Ableitung nach α spuckt der Exponent $e^{-\alpha x}$ ein $-x$ aus. Nochmalige Ableitung spuckt ein weiteres $-x$ aus, so dass unten ein $(-x)^2$ entsteht. Macht man das n-mal, so erhält man unten $(-x)^n = (-1)^n x^n$, was dem Faktor im Ausgangsintegranden bis auf den Term $(-1)^n$ entspricht! Wir können also schreiben:

$$\begin{aligned}
\int_0^\infty dx\, x^n e^{-\alpha x}\bigg|_{\alpha=1} &= \frac{\partial}{\partial \alpha} \int_0^\infty dx\, (-1)x^{n-1} e^{-\alpha x}\bigg|_{\alpha=1} \\
&= \frac{\partial^2}{\partial \alpha^2} \int_0^\infty dx\, (-1)^2 x^{n-2} e^{-\alpha x}\bigg|_{\alpha=1} \\
&= \ldots \\
&= \frac{\partial^n}{\partial \alpha^n} \int_0^\infty dx\, (-1)^n e^{-\alpha x}\bigg|_{\alpha=1}.
\end{aligned}$$

Somit folgt das leicht zu bestimmende Integral

$$\begin{aligned}
\int_0^\infty dx\, x^n e^{-\alpha x}\bigg|_{\alpha=1} &= \frac{\partial^n}{\partial \alpha^n} \int_0^\infty dx\, (-1)^n e^{-\alpha x}\bigg|_{\alpha=1} = (-1)^n \frac{\partial^n}{\partial \alpha^n} \int_0^\infty dx\, e^{-\alpha x}\bigg|_{\alpha=1} \\
&= (-1)^n \frac{\partial^n}{\partial \alpha^n} \cdot \left[\frac{1}{-\alpha} e^{-\alpha x}\right]_0^\infty\bigg|_{\alpha=1} = (-1)^n \frac{d^n}{d\alpha^n} \left(0 - \frac{1}{-\alpha}\right)\bigg|_{\alpha=1} \\
&= (-1)^n \frac{d^n}{d\alpha^n} \left(\alpha^{-1}\right)\bigg|_{\alpha=1}.
\end{aligned}$$

Die letzte Hürde ist schließlich das Berechnen der n-fachen Ableitung $\frac{d^n}{d\alpha^n}\left(\alpha^{-1}\right)$. Doch die kann hier relativ leicht erschlossen werden:

$$\begin{aligned}
\frac{d^n}{d\alpha^n}\left(\alpha^{-1}\right) &= \frac{d^{n-1}}{d\alpha^{n-1}}\left((-1)\alpha^{-2}\right) = \frac{d^{n-2}}{d\alpha^{n-2}}\left((-1)(-2)\alpha^{-3}\right) = \ldots \\
&= (-1)(-2)\ldots(-n)\alpha^{-n-1} = (-1)^n \cdot (1 \cdot 2 \cdot \ldots \cdot n)\alpha^{-(n+1)} \\
&= (-1)^n n!\, \alpha^{-(n+1)}
\end{aligned}$$

mit $n! := 1 \cdot 2 \cdot \ldots \cdot (n-1) \cdot n$ (Fakultät). Daraus ergibt sich schließlich

$$\int_0^\infty dx\, x^n e^{-x} = (-1)^n \frac{d^n}{d\alpha^n}\left(\alpha^{-1}\right)\bigg|_{\alpha=1} = (-1)^n \cdot (-1)^n n!\, \underbrace{\alpha^{-(n+1)}\bigg|_{\alpha=1}}_{=1^{-(n+1)}=1} = n!,$$

wobei $(-1)^n(-1)^n = [(-1)(-1)]^n = 1^n = +1$ für $n \in \mathbb{N}$. ∎

5.2.4 Partialbruchzerlegung

Ist ein Integrand gebrochen rational, d. h. in der Form $\frac{P(x)}{Q(x)}$ mit Polynomen $P(x)$, $Q(x)$, und lässt sich das Integral nicht mit Substitution knacken, so bietet sich oftmals das Prinzip der **Partialbruchzerlegung** an. Grundidee ist hierbei, den Quotienten $\frac{P(x)}{Q(x)}$ in eine Summe aus einfach zu integrierenden Termen zu zerlegen. Bestimme dazu eine Faktorzerlegung von $Q(x)$ per Polynomdivision.

Kochrezept zur Partialbruchzerlegung
Ist ein Integrand in der Form

$$\int dx \ \frac{P(x)}{Q(x)}$$

gegeben, bei dem keine der vorherigen Integrationsmethoden fruchten, so versucht man, den Bruch zu vereinfachen.

1. Führe Polynomdivision des Integranden durch.
2. Betrachte nun für jeden Term den Nenner und bestimme seine (reellen) Null-stellen. Für Terme ohne Nullstellen können die unten genannten Integrale (5.21) hilfreich sein.
3. Mache jetzt einen Ansatz für die Partialbruchzerlegung.
   - Für jede einfache Nullstelle enthält er $\frac{A}{x-\text{Nullstelle}}$.
   - Für jede n-fache Nullstelle enthält er

$$\frac{A_1}{(x-\text{Nullstelle})} + \frac{A_2}{(x-\text{Nullstelle})^2} + \ldots + \frac{A_n}{(x-\text{Nullstelle})^n} \ .$$

4. Multipliziere mit dem Hauptnenner die entstandene Gleichung durch und verein-fache. Bestimme per Koeffizientenvergleich die Koeffizienten im Ansatz.

Anschließend können die einzelnen Summanden (hoffentlich) einfacher integriert werden. Hierbei hilfreich sind oftmals

$$\int dx \ \frac{1}{ax+b} = \frac{1}{a} \ln|ax+b| + C, \quad \int dx \ \frac{a}{1+(ax+b)^2} = \arctan(ax+b) + C.$$
$$(5.21)$$

Beispiel 5.10 (Eine Partialbruchzerlegung)

▷ Wie kann das folgende Integral geknackt werden?

$$\int dx \ \frac{x^2}{x^2-4x+4} = ?$$

Lösung: Partialbruchzerlegung. Wir gehen nach dem Kochrezept vor und zerlegen den Bruch in seine Einzelteile:

1. **Polynomdivision**
   Los geht's:

$$\begin{array}{l} x^2 \\ \underline{-\,(x^2 - 4x + 4)} \\ 4x - 4 \end{array} \quad : (x^2 - 4x + 4) = 1 + \frac{4x-4}{x^2-4x+4}.$$

2. **Nullstellenbestimmung des Nenners**
   Dies ist hier einfach, da im Nenner eine binomische Formel steht. Es ist nämlich hier $x^2 - 4x + 4 = (x-2)^2$, so dass folgt:

$$\frac{x^2}{x^2 - 4x + 4} = 1 + \frac{4x-4}{(x-2)^2}.$$

3. **Ansatz zur Partialbruchzerlegung**
   Die „1" ist unkritisch zu integrieren, allerdings bereitet der zweite Term noch etwas Kopfzerbrechen. Hier müssen wir mit Partialbruchzerlegung ran. Er besitzt im Nenner eine doppelte Nullstelle für $x = 2$, also sieht der Ansatz folgendermaßen aus:

$$\frac{4x-4}{(x-2)^2} = \frac{A}{(x-2)^1} + \frac{B}{(x-2)^2} \quad (*)$$

   und hat zwei zu bestimmende Konstanten A und B, da der Nenner insgesamt zwei Nullstellen hat.

4. **Koeffizientenvergleich**
   Wir multiplizieren die Ansatzgleichung $(*)$ mit dem Hauptnenner durch (in diesem Fall $(x-2)^2$):

$$4x - 4 = A(x-2) + B = Ax - 2A + B.$$

   Nun erfolgt ein sogenannter **Koeffizientenvergleich.** Hierbei werden alle Vorfaktoren der x-Potenzen miteinander verglichen. Wir starten mit der nullten Potenz in x, d.h. x^0. Es folgt durch Vergleich der linken und rechten Seite $-4 = -2A + B$.
   Der Vergleich des x^1-Koeffizienten liefert $4x = Ax$ bzw. $A = 4$. Damit können wir auch B bestimmen: $-4 = -2A + B \iff B = -4 + 2A = -4 + 2 \cdot 4 = 4$. Ergebnis der Partialbruchzerlegung: $\frac{4x-4}{(x-2)^2} = \frac{4}{x-2} + \frac{4}{(x-2)^2}$ bzw. insgesamt:

$$\frac{x^2}{x^2 - 4x + 4} = 1 + \frac{4x-4}{(x-2)^2} = 1 + \frac{4}{x-2} + \frac{4}{(x-2)^2}.$$

Jetzt können wir bequem integrieren:

$$\int dx\, \frac{x^2}{x^2 - 4x + 4} = \int dx\, \left(1 + \frac{4}{x-2} + \frac{4}{(x-2)^2}\right)$$

$$= [x] + 4\int dx\, \frac{1}{x-2} + 4\int dx\, (x-2)^{-2}$$

$$= [x] + [4\ln|x-2|] - [4(x-2)^{-1}].$$

Ergebnis:

$$\int dx \; \frac{x^2}{x^2 - 4x + 4} = x + 4\ln|x - 2| - 4(x - 2)^{-1} + C.$$ ∎

[H13] Der Kanal   **(2,5 + 1,5 = 4 Punkte)**

Eine Erweiterung des Mittellandkanals soll den skizzierten Querschnitt mit
Randkurve $h(x) = h_0 \frac{|x|}{\sqrt{a^2 + x^2}}$ erhalten.

a) Wie groß ist die gefüllte Querschnittsfläche $F(d)$?
b) Wie groß kann sie maximal werden?

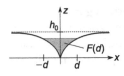

Spickzettel zu Integrationsmethoden

- **Partielle Integration**
  $\int_a^b dx \; u(x)v'(x) = [u(x)v(x)]_a^b - \int_a^b dx \; u'(x)v(x).$

- **Substitution**
  Zwei Herangehensweisen:

$$\int_a^b dx \; f(h(x))h'(x) = \int_{h(a)}^{h(b)} dt \; f(t), \quad t = h(x) \Leftrightarrow dt = h'(x)dx,$$

$$\int_a^b dx \; f(x) = \int_{g^{-1}(a)}^{g^{-1}(b)} dt \; f(g(t))g'(t), \quad x = g(t) \Leftrightarrow dx = g'(t)dt.$$

Typ 1: Funktion und seine Ableitung tauchen gleichzeitig im Integranden auf;
Typ 2: Durch Einführen einer neuen Funktion $x = g(t)$ wird das Integral einfacher.

- **Ableiten nach Parametern**
  Führe Parameter im Integranden ein und schreibe das Integral als Ableitung nach dem
  Parameter:

$$\int dx \; f(x) = \int dx \; f(x; \alpha = 1) = \frac{\partial}{\partial \alpha} \int dx \; g(x; \alpha) \bigg|_{\alpha = 1} \quad \text{mit} \quad \frac{\partial g(x; \alpha)}{\partial \alpha} = f(x; \alpha).$$

- **Integration durch Partialbruchzerlegung**
  Integrand der Form $\frac{P(x)}{Q(x)}$ wird durch Partialbruchzerlegung auf einfachere Terme zurück-geführt, meist der Form

$$\int dx \, \frac{1}{ax+b} = \frac{1}{a} \ln|ax+b| + C, \quad \int dx \, \frac{a}{1+(ax+b)^2} = \arctan(ax+b) + C.$$

5.3 Mehrfachintegration

Im Folgenden werden wir lernen, wie man wichtige Kenngrößen wie Volumen und Masse allgemeiner, krummliniger Körper berechnet (z. B. Kugel, Ellipsoiden etc.). Dazu werden mehrdimensionale Integrale eingeführt. Sie stellen eine Erweiterung der aus den letzten beiden Abschnitten bekannten 1-D-Integration dar. Besonderes Augenmerk muss nun auf die Reihenfolge der Integration gelegt werden.

5.3.1 Flächenintegrale

Eine beliebige Fläche A werde in infinitesimale Stückchen dA (das sogenannte **Flächenelement**) gemäß Abb. 5.4 zerlegt.
Die Gesamtfläche errechnet sich dann als **Flächenintegral** zu

$$A = \int dA = \int_{\mathcal{F}} d^2x. \tag{5.22}$$

Hierbei wurde eine neue Schreibweise eingeführt. Die Berechnung der Gesamtfläche A kann man sich als Summe (bzw. Integral) über die unendlich vielen Einzelstücke dA vorstellen. Jede Kachel ergibt sich als Multiplikation zweier Längen (bei einer quadratischen Kachelzerlegung $d^2x = dx \cdot dx$ oder bei rechteckiger Zerlegung $d^2x = dx\,dy$). Summiert man alle Kachelzerlegungen d^2x über das zu integrierende Gebiet $\mathcal{F}$, so erhält man die Gesamtfläche A. Die „Potenz" des d gibt dabei die Dimension der Integration an (d^3x ist folgerichtig ein Volumenelement). Vorsicht bei der Differenzialschreibweise:

$$d^2x \neq dx^2 = (dx)^2 \,!$$

Abb. 5.4 Zum Flächenintegral. Aufsummieren aller Kacheln dA im Integrationsgebiet $\mathcal{F}$ ergibt die Gesamtfläche

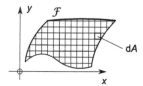

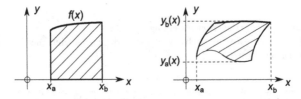

Abb. 5.5 Zwei Typen Flächenintegral. Links: Durch die Kenntnis aller vier Seiten reduziert sich die Integration auf den 1-D-Fall. Rechts: Im allgemeinen Fall hängen die Integrationsgrenzen voneinander ab

Der einfachste Fall eines Flächenintegrals tritt genau dann auf, wenn die Fläche durch die x-Achse an einer Seite begrenzt ist sowie eine andere „Seite" als $f(x)$ bekannt ist und die verbleibenden Seiten senkrecht auf der x-Achse stehen, wie in Abb. 5.5 links dargestellt ist. Dann berechnet sich die Fläche zu

$$A = \int_{\mathcal{F}} d^2 x = \int_{x_a}^{x_b} dx \int_0^{f(x)} dy = \int_{x_a}^{x_b} dx \, f(x), \tag{5.23}$$

was wir aus Abschn. 5.1 schon kennen (Integral = Flächenbilanz). Im letzten Schritt wurde die y-Integration direkt ausgeführt:

$$\int_0^{f(x)} dy = \int_0^{f(x)} dy \, 1 = y|_0^{f(x)} = f(x) - 0 = f(x).$$

Hat man nun keine festen „Seiten" (Abb. 5.5 rechts), so berechnet sich die Fläche zu

$$A = \int_{\mathcal{F}} d^2 x = \int_{x_a}^{x_b} dx \int_{y_a(x)}^{y_b(x)} dy, \tag{5.24}$$

wobei nun die y-Integrationsgrenzen von x abhängen (Randfunktionen in der Abbildung). Das ist die allgemeine Form eines Flächenintegrals.

Beispiel 5.11 (Fläche einer Ellipse)

▷ Berechnen Sie die Fläche einer Ellipse mit den Halbradien a und b.

Lösung: Zunächst tätigen wir einige Vereinfachungen. Da nichts über die Lage der Ellipse gesagt wurde, legen wir ihren Mittelpunkt in den Ursprung. Dann lässt sie sich beschreiben durch

$$\frac{x^2}{a^2} + \frac{y^2}{b^2} = 1.$$

Weiterhin nutzen wir Symmetrie aus und betrachten nur den Flächeninhalt des Ellipsenstücks im ersten Quadranten analog zu Beispiel 5.8. Als begrenzende „Seiten" fungieren nun die x- sowie y-Achse und die Funktion $y(x)$ des Ellipsenbogens, wie in Abb. 5.6 dargestellt ist.

Die Randkurve der Ellipse im ersten Quadranten ergibt sich dann zu

$$\frac{x^2}{a^2} + \frac{y^2}{b^2} = 1 \Rightarrow y(x) = b\sqrt{1 - \frac{x^2}{a^2}},$$

wobei wir Dank der Wahl der zu betrachtenden Fläche (nämlich nur im ersten Quadranten) keine zwei Vorzeichen aus der Wurzel betrachten müssen. Und jetzt können wir unser Integral aufstellen:

$$A = \int_{\mathcal{F}} d^2x = 4\int_0^a dx \int_0^{y(x)} dy = 4\int_0^a dx\, y(x) = 4b\int_0^a dx\, \sqrt{1 - \frac{x^2}{a^2}}.$$

Zur Erklärung: Die x-Werte laufen entlang der Halbachse von $x = 0$ bis $x = a$. Die Höhe der y-Werte hängen dabei von den x-Werten ab und laufen von $y = 0$ bis $y = y(x)$. Wir führen im dritten Schritt die y-Integration über eine Eins aus und setzen im letzten Schritt die Funktion $y(x)$ explizit ein. Dieses ist das zu knackende Integral. Per Reskalierung $x \to ax$ folgt

$$A = 4b\int_0^a dx\, \sqrt{1 - \frac{x^2}{a^2}} = 4ab\int_0^1 dx\, \sqrt{1 - x^2}.$$

Das Integral kennen wir aber schon von der Kreisberechnung in Beispiel 5.8: (5.18). Es ergab sich zu $\frac{\pi}{4}$. Ergebnis:

$$A = 4ab \cdot \frac{\pi}{4} = \pi ab. \qquad\blacksquare$$

Satz von Fubini

Bei Mehrfachintegralen, deren Grenzen *nicht* von den Integrationsvariablen abhängen, darf – sofern der Integrand eine stetige Funktion ist – die Integrationsreihenfolge vertauscht werden. Das ist vereinfacht der **Satz von Fubini**:

$$\int_{x_a}^{x_b} dx \int_{y_a}^{y_b} dy\, f(x, y) = \int_{y_a}^{y_b} dy \int_{x_a}^{x_b} dx\, f(x, y). \qquad (5.25)$$

Abb. 5.6 Zur Flächenberechnung der Ellipse mit Halbachsen a und b

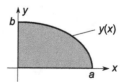

Man sollte hierbei auf der Hut sein: Sobald mindestens eine Grenze von einer Integrationsvariablen abhängt, muss die Integrationsreihenfolge beachtet werden! So ist z. B.

$$\int_1^2 dx \int_3^5 dy = \int_1^2 dx\,(5-3) = 2(2-1) = 2 = \int_3^5 dy \int_1^2 dx = \int_3^5 (2-1) = 1(5-3)$$

(d. h. Fubini gilt), aber

$$\int_0^1 dx \int_0^x dy = \int_0^1 dx\,(x-0) = \frac{1}{2}x^2 \neq \int_0^x dy \int_0^1 dx = \int_0^x dy\,(1-0) = x.$$

Beachte also:

> Bei variablen Integrationsgrenzen vertauschen Integrale nicht!

5.3.2 Volumenintegrale

Das **Volumenintegral** über ein Volumen $\mathcal{V}$ entwickelt sich direkt aus dem Flächenintegral durch Hinzunahme eines weiteren Integrals:

$$V = \int dV = \int_{\mathcal{V}} d^3x = \int_{x_a}^{x_b} dx \int_{y_a(x)}^{y_b(x)} dy \int_{z_a(x,y(x))}^{z_b(x,y(x))} dz \qquad (5.26)$$

mit **Volumenelement** d^3x. Nun hängt die z-Grenze sogar von x *und* y ab. Hauptsächliche Schwierigkeit bei solchen Integralen ist das Aufstellen der Grenzen, das Integrieren ist mit etwas Glück anschließend direkt durchrechenbar. Auch bei Volumenintegralen muss (mehr denn je) die Integrationsreihenfolge beachtet werden.

Im speziellen Fall der Abb. 5.7 sind die Grenzen unabhängig von den Integrationsvariablen. Dann lässt sich das Integral deutlich einfacher berechnen:

$$V = \int_{\mathcal{V}} d^3x = \int_{x_a}^{x_b} dx \int_{y_a}^{y_b} dy \int_0^{f(x,y)} dz = \int_{x_a}^{x_b} dx \int_{y_a}^{y_b} dy\,f(x,y). \qquad (5.27)$$

In diesem speziellen Fall – wenn alle Grenzen unabhängig von den Integrationsvariablen sind – gilt der o. g. Satz von Fubini, d. h., die Integrale können vertauschen.

Abb. 5.7 Spezialfall des
Volumenintegrals. Die x-
und y-Grenzen sind konstant

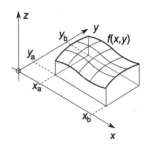

Beispiel 5.12 (Volumen einer Kugel I)

▷ Berechnen Sie das Volumen einer Kugel mit Radius R.

Lösung:

1. **Körper beschreiben**
   Wir können die Kugelgleichung (1.57) verwenden:

$$x^2 + y^2 + z^2 \le R^2$$

(in den Ursprung gelegt). Hieraus folgt im Gleichheitsfall die „Randfunktion" $z(x, y)$ zu

$$z(x, y) = \pm\sqrt{R^2 - x^2 - y^2}.$$

$+\sqrt{}$ ist dabei die obere z-Grenze, $-\sqrt{}$ die untere. Um nun die y-Koordinate einzuschränken, betrachten wir jene z-Ebene, in der $y(x)$ den Maximalwert R annehmen kann. Dies geschieht in $z(x, y) = 0$. Dann ist

$$0 = \pm\sqrt{R^2 - x^2 - y^2} \Leftrightarrow y(x) = \pm\sqrt{R^2 - x^2}.$$

Die x-Grenze läuft schließlich von $-R$ bis $+R$.

2. **Integral aufstellen**

$$V = \int_{\mathcal{V}} \mathrm{d}^3 x = \int_{-R}^{+R} \mathrm{d}x \int_{-\sqrt{R^2-x^2}}^{+\sqrt{R^2-x^2}} \mathrm{d}y \int_{-\sqrt{R^2-x^2-y^2}}^{+\sqrt{R^2-x^2-y^2}} \mathrm{d}z.$$

Da wir dreimal hintereinander gerade Funktionen (Einsen!) über symmetrische Grenzen integrieren, können wir Symmetrievereinfachungen vornehmen (erinnere: $\int_{-a}^{a} \mathrm{d}u \, f(u) = 2\int_{0}^{a} \mathrm{d}u \, f(u)$, wenn $f(-u) = f(u)$):

$$V = 8\int_{0}^{R} \mathrm{d}x \int_{0}^{\sqrt{R^2-x^2}} \mathrm{d}y \int_{0}^{\sqrt{R^2-x^2-y^2}} \mathrm{d}z = 8\int_{0}^{R} \mathrm{d}x \int_{0}^{\sqrt{R^2-x^2}} \mathrm{d}y \, \sqrt{R^2 - x^2 - y^2}.$$

Analog zur Berechnung der Kreis- und Ellipsenfläche ließe sich hier auch wieder argumentieren, dass die Kugel punktsymmetrisch um den Ursprung liegt und man daher nur ein Achtel der Kugel im Kubus $x, y, z \ge 0$ betrachtet. Dieses Volumen (was hier den drei Integralen entspricht) muss anschließend noch mal 8 genommen werden, um das Gesamtvolumen einer Kugel zu erhalten.

3. Integral berechnen

Ziehe zunächst sowohl im Integranden als auch in der oberen Grenze des y-Integrals R^2 aus der Wurzel:

$$V = 8 \int_0^R dx \int_0^{\sqrt{R^2-x^2}} dy \; \sqrt{R^2 - x^2 - y^2}$$

$$= 8R \int_0^R dx \int_0^{R\sqrt{1-\frac{x^2}{R^2}}} dy \; \sqrt{1 - \frac{x^2}{R^2} - \frac{y^2}{R^2}}.$$

Nun wenden wir zweimal den Reskalierungstrick (5.13) an:

$$V = 8R \int_0^R dx \int_0^{R\sqrt{1-\frac{x^2}{R^2}}} dy \; \sqrt{1 - \frac{x^2}{R^2} - \frac{y^2}{R^2}}$$

$$\overset{y \to Ry}{=} 8R^2 \int_0^R dx \int_0^{\sqrt{1-\frac{x^2}{R^2}}} dy \; \sqrt{1 - \frac{x^2}{R^2} - y^2}$$

$$\overset{x \to Rx}{=} 8R^3 \int_0^1 dx \int_0^{\sqrt{1-x^2}} dy \; \sqrt{1 - x^2 - y^2}$$

$$= 8R^3 \int_0^1 dx \sqrt{1-x^2} \int_0^{\sqrt{1-x^2}} dy \; \sqrt{1 - \frac{y^2}{1-x^2}},$$

wobei im vorletzten Schritt *jedes* x durch Rx ersetzt werden muss (also auch in der y-Integralgrenze) und im letzten Schritt $1 - x^2$ aus der Wurzel gezogen wurde. Dies darf am y-Integral vorbeigezogen werden, da $\sqrt{1 - x^2}$ nicht von y abhängt. Jetzt können wir erneut eine Schnellsubstitution ($y \to \sqrt{1-x^2} \cdot y$) durchführen und erhalten

$$V = 8R^3 \int_0^1 dx \sqrt{1-x^2} \int_0^{\sqrt{1-x^2}} dy \; \sqrt{1 - \frac{y^2}{1-x^2}}$$

$$\overset{y \to \sqrt{1-x^2} \cdot y}{=} 8R^3 \int_0^1 dx \left(\sqrt{1-x^2}\right)^2 \underbrace{\int_0^1 dy \sqrt{1-y^2}}_{=\frac{\pi}{4}}$$

$$= 2\pi R^3 \int_0^1 dx \, (1-x^2) = 2\pi R^3 \left(x - \frac{x^3}{3}\right)\Big|_0^1 = 2\pi R^3 \left(1 - \tfrac{1}{3}\right).$$

Ergebnis: Das Volumen einer Kugel mit Radius R ist

$$V = \tfrac{4}{3}\pi R^3. \qquad \blacksquare$$

Nach diesem Herumgerechne fragt man sich zu Recht: „Geht das nicht einfacher?" Antwort: Ja, es geht, wie wir jetzt sehen werden.

5.3.3 Integraltransformationssatz

Um ausartende Rechnungen wie im obigen Beispiel zu umgehen, ist es schlau, geschickte neue Koordinaten $\vec{x}(\vec{u})$ zu wählen, welche den Körper deutlich einfacher beschreiben. In diesen neuen Koordinaten berechnet sich das Volumenelement d^3x komplett neu (es transformiert mit). Dies ist die vereinfachte Kernaussage des **Integraltransformationssatzes**:

$$\vec{x} = \vec{x}(u_1, u_2, u_3) \implies d^3x = |\det(\mathcal{J}_{\vec{u}}\,\vec{x}(\vec{u}))|\,du_1\,du_2\,du_3 \qquad (5.28)$$

mit Differenzialen der neuen Koordinaten u_1, u_2 und u_3. Weiterhin taucht eine Altbekannte auf: die Funktionaldeterminante $\det(\mathcal{J}_{\vec{u}}\,\vec{x}(\vec{u}))$! Um das Volumenelement d^3x in den neuen Koordinaten $\vec{u}$ zu berechnen, müssen wir somit nur die Funktionaldeterminante der Koordinatentransformation $\vec{x}(\vec{u})$ berechnen.

Beispiel 5.13 (Volumenelement der Kugelkoordinaten)

▷ Wie lautet das Volumenelement d^3x in Kugelkoordinaten?

Lösung: Aus Beispiel 4.28 kennen wir die Funktionaldeterminante der Kugelkoordinaten $\vec{x}(u_1, u_2, u_3) = \vec{x}(r, \theta, \varphi)$:

$$|\det(\mathcal{J}_{(r,\theta,\varphi)}\,\vec{x}(r, \theta, \varphi))| = r^2 \sin(\theta).$$

Dann transformiert das Volumenelement mit $du_1 = dr$, $du_2 = d\theta$ und $du_3 = d\varphi$ zu

$$d^3x = r^2 \sin(\theta)\,dr\,d\theta\,d\varphi = dr\,r^2\,d\theta\,\sin(\theta)\,d\varphi.$$

Das ist d^3x der Kugelkoordinaten. ∎

Analog folgen die anderen Volumenelemente für Polar- und Zylinderkoordinaten. Interessant sind dabei noch die Grenzen. Am einleuchtendsten sind diese, wenn man sich überlegt, wie man die Fläche des gesamten zwei- bzw. das Volumen des dreidimensionalen Raumes erfasst:

$$
\begin{aligned}
\text{2-D-kartesisch:} \quad & \int_{\mathbb{R}^2} d^2x = \int_{-\infty}^{+\infty} dx \int_{-\infty}^{+\infty} dy, \\[2mm]
\text{polar:} \quad & \int_{\mathbb{R}^2} d^2x = \int_{0}^{\infty} dr\,r \int_{0}^{2\pi} d\varphi, \\[2mm]
\text{3-D-kartesisch:} \quad & \int_{\mathbb{R}^3} d^3x = \int_{-\infty}^{+\infty} dx \int_{-\infty}^{+\infty} dy \int_{-\infty}^{+\infty} dz, \qquad (5.29) \\[2mm]
\text{Zylinder:} \quad & \int_{\mathbb{R}^3} d^3x = \int_{0}^{\infty} d\rho\,\rho \int_{0}^{2\pi} d\varphi \int_{-\infty}^{+\infty} dz, \\[2mm]
\text{Kugel:} \quad & \int_{\mathbb{R}^3} d^3x = \int_{0}^{\infty} dr\,r^2 \int_{0}^{\pi} d\theta\,\sin(\theta) \int_{0}^{2\pi} d\varphi.
\end{aligned}
$$

Hierzu ein paar Worte: Den $\mathbb{R}^2$ erreicht man mit den kartesischen Koordinaten einfach, indem man sowohl Abzisse als auch Ordinate von $-\infty$ bis $+\infty$ laufen lässt. Beim 3-D-kartesisch kommt lediglich die ebenfalls von $-\infty$ bis $+\infty$ laufende dritte Raumdimension hinzu. Mit Hilfe von Polarkoordinaten erwischt man jeden Punkt im $\mathbb{R}^2$, indem man den Radius von null bis unendlich laufen lässt (negative Werte für den Radius sind unsinnig) und anschließend diesen wie einen überdimensionierten Wassersprenger auf dem Feld um 2π kreisen lässt. Bei den Zylinderkoordinaten kommt hierzu nur noch die kartesische dritte Koordinate von $-\infty$ bis $+\infty$ hinzu. Bei den Kugelkoordinaten erreichen wir jeden Punkt im Raum dadurch, dass wir den Radius von null an ins Unendliche laufen lassen und diesen um 2π in der Ebene kreisen lassen. Gleichzeitig müssen wir jedoch noch die Breitengrade θ komplett abdecken. Diese laufen von 0 bis π (und nicht bis 2π, da wir sonst eine Kugelhälfte doppelt zählen würden!). Man denke hierbei an die Erde. Würde jemand vom Nordpol ($\theta = 0$) zum Südpol ($\theta = \pi$) laufen und jeweils die Erde entlang eines Breitengrades umrunden, so hätte er von Kiruna über South Padre Island und Timbuktu bis hin zur Neumayer-Station am Südpol alles gesehen.

θ-Integration Reloaded

Eine nützliche Regel für die θ-Integration der Kugelkoordinaten ergibt sich mit Hilfe der Substitution:

$$\int_0^\pi d\theta \, \sin(\theta) = \int_{-1}^{+1} d\cos(\theta). \tag{5.30}$$

Dies zeigen wir von rechts nach links mit der Substitution $u := \cos(\theta)$. Dann ist $\frac{du}{d\theta} = -\sin(\theta)$ und $du = -d\theta \, \sin(\theta)$ mit den Grenzen $\underline{u} = \cos(\underline{\theta})$ und $\bar{u} = \cos(\bar{\theta})$, so dass folgt

$$\underline{\theta} = \arccos(\underline{u}) = \arccos(-1) = \pi \quad \text{und} \quad \bar{\theta} = \arccos(\bar{u}) = \arccos(+1) = 0.$$

Damit ergibt sich

$$\int_{-1}^{+1} d\cos(\theta) = \int_{\underline{u}=-1}^{\bar{u}=+1} du = -\int_\pi^0 d\theta \, \sin(\theta) = \int_0^\pi d\theta \, \sin(\theta).$$

Diese Regel wird sich bei der Integration in Kugelkoordinaten z. B. in Kap. 13 oder auch in Hausübungsaufgabe [**H14**] auszahlen. Jetzt sind wir jedoch das Kugelvolumen in der angepriesenen Kurzform schuldig.

Beispiel 5.14 (Volumen einer Kugel II)

▷ Wie lautet das Volumen einer Kugel mit Radius R?

Lösung: Wir integrieren in Kugelkoordinaten. Die Kugel hat natürlich jetzt endlichen Radius R, so dass (5.29) dahingehend abgeändert werden muss:

$$V = \int_{\mathcal{V}} d^3x = \int_0^R dr \, r^2 \int_0^\pi d\theta \, \sin(\theta) \int_0^{2\pi} d\varphi.$$

Die Integrale sind elementar:

$$V = \int_0^R dr\, r^2 \int_0^\pi d\theta\, \sin(\theta) \underbrace{\int_0^{2\pi} d\varphi}_{=2\pi} = 2\pi \int_0^R dr\, r^2 \underbrace{\int_0^\pi d\theta\, \sin(\theta)}_{=-\cos(\theta)|_0^\pi = -(-1)-(-1)=2}$$

$$= 4\pi \int_0^R dr\, r^2 = 4\pi \left.\frac{r^3}{3}\right|_0^R = \frac{4}{3}\pi R^3,$$

und das ist offensichtlich deutlich kürzer als mit kartesischen Koordinaten. ∎

Beispiel 5.15 (Ein hilfreiches Integral)

▷ Berechnen Sie $\int_{-\infty}^{+\infty} dx\, e^{-\alpha x^2}$, $\alpha > 0$.

Lösung: Leider gibt es keine Stammfunktion zu $e^{-\alpha x^2}$. Wir müssen also tricksen und führen ein Doppelintegral ein:

$$I := \left(\int_{-\infty}^{+\infty} dx\, e^{-\alpha x^2}\right)^2 = \int_{-\infty}^{+\infty} dx\, e^{-\alpha x^2} \cdot \int_{-\infty}^{+\infty} dy\, e^{-\alpha y^2}$$

$$= \int_{-\infty}^{+\infty} dx \int_{-\infty}^{+\infty} dy\, e^{-\alpha x^2} e^{-\alpha y^2},$$

was dem Quadrat des gesuchten Integrals entspricht. Umschreiben liefert mit der Schnellsubstitution $x \to \frac{1}{\sqrt{\alpha}} x$ und $y \to \frac{1}{\sqrt{\alpha}} y$:

$$I = \frac{1}{\sqrt{\alpha}\sqrt{\alpha}} \int_{-\infty}^{+\infty} \int_{-\infty}^{+\infty} dx\, dy\, e^{-(x^2+y^2)}.$$

Der Integrand hängt nur von $x^2 + y^2$ ab, also dem Abstandsquadrat in 2-D. Die Polarkoordinaten haben als eine Koordinate ebendiesen Abstand zum Ursprung: $r = \sqrt{x^2 + y^2}$. Wähle daher zur Integration Polarkoordinaten (Gl. (5.29)):

$$I = \frac{1}{\alpha} \int_0^\infty dr\, r \int_0^{2\pi} d\varphi\, e^{-r^2} = \frac{1}{\alpha} \int_0^\infty dr\, r e^{-r^2} \underbrace{\int_0^{2\pi} d\varphi}_{=2\pi} = \frac{2\pi}{\alpha} \int_0^\infty dr\, r e^{-r^2}$$

$$= \frac{2\pi}{\alpha} \int_0^\infty dr\, \frac{d}{dr}\left(-\tfrac{1}{2} e^{-r^2}\right) = -\frac{\pi}{\alpha} e^{-r^2}\Big|_0^\infty = \frac{\pi}{\alpha},$$

wobei man beim r-Integral gut mit Hilfe des Beispiels 5.7 die Stammfunktion $-\frac{1}{2} e^{-r^2}$ erschließen kann (oder alternativ per Substitution ausrechnen). Durch Wurzelziehen folgt schließlich der Wert des Ausgangsintegrals. ∎

Merke:

$$\int_{-\infty}^{+\infty} du \, e^{-\alpha u^2} = \sqrt{\frac{\pi}{\alpha}} \, , \quad \int_{-\infty}^{+\infty} du \, e^{-u^2} = \sqrt{\pi} \, . \qquad (5.31)$$

Dies ist ein wichtiges Integral, was uns noch öfter begegnen wird.

Kochrezept

Abschließend könnte folgendes Kochrezept hilfreich beim mehrdimensionalen Integrieren sein.

1. Wenn möglich: Skizziere den Körper. Gibt es Symmetrien?
2. Wähle „günstige" Koordinaten $\vec{x}(\vec{u})$. Achte hierbei auf den Integranden: Hängt dieser im Kartesischen nur vom Abstand vom Ursprung $\sqrt{x^2 + y^2 + z^2}$ ab oder ist er komplett rotationssymmetrisch, wähle zur Integration Kugelkoordinaten. Hängt er von $\sqrt{x^2 + y^2}$ ab oder ist er um eine Achse symmetrisch, wähle Zylinderkoordinaten.
3. Berechne das Volumenelement in den neuen Koordinaten $\vec{u}$ mit Hilfe des Integraltransformationssatzes (5.28).
4. Bestimme die Integrationsgrenzen in den neuen Koordinaten.
5. Stelle das gesuchte Integral auf. Kann man Symmetrievereinfachungen machen?
6. Berechne das Integral.

5.3.4 Masse und Schwerpunkt

Anwendungen mehrdimensionaler Integrale gibt es zuhauf. Wir betrachten zum Abschluss, wie man die Gesamtmasse und den Schwerpunkt eines kontinuierlichen Körpers (z. B. einer Kartoffel) bestimmt.

Masse eines Körpers
Wie wir in Abschn. 1.1.4 gesehen haben, ergibt sich die Gesamtmasse M einer Massenkonstellation zu $M = \sum_{i=1}^{n} m_i$. Dies funktioniert wunderbar, solange wir die Einzelmassen m_i kennen und diese selbst keine Ausdehnung besitzen, also als Punktmassen modellierbar sind. Dieses Punktmassenkonzept wollen wir nun zur Seite legen und betrachten im Folgenden ausgedehnte Körper. Deren Masseverteilung im Volumen sei bekannt – anders gesagt: Es ist bekannt, wo man im betrachteten Körper wie viel Masse pro Volumen antrifft und wo nicht. Denke z. B. an einen Kuchenteig, der im Ofen zum Kuchen wird und Luftblasen einschließt, so dass man im (hoffentlich gelungenen) fertigen Kuchen an einigen Stellen mehr Teig vorfindet und an anderen Stellen weniger, darüber hinaus gibt es vielleicht Schokoladeneinschlüsse oder Nüsse, so dass sich mehrere Materialien vermischen. Über das gesamte Kuchenvolumen betrachtet ist der Kuchen folglich unterschiedlich „dicht".

Die physikalische Größe, die eine Massenverteilung beschreibt, heißt **Massendichte** $\varrho(\vec{r})$, die natürlich vom Ort $\vec{r}$ abhängt. Sie ist wie folgt definiert:

$$\varrho = \frac{\text{Masse}}{\text{Volumen}}, \quad [\varrho] = 1 \, \frac{\text{kg}}{\text{m}^3}. \tag{5.32}$$

Nimmt man sich aus der zu bestimmenden Masse nun ein winziges Stückchen $dV = d^3x$ heraus und kennt die Massendichte $\varrho(\vec{r})$ im gewählten Volumen als Funktion des Ortes, so gilt für die Masse dm dieses winzigen Stückchens nach Gl. (5.32): $dm = \varrho(\vec{r}) \, dV = \varrho(\vec{r}) \, d^3x$. Daraus folgt für die **Gesamtmasse** des Körpers per Aufsummierung der infinitesimalen Stückchen bzw. per Integration:

$$M = \int_{\mathcal{V}} dm = \int_{\mathcal{V}} d^3x \, \varrho(\vec{r}). \tag{5.33}$$

Im Falle **homogener Dichteverteilung** $\varrho(\vec{r}) \equiv \varrho_0$ (d. h., die Dichte ist im gesamten Volumen konstant, also unabhängig vom Ort) gilt

$$M = \int_{\mathcal{V}} d^3x \, \varrho(\vec{r}) = \varrho_0 \int_{\mathcal{V}} d^3x = \varrho_0 V.$$

Volumendichte, Flächendichte und Liniendichte
Man unterscheidet die Massendichte in folgenden Kategorien:

- **Volumendichte:** $\varrho(\vec{r}) = \frac{\text{Masse}}{\text{Volumen}}$,
- **Flächendichte:** $\varrho_F(\vec{r}) = \frac{\text{Masse}}{\text{Fläche}}$,
- **Liniendichte:** $\varrho_L(\vec{r}) = \frac{\text{Masse}}{\text{Länge}}$.

Die saubere mathematische Behandlung der Dichten wird erst durch Einführung verallgemeinerter Funktionen möglich, die Platten, Linien oder Punkte unendlich dünn machen können. Dies wird im nächsten Abschnitt behandelt. Wir wollen uns zunächst auf die Volumendichte beschränken.

Schwerpunkt
In Abschn. 1.1.4 wurde der Schwerpunkt diskreter Massenverteilungen über die Gleichung $\vec{R} = \frac{1}{M} \sum_i m_i \vec{r}_i$ definiert. Nun haben wir es aber nicht mehr mit diskreten Massen, sondern mit kontinuierlichen Massendichten $\varrho(\vec{r})$ zu tun, so dass für den Schwerpunkt mit Koordinaten R_x, R_y und R_z gilt:

$$\vec{R} = \left(R_x, R_y, R_z \right)^{\mathsf{T}} = \frac{1}{M} \int_{\mathcal{V}} d^3x \, \varrho(\vec{r}) \cdot \vec{r}, \tag{5.34}$$

wobei M sich aus (5.33) ergibt. Grob gesprochen kann (5.34) aus der diskreten Formel durch die Ersetzung $\frac{1}{M} \sum_i m_i \vec{r}_i \rightarrow \frac{1}{M} \int_{\mathcal{V}} dm \, \vec{r}$ mit $dm = d^3x \, \varrho(\vec{r})$ hergeleitet werden.

Technisch gesehen sind für die Schwerpunktsberechnung folglich insgesamt vier Integrale zu lösen:

$$M = \int_{\mathcal{V}} \mathrm{d}^3x\, \varrho(\vec{r}) \quad \text{sowie} \quad R_{x_i} = \frac{1}{M} \int_{\mathcal{V}} \mathrm{d}^3x\, \varrho(\vec{r}) \cdot x_i\,, \quad i = 1, 2, 3,$$

wobei i die Koordinaten x, y und z durchzählt. Glücklicherweise lassen sich aber zum Teil durch Symmetrieargumente ein oder zwei $\vec{R}$-Integrale umgehen.

Beispiel 5.16 (Weihnachtsbaumkauf)

▷ Wir wollen einen Weihnachtsbaum auf dem Weihnachtsmarkt kaufen. Dieser sei als Kegel mit der Höhe H und Radius der Grundfläche R idealisiert. Die Massenverteilung innerhalb des Baumes wird durch die Dichte

$$\varrho(\vec{x}) = \varrho_0 \left(1 - \frac{z}{H}\right)$$

in Zylinderkoordinaten $\vec{x}(r, \varphi, z)$ modelliert. Wie schwer ist der Weihnachtsbaum? Wo müssen wir ihn am Stamm anpacken, um ihn möglichst problemlos transportieren zu können?

Lösung: Zunächst berechnen wir die Masse des Baumes als Volumenintegral über die Massendichte $\varrho(\vec{x})$ gemäß (5.33). Dazu machen wir als Erstes eine Skizze des Baumes (Abb. 5.8). Da der Baum rotationssymmetrisch um die z-Achse ist, sollten wir Zylinderkoordinaten zur Integration heranziehen.

Beim Aufstellen des Integrals müssen wir allerdings wegen der r-Grenze aufpassen: Sie hängt von der Höhe z ab. Für $z = 0$ läuft die radiale Komponente r (hier übrigens nicht ρ wie gewohnt, um Verwechselungen mit der Dichte ϱ vorzubeugen!) z. B. von 0 bis R. Für $z = H$ ist allerdings $r = 0$. Dazwischen hängt die radiale Koordinate von $1 - \frac{z}{H}$ ab. Da der Kegelmantel als lineare Funktion modelliert wurde, läuft r somit von 0 bis $R(1 - \frac{z}{H})$. Das r-Integral mit z-abhängiger Grenze muss dann nach rechts gezogen und zuallererst ausgewertet werden:

$$M = \int_{\mathcal{V}} \mathrm{d}^3x\, \varrho(\vec{x}) = \underbrace{\int_0^{2\pi} \mathrm{d}\varphi}_{=2\pi} \int_0^H \mathrm{d}z \int_0^{R(1-\frac{z}{H})} \mathrm{d}r\, r\, \varrho_0 \left(1 - \frac{z}{H}\right)$$

$$= 2\pi\varrho_0 \int_0^H \mathrm{d}z \left(1 - \frac{z}{H}\right) \underbrace{\int_0^{R(1-\frac{z}{H})} \mathrm{d}r\, r}_{=\frac{r^2}{2}\big|_0^{R(1-\frac{z}{H})} = \frac{R^2}{2}(1-\frac{z}{H})^2}$$

$$= \pi\varrho_0 R^2 \int_0^H \mathrm{d}z \left(1 - \frac{z}{H}\right)^3 \stackrel{z \to Hz}{=} \pi\varrho_0 R^2 H \int_0^1 \mathrm{d}z\, (1 - z)^3$$

$$\stackrel{z \to z+1}{=} \pi\varrho_0 R^2 H \int_{-1}^0 \mathrm{d}z\, (-z)^3 = -\pi\varrho_0 R^2 H \underbrace{\int_{-1}^0 \mathrm{d}z\, z^3}_{=\frac{1}{4}z^4\big|_{-1}^0 = -\frac{1}{4}} = \frac{\pi\varrho_0 R^2 H}{4}.$$

Das ist die Gesamtmasse.

Abb. 5.8 Skizze des
Weihnachtsbaums. Der
Radius r nimmt
kontinuierlich ab von $r = R$
bei $z = 0$ bis hin zu $r = 0$
bei $z = H$. Der Baum ist
rotationssymmetrisch um die
z-Achse

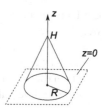

Weiterhin war gefragt, wo man anpacken muss, um den Baum möglichst einfach zu transportieren. Hiermit ist natürlich der Schwerpunkt gemeint. Diesen errechnen wir über (5.34). Dabei können wir aus Anschauungsgründen sofort $R_x = 0$ und $R_y = 0$ feststellen (Schwerpunkt muss auf dem Stamm liegen!). Einzig noch zu berechnen ist damit die z-Komponente des Schwerpunktes, d. h. R_z:

$$R_z = \frac{1}{M} \int_{\mathcal{V}} d^3x \, \varrho(\vec{x}) \cdot z = \frac{1}{\frac{1}{4}\pi\varrho_0 R^2 H} \underbrace{\int_0^{2\pi} d\varphi}_{=2\pi} \int_0^H dz \int_0^{R(1-\frac{z}{H})} dr \, r \, \varrho_0 \left(1 - \frac{z}{H}\right) \cdot z$$

$$= \frac{8}{R^2 H} \int_0^H dz \, z \left(1 - \frac{z}{H}\right) \underbrace{\int_0^{R(1-\frac{z}{H})} dr \, r}_{=\frac{r^2}{2}\Big|_0^{R(1-\frac{z}{H})} = \frac{R^2}{2}(1-\frac{z}{H})^2}$$

$$= \frac{4}{H} \int_0^H dz \, z \left(1 - \frac{z}{H}\right)^3 \overset{z \to Hz}{=} 4H \int_0^1 dz \, z \, (1 - z)^3 \, .$$

Ausmultiplizieren des Polynoms im Integranden liefert

$$z(1 - z)^3 = z(1 - 3z + 3z^2 - z^3) = z - 3z^2 + 3z^3 - z^4,$$

Integration desselben schließlich

$$R_z = 4H \int_0^1 dz \, (z - 3z^2 + 3z^3 - z^4) = 4H \left(\frac{z^2}{2} - z^3 + \frac{3}{4}z^4 - \frac{1}{5}z^5\right)\Bigg|_0^1$$

$$= 4H \left(\frac{1}{2} - 1 + \frac{3}{4} - \frac{1}{5}\right) = 4H \left(\frac{10 - 20 + 15 - 4}{20}\right) = 4H \cdot \frac{1}{20} = \frac{H}{5}.$$

Ergebnis: $\vec{R} = (0, 0, H/5)^\mathsf{T}$. Dort sollte man den Weihnachtsbaum zum Transport anfassen. ∎

Ein Hinweis noch zum Abschluss. In obigem Beispiel war die dritte Koordinate z wegen Zylinderkoordinatendefinition dem Kartesischen entliehen und konnte wegen $x_3 = z$ direkt in den Integranden bei Berechnung der Schwerpunktskoordinaten R_z eingesetzt werden. Dies wäre z. B. für R_y nicht der Fall, und wir müssten $y = r \sin(\varphi)$ einsetzen (bei R_x entsprechend $x = r \cos(\varphi)$ einsetzen), so dass sich dann das etwas komplexere Integral ergibt:

$$R_y = \frac{1}{M} \int_{\mathcal{V}} \mathrm{d}^3 x \, \varrho(\vec{x}) \cdot y = \frac{1}{M} \int_0^{2\pi} \mathrm{d}\varphi \int_0^H \mathrm{d}z \int_0^{R(1-\frac{z}{H})} \mathrm{d}r \, r \, \varrho_0 \left(1 - \frac{z}{H}\right) \cdot (r \sin(\varphi)).$$

Es sind somit weitere r- und φ-Abhängigkeiten im Integranden hinzugekommen.

[H14] Orbitalmodell des Wasserstoffatoms   **(2,5 + 2,5 = 5 Punkte)**
Da ein Elektron nie genau zu lokalisieren ist (wie man später in der Quantenmechanik lernen wird), ordnet man dem Raum rund um den Atomkern (= Ursprung) eine Aufenthaltswahrscheinlichkeit $w(\vec{r})$ zu. Ist das Atom im $2\mathrm{p}_z$-Zustand angeregt, beträgt seine Aufenthaltswahrscheinlichkeit am Ort $\vec{r}$

$$w(\vec{r}) = A \cdot \frac{\mathrm{e}^{-\frac{1}{a_0}\sqrt{x^2+y^2+z^2}}}{32\pi} z^2,$$

wobei a_0 Bohr'scher Radius genannt wird.

a) In welchen Raumbereichen wird das Elektron nie anzutreffen sein? Und wo ist die Aufenthaltswahrscheinlichkeit am größten?

b) Wie groß sollte die Wahrscheinlichkeit sein, das Elektron irgendwo im gesamten Raum zu finden? Mit dieser Überlegung bestimmen wir schließlich die Normierungskonstante A.

Spickzettel zu Mehrfachintegration

- **Flächenintegral**
  - Allgemeine Form: $A = \int_{\mathcal{F}} \mathrm{d}^2 x = \int_{x_a}^{x_b} \mathrm{d}x \int_{y_a(x)}^{y_b(x)} \mathrm{d}y$.
  - Spezialfall konstanter Grenzen: $A = \int_{\mathcal{F}} \mathrm{d}^2 x = \int_{x_a}^{x_b} \mathrm{d}x \int_0^{f(x)} \mathrm{d}y = \int_{x_a}^{x_b} \mathrm{d}x \, f(x)$; Integrale können dann vertauscht werden (Fubini):
    $\int_{x_a}^{x_b} \mathrm{d}x \int_{y_a}^{y_b} \mathrm{d}y \, f(x, y) = \int_{y_a}^{y_b} \mathrm{d}y \int_{x_a}^{x_b} \mathrm{d}x \, f(x, y)$

- **Volumenintegral**
  - Allgemeine Form: $V = \int_{\mathcal{V}} \mathrm{d}V = \int_{\mathcal{V}} \mathrm{d}^3 x = \int_{x_a}^{x_b} \mathrm{d}x \int_{y_a(x)}^{y_b(x)} \mathrm{d}y \int_{z_a(x,y(x))}^{z_b(x,y(x))} \mathrm{d}z$.
  - x,y-Grenzen konst.: $V = \int_{x_a}^{x_b} \mathrm{d}x \int_{y_a}^{y_b} \mathrm{d}y \int_0^{f(x,y)} \mathrm{d}z = \int_{x_a}^{x_b} \mathrm{d}x \int_{y_a}^{y_b} \mathrm{d}y \, f(x, y)$.

- **Integraltransformationssatz**
  Im Kartesischen ist das Volumenelement $d^3x = dx\, dy\, dz$; bei Wahl neuer Koordinaten $\vec{x} = \vec{x}(\vec{u})$ transformiert das Volumenelement:

  $$d^3x = |\det(\mathcal{J}_{\vec{u}}\,\vec{x}(\vec{u}))|\, du_1\, du_2\, du_3,$$

  dabei ist $\det(\mathcal{J}_{\vec{u}}\,\vec{x}(\vec{u}))$ die Funktionaldeterminante; die Wichtigsten sind:

  - 2-D-kartesisch: $\int_{\mathbb{R}^2} d^2x = \int_{-\infty}^{+\infty} dx \int_{-\infty}^{+\infty} dy$.
  - Polar: $\int_{\mathbb{R}^2} d^2x = \int_0^\infty dr\, r \int_0^{2\pi} d\varphi$.
  - 3-D-kartesisch: $\int_{\mathbb{R}^3} d^3x = \int_{-\infty}^{+\infty} dx \int_{-\infty}^{+\infty} dy \int_{-\infty}^{+\infty} dz$.
  - Zylinder: $\int_{\mathbb{R}^3} d^3x = \int_0^\infty d\rho\, \rho \int_0^{2\pi} d\varphi \int_{-\infty}^{+\infty} dz$.
  - Kugel: $\int_{\mathbb{R}^3} d^3x = \int_0^\infty dr\, r^2 \int_0^\pi d\theta \sin(\theta) \int_0^{2\pi} d\varphi$, wobei manchmal auch $\int_0^\pi d\theta \sin(\theta) = \int_{-1}^{+1} d\cos(\theta)$ nützlich ist.

- **Weiteres**
  Hilfreiches Integral: $\int_{-\infty}^{+\infty} du\, e^{-\alpha u^2} = \sqrt{\frac{\pi}{\alpha}}$.

- P - H - Y - S - I - K -

- **Masse und Dichte**
  - Volumendichte: $\varrho(\vec{r}) = \frac{\text{Masse}}{\text{Volumen}}$; homogene Verteilung: $\varrho(\vec{r}) \equiv \varrho_0$.
  - Flächen- und Liniendichte $\varrho_F(\vec{r}) = \frac{\text{Masse}}{\text{Fläche}}$ bzw. $\varrho_L(\vec{r}) = \frac{\text{Masse}}{\text{Länge}}$.
  - Masse: $M = \int_V d^3x\, \varrho(\vec{r})$.

- **Schwerpunkt**

  $$\vec{R} = \begin{pmatrix} R_x \\ R_y \\ R_z \end{pmatrix} = \frac{1}{M} \int_V d^3x\, \varrho(\vec{r}) \cdot \vec{r} = \begin{pmatrix} \frac{1}{M} \int_V d^3x\, \varrho(\vec{r}) \cdot x \\ \frac{1}{M} \int_V d^3x\, \varrho(\vec{r}) \cdot y \\ \frac{1}{M} \int_V d^3x\, \varrho(\vec{r}) \cdot z \end{pmatrix}.$$

5.4 Distributionen

Distributionen sind verallgemeinerte Funktionen. Sie sind angewandt auf eine sogenannte **Testfunktion** $t(x)$ über ein Integral definiert. Dabei muss $t(x)$ bestimmten Eigenschaften genügen, vor allem für betragsgroße x sehr schnell gegen null abfallen. Die für den Physiker wichtigste Distribution ist die Dirac'sche Delta-„Funktion", die wir im Folgenden einführen. Eine Warnung zu Beginn:

Der Begriff Delta-„Funktion" ist irreführend, da es sich bei ihr nicht um eine Funktion, sondern vielmehr um eine Distribution handelt.

5.4.1 Delta-Distribution

Die **Delta-Distribution** ist definiert über

$$\int_{-\infty}^{+\infty} \mathrm{d}x \ \delta(x-a)t(x) = t(a), \quad \int_{-\infty}^{+\infty} \mathrm{d}x \ \delta(x)t(x) = t(0). \tag{5.35}$$

Das Integral über Distribution δ mal Testfunktion $t(x)$ ergibt einen einzigen Funktionswert! Das ist doch interessant und lässt sich auch so interpretieren, als wenn $\delta(x-a)$ nur an der Stelle $x = a$ einen „Funktionswert" besitzt und man damit wie eine Plattenspielernadel die Testfunktion $t(x)$ abklappert. In der Tat besitzt die Delta-Distribution genau diese Eigenschaft, allerdings ist der „Funktionswert" bei $x = a$ nicht endlich:

$$\delta(x-a) = \begin{cases} \infty, & x = a \\ 0, & \text{sonst} \end{cases}. \tag{5.36}$$

Erst durch die Multiplikation mit einer schnell abfallenden Funktion $t(x)$ wird das Integral endlich. Dennoch ist δ normiert:

$$\int_{-\infty}^{+\infty} \mathrm{d}x \ \delta(x-a) = 1. \tag{5.37}$$

Eine anschauliche Interpretation der δ-Distribution aufgrund von (5.36) und (5.37) ist: „unendlich" dünn, „unendlich" hoch, Fläche 1. Abb. 5.9 zeigt den Verlauf von $\delta(x-a)$.

Eine solche Delta-Distribution lässt sich sogar mit unseren bisherigen Werkzeugen analytisch basteln. Man nehme z. B. einfach die Gauß-Funktion

$$f(x; \sigma, \mu = 0) = \frac{1}{\sqrt{2\pi}\sigma} \mathrm{e}^{-\frac{x^2}{2\sigma^2}}$$

aus Beispiel 4.8 mit Mittelwert $\mu = 0$ (beschreibt die Lage des Maximums der Kurve) und lasse den Streuparameter σ gegen null laufen. Das macht die Gauß-Kurve immer schmaler, während der Funktionswert an der Stelle $x = 0$ immer größer wird. In unserer Distributionen-Notation wäre dies

$$\delta(x) = \lim_{\varepsilon \to 0} \delta_\varepsilon(x) = \lim_{\varepsilon \to 0} \frac{1}{\sqrt{2\pi}\varepsilon} \mathrm{e}^{-\frac{x^2}{2\varepsilon^2}}. \tag{5.38}$$

Abb. 5.9 Verlauf von $\delta(x-a)$. Sie schießt bei $x = a$ bis ins Unendliche, überall anders hat sie den Wert null

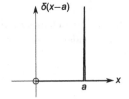

Um nun zu überprüfen, ob die Darstellung $\delta_\varepsilon(x)$ im Grenzfall $\varepsilon \to 0$ eine δ-Distribution liefert, muss man die Gültigkeit von (5.35) und (5.37) zeigen.

Beispiel 5.17 (Gauß-Funktion als Delta-Distribution)

▷ Man zeige, dass $\delta_\varepsilon(x) = \dfrac{1}{\sqrt{2\pi}\varepsilon} e^{-\frac{x^2}{2\varepsilon^2}}$ eine zulässige δ-Distribution ist.

Lösung: Wir müssen die Validität der definierenden Eigenschaft (5.35) und der Normierung zeigen. Starte mit (5.35) und nehme dazu eine geeignete Testfunktion, die für betragsgroße x schnell gegen null abfällt (diese muss *nicht* weiter spezifiziert werden!). Dann gilt

$$
\lim_{\varepsilon \to 0} \int_{-\infty}^{+\infty} dx \, \delta_\varepsilon(x) t(x) = \lim_{\varepsilon \to 0} \int_{-\infty}^{+\infty} dx \, \frac{1}{\sqrt{2\pi}\varepsilon} e^{-\frac{x^2}{2\varepsilon^2}} t(x)
$$

$$
= \frac{1}{\sqrt{2\pi}} \lim_{\varepsilon \to 0} \frac{1}{\varepsilon} \int_{-\infty}^{+\infty} dx \, e^{-\frac{x^2}{2\varepsilon^2}} t(x)
$$

Nun vereinfachen wir den Integranden, indem wir ihn mit $x \to \sqrt{2}\varepsilon \cdot x$ reskalieren. Obacht: *Jedes* x spuckt dann den Faktor $\sqrt{2}\varepsilon$ aus, auch das in $t(x)$ – nicht zu vergessen dx, wodurch schließlich auch das $\frac{1}{\varepsilon}$ vor dem Integral wegfällt und der Grenzwert gefahrenlos ausgeführt werden kann:

$$
\frac{1}{\sqrt{2\pi}} \lim_{\varepsilon \to 0} \frac{1}{\varepsilon} \int_{-\infty}^{+\infty} dx \, e^{-\frac{x^2}{2\varepsilon^2}} t(x) \stackrel{x \to \sqrt{2}\varepsilon \cdot x}{=} \frac{1}{\sqrt{\pi}} \lim_{\varepsilon \to 0} \int_{-\frac{\infty}{\sqrt{2}\varepsilon}}^{+\frac{\infty}{\sqrt{2}\varepsilon}} dx \, e^{-x^2} t(\sqrt{2}\varepsilon x)
$$

$$
= \frac{1}{\sqrt{\pi}} \int_{-\infty}^{+\infty} dx \, e^{-x^2} t(0)
$$

$$
= \frac{t(0)}{\sqrt{\pi}} \underbrace{\int_{-\infty}^{+\infty} dx \, e^{-x^2}}_{\stackrel{(5.31)}{=} \sqrt{\pi}} = t(0).
$$

Im zweiten Schritt wurde der Grenzwert ausgeführt und im dritten Schritt $t(0)$ aus dem Integral herausgezogen (da x-unabhängig).

Weiterhin gilt es Folgendes zu beachten. Im ersten Schritt müssen wegen der Schnellsubstitution die Grenzen des Integrals reziprok geändert werden. Dies ist hier einfach hingeschrieben, weil ungefährlich, aber es könnten leider auch „Schmerzgrenzen" a la $\infty \cdot \varepsilon$ für ε gegen null auftreten. Dann hätten wir ein Problem. In unserem Fall ist das aber harmlos, da wir ε aus dem Positiven kommend nach null schicken (bedenke, dass ε der Breite der Kurve $\sigma > 0$ entspricht). Es wird also etwas sehr Großes („∞") durch etwas sehr Kleines („$\sqrt{2}\varepsilon \to 0$")

geteilt, was als Ergebnis wieder etwas sehr Großes („∞") in der oberen Grenze (bzw. sehr kleines („−∞") in der unteren Grenze) liefert. Damit folgt insgesamt:

$$\lim_{\varepsilon \to 0} \int_{-\infty}^{+\infty} dx \, \delta_\varepsilon(x) t(x) = \lim_{\varepsilon \to 0} \int_{-\infty}^{+\infty} dx \, \frac{1}{\sqrt{2\pi}\varepsilon} e^{-\frac{x^2}{2\varepsilon^2}} \, t(x) = t(0),$$

was zu zeigen war.

Wir müssen nun noch die Normierung (5.37) überprüfen. Teile obiger Rechnung tauchen hier aber wieder auf:

$$\lim_{\varepsilon \to 0} \int_{-\infty}^{+\infty} dx \, \delta_\varepsilon(x) = \lim_{\varepsilon \to 0} \int_{-\infty}^{+\infty} dx \, \frac{1}{\sqrt{2\pi}\varepsilon} e^{-\frac{x^2}{2\varepsilon^2}} = \frac{1}{\sqrt{2\pi}} \lim_{\varepsilon \to 0} \frac{1}{\varepsilon} \int_{-\infty}^{+\infty} dx \, e^{-\frac{x^2}{2\varepsilon^2}}$$

$$\overset{x \to \sqrt{2}\varepsilon \cdot x}{=} \frac{1}{\sqrt{\pi}} \lim_{\varepsilon \to 0} \int_{-\infty}^{+\infty} dx \, e^{-x^2} = \frac{1}{\sqrt{\pi}} \cdot \lim_{\varepsilon \to 0} \sqrt{\pi} = 1,$$

wobei der Grenzwert am Schluss überhaupt keinen Einfluss mehr hat und weggelassen werden kann. Die Darstellung ist somit normiert gemäß (5.37), und insgesamt ist gezeigt: $\delta_\varepsilon(x)$ ist eine vernünftige Darstellung der δ-Distribution. ∎

Es gibt viele weitere Darstellungsmöglichkeiten einer Delta-Distribution. Wir lernen eine weitere wichtige in Kap. 10 kennen.

Wofür das Ganze?

Nun stellt sich die berechtigte Frage: Was soll man mit solch komplizierten Konstruktionen anfangen? δ-Distributionen treten immer dann auf, wenn etwas „unendlich klein" oder „unendlich dünn" sein soll, wie z. B. Punktladungen, Punktmassen, Stromfäden, Kugelschalen, etc. Mit Hilfe der δ-Distribution lässt sich dann die zu beschreibende Größe buchstäblich festnageln. Betrachten wir das Geschehen räumlich, so verwendet man die dreidimensionale δ-Distribution

$$\delta(\vec{r} - \vec{a}) := \delta(x - a_1)\delta(y - a_2)\delta(z - a_3). \tag{5.39}$$

Beispiel 5.18 (Massendichte eines Punktteilchens)

▷ Wie lässt sich die Massendichte eines Punktteilchens der Masse m im Ursprung beschreiben?

Lösung: Auf den gesamten Raum gesehen konzentriert sich die Masse m auf einen einzigen Punkt, nämlich den Ursprung. Tragen wir die Massendichten entlang der Achsen auf, so erhalten wir nur für $x = 0$ bzw. $y = 0$ bzw. $z = 0$ einen Wert ungleich null. Dieses Verhalten beschreibt genau die Delta-Distribution! Wir setzen in drei Dimensionen an:

$$\varrho(\vec{r}) = C \cdot \delta(\vec{r}) \overset{(5.39)}{=} C\delta(x)\delta(y)\delta(z)$$

und bestimmen die Konstante C. Wir wissen aus dem vorhergehenden Abschnitt, dass für die Gesamtmasse gilt: $m = \int_{\mathbb{R}^3} d^3x\, \varrho(\vec{r})$. Dann folgt in kartesischen Koordinaten

$$m = \int_{\mathbb{R}^3} d^3x\, C \cdot \delta(\vec{r}) = C \int_{-\infty}^{+\infty} dx\, \delta(x) \int_{-\infty}^{+\infty} dy\, \delta(y) \int_{-\infty}^{+\infty} dz\, \delta(z)$$

$$\overset{(5.37)}{=} C \int_{-\infty}^{+\infty} dx\, \delta(x) \int_{-\infty}^{+\infty} dy\, \delta(y) \overset{(5.37)}{=} C \int_{-\infty}^{+\infty} dx\, \delta(x) \overset{(5.37)}{=} C.$$

Ergebnis: Ein **Punktteilchen** der Masse m im Ursprung wird beschrieben durch

$$\varrho(\vec{r}) = m \cdot \delta(\vec{r}). \tag{5.40}$$

∎

Weitere Eigenschaften
Durch die letzte Rechnung und Gl. (5.40) wird die physikalische Einheit der Delta-Distribution klar, da $[\varrho] = 1\,\frac{kg}{m^3} = 1\,kg \cdot \frac{1}{m^3}$. Hieraus folgt $[\delta(\vec{r})] = \frac{1}{m^3}$ und damit

$$[\delta(x)] = \frac{1}{m} = \frac{1}{[x]}.$$

Weitere Eigenschaften sind

$$\delta(-x) = \delta(x), \quad \delta(ax) = \frac{1}{|a|}\delta(x), \tag{5.41}$$

$$\delta(x^2 - a^2) = \frac{1}{2|a|}(\delta(x - a) + \delta(x + a)), \tag{5.42}$$

$$\int_{-\infty}^{+\infty} dx\, \delta(x - a)\delta(x - b) = \delta(a - b). \tag{5.43}$$

Fasst man das Integral in (5.43) als Summe über eine kontinuierliche Variable x auf, so entdeckt man im Fall von diskreten Variablen i (Summe über einen Index) die herrliche Analogie zum Kronecker-Symbol aus Kap. 3: $\sum_i \delta_{ia}\delta_{ib} = \delta_{ab}$. Die Dirac-Funktion kann als eine kontinuierliche Version des Kroneckers angesehen werden, nur dass jetzt nicht diskret summiert, sondern integriert wird. Dann bekommt die definierende Eigenschaft (5.35) $\int_{-\infty}^{+\infty} dx\, \delta(x - a)t(x) = t(a)$ eine ganz neue Sichtweise, denn auch hier kann man etwas ersetzen, diesmal allerdings kontinuierliche Variablen. Sie kann also gelesen werden als: Ersetze unter Integration im Produkt $\delta(x - a)t(x)$ das x im Argument der Funktion $t(x)$ durch a. Und das ist der ganze Trick der Delta-Distribution! Wenn eine solche im Integral auftaucht, dann heißt es lediglich, dass man im Integranden fleißig ersetzen darf und das Integral ist damit „verbraucht" (genauso wie es die Summen über die Indizes waren). Wird über eine Eins integriert (vgl. Normierung (5.37)), so ist das Integral eins. Also: Keine Angst vor Delta-Distributionen im Integral!

Beispiel 5.19 (Massendichte eines Kreisdrahtes)

▷ Welche Massendichte hat ein Kreisdraht der Masse M mit Radius $R > 0$?

Lösung: Zunächst legen wir zur Vereinfachung den Draht in die x-y-Ebene mit Mitte = Ursprung und wählen zur Beschreibung die Zylinderkoordinaten r, φ und z. Jetzt kommt die wesentliche Überlegung zum Aufstellen der Massendichte. Laufen wir entlang der z-Achse und messen die Masse, so addieren wir für $z < 0$ und für $z > 0$ nur Nullen. Im Falle $z = 0$ messen wir die gesamte Masse. Anders gesagt: Nur für $z = 0$ existiert Masse, sonst nicht. Dies entspricht genau dem Verhalten von $\delta(z)$. Analog verhält es sich, wenn man entlang der radialen Koordinate läuft. Nur im Fall $r = R$ gibt es Masse, sonst nicht (das entspricht $\delta(r - R)$). Abb. 5.10 veranschaulicht dies noch einmal.

Bezüglich φ verhält sich die Massenverteilung jedoch friedlich, da bei $r = R$ und $z = 0$ für jeden Winkel φ Masse existiert. Wir machen also den Ansatz

$$\varrho(\vec{x}) = C \cdot \delta(r - R)\delta(z)$$

in Zylinderkoordinaten $\vec{x}(r, \varphi, z)$ mit zu bestimmender Konstante C. Berechne dafür die Gesamtmasse M wie in Beispiel 5.18:

$$M = \int_{\mathbb{R}^3} \mathrm{d}^3 x \, \varrho(\vec{x}) = \int_0^\infty \mathrm{d}r \, r \underbrace{\int_0^{2\pi} \mathrm{d}\varphi}_{=2\pi} \int_{-\infty}^{+\infty} \mathrm{d}z \, C\delta(r - R)\delta(z)$$

$$= 2\pi C \int_0^\infty \mathrm{d}r \, r\delta(r - R) \underbrace{\int_{-\infty}^{+\infty} \mathrm{d}z \, \delta(z)}_{=1} = 2\pi C \int_0^\infty \mathrm{d}r \, r\delta(r - R).$$

Nun läuft jedoch das Integral über r nicht mehr von $-\infty$ bis $+\infty$, sondern nur von 0 bis ∞. Stellt dies ein Problem dar (vgl. definierende Eigenschaft (5.35))?

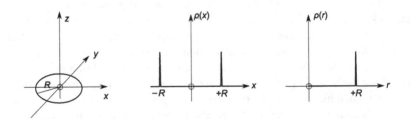

Abb. 5.10 Zum Aufstellen der Massendichte. Links ist die Anordnung des Rings gezeigt. Der mittlere Graph entspricht der Massendichte entlang der x-Achse (mit zwei Stellen, an denen Masse vorhanden ist, nämlich bei $x = -R$ und $x = +R$); rechts sieht man die Massendichte in Abhängigkeit von der radialen Koordinate r

Abb. 5.11 Verlauf der
Funktion $\Theta(x - a)$. Deutlich
ist der Sprung bei $x = a$ zu
erkennen

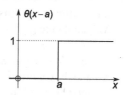

Nein, denn aus r-Sicht werden alle Werte durch das Integral durchlaufen. Damit
kann (5.35) angewendet und r durch R ersetzt werden:

$$M = 2\pi C \int_0^\infty dr\, r\delta(r - R) = 2\pi C R \iff C = \frac{M}{2\pi R}.$$

Ergebnis:

$$\varrho(\vec{x}) = \frac{M}{2\pi R}\delta(r - R)\delta(z),$$

wobei $\frac{M}{2\pi R} =: \varrho_L$ die Masse pro Länge ist. ∎

5.4.2 Der große Bruder: $\Theta(x)$

Die **Heaviside-Funktion**

$$\Theta(x - a) := \begin{cases} 0, & x < a \\ 1, & x \geq a \end{cases} \tag{5.44}$$

ist der große Bruder (die Stammfunktion) von $\delta(x)$:

$$\frac{d\Theta}{dx} = \delta(x), \tag{5.45}$$

und wird aus anschaulichen Gründen auch **Sprungfunktion** genannt (Abb. 5.11).
Sie kann zur Beschreibung sprunghafter Änderungen einer Größe (z. B. Einschalt-
vorgänge, Hammerschlag bei schwingungsfähigen Systemen) verwendet werden.
  Wichtige Eigenschaften der Heaviside-Funktion sind

$$\int_{-\infty}^{+\infty} dx\, \Theta(x)t(x) = \int_0^\infty dx\, t(x), \quad \Theta(-x) = 1 - \Theta(x). \tag{5.46}$$

Der Beweis der Relationen geschieht durch Anwenden auf Testfunktionen. Wir zeigen in Beispiel 5.21 solch einen Beweis.

Beispiel 5.20 (Massendichte eines ausgedehnten Kreisrings)

▷ Nun wird der Kreisring aus Beispiel 5.19 in die Breite d gezogen. Er bleibt aber
immer noch unendlich dünn; wie eine Schallplatte, aus der man die Mitte (Kreis

mit Radius R) herausgestanzt hat. Wie lautet dann ein geeigneter Ansatz für die Massendichte ϱ?

Lösung: Wir nehmen wieder Zylinderkoordinaten. An der Delta-Distribution für z hat sich weiterhin nichts geändert, da die Scheibe immer noch unendlich dünn ist. Jetzt besitzt ϱ allerdings eine andere r-Abhängigkeit. Für $r < R$ ist die Dichte null, ab $r = R$ liegt Masse vor. Das riecht nach Θ-Funktion:

$$\varrho(\vec{x}) = C \cdot \delta(z)(\Theta(r - R) + ?\,).$$

Allerdings ist ab $r = R + d$ keine weitere Masse zu beobachten. Wir müssen also eine weitere Θ-Funktion ergänzen (die jetzt die „Massen-Ausschalt"-Funktion übernimmt). Da $\Theta(r - R)$ aber ab $r = R$ dauerhaft eingeschaltet ist, müssen wir herumtricksen:

$$\varrho(\vec{x}) = C \cdot \delta(z)(\Theta(r - R) - \Theta(r - (R + d))).$$

Test: Für $r < R$ ist die erste Theta-Funktion null und ebenso die zweite, d.h. $\varrho = 0$. Ab $r = R$ ist die erste Theta-Funktion eins, die zweite aber weiterhin null – es folgt $\varrho \neq 0$. Ab $r = R + d$ schließlich wird die zweite Theta-Funktion auch eins, wodurch die Differenz null wird. Ab dort ist ϱ wieder null, genau wie gewünscht! ∎

Beispiel 5.21 (Beweis durch Testfunktion)

▷ Zeigen Sie $\Theta'(x) = \delta(x)$.

Lösung: Wir verwenden zum Beweis eine geeignete Testfunktion $t(x)$. Dann gilt mit partieller Integration (5.14):

$$\int_{-\infty}^{+\infty} dx \; \Theta'(x)t(x) = [\Theta(x)t(x)]_{-\infty}^{+\infty} - \int_{-\infty}^{+\infty} dx \; \Theta(x)t'(x).$$

Da aber $t(x)$ genügend schnell für betragsgroße x abfallen soll (d.h., $t(\pm\infty) = 0$), wird der Term in den eckigen Klammern null, da $\Theta(x)$ nur endliche Werte 0 oder 1 liefert. Somit folgt

$$\int_{-\infty}^{+\infty} dx \; \Theta'(x)t(x) = - \int_{-\infty}^{+\infty} dx \; \Theta(x)t'(x) \overset{(5.46)}{=} - \int_{0}^{\infty} dx \; t'(x).$$

Das ist aber nichts anderes als

$$- \int_{0}^{\infty} dx \; t'(x) = -\underbrace{t(\infty)}_{=0} + t(0) = t(0).$$

Andererseits gilt

$$\int_{-\infty}^{+\infty} dx \ \delta(x)t(x) = t(0)$$

nach definierender Eigenschaft. Wir setzen gleich, vergleichen die Integranden miteinander und erhalten das gewünschte Ergebnis:

$$\int_{-\infty}^{+\infty} dx \ \Theta'(x)t(x) = \int_{-\infty}^{+\infty} dx \ \delta(x)t(x) \implies \Theta'(x) = \delta(x). \qquad \blacksquare$$

Spickzettel zu Distributionen

- **Delta-Distribution**
  - Definierende Eigenschaft: $\int_{-\infty}^{+\infty} dx \ \delta(x - a)t(x) = t(a)$
  - oder: $\delta(x - a) = \begin{cases} \infty, & x = a \\ 0, & \text{sonst} \end{cases}$ mit Normierung $\int_{-\infty}^{+\infty} dx \ \delta(x - a) = 1$.
  - Darstellung z. B. durch $\delta(x) = \lim_{\varepsilon \to 0} \frac{1}{\sqrt{2\pi}\varepsilon} e^{-\frac{x^2}{2\varepsilon^2}}$.
  - 3-D-Delta-Distribution: $\delta(\vec{r} - \vec{a}) := \delta(x - a_1)\delta(y - a_2)\delta(z - a_3)$.
  - Weitere Eigenschaften:

  $$\delta(-x) = \delta(x), \quad \int_{-\infty}^{+\infty} dx \ \delta(x - a)\delta(x - b) = \delta(a - b)$$

  $$\delta(ax) = \frac{1}{|a|}\delta(x), \quad \delta(x^2 - a^2) = \frac{1}{2|a|}(\delta(x - a) + \delta(x + a)).$$

- **Stufenfunktion**
  - $\Theta(x - a) := \begin{cases} 0, & x < a \\ 1, & x \geq a \end{cases}$, wobei $\frac{d\Theta}{dx} = \delta(x)$.
  - Eigenschaften: $\int_{-\infty}^{+\infty} dx \ \Theta(x)t(x) = \int_0^{\infty} dx \ t(x)$, $\Theta(-x) = 1 - \Theta(x)$.

  ·························-P-H-Y-S-I-K-··························

- **Punktmasse**
  Beschrieben durch Massendichte $\varrho(\vec{r}) = m \cdot \delta(\vec{r})$.

Bahnkurven

6

Inhaltsverzeichnis

In diesem Kapitel definieren wir den Begriff der Bahn eines Teilchens mit Hilfe vektorwertiger Funktionen. Dazu werden wir zunächst Ort, Geschwindigkeit und Beschleunigung eines Teilchens einführen und anschließend spezielle Bewegungen betrachten, die für die Mechanik in Kap. 12 von Bedeutung sind. Mit der Bogenlänge diskutieren wir ferner ein Verfahren zur Berechnung der Länge einer Kurve und beschreiben abschließend Kurven in krummlinigen Koordinaten, ebenfalls als Vorbereitung für Kap. 12. Der besseren Lesbarkeit halber verzichten wir in diesem Kapitel wieder aufs Transponieren und machen keinen Unterschied zwischen Spalten- und Zeilenvektor.

6.1 Ort, Geschwindigkeit und Beschleunigung

Ein Physiker steht fasziniert vor einer Achterbahn und verfolgt mit seinem Finger die Gondel. Prinzipiell machen wir im Folgenden genau das Gleiche, allerdings mit einem entscheidenden Unterschied: Wir können unseren „Finger" beliebig verlängern, so dass wir zu jedem Zeitpunkt (gedacht) die Gondel berühren. In diesem Fall sind wir der Ursprung des Koordinatensystems, und die Koordinaten unseres „Fingers" – eines Vektors – sind Funktionen der Zeit t:

$$\vec{r}(t) := (x(t), y(t), z(t)). \tag{6.1}$$

Diese Gleichung beschreibt eine beliebige **Bahnkurve** eines punktförmigen Teilchens. Eine Bahn lässt sich somit durch eine vektorwertige Funktion in Abhängigkeit
von einer Variablen – in diesem Fall spricht man von einem **Parameter** – darstellen.
Der laufende Parameter ist physikalisch gesehen die **Zeit** t. Zu jedem beliebigen
Zeitpunkt t_i liefert (6.1) einen konstanten Vektor $\vec{r}(t_i)$, den **Ort** des Teilchens zum
Zeitpunkt t_i. Ein besonderer Punkt auf der Kurve ist $\vec{r}(t = 0) \equiv \vec{r}_0$, wir bezeichnen
ihn als **Startpunkt**.

Beispiel 6.1 (Herzkurve)

Um die Liebe zu seiner Kommilitonin zu gestehen, empfehlen wir Folgendes:
Man schreibe

$$\text{„Ich} \quad (x(t), y(t)) = \left(t, |t| \pm \sqrt{1 - t^2} \right), \; t \in [-1, 1] \quad \text{Dich“}$$

in ihr Heft und lasse sie skizzieren. Es ergibt sich dann das Bild aus Abb. 6.1. ∎

Geschwindigkeit
Vor lauter Hochgefühl in Beispiel 6.1 haben wir die Achterbahn vergessen. Diese
rast dort oben immer noch herum. Doch wie schnell? Die **Durchschnittsgeschwin-
digkeit** berechnet sich als

$$\frac{\Delta \vec{r}}{\Delta t} = \frac{\vec{r}(t + \Delta t) - \vec{r}(t)}{\Delta t},$$

d. h., wir betrachten die Differenz $\Delta \vec{r}$ zweier Bahnpunkte $\vec{r}(t)$ und $\vec{r}(t + \Delta t)$, die
im zeitlichen Abstand Δt aufeinanderfolgen, pro eben jenes Zeitintervall Δt. Dieser Quotient wird sich umso mehr der tatsächlichen Geschwindigkeit $\vec{v}$ annähern, je
kleiner wir das Zeitintervall Δt machen. Im Grenzfall $\Delta t \to 0$ wird $\frac{\Delta \vec{r}}{\Delta t}$ zur **Momentangeschwindigkeit** $\vec{v}(t)$:

$$\vec{v}(t) = \lim_{\Delta t \to 0} \frac{\vec{r}(t + \Delta t) - \vec{r}(t)}{\Delta t}.$$

Abb. 6.1 Die Herzkurve
$\vec{r}(t) = (t, |t| \pm \sqrt{1 - t^2}, 0)$
im Bereich $t \in [-1, 1]$.
$\vec{r}_+(t)$ mit positivem
Wurzelterm ist
durchgezogen gezeichnet,
$\vec{r}_-(t)$ ist gestrichelt

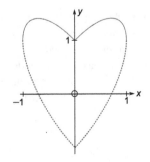

Moment – solch ein Konstrukt kennen wir doch schon: der Differenzialquotient (4.2)! Hier tritt er nur in einem (edlen) dreidimensionalen Kleid auf. Es folgt somit: Die Momentangeschwindigkeit (oft auch nur **Geschwindigkeit** genannt) berechnet sich als Ableitung des Ortes nach der Zeit bzw. anschaulich als Änderung des Ortes mit der Zeit über

$$\vec{v}(t) = \frac{d\vec{r}}{dt} = \dot{\vec{r}}(t) = (\dot{x}(t), \dot{y}(t), \dot{z}(t)), \tag{6.2}$$

wobei jede Komponente einzeln nach den üblichen Differenziationsregeln abgeleitet wird. Die Geschwindigkeit zeigt tangential zur Bahn $\vec{r}(t)$, was in Abb. 6.2 dargestellt wird.

Beschleunigung

Analog zur Geschwindigkeit lässt sich auch die **Beschleunigung** $\vec{a}$, d. h. die Änderung der Geschwindigkeit mit der Zeit („Mein Fahrrad kann von null auf 20 km/h in fünf Sekunden!") als Ableitung definieren:

$$\vec{a}(t) := \frac{d\vec{v}}{dt} = \dot{\vec{v}}(t) = \ddot{\vec{r}}(t) = (\ddot{x}(t), \ddot{y}(t), \ddot{z}(t)). \tag{6.3}$$

Das Prozedere zum Bestimmen von $\vec{v}$ und $\vec{a}$ ist also das folgende: Ist der Ort gegeben, so leiten wir diesen einmal nach der Zeit ab und erhalten die Geschwindigkeit. Leiten wir diese nochmals nach der Zeit ab, erhalten wir die Beschleunigung. Ist umgekehrt die Beschleunigung bekannt, erhalten wir Geschwindigkeit und Ort durch ein- bzw. zweimalige Integration nach der Zeit.

„Wie schnell ist … / wie groß ist … ?"

Bei dieser Fragestellung ist ein bestimmter Wert z. B. für die Geschwindigkeit gesucht. In obiger Definition sind Geschwindigkeit und Beschleunigung allerdings vektoriell. Ihren Wert erhält man durch Betragsbildung:

Wie groß ist die Geschwindigkeit… ? $\rightarrow |\vec{v}|$,   Einheit: $[v] = 1\,\dfrac{m}{s}$,

Wie groß ist die Beschleunigung… ? $\rightarrow |\vec{a}|$,   Einheit: $[a] = 1\,\dfrac{m}{s^2}$,

wobei die Strecke natürlich die Einheit Meter besitzt. Eine Warnung ist hier angebracht:

Im Allgemeinen gilt: $|\dot{\vec{r}}| \neq \frac{d}{dt}|\vec{r}|$,

Abb. 6.2 Ort und Geschwindigkeit eines Teilchens. Die Geschwindigkeit $\vec{v}(t)$ steht zu jedem Zeitpunkt tangential zur Bahn $\vec{r}(t)$

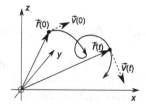

und analog auch für die Geschwindigkeit. Dieses sieht man ein, wenn man die rechte Seite explizit per (6.1) und unter Nutzung der Kettenregel ausschreibt. Es ist dabei $\frac{d}{dt}[f^2(t)] = 2f(t)\dot{f}(t)$ und *nicht* $2f(t)$:

$$\frac{d}{dt}|\vec{r}| = \frac{d}{dt}\sqrt{x^2(t) + y^2(t) + z^2(t)} = \frac{d}{dt}(x^2(t) + y^2(t) + z^2(t))^{\frac{1}{2}}$$

$$= \frac{1}{2}(x^2(t) + y^2(t) + z^2(t))^{-\frac{1}{2}} \cdot (2x\dot{x} + 2y\dot{y} + 2z\dot{z})$$

$$= \frac{x\dot{x} + y\dot{y} + z\dot{z}}{\sqrt{x^2 + y^2 + z^2}} = \frac{\vec{r} \cdot \dot{\vec{r}}}{|\vec{r}|},$$

was offensichtlich ungleich $|\dot{\vec{r}}|$ ist, denn dafür wird *erst* die Ableitung der Bahnkurve und *dann* der Betrag gebildet.

Ableitungsregeln für Kurven

Folgende Ableitungsregeln können schließlich noch hilfreich sein:

$$\frac{d}{dt}(\lambda\vec{a}(t) \pm \mu\vec{b}(t)) = \lambda\frac{d\vec{a}}{dt} \pm \mu\frac{d\vec{b}}{dt}, \tag{6.4}$$

$$\frac{d}{dt}(\vec{a}(t) \cdot \vec{b}(t)) = \dot{\vec{a}} \cdot \vec{b} + \vec{a} \cdot \dot{\vec{b}}, \tag{6.5}$$

$$\frac{d}{dt}(\vec{a}(t) \times \vec{b}(t)) = \dot{\vec{a}} \times \vec{b} + \vec{a} \times \dot{\vec{b}}, \tag{6.6}$$

$$\frac{d}{dt}|\vec{r}(t)| = \frac{\vec{r} \cdot \dot{\vec{r}}}{|\vec{r}|}, \tag{6.7}$$

wobei $\lambda, \mu \in \mathbb{R}$ sind. Gl. (6.4) und (6.5) entsprechen dabei der Produktregel beim Differenzieren.

6.2 Bewegungen

Wir werden nun drei wichtige Klassen von Bahnkurven kennenlernen: die geradlinig gleichförmige Bewegung, die gleichmäßig beschleunigte Bewegung (zu der auch Wurfbewegungen gehören) und die Kreisbewegung. Anschließend werden wir feststellen, dass sich durch Kombination dieser Bewegungen kompliziertere Kurven erzeugen lassen.

6.2.1 Geradlinig gleichförmige Bewegung

Paradebeispiel für die **geradlinig gleichförmige Bewegung** ist eine Magnetschwebebahn (so gut wie ohne Reibung), die sich entlang einer geraden Schiene mit konstanter Geschwindigkeit $\vec{v}_0$ bewegt (diese ist zu jedem Zeitpunkt gleich und deswegen

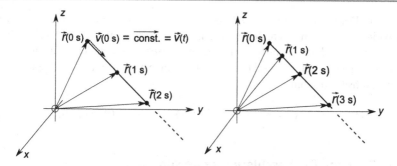

Abb. 6.3 Links: Gleichförmige Bewegung, jeder Punkt ist räumlich äquidistant. Rechts: Beschleunigte Bewegung, die Punkte liegen nicht mehr gleichweit entfernt, obwohl sie gleiche Zeitabstände besitzen

auch gleich der Anfangsgeschwindigkeit zum Zeitpunkt $t = 0\,\mathrm{s}$). Der Geschwindigkeitsvektor $\vec{v}_0$ gibt die Richtung an, in die sich die Magnetschwebebahn bewegt. Als Startpunkt wählen wir $\vec{r}(t = 0\,\mathrm{s}) = \vec{r}_0$. Von hier aus bewegt sich die Bahn weg, beim Zeitpunkt $t = 1\,\mathrm{s}$ befindet sie sich bei $\vec{r}(t = 1\,\mathrm{s}) = \vec{r}_0 + 1\,\mathrm{s} \cdot \vec{v}_0$, zum Zeitpunkt $t = 2\,\mathrm{s}$ bei $\vec{r}(t = 2\,\mathrm{s}) = \vec{r}_0 + 2\,\mathrm{s} \cdot \vec{v}_0$ usw. Wir erhalten damit allgemein:

$$\vec{r}(t) = \vec{r}_0 + t \cdot \vec{v}_0, \tag{6.8}$$

was jedoch eine identische Form hat wie unsere Geradengleichung (1.52) aus Kap. 1, und das war ja zu erwarten. Auch die Dimension stimmt, denn die linke Seite hat die Dimension Meter, und rechts addieren sich Meter mit $\mathrm{s} \cdot \frac{\mathrm{m}}{\mathrm{s}} = \mathrm{m}$ wieder zu Meter. Abb. 6.3 links zeigt die Bahnkurve einer geradlinig gleichförmigen Bewegung.

Wie in Abschn. 6.1 erläutert, erhalten wir aus der Bahnkurve (6.8) durch Ableiten nach der Zeit die Geschwindigkeit und Beschleunigung:

$$\vec{v}(t) = \dot{\vec{r}}(t) = \vec{0} + 1 \cdot \vec{v}_0 = \vec{v}_0 \quad \text{und} \quad \vec{a}(t) = \dot{\vec{v}}(t) = \vec{0},$$

da $\vec{r}_0$ und $\vec{v}_0$ konstante Vektoren sind und in der Summe beim Ableiten wegfallen. Wie wir sehen, können wir die geradlinig gleichförmige Bewegung zweifach charakterisieren. Einerseits gilt $\vec{v}(t) \equiv \vec{v}_0 = \vec{v}(0\,\mathrm{s})$ (d. h., die Geschwindigkeit hat immer identischen Wert und identische Richtung), andererseits aber auch $\vec{a}(t) \equiv \vec{0}$, d. h., es wirken keine Beschleunigungen. Zusammenfassend wird die geradlinig gleichförmige Bewegung beschrieben durch

$$\vec{r}(t) = \vec{v}_0 \cdot t + \vec{r}_0 \,, \quad \vec{v}(t) = \dot{\vec{r}}(t) \equiv \vec{v}_0 \,, \quad \vec{a}(t) = \dot{\vec{v}}(t) = \vec{0}. \tag{6.9}$$

Beispiel 6.2 (Bahnkurve eines Teilchens)

▷ Man bestimme die Bahnkurve eines Teilchens, das mit der Geschwindigkeit v_0 parallel zur z-Achse fliegt und bei $(b, 0, 0)$ gestartet ist.

Lösung: Der Startpunkt $\vec{r}_0 = (b, 0, 0)$ ist gegeben. Nun fehlt noch die Geschwindigkeit. Wir kennen ihren Betrag und ihre Richtung. Erinnere: Ein Vektor lässt sich einerseits durch Koordinaten eindeutig beschreiben, andererseits aber auch durch Angabe von Betrag und Richtung. Es ist also hier $\vec{v}_0 = v_0 \cdot \vec{e}_3$ (fliegt parallel zur z-Achse). Ergebnis:

$$\vec{r}(t) = (x(t), y(t), z(t)) = v_0(0, 0, 1) \cdot t + (b, 0, 0) = (b, 0, v_0 t). \quad \blacksquare$$

6.2.2 Gleichmäßig beschleunigte Bewegung

Nun betrachten wir ein gleichmäßig beschleunigtes Auto (Abb. 6.3 rechts):

$$\vec{a}(t) = \ddot{\vec{r}}(t) \equiv \vec{a}_0,$$

d. h., das Auto besitzt eine vom Betrag und Richtung her konstante Beschleunigung. Aus dieser Definition der gleichmäßig beschleunigten Bewegung erhalten wir die Geschwindigkeit und die Bahn durch Integration. Es ist $\vec{v}(t) = \vec{a}_0 \cdot t + \vec{C}$, wobei die Konstante die Einheit der Geschwindigkeit haben muss. Wir fordern $\vec{v}(t = 0) = \vec{v}_0$, was hier auf $\vec{v}(0) = \vec{a}_0 \cdot 0 + \vec{C} \overset{!}{=} \vec{v}_0$ bzw. $\vec{C} = \vec{v}_0$ führt, d. h. $\vec{v}(t) = \vec{a}_0 \cdot t + \vec{v}_0$. Hieraus erhalten wir durch erneute Integration und Bestimmung der Integrationskonstanten die Bahn $\vec{r}(t)$, so dass wir

$$\vec{r}(t) = \frac{1}{2}\vec{a}_0 t^2 + \vec{v}_0 t + \vec{r}_0, \quad \vec{v}(t) = \vec{a}_0 t + \vec{v}_0, \quad \vec{a}(t) \equiv \vec{a}_0 \qquad (6.10)$$

für die **gleichmäßig beschleunigte Bewegung** finden. Bewegt sich das Objekt ohne weitere Einwirkung im Schwerefeld der Erde (also im freien Fall), so wirkt die aus Kap. 1 bekannte konstante Erdbeschleunigung $\vec{a}_0 = \vec{g} = (0, 0, -g)$.

Vorsicht im Zusammenhang mit „Beschleunigungen":

Im allgemeinen Sprachgebrauch beinhaltet „Beschleunigung" nur das Schnellerwerden, im physikalischen Sinne ist aber auch Abbremsen eine Beschleunigung!

Zwei Kommentare noch zu Gl. (6.10): Zum einen erhalten wir hieraus durch Setzen von $\vec{a}_0 = \vec{0}$ sofort die Gl. (6.9) der gleichförmigen Bewegung (wir brauchen uns eigentlich nur (6.10) merken). Zum anderen ergeben sich in einer Dimension betrachtet aus der vektoriellen Gleichung die Gesetze für die 1-D-Bewegung, die vielleicht noch aus der Schule geläufig sind:

$$s(t) = \frac{1}{2}a_0 t^2 + v_0 t + s_0, \quad v(t) = a_0 t + v_0, \quad (a(t) = a_0),$$

wobei $s(t)$ die Strecke-Zeit-Funktion bezeichnet und entlang einer beliebigen Koordinatenachse gemessen wird. Also daher kommen diese Gleichungen!

Beispiel 6.3 (Waagerechter Wurf)

▷ Ein Auto fahre während einer Verfolgungsjagd mit Geschwindigkeit v_0 horizontal über die Klippe eines Abhangs. Man bestimme die Bahn $\vec{r}(t)$ und auch die Funktion $z(x)$ in der x-z-Ebene.

Lösung: Zunächst wählen wir einen Ursprung und legen ihn in den Punkt, bei dem das Auto über die Klippe schießt. Es ist also $\vec{r}(0) = (0, 0, 0)$. Die Anfangsgeschwindigkeit können wir ebenso aufstellen: $\vec{v}(0) = (v_0, 0, 0)$, denn just dann, wenn das Auto über die Klippe schießt, bewegt es sich waagerecht entlang der gewählten x-Achse. Schließlich bleibt die Frage nach der Beschleunigung. Die einzige Beschleunigung (abgesehen von Luftreibung, die wir hier aber vernachlässigen), die wirkt, ist die Erdanziehung vom Betrag g. Sie wirkt zum Erdmittelpunkt, also $\vec{a} = g(-\vec{e}_3)$. Damit erhalten wir in (6.10)

$$\vec{r}(t) = (0, 0, 0) + (v_0, 0, 0) \cdot t + \frac{1}{2}(0, 0, -g)t^2,$$

wobei dies offensichtlich ein 2-D-Problem ist, da $y(t) \equiv 0$ für alle Zeiten. Betrachtet man die einzelnen Komponenten $x(t) = v_0 t$ und $z(t) = -\frac{1}{2}gt^2$, so lässt sich die Zeit eliminieren. In einem x-z-Koordinatensystem ergibt sich mit $t = \frac{x}{v_0}$ die Wurfparabel $z(x) = -\frac{1}{2}g\left(\frac{x}{v_0}\right)^2$, d. h.

$$z(x) = -\frac{g}{2v_0^2}x^2.$$

∎

[H15] Unkonventioneller Kirchengang   (0,5 + 3 + 1,5 = 5 Punkte)
Ein mit überhöhter Geschwindigkeit fahrendes Auto rast innerorts eine Böschung mit der Schrägung von 30° hinauf. Das Auto fliegt durch die Luft und kracht anschließend in 7 m Höhe in das Dach einer 35 m entfernten Kirche. Das Ende der Böschung befindet sich auf gleicher Höhe wie der Kirchengrund.

a) Man skizziere das Geschehen und die Bahnkurve in einem z-x-Diagramm.
b) Mit welcher Geschwindigkeit muss das Auto gefahren sein, um diesen Stunt hinzubekommen? Wie lange war folglich die Flugzeit?
c) Mit welcher Geschwindigkeit und unter welchem Winkel ist das Auto ins Dach eingeschlagen?

(Zu konstruiert, um wahr zu sein? – am 26.01.2009 in Limbach-Oberfrohna passiert.)

6.2.3 Kreisbewegung

Die zweite fundamentale Bewegung neben der geradlinigen Bewegung ist die **Kreisbewegung**. O. B. d. A. spiele sich diese in der x-y-Ebene ab (d. h. 2-D-Problem) und laufe entgegen dem Uhrzeigersinn, wobei das Drehzentrum sich im Ursprung befinde. Das Punktteilchen (z. B. ein Karussellsitz am Dreharm) bewege sich im konstanten Abstand R vom Ursprung. Wie wir in Abschn. 1.5 gesehen haben, lassen sich kreisförmige Probleme gut mit Polarkoordinaten r und φ beschreiben. In unserem Fall ist nur φ variabel, der Abstand vom Ursprung ist $r = R = $ const. Mit $x(\varphi) = R\cos(\varphi)$ und $y(\varphi) = R\sin(\varphi)$ aus Gl. (1.62) folgt

$$\vec{r}(\varphi) = (x(\varphi), y(\varphi)) = (R\cos(\varphi), R\sin(\varphi)).$$

Das Problem ist nun allerdings, dass wir ja Geschwindigkeit und Beschleunigung als *Zeit*ableitungen berechnen wollen. Die Kurve $\vec{r} = \vec{r}(\varphi)$ ist jedoch nach dem Drehwinkel φ parametrisiert. Das hilft uns nicht. Wir benötigen eine Parametrisierung $\vec{r} = \vec{r}(t)$! Da der Winkel φ mit der Zeit t durchlaufen wird, können wir $\varphi = \varphi(t)$ schreiben:

$$\vec{r}(\varphi(t)) = (R\cos(\varphi(t)), R\sin(\varphi(t))). \tag{6.11}$$

Das ist die Kreisdrehung entgegen dem Uhrzeigersinn mit Radius R in der x-y-Ebene mit Drehzentrum im Ursprung.

Gleichförmige und gleichmäßig beschleunigte Kreisbewegung
Wir gehen einen Schritt weiter und konkretisieren nun die Winkelfunktion $\varphi(t)$. Analog zur geradlinigen Bewegung lassen sich dann **Winkelgeschwindigkeit** $\omega(t)$ und **Winkelbeschleunigung** $\alpha(t)$ als zeitliche Änderung des Winkels bzw. der Winkelgeschwindigkeit mit der Zeit definieren:

$$\omega(t) := \frac{d\varphi(t)}{dt}, \quad \alpha(t) := \frac{d\omega(t)}{dt} = \frac{d^2\varphi(t)}{dt^2}, \tag{6.12}$$

wobei sofort die Ähnlichkeit zu (6.3) auffällt. Bei der Kreisbewegung unterscheiden wir zwei Arten:

1. **Gleichförmige Kreisbewegung.** Diese setzt konstante Drehgeschwindigkeit voraus (Abb. 6.4 links), d. h., eine Kreisdrehung (entspricht dem Winkel 2π) benötigt immer die konstante Zeit T (die **Periodendauer**):

$$\omega(t) = \omega_0 = \frac{2\pi}{T} = \text{const.} \iff T = \frac{2\pi}{\omega_0} \tag{6.13}$$

Unter der Voraussetzung konstanter Winkelgeschwindigkeit gilt: Das durchlaufene Winkelstück $d\varphi$ pro Zeitintervall dt ist konstant, d. h., $\omega(t) = \dot{\varphi} \overset{!}{=} \omega_0 = $ const. Hieraus folgt direkt durch Integration für den zeitabhängigen Winkel:

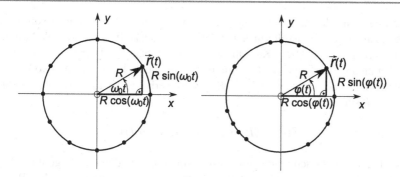

Abb. 6.4 Kreisbewegung. Links: Gleichmäßige Kreisdrehung mit $\varphi(t) = \omega_0 t$. Rechts: Kreisdrehung mit nicht linearem $\varphi(t)$. Die Punkte stellen die Ortsvektoren in gleichen Zeitabständen dar

$\varphi(t) = \omega_0 t + \varphi_0$ und per Ableitung $\alpha(t) = \dot{\omega} \equiv 0$. Die gleichförmige Kreisbewegung wird in Winkelkoordinaten also beschrieben durch

$$\varphi(t) = \omega_0 t + \varphi_0, \quad \omega(t) = \omega_0 \quad \alpha(t) = 0. \tag{6.14}$$

2. **Gleichmäßig beschleunigte Kreisbewegung.** Hier nimmt die Winkelgeschwindigkeit linear mit der Zeit zu oder ab, ändert sich also mit konstanter Rate (z. B. beim anfahrenden oder abbremsenden Karussell). Es gilt somit als Definition $\alpha(t) = \alpha_0 = $ const., was durch zweifache Integration und Konstantenbestimmung analog zu Abschn. 6.2.2 auf die folgenden Gleichungen führt:

$$\varphi(t) = \frac{1}{2}\alpha_0 t^2 + \omega_0 t + \varphi_0, \quad \omega(t) = \alpha_0 t + \omega_0, \quad \alpha(t) = \alpha_0 = \text{const.} \tag{6.15}$$

Im Vergleich mit (6.10) sehen wir schließlich, dass Winkel und Ort bzw. Winkelgeschwindigkeit und Geschwindigkeit bzw. Winkelbeschleunigung und Beschleunigung sich gegenseitig entsprechen. Sie unterscheiden sich lediglich durch einen Faktor R! Wir gehen hierauf noch ausführlich in Abschn. 12.4 ein.

Im Folgenden kommen wir allerdings zurück zur gleichförmigen Kreisbewegung. Häufig wählt man in (6.14) den Startwinkel zu $\varphi(0) = \varphi_0 = 0$. Somit ergibt sich insgesamt für die Bahnkurve (6.11) der gleichförmigen Bewegung

$$\vec{r}(t) = (R\cos(\omega_0 t), R\sin(\omega_0 t)). \tag{6.16}$$

Beispiel 6.4 (Karussell)

▷ Man berechne die Geschwindigkeit sowie Beschleunigung für einen rotierenden Karussellarm der Länge $R = 4\,$m. Der Arm vollführe eine Drehung (im Uhrzeigersinn und in der x-y-Ebene) in drei Sekunden. Wie groß ist die wirkende Beschleunigung?

Lösung: Zunächst stellen wir die Bahnkurve des Armes auf, welche von (6.16) abweicht, da der Karussellarm hier im Uhrzeigersinn läuft. Als Startwinkel wählen wir wieder $\varphi_0 = 0$. Die x-Koordinate startet also bei R und verringert sich unter Drehung bis zu $-R$ und ist nach einem Umlauf wieder bei $+R$. Die y-Koordinate startet bei 0 und wird negativ bis $-R$ usw. So verhalten sich $x = R\cos(\omega_0 t)$ und $y = -R\sin(\omega_0 t)$:

$$\vec{r}(t) = (R\cos(\omega_0 t), -R\sin(\omega_0 t)).$$

Wir berechnen Geschwindigkeit, Beschleunigung und deren Beträge unter Verwendung der Kettenregel beim Differenzieren und des trigonometrischen Pythagoras:

$$\dot{\vec{r}} = \vec{v}(t) = (-R\omega_0 \sin(\omega_0 t), -R\omega_0 \cos(\omega_0 t)),$$

$$v = |(-R\omega_0 \sin(\omega_0 t), -R\omega_0 \cos(\omega_0 t))| = |-R\omega_0| \cdot |(\sin(\omega_0 t), \cos(\omega_0 t))|$$

$$= R\omega_0 \sqrt{\sin^2(\omega_0 t) + \cos^2(\omega_0 t)} = R\omega_0,$$

$$\ddot{\vec{r}} = \vec{a}(t) = (-R\omega_0^2 \cos(\omega_0 t), R\omega_0^2 \sin(\omega_0 t)) = R\omega_0^2(-\cos(\omega_0 t), \sin(\omega_0 t)),$$

$$a = |R\omega_0^2| \cdot |(-\cos(\omega_0 t), \sin(\omega_0 t))| = R\omega_0^2.$$

Mit den gegebenen Werten ergibt sich damit

$$v = R\omega_0 = 4\,\text{m} \cdot \tfrac{2\pi}{3\,\text{s}} \approx 8\,\tfrac{\text{m}}{\text{s}}, \quad a = R\omega_0^2 = 4\,\text{m} \cdot \left(\tfrac{2\pi}{3\,\text{s}}\right)^2 \approx 16\,\tfrac{\text{m}}{\text{s}^2},$$

was etwas mehr als die 1.6-fache Erdbeschleunigung g ist. Die meisten Karussells sind aus gesundheitlichen Gründen so konstruiert, dass Dauerbeschleunigungen nicht über $2g$ liegen. Dieses Karussell wäre damit zulässig. ∎

Wie man an diesem Beispiel sieht, zeigt $\vec{a}$ bei der gleichförmigen Kreisbewegung entgegengesetzt zum Radiusvektor $\vec{r}$, also zum Drehzentrum hin. Dies muss ja auch so sein, damit das Objekt senkrecht zu seiner (eigentlich gewollten geradlinigen) Bewegung auf eine Kreisbahn gezwungen wird. Lässt man das rotierende Objekt aus der Drehung wieder frei, so bewegt es sich mit $\vec{v}$ weiter, d. h. senkrecht zum Radiusvektor und in Drehrichtung, also tangential zur Bahn (man mache die Probe, dass $\vec{v} \cdot \vec{r} = 0$).

6.2.4 Zusammengesetzte Bewegungen

Aus den oben besprochenen elementaren Bewegungen lassen sich ohne großen Aufwand beliebig komplizierte Bewegungen (z. B. von Horrormaschinen auf dem Jahrmarkt) zusammensetzen. Dabei gilt das **Superpositionsprinzip**: Bewegungen überlagern sich vollkommen ungestört. Das bedeutet: Man kann z. B. zwei Kreisdrehungen durch einfache Vektoraddition der zugehörigen Ortskurven zu einer neuen Kurve zusammensetzen.

Beispiel 6.5 (Spirale)

▷ Wie lautet die Ortskurve $\vec{r}(t)$ für eine Spiralbewegung um die z-Achse (z. B. eine schneckenförmige Parkhausauffahrt)? Wie groß sind auf der Bahn Momentangeschwindigkeit und Beschleunigung?

Lösung: Wir stellen uns zunächst ein in der x-y-Ebene gegen den Uhrzeigersinn kreisendes Teilchen vor, was einen Kreis mit Radius R um den Ursprung beschreibt. Nun werde das Teilchen in z-Richtung angeschnipst (während es in der x-y-Ebene rotiert), wodurch es sich geradlinig gleichförmig wie im schwerelosen Raum fortbewegt. Dann würde sich die Kreisdrehung in z-Richtung verzerren, und nach einer Umdrehung befände sich das Teilchen zwar an der gleichen (x, y)-Position wie beim Startpunkt, allerdings hat es sich während einer Umdrehung um die sogenannte Ganghöhe h in z-Richtung fortbewegt. Abb. 6.5 veranschaulicht die Überlegungen.

Wir mathematisieren nun die Bahn. Die Kreisbewegung in der x-y-Ebene können wir direkt aus Abschn. 6.2.3 übernehmen:

$$\vec{r}_{\text{Kreis}}(t) = (R\cos(\omega_0 t), R\sin(\omega_0 t), 0).$$

Ferner kann die gleichförmige Bewegung in z-Richtung als $\vec{r}_{\text{linear}}(t) = (0, 0, v_z t)$ geschrieben werden. Schließlich muss man noch bedenken, dass pro Umrundung mit Winkelgeschwindigkeit ω_0 die Ganghöhe h durchschritten wird. Es muss also gelten:

$$\vec{r}_{\text{linear}}(t = T) = \vec{r}_{\text{linear}}\left(t = \tfrac{2\pi}{\omega_0}\right) = \left(0, 0, v_z \tfrac{2\pi}{\omega_0}\right) \overset{!}{=} (0, 0, h),$$

woraus durch Vergleich der Komponenten $v_z = \frac{h\omega_0}{2\pi}$ folgt. Schließlich ergibt sich die gesamte Spirale aus der Überlagerung der Kreisdrehung mit der linearen Bewegung. Wie wir aus dem Superpositionsprinzip entnehmen, erreichen wir die Überlagerung durch simple Vektoraddition der beiden Bahnkurven:

$$\vec{r}(t) = \vec{r}_{\text{Kreis}}(t) + \vec{r}_{\text{linear}}(t) = (R\cos(\omega_0 t), R\sin(\omega_0 t), 0) + \left(0, 0, \tfrac{h\omega_0}{2\pi} t\right).$$

Ergebnis:

$$\vec{r}(t) = \left(R\cos(\omega_0 t), R\sin(\omega_0 t), \tfrac{h\omega_0}{2\pi} t\right).$$

Abb. 6.5 Die Spiralbewegung ergibt sich aus Überlagerung einer Kreisbewegung und einer geradlinigen Bewegung

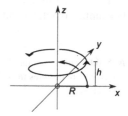

Weiterhin berechnen wir Geschwindigkeit und Beschleunigung eines Teilchens auf der Spiralbahn nach dem bekannten Verfahren. Dann sind

$$\vec{v} = \dot{\vec{r}} = \left(-R\omega_0 \sin(\omega_0 t), \, R\omega_0 \cos(\omega_0 t), \, \frac{h}{2\pi}\omega_0\right),$$

$$\vec{a} = \dot{\vec{v}} = \left(-R\omega_0^2 \cos(\omega_0 t), \, -R\omega_0^2 \sin(\omega_0 t), \, 0\right),$$

und dementsprechend

$$|\vec{v}| = \sqrt{R^2\omega_0^2 \sin^2(\omega_0 t) + R^2\omega_0^2 \cos^2(\omega_0 t) + \frac{h^2}{4\pi^2}\omega_0^2}$$

$$= \sqrt{R^2\omega_0^2(\sin^2(\omega_0 t) + \cos^2(\omega_0 t)) + \frac{h^2}{4\pi^2}\omega_0^2}$$

$$= \sqrt{R^2\omega_0^2 + \frac{h^2}{4\pi^2}\omega_0^2} = R\omega_0\sqrt{1 + \left(\frac{h}{2\pi R}\right)^2} > R\omega_0,$$

$$|\vec{a}| = \sqrt{R^2\omega_0^4 \cos^2(\omega_0 t) + R^2\omega_0^4 \sin^2(\omega_0 t)} = R\omega_0^2.$$

Dieses war aber auch zu erwarten! Dadurch, dass eine Spiralumdrehung von der Strecke her länger ist als eine Kreisumdrehung, muss das Teilchen sich mit größerer Geschwindigkeit als bei der Kreisbewegung bewegen (dort war $v = R\omega_0$), möchte es die gleiche Periodendauer beibehalten. An der Beschleunigung ändert sich jedoch nichts, da die einzige Beschleunigung, die das Teilchen erfährt, jene der Kreisdrehung ist, weil die Bewegung in z-Richtung gleichförmig verläuft. ∎

6.3 Bogenlänge

Man kann sich fragen, welche Strecke ein Teilchen entlang einer vorgegebenen Kurve $\vec{r}(t)$ in einem bestimmten Zeitintervall zurückgelegt hat. Diese Strecke heißt **Bogenlänge**. Zur Berechnung zerlegen wir die Kurve $\vec{r}(t)$ mit Startpunkt $\vec{a}$ und Endpunkt $\vec{b}$ in winzig kleine Stückchen $d\vec{r}_1$, $d\vec{r}_2$, ... und summieren diese infinitesimalen Teile bzw. ihre Beträge zur Gesamtstrecke L zusammen:

$$L = \int_{\mathcal{C}} ds = \int_{\mathcal{C}} |d\vec{r}| = \int_{\vec{a}}^{\vec{b}} |d\vec{r}|,$$

wobei $\mathcal{C}$ die durchlaufene Kurve formal bezeichnet und ds das aus Abschn. 4.4.3 bekannte Bogenelement ist. Abb. 6.6 zeigt die Zerlegung.

Abb. 6.6 Zur Zerlegung der Kurve $\vec{r}(t)$ in infinitesimale Stückchen $d\vec{r}$

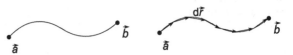

Leider lässt sich hierüber die Länge äußerst umständlich berechnen, denn es müsste dazu die komplette Zerlegung in die Wegstücke bekannt sein. Unsere Kurve liegt aber als Parametrisierung durch die Zeit t vor, weshalb sollten wir uns das nicht zunutze machen?

Der Trick ist folglich, dass wir im Integral substituieren (Typ II), d. h., man setzt $\vec{r} = \vec{r}(t)$ und erhält

$$\vec{r} = \vec{r}(t) \implies \dot{\vec{r}}(t) = \frac{d\vec{r}}{dt} \Leftrightarrow d\vec{r} = \dot{\vec{r}}(t)dt$$

mit den Grenzen

$$\vec{r}(t_s) = \vec{a}, \ \vec{r}(t_e) = \vec{b},$$

wobei t_s die Zeit beim Start und t_e die Zeit beim Ende meint. Damit folgt die Bogenlänge einer differenzierbaren Kurve $\vec{r}(t)$ zu

$$L = \int_{\vec{a}}^{\vec{b}} |d\vec{r}| = \int_{t_s}^{t_e} dt \left| \dot{\vec{r}} \right|, \qquad (6.17)$$

wobei die Länge unabhängig von der Parametrisierung ist und $t_s < t_e$ vorausgesetzt wurde. Eine andere Darstellung der Bogenlänge gelingt über das Bogenlängenelement ds^2 aus Abschn. 4.4.3:

$$L = \int_C |d\vec{r}| = \int_C \sqrt{d\vec{r} \cdot d\vec{r}} = \int_C \sqrt{ds^2}. \qquad (6.18)$$

Bogenlänge von $f(x)$
Um die Bogenlänge einer Funktion $y = f(x)$ zu bestimmen, parametrisieren wir diese. Dazu überlegen wir uns, was denn bei einer Funktion $y = f(x)$ „läuft": Das ist die Variable x. Setze also $x := t$. Dann ergibt sich die Parametrisierung zu

$$x = t, \ y = f(t) \implies \vec{r}(t) = (x(t), y(t)) = (t, f(t)), \qquad (6.19)$$

und wegen $\dot{\vec{r}}(t) = (1, \dot{f}(t))$ erhalten wir

$$L = \int_{t_s}^{t_e} dt \ |(1, \dot{f}(t))| = \int_{t_s}^{t_e} dt \ \sqrt{1 + (\dot{f}(t))^2}.$$

Heißt die Funktion $f(x)$, so finden wir:

$$y = f(x) \implies L = \int_{x_s}^{x_e} dx \sqrt{1 + (f'(x))^2}. \qquad (6.20)$$

Beispiel 6.6 (Kreisumfang auf drei Arten)

▷ Man berechne den Umfang eines Kreises mit Radius R auf die drei Arten (6.17), (6.18) und (6.20).

Lösung:

1. Um das Integral (6.17) zu berechnen, müssen wir zunächst eine Parametrisierung $\vec{r}(t)$ für den Kreis bestimmen. Diese können wir aber direkt aus Gl. (6.16) übernehmen: $\vec{r}(t) = (R\cos(\omega_0 t), R\sin(\omega_0 t))$, wobei es für die Länge natürlich egal ist, ob der Kreis im oder gegen den Uhrzeigersinn durchlaufen wird und eigentlich auch, mit welcher Winkelgeschwindigkeit ω_0. Allerdings wollen wir dimensionstreu bleiben, da die Zeit hier als Parameter die Einheit Sekunden hat. Wir berechnen zunächst die Ableitung $\dot{\vec{r}}(t) = R\omega_0(-\sin(\omega_0 t), \cos(\omega_0 t))$ und ihren Betrag $|\dot{\vec{r}}| = R\omega_0$. Weiterhin benötigen wir die Integrationsgrenzen: $t_s = 0$ ist der Startzeitpunkt, $t_e = \frac{2\pi}{\omega_0}$ der Endzeitpunkt (da $\omega_0 t_e = 2\pi = $ Winkel einer Umdrehung). Damit folgt das Integral zu

$$L = \int_0^{\frac{2\pi}{\omega_0}} dt\, R\omega_0 = R\omega_0 t\big|_0^{\frac{2\pi}{\omega_0}} = R\omega_0 \cdot \frac{2\pi}{\omega_0} = 2\pi R,$$

was ja schließlich auch zu erwarten war.

2. Wir parametrisieren den Kreis als $\vec{r}(t) = (r(t)\cos(\varphi(t)), r(t)\sin(\varphi(t)))$, wobei $\varphi(0) = 0$ und $\varphi\left(\frac{2\pi}{\omega_0}\right) = 2\pi$. Es gilt dann mit $r = r(t)$ und $\varphi = \varphi(t)$ für das Bogenelement in (hier teilweise zeitabhängigen) Polarkoordinaten aus Abschn. 4.4.3 die Umschreibung

$$ds^2 = dr^2 + r^2 d\varphi^2 = \left(\frac{dr}{dt}dt\right)^2 + r^2\left(\frac{d\varphi}{dt}dt\right)^2 = (\dot{r}\,dt)^2 + r^2(\dot{\varphi}\,dt)^2$$
$$= \dot{r}^2\,dt^2 + r^2\dot{\varphi}^2\,dt^2 = dt^2(\dot{r}^2 + r^2\dot{\varphi}^2).$$

Die Bogenlänge ergibt sich damit nach (6.18) zu

$$L = \int_C \sqrt{ds^2} = \int_C \sqrt{dr^2 + r^2 d\varphi^2} = \int_0^{\frac{2\pi}{\omega_0}} dt\, \sqrt{\dot{r}^2 + r^2\dot{\varphi}^2}.$$

Für einen Kreis gilt natürlich $r(t) = R = $ const., d. h. $\dot{r} = 0$. Damit ist

$$L = \int_0^{\frac{2\pi}{\omega_0}} dt\, \sqrt{0 + R^2\dot{\varphi}^2} = R\int_0^{\frac{2\pi}{\omega_0}} dt\, \dot{\varphi} = R\varphi(t)\big|_0^{\frac{2\pi}{\omega_0}}$$
$$= R\left(\varphi\left(\frac{2\pi}{\omega_0}\right) - \varphi(0)\right) = 2\pi R,$$

und dies ist unabhängig von der Winkelfunktion $\varphi(t)$ zwischen Start- und Endzeitpunkt!

3. Zunächst ist die Randkurve des Kreises gesucht, entlang jener wir dann integrieren können. Diese kennen wir aber praktischerweise schon aus Beispiel 5.8 von der Kreisflächenberechnung: $x^2 + y^2 = R^2 \Rightarrow y = f(x) = \sqrt{R^2 - x^2}$ mit Ableitung $f'(x) = -\frac{2x}{2\sqrt{R^2-x^2}} = -\frac{x}{\sqrt{R^2-x^2}}$, wobei wieder nur der erste Quadrant betrachtet wird. Die Bogenlänge des gesamten Kreises ergibt sich entsprechend über

$$L = 4 \int_0^R dx \ \sqrt{1 + (f'(x))^2} = 4 \int_0^R dx \ \sqrt{1 + \frac{x^2}{R^2 - x^2}} = 4 \int_0^R dx \ \sqrt{\frac{R^2 - x^2 + x^2}{R^2 - x^2}}$$

$$= 4R \int_0^R dx \ \sqrt{\frac{1}{R^2 - x^2}} = 4 \int_0^R dx \ \sqrt{\frac{1}{1 - \frac{x^2}{R^2}}} \overset{x \to Rx}{=} 4R \int_0^1 dx \ \sqrt{\frac{1}{1 - x^2}}.$$

Der Integrand kann noch umgeschrieben werden zu $\sqrt{\frac{1}{1-x^2}} = \frac{1}{\sqrt{1-x^2}}$, und hiervon suchen wir nun eine Stammfunktion. Man könnte nun schlau substituieren (mit $x := \cos(u)$ oder $x := \sin(u)$ z. B.) oder aber auf Tab. 4.2 schielen, wo wir direkt die zugehörige Stammfunktion finden: $\arcsin(x)$! Es folgt

$$L = 4R \int_0^1 dx \ \sqrt{\frac{1}{1-x^2}} = 4R \arcsin(x)\big|_0^1 = 4R \left(\tfrac{\pi}{2} - 0\right) = 2\pi R, \quad \text{juhu!} \quad \blacksquare$$

6.4 Bahnkurven in krummlinigen Koordinaten

Zum Ende des Kapitels betrachten wir Kurven in den speziellen Koordinatensystemen aus Abschn. 1.5. Wir starten mit den kartesischen Koordinaten.

1. **Kartesische Koordinaten**
   Es ist bekanntermaßen $\vec{r}(t) = (x(t), y(t), z(t))$ und die Ableitung nach der Zeit liefert $\dot{\vec{r}} = (\dot{x}, \dot{y}, \dot{z})$. Wir schreiben dieses ein klein wenig anders:

$$\dot{\vec{r}}(t) = \dot{x}(1, 0, 0) + \dot{y}(0, 1, 0) + \dot{z}(0, 0, 1) = \dot{x}\vec{e}_1 + \dot{y}\vec{e}_2 + \dot{z}\vec{e}_3.$$

   Hier tauchen plötzlich die aus Kap. 1 altbekannten Basisvektoren $\vec{e}_i$, $i = 1, 2, 3$, der kartesischen Koordinaten auf. Na gut, wird man nun sagen, einen Vektor kann man immer in seine Basisvektoren zerlegen. Dann sollte das auch mit einem Ableitungsvektor gehen. Doch wie sieht das in anderen Koordinaten aus?

2. **Polarkoordinaten**
   Kreisförmige Bahnen können in zeitabhängigen Polarkoordinaten beschrieben werden durch $\vec{r}(t) = r(t)(\cos(\varphi(t)), \sin(\varphi(t)))$. Dann ist die Ableitung nach Produkt- und Kettenregel

$$\dot{\vec{r}}(t) = \dot{r}(\cos(\varphi(t)), \sin(\varphi(t))) + r(t)(-\sin(\varphi(t))\dot{\varphi}, \cos(\varphi(t))\dot{\varphi})$$

$$= \dot{r}(t)(c, s) + r(t)\dot{\varphi}(t)(-s, c).$$

Donnerwetter – da tauchen ja wie aus dem Nichts die Basisvektoren $\vec{e}_r = (c, s)$ und $\vec{e}_\varphi = (-s, c)$ der Polarkoordinaten auf! Wir erhalten

$$\dot{\vec{r}}_{\text{pol}}(t) = \dot{r}\vec{e}_r + r\dot{\varphi}\vec{e}_\varphi, \tag{6.21}$$

wobei der erste Summand einer radialen Geschwindigkeit (in Richtung $\vec{e}_r$) und der zweite Term einer Bahngeschwindigkeit mit Betrag $r\dot{\varphi} = r(t)\omega(t)$ entspricht. Wir gehen hierauf genauer in Kap. 12 ein.

3. **Zylinderkoordinaten**
Gleiches Vorgehen für Zylinderkoordinaten $\vec{r}(t) = (\rho\cos(\varphi), \rho\sin(\varphi), z)$ mit zeitabhängigen Koordinaten $\rho = \rho(t)$, $\varphi = \varphi(t), z = z(t)$:

$$\dot{\vec{r}}(t) = (\dot{\rho}\cos(\varphi) - \rho\sin(\varphi)\dot{\varphi}, \dot{\rho}\sin(\varphi) + \rho\cos(\varphi)\dot{\varphi}, \dot{z})$$
$$= (\dot{\rho}\cos(\varphi), \dot{\rho}\sin(\varphi), 0) + (-\rho\sin(\varphi)\dot{\varphi}, \rho\cos(\varphi)\dot{\varphi}, 0) + (0, 0, \dot{z})$$
$$= \dot{\rho}(c, s, 0) + \rho\dot{\varphi}(-s, c, 0) + \dot{z}(0, 0, 1).$$

Auch hier erscheinen wie ein Wunder alle Basisvektoren der Zylinderkoordinaten:

$$\dot{\vec{r}}_{\text{zyl}}(t) = \dot{\rho}\vec{e}_\rho + \rho\dot{\varphi}\vec{e}_\varphi + \dot{z}\vec{e}_z. \tag{6.22}$$

4. **Kugelkoordinaten**
Eine analoge Rechnung führt für Kugelkoordinaten auf

$$\dot{\vec{r}}_{\text{KK}}(t) = \dot{r}\vec{e}_r + r\dot{\theta}\vec{e}_\theta + r\sin(\theta)\dot{\varphi}\vec{e}_\varphi. \tag{6.23}$$

Die Größe $\dot{\vec{r}}^2$
Die Erkenntnis, dass in der ersten zeitlichen Ableitung $\dot{\vec{r}}$ immer die Basisvektoren der jeweils gewählten Koordinaten auftauchen, wird uns insbesondere in der Mechanik beim Energiesatz hilfreich sein (Kap. 12). Beim Berechnen der kinetischen Energie $\frac{1}{2}m\vec{v}^2 = \frac{m}{2}\dot{\vec{r}}^2$ werden nämlich obige Ableitungen in quadrierter Form benötigt. Für die kartesischen Koordinaten müssen wir

$$\dot{\vec{r}}^2 = (\dot{x}\vec{e}_1 + \dot{y}\vec{e}_2 + \dot{z}\vec{e}_3)^2$$

berechnen. Hier könnte man nun alles ausmultiplizieren. Wir können aber auch ein wenig Hirnschmalz investieren: Die Basisvektoren spannen wie bekannt eine ONB auf, d. h. $\vec{e}_i \cdot \vec{e}_j = \delta_{ij}$, also ergeben nur Skalarprodukte von Vektoren mit gleichem Index eine Eins, die Restlichen sind null. Die Basisvektoren der anderen Koordinatensysteme bilden ebenso eine ONB; hier überleben beim Quadrieren ebenfalls nur die Produkte der Einheitsvektoren mit sich selbst. Aufgrund dieser Eigenschaften brauchen wir nur jeden einzelnen Summanden in $\dot{\vec{r}}$ quadrieren (Quadrate der Basisvektoren sind immer eins) und summieren. Es folgt somit

$$\dot{\vec{r}}^2 = \dot{x}^2 + \dot{y}^2 + \dot{z}^2 \qquad \text{(kartesische Koordinaten)}, \tag{6.24}$$
$$\dot{\vec{r}}^2 = \dot{r}^2 + r^2\dot{\varphi}^2 \qquad \text{(Polarkoordinaten)}, \tag{6.25}$$
$$\dot{\vec{r}}^2 = \dot{\rho}^2 + \rho^2\dot{\varphi}^2 + \dot{z}^2 \qquad \text{(Zylinderkoordinaten)}, \tag{6.26}$$
$$\dot{\vec{r}}^2 = \dot{r}^2 + r^2\dot{\theta}^2 + r^2\sin^2(\theta)\dot{\varphi}^2 \qquad \text{(Kugelkoordinaten)}. \tag{6.27}$$

Beispiel 6.7 (Teilchen auf Kugeloberfläche)

▷ Ein Teilchen bewege sich auf einer Kugeloberfläche mit Radius R. Wie groß ist die Geschwindigkeit?

Lösung: Wir beschreiben die Bahnbewegung mit zeitabhängigen Kugelkoordinaten. Dabei sind $\theta = \theta(t)$ und $\varphi = \varphi(t)$ zeitabhängig, $r = R$ jedoch konstant, da der Abstand zum Kugelmittelpunkt sich mit der Zeit nicht ändert, weil das Teilchen sich ja nur an der Oberfläche herumbewegen soll. Wir erhalten für die Geschwindigkeit mit Hilfe von Gl. (6.23)

$$\vec{v}(t) = \dot{\vec{r}} = R\dot{\theta}\vec{e}_\theta + R\sin(\theta)\dot{\varphi}\vec{e}_\varphi,$$

da R beim Ableiten wegfällt. Hieraus ergibt sich die Größe der Geschwindigkeit durch Betragsbildung:

$$|\vec{v}(t)| = |R\dot{\theta}\vec{e}_\theta + R\sin(\theta)\dot{\varphi}\vec{e}_\varphi|$$
$$= \sqrt{R^2\dot{\theta}(t)^2 + R^2\sin^2(\theta(t))\dot{\varphi}(t)^2}.$$

Wie kommt das so schnell zustande? Nun ja, es wurde ausgenutzt, dass $v = \sqrt{\vec{v}\cdot\vec{v}} = \sqrt{\dot{\vec{r}}\cdot\dot{\vec{r}}}$ ist. $\dot{\vec{r}}\cdot\dot{\vec{r}}$ ist wiederum aber nichts anderes als $\dot{\vec{r}}^2$. Wir konnten somit direkt einsetzen. ∎

[H16] Brauereibesuch $\qquad$ **(0,5 + 1,5 + 2 = 4 Punkte)**
Beim Besuch der Stadtbrauerei werden wir plötzlich von einem Fass (mit Radius R) überrascht, welches direkt auf uns mit horizontaler Geschwindigkeit v_0 zurollt. Anstatt wegzurennen, fragen wir uns:

a) Welche Bahnkurve $\vec{r}(t)$ beschreibt ein Punkt auf dem Rand des Fasses (Ursprung = Auflagepunkt)? Startpunkt sei auf dem Boden bei $(0, 0)$.

b) Das Fass rollt auf dem ebenen Boden ab. Wie stehen dann v_0 und Winkelgeschwindigkeit ω_0 im Verhältnis? Und wie lauten Geschwindigkeit $\vec{v} = \dot{\vec{r}}$ und $\vec{a} = \ddot{\vec{r}}$ des Punktes?

c) Welche Strecke legt der Punkt während einer Fassumdrehung zurück?

Spickzettel zu Bahnkurven

- **Bogenlänge**

  Länge einer durchlaufenen Kurve $\vec{r}(t)$: $L = \int_C \sqrt{ds^2} = \int_{\vec{a}}^{\vec{b}} |d\vec{r}| = \int_{t_s}^{t_e} dt\, |\dot{\vec{r}}|$, wobei t_s Startzeitpunkt und t_e Endzeitpunkt beschreiben; im Falle von $y = f(x)$ folgt $L = \int_{x_s}^{x_e} dx \sqrt{1 + (f'(x))^2}$.

- **Ableitungsregeln für Kurven**

$$\frac{d}{dt}(\lambda \vec{a}(t) \pm \mu \vec{b}(t)) = \lambda \frac{d\vec{a}}{dt} \pm \mu \frac{d\vec{b}}{dt}, \quad \frac{d}{dt}(\vec{a}(t) \cdot \vec{b}(t)) = \dot{\vec{a}} \cdot \vec{b} + \vec{a} \cdot \dot{\vec{b}},$$

$$\frac{d}{dt}(\vec{a}(t) \times \vec{b}(t)) = \dot{\vec{a}} \times \vec{b} + \vec{a} \times \dot{\vec{b}}, \quad \frac{d}{dt}|\vec{r}(t)| = \frac{\vec{r} \cdot \dot{\vec{r}}}{|\vec{r}|}.$$

- **Die Größe $\dot{\vec{r}}^2$ in krummlinigen Koordinaten**

$$\dot{\vec{r}}^2 = \dot{x}^2 + \dot{y}^2 + \dot{z}^2 \qquad \text{(kartesische Koordinaten)},$$

$$\dot{\vec{r}}^2 = \dot{r}^2 + r^2 \dot{\varphi}^2 \qquad \text{(Polarkoordinaten)},$$

$$\dot{\vec{r}}^2 = \dot{\rho}^2 + \rho^2 \dot{\varphi}^2 + \dot{z}^2 \qquad \text{(Zylinderkoordinaten)},$$

$$\dot{\vec{r}}^2 = \dot{r}^2 + r^2 \dot{\theta}^2 + r^2 \sin^2(\theta) \dot{\varphi}^2 \qquad \text{(Kugelkoordinaten)}.$$

-------------------- P · H · Y · S · I · K --------------------

- **Ort, Geschwindigkeit und Beschleunigung**
  - Ort: beschrieben durch Bahnkurve $\vec{r}(t) = (x(t), y(t), z(t))$ mit Parameter t (meist die Zeit); Startpunkt $\vec{r}_0 := \vec{r}(t = 0)$.
  - Geschwindigkeit – zeitliche Änderung des Ortes: $\vec{v}(t) = \dot{\vec{r}} = (\dot{x}, \dot{y}, \dot{z})$; Startgeschwindigkeit $\vec{v}(t = 0) = \vec{v}_0$.
  - Beschleunigung – zeitliche Änderung der Geschwindigkeit: $\vec{a}(t) = \dot{\vec{v}}(t) = \ddot{\vec{r}}(t)$ bzw. $\vec{a}(t) = (\ddot{x}, \ddot{y}, \ddot{z})$.
  - Größe der Geschwindigkeit/Beschleunigung $\rightarrow |\vec{v}|$, $|\vec{a}|$.

- **Bewegungen**
  - Geradlinig gleichförmige Bewegung: $\vec{r}(t) = \vec{v}_0 t + \vec{r}_0$, dann $\dot{\vec{r}} = \vec{v}(t) \equiv \vec{v}_0$ und vor allem $\ddot{\vec{r}} = \vec{a}(t) \equiv \vec{0}$ (unbeschleunigt!).
  - Gleichmäßig beschleunigte Bewegung: $\vec{r}(t) = \frac{1}{2}\vec{a}_0 t^2 + \vec{v}_0 t + \vec{r}_0$ mit $\vec{v}(t) = \vec{a}_0 t + \vec{v}_0$ und $\vec{a}(t) \equiv \vec{a}_0$. Prominent: Bewegung im Erdschwerefeld mit $\vec{g} = (0, 0, -g)$.
  - Kreisbewegung in 2-D: $\vec{r}(t) = (R\cos(\varphi(t)), R\sin(\varphi(t)))$ (Drehung gegen den Uhrzeigersinn); gleichförmig, wenn Winkelgeschwindigkeit (Winkel pro Zeit) $\omega(t) = \omega_0 = $ const. Beschrieben durch $\varphi(t) = \omega_0 t + \varphi_0$, dabei $\omega_0 = \frac{2\pi}{T}$ mit Periode T (Dauer einer Umdrehung). Bahnkurve ist $\vec{r}(t) = (R\cos(\omega_0 t), R\sin(\omega_0 t))$ bei Startwinkelwahl $\varphi_0 = 0$. Gleichmäßig beschleunigte Kreisbewegung: $\alpha(t) = \alpha_0 = $ const., dann $\varphi(t) = \frac{1}{2}\alpha_0 t^2 + \omega_0 t + \varphi_0$ und $\omega(t) = \alpha_0 t + \omega_0$. Allgemein: $\alpha(t) = \dot{\omega}(t) = \ddot{\varphi}(t)$.
  - Bewegungen überlagern sich ungestört (Raumkurven addieren sich).

Gewöhnliche Differenzialgleichungen

7

Inhaltsverzeichnis

Beim Berechnen vieler physikalischer Systeme (z. B. beim Fadenpendel) treten komplizierte Gleichungen auf, die Funktionen, Ableitungen beliebigen Grades und Variablen enthalten. Diese Gleichungen heißen Differenzialgleichungen. In diesem Kapitel sowie in Kap. 11 werden wir uns mit solchen Gleichungen auseinandersetzen und Lösungsstrategien kennenlernen.

7.1 Grundlagen

7.1.1 Was ist eine Differenzialgleichung (DGL)?

Tauchen in einer Gleichung die Funktion einer Veränderlichen $y = y(x)$ und ihre Ableitungen n-ter Ordnung auf, so heißt die Gleichung **gewöhnliche Differenzialgleichung n-ter Ordnung.** Gleichungen mit *mehreren* Veränderlichen und deren Ableitungen heißen **partielle Differenzialgleichungen.** Auf diese werden wir später in Kap. 11 noch eingehen, beschränken uns im Folgenden aber auf die gewöhnlichen DGLs. Eine gewöhnliche DGL n-ter Ordnung kann in der impliziten Form kompakt als

$$\mathfrak{f}(x, y, y', \ldots, y^{(n)}) = 0 \tag{7.1}$$

geschrieben werden, wobei $\mathfrak{f}$ ein beliebiges Konstrukt sein kann. Die große Aufgabe besteht nun darin, aus dieser Gleichung die Funktion $y(x)$ zu bestimmen. Hierzu

© Springer-Verlag GmbH Deutschland, ein Teil von Springer Nature 2018
M. Otto, *Rechenmethoden für Studierende der Physik im ersten Jahr,*
https://doi.org/10.1007/978-3-662-57793-6_7

werden wir mehrere Verfahren und Werkzeuge kennenlernen. Die Ausführungen sind alles andere als allumfassend (ein ganzes Buch darüber würde kaum reichen) – wir können in diesem Rahmen nur einen kurzen Überblick der gängigen Verfahren geben.

Ein Beispiel: Stammfunktion als Lösung einer DGL

Ohne es zu wissen, hatten wir bereits in Kap. 5 mit Differenzialgleichungen zu tun. Beim Integrieren musste die Differenzialgleichung

$$F'(x) = \frac{dF}{dx} = f(x)$$

nach $F(x)$ gelöst werden (vgl. Hauptsatz der Differenzial- und Integralrechnung, Kap. 5). Die Lösung bestimmte sich dann zu

$$F(x) = \int dx\, f(x) + C.$$

In der zuvor eingeführten Notation wäre damit die DGL $y'(x) = f(x)$ zu lösen, was in der impliziten Schreibweise die Form $\mathfrak{f}(x, y') = y'(x) - f(x) = 0$ hätte. Wie man sieht, ist die DGL nicht eindeutig lösbar, da die Integrationskonstante $C \in \mathbb{R}$ beliebige Werte annehmen kann. Ohne weitere Vorgaben ist daher eine DGL nicht eindeutig lösbar, sondern liefert eine Lösungsschar.

7.1.2 Klassifikation und Terminologie

Bevor wir uns mit Lösungsverfahren auseinandersetzen, benötigen wir noch etwas Terminologie. Die **Ordnung** einer DGL wird durch den höchsten Ableitungsgrad gegeben, so hat z. B. $y''' + y'^5 - e^y = x$ den Grad drei. Zur Klassifikation:

- **Lineare vs. nichtlineare DGL**
  Eine DGL heißt linear, wenn die unbekannte Funktion $y(x)$ und ihre Ableitungen linear, d. h. in erster Potenz auftreten. Die allgemeinste Form einer linearen DGL n-ter Ordnung ist

$$a_0(x)y(x) + a_1(x)y'(x) + \ldots + a_n(x)y^{(n)}(x) = r(x), \tag{7.2}$$

  wobei $r(x)$ als Störfunktion bezeichnet wird. Nichtlineare DGLs beinhalten die gesuchte Funktion $y(x)$ und ihre Ableitungen in nichtlinearer Weise, z. B. $y' = y^2$. Die Variable x selbst kann allerdings in beliebig wilder Form in den Koeffizienten $a_i(x)$, $i = 0, \ldots, n$ auftreten.

- **Homogene vs. inhomogene DGL**
  Im Falle, dass $r(x) = 0$ ist in (7.2), nennt man die (lineare) DGL **homogen** (es ist wie im Fußball-Jargon: hinten steht die Null). Bei (linearen) **inhomogenen**

DGLs ist die Störfunktion $r(x) \neq 0$. Analog lässt sich die Homogenität/Inhomogenität auf nichtlineare DGLs erweitern. So ist $y' - 2^y = 0$ homogen, dagegen $y' - 2^y = \sin(x)$ inhomogen mit Störfunktion $r(x) = \sin(x)$.

Eine (gewöhnliche) homogene, lineare DGL n-ter Ordnung besitzt n **Einzellösungen** $y_1(x)$, $y_2(x), \ldots, y_n(x)$. Die **allgemeine Lösung** $y_{\text{hom}}(x)$ homogener, linearer DGLs n-ter Ordnung ergibt sich dann durch Linearkombination der Einzellösungen zu einer **Lösungsschar:**

$$y_{\text{hom}}(x) = C_1 y_1(x) + \ldots + C_n y_n(x), \tag{7.3}$$

wobei $C_i \in \mathbb{R}$, $i = 1, \ldots, n$ beliebige Konstanten sind. Der Grad der höchsten Ableitung bzw. die Ordnung der DGL legt folglich fest, wie viele Lösungsfunktionen $y_i(x)$ gefunden und linear kombiniert werden müssen.

Die Lösung linearer, *inhomogener* Differenzialgleichungen ergibt sich aus

$$y(x) = y_{\text{hom}}(x) + y_{\text{spez}}(x), \tag{7.4}$$

d. h., die allgemeine Lösung folgt aus Addition der homogenen Lösung $y_{\text{hom}}(x)$ (setze rechte Seite von (7.2) null) und *einer* **speziellen Lösung** $y_{\text{spez}}(x)$ (für den Fall $r(x) \neq 0$). Die Bestimmung der speziellen Lösung ist meistens der schwierigste Teil des ganzen Unternehmens und erschließt sich im günstigsten Fall aus (physikalischen) Grenzfällen.

Eindeutigkeit der Lösung

Wenn bei DGLs n-ter Ordnung n **Anfangsbedingungen** (AB) gegeben sind, so ist die Lösung **eindeutig**, da obige Konstanten $C_1, \ldots, C_n$ der allgemeinen Lösung (7.3) bestimmt werden können. Ist die DGL eindeutig lösbar, so vereinbaren wir, dass wir um DGL und Anfangsbedingungen einen Rahmen (vgl. Schulz 2006) – den sogenannten Eindeutigkeitsrahmen – ziehen:

$$\boxed{\text{DGL } n\text{-ter Ordnung,} \quad \text{AB}_1, \ldots, \text{AB}_n}$$

Dies ist keine allgemein gültige Notation, aber hilfreich zur Erinnerung, dass die DGL nur mit den AB zusammen eindeutig lösbar ist.

7.1.3 Eine wichtige DGL: Newton

Ist die Kraft $\vec{F}$ auf eine Masse m bekannt und wird nach der Bewegung/Bahn $\vec{r}(t)$ des Teilchens unter Kraftwirkung gefragt, so hilft die **Newton'sche Bewegungsgleichung** weiter:

$$\boxed{m\ddot{\vec{r}} = \vec{F}(\vec{r}, \dot{\vec{r}}, t), \quad \dot{\vec{r}}(0) = \vec{v}_0, \quad \vec{r}(0) = \vec{r}_0}, \tag{7.5}$$

oder im Falle, dass die Kraft $\vec{F}$ nicht vom Ort $\vec{r}$ abhängt (z. B. bei der Lorentz-Kraft (1.51)), auch mit $\vec{v} = \dot{\vec{r}}$:

$$\boxed{m\dot{\vec{v}} = \vec{F}(\vec{v}, t)\,, \quad \vec{v}(0) = \vec{v}_0}\,.\qquad\qquad(7.6)$$

Die Hauptaufgabe besteht dann darin, bei gegebener Kraft $\vec{F}$ die Lösung $\vec{r}(t)$ bzw. $\vec{v}(t)$ der DGL zu bestimmen und somit die Zukunft des bewegten Teilchens vorher-zusagen. Die eindeutig bestimmte Lösung folgt dann mit Hilfe der Anfangsbedin-gungen $\dot{\vec{r}}(t = 0)$ (Startgeschwindigkeit) und $\vec{r}(t = 0)$ (Startpunkt).

7.2 Lösungsansätze

In diesem Abschnitt werden wir einige Verfahren an die Hand bekommen, wie wir DGLs gewisser Klassen lösen können. Leider gibt es kein Patentrezept für *die* Lösung einer DGL. Man sollte also stets das gesamte Repertoire ausreizen, um die Lösung zu ermitteln. Anschließend lässt sich durch Einsetzen leicht prüfen, ob sie die DGL nebst Anfangsbedingungen erfüllt.

Raten (immer)
Es klingt banal, aber Raten ist oftmals ein erster Schritt zur Lösung.

Beispiel 7.1 (DGL der hyperbolischen Funktionen)

▷ Wie kann $y''(x) = y(x)$ gelöst werden?

Lösung: Das ist eine (gewöhnliche) homogene, lineare DGL zweiter Ordnung (die höchste Ableitung hat Grad $n = 2$, die Ableitungen und Funktionen tau-chen linear auf), d. h., es gibt $n = 2$ Einzellösungen. Die DGL fragt uns, welche Funktion zweimal abgeleitet wieder die Ausgangsfunktion ergibt. Da fällt uns als Erstes sofort die Nullfunktion ein, die jedoch triviale Lösung ist und sich aus der vollständigen Lösung der DGL ohnehin ergeben sollte (nämlich durch Null-setzen aller Konstanten in der allgemeinen Lösung). Als Nächstes kommt uns $y(x) = e^x$ in den Sinn, denn e^x ist abgeleitet wieder e^x. Damit haben wir eine Lösung gefunden: $y_1(x) = e^x$. Jetzt protestiert jemand: „e^{-x} tut dies auch, denn $[e^{-x}]'' = [-e^{-x}]' = e^{-x}$!“ Das ist die zweite Lösung: $y_2(x) = e^{-x}$. Da die DGL von der Ordnung $n = 2$ ist, sie also zwei Einzellösungen besitzt, und homogen ist, sind wir fertig. Die Gesamtlösung ist dann nach (7.3) die Linearkombination beider Einzellösungen, $y(x) = C_1 y_1(x) + C_2 y_2(x)$. Ergebnis:

$$y(x) = C_1 e^x + C_2 e^{-x}.$$

Durch geeignete Wahl der Konstanten ($C_1 = -C_2 = \frac{1}{2}$ bzw. $C_1 = C_2 = \frac{1}{2}$) kommen **Sinus-Hyperbolikus** und **Kosinus-Hyperbolikus** heraus:

$$\sinh(x) = \frac{e^x - e^{-x}}{2}, \quad \cosh(x) = \frac{e^x + e^{-x}}{2}. \tag{7.7}$$

Schließlich ist es wie bei „normalen" Gleichungen auch möglich, die ermittelte Lösung zu überprüfen, indem man wieder in die Ausgangsgleichung einsetzt. Dies wollen wir hier exemplarisch tun. Es ist also $y(x) = C_1 e^x + C_2 e^{-x}$ in $y''(x) = y(x)$ links und rechts einzusetzen. Links wird dazu die zweite Ableitung benötigt: $y'(x) = C_1 e^x - C_2 e^{-x}$, $y''(x) = C_1 e^x + C_2 e^{-x}$. Eingesetzt ergibt sich dann links und rechts $y''(x) = C_1 e^x + C_2 e^{-x} \stackrel{!}{=} C_1 e^x + C_2 e^{-x} = y(x)$, und dieses ist offensichtlich erfüllt. ∎

Beispiel 7.2 (Exponentialfunktion)

▷ $\boxed{y'(x) = y(x), \ y(0) = 2}$, $y(x) = ?$

Lösung: Diese homogene, lineare DGL hat die Ordnung $n = 1$, damit gibt es eine Lösung: $y(x) = e^x$, da $y' = e^x = y$. Leider passt die AB damit nicht zusammen: $y(0) = e^0 = 1 \neq 2$. Also muss die richtige Lösung lauten: $y(x) = 2e^x$, da $y'(x) = 2e^x = y(x)$ und $y(0) = 2e^0 = 2$.

Oft ist es besser, erst die DGL zu lösen, ohne sich um die ABs zu scheren, d. h. eine Parameterschar der Lösung aufzustellen und danach dann die Konstanten mit Hilfe der Anfangsbedingungen zu bestimmen. Hier geht das wie folgt: Wir haben $y(x) = e^x$ als eine Lösung der DGL gefunden. Die Gesamtlösung ist dann $y(x) = C_1 e^x$. Jetzt kommt die AB $y(0) = 2$ aus dem Eindeutigkeitsrahmen ins Spiel, mit deren Hilfe wir die eindeutige Lösung bestimmen. Bei unserer Lösung ist $y(0) = C_1 e^0 = C_1$, was laut AB $y(0) = 2$ auf $C_1 = 2$ führt. Ergebnis: $y(x) = 2e^x$. Ab sofort bestimmen wir die Konstanten auf diese Weise. ∎

Aus Beispiel 7.2 lässt sich eine weitere Definition der **Exponentialfunktion** ableiten:

$$\boxed{y'(x) = y(x), \ y(0) = 1.} \tag{7.8}$$

Diese DGL wird durch $y(x) = e^x$ gelöst.

Beispiel 7.3 (Sinusfunktion)

▷ $\boxed{y''(x) = -y(x), \ y'(0) = 1, \ y(0) = 0}$, $y(x) = ?$

Lösung: Welche Funktion reproduziert sich bis auf ein Vorzeichen in der zweiten Ableitung? Richtig, der Sinus: $y_1(x) = \sin(x)$, da $[\sin(x)]'' = [\cos(x)]' = -\sin(x)$. Jetzt schreit schon wieder jemand: „Kosinus tut es auch!" Ok, also

$y_2(x) = \cos(x)$. Da die DGL vom Grad zwei, homogen und linear ist, sind wir fertig mit Raten und schreiben die allgemeine Lösung hin:

$$y(x) = C_1 \sin(x) + C_2 \cos(x).$$

Nun kommen die Anfangsbedingungen ins Spiel. Es ist

$$y(0) = C_1 \sin(0) + C_2 \cos(0) = C_2 \overset{AB}{=} 0.$$

Damit wissen wir $C_2 = 0$. Die zweite AB müssen wir ebenfalls beachten: $y'(0) = [C_1 \cos(x) - C_2 \sin(x)]|_{x=0} = C_1 \overset{AB}{=} 1$, was auf $C_1 = 1$ führt. Die eindeutige Lösung ergibt sich also zu

$$y(x) = 1 \sin(x) + 0 \cos(x) = \sin(x). \qquad \blacksquare$$

Lösung durch Integration (lineare DGL)
Liegt die DGL in der Form $y^{(n)}(x) = f(x)$ vor und lassen sich alle Stammfunktionen von $f(x)$ (leicht) finden, dann bietet sich als Lösung der DGL die Integration an:

$$y^{(n)}(x) = f(x) \implies y^{(n-1)}(x) = \int dx\, f(x) + C_1$$

$$y^{(n-2)}(x) = \int dx\, y^{(n-1)}(x) + C_2$$

$$\vdots$$

$$y(x) = \int dx\, y'(x) + C_n \qquad (7.9)$$

Es wird also sukzessive Ableitung für Ableitung integriert, so dass wir nach n-facher Integration die gesuchte Funktion $y(x)$ ermittelt haben. Durch jedes Integral kommt dann allerdings auch eine Integrationskonstante hinein, die wiederum mit Hilfe der Anfangsbedingungen bestimmt werden muss.

Beispiel 7.4 (Rutschende Streichholzschachtel)

▷ Eine Streichholzschachtel (Masse m) werde angeschnipst und rutsche mit Geschwindigkeit v_0 über einen Tisch. Sie erfahre die bremsende Kraft $F = -m\alpha t$. Welche Bewegung $s(t)$ vollführt die Schachtel? Wann kommt sie zum Stillstand?

Lösung: Zunächst müssen wir die zu lösende DGL aufstellen. Eine bewegte Masse, auf die eine Kraft wirkt, erfüllt die Newton'schen Bewegungsgleichungen (7.5): $m\ddot{s} = F(t) = -m\alpha t$, wobei wir es mit einem 1-D-Problem zu tun haben. Als Anfangsbedingungen können die Startgeschwindigkeit $v(0) = v_0$ und der Ort $s(0) = s_0$ aufgestellt werden. Damit ergibt sich der Eindeutigkeitsrahmen der Bewegung zu

$$\boxed{m\ddot{s}(t) = -m\alpha t\,, \quad \dot{s}(0) = v_0\,, \quad s(0) = s_0}$$

Dieses System gilt es zu lösen. Betrachte zunächst nur die DGL: $m\ddot{s}(t) = -m\alpha t$. Wir lösen diese durch Integration:

$$\ddot{s}(t) = -\alpha t,$$

$$\dot{s}(t) = \int dt\, \ddot{s}(t) = \int dt\, (-\alpha t) = -\tfrac{\alpha}{2}t^2 + C_1,$$

$$s(t) = \int dt\, \dot{s}(t) = \int dt\, \left(-\tfrac{\alpha}{2}t^2 + C_1\right) = -\tfrac{\alpha}{6}t^3 + C_1 t + C_2.$$

Das ist die allgemeine Lösung $s(t)$ der Bewegungsgleichung. Die Konstanten C_1 und C_2 werden nach dem in Beispiel 7.2 erläuterten Verfahren bestimmt. Es sind

$$\dot{s}(0) = -\tfrac{\alpha}{2} \cdot 0^2 + C_1 \stackrel{!}{=} v_0 \Leftrightarrow C_1 = v_0,$$

$$s(0) = -\tfrac{\alpha}{6} \cdot 0^3 + C_1 \cdot 0 + C_2 \stackrel{!}{=} s_0 \Leftrightarrow C_2 = s_0.$$

Ergebnis: $s(t) = -\tfrac{\alpha}{6}t^3 + v_0 t + s_0$. Das ist die Lösung der Bewegungsgleichung. Hieraus kann man ablesen, wann Stillstand eingetreten ist. Dies ist genau dann der Fall, wenn die Streichholzschachtel keine Geschwindigkeit mehr hat: $v(t) = \dot{s}(t) = 0$. Hier bedeutet das

$$v(t) = \dot{s}(t) = -\tfrac{\alpha}{2}t^2 + v_0 \stackrel{!}{=} 0 \Leftrightarrow t = \pm\sqrt{\tfrac{2v_0}{\alpha}}.$$

Damit kommt die Schachtel nach $t = \sqrt{\tfrac{2v_0}{\alpha}}$ zum Stillstand. ∎

Trennung der Variablen (immer)

Trennung der Variablen (TdV) bedeutet salopp gesagt „Schaff rüber" (man denke an den letzten Umzug!), d.h., wir trennen alle Funktions-/Ableitungsanteile vom Rest und erhalten im günstigsten Fall eine DGL der Form

$$\mathfrak{f}(y, y', y'', \ldots, y^{(n)}) = f(x), \tag{7.10}$$

wobei $\mathfrak{f}$ eine beliebige Funktion ist. Gerade im Fall $n = 1$ kann man teilweise sehr gut über rechte und linke Seite integrieren und man kommt der Lösung näher.

Beispiel 7.5 (Radioaktiver Zerfall)

▷ Die Anzahl von Atomen eines Klumpens radioaktiven Mülls zum Zeitpunkt t sei $N(t)$. Die Atome zerfallen nach folgendem Zerfallsgesetz:

$$\boxed{\dot{N}(t) = -\lambda N(t), \quad N(0) = N_0}.$$

mit anfänglicher Atomanzahl $N_0 > 0$. Welcher Funktion folgt dann $N(t)$?

Lösung: per TdV. Schaffe dazu alle Funktions-/Ableitungsanteile auf eine Seite: $\frac{\dot{N}}{N} = -\lambda$. Verwende die Differenzialschreibweise:

$$\frac{1}{N}\frac{dN}{dt} = -\lambda \iff dN\,\frac{1}{N} = -\lambda\,dt,$$

wobei mit dem Differenzial dt multipliziert wurde. Diese Gleichung können wir nun integrieren:

$$\int dN\,\frac{1}{N} = -\lambda \int dt \iff \ln(|N(t)|) = -\lambda t + C,$$

wobei wir die Integrationskonstanten beider Integrale in einer (nämlich C) zusammengefasst haben. Auflösen nach $N(t)$ liefert

$$|N(t)| = e^{-\lambda t + C} = e^{-\lambda t}e^{C} =: C_1 e^{-\lambda t}$$

mit Linearkombinationskonstante $C_1 := e^{C}$. $N(t)$ wird nicht negativ, da die Exponentialfunktion immer Werte größer null liefert, daher können wir den Betrag auch vernachlässigen. Somit ist $N(t) = C_1 e^{-\lambda t}$ die allgemeine Lösung. Schließlich bestimmen wir mit Hilfe der AB die Konstante des Lösungsansatzes: $N(0) = C_1 e^{0} = C_1 \overset{!}{=} N_0$. Ergebnis:

$$N(t) = N_0 e^{-\lambda t}.$$

Wie man hieran sieht, ist der gesamte Müll erst für $t \to \infty$ zerfallen und ungefährlich – daher ist der Terminus „Endlagerung" alleine schon ein Widerspruch in sich.   ∎

Exponentialansatz (lineare DGL)

Bei linearen, homogenen DGLs der Form

$$a_n \frac{d^n}{dx^n}y(x) + a_{n-1}\frac{d^{n-1}}{dx^{n-1}}y(x) + \ldots + a_1 \frac{d}{dx}y(x) + a_0 y(x) = 0,$$

wobei allerdings $a_n, \ldots, a_0$ konstant sind, lohnt sich der sogenannte Exponentialansatz:

$$\sum_{i=0}^{n} a_i \frac{d^i}{dx^i}y(x) = 0 \implies \text{Ansatz: } y(x) = e^{\lambda x}. \tag{7.11}$$

Dieser Ansatz führt – in die DGL eingesetzt – auf ein Polynom in λ (welches nicht notwendigerweise im Reellen lösbar sein muss), dessen Lösungen $\lambda_1, \ldots, \lambda_n$ die Gesamtlösung wieder per Linearkombination

$$y(x) = C_1 e^{\lambda_1 x} + \ldots + C_n e^{\lambda_n x} \tag{7.12}$$

ergibt. Sind zwei λ's gleich, so muss der Ansatz modifiziert werden. Angenommen, $\lambda_1 = \lambda_2$. Dann beschreibt

$$y(x) = (C_1 + C_2 x)e^{\lambda_1 x} + C_3 e^{\lambda_3 x} + \ldots + C_n e^{\lambda_n x}$$

die allgemeine Lösung und analog für andere Fälle. Pro gleichem λ muss jeweils eine x-Potenz mehr im Ansatz ergänzt werden.

Beispiel 7.6 (Beispiel zum Exponentialansatz)

▷ Man löse $3y''(x) + 2y'(x) - y(x) = 0$.

Lösung: Dieses ist eine lineare, homogene DGL zweiter Ordnung, also erwarten wir zwei Lösungen. Da hier nur Ableitungen und Funktion selbst mit konstanten Koeffizienten auftauchen (dies sind $a_0 = -1$, $a_1 = 2$ und $a_2 = 3$ in der Terminologie von (7.11)), können wir den Exponentialansatz verwenden: $y(x) = e^{\lambda x}$. Einsetzen in die DGL liefert mit den Ableitungen $y'(x) = \lambda e^{\lambda x}$ und $y''(x) = \lambda^2 e^{\lambda x}$:

$$3 \cdot \lambda^2 e^{\lambda x} + 2 \cdot \lambda e^{\lambda x} - e^{\lambda x} = 0.$$

Wir können durch die Exponentialfunktion teilen, da diese immer größer null ist. Damit verbleibt

$$3\lambda^2 + 2\lambda - 1 = 0 \Leftrightarrow \lambda^2 + \tfrac{2}{3}\lambda - \tfrac{1}{3} = 0.$$

Diese quadratische Gleichung in λ wird nun mit Hilfe der P-Q-Formel gelöst:

$$\lambda_{1,2} = -\tfrac{1}{3} \pm \sqrt{\tfrac{1}{9} + \tfrac{1}{3}} = -\tfrac{1}{3} \pm \sqrt{\tfrac{4}{9}} = -\tfrac{1}{3} \pm \tfrac{2}{3}.$$

Damit folgen $\lambda_1 = -1$ und $\lambda_2 = \tfrac{1}{3}$. Endergebnis: Die obige DGL wird durch den Ansatz

$$y(x) = C_1 e^{-1 \cdot x} + C_2 e^{\frac{1}{3} \cdot x}$$

gelöst. ∎

Beispiel 7.7 (Exponentialansatz mit gleichem λ)

▷ Man löse $y''(x) - 4y'(x) + 4y(x) = 0$.

Lösung: Mit der gleichen Argumentation wie im vorherigen Beispiel wählen wir wieder den Exponentialansatz $y(x) = e^{\lambda x}$ und erhalten

$$\lambda^2 e^{\lambda x} - 4\lambda e^{\lambda x} + 4 e^{\lambda x} = 0 \iff \lambda^2 - 4\lambda + 4 = 0 \iff (\lambda - 2)^2 = 0.$$

Nun haben wir es mit einem doppelten $\lambda = 2$ zu tun. Also ist die allgemeine Lösung

$$y(x) = (C_1 + C_2 x)e^{2 \cdot x}.$$

Dies wollen wir überprüfen. Berechne Ableitungen:

$$y'(x) = C_2 \cdot e^{2x} + (C_1 + C_2 x) \cdot 2e^{2x} = (2C_1 + C_2 + 2C_2 x)e^{2x},$$
$$y''(x) = 2C_2 \cdot e^{2x} + (2C_1 + C_2 + 2C_2 x)2e^{2x} = (4C_1 + 4C_2 + 4C_2 x)e^{2x}$$
$$= 4(C_1 + C_2 + C_2 x)e^{2x},$$

und setze diese in die DGL ein:

$$4(C_1 + C_2 + C_2 x)e^{2x} - 4(2C_1 + C_2 + 2C_2 x)e^{2x} + 4(C_1 + C_2 x)e^{2x} = 0$$
$$\Longleftrightarrow (4C_1 + 4C_2 + 4C_2 x - 8C_1 - 4C_2 - 8C_2 x + 4C_1 + 4C_2 x)e^{2x} = 0$$
$$\Longleftrightarrow (\underbrace{4C_1 - 8C_1 + 4C_1}_{=0} + \underbrace{4C_2 - 4C_2}_{=0} + \underbrace{4C_2 x - 8C_2 x + 4C_2 x}_{=0})e^{2x} = 0.$$

Dieses ist offensichtlich erfüllt, und somit löst $y(x) = (C_1 + C_2 x)e^{2x}$ tatsächlich unsere Differenzialgleichung!   ∎

Potenzansatz (lineare DGL)

Bei linearen DGLs der Form

$$c_n x^n \frac{\mathrm{d}^n}{\mathrm{d}x^n} y(x) + c_{n-1} x^{n-1} \frac{\mathrm{d}^{n-1}}{\mathrm{d}x^{n-1}} y(x) + \ldots + c_1 x^1 \frac{\mathrm{d}}{\mathrm{d}x} y(x) + c_0 x^0 y(x) = 0$$
$$(7.13)$$

mit konstanten Faktoren c_i, $i = 1, \ldots, n$ ist der Potenzansatz $y(x) = x^\lambda$ hilfreich. Einsetzen führt – ähnlich wie beim Exponentialansatz – auf eine polynomiale Gleichung in λ, deren Lösungen $\lambda_1, \ldots, \lambda_n$ die Gesamtlösung

$$y(x) = C_1 x^{\lambda_1} + \ldots + C_n x^{\lambda_n}$$

liefert.

Beispiel 7.8 (Beispiel zum Potenzansatz)

▷ Man löse die DGL $x^2 y''(x) - 3xy'(x) - 5y(x) = 0$.

Lösung: Die DGL hat offensichtlich die Form (7.13), da Ableitungsgrad und Variablen-Potenz in jedem Term gleich sind. In diesem Fall verwenden wir den Potenzansatz $y(x) = x^\lambda$. Seine Ableitungen sind $y'(x) = \lambda x^{\lambda-1}$ und $y''(x) = \lambda(\lambda - 1)x^{\lambda-2}$. Dies setzen wir in die DGL ein:

$$x^2 \lambda(\lambda - 1)x^{\lambda-2} - 3x\lambda x^{\lambda-1} - 5x^\lambda = 0,$$
$$\Longleftrightarrow \lambda(\lambda - 1)x^\lambda - 3\lambda x^\lambda - 5x^\lambda = 0.$$

Man sieht hieran den Trick des Ansatzes: Jede Potenz ergänzt sich wieder zu x^λ, so dass wir nun durch $x^\lambda \neq 0$ teilen können. Dann folgt

$$\lambda(\lambda - 1) - 3\lambda - 5 = \lambda^2 - \lambda - 3\lambda - 5 = \lambda^2 - 4\lambda - 5 = 0,$$

was direkt per P-Q-Formel $\lambda_{1,2} = 2 \pm \sqrt{4 - (-5)} = 2 \pm 3$ ergibt. Damit erhalten wir die allgemeine Lösung:

$$y(x) = C_1 x^{\lambda_1} + C_2 x^{\lambda_2} = C_1 x^{-1} + C_2 x^5,$$

was man durch Einsetzen in die DGL überprüfen kann. ∎

Trigonometrischer Ansatz

Die folgende Differenzialgleichung wird einem im Lauf des Studiums immer wieder begegnen. Sie beschreibt harmonische Schwingungen (auch Oszillationen genannt) und wird daher die **DGL des harmonischen Oszillators** genannt:

$$y''(x) = -k^2 y(x). \tag{7.14}$$

Diese DGL entspricht bis auf den Faktor k^2 der des Beispiels 7.3. Der Ansatz ist bis auf eine geringe Abwandlung der gleiche:

$$y''(x) = -k^2 y(x) \implies y(x) = C_1 \sin(kx) + C_2 \cos(kx) \tag{7.15}$$

oder mit Phase ϕ

$$y(x) = C \cos(kx + \phi). \tag{7.16}$$

Durch geeignete Wahl der Phase lässt sich der Kosinus in den Sinus überführen (z. B. für $\phi = -\frac{\pi}{2}$) und umgekehrt. Die Gleichheit dieser beiden Ansätze werden wir aber erst in Kap. 8 verstehen können.

Beispiel 7.9 (DGL des Federpendels)

▷ Lenkt man eine Feder (Federkonstante κ) mit angehängter Masse m um s_0 aus und lässt dann los, so ergibt sich für die Auslenkung $s(t)$ folgender Eindeutigkeitsrahmen:

$$\boxed{m\ddot{s}(t) = -\kappa s(t)\,, \quad \dot{s}(0) = 0\,, \quad s(0) = s_0}.$$

Wie löst sich dieser, d. h. $s(t) = ?$

Lösung: Wir formen die DGL um: $\ddot{s} = -\frac{\kappa}{m}s$. Mit der Definition $\omega^2 = \frac{\kappa}{m}$ ergibt sich die DGL des harmonischen Oszillators, $\ddot{s}(t) = -\omega^2 s(t)$. Ansatz also nach Gl. (7.15): $s(t) = C_1 \sin(\omega t) + C_2 \cos(\omega t)$. Wir bestimmen die Konstanten:

Startauslenkung : $\quad s(0) = C_1 \sin(0) + C_2 \cos(0) = C_2 \overset{!}{=} s_0,$

Startgeschwindigkeit : $\quad \dot{s}(0) = [C_1 \omega \cos(\omega t) - C_2 \omega \sin(\omega t)]|_{t=0} = C_1 \omega \overset{!}{=} 0.$

Damit folgen $C_1 = 0$ und $C_2 = s_0$. Ergebnis:

$$s(t) = s_0 \cos(\omega t).$$

Wir werden uns mit dem harmonischen Oszillator noch ausführlich in Kap. 12 beschäftigen und die Bedeutung der Konstanten verstehen. ∎

Integration der Umkehrfunktion (DGL erster Ordnung)

Der Trick, über die Umkehrfunktion eine DGL zu lösen, bietet sich im Falle von DGLs erster Ordnung an. Zentrale Idee ist hierbei, den Differenzialquotienten $y'(x) = \frac{dy}{dx}$ umzudrehen:

$$\frac{dy}{dx} = y'(x) \implies \frac{dx}{dy} = x'(y) \iff dx = x'(y)\,dy. \qquad (7.17)$$

Die Hoffnung ist nun, dass man beide Seiten integrieren kann und $x(y)$ erhält. Nicht selten kommt es allerdings vor, dass man mit der $x(y)$-Krücke Vorlieb nehmen muss, da sich $x(y)$ analytisch nicht weiter zu $y(x)$ umkehren lässt.

Beispiel 7.10 (Bewegung mit Reibung)

▷ Man löse $\boxed{\dot{v} = -\alpha v^2, \quad v(0) = v_0}$, was das Geschwindigkeitsverhalten eines mit v_0 angestoßenen Teilchens mit (Luft-)Reibung beschreibt. Was passiert auf lange Sicht?

Lösung: Entweder verwenden wir die Trennung der Variablen oder gehen über die Umkehrfunktion. Schreibe dafür die DGL um:

$$\dot{v} = -\alpha v^2 \iff \frac{dv}{dt} = -\alpha v^2 \implies \frac{dt}{dv} = t'(v) = -\frac{1}{\alpha v^2}.$$

Gesucht ist die Stammfunktion $t(v)$ zu $t'(v) = -\frac{1}{\alpha v^2}$, welche sich allerdings sehr leicht ermitteln lässt: $t(v) = \frac{1}{\alpha v} + C_1$. Dies können wir nun algebraisch nach $v(t)$ umstellen:

$$t = \frac{1}{\alpha v(t)} + C_1 \iff v(t) = \frac{1}{\alpha(t - C_1)}.$$

Schließlich müssen wir noch die Konstante C_1 mit Hilfe der AB bestimmen. Es gilt

$$v(t = 0) = \frac{1}{\alpha(0 - C_1)} = -\frac{1}{\alpha C_1} \stackrel{!}{=} v_0 \iff C_1 = -\frac{1}{\alpha v_0}.$$

Damit ergibt sich insgesamt

$$v(t) = \frac{1}{\alpha(t - C_1)} = \frac{1}{\alpha(t + \frac{1}{\alpha v_0})} = \frac{1}{\alpha t + \frac{1}{v_0}} = \frac{v_0}{\alpha v_0 t + 1}.$$

Für große Zeiten t geht die Geschwindigkeit $v(t)$ des Teilchens gegen null (was unter Reibung ja auch so sein sollte). ∎

Neue Funktion (immer)

Die Idee bei dieser Methode ist, die gesuchte Funktion $y(x)$ in der Differenzialgleichung durch eine andere, z. B. $u(x)$, zu substituieren, so dass die DGL anschließend einfacher zu lösen ist. Sofern man die (eindeutige) Lösung für die substituierte Funktion $u(x)$ ermittelt hat, muss man anschließend die Rücksubstitution vollführen und erhält damit die Lösungsfunktion $y(x)$ des Ausgangsproblems. Beachte:

Bei Einführen einer neuen Funktion müssen die Anfangsbedingungen ebenfalls geändert werden!

Wie bei der Integration durch Substitution (Abschn. 5.2.2) liegt der Trick auch hier meistens darin, eine schlaue neue Funktion einzuführen (Trial and Error). Manchmal ist es aber glücklicherweise direkt offensichtlich, wie man substituieren muss, um die DGL zu vereinfachen. Wir verdeutlichen das Verfahren an einem Beispiel.

Beispiel 7.11 (DGL mit offensichtlicher Substitution)

▷ Welche Funktion löst $\boxed{\ddot{z} = -\omega^2(z - a), \quad \dot{z}(0) = 0, \quad z(0) = \ell}$?

Lösung: Offensichtlich vereinfacht die Substitution $z(t) =: u(t) + a$ die DGL, denn auf der linken Seite fällt die Konstante a beim Ableiten einfach raus ($\ddot{z}(t) = \ddot{u}(t)$) und auf der rechten Seite hebt sie sich beim Einsetzen weg. Es ergibt sich also der neue Eindeutigkeitsrahmen mit ebenfalls substituierten Anfangsbedingungen zu

$$\boxed{\ddot{u}(t) = -\omega^2 u(t), \quad \dot{u}(0) = 0, \quad u(0) = \ell - a},$$

denn es ist $u(t) = z(t) - a$, entsprechend $u(0) = z(0) - a = \ell - a$ sowie $\dot{u}(0) = \dot{z}(0) = 0$.

Obiges System lässt sich direkt mit dem trigonometrischen Ansatz (7.15) lösen: $u(t) = C_1 \sin(\omega t) + C_2 \cos(\omega t)$. Mit den Anfangsbedingungen folgt dann

$$u(0) = C_2 \overset{!}{=} \ell - a \Longrightarrow C_2 = \ell - a,$$

$$\dot{u}(0) = [C_1\omega \cos(\omega t) - C_2\omega \sin(\omega t)]|_{t=0} = C_1\omega \overset{!}{=} 0 \Longleftrightarrow C_1 = 0.$$

Wir finden somit $u(t) = (\ell - a) \cos(\omega t)$. Die Rücktransformation liefert schließlich die gesuchte Lösung:

$$z(t) = u(t) + a = (\ell - a) \cos(\omega t) + a.$$

∎

Reduktion der Ordnung (immer)
Manchmal treten Differenzialgleichungen auf, bei denen die Funktion selbst fehlt, aber dafür die Ableitungen auftauchen. In diesen Fällen bietet sich eine Reduktion der Ordnung (das ist der Grad der höchsten auftretenden Ableitung) an, und zwar in der Form

$$y'(x) =: u(x) \implies y''(x) = u'(x) \implies y'''(x) = u''(x) \text{ usw.}$$

Durch diesen Trick wird die DGL in $y(x)$ nun auf eine um eine Ordnung niedrigere DGL mit gesuchter Funktion $u(x)$ zurückgeführt, was in vielen Fällen die Lösung der DGL vereinfacht. Hat man die Lösung dann ermittelt, so muss natürlich im letzten Schritt wieder rücktransformiert, d. h. entsprechend integriert werden. Natürlich funktioniert das auch für höhere Ordnungen, mit z. B. $y''(x) = u(x)$, $y'''(x) = u'(x)$ usw. Wir schauen uns das Verfahren der Reduktion der Ordnung an einem Beispiel an.

Beispiel 7.12 (Lösung durch Reduktion der Ordnung)

▷ Wie löst sich die DGL $\boxed{\ddot{z}(t) = -k\dot{z}(t), \ \dot{z}(0) = v_0, \ z(0) = z_0}$?

Lösung: Da die DGL nur $\ddot{z}(t)$ und $\dot{z}(t)$, nicht aber $z(t)$ enthält, können wir die Ordnung der DGL reduzieren. Führe dazu eine neue Funktion gemäß $\dot{z}(t) =: u(t)$ ein, wodurch dann $\dot{u}(t) = \ddot{z}(t)$ ist. Es folgt aus der DGL mit den Erkenntnissen aus Beispiel 7.5:

$$\dot{u}(t) = -ku(t) \implies u(t) = C_1 e^{-kt}.$$

Nun ist aber $u(t) = \dot{z}(t)$. Damit ergibt sich die gesuchte Lösung $z(t)$ durch Integration zu

$$u(t) = \dot{z}(t) = C_1 e^{-kt}, \quad z(t) = -\frac{C_1}{k} e^{-kt} + C_2.$$

Die Konstanten bestimmen sich wie gewohnt über die Anfangsbedingungen:

$$\dot{z}(0) = C_1 \overset{!}{=} v_0 \iff C_1 = v_0,$$

$$z(0) = -\frac{v_0}{k} + C_2 \overset{!}{=} z_0 \iff C_2 = z_0 + \frac{v_0}{k}.$$

Ergebnis der DGL:

$$z(t) = -\frac{v_0}{k} e^{-kt} + \left(z_0 + \frac{v_0}{k}\right) = \frac{v_0}{k}(1 - e^{-kt}) + z_0. \qquad \blacksquare$$

Variation der Konstanten (inhomogene DGLs)
Zur Bestimmung der speziellen Lösung $y_{\text{spez}}(x)$ einer inhomogenen DGL führt sehr oft das Konzept der Variation der Konstanten zum Ziel. Ansatz hierbei ist es, in der (zuvor bestimmten) homogenen Lösung $y_{\text{hom}}(x)$ die Konstanten C_i als Funktion der

Variablen x aufzufassen und in die inhomogene DGL einzusetzen. Hieraus resultiert wiederum eine DGL für die „Konstanten" $C_i(x)$, deren Bestimmung schließlich auf die Gesamtlösung

$$y(x) = y_{\text{hom}}(x) + y_{\text{spez}}(x)$$

führt.

Beispiel 7.13 (Beispiel zur Variation der Konstanten)

▷ Man löse die DGL $y'(x) + \frac{y(x)}{x} = x^2 + 4$.

Lösung: Wir bestimmen zunächst die homogene Lösung, d.h. die Lösung der homogenen DGL $y'_{\text{hom}}(x) + \frac{y_{\text{hom}}(x)}{x} = 0$. Dies geschieht z.B. per Trennung der Variablen:

$$y'_{\text{hom}}(x) + \frac{y_{\text{hom}}(x)}{x} = 0 \iff \frac{y'_{\text{hom}}(x)}{y_{\text{hom}}(x)} = -\frac{1}{x} \iff \frac{1}{y_{\text{hom}}}\frac{dy_{\text{hom}}}{dx} = -\frac{1}{x}$$

$$\iff \frac{1}{y_{\text{hom}}}dy_{\text{hom}} = -\frac{1}{x}dx.$$

Integration auf beiden Seiten liefert $\ln(|y_{\text{hom}}(x)|) = -\ln(|x|) + C$ und damit

$$y_{\text{hom}}(x) = e^{-\ln(x) + C} = e^{-\ln(x)}e^C =: C_1 e^{-\ln(x)} = \frac{C_1}{x}.$$

Zwischenergebnis: $y_{\text{hom}}(x) = \frac{C_1}{x}$.

Leider ist das nur die halbe Miete. Denn jetzt geht es ans Lösen der inhomogenen DGL. Dazu verwenden wir die Variation der Konstanten, d.h., wir betrachten $C_1 = C_1(x)$ im Ansatz $y_{\text{spez}}(x) = \frac{C_1(x)}{x}$ und setzen diesen in die DGL ein. Es ist nach Quotientenregel

$$y'_{\text{spez}}(x) = \frac{C'_1(x) \cdot x - C_1(x) \cdot 1}{x^2} = \frac{C'_1(x)}{x} - \frac{C_1(x)}{x^2}$$

und folglich in die vollständige DGL eingesetzt und algebraisch umgeformt:

$$\frac{C'_1(x)}{x} - \frac{C_1(x)}{x^2} + \frac{C_1(x)}{x^2} = x^2 + 4 \iff C'_1(x) = x^3 + 4x.$$

Somit ergibt sich $C_1(x) = \frac{1}{4}x^4 + 2x^2 + A$, wobei wir $A = 0$ setzen können, da wir nur an *einer* Lösung interessiert sind. Ergebnis: $y_{\text{spez}}(x) = \frac{C_1(x)}{x} = \frac{1}{4}x^3 + 2x$. Damit bekommen wir insgesamt (nun wieder mit konstanter Konstante C_1):

$$y(x) = y_{\text{hom}}(x) + y_{\text{spez}}(x) = \frac{C_1}{x} + \frac{1}{4}x^3 + 2x.$$

∎

Beispiel 7.14 (Exponentialansatz mit gleichem λ reloaded)

▷ Man zeige, dass bei gleichem λ im Exponentialansatz in Beispiel 7.7 durch Variation der Konstanten die richtige Lösung erhalten wird.

Lösung: Die DGL $y''(x) - 4y'(x) + 4y(x) = 0$ wurde mit dem Exponentialansatz $y(x) = e^{\lambda x}$ bearbeitet und führte auf

$$\lambda^2 e^{\lambda x} - 4\lambda e^{\lambda x} + 4e^{\lambda x} = 0 \iff \lambda^2 - 4\lambda + 4 = 0 \iff (\lambda - 2)^2 = 0,$$

was ein doppeltes $\lambda = 2$ ergab. Wir wollen hier nun die Lösung $y(x)$ herleiten und verwenden die Variation der Konstanten in der ersten Lösung $y_1(x) = C_1 e^{2x}$. Setze also $C_1 = C_1(x)$ und somit $y(x) = C_1(x)e^{2x}$ in die DGL ein. Wir erhalten dann mit den zweifachen Ableitungen

$$y'(x) = C_1'(x) \cdot e^{2x} + C_1(x) \cdot 2e^{2x} = (C_1'(x) + 2C_1(x))e^{2x},$$
$$y''(x) = (C_1''(x) + 2C_1'(x))e^{2x} + (C_1'(x) + 2C_1(x))2e^{2x}$$
$$= (C_1''(x) + 4C_1'(x) + 4C_1(x))e^{2x}.$$

Setzen wir dieses in die DGL und teilen durch e^{2x}, so erhalten wir

$$C_1''(x) + 4C_1'(x) + 4C_1(x) - 4(C_1'(x) + 2C_1(x)) + 4C_1(x) = 0$$
$$\iff C_1''(x) + 4C_1'(x) - 4C_1'(x) + 4C_1(x) - 8C_1(x) + 4C_1(x) = 0,$$

was auf $C_1''(x) = 0$ führt. Zweifache Integration liefert $C_1(x) = Ax + B$, was genau die Lösung liefert: $y(x) = C_1(x)e^{2x} = (Ax + B)e^{2x}$. ∎

[H17] Populationsvorhersage   **(4 Punkte)**
Eine Population von Ratten, beschrieben durch die Anzahlfunktion $N(t)$, verhalte sich gemäß

$$\boxed{\dot{N}(t) = \alpha N(t) - \beta N^2(t), \quad N(0) = \tfrac{\alpha}{\beta}.}$$

Man löse die DGL nach $N(t)$. Wie entwickelt sich die Population auf lange Sicht hin?

7.3 Gekoppelte Differenzialgleichungen

Wird ein physikalisches System (z. B. von gekoppelten Federn; Kap. 12) durch mehrere DGLs beschrieben und hängen diese voneinander ab, so nennt man dieses System **gekoppelte Differenzialgleichungen.** Im günstigsten Fall lässt sich dieses DGL-System durch jeweiliges Ineinandereinsetzen entkoppeln.

Leider ist dies jedoch nur selten der Fall. Oftmals muss man mit anderen Werkzeugen die DGLs entkoppeln. Wir lernen nun ein Verfahren kennen, das ebenso nur für spezielle (aber in der Physik häufig auftretende) zeitabhängige DGL-Systeme eine Hilfe darstellt – und zwar für lineare DGL-Systeme erster bzw. zweiter Ordnung der Form

$$\dot{y}_1(t) = a_{11}y_1(t) + a_{12}y_2(t) + \ldots + a_{1n}y_n(t),$$

$$\vdots \ \vdots \ \vdots$$

$$\dot{y}_n(t) = a_{n1}y_1(t) + a_{n2}y_2(t) + \ldots + a_{nn}y_n(t),$$

und

$$\ddot{y}_1(t) = a_{11}y_1(t) + a_{12}y_2(t) + \ldots + a_{1n}y_n(t),$$

$$\vdots \ \vdots \ \vdots$$

$$\ddot{y}_n(t) = a_{n1}y_1(t) + a_{n2}y_2(t) + \ldots + a_{nn}y_n(t),$$

wobei die a_{ij} Konstanten sind und offensichtlich die Anzahl der DGLs und der zu bestimmenden Funktionen $y_i(t)$, $i = 1, \ldots, n$ gleich groß sind. Man beachte ferner, dass die Zeit t nicht explizit in die DGLs eingeht.

Fahrplan
Zur Lösung eines gekoppelten DGL-Systems der zuvor gezeigten Form können wir folgenden Fahrplan benutzen:

1. **Matrixform**
   Schreibe das DGL-System in Matrix-Form um:

$$\dot{\vec{y}}(t) = A \cdot \vec{y}(t) \quad \text{bzw.} \quad \ddot{\vec{y}}(t) = A \cdot \vec{y}(t) \tag{7.18}$$

   mit $\vec{y}(t) = (y_1(t), \ldots, y_n(t))^\mathsf{T}$ und $A = A^\mathsf{T}$, wobei Letztes Voraussetzung für den folgenden Schritt ist (vgl. Abschn. 2.4.2).
2. **Diagonalisierung**
   Diagonalisiere die Matrix A und bestimme die Transformationsmatrix D nach dem uns bekannten Verfahren aus Abschn. 2.4.
3. **Transformation ins entkoppelte System**
   Transformiere nun in ein neues System via $\vec{y}(t) = D^\mathsf{T}\vec{u}(t)$ mit $\vec{u}(t) = (u_1(t), \ldots, u_n(t))^\mathsf{T}$. In diesem System liegen die DGLs entkoppelt vor, welche wir nun direkt alle unabhängig voneinander lösen können.

4. **Rücktrafo und Lösung**

Transformiere zurück ins Ausgangssystem und erhalte die allgemeine Lösung

$$\vec{y}(t) = D^{\mathsf{T}}\vec{u}(t) = u_1(t)\vec{f}_1 + \ldots + u_n(t)\vec{f}_n, \qquad (7.19)$$

wobei $\vec{f}_n$ die Eigenvektoren aus Schritt 2 sind.

Bei Schritt 3 ist nicht direkt ersichtlich, warum die DGLs entkoppeln, oder? Das überlegen wir uns nun. In die Ausgangsgleichung $\dot{\vec{y}}(t) = A \cdot \vec{y}(t)$ wird $\vec{y}(t) = D^{\mathsf{T}}\vec{u}(t)$ eingesetzt (analoge Rechnung gilt für den zweifach gepunkteten Fall!):

$$(D^{\mathsf{T}}\vec{u}(t))^{\cdot} = A \cdot (D^{\mathsf{T}}\vec{u}) \iff D^{\mathsf{T}}\dot{\vec{u}} = A \cdot D^{\mathsf{T}}\vec{u}.$$

Die Drehmatrix D ist zeitunabhängig, so dass diese hier aus der Ableitung herausgezogen werden konnte. Wir multiplizieren die entstandene Gleichung von links mit D und klammern um:

$$(D \cdot D^{\mathsf{T}})\dot{\vec{u}}(t) = (D \cdot A \cdot D^{\mathsf{T}})\vec{u}(t).$$

Die Klammer links ist aber wegen Drehmatrix-Definiton (2.53) gerade gleich der Einheitsmatrix, die Klammer auf der rechten Seite wegen Gl. (2.63) die diagonalisierte Matrix A':

$$\mathbb{1} \cdot \dot{\vec{u}}(t) = \dot{\vec{u}}(t) = A' \cdot \vec{u}(t).$$

Was bringt uns das? Mal sehen – wir schreiben die Gleichung aus:

$$\begin{pmatrix} \dot{u}_1(t) \\ \vdots \\ \dot{u}_n(t) \end{pmatrix} = \begin{pmatrix} \lambda_1 & & \mathbb{0} \\ & \ddots & \\ \mathbb{0} & & \lambda_n \end{pmatrix} \cdot \begin{pmatrix} u_1(t) \\ \vdots \\ u_n(t) \end{pmatrix} \iff \begin{matrix} \dot{u}_1(t) = \lambda_1 u_1(t), \\ \vdots \\ \dot{u}_n(t) = \lambda_n u_n(t), \end{matrix} \qquad (7.20)$$

was offensichtlich entkoppelt und Gleichung für Gleichung direkt per Exponentialansatz lösbar ist! Beachte: $A = A^{\mathsf{T}}$ ist für das gesamte Verfahren obligatorisch, denn:

> Das Kochrezept funktioniert nur, wenn A diagonalisierbar ist!

Beispiel 7.15 (Gekoppeltes DGL-System)

▷ Man löse das gekoppelte DGL-System

$$\dot{x}(t) = 5x(t) + 2y(t),$$
$$\dot{y}(t) = 2x(t) + 2y(t).$$

Lösung: Dieses System ist offensichtlich gekoppelt, da die Funktion $y(t)$ in der $x(t)$-DGL auftaucht und umgekehrt. Ein einfaches Lösen ist also nicht möglich. Unser Anliegen ist damit, die DGLs zu entkoppeln. Wir wenden obigen Fahrplan an:

1. Schreibe obiges System in Matrixform:

$$\dot{x} = 5x + 2y, \qquad \begin{pmatrix} \dot{x} \\ \dot{y} \end{pmatrix} = \begin{pmatrix} 5 & 2 \\ 2 & 2 \end{pmatrix} \cdot \begin{pmatrix} x \\ y \end{pmatrix},$$
$$\dot{y} = 2x + 2y \iff$$

und erhalte damit $\vec{y}(t) = (x(t), y(t))^\mathsf{T}$ sowie die Matrix $A = \begin{pmatrix} 5 & 2 \\ 2 & 2 \end{pmatrix}$.

2. A ist offensichtlich symmetrisch, also können wir mit der Diagonalisierung beginnen:

   a) Eigenwerte berechnen:

   $$\det \begin{pmatrix} 5 - \lambda & 2 \\ 2 & 2 - \lambda \end{pmatrix} = (5 - \lambda)(2 - \lambda) - 4 = \lambda^2 - 7\lambda + 6 = 0.$$

   Dieses ist für $\lambda = 1$ oder $\lambda = 6$ erfüllt.

   b) Eigenvektoren berechnen. Für $\lambda_1 = 1$ folgt das LGS

   $$\begin{pmatrix} 4 & 2 & | & 0 \\ 2 & 1 & | & 0 \end{pmatrix} \begin{matrix} + | \cdot 1 \\ + | \cdot (-2) \end{matrix} \rightarrow \begin{pmatrix} 4 & 2 & | & 0 \\ 0 & 0 & | & 0 \end{pmatrix} \rightarrow \begin{pmatrix} 2 & 1 & | & 0 \\ 0 & 0 & | & 0 \end{pmatrix}.$$

   Wir können also die zweite Variable frei wählen. Dafür darf hier wieder explizit eine Zahl ungleich null gewählt werden, da die Eigenvektoren ohnehin noch normiert werden und ein allgemein gewählter Parameter sich dann wieder herauskürzen würde. Setze also die zweite Koordinate $\beta = 2$, dann ergibt sich der erste (normierte!) Eigenvektor zu $\vec{f}_1 = \frac{1}{\sqrt{5}} \begin{pmatrix} -1 \\ 2 \end{pmatrix}$. Der zweite Eigenvektor kann direkt erraten werden, da er senkrecht auf $\vec{f}_1$ stehen muss (d. h., das Skalarprodukt verschwindet): $\vec{f}_2 = \frac{1}{\sqrt{5}} \begin{pmatrix} -2 \\ -1 \end{pmatrix}$.

   c) Zwischenergebnis: $A' = \begin{pmatrix} 1 & 0 \\ 0 & 6 \end{pmatrix}$ und $D = \begin{pmatrix} -\frac{1}{\sqrt{5}} & \frac{2}{\sqrt{5}} \\ -\frac{2}{\sqrt{5}} & -\frac{1}{\sqrt{5}} \end{pmatrix}$.

3. Transformiere in ein neues System $\vec{u} = (u_1(t), u_2(t))^\mathsf{T}$, so dass die DGLs entkoppeln: $\vec{y}(t) = D^\mathsf{T}\vec{u}(t)$. Dann folgt $\dot{\vec{u}}(t) = A' \cdot \vec{u}(t)$, wie wir uns zuvor allgemein überlegt haben. Hier also gemäß Gl. (7.20):

   $$\begin{pmatrix} \dot{u}_1(t) \\ \dot{u}_2(t) \end{pmatrix} = \begin{pmatrix} 1 & 0 \\ 0 & 6 \end{pmatrix} \cdot \begin{pmatrix} u_1(t) \\ u_2(t) \end{pmatrix} \iff \begin{matrix} \dot{u}_1(t) = u_1(t), \\ \dot{u}_2(t) = 6u_2(t). \end{matrix}$$

   Dies löst sich zu $u_1(t) = C_1 e^t$ und $u_2(t) = C_2 e^{6t}$. Das ist die Lösung im entkoppelten System.

4. Nun noch die Rücktrafo:

$$\vec{y}(t) = D^\mathsf{T}\vec{u}(t) = \begin{pmatrix} -\frac{1}{\sqrt{5}} & -\frac{2}{\sqrt{5}} \\ \frac{2}{\sqrt{5}} & -\frac{1}{\sqrt{5}} \end{pmatrix} \cdot \begin{pmatrix} C_1 e^t \\ C_2 e^{6t} \end{pmatrix} = \begin{pmatrix} -\frac{1}{\sqrt{5}}C_1 e^t - \frac{2}{\sqrt{5}}C_2 e^{6t} \\ \frac{2}{\sqrt{5}}C_1 e^t - \frac{1}{\sqrt{5}}C_2 e^{6t} \end{pmatrix}$$

$$= \begin{pmatrix} -\frac{1}{\sqrt{5}}C_1 e^t \\ \frac{2}{\sqrt{5}}C_1 e^t \end{pmatrix} + \begin{pmatrix} -\frac{2}{\sqrt{5}}C_2 e^{6t} \\ -\frac{1}{\sqrt{5}}C_2 e^{6t} \end{pmatrix} = C_1 e^t \vec{f}_1 + C_2 e^{6t} \vec{f}_2,$$

wobei wir im letzten Schritt wieder die Eigenvektoren eingeführt haben, so dass sich das Ergebnis, also die allgemeine Lösung des gekoppelten Systems, exakt in der Form (7.19) schreiben lässt. Fertig! ∎

Spickzettel zu Differenzialgleichungen

- **DGL-Terminologie**

  Gewöhnliche DGL n-ter Ordnung $f(x, y, y', \ldots, y^{(n)}) = 0$ ist unter Angabe von n Anfangsbed. eindeutig nach $y = y(x)$ lösbar; Ordnung = Grad der höchsten vorkommenden Ableitung. Klassifikation:

  - Lineare DGL n-ter Ordnung: $\sum_{k=0}^{n} a_k(x) y^{(k)}(x) = r(x)$. Nichtlinear: $y(x)$ und/oder Ableitungen taucht nicht linear auf.

  - Lineare, homogene DGL n-ter Ordnung: $\sum_{k=0}^{n} a_k(x) y^{(k)}(x) = 0$ bzw. inhomogen: $\sum_{k=0}^{n} a_k(x) y^{(k)}(x) = r(x)$.

  - Allgemeine Lösung der homogenen, linearen DGL n-ter Ordnung aus Superposition der n Einzellösungen: $y_{\text{hom}}(x) = C_1 y_1(x) + \ldots + C_n y_n(x)$; allgemeine Lösung der inhomogenen linearen DGL: $y(x) = y_{\text{hom}}(x) + y_{\text{spez}}(x)$.

- **Lösungsansätze**

  - Raten, Integrieren, Trennung der Variablen.

  - $y''(x) = -k^2 y(x)$, dann Ansatz: $y(x) = C_1 \cos(kx) + C_2 \sin(kx)$.

  - Exponentialansatz: $\sum_{i=0}^{n} a_i \frac{d^i}{dx^i} y(x) = 0 \Rightarrow$ Ansatz: $y(x) = e^{\lambda x}$, dann nach λ lösen, Gesamtergebnis: $y(x) = C_1 e^{\lambda_1 x} + \ldots + C_n e^{\lambda_n x}$.

  - Potenzansatz: $\sum_{k=0}^{n} c_k x^k \frac{d^k}{dx^k} y(x) = 0 \Rightarrow$ Ansatz: $y(x) = x^{\lambda}$, nach λ lösen, Ergebnis: $y(x) = C_1 x^{\lambda_1} + \ldots + C_n x^{\lambda_n}$.

  - Integration der Umkehrfunktion: $\frac{dy}{dx} = y'(x) \Rightarrow dx = x'(y) \, dy$, Integration liefert dann $x(y)$, wenn möglich Umkehrfunktion $y(x)$ bestimmen.

  - Reduktion der Ordnung (bei Abwesenheit der Funktion selbst und ggf. niedrigen Ableitungsgraden) per Substitution der Form $y'(x) =: u(x) \Rightarrow y''(x) = u'(x) \Rightarrow y'''(x) = u''(x)$ usw; lösen und aufintegrieren, um auf $y(x)$ zu schließen.

  - Neue Funktion $u(x)$ einführen, die die DGL vereinfacht, diese lösen und rücktransformieren; Achtung: Anfangsbedingungen ändern bei Substitution!

  - Variation der Konstanten, d. h. $C = C(x)$ und Lösen der neuen DGL in $C(x)$; bietet sich bei inhomogenen DGLs zur Bestimmung der speziellen Lösung an; ebenso, wenn es bei Exponentialansatz/Potenzansatz gleiche λ gibt.

- **Gekoppelte DGLs**

  DGL-Systeme der Form $\dot{\vec{y}}(t) = A \cdot \vec{y}(t)$ bzw. $\ddot{\vec{y}}(t) = A \cdot \vec{y}(t)$ mit dem Vektor $\vec{y}(t) = (y_1(t), \ldots, y_n(t))^{\mathsf{T}}$ lassen sich wie folgt lösen:

  a) Diagonalisiere A (es muss $A = A^{\mathsf{T}}$ gelten!), bestimme Drehmatrix D.

  b) Transformiere per $\vec{y}(t) = D^{\mathsf{T}} \vec{u}(t)$ in entkoppeltes System; löse alle DGLs nach $u_1(t), \ldots, u_n(t)$.

  c) Rücktrafo: Allgemeine Lösung $\vec{y}(t) = D^{\mathsf{T}} \vec{u}(t) = u_1(t) \vec{f}_1 + \ldots + u_n(t) \vec{f}_n$.

---------------------- P · H · Y · S · I · K ----------------------

- **Newton**

  Kraft $\vec{F}$ auf Teilchen (Masse m) bekannt, Bahn $\vec{r}(t) = ?$ ergibt sich aus Lösung der DGL

$$m\ddot{\vec{r}} = \vec{F}(\vec{r}, \dot{\vec{r}}, t) \, , \; \dot{\vec{r}}(0) = \vec{v}_0 \, , \; \vec{r}(0) = \vec{r}_0 \quad \text{bzw.} \quad m\dot{\vec{v}} = \vec{F}(\vec{v}, t) \, , \; \vec{v}(0) = \vec{v}_0.$$

- **DGL des harmonischen Oszillators**

  Lineare, homogene Differenzialgleichung zweiter Ordnung: $y''(x) = -k^2 y(x)$ bzw. $\ddot{s}(t) = -\omega^2 s(t)$ mit Lösungen $y(x) = C\cos(kx + \phi)$ bzw. $s(t) = C\cos(\omega t + \phi)$ mit Phase ϕ.

Komplexe Zahlen

8

Inhaltsverzeichnis

Bisher haben wir nur mit reellen Zahlen und Funktionen gerechnet. In diesem Kapitel wird der Zahlenbereich aber auf den Körper der komplexen Zahlen $\mathbb{C}$ erweitert, wodurch z. B. Gleichungen der Form $x^2 = -1$ algebraisch lösbar werden. Nachdem die grundlegenden Begriffe definiert und Rechenregeln eingeführt wurden, werden wir verschiedene Darstellungen komplexer Zahlen behandeln und die wichtige Euler-Formel kennenlernen. Im letzten Abschnitt des Kapitels wird dann anhand zweier Beispiele gezeigt, wie komplexe Zahlen im Rechenalltag helfen können.

8.1 Grundlagen

8.1.1 Definition der komplexen Zahlen

Die **komplexen Zahlen** $z \in \mathbb{C}$ stellen eine Erweiterung des Zahlenkörpers der reellen Zahlen $x \in \mathbb{R}$ dar. Besagte Erweiterung ist dabei durch die Einführung einer Größe i gegeben (i-gitt!), für die gilt:

$$i^2 = -1. \tag{8.1}$$

Hierdurch werden im Reellen nicht lösbare Gleichungen wie z. B. $z^2 = -1$ plötzlich lösbar: $z = i$ oder $z = -i$, denn $i \cdot i = -1$ (per definitionem) und $(-i) \cdot (-i) = +i^2 = -1$.

© Springer-Verlag GmbH Deutschland, ein Teil von Springer Nature 2018
M. Otto, *Rechenmethoden für Studierende der Physik im ersten Jahr*,
https://doi.org/10.1007/978-3-662-57793-6_8

Abb. 8.1 Darstellung der
komplexen Zahl $z = 1 + 2i$
in der Gauß'schen
Zahlenebene. Komplexe
Konjugation * bedeutet
anschaulich die Spiegelung
an der reellen Achse

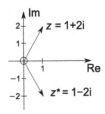

Jede komplexe Zahl $z \in \mathbb{C}$ lässt sich als Summe aus einem realen und einem imaginären Teil schreiben:

$$z = x + i \cdot y, \quad \text{Re}(z) = x, \quad \text{Im}(z) = y. \tag{8.2}$$

Dabei heißt $x \in \mathbb{R}$ **Realteil** (Re) und $y \in \mathbb{R}$ – das ist der Vorfaktor vom i – **Imaginärteil** (Im). So ist z. B. für $z = 3 - \sqrt{2} \cdot i$ der Realteil $\text{Re}(z) = 3$ und der Imaginärteil $\text{Im}(z) = -\sqrt{2}$. Die Darstellung einer komplexen Zahl geschieht in der x-y-Ebene (manchmal in diesem Zusammenhang auch Gauß'sche Zahlenebene genannt), wie Abb. 8.1 zeigt.

Komplexe Konjugation

Das **komplex Konjugierte** z^* einer komplexen Zahl z erhält man, indem man i durch $-i$ ersetzt:

$$z = x + i \cdot y \;\rightarrow\; z^* = x - i \cdot y, \quad (z^*)^* = z. \tag{8.3}$$

Anschaulich entspricht diese Operation in der komplexen Ebene einer Spiegelung des Punktes (x, y) an der x-Achse, wie Abb. 8.1 verdeutlicht.

8.1.2 Rechenregeln

Komplexe Zahlen kann man nach den üblichen Rechenregeln wie reelle Zahlen addieren, subtrahieren und auch multiplizieren. Einzig auf $i^2 = -1$ muss man achten:

$$z_1 \pm z_2 = (x_1 + iy_1) \pm (x_2 + iy_2) = (x_1 \pm x_2) + i \cdot (y_1 \pm y_2), \tag{8.4}$$

$$z_1 \cdot z_2 = (x_1 + iy_1) \cdot (x_2 + iy_2) = x_1 x_2 + ix_1 y_2 + ix_2 y_1 + i^2 y_1 y_2$$

$$= (x_1 x_2 - y_1 y_2) + i(x_1 y_2 + x_2 y_1). \tag{8.5}$$

Die Division zweier komplexer Zahlen gestaltet sich wie folgt:

$$\frac{z_1}{z_2} = \frac{x_1 + iy_1}{x_2 + iy_2} = \frac{x_1 + iy_1}{x_2 + iy_2} \cdot \frac{x_2 - iy_2}{x_2 - iy_2} = \frac{x_1 x_2 - ix_1 y_2 + ix_2 y_1 - i^2 y_1 y_2}{x_2^2 - ix_2 y_2 + ix_2 y_2 + i(-i)y_2^2}$$

$$= \frac{x_1 x_2 + y_1 y_2 + i(-x_1 y_2 + x_2 y_1)}{x_2^2 + y_2^2}$$

und somit

$$\frac{z_1}{z_2} = \frac{x_1 + iy_1}{x_2 + iy_2} = \frac{x_1 + iy_1}{x_2 + iy_2} \cdot \frac{x_2 - iy_2}{x_2 - iy_2} = \frac{x_1 x_2 + y_1 y_2}{x_2^2 + y_2^2} + i \cdot \frac{-x_1 y_2 + x_2 y_1}{x_2^2 + y_2^2}. \tag{8.6}$$

Der Trick bei der Division zweier komplexer Zahlen ist daher, mit dem komplex Konjugierten des Nenners zu erweitern (hier mit $(x_2 + \mathrm{i}y_2)^* = x_2 - \mathrm{i}y_2$), wodurch der Nenner reell wird. Eine beliebte Falle:

$$\mathrm{Re}(z_1 \cdot z_2) \neq \mathrm{Re}(z_1)\mathrm{Re}(z_2) \text{ und ebenso } \mathrm{Re}\left(\frac{z_1}{z_2}\right) \neq \frac{\mathrm{Re}(z_1)}{\mathrm{Re}(z_2)},$$

wobei die Warnungen analog auch für den Imaginärteil gelten.

Regeln für die komplexe Konjugation
Wissenswert sind

$$(z_1 \pm z_2)^* = z_1^* \pm z_2^*, \quad (z_1 \cdot z_2)^* = z_1^* z_2^*, \quad \left(\frac{z_1}{z_2}\right)^* = \frac{z_1^*}{z_2^*} \qquad (8.7)$$

sowie für $z = x + \mathrm{i}y$ und entsprechendem komplex Konjugierten $z^* = x - \mathrm{i}y$:

$$\left.\begin{array}{l} z + z^* = 2x = 2 \cdot \mathrm{Re}(z) \\ z - z^* = 2\mathrm{i}y = 2\mathrm{i} \cdot \mathrm{Im}(z) \end{array}\right\} \Longleftrightarrow \mathrm{Re}(z) = \frac{z + z^*}{2}, \quad \mathrm{Im}(z) = \frac{z - z^*}{2\mathrm{i}}. \qquad (8.8)$$

Eine weitere wichtige Definition ist das **Betragsquadrat einer komplexen Zahl:**

$$|z|^2 := z \cdot z^* = (x + \mathrm{i}y)(x - \mathrm{i}y) = x^2 + y^2. \qquad (8.9)$$

$|z|^2$ ist immer reell und ≥ 0, da zum einen mit Realteil x und Imaginärteil y nur reelle Zahlen bzw. deren Quadrate aufsummiert werden. Zum anderen ist die Summe zweier Quadrate reeller Zahlen immer mindestens null. Es gelten

$$|z| = 0 \Longleftrightarrow z = 0, \quad |z_1 + z_2| \leq |z_1| + |z_2|, \quad |z_1 \cdot z_2| = |z_1| \cdot |z_2|, \qquad (8.10)$$

wobei die zweite Beziehung der Dreiecksungleichung (1.10) bei Vektoren bis auf die Vektorpfeile entspricht und bildlich in der Gauß'schen Zahlenebene wie in Abb. 1.5 interpretiert werden kann.

Beispiel 8.1 (Rechnen mit komplexen Zahlen)

▷ Gegeben sind $z_1 = 3 + 2\mathrm{i}$ und $z_2 = -1 - \mathrm{i}$. Was sind $z_1 + z_2$, $z_1 \cdot z_2$, $\frac{z_1}{z_2}$ und $|z_1|^2$? Man zeige explizit die Dreiecksungleichung $|z_1 + z_2| \leq |z_1| + |z_2|$ und bestätige $\mathrm{Re}(z_1 \cdot z_2) \neq \mathrm{Re}(z_1)\mathrm{Re}(z_2)$.

Lösung:

1. $z_1 + z_2 = (3 + 2\mathrm{i}) + (-1 - \mathrm{i}) = 3 - 1 + 2\mathrm{i} - 1\mathrm{i} = 2 + \mathrm{i}$.
2. $z_1 \cdot z_2 = (3 + 2\mathrm{i})(-1 - \mathrm{i}) = -3 - 3\mathrm{i} - 2\mathrm{i} + 2\underbrace{\mathrm{i}(-\mathrm{i})}_{=+1} = -1 - 5\mathrm{i}$.

   Hieran bestätigen wir den Warnhinweis $\mathrm{Re}(z_1 \cdot z_2) \neq \mathrm{Re}(z_1)\mathrm{Re}(z_2)$. Es ist $\mathrm{Re}(z_1 \cdot z_2) = \mathrm{Re}(-1 - 5\mathrm{i}) = -1$, aber $\mathrm{Re}(z_1) \cdot \mathrm{Re}(z_2) = 3 \cdot (-1) = -3$, und das ist offensichtlich nicht das Gleiche.

3. Für die Division erweitern wir mit dem komplex Konjugierten des Nenners, d. h. mit $(-1 - i)^* = -1 + i$:

$$\frac{3 + 2i}{-1 - i} = \frac{3 + 2i}{-1 - i} \cdot \frac{-1 + i}{-1 + i} = \frac{-3 + 3i - 2i + 2i^2}{1 - i + i - i \cdot i} = \frac{-5 + i}{2}.$$

Ergebnis der Division:

$$\frac{z_1}{z_2} = -\frac{5}{2} + \frac{1}{2}i.$$

4. $|z_1|^2 = (3 + 2i)(3 + 2i)^* = (3 + 2i)(3 - 2i) = 13.$
5. Schließlich muss die Dreiecksungleichung $|z_1 + z_2| \leq |z_1| + |z_2|$ gezeigt werden. Wir kennen aus der Rechnung eben schon $|z_1| = \sqrt{13}$. Ferner kennen wir aus dem Nenner der Division $z_2 \cdot z_2^* = 2$ und somit $|z_2| = \sqrt{2}$. Es verbleibt

$$|z_1 + z_2| = |2 + i| = \sqrt{(2 + i)(2 + i)^*} = \sqrt{(2 + i)(2 - i)} = \sqrt{2^2 + 1^2} = \sqrt{5}.$$

Somit ist die Dreiecksungleichung erfüllt: $\sqrt{5} \leq \sqrt{13} + \sqrt{2}$. ∎

Die i-Potenzen

Wir überlegen uns:

$$i^0 = 1, \quad i^1 = i, \quad i^2 = -1, \quad i^3 = i^2 \cdot i = -i, \quad i^4 = i^2 \cdot i^2 = 1,$$

$$i^0 = 1, \quad i^{-1} = \frac{1}{i} = \frac{-i}{i(-i)} = -i, \quad i^{-2} = \frac{1}{i^2} = -1, \quad i^{-3} = i, \quad i^{-4} = 1,$$

wobei sich ab der vierten Potenz (positiv wie negativ) von i die Werte wiederholen. Also merken wir uns:

$$i^{4n} = 1, \quad i^{4n+1} = i, \quad i^{4n+2} = -1, \quad i^{4n+3} = -i, \quad n \in \mathbb{Z}, \qquad (8.11)$$

quasi wie eine Vierstundenuhr, die immer wieder die Uhrzeiten $1, i, -1, -i$ durchläuft. Mit der Uhrenvorstellung sind wir gar nicht mal allzu verkehrt, wie der nächste Abschnitt zeigen wird.

8.1.3 Komplexe Zahlen in Polarkoordinaten

Es ist zweckmäßig, die Darstellung (8.2) – das war $z = x + iy$ – in Polarkoordinaten (r, φ) umzuschreiben. Wie wir bereits aus Abschn. 1.5.3 wissen, sind in Polarkoordinaten $x = r\cos(\varphi)$ und $y = r\sin(\varphi)$, womit folgt:

$$z = x + i\, y = r\cos(\varphi) + i\, r\sin(\varphi) = r\big(\cos(\varphi) + i\sin(\varphi)\big). \qquad (8.12)$$

Abb. 8.2 Komplexe Zahlen
in Polarkoordinaten-
darstellung

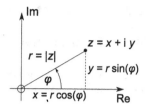

Dabei ist $r \geq 0$ und $\varphi = 0 \ldots 2\pi$. Abb. 8.2 veranschaulicht die Darstellung in Polarkoordinaten.

Aus (8.12) folgt direkt mit (8.9) der Betrag von z zu

$$|z| = \sqrt{|z|^2} = \sqrt{zz^*} = \sqrt{r\big(\cos(\varphi) + i\sin(\varphi)\big) \cdot r\big(\cos(\varphi) - i\sin(\varphi)\big)}$$
$$= \sqrt{r^2\big(\cos^2(\varphi) - i\cos(\varphi)\sin(\varphi) + i\sin(\varphi)\cos(\varphi) - i^2\sin^2(\varphi)\big)}$$
$$= \sqrt{r^2\big(\cos^2(\varphi) + \sin^2(\varphi)\big)} = \sqrt{r^2 \cdot 1} = r.$$

Daher ist eine andere Schreibweise mit Betrag und Argument von z:

$$|z| = r, \quad \arg(z) = \varphi. \tag{8.13}$$

Beispiel 8.2 (Darstellung einer komplexen Zahl)

▷ Wie lautet $z = 1 + i$ in Polarkoordinaten?

Lösung: Es sind $x = 1$ und $y = 1$. Dann gilt wegen der Umkehrtransformation der Polarkoordinaten (Abschn. 1.5) $r = \sqrt{x^2 + y^2} = \sqrt{1^2 + 1^2} = \sqrt{2}$ und $\tan(\varphi) = \frac{y}{x} = \frac{1}{1}$. Somit ist $\varphi = \arctan(1) = \frac{\pi}{4}$ (da z im ersten Quadranten liegt) und wir erhalten

$$z = 1 + i = \sqrt{2}\big(\cos\left(\tfrac{\pi}{4}\right) + i\sin\left(\tfrac{\pi}{4}\right)\big),$$

was äquivalente Darstellungen sind, wie Abb. 8.3 zeigt. ∎

Abb. 8.3 $z = 1 + i$ in
Polardarstellung und der
„normalen" Darstellung

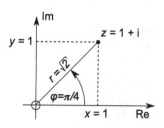

8.2 Trigonometrie mit komplexen Zahlen

8.2.1 Euler-Formel

Wie in Abschn. 8.3.1 gezeigt wird, lässt sich der Klammerterm $\cos(\varphi) + i\sin(\varphi)$ in (8.12) umschreiben. Es gilt die sogenannte **Euler-Formel**

$$e^{i\varphi} = \cos(\varphi) + i\sin(\varphi), \tag{8.14}$$

wodurch direkt die **Euler-Darstellung** der komplexen Zahlen folgt:

$$z = x + iy \overset{(8.12)}{\longleftrightarrow} z = r \cdot e^{i\varphi}. \tag{8.15}$$

Hierbei sind $r = \sqrt{x^2 + y^2}$ und $\tan(\varphi) = \frac{y}{x}$ (wieder unter Beachtung der Quadranten!). Diese Beziehung ermöglicht uns eine äußerst geschickte Handhabe der komplexen Zahlen. So schreibt sich z. B. die Zahl $z = 1 + i$ aus dem letzten Beispiel in Euler-Darstellung mit $r = \sqrt{2}$ und $\varphi = \frac{\pi}{4}$ schlicht als $z = \sqrt{2} \cdot e^{i\frac{\pi}{4}}$ – ohne lästige trigonometrische Funktionen, was bei Multiplikation und Division zweier komplexer Zahlen einen echten Wettbewerbsvorteil gegenüber Sinus und Kosinus bietet, wie wir gleich sehen werden.

$e^{i\varphi}$ entspricht gedrehtem Zeiger
Schaut man sich $e^{i\varphi}$ für einige Werte von φ an, so entdeckt man, dass $e^{i\varphi}$ ein Zeiger auf dem Einheitskreis ist, der um den Winkel φ gedreht ist (ab x-Achse gezählt):

$$e^{i\cdot 0} = 1, \quad e^{i\frac{\pi}{2}} = \cos\left(\frac{\pi}{2}\right) + i\sin\left(\frac{\pi}{2}\right) = i, \quad e^{i\pi} = -1, \quad e^{i\frac{3\pi}{2}} = -i, \quad e^{i\cdot 2\pi} = 1,$$

$$e^{i\cdot 0} = 1, \quad e^{-i\frac{\pi}{2}} = -i, \qquad\qquad\qquad e^{-i\pi} = -1, \quad e^{-i\frac{3\pi}{2}} = i, \quad e^{-i\cdot 2\pi} = 1$$

und entsprechend auch für Winkel, die nicht Vielfache von $\frac{\pi}{2}$ sind. Abb. 8.4 zeigt dies noch einmal.

Wie man allerdings sieht, ist kein Unterschied zwischen $z_1 = e^0 = 1$ und $z_2 = e^{i\cdot 2\pi} = 1$ zu erkennen, denn nach $\Delta\varphi = 2\pi$ wiederholen sich alle Werte von $e^{i\varphi}$. Bildlich gesprochen können wir bei Bestimmung des Arguments einer komplexen

Abb. 8.4 $e^{i\varphi}$ entspricht einem gedrehten Einheitszeiger. Ist $\varphi > 0$, so ist der Zeiger gegen den Uhrzeigersinn gedreht, ist $\varphi < 0$, im Uhrzeigersinn. So ist z. B. für $\varphi = \frac{\pi}{2}$ die zugehörige komplexe Zahl $e^{i\frac{\pi}{2}} = i$, also $\text{Im}(e^{i\frac{\pi}{2}}) = 1$

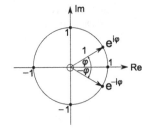

Zahl beliebig oft gegen oder im Uhrzeigersinn um den Ursprung kreisen, ohne dass sich der Wert des Arguments ändert. Das bedeutet: Komplexe Zahlen in der Euler-Darstellung sind im Argument φ nur bis auf ganzzahlige Vielfache von 2π festgelegt. Wir schreiben dies als

$$z = r \cdot e^{i\varphi} = r \cdot e^{i(\varphi + 2\pi n)}, \quad n \in \mathbb{Z}. \tag{8.16}$$

Ab jetzt gelte: Wird eine Zahl in Euler-Darstellung angegeben, so ist stets der **Hauptwert** gemeint, d. h. eine Darstellung mit Drehwinkel $0 \leq \varphi < 2\pi$ für $n = 0$ (2π ist nicht mehr enthalten). Insbesondere gilt für eine Drehung um den Winkel $n\pi$:

$$e^{in\pi} = e^{-in\pi} = (-1)^n, \tag{8.17}$$

was einem Zeiger in Abb. 8.4 entspricht, der immer zwischen 1 und -1 auf der Realteilachse hin- und herspringt.

Multiplikation und Division komplexer Zahlen neu aufgerollt

1. Multiplikation zweier komplexer Zahlen:

$$z_1 \cdot z_2 = r_1 e^{i\varphi_1} \cdot r_2 e^{i\varphi_2} = r_1 r_2 \cdot e^{i(\varphi_1 + \varphi_2)}. \tag{8.18}$$

Anschaulich bedeutet dies in der komplexen Ebene Folgendes: Multipliziert man zwei komplexe Zahlen, so *multiplizieren* sich deren Längen r_1 und r_2, während sich die Argumente φ_1 und φ_2 *addieren*.

2. Division zweier komplexer Zahlen:

$$\frac{z_1}{z_2} = \frac{r_1 e^{i\varphi_1}}{r_2 e^{i\varphi_2}} = \frac{r_1}{r_2} \cdot e^{i(\varphi_1 - \varphi_2)}. \tag{8.19}$$

Dividiert man zwei komplexe Zahlen, so müssen die Längen *dividiert* werden, während die Argumente *subtrahiert* werden.

3. Potenzen von komplexen Zahlen lassen sich in der Euler-Darstellung äußerst leicht angeben:

$$z^n = \left(r \cdot e^{i\varphi} \right)^n = r^n \cdot e^{in\varphi}. \tag{8.20}$$

Beispiel 8.3 (Rechnen in Euler-Darstellung)

Für $z_1 = 1 + i$ und $z_2 = 1 - i$ berechne man $z_1 \cdot z_2$ und $\frac{z_1}{z_2}$ in Euler-Darstellung. Was ist i^i?

Lösung:

1. Zunächst bestimmen wir Betrag und Argument der Zahlen z_1 und z_2. Es sind $r_1 = \sqrt{1^2 + 1^2} = \sqrt{2}$ und $r_2 = \sqrt{1^2 + (-1)^2} = \sqrt{2}$. Für die Argumente gilt: $\tan(\varphi_1) = \frac{1}{1} \Rightarrow \varphi_1 = \frac{\pi}{4}$, da z_1 im ersten Quadranten liegt. z_2 liegt im vierten Quadranten: $\tan(\varphi_2) = \frac{1}{-1} \Rightarrow \varphi_2 = \frac{-\pi}{4}$. Damit folgt

$$z_1 \cdot z_2 = \left(\sqrt{2}e^{i\frac{\pi}{4}}\right) \cdot \left(\sqrt{2}e^{-i\frac{\pi}{4}}\right) = 2e^{i\left(\frac{\pi}{4} + \left(-\frac{\pi}{4}\right)\right)} = 2e^{i\cdot 0} = 2,$$

$$\frac{z_1}{z_2} = \frac{\sqrt{2}e^{i\frac{\pi}{4}}}{\sqrt{2}e^{-i\frac{\pi}{4}}} = 1 \cdot e^{i\left(\frac{\pi}{4} - \left(-\frac{\pi}{4}\right)\right)} = e^{i\frac{\pi}{2}} = i.$$

2. Auch bei i^i ist das Umschreiben in die Euler-Darstellung der Schlüssel zum Erfolg:

$$i^i = \left(e^{i\cdot\frac{\pi}{2}}\right)^i = e^{i^2\cdot\frac{\pi}{2}} = e^{-\frac{\pi}{2}} \approx 0{,}2. \qquad \blacksquare$$

8.2.2 Sinus und Kosinus

Aus der Euler-Formel $e^{i\varphi} = \cos(\varphi) + i\sin(\varphi)$ lässt sich direkt ablesen:

$$\mathrm{Re}(e^{i\varphi}) = \cos(\varphi), \quad \mathrm{Im}(e^{i\varphi}) = \sin(\varphi). \qquad (8.21)$$

Der Realteil einer komplexen Zahl z ergibt sich andererseits nach Gl. (8.8) zu $\mathrm{Re}(z) = \frac{z + z^*}{2}$ und der imaginäre Teil zu $\mathrm{Im}(z) = \frac{z - z^*}{2i}$. Damit folgt

$$\cos(\varphi) = \mathrm{Re}(e^{i\varphi}) = \frac{e^{i\varphi} + e^{-i\varphi}}{2}, \quad \sin(\varphi) = \mathrm{Im}(e^{i\varphi}) = \frac{e^{i\varphi} - e^{-i\varphi}}{2i}. \qquad (8.22)$$

Diese Relationen vereinfachen etliche Rechnungen erheblich, wie z. B. das Berechnen von Integralen mit sin- und cos-Funktionen. Aber auch viele trigonometrische Relationen wie die Additionstheoreme lassen sich mit den obigen Gleichungen äußerst schnell herleiten.

Beispiel 8.4 (Beweis der Additionstheoreme)

▷ Beweisen Sie die Additionstheoreme

$$\sin(\alpha + \beta) = \sin(\alpha)\cos(\beta) + \cos(\alpha)\sin(\beta),$$
$$\cos(\alpha + \beta) = \cos(\alpha)\cos(\beta) - \sin(\alpha)\sin(\beta).$$

Lösung: Wir berechnen $e^{i\varphi}$ für $\varphi = \alpha + \beta$, um $\cos(\alpha + \beta)$ und $\sin(\alpha + \beta)$ ins Spiel zu bringen. Einerseits ist

$$e^{i(\alpha+\beta)} = \cos(\alpha + \beta) + i\sin(\alpha + \beta).$$

Andererseits ist mit $\cos(\alpha) =: c$, $\cos(\beta) =: C$ (und ebenso für Sinus) unter Verwendung der Euler-Formel:

$$e^{i(\alpha+\beta)} = e^{i\alpha}e^{i\beta} = (c + is)(C + iS) = cC + icS + isC + i^2sS$$
$$= cC - sS + i(sC + cS).$$

Somit ergibt sich $\cos(\alpha + \beta) + i\sin(\alpha + \beta) = cC - sS + i(sC + cS)$, und durch Realteil- und Imaginärteilvergleich der linken und rechten Seite folgen die Additionstheoreme:

$$\cos(\alpha + \beta) = cC - sS = \cos(\alpha)\cos(\beta) - \sin(\alpha)\sin(\beta),$$
$$\sin(\alpha + \beta) = sC + cS = \sin(\alpha)\cos(\beta) + \cos(\alpha)\sin(\beta). \qquad \blacksquare$$

Der trigonometrische Pythagoras folgt noch schneller:

$$1 = e^{i\varphi} \cdot e^{-i\varphi} = \left|e^{i\varphi}\right|^2 = (\cos(\varphi) + i\sin(\varphi)) \cdot (\cos(\varphi) - i\sin(\varphi))$$
$$= \cos^2(\varphi) + \sin^2(\varphi).$$

8.3 Anwendungen

8.3.1 Komplexe Exponentialreihe

Wir sind noch den Beweis der Euler-Formel (8.14) schuldig. Bevor wir sie beweisen, müssen noch ein paar wichtige Feststellungen bezüglich des Umgangs mit komplexwertigen Funktionen getätigt werden:

- Die Ableitung komplexwertiger Funktionen nach komplexen Variablen läuft vollkommen analog zu den bisher bekannten reellen Differenziationsregeln.
- Die Integration komplexwertiger Funktionen über reelle Integrationsvariablen läuft wie bekannt.

Integrale über komplexe Variablen sind Gegenstand der Funktionentheorie und werden in diesem Buch glücklicherweise nicht behandelt.

Kommen wir zurück zum Beweis; dazu betrachten wir $e^{i\varphi}$ als Reihendarstellung. Die Exponentialreihe kennen wir schon aus Abschn. 4.3. Sie lautete

$$e^x = \sum_{k=0}^{\infty} \frac{x^k}{k!} = 1 + x + \frac{x^2}{2!} + \frac{x^3}{3!} + \frac{x^4}{4!} + \cdots$$

Wie lautet nun aber die komplexe Exponentialreihe mit $x = i\varphi$? Setzen wir doch einfach mal ein und verwenden Gl. (8.11) zur Vereinfachung der i-Potenzen:

$$e^{i\varphi} = \sum_{k=0}^{\infty} \frac{(i\varphi)^k}{k!} = 1 + i\varphi + \frac{(i\varphi)^2}{2!} + \frac{(i\varphi)^3}{3!} + \frac{(i\varphi)^4}{4!} + \frac{(i\varphi)^5}{5!} + \frac{(i\varphi)^6}{6!} + \ldots$$

$$= 1 + i\varphi + \underbrace{i^2}_{=-1} \frac{\varphi^2}{2!} + \underbrace{i^3}_{=-i} \frac{\varphi^3}{3!} + \underbrace{i^4}_{=1} \frac{\varphi^4}{4!} + \underbrace{i^5}_{=i} \frac{\varphi^5}{5!} + \underbrace{i^6}_{=i^2=-1} \frac{\varphi^6}{6!} + \ldots$$

$$= 1 + i\varphi - \frac{\varphi^2}{2!} - i\frac{\varphi^3}{3!} + \frac{\varphi^4}{4!} + i\frac{\varphi^5}{5!} - \frac{\varphi^6}{6!} \mp \ldots$$

Nun teilen wir in Real- und Imaginärteil auf:

$$e^{i\varphi} = 1 + i\varphi - \frac{\varphi^2}{2!} - i\frac{\varphi^3}{3!} + \frac{\varphi^4}{4!} + i\frac{\varphi^5}{5!} - \frac{\varphi^6}{6!} \mp \ldots$$

$$= \left(1 - \frac{\varphi^2}{2!} + \frac{\varphi^4}{4!} - \frac{\varphi^6}{6!} \pm \ldots\right) + i \cdot \left(\varphi - \frac{\varphi^3}{3!} + \frac{\varphi^5}{5!} \mp \ldots\right).$$

Die Reihen in den Klammern sind aber bekannt: Kosinus und Sinus! Damit folgt:

$$e^{i\varphi} = \underbrace{\left(1 - \frac{\varphi^2}{2!} + \frac{\varphi^4}{4!} - \frac{\varphi^6}{6!} \pm \ldots\right)}_{=\cos(\varphi)} + i \cdot \underbrace{\left(\varphi - \frac{\varphi^3}{3!} + \frac{\varphi^5}{5!} \mp \ldots\right)}_{=\sin(\varphi)}$$

$$= \cos(\varphi) + i \cdot \sin(\varphi),$$

und dies ist tatsächlich die Euler-Identität (8.14)! Es sei noch gesagt, dass die Exponentialreihe auch im Allgemeinen für eine komplexe Zahl $z = x + iy$ funktioniert:

$$e^z = e^{x+iy} = e^x \cdot e^{iy} \overset{(8.14)}{=} e^x\big(\cos(y) + i\sin(y)\big). \tag{8.23}$$

8.3.2 Harmonischer Oszillator

Wir lösen ein weiteres Mal die Differenzialgleichung des harmonischen Oszillators $\ddot{s}(t) = -\omega^2 s(t)$ aus Beispiel 7.9. Als Ansatz wählen wir anstatt des trigonometrischen den Exponentialansatz:

$$s(t) = e^{\lambda t}, \quad \dot{s}(t) = \lambda e^{\lambda t}, \quad \ddot{s}(t) = \lambda^2 e^{\lambda t}.$$

Eingesetzt in die DGL ergibt sich

$$\lambda^2 e^{\lambda t} = -\omega^2 e^{\lambda t} \iff \lambda^2 = -\omega^2.$$

An dieser Stelle wäre unter Betrachtung reeller Lösungen Ende. Doch wir können ja mittlerweile mehr:

$$\lambda = \pm i\omega,$$

da $(\pm i\omega)^2 = i^2\omega^2 = -\omega^2$. Sowohl $s_+(t) = e^{i\omega t}$ als auch $s_-(t) = e^{-i\omega t}$ sind Lösungen der DGL. Als allgemeine Lösung folgt dann durch Superposition (da die DGL linear ist; Kap. 7)

$$s(t) = C_1 e^{i\omega t} + C_2 e^{-i\omega t}.$$

Durch Wahl der Konstanten (dank Anfangsbedingungen) erscheinen dann $\sin(\omega t)$ bzw. $\cos(\omega t)$ in der Lösung (der Kosinus z. B. durch die Vorgabe $C_1 = \frac{1}{2} = C_2$ wegen $\cos(\omega t) = \frac{e^{i\omega t} + e^{-i\omega t}}{2}$ nach (8.22)). Abschließend darf sich der geneigte Leser an einem Beispiel aus späteren Semestern versuchen.

[H18] Pauli-Matrizen   **(2 + 2 + 1 = 5 Punkte)**
Die quantenmechanischen Pauli-Matrizen zur Beschreibung von Elektronenzuständen sind gegeben durch

$$\sigma_1 = \begin{pmatrix} 0 & 1 \\ 1 & 0 \end{pmatrix}, \quad \sigma_2 = \begin{pmatrix} 0 & -i \\ i & 0 \end{pmatrix}, \quad \sigma_3 = \begin{pmatrix} 1 & 0 \\ 0 & -1 \end{pmatrix}.$$

a) Man zeige explizit: Das Produkt zweier beliebiger Pauli-Matrizen $\sigma_i \cdot \sigma_j$, wobei $i, j = 1, 2, 3$, lässt sich schreiben als

$$\sigma_i \cdot \sigma_j = \delta_{ij}\mathbb{1} + i \cdot X_{ijk}\sigma_k.$$

Welche Werte nimmt dann die Größe X_{ijk} jeweils an? Hinweis: Die σ-Matrizen lassen sich nicht so kombinieren, dass die Nullmatrix herauskommt.

b) Man berechne $e^{i\frac{\alpha}{2}(\vec{n}\cdot\vec{\sigma})}$, wobei $\vec{\sigma} = (\sigma_1, \sigma_2, \sigma_3)$ und $|\vec{n}| = 1$. Was ergibt sich speziell für $\vec{n} = (1, 0, 0)$?

c) Es möchte gezeigt werden:

$$(\vec{a} \cdot \vec{\sigma})(\vec{b} \cdot \vec{\sigma}) = (\vec{a} \cdot \vec{b})\mathbb{1} + i(\vec{a} \times \vec{b}) \cdot \vec{\sigma}.$$

Spickzettel zu komplexen Zahlen

- **Komplexe Zahlen**
  - $z = x + i y$ ($i^2 = -1$) mit $\mathrm{Re}(z) = x$ (Realteil) und $\mathrm{Im}(z) = y$ (Imaginärteil); komplexe Konjugation: $z^* = x - iy$, $(z^*)^* = z$.
  - Addition/Subtraktion/Multiplikation wie mit reellen Zahlen, $i^2 = -1$ beachtend!
    Achtung: $\mathrm{Re}(z_1 \cdot z_2) \neq \mathrm{Re}(z_1)\mathrm{Re}(z_2)$ und $\mathrm{Re}\left(\frac{z_1}{z_2}\right) \neq \frac{\mathrm{Re}(z_1)}{\mathrm{Re}(z_2)}$.

- Division: $\frac{z_1}{z_2} = \frac{x_1 + iy_1}{x_2 + iy_2} = \frac{x_1 + iy_1}{x_2 + iy_2} \cdot \frac{x_2 - iy_2}{x_2 - iy_2} = \frac{x_1 x_2 + y_1 y_2}{x_2^2 + y_2^2} + i \cdot \frac{-x_1 y_2 + x_2 y_1}{x_2^2 + y_2^2}$.

- $(z_1 \pm z_2)^* = z_1^* \pm z_2^*$, $(z_1 \cdot z_2)^* = z_1^* z_2^*$, $\left(\frac{z_1}{z_2} \right)^* = \frac{z_1^*}{z_2^*}$.

- Betragsquadrat: $|z|^2 := z \cdot z^* = (x + iy)(x - iy) = x^2 + y^2 \geq 0$.

- $|z_1 + z_2| \leq |z_1| + |z_2|$, $|z_1 \cdot z_2| = |z_1| \cdot |z_2|$.

- i-Potenzen: $i^{4n} = 1$, $i^{4n+1} = i$, $i^{4n+2} = -1$, $i^{4n+3} = -i$, $n \in \mathbb{Z}$.

- Darstellung in Polarkoordinaten $z = x + iy = r(\cos(\varphi) + i\sin(\varphi))$ mit $r = |z| = \sqrt{x^2 + y^2}$ und $\tan(\varphi) = \frac{y}{x}$ plus Beachtung der Quadranten.

- **Euler-Darstellung**
  Euler-Formel: $e^{i\varphi} = \cos(\varphi) + i\sin(\varphi)$ (Beweis per Reihe). Damit $z = re^{i\varphi}$ und folglich $z_1 \cdot z_2 = r_1 r_2 e^{i(\varphi_1 + \varphi_2)}$, $\frac{z_1}{z_2} = \frac{r_1}{r_2} e^{i(\varphi_1 - \varphi_2)}$, $z^n = r^n e^{in\varphi}$, insbesondere $e^{\pm in\pi} = (-1)^n$; wichtige Umschreibung:

$$\sin(\varphi) = \mathrm{Im}(e^{i\varphi}) = \frac{e^{i\varphi} - e^{-i\varphi}}{2i}, \quad \cos(\varphi) = \mathrm{Re}(e^{i\varphi}) = \frac{e^{i\varphi} + e^{-i\varphi}}{2}.$$

Vektoranalysis

9

Inhaltsverzeichnis

Wir werden unsere bisherigen mathematischen Konzepte von mehrdimensionalen Funktionen mehrerer Veränderlicher aus Kap. 4 und 5 im Folgenden auf spezielle Funktionen, sogenannte Felder, anwenden. Dabei werden wir wieder mit dem Differenzialoperator ∇ konfrontiert, welcher auf Felder angewandt weitreichende Interpretations- und Anwendungsmöglichkeiten liefert. Nachdem wir uns mit der Notation im Kartesischen vertrauter gemacht haben, werden die Erkenntnisse auf beliebige Koordinatensysteme erweitert und Begriffe wie Fluss durch Oberflächen, metrischer Tensor sowie Oberflächen- und Volumenintegrale über Feldern eingeführt. Alle diese Werkzeuge sind wichtige Hilfsmittel für ein tiefergehendes Verständnis der Elektrodynamik, welche in Kap. 13 angerissen wird.

9.1   Was ist ein Feld?

Ein **Feld** ist eine Funktion in Abhängigkeit von Raum und Zeit und kann skalarwertig oder vektorwertig sein. Im ersten Fall spricht man von **Skalarfeldern** (z. B. Druck $p(\vec{r}, t)$, Temperatur $T(\vec{r}, t)$, Dichte $\varrho(\vec{r}, t)$, ...), im zweiten Fall von **Vektorfeldern** (beispielsweise Kraft $\vec{F}(\vec{r}, t)$, elektrisches Feld $\vec{E}(\vec{r}, t)$, magnetisches Feld $\vec{B}(\vec{r}, t)$). Manchmal werden Größen, die nicht explizit von der Zeit abhängen, ebenfalls

© Springer-Verlag GmbH Deutschland, ein Teil von Springer Nature 2018
M. Otto, *Rechenmethoden für Studierende der Physik im ersten Jahr*,
https://doi.org/10.1007/978-3-662-57793-6_9

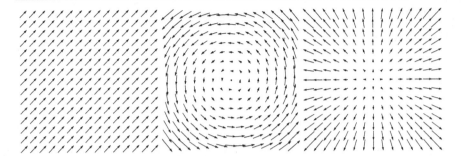

Abb. 9.1 Drei Felder. Die Länge der Vektoren gibt die Stärke des Feldes an. Links haben wir gleichmäßige Strömung, im mittleren Bild gibt es Verwirbelungen um einen Punkt in der Mitte, und rechts quillt etwas aus der Mitte heraus

Felder genannt. So heißt auch $\vec{F}(\vec{r})$ Kraftfeld, obwohl es keine Zeitabhängigkeit besitzt. Diese Felder heißen dann **statische Felder**.

Darstellung von Feldern
Wie man Skalarfelder darstellt, haben wir schon in Abschn. 4.2 gesehen: entweder per Blockbild oder per Äquiniveaulinien. Beide Methoden funktionieren allerdings immer nur, wenn die Darstellung mindestens um eine Raumdimension eingeschränkt wird. Weiterhin kann man in Spezialfällen einen Querschnitt der Funktion über gewisse Koordinaten machen (z. B. in Abhängigkeit von der Radialkoordinate r, wie in Beispiel 4.9).

Vektorwertige Felder lassen sich im **Feldlinienbild** mit Hilfe von Pfeilen grafisch veranschaulichen. Die Richtung der Pfeile geben die Richtung des Feldes an, die Länge der Pfeile die Stärke. Abb. 9.1 zeigt drei verschiedene Felder.

Gerichtete Felder kann man wie Vektoren addieren und mit Skalaren multiplizieren, aber auch differenzieren. Letztes ist hauptsächlicher Bestandteil der **Vektoranalysis**.

9.2 Operatoren der Vektoranalysis

Für skalare Funktionen kennen wir die Differenziationsvorschrift schon aus Kap. 4. Die räumliche Ableitung entsprach dem Gradienten, während bei der zeitlichen Ableitung aufgepasst werden musste (Gl. (4.47) und Warnhinweise im Kasten darunter). In diesem Abschnitt rekapitulieren wir die Differenziation von Skalarfunktionen bzw. -feldern, erweitern dann den Ableitungsbegriff auf Vektorfelder und übertragen dies schließlich in die Kurzschreibweise mit Indizes.

9.2.1 Gradient, Divergenz und Rotation

In Abschn. 4.2 wurde schon der Differenzialoperator für Funktionen von n Veränderlichen $x_1, \ldots, x_n$ eingeführt. Da wir es im Raum stets mit (maximal) $n = 3$ Koordinaten x, y, z bzgl. der kartesischen Achsen zu tun haben, können wir im Folgenden schreiben:

$$\nabla = \left(\frac{\partial}{\partial x}, \frac{\partial}{\partial y}, \frac{\partial}{\partial y} \right)^{\mathsf{T}}. \tag{9.1}$$

Es werden nun die wesentlichen Verknüpfungen von ∇ mit skalaren Feldern $\phi(\vec{r})$ bzw. vektorwertigen Feldern $\vec{A}(\vec{r})$ studiert. Wir betrachten somit hier nur statische, d. h. nicht zeitabhängige Felder. Die im Folgenden gewonnenen Erkenntnisse lassen sich jedoch direkt auf Felder $\phi(\vec{r}, t)$ bzw. $\vec{A}(\vec{r}, t)$ übertragen.

Gradient

Der **Gradient** ist nur für skalare Funktionen $\phi(\vec{r})$ definiert. Er entspricht einem Spaltenvektor, in dem die partiellen Ableitungen einbeschrieben sind:

$$\nabla \phi(\vec{r}) = \left(\frac{\partial \phi}{\partial x}, \frac{\partial \phi}{\partial y}, \frac{\partial \phi}{\partial z} \right)^{\mathsf{T}}. \tag{9.2}$$

Wird der Gradient an einer Stelle $\vec{x}_0$ ausgewertet, so zeigt er in Richtung des steilsten Anstiegs – und zwar in der Ebene, in welcher auch die Niveaulinien von ϕ leben. Er steht an jeder Stelle senkrecht auf der jeweiligen den Punkt durchlaufenden Niveaulinie. Ein wichtiger Spezialfall wurde schon in Abschn. 4.2 hergeleitet: Wenn ∇ auf ein Feld $\phi(r)$ wirkt, das nur vom Abstand $r = \sqrt{x^2 + y^2 + z^2}$ zum Ursprung abhängt (in welcher Form auch immer), so ergibt sich

$$\nabla \phi(r) = \phi'(r) \cdot \frac{\vec{r}}{r},$$

also z. B. $\nabla \mathrm{e}^{-r^2} = -2r\mathrm{e}^{-r^2} \cdot \frac{\vec{r}}{r}$.

Divergenz

Bildet man das Skalarprodukt von ∇ mit einem Vektorfeld $\vec{A} = (A_1, A_2, A_3)^{\mathsf{T}}$, wobei jede Komponente von x, y und z abhängen kann, so erhält man die **Divergenz:**

$$\operatorname{div} \vec{A} = \nabla \cdot \vec{A} = \frac{\partial A_1}{\partial x} + \frac{\partial A_2}{\partial y} + \frac{\partial A_3}{\partial z}. \tag{9.3}$$

Die Divergenz ist ein Maß für die Quellstärke eines Feldes. Wir bekommen durch Berechnen von $\operatorname{div} \vec{A}$ eine Auskunft darüber, ob das Feld $\vec{A}$ Quellen ($\operatorname{div} \vec{A} > 0$) oder Senken ($\operatorname{div} \vec{A} < 0$) hat. Quelle bedeutet: Es beginnt eine Feldlinie; Senke bedeutet: Es endet eine Feldlinie. In Abb. 9.1 rechts besitzt das Vektorfeld im Ursprung eine Quelle, aus der das Vektorfeld „quillt". Würden die Pfeile umgekehrt zeigen, dann befände sich im Ursprung eine Senke und das Feld würde dort enden. Das Feld in der Mitte hat keine Quelle oder Senke, es wirbelt einfach um den Ursprung herum.

In diesem Zusammenhang gilt es noch eine wichtige Definition zu erwähnen: Ein Feld $\vec{A}$ heißt **quellenfrei,** wenn seine Divergenz verschwindet:

$$\vec{A} \text{ quellenfrei} \iff \nabla \cdot \vec{A} = 0. \tag{9.4}$$

Rotation

Bildet man das Kreuzprodukt von ∇ mit $\vec{A}$, so erhält man die **Rotation:**

$$\text{rot } \vec{A} = \nabla \times \vec{A} = \left(\frac{\partial A_3}{\partial y} - \frac{\partial A_2}{\partial z}, \frac{\partial A_1}{\partial z} - \frac{\partial A_3}{\partial x}, \frac{\partial A_2}{\partial x} - \frac{\partial A_1}{\partial y} \right)^{\mathsf{T}}. \tag{9.5}$$

Die Rotation gibt darüber Auskunft, ob es Wirbel (Strudel) in einem Feld gibt. Sie ist somit ein Maß für die Wirbelstärke eines Vektorfeldes und gibt ferner an, wie schnell ein im Vektorfeld „mitschwimmender" Körper um eine Achse rotiert.

Für die Mechanik ist insbesondere wichtig, wann Felder **wirbelfrei** sind:

$$\vec{A} \text{ wirbelfrei} \iff \nabla \times \vec{A} = \vec{0}. \tag{9.6}$$

Hierauf werden wir in Kap. 12 noch ausführlich zu sprechen kommen, wenn z. B. die Arbeit in einem mechanischen System berechnet werden soll. In Abb. 9.1 Mitte ist ein Wirbelfeld dargestellt. Das linke Vektorfeld ist im gezeigten Abschnitt sowohl quellen- als auch wirbelfrei.

Beispiel 9.1 (Quellenfreiheit und Wirbelfreiheit eines Feldes)

▷ Wie muss $\alpha \in \mathbb{R}$ gewählt werden, damit das dimensionslose Vektorfeld

$$\vec{A}(\vec{r}) = (\alpha xy - z^3) \cdot \vec{e}_1 + (\alpha - 2)x^2 \cdot \vec{e}_2 + (1 - \alpha)xz^2 \cdot \vec{e}_3$$

wirbelfrei/quellenfrei wird?

Lösung: $\vec{A}$ ist wirbelfrei/quellenfrei, wenn $\nabla \times \vec{A} = \vec{0}$ bzw. $\nabla \cdot \vec{A} = 0$. Berechne also nacheinander die Rotation und Divergenz. Für die Rotation folgt:

$$\nabla \times \vec{A} = \begin{pmatrix} \frac{\partial}{\partial x} \\ \frac{\partial}{\partial y} \\ \frac{\partial}{\partial z} \end{pmatrix} \times \begin{pmatrix} \alpha xy - z^3 \\ (\alpha - 2)x^2 \\ (1 - \alpha)xz^2 \end{pmatrix} = \begin{pmatrix} \frac{\partial}{\partial y}\left[(1 - \alpha)xz^2\right] - \frac{\partial}{\partial z}\left[(\alpha - 2)x^2\right] \\ \frac{\partial}{\partial z}\left[\alpha xy - z^3\right] - \frac{\partial}{\partial x}\left[(1 - \alpha)xz^2\right] \\ \frac{\partial}{\partial x}\left[(\alpha - 2)x^2\right] - \frac{\partial}{\partial y}\left[\alpha xy - z^3\right] \end{pmatrix}$$

$$= \begin{pmatrix} 0 - 0 \\ -3z^2 - z^2 + \alpha z^2 \\ 2\alpha x - 4x - \alpha x \end{pmatrix} = \begin{pmatrix} 0 \\ (-4 + \alpha)z^2 \\ (\alpha - 4)x \end{pmatrix} \overset{!}{=} \begin{pmatrix} 0 \\ 0 \\ 0 \end{pmatrix}.$$

Die erste Gleichung ist trivialerweise erfüllt. Die zweite und dritte Komponente kann nur null werden, wenn $\alpha = 4$. Ergebnis: Nur für $\alpha = 4$ wird $\vec{A}$ wirbelfrei.

Nun berechnen wir noch die Divergenz:

$$\nabla \cdot \vec{A} = \frac{\partial}{\partial x}\left[\alpha xy - z^3\right] + \frac{\partial}{\partial y}\left[(\alpha - 2)x^2\right] + \frac{\partial}{\partial z}\left[(1 - \alpha)xz^2\right]$$

$$= \alpha y + 0 - 2xz(1 - \alpha) = \alpha(y + 2xz) - 2xz \overset{!}{=} 0.$$

Für keine Wahl von α verschwindet die Divergenz von $\vec{A}$ (für $\alpha = 0$ verbleibt immer noch der Term $-2xz$, für $\alpha = 1$ verbleibt der Term y). Damit kann $\vec{A}$ nicht quellenfrei werden. ∎

Divergenz und Rotation im Alltag
Ein Blick auf die morgendliche Routine reicht schon aus, um Beispiele für Divergenz, Rotation sowie Divergenz *und* Rotation zu finden. Steht man unter der Dusche, so quillt (bei funktionierender Leitung) Wasser (darstellbar durch ein Geschwindigkeitsfeld) aus dem Duschkopf. Hier ist also positive Divergenz der Strömung des Wassers zu beobachten. Am Abfluss fließt das Wasser wieder ab, hier gibt es eine Senke des Strömungsfeldes (Divergenz negativ). Dreht man das Wasser genug auf, so fängt das Wasser um den Abfluss zu rotieren an. In diesem Fall haben wir Divergenz *und* Rotation vorliegen. Machen wir uns nach dem Duschen schließlich Physikersprit a. k. a. Kaffee warm und rühren ihn mit dem Löffel um, so erzeugen wir ein Wirbelfeld, das keine Divergenz hat (es sei denn, die Tasse leckt).

Divergenz und Rotation schließen sich nicht gegenseitig aus!

9.2.2 Der Laplace-Operator

Mit Hilfe von Nabla lässt sich weiterhin der sogenannte **Laplace-Operator** (beinhaltet die zweiten partiellen Ableitungen) definieren:

$$\Delta := \nabla \cdot \nabla = \frac{\partial^2}{\partial x^2} + \frac{\partial^2}{\partial y^2} + \frac{\partial^2}{\partial z^2}. \tag{9.7}$$

Der Laplace-Operator ist sowohl für Skalar- als auch Vektorfelder definiert. Man beachte hierbei insbesondere, dass im Allgemeinen gilt:

$$\nabla(\nabla \cdot \vec{A}) \neq \Delta\vec{A} = (\nabla \cdot \nabla)\vec{A},$$

wie auch in $\vec{a}(\vec{a} \cdot \vec{b}) \neq (\vec{a} \cdot \vec{a})\vec{b}$ nicht einfach die Klammern vertauscht werden dürfen. Wir lernen daraus: Man muss sich strikt an die Reihenfolge der Nabla-Operatoren und die Klammersetzung halten, dann kann nichts passieren.

Beispiel 9.2 (Ein Laplace-Beispiel)

▷ Man berechne $\Delta\phi$ für $\phi(\vec{r}) = x^2 e^z + y^4$ und $\Delta\vec{A}$ für $\vec{A}(\vec{r}) = (-y^3 z, x e^z, e^{2y})^\mathsf{T}$.

Lösung: Wir starten mit dem Skalarfeld:

$$\Delta\phi = \left(\frac{\partial^2}{\partial x^2} + \frac{\partial^2}{\partial y^2} + \frac{\partial^2}{\partial z^2}\right)\phi(\vec{r}) = \frac{\partial^2\phi}{\partial x^2} + \frac{\partial^2\phi}{\partial y^2} + \frac{\partial^2\phi}{\partial z^2}.$$

Einzig zu berechnen sind also alle reinen Ableitungen zweiter Ordnung von ϕ. Es folgt

$$\frac{\partial^2\phi}{\partial x^2} = \frac{\partial}{\partial x}\left[2x e^z\right] = 2e^z, \quad \frac{\partial^2\phi}{\partial y^2} = \frac{\partial}{\partial y}\left[4y^3\right] = 12y^2, \quad \frac{\partial^2\phi}{\partial z^2} = \frac{\partial}{\partial z}\left[x^2 e^z\right] = x^2 e^z,$$

woraus $\Delta\phi = \frac{\partial^2\phi}{\partial x^2} + \frac{\partial^2\phi}{\partial y^2} + \frac{\partial^2\phi}{\partial z^2} = 2e^z + 12y^2 + x^2 e^z$ resultiert. Für das Vektorfeld gilt

$$\Delta\vec{A} = \frac{\partial^2\vec{A}}{\partial x^2} + \frac{\partial^2\vec{A}}{\partial y^2} + \frac{\partial^2\vec{A}}{\partial z^2} = \frac{\partial}{\partial x}\begin{pmatrix}0\\e^z\\0\end{pmatrix} + \frac{\partial}{\partial y}\begin{pmatrix}-3y^2 z\\0\\2e^{2y}\end{pmatrix} + \frac{\partial}{\partial z}\begin{pmatrix}-y^3\\xe^z\\0\end{pmatrix}$$

$$= \begin{pmatrix}0\\0\\0\end{pmatrix} + \begin{pmatrix}-6yz\\0\\4e^{2y}\end{pmatrix} + \begin{pmatrix}0\\xe^z\\0\end{pmatrix} = \begin{pmatrix}-6yz\\xe^z\\4e^{2y}\end{pmatrix},$$

was jedoch unterschiedlich ist zu $\nabla(\nabla\cdot\vec{A})$:

$$\nabla(\nabla\cdot\vec{A}) = \nabla\left(\frac{\partial}{\partial x}\left[-y^3 z\right] + \frac{\partial}{\partial y}\left[x e^z\right] + \frac{\partial}{\partial z}\left[e^{2y}\right]\right) = \nabla 0 = \vec{0}$$

und auch nicht mit $\left(\frac{\partial^2 A_1}{\partial x^2}, \frac{\partial^2 A_2}{\partial y^2}, \frac{\partial^2 A_3}{\partial z^2}\right)^\mathsf{T} = \vec{0}$ verwechselt werden sollte! ∎

9.2.3 Noch mehr ∇

Die folgenden Rechenregeln sind hilfreich beim Berechnen von Gradient, Divergenz und Rotation bei komplizierten Feldern (ϕ, ψ Skalarfelder, $\vec{A}$, $\vec{B}$ Vektorfelder) und Kombination dieser:

$$\Delta\phi = \nabla\cdot(\nabla\phi) = (\nabla\cdot\nabla)\phi, \tag{9.8}$$

$$\nabla(\phi\psi) = (\nabla\phi)\psi + \phi(\nabla\psi), \tag{9.9}$$

$$\nabla\cdot(\phi\vec{A}) = (\nabla\phi)\cdot\vec{A} + \phi(\nabla\cdot\vec{A}), \tag{9.10}$$

$$\nabla\cdot(\vec{A}\times\vec{B}) = \vec{B}\cdot(\nabla\times\vec{A}) - \vec{A}\cdot(\nabla\times\vec{B}), \tag{9.11}$$

$$\nabla\times(\phi\vec{A}) = (\nabla\phi)\times\vec{A} + \phi(\nabla\times\vec{A}), \tag{9.12}$$

$$\nabla\times(\nabla\times\vec{A}) = \nabla(\nabla\cdot\vec{A}) - (\nabla\cdot\nabla)\vec{A} = \nabla(\nabla\cdot\vec{A}) - \Delta\vec{A}, \tag{9.13}$$

$$\nabla\cdot(\nabla\times\vec{A}) = 0, \quad \nabla\times(\nabla\phi) = \vec{0}. \tag{9.14}$$

Weiterhin gilt bei Skalarfeldern

$$\Delta(\phi\psi) \stackrel{(9.8)}{=} \nabla \cdot \big(\nabla(\phi\psi)\big)$$
$$\stackrel{(9.9)}{=} \nabla \cdot \big((\nabla\phi)\psi + \phi(\nabla\psi)\big) \stackrel{(9.8)}{=} (\Delta\phi)\psi + 2(\nabla\phi)(\nabla\psi) + \phi(\Delta\psi)$$

$$(9.15)$$

per doppelter Produktregel, aber im Allgemeinen nicht bei Vektorfeldern:

$$\nabla(\vec{A} \cdot \vec{B}) \neq (\nabla \cdot \vec{A})\vec{B} + \vec{A}(\nabla \cdot \vec{B})\,!$$

Für spezielle Vektor- und Skalarfelder in *drei* Dimensionen sind insbesondere die folgenden Regeln merkenswert:

$$\nabla \cdot \vec{r} = 3, \quad \nabla \times \vec{r} = \vec{0}, \quad \nabla r = \frac{\vec{r}}{r}, \quad \nabla\frac{1}{r} = -\frac{\vec{r}}{r^3}, \quad \nabla \cdot \frac{\vec{r}}{r} = \frac{2}{r}, \quad (9.16)$$

$$\nabla \times \big(\phi(r)\vec{r}\big) = \vec{0}, \quad \nabla \cdot \big(\phi(r)\vec{r}\big) = \big(\nabla\phi(r)\big) \cdot \vec{r} + 3\phi(r), \quad (9.17)$$

$$\nabla\phi(r) = \phi'(r)\frac{\vec{r}}{r}. \quad (9.18)$$

Für die Elektrodynamik wichtig zu wissen ist überdies:

$$\nabla_{\vec{r}}\phi\big(|\vec{r} - \vec{r}\,'|\big) = \phi'\big(|\vec{r} - \vec{r}\,'|\big)\frac{\vec{r} - \vec{r}\,'}{|\vec{r} - \vec{r}\,'|}, \quad \nabla_{\vec{r}}\frac{1}{|\vec{r} - \vec{r}\,'|} = -\frac{\vec{r} - \vec{r}\,'}{|\vec{r} - \vec{r}\,'|^3}, \quad (9.19)$$

wobei $\nabla_{\vec{r}}$ die Ableitungen bezüglich der Variablen x, y und z meint. Es lohnt sich, alle diese Regeln einmal im Kartesischen mit $\vec{r} = (x, y, z)^{\mathsf{T}}$ nachzurechnen, um Praxis mit dem Umgang von ∇ zu bekommen.

Beispiel 9.3 (Elektrisches Feld einer Punktladung)

▷ Was sind die Rotation und Divergenz des elektrischen Feldes einer Punktladung

$$\vec{E} = \frac{Q}{4\pi\varepsilon_0}\frac{\vec{r}}{r^3}$$

außerhalb des Ursprungs, d. h. für $r \neq 0$?

Lösung: Wir verwenden obige Regeln zum Berechnen der Rotation und Divergenz und erwarten wegen der ersten Gleichung von (9.17), dass $\nabla \times \vec{E} = \vec{0}$. Anwenden der Differenziationsregeln liefert für $r \neq 0$

$$\begin{aligned} \nabla \times \vec{E} &= \nabla \times \left(\frac{Q}{4\pi\varepsilon_0}\frac{\vec{r}}{r^3}\right) = \frac{Q}{4\pi\varepsilon_0}\left(\nabla \times \left(\frac{1}{r^3}\vec{r}\right)\right) \\ &\stackrel{(9.12)}{=} \frac{Q}{4\pi\varepsilon_0}\left(\left[\nabla\frac{1}{r^3}\right] \times \vec{r} + \frac{1}{r^3}(\nabla \times \vec{r})\right) = \frac{Q}{4\pi\varepsilon_0}\left(-\frac{3}{r^4}\frac{\vec{r}}{r} \times \vec{r} + \frac{1}{r^3} \cdot \vec{0}\right) \\ &= \frac{Q}{4\pi\varepsilon_0}\left(-\frac{3}{r^5}(\vec{r} \times \vec{r})\right) = \vec{0}. \end{aligned}$$

Abb. 9.2 Das elektrische
Feld einer Punktladung.
Deutlich zu erkennen ist,
dass es im Mittelpunkt eine
Quelle des Feldes (nämlich
die Ladung selbst) geben
muss

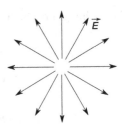

Die Rotation verschwindet außerhalb der Punktladung. Was ist mit der Divergenz?

$$\nabla \cdot \vec{E} = \frac{Q}{4\pi\varepsilon_0} \nabla \cdot \left[\frac{1}{r^3}\vec{r}\right] \stackrel{(9.10)}{=} \frac{Q}{4\pi\varepsilon_0} \left(\left[\nabla\frac{1}{r^3}\right] \cdot \vec{r} + \frac{1}{r^3}\left[\nabla \cdot \vec{r}\right]\right)$$

$$= \frac{Q}{4\pi\varepsilon_0}\left(-\frac{3}{r^4}\frac{\vec{r}}{r}\cdot\vec{r} + \frac{1}{r^3}\cdot 3\right) = \frac{Q}{4\pi\varepsilon_0}\left(-\frac{3(\vec{r}\cdot\vec{r})}{r^5} + \frac{3}{r^3}\right),$$

und wegen $\vec{r}\cdot\vec{r} = r^2$ folgt $\nabla\cdot\vec{E} = -\frac{3}{r^3} + \frac{3}{r^3} = 0$ für $r \neq 0$. Damit ist $\vec{E}$ quellen- und wirbelfrei außerhalb des Ursprungs.

Skizziert man das Feld (Abb. 9.2), so sieht man sofort ein, dass $\vec{E}$ nicht wirbelt ($\nabla \times \vec{E} = \vec{0}$). Allerdings befindet sich im Ursprung eine Quelle, was im ersten Moment nicht mit $\nabla \cdot \vec{E} = 0$ konsistent erscheint. Wir erinnern uns jedoch daran, dass $\nabla \cdot \vec{E} = 0$ ($\vec{E}$ quellenfrei) nur für $r \neq 0$ gilt. Im Außenraum haben wir keine Quellen oder Senken. Deswegen ist dort $\nabla \cdot \vec{E} = 0$. Den Fall $r = 0$ werden wir gesondert mit δ-Distributionen in Abschn. 11.2 betrachten.   ∎

9.2.4 Ableiten in Indexschreibweise

Wir kennen die partielle Ableitung ∂ einer skalaren Funktion ϕ. Nach allen Ortsva-riablen ableiten hieß, den Gradient zu bilden: $\nabla\phi = \left(\frac{\partial\phi}{\partial x}, \frac{\partial\phi}{\partial y}, \frac{\partial\phi}{\partial z}\right)^{\mathsf{T}}$ bzw. mit allge-meinen Koordinaten $\nabla\phi = \left(\frac{\partial\phi}{\partial x_1}, \frac{\partial\phi}{\partial x_2}, \frac{\partial\phi}{\partial x_3}\right)^{\mathsf{T}}$, wobei wir im Folgenden abkürzen:

$$\nabla = \left(\frac{\partial}{\partial x_1}, \frac{\partial}{\partial x_2}, \frac{\partial}{\partial x_3}\right)^{\mathsf{T}}, \quad \nabla_i = \frac{\partial}{\partial x_i} =: \partial_i. \qquad (9.20)$$

Dabei meint $\partial_i = \frac{\partial}{\partial x_i}$ die partielle Ableitung nach der i-ten Koordinate. Die Vektoranalysis-Operationen schreiben sich dann als

$$(\text{grad}\,\phi)_i = (\nabla\phi)_i = \nabla_i\phi = \frac{\partial\phi}{\partial x_i},$$

$$\text{div}\,\vec{A} = \nabla\cdot\vec{A} = \frac{\partial A_1}{\partial x_1} + \frac{\partial A_2}{\partial x_2} + \frac{\partial A_3}{\partial x_3} = \frac{\partial A_i}{\partial x_i},$$

$$(\text{rot}\,\vec{A})_i = (\nabla\times\vec{A})_i = \varepsilon_{ijk}\nabla_j A_k = \varepsilon_{ijk}\frac{\partial}{\partial x_j}A_k, \qquad (9.21)$$

wobei wir die aus Kap. 3 altbekannte Beziehung $(\vec{a} \times \vec{b})_i = \varepsilon_{ijk} a_j b_k$ (das war die i-te Komponente des Kreuzprodukts) für die Kurzschreibweise der Rotation verwendet haben und in der zweiten und dritten Gleichung die Einstein'sche Summenkonvention gilt.

Eine weitere wichtige Beziehung liefert die partielle Ableitung $\frac{\partial x_i}{\partial x_j}$. Wir wissen

$$\frac{\partial x_1}{\partial x_2} = \frac{\partial x_1}{\partial x_3} = \frac{\partial x_2}{\partial x_1} = \frac{\partial x_2}{\partial x_3} = \frac{\partial x_3}{\partial x_1} = \frac{\partial x_3}{\partial x_2} = 0, \quad \frac{\partial x_1}{\partial x_1} = \frac{\partial x_2}{\partial x_2} = \frac{\partial x_3}{\partial x_3} = 1.$$

Die Ableitung $\frac{\partial x_i}{\partial x_j}$ liefert also nur etwas gleich eins für gleiche Indizes, für ungleiche ist sie jedoch null. Preisfrage: Woran erinnert das? Richtig, das Kronecker-Symbol schon wieder:

$$\frac{\partial x_i}{\partial x_j} = \partial_j x_i = \delta_{ij}. \tag{9.22}$$

Zum Berechnen von Ableitungen in Indizes gelten ansonsten die üblichen Differenziationsregeln (Produkt-, Quotienten- und Kettenregel). Wir üben dies an drei Beispielen.

Beispiel 9.4 (Ableitung des Federpotenzials)

▷ Man berechne den Gradienten des Potenzials $V = \frac{\kappa}{2} x_i x_i$.

Lösung: Wir verwenden die Produktregel. Natürlich können wir hier nicht nach der i-ten Koordinate ableiten (Verletzung der Einstein'schen Summenkonvention), sondern müssen einen neuen Index (hier k) einführen:

$$(\text{grad } V)_k = \partial_k \left(\frac{\kappa}{2} x_i x_i\right) = \frac{\kappa}{2}\left((\partial_k x_i) x_i + x_i (\partial_k x_i)\right).$$

Nun können wir (9.22) und die Regeln für das Kronecker-Symbol aus Kap. 3 verwenden, dann folgt

$$(\text{grad } V)_k = \frac{\kappa}{2}(\delta_{ik} x_i + x_i \delta_{ik}) = \frac{\kappa}{2}(x_k + x_k) = \kappa x_k.$$

Dies war auch zu erwarten, da $V = \frac{\kappa}{2} x_i x_i = \frac{\kappa}{2}\left(x_1^2 + x_2^2 + x_3^2\right)$ z. B. nach x_2 abgeleitet κx_2 ist, was $(\text{grad } V)_k = \kappa x_k$ ebenfalls für festes $k = 2$ liefert. ∎

Beispiel 9.5 (∇r in Komponenten)

▷ Zeigen Sie in Indizes: $\nabla r = \frac{\vec{r}}{r}$ für $r = \sqrt{x^2 + y^2 + z^2}$.

Lösung: Wir schreiben zunächst die Wurzel in Indizes und nummerieren $x_1 = x$, $x_2 = y$ und $x_3 = z$, so dass $\vec{r} = (x_1, x_2, x_3)^{\mathsf{T}}$. Es ist $r = \sqrt{x_\ell x_\ell}$ und wir können dann für die k-te Komponente des Gradienten schreiben:

$$(\nabla r)_k = (\nabla \sqrt{x_\ell x_\ell})_k = \partial_k \sqrt{x_\ell x_\ell} = \partial_k (x_\ell x_\ell)^{\frac{1}{2}}.$$

Beim Ableiten kommt die Kettenregel ins Spiel:

$$(\nabla r)_k = \partial_k (x_\ell x_\ell)^{\frac{1}{2}} = \tfrac{1}{2} (x_\ell x_\ell)^{-\frac{1}{2}} \cdot \partial_k (x_i x_i).$$

Die hintere (innere) Ableitung kennen wir aber schon aus Beispiel 9.4, es ist $\partial_k (x_i x_i) = 2x_k$. Ergebnis:

$$(\nabla r)_k = \tfrac{1}{2} (x_\ell x_\ell)^{-\frac{1}{2}} \cdot 2x_k = \frac{x_k}{\sqrt{x_\ell x_\ell}}$$

und im Gesamten rückgewandelt: $\nabla r = \frac{\vec{r}}{r}$. ∎

Auch Rotation und Divergenz lassen sich bequem im Indexkalkül berechnen.

Beispiel 9.6 (Divergenz und Rotation in der Kaffeetasse)

▷ Wie berechnen sich Divergenz und Rotation des Strömungsfeldes $\vec{v}(\vec{r}) = \vec{A} \times \vec{r}$ eines Kaffees in einer Tasse mit konstantem $\vec{A}$ in Indexschreibweise?

Lösung: Wir starten mit der Divergenz. In Indexschreibweise ist dies

$$\nabla \cdot \vec{v} = \partial_i v_i = \partial_i (\vec{A} \times \vec{r})_i = \partial_i [\varepsilon_{ijk} A_j x_k] = \varepsilon_{ijk} A_j (\partial_i x_k).$$

Im letzten Schritt wurde die Ableitung an den Konstanten ε_{ijk} und A_j vorbeigezogen. Nun können wir wieder Gebrauch von (9.22) machen und bekommen

$$\nabla \cdot \vec{v} = \varepsilon_{ijk} A_j (\partial_i x_k) = \varepsilon_{ijk} A_j \delta_{ki} = \varepsilon_{iji} A_j = 0,$$

da immer mindestens zwei Indizes beim Levi-Civita-Tensor übereinstimmen und dies folglich verschwindet. Für die i-te Komponente der Rotation gilt

$$\left[\nabla \times (\vec{A} \times \vec{r})\right]_i = \varepsilon_{ijk} \partial_j (\vec{A} \times \vec{r})_k = \varepsilon_{ijk} \partial_j [\varepsilon_{k\ell m} A_\ell x_m] = \varepsilon_{ijk} \varepsilon_{k\ell m} A_\ell \underbrace{(\partial_j x_m)}_{=\delta_{mj}}$$

$$= \varepsilon_{ijk} \varepsilon_{k\ell j} A_\ell = \varepsilon_{ijk} \varepsilon_{\ell jk} A_\ell.$$

Das ε-Produkt lässt sich mit der Kenntnis von (3.24) aus Kap. 3 vereinfachen. Danach zerfällt das Produkt zweier ε-Tensoren mit zwei doppelten Indizes in ein einfaches Kronecker-Symbol:

$$\left[\nabla \times (\vec{A} \times \vec{r})\right]_i = \varepsilon_{ijk} \varepsilon_{\ell jk} A_\ell = 2\delta_{i\ell} A_\ell = 2A_i.$$

Damit ergibt sich, dass das Strömungsfeld des umgerührten Kaffees in der Tasse keine Quellen/Senken hat (die Tasse hat keinen Zufluss/kein Loch), wohl aber Wirbel. ∎

[H19] Feld eines magnetischen Dipols (5 Punkte)

▷ Wie muss der Parameter λ gewählt werden, damit das magnetische Feld eines Dipols (z. B. eines Stabmagnets)

$$\vec{B}(\vec{r}) = \frac{\mu_0}{4\pi} \cdot \frac{\lambda(\vec{p} \cdot \vec{r})\vec{r} - \vec{p}r^2}{r^5}$$

mit beliebigem Vektor $\vec{p}$ und magnetischer Feldkonstante μ_0 außerhalb des Koordinatenursprungs quellenfrei wird? Ist es dann auch wirbelfrei?

Spickzettel zu Feldern und Differenzialoperatoren

- **Gradient, Divergenz und Rotation**
  - Gradient (für Skalarfelder): $\nabla\phi(\vec{r}) = \left(\frac{\partial\phi}{\partial x}, \frac{\partial\phi}{\partial y}, \frac{\partial\phi}{\partial z}\right)^{\mathsf{T}}$.
  - Divergenz (für Vektorfelder): $\operatorname{div}\vec{A} = \nabla \cdot \vec{A} = \frac{\partial A_1}{\partial x} + \frac{\partial A_2}{\partial y} + \frac{\partial A_3}{\partial z}$; sie entspricht Quellstärke des Feldes. $\operatorname{div}\vec{A} < 0$: Senke, $\operatorname{div}\vec{A} > 0$: Quelle. $\vec{A}$ heißt quellen- bzw. senkenfrei $\Longleftrightarrow \operatorname{div}\vec{A} = 0$.
  - Rotation: $\operatorname{rot}\vec{A} = \nabla \times \vec{A} = \left(\frac{\partial A_3}{\partial y} - \frac{\partial A_2}{\partial z}, \frac{\partial A_1}{\partial z} - \frac{\partial A_3}{\partial x}, \frac{\partial A_2}{\partial x} - \frac{\partial A_1}{\partial y}\right)^{\mathsf{T}}$. Sie entspricht der Wirbelstärke des Feldes $\vec{A}$. Ein Feld $\vec{A}$ heißt wirbelfrei $\Longleftrightarrow \nabla \times \vec{A} = \vec{0}$.
- **Nabla-Rechenregeln**
  - Produktregeln: $\nabla(\phi\psi) = (\nabla\phi)\psi + \phi(\nabla\psi)$, $\nabla \cdot (\phi\vec{A}) = (\nabla\phi) \cdot \vec{A} + \phi(\nabla \cdot \vec{A})$.
  - Kreuzprodukte:

$$\nabla \cdot (\vec{A} \times \vec{B}) = \vec{B} \cdot (\nabla \times \vec{A}) - \vec{A} \cdot (\nabla \times \vec{B}),$$

$$\nabla \times (\phi\vec{A}) = (\nabla\phi) \times \vec{A} + \phi(\nabla \times \vec{A}), \quad \nabla \times (\nabla\phi) = \vec{0}.$$

  - Merkenswert:
    $\nabla \cdot \vec{r} = 3$, $\nabla \times \vec{r} = \vec{0}$, $\nabla r = \frac{\vec{r}}{r}$, $\nabla\frac{1}{r} = -\frac{\vec{r}}{r^3}$, $\nabla \cdot \frac{\vec{r}}{r} = \frac{2}{r}$, $\nabla\phi(r) = \phi'(r)\frac{\vec{r}}{r}$,
    $\nabla \times (\phi(r)\vec{r}) = \vec{0}$, $\nabla \cdot (\phi(r)\vec{r}) = (\nabla\phi) \cdot \vec{r} + 3\phi(r)$ und $\nabla_{\vec{r}}\frac{1}{|\vec{r} - \vec{r}'|} = -\frac{\vec{r} - \vec{r}'}{|\vec{r} - \vec{r}'|^3}$.
  - Achtung: $\nabla(\vec{A} \cdot \vec{B}) \neq (\nabla \cdot \vec{A})\vec{B} + \vec{A}(\nabla \cdot \vec{B})$.
- **Nabla mal Nabla**
  - Laplace: $\Delta = \nabla \cdot \nabla = \frac{\partial^2}{\partial x^2} + \frac{\partial^2}{\partial y^2} + \frac{\partial^2}{\partial z^2}$ wirkt auf Skalar- und Vektorfelder. Beachte die Falle $\nabla(\nabla \cdot \vec{A}) \neq \Delta\vec{A} = (\nabla \cdot \nabla)\vec{A}$ (für Vektorfelder). Bei Skalarfeldern: $\Delta\phi = \nabla \cdot (\nabla\phi) = (\nabla \cdot \nabla)\phi$.
  - Doppelte Produkte:

$$\nabla \times (\nabla \times \vec{A}) = \nabla(\nabla \cdot \vec{A}) - (\nabla \cdot \nabla)\vec{A} = \nabla(\nabla \cdot \vec{A}) - \Delta\vec{A}, \quad \nabla \cdot (\nabla \times \vec{A}) = 0.$$

- **Ableiten in Indexschreibweise**
  $\nabla_i = \partial_i = \frac{\partial}{\partial x_i}$, damit sind Gradient $(\nabla\phi)_i = \frac{\partial \phi}{\partial x_i}$, Divergenz $\nabla \cdot \vec{A} = \frac{\partial A_i}{\partial x_i}$ und Rotation
  $(\nabla \times \vec{A})_i = \varepsilon_{ijk} \frac{\partial}{\partial x_j} A_k$. Beachte dabei stets $\frac{\partial x_i}{\partial x_j} = \partial_j x_i = \delta_{ij}$ und die üblichen Ableitungsregeln.

·····················P-H-Y-S-I-K·····················

- **Feldbegriff**
  Feld := Funktion von Raum und Zeit (Temperatur $T(\vec{r}, t)$, elektrisches Feld $\vec{E}(\vec{r}, t)$).
  Unterscheide dabei Skalar- und Vektorfeld. Stationäres Feld = nur orts-, nicht zeitabhängig (z. B. Kraftfeld $\vec{F}(\vec{r})$).

9.3 Krummlinige Koordinaten

Bisher haben wir koordinatenfreie Rechenregeln aufgestellt oder brav in kartesischen Koordinaten gerechnet. Nun wollen wir die eingeführten Konzepte auf krummlinige, d. h. nichtkartesische Koordinaten erweitern. Die bekannten Differenzialoperatoren Gradient, Divergenz, Rotation und Laplace-Operator bekommen dann eine andere Gestalt, wie wir am Ende des Abschnitts sehen werden.

9.3.1 Bestimmung der Basisvektoren in neuen Koordinaten

In Abschn. 1.5 haben wir bereits krummlinige Koordinaten(-systeme) kennengelernt: Polar-, Zylinder- und Kugelkoordinaten. Die Basisvektoren der Kugelkoordinaten fielen dort vom Himmel, konnten aber grafisch in **[H4]** überlegt und hergeleitet werden. Wir wollen in diesem Abschnitt ein systematisches Verfahren zur Bestimmung der Basisvektoren beliebiger Koordinaten betrachten.

Schaut man beispielsweise bei den Polarkoordinaten und ihren Basisvektoren

$$\vec{x}(r, \varphi) = \begin{pmatrix} r\cos(\varphi) \\ r\sin(\varphi) \end{pmatrix}, \quad \vec{e}_r = \begin{pmatrix} \cos(\varphi) \\ \sin(\varphi) \end{pmatrix}, \quad \vec{e}_\varphi = \begin{pmatrix} -\sin(\varphi) \\ \cos(\varphi) \end{pmatrix}$$

genau hin, so erkennt man, dass der erste Basisvektor aus $\vec{x}(r, \varphi)$ folgt, indem man $\vec{x}$ partiell nach r ableitet, der zweite entsteht bis auf den fehlenden Faktor r ebenfalls durch partielle Ableitung (diesmal nach φ). Hier können wir also schreiben:

$$\vec{e}_r = \frac{\partial \vec{x}}{\partial r}, \quad \vec{e}_\varphi = \frac{1}{r}\frac{\partial \vec{x}}{\partial \varphi},$$

wobei der Faktor $\frac{1}{r}$ benötigt wird, um den Basisvektor zu normieren.

Wir verallgemeinern dies: Gegeben sei die Parametrisierung $\vec{x}(u_1, \ldots, u_n)$ in den Koordinaten $u_1, \ldots, u_n$. Man erhält aus dieser Parametrisierung durch partielles Ableiten die neuen Basisvektoren:

$$\vec{e}_{u_i} = \left| \frac{\partial \vec{x}}{\partial u_i} \right|^{-1} \cdot \frac{\partial \vec{x}}{\partial u_i}. \tag{9.23}$$

Der Vorfaktor $\left| \frac{\partial \vec{x}}{\partial u_i} \right|^{-1}$ wird benötigt, um den Vektor $\frac{\partial \vec{x}}{\partial u_i}$ zu normieren.

Beispiel 9.7 (Basisvektoren der Kugelkoordinaten)

▷ Berechnen Sie die Basisvektoren der Kugelkoordinaten $\vec{x} = r(Sc, Ss, C)^{\mathsf{T}}$ mit den üblichen Abkürzungen $s := \sin(\varphi)$, $S := \sin(\theta)$, $c := \cos(\varphi)$ und $C := \cos(\theta)$.

Lösung: Wir starten mit $u_1 = r$. Es ist $\frac{\partial \vec{x}}{\partial r} = (Sc, Ss, C)^{\mathsf{T}}$ mit

$$\left| \frac{\partial \vec{x}}{\partial r} \right| = \sqrt{S^2 c^2 + S^2 s^2 + C^2} = \sqrt{S^2(c^2 + s^2) + C^2} = \sqrt{S^2 + C^2} = 1.$$

Damit folgt der erste Basisvektor nach (9.23) zu

$$\vec{e}_r = 1^{-1} \cdot (Sc, Ss, C)^{\mathsf{T}} = \big(\sin(\theta) \cos(\varphi), \sin(\theta) \sin(\varphi), \cos(\theta) \big)^{\mathsf{T}}.$$

Weiterhin sind $\frac{\partial \vec{x}}{\partial \theta} = r(Cc, Cs, -S)^{\mathsf{T}}$, woraus für den Betrag folgt:

$$\left| \frac{\partial \vec{x}}{\partial \theta} \right| = r\sqrt{C^2 c^2 + C^2 s^2 + S^2} = r\sqrt{C^2 + S^2} = r$$

und somit

$$\vec{e}_\theta = \frac{1}{r} \cdot r(Cc, Cs, -S)^{\mathsf{T}} = \big(\cos(\theta) \cos(\varphi), \cos(\theta) \sin(\varphi), -\sin(\theta) \big)^{\mathsf{T}}.$$

Schließlich fehlt noch $\frac{\partial \vec{x}}{\partial \varphi} = r(-Ss, Sc, 0)^{\mathsf{T}} = rS(-s, c, 0)^{\mathsf{T}}$, und weiterhin ist $\left| \frac{\partial \vec{x}}{\partial \varphi} \right| = rS\sqrt{s^2 + c^2} = rS$, so dass auch der letzte Basisvektor nach (9.23) folgt:

$$\vec{e}_\varphi = \frac{1}{rS} \cdot rS(-s, c, 0)^{\mathsf{T}} = \big(-\sin(\varphi), \cos(\varphi), 0 \big)^{\mathsf{T}}. \qquad \blacksquare$$

Ein Hinweis sei an dieser Stelle angebracht. Die mit (9.23) berechneten Basisvektoren sind allesamt automatisch normiert. Dies ist häufig nicht zwingend. Für das Berechnen einer sogenannten Metrik (Abschn. 9.3.3) z.B. in der speziellen Relativitätstheorie werden als Basisvektoren die $\frac{\partial \vec{x}}{\partial u_i}$ ohne Normierung verwendet, welche wir gleich Tangentialvektoren nennen werden. Später beim expliziten Berechnen der Differenzialoperatoren in krummlinigen Koordinaten benutzen wir aber wieder die normierten Basisvektoren, so wie wir sie zuvor eingeführt haben.

9.3.2 Tangentialvektoren und Oberflächenintegrale

Wir wollen nun eine gekrümmte Oberfläche charakterisieren. Dies geschieht mit Hilfe der sogenannten **Tangentialvektoren**. Dieses sind Vektoren, die tangential an der Oberfläche kleben (wie z. B. ein Wegweiser, der an eine Litfaßsäule an nur einem Punkt angeklebt wird). Liegt eine Parametrisierung $\vec{x}(\vec{u})$ der Oberfläche vor, so können wir einen Tangentialvektor bezüglich der u_i-ten Variable definieren:

$$\vec{t}_{u_i} := \frac{\partial \vec{x}}{\partial u_i}. \tag{9.24}$$

Zur Veranschaulichung: Betrachtet man die Oberfläche eines Zylinders (die Litfaßsäule), so lässt sich auf dieser eine tangentiale Ebene (eine angeklebte Holzplatte) durch zwei Richtungsvektoren bestimmen. Im Falle des Zylinders wären dies die Richtungsvektoren $\vec{e}_\varphi$ und $\vec{e}_z$. Wir können allerdings auch die Tangentialvektoren $\vec{t}_\varphi$ und $\vec{t}_z$ zu Rate ziehen. Abb. 9.3 veranschaulicht dies.

Klebt man nun unendlich viele und unendlich kleine Holzplättchen auf die Oberfläche der Litfaßsäule, so lässt sich die gesamte Fläche ohne Überlapp vollkleben. Jedes kleine Holzplättchen sei durch ein **Oberflächenelement** $\mathrm{d}\vec{f}$ charakterisiert, welches senkrecht auf dem Plättchen nach außen zeigt (erinnert im Gesamten an eine Rundbürste) und als Betrag die Größe des infinitesimalen Flächenstücks hat. Summiert man dann über alle infinitesimalen Flächen, so erhält man die Oberfläche des Volumens $\mathcal{V}$:

$$F = \int_{\partial \mathcal{V}} |\mathrm{d}\vec{f}| = \int_{\partial \mathcal{V}} \mathrm{d}^2 x, \tag{9.25}$$

wobei $\partial \mathcal{V}$ die das Volumen $\mathcal{V}$ begrenzende Randfläche (die Hülle) meint. Das Oberflächenelement $\mathrm{d}\vec{f}$ hat zwei zentrale Eigenschaften:

1. $\mathrm{d}\vec{f}$ steht immer senkrecht auf dem infinitesimalen Flächenstückchen und errechnet sich via

$$\mathrm{d}\vec{f} = \mathrm{d}u_1 \, \mathrm{d}u_2 \, \frac{\partial \vec{x}}{\partial u_1} \times \frac{\partial \vec{x}}{\partial u_2} = \mathrm{d}u_1 \, \mathrm{d}u_2 \, (\vec{t}_{u_1} \times \vec{t}_{u_2}). \tag{9.26}$$

2. Der Betrag $|\mathrm{d}\vec{f}|$ ist gleich der Größe der infinitesimalen Fläche $\mathrm{d}^2 x$ (vgl. (9.25)).

Abb. 9.3 Tangential-
vektoren an einem Zylinder.
Das Oberflächenelement $\mathrm{d}\vec{f}$
steht paarweise senkrecht auf
$\vec{t}_\varphi$ und $\vec{t}_z$ und somit auch
senkrecht auf dem
infinitesimalen
Oberflächenstückchen

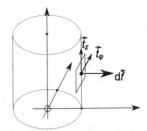

Das Oberflächenelement lässt sich in drei Dimensionen über die Tangentialvektoren mit Hilfe des Kreuzprodukts (siehe Punkt **1.**) ausdrücken. Für das Flächenelement folgt dann

$$d^2x = |d\vec{f}| = du_1 \, du_2 \, |(\vec{t}_{u_1} \times \vec{t}_{u_2})| = du_1 \, du_2 \left| \frac{\partial \vec{x}}{\partial u_1} \times \frac{\partial \vec{x}}{\partial u_2} \right|, \qquad (9.27)$$

so dass sich als endgültige Formel für die Oberfläche F eines Volumens $\mathcal{V}$ ergibt:

$$F = \int_{\partial \mathcal{V}} du_1 \, du_2 \left| \frac{\partial \vec{x}}{\partial u_1} \times \frac{\partial \vec{x}}{\partial u_2} \right|. \qquad (9.28)$$

Beispiel 9.8 (Kugeloberfläche)

▷ Wie groß ist die Oberfläche einer Kugel vom Radius R?

Lösung: Wir parametrisieren zunächst die Kugeloberfläche. Hierzu verwenden wir Kugelkoordinaten mit konstantem Radius $r = R$:

$$\vec{x}(\theta, \varphi) = R\big(\sin(\theta)\cos(\varphi), \sin(\theta)\sin(\varphi), \cos(\theta)\big)^{\mathsf{T}}.$$

Dann berechnen sich die Tangentialvektoren zu

$$\vec{t}_\theta = \frac{\partial \vec{x}}{\partial \theta} = R\big(\cos(\theta)\cos(\varphi), \cos(\theta)\sin(\varphi), -\sin(\theta)\big)^{\mathsf{T}} = R\vec{e}_\theta,$$

$$\vec{t}_\varphi = \frac{\partial \vec{x}}{\partial \varphi} = R\big(-\sin(\theta)\sin(\varphi), \sin(\theta)\cos(\varphi), 0\big)^{\mathsf{T}} = R\sin(\theta)\vec{e}_\varphi.$$

Somit folgt das Flächenelement d^2x mit Hilfe von Gl. (9.27):

$$d^2x = d\theta \, d\varphi \, |\vec{t}_\theta \times \vec{t}_\varphi| = d\theta \, d\varphi \, R^2 \sin(\theta)|\vec{e}_\theta \times \vec{e}_\varphi|$$
$$= d\theta \, d\varphi \, R^2 \sin(\theta) \underbrace{|\vec{e}_r|}_{=1} = d\theta \, d\varphi \, R^2 \sin(\theta).$$

Schließlich können wir das Integral über die Oberfläche berechnen. Dabei läuft θ von 0 bis π und φ von 0 bis 2π (Kap. 5),

$$F = \int_{\partial \mathcal{V}} d^2x = \int_{\partial \mathcal{V}} d\theta \, d\varphi \, R^2 \sin(\theta) = R^2 \int_0^\pi d\theta \sin(\theta) \int_0^{2\pi} d\varphi$$
$$= 2\pi R^2 (-\cos(\theta))|_0^\pi = 4\pi R^2.$$

Ergebnis: Die Oberfläche der Kugel vom Radius R ist $4\pi R^2$. ∎

Wissenswert sind die folgenden Oberflächenelemente:

$$\text{Ebene in kartesischen Koord.: } d\vec{f} = dx_i \, dx_j \, \vec{e}_k \, , \quad i \neq j \neq k, \qquad (9.29)$$

$$\text{Ebene in Polarkoordinaten: } d\vec{f} = dr \, r \, d\varphi \, \vec{e}_z, \qquad (9.30)$$

$$\text{Zylindermantel (Radius } R\text{): } d\vec{f} = R \, d\varphi \, dz \, \vec{e}_\rho, \qquad (9.31)$$

$$\text{Kugeloberfläche(Radius } R\text{): } d\vec{f} = R^2 \, d\theta \, \sin(\theta) \, d\varphi \, \vec{e}_r \qquad (9.32)$$

$$\overset{(5.30)}{=} R^2 \, d\cos(\theta) \, d\varphi \, \vec{e}_r. \qquad (9.33)$$

9.3.3 Der metrische Tensor

Insbesondere in der speziellen und allgemeinen Relativitätstheorie wird man immer wieder mit dem Begriff der Metrik konfrontiert. Mit Hilfe dieses Objektes ist es uns möglich, auf gekrümmten Oberflächen Strecken und Winkel in einem gewählten Punkt sinnvoll zu messen. Wir können uns die Metrik also wie ein Geodreieck vorstellen, welches sowohl in der euklidischen Ebene als auch in gekrümmten Räumen zum Einsatz kommen kann.

Die Metrik selbst ist ein Tensor zweiter Stufe, d. h. ein zweifach indiziertes Objekt (Kap. 3), welches sich als Matrix $G = (G_{ij})$ darstellen lässt. Kennt man die Parametrisierung $\vec{x}(\vec{u})$ einer Oberfläche, so errechnen sich die **Komponenten der Metrik** zu

$$G_{ij} = \frac{\partial \vec{x}}{\partial u_i} \cdot \frac{\partial \vec{x}}{\partial u_j} = \vec{t}_{u_i} \cdot \vec{t}_{u_j}. \qquad (9.34)$$

Die Metrik variiert (wie auch die Tangentialvektoren) von Punkt zu Punkt auf der Oberfläche. Sie ergibt sich nach (9.34) als Skalarprodukt der jeweiligen Tangentialvektoren (9.24). Da das Skalarprodukt kommutativ ist, ist die Metrik nach (3.31) symmetrisch:

$$G_{ij} = \vec{t}_{u_i} \cdot \vec{t}_{u_j} = \vec{t}_{u_j} \cdot \vec{t}_{u_i} = G_{ji} \iff G = G^\mathsf{T}. \qquad (9.35)$$

Ein Wort noch zur Notation: Wir benutzen hier $G = (G_{ij})$ als Kennzeichnung der Matrix, da wir durchgehend Großbuchstaben für Matrizen verwendet haben. Tatsächlich wird für die Metrik ein kleines g benutzt. Wir bleiben hier aber dennoch bei der Großbuchstabennotation.

Beispiel 9.9 (Metrik der Kugeloberfläche)

▷ Wie lautet die Metrik an einem beliebigen Punkt auf einer Kugeloberfläche mit Radius R?

Lösung: Als Parametrisierung nehmen wir jene aus Beispiel 9.8 und übernehmen auch direkt die Tangentialvektoren. Da $r = R = $ const., lässt sich die Oberfläche mit $u_1 = \theta$ und $u_2 = \varphi$ parametrisieren. Als Tangentialvektoren ergaben sich dann

$$\vec{t}_{u_1} = \vec{t}_\theta = R\vec{e}_\theta \,, \quad \vec{t}_{u_2} = \vec{t}_\varphi = R\sin(\theta)\vec{e}_\varphi.$$

Für die Metrik folgt dann

$$G = \begin{pmatrix} \vec{t}_\theta \cdot \vec{t}_\theta & \vec{t}_\theta \cdot \vec{t}_\varphi \\ \vec{t}_\varphi \cdot \vec{t}_\theta & \vec{t}_\varphi \cdot \vec{t}_\varphi \end{pmatrix} = \begin{pmatrix} R^2(\vec{e}_\theta \cdot \vec{e}_\theta) & R^2\sin(\theta)(\vec{e}_\theta \cdot \vec{e}_\varphi) \\ R^2\sin(\theta)(\vec{e}_\varphi \cdot \vec{e}_\theta) & R^2\sin^2(\theta)(\vec{e}_\varphi \cdot \vec{e}_\varphi) \end{pmatrix}$$

$$= \begin{pmatrix} R^2 & 0 \\ 0 & R^2\sin^2(\theta) \end{pmatrix},$$

da die Skalarprodukte der gleichen Basisvektoren eins und die der verschiedenen null liefern. ∎

Längen und Winkel

Bei der Berechnung der Bogenlänge in Kap. 6 hat laut (6.18) das Bogenlängenelement ds^2 zentrale Bedeutung. Es ist im euklidischen (flachen) Raum definiert als das Skalarprodukt $ds^2 = d\vec{x} \cdot d\vec{x}$ (Gl. (4.52)). Diese Definition erweitert sich nun in gekrümmten Räumen bzw. auf gekrümmten Oberflächen mit der Metrik zum **Linienelement in beliebigen Koordinaten**

$$ds^2 = G_{ij}du_i du_j \quad \text{bzw.} \quad ds^2 = d\vec{u}^\mathsf{T} \cdot G \cdot d\vec{u}, \tag{9.36}$$

und entsprechend funktioniert allgemein die Längenberechnung über

$$L = \int_C \sqrt{ds^2} = \int_C \sqrt{G_{ij}du_i du_j}. \tag{9.37}$$

Das ist die **allgemeine Formel der Bogenlänge** in beliebigen Koordinaten, welche auch auf gekrümmten Oberflächen mit Parametrisierung $\vec{x}(\vec{u})$ angewendet werden kann. Man beachte dabei die Einstein'sche Summenkonvention bzgl. der Indizes i und j.

Umgekehrt bedeutet das nun, dass bei jedweder Skalarproduktberechnung immer auch die Metrik mit einbezogen werden muss. Da die Länge eines Vektors $\vec{a}$ nach (1.29) ebenso per Skalarprodukt $a = \sqrt{\vec{a} \cdot \vec{a}}$ berechnet werden kann, geht auch hier die Metrik mit ein. Für die Berechnung eines Winkels kennen wir Gl. (1.24): $\cos(\varphi) = \frac{\vec{a} \cdot \vec{b}}{ab}$. Diese wandelt sich auf gekrümmten Oberflächen ab zu

$$\cos(\varphi) = \frac{\vec{a}^\mathsf{T} \cdot G \cdot \vec{b}}{\sqrt{\vec{a}^\mathsf{T} \cdot G \cdot \vec{a}}\sqrt{\vec{b}^\mathsf{T} \cdot G \cdot \vec{b}}}. \tag{9.38}$$

Hiermit haben wir die **allgemeine Formel der Winkelberechnung** zwischen zwei Vektoren aufgestellt, wobei das Ergebnis natürlich auch wieder von Punkt zu Punkt auf einer beliebigen Oberfläche variieren kann.

Beispiel 9.10 (Bogenlänge in der euklidischen Ebene)

▷ Wie groß ist die Bogenlänge der kürzesten Verbindung zwischen zwei Punkten in der euklidischen Ebene?

Lösung: Als geeignete Parametrisierung des flachen 2-D-Raums wählen wir $\vec{x}(u_1 = x, u_2 = y) = (x, y)^\mathsf{T}$. Für die Metrik benötigen wir zunächst die Tangentialvektoren:

$$\vec{t}_{u_1} = \frac{\partial \vec{x}}{\partial u_1} = \frac{\partial \vec{x}}{\partial x} = (1, 0)^\mathsf{T}, \quad \vec{t}_{u_2} = \frac{\partial \vec{x}}{\partial u_2} = \frac{\partial \vec{x}}{\partial y} = (0, 1)^\mathsf{T}.$$

Als Tangentialvektoren ergeben sich gerade die kanonischen Basisvektoren $\vec{t}_{u_1} = \vec{e}_1$ und $\vec{t}_{u_2} = \vec{e}_2$. Damit kennen wir auch sofort die Skalarprodukte: $\vec{t}_{u_i} \cdot \vec{t}_{u_j} = \vec{e}_i \cdot \vec{e}_j = \delta_{ij}$, und es folgt für die Metrik in Matrixdarstellung: $G = (\delta_{ij}) = \mathbb{1}$! Für die Bogenlänge folgt dann

$$L = \int_C \sqrt{G_{ij} \mathrm{d}u_i \mathrm{d}u_j} = \int_C \sqrt{\mathrm{d}x^2 + \mathrm{d}y^2} = \int_C \mathrm{d}x \sqrt{1 + \left(\frac{\mathrm{d}y}{\mathrm{d}x}\right)^2}.$$

Die kürzeste Verbindung in der Ebene zwischen zwei Punkten $\vec{r}_1 = (x_1, y_1)^\mathsf{T}$ und $\vec{r}_2 = (x_2, y_2)^\mathsf{T}$ ist die Gerade. Wir können sie per $y(x) = ax + b$ parametrisieren. Deren Ableitung ist dann $y'(x) = \frac{\mathrm{d}y}{\mathrm{d}x} = a$, so dass das Integral harmlos wird:

$$L = \int_{x_1}^{x_2} \mathrm{d}x \sqrt{1 + a^2} = (x_2 - x_1)\sqrt{1 + a^2}.$$

Hierbei ist aber a die Steigung der Geraden, also $\frac{y_2 - y_1}{x_2 - x_1}$. Setzt man dies ein, so erhält man das erwartete Ergebnis:

$$L = (x_2 - x_1)\sqrt{1 + \left(\frac{y_2 - y_1}{x_2 - x_1}\right)^2} = \sqrt{(x_2 - x_1)^2 + (y_2 - y_1)^2} = |\vec{r}_1 - \vec{r}_2|,$$

nämlich den Abstand der Punkte $\vec{r}_1$ und $\vec{r}_2$ zueinander.   ∎

Aus Beispiel 9.10 lernen wir direkt:

$$\text{flacher Raum (z. B. euklidische Ebene)} \iff G \sim \mathbb{1}, \qquad (9.39)$$

wodurch die Formeln für Bogenlänge und Winkelmessung die bekannte Form aus Kap. 6 und 1 annehmen, da $\vec{a}^\mathsf{T} \cdot G \cdot \vec{b} = \vec{a}^\mathsf{T} \cdot \mathbb{1} \cdot \vec{b} = \vec{a} \cdot \vec{b}$, und entsprechend die anderen Skalarprodukte.

9.3.4 ∇ in krummlinigen Koordinaten

Wie wir in Kap. 5 gesehen haben, ändern Flächen- und Volumenelement ihre Form beim Wechsel in krummlinige Koordinanten (Integralsubstitutionssatz; Abschn. 5.3). Auch die uns bekannten Operatoren der Vektoranalysis verändern ihre Form bei Wechsel in krummlinige Koordinaten.

Gradient in krummlinigen Koordinaten
Eine Warnung gleich vorweg:

$$\vec{x} = \vec{x}(u_1, u_2, u_3) \implies \nabla f(\vec{x}) = \left(\frac{\partial}{\partial x}, \frac{\partial}{\partial y}, \frac{\partial}{\partial z}\right)^{\mathsf{T}} f(\vec{x}) \neq \left(\frac{\partial}{\partial u_1}, \frac{\partial}{\partial u_2}, \frac{\partial}{\partial u_3}\right)^{\mathsf{T}} f(\vec{x})!$$

So bitte nicht! Richtig ist dagegen

$$\vec{x} = \vec{x}(u_1, u_2, u_3) \implies \nabla f(\vec{x}) = \sum_{i=1}^{N} \vec{e}_{u_i} \cdot \left|\frac{\partial \vec{x}}{\partial u_i}\right|^{-1} \frac{\partial}{\partial u_i} f(\vec{x}(\vec{u})). \tag{9.40}$$

Hierbei gibt N die Dimension an (d. h. die Anzahl der Koordinaten), $\vec{e}_{u_i}$ sind die Basisvektoren der u_i-ten Koordinate und der Operator $\frac{\partial}{\partial u_i}$ wartet hungrig auf etwas, das von rechts kommt und abgeleitet werden will. Am Beispiel wird diese Formel klar werden.

Beispiel 9.11 (∇ in Zylinderkoordinaten)

▷ Wie lautet ∇ in Zylinderkoordinaten?

Lösung: Die naive Idee, dass $\nabla = (\frac{\partial}{\partial \rho}, \frac{\partial}{\partial \varphi}, \frac{\partial}{\partial z})^{\mathsf{T}}$, ist leider falsch, wie man bereits an den Einheiten sieht: $[\frac{\partial}{\partial \rho}] = [\frac{1}{\rho}] = \frac{1}{\mathrm{m}}$, während $[\frac{\partial}{\partial \varphi}] = [\frac{1}{\varphi}] = 1$. Wir müssen stattdessen streng nach Gl. (9.40) vorgehen. In unserem Beispiel sind $u_1 = \rho$, $u_2 = \varphi$ und $u_3 = z$. Die dazugehörigen Basisvektoren kennen wir (Abschn. 1.5):

$$\vec{e}_\rho = (\cos(\varphi), \sin(\varphi), 0)^{\mathsf{T}}, \quad \vec{e}_\varphi = (-\sin(\varphi), \cos(\varphi), 0)^{\mathsf{T}}, \quad \vec{e}_z = (0, 0, 1)^{\mathsf{T}}.$$

Es fehlen nun noch die inversen Faktoren der Ableitung der Parametrisierung $\vec{x} = (\rho \cos(\varphi), \rho \sin(\varphi), z)^{\mathsf{T}}$, unsere aus Abschn. 9.3.1 bereits bekannten Normierungsfaktoren. Wir berechnen

$$\left|\frac{\partial \vec{x}}{\partial \rho}\right| = \left|(c, s, 0)^{\mathsf{T}}\right| = 1, \quad \left|\frac{\partial \vec{x}}{\partial \varphi}\right| = \left|(-\rho s, \rho c, 0)^{\mathsf{T}}\right| = \rho, \quad \left|\frac{\partial \vec{x}}{\partial z}\right| = \left|(0, 0, 1)^{\mathsf{T}}\right| = 1.$$

Damit können wir ∇ in Zylinderkoordinaten gemäß (9.40) aufstellen:

$$\nabla = \sum_{i=1}^{3} \vec{e}_{u_i} \cdot \left|\frac{\partial \vec{x}}{\partial u_i}\right|^{-1} \frac{\partial}{\partial u_i} = \vec{e}_\rho \left|\frac{\partial \vec{x}}{\partial \rho}\right|^{-1} \frac{\partial}{\partial \rho} + \vec{e}_\varphi \left|\frac{\partial \vec{x}}{\partial \varphi}\right|^{-1} \frac{\partial}{\partial \varphi} + \vec{e}_z \left|\frac{\partial \vec{x}}{\partial z}\right|^{-1} \frac{\partial}{\partial z}$$

$$= \vec{e}_\rho \cdot 1^{-1} \frac{\partial}{\partial \rho} + \vec{e}_\varphi \cdot \rho^{-1} \frac{\partial}{\partial \varphi} + \vec{e}_z \cdot 1^{-1} \frac{\partial}{\partial z} = \vec{e}_\rho \frac{\partial}{\partial \rho} + \vec{e}_\varphi \frac{1}{\rho} \frac{\partial}{\partial \varphi} + \vec{e}_z \frac{\partial}{\partial z}. \qquad \blacksquare$$

Die wichtigsten ∇-Darstellungen sind:

$$\text{kartesisch:} \quad \nabla = \vec{e}_1 \frac{\partial}{\partial x} + \vec{e}_2 \frac{\partial}{\partial y} + \vec{e}_3 \frac{\partial}{\partial z}, \qquad (9.41)$$

$$\text{polar:} \quad \nabla = \vec{e}_r \frac{\partial}{\partial r} + \vec{e}_\varphi \frac{1}{r} \frac{\partial}{\partial \varphi}, \qquad (9.42)$$

$$\text{Zylinder:} \quad \nabla = \vec{e}_\rho \frac{\partial}{\partial \rho} + \vec{e}_\varphi \frac{1}{\rho} \frac{\partial}{\partial \varphi} + \vec{e}_z \frac{\partial}{\partial z}, \qquad (9.43)$$

$$\text{Kugel:} \quad \nabla = \vec{e}_r \frac{\partial}{\partial r} + \vec{e}_\theta \frac{1}{r} \frac{\partial}{\partial \theta} + \vec{e}_\varphi \frac{1}{r \sin(\theta)} \frac{\partial}{\partial \varphi}. \qquad (9.44)$$

Beispiel 9.12 (Ableitung mit Nabla in Polarkoordinaten)

▷ Gegeben ist das skalare Feld $\phi(x, y) = \alpha x^2 + \beta y$ in kartesischen Koordinaten. Berechnen Sie $\nabla \phi$ in Polarkoordinaten.

Lösung: Wir schreiben ϕ in Polarkoordinaten um und verwenden (9.42) für die Ableitung. Es ist dann

$$\phi(r, \varphi) = \alpha \big(r \cos(\varphi)\big)^2 + \beta \big(r \sin(\varphi)\big) = \alpha r^2 \cos^2(\varphi) + \beta r \sin(\varphi)$$

und entsprechend

$$\nabla \phi(r, \varphi) = \vec{e}_r \frac{\partial \phi}{\partial r} + \vec{e}_\varphi \frac{1}{r} \frac{\partial \phi}{\partial \varphi}$$

$$= \begin{pmatrix} c \\ s \end{pmatrix} (2\alpha r c^2 + \beta s) + \begin{pmatrix} -s \\ c \end{pmatrix} \frac{1}{r} (\alpha r^2 2c(-s) + \beta r c)$$

$$= \begin{pmatrix} 2\alpha r c^3 + \beta s c + 2\alpha r s^2 c - \beta s c \\ 2\alpha r s c^2 + \beta s^2 - 2\alpha r c^2 s + \beta c^2 \end{pmatrix} = \begin{pmatrix} 2\alpha r c(c^2 + s^2) \\ \beta(s^2 + c^2) \end{pmatrix}$$

$$= \begin{pmatrix} 2\alpha r \cos(\varphi) \\ \beta \end{pmatrix},$$

und das entspricht wegen $x = r \cos(\varphi)$ auch $\nabla \phi = (2\alpha x, \beta)^\mathsf{T}$, was direkt herauskommt, wenn man ϕ in kartesischen Koordinaten ableitet. Solange also zumindest keine rotatorische (in zwei Raumdimensionen Polarkoordinaten, in drei Dimensionen Kugelkoordinaten wählen) oder axiale Symmetrie (Zylinderkoordinaten wählen) zu erkennen ist, sollte ∇ immer in kartesischen Koordinaten berechnet werden. ∎

Divergenz und Rotation in krummlinigen Koordinaten

Wenn sich ∇ unter Koordinatenwechsel ändert, so ändern sich natürlich auch die Ausdrücke für Divergenz und Rotation. Um die resultierenden Formeln etwas übersichtlicher zu halten, kürzen wir die Normierungsfaktoren ab: $\left|\frac{\partial \vec{x}}{\partial u_i}\right| =: h_i$. Dann ergeben sich Divergenz und Rotation eines Vektorfeldes $\vec{A}(u_1, u_2, u_3)$ mit Komponenten $A_1(u_1, u_2, u_3)$, $A_2(u_1, u_2, u_3)$ und $A_3(u_1, u_2, u_3)$ in beliebigen Koordinaten $\vec{u} = (u_1, u_2, u_3)$ zu

$$\nabla \cdot \vec{A}(\vec{u}) = \frac{1}{h_1 h_2 h_3}\left(\frac{\partial(A_1 h_2 h_3)}{\partial u_1} + \frac{\partial(h_1 A_2 h_3)}{\partial u_2} + \frac{\partial(h_1 h_2 A_3)}{\partial u_3}\right), \quad (9.45)$$

$$\nabla \times \vec{A}(\vec{u}) = \begin{pmatrix} \frac{1}{h_2 h_3}\left(\frac{\partial(A_3 h_3)}{\partial u_2} - \frac{\partial(A_2 h_2)}{\partial u_3}\right) \\ \frac{1}{h_3 h_1}\left(\frac{\partial(A_1 h_1)}{\partial u_3} - \frac{\partial(A_3 h_3)}{\partial u_1}\right) \\ \frac{1}{h_1 h_2}\left(\frac{\partial(A_2 h_2)}{\partial u_1} - \frac{\partial(A_1 h_1)}{\partial u_2}\right) \end{pmatrix}. \quad (9.46)$$

Aus-x-en der Ableitungen und Vereinfachen der Terme liefert dann die aus der Formelsammlung bekannten Monster.

Beispiel 9.13 (Rotation in Zylinderkoordinaten)

▷ Wie lauten Divergenz und Rotation in Zylinderkoordinaten?

Lösung: Wir verwenden die obigen Formeln. Dabei kennen wir die h-Faktoren schon aus Beispiel 9.11: $h_\rho = 1$, $h_\varphi = \rho$ und $h_z = 1$. Dann folgen mit Hilfe der Divergenz- und Rotationsformel (9.45) bzw. (9.46):

$$\begin{aligned}
\nabla \cdot \vec{A}(\rho, \varphi, z) &= \frac{1}{h_\rho h_\varphi h_z}\left(\frac{\partial(A_\rho h_\varphi h_z)}{\partial\rho} + \frac{\partial(h_\rho A_\varphi h_z)}{\partial\varphi} + \frac{\partial(h_\rho h_\varphi A_z)}{\partial z}\right) \\
&= \frac{1}{1 \cdot \rho \cdot 1}\left(\frac{\partial(A_\rho \cdot \rho \cdot 1)}{\partial\rho} + \frac{\partial(1 \cdot A_\varphi \cdot 1)}{\partial\varphi} + \frac{\partial(1 \cdot \rho \cdot A_z)}{\partial z}\right) \\
&= \frac{1}{\rho}\frac{\partial(A_\rho \rho)}{\partial\rho} + \frac{1}{\rho}\frac{\partial A_\varphi}{\partial\varphi} + \frac{\partial A_z}{\partial z}.
\end{aligned}$$

Das ist die Divergenz eines Vektorfeldes in Zylinderkoordinaten. Für die Rotation erhalten wir:

$$\nabla \times \vec{A}(\rho, \varphi, z) = \begin{pmatrix} \frac{1}{\rho \cdot 1}\left(\frac{\partial(A_z \cdot 1)}{\partial\varphi} - \frac{\partial(A_\varphi \cdot \rho)}{\partial z}\right) \\ \frac{1}{1 \cdot 1}\left(\frac{\partial(A_\rho \cdot 1)}{\partial z} - \frac{\partial(A_z \cdot 1)}{\partial\rho}\right) \\ \frac{1}{1 \cdot \rho}\left(\frac{\partial(A_\varphi \cdot \rho)}{\partial\rho} - \frac{\partial(A_\rho \cdot 1)}{\partial\varphi}\right) \end{pmatrix} = \begin{pmatrix} \frac{1}{\rho}\frac{\partial A_z}{\partial\varphi} - \frac{\partial A_\varphi}{\partial z} \\ \frac{\partial A_\rho}{\partial z} - \frac{\partial A_z}{\partial\rho} \\ \frac{1}{\rho}\frac{\partial(A_\varphi \rho)}{\partial\rho} - \frac{1}{\rho}\frac{\partial A_\rho}{\partial\varphi} \end{pmatrix}.$$

Das ist die Rotation in Zylinderkoordinaten. ∎

Beispiel 9.14 (Wirbelfreiheit eines axialsymmetrischen Feldes)

▷ Wann ist das magnetische Feld $\vec{B}(\vec{x}) = f(\rho)\vec{e}_\varphi$ wirbelfrei?

Lösung: Nun berechnen wir $\nabla \times \vec{B}$ in Zylinderkoordinaten. Hierzu zerlegen wir $\vec{B} = f(\rho)\vec{e}_\varphi$ in die Basisdarstellung, allerdings nun nicht in die kartesische, sondern die der Zylinderkoordinaten:

$$\vec{B}(\rho, \varphi, z) = f(\rho)\vec{e}_\varphi \overset{!}{=} B_\rho\vec{e}_\rho + B_\varphi\vec{e}_\varphi + B_z\vec{e}_z,$$

woraus $B_\rho = 0$, $B_\varphi = f(\rho)$ und $B_z = 0$ folgen. Jetzt können wir in die Rotation aus Beispiel 9.13 einsetzen und erhalten

$$\nabla \times \vec{B} = \begin{pmatrix} 0 - \frac{\partial f(\rho)}{\partial z} \\ 0 - 0 \\ \frac{1}{\rho}\frac{\partial}{\partial \rho}(f(\rho)\rho) - 0 \end{pmatrix} = \begin{pmatrix} 0 \\ 0 \\ \frac{1}{\rho}[f'(\rho)\rho + f(\rho)] \end{pmatrix}.$$

Das Feld $\vec{B}$ ist genau dann wirbelfrei, wenn $\frac{df(\rho)}{d\rho} + \frac{f(\rho)}{\rho} = 0$. Lösen dieser DGL per Trennung der Variablen liefert eine Bedingung an $f(\rho)$:

$$\frac{1}{f(\rho)}\frac{df(\rho)}{d\rho} = -\rho^{-1} \implies \frac{df(\rho)}{f(\rho)} = -d\rho\,\frac{1}{\rho}$$

$$\overset{\int}{\implies} \ln\left(|f(\rho)|\right) = -\ln\left(|\rho|\right) + C = \ln\left(\frac{1}{\rho}\right) + C.$$

Da $\rho \geq 0$, konnten wir im letzten Schritt den Betrag weglassen. Exponentieren dieser Gleichung liefert dann schließlich

$$f(\rho) = e^C \cdot \frac{1}{\rho} =: \frac{D}{\rho}$$

mit Konstante D. Sobald folglich das Feld $\vec{B} = f(\rho)\vec{e}_\varphi$ mit $\sim \frac{1}{\rho}$ abfällt, ist es wirbelfrei. ∎

Die Ausdrücke der Divergenz und Rotation in den wichtigsten gekrümmten Koordinaten (Polar-, Zylinder- und Kugelkoordinaten) listen wir nicht nochmal gesondert auf. Sie sind wenig informativ und vor allem in den gängigen Formelsammlungen nachzuschlagen.

Laplace in krummlinigen Koordinaten

Dadurch, dass sich ∇ unter Koordinatentransformation ändert, wird ebenfalls die Δ-Darstellung wechseln. Auch hier gilt:

$$\vec{x} = \vec{x}(u_1, u_2, u_3) \implies \Delta f(\vec{x}) = \left(\frac{\partial^2}{\partial x^2} + \frac{\partial^2}{\partial y^2} + \frac{\partial^2}{\partial z^2}\right)f(\vec{x}) \neq \left(\frac{\partial^2}{\partial u_1^2} + \frac{\partial^2}{\partial u_2^2} + \frac{\partial^2}{\partial u_3^2}\right)f(\vec{x}).$$

Δ lässt sich aber direkt über die Divergenz-Formeln aus dem letzten Unterabschnitt gewinnen. Wir demonstrieren dies im folgenden Beispiel.

Beispiel 9.15 (Laplace in Zylinderkoordinaten)

▷ Wie lautet Δ in Zylinderkoordinaten?

Lösung: Zuvor in Gl. (9.45) wurde die allgemeine Formel für die Divergenz eines Vektorfeldes $\vec{A}$ gezeigt. Für das Vektorfeld setzen wir nun ∇ in Zylinderkoordinaten aus Gl. (9.43) ein. Wir identifizieren

$$\nabla = \vec{e}_\rho \frac{\partial}{\partial \rho} + \vec{e}_\varphi \frac{1}{\rho} \frac{\partial}{\partial \varphi} + \vec{e}_z \frac{\partial}{\partial z} = \vec{e}_\rho A_\rho + \vec{e}_\varphi A_\varphi + \vec{e}_z A_z,$$

also $A_\rho = \frac{\partial}{\partial \rho}$, $A_\varphi = \frac{1}{\rho} \frac{\partial}{\partial \varphi}$ und $A_z = \frac{\partial}{\partial z}$. Dann folgt mit den Erkenntnissen aus Beispiel 9.11:

$$\nabla \cdot \nabla = \frac{1}{\rho} \frac{\partial}{\partial \rho}(A_\rho \rho) + \frac{1}{\rho} \frac{\partial}{\partial \varphi} A_\varphi + \frac{\partial}{\partial z} A_z = \frac{\partial A_\rho}{\partial \rho} + \frac{A_\rho}{\rho} + \frac{1}{\rho} \frac{\partial A_\varphi}{\partial \varphi} + \frac{\partial A_z}{\partial z}$$

$$= \frac{\partial}{\partial \rho} \frac{\partial}{\partial \rho} + \frac{1}{\rho} \frac{\partial}{\partial \rho} + \frac{1}{\rho} \frac{\partial}{\partial \varphi}\left(\frac{1}{\rho}\frac{\partial}{\partial \varphi}\right) + \frac{\partial}{\partial z}\frac{\partial}{\partial z} = \frac{\partial^2}{\partial \rho^2} + \frac{1}{\rho}\frac{\partial}{\partial \rho} + \frac{1}{\rho^2}\frac{\partial^2}{\partial \varphi^2} + \frac{\partial^2}{\partial z^2}.$$

Das ist Laplace in Zylinderkoordinanten. ∎

Es folgen durch analoge Rechnungen:

$$\text{kartesisch: } \Delta = \frac{\partial^2}{\partial x^2} + \frac{\partial^2}{\partial y^2} + \frac{\partial^2}{\partial z^2},$$

$$\text{polar: } \Delta = \frac{\partial^2}{\partial r^2} + \frac{1}{r}\frac{\partial}{\partial r} + \frac{1}{r^2}\frac{\partial^2}{\partial \varphi^2} = \frac{1}{r}\frac{\partial}{\partial r}\left(r\frac{\partial}{\partial r}\right) + \frac{1}{r^2}\frac{\partial^2}{\partial \varphi^2},$$

$$\text{Zylinder: } \Delta = \frac{\partial^2}{\partial \rho^2} + \frac{1}{\rho}\frac{\partial}{\partial \rho} + \frac{1}{\rho^2}\frac{\partial^2}{\partial \varphi^2} + \frac{\partial^2}{\partial z^2},$$

$$\text{Kugel: } \Delta = \frac{1}{r}\frac{\partial^2}{\partial r^2}r + \frac{1}{r^2}\frac{\partial^2}{\partial \theta^2} + \frac{1}{r^2 \tan(\theta)}\frac{\partial}{\partial \theta} + \frac{1}{r^2 \sin^2(\theta)}\frac{\partial^2}{\partial \varphi^2}.$$

Man habe hierbei immer im Hinterkopf, dass von rechts noch das entsprechende Feld ϕ dranmultipliziert wird und die Ableitung z. B. im ersten Term bei Δ in Kugelkoordinaten dann auf das Produkt $r \cdot \phi$ wirkt und eben nicht nur auf das r.

Im Falle rotationssymmetrischer Felder $\vec{A}(r)$ bzw. $\phi(r)$ vereinfacht sich der Laplace-Operator für die Kugelkoordinaten erheblich. Da keine Winkelabhängigkeit bei den Feldern mehr vorhanden ist (und die Ableitungen nach den Winkeln dementsprechend null liefern), reduziert sich $\Delta \phi(r)$ zu

$$\Delta \phi(r) = \frac{1}{r}\frac{\partial^2}{\partial r^2}\big[r\phi(r)\big] = \frac{1}{r}\frac{\partial}{\partial r}\big[\phi(r) + r\phi'(r)\big] = \frac{1}{r}\big(\phi'(r) + \phi'(r) + r\phi''(r)\big),$$

so dass insgesamt

$$\Delta \phi(r) = \frac{1}{r}\frac{\partial^2}{\partial r^2}\big[r\phi(r)\big] = \left(\frac{\partial^2}{\partial r^2} + \frac{2}{r}\frac{\partial}{\partial r}\right)\phi(r). \tag{9.47}$$

[H20] Rechnen mit Rettungsring $\qquad$ **(1,5 + 1,5 + 2 = 5 Punkte)**

Ein Rettungsring (ein Torus) sei durch folgende Parametrisierung der Oberfläche gegeben:

$$\vec{x}(\phi, \vartheta) = \left(\left(R + r\cos(\vartheta)\right)\cos(\phi), \left(R + r\cos(\vartheta)\right)\sin(\phi), r\sin(\vartheta) \right)^{\mathsf{T}}$$

mit $\vartheta, \phi = 0 \dots 2\pi$, wobei die Größen wie in der Skizze gegeben sind.

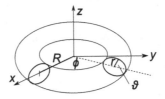

a) Wie lautet die Metrik und wie das Linienelement?
b) Welche Oberfläche besitzt der Torus?
c) Man berechne das Volumen des Torus.

Spickzettel zu krummlinigen Koordinaten

- **Basisvektoren in neuen Koordinaten**
  Ist Parametrisierung $\vec{x}(\vec{u})$ in neuen Koordinaten $\vec{u}$ gewählt, dann ergeben sich die Basisvektoren der neuen Koordinaten zu $\vec{e}_{u_i} = \left|\frac{\partial \vec{x}}{\partial u_i}\right|^{-1} \cdot \frac{\partial \vec{x}}{\partial u_i}$.

- **Oberflächenintegrale**
  Die Oberfläche F eines Volumens V sei gesucht. Zerlege diese dazu in unendlich viele kleine Oberflächenelemente $\mathrm{d}\vec{f}$ (senkrecht auf der Oberfläche, Länge $|\mathrm{d}\vec{f}|$ = Flächenelementgröße d^2x). Zum Berechnen von $\mathrm{d}\vec{f}$ definiere Tangentialvektoren $\vec{t}_{u_i} = \frac{\partial \vec{x}(\vec{u})}{\partial u_i}$ ($\vec{x}(\vec{u})$ Parametrisierung der Oberfläche), dann ist $F = \int_{\partial V} \mathrm{d}u_1 \, \mathrm{d}u_2 \left|\frac{\partial \vec{x}}{\partial u_1} \times \frac{\partial \vec{x}}{\partial u_2}\right|$ (in 3-D). Die Wichtigsten:

  $$\text{Ebene in kartesischen Koordinaten: } \mathrm{d}\vec{f} = \mathrm{d}x_i \, \mathrm{d}x_j \, \vec{e}_k, \ i \neq j \neq k,$$
  $$\text{Ebene in Polarkoordinaten: } \mathrm{d}\vec{f} = \mathrm{d}r \, r \, \mathrm{d}\varphi \, \vec{e}_z,$$
  $$\text{Zylindermantel (Radius } R\text{): } \mathrm{d}\vec{f} = R \, \mathrm{d}\varphi \, \mathrm{d}z \, \vec{e}_\rho,$$
  $$\text{Kugeloberfläche(Radius} R\text{): } \mathrm{d}\vec{f} = R^2 \, \mathrm{d}\theta \, \sin(\theta) \, \mathrm{d}\varphi \, \vec{e}_r.$$

- **Metrischer Tensor**
  - Symmetrischer Tensor $G = G^{\mathsf{T}}$ mit Komponenten $G_{ij} = \frac{\partial \vec{x}}{\partial u_i} \cdot \frac{\partial \vec{x}}{\partial u_j} = \vec{t}_{u_i} \cdot \vec{t}_{u_j}$.
  - Linienelement in beliebigen Koordinaten: $\mathrm{d}s^2 = G_{ij}\mathrm{d}u_i\mathrm{d}u_j$, entsprechend allgemeine Bogenlänge: $L = \int_C \sqrt{\mathrm{d}s^2} = \int_C \sqrt{G_{ij}\mathrm{d}u_i\mathrm{d}u_j}$.
  - Metrik versteckt sich in jedem Skalarprodukt: $\vec{a} \cdot \vec{b} = \vec{a}^{\mathsf{T}} \cdot G \cdot \vec{b}$; für flachen Raum ist $G \sim \mathbb{1}$.

- ∇ **in krummlinigen Koordinaten**

  Allgemein $\nabla = \sum_{i=1}^{N} \vec{e}_{u_i} \cdot \left| \frac{\partial \vec{x}(\vec{u})}{\partial u_i} \right|^{-1} \frac{\partial}{\partial u_i}$, speziell:

  $$\text{kartesisch: } \nabla = \vec{e}_1 \frac{\partial}{\partial x} + \vec{e}_2 \frac{\partial}{\partial y} + \vec{e}_3 \frac{\partial}{\partial z},$$

  $$\text{polar: } \nabla = \vec{e}_r \frac{\partial}{\partial r} + \vec{e}_\varphi \frac{1}{r} \frac{\partial}{\partial \varphi},$$

  $$\text{Zylinder: } \nabla = \vec{e}_\rho \frac{\partial}{\partial \rho} + \vec{e}_\varphi \frac{1}{\rho} \frac{\partial}{\partial \varphi} + \vec{e}_z \frac{\partial}{\partial z},$$

  $$\text{Kugel: } \nabla = \vec{e}_r \frac{\partial}{\partial r} + \vec{e}_\theta \frac{1}{r} \frac{\partial}{\partial \theta} + \vec{e}_\varphi \frac{1}{r \sin(\theta)} \frac{\partial}{\partial \varphi},$$

  woraus auch Formeln für Divergenz und Rotation in den speziellen Koordinaten folgen. Ebenso lässt sich der Laplace in krummlinigen Koordinaten angeben. Merkenswert: $\Delta \phi(r) = \frac{1}{r} \frac{\partial^2}{\partial r^2} \big(r \phi(r) \big) = \left(\frac{\partial^2}{\partial r^2} + \frac{2}{r} \frac{\partial}{\partial r} \right) \phi(r)$ für kugelsymmetrische Felder (auch Vektorfelder).

9.4 Integralsätze

Der Hauptsatz der Integral- und Differenzialrechnung (Kap. 5) führt das Integral der Ableitung einer Funktion über ein Intervall auf Funktionswerte an den Intervallgrenzen zurück: $\int_a^b \mathrm{d}x \, f'(x) = f(b) - f(a)$. Ganz analog führt der Satz von Gauß das Integral der Divergenz eines Vektorfeldes über einen Bereich auf die Funktionswerte am Rand des Bereichs zurück; der Satz von Stokes tut das Gleiche mit dem Integral der Rotation.

9.4.1 Satz von Gauß

Wie wird man den Nabla-Operator in einer Divergenz los? Weit verbreitet in Klausuren ist die Idee, einfach räumlich über ∇ zu integrieren. Beachte deswegen:

$$\int \mathrm{d}^3 x \, (\nabla \cdot \vec{A}) \neq \vec{A}.$$

So einfach geht es leider nicht, was man alleine schon daran sieht, dass links ein Integral über eine skalare Funktion – also ein Skalar – steht, die rechte Seite jedoch vektoriellen Charakter besitzt. Da kann also was nicht stimmen.

Die Idee mit dem Dreifachintegral können wir aber einmal weiterverfolgen. Die Divergenz eines Vektorfeldes $\vec{A}$ entspricht nach Abschn. 9.2 einer Quelle oder Senke des Feldes. Betrachten wir ein festes Volumen $\mathcal{V}$, so liefert uns $\int_{\mathcal{V}} \mathrm{d}^3 x \, \mathrm{div} \vec{A}$ die Antwort, ob sich im gewählten Volumen eine Quelle/Senke befindet oder nicht.

Die gleiche Erkenntnis können wir erzielen, wenn wir uns an den Rand (d. h. die Oberfläche) von $\mathcal{V}$ stellen und eine Bilanzrechnung darüber aufstellen, wie groß der **Fluss des Vektorfeldes**

$$\Phi = \int_{\partial \mathcal{V}} \mathrm{d}\vec{f} \cdot \vec{A} \tag{9.48}$$

durch die Oberfläche $\partial \mathcal{V}$ ist. Dieser gibt Auskunft über die Durchsetzung der Oberfläche durch das Vektorfeld $\vec{A}$ (bildlich: wie viele Feldlinien bohren sich durch die Oberfläche nach außen verglichen mit Feldlinien, die sich nach innen durchbohren) und ist abhängig von der durchsetzten Fläche sowie der Stärke des Vektorfeldes. Befindet sich im Volumen $\mathcal{V}$ keine Quelle oder Senke des Vektorfeldes, so ist der Fluss durch die Oberfläche $\partial \mathcal{V}$ null, da sich eingehender und austretender Fluss kompensieren bzw. gleich viele Feldlinien in das Volumen wie aus dem Volumen heraus zeigen.

Die oben verbal formulierte Bilanzrechnung stellt der **Satz von Gauß** bereit:

$$\int_{\mathcal{V}} \mathrm{d}^3 x \; (\nabla \cdot \vec{A}) = \int_{\partial \mathcal{V}} \mathrm{d}\vec{f} \cdot \vec{A}. \tag{9.49}$$

$\mathrm{d}\vec{f}$ ist wie auch beim Oberflächenintegral ein Vektor senkrecht auf der Oberfläche von $\mathcal{V}$. Sofern er nicht abgelesen werden kann, errechnet er sich mit der aus Abschn. 9.3.2 bekannten Formel (9.26):

$$\mathrm{d}\vec{f} = \mathrm{d}u_1 \, \mathrm{d}u_2 \, \frac{\partial \vec{x}}{\partial u_1} \times \frac{\partial \vec{x}}{\partial u_2}$$

mit $\vec{x}(u_1, u_2)$ als Parametrisierung der Oberfläche $\partial \mathcal{V}$ in beliebigen Koordinaten.

„Gauß" anschaulich

Um einen Eindruck der Idee des Gauß-Satzes zu bekommen, stellen wir uns ein gefülltes Fußballstadion vor. Wir fragen uns: Wie viele Leute sind in diesem Volumen drin (entspräche dem Volumenintegral)? Entweder zählen wir zur Beantwortung der Frage alle Menschen im Stadion durch oder wir postieren vor jedem Ausgang jemanden, der die (das Stadion verlassenden) Menschen zählt (das entspräche dem Oberflächenintegral). Sofern es keine Geheimausgänge gibt, stimmt beim vollständigen Leeren die Anzahl derer, die das Stadion durch die Ausgänge verlassen haben, mit der Gesamtbesucherzahl überein.

Ein physikalisch stimmigeres Beispiel erleben wir am Springbrunnen. Die Menge Wasser, die aus der Spitze oben rausquillt, muss auch wieder durch den Abfluss (der einmal den Brunnen umrundet) fließen. Ist das nicht der Fall, so muss es irgendwo einen zusätzlichen Zu- oder Abfluss geben, der nicht berücksichtigt wurde (dann gäbe es zusätzliche Quellen/Senken innerhalb des Volumens). Es ist Zeit für ein Rechenbeispiel.

Beispiel 9.16 (Strömung durch Würfel)

▷ Der Gauß'sche Satz möchte anhand des Flusses $\vec{A} = \beta(2x, y, 0)^{\mathsf{T}}$ durch einen Würfel mit Kantenlänge $2a$ und Mittelpunkt = Ursprung verifiziert werden. *Lösung:* Wir berechnen zunächst die linke Seite von (9.49). Die Divergenz des Vektorfeldes ist (in kartesischen Koordinaten)

$$\nabla \cdot \vec{A} = \frac{\partial}{\partial x}[2\beta x] + \frac{\partial}{\partial y}[\beta y] + \frac{\partial}{\partial z}[0] = 2\beta + \beta + 0 = 3\beta.$$

Dann können wir das Volumenintegral in kartesischen Koordinaten über das Würfelvolumen $\mathcal{W}$ aufstellen und einfach berechnen:

$$\int_{\mathcal{W}} d^3x \, (\nabla \cdot \vec{A}) = \underbrace{\int_{-a}^{a} dx}_{=2a} \underbrace{\int_{-a}^{a} dy}_{=2a} \underbrace{\int_{-a}^{a} dz}_{=2a} \, 3\beta = 24\beta a^3.$$

Nun zur rechten Seite von (9.49): Die Oberfläche des Würfels zerlegen wir in seine sechs Seitenflächen, wie Abb. 9.4 zeigt.

Die zu den Seitenflächen gehörenden d$\vec{f}$'s lassen sich aus der Abbildung direkt ablesen:

$$\begin{aligned}
d\vec{f}_1 &= \vec{e}_1 \, dy \, dz, & d\vec{f}_2 &= \vec{e}_2 \, dx \, dz, & d\vec{f}_3 &= \vec{e}_3 \, dx \, dy, \\
d\vec{f}_{-1} &= -\vec{e}_1 \, dy \, dz, & d\vec{f}_{-2} &= -\vec{e}_2 \, dx \, dz, & d\vec{f}_{-3} &= -\vec{e}_3 \, dx \, dy.
\end{aligned}$$

Damit zerlegt sich das Oberflächenintegral in sechs Einzelintegrale:

$$\begin{aligned}
\int_{\partial \mathcal{W}} d\vec{f} \cdot \vec{A} = & \int d\vec{f}_1 \cdot \vec{A}|_{x=a} & + \int d\vec{f}_2 \cdot \vec{A}|_{y=a} & + \int d\vec{f}_3 \cdot \vec{A}|_{z=a} \\
+ & \int d\vec{f}_{-1} \cdot \vec{A}|_{x=-a} & + \int d\vec{f}_{-2} \cdot \vec{A}|_{y=-a} & + \int d\vec{f}_{-3} \cdot \vec{A}|_{z=-a}.
\end{aligned}$$

So ergibt sich das erste Oberflächenintegral mit d$\vec{f}_1 = dy \, dz \, \vec{e}_1$ und dem Vektorfeld an entsprechender Stelle, d. h. $A(x = a, y) = \beta(2a, y, 0)^{\mathsf{T}}$, zu

$$\int d\vec{f}_1 \cdot \vec{A}|_{x=a} = \int_{-a}^{a} dy \int_{-a}^{a} dz \, \vec{e}_1 \cdot \beta(2a, y, 0)^{\mathsf{T}} = \int_{-a}^{a} dy \int_{-a}^{a} dz \, 2\beta a = 8\beta a^3.$$

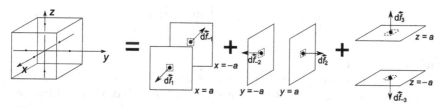

Abb. 9.4 Zur Zerlegung der Oberfläche des Würfels

Die anderen ergeben sich analog. Dann folgt schließlich

$$\int_{\partial\mathcal{W}} d\vec{f} \cdot \vec{A} = 8\beta a^3 + 4\beta a^3 + 0 + 8\beta a^3 + 4\beta a^3 + 0 = 24\beta a^3.$$

Also stimmen linke und rechte Seite des Gauß-Satzes in diesem Beispiel überein, was zu zeigen war. ∎

Manchmal kann man die Werte gewisser Integrale vorhersagen. Im letzten Beispiel ergab sich, dass das Feld keinen Beitrag bei Ober- und Unterseite des Würfels (Ebene $z = \pm a$) lieferte. Schaut man sich das Feld an, so ist dieses vollkommen sinnig, da $\vec{A}$ parallel zur x-y-Ebene strömt. Eine Ebene parallel zur Richtung von $\vec{A}$ wird jedoch nicht vom Feld durchsetzt. Somit muss das Oberflächenintegral bei der Oberfläche $z = \pm a$ null ergeben.

9.4.2 Satz von Stokes, Kurvenintegral

Mit Hilfe des **Satzes von Stokes** können wir die Rotation über ein Vektorfeld $\vec{A}$ rückgängig machen:

$$\int_{\mathcal{F}} d\vec{f} \cdot (\nabla \times \vec{A}) = \int_{\partial\mathcal{F}} d\vec{r} \cdot \vec{A}, \tag{9.50}$$

was bedeutet, dass das Flächenintegral über das Wirbelfeld $\nabla \times \vec{A}$ im Bereich $\mathcal{F}$ gleich dem Integral des Vektorfeldes $\vec{A}$ über den Rand der Fläche $\mathcal{F}$ ist.

Das Integral auf der rechten Seite berechnen wir analog zum Bogenlängenintegral (6.17). Dort wurde ein neuer Parameter t eingeführt. Dies tun wir hier ebenfalls mit der Randkurve der Fläche $\mathcal{F}$: Substituiere $\vec{r} = \vec{r}(t)$. Dann ergibt sich wegen $\frac{d\vec{r}}{dt} = \dot{\vec{r}} \Leftrightarrow d\vec{r} = dt\, \dot{\vec{r}}$ im Integral

$$\int_{\partial\mathcal{F}} d\vec{r} \cdot \vec{A} = \int_{\mathcal{C}} dt\, \dot{\vec{r}} \cdot \vec{A}\big(\vec{r}(t)\big),$$

wobei $\int_{\mathcal{C}}$ ein **Kurvenintegral** meint. Ist also die Randkurve der Integrationsfläche $\mathcal{F}$ in Parameterform $\vec{r}(t)$ bekannt, so können wir über diese Formel die rechte Seite des Satzes von Stokes berechnen. Damit folgt die modifizierte Version des Satzes von Stokes:

$$\int_{\mathcal{F}} d\vec{f} \cdot (\nabla \times \vec{A}) = \int_{\mathcal{C}} dt\, \dot{\vec{r}} \cdot \vec{A}\big(\vec{r}(t)\big). \tag{9.51}$$

Stokes anschaulich

Wir rühren einen Kaffee in einer Tasse (Fläche des Kaffees $\mathcal{F}$) um und betrachten die Strömung am Rand $\partial\mathcal{F}$ der Tasse. Die Strömung hängt mit den Verwirbelungen, hervorgerufen durch das Rühren, zusammen. Der Satz von Stokes sagt nun aus, dass

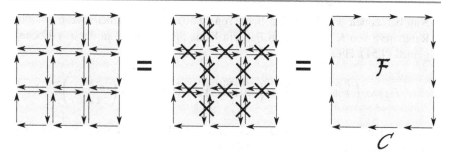

Abb. 9.5 Satz von Stokes anschaulich. Verwirbelungen in der Mitte addieren sich zum großen Gesamtwirbel entlang der Randkurve $\mathcal{C}$, welche die Fläche $\mathcal{F}$ (grau schattiert) umschließt

wir aus der Strömung entlang der Tassenumrandung $\mathcal{C}$ darauf schließen können, wie der Kaffee in der Mitte der Tasse wirbelt. Dabei ist es unerheblich, welche Form der Rand besitzt und wie groß die umrandete Fläche ist. Eine quaderförmige Wirbelung wie in Abb. 9.5 verdeutlicht den Satz von Stokes. Jegliche innere Wirbelungen heben sich gegenander auf, übrig bleibt der Strom am Rand.

Beispiel 9.17 (Fluss durch Kreisscheibe)

▷ Man verifiziere den Satz von Stokes für eine Kreisscheibe $\mathcal{K}$ mit Radius R in der x-y-Ebene mit Mitte = Ursprung, die von einem Feld $\vec{A} = \alpha(0, x, 2y)$ durchsetzt wird.

Lösung: Wir berechnen zunächst die linke Seite von (9.50). Die Rotation in kartesischen Koordinaten ist

$$\nabla \times \vec{A} = \alpha \begin{pmatrix} \frac{\partial}{\partial x} \\ \frac{\partial}{\partial y} \\ \frac{\partial}{\partial z} \end{pmatrix} \times \begin{pmatrix} 0 \\ x \\ 2y \end{pmatrix} = \alpha \begin{pmatrix} \frac{\partial}{\partial y}2y - \frac{\partial}{\partial z}x \\ \frac{\partial}{\partial z}0 - \frac{\partial}{\partial x}2y \\ \frac{\partial}{\partial x}x - \frac{\partial}{\partial y}0 \end{pmatrix} = \alpha \begin{pmatrix} 2 \\ 0 \\ 1 \end{pmatrix}.$$

Der $d\vec{f}$-Vektor steht senkrecht auf der zentrierten und in der x-y-Ebene liegenden Kreisscheibe, d.h. $d\vec{f} = |d\vec{f}|\vec{e}_3$ mit Länge $|d\vec{f}| = d\rho\,\rho\,d\varphi$ (Zylinderkoordinaten). Es ist also

$$d\vec{f} = d\rho\,\rho\,d\varphi\,\vec{e}_3.$$

Wir setzen ein und erhalten

$$\int_{\mathcal{K}} d\vec{f} \cdot (\nabla \times \vec{A}) = \int_{\mathcal{K}} d\rho\,\rho\,d\varphi\,\vec{e}_3 \cdot \alpha \begin{pmatrix} 2 \\ 0 \\ 1 \end{pmatrix} = \alpha \int_0^R d\rho\,\rho \int_0^{2\pi} d\varphi\,1$$

$$= 2\pi\alpha\,\frac{\rho^2}{2}\bigg|_0^R = \pi\alpha R^2.$$

Nun berechnen wir die rechte Seite von (9.50). Dazu parametrisieren wir die Randkurve von $\mathcal{K}$ (in unserem Fall ein Kreis mit Radius R in der x-y-Ebene) gemäß (9.51). Hier lautet dies

$$\vec{r}(t) = \begin{pmatrix} R\cos(t) \\ R\sin(t) \\ 0 \end{pmatrix}, \quad \dot{\vec{r}} = \begin{pmatrix} -R\sin(t) \\ R\cos(t) \\ 0 \end{pmatrix}, \quad \vec{A}\big(\vec{r}(t)\big) = \alpha \begin{pmatrix} 0 \\ R\cos(t) \\ 2R\sin(t) \end{pmatrix}$$

mit dem Parameter $t = 0 \ldots 2\pi$, welcher den Winkel des Kreisbogens zählt. Das Kurvenintegral in (9.51) ergibt sich dann zu

$$\int_{\partial\mathcal{K}} d\vec{r} \cdot \vec{A} = \int_{\mathcal{C}} dt\, \dot{\vec{r}} \cdot \vec{A}(\vec{r}(t)) = \int_0^{2\pi} dt \begin{pmatrix} -R\sin(t) \\ R\cos(t) \\ 0 \end{pmatrix} \cdot \alpha \begin{pmatrix} 0 \\ R\cos(t) \\ 2R\sin(t) \end{pmatrix}$$

$$= \alpha R^2 \underbrace{\int_0^{2\pi} dt\, \cos^2(t)}_{= \frac{1}{2} \cdot 2\pi} = \pi\alpha R^2,$$

was glücklicherweise das Gleiche ist wie oben. ∎

Wir haben bisher in den Beispielen nur die Sätze von Gauß und Stokes verifiziert. Dass man mit ihnen aber tatsächlich das beteiligte Feld $\vec{A}$ in einer Divergenz bzw. Rotation per Ansatz bestimmen kann, werden wir in der Elektrostatik und Magnetostatik in Kap. 13 sehen.

[H21] Integralsätze   **(2 + 3 = 5 Punkte)**

a) Ein symmetrisch entlang der z-Achse ausgerichteter Zylinder (Länge $2h$) vom Radius R werde vom Feld $\vec{E}(x, y, z) = (\alpha x^3, \beta y^2, 0)^{\mathsf{T}}$ durchströmt. Man verifiziere hieran den Satz von Gauß. Hinweis: $\int_0^{2\pi} du\, \cos^4(u) = \frac{3}{4}\pi$.

b) Eine Fläche $z(x, y) = x^2 - y^2$ mit $x^2 + y^2 \le a^2$ werde vom Strömungsfeld $\vec{v}(\vec{r}) = (z, x, y)^{\mathsf{T}}$ durchsetzt. Hieran möchte der Satz von Stokes verifiziert werden. Hinweis: $\cos^2(u) - \sin^2(u) = \cos(2u)$ sowie $\int_0^{2\pi} du\, \sin(u)\cos(2u) = \int_0^{2\pi} du\, \sin(2u)\sin(u) = 0$.

Spickzettel zu Integralsätzen

- **Satz von Gauß**
  $\int_{\mathcal{V}} d^3x\, (\nabla \cdot \vec{A}) = \int_{\partial\mathcal{V}} d\vec{f} \cdot \vec{A}$ mit $d\vec{f} = du_1 du_2 \frac{\partial\vec{x}}{\partial u_1} \times \frac{\partial\vec{x}}{\partial u_2}$ und $\vec{x}(u_1, u_2)$ ist Parametrisierung der Oberfläche in beliebigen Koordinaten. $\Phi = \int_{\partial\mathcal{V}} d\vec{f} \cdot \vec{A}$ heißt Fluss des Vektorfeldes $\vec{A}$ durch die Oberfläche $\partial\mathcal{V}$.

- **Satz von Stokes**

  $\int_{\mathcal{F}} d\vec{f} \cdot (\nabla \times \vec{A}) = \int_{\partial \mathcal{F}} d\vec{r} \cdot \vec{A} = \int_{\mathcal{C}} dt\, \dot{\vec{r}} \cdot \vec{A}\big(\vec{r}(t)\big)$ mit $\vec{r}(t)$ als Parametrisierung der Randkurve $\mathcal{C}$ der Integrationsfläche $\mathcal{F}$.

Fourier-Analysis

10

Inhaltsverzeichnis

10.1 Die Idee

Bei der Taylor-Entwicklung skalarer Funktionen war die Idee, eine beliebige Funktion durch Polynome möglichst gut anzunähern. Bei der **Fourier-Entwicklung** versucht man, eine beliebige Funktion durch Sinus- und Kosinusfunktionen anzunähern. Moment, wird man sich jetzt fragen, wie soll man z. B. eine Gerade durch kurvige Sinus- und Kosinusfunktionen annähern? Antwort: durch sehr, sehr viele Sinus- und Kosinusfunktionen.

Leider müssen wir – im Gegensatz zur Taylor-Entwicklung – eine gewichtige Einschränkung an die darzustellenden Funktionen machen. Sie müssen L-**periodisch** sein, d. h., ihr Funktionsverlauf wiederholt sich bei jedem Vielfachen von L:

$$f \text{ heißt } L\text{-periodisch} \iff f(x + L) = f(x). \tag{10.1}$$

So ist z. B. $f(x) = \sin(x)$ periodisch, nämlich mit $L = 2\pi$, da sich nach 2π die Funktion wiederholt: $\sin(x + 2\pi) = \sin(x)$. Ebenso ist der Kosinus 2π-periodisch. Der Tangens dagegen ist π-periodisch.

Als plakatives Beispiel betrachten wir das Hören. Während des Hörvorgangs macht unser Ohr nichts anderes als eine Fourier-Zerlegung: Ein wahrgenommener Geigenton wird in seine einzelnen Frequenzen zerlegt (das entspricht der Darstellung in Sinus- und Kosinusfunktionen). Anschließend kann das Gehirn diese Zerlegung mit einer Datenbank abgleichen und identifizieren. Die Fourier-Zerlegung z. B. beim Hören funktioniert prinzipiell auch für beliebige, *nicht periodische* Geräusche.

© Springer-Verlag GmbH Deutschland, ein Teil von Springer Nature 2018
M. Otto, *Rechenmethoden für Studierende der Physik im ersten Jahr,*
https://doi.org/10.1007/978-3-662-57793-6_10

Allerdings muss hierzu das diskrete Spektrum der Frequenzen in ein Kontinuum erweitert werden. Die kontinuierliche Zerlegung heißt Fourier-Transformation. Ihr werden wir uns im hinteren Teil dieses Kapitels widmen.

10.2 Fourier-Reihe

Wir schauen uns in diesem Abschnitt zunächst die Zerlegung periodischer Funktionen in Sinus- und Kosinusfunktionen bzw. in eine komplexwertige Darstellung an.

10.2.1 Fourier-Zerlegung

Eine L-periodische Funktion $f(x)$ kann im Intervall $[x_0, x_0 + L]$ dargestellt werden als unendliche Reihe reeller Funktionen $\sin(x)$ und $\cos(x)$. Diese Entwicklung wird **Fourier-Reihe** genannt und ist gegeben durch

$$f(x) = \frac{a_0}{2} + \sum_{n=1}^{\infty} \left(a_n \cos\left(\tfrac{2\pi}{L}nx\right) + b_n \sin\left(\tfrac{2\pi}{L}nx\right) \right), \qquad (10.2)$$

oder im Komplexen

$$f(x) = \sum_{n=-\infty}^{\infty} c_n e^{i\frac{2\pi}{L}nx} = c_0 + \sum_{n=1}^{\infty} c_n e^{i\frac{2\pi}{L}nx} + \sum_{n=1}^{\infty} c_{-n} e^{-i\frac{2\pi}{L}nx}, \qquad (10.3)$$

wobei durch Einführen des negativen Index im dritten Term die Summe $\sum_{n=-\infty}^{-1}$ umgewandelt wurde, so dass die beiden Summen nun besser zusammengefasst werden können. Dies wird sich im nächsten Beispiel zeigen. In Gl. (10.2) und (10.3) sind die sogenannten **Entwicklungskoeffizienten** a_n, b_n und c_n gegeben durch

$$c_n = \frac{1}{L} \int_{x_0}^{x_0+L} dx \; f(x) e^{-i\frac{2\pi}{L}nx},$$

$$a_n = c_n + c_{-n} = \frac{2}{L} \int_{x_0}^{x_0+L} dx \; f(x) \cos\left(\tfrac{2\pi}{L}nx\right),$$

$$b_n = i(c_n - c_{-n}) = \frac{2}{L} \int_{x_0}^{x_0+L} dx \; f(x) \sin\left(\tfrac{2\pi}{L}nx\right) \qquad (10.4)$$

und sind meist komplexwertig. Die Fourier-Zerlegung ist analog für vektorwertige Größen definiert.

10.2.2 Eigenschaften der Fourier-Reihe

Anhand der zu zerlegenden Funktion $f(x)$ kann man einige Eigenschaften der Fourier-Reihe ablesen:

- Wenn $f(x)$ reell ist, dann gilt $c_{-n} = c_n^*$.
- Wenn $f(x)$ symmetrisch zur y-Achse ist, also $f(-x) = f(x)$, dann sind alle ungeraden Koeffizienten null, d. h. $b_n = 0$ (jene vom Sinus).
- Wenn $f(x)$ punktsymmetrisch ist, also $f(-x) = -f(x)$, dann sind alle geraden Koeffizienten null, d. h. $a_n = 0$ und $a_0 = 0$.

Das Wissen um diese Eigenschaften erspart einem häufig lange Rechnungen.

Beispiel 10.1 (Sägezahnspannung)

▷ Eine abgegriffene Sägezahnspannung $U(t) = \frac{U_0}{2\pi}\omega t$, $-\frac{\pi}{\omega} \le t \le \frac{\pi}{\omega}$ wird auf einem Oszilloskop angezeigt. Welcher Graph ergibt sich? Ein uralter, angeschlossener Frequenzanalysator gibt aus, dass

$$U(t) = \frac{U_0}{\pi}\left(\cos(\omega t) - \tfrac{1}{2}\cos(2\omega t) + \tfrac{1}{3}\cos(3\omega t) \mp \ldots\right).$$

Dieser gehört aber sofort entsorgt – warum ist das angezeigte Ergebnis offensichtlich falsch? Man gebe das richtige Ergebnis an.

Lösung: Zunächst vereinfachen wir das Problem durch Umschreiben in eine dimensionslose Größe $x := \omega t$, so dass $-\pi \le \omega t = x \le \pi$ für den Bereich der Funktion $f(x) := \frac{U_0}{2\pi}x$ gilt. Die Funktion $f(x)$ ist 2π-periodisch (läuft ja von $-\pi$ bis π), so dass der Graph wie in Abb. 10.1 aussieht.

Der Graph ist offensichtlich punktsymmetrisch. Moment – was haben wir zuvor gelernt? Wenn eine Funktion punktsymmetrisch ist, dann tauchen nur Sinus-Terme in der Fourier-Reihe auf, da alle $a_n = 0$. Das heißt also, dass das angezeigte Ergebnis (was ja nur aus Kosinus-Termen besteht) nicht richtig sein kann! Also schnell in den Müll mit unserem Frequenzanalysator!

Nun ist es an uns, das richtige Ergebnis auszurechnen. Dies geschieht mit Hilfe der Gl. (10.2) bzw. (10.3). Um die komplexe Reihe aber aufstellen zu können,

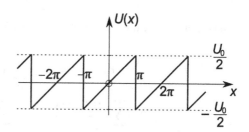

Abb. 10.1 Die Sägezahnspannung. Sie besitzt eine Periode von 2π und variiert zwischen $-\frac{U_0}{2}$ und $+\frac{U_0}{2}$

benötigen wir zunächst die Entwicklungskoeffizienten c_k. Diese ergeben sich aus (10.4). Wie schon festgestellt, ist $L = 2\pi$. Der Startpunkt der Entwicklung x_0 liegt am unteren Ende der x-Skala ($-\pi < x < \pi$), d.h. bei $x_0 = -\pi$:

$$
c_n = \frac{1}{L} \int_{x_0}^{x_0+L} dx \; e^{-i\frac{2\pi}{L}nx} f(x) = \frac{1}{2\pi} \int_{-\pi}^{-\pi+2\pi} dx \; e^{-i\frac{2\pi}{2\pi}nx} \frac{U_0}{2\pi} x
$$

$$
= \frac{U_0}{(2\pi)^2} \int_{-\pi}^{\pi} dx \; xe^{-inx} \overset{x \to \frac{1}{in}x}{=} \frac{U_0}{(2\pi)^2} \frac{1}{(in)^2} \int_{-in\pi}^{in\pi} dx \; xe^{-x}.
$$

Partielle Integration analog zu Beispiel 5.5 liefert

$$
c_n = -\frac{U_0}{(2\pi)^2 n^2} \left(\left[-xe^{-x} \right]_{-in\pi}^{+in\pi} - \int_{-in\pi}^{+in\pi} dx \; (-e^{-x}) \right)
$$

$$
= -\frac{U_0}{(2\pi)^2 n^2} \left(-in\pi e^{-in\pi} + (-in\pi)e^{in\pi} - e^{-x} \Big|_{-in\pi}^{in\pi} \right)
$$

$$
= -\frac{U_0}{(2\pi)^2 n^2} \left(-in\pi \left[e^{-in\pi} + e^{in\pi} \right] - \left[e^{-in\pi} - e^{+in\pi} \right] \right).
$$

Wir erinnern uns an die komplexen Zahlen aus Kap. 8. $e^{in\pi}$ entspricht einer Kreisdrehung des Vektors $(1,0)$ um den Winkel $n\pi$. Für gerade n zeigt der Zeiger wieder in Richtung $(1,0)$, für ungerade n zeigt er auf $(-1,0)$. Dies lässt sich auch zusammenfassen zu

$$
e^{in\pi} = e^{-in\pi} = (-1)^n
$$

(vgl. Gl. (8.17)). Damit folgt

$$
c_n = -\frac{U_0}{(2\pi)^2 n^2} \left(-in\pi [(-1)^n + (-1)^n] - [(-1)^n - (-1)^n] \right) = \frac{U_0 i}{2\pi} \frac{(-1)^n}{n}.
$$

Um nun die Reihe aufstellen zu können, benötigen wir c_n für alle $n \in \mathbb{Z}$. Problem: Für $n = 0$ ist der Term $\frac{U_0 i}{2\pi} \frac{(-1)^n}{n}$ nicht definiert. Wir müssen c_0 also extra berechnen. Dazu setzen wir $n = 0$ in (10.4) ein und werten das Integral aus:

$$
c_0 = \frac{1}{2\pi} \int_{-\pi}^{\pi} dx \; e^{-i\frac{2\pi}{L} \cdot 0 \cdot x} \frac{U_0}{2\pi} x = \frac{U_0}{(2\pi)^2} \int_{-\pi}^{\pi} dx \; x = \frac{U_0}{(2\pi)^2} \frac{x^2}{2} \Big|_{-\pi}^{\pi} = 0.
$$

Jetzt können wir die Fourier-Reihe mit Gl. (10.3) aufstellen:

$$
f(x) = \sum_{n=-\infty}^{\infty} c_n e^{i\frac{2\pi}{L}nx} = c_0 + \sum_{n=1}^{\infty} c_n e^{i\frac{2\pi}{2\pi}nx} + \sum_{n=1}^{\infty} c_{-n} e^{-i\frac{2\pi}{2\pi}nx}
$$

$$
= 0 + \sum_{n=1}^{\infty} \frac{U_0 i}{2\pi} \frac{(-1)^n}{n} e^{inx} + \sum_{n=1}^{\infty} \frac{U_0 i}{2\pi} \frac{(-1)^{-n}}{-n} e^{-inx},
$$

wobei $c_{-n} = \frac{U_0 i}{2\pi} \frac{(-1)^{-n}}{-n}$ sich aus $c_n = \frac{U_0 i}{2\pi} \frac{(-1)^n}{n}$ durch die einfache Ersetzung $n \rightarrow -n$ ergibt. Nun versuchen wir, die Summen zusammenzuziehen und irgendetwas schönes herauszumelken. Dabei hilft die Überlegung, dass für $n \in \mathbb{Z}$ gilt: $(-1)^{-n} = (-1)^n$. Damit ergibt sich

$$f(x) = \sum_{n=1}^{\infty} \frac{U_0 i}{2\pi} \frac{(-1)^n}{n} e^{inx} + \sum_{n=1}^{\infty} \frac{U_0 i}{2\pi} \frac{(-1)^n}{-n} e^{-inx} = \frac{U_0 i}{2\pi} \sum_{n=1}^{\infty} \frac{(-1)^n}{n} \left(e^{inx} - e^{-inx} \right).$$

Das ist die Fourier-Reihe von $f(x)$ im Komplexen. Wir wollen sie aber im Reellen haben (der Spektrum-Analysator gibt ja auch ein reelles Ergebnis heraus). Dazu erinnern wir uns an die Euler-Formel bzw. ihre Umkehrung $\sin(\varphi) = \frac{e^{i\varphi} - e^{-i\varphi}}{2i}$. Dann folgt in der Summe:

$$f(x) = \frac{U_0 i}{2\pi} \sum_{n=1}^{\infty} \frac{(-1)^n}{n} 2i \sin(nx) = -\frac{U_0}{\pi} \sum_{n=1}^{\infty} \frac{(-1)^n}{n} \sin(nx).$$

Ergebnis: Der Frequenzanalysator hätte mit $x = \omega t$ anzeigen sollen:

$$U(t) = -\frac{U_0}{\pi} \left(\frac{(-1)^1}{1} \sin(1 \cdot \omega t) + \frac{(-1)^2}{2} \sin(2\omega t) + \frac{(-1)^3}{3} \sin(3\omega t) + \ldots \right)$$
$$= \frac{U_0}{\pi} \left(\sin(\omega t) - \frac{1}{2} \sin(2\omega t) + \frac{1}{3} \sin(3\omega t) \mp \ldots \right),$$

wobei wie erwartet nur sin-Terme auftauchen. Das ist die Zerlegung der Funktion $U(t)$ in sin- und cos-Terme. ■

Eine Empfehlung zum Umgang mit den Integralen bei der Fourier-Zerlegung: Die Integration von e-Funktionen ist prinzipiell einfacher als die Integration von Ausdrücken wie $e^{(\ldots)} \cdot \sin(\ldots)$. Deswegen:

Man rechne stets die Koeffizienten c_n komplex aus und forme anschließend per $\sin(\varphi) = \frac{e^{i\varphi} - e^{-i\varphi}}{2i}$ und $\cos(\varphi) = \frac{e^{i\varphi} + e^{-i\varphi}}{2}$ in eine reelle Darstellung um.

10.2.3 Parsevals Theorem

Es gibt eine besondere Beziehung zwischen $f(x)$ und den Entwicklungkoeffizienten c_n, die auch **Parsevals Theorem** genannt wird:

$$\frac{1}{L} \int_{x_0}^{x_0+L} dx \, |f(x)|^2 = \sum_n |c_n|^2. \tag{10.5}$$

Hiermit kann man seine berechnete Zerlegung überprüfen.

Beispiel 10.2 (Parsevals Theorem bei der Sägezahnspannung)

▷ Ist Parsevals Theorem beim vorherigen Beispiel erfüllt?

Lösung: Es ist $f(x) = \frac{U_0}{2\pi}x$. Berechnen der linken Seite von (10.5) ergibt mit $L = 2\pi$:

$$\frac{1}{2\pi}\int_{-\pi}^{\pi}\mathrm{d}x\,\left|\frac{U_0}{2\pi}x\right|^2 = \frac{U_0^2}{(2\pi)^3}\int_{-\pi}^{\pi}\mathrm{d}x\,x^2 = \frac{U_0^2}{(2\pi)^3}\frac{1}{3}x^3\Big|_{-\pi}^{\pi} = \frac{U_0^2}{(2\pi)^3}\frac{2\pi^3}{3} = \frac{U_0^2}{12}.$$

Andererseits ist mit $c_0 = 0$ und $c_n = \frac{U_0\mathrm{i}}{2\pi}\frac{(-1)^n}{n}$:

$$\sum_{n=-\infty}^{\infty}|c_n|^2 = |c_0|^2 + \sum_{n=1}^{\infty}\left(|c_n|^2 + |c_{-n}|^2\right)$$

$$= 0 + \left|\frac{U_0\mathrm{i}}{2\pi}\right|^2\sum_{n=1}^{\infty}\left(\left|\frac{(-1)^n}{n}\right|^2 + \left|\frac{(-1)^{-n}}{-n}\right|^2\right)$$

$$= \frac{U_0^2}{4\pi^2}\sum_{n=1}^{\infty}\left(\frac{(-1)^{2n}}{n^2} + \frac{(-1)^{-2n}}{n^2}\right) = \frac{U_0^2}{4\pi^2}\sum_{n=1}^{\infty}\frac{2}{n^2} = \frac{U_0^2}{2\pi^2}\sum_{n=1}^{\infty}\frac{1}{n^2}.$$

Damit beide Seiten gleich sind, muss der Wert der Summe $\sum_{n=1}^{\infty}\frac{1}{n^2} = \frac{\pi^2}{6}$ sein. Nachschlagen in der Formelsammlung bestätigt dies. Damit ist Parsevals Theorem erfüllt.   ∎

Im Beispiel eben hätte man umgekehrt auch das Parseval'sche Theorem zur Bestimmung der Summe $\sum_{n=1}^{\infty}\frac{1}{n^2}$ benutzen können.

10.3 Fourier-Transformation

Sind die zu zerlegenden Funktionen nicht periodisch, so kann man auf die **Fourier-Transformation (FT)** zurückgreifen. Sie findet in vielen Gebieten der Physik Anwendung, wir werden sie allerdings hauptsächlich zur Lösung von Differenzialgleichungen benutzen. Das Verfahren hierbei ist das Folgende: Das zu lösende System (meist abhängig von Ort und Zeit) – gegeben im Realraum – wird per Fourier in den sogenannten Fourier-Raum transformiert. Hier werden böse Differenzialoperatoren plötzlich zu handzahmen Konstanten, wie wir sehen werden. Das System kann dann gelöst werden. Anschließend steigt man per umgekehrter Fourier-Transformation der Fourier-Welt-Lösung wieder in den Realraum auf und hat die gesuchte Lösung gefunden.

Die FT ergibt sich anschaulich aus der Fourier-Reihe durch die folgende Überlegung: Je größer die Periode der zu zerlegenden Funktion im Realraum wird, desto kleiner wird die Periode der Funktion im Fourier-Raum. Im Grenzfall einer Funktion mit „unendlicher" Periode (d. h., sie ist gar nicht periodisch) ergibt sich im Fourier-Raum ein kontinuierliches Spektrum.

10.3.1 Definition und Eigenschaften

Die **1-D-Fourier-Transformation** $\mathcal{F}$ ist über ein Integral definiert:

$$\mathcal{F}[f(x)] = \tilde{f}(k) := \frac{1}{\sqrt{2\pi}} \int_{-\infty}^{+\infty} dx\ e^{-ikx} f(x), \qquad (10.6)$$

$$\mathcal{F}^{-1}[\tilde{f}(k)] = f(x) = \frac{1}{\sqrt{2\pi}} \int_{-\infty}^{+\infty} dk\ e^{+ikx} \tilde{f}(k). \qquad (10.7)$$

Wir machen uns das (mathematische) Leben leicht und setzen im Folgenden die Existenz der Integrale voraus. Das bedeutet hier insbesondere, dass die zu transformierenden Funktionen genügend schnell abfallen müssen, wie es auch schon bei den Testfunktionen bei Distributionen der Fall war.

Beispiel 10.3 (Fourier-Transformation der Gauß-Kurve)

▷ Die Gauß'sche Glockenkurve $f(x) = \frac{1}{\sqrt{2\pi}} e^{-\frac{x^2}{2}}$ (mit $\sigma = 1$ und $\mu = 0$; vgl. Beispiel 4.8) möchte in den Fourier-Raum transformiert werden. Helfen wir!

Lösung: Wir setzen in die Fourier-Trafo ein und führen das Integral aus. Der Rest ist Integrationstechnik.

$$\begin{aligned}
\mathcal{F}(f(x)) &= \tilde{f}(k) = \frac{1}{\sqrt{2\pi}} \int_{-\infty}^{+\infty} dx\ e^{-ikx} \frac{1}{\sqrt{2\pi}} e^{-\frac{x^2}{2}} = \frac{1}{2\pi} \int_{-\infty}^{+\infty} dx\ e^{-ikx-\frac{x^2}{2}} \\
&\overset{x\to\sqrt{2}x}{=} \frac{1}{2\pi} \sqrt{2} \int_{-\infty}^{+\infty} dx\ e^{-ik(\sqrt{2}x)-x^2} = \frac{1}{\sqrt{2\pi}} \int_{-\infty}^{+\infty} dx\ e^{-\left(\sqrt{2}ikx+x^2\right)}.
\end{aligned}$$

Nun machen wir eine klassische quadratische Ergänzung des Exponenten. Warum, werden wir gleich sehen.

$$x^2 + \sqrt{2}ikx = \underbrace{\left(x + \tfrac{1}{\sqrt{2}}ik\right)^2}_{=x^2+\sqrt{2}ikx-\frac{k^2}{2}} + \tfrac{k^2}{2}.$$

Setzen wir dies ein, folgt

$$\begin{aligned}
\tilde{f}(k) &= \frac{1}{\sqrt{2\pi}} \int_{-\infty}^{+\infty} dx\ e^{-\left(x+\frac{1}{\sqrt{2}}ik\right)^2-\frac{k^2}{2}} = \frac{1}{\sqrt{2\pi}} e^{-\frac{k^2}{2}} \int_{-\infty}^{+\infty} dx\ e^{-\left(x+\frac{1}{\sqrt{2}}ik\right)^2} \\
&\overset{x\to x-\frac{1}{\sqrt{2}}ik}{=} \frac{1}{\sqrt{2\pi}} e^{-\frac{k^2}{2}} \underbrace{\int_{-\infty}^{+\infty} dx\ e^{-x^2}}_{=\sqrt{\pi}} = \frac{1}{\sqrt{2}} e^{-\frac{k^2}{2}},
\end{aligned}$$

und das ist wieder eine Gauß-Funktion, jetzt natürlich im k-Raum (im Fourier-Raum). Durch die quadratische Ergänzung des Exponenten war es möglich, den Integranden auf die uns bekannte Form $\int_{-\infty}^{+\infty} dx\, e^{-x^2}$ umzuschreiben, dessen Wert wir kennen ($\sqrt{\pi}$, Gl. (5.31)). Dieses Vorgehen ist im Zusammenhang von Fourier und Gauß immer nützlich zu wissen.   ∎

An diesem Beispiel lernen wir:

$$\mathcal{F}[\text{Gauß}] = \text{Gauß},\tag{10.8}$$

d. h. unter Fourier-Transformation bleibt die Gauß-Funktion (bis auf Konstanten) unverändert.

Eigenschaften der Fourier-Transformation
Wie bei der Fourier-Zerlegung kann man auch aus der zu transformierenden Funktion einige Schlüsse für die Fourier-Transformierte ziehen:

- $f(x)$ reell $\Longleftrightarrow \tilde{f}(-k) = \tilde{f}(k)^*$.
- $f(-x) = f(x) \Longleftrightarrow \tilde{f}(-k) = \tilde{f}(k)$ und $f(-x) = -f(x) \Longleftrightarrow \tilde{f}(-k) = -\tilde{f}(k)$,
  Achsen- und Punktsymmetrien werden in den Fourier-Raum weitervererbt.
- Parseval: $\int_{-\infty}^{+\infty} dx\, |f(x)|^2 = \left(\frac{1}{\sqrt{2\pi}}\right)^2 \int_{-\infty}^{+\infty} dk\, |\tilde{f}(k)|^2$.

10.3.2 Spezielle Fourien

Die folgenden drei Transformierten lassen sich relativ leicht berechnen und sollten unbedingt zum Repertoire gehören.

1. **FT einer verschobenen Funktion**
   Wie lautet die FT von $f(x - a)$?

$$\mathcal{F}\big(f(x - a)\big) = \frac{1}{\sqrt{2\pi}} \int_{-\infty}^{+\infty} dx\, e^{-ikx} f(x - a)$$

$$\overset{x \to x+a}{=} \frac{1}{\sqrt{2\pi}} \int_{-\infty}^{+\infty} dx\, e^{-ik(x+a)} f(x) = \frac{e^{-ika}}{\sqrt{2\pi}} \int_{-\infty}^{+\infty} dx\, e^{-ikx} f(x).$$

Ergebnis:

$$\mathcal{F}[f(x - a)] = e^{-ika}\, \mathcal{F}[f(x)].\tag{10.9}$$

Die Verschiebung der Funktion f um a spiegelt sich also in der Transformierten lediglich durch einen Faktor e^{-ika} wider.

2. FT von $f'(x)$

Die Fourier-Transformierte der Ableitung $f'(x)$ lässt sich ebenfalls gut bestimmen:

$$\mathcal{F}\big[f'(x)\big] = \frac{1}{\sqrt{2\pi}} \int_{-\infty}^{+\infty} dx\, e^{-ikx} f'(x).$$

Partielle Integration liefert mit f aufgeleitet und e^{-ikx} abgeleitet:

$$\mathcal{F}\big[f'(x)\big] = \frac{1}{\sqrt{2\pi}} \left(\left[e^{-ikx} f(x) \right]_{-\infty}^{+\infty} - \int_{-\infty}^{+\infty} dx\,(-ik)e^{-ikx} f(x) \right).$$

Die Fourier-Transformation ist, wie schon eingangs erwähnt, vernünftig nur für genügend schnell abfallende Funktionen $f(x)$ definiert. Daher verschwindet der erste Term, sobald man ihn an den Grenzen $\pm\infty$ auswertet, denn nach Voraussetzung gilt $f(\pm\infty) = 0$ und der e-Term e^{-ikx} ist beschränkt (Rotation auf dem Einheitskreis). Damit folgt $[\dots]_{-\infty}^{+\infty} = 0$ und somit

$$\mathcal{F}\big[f'(x)\big] = ik \cdot \frac{1}{\sqrt{2\pi}} \int_{-\infty}^{+\infty} dx\, e^{-ikx} f(x)$$

bzw.

$$\mathcal{F}\big[f'(x)\big] = ik\mathcal{F}[f(x)]. \tag{10.10}$$

Merke also: $\frac{\partial}{\partial x} \to ik$ bei Fourier-Transformation (Ableitungen nach dem Ort können bei FT durch Faktoren ik ersetzt werden).

3. Delta-Distribution

Transformiert man eine δ-Distribution hin und zurück, so lässt sich eine hilfreiche Darstellung von δ gewinnen. Der Abstieg in den Fourier-Raum formuliert sich leicht:

$$\mathcal{F}\big[\delta(x - x')\big] = \frac{1}{\sqrt{2\pi}} \int_{-\infty}^{+\infty} dx\, e^{-ikx}\delta(x - x') \overset{(5.35)}{=} \frac{1}{\sqrt{2\pi}} e^{-ikx'} =: \tilde{g}(k)$$

nach der definierenden Eigenschaft der Delta-Distribution (5.35). Die Rücktrafo in den Realraum gestaltet sich dann wie folgt:

$$g(x) = \mathcal{F}^{-1}[\tilde{g}(k)] = \frac{1}{\sqrt{2\pi}^2} \int_{-\infty}^{\infty} dk\, e^{ikx} e^{-ikx'} = \frac{1}{2\pi} \int_{-\infty}^{\infty} dk\, e^{ik(x-x')} \overset{!}{=} \delta(x - x'),$$

was aber per Konstruktion der FT eben wieder die Ausgangsfunktion $\delta(x - x')$ sein muss. Ergebnis:

$$\delta(x - x') = \frac{1}{2\pi} \int_{-\infty}^{\infty} dk\, e^{ik(x-x')}. \tag{10.11}$$

10.3.3 Fourier-Trafo der Zeit

Oftmals ist die zu transformierende Koordinate nicht der Ort, sondern die Zeit (z. B. bei DGLs). Die zur Zeit korrespondierende Größe im Fourier-Raum ist die Kreisfrequenz ω:

$$\tilde{f}(\omega) = \frac{1}{\sqrt{2\pi}} \int_{-\infty}^{+\infty} \mathrm{d}t \, \mathrm{e}^{-\mathrm{i}\omega t} f(t) \,, \quad f(t) = \frac{1}{\sqrt{2\pi}} \int_{-\infty}^{+\infty} \mathrm{d}t \, \mathrm{e}^{+\mathrm{i}\omega t} \tilde{f}(\omega). \quad (10.12)$$

Anders gelesen bedeutet die Zeit-Fourier-Trafo auch eine Spektralanalyse eines Signals: Man steckt ein Signal $f(t)$ hinein und bekommt das Frequenzbild heraus – das ist die Verteilung der Frequenzen, die zur Erzeugung des Signals notwendig sind.

Beispiel 10.4 (Frequenzanalyse einer harmonischen Schwingung)

▷ Wie sieht das Frequenzbild einer harmonischen Schwingung (z. B. eines Federpendels) mit $f(t) = A \cos(\Omega t)$ aus?

Lösung: Wir berechnen die Fourier-Transformierte von $f(t) = A \cos(\Omega t) = A \frac{\mathrm{e}^{\mathrm{i}\Omega t} + \mathrm{e}^{-\mathrm{i}\Omega t}}{2}$:

$$\begin{aligned}
\tilde{f}(\omega) &= \frac{1}{\sqrt{2\pi}} \int_{-\infty}^{+\infty} \mathrm{d}t \, \mathrm{e}^{-\mathrm{i}\omega t} \left(A \frac{\mathrm{e}^{\mathrm{i}\Omega t} + \mathrm{e}^{-\mathrm{i}\Omega t}}{2} \right) \\
&= \frac{A}{2\sqrt{2\pi}} \int_{-\infty}^{+\infty} \mathrm{d}t \left(\mathrm{e}^{-\mathrm{i}(\omega-\Omega)t} + \mathrm{e}^{-\mathrm{i}(\omega+\Omega)t} \right) \\
&\overset{(10.11)}{=} \frac{A}{2} \sqrt{2\pi} \delta(\omega - \Omega) + \frac{A}{2} \sqrt{2\pi} \delta\big(\omega - (-\Omega)\big).
\end{aligned}$$

Dieses Frequenzspektrum hat nur einen nichtverschwindenden Wert bei $\omega = \Omega$ und $\omega = -\Omega$, d. h., die harmonische Schwingung besitzt exakt eine positive Frequenz, was ja natürlich auch Sinn macht, da ein reines Kosinussignal ja auch nur aus einer einzigen Frequenz besteht und nicht aus mehreren Anteilen zusammengesetzt ist. Abb. 10.2 zeigt das (positive) Frequenzspektrum. ∎

Abb. 10.2 Das positive Frequenzspektrum einer harmonischen Schwingung mit $f(t) \sim \cos(\Omega t)$ im Zeitraum. Es besteht aus exakt einer Frequenz

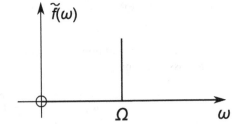

10.3.4 3-D- und 4-D-Fourier-Transformation

Die Fourier-Transformation kann auch auf den Raum erweitert werden. Sie lautet dann

$$\widetilde{f}(\vec{k}) = \left(\frac{1}{\sqrt{2\pi}}\right)^3 \int_{\mathbb{R}^3} d^3x \, e^{-i\vec{k}\cdot\vec{r}} f(\vec{r}), \quad f(\vec{r}) = \left(\frac{1}{\sqrt{2\pi}}\right)^3 \int_{\mathbb{R}^3} d^3k \, e^{+i\vec{k}\cdot\vec{r}} \widetilde{f}(\vec{k}).$$

(10.13)

Analog können vektorwertige Größen transformiert werden.

Die Erweiterung auf vier Dimensionen geschieht durch Zunahme der Zeit. Die 4-D-Fourier-Transformation muss also immer dann angewendet werden, wenn Größen zu transformieren sind, die Orts- und Zeitkomponente besitzen – also Felder $\phi(\vec{r}, t)$ (oder vektorwertig). Man achte bei der Transformation insbesondere auf die umgekehrte Signatur der Zeit im Exponenten:

$$\widetilde{\phi}(\vec{k}, \omega) = \left(\frac{1}{\sqrt{2\pi}}\right)^4 \int_{\mathbb{R}^3} d^3x \int_{-\infty}^{+\infty} dt \, e^{-i(\vec{k}\cdot\vec{r}-\omega t)} \phi(\vec{r}, t),$$

(10.14)

$$\phi(\vec{r}, t) = \left(\frac{1}{\sqrt{2\pi}}\right)^4 \int_{\mathbb{R}^3} d^3k \int_{-\infty}^{+\infty} d\omega \, e^{+i(\vec{k}\cdot\vec{r}-\omega t)} \widetilde{\phi}(\vec{k}, \omega),$$

(10.15)

und analog für Vektorfelder. Die Eigenschaften der Fourier-Transformation insbesondere in Bezug auf die Ableitung bleiben erhalten, einzig beim Vorzeichen muss man aufpassen:

$$\nabla \to i\vec{k}, \quad \text{aber} \quad \frac{\partial}{\partial t} \to -i\omega.$$

(10.16)

Beachte hierbei insbesondere:

Nur bei gleichzeitiger Orts-/Zeit-FT verwendet man $\frac{\partial}{\partial t} \to -i\omega$, sonst $\frac{\partial}{\partial t} \to +i\omega$!

10.3.5 DGL-Lösung per Fourier

Die Vorgehensweise zur DGL-Lösung wurde schon im einführenden Text zur Fourier-Transformation kurz angeschnitten und ergibt folgendes Kochrezept – eine DGL in $x(t)$ sei gegeben:

1. Transformiere die komplette DGL per Ersetzung $x(t) \to \widetilde{x}(\omega)$ und $\frac{\partial}{\partial t} \to i\omega$.
2. Löse die entstandene Gleichung nach $\widetilde{x}(\omega)$.
3. Rücktransformiere $\widetilde{x}(\omega)$ und erhalte das gesuchte $x(t)$.

Beispiel 10.5 (Getriebener harmonischer Oszillator)

▷ Wie löst sich die Differenzialgleichung des getriebenen harmonischen Oszillators $\ddot{x} + \omega_0^2 x = \frac{F(t)}{m}$ mit $F(t) = F_0 e^{i\omega' t}$ per Fourier-Trafo? Beispiel hierfür wäre ein Federpendel, an dem von außen mit periodischer Kraft $F(t)$ „gewackelt" wird.

Lösung: Wir haben es hier offensichtlich mit einer inhomogenen Differenzialgleichung zu tun und müssen folglich die allgemeine Lösung der homogenen und eine spezielle Lösung der inhomogenen DGL bestimmen. Die Lösung der homogenen DGL $\ddot{x} + \omega_0^2 x = 0$ kennen wir aus Kap. 7 (trigonometrischer Ansatz). Zur Bestimmung einer speziellen Lösung der inhomogenen DGL verfolgen wir das Kochrezept.

1. Transformiere die DGL, benutze dabei $\frac{\partial}{\partial t} \to i\omega$ und $\frac{\partial^2}{\partial t^2} \to (i\omega)^2 = -\omega^2$:

$$-\omega^2 \tilde{x}(\omega) + \omega_0^2 \tilde{x}(\omega) = \mathcal{F}\left[\frac{F(t)}{m}\right] = \frac{F_0}{m} \mathcal{F}\left[e^{i\omega' t}\right].$$

Nun müssen wir noch schnell die Transformierte der rechten Seite ausrechnen. Es ist aber nach Gl. (10.11):

$$\mathcal{F}\left[e^{i\omega' t}\right] = \frac{1}{\sqrt{2\pi}} \int_{-\infty}^{+\infty} dt\, e^{-i\omega t} e^{i\omega' t} = \frac{1}{\sqrt{2\pi}} \int_{-\infty}^{+\infty} dt\, e^{i(\omega' - \omega)t} \overset{(10.11)}{=} \sqrt{2\pi}\delta(\omega' - \omega),$$

was aber wegen der Symmetrie der Delta-Distribution $\delta(-x) = \delta(x)$ auch gleich $\sqrt{2\pi}\delta(\omega - \omega')$ ist. Hiermit folgt:

$$-\omega^2 \tilde{x}(\omega) + \omega_0^2 \tilde{x}(\omega) = \frac{F_0}{m} \sqrt{2\pi}\delta(\omega - \omega').$$

2. Diese lineare Gleichung in $\tilde{x}(\omega)$ kann direkt umgestellt und aufgelöst werden:

$$\Longleftrightarrow (\omega_0^2 - \omega^2)\tilde{x}(\omega) = \frac{F_0}{m} \sqrt{2\pi}\delta(\omega - \omega') \Longleftrightarrow \tilde{x}(\omega) = \frac{\frac{F_0}{m}\sqrt{2\pi}\delta(\omega - \omega')}{\omega_0^2 - \omega^2}.$$

Dies ist die Lösung der DGL im Frequenzraum.

3. Nun die Rücktransformation:

$$x(t) = \mathcal{F}^{-1}\left[\tilde{x}(\omega)\right] = \frac{1}{\sqrt{2\pi}} \int_{-\infty}^{+\infty} d\omega\, e^{+i\omega t} \frac{\frac{F_0}{m}\sqrt{2\pi}\delta(\omega - \omega')}{\omega_0^2 - \omega^2}.$$

Netterweise steckt im Integranden wieder eine δ-Distribution, so dass wir die Integration einfach ausführen können und dazu alle ω durch ω' gemäß der definierenden Eigenschaft (5.35) ersetzen. Fertig:

$$x_{\text{spez}}(t) = \frac{F_0}{m} \frac{e^{i\omega' t}}{\omega_0^2 - \omega'^2}.$$

Das ist die komplexe spezielle Lösung des getriebenen harmonischen Oszillators, wobei für Anwendungen noch der Realteil betrachtet werden muss. Damit ergibt sich die Lösung der gesamten DGL im Reellen zu

$$x(t) = \text{Re}\left[x_{\text{hom}}(t) + x_{\text{spez}}(t)\right] = A\sin(\omega_0 t) + B\cos(\omega_0 t) + \frac{F_0}{m} \frac{\cos(\omega' t)}{\omega_0^2 - \omega'^2}.$$

Im Fall $\omega' \to \omega_0$ – das wäre der Fall, wenn von außen mit der sogenannten Eigenkreisfrequenz ω_0 des Systems angetrieben wird – kommt es zur sogenannten **Resonanzkatastrophe,** da die Amplitude $x(t)$ aufgrund des letzten Terms unbegrenzt wächst und gegen unendlich strebt. Wir kommen in der Mechanik in Kap. 12 darauf zurück. ∎

[H22] Fourier-Trafo der gedämpften Schwingung (4 Punkte)
Man zeige, dass die Fourier-Transformierte der Auslenkung eines angestoßenen, gedämpften Pendels $x(t) = \mathrm{e}^{-\delta t} \cos(\omega_0 t)\Theta(t)$ mit $s = \mathrm{i}\omega + \delta$ gegeben ist durch

$$\widetilde{x}(s) = \frac{1}{\sqrt{2\pi}} \frac{s}{s^2 + \omega_0^2}.$$

Spickzettel zur Fourier-Analysis

- **Fourier-Reihe**
  - Zerlegung einer L-periodischen Funktion (d.h. $f(x + L) = f(x)$) in trigonometrische Funktionen gemäß

  $$f(x) = \sum_{n=-\infty}^{\infty} c_n \mathrm{e}^{\mathrm{i}\frac{2\pi}{L}nx}, \quad c_n = \frac{1}{L} \int_{x_0}^{x_0+L} \mathrm{d}x \; f(x)\mathrm{e}^{-\mathrm{i}\frac{2\pi}{L}nx}$$

  oder als Darstellung reeller Funktionen:

  $$f(x) = \frac{a_0}{2} + \sum_{n=1}^{\infty} \left(a_n \cos(\tfrac{2\pi}{L}nx) + b_n \sin(\tfrac{2\pi}{L}nx) \right),$$

  $$a_n = c_n + c_{-n} = \frac{2}{L} \int_{x_0}^{x_0+L} \mathrm{d}x \; f(x) \cos\left(\tfrac{2\pi}{L}nx\right),$$

  $$b_n = \mathrm{i}(c_n - c_{-n}) = \frac{2}{L} \int_{x_0}^{x_0+L} \mathrm{d}x \; f(x) \sin\left(\tfrac{2\pi}{L}nx\right).$$

  - Eigenschaften: $f(x)$ reell $\Leftrightarrow c_{-n} = c_n^*$; für punktsymmetrische Funktionen: $a_n = 0$ und $f_0 = 0$; für achsensymmetrische Funktionen: $b_n = 0$.
  - Zum Ausrechnen trigonometrische Funktionen per $\sin(\varphi) = \frac{\mathrm{e}^{\mathrm{i}\varphi} - \mathrm{e}^{-\mathrm{i}\varphi}}{2\mathrm{i}}$ und $\cos(\varphi) = \frac{\mathrm{e}^{\mathrm{i}\varphi} + \mathrm{e}^{-\mathrm{i}\varphi}}{2}$ in komplexe Darstellung umwandeln und komplexe Koeffizienten berechnen – meist schneller!
  - Parsevals Theorem: $\frac{1}{L} \int_{x_0}^{x_0+L} \mathrm{d}x \left| f(x) \right|^2 = \sum_n \left| c_n \right|^2$.

- **Fourier-Transformation**
  - Definition (1-D):

$$\mathcal{F}[f(x)] = \tilde{f}(k) := \frac{1}{\sqrt{2\pi}} \int_{-\infty}^{+\infty} dx\ e^{-ikx} f(x),$$

$$\mathcal{F}^{-1}[\tilde{f}(k)] = f(x) = \frac{1}{\sqrt{2\pi}} \int_{-\infty}^{+\infty} dk\ e^{+ikx} \tilde{f}(k)$$

oder in der Zeit $\tilde{f}(\omega) = \frac{1}{\sqrt{2\pi}} \int_{-\infty}^{+\infty} dt\ e^{-i\omega t} f(t)$, $f(t) = \frac{1}{\sqrt{2\pi}} \int_{-\infty}^{+\infty} dt\ e^{+i\omega t} \tilde{f}(\omega)$.

  - Eigenschaften der FT: $f(x)$ reell $\Longleftrightarrow \tilde{f}(-k) = \tilde{f}(k)^*$.
  - $f(-x) = f(x) \Longleftrightarrow \tilde{f}(-k) = \tilde{f}(k)$ sowie $f(-x) = -f(x) \Longleftrightarrow \tilde{f}(-k) = -\tilde{f}(k)$
    (Symmetrien werden weitervererbt).
  - Parseval: $\int_{-\infty}^{+\infty} dx\ |f(x)|^2 = \left(\frac{1}{\sqrt{2\pi}}\right)^2 \int_{-\infty}^{+\infty} dk\ |\tilde{f}(k)|^2$.
  - Spezielle Fourien: $\mathcal{F}[\text{Gauß}] = \text{Gauß}$, Verschiebung: $\mathcal{F}[f(x-a)] = e^{-ika}\mathcal{F}[f(x)]$,
    Ableitung: $\mathcal{F}[f'(x)] = ik\mathcal{F}[f(x)]$.
  - Distributionsdarstellung: $\delta(x - x') = \frac{1}{2\pi} \int_{-\infty}^{\infty} dk\ e^{ik(x-x')}$.
  - 4-D-Fourier:

$$\tilde{\phi}(\vec{k}, \omega) = \left(\frac{1}{\sqrt{2\pi}}\right)^4 \int_{\mathbb{R}^3} d^3x \int_{-\infty}^{+\infty} dt\ e^{-i(\vec{k}\cdot\vec{r} - \omega t)} \phi(\vec{r}, t),$$

$$\phi(\vec{r}, t) = \left(\frac{1}{\sqrt{2\pi}}\right)^4 \int_{\mathbb{R}^3} d^3k \int_{-\infty}^{+\infty} d\omega\ e^{+i(\vec{k}\cdot\vec{r} - \omega t)} \tilde{\phi}(\vec{k}, \omega),$$

mit $\mathcal{F}[\nabla] = i\vec{k}$ und $\mathcal{F}[\frac{\partial}{\partial t}] = \pm i\omega$ (bei 4-D-FT ist $\mathcal{F}[\frac{\partial}{\partial t}] = -i\omega$, sonst $+i\omega$!).
  - DGL-Lösung per Fourier:
    a) Transformiere die komplette DGL per Ersetzung $x(t) \to \tilde{x}(\omega)$ und $\frac{\partial}{\partial t} \to \pm i\omega$
       (s. o.).
    b) Löse die entstandene Gleichung nach $\tilde{x}(\omega)$.
    c) Rücktransformiere $\tilde{x}(\omega)$ und erhalte das gesuchte $x(t)$.

Partielle Differenzialgleichungen

11

Inhaltsverzeichnis

11.1 Was ist eine partielle Differenzialgleichung?

Eine **partielle Differenzialgleichung** ist eine DGL mehrerer Veränderlicher. Das bedeutet, es tauchen Variablen und *partielle* Ableitungen beliebiger Ordnung gleichzeitig in einer Gleichung auf. Analog zu gewöhnlichen Differenzialgleichungen werden hier Anfangsbedingungen (und ggf. Randbedingungen) benötigt, um die Lösung eindeutig bestimmen zu können.

Könnte man über die gewöhnlichen DGLs (Kap. 7) ein ganzes Buch schreiben, so könnte man über partielle Differenzialgleichungen mehrere Bände verfassen. Aus diesem Grund betrachten wir zur Begriffsbildung im Folgenden nur homogene partielle lineare DGLs zweiter Ordnung (in u und v) mit konstanten Koeffizienten, die in der allgemeinsten Form als

$$a\frac{\partial^2\phi(u,v)}{\partial u^2} + 2b\frac{\partial^2\phi(u,v)}{\partial u\partial v} + c\frac{\partial^2\phi(u,v)}{\partial v^2} + d\frac{\partial\phi(u,v)}{\partial u} + e\frac{\partial\phi(u,v)}{\partial v} = 0 \tag{11.1}$$

geschrieben werden können, wobei a, b, c, d und e konstante Vorfaktoren darstellen und $\phi(u,v)$ die zu bestimmende Funktion ist. Bei der folgenden Einteilung der für uns wichtigen partiellen DGLs werden immer nur die Terme mit den partiellen Ableitungen zweiter Ordnung betrachtet. Dazu wird die Definitheit der Matrix

© Springer-Verlag GmbH Deutschland, ein Teil von Springer Nature 2018
M. Otto, *Rechenmethoden für Studierende der Physik im ersten Jahr*,
https://doi.org/10.1007/978-3-662-57793-6_11

$\left(\begin{smallmatrix} a & b \\ b & c \end{smallmatrix} \right)$ (bzw. in drei Dimensionen der entsprechenden 3×3-Matrix etc.) mit den Koeffizienten a, b, c aus (11.1) als Unterscheidungskriterium benutzt. Vergleiche zum Definitheitsbegriff Abschn. 4.2.3. Die für uns wichtigen Typen sind:

- **Elliptisch:** $ac - b^2 > 0$ (bzw. alle Eigenwerte größer null oder alle Eigenwerte kleiner null).
  Hierfür ist die sogenannte **Laplace-Gleichung** der Prototyp ($b = d = e = 0$):

$$\left(\frac{\partial^2}{\partial x^2} + \frac{\partial^2}{\partial y^2} \right) \phi(x, y) = 0 \quad \text{bzw.} \quad \Delta\phi(\vec{r}) = 0. \tag{11.2}$$

  Die Lösung ist eindeutig festgelegt, wenn in geeigneter Weise Randwerte vorgegeben sind. Dabei kann es einerseits sein, dass die Funktion am Rand gegeben ist, $\phi(\text{Rand}) = \ldots$ (Dirichlet-Randbedingung), andererseits kann aber auch der Wert der Ableitung am Rand gegeben sein: $\frac{\partial \phi}{\partial x}\big|_{\text{Rand}} = \ldots$, $\frac{\partial \phi}{\partial y}\big|_{\text{Rand}} = \ldots$ usw. (Neumann-Randbedingungen).

- **Parabolisch:** $ac - b^2 = 0$ (ein Eigenwert gleich null).
  Dies bedeutet, dass neben den zweiten partiellen Ableitungen des Ortes eine weitere Ableitung auftaucht, meist ist es jene nach der Zeit. Ohne Beachtung der Einheiten ist hierfür die sogenannte **Diffusionsgleichung** (mit $a = -1$, $b = c = d = 0$ und $e = 1$) der Prototyp, gegeben durch

$$\left(\frac{\partial}{\partial t} - \frac{\partial^2}{\partial x^2} \right) \phi(x, t) = 0 \quad \text{bzw.} \quad \left(\frac{\partial}{\partial t} - \Delta \right) \phi(\vec{r}, t) = 0. \tag{11.3}$$

  Sie wird lösbar, wenn entweder wieder Randwerte oder aber – was für uns wichtig ist – Anfangswerte $\phi(\vec{r}, t = 0)$ gegeben sind. Im letzten Fall spricht man vom **Anfangswertproblem.**

- **Hyperbolisch:** $ac - b^2 < 0$ (Eigenwerte mit unterschiedlichen Vorzeichen).
  Auch hier kommt wieder die Variable t ins Spiel, diesmal allerdings in zweiter Ableitung. Die sogenannte **Wellengleichung** ($a = -1, b = 0, c = 1, d = e = 0$) schreibt sich dann als

$$\left(\frac{\partial^2}{\partial t^2} - \frac{\partial^2}{\partial x^2} \right) \phi(x, t) = 0 \quad \text{bzw.} \quad \left(\frac{\partial^2}{\partial t^2} - \Delta \right) \phi(\vec{r}, t) = 0, \tag{11.4}$$

wiederum ohne auf die physikalischen Dimensionen zu achten. Der hyperbolische Typ wird durch Angabe von Anfangswerten $\phi(\vec{r}, t = 0)$ und $\dot{\phi}(\vec{r}, t = 0)$ vollständig lösbar. Deswegen hat man es hier mit einem reinen Anfangswertproblem zu tun.

Im restlichen Kapitel wird es darum gehen, Lösungsansätze für die Laplace-, Diffusions- und Wellengleichung zu finden. Darüber hinaus werden wir uns mit einer weiteren wichtigen partiellen Differenzialgleichung beschäftigen, der sogenannten Kontinuitätsgleichung.

11.2 Laplace-Gleichung und Poisson-Gleichung

11.2.1 Laplace-Gleichung

Als erste partielle Differenzialgleichung betrachten wir die Laplace-Gleichung $\Delta\phi(\vec{r}) = 0$ in zwei Dimensionen in kartesischen Koordinaten:

$$\Delta\phi(x, y) = \left(\frac{\partial^2}{\partial x^2} + \frac{\partial^2}{\partial y^2}\right)\phi(x, y) = 0. \tag{11.5}$$

In 1-D ist die Lösung geschenkt: $\Delta\phi(x) = \phi''(x) = 0 \Rightarrow \phi(x) = C_1 x + C_2$. Analog ist eine einfache Lösung der Laplace-Gleichung $\phi(\vec{r}) = C_1 \vec{r} + \vec{C}_2$. Das soll aber nicht der Weisheit letzter Schluss gewesen sein.

Wir versuchen, eine interessantere Lösung in zwei Dimensionen zu finden (analog in 3-D). Dazu wählen wir einen sogenannten **Separationsansatz**

$$\phi(x, y) = f(x)g(y), \tag{11.6}$$

bei dem die x-Abhängigkeit komplett in die Funktion $f(x)$ und die y-Abhängigkeit in die Funktion $g(y)$ geschoben wird. Was uns das bringt, sehen wir durch Einsetzen in (11.5):

$$\left(\frac{\partial^2}{\partial x^2} + \frac{\partial^2}{\partial y^2}\right)f(x)g(y) = 0 \iff \frac{\partial^2}{\partial x^2}[f(x)g(y)] + \frac{\partial^2}{\partial y^2}[f(x)g(y)] = 0.$$

Die zweifache x-Ableitung im ersten Term wirkt nur auf die Funktion $f(x)$, da $g(y)$ aus x-Ableitungssicht konstant ist, d. h.

$$\frac{\partial^2}{\partial x^2}[f(x)g(y)] = \frac{\mathrm{d}^2 f(x)}{\mathrm{d}x^2}g(y) = f''(x)g(y).$$

Im zweiten Term sieht die y-Ableitung nur die Funktion $g(y)$. Damit ergibt sich

$$f''(x)g(y) + f(x)g''(y) = 0 \mid : \big(f(x)g(y) \neq 0\big)$$

$$\iff \quad \frac{f''(x)}{f(x)} + \frac{g''(y)}{g(y)} = 0.$$

Hier werden allerdings brutal Äpfel, Birnen und Bananen zusammengezählt (Funktionen nebst Ableitungen mit unterschiedlichen Variablen!), und die sollen null ergeben? Das kann nur in einem Fall funktionieren: Wenn jeder einzelne Summand konstant ist und bis aufs Vorzeichen übereinstimmt:

$$\frac{f''(x)}{f(x)} = -p^2, \quad \frac{g''(y)}{g(y)} = p^2,$$

wobei p konstant ist. Wir haben hier aus kosmetischen Gründen die Quadrate der Konstanten eingeführt, denn es ergeben sich nun zwei separate gewöhnliche Differenzialgleichungen, die wir sehr wohl kennen und im Prinzip auch schon in Kap. 7 gelöst haben:

$$f''(x) = -p^2 f(x), \quad g''(y) = p^2 g(y).$$

Die erste lässt sich direkt über den trigonometrischen Ansatz (7.17) lösen, die zweite DGL wurde für $p = 1$ schon in Beispiel 7.1 behandelt und liefert einen hyperbolischen Ansatz. Zusammen bedeutet dies hier als Lösungsansätze:

$$f(x) = A \sin(px + \alpha), \quad g(y) = B e^{py} + C e^{-py}.$$

Als Ergebnis erhalten wir rücksubstituiert in den Separationsansatz (11.6)

$$\phi(x, y) = f(x) \cdot g(y) = A \sin(px + \alpha) \cdot (B e^{py} + C e^{-py}). \tag{11.7}$$

Das ist eine Lösung der 2-D-Laplace-Gleichung.

11.2.2　Kugelsymmetrische Lösung

Im Falle kugelsymmetrischer Probleme in der Laplace-Gleichung $\Delta \phi(r) = 0$ vereinfacht sich der Laplace-Operator stark (Gl. (9.47)) und es lässt sich bequem eine Lösung $\phi(r)$ angeben:

$$\Delta \overset{(9.47)}{\to} \frac{1}{r} \frac{\partial^2}{\partial r^2} r \implies \Delta \phi(r) = \frac{1}{r} \frac{\partial^2}{\partial r^2} [r \phi(r)] = 0 \iff \frac{\partial^2}{\partial r^2} [r \phi(r)] = 0. \tag{11.8}$$

Nun könnte man die zweifache Ableitung ausführen und die entstehende Differenzialgleichung in r lösen. Einfacher ist jedoch die zweifache Integration über die Ableitung:

$$\frac{\partial^2}{\partial r^2} [r \phi(r)] = 0 \overset{\int}{\implies} \frac{\partial}{\partial r} [r \phi(r)] = C_1 \overset{\int}{\implies} r \phi(r) = C_1 r + C_2,$$

woraus folgt:

$$\phi(r) = \frac{C_2}{r} + C_1. \tag{11.9}$$

Das ist die allgemeine Lösung im radialsymmetrischen Fall (für C_2 proportional zur Ladung begegnet sie uns in Kap. 13 wieder).

11.2.3　Poisson-Gleichung

Ein Grundproblem der Elektrostatik in Kap. 13 wird sein, bei vorgegebener Ladungsdichte $\varrho(\vec{r})$ das elektrostatische Potenzial $\phi(\vec{r})$ zu bestimmen. Dies läuft darauf hinaus, dass die **Poisson-Gleichung**

$$\Delta \phi(\vec{r}) = -\frac{\varrho(\vec{r})}{\varepsilon_0} =: f(\vec{r}) \tag{11.10}$$

(die inhomogene Version der Laplace-Gleichung) gelöst werden muss. Hierbei bezeichnet ε_0 die elektrische Feldkonstante.

Um eine allgemeine Lösung der Poisson-Gleichung zu entwickeln, ist es zunächst am einfachsten, rechts für $f(\vec{r})$ ohne Rücksicht auf physikalische Einheiten eine Delta-Distribution einzusetzen, die entstehende DGL

$$\Delta\phi(\vec{r}) = \delta(\vec{r}) \tag{11.11}$$

zu lösen und das Ergebnis anschließend auf beliebige Funktionen $f(\vec{r})$ zu erweitern.

Ein physikalisches Beispiel für Gl. (11.11) wäre die Divergenz des elektrischen Feldes $\vec{E}$ einer Punktladung im Ursprung, wobei $\Delta\phi = \nabla \cdot (\nabla\phi) = -\nabla \cdot \vec{E}$ mit $\vec{E} = -\nabla\phi$. Das elektrische Feld einer Punktladung hatten wir bereits in Beispiel 9.3 betrachtet, allerdings wurde dort nur die Divergenz *außerhalb* des Ursprungs berechnet. Durch die hiesige Betrachtung können wir nun aber auch über die Divergenz *im* Ursprung etwas sagen. Wir kommen hierauf genauer in Kap. 13 zu sprechen.

Um eine Idee der Lösung von (11.11) zu bekommen, verwenden wir die kugelsymmetrische Lösung $\phi(r) = \frac{C_2}{r} + C_1$ aus Abschn. 11.2.2 mit der einfachsten Wahl $C_1 = 0$ und $C_2 = 1$. Dann folgt für $r \neq 0$ (d. h. außerhalb des Ursprungs):

$$\Delta\left(\frac{1}{r}\right) = \frac{1}{r}\frac{\partial^2}{\partial r^2}\left(r \cdot \frac{1}{r}\right) = \frac{1}{r}\frac{\partial^2}{\partial r^2}1 = 0.$$

Für $r \neq 0$ ist also alles fein, da (11.11) erfüllt ist, denn es ist ja $\delta(\vec{r}) = 0$ außerhalb des Ursprungs. Einzig der Fall $r = 0$ muss noch untersucht werden. Wir zeigen hierzu, dass die Gl. (11.11) auch im Fall $r = 0$ gilt, und bilden dazu ein Volumenintegral über unsere Differenzialgleichung:

$$\int_{\mathcal{V}} d^3x\, \Delta\phi(\vec{r}) = \int_{\mathcal{V}} d^3x\, \delta(\vec{r}) = 1.$$

Einsetzen von $\phi(\vec{r}) = \frac{1}{r}$ und Auswerten des linken Integrals über ein Kugelvolumen $\mathcal{V}$ liefert dann mit dem Satz von Gauß im zweiten Schritt

$$\int_{\mathcal{V}} d^3x\, \Delta\left(\frac{1}{r}\right) = \int_{\mathcal{V}} d^3x\, \nabla \cdot \left(\nabla\frac{1}{r}\right) \overset{(9.49)}{=} \int_{\partial\mathcal{V}} d\vec{f} \cdot \nabla\left(\frac{1}{r}\right),$$

wobei im ersten Schritt die Identität $\Delta\phi = \nabla \cdot (\nabla\phi)$ für skalare Funktionen benutzt wurde. Die Ableitung $\nabla\frac{1}{r} = -\frac{\vec{r}}{r^3}$ kennen wir aus Abschn. 9.2.3, ebenso ist $d\vec{f} = r^2\, d\cos(\theta)\, d\varphi\, \vec{e}_r$ aus Gl. (9.33) als Oberflächenelement für die Kugeloberfläche bekannt. Wir können also die Rechnung fortführen:

$$\int_{\partial\mathcal{V}} d\vec{f} \cdot \nabla\left(\frac{1}{r}\right) = \int_{\partial\mathcal{V}} d\vec{f} \cdot \left(-\frac{\vec{r}}{r^3}\right) = -r^2 \cdot \frac{1}{r^2}\int_{-1}^{+1} d\cos(\theta)\int_0^{2\pi} d\varphi\, \underbrace{\vec{e}_r \cdot \frac{\vec{r}}{r}}_{=\vec{e}_r}$$

$$= -\int_{-1}^{+1} d\cos(\theta)\int_0^{2\pi} d\varphi = -4\pi.$$

Somit haben wir insgesamt:

$$\int_V d^3x\, \Delta\left(\frac{1}{r}\right) = -4\pi \quad \text{bzw.} \quad \int_V d^3x\, \Delta\left(\frac{1}{-4\pi r}\right) = 1.$$

Schielt man nun zur Ausgangsgleichung $\int_V d^3x\, \Delta\phi(\vec{r}) = \int_V d^3x\, \delta(\vec{r}) = 1$ hoch und denkt sich das Volumenintegral weg, so folgt schließlich das wichtige Ergebnis:

$$\Delta\frac{1}{-4\pi r} = \delta(\vec{r}) \quad \text{bzw.} \quad \Delta\frac{1}{-4\pi|\vec{r}-\vec{r}\,'|} = \delta(\vec{r}-\vec{r}\,'), \qquad (11.12)$$

und somit kennen wir nun auch die Lösung für unser Ausgangsproblem (11.11), d. h. $\Delta\phi(\vec{r}) = \delta(\vec{r})$:

$$\phi(\vec{r}) = -\frac{1}{4\pi|\vec{r}|}.$$

Ist $f(\vec{r})$ in Gl. (11.10) eine beliebige Funktion, so lässt sich mit Hilfe der Delta-Distribution gemäß der definierenden Eigenschaft schreiben:

$$\Delta\phi(\vec{r}) = f(\vec{r}) = \int_{\mathbb{R}^3} d^3x'\, \delta(\vec{r}\,'-\vec{r})f(\vec{r}\,').$$

Wie wir aber aus den vorherigen Betrachtungen wissen, ist $\delta(\vec{r}\,'-\vec{r}) = -\Delta\frac{1}{4\pi|\vec{r}\,'-\vec{r}|}$. Damit kann in obige Gleichung eingesetzt werden:

$$\Delta\phi(\vec{r}) = f(\vec{r}) = -\int_{\mathbb{R}^3} d^3x'\, \Delta\frac{1}{4\pi|\vec{r}\,'-\vec{r}|}f(\vec{r}\,') = -\Delta\int_{\mathbb{R}^3} d^3x'\, \frac{1}{4\pi|\vec{r}\,'-\vec{r}|}f(\vec{r}\,'),$$

wobei der Laplace-Operator auf $\vec{r}$ (also die nicht gestrichenen Koordinaten) wirkt und somit am d^3x'-Integral vorbeigezogen werden kann. Vergleich der beiden Seiten liefert schließlich

$$\phi(\vec{r}) = -\frac{1}{4\pi}\int_{\mathbb{R}^3} d^3x'\, \frac{f(\vec{r}\,')}{|\vec{r}\,'-\vec{r}|} = -\frac{1}{4\pi}\int_{\mathbb{R}^3} d^3x'\, \frac{f(\vec{r}\,')}{|\vec{r}-\vec{r}\,'|}. \qquad (11.13)$$

Das ist die Lösung der Poisson-Gleichung. Wir kommen in der Elektrostatik darauf zurück.

11.3 Kontinuitätsgleichung

Die Kontinuitätsgleichung kommt immer dann ins Spiel, wenn ein Medium strömt, z. B. eine Flüssigkeit oder Ladungen bei elektrischen Strömen. Sei $n(\vec{r}, t)$ eine zeit- und ortsabhängige **Teilchendichte** (Teilchen pro Volumen), z. B. von stehenden

Wassermolekülen in einer Wasserleitung. Nun öffnen wir den Hahn und lassen das Wasser strömen, d. h., es entsteht ein Wasserstrom, beschrieben durch eine sogenannte **Stromdichte**:

$$\vec{j}(\vec{r}, t) = -D\nabla n(\vec{r}, t), \tag{11.14}$$

wobei D konstant ist. Eine räumliche Änderung der Teilchendichte (beschrieben durch den Gradienten ∇n) bewirkt also einen Strom (z. B. durch Öffnen des Hahns). Sofern das Rohr kein Leck hat, sollte die Teilchendichte $n(\vec{r}, t)$ zeitlich konstant bleiben. Tut sie es nicht, so muss irgendwo das Wasser entwichen sein. Das bedeutet, dass es irgendwo eine Senke im Wasserstrom $\vec{j}$ geben muss (d. h. $\nabla \cdot \vec{j} \neq 0$, könnte ebenso ein Zufluss, also eine Quelle sein), die eine zeitliche Änderung $\dot{n}$ der Teilchendichte hervorruft:

$$\dot{n} = -\nabla \cdot \vec{j} \iff \frac{\partial}{\partial t} n(\vec{r}, t) + \nabla \cdot \vec{j}(\vec{r}, t) = 0. \tag{11.15}$$

Das ist die sogenannte **Kontinuitätsgleichung**, landläufig auch bekannt als „Was reingeht, muss auch wieder raus" – oder: Teilchenzahlerhaltung. Wir kommen darauf in der Elektrodynamik zurück, dort existiert eine analoge Formulierung für Ladungserhaltung.

Beispiel 11.1 (Schallausbreitung)

▷ Ein Ton der Frequenz ω breite sich mit der Stromdichte

$$\vec{j}(\vec{r}, t) = A \frac{kr\cos(kr - \omega t) - \sin(kr - \omega t)}{r^2} \frac{\vec{r}}{r}$$

radial aus. Welche Teilchendichte $n(\vec{r}, t)$ der transportierenden Luft gehört dazu?

Lösung: Wir berechnen $n(\vec{r}, t)$ über die Kontinuitätsgleichung $\dot{n} + \nabla \cdot \vec{j} = 0$. Hierzu müssen wir die Divergenz von $\vec{j}$ bilden und anschließend zeitlich einmal integrieren. Los geht's:

$$\nabla \cdot \vec{j} = A \nabla \cdot \left(\frac{kr\cos(kr - \omega t) - \sin(kr - \omega t)}{r^2} \frac{\vec{r}}{r} \right)$$

$$= A \cdot \nabla [kr\cos(kr - \omega t) - \sin(kr - \omega t)] \cdot \frac{\vec{r}}{r^3}$$

$$+ A \cdot (kr\cos(kr - \omega t) - \sin(kr - \omega t)) \cdot \underbrace{\left(\nabla \cdot \frac{\vec{r}}{r^3} \right)}_{=0}$$

$$= A \cdot \nabla [kr\cos(kr - \omega t) - \sin(kr - \omega t)] \cdot \frac{\vec{r}}{r^3},$$

und $\nabla \cdot \frac{\vec{r}}{r^3} = 0$ kennen wir bereits aus Beispiel 9.3. Die abzuleitende Funktion in den eckigen Klammern hängt aber nur von der radialen Koordinate r ab. Das ist doch schön, denn im Hinterkopf schwebt noch die hilfreiche Beziehung $\nabla \phi(r) = \phi'(r)\frac{\vec{r}}{r}$ aus Gl. (9.18):

$$\nabla \cdot \vec{j} = A \cdot \nabla [kr \cos(kr - \omega t) - \sin(kr - \omega t)] \cdot \frac{\vec{r}}{r^3}$$

$$= A \cdot \left[\left(k \cos(kr - \omega t) - k^2 r \sin(kr - \omega t) - k \cos(kr - \omega t) \right) \cdot \frac{\vec{r}}{r} \right] \cdot \frac{\vec{r}}{r^3}$$

$$= -Ak^2 \sin(kr - \omega t) \cdot \underbrace{\frac{\vec{r} \cdot \vec{r}}{r^3}}_{= \frac{r^2}{r^3} = \frac{1}{r}} = -\frac{Ak^2}{r} \sin(kr - \omega t).$$

Das ist nun nach Kontinuitätsgleichung $\nabla \cdot \vec{j} = -\dot{n}$. Wir müssen zur Bestimmung von $n(\vec{r}, t)$ einmal zeitlich integrieren:

$$\dot{n} = \frac{Ak^2}{r} \sin(kr - \omega t) \implies n(r, t) = \frac{Ak^2}{\omega r} \cos(kr - \omega t) + C.$$

Schließlich bestimmen wir noch die Konstante. Weit entfernt von der Schallquelle muss gelten $n(r \to \infty, t) = n_0$, d. h. normale Teilchendichte bzw. normaler Luftdruck. Damit folgt:

$$n(r \to \infty, t) = \frac{Ak^2}{\omega} \lim_{r \to \infty} \frac{\cos(kr - \omega t)}{r} + C = C \overset{!}{=} n_0,$$

denn der Kosinus ist beschränkt (oszilliert zwischen -1 und 1) und $\frac{1}{r}$ fällt schnell gegen null ab, so dass der Grenzwert verschwindet. Ergebnis:

$$n(r, t) = n_0 + \frac{Ak^2}{r\omega} \cos(kr - \omega t).$$

∎

11.4 Diffusionsgleichung

11.4.1 Diffusion und Wärmeausbreitung

Setzt man die Stromdichte $\vec{j} = -D\nabla n$ in die Kontinuitätsgleichung ein, so erhält man die **Diffusionsgleichung**:

$$\dot{n} + \nabla \cdot \vec{j} = \dot{n} - \nabla \cdot (D\nabla n) = \dot{n} - D\Delta n = 0 \Leftrightarrow \left(\frac{\partial}{\partial t} - D\Delta \right) n(\vec{r}, t) = 0$$

$$(11.16)$$

mit Diffusionskonstante D und Teilchendichte $n(\vec{r}, t)$. Die Diffusionsgleichung ist eine partielle Differenzialgleichung des parabolischen Typs. Sie beschreibt z. B. einen Teilchenaustausch $n(\vec{r}, t)$ oder die Wärmeausbreitung $T(\vec{r}, t)$ in einem Medium. Die Begrifflichkeiten Teilchendichte/Temperaturverteilung sowie Teilchenstrom/Wärmestrom lassen sich direkt übersetzen.

11.4.2 Formale Lösung der Diffusionsgleichung

Durch Angabe eines Anfangswertes $n(\vec{r}, t = 0)$ ist die Lösung der Diffusionsgleichung vollständig festgelegt. Die formale Lösung lässt sich durch Diskretisierung und Iteration herleiten. Der Anfangswert $n(\vec{r}, 0)$ ist gegeben, nach der Zeit dt hat er sich weiterentwickelt zu $n(\vec{r}, dt)$, dieser hat sich dt später zu $n(\vec{r}, 2dt)$ entwickelt usw. Wir können also die Diffusionsgleichung $\dot{n} = D\Delta n$ iterieren, indem wir die Differenz zweier zeitlich nur um dt unterschiedliche Zustände an einem festgehaltenen Ort $\vec{r}$ betrachten:

$$\dot{n} = \left.\frac{\partial n}{\partial t}\right|_{\vec{r}\text{ fest}} \approx \frac{n(\vec{r}, t + dt) - n(\vec{r}, t)}{dt} = D\Delta n(\vec{r}, t).$$

Hierbei wurde die partielle Ableitung durch den Differenzenquotienten genähert. Umformen liefert dann zur gewählten Startzeit $t = 0$ und entsprechend iteriert:

$$n(\vec{r}, dt) = n(\vec{r}, 0) + (dt\ D\Delta)n(\vec{r}, 0) = (1 + dt\ D\Delta)n(\vec{r}, 0),$$
$$n(\vec{r}, 2dt) = (1 + dt\ D\Delta)n(\vec{r}, dt) = (1 + dt\ D\Delta)^2 n(\vec{r}, 0),$$
$$\vdots \quad \vdots \quad \vdots$$
$$n(\vec{r}, Ndt = t) = (1 + dt\ D\Delta)^N n(\vec{r}, 0) = \left(1 + \frac{tD\Delta}{N}\right)^N n(\vec{r}, 0),$$

wobei im letzten Schritt $Ndt = t \Leftrightarrow dt = \frac{t}{N}$ verwendet wurde. Die Iteration wird umso genauer, je größer die Anzahl der Iterationsschritte N wird. Im Grenzfall folgt mit Hilfe der Darstellung (4.31) der Exponentialfunktion als Grenzwert in der letzten Zeile $\lim_{N\to\infty}\left(1 + \frac{tD\Delta}{N}\right)^N = e^{tD\Delta}$. Ergebnis:

$$n(\vec{r}, t) = e^{tD\Delta} \cdot n(\vec{r}, 0). \tag{11.17}$$

Das ist die **formale Lösung der Diffusionsgleichung** und sagt die Zukunft einer Funktion n an einem festen Ort voraus. Gl. (11.17) hat allerdings einen Haken: Die Lösung lässt sich nur in bestimmten Fällen direkt ermitteln. Macht man eine Taylor-Entwicklung der Exponentialfunktion, so ergeben sich unendlich viele Terme mit Δ in beliebiger Potenz (d. h., es müssen Ableitungen von $n(\vec{r}, 0)$ bis zu einem beliebig hohen Grad berechnet werden!), was im Regelfall hoffnungslos ist. Erinnern wir uns aber an die „e hoch Matrix"-Entwicklung in Abschn. 4.3.3, so entdecken wir einen Ausweg: Wenn sich nach endlich vielen Laplace-Anwendungen auf $n(\vec{r}, 0)$ dieser wieder reproduziert, dann können wir die Entwicklung in einer geschlossenen Form angeben. Im günstigsten Fall ist dies schon nach einfacher Δ-Anwendung erreicht. Zu lösen ist damit wieder einmal ein Eigenwertproblem, hier der Form $e^{tD\Delta} \cdot n(\vec{r}, 0) = \lambda \cdot n(\vec{r}, 0)$ mit einem Operator $e^{tD\Delta}$, Eigenfunktion $n(\vec{r}, 0)$ und Eigenwert λ.

Beispiel 11.2 (Ein Teilchenstrom)

▷ Eine Teilchenstromdichte $n(x,t)$ sei zum Zeitpunkt $t=0$ gegeben durch $n(x,0) = n_1 - n_0 \cos(kx)$. Wie entwickelt sich n im Laufe der Zeit? Was passiert auf lange Sicht hin?

Lösung: Wir setzen in die formale Lösung (11.17) ein und entwickeln dafür die Exponentialfunktion:

$$n(\vec{r},t) = e^{tD\Delta}\big(n_1 - n_0\cos(kx)\big) = e^{tD\Delta}n_1 - e^{tD\Delta}n_0\cos(kx)$$

$$= (1 + tD\Delta + \ldots)n_1 - n_0\left(1 + tD\Delta + \frac{1}{2}(tD\Delta)(tD\Delta) + \ldots\right)\cos(kx).$$

Im ersten Term überlebt nur der Faktor 1, da $tD\Delta n_1 = 0$ und höhere Ordnungen sowieso verschwinden. Den zweiten Term müssen wir genauer durchdenken. Es gilt

$$tD\Delta\cos(kx) = tD\left(\frac{\partial^2}{\partial x^2} + \frac{\partial^2}{\partial y^2} + \frac{\partial^2}{\partial z^2}\right)\cos(kx) = tD\frac{\partial^2}{\partial x^2}\cos(kx) = tD(-k^2)\cos(kx).$$

Das ist jedoch super, denn die Funktion $\cos(kx)$ hat sich bis auf einen Faktor $(-k^2)$ beim Ableiten reproduziert. Am letzten Gleichheitszeichen können wir direkt ableiten, dass $\cos(kx)$ eine Eigenfunktion des Operators $tD\Delta$ mit Eigenwert $-tDk^2$ ist (es gibt noch weitere Eigenfunktionen, z. B. $\sin(kx)$). Somit wissen wir auch alle weiteren Laplace-Anwendungen. Es folgt

$$n(\vec{r},t) = n_1 - n_0\left(1 + tD\Delta + \frac{1}{2}(tD\Delta)(tD\Delta) + \ldots\right)\cos(kx)$$

$$= n_1 - n_0\underbrace{\left(1 + tD(-k^2) + \frac{\big(tD(-k^2)\big)^2}{2} + \ldots\right)}_{=e^{-tDk^2}}\cos(kx)$$

$$= n_1 - n_0 e^{-tDk^2}\cos(kx),$$

wobei in der zweiten Zeile die Exponentialreihe rückwärts verwendet wurde. Das ist die zeitliche Entwicklung der Teilchendichte, wie man sich durch Einsetzen in die Diffusionsgleichung überzeugen kann. Für große t folgt damit

$$n(\vec{r},t) = n_1 - n_0 e^{-tDk^2}\cos(kx) \overset{t\to\infty}{\longrightarrow} n_1.$$ ∎

Im Falle von Anfangswerten der Form $\sin^n(kx)$ oder $\cos^n(kx)$ empfiehlt es sich bei Bestimmung der Eigenwerte, die trigonometrischen Funktionen in die Exponentialschreibweise über $\cos^n(\varphi) = \left(\frac{e^{i\varphi}+e^{-i\varphi}}{2}\right)^n$ und $\sin^n(\varphi) = \left(\frac{e^{i\varphi}-e^{-i\varphi}}{2i}\right)^n$ umzuschreiben. Dadurch spuckt der Laplace-Operator wieder nur Konstanten aus und man muss sich nicht mit der Differenziation von $\cos^n(kx)$ abplagen.

11.4.3 Diffusion im kugelsymmetrischen Fall

In einem speziellen Fall lässt sich direkt eine Lösung der Diffusionsgleichung angeben. Ist die Temperaturausbreitung in einem Medium kugelsymmetrisch, d. h. gilt

$$\left(\frac{\partial}{\partial t} - D\Delta\right) T(\vec{r}, t) = \left(\frac{\partial}{\partial t} - D\Delta\right) T(r, t) = 0, \tag{11.18}$$

so lässt sich die partielle DGL mit Hilfe eines Separationsansatzes lösen:

$$T(r, t) = f(t)g(r) \tag{11.19}$$

mit nun zu bestimmenden Funktionen f und g. Wir schreiben die kugelsymmetrische Diffusionsgleichung (11.18) um und verwenden Laplace in Kugelkoordinaten, $\Delta = \frac{1}{r}\frac{\partial^2}{\partial r^2}r$. Dann erhalten wir die folgende Gleichung:

$$\frac{\partial T}{\partial t} - D\Delta T = 0 \iff \dot{T} = D\Delta T = D\left(\frac{1}{r}\frac{\partial^2}{\partial r^2}r\right)T. \tag{11.20}$$

Es ist mit dem Separationsansatz auf der linken Seite $\dot{T} = \dot{f}(t)g(r)$. Auf der rechten Seite folgt

$$D\left(\frac{1}{r}\frac{\partial^2}{\partial r^2}r\right)T = D\frac{1}{r}\frac{\partial^2}{\partial r^2}(rT) = D\frac{1}{r}\frac{\partial^2}{\partial r^2}(rf(t)g(r)) = D\frac{f(t)}{r}\frac{\partial^2}{\partial r^2}(rg(r)).$$

Wir setzen gleich:

$$\dot{f}(t)g(r) = D\frac{f(t)}{r}\frac{\partial^2}{\partial r^2}(rg(r)) \iff \frac{1}{D}\frac{\dot{f}}{f} = \frac{1}{r}\frac{(rg)''}{g},$$

wobei der Strich die Ableitung nach r markiert und hier aus gleich nachvollziehbaren Gründen nicht explizit ausgeführt wird. Nun erfolgt die gleiche Argumentation wie bei der Lösung der Laplace-Gleichung in Abschn. 11.2.1: Damit die Gleichheit gilt, müssen unabhängig von der jeweiligen Variablen die linke und rechte Seite konstant sein, da sonst Äpfel mit Birnen verglichen werden würden. Wir dürfen setzen:

$$\frac{1}{D}\frac{\dot{f}}{f} = \frac{1}{r}\frac{(rg)''}{g} =: \pm\kappa^2$$

und berücksichtigen zusätzlich beide Vorzeichenmöglichkeiten der Konstanten κ^2. Wie auch schon bei der Lösung der Laplace-Gleichung dient das Quadrat der Konstanten der Kosmetik. Betrachten wir nun nacheinander die Seiten unabhängig, so folgt

$$\frac{\dot{f}}{f} = \pm\kappa^2 D, \quad (rg)'' = \pm\kappa^2(rg).$$

Die allgemeinen Lösungen hierzu können wir mit den Kenntnissen aus Kap. 7 schnell bestimmen. Im ersten Fall $\dot{f} = \pm$const $\cdot f$ handelt es sich um die Exponentialfunktion, $f(t) \sim e^{\pm$const$\cdot t}$, in der zweiten Gleichung für Minus um den trigonometrischen Ansatz für rg und für Plus um einen hyperbolischen Ansatz (vgl. Beispiel 7.1):

$$f(t) = Ae^{\pm \kappa^2 Dt}, \quad rg = \begin{cases} B_1 \sinh(\kappa r) + B_2 \cosh(\kappa r) & \text{für } + \text{“} \\ C_1 \sin(\kappa r) + C_2 \cos(\kappa r) & \text{für } - \text{“} \end{cases}.$$

Eine sinnvolle Lösung muss für $t \to \infty$ konvergieren, weshalb in der $f(t)$-Lösung das positive Vorzeichen im Exponenten außer Acht gelassen werden kann, da diese Lösung sonst divergieren würde. Da die $g(r)$-Lösung aber ebenfalls von jenem Vorzeichen abhängt, können wir den kompletten „+“-Teil vernachlässigen. Stellt man nun die verbliebene Lösung in der rechten Klammer unten nach $g(r)$ um, so muss man durch r teilen und steht vor dem nächsten Problem. Was passiert für $r \to 0$? $\frac{\sin(\kappa r)}{r} \to \kappa$, wie man durch Ausschreiben des Sinus als Taylor-Reihe, Kürzen und anschließende Grenzwertbildung einsieht:

$$\lim_{r \to 0} \frac{\sin(\kappa r)}{r} = \lim_{r \to 0} \frac{\kappa r - \frac{(\kappa r)^3}{3!} + \frac{(\kappa r)^5}{5!} \mp \cdots}{r} = \lim_{r \to 0} \left[\kappa - \frac{\kappa^3 r^2}{3!} + \frac{\kappa^5 r^4}{5!} \mp \cdots \right] = \kappa.$$

Allerdings funktioniert das für den Kosinusteil nicht, $\frac{\cos(\kappa r)}{r}$ divergiert für $r \to 0$. Aus physikalischem Blickwinkel müssen wir deswegen $C_2 = 0$ setzen. Dann folgt schließlich

$$f(t) = Ae^{-\kappa^2 Dt}, \quad rg = C_1 \sin(\kappa r),$$

und folglich als endgültiges Ergebnis mit zusammengefasster Konstante C:

$$T(r, t) = f(t)g(r) = \frac{C}{r} e^{-\kappa^2 Dt} \sin(\kappa r). \tag{11.21}$$

11.4.4 Allgemeine Lösung

Per Fourier-Transformation lässt sich im Allgemeinen mit Hilfe von Delta-Distributionen eine komplette Lösung der Diffusionsgleichung geben. Ohne Beweis:

$$\boxed{\left(\frac{\partial}{\partial t} - D\Delta \right) T(\vec{r}, t) = 0, \ T(\vec{r}, 0) \text{ gegeben}}$$

$$\implies T(\vec{r}, t) = \frac{1}{\sqrt{4\pi Dt}^3} \int_{\mathbb{R}^3} d^3 x' \, e^{-\frac{(\vec{r} - \vec{r}\,')^2}{4Dt}} \, T(\vec{r}\,', 0). \tag{11.22}$$

Leider artet dies oft in arge Integrale aus. Eine weitere Möglichkeit der Lösung der Diffusionsgleichung lernen wir im abschließenden Beispiel kennen.

Beispiel 11.3 (Zum Dahinschmelzen …)

▷ Die Temperaturverteilung eines Materials sei entlang einer Dimension zum Zeitpunkt $t = 0$ gegeben durch

$$T(x, 0) = T_0 \Theta(x) e^{-\beta x}$$

mit $\beta \ll 1$. Wie sieht die Temperaturverteilung $T(x, t)$ aus? Wie ändert sich die Temperatur entlang der Dimension im Grenzfall $\beta \to 0$? Und wie sieht die Langzeitprognose aus?

Lösung: Das Verfahren zur Bestimmung der formalen Lösung liefert in diesem Fall keinen gangbaren Weg, wie man beim Ausrechnen der ersten Ableitungen sieht. Die Funktion $T(x, 0)$ reproduziert sich leider nicht mehr wieder, auch nicht bei höheren Ableitungen. Wir müssen uns etwas anderes einfallen lassen.

Man greife tief in die Trickkiste … und ziehe die Fourier-Transformation heraus! Die Hoffnung: Vielleicht lässt sich die Ort-Zeit-Fourier-Transformierte der formalen Lösung, d. h.

$$\tilde{T}(k, \omega) = \widetilde{e^{t D \Delta}} \tilde{T}(k, 0),$$

leichter bestimmen und anschließend in den Realraum transformieren? Wir probieren es aus und berechnen zunächst die Fourier-Transformierte der Anfangstemperaturverteilung $T(x, 0)$, das ist $\tilde{T}(k, 0) = \frac{1}{\sqrt{2\pi}} \int_{-\infty}^{+\infty} dx\, e^{-ikx} T(x, 0)$:

$$\tilde{T}(k, 0) = \frac{1}{\sqrt{2\pi}} \int_{-\infty}^{+\infty} dx\, e^{-ikx} T_0 \Theta(x) e^{-\beta x} = \frac{T_0}{\sqrt{2\pi}} \int_0^{+\infty} dx\, e^{-ikx} e^{-\beta x}$$

$$= \frac{T_0}{\sqrt{2\pi}} \int_0^{+\infty} dx\, e^{-(ik+\beta)x} = -\frac{T_0}{\sqrt{2\pi}} \frac{1}{ik + \beta} e^{-(ik+\beta)x} \Big|_0^{\infty},$$

wobei im zweiten Schritt die Eigenschaft $\int_{-\infty}^{\infty} dx\, \Theta(x) f(x) = \int_0^{\infty} dx\, f(x)$ der Heaviside-Funktion verwendet wurde. Durch den $\beta > 0$-Term wird das Integral konvergent, da e^{ikx} einer Rotation auf dem Einheitskreis entspricht, diese aber beschränkt ist (Kap. 8). Für $x \to \infty$ ist also $e^{-x(ik+\beta)} = \underbrace{e^{-ikx}}_{\text{beschränkt!}} e^{-\beta x} \to 0$.

Ergebnis:

$$\tilde{T}(k, 0) = \frac{T_0}{\sqrt{2\pi}} \frac{1}{ik + \beta}.$$

Für die formale Lösung der Diffusionsgleichung im Fourier-Raum folgt dann mit der Überlegung, dass $\frac{\partial^2}{\partial x^2} \to (ik)^2 = -k^2$ (Kap. 10) und folglich hier $\Delta \to -k^2$:

$$\tilde{T}(k, \omega) = \widetilde{e^{t D \Delta}} \tilde{T}(k, 0) = e^{-t D k^2} \cdot \tilde{T}(k, 0) = \frac{T_0}{\sqrt{2\pi}} \frac{e^{-t D k^2}}{ik + \beta}.$$

Nun der Aufstieg, und wir wären am Ziel:

$$T(x,t) = \frac{1}{\sqrt{2\pi}} \int_{-\infty}^{\infty} dk\, e^{+ikx} \widetilde{T}(k,\omega) = \frac{T_0}{2\pi} \int_{-\infty}^{\infty} dk\, \frac{e^{+ikx}e^{-tDk^2}}{ik+\beta}.$$

Igitt, was ist das denn? Bei so einem Integral legt man sich erstmal lang. Es geht tatsächlich mit Tricks zu integrieren, aber dies sparen wir uns aus (in höheren Semestern kommt es in der Funktionentheorie, Stichwort Residuensatz). Wir müssen $T(x,t)$ in dieser Form stehen lassen.

Weiterhin ist nach der Änderung $\frac{\partial}{\partial x} T(x,t)$ der Temperatur im Medium für $\beta \to 0$ gefragt. Diese können wir allerdings „richtig" berechnen: Ableiten des Integranden nach x liefert

$$\frac{\partial}{\partial x} T(x,t) = \frac{\partial}{\partial x}\left[\frac{T_0}{2\pi} \int_{-\infty}^{\infty} dk\, \frac{e^{+ikx}e^{-tDk^2}}{ik+\beta} \right] = \frac{T_0}{2\pi} \int_{-\infty}^{\infty} dk\, \frac{ik\,e^{ikx}e^{-tDk^2}}{ik+\beta},$$

da die x-Ableitung problemlos am k-Integral vorbeigezogen werden darf und nur auf e^{ikx} wirkt. Im Grenzfall $\beta \to 0$ ist dies

$$\frac{\partial}{\partial x} T(x,t) = \frac{T_0}{2\pi} \int_{-\infty}^{\infty} dk\, e^{ikx-tDk^2}$$

und schon ist das Integral wieder mit unseren Hilfsmitteln lösbar. Diese Integration löst sich per quadratischer Ergänzung, wie wir schon bei der FT der Gauß-Funktion in Kap. 10 gesehen haben:

$$ikx - tDk^2 = -tD\left(k^2 - \tfrac{ix}{tD}k\right) = -tD\left(\left(k - \tfrac{ix}{2tD}\right)^2 + \tfrac{x^2}{4t^2D^2} \right)$$

Dann folgt eingesetzt

$$\frac{\partial}{\partial x} T(x,t) = \frac{T_0}{2\pi} \int_{-\infty}^{\infty} dk\, e^{-tD\left(k - \frac{ix}{2tD}\right)^2} e^{-\frac{x^2}{4tD}} = \frac{T_0}{2\pi} e^{-\frac{x^2}{4tD}} \int_{-\infty}^{\infty} dk\, e^{-tD\left(k - \frac{ix}{2tD}\right)^2}$$

$$\overset{k \to k + \frac{ix}{2tD}}{=} \frac{T_0}{2\pi} e^{-\frac{x^2}{4tD}} \int_{-\infty}^{\infty} dk\, e^{-tDk^2} = \frac{T_0}{2\pi} e^{-\frac{x^2}{4tD}} \sqrt{\frac{\pi}{tD}} = T_0 \sqrt{\frac{1}{4\pi tD}} e^{-\frac{x^2}{4tD}}.$$

Ergebnis mit Langzeitprognose $t \to \infty$:

$$\frac{\partial}{\partial x} T(x,t) = T_0 \sqrt{\frac{1}{4\pi Dt}} e^{-\frac{x^2}{4tD}} \overset{t \to \infty}{\longrightarrow} 0,$$

d. h., irgendwann gibt es keinen Temperaturgradienten mehr, weil thermisches Gleichgewicht eingetreten ist und das Medium überall die gleiche Temperatur besitzt. ∎

11.5 Wellen

11.5.1 Die Wellengleichung

Die wellenförmige Ausbreitung eines skalaren Feldes $\phi = \phi(\vec{r}, t)$ in einem System (in Kap. 13 auch für vektorielle Felder) wird durch die **Wellengleichung** ausgedrückt:

$$\left(\frac{1}{c^2} \frac{\partial^2}{\partial t^2} - \Delta \right) \phi(\vec{r}, t) =: \Box \phi(\vec{r}, t) = 0. \tag{11.23}$$

Dabei ist c die Ausbreitungsgeschwindigkeit der Welle. Weiterhin wurde ein neuer Differenzialoperator – der **d'Alembert-Operator** $\Box$ (manchmal auch „Quabla" genannt) definiert:

$$\Box := \frac{1}{c^2} \frac{\partial^2}{\partial t^2} - \Delta. \tag{11.24}$$

Unter Angabe von Anfangswerten $\phi(\vec{r}, 0)$ und $\dot{\phi}(\vec{r}, 0)$ lässt sich eine eindeutige Lösung angeben. Um eine Idee der Lösung dieser hyperbolischen, partiellen DGL zu bekommen, schauen wir uns als erstes die 1-D-Wellengleichung an.

11.5.2 1-D-Wellengleichung

Wir betrachten die **1-D-Wellengleichung**

$$\left(\frac{1}{c^2} \frac{\partial^2}{\partial t^2} - \frac{\partial^2}{\partial x^2} \right) \phi(x, t) = 0 \iff \frac{1}{c^2} \frac{\partial^2}{\partial t^2} \phi(x, t) = \frac{\partial^2}{\partial x^2} \phi(x, t). \tag{11.25}$$

Um eine Idee für den Lösungsansatz zu bekommen, machen wir erneut einen Separationsansatz für ϕ. Ansatz: $\phi(x, t) = u(x) \cdot w(t)$. Eingesetzt in (11.25) folgt

$$\frac{1}{c^2} u(x) \ddot{w}(t) = u''(x) w(t) \iff \frac{1}{c^2} \frac{\ddot{w}(t)}{w(t)} = \frac{u''(x)}{u(x)}.$$

mit der Notation der Punkte für zeitliche Ableitungen und Striche für Ableitungen nach x. Die Gleichheit kann nur gelten, wenn beide Seiten konstant sind:

$$\frac{1}{c^2} \frac{\ddot{w}(t)}{w(t)} = -k^2 \iff \ddot{w}(t) = -k^2 c^2 w(t),$$

$$\frac{u''(x)}{u(x)} = -k^2 \iff u''(x) = -k^2 u(x),$$

was beide Male auf die DGL des harmonischen Oszillators hinausläuft. Die Lösungen sind im Komplexen

$$u(x) = C_1 e^{ikx} + C_2 e^{-ikx}, \quad w(t) = C_3 e^{ikct} + C_4 e^{-ikct},$$

und folglich ergibt sich mit $\phi(x,t) = u(x)w(t)$ die Gesamtlösung zu:

$$\phi(x,t) = C_1 C_3 e^{ik(x+ct)} + C_1 C_4 e^{ik(x-ct)} + C_2 C_3 e^{-ik(x-ct)} + C_2 C_4 e^{-ik(x+ct)}.$$

Es treten somit nur Funktionen in der Lösung auf, die von $x - ct$ und $x + ct$ abhängen.

Ansatz zur Lösung der 1-D-Wellengleichung

Zur Bestimmung eines brauchbaren Ansatzes der 1-D-Wellengleichung faktorisieren wir diese zunächst:

$$\left(\frac{1}{c^2}\frac{\partial^2}{\partial t^2} - \frac{\partial^2}{\partial x^2}\right)\phi(x,t) = 0 \iff \left(\frac{1}{c}\frac{\partial}{\partial t} - \frac{\partial}{\partial x}\right)\left(\frac{1}{c}\frac{\partial}{\partial t} + \frac{\partial}{\partial x}\right)\phi(x,t) = 0.$$

Die linke Seite wird null, wenn entweder $\left(\frac{1}{c}\frac{\partial}{\partial t} - \frac{\partial}{\partial x}\right)\phi = 0$ oder $\left(\frac{1}{c}\frac{\partial}{\partial t} + \frac{\partial}{\partial x}\right)\phi = 0$ wird. Dies gilt aber genau dann, wenn die gesuchte Funktion in der Form $\phi(x,t) = f(x + ct)$ oder $\phi(x,t) = g(x - ct)$ geschrieben werden kann. Damit lässt sich der allgemeine Ansatz für die 1-D-Wellengleichung als Linearkombination der Teillösungen schreiben:

$$\phi(x,t) = f(x - ct) + g(x + ct), \tag{11.26}$$

mit beliebigen Funktionen f und g. Anschaulich entspricht dies einer einlaufenden $(g(x + ct))$ und auslaufenden $(f(x - ct))$ Welle. Dass dieser Ansatz die Wellengleichung $\left(\frac{1}{c^2}\frac{\partial^2}{\partial t^2} - \frac{\partial^2}{\partial x^2}\right)\phi(x,t) = 0$ löst, zeigt folgende kurze Rechnung:

$$\frac{1}{c^2}\frac{\partial^2}{\partial t^2}\big[f(x - ct) + g(x + ct)\big] = \frac{1}{c^2}\frac{\partial}{\partial t}\big[(-c)f'(x - ct) + cg'(x + ct)\big]$$

$$= \frac{1}{c^2}\left((-c)^2 f'' + c^2 g''\right) = f'' + g'',$$

$$\frac{\partial^2}{\partial x^2}\big[f(x - ct) + g(x + ct)\big] = \frac{\partial}{\partial x}(f' + g') = f'' + g'',$$

was das Gleiche ist und sich gegenseitig in der Wellengleichung weghebt.

Beispiel 11.4 (Eine 1-D-Welle)

▷ Gegeben sei das Feld $u(x,t) = A e^{i(kx - \omega t)}$ mit Kreisfrequenz ω, Wellenzahl k und Amplitude A. Welcher Zusammenhang muss gelten, damit $u(x,t)$ die Wellengleichung erfüllt?

Lösung: Einsetzen in die 1-D-Wellengleichung (11.25) liefert

$$\frac{1}{c^2}\frac{\partial^2}{\partial t^2}u(x,t) = \frac{A}{c^2}\frac{\partial^2}{\partial t^2}\left(e^{i(kx-\omega t)}\right) = \frac{A}{c^2}\frac{\partial}{\partial t}\left((-i\omega)e^{i(kx-\omega t)}\right) = -\frac{A\omega^2}{c^2}e^{i(kx-\omega t)},$$

$$\frac{\partial^2}{\partial x^2}u(x,t) = A\frac{\partial^2}{\partial x^2}\left(e^{i(kx-\omega t)}\right) = A\frac{\partial}{\partial x}\left(ike^{i(kx-\omega t)}\right) = -Ak^2e^{i(kx-\omega t)}.$$

In die umgestellte Wellengleichung $\frac{1}{c^2}\frac{\partial^2}{\partial t^2}\phi = \Delta\phi$ eingesetzt folgt mit $A \neq 0$

$$-\frac{A\omega^2}{c^2}e^{i(kx-\omega t)} = -Ak^2e^{i(kx-\omega t)} \quad\Longleftrightarrow\quad \frac{\omega^2}{c^2} = k^2.$$

Ergebnis: $u(x,t)$ ist die Lösung der Wellengleichung, wenn $\omega = ck$ für die Kreisfrequenz gilt. ∎

D'Alembert'sche Lösung

Unter Angabe der Anfangswerte $\phi(x,0) =: \chi(x)$ (entspricht anfänglichem Aussehen der Welle) und $\dot\phi(x,0) = \psi(x)$ (entspricht anfänglichem Geschwindigkeitsprofil der Welle) lässt sich eine weitere (sogenannte D'Alembert'sche) Lösung angeben. Mit obigem Ansatz (11.26) folgt für die Anfangswerte

$$\chi(x) = \phi(x, t=0) = f(x - c \cdot 0) + g(x + c \cdot 0) = f(x) + g(x),$$
$$\psi(x) = \dot\phi(x, t=0) = -cf'(x - c \cdot 0) + cg'(x + c \cdot 0) = -cf'(x) + cg'(x).$$

Die zweite Gleichung können wir nach x integrieren:

$$f(x) + g(x) = \chi(x),$$
$$-f(x) + g(x) = \frac{1}{c}\int_{x_0}^{x}dx'\,\psi(x')$$

mit beliebiger unterer Grenze x_0. Wir werden gleich sehen, dass die Wahl dieser völlig irrelevant für die Lösung ist. Dieses Gleichungssystem lässt sich nun nach $f(x)$ und $g(x)$ lösen und anschließend in den Ansatz (11.26) einsetzen. Es folgt durch Addition bzw. Subtraktion beider Gleichungen

$$\text{Addition:}\quad 2g(x) = \chi(x) + \frac{1}{c}\int_{x_0}^{x}dx'\,\psi(x'),$$

$$\text{Subtraktion:}\quad 2f(x) = \chi(x) - \frac{1}{c}\int_{x_0}^{x}dx'\,\psi(x'),$$

und weiter verzögert um die Laufstrecke ct:

$$g(x + ct) = \frac{1}{2}\left(\chi(x + ct) + \frac{1}{c}\int_{x_0}^{x+ct}dx'\,\psi(x')\right),$$

$$f(x - ct) = \frac{1}{2}\left(\chi(x - ct) - \frac{1}{c}\int_{x_0}^{x-ct}dx'\,\psi(x')\right).$$

Wir erhalten schließlich in (11.26):

$$\phi(x, t) = f(x - ct) + g(x + ct)$$

$$= \frac{\chi(x - ct) + \chi(x + ct)}{2} + \frac{1}{2c} \int_{x_0}^{x+ct} dx' \, \psi(x') - \underbrace{\frac{1}{2c} \int_{x_0}^{x-ct} dx' \, \psi(x')}_{=\frac{1}{2c} \int_{x-ct}^{x+ct} dx' \, \psi(x')}.$$

Der letzte Schritt ergibt sich aus dem grundlegenden Zerlegen von Integralen. Dreht man mit Hilfe des Vorzeichens im zweiten Integral die Grenzen um, so erhält man eine Summe der Art $\int_{x-ct}^{x_0} + \int_{x_0}^{x+ct}$, was sich direkt zu einem Integral $\int_{x-ct}^{x+ct}$ zusammenfassen lässt. Dabei hebt sich die willkürlich gewählte Grenze x_0 tatsächlich weg. Ergebnis: Die Lösung der Wellengleichung bei gegebener Ortsverteilung $\chi(x)$ und Geschwindigkeitsprofil $\psi(x)$ ist

$$\phi(x, t) = \frac{\chi(x - ct) + \chi(x + ct)}{2} + \frac{1}{2c} \int_{x-ct}^{x+ct} dx' \, \psi(x'). \qquad (11.27)$$

Beispiel 11.5 (Wackeln von Kanaldeckeln)

▷ An einer stark befahrenen Straße donnern Autos über einen klappernden Kanaldeckel. Dadurch entsteht in der Kanalisation (parallel zur x-Achse) eine Schallwelle, die zum Zeitpunkt $t = 0$ folgende Randbedingungen erfüllt:

$$n(x, 0) = A + Be^{-\alpha x^2}, \quad \dot{n}(x, 0) = 0,$$

wobei x die Koordinate parallel zur x-Achse bezeichnet. Wie breitet sich der Schall in der Kanalisation aus?

Lösung: Zu lösen ist das eindeutig bestimmte Randwertproblem

$$\boxed{\left(\frac{1}{c^2} \frac{\partial^2}{\partial t^2} - \frac{\partial^2}{\partial x^2}\right) n(x, t) = 0, \quad \dot{n}(x, 0) = 0, \quad n(x, 0) = A + Be^{-\alpha x^2}}$$

Wir haben ein gegebenes Geschwindigkeits- und Ortsprofil zum Zeitpunkt $t = 0$. In obiger Herleitung können wir identifizieren: $\chi(x) = n(x, 0)$ und $\psi(x) = \dot{n}(x, 0)$, woraus direkt mit Gl. (11.27) folgt:

$$n(x, t) = \frac{A + Be^{-\alpha(x-ct)^2} + A + Be^{-\alpha(x+ct)^2}}{2} + 0$$

$$= A + \frac{B}{2} e^{-\alpha(x-ct)^2} + \frac{B}{2} e^{-\alpha(x+ct)^2}.$$

Das ist schon die Lösung der Wellengleichung unter den gegebenen Anfangswerten. Der zweite Term entspricht dabei einem nach *rechts* weiterlaufenden gaußförmigen Wellenpaket, der dritte einem nach *links* laufenden gaußförmigen Wellenpaket. ∎

11.5.3 Kugelsymmetrische Lösung

Wir nähern uns einer Lösung der 3-D-Wellengleichung. Ein Spezialfall in 3-D ist – wie schon bei der Diffusion –, wenn die Wellengleichung radialsymmetrisch wird, d. h. $\phi(\vec{r}, t) = \phi(r, t)$ und somit $\Delta\phi = \left(\frac{1}{r}\frac{\partial^2}{\partial r^2}r\right)\phi(r, t)$:

$$\left(\frac{1}{c^2}\frac{\partial^2}{\partial t^2} - \Delta\right)\phi(r, t) = 0 \iff \ddot{\phi} = \frac{c^2}{r}\frac{\partial^2}{\partial r^2}(r\phi). \tag{11.28}$$

Und schon wieder hilft uns ein Separationsansatz $\phi(r, t) := f(t)g(r)$ aus der Klemme. Mit $\ddot{\phi} = \ddot{f}(t)g(r)$ folgt

$$\ddot{f}(t)g(r) = \frac{c^2}{r}\frac{\partial^2}{\partial r^2}\left[rf(t)g(r)\right] = \frac{c^2}{r}f(t)\frac{\partial^2}{\partial r^2}\left[rg(r)\right].$$

Umformen liefert

$$\frac{\ddot{f}(t)}{f(t)} = c^2\frac{\left[rg(r)\right]''}{rg(r)}$$

mit zwei Strichen für die zweifache Ableitung nach r. Nun erfolgt wieder die gleiche Argumentation wie bei der Diffusion. Die beiden Seiten hängen alleine von t und r ab. Damit die Gleichheit gilt, müssen beide Seiten konstant sein. Wir setzen $\frac{\ddot{f}(t)}{f(t)} = c^2\frac{[rg(r)]''}{rg(r)} =: -\omega^2$ und erhalten die beiden separierten DGLs

$$\ddot{f}(t) = -\omega^2 f(t), \quad \left[rg(r)\right]'' = -\frac{\omega^2}{c^2}\left(rg(r)\right)$$

mit den harmonischen Lösungen im Komplexen:

$$f(t) = Ae^{i\omega t} + Be^{-i\omega t},$$

$$rg(r) = Ce^{i\frac{\omega}{c}r} + De^{-i\frac{\omega}{c}r} \iff g(r) = \frac{Ce^{i\frac{\omega}{c}r} + De^{-i\frac{\omega}{c}r}}{r}.$$

Wir setzen rückwärts in den Separationsansatz ein und erhalten schließlich die gesuchte ϕ-Lösung:

$$\begin{aligned}
\phi(r, t) = f(t)g(r) &= \left(Ae^{i\omega t} + Be^{-i\omega t}\right) \cdot \frac{Ce^{i\frac{\omega}{c}r} + De^{-i\frac{\omega}{c}r}}{r} \\
&= \frac{1}{r}\left(ACe^{i\omega t+i\frac{\omega}{c}r} + ADe^{i\omega t-i\frac{\omega}{c}r} + BCe^{-i\omega t+i\frac{\omega}{c}r} + BDe^{-i\omega t-i\frac{\omega}{c}r}\right) \\
&= \frac{ACe^{i\frac{\omega}{c}(ct+r)} + ADe^{i\frac{\omega}{c}(ct-r)} + BCe^{i\frac{\omega}{c}(-ct+r)} + BDe^{i\frac{\omega}{c}(-ct-r)}}{r} \\
&= \frac{BCe^{i\frac{\omega}{c}(r-ct)} + ADe^{-i\frac{\omega}{c}(r-ct)} + ACe^{i\frac{\omega}{c}(r+ct)} + BDe^{-i\frac{\omega}{c}(r+ct)}}{r}.
\end{aligned}$$

Abb. 11.1 Eine Kugelwelle.
Die Amplitude fällt radial
mit $\frac{1}{r}$ nach außen hin ab
(gestrichelt dargestellt)

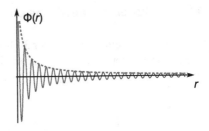

Für die Wahl $D = 0$ und $A = B$ wird dies übersichtlicher und man erkennt die
Struktur:

$$\phi(r, t) = \frac{1}{r} \left(ACe^{i\frac{\omega}{c}(r-ct)} + ACe^{i\frac{\omega}{c}(r+ct)} \right).$$

Die Lösung der 3-D kugelsymmetrischen Wellengleichung ist damit eine **Kugelwelle**

$$\phi(r, t) = \frac{\phi_0}{r} \left(e^{i\frac{\omega}{c}(r-ct)} + e^{i\frac{\omega}{c}(r+ct)} \right). \tag{11.29}$$

Sie fällt radial nach außen mit $\sim\frac{1}{r}$ ab und breitet sich kugelförmig aus. Abb. 11.1
zeigt dies.

11.5.4 Ebene Wellen

Die einfachsten Lösungen der 3-D-Wellengleichung sind nicht Kugel-, sondern
ebene Wellen. Man kann einfach durch Einsetzen in die Wellengleichung zeigen,
dass

$$\phi(\vec{r}, t) = \phi_0^+ e^{i(\vec{k}\cdot\vec{r}-\omega t)} + \phi_0^- e^{-i(\vec{k}\cdot\vec{r}-\omega t)} \tag{11.30}$$

als Kombination von aus- und einlaufender Welle eine Lösung der Wellengleichung
ist. In Beispiel 11.4 wurde dies schon für eine 1-D-Welle getan. In der Elektrodynamik werden wir die ebenen Wellen näher untersuchen und sehen, dass elektromagnetische Wellen (z. B. Licht) im Vakuum genau diese Form aufweisen. In Abb. 11.2
ist eine ebene Welle dargestellt.

Beispiel 11.6 (Spielmannszug aus Kleinkleckersdorf)

▷ Auf dem Schützenfest sehen wir (liegt's am Bier?) den Spielmannszug aus
Kleinkleckersdorf mit *rechteckigen* Trommeln (Seitenlängen a und b) aufmar-
schieren. Wir fragen uns: Wie schwingt denn solch eine Membran?

Abb. 11.2 Darstellung einer
ebenen Welle. Deutlich ist
das gleichmäßige
Schwingungsverhalten in
einer Richtung zu erkennen

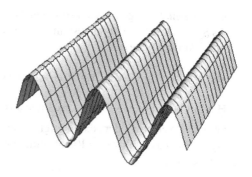

Lösung: Hierbei handelt es sich um ein 2-D-Problem. Es muss also die 2-D-Wellengleichung in kartesischen Koordinaten (da Trommel rechteckig!)

$$\frac{\partial^2 \phi}{\partial x^2} + \frac{\partial^2 \phi}{\partial y^2} = \frac{1}{c^2} \frac{\partial^2 \phi}{\partial t^2}$$

gelöst werden. Dies geschieht mal wieder mit dem beliebten Separationsansatz, nun aber separiert nach x, y und t: $\phi(x, y, t) = f(x)g(y)h(t)$. Eingesetzt und umgeformt folgt

$$f''(x)g(y)h(t) + f(x)g''(y)h(t) = \frac{1}{c^2} f(x)g(y)\ddot{h}(t) \mid : f(x)g(y)h(t) \neq 0$$

$$\Longleftrightarrow \qquad \frac{f''(x)}{f(x)} + \frac{g''(y)}{g(y)} = \frac{1}{c^2} \frac{\ddot{h}(t)}{h(t)}.$$

Die Gleichheit kann wieder nur gelten, wenn die einzelnen Summanden konstant sind, d. h.

$$\frac{f''(x)}{f(x)} = -p^2, \quad \frac{g''(y)}{g(y)} = -q^2, \quad \frac{1}{c^2} \frac{\ddot{h}(t)}{h(t)} = -p^2 - q^2.$$

Damit folgen die harmonischen Differenzialgleichungen

$$f''(x) = -p^2 f(x), \quad g''(y) = -q^2 g(y), \quad \ddot{h}(t) = -c^2(p^2 + q^2)h(t) =: -\omega^2 h(t).$$

Hier kann man direkt die Eigenfrequenzen der Membran ablesen (aus der Zeit-DGL):

$$\omega = c\sqrt{p^2 + q^2}.$$

Lösen der DGLs liefert

$$f(x) = A\sin(px) + B\cos(px), \quad g(y) = C\sin(qy) + D\cos(qy), \quad h(t) = E\cos(\omega t + \varphi).$$

Dies wären die allgemeinen Lösungen. Nun kommen aber die Randbedingungen ins Spiel. Da die Membran fest im Rechteck eingespannt ist, gelten (Ursprung sei linke vordere Ecke)

$$\phi(x = 0, y, t) = 0, \quad \phi(x, y = 0, t) = 0, \quad \phi(x = a, y, t) = 0, \quad \phi(x, y = b, t) = 0.$$

Hiermit bestimmen wir die Konstanten aus dem allgemeinen Ansatz. $f(x)$ muss bei $x = 0$ verschwinden, damit folgt wegen $f(0) = B \overset{!}{=} 0$ sofort $B = 0$. Analog ergibt sich aus der zweiten Randbedingung $D = 0$. Somit ergibt sich im Separationsansatz:

$$\phi(x, y, t) = f(x)g(y)h(t) = \phi_0 \sin(px) \sin(qx) \cos(\omega t + \varphi)$$

mit zusammengezogener Konstanten ϕ_0 und wählbarer Phase φ. Die bisher noch nicht verwendeten Randbedingungen legen p und q und damit auch ω fest. Bei $x = a$ und $y = b$ verschwindet ebenso ϕ (da die Trommel hier fest eingespannt ist, also keine Schwingung möglich ist). Dies bedeutet

$$\sin(pa) = 0 \Longleftrightarrow p = \frac{m\pi}{a}, \; m \in \mathbb{N},$$
$$\sin(qb) = 0 \Longleftrightarrow q = \frac{n\pi}{b}, \; n \in \mathbb{N}.$$

Ergebnis: Die Membran der Trommel schwingt gemäß

$$\phi(x, y, t) = \phi_0 \sin\left(\frac{m\pi}{a}x\right) \sin\left(\frac{n\pi}{b}y\right) \cos(\omega_{m,n}t + \varphi)$$

mit den Eigenfrequenzen

$$\omega_{m,n} = c\sqrt{p^2 + q^2} = \pi c \sqrt{\left(\frac{m}{a}\right)^2 + \left(\frac{n}{b}\right)^2},$$

wobei m und n die Schwingungsmoden darstellen. In Abb. 11.3 sind die Trommelschwingungen für eine feste Wahl von m und n veranschaulicht. ∎

Abb. 11.3
Momentaufnahme der
Schwingungsmode $m = 3$
und $n = 2$

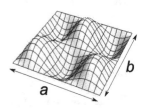

[H23] Dampfleitung (3 Punkte)

Die Temperatur T_0 einer zylindrischen Dampfleitung vom Radius r_0 wird in der umgebenden Isolierschicht mit Außenradius $r_1 > r_0$ auf den Wert $T_1 < T_0$ abgebaut. Welches stationäre Temperaturprofil bildet sich in der Isolierung aus?

Spickzettel zu partiellen Differenzialgleichungen

- **Partielle DGL**

  = Differenzialgleichung mehrerer Veränderlicher. Es gibt drei wichtige Typen:

  - Elliptisch: $\Delta\phi = 0$ (Randwertproblem).
  - Parabolisch: $\left(\frac{\partial}{\partial t} - \Delta\right)\phi = 0$ (Anfangswertproblem).
  - Hyperbolisch: $\left(\frac{\partial^2}{\partial t^2} - \Delta\right)\phi = 0$ (Anfangswertproblem).

- **Laplace- und Poisson-Gleichung**

  - $\Delta\phi = 0$ (Laplace), Lösung per Separationsansatz $\phi(x, y, z) = u(x)v(y)w(z)$: Harmonische Funktionen! Spezialfall Radialsymmetrie, dann $\Delta \to \frac{1}{r}\frac{\partial^2}{\partial r^2}r$ mit Lösung $\phi(r) = -\frac{A}{r} + B$.
  - $\Delta\phi = f(\vec{r})$ (Poisson), Lösung: $\phi(\vec{r}) = -\frac{1}{4\pi}\int_{\mathbb{R}^3} d^3x' \frac{f(\vec{r}')}{|\vec{r}-\vec{r}'|}$;
  - Hilfreich: $\Delta\frac{1}{-4\pi|\vec{r}-\vec{r}'|} = \delta(\vec{r} - \vec{r}')$.

  $\cdots\cdots\cdots\cdots\cdots\cdots\cdots$ P $\cdot$ H $\cdot$ Y $\cdot$ S $\cdot$ I $\cdot$ K $\cdots\cdots\cdots\cdots\cdots\cdots\cdots$

- **Kontinuitätsgleichung**

  Teilchenzahlerhaltung (was reingeht, muss auch wieder raus): $\dot{n} + \nabla \cdot \vec{j} = 0$ (dabei ist n Teilchendichte, $\vec{j}$ Stromdichte, d. h. Strom pro Querschnittsfläche).

- **Diffusionsgleichung**

  $\left(\frac{\partial}{\partial t} - D\Delta\right)n(\vec{r}, t) = 0$ (D Diffusionskonstante, beschreibt auch gleichzeitig Temperaturausbreitung), Strom $\vec{j} = -D\nabla n$. Formale Lösung: $n(\vec{r}, t) = e^{tD\Delta} \cdot n(\vec{r}, 0)$, allgemeine Lösung: $n(\vec{r}, t) = \frac{1}{\sqrt{4\pi Dt}^3}\int_{\mathbb{R}^3} d^3x' \, e^{-\frac{(\vec{r}-\vec{r}')^2}{4Dt}} n(\vec{r}', 0)$ bei jeweils gegebenem $n(\vec{r}, 0)$.

- **Wellengleichung**

  - 1-D-Wellengleichung: $\left(\frac{1}{c^2}\frac{\partial^2}{\partial t^2} - \Delta\right)\phi(\vec{r}, t) =: \Box\phi(\vec{r}, t) = 0$ mit D'Alembert-Operator $\Box = \frac{1}{c^2}\frac{\partial^2}{\partial t^2} - \Delta$.
  - D'Alembert'sche Lösung: $\phi(x, t) = \frac{\chi(x-ct)+\chi(x+ct)}{2} + \frac{1}{2c}\int_{x-ct}^{x+ct} dx' \, \psi(x')$ bei gegebener Orts- und Geschwindigkeitsverteilung $\chi(x) = \phi(x, 0)$ und $\psi(x) = \dot{\phi}(x, 0)$.
  - Kugelsymmetrischer Fall: Kugelwellen $\phi(r, t) = \frac{\phi_0}{r}\left(e^{i\frac{\omega}{c}(r-ct)} + e^{i\frac{\omega}{c}(r+ct)}\right)$.
  - 3-D-Lösung: Einfachste Lösung sind ebene Wellen

  $$\phi(\vec{r}, t) = \phi_0^+ e^{i(\vec{k}\cdot\vec{r}-\omega t)} + \phi_0^- e^{-i(\vec{k}\cdot\vec{r}-\omega t)}.$$

Anwendungen in der Mechanik

12

Inhaltsverzeichnis

In diesem und im nächsten Kapitel werden wir die in den bisherigen Kapiteln erlernten mathematischen Methoden anhand ausgewählter Themen aus der Mechanik und Elektrodynamik anwenden. Wir starten mit der Mechanik.

12.1 Grundbegriffe

Wir klären zunächst einige Grundbegriffe, die zur Beschreibung mechanischer Probleme benötigt werden. Wenn im Folgenden von Teilchen die Rede ist, sind **Punktmassen** gemeint. Das sind Massen, die keine Ausdehnung besitzen und deren Massendichte ϱ somit per Delta-Distribution beschrieben werden kann:

$$\varrho(\vec{r}) = m\delta(\vec{r} - \vec{r}_0), \tag{12.1}$$

wobei wir uns erinnern, dass $[\delta(\vec{r} - \vec{r}_0)] = \frac{1}{m^3}$, so dass $[\varrho] = \frac{kg}{m^3} = \frac{Masse}{Volumen}$ ist. Dabei ist $\vec{r}_0$ die Stelle, an der die Punktmasse mit Masse m im Raum sitzt.

Teilchen bewegen sich unter Einwirkung eines Kraftfeldes $\vec{F}(\vec{r}, t)$ (z. B. Gravitationskraft) auf Bahnen $\vec{r}(t)$ mit einer Geschwindigkeit $\vec{v}(t) = \dot{\vec{r}}(t)$ und Bahnbeschleunigung $\ddot{\vec{r}} = \vec{a}(t)$. Der durchlaufende Parameter entlang der Bahn ist die **Zeit** t.

© Springer-Verlag GmbH Deutschland, ein Teil von Springer Nature 2018
M. Otto, *Rechenmethoden für Studierende der Physik im ersten Jahr,*
https://doi.org/10.1007/978-3-662-57793-6_12

Sie ist in der Newton'schen Mechanik universell (d. h., die Zeit vergeht immer und überall gleich schnell), im Gegensatz zur relativistischen Mechanik. Die physikalischen Einheiten der genannten Größen sind zusammengefasst

$$[m] = 1 \text{ kg}, \quad [t] = 1 \text{ s}, \quad [\vec{r}] = 1 \text{ m}, \quad [\vec{v}] = 1\,\frac{\text{m}}{\text{s}}, \quad [\vec{a}] = 1\,\frac{\text{m}}{\text{s}^2}, \quad [\vec{F}] = 1 \text{ N} = 1\,\frac{\text{kg} \cdot \text{m}}{\text{s}^2}.$$

Der wesentliche Unterschied zwischen Punktmassen und ausgedehnten Körpern besteht in der Anzahl der Bewegungsmöglichkeiten, die sogenannten **Freiheitsgrade**. Punktmassen bewegen sich entlang Bahnen in drei Raumdimensionen, aber dank fehlender Ausdehnung ist die Eigenrotation irrelevant. Ausgedehnte Körper dagegen können in drei Raumrichtungen bewegt werden und um drei orthogonale Achsen gedreht werden. Im Folgenden betrachten wir zunächst die Mechanik der Punktmassen und mogeln uns um die (verkomplizierende) Eigenrotation ausgedehnter Körper herum.

12.2 Newton

Wir lernen hier eine der ersten fundamentalen Beziehungen der Physik kennen: die Newton'sche Bewegungsgleichung. Viele Begebenheiten in der klassischen Mechanik bauen auf ihr auf und ermöglichen im Rahmen des Modells die Zukunftsvorhersage mechanischer Systeme. Wir werden im Laufe des Kapitels einige diskutieren.

12.2.1 Newton'sche Axiome

Newton stellte seinerzeit (1687) drei wesentliche **Axiome** auf:

1. Ein Körper bleibt in Ruhe bzw. behält seine Bewegung bei, solange keine resultierende Gesamtkraft auf ihn wirkt.
2. Die Kraft ist die zeitliche Änderung des Impulses $\vec{p} = m\vec{v}$, d. h. $\vec{F} = \dot{\vec{p}}$.
3. Actio = Reactio bzw. Kraft = Gegenkraft.

Axiom 1 kennen wir aus der Erfahrung bei einer Vollbremsung. Bewegen wir uns geradlinig gleichförmig im Auto und der Fahrer muss sich plötzlich auf die Bremse stellen, so würde unser Körper sich gerne weiter geradlinig gleichförmig in Fahrtrichtung bewegen. Allerdings verhindert dies der Gurt und zwingt uns abrupt die negative Beschleunigung des Autos auf, ändert also unseren Bewegungszustand. Eine Tasche auf der Rückbank bewegt sich dagegen ungehindert weiter geradlinig gleichförmig fort, bis sie durch die Frontscheibe kracht. Axiom 1 ist auch unter dem Namen **Trägheitsgesetz** bekannt.

Das zweite Axiom liefert uns die sogenannten **Newton'schen Bewegungsgleichungen** für viele klassische Probleme in der Natur. Diese werden wir im Folgenden betrachten. Auf den Impuls $\vec{p} = m\vec{v}$ kommen wir in Abschn. 12.3.2 noch ausführlich zu sprechen.

Axiom 3 bedeutet, dass es, sobald eine Kraft zwischen Körper 1 und Körper 2 wirkt, eine vom Betrag her gleich große Gegenkraft zwischen Körper 2 und Körper 1 geben muss. Legt man z. B. ein schweres Physikbuch auf den Tisch, so versucht die Gewichtskraft dieses in Richtung Erdmittelpunkt zu ziehen. Dagegen stemmt sich jedoch der Tisch und baut eine Kraft entgegengesetzt zur Gewichtskraft des Buches auf. Diese Gegenkraft verhindert, dass das Physikbuch die Tischplatte durchbricht.

Das dritte Gesetz besagt weiterhin, dass Kraftwirkungen ohne jegliche Zeitverzögerung (instantan) geschehen. Diese Annahme gilt nur auf kleinen Längenskalen. Auf großen Skalen sind die Kraftwirkungen nicht mehr instantan, sondern benötigen eine gewisse Zeit, um sich bemerkbar zu machen. Sie können sich maximal mit Lichtgeschwindigkeit ($c = 299\,792\,458$ m/s) ausbreiten. Auf kleinen Skalen, auf denen sich unsere Probleme in diesem Buch abspielen, gilt aber in guter Näherung *actio = reactio*.

12.2.2 Newton'sche Bewegungsgleichung

Ist die Kraft $\vec{F}$ auf eine Masse m bekannt und wird nach der Bahn $\vec{r}(t)$ des Teilchens gefragt, das sich unter der Krafteinwirkung bewegt, so hilft die Newton'sche Bewegungsgleichung weiter: $\dot{\vec{p}} = \vec{F}(\vec{r}, \dot{\vec{r}}, t)$ (zweites Axiom). In dieser Differenzialgleichung ist $\vec{F} = \vec{F}(\vec{r}, \dot{\vec{r}}, t)$ ein beliebiges Kraftfeld in Abhängigkeit von Ort, Geschwindigkeit und Zeit. Die zeitliche Änderung des Impulses wird also durch eine Kraft bedingt. Wir schreiben um:

$$\dot{\vec{p}} = \frac{\mathrm{d}}{\mathrm{d}t}(m\vec{v}) = \dot{m}\vec{v} + m\dot{\vec{v}} = \vec{F} \tag{12.2}$$

und erhalten die allgemeine Formulierung der Newton'schen Bewegungsgleichung, welche auch im Falle zeitlich veränderlicher Massen (z. B. bei einer Treibstoff ausstoßenden Rakete der Fall) gültig ist.

Wenn sich nun im dynamischen Fall die Masse des bewegten Objekts nicht ändert, ist $\dot{m} = 0$ und es folgt mit den Anfangsbedingungen $\dot{\vec{r}}(t = 0)$ (Startgeschwindigkeit) und $\vec{r}(t = 0)$ (Startpunkt) die eindeutig bestimmte Newton'sche Bewegungsgleichung

$$\boxed{m\ddot{\vec{r}} = \vec{F}(\vec{r}, \dot{\vec{r}}, t), \quad \dot{\vec{r}}(0) = \vec{v}_0, \quad \vec{r}(0) = \vec{r}_0} \tag{12.3}$$

oder auch durch Reduktion der Ordnung über $\vec{v} = \dot{\vec{r}}$ (sofern $\vec{F}$ nicht explizit von $\vec{r}$ abhängt):

$$\boxed{m\dot{\vec{v}} = \vec{F}(\vec{v}, t), \quad \vec{v}(0) = \vec{v}_0}. \tag{12.4}$$

Beispiel 12.1 (Freier Fall ohne Luftreibung)

▷ Eine Münze (Masse m) wird vom Anzeiger-Hochhaus in Hannover (Höhe h) fallen gelassen. Mit welcher Geschwindigkeit kracht diese auf die Straße?

Lösung: Die wirkende Kraft, die die Bewegung der Münze vorherbestimmt, ist die Gewichtskraft $\vec{G} = (0, 0, -mg)^{\mathsf{T}}$, welche weder vom Ort, noch von der Geschwindigkeit, noch von der Zeit abhängt (d. h. der einfachst mögliche Fall). Es gilt also nach den Newton'schen Bewegungsgleichungen: $m\ddot{\vec{r}} = \vec{G} = (0, 0, -mg)^{\mathsf{T}}$. Dies sind (versteckt) natürlich drei Differenzialgleichungen zum Preis von einer: $m\ddot{x} = 0$, $m\ddot{y} = 0$ und $m\ddot{z} = -mg$. Da der Fall der Münze nur in z-Richtung verläuft, beachten wir die x- und y-Richtung aus anschaulichen Gründen nicht weiter. Stattdessen schränken wir die Bewegung der Münze auf die z-Achse ein und enden auf dem zu lösenden Problem

$$\boxed{m\ddot{z}(t) = -mg, \quad \dot{z}(t = 0) = 0, \quad z(t = 0) = h}$$

mit den Anfangsbedingungen Starthöhe $z(0) = h$ und Anfangsgeschwindigkeit $\dot{z}(0) = 0$ (Münze wird nur fallen gelassen statt geworfen). Die Lösung der DGL kann dann direkt durch zweifaches Integrieren bestimmt werden:

$$\ddot{z}(t) = -g \implies \dot{z}(t) = -gt + C_1 \implies z(t) = -\tfrac{1}{2}gt^2 + C_1 t + C_2.$$

Die Integrationskonstanten C_1 und C_2 bestimmen wir mit den Anfangsbedingungen, wie wir es in Kap. 7 gelernt haben:

$$z(0) = C_2 \overset{!}{=} h \implies C_2 = h, \quad \dot{z}(0) = C_1 \overset{!}{=} 0 \implies C_1 = 0.$$

Zwischenergebnis: Die Masse fällt entlang der Bahnkurve

$$\vec{r}(t) = (x(t), y(t), z(t))^{\mathsf{T}} = \left(0, 0, -\tfrac{1}{2}gt^2 + h\right)^{\mathsf{T}}$$

mit der Geschwindigkeit $\vec{v}(t) = (0, 0, -gt)^{\mathsf{T}}$, was sich durch einfache zeitliche Ableitung aus der Bahn ergibt.

Der Aufschlag auf der Straße erfolgt zu dem Zeitpunkt t_A, wenn die Münze sich auf der Höhe $z(t_A) = 0$ befindet; das bedeutet

$$-\tfrac{1}{2}gt_A^2 + h = 0 \implies t_A = \sqrt{\tfrac{2h}{g}}.$$

Zum Aufschlagzeitpunkt t_A hat die Masse einen Geschwindigkeitsbetrag von

$$v_A := |\vec{v}(t = t_A)| = +gt_A = g\sqrt{\tfrac{2h}{g}} = \sqrt{2gh},$$

und diese ist unabhängig von der Masse! Zahlenbeispiel: $h = 60\,\mathrm{m}$, dann ist $v_A \approx 34\,\frac{\mathrm{m}}{\mathrm{s}}$ (etwa 123 km/h) und das könnte einem armen Fußgänger auf der Straße schon mal eine arge Kopfverletzung einbringen. (Tatsächlich bremsen die Luftreibung und das Rotieren der Münze den Fall auf etwa 35 km/h ab, was uns die begrenzte Gültigkeit des Modells vor Augen führt.) ∎

Newton'sche Bewegungsgleichung mit zeitabhängiger Masse

Gl. (12.3) gilt nur für Massen, die sich nicht in der Zeit ändern. Hat man aber eine veränderliche Masse vorliegen (wie es z. B. bei der bereits erwähnten Rakete der Fall ist), so kann nicht mehr die vereinfachte Form der Newton'schen Bewegungsgleichungen mit $\dot{m} = 0$ verwendet werden. Vielmehr muss jetzt der zusätzliche Summand mit veränderlicher Masse aus (12.2) mitgeschleppt werden:

$$\boxed{\dot{m}\vec{v} + m\dot{\vec{v}} = \vec{F}(\vec{v}, t), \quad \vec{v}(0) = \vec{v}_0}\qquad(12.5)$$

bzw.

$$\boxed{\dot{m}\dot{\vec{r}} + m\ddot{\vec{r}} = \vec{F}(\vec{r}, \dot{\vec{r}}, t), \quad \vec{v}(0) = \vec{v}_0, \quad \vec{r}(0) = \vec{r}_0}.\qquad(12.6)$$

In Abschn. 12.3.2 werden wir ein Beispiel mit zeitabhängiger Masse diskutieren (Beispiel 12.8).

12.2.3 Wichtige mechanische Kräfte

Die folgenden Kräfte sollte man sich einprägen und stets zum Aufstellen der Newton'schen Bewegungsgleichungen bereit haben:

- **Gravitationskraft**
  Eine Masse M (z. B. ein Stern) am Punkt $\vec{R}$ erzeugt ein Gravitationsfeld $\vec{g}$, wie in Abb. 12.1 links dargestellt.
  Bringt man eine Probemasse m (z. B. einen Satelliten, rechtes Bild) an den Punkt $\vec{r}$, so übt das Gravitationsfeld des Sterns eine Kraft $\vec{F}(\vec{r}) = m\vec{g}(\vec{r})$ auf den Satelliten aus. Der Stern zieht den Satelliten an (und umgekehrt) entlang der Linie $\vec{R} - \vec{r}$.

Abb. 12.1
Gravitationskraft. Links: Darstellung des Gravitationsfeldes $\vec{g}$ einer Punktmasse M. Die Feldlinien zeigen immer zur Masse hin. Rechts: zur Notation

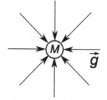
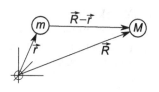

Die **Gravitationskraft** zwischen zwei Massen m und M ist dann gegeben durch

$$\vec{F}(\vec{r}) = m\vec{g}(\vec{r}) = -\gamma \frac{mM}{|\vec{r} - \vec{R}|^2} \cdot \frac{\vec{r} - \vec{R}}{|\vec{r} - \vec{R}|}, \quad F = \gamma \frac{mM}{|\vec{r} - \vec{R}|^2}, \quad (12.7)$$

wobei $\gamma = 6{,}67 \cdot 10^{-11} \, \frac{\text{m}^3}{\text{kg} \cdot \text{s}^2}$ die **Gravitationskonstante** ist und $\vec{g}(\vec{r})$ ein **Gravitationsfeld** beschreibt.

Ein Wort zum Vorzeichen: Das wirkende Kraftfeld $\vec{F}(\vec{r})$ zeigt vom Ort der Masse m entlang der Verbindungslinie $\vec{R} - \vec{r} = -(\vec{r} - \vec{R})$, d. h. auf den Stern M zu. Der Satellit m wird daher zum Stern hin beschleunigt, was man als Anziehung bezeichnet. Dabei ist die Gravitationskraft umso stärker, je näher die Probemasse m der Masse M kommt. F fällt invers quadratisch zum Abstand $|\vec{r} - \vec{R}|$ der Massen ab, d. h., je weiter der Satellit vom Stern entfernt ist, umso (quadratisch) schwächer wird die Anziehung.

- **Gewichtskraft**
  Aus der allgemeinen Gravitationskraft (12.7) folgt die altbekannte Gewichtskraft. Hierzu positionieren wir uns als Testmasse m auf der Erdoberfläche und machen mathematisch das Leben einfach, indem wir den Krafteinfluss auf uns entlang der z-Achse zeigen lassen, welche durch den Erdmittelpunkt geht. Weiterhin legen wir den Erdmittelpunkt in den Koordinatenursprung, so dass $\vec{R} = \vec{0}$ und $\vec{r} = (0, 0, R_\oplus)$ mit mittlerem Erdradius $R_\oplus = 6366\,\text{km}$ unsere Position auf der Erdoberfläche beschreibt. Dann folgt in (12.7) eingesetzt:

$$\vec{F} = -\gamma \frac{mM_\oplus}{R_\oplus^2} \cdot \frac{(0, 0, R_\oplus)}{R_\oplus} = -\gamma \frac{mM_\oplus}{R_\oplus^2} \vec{e}_3 = -m \cdot \gamma \frac{M_\oplus}{R_\oplus^2} \cdot \vec{e}_3 =: -mg\vec{e}_3,$$
$$(12.8)$$

wobei $M_\oplus = 5{,}97 \cdot 10^{24}\,\text{kg}$ die Erdmasse bezeichnet.

Setzt man nun explizit Werte für die Gravitationskonstante γ, den mittleren Erdradius $R_\oplus$ und die Masse $M_\oplus$ der Erde ein, so ergibt sich $g \approx 9{,}81\,\frac{\text{m}}{\text{s}^2}$, also genau die altbekannte Erdbeschleunigung! Ergebnis: Im homogenen Gravitationsfeld der Erde nähert sich die Gravitationskraft durch die Gewichtskraft $\vec{F} = -mg \cdot \vec{e}_3$, $F = mg$. Sie wirkt auf einen Körper der Masse m in guter Näherung bis zur Höhe von einigen Kilometern über der Erdoberfläche und beschleunigt ihn zum Erdmittelpunkt. Hierbei wurde natürlich angenommen, dass die Erde eine Kugel mit homogen verteilter Masse ist. Berücksichtigt man die tatsächliche Form der Erde und die nichthomogene Massenverteilung, so ergeben sich Schwankungen in g zwischen $9{,}78\,\frac{\text{m}}{\text{s}^2}$ (Äquator) und $9{,}83\,\frac{\text{m}}{\text{s}^2}$ (Pole).

- **Federkraft**
  Lenkt man eine Feder mit Federkonstanten κ um $\vec{r}$ aus der ursprünglichen Position $\vec{r}_0$ (häufig $\vec{0}$) aus, so baut die Feder eine Gegenkraft $\vec{F}(\vec{r})$ auf, um sich wieder zusammenzuziehen:

$$\vec{F}(\vec{r}) = -\kappa(\vec{r} - \vec{r}_0), \quad F = \kappa|\vec{r} - \vec{r}_0|. \quad (12.9)$$

Diese lineare Beziehung zwischen Auslenkung und Federkraft wird **Hooke'sches Gesetz** genannt. Mit Federn werden wir uns noch ausführlich in Abschn. 12.6.3 im Zusammenhang mit Schwingungen befassen.

- **Rückstellkraft im harmonischen Oszillator**
  Generell gilt für jedes harmonische Oszillator-System, in dem die Rückstellkraft proportional zur Auslenkung $\vec{r}$ aus der Ruhelage der Masse m ist:

$$\vec{F}(\vec{r}) = -m\omega^2 \vec{r}. \tag{12.10}$$

Hierbei beinhaltet die sogenannte Eigenkreisfrequenz $\omega = 2\pi f$ die Schwingungsfrequenz f des Systems.

- **(Viskose) Reibungskraft**

$$\vec{F}(\vec{v}) = -\alpha \vec{v}, \quad F = \alpha v. \tag{12.11}$$

Die Reibungskraft bremst eine beliebige Bewegung einer Masse umso stärker ab, je schneller die Bewegung verläuft, d. h., je größer die Geschwindigkeit $\vec{v}$ des Objekts ist. $\vec{F}$ zeigt dabei immer entgegen der Bewegungsrichtung, also in Richtung $-\vec{v}$. Obige spezielle Form wird viskose Reibung genannt. Wir kommen hierauf in Abschn. 12.6.3 zurück. Generell unterscheidet man zwischen geschwindigkeitsabhängigen Reibungskräften $\vec{F}(\vec{v})$ (z. B. viskose Reibung, Luftwiderstand) und geschwindigkeitsunabhängiger Reibung wie Haft-, Gleit- und Rollreibung.

Beispiel 12.2 (Freier „Fall" mit Stokes-Reibung)

▷ Statt wie in Beispiel 12.1 eine Münze vom Anzeiger-Hochhaus zu werfen, machen wir den Selbstversuch des freien Falls, allerdings verlangsamt im Tauchbecken. Zum Zeitpunkt $t = 0$ beginnen wir mit Hilfe von Gewichten abzusinken. Im senkrechten freien „Fall" in Flüssigkeiten erfährt man durch Stokes-Reibung eine Kraft $F(v) = -\alpha v$. Was ist dann $v(t)$? Welche Grenzgeschwindigkeit $v_\infty = v(t \to \infty)$ wird beim Tauchvorgang theoretisch erreicht?

Lösung: Aufgrund der zusätzlich zur Gewichtskraft wirkenden Reibungskraft $F = -\alpha v$ muss die DGL aus Beispiel 12.1 abgeändert werden zu

$$m\ddot{z} = -mg - \alpha v(t).$$

Per Reduktion der Ordnung können wir die DGL auf eine gewöhnliche DGL erster Ordnung rückführen: $\ddot{z} = \dot{v}$. Damit folgt das zu lösende Problem:

$$\boxed{m\dot{v} = -mg - \alpha v(t), \quad v(0) = 0}$$

$v(0) = 0$ gilt, da wir zum Zeitpunkt $t = 0$ erst mit dem Tauchen beginnen und noch keine vertikale Geschwindigkeit besitzen. Zur Lösung der DGL werfen wir

zunächst den additiven Term $-mg$ durch Einführen einer neuen Funktion heraus:
$v(t) = u(t) - \frac{mg}{\alpha}$ und $\dot{v} = \dot{u}$. Einsetzen ergibt

$$m\dot{u} = -mg - \alpha\left(u(t) - \frac{mg}{\alpha}\right) = -mg - \alpha u(t) + \alpha\frac{mg}{\alpha} = -\alpha u(t).$$

Division durch m liefert $\dot{u}(t) = -\frac{\alpha}{m}u(t)$ und das wird mit all unserer Erfahrung
aus Kap. 7 durch

$$u(t) = Ce^{-\frac{\alpha}{m}t}$$

gelöst. Rücktransformation nach $v(t)$ liefert

$$v(t) = u(t) - \frac{mg}{\alpha} = Ce^{-\frac{\alpha}{m}t} - \frac{mg}{\alpha}.$$

Das ist die allgemeine Lösung der DGL. Zur Bestimmung der Konstanten C
ziehen wir die Anfangsbedingung $v(0) = 0$ heran:

$$v(0) = C - \frac{mg}{\alpha} \overset{!}{=} 0 \iff C = \frac{mg}{\alpha}.$$

Endgültiges Ergebnis:

$$v(t) = \frac{mg}{\alpha}\left(e^{-\frac{\alpha}{m}t} - 1\right),$$

wobei negatives v bedeutet, dass wir nach unten „fallen", denn es ist $\vec{v}(t) = (0, 0, v(t))^{\mathsf{T}}$. Nach langem Abtauchen nähert sich die Geschwindigkeit der Grenzgeschwindigkeit $v(t \to \infty) = -\frac{mg}{\alpha}$ an. ∎

12.2.4 Konservative Kräfte, Zentralkräfte

In Abschn. 12.2.3 haben wir fünf spezielle Kräfte kennengelernt. Wir werden nun
besondere Eigenschaften von Kraftfeldern kennenlernen, die es uns ermöglichen,
etliche physikalische Probleme einfacher zu lösen.

Konservative Kräfte
Ein Kraftfeld $\vec{F}(\vec{r})$ heißt **konservativ** oder **Gradientenfeld**, wenn es ein **Potenzial**
V gibt mit

$$\vec{F}(\vec{r}) = -\nabla V(\vec{r}). \tag{12.12}$$

Teilchen, die sich in einem Potenzial $V(\vec{r})$ bewegen, spüren dann die Kraft $\vec{F}(\vec{r})$.
Beachte:

> Zu jedem Potenzial gehört ein Kraftfeld, aber nicht jedes Kraftfeld besitzt ein
> Potenzial!

Reibungskräfte sind z. B. keine konservativen Kräfte. Sie besitzen kein Potenzial.

Eine notwendige (aber für beliebige Gebiete nicht hinreichende) Bedingung für die Existenz eines Potenzials ist

$$\text{rot } \vec{F}(\vec{r}) = \nabla \times \vec{F}(\vec{r}) = \vec{0}. \tag{12.13}$$

Wenn das Kraftfeld $\vec{F}(\vec{r})$ im gesamten Raum definiert ist, ist $\nabla \times \vec{F} = \vec{0}$ notwendig und hinreichend. Ein entsprechendes Gegenbeispiel, wo dies nicht der Fall ist, diskutieren wir im Zusammenhang mit Arbeits- bzw. Wegintegralen in Abschn. 12.3.3.

Dass $\vec{F} = -\nabla V$ im wohldefinierten Falle direkt $\nabla \times \vec{F} = \vec{0}$ impliziert, sieht man durch folgende kurze Rechnung in Indizes ein:

$$(\nabla \times \vec{F})_i = -(\nabla \times \nabla V)_i = -\varepsilon_{ijk} \frac{\partial}{\partial x_j} \left(\frac{\partial}{\partial x_k} V \right) = - \underbrace{\varepsilon_{ijk} \frac{\partial}{\partial x_j} \frac{\partial}{\partial x_k}}_{=0} V = 0.$$

Da der Levi-Civita-Tensor ε_{ijk} total antisymmetrisch, die zweifache partielle Ableitung $\frac{\partial}{\partial x_j} \frac{\partial}{\partial x_k}$ aber symmetrisch ist (Satz von Schwarz, Ableitungen vertauschen!), ergibt die Kontraktion null (s. Kap. 3).

Beispiel 12.3 (Potenzial aus Kraft)

▷ Besitzt die dimensionslose Kraft

$$\vec{F}(x, y) = \left(\frac{4y}{1+4xy} + 2e^x, \frac{4x}{1+4xy} + \frac{y}{\sqrt{1+y^2}}, 0 \right)^T$$

ein Potenzial? Man bestimme dies gegebenenfalls.

Lösung: Um zu überprüfen, ob $\vec{F}$ überhaupt ein Potenzial besitzt, berechnen wir die Rotation und schauen, ob $\nabla \times \vec{F} = \vec{0}$:

$$\begin{pmatrix} \frac{\partial}{\partial x} \\ \frac{\partial}{\partial y} \\ \frac{\partial}{\partial z} \end{pmatrix} \times \begin{pmatrix} \frac{4y}{1+4xy} + 2e^x \\ \frac{4x}{1+4xy} + \frac{y}{\sqrt{1+y^2}} \\ 0 \end{pmatrix} = \begin{pmatrix} 0 \\ 0 \\ \frac{\partial}{\partial x}\left(\frac{4x}{1+4xy} + \frac{y}{\sqrt{1+y^2}} \right) - \frac{\partial}{\partial y}\left(\frac{4y}{1+4xy} + 2e^x \right) \end{pmatrix}.$$

Berechnen der partiellen Ableitungen liefert

$$\frac{\partial}{\partial x}\left(\frac{4x}{1+4xy} + \frac{y}{\sqrt{1+y^2}} \right) = \frac{4 \cdot (1+4xy) - 4x(4y)}{(1+4xy)^2} + 0 = \frac{4}{(1+4xy)^2},$$

$$\frac{\partial}{\partial y}\left(\frac{4y}{1+4xy} + 2e^x \right) = \frac{4 \cdot (1+4xy) - 4y(4x)}{(1+4xy)^2} + 0 = \frac{4}{(1+4xy)^2}.$$

so dass auch die dritte Komponente in der Rotation null wird, d.h. $\nabla \times \vec{F} = \vec{0}$. Damit existiert ein Potenzial.

Zentrale Gleichung zur Bestimmung eines Potenzials aus einer Kraft ist $\vec{F} = -\nabla V$. In Komponenten aufgespalten bedeutet dies

$$-\frac{\partial V}{\partial x} = F_1 = \frac{4y}{1+4xy} + 2e^x,$$

$$-\frac{\partial V}{\partial y} = F_2 = \frac{4x}{1+4xy} + \frac{y}{\sqrt{1+y^2}},$$

$$-\frac{\partial V}{\partial z} = F_3 = 0.$$

Hieraus bestimmen wir nun per komponentenweiser Integration von (12.12) das Potenzial V. Wir starten mit der ersten Gleichung:

$$-\frac{\partial V}{\partial x} = \frac{4y}{1+4xy} + 2e^x \implies V(x,y) = -\int dx \left(\frac{4y}{1+4xy} + 2e^x \right).$$

Den zweiten Summanden kann man direkt integrieren. Der erste sperrt sich ein bisschen. Wie kommt beim Ableiten nach x ein $1 + 4xy$ in erster Potenz in den Nenner? Richtig, indem vorher ein $1 + 4xy$ im Logarithmus stand. Als innere Ableitung springt ein $4y$ heraus, was exakt passt. Somit ergibt sich als erster Ansatz

$$V(x,y) = -\ln(1+4xy) - 2e^x + A(y,z). \quad (*)$$

Ein Wort zur Konstanten: Die erste Kraftkomponente F_1 ergibt sich aus V durch Ableiten nach x, denn es ist $F_1 = -\frac{\partial V}{\partial x}$. Leiten wir den bisherigen Ansatz $(*)$ unseres Potenzials nach x ab, so sieht die x-Ableitung keine Terme, die von y und z abhängen. Dies wird durch die Konstante $A(y,z)$ berücksichtigt, welche wir nun bestimmen müssen. Dazu verwendet man die $F_2 = -\frac{\partial V}{\partial y}$-Gleichung:

$$-\frac{\partial V}{\partial y} \overset{(*)}{=} -\frac{\partial}{\partial y}\left[-\ln(1+4xy) - 2e^x + A(y,z) \right]$$

$$= \frac{4x}{1+4xy} + 0 - \frac{\partial A}{\partial y} \overset{!}{=} F_2(x,y) = \frac{4x}{1+4xy} + \frac{y}{\sqrt{1+y^2}}.$$

Durch Koeffizientenvergleich folgt

$$-\frac{\partial A}{\partial y} = \frac{y}{\sqrt{1+y^2}} \implies A(y,z) = -\sqrt{1+y^2} + B(z),$$

was man leicht durch Ableiten nach y überprüfen kann. Auch hier muss wieder eine Konstante hinzuaddiert werden, die jetzt jedoch nur noch von z abhängen kann (die x-Abhängigkeit steckt schon komplett in der Lösung der ersten Komponente $F_1 = -\frac{\partial V}{\partial x}$). Damit folgt das upgedatete Potenzial zu

$$V(x,y,z) = -\ln(1+4xy) - 2e^x - \sqrt{1+y^2} + B(z).$$

Eine analoge Prozedur wie zur Bestimmung von $A(y, z)$ wird für die Bestimmung von $B(z)$ durchgezogen (diesmal unter Einbeziehung der F_3-Gleichung):

$$-\frac{\partial V}{\partial z} = \frac{\partial}{\partial z}[-\ln(1 + 4xy) - 2e^x - \sqrt{1 + y^2} + B(z)] = B'(z) \overset{!}{=} 0$$

$$\Rightarrow B(z) = \text{const.}$$

Wir dürfen der Einfachheit halber additive Konstanten im Potenzial null setzen (die Begründung folgt im nächsten Abschnitt). Damit ergibt sich insgesamt für das Potenzial

$$V(x, y) = -\ln(1 + 4xy) - 2e^x - \sqrt{1 + y^2}. \qquad ■$$

Zentralkraftfeld und Zentralpotenzial

Eine weitere Kategorie bilden die sogenannten **Zentralkräfte:**

$$\vec{F} \text{ heißt Zentralkraft} \iff \vec{F}(\vec{r}) = F(r) \cdot \frac{\vec{r}}{|\vec{r}|}. \qquad (12.14)$$

Wegen $|\vec{F}(\vec{r})| = F(r)$ hängt die Stärke eines Zentralkraftfelds nur vom Abstand $r = |\vec{r}|$ von der Quelle ab, nicht jedoch von der genauen Position im Raum. Daher macht es oft Sinn, Zentralkräfte in Kugelkoordinaten zu berechnen. Die Gravitationskraft einer Punktmasse ist z. B. ein Zentralkraftfeld.

Beispiel 12.4 (Kraft aus Potenzial)

▷ Für das Lennard-Jones-Potenzial $V(r) = \varepsilon\left(\frac{a}{r^{12}} - \frac{b}{r^6}\right)$ aus Beispiel 4.9 berechne man das Kraftfeld $\vec{F}(\vec{r})$. Ist $\vec{F}$ eine Zentralkraft?

Lösung: Wir berechnen die Kraft als negativen Gradienten des Potenzials gemäß Gl. (12.12). V ist gegeben, wir müssen nur ableiten. Hier gilt dann mit der Regel $\nabla\phi(r) = \phi'(r)\frac{\vec{r}}{r}$:

$$\nabla V(r) = V'(r) \cdot \frac{\vec{r}}{r} = \varepsilon\left(-\frac{12a}{r^{13}} + \frac{6b}{r^7}\right) \cdot \frac{\vec{r}}{r} \implies \vec{F}(\vec{r}) = -\nabla V = \varepsilon\left(\frac{12a}{r^{13}} - \frac{6b}{r^7}\right) \cdot \frac{\vec{r}}{r},$$

was offensichtlich eine Zentralkraft ist, da es die Form $(\dots) \cdot \frac{\vec{r}}{|\vec{r}|}$ besitzt und der Klammerterm nur von r abhängt. ■

In der Tat ist jede Kraft eine Zentralkraft, wenn das dazugehörige Potenzial $V = V(r)$ nur von Abstand r vom Ursprung abhängt, d. h. **rotationsinvariant** ist:

$$V = V(r) \iff \vec{F} = -V'(r)\frac{\vec{r}}{r} \text{ ist Zentralkraftfeld.} \qquad (12.15)$$

V wird häufig auch **Zentralpotenzial** genannt. Man merke sich: Sobald ein Potenzial kugelsymmetrisch ist, so ist auch das Kraftfeld kugelsymmetrisch.

Spickzettel zu Newton

- **Punktmassenmodell**
  Komplette Masse m eines Objekts in einem Punkt $\vec{r}_0$ vereint, $\varrho(\vec{r}) = m\delta(\vec{r} - \vec{r}_0)$, dadurch nur 3 Freiheitsgrade (Translation).

- **Newton'sche Axiome**
  a) Ein Körper bleibt in Ruhe bzw. behält seine Bewegung bei, solange keine resultierende Gesamtkraft auf ihn wirkt.
  b) $\vec{F} = \dot{\vec{p}}$ mit Impuls $\vec{p} = m\vec{v}$.
  c) *actio = reactio.*

- **Newton'sche Bewegungsgleichung**
  Allgemein: $\dot{\vec{p}} = \dot{m}\dot{\vec{r}} + m\ddot{\vec{r}} = \vec{F}(\vec{r}, \dot{\vec{r}}, t)$ mit Anfangsbedingungen $\vec{v}(0) = \vec{v}_0$ (Anfangsgeschwindigkeit), $\vec{r}(0) = \vec{r}_0$ (Startort), meist allerdings $\dot{m} = 0$, so dass die Lösung von $m\ddot{\vec{r}} = \vec{F}(t, \vec{r}, \dot{\vec{r}})$ mit AB $\dot{\vec{r}}(0) = \vec{v}_0, \vec{r}(0) = \vec{r}_0$ die Bewegung eines Teilchens vollständig determiniert.

- **Wichtige Kräfte**
  - Gewichtskraft $\vec{F} = -mg\vec{e}_3$, folgt als Näherung im homogenen Schwerefeld der Erde aus der Gravitationskraft.
  - Gravitationskraft $\vec{F}(\vec{r}) = m\vec{g}(\vec{r}) = -\gamma \frac{mM}{|\vec{r} - \vec{R}|^2} \cdot \frac{\vec{r} - \vec{R}}{|\vec{r} - \vec{R}|}$.
  - Federkraft $\vec{F}(\vec{r}) = -\kappa(\vec{r} - \vec{r}_0)$, $\vec{r}$ Auslenkung.
  - Rückstellkraft im harmonischen Oszillator: $\vec{F}(\vec{r}) = -m\omega^2\vec{r}$.
  - Stokes'sche Reibungskraft $\vec{F}(\vec{v}) = -\alpha\vec{v}$.

- **Konservative Kraftfelder, Potenzial**
  - $\vec{F}$ ist konservativ oder Gradientenfeld, genau dann, wenn $\vec{F} = -\nabla V$ (Reibungskräfte sind nicht konservativ!). Bestimmung des Potenzials per Integration von $\vec{F} = -\nabla V$.
  - Notwendige Bedingung: $\nabla \times \vec{F} = \vec{0}$.
  - Zu jedem Potenzial gehört ein Kraftfeld, aber nicht jedes Kraftfeld besitzt ein Potenzial.
  - Spezialfall: $V = V(r)$ (rotationssymmetrisch, Zentralpotenzial), dann heißt $\vec{F}$ Zentralkraftfeld und hat Form $\vec{F} = F(r) \cdot \frac{\vec{r}}{r}$.

12.3 Energie, Impuls und Arbeit

In diesem Abschnitt diskutieren wir die in der Physik häufig auftretenden Begriffe der Energie, Impuls und Arbeit. Wir starten mit der Energie.

12.3.1 Energiesatz und Potenzial

Bewegen sich Teilchen in konservativen Kraftfeldern, so lässt sich ein wichtiger Erhaltungssatz – der Energiesatz – herleiten. Dies gelingt über die Newton'schen Bewegungsgleichungen (12.3). Wegen $\vec{F} = -\nabla V$ können wir schreiben:

$$m\ddot{\vec{r}} = \vec{F}(\vec{r}, \dot{\vec{r}}, t) = -\nabla V(\vec{r}(t)). \tag{12.16}$$

$V(\vec{r}(t))$ ist dabei das im vorhergehenden Abschnitt eingeführte Potenzial, in welchem sich ein Teilchen der Masse m auf der Bahn $\vec{r}(t)$ bewegt, den Einfluss des Kraftfelds $\vec{F}$ spürt und daher beschleunigt wird. Nun kommt ein Trick aus dem mathematischen Zauberkasten: Wir multiplizieren die Gleichung mit $\dot{\vec{r}}$. Dann folgt

$$m\dot{\vec{r}} \cdot \ddot{\vec{r}} = -\dot{\vec{r}} \cdot \nabla V(\vec{r}(t)).$$

Schreibt man beide Seiten als zeitliche Ableitung, so erhält man durch Rückwärtsanwendung der Kettenregel und Gl. (4.46):

$$\frac{\mathrm{d}}{\mathrm{d}t}\left(\frac{m}{2}\dot{\vec{r}}^2\right) = -\frac{\mathrm{d}\vec{r}}{\mathrm{d}t} \cdot \frac{\partial V(\vec{r}(t))}{\partial \vec{r}} \overset{(4.46)}{=} -\frac{\mathrm{d}}{\mathrm{d}t}V(\vec{r}(t))$$

$$\Longleftrightarrow \frac{\mathrm{d}}{\mathrm{d}t}\left(\frac{m}{2}\dot{\vec{r}}^2 + V(\vec{r}(t))\right) = 0.$$

Integration nach der Zeit liefert schließlich den **Energiesatz für Punktmassen**

$$\frac{m}{2}\dot{\vec{r}}^2 + V(\vec{r}(t)) = E = \mathrm{const}_t. \tag{12.17}$$

Wenn also $\vec{F}$ konservativ ist, dann existiert eine zeitlich konstante Größe E, die Energie. Sie ergibt sich als Summe aus **kinetischer Energie** $T := \frac{m}{2}\dot{\vec{r}}^2$ und dem Potenzial (oder auch potenzieller Energie) $V(\vec{r}(t))$ entlang der Bahn $\vec{r}(t)$. Die Gesamtsumme ist dabei immer konstant, während die einzelnen Anteile T und V natürlich zeitlich variieren können:

$$\frac{\mathrm{d}E}{\mathrm{d}t} = 0 \Longleftrightarrow E^{\mathrm{vor}} = E^{\mathrm{nach}} \Longleftrightarrow T^{\mathrm{vor}} + V^{\mathrm{vor}} = T^{\mathrm{nach}} + V^{\mathrm{nach}}. \tag{12.18}$$

Anders gesagt: Die Energieformen können ineinander ohne Verluste umgewandelt werden **(Energieerhaltung),** sofern das zugrunde liegende Kraftfeld, in dem sich das Teilchen bewegt, konservativ ist. Die gute Nachricht: Dies wird fast immer bei uns im Folgenden der Fall sein. Die Umwandlungsmöglichkeit der Energieformen macht man sich beispielsweise bei der Achterbahn zunutze. Zunächst erhält die Bahn potenzielle Energie (z. B. durch Seilzug auf den Hügel, sie besitzt dann sogenannte Lageenergie), welche dann in der Abwärtsbewegung in kinetische Energie umgewandelt wird und die Fahrt erst rasant macht. Potenzielle Energie ist generell der Anteil der Energie, der zur Umwandlung in kinetische Energie *potenziell* zur Verfügung steht und folglich auch im ruhenden Zustand vorhanden ist.

Wichtige Potenziale
Hier ist eine Zusammenstellung einiger Potenziale. Zu jedem Potenzial ist auch die zugehörige Kraft $\vec{F} = -\nabla V$ angegeben.

- **Lagepotenzial im Schwerefeld der Erde**

$$V(z) = mgz \implies \vec{F} = -mg\vec{e}_3, \tag{12.19}$$

wobei z die Höhe über einem Referenzpunkt (in der Regel die Erdoberfläche) ist. Die zugehörige Kraft ist die Gewichtskraft.

- **Gravitationspotenzial**

$$V(\vec{r}) = -\gamma \frac{mM}{|\vec{r} - \vec{r}'|} \implies \vec{F}(\vec{r}) = -\gamma \frac{mM}{|\vec{r} - \vec{r}'|^2} \frac{\vec{r} - \vec{r}'}{|\vec{r} - \vec{r}'|} \tag{12.20}$$

mit beteiligten Massen m und M an den Orten $\vec{r}$ und $\vec{r}'$.

- **Federpotenzial**

$$V(\vec{r}) = \frac{\kappa}{2}(\vec{r} - \vec{r}_0)^2 \implies \vec{F}(\vec{r}) = -\kappa(\vec{r} - \vec{r}_0), \tag{12.21}$$

wobei $\vec{r} - \vec{r}_0$ die Auslenkung aus der Ruhelage der Feder mit Federkonstante κ beschreibt.

- **Potenzial des harmonischen Oszillators**

$$V(r) = \frac{m\omega^2}{2}\vec{r}^{\,2} \implies \vec{F}(\vec{r}) = -m\omega^2\vec{r}. \tag{12.22}$$

Erinnere:

Reibungskräfte besitzen kein Potenzial.

Zwei Beispiele demonstrieren den Umgang mit dem Energiesatz. Bei beiden Aufgaben wird Gebrauch von der verlustfreien Umwandlung der Energien gemacht.

Beispiel 12.5 (Achterbahn)

▷ Schützenfest Hannover: Eine Achterbahn werde auf einen Hügel der Höhe h gezogen und durchfahre nach steiler Abfahrt einen kreisförmigen Looping des Radius R. Wie hoch muss h sein, damit die Leute am höchsten Punkt des Loopings nicht aus ihren Sitzen fallen? Man stelle hierzu $\vec{r}(t)$ im Looping auf, berechne $\vec{v}(t)$ und $\vec{a}(t)$ und verwende den Energiesatz.

Lösung: Wir stellen zunächst die Bahnkurve $\vec{r}(t)$ im Looping gemäß Abb. 12.2 auf. Hierbei handelt es sich um ein 2-D-Problem. Es ist

$$\vec{r}(t) = \begin{pmatrix} x(t) \\ z(t) \end{pmatrix} = \begin{pmatrix} 0 \\ R \end{pmatrix} + \begin{pmatrix} R\sin(\varphi(t)) \\ -R\cos(\varphi(t)) \end{pmatrix} = \begin{pmatrix} R\sin(\varphi(t)) \\ R - R\cos(\varphi(t)) \end{pmatrix} = R\begin{pmatrix} \sin(\varphi(t)) \\ 1 - \cos(\varphi(t)) \end{pmatrix},$$

stets beachtend, dass $\varphi = \varphi(t)$ ein zeitabhängiger Winkel ist, der bei Loopingeinfahrt anfängt zu zählen und dessen Abhängigkeit nicht explizit gegeben ist

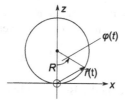

Abb. 12.2 Zum Aufstellen der Bahnkurve $\vec{r}(t)$. Mit $(0, R)$ springt man ins Zentrum des Loopings und kann dann eine Kreisdrehung addieren, die für $t = 0$ bei $(0, 0)$ beginnt und gegen den Uhrzeigersinn dreht, also $x(t) = R\sin(\varphi(t))$ und $z(t) = -R\cos(\varphi(t))$

(nicht linear, da Bahngeschwindigkeit im Looping nach oben hin abnimmt). Nun können wir hieraus die Geschwindigkeit per Ableitung nach der Zeit bestimmen:

$$\vec{v}(t) = \dot{\vec{r}} = \frac{\mathrm{d}}{\mathrm{d}t}\left[R\begin{pmatrix}\sin(\varphi(t))\\1 - \cos(\varphi(t))\end{pmatrix}\right] = R\begin{pmatrix}\dot{\varphi}\cos(\varphi(t))\\\dot{\varphi}\sin(\varphi(t))\end{pmatrix} = R\dot{\varphi}\begin{pmatrix}c\\s\end{pmatrix}.$$

Die Bedingung, dass die Passagiere am höchsten Punkt des Loopings nicht aus ihren Sitzen fallen sollen, kann man auch so auffassen, dass am höchsten Punkt die Momentanbeschleunigung der Fahrgäste entgegengesetzt zur Erdbeschleunigung sein muss und der Betrag mindestens g ist. Um dies zu benutzen, berechnen wir die Beschleunigung:

$$\vec{a} = \ddot{\vec{r}} = \frac{\mathrm{d}}{\mathrm{d}t}\left[R\begin{pmatrix}\dot{\varphi}\cos(\varphi(t))\\\dot{\varphi}\sin(\varphi(t))\end{pmatrix}\right] = R\begin{pmatrix}\ddot{\varphi}\cos(\varphi(t)) - \dot{\varphi}^2\sin(\varphi(t))\\\ddot{\varphi}\sin(\varphi(t)) + \dot{\varphi}^2\cos(\varphi(t))\end{pmatrix}$$

$$= R\ddot{\varphi}\begin{pmatrix}c\\s\end{pmatrix} + R\dot{\varphi}^2\begin{pmatrix}-s\\c\end{pmatrix}.$$

Der kritische Punkt, an dem die Passagiere am ehesten aus dem Looping herausfallen können, ist am obersten Punkt des Loopings, d. h. bei $\varphi = \pi$. Dort gilt für die Beschleunigung

$$\vec{a}(\varphi = \pi) = R\ddot{\varphi}\begin{pmatrix}-1\\0\end{pmatrix} + R\dot{\varphi}^2\begin{pmatrix}0\\-1\end{pmatrix} = \begin{pmatrix}-R\ddot{\varphi}\\-R\dot{\varphi}^2\end{pmatrix}.$$

$\dot{\varphi}^2$ in der z-Komponente der Beschleunigung ist allerdings zeitabhängig und nicht bekannt. Befragen wir dazu doch einmal den Energiesatz. Dieser lautet mit dem zeitabhängigen Lagepotenzial $mgz(t)$ (zeitabhängig, da die Bahn sich auf- und abwärts im Looping bewegt):

$$E = \frac{m}{2}\dot{\vec{r}}^2 + V(\vec{r}(t)) = \frac{m}{2}R^2\dot{\varphi}^2\underbrace{\begin{pmatrix}\cos(\varphi(t))\\\sin(\varphi(t))\end{pmatrix}^2}_{=1} + mgz(t)$$

$$= \frac{m}{2}R^2\dot{\varphi}^2 + mgR(1 - \cos(\varphi(t))),$$

wobei wir hier explizit $\dot{\vec{r}} = \vec{v}$ und $z(t) = R(1 - \cos(\varphi(t)))$ aus $\vec{r}(t)$ von oben eingesetzt haben. Dies kann nach $\dot{\varphi}^2$ umgestellt werden:

$$\dot{\varphi}^2 = 2 \cdot \frac{E - mgR[1 - \cos(\varphi(t))]}{mR^2}.$$

Einsetzen in die z-Komponente der Beschleunigung beim Winkel $\varphi = \pi$ (denn nur die interessiert uns!) und Betragsbildung liefert

$$R\dot{\varphi}^2 = 2 \cdot \frac{E - mgR(1 - \cos(\pi))}{mR} = 2 \cdot \frac{E - 2mgR}{mR}.$$

Die Gesamtenergie E muss die Bahn aber auch besitzen, wenn sie vom Hügel herabstürzt oder sich gerade auf dem höchsten Punkt des Hügels befindet (da E nach Energiesatz für alle Zeiten den gleichen Wert besitzt). Kurz vor Abfahrt hat sie $E = 0 + mgh = mgh$ (keine kinetische Energie, alle Energie ist in der potenziellen Energie gespeichert). Dies können wir verwenden, um h zu bestimmen. Am höchsten Punkt des Loopings muss gelten:

$$a_z \geq g \iff 2 \cdot \frac{E - 2mgR}{mR} = 2 \cdot \frac{mgh - 2mgR}{mR} \geq g \iff h \geq \frac{5}{2}R.$$

Ergebnis: Die Bahn muss mindestens bei $\frac{5}{2}R$ starten, damit sie einen Looping vom Radius R durchqueren kann. ∎

Zugegeben, die Problemstellung des soeben betrachteten Achterbahn-Beispiels lässt sich unter Kenntnis der Zentripetalkraft (Abschn. 12.4) deutlich schneller lösen. Allerdings kennen wir diese noch nicht und haben hier nur die uns bisher bekannten Methoden verwendet.

Beispiel 12.6 (Bungee-Jumping)

▷ Schützenfest die Zweite: Wir (Masse $m = 80\,\text{kg}$) wollen einen Bungee-Sprung von einer Plattform der Höhe $h = 60\,\text{m}$ machen. Kurz vor dem Sprung bekommen wir allerdings kalte Füße und wollen lieber nochmal sichergehen, dass das Seil (Federkonstante $\kappa = 200\,\text{N/m}$, Ruhelänge $\ell_0 = 35\,\text{m}$) korrekt gewählt wurde. Wie nah würden wir dem Boden kommen? Wie groß wäre die maximale Kraft, die das Seil auf uns ausübt?

Lösung: Zunächst überlegen wir uns, wie weit sich das Seil maximal unter unserer Last beim Fall dehnen kann und wie hoch wir dann noch über dem Erdboden wären. Bei maximaler Dehnung des Seils gilt im Umkehrpunkt des Sprungs (d. h. dort, wo unser Fall stoppt und wir durch das Seil wieder nach oben beschleunigt werden) nach Energiesatz

$$mgh = \frac{\kappa}{2}(h - z - \ell_0)^2 + mgz,$$

denn die gesamte Lageenergie von der Plattform (mgh) wird zunächst in kinetische Energie beim Fall umgewandelt (die uns aber nicht weiter interessiert) und kurze Zeit später dann in die Federenergie des gedehnten Bungee-Seils (der erste Term auf der rechten Seite) nebst restlicher potenzieller Energie (mgz) umgewandelt. Hierbei ist z die gesuchte Höhe über dem Erdboden. Zur einfacheren Rechnung definieren wir $u := h - z$ als die Fallstrecke. Wäre die Fallstrecke gerade gleich ℓ_0, so würde das Seil völlig entspannt sein und wir hätten keine Federenergie vorliegen, weshalb dann auch der Federterm verschwindet. Erst wenn $h - z > \ell_0$, wird das Seil gedehnt. Wir können schreiben:

$$\Longleftrightarrow mgh - mgz = mg(h - z) =: mgu = \frac{\kappa}{2}(u - \ell_0)^2.$$

Dies wird nach u gelöst:

$$mgu = \frac{\kappa}{2}(u - \ell_0)^2 \Longleftrightarrow u^2 - 2u\ell_0 - \frac{2mgu}{\kappa} + \ell_0^2 = u^2 - 2(\ell_0 + \frac{mg}{\kappa})u + \ell_0^2 = 0.$$

Die P-Q-Formel liefert

$$u = \ell_0 + \frac{mg}{\kappa} \pm \sqrt{\left(\ell_0 + \frac{mg}{\kappa}\right)^2 - \ell_0^2} = \ell_0 + \frac{mg}{\kappa} \pm \sqrt{\left(\frac{mg}{\kappa}\right)^2 + 2\ell_0 \frac{mg}{\kappa}},$$

wobei nur die positive Lösung betrachtet wird, da $u = h - z > \ell_0$ gelten muss (sonst wirkt ja keine Kraft). Mit den Zahlenwerten folgt $u \approx 56\,\mathrm{m}$, was gerade noch so gut gehen würde (der Umkehrpunkt befände sich damit $4\,\mathrm{m}$ über dem Erdboden).

Die Seilkraft ist maximal am Umkehrpunkt (die Feder ist maximal ausgedehnt). Dort wirkt auf uns die Rückstellkraft (erinnere: $\vec{F} = -\kappa\vec{r}$ für die Feder)

$$F = \kappa(u - \ell_0) \approx 4{,}2\,\mathrm{kN}.$$

Bei unserem Gewicht von 80 kg entspricht dies nach $F = mg$ etwa 5,4-facher Erdbeschleunigung, was äußerst grenzwertig wäre. Den Sprung werden wir überleben, könnten aber ein Rückenleiden bekommen. ∎

[H24] Designer-Wanduhr   **(1 + 3 = 4 Punkte)**
Eine Uhr mit der Masse M wird von einem masselosen, dünnen Draht der Länge L gehalten, der links und rechts über eine Rolle läuft und an beiden Enden mit einem Gegengewicht der Masse $m > \frac{M}{2}$ verbunden ist.

a) Wie lautet das Potenzial des Gesamtsystems in Abhängigkeit von der Auslenkung z? Das skizzierte Verbindungsstück zwischen Draht und Uhr ist hierbei vernachlässigbar klein.

b) Besitzt das Potenzial ein stabiles Gleichgewicht, d. h., gibt es ein Potenzialminimum? Falls ja, bei welcher Auslenkung z_E, und welchen Wert hat da das Potenzial?

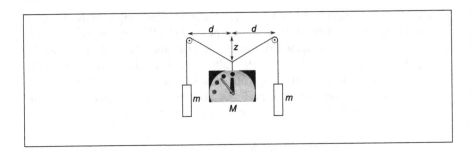

12.3.2 Impuls und Stöße

Bewegt sich ein Teilchen der Masse m mit der Geschwindigkeit $\vec{v}$, so besitzt es einen **Impuls**

$$\vec{p} := m \cdot \vec{v}. \tag{12.23}$$

Intuitiv kann man den Impuls als „Wucht" auffassen: Je größer die Masse eines Lasters, der uns am Zebrastreifen mitnimmt, und je größer seine Geschwindigkeit ist, desto größer ist der Teil des LKW-Impulses, der beim Stoß am Zebrastreifen auf uns übertragen wird (und desto stärker werden wir hinterher deformiert sein). Die Einheit des Impulses ist $[p] = 1 \text{ kg} \cdot \frac{\text{m}}{\text{s}}$.

Impulserhaltung
Der eben genannte Übertrag des Impulses von einem Objekt auf ein zweites Objekt (durch einen Stoß) geschieht unter Wahrung der **Impulserhaltung:** Impuls vorher ist gleich Impuls nachher bzw.

$$\sum_{i=1}^{N} \vec{p}_i^{\text{ vor}} = \sum_{i=1}^{N} \vec{p}_i^{\text{ nach}}, \tag{12.24}$$

wobei i sämtliche Stoßpartner durchzählt. Der Impuls ist immer dann erhalten, wenn die Summe äußerer Kräfte verschwindet, da dann nach Newton $\vec{F} = \dot{\vec{p}} = \vec{0}$ und folglich $\vec{p} = \text{const}$ für alle Zeiten. Dies ist bei den im Folgenden betrachteten Stößen immer der Fall.

Beim Stoß unterscheiden wir zwei Typen. Auf der einen Seite gibt es den **elastischen Stoß,** bei dem die Energie erhalten bleibt; dann gibt es noch den **inelastischen Stoß,** bei dem die mechanische Energie nicht erhalten ist, sondern die Energiebilanz erst unter Einbeziehung von Wärme- und Deformationsenergie stimmt. Verkeilen sich die Partner während des Stoßes und bewegen sich mit gemeinsamer Geschwindigkeit weiter, so nennt man diesen Spezialfall einen **vollständig inelastischen Stoß.** Zur Berechnung eines Stoßprozesses werden die Impuls- *und* Energiebilanzen benötigt.

Beispiel 12.7 (Elastischer und inelastischer Stoß)

▷ Eishockey am Pferdeturm in Hannover. Ein Puck der Masse $m_1 = m$ rase mit Geschwindigkeit $v_1 = v$ reibungsfrei entlang der x-Achse über das ebenerdige Eis und treffe dort auf einen ruhenden zweiten Puck vom Kindereishockey (Masse $m_2 = \frac{m}{2}$). Welche Geschwindigkeit haben die beiden Pucks nach dem Stoß? Was ändert sich, wenn die Pucks beim Aufprall zusammenkleben?

Lösung: Wir haben ein 1-D-Stoßproblem mit zwei Partnern vorliegen, weshalb sich die Impulserhaltung wie folgt aufstellt:

$$p_1^{\text{vor}} + p_2^{\text{vor}} = p_1^{\text{nach}} + p_2^{\text{nach}},$$

wobei p_1 der Impuls des großen Pucks und p_2 der Impuls des kleinen Pucks ist. Letzter solle anfangs ruhen, d. h. $v_2 = 0$. Dementsprechend ist sein Impuls vorher $p_2^{\text{vor}} = \frac{1}{2}m \cdot v_2 = 0$. Der große Puck hat den Impuls $p_1^{\text{vor}} = m_1 v_1 = mv$. Nach dem Stoß gilt $p_1^{\text{nach}} = mu_1$ und $p_2^{\text{nach}} = \frac{1}{2}mu_2$, wobei die Geschwindigkeiten u_1 und u_2 unbekannt sind. Eingesetzt folgt

$$mv + 0 = mu_1 + \frac{m}{2}u_2.$$

Leider beinhaltet diese Gleichung zwei Unbekannte u_1 und u_2, weshalb wir eine weitere Gleichung zum Lösen benötigen. Diese erhalten wir aus der Energieerhaltung. Da die Eisfläche ebenerdig ist, haben beide Pucks zu jeder Zeit das gleiche Potenzial $V = 0$. Damit formuliert sich die Energieerhaltung als

$$T_1^{\text{vor}} + T_2^{\text{vor}} = T_1^{\text{nach}} + T_2^{\text{nach}} \iff \frac{m}{2}v^2 + 0 = \frac{m}{2}u_1^2 + \frac{1}{2}\frac{m}{2}u_2^2.$$

Nun haben wir zwei Gleichungen mit zwei Unbekannten und können u_1 und u_2 bestimmen. Aus der Impulserhaltung folgt $u_2 = 2(v - u_1)$, so dass wir aus der Energieerhaltung erhalten:

$$\frac{m}{2}v^2 + 0 = \frac{m}{2}u_1^2 + \frac{m}{4}u_2^2 = \frac{m}{2}u_1^2 + m(v - u_1)^2 = \frac{m}{2}u_1^2 + mv^2 - 2mvu_1 + mu_1^2.$$

Umstellen nach u_1 liefert damit

$$\iff \frac{3}{2}u_1^2 - 2vu_1 + \frac{v^2}{2} = 0 \iff u_1^2 - \frac{4}{3}vu_1 + \frac{v^2}{3} = 0$$

und per P-Q-Formel

$$u_1 = \frac{2v}{3} \pm \sqrt{\frac{4}{9}v^2 - \frac{v^2}{3}} = \frac{2v}{3} \pm \sqrt{\frac{1}{9}v^2} = \frac{2v}{3} \pm \frac{v}{3}.$$

Die „+"-Lösung ist nicht sinnvoll, da dies bedeuten würde, dass $u_1 = v$ und $u_2 = 2(v - v) = 0$ ist, also der große Puck sich ungeändert weiterbewegt, während der kleine Puck ruhen bleibt. Also ist die Lösung $u_1 = \frac{v}{3}$ und $u_2 = 2(v - \frac{v}{3}) = \frac{4}{3}v$.

Das bedeutet folglich, dass der große Puck beim Stoß in seiner Bewegung gebremst wird, während der kleine Puck schnell davonschießt.
Im Fall, dass beide Pucks zusammenkleben, ändert sich der Impulssatz ab zu

$$mv + 0 = (m + \tfrac{m}{2})u \iff u = \tfrac{2}{3}v,$$

d. h., die beiden Pucks bewegen sich mit der gemeinsamen Geschwindigkeit $u = \tfrac{2}{3}v$ nach dem Stoß weiter. Was sagt die Energieerhaltung?

$$\tfrac{m}{2}v^2 + 0 \overset{?}{=} \tfrac{1}{2}\left(m + \tfrac{m}{2}\right)u^2 = \tfrac{3}{4}m\tfrac{4}{9}v^2 = \tfrac{m}{3}v^2 \iff \tfrac{m}{2}v^2 = \tfrac{m}{3}v^2 \;???$$

Hm, da kann etwas nicht stimmen. Die Energieerhaltung ist verletzt, weshalb es sich im Fall zusammenklebender Scheiben nicht um einen elastischen Stoß handeln kann, sondern wir es mit einem (vollständig) inelastischen Stoß zu tun haben. Die fehlende Energieportion in der Energiebilanz wird dabei in innere Energie ΔW (Reibung, Deformation) gesteckt:

$$\tfrac{m}{2}v^2 = \tfrac{m}{3}v^2 + \Delta W \;\Rightarrow\; \Delta W = \tfrac{m}{2}v^2 - \tfrac{m}{3}v^2 = \tfrac{m}{6}v^2 = \tfrac{1}{3} \cdot \tfrac{m}{2}v^2.$$

Ergebnis: 1/3 der kinetischen Energie vor dem Stoß wird in Wärme und Deformation umgewandelt und steht anschließend nicht mehr als Bewegungsenergie zur Verfügung. ∎

Beispiel 12.8 (Der Raketenschlitten)

▷ Unser selbst gebauter Raketenschlitten wird mit konstanter Ausströmgeschwindigkeit und zeitlich konstantem Treibstoffverbrauch mit Massenänderungsrate $|\dot{m}| = \mu$ betrieben. Er bewege sich aus ruhendem Zustand startend ohne Reibung auf dem zugefrorenen Dorfteich. Seine Masse betrage m_0 bei vollem und m_1 bei leerem Treibstofftank. Wie lautet die zu lösende DGL? Welche Endgeschwindigkeit besitzt der Schlitten, wenn der Tank leer ist (und das Teichende noch nicht erreicht ist)?

Lösung: Wir stellen zunächst den Impuls für den Anschub (Index a) und die Impulsänderungen, die bei Beschleunigung entstehen, auf. Denn: Je schneller der Schlitten wird, desto größer wird sein Impuls. Betrachtet man eine winzige Geschwindigkeitsänderung, so gilt für die Änderung des Impulses $\mathrm{d}\vec{p} = m(t)\mathrm{d}\vec{v}$.

Das Schnellerwerden wird aber durch den Anschub erzeugt, der durch Massenabstoß mit konstanter Geschwindigkeit $\vec{v}_a$ nach hinten heraus bewerkstelligt wird (welches wiederum die Gesamtmasse und damit den Impuls des Schlittens ändert):

$$\mathrm{d}\vec{p}_a = \mathrm{d}m\,\vec{v}_a.$$

$\vec{p}_a(t)$ bezeichnet hierbei den Impuls des Abstoßes. Der Schlitten soll sich reibungslos (auf Eis) bewegen, was bedeutet, dass die von außen angreifenden Kräfte

$\vec{F}$ null sind. Damit ergibt sich nach Impulserhaltung $\sum \vec{p}_i = \vec{0}$ bzw. $\sum \mathrm{d}\vec{p}_i = \vec{0}$, da der Schlitten am Anfang ja stand und folglich $\vec{p} = 0$ vor dem Start ist. Die winzigen Gesamtimpulsänderungen addieren sich dann zu

$$\mathrm{d}\vec{p}_{\text{ges}}(t) = \mathrm{d}\vec{p}_a + \mathrm{d}\vec{p} = \mathrm{d}m \, \vec{v}_a + m(t)\mathrm{d}\vec{v} = \vec{0}$$

$$\implies \frac{\mathrm{d}m}{\mathrm{d}t} \cdot \vec{v}_a + m(t)\frac{\mathrm{d}\vec{v}}{\mathrm{d}t} = \dot{m} \cdot \vec{v}_a + m(t) \cdot \dot{\vec{v}} = \vec{0},$$

wobei im zweiten Schritt die Impulsänderungen pro Zeitintervall $\mathrm{d}t$ betrachtet wurden. Es ergibt sich eine Newton-DGL mit zeitabhängiger Masse in der Form (12.5). Dabei sind Ausstoßgeschwindigkeit $\vec{v}_a$ und Schlittengeschwindigkeit $\vec{v}(t)$ entgegengesetzt, so dass in einer Dimension folgt:

$$\dot{m}(t)v_a - m(t)\dot{v}(t) = 0. \quad (*)$$

Laut Aufgabenstellung ist $|\dot{m}| = \mu$, d. h., wir können direkt die Masse des Schlittens $m(t)$ in Abhängigkeit von der Zeit bestimmen:

$$|\dot{m}| = \mu \implies m(t) = m_0 - \mu \cdot t.$$

Die Masse nimmt von m_0 linear durch den Massenausstoß μ ab (daher das Minuszeichen). Diese Beziehung kann in $(*)$ eingesetzt werden. Damit ergibt sich schließlich die zu lösende Differenzialgleichung zu

$$\boxed{\mu v_a + (m_0 - \mu t)\dot{v} = 0, \quad v(0) = 0}$$

mit der Anfangsbedingung $v(0) = 0$, da der Schlitten aus der Ruhe heraus beschleunigt wird. μ, v_a und m_0 sind nur Konstanten, so dass sich $v(t)$ direkt durch Integrieren ergibt:

$$\dot{v}(t) = -\frac{\mu v_a}{m_0 - \mu t} = -\frac{\mu v_a}{m_0}\frac{1}{1 - \frac{\mu}{m_0}t} \implies v(t) = v_a \ln(1 - \frac{\mu}{m_0}t) + C_1.$$

Die Konstante C_1 ergibt sich mit der Anfangsbedingung $v(0) = 0$ zu $C_1 = 0$. Das ist die Lösung der Bewegungsgleichung. Die Endgeschwindigkeit wird erreicht, wenn $m(t) = m_1$ (nichts strömt mehr aus, Tank leer), d. h. $m_0 - \mu t_{\text{end}} = m_1$. Dies ist zum Zeitpunkt $t_{\text{end}} = \frac{m_0 - m_1}{\mu}$ erreicht. Dann ist die Geschwindigkeit

$$v_{\text{End}} = v(t_{\text{end}}) = v_a \ln\left(1 - \frac{\mu}{m_0}\left(\frac{m_0 - m_1}{\mu}\right)\right) = v_a \ln\left(1 - \frac{m_0}{m_0} + \frac{m_1}{m_0}\right) = v_a \ln\left(\frac{m_1}{m_0}\right).$$

Damit ist die Endgeschwindigkeit des Raketenschlittens abhängig von der Ausströmgeschwindigkeit v_a, aber unabhängig von der Ausströmrate, was nicht unbedingt von vornherein klar ist. ∎

[H25] Energie-Impuls-Erhaltung   **(2,5 + 1,5 = 4 Punkte)**

Ein Projektil (Masse m, Geschwindigkeit v_0) trifft einen Sandsack (Masse M), welcher an zwei Gummibändern (je Federkonstante κ und Ruhelänge ℓ_0) wie skizziert zwischen zwei Wänden aufgehängt ist.

a) Man zeige: Die maximale Auslenkung $x_{\max}$ des Sandsacks ist gegeben durch

$$x_{\max} = \sqrt{\left(\frac{mv_0}{\sqrt{2\kappa(m+M)}} + \ell_0\right)^2 - \ell_0^2}.$$

b) Man zeige, dass die beim Aufprall freigesetzte innere Energie ΔW geschrieben werden kann als $\Delta W = \frac{1}{2}\mu v_0^2$ mit $\mu = ?$

12.3.3 Arbeit

Wird ein Teilchen in einem Kraftfeld verschoben, so muss im Allgemeinen Arbeit aufgewendet werden bzw. man gewinnt Energie. Rollt man z.B. ein Bierfass eine Schräge hinauf, so muss man Arbeit aufwenden, um das Fass gegen die Erdanziehung nach oben zu bewegen. Lässt man es am Ende der Schräge jedoch los, so beschleunigt es abwärts und gewinnt (kinetische) Energie. Wir wollen dies nun quantitativ erfassen.

Aus Kap. 1 kennen wir eine Formel für die Arbeit: $W = \vec{F} \cdot \vec{s}$. Allerdings wurde dort darauf hingewiesen, dass diese Formel für die Arbeit nur unter dem ganz besonderen Umstand gilt, dass das Teilchen auf einem *geraden* Weg entlang $\vec{s}$ verschoben wird und das umgebende Kraftfeld $\vec{F}$ konstant ist. In der Regel ist dies natürlich nicht der Fall.

Wir können aber den beliebigen Weg $\mathcal{C}$, entlang welchem das Teilchen verschoben wird, in ganz viele kleine gerade Stückchen $d\vec{r} = (dx, dy, dz)$ zerlegen, wie in Abb. 12.3 dargestellt ist. Dann ergibt sich die gesamt aufzuwendende Arbeit aus der Summe von Skalarprodukten $\vec{F} \cdot d\vec{r}$ und im kontinuierlichen Fall über

$$W = \int_{\vec{a}}^{\vec{b}} d\vec{r} \cdot \vec{F}(\vec{r}). \tag{12.25}$$

Abb. 12.3 Zur Berechnung des Arbeitsintegrals im Kraftfeld $\vec{F}(\vec{r})$. Der Weg $\mathcal{C}$ wird dazu in infinitesimale Stücke $\mathrm{d}\vec{r}$ zerlegt

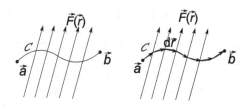

Dabei bezeichnet $\vec{a}$ den Startpunkt und $\vec{b}$ den Endpunkt des Weges. Zur Berechnung des Integrals können wir den schon aus Kap. 9 bekannten Trick vom Kurvenintegral beim Satz von Stokes aus dem Hut zaubern: Parametrisierung des Weges! Dann gilt mit $\vec{r} = \vec{r}(t)$:

$$\int_{\vec{a}}^{\vec{b}} \mathrm{d}\vec{r} \cdot \vec{F} = \int_{t_a}^{t_b} \mathrm{d}t \, \frac{\mathrm{d}\vec{r}}{\mathrm{d}t} \cdot \vec{F}(\vec{r}(t))$$

und somit

$$W = \int_{t_a}^{t_b} \mathrm{d}t \, \dot{\vec{r}} \cdot \vec{F}(\vec{r}(t)). \tag{12.26}$$

Das ist die **Arbeit,** die aufgewendet werden muss, um ein Teilchen im Feld $\vec{F}$ auf der Bahnkurve $\vec{r}(t)$ von $\vec{a} = \vec{r}(t_a)$ nach $\vec{b} = \vec{r}(t_b)$ zu verschieben. Dabei ist t_a der Bahnparameter am Startpunkt (meist: Startzeit) und t_b der Bahnparameter am Endpunkt (meist: Endzeitpunkt). Gl. (12.26) ist allgemein gültig, d. h. für beliebige Wege und Kraftfelder. Interessant ist der Spezialfall, wenn $\vec{F}$ konservativ ist.

Arbeit im konservativen Kraftfeld

Integral (12.26) ist häufig sehr schwer zu berechnen. Im Falle konservativer Kraftfelder können wir das Integral umformen. Dabei hilft uns wieder einmal die schöne Beziehung $\vec{F} = -\nabla V$:

$$W = -\int_{t_a}^{t_b} \mathrm{d}t \, \dot{\vec{r}} \cdot \nabla V(\vec{r}(t)) = -\int_{t_a}^{t_b} \mathrm{d}t \, \frac{\mathrm{d}}{\mathrm{d}t} V(\vec{r}(t)) = -V(\vec{r}(t_b)) + V(\vec{r}(t_a)),$$

wobei beim ersten Gleichheitszeichen $\vec{F} = -\nabla V$ in Gl. (12.26) eingesetzt und beim zweiten Gleichheitszeichen die Kettenregel $\frac{\mathrm{d}}{\mathrm{d}t} V(\vec{r}(t)) = \frac{\partial V}{\partial \vec{r}} \frac{\mathrm{d}\vec{r}}{\mathrm{d}t} = \nabla V \cdot \dot{\vec{r}}$ rückwärts angewendet wurde (vgl. die Herleitung des Energiesatzes). Also gilt für Gradientenfelder:

$$\vec{F} = -\nabla V \iff W = -V(\vec{b}) + V(\vec{a}). \tag{12.27}$$

Das bedeutet, dass sich die Arbeit in einem konservativen Kraftfeld entlang einer Bahn gerade nur aus der negativen Differenz der Potenzialunterschiede von Start- und Endpunkt ergibt. Die Arbeit ist dabei völlig unabhängig vom gewählten Weg, daher nennt man sie in dem Falle **wegunabhängig.** Weiter folgt aus (12.27):

$$\vec{F} \text{ ist konservativ und } \mathcal{C} \text{ geschlossen} \iff W = 0. \tag{12.28}$$

Auf geschlossenen Wegen C muss in einem konservativen Kraftfeld also weder Arbeit aufgewendet werden, noch wird Energie gewonnen. Dies ist in der Regel so. Wir werden jedoch ein pathologisches Beispiel kennenlernen, wo dies nicht gilt. Geschlossene Wegintegrale werden manchmal auch als $\oint$ geschrieben (was hier aber nicht weiter verwendet wird).

Das Vorgehen zum Berechnen eines Arbeitsintegrals sollte somit folgendes sein: Prüfe zunächst $\nabla \times \vec{F} = \vec{0}$ und bestimme anschließend das Potenzial via $\vec{F} = -\nabla V$. Berechne schließlich die Arbeit über (12.27). Ist $\nabla \times \vec{F} \neq \vec{0}$, so parametrisiere den Weg, bestimme Start- und Endzeitpunkt und führe das Integral gemäß (12.26) aus. Wir demonstrieren dies an je einem Beispiel.

Beispiel 12.9 (Arbeit im konservativen Kraftfeld)

▷ Ein Teilchen bewege sich im Kraftfeld

$$\vec{F}(x, y, z) = -\alpha(x^3 + 2x(y^2 + z^2),\, y^3 + 2y(x^2 + z^2),\, z^3 + 2z(x^2 + y^2))^\mathsf{T}.$$

Welche Arbeit muss verrichtet werden, um das Teilchen von $(1, 2, 0)^\mathsf{T}$ nach $(1, 2, -2)^\mathsf{T}$ über den Zwischenpunkt $(1, -2, 0)^\mathsf{T}$ zu bewegen?

Lösung: Wir prüfen als Erstes, ob das Kraftfeld ein Potenzial besitzt. Berechne dazu die Rotation:

$$\nabla \times \vec{F} = -\alpha \begin{pmatrix} \frac{\partial}{\partial x} \\ \frac{\partial}{\partial y} \\ \frac{\partial}{\partial z} \end{pmatrix} \times \begin{pmatrix} x^3 + 2x(y^2 + z^2) \\ y^3 + 2y(x^2 + z^2) \\ z^3 + 2z(x^2 + y^2) \end{pmatrix} = -\alpha \begin{pmatrix} 4yz - 4yz \\ 4xz - 4xz \\ 4xy - 4xy \end{pmatrix} = \vec{0}.$$

Somit existiert ein Potenzial und die Arbeit errechnet sich nach (12.27). Die einzige Hürde besteht nun darin, das Potenzial über $\vec{F} = -\nabla V$ zu bestimmen. Wir verwenden das Verfahren aus dem vorhergehenden Abschnitt und starten mit der ersten Komponente:

$$-\frac{\partial V}{\partial x} = F_1 = -\alpha(x^3 + 2x(y^2 + z^2)) \implies V = \alpha \left(\frac{x^4}{4} + x^2y^2 + x^2z^2 \right) + A(y, z).$$

Durch Einsetzen dieses Ansatzes für V können wir die Konstante $A(y, z)$ bestimmen:

$$\frac{\partial V}{\partial y} = \alpha \cdot 2x^2 y + \frac{\partial A}{\partial y} = -F_2 = \alpha(y^3 + 2x^2y + 2yz^2) \implies \frac{\partial A}{\partial y} = \alpha(y^3 + 2yz^2),$$

woraus per Integration folgt: $A(y, z) = \alpha \left(\frac{y^4}{4} + y^2z^2 \right) + B(z)$. Der erweiterte Ansatz für das Potenzial ist also

$$V = \alpha \left(\frac{x^4}{4} + \frac{y^4}{4} + x^2y^2 + x^2z^2 + y^2z^2 \right) + B(z).$$

Hieraus folgt durch erneutes Ableiten

$$\frac{\partial V}{\partial z} = \alpha(2x^2z + 2y^2z) + B'(z) = -F_3 = \alpha(z^3 + 2x^2z + 2y^2z) \implies B'(z) = \alpha z^3.$$

Das bedeutet $B(z) = \alpha \frac{z^4}{4} + C$ und insgesamt mit $C := 0$ (der Einfachheit halber)

$$V(x, y, z) = \alpha \left(\frac{x^4}{4} + \frac{y^4}{4} + \frac{z^4}{4} + x^2y^2 + x^2z^2 + y^2z^2 \right)$$

(man mache die Probe per $\vec{F} = -\nabla V$). Nun kann die Arbeit berechnet werden. Da wir gesehen haben, dass die Kraft konservativ ist, folgt hieraus sofort, dass die Arbeit nur vom negativen Potenzialunterschied abhängt. Zwischenpunkte (wie hier $(1, -2, 0)^\mathsf{T}$) sind dabei vollkommen unerheblich! Somit berechnet sich die Arbeit zu

$$\begin{aligned} W &= -V(\vec{b}) + V(\vec{a}) = -V(1, 2, -2) + V(1, 2, 0) \\ &= -\alpha \left(\frac{1^4}{4} + \frac{2^4}{4} + \frac{(-2)^4}{4} + 1^2 \cdot 2^2 + 1^2(-2)^2 + 2^2(-2)^2 \right) \\ &\quad + \alpha \left(\frac{1^4}{4} + \frac{2^4}{4} + 1^2 \cdot 2^2 \right) \\ &= -24\alpha. \end{aligned}$$

Das ist die gesuchte Arbeit! ∎

Beispiel 12.10 (Arbeit im nicht konservativen Kraftfeld)

▷ Ein Teilchen durchläuft im Kraftfeld $\vec{F}(\vec{r}) = \beta(\vec{A} \times \vec{r})$ mit konstantem $\vec{A} = (0, 0, A)$ eine Kreisbahn mit Radius R in der x-y-Ebene. Welche Arbeit ist dafür erforderlich?

Lösung: Wir berechnen zuerst die Rotation. Entweder setzt man hierzu den Vektor $\vec{A}$ ein, bildet das Kreuzprodukt und berechnet die Rotation, oder man macht es in Indizes (vgl. Beispiel 9.6):

$$[\text{rot } \vec{F}]_i = \varepsilon_{ijk}\partial_j F_k = \varepsilon_{ijk}\partial_j(\beta\varepsilon_{k\ell m}A_\ell x_m) = \beta\varepsilon_{ijk}\varepsilon_{\ell mk}\partial_j(A_\ell x_m).$$

A_ℓ ist ein konstanter Vektor und kann aus der Ableitung herausgezogen werden. Dann folgt

$$[\text{rot } \vec{F}]_i = \beta\varepsilon_{ijk}\varepsilon_{\ell mk}A_\ell \underbrace{\partial_j x_m}_{=\delta_{jm}} = \beta \underbrace{\varepsilon_{ijk}\varepsilon_{\ell jk}}_{=2\delta_{i\ell}} A_\ell = 2\beta A_i \neq 0.$$

Damit ist $\vec{F}$ nicht wirbelfrei und folglich nicht konservativ und wir müssen über das Integral (12.26) die Arbeit berechnen. Hierzu parametrisieren wir den Weg, auf dem das Teilchen verschoben werden soll, als Kreisbahn: $\vec{r}(t) = R(\cos(t), \sin(t), 0)^\mathsf{T}$. Hierbei beschreibt t den durchlaufenen Winkel, d. h., beim

Kreis ist der Startwinkel $t_a = 0$ und Endwinkel $t_b = 2\pi$. Dann folgt mit $\dot{\vec{r}} = R(-\sin(t), \cos(t), 0)^\mathsf{T}$ und $\vec{F}(\vec{r}) = \vec{A} \times \vec{r} = \beta(-Ay, Ax, 0)^\mathsf{T}$ die Arbeit zu

$$
W = \int_{t_a}^{t_b} dt\, \dot{\vec{r}} \cdot \vec{F}(\vec{r}(t)) = \int_0^{2\pi} dt \left. \begin{pmatrix} -R\sin(t) \\ R\cos(t) \\ 0 \end{pmatrix} \cdot \beta \begin{pmatrix} -Ay \\ Ax \\ 0 \end{pmatrix} \right|_{(x,y,z)=(Rc,Rs,0)}
$$

$$
= \beta AR \int_0^{2\pi} dt \begin{pmatrix} -\sin(t) \\ \cos(t) \\ 0 \end{pmatrix} \cdot \begin{pmatrix} -R\sin(t) \\ R\cos(t) \\ 0 \end{pmatrix} = \beta AR^2 \int_0^{2\pi} dt \underbrace{(\sin^2(t) + \cos^2(t))}_{=1}
$$

$$
= \beta AR^2 \int_0^{2\pi} dt = 2\pi\beta AR^2
$$

und nicht null! Null würde nur herauskommen, wenn $\vec{F}$ konservativ wäre. ∎

Es folgt abschließend ein pathologisches Gegenbeispiel zu der Behauptung, dass aus $\nabla \times \vec{F} = \vec{0}$ immer folgt, dass die Arbeit entlang einer geschlossenen Kurve null ist. Dies hat mathematische Gründe, auf die aber nicht näher eingegangen werden soll.

Beispiel 12.11 (Gegenbeispiel)

▷ Besitzt die dimensionslose Kraft $\vec{F}(x, y) = \frac{1}{x^2+y^2}(-y, x, 0)^\mathsf{T}$ ein Potenzial? Man berechne die Arbeit für das Verschieben eines Teilchens auf einer Kreisbahn per Arbeitsintegral.

Lösung: Wir berechnen die Rotation. Dann ist die einzig nichttriviale Bedingung $(\nabla \times \vec{F})_3 \overset{?}{=} 0$. Hier ist dies:

$$
(\nabla \times \vec{F})_3 = \frac{\partial F_2}{\partial x} - \frac{\partial F_1}{\partial y} = \frac{\partial}{\partial x}\left[\frac{x}{x^2+y^2}\right] - \frac{\partial}{\partial y}\left[\frac{-y}{x^2+y^2}\right]
$$

$$
= \frac{1(x^2+y^2)-x\cdot 2x}{(x^2+y^2)^2} - \frac{-1(x^2+y^2)-(-y)2y}{(x^2+y^2)^2}
$$

$$
= \frac{-x^2+y^2}{(x^2+y^2)^2} - \frac{-x^2+y^2}{(x^2+y^2)^2} = 0.
$$

Damit ist $\nabla \times \vec{F} = \vec{0}$, und es existiert ein Potenzial, das sich zu

$$
V = \arctan\left(\frac{x}{y}\right)
$$

bestimmen lässt. Somit sollte die Arbeit entlang eines geschlossenen Weges, z. B. eines Kreises, null sein. Wir testen dies explizit:

$$
W = \int_{t_a}^{t_b} dt\, \dot{\vec{r}} \cdot \vec{F}(\vec{r}(t)) = \int_0^{2\pi} dt \left. \begin{pmatrix} -R\sin(t) \\ R\cos(t) \\ 0 \end{pmatrix} \cdot \begin{pmatrix} -\frac{y}{x^2+y^2} \\ \frac{x}{x^2+y^2} \\ 0 \end{pmatrix} \right|_{(Rc,Rs,0)}
$$

$$
= R \int_0^{2\pi} dt \begin{pmatrix} -s \\ c \\ 0 \end{pmatrix} \cdot \begin{pmatrix} -\frac{Rs}{R^2c^2+R^2s^2} \\ \frac{Rc}{R^2c^2+R^2s^2} \\ 0 \end{pmatrix} = \int_0^{2\pi} dt \begin{pmatrix} -s \\ c \\ 0 \end{pmatrix} \cdot \begin{pmatrix} -s \\ c \\ 0 \end{pmatrix}
$$

$$
= \int_0^{2\pi} dt\, 1 = 2\pi.
$$

Dieses Resultat ist jedoch bemerkenswert, denn eigentlich sollte bei der Bewegung auf einer geschlossenen Kreisbahn für die Arbeit null herauskommen. Wir haben hier somit ein Beispiel, bei dem trotz existierendem Potenzial die Arbeit auf einem geschlossenen Weg nicht null ist. ∎

Potenzialbestimmung vs. Arbeitsintegral

Das Verfahren zur Potenzialbestimmung, welches in Beispiel 12.9 angewendet wurde, ist nichts anderes als ein Arbeitsintegral entlang der kartesischen Achsen x, y und z:

$$\vec{F} = -\nabla V \rightarrow \int d\vec{r} \cdot \vec{F} = -\int d\vec{r} \cdot \nabla V = -\int dx\, \frac{\partial V}{\partial x} - \int dy\, \frac{\partial V}{\partial y} - \int dz\, \frac{\partial V}{\partial z},$$

$$(12.29)$$

wobei $d\vec{r} = (dx, dy, dz)$. Es ist daher Geschmackssache, ob man die Notation wie im Beispiel wählt oder das Arbeitsintegral in der eben genannten Form hinschreibt. Wir werden dies in der Elektrostatik bei elektrostatischem Potenzial und dem Spannungsbegriff wiedersehen.

12.3.4 Formale Lösung des 1-D-Energiesatzes

Der Energiesatz ist durch (12.17) gegeben. Eingeschränkt auf eine Dimension lässt sich schnell eine Lösung ermitteln. In einer Dimension lautet er

$$\frac{m}{2}\dot{x}^2 + V(x(t)) = E.$$

Wir wollen eine Lösung $x(t)$ berechnen. Dazu lösen wir nach $\dot{x}(t)$ auf:

$$\dot{x}(t) = \pm\sqrt{\frac{2}{m}(E - V(x(t)))}.$$

Integration nach t macht hier jedoch wenig Sinn, da im Potenzial $V(x(t))$ die Zeit implizit enthalten ist. Trick: Zur Lösung obiger DGL gehen wir über die Umkehrfunktion:

$$\dot{x} = \frac{dx}{dt} = \pm\sqrt{\frac{2}{m}(E - V(x(t)))} \iff t'(x) = \frac{dt}{dx} = \frac{1}{\frac{dx}{dt}} = \pm\sqrt{\frac{m}{2}}\,\frac{1}{\sqrt{E - V(x)}}.$$

Wir müssen also lösen:

$$t'(x) = \pm\sqrt{\frac{m}{2}}\,\frac{1}{\sqrt{E - V(x)}}.$$

Durch Integration beider Seiten nach x folgt die **formale Lösung** des 1-D-Energiesatzes:

$$t(x) - t(x_0) = \pm\sqrt{\frac{m}{2}} \int_{x_0}^{x} dx'\, \frac{1}{\sqrt{E - V(x')}},$$

$$(12.30)$$

wobei wir bei Bezeichnung der Integrationsvariablen aufpassen müssen, da die Variable x in den Grenzen des Integrals auftaucht und wir somit „ein anderes x" als Integrationsvariable verwenden müssen. Sämtliche Integrationskonstanten wurden in den Ausdruck $t(x_0)$ gesteckt, wobei x_0 eine beliebige Konstante ist. Durch Lösen des Integrals bei gegebenem Potenzial lässt sich dann die Umkehrfunktion $x(t)$ rekonstruieren. Ein Beispiel demonstriert dies.

Beispiel 12.12 (Bewegung im Federpotenzial)

▷ Eine Masse m sei an einer Feder mit Federkonstanten κ befestigt und werde horizontal um a aus der Ruhelage ausgelenkt. Welche Bahn $x(t)$ beschreibt die Masse?

Lösung: Wir verwenden direkt die formale Lösung des 1-D-Energiesatzes (12.30) und setzen für V das Potenzial einer Feder aus (12.21) ein: $V(x) = \frac{\kappa}{2}(x - x_0)^2$, wobei x die Position der Masse bezogen auf die Ruhelage x_0 bezeichnet. Die Ruhelage können wir in diesem Fall der Einfachheit halber $x_0 = 0$ setzen. Ferner betrachten wir nur die Bewegung nach der Auslenkung um a, d. h. nur die positive Lösung von $t(x)$:

$$t(x) = t(0) + \sqrt{\tfrac{m}{2}} \int_0^x \mathrm{d}x' \; \frac{1}{\sqrt{E - \frac{\kappa}{2}x'^2}}.$$

Die Gesamtenergie E lässt sich direkt angeben. Wenn die Feder um a aus der Ruhelage ausgelenkt wird und gerade losgelassen wird, so ist die gesamte Energie in der Feder gespeichert, d. h. $E = \frac{\kappa}{2}a^2$. Nun können wir integrieren:

$$
\begin{aligned}
t(x) &= t(0) + \sqrt{\tfrac{m}{2}} \int_0^x \mathrm{d}x' \; \frac{1}{\sqrt{\frac{\kappa}{2}a^2 - \frac{\kappa}{2}x'^2}} = t(0) + \sqrt{\tfrac{m}{2}} \int_0^x \mathrm{d}x' \; \frac{1}{\sqrt{\frac{\kappa}{2}}\sqrt{a^2 - x'^2}} \\
&= t(0) + \sqrt{\tfrac{m}{\kappa}} \int_0^x \mathrm{d}x' \; \frac{1}{\sqrt{a^2 - x'^2}} = t(0) + \sqrt{\tfrac{m}{\kappa}} \frac{1}{a} \int_0^x \mathrm{d}x' \; \frac{1}{\sqrt{1 - \left(\frac{x'}{a}\right)^2}} \\
&\overset{x' \to ax'}{=} t(0) + \sqrt{\tfrac{m}{\kappa}} \int_0^{\frac{x}{a}} \mathrm{d}x' \; \frac{1}{\sqrt{1 - x'^2}} = t(0) + \sqrt{\tfrac{m}{\kappa}} \arcsin(x') \Big|_0^{\frac{x}{a}} \\
&= t(0) + \sqrt{\tfrac{m}{\kappa}} \arcsin\left(\tfrac{x}{a}\right),
\end{aligned}
$$

weil $\arcsin(0) = 0$. Das ist die Lösung $t(x)$, welche natürlich unbefriedigend ist, weil schwer zu interpretieren (denn was soll eine Zeit abhängig von einem Ort sein?). Wir können aber nach x umstellen und erhalten die gesuchte $x(t)$-Lösung:

$$\sqrt{\tfrac{\kappa}{m}}(t(x) - t(0)) = \arcsin\left(\tfrac{x}{a}\right) \iff x(t) = a \sin\left(\sqrt{\tfrac{\kappa}{m}}(t - t_0)\right)$$

mit Startzeit $t(0) = t_0$. Der Faktor $\sqrt{\tfrac{\kappa}{m}} =: \omega$ gibt an, mit welcher Frequenz die Masse an der Feder schwingt. Wir werden ihm später bei den Schwingungen noch öfter begegnen. Ergebnis: Eine Masse an einer Feder, welche um a aus der Ruhelage ausgelenkt wird, schwingt periodisch hin und her, $x(t) = a \sin(\omega(t - t_0))$. ∎

[H26] Arbeit und Energie (4 Punkte)

Gegeben sei das dimensionslose Kraftfeld

$$\vec{F}(x, y, z) = \left(e^x \sqrt{y^2 - 1}, \, e^x \frac{y}{\sqrt{y^2-1}}, \, 0 \right)^{\mathsf{T}},$$

in welchem ein Teilchen von $\left(-1, \frac{1}{2}\left(e + \frac{1}{e}\right), 0\right)^{\mathsf{T}}$ nach $\left(1, \frac{1}{2}\left(e + \frac{1}{e}\right), 0\right)^{\mathsf{T}}$ auf dem Weg $\vec{r}(t) = \left(t, \frac{e^t + e^{-t}}{2}, 0\right)^{\mathsf{T}}$ verschoben wird. Welche Arbeit wird dabei verrichtet, und wie lautet der Energiesatz entlang des Weges?

Spickzettel zu Energie, Impuls und Arbeit

- **Energiesatz**

  Sofern $\vec{F}$ konservativ ist, gilt Energieerhaltung:

  $$\vec{F} = -\nabla V \iff E = T + V = \frac{m}{2}\dot{\vec{r}}^2 + V(\vec{r}(t))$$

  mit kinetischer Energie $T = \frac{m}{2}\dot{\vec{r}}^2$ und Potenzial $V(\vec{r}(t))$ entlang der Bahn $\vec{r}(t)$ eines Teilchens der Masse m. Alternative Formulierung für zwei Zeitpunkte:

  $$T^{\text{vor}} + V^{\text{vor}} = T^{\text{nach}} + V^{\text{nach}},$$

  d. h., Energieformen werden ineinander umgewandelt.

- **Wichtige Potenziale**
  - Lagepotenzial im Schwerefeld der Erde: $V(z) = mgz$.
  - Gravitationspotenzial $V(\vec{r}) = -\gamma \frac{mM}{|\vec{r}-\vec{r}'|}$.
  - Federpotenzial $V(\vec{r}) = \frac{\kappa}{2}(\vec{r} - \vec{r}_0)^2$, $\vec{r} - \vec{r}_0$ Auslenkung aus Ruhelage $\vec{r}_0$.
  - Harmonischer Oszillator $V(r) = \frac{m\omega^2}{2}\vec{r}^2$, $\omega = 2\pi f$ beinhaltet Schwingungsfrequenz f.

  Reibungskräfte besitzen kein Potenzial!

- **Impuls und Stöße**
  - $\vec{p} = m\vec{v} = m\dot{\vec{r}}$; Impulserhaltung: $\sum_{i=1}^{N} \vec{p}_i^{\text{ vor}} = \sum_{i=1}^{N} \vec{p}_i^{\text{ nach}}$.
  - Berechnung von Stößen über Energie-Impuls-Erhaltung. Elastischer Stoß: Energie und Impuls sind erhalten; inelastischer Stoß: Impuls erhalten, aber vor dem Stoß verfügbare Energie wird (teilweise) in Deformation und Wärme umgewandelt, habe Energie „verlust" ΔW; Spezialfall vollständig inelastischer Stoß: Stoßpartner bewegen sich mit gemeinsamer Geschwindigkeit nach dem Stoß.

- **Arbeit**
  Verschiebung eines Teilchens mit Masse m von $\vec{a} = \vec{r}(t_a)$ nach $\vec{b} = \vec{r}(t_b)$ in beliebigem Kraftfeld $\vec{F}(\vec{r})$ entlang der Bahn $\vec{r}(t)$ erfordert Arbeit oder gewinnt Energie:

$$W = \int_{\vec{a}}^{\vec{b}} \mathrm{d}\vec{r} \cdot \vec{F}(\vec{r}) = \int_{t_a}^{t_b} \mathrm{d}t \, \dot{\vec{r}} \cdot \vec{F}(\vec{r}(t)).$$

  Für konservative Felder ($\nabla \times \vec{F} = \vec{0}$) gilt i.d.R. $W = -V(\vec{b}) + V(\vec{a})$, d.h., die Arbeit ist wegunabhängig; insbesondere gilt dann für geschlossene Kurven: $W = 0$.

- **Lösung des 1-D-Energiesatzes**
  Energiesatz in 1-D: $E = \frac{m}{2}\left(\frac{\mathrm{d}x}{\mathrm{d}t}\right)^2 + V(x(t))$ wird gelöst durch

$$t(x) = t(x_0) \pm \sqrt{\frac{m}{2}} \int_{x_0}^{x} \mathrm{d}x' \, \frac{1}{\sqrt{E - V(x')}}.$$

12.4 Rotierende Punktmassen

In diesem Abschnitt werden wir uns mit Punktmassen beschäftigen, die sich nicht mehr geradlinig, sondern auf Kurven – auf Kreisen – bewegen. Hierfür frischen wir zunächst die aus Kap. 6 bekannten kinematischen Größen der Kreisbewegung etwas auf und betrachten dann die Dynamik solcher Systeme. Dabei werden wir einen weiteren Erhaltungssatz kennenlernen.

12.4.1 Kinematik der Rotation

Ein Punktteilchen durchläuft in 2-D eine Kreisbahn mit konstantem Radius R. Dann legt es auf dem Bogen die Strecke $s(t)$ zurück, die sich dank Bogenmaß auch mit Hilfe des durchlaufenen Winkels $\varphi(t)$ schreiben lässt als

$$s(t) = R\varphi(t). \tag{12.31}$$

Es besitzt eine Bahngeschwindigkeit $\vec{v}(t)$, die tangential zur Kreisbahn in Richtung $\vec{e}_\varphi = (-\sin(\varphi), \cos(\varphi))^\mathsf{T}$ zeigt und sich damit richtungsmäßig dauerhaft ändert, da sich $\varphi = \varphi(t)$ ja auch ändert. Der Betrag der Bahngeschwindigkeit kann sich ebenfalls ändern, sofern die Kreisbewegung nicht gleichförmig ist. Wir wissen aber bereits: Sobald sich eine Geschwindigkeit zeitlich ändert, tritt eine Beschleunigung auf.

Dies ist auch hier so:

$$\dot{\vec{v}} = \frac{\mathrm{d}}{\mathrm{d}t}[v(t)\vec{e}_\varphi] = \dot{v}\vec{e}_\varphi + v(t)\dot{\vec{e}}_\varphi = \dot{v}\begin{pmatrix} -\sin(\varphi) \\ \cos(\varphi) \end{pmatrix} + v(t)\dot{\varphi}\begin{pmatrix} -\cos(\varphi) \\ -\sin(\varphi) \end{pmatrix}.$$

Durch den Zusammenhang $s(t) = R\varphi(t)$ lässt sich per zeitlicher Ableitung ein Ausdruck für $\dot{\varphi}$ finden, denn es ist $\dot{s}(t) = R\dot{\varphi}(t)$ bzw. $v(t) = R\dot{\varphi}(t) \Leftrightarrow \dot{\varphi}(t) = \frac{v(t)}{R}$, so dass eingesetzt folgt:

$$\dot{\vec{v}} = \frac{\mathrm{d}}{\mathrm{d}t}[v(t)\vec{e}_\varphi] = \dot{v}\vec{e}_\varphi + v(t)\dot{\vec{e}}_\varphi = \dot{v}(t)\vec{e}_\varphi + \frac{v^2(t)}{R}(-\vec{e}_r) =: \vec{a}_\mathrm{t} + \vec{a}_\mathrm{r} \qquad (12.32)$$

mit **Tangential- bzw. Bahnbeschleunigung** $\vec{a}_\mathrm{t}$ und **Radialbeschleunigung** $\vec{a}_\mathrm{r}$ mit Beträgen $a_\mathrm{t}(t) = \dot{v}(t)$ und $a_\mathrm{r}(t) = \frac{v^2(t)}{r}$. Die Tangential- bzw. Bahnbeschleunigung tritt immer dann auf, wenn sich der Betrag der Bahngeschwindigkeit $v(t)$ ändert, die Drehung also schneller oder langsamer wird (was ja bei einer gleichförmigen Drehbewegung nicht der Fall ist). $\vec{a}_\mathrm{t}$ zeigt parallel oder antiparallel zur Bahngeschwindigkeit, nämlich in $\pm\vec{e}_\varphi$-Richtung (+ beim Schnellerwerden, − beim Abbremsen der Drehbewegung), ist aber null bei der gleichförmigen Drehbewegung. Die Radialbeschleunigung dagegen tritt *immer* auf, auch bei gleichförmiger Kreisbewegung. Sie sorgt dafür, dass das Punktteilchen auf die Kreisbahn gezwungen wird und zeigt entgegen $\vec{e}_r$ zum Drehzentrum hin.

Mit Hilfe von Gl. (12.31) folgt per Differenzieren noch ein wichtiger Zusammenhang zwischen den Bahngrößen s, v, a_t und damit korrespondierenden Winkelgrößen Winkel φ, Winkelgeschwindigkeit ω und Winkelbeschleunigung α:

$$s(t) = R\varphi(t), \quad v(t) = R\dot{\varphi}(t) = R\omega(t), \quad a_\mathrm{t}(t) = R\dot{\omega}(t) = R\alpha(t). \qquad (12.33)$$

Sie hängen lediglich über den Radius miteinander zusammen!

Vektorielle Größen der Rotation

Wir erweitern das hier eingeführte Konzept von Bahn- und Winkelgrößen nun auf den dreidimensionalen Raum. Eine Masse m bewegt sich auf einer Kreisbahn um einen Punkt wie in Abb. 12.4 links dargestellt ist.

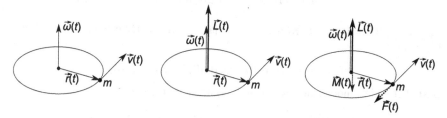

Abb. 12.4 Zur Rotation. Links: m rotiert auf Kreisbahn $\vec{r}(t)$, die Geschwindigkeit $\vec{v}(t)$ steht tangential zur Bahn, $\vec{\omega}(t)$ charakterisiert die Drehachse der Rotation. Mitte: Dem rotierenden Teilchen lässt sich ein Drehimpuls $\vec{L} = m\vec{r} \times \vec{v}$ zuordnen. Rechts: Wirkt eine Kraft $\vec{F}$ von außen, so wird ein Drehmoment $\vec{M}$ erzeugt, das den Drehimpuls verändert (hier wird gebremst, der Drehimpuls wird kleiner, da $\vec{M}$ antiparallel zum Drehimpuls steht)

Die Geschwindigkeit $\vec{v}(t)$ steht dabei wie zuvor erwähnt tangential zur Bahn $\vec{r}(t)$. Man kann dann einen Vektor $\vec{\omega}$ definieren, der **Drehachse** $\vec{n}$ (ein Einheitsvektor) und **Winkelgeschwindigkeit** ω definiert:

$$\vec{\omega}(t) = \omega(t) \cdot \vec{n}(t), \tag{12.34}$$

so dass $|\vec{\omega}| = \omega$ bzw. $\vec{n} = \frac{\vec{\omega}}{\omega}$. Bei einer gleichförmigen Rotation gilt $\omega(t) = \omega_0 = \frac{2\pi}{T}$ (s. Kap. 6), wobei es dann häufig auch üblich ist, ω_0 als Frequenz f_0 in Hz (Hertz) auszudrücken:

$$\omega_0 = 2\pi f_0 = \frac{2\pi}{T}. \tag{12.35}$$

Im Allgemeinen kann sich $\vec{\omega}(t)$ vom Betrage her und auch richtungstechnisch (z. B. beim taumelnden Kreisel) zeitlich ändern. Im Folgenden betrachten wir aber den Spezialfall einer ebenen Kreisbahn:

> Für die Kreisbewegung in einer Ebene ist die Drehachse $\vec{n}$ fix.

Die Geschwindigkeit der Masse auf einer Kreisbahn (Abb. 12.4 links) lässt sich mit Hilfe von $\vec{\omega}$ angeben als

$$\vec{v}(t) = \vec{\omega}(t) \times \vec{r}(t). \tag{12.36}$$

$\vec{v}(t)$ und $\vec{r}(t)$ stehen somit zu jedem Zeitpunkt senkrecht aufeinander, wie man sich durch die Drei-Finger-Regel auch klarmachen kann. Ähnlich wie zuvor argumentiert lässt sich auch die Winkelbeschleunigung $\vec{\alpha}$ vektoriell ausdrücken: $\vec{\alpha} = \alpha\vec{n}$ mit $\alpha = \dot{\omega} = \ddot{\varphi}$. Dies hat für uns aber im Folgenden keine weitere Relevanz.

$\vec{v} = \vec{\omega} \times \vec{r}$ folgt auch mit Hilfe von Gl. (2.60). Wir zeigen dies für $t = 0$ und starten dazu mit der Transformation $\vec{r}(t) = D(t) \cdot \vec{r}(0)$, wobei $D(t)$ eine zeitabhängige Drehmatrix ist. Als Drehachse benutzen wir $\vec{e}_{\vec{b}} = \vec{n}$. $D(t)$ ist nach Gl. (2.60) mit zeitabhängigem Winkel $\varphi(t)$ (wir drehen uns ja!) gegeben durch

$$D = \cos(\varphi(t)) \cdot \mathbb{1} + (1 - \cos(\varphi(t)))(\vec{n} \circ \vec{n}) + \sin(\varphi(t))(\vec{n}\times).$$

Nun leitet man $\vec{r}(t)$ einmal nach der Zeit ab:

$$\dot{\vec{r}}(t) = \dot{D} \cdot \vec{r}(0) = [-\dot{\varphi}\sin(\varphi(t)) \cdot \mathbb{1} + \dot{\varphi}\sin(\varphi(t))(\vec{n} \circ \vec{n}) + \dot{\varphi}\cos(\varphi(t))(\vec{n}\times)] \cdot \vec{r}(0).$$

Setze nun $\varphi(0) = 0$ (bei der Kreisbahn ist es ja egal, welchen Startwinkel man wählt). Dann folgt

$$\dot{\vec{r}}(t = 0) = [\dot{\varphi}\cos(0)(\vec{n}\times)]\vec{r}(0) = \dot{\varphi}(\vec{n} \times \vec{r}(0)).$$

$\dot{\varphi}$ ist aber nichts anderes als $\omega(t)$. Damit ergibt sich insgesamt

$$\dot{\vec{r}}(0) = \vec{v}(0) = \dot{\varphi}(\vec{n} \times \vec{r}(0)) = (\omega\vec{n}) \times \vec{r}(0) = \vec{\omega} \times \vec{r}(0).$$

Dies lässt sich entsprechend auf alle anderen Zeitpunkte verallgemeinern, so dass wir wirklich finden: $\vec{v}(t) = \vec{\omega}(t) \times \vec{r}(t)$.

12.4.2 Drehimpuls und Drehmoment

Ähnlich wie beim Impuls bei der geradlinigen Bewegung eines punktförmigen Teilchens lässt sich auch bei einer Rotation eine Art „Wucht" definieren. Dies geschieht über den **Drehimpuls** $\vec{L}(t)$, der senkrecht auf $\vec{r}$ und $\vec{v}$ steht (Abb. 12.4 Mitte):

$$\vec{L}(t) := m\vec{r}(t) \times \vec{v}(t) = \vec{r}(t) \times (m\vec{v}) = \vec{r} \times \vec{p}. \tag{12.37}$$

Dies ist für Rotationen das Äquivalent zum Impuls $\vec{p}$ bei geradlinigen Bewegungen. Dennoch Vorsicht:

> Der Wert des Drehimpulses (und auch Drehmoments, s. u.) hängt immer von der Wahl des Ursprungs ab. Weiterhin muss beachtet werden: Selbst wenn sich das Teilchen nicht auf einer Kreisbahn bewegt, kann ihm ein Drehimpuls $\vec{L} = \vec{r} \times \vec{p}$ zugeordnet werden (dazu muss ein Bezugspunkt für $\vec{r}$ festgelegt werden).

Lässt man das Teilchen ungestört vor sich hinkreisen, ist der Drehimpuls $\vec{L} = \text{const.}$, und die Drehung würde theoretisch unendlich lange mit konstantem $\omega = \omega_0$ weiterlaufen. Sobald aber eine Kraft von außen auf die Drehung wirkt (z. B. Bremse beim Karussell) oder die Drehachse zeitlich veränderlich ist (Kreisel), wirkt ein den Drehimpuls veränderndes **Drehmoment:**

$$\vec{M} := \frac{d\vec{L}}{dt} = \vec{r} \times \vec{F}. \tag{12.38}$$

Dass $\dot{\vec{L}} = \vec{r} \times \vec{F}$ ist, sieht man unter Verwendung der Produktregel (6.6) für Kreuzprodukte ein:

$$\dot{\vec{L}} = \frac{d}{dt}(m\vec{r} \times \vec{v}) = \frac{d}{dt}(m\vec{r} \times \dot{\vec{r}}) = m\underbrace{\dot{\vec{r}} \times \dot{\vec{r}}}_{=\vec{0}} + m\vec{r} \times \ddot{\vec{r}} = \vec{r} \times (m\ddot{\vec{r}}) = \vec{r} \times \vec{F},$$

wobei die Newton'schen Bewegungsgleichungen $m\ddot{\vec{r}} = \vec{F}$ verwendet wurden. Je nachdem in welche Richtung $\vec{M}$ zeigt, verringert oder erhöht es den Drehimpuls ($\vec{F}$ bremst/beschleunigt). Abb. 12.4 rechts verdeutlicht dies. Ein Drehmoment erzeugt also eine Winkelbeschleunigung $\vec{\alpha}$ und ändert $\vec{\omega}$, genau wie eine Kraft eine Beschleunigung $\vec{a}$ erzeugt und $\vec{v}$ ändert. Hier erkennt man erneut die starke Verwandtheit translatorischer und rotatorischer Größen.

Drehimpuls, Drehmoment und Winkelgeschwindigkeit sind Größen, die nicht dem Transformationsgesetz für Vektoren gehorchen (vgl. Tensor erster Stufe, Kap. 3) Sie sind sogenannte Pseudovektoren und hängen von der Wahl des Ursprungs ab. Die Abhängigkeit des Ursprungs kann man sich direkt anhand Abb. 12.4 Mitte verdeutlichen. Legt man den Ursprung z. B. in das Teilchen und berechnet $\vec{L}$, so befindet sich aus Ursprungssicht das Teilchen bei $\vec{r} = \vec{0}$. Hiermit folgt der Drehimpuls zu $\vec{L} = m \cdot \vec{0} \times \vec{v} = \vec{0}$, was sich natürlich im abgebildeten Fall nicht ergibt, da $\vec{r} \neq \vec{0}$.

Das bedeutet, dass $\vec{L}$ von der Ursprungswahl bzw. von der Wahl des Koordinatensystems abhängt. Ein echter Vektor ist jedoch ein Repräsentant einer Klasse von Pfeilen, die unabhängig vom Ursprung ist. Ähnliche Gegenbeispiele lassen sich auch für Drehmoment und Winkelgeschwindigkeit finden.

12.4.3 Drehimpulserhaltung

Bisher kennen wir zwei erhaltende Größen: Impuls und Energie. Die dritte ist der Drehimpuls $\vec{L}$. Er ist immer dann erhalten, wenn von außen keine resultierenden Kräfte $\vec{F}_a$ auf das rotierende System wirken, d. h., wenn das Drehmoment $\vec{M}$ insgesamt verschwindet:

$$\vec{F}_a = \vec{0} \implies \vec{M} = \vec{r} \times \vec{F}_a = \vec{0} = \dot{\vec{L}} \implies \vec{L} = \overrightarrow{\text{const}}_t \iff \text{Drehimpulserhaltung!}$$
(12.39)

Die **Drehimpulserhaltung** lässt sich dann formulieren als

$$\vec{M} = \frac{d\vec{L}}{dt} = \vec{0} \iff \sum_{i=1}^{N} \vec{L}_i^{\text{vor}} = \sum_{i=1}^{N} \vec{L}_i^{\text{nach}}.$$
(12.40)

Aus ihr folgt eine z. B. für die Beschreibung von Planetenbewegungen wichtige Eigenschaft:

$$\vec{L} = \overrightarrow{\text{const}}_t \implies \text{Bahnkurve liegt in einer Ebene!}$$
(12.41)

Sobald also kein Drehmoment auf die Drehung wirkt und der Drehimpuls daher erhalten ist, bewegt sich das Teilchen brav in einer festen Ebene. Der Beweis geht wie folgt: Dass die Bahn in einer Ebene verläuft, bedeutet $\vec{r}(t) \cdot \vec{L}(t) \overset{!}{=} 0$ (Drehimpuls und Bahnvektor stehen zu jeder Zeit senkrecht). Dies ist jedoch erfüllt, wie man durch Einsetzen der $\vec{L}$-Definition (12.37) und zyklisches Vertauschen des Spatprodukts sieht:

$$\vec{r} \cdot \vec{L} = \vec{r} \cdot (\vec{r} \times \vec{p}) = \vec{p} \cdot (\vec{r} \times \vec{r}) = 0.$$

$\vec{r} \cdot \vec{L} = 0$ ist also eine Identität. Doch für welches $\vec{L}$ gilt dies? Man setze einfach einmal an:

$$\vec{r} \cdot \vec{L} = xL_1 + yL_2 + zL_3 = 0.$$

Dies sieht aus wie die Gleichung einer Ebene (z. B. $5x + 4y + 3z = 0$; s. Kap. 1), jedoch nur in dem Fall, dass L_1, L_2 und L_3 zeitlich konstant sind, was gleichbedeutend mit erhaltenem $\vec{L} = \text{const.}$ ist. Damit haben wir die Behauptung gezeigt: Für einen zeitlich konstanten (d. h. erhaltenen) Drehimpuls bewegt sich das Teilchen in einer Ebene. Wir werden die eben gewonnenen Erkenntnisse zur Diskussion bewegter Teilchen in einem Potenzial benötigen.

12.4.4 Drehmomentengleichgewicht

In Kap. 1 haben wir bereits Kräftegleichgewichte besprochen. Da Drehmomente das rotatorische Analogon zu Kräften sind, muss eine entsprechende Formulierung für $\vec{M}$ existieren. Man denke hierbei an eine Balkenwaage, wie sie in Abb. 12.5 dargestellt ist.

Befindet sich in beiden Waagschalen das gleiche Gewicht (und befindet sich das Auflager mittig zwischen den Schalen), so ist die Waage ausgeglichen. Gibt es jedoch einen Gewichtsunterschied, so fängt die Balkenwaage an, sich zu drehen (zum Ausgleich müsste man den Auflagepunkt zur schwereren Masse hin verschieben). Folglich muss ein resultierendes Drehmoment existieren, das den Balken beschleunigt. Dies kommt dadurch zustande, dass abseits des Drehpunktes Kräfte angreifen (nämlich die Gewichtskräfte). Im einfachsten Falle gleicher Gewichte und gleicher Position der Waagschalen kompensieren sich die durch die Kräfte entstehenden Drehmomente gerade. Für **Drehmomentengleichgewicht** gilt also

$$\vec{M}_{\text{ges}} = \sum_{i=1}^{n} \vec{M}_i = \vec{0}, \tag{12.42}$$

und das erinnert sehr stark an den Statikansatz (1.19). Für ein beliebiges, drehbar gelagertes System muss für Statik insgesamt Kräfte- *und* Drehmomentengleichgewicht gelten!

12.4.5 Kräfte in rotierenden Systemen

Ein kritischer Punkt bei rotierenden Systemen, um den wir uns bisher geschickt herumgemogelt haben, ist die Wahl des Koordinatensystems bzw. die Wahl unseres Standorts (als Beobachter). Im günstigen Fall lassen wir die Rotation geschehen und schauen uns das Ganze gemütlich von außen aus einem nichtbeschleunigten System an. Ein solches System heißt **Inertialsystem.** In ihm bewegen sich kräftefreie Körper nach erstem Newton'schen Axiom geradlinig gleichförmig.

Im ungünstigen Fall sitzen wir in einem mitrotierenden Koordinatensystem. In diesem Szenario treten zunächst unerklärbare Phänomene und Kräfte auf. Dieses sind

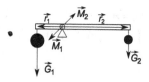

Abb. 12.5 Prinzip der Balkenwaage. Durch die angreifenden Gewichtskräfte $\vec{G}_1$ und $\vec{G}_2$ abseits des Auflagers (Dreieck) entstehen Drehmomente $\vec{M}_1 = \vec{r}_1 \times \vec{G}_1$ und $\vec{M}_2 = \vec{r}_2 \times \vec{G}_2$. Damit die Waage ausgeglichen ist, muss $\vec{M}_1 + \vec{M}_2 = \vec{0}$, also $\vec{M}_1 = -\vec{M}_2$ sein. Im Betrag ist dies $r_1 G_1 = r_2 G_2$, was häufig auch als Hebelgesetz tituliert wird

sogenannte **Scheinkräfte** – Corioliskraft und Zentrifugalkraft –, die allerdings reale Auswirkungen haben und nicht nur Einbildung sind (wie jeder weiß, der schon einmal ein Höllenkarussell auf dem Jahrmarkt gefahren ist und aufgrund der Zentrifugalkraft gnadenlos nach außen gedrückt wurde).

Zur Herleitung der beiden Kräfte betrachten wir zwei Koordinatensysteme K und K', die am Ursprung zusammengeklebt sind. K' sei dabei raumfest, d. h., in ihm gelten wie gewohnt die Newton'schen Bewegungsgleichungen $m\ddot{\vec{r}} = \vec{F}$. K rotiere gegenüber K' mit der Winkelgeschwindigkeit $\vec{\omega}$. Zum Zeitpunkt $t = 0$ sollen alle Achsen überlappen und ein beliebiges Objekt am Ort $\vec{r}$ wird aus beiden Koordinatensystemen gleich gesehen, d. h. $\vec{r}'(t = 0) = \vec{r}(t = 0)$ (Strich ist hier keine Ableitung, sondern bezeichnet das raumfeste System!). Abb. 12.6 verdeutlicht dies.

Im nächsten Moment gilt dies jedoch schon nicht mehr, also ist im Allgemeinen $\vec{r}(t) \neq \vec{r}'(t)$! Wird eine Bewegung eines Teilchens aus beiden Systemen beobachtet, so kann weiterhin nicht $\vec{v}(t) = \vec{v}'(t)$ gelten. Aus dem raumfesten System K' gesehen kommt zur beobachteten Geschwindigkeit in K (das wäre $\vec{v}$) noch die Rotationsgeschwindigkeit $\vec{\omega} \times \vec{r}$ hinzu:

$$\vec{v}' = \vec{v} + \vec{\omega} \times \vec{r} \iff \dot{\vec{r}}' = \dot{\vec{r}} + \vec{\omega} \times \vec{r} = \left(\frac{d}{dt} + \vec{\omega} \times \right) \vec{r}(t). \tag{12.43}$$

Man kann diese Gleichung so auffassen, dass sich unter Rotation der Zeitableitungsoperator $\frac{d}{dt}$ zu $\frac{d}{dt} + \vec{\omega} \times$ ändert, wenn er auf eine Größe wirkt, die im System K' (also aus dem ruhenden System heraus) beobachtet worden ist. Mit dieser Erkenntnis können wir die Newton'schen Bewegungsgleichungen des bewegten Teilchens aufstellen (aus Sicht von K') und leiten uns dazu die Beschleunigung, gesehen aus dem System K', her:

$$\frac{d^2\vec{r}'}{dt^2} = \frac{d}{dt}\dot{\vec{r}}' = \left(\frac{d}{dt} + \vec{\omega} \times \right) \left[\left(\frac{d}{dt} + \vec{\omega} \times \right) \vec{r}(t) \right]$$

$$= \left(\frac{d^2}{dt^2} + \frac{d}{dt}(\vec{\omega} \times) + \vec{\omega} \times \frac{d}{dt} + \vec{\omega} \times (\vec{\omega} \times) \right) \vec{r}(t).$$

Abb. 12.6 Rotierende Koordinatensysteme. Zum Zeitpunkt $t = 0$ liegen alle Achsen parallel, für $t > 0$ rotiert das System K relativ zu K'

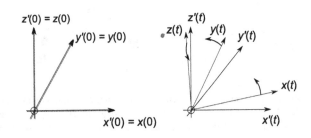

Wem diese Kreuzprodukt-Schreibweise aufstößt, der denke sich die Klammer einfach ausmultipliziert und lasse dies in Gedanken auf alles Rechtsstehende wirken. Insbesondere sieht man dann, was mit dem zweiten Term passiert:

$$\frac{\mathrm{d}}{\mathrm{d}t}(\vec{\omega}\times)\vec{r} = \frac{\mathrm{d}}{\mathrm{d}t}(\vec{\omega}\times\vec{r}) = \dot{\vec{\omega}}\times\vec{r} + \vec{\omega}\times\dot{\vec{r}} = \left(\dot{\vec{\omega}}\times + \vec{\omega}\times\frac{\mathrm{d}}{\mathrm{d}t}\right)\vec{r}(t)$$

nach Produktregel. Damit ergibt sich oben eingesetzt:

$$\frac{\mathrm{d}^2\vec{r}'}{\mathrm{d}t^2} = \left(\frac{\mathrm{d}^2}{\mathrm{d}t^2} + \dot{\vec{\omega}}\times + 2\vec{\omega}\times\frac{\mathrm{d}}{\mathrm{d}t} + \vec{\omega}\times(\vec{\omega}\times)\right)\vec{r}(t)$$
$$= \ddot{\vec{r}} + \dot{\vec{\omega}}\times\vec{r} + 2\vec{\omega}\times\dot{\vec{r}} + \vec{\omega}\times(\vec{\omega}\times\vec{r}).$$

Multiplikation mit der Masse m und Umstellen nach $m\ddot{\vec{r}}$ liefert schließlich die Bewegungsgleichungen, gesehen aus dem rotierenden System. Ergebnis: Die im rotierenden System wirkenden Kräfte $m\ddot{\vec{r}}$ sind gegeben durch

$$m\ddot{\vec{r}} = \vec{F}' - m\dot{\vec{\omega}}\times\vec{r} - 2m\vec{\omega}\times\dot{\vec{r}} - m\vec{\omega}\times(\vec{\omega}\times\vec{r}). \qquad (12.44)$$

$\vec{F}' = m\ddot{\vec{r}}'$ ist die wirkende Kraft im gestrichenen System, der zweite Term ist die sogenannte **Führungskraft**. Beobachtet man z.B. von der Erde aus einen Satelliten, der erdfest rotiert (d.h., er scheint von der Erde aus gesehen zu stehen), und würde man nun die Erde abbremsen, so schiene es, als würde der Satellit plötzlich beschleunigen. Das wäre die von der Erde aus beobachtete Führungskraft. Der nächste Term heißt **Corioliskraft** und kann sehr schön auf einer rotierenden Scheibe veranschaulicht werden. Legt man einen Ball nahe an den Mittelpunkt und stößt ihn dann radial nach außen an, so würde man als Außenstehender einfach sehen, wie der Ball geradling in Richtung Rand rollt. Schaut man sich dies allerdings über eine mitrotierende Kamera an, so sehen wir die Kugel auf einem Bogen zum Rand rollen. Er wird also im rotierenden System senkrecht zur Bahn (daher $\dot{\vec{r}}$) und senkrecht zur Winkelgeschwindigkeit $\vec{\omega}$ beschleunigt. Der letzte Term – die **Zentrifugalkraft** – ist schließlich dafür verantwortlich, dass wir im Karussell bei Drehung in den Sitz gedrückt werden. Im Falle, dass $\vec{r}$ senkrecht auf der Drehachse steht, vereinfacht sich die Zentrifugalkraft $\vec{F}_{\text{ZF}}$ mit der bac-cab-Formel zu

$$\vec{F}_{\text{ZF}} = -m[\vec{\omega}\underbrace{(\vec{\omega}\cdot\vec{r})}_{=0} - \vec{r}(\vec{\omega}\cdot\vec{\omega})] = +m\omega^2\vec{r}.$$

Sie ist nach außen entlang $\vec{r}(t)$ gerichtet. Diejenige Kraft, die eine Masse auf die Kreisbahn zwingt, ergibt sich allerdings aus der Radialbeschleunigung $\vec{a}_{\text{r}} = \frac{v^2}{r}(-\vec{e}_r)$ und zeigt zum Drehzentrum:

$$\vec{F}_{\text{ZP}} = m\vec{a}_{\text{r}} = -\frac{mv^2}{r}\vec{e}_r = -m\omega^2 r\frac{\vec{r}}{r} = -m\omega^2\vec{r} = -\vec{F}_{\text{ZF}}, \qquad (12.45)$$

wobei im dritten Gleichheitszeichen $v = r\omega$ und $\vec{e}_r = \frac{\vec{r}}{r}$ verwendet wurde. $\vec{F}_{ZP}$ heißt **Zentripetalkraft** und tritt auch außerhalb beschleunigter Bezugssysteme auf.

Beispiel 12.13 (Zugfahrt)

▷ Ein Zug ($m = 300\,\text{t}$) verkehre zwischen Hannover und Kassel (direkte Strecke, ohne Bahnstreik) in einer Stunde. Was müssen die Ingenieure bei der Konstruktion der Räder angesichts der Erdrotation beachten?

Lösung: Hannover und Kassel sind $100\,\text{km}$ voneinander entfernt und beide liegen etwa auf dem 52. Grad nördlicher Breite. Im Mittel fährt der Zug mit einer Geschwindigkeit von $v = \frac{s}{t} = 100\,\text{km/h}$. Für die Corioliskraft ergibt sich dann

$$F_C = 2m|\vec{v} \times \vec{\omega}| = 2m\omega v \sin(\alpha),$$

wobei α den Winkel zwischen $\vec{v}$ und $\vec{\omega}$ bezeichnet und wir $\vec{\omega}$ durch den Nordpol nach oben zeigen lassen. Im Falle, dass der Zug nach Kassel (also Richtung Süden) fährt, ist der Winkel α gegeben durch

$$\alpha = 90° + (90° - 52°) = 128°.$$

Fährt der Zug dagegen nach Hannover, also Richtung Norden, so ist der Winkel $\alpha' = 90 - 52°$. Es ergibt sich für die Corioliskraft

$$F_C(\alpha) = 2 \cdot 300\,000\,\text{kg} \cdot \frac{2\pi}{86\,400\,\text{s}} \cdot \frac{100\,\text{m}}{3,6\,\text{s}} \cdot \sin(128°) \approx 955\,\text{N} = F_C(\alpha').$$

Der Betrag der Winkelgeschwindigkeit ω ergibt sich dabei aus $\frac{2\pi}{T}$, wobei die Periode ein Tag $= 86\,400\,\text{s}$ ist. Wenn der Zug Richtung Süden von Hannover nach Kassel fährt, so geht die Ablenkung nach Westen und nutzt die rechten Räder ab. Sofern der Zug nicht „umgedreht" wird, ist auf dem Rückweg die Ablenkung nach Osten, d. h., die linken Räder werden diesmal abgewetzt. Somit erfolgt eine gleichmäßige Abnutzung der Räder.

Die Führungskraft taucht hier nicht auf, da die Erdrotation $\vec{\omega}$ als konstant angenommen wird, während die Zentrifugalkraft die Räder eher entlastet. Es wurde also recht restriktiv gerechnet. ∎

Spickzettel zu Rotationen von Punktmassen

- **Kinematik der Rotation**
  - Bahngrößen und Winkelgrößen: Bogen auf Kreis $s(t) = R\varphi(t)$, Bahngeschwindigkeit $v(t) = R\omega(t)$, Bahn- bzw. Tangentialbeschleunigung $a_t(t) = R\alpha(t)$; Zusammenhang: Bahngröße = Radius mal Winkelgröße.
  - Zwei Arten von Beschleunigung: Tangentialbeschleunigung $\vec{a}_t = \dot{v}\vec{e}_\varphi$, Radialbeschleunigung: $\vec{a}_r = \frac{v^2}{R}(-\vec{e}_r)$.
  - Winkelgeschwindigkeit $\vec{\omega} = \omega\vec{n}$ und -beschleunigung $\vec{\alpha} = \alpha\vec{n}$ dreidimensionale Größen, Betrag und Richtung können zeitabhängig sein; für Kreisbewegung ist aber die Drehachse $\vec{n}$ fest, und es ist $\vec{v} = \vec{\omega} \times \vec{r}$.

- **Drehimpuls und Drehmoment**
  - Masse m rotiert auf Bahn $\vec{r}(t)$ um Drehachse $\vec{\omega}$; definiere Drehimpuls $\vec{L} = m\vec{r} \times \dot{\vec{r}} = \vec{r} \times \vec{p}$; Drehimpuls hängt von Ursprungswahl ab!
  - Beeinflusst eine äußere Kraft $\vec{F}$ die Bewegung, wirkt Drehmoment $\vec{M} = \dot{\vec{L}} = \vec{r} \times \vec{F}$ und erzwingt Winkelbeschleunigung.
  - Drehmomentengleichgewicht: $\vec{M}_{ges} = \sum_{i=1}^{n} \vec{M}_i = \vec{0}$; für gesamte Statik muss Kräfte- *und* Drehmomentengleichgewicht gelten!

- **Drehimpulserhaltung**
  Erhaltungsgröße $\vec{L}$: $\sum_{i=1}^{N} \vec{L}_i^{vor} = \sum_{i=1}^{N} \vec{L}_i^{nach}$ (wenn keine äußeren Kräfte wirken); wichtige Eigenschaft: $\vec{L} = $ const $\Rightarrow$ Bahnbewegung liegt in einer Ebene.

- **Kräfte in rotierenden Systemen**
  Bei mit $\vec{\omega}$ rotierenden Koordinatensystemen (z.B. auf der Erde) treten folgende Scheinkräfte auf:
  - Corioliskraft: $\vec{F}_C = 2m\dot{\vec{r}} \times \vec{\omega}$.
  - Zentrifugalkraft: $\vec{F}_{ZF} = -m\vec{\omega} \times (\vec{\omega} \times \vec{r})$.
  - Führungskraft: $\vec{F}_F = m\vec{r} \times \dot{\vec{\omega}}$.

  Die Zentripetalkraft $\vec{F}_{ZP} = m\vec{a}_r = -\frac{mv^2}{R}\vec{e}_r$ tritt auch in nichtbeschleunigten Bezugssystemen (Inertialsystem) auf und zwingt Teilchen auf Kreisbahn. Es ist $\vec{F}_{ZP} = -\vec{F}_{ZF}$.

12.5 Teilchen im Potenzial

Wie wir bereits wissen, legt die Newton'sche Bewegungsgleichung $\vec{F} = m\ddot{\vec{r}}$ unter Kenntnis des Kraftfeldes die Bewegung eines Punktteilchens eindeutig fest. Da für konservative Felder $\vec{F} = -\nabla V$ gilt, können wir dann die Bewegung genauso unter Wirkung eines Potenzials $V(\vec{r})$ diskutieren. Bei Kenntnis von V ist dann auch wiederum die Bewegung des Punktteilchens eindeutig festgelegt.

12.5.1 Bewegungen im Potenzial

Zur Diskussion der Bewegung eines Teilchens in einem Potenzial ist es zunächst hilfreich, ebendieses zu skizzieren. Abb. 12.7 zeigt ein Beispielpotenzial, an dem wir die drei wesentlichen Fälle von Bewegungen erläutern können. Beim Betrachten solcher Bilder gibt es eine schöne Analogie, die man zur Veranschaulichung verwenden kann. Man denke sich eine Kugel, die an einem bestimmten Punkt auf die Potenzialkurve gelegt wird. Nun lasse man die Kugel los. Was passiert mit ihr?

- **Stabiles Gleichgewicht – kleine Schwingung um das Minimum**
  Legt man die Kugel ins Minimum an die Position A oder C und stößt sie mit dem Finger ein wenig an, dann schwingt die Kugel um dieses Minimum herum. Das bedeutet: Befindet sich ein physikalisches System in solch einem Minimum (z. B. ein leicht ausgelenktes Pendel), so kann es Schwingungen um das Minimum vollführen. Abschn. 12.6.3 vertieft dies.

- **Instabiles Gleichgewicht**
  Legt man die Kugel auf das Maximum B (oder auf einen Sattelpunkt), so spricht man von einem instabilen Gleichgewicht. Zwar bewegt sich die Kugel nicht, doch wenn man sie nur ein bisschen anstößt (egal in welche Richtung), dann rollt sie entweder zu Punkt 1 und zurück in das instabile Gleichgewicht oder sie rollt zum Punkt 2 und kehrt von dort wieder an Punkt B zurück. Ein physikalisches Beispiel hierfür wäre ein starres Pendel, das auf den Kopf gestellt ist. Stößt man es nun an, so schwingt es einmal durch und endet wieder im instabilen Zustand. Dabei kann anschließend die Bewegung im oder gegen den Uhrzeigersinn vollführt werden.

- **Kein Gleichgewicht – freie Bewegung**
  Legt man die Kugel weit entfernt bei D auf die Funktion, so bewegt sich die Kugel durch mehrere Teile des Potenzials hindurch. Im Pendelbeispiel wäre dies der Fall, wenn wir dem Pendel so viel Anschwung geben, dass es stetig rotiert und immer durch den obersten Punkt hindurchschwingt.

Das Verhalten eines Systems hängt folglich davon ab, wie viel Energie (und in welcher Form) in das System hineingesteckt wird – in der Analogie entspräche dies der Höhe der Kugel über der x-Achse. Die gestrichelte Linie entspräche dann einer fest vorgegebenen Energie E, mit der sich das Teilchen im Potenzial bewegt, in dem gezeigten Fall zwischen den Punkten 1 und 2 hin und her.

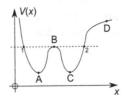

Abb. 12.7 Zur Diskussion der Bewegung eines Teilchens in einem Potenzial

Für uns interessant ist vor allem das stabile Verhalten eines Systems, da in den anderen beiden Fällen keine eindeutigen Vorhersagen der Zukunft des Systems gemacht werden können. Um Vorhersagen machen zu können, ist es hilfreich, die Erhaltungsgrößen eines Systems zu bestimmen (Energie, Impuls, Drehimpuls).

12.5.2 Symmetrien und Erhaltungsgrößen

„Gegeben sei ein Potenzial V, welche Erhaltungsgrößen gibt es?" Diese klassische Prüfungsfrage lässt sich relativ zügig erschlagen, wenn man die (vereinfachte) Aussage des Satzes von Noether zu Rate zieht:

Noether: Zu jeder **Symmetrie** eines physikalischen Systems gehört eine **Erhaltungsgröße**. Umgekehrt gehört zu jeder Erhaltungsgröße eine Symmetrie des betrachteten Systems.

Bisher haben wir drei Erhaltungsgrößen kennengelernt (bzw. sieben, da z. T. vektoriell): Energie E, Impuls $\vec{p}$ und Drehimpuls $\vec{L}$ (es gibt insgesamt vier mechanische Erhaltungsrößen, die letzte (Schwerpunktserhaltung) taucht kurz in Abschn. 12.7 auf). Die Energie ist erhalten, wenn sie (bzw. das Potenzial) nicht explizit zeitabhängig ist. Anders gesagt: Es gibt eine Symmetrie der Zeit, d. h., es ist egal, zu welcher Zeit das System betrachtet wird; ein Experiment liefert unabhängig davon, wann es ausgeführt wird, immer das gleiche Ergebnis. Der Impuls ist erhalten, wenn eine Translation (Verschiebung) nichts am System ändert. In diesem Fall besitzt das Potenzial keine Ortsabhängigkeit, ist also räumlich konstant. Der Drehimpuls ist erhalten, wenn das Potenzial unabhängig von Winkelkoordinaten ist – V also z. B. zylinder- oder sogar kugelsymmetrisch ist. Zusammengefasst ergibt sich:

Translationsinvarianz $\Longleftrightarrow$ V unabh. vom Ort $\Longleftrightarrow$ Impulserhaltung,

Rotationsinvarianz $\Longleftrightarrow$ V unabh. vom Winkel $\Longleftrightarrow$ Drehimpulserhaltung,

Zeitinvarianz $\Longleftrightarrow$ V unabh. von der Zeit $\Longleftrightarrow$ Energieerhaltung.

Mit dieser kleinen, aber feinen Übersicht lassen sich die Erhaltungsgrößen eines beliebigen Potenzials sofort herauslesen.

Beispiel 12.14 (Teilchen im sphärisch harmonischen Oszillator)

▷ Ein Teilchen (Masse m) bewege sich im sphärisch harmonischen Oszillator

$$V(r) = \frac{m\omega^2}{2}(x^2 + y^2 + z^2).$$

Welche Erhaltungsgrößen besitzt das System?

Lösung: Offensichtlich ist das Potenzial nicht explizit zeitabhängig, weshalb wir sofort feststellen können, dass die Energie erhalten ist. Da V nur vom Abstand $r = \sqrt{x^2 + y^2 + z^2}$ abhängt (nämlich quadratisch, $V(r) = \frac{m\omega^2}{2} r^2$), stellen wir den Energiesatz in Kugelkoordinaten

$$\vec{r}(t) = r(\sin(\theta)\cos(\varphi), \sin(\theta)\sin(\varphi), \cos(\theta))^\mathsf{T}$$

auf, wobei wir die aus Kap. 6 bekannte Relation $\dot{\vec{r}}^2 = \dot{r}^2 + r^2\dot{\theta}^2 + r^2\sin^2(\theta)\dot{\varphi}^2$ für Kugelkoordinaten verwenden. Dann ist

$$E = \frac{m}{2}\dot{\vec{r}}^2 + V(r) = \frac{m}{2}(\dot{r}^2 + r^2\dot{\theta}^2 + r^2\sin^2(\theta)\dot{\varphi}^2) + \frac{m\omega^2}{2}r^2.$$

Das Potenzial $V(r) = \frac{m\omega^2}{2} r^2$ ist offensichtlich nicht winkelabhängig (d. h. keine explizite φ-Abhängigkeit vorhanden), sondern rotationssymmetrisch. Dies bedeutet, dass der Drehimpuls erhalten ist. Aus Abschn. 12.4 wissen wir aber, dass, wenn der Drehimpuls erhalten ist, die Bahnbewegung in einer Ebene abläuft. O. B. d. A. legen wir die Bahn des Teilchens in die x-y-Ebene. In Kugelkoordinaten (Kap. 1) bedeutet dies $\theta = \frac{\pi}{2}$ (Bahn entlang des Äquators einer Kugel). Dann ist aber weiterhin $\dot{\theta} = 0$ und das Berechnen des Drehimpulses vereinfacht sich stark, da $\vec{r}(t) \overset{\theta=\frac{\pi}{2}}{=} r(\cos(\varphi), \sin(\varphi), 0)^\mathsf{T}$:

$$\vec{L} = m\vec{r} \times \dot{\vec{r}} = mr \begin{pmatrix} c \\ s \\ 0 \end{pmatrix} \times \left[\dot{r} \begin{pmatrix} c \\ s \\ 0 \end{pmatrix} + r \begin{pmatrix} -\dot{\varphi}s \\ \dot{\varphi}c \\ 0 \end{pmatrix} \right]$$

$$= mr\dot{r} \begin{pmatrix} c \\ s \\ 0 \end{pmatrix} \times \begin{pmatrix} c \\ s \\ 0 \end{pmatrix} + mr^2\dot{\varphi} \begin{pmatrix} c \\ s \\ 0 \end{pmatrix} \times \begin{pmatrix} -s \\ c \\ 0 \end{pmatrix}$$

$$= mr^2\dot{\varphi} \begin{pmatrix} 0 \\ 0 \\ 1 \end{pmatrix} = mr^2\dot{\varphi}\vec{e}_3 \quad \rightarrow \quad L = mr^2\dot{\varphi} \text{ erhalten.}$$

Damit sind die Erhaltungsgrößen in diesem Beispiel Drehimpuls und Energie (mit $\theta = \frac{\pi}{2}, \dot{\theta} = 0$):

$$E = \frac{m}{2}(\dot{r}^2 + r^2\dot{\varphi}^2) + \frac{m}{2}\omega^2 r^2, \quad \vec{L} = mr^2\dot{\varphi}\vec{e}_3. \qquad \blacksquare$$

12.5.3 Effektives Potenzial

Wir können mit Hilfe der Erhaltungssätze Koordinatenabhängigkeiten eliminieren, so dass sich die Bewegungen von Teilchen in einem Potenzial besser studieren lassen. Im Beispiel 12.14 haben wir z. B. gesehen, dass sich aufgrund der Drehimpulserhaltung die Bewegung in einer Ebene abspielt. Es war somit möglich, $\theta = \frac{\pi}{2}$ zu setzen und damit komplett die θ-Abhängigkeit im Energiesatz zu eliminieren.

Lassen sich im Energiesatz *alle bis auf eine* Koordinate eliminieren, so kann man ein sogenanntes **effektives Potenzial** definieren. Die Terme mit zeitlicher Ableitung der Koordinate werden der „effektiven" kinetischen Energie zugeordnet, der Rest wird zum effektiven Potenzial gezählt.

Beispiel 12.15 (Effektives Potenzial)

▷ Wie lautet das effektive Potenzial zum sphärischen harmonischen Oszillator?

Lösung: Aus Beispiel 12.14 kennen wir die Erhaltungsgrößen Energie

$$E = \frac{m}{2}(\dot{r}^2 + r^2\dot{\varphi}^2) + \frac{m}{2}\omega^2 r^2$$

und Drehimpuls $L = mr^2\dot{\varphi}$. Offensichtlich hängt die Energie von zwei Koordinaten r und φ ab, wobei Letzte nur als zeitliche Ableitung eingeht. Ziel ist es generell, eine weitere Koordinate mit Hilfe der Erhaltungsgrößen zu eliminieren. Hier hilft der Drehimpuls direkt, denn mit ihm können wir $\dot{\varphi}$ eliminieren. Es ist $\dot{\varphi} = \frac{L}{mr^2}$ und für die Energie folgt

$$E = \frac{m}{2}\left(\dot{r}^2 + r^2 \cdot \frac{L^2}{m^2 r^4}\right) + \frac{m}{2}\omega^2 r^2 = \frac{m}{2}\dot{r}^2 + \frac{L^2}{2mr^2} + \frac{m}{2}\omega^2 r^2.$$

Die Energie hängt jetzt nur noch von der radialen Koordinate r (und ihrer Zeitableitung) ab. Terme mit Quadraten erster Zeitableitung werden zur effektiven kinetischen Energie zusammengefasst, alle nicht nach der Zeit abgeleiteten Terme in r werden schließlich zum effektiven Potenzial V_{eff} gezählt:

$$T_{\text{eff}} = \frac{m}{2}\dot{r}^2, \quad V_{\text{eff}} = \frac{L^2}{2mr^2} + \frac{m}{2}\omega^2 r^2.$$

V_{eff} ist in Abb. 12.8 abgebildet. Der Term $\frac{L^2}{2mr^2}$ heißt Drehimpulsbarriere, weil er die Bewegung des Teilchens für kleine r dominiert und den Stillstand des schwingenden Systems verhindert. Für große Auslenkungen aus der Ruhelage spürt das Teilchen nur noch das Potenzial des harmonischen Oszillators. ∎

Abb. 12.8 Das effektive Potenzial $V = \frac{\alpha}{r^2} + \beta r^2$ des sphärischen harmonischen Oszillators. Für große r ist das harmonische Potenzial $\sim r^2$ dominant; für kleine r verhindert der Drehimpuls einen Stillstand des Oszillators

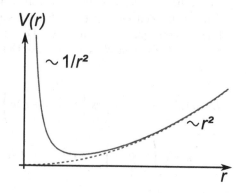

Beispiel 12.16 (Zwei Massen am Faden)

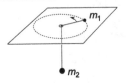

▷ Zwei Massen m_1 und m_2 sind durch einen masselosen Faden der Länge ℓ wie in der Abbildung links über ein kleines Loch im Tisch verbunden. Die Masse m_1 rotiere reibungsfrei auf dem Tisch gegen den Uhrzeigersinn. Welche Erhaltungsgrößen gibt es? Bestimmen und skizzieren Sie das effektive Potenzial.

Lösung: Wir betrachten beide Massen separat. Da die Masse auf dem Tisch um das Loch herum rotiert, bietet es sich an, Zylinderkoordinaten für die Bahn von m_1 anzusetzen. Als $z = 0$-Ebene wählen wir den Tisch. Dann gilt

$$\vec{r}_1(t) = r(t) \cdot (\cos(\varphi(t)), \sin(\varphi(t)), 0)^\mathsf{T},$$
$$\dot{\vec{r}}_1(t) = \dot{r}(c, s, 0)^\mathsf{T} + r\dot{\varphi}(-s, c, 0)^\mathsf{T}, \quad \dot{\vec{r}}_1^{\,2} = \dot{r}^2 + r^2\dot{\varphi}^2$$

mit variablem Radius $r(t)$. Die zweite Masse kann sich nur auf und ab bewegen. Für sie gilt

$$\vec{r}_2(t) = (0, 0, -z(t))^\mathsf{T}.$$

Wir haben allerdings noch nicht die Bedingung beachtet, dass m_1 und m_2 durch den Faden gekoppelt sind. Es gilt $r(t) + z(t) = \ell$, wobei z nach oben hin positiv gezählt wird und $0 < r < \ell$. Damit können wir eine weitere Variable herausschmeißen und erhalten für die Bahn des zweiten Teilchens $\vec{r}_2(t) = (0, 0, r(t) - \ell)^\mathsf{T}$ und $\dot{\vec{r}}_2 = (0, 0, \dot{r})^\mathsf{T}$. Jetzt können wir den Energiesatz aufstellen:

$$E = T_1 + T_2 + V_1 + V_2 = \frac{m_1}{2}\dot{\vec{r}}_1^{\,2} + \frac{m_2}{2}\dot{\vec{r}}_2^{\,2} + 0 + m_2 g z_2(t)$$
$$= \frac{m_1}{2}(\dot{r}^2 + r^2\dot{\varphi}^2) + \frac{m_2}{2}\dot{r}^2 + m_2 g(r - \ell),$$

wobei die Energien der einzelnen Teilchen aufsummiert wurden. Da nirgendwo explizit die Zeit eingeht (das physikalische Problem ist zeitinvariant), ist die Energie erhalten. Weiterhin gilt die Drehimpulserhaltung, da das Potenzial $V = m_2 g(r - \ell)$ frei von Winkelgrößen ist. Der Drehimpuls ergibt sich für die Masse m_1 zu

$$\vec{L} = m_1 \vec{r}_1 \times \dot{\vec{r}}_1 = m_1 \begin{pmatrix} rc \\ rs \\ 0 \end{pmatrix} \times \begin{pmatrix} \dot{r}c - r\dot{\varphi}s \\ \dot{r}s + r\dot{\varphi}c \\ 0 \end{pmatrix} = m_1 r \begin{pmatrix} 0 \\ 0 \\ \dot{r}sc + r\dot{\varphi}c^2 - \dot{r}sc + r\dot{\varphi}s^2 \end{pmatrix}$$

$$= m_1 r^2 \dot{\varphi} \begin{pmatrix} 0 \\ 0 \\ c^2 + s^2 \end{pmatrix} = m_1 r^2 \dot{\varphi} \vec{e}_3 = L\vec{e}_3.$$

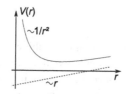

Abb. 12.9 Das effektive Potenzial des Zwei-Massen-Systems. Für große Abstände $r \leq \ell$ der Masse m_1 zum Loch überwiegt das Lagepotenzial der Masse m_2, für kleine Abstände (d. h. schnelle Rotation der Kugel m_1) wird die Drehimpulsbarriere dominant

Damit gilt für den Drehimpuls $L = m_1 r^2 \dot{\varphi}$. Das effektive Potenzial in Abhängigkeit von r lässt sich dann durch Elimination der Winkelabhängigkeit via $\dot{\varphi} = \frac{L}{m_1 r^2}$ bewerkstelligen:

$$E = \frac{m_1}{2}\dot{r}^2 + \frac{m_1}{2}r^2 \frac{L^2}{m_1^2 r^4} + \frac{m_2}{2}\dot{r}^2 + m_2 g(r - \ell) = \frac{m_1 + m_2}{2}\dot{r}^2 + \underbrace{\frac{L^2}{2m_1 r^2} + m_2 g(r - \ell)}_{= V_{\text{eff}}}.$$

Das effektive Potenzial ist in Abb. 12.9 skizziert. ∎

[H27] Kepler-Potenzial (1,5 + 2,5 = 4 Punkte)
Wir betrachten das Kepler-Potenzial $V(r) = -\frac{\alpha}{r}, \alpha > 0$, in dem sich eine Masse m bewegt (z. B. ein Asteriod).

a) Welche Erhaltungsgrößen gibt es im Kepler-Potenzial? Bestimmen Sie das effektive Potenzial.

b) Man zeige: Auch der Runge-Lenz-Vektor $\vec{\mathcal{M}} := \dot{\vec{r}} \times \vec{L} - \alpha \frac{\vec{r}}{r}$ ist zeitlich erhalten und steht senkrecht auf dem Drehimpuls $\vec{L}$.

Spickzettel zu Teilchen im Potenzial

- **Symmetrien und Erhaltungssätze**
  Zu jeder Symmetrie eines physikalischen Systems gehört eine Erhaltungsgröße (und vice versa):

Translationsinvarianz	$\iff$ V unabh. vom Ort	$\iff$ Impulserh.,
Rotationsinvarianz	$\iff$ V unabh. vom Winkel	$\iff$ Drehimpulserh.,
Zeitinvarianz	$\iff$ V unabh. von der Zeit	$\iff$ Energieerh..

- **Effektives Potenzial**
  Im Energiesatz können mit Hilfe der Erhaltungsgrößen Koordinatenabhängigkeiten eliminiert werden; Zusammenfassen der nicht zeitlich abgeleiteten Terme liefert dann das effektive Potenzial V_{eff}.

12.6 Schwingungen

In diesem Abschnitt werden wir schwingungsfähige Systeme diskutieren. Wir starten hierzu mit zwei klassischen Beispielen, dem Feder- und Fadenpendel. Anschließend verallgemeinern wir das Konzept der Schwingungen und führen formal den Begriff des harmonischen Oszillators ein, bevor wir gedämpfte, getriebene und gekoppelte Systeme erläutern. Welche Bedingungen für (harmonische) Schwingungen bei Bewegungen in einem Potenzial gelten müssen und wie wir damit rechnen können, betrachten wir abschließend, sowohl in einer als auch in mehreren Dimensionen.

12.6.1 Das Federpendel

Der Klassiker schlechthin bei der Einführung von Schwingungen ist das Federpendel, bestehend aus einer Feder (mit Konstante κ), an die eine Masse m angehängt wird. Lenkt man dieses System aus der Ruhelage aus (charakerisiert dadurch, dass resultiere Kräfte auf die Masse verschwinden), so vollführt es harmonische Schwingungen um diese Gleichgewichtslage, wie wir jetzt zeigen werden.

Lässt man die Feder in x-Richtung schwingen (oder auch in z-Richtung, dann aber erstmal mit abgeschalteter Gravitation), so ergibt sich nach Newton in einer Dimension

$$m\ddot{x}(t) = -\kappa x(t), \tag{12.46}$$

wobei als Kraft die rückstellende Federkraft $\vec{F}_r = -\kappa \vec{r}$ nach Hooke'schem Gesetz (12.9) fungiert und x die zeitabhängige Auslenkung aus der Ruhelage, die sogenannte Schwingungsgröße, beschreibt. Rückstellend heißt hier, dass die Federkraft ständig versucht, den Zustand der resultierenden Kräftefreiheit wiederherzustellen. Gl. (12.46) kann umgeformt werden zu

$$\ddot{x}(t) = -\frac{\kappa}{m} x(t) =: -\omega_0^2 x(t),$$

wobei wir eine Konstante ω_0 eingeführt haben (hierzu gleich mehr). Nun steht allerdings die altbekannte Differenzialgleichung des harmonischen Oszillators (Kap. 7) da, deren Lösung wir bereits kennen:

$$\ddot{x}(t) = -\omega_0^2 x(t) \iff x(t) = \widehat{x}\cos(\omega_0 t + \phi). \tag{12.47}$$

Die Auslenkung aus der Ruhelage verhält sich beim Federpendel also kosinusförmig, wobei $\widehat{x}$ die **Amplitude,** also die maximal mögliche Auslenkung der Schwingung beschreibt und ϕ die **Phase** (mögliche Verschiebung der tatsächlichen Schwingung, bezogen auf Kosinus). Je größer nun in Gl. (12.47) ω_0 ist, desto mehr Nulldurchgänge macht der Kosinus. $\omega_0 = 2\pi f_0$ macht folglich eine Aussage darüber, wie schnell das

System schwingt und wird daher **Eigenkreisfrequenz** genannt, f_0 heißt **Eigenfrequenz** und kann direkt über $T_0 = \frac{1}{f_0}$ in eine **Schwingungsperiode** übersetzt werden. Das ist die Zeit, nach der sich ein Schwingungszustand mit gleicher Schwingungsgröße x und Geschwindigkeit $\dot{x}$ wiederholt (bildlich gesprochen einmal hin und her). Für das Federpendel liefert dies folgende Kenngrößen des Systems:

$$\omega_0 = \sqrt{\frac{\kappa}{m}}, \quad f_0 = \frac{1}{2\pi}\sqrt{\frac{\kappa}{m}}, \quad T_0 = 2\pi\sqrt{\frac{m}{\kappa}}. \tag{12.48}$$

Das bedeutet: Je größer die Masse, desto größer die Schwingungsperiode und desto langsamer schwingt das System. Je größer dagegen die Federkonstante κ, desto schneller schwingt das System, da die Feder ja auch entsprechend stärker zieht und drückt.

Schwingung mit Gravitation

Nun hängen wir die Feder an der Decke auf und lassen die Masse erneut um die Ruhelage schwingen. Da nun die Gravitation angeschaltet ist, wirkt jetzt die Gewichtskraft auf die Masse und versucht, sie nach unten zu ziehen. Die Ruhelage oder Gleichgewichtslage ist wie zuvor gesagt dadurch charakterisiert, dass die Resultierende verschwindet, d. h., Gewichts- und Federkraft gleichen sich gerade aus:

$$\vec{G} = -\vec{F}_{\text{Feder}} \implies -mg = \kappa z_0 \iff z_0 = -\frac{mg}{\kappa},$$

wobei z_0 die Koordinate der Ruhelage bezeichnet und $z = 0$ die Ruhelage der Feder ohne Masse angibt. Die Gewichtskraft verschiebt also die Position der Ruhelage nach unten und ändert entsprechend auch die Vorspannung der Feder. Aber ändert sie auch etwas am Schwingungsverhalten? Wir fragen Newton:

$$m\ddot{z} = -\kappa z - mg \iff \ddot{z} = -\frac{\kappa}{m}z - g =: -\omega_0^2 z - g \iff \ddot{z} + \omega_0^2 z = -g.$$

Dies ist eine inhomogene, lineare Differenzialgleichung zweiter Ordnung. Die Lösung der homogenen DGL (d. h. rechte Seite null setzen) kennen wir bereits von vorher: $z_{\text{hom}}(t) = \hat{z}\cos(\omega_0 t + \phi)$. Durch Einsetzen einer geeigneten Konstanten für z, nämlich genau $z_{\text{spez}}(t) = z_0 = -\frac{mg}{\kappa} = -\frac{g}{\omega_0^2}$, kann die inhomogene DGL erfüllt werden, da $\ddot{z}_0 = 0$! Ergebnis:

$$z(t) = z_{\text{hom}}(t) + z_{\text{spez}}(t) = \hat{z}\cos(\omega_0 t + \phi) - \frac{g}{\omega_0^2}. \tag{12.49}$$

Die Gewichtskraft verschiebt die Gleichgewichtslage um $\frac{g}{\omega_0^2} = \frac{mg}{\kappa}$ nach unten, ändert aber sonst nichts am Schwingungsverhalten!

12.6.2 Mathematisches Pendel

Eine Masse m sei an einem masselosen Faden der Länge ℓ an der Decke befestigt und hängt zunächst senkrecht nach unten (das System befindet sich im Potenzialminimum bzw. in seiner Gleichgewichtslage). Nun wird die Masse aus der Ruhelage ausgelenkt und losgelassen: Überraschung, das Pendel fängt an zu schwingen! Wir wollen dieses Szenario nun mathematisch fassen und betrachten dazu Abb. 12.10.

Aus Beispiel 1.14 wissen wir, dass beim Faden- bzw. mathematischen Pendel auf eine aus der Ruhelage ausgelenkte Masse m die Rückstellkraft $F_r = -mg \sin(\varphi)$ wirkt, wobei φ der momentane Auslenkwinkel ist. Im Bogenmaß gilt dann gemäß (12.31) für die Strecke der Auslenkung $s = \ell \cdot \varphi$, da sich die Pendelmasse auf einem Kreisbogen mit Radius ℓ hin- und herbewegt. Hiermit formuliert sich die Newton'sche Bewegungsgleichung als

$$m\ddot{s} = m\frac{\mathrm{d}^2}{\mathrm{d}t^2}(\ell\varphi) = m\ell\ddot{\varphi} = F_r = -mg\sin(\varphi(t)).$$

Daraus folgt

$$\ddot{\varphi} = -\frac{g}{\ell}\sin(\varphi(t)). \tag{12.50}$$

Das ist die Bewegungsgleichung des Pendels, und sie ist durch die trigonometrische Funktion deutlich komplizierter als die DGL des Federpendels. Sie nach der Schwingungsgröße $\varphi(t)$ zu lösen, ist äußerst unangenehm und führt auf ein tabelliertes Integral (ein sogenanntes elliptisches Integral). Im Fall kleiner Auslenkungen φ ($\lesssim 10°$) können wir aber den Sinus Taylor-entwickeln (vgl. Abschn. 4.3):

$$\sin(\varphi) = \varphi - \frac{\varphi^3}{3!} + \frac{\varphi^5}{5!} \mp \ldots = \varphi + \mathcal{O}(\varphi^3).$$

Mit dieser Näherung ergibt sich schließlich glücklicherweise wieder die DGL des harmonischen Oszillators:

$$\ddot{\varphi}(t) \simeq -\frac{g}{\ell}\varphi(t) =: -\omega_0^2\varphi(t) \tag{12.51}$$

Abb. 12.10 Zum mathematischen Pendel. s bezeichnet die Koordinate entlang des Bogens

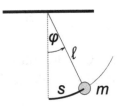

mit der aus Kap. 7 bekannten Lösung

$$\varphi(t) = \widehat{\varphi}\cos(\omega_0 t + \phi) \quad \text{bzw.} \quad s(t) = \ell\varphi(t) = \ell\widehat{\varphi}\cos(\omega_0 t + \phi) =: \widehat{s}\cos(\omega_0 t + \phi)$$
(12.52)

mit Amplitude $\widehat{s} = \ell\widehat{\varphi}$. Als Kenngrößen des Fadenpendels ergeben sich folglich

$$\omega_0 = \sqrt{\frac{g}{\ell}}, \quad f_0 = \frac{1}{2\pi}\sqrt{\frac{g}{\ell}}, \quad T_0 = 2\pi\sqrt{\frac{\ell}{g}}.$$
(12.53)

Was hierbei auffällt: Die Schwingungsperiode hängt nicht von der Masse des Pendels ab, sondern nur von der Fadenlänge!

12.6.3 Der harmonische Oszillator

Der harmonische Oszillator ist uns mittlerweile schon in vielfältiger Form erschienen: schwingendes Feder- und Fadenpendel (gerade eben), DGL des harmonischen Oszillators (Kap. 7) und Schwingung im Oszillatorpotenzial in Beispiel 12.14, um nur ein paar zu nennen. Doch was charakterisiert eigentlich einen **freien harmonischen Oszillator?** Ein Ansatz gelingt über das Potenzial:

$$\text{H.O.} \iff V = \frac{m\omega_0^2}{2}\vec{r}^{\,2} \iff \text{Rückstellkraft } \vec{F}_r \propto -\vec{r} \iff \ddot{\vec{r}} + \omega_0^2\vec{r} = 0 \quad (12.54)$$

mit der Abkürzung H.O. für harmonischer Oszillator. Wir haben es also folglich bei einem schwingenden System mit einem harmonischen Oszillator zu tun, sobald

1. das Potenzial quadratische Form hat und das System um die Ruhelage (d. h. das Potenzialminimum) herumschwingt. V muss dabei gar nicht global quadratisch sein, sondern es reicht tatsächlich sogar nur lokal (vergleiche Abb. 12.7, Punkte A und C), weshalb man dann von kleinen Schwingungen um das lokale Minimum spricht (Abschn. 12.6.6).
2. das schwingungsfähige System auf eine Auslenkung aus der Ruhelage mit einer Rückstellkraft $\vec{F}_r$ reagiert, die *proportional* zur Auslenkung $\vec{r}$ ist. Beim Federpendel sieht es man z. B. direkt dem Hooke'schen Gesetz an: $F = -\kappa x$ bzw. $\vec{F} \propto -\vec{r}$.
3. das System durch die DGL $\ddot{\vec{r}} + \omega_0^2\vec{r} = 0 \iff \ddot{\vec{r}} = -\omega_0^2\vec{r}$ beschrieben wird. Lösungen der Bewegungsgleichung sind dann bekannterweise harmonische Funktionen

$$\vec{r}(t) = \hat{\vec{r}}\cos(\omega_0 t + \phi),$$

d. h., die Schwingungsgröße verhält sich kosinus-/sinusförmig mit der Eigenkreisfrequenz $\omega_0 = 2\pi f_0 = \frac{2\pi}{T_0}$ und Amplitude $\hat{\vec{r}}$. Auch dies haben wir zuvor beim Federpendel gesehen.

Abb. 12.11 Drei
harmonische Systeme.
Links: Federpendel. Mitte:
Fadenpendel. Rechts:
Schwingung einer
Flüssigkeitssäule im U-Rohr

Alle genannten Definitionen sind äquivalent zueinander. Sobald also eine erfüllt ist, sind alle anderen auch automatisch erfüllt. Zur Vereinfachung betrachten wir im restlichen Abschnitt Schwingungen in einer Dimension. Drei berühmte Beispiele harmonischer Schwingungen, die in diesem Abschnitt auch besprochen werden, sind in Abb. 12.11 dargestellt.

Beispiel 12.17 (Harmonischer Oszillator)

▷ Eine Masse $m = 0,5\,\text{kg}$ sei wie skizziert zwischen zwei Wänden durch zwei Federn (jeweils mit Federkonstante $\kappa = 1\,\frac{\text{N}}{\text{cm}}$) eingespannt und kann reibungsfrei schwingen. Es möchte gezeigt werden, dass das Feder-Masse-System harmonisch schwingt. Wie lange dauern drei volle Schwingungen? Man stelle schließlich den Energiesatz auf und vereinfache ihn soweit wie möglich.

Lösung: Lenkt man im Bild die Masse nach rechts aus, so zieht die gestreckte linke Feder nach links und die gestauchte rechte Feder drückt gleichzeitig ebenfalls nach links. Da es bei der Federkraft nur auf die Auslenkung aus der Ruhelage (egal ob stauchend oder streckend) ankommt, sind die Kräfte beider Federn gleich groß und, wie zuvor argumentiert, gleich gerichtet, so dass wir als Newton'sche Bewegungsgleichung

$$-\kappa x(t) - \kappa x(t) = m\ddot{x}(t) \iff m\ddot{x}(t) = -2\kappa x(t)$$

erhalten. Hierbei ist die Ruhelage des Systems durch die Koordinate $x = 0$ festgelegt. Das System verhält sich also fast genauso wie das ganz normale Federpendel mit Bewegungsgleichung (12.46), nur mit einer doppelt so großen Federkonstanten 2κ statt κ. Dies bedeutet nichtsdestotrotz eine in der Auslenkung $x(t)$ lineare Rückstellkraft. Wir haben es folglich mit einem harmonisch schwingenden System zu tun, welches durch die DGL des harmonischen Oszillators beschrieben wird:

$$m\ddot{x}(t) = -2\kappa x(t) \iff \ddot{x}(t) = -\frac{2\kappa}{m}x(t) =: -\omega_0^2 x(t)$$

mit Eigenkreisfrequenz $\omega_0 = \sqrt{\frac{2\kappa}{m}}$. Die Periodendauer ergibt sich wie bekannt über $T_0 = \frac{2\pi}{\omega_0} = 2\pi\sqrt{\frac{m}{2\kappa}} = \sqrt{2}\pi\sqrt{\frac{m}{\kappa}}$. Mit Zahlen heißt dies für die Dauer T von drei vollen Schwingungen

$$T = 3\sqrt{2}\pi\sqrt{\frac{m}{\kappa}} = 3\sqrt{2}\pi\sqrt{\frac{0{,}5\,\text{kg}}{1\,\frac{\text{N}}{\text{cm}}}} = 3\sqrt{2}\pi\sqrt{\frac{0{,}5\,\text{kg}}{100\,\frac{\text{N}}{\text{m}}}} = 3\sqrt{2}\pi\sqrt{\frac{0{,}5\,\text{kg}}{100\,\frac{\text{kg}\,\text{m}}{\text{m}\,\text{s}^2}}} \approx 0{,}94\,\text{s}.$$

Schließlich stellen wir den Energiesatz $E = T + V = \frac{m}{2}\dot{x}^2(t) + \frac{2\kappa}{2}x^2(t)$ auf, wobei $x(t) = \hat{x}\cos(\omega_0 t + \phi)$ die harmonische Schwingung beschreibt. Ableiten liefert $\dot{x}(t) = -\hat{x}\omega_0\sin(\omega_0 t + \phi)$, und beides setzen wir nun in den Energiesatz ein:

$$E = \frac{m}{2}\hat{x}^2\omega_0^2\sin^2(\omega_0 t + \phi) + \frac{2\kappa}{2}\hat{x}^2\cos^2(\omega_0 t + \phi).$$

Es ist allerdings $\omega_0^2 = \frac{2\kappa}{m}$ in unserem System, was hier zur starken Vereinfachung führt:

$$E = \frac{m}{2}\hat{x}^2\frac{2\kappa}{m}\sin^2(\omega_0 t + \phi) + \frac{2\kappa}{2}\hat{x}^2\cos^2(\omega_0 t + \phi)$$

$$= \kappa\hat{x}^2\sin^2(\omega_0 t + \phi) + \kappa\hat{x}^2\cos^2(\omega_0 t + \phi) = \kappa\hat{x}^2 = \frac{1}{2}(2\kappa)\hat{x}^2 = \text{const.}$$

Dies macht schließlich auch Sinn, denn wenn die Masse voll ausgelenkt ist, ist die komplette Energie E des Gesamtsystems als potenzielle Energie $\frac{1}{2}(2\kappa)\hat{x}^2$ der Federn (bzw. der Ersatzfeder mit doppelter Federkonstante) gespeichert und wandelt sich anschließend wieder in kinetische Energie um. ∎

Eine wichtige Folgerung ergibt sich aus dem Beispiel. Die Energie bleibt bei einem *freien* harmonischen Oszillator erhalten:

$$E = \frac{m}{2}\dot{\vec{r}}^2 + \frac{m}{2}\omega_0^2\vec{r}^2 = \text{const.} \tag{12.55}$$

Gedämpfter harmonischer Oszillator

Dämpft man die Schwingung des in 12.6.1 diskutierten Federpendels z. B. dadurch, dass man das Federpendel in Honig packt, so wirkt zusätzlich zur Rückstellkraft eine viskose Reibungskraft $F = -\alpha v = -\alpha\dot{x}$ gemäß Gl. (12.11). Entsprechend muss die DGL des freien harmonischen Oszillators (12.54) abgeändert werden zu

$$\ddot{x} + \omega_0^2 x = -\gamma\dot{x} \iff \ddot{x} + \gamma\dot{x} + \omega_0^2 x = 0, \tag{12.56}$$

wobei wir $\gamma = \frac{\alpha}{m}$ gesetzt haben. Das ist die Differenzialgleichung des **gedämpften harmonischen Oszillators,** wobei ω_0 die Schwingungsfrequenz des *freien* harmonischen Oszillators bezeichnet, wenn also das System nicht gedämpft wäre und schwingen würde. Zur Lösung der DGL verwenden wir den Exponentialansatz (da nur Funktionen und Ableitungen, nicht aber t explizit auftaucht):

$$x(t) = e^{\lambda t}, \quad \dot{x}(t) = \lambda e^{\lambda t}, \quad \ddot{x}(t) = \lambda^2 e^{\lambda t}.$$

Eingesetzt folgt mit Division durch $e^{\lambda t} \neq 0$:

$$\lambda^2 e^{\lambda t} + \gamma \lambda e^{\lambda t} + \omega_0^2 e^{\lambda t} = 0 \iff \lambda^2 + \gamma \lambda + \omega_0^2 = 0.$$

Anwenden der P-Q-Formel liefert

$$\lambda_{1,2} = -\frac{\gamma}{2} \pm \sqrt{\frac{\gamma^2}{4} - \omega_0^2}. \tag{12.57}$$

Nun müssen drei Fälle für γ (entspricht der Stärke der Dämpfung) unterschieden werden:

- $\frac{\gamma^2}{4} - \omega_0^2 > 0 \iff \gamma > 2\omega_0$.
  Wird eine sehr starke Dämpfung gewählt, so vollführt das System im Extremfall noch nicht einmal eine Schwingung (z. B. Feder in Honig). In diesem Fall ist die Diskriminante (der Teil unterhalb der Wurzel) positiv, somit auch die Wurzel und wir erhalten als Lösung die Linearkombination aus den Exponentialansätzen mit jeweiligen λ's:

$$x(t; \gamma > 2\omega_0) = C_1 e^{-\left(\frac{\gamma}{2} + \sqrt{\frac{\gamma^2}{4} - \omega_0^2}\right)t} + C_2 e^{-\left(\frac{\gamma}{2} - \sqrt{\frac{\gamma^2}{4} - \omega_0^2}\right)t}. \tag{12.58}$$

Sie besteht aus zwei abfallenden Exponentialfunktionen, und es oszilliert gar nichts. Dieser Fall wird **Kriechfall** genannt (12.12 links).

- $\frac{\gamma^2}{4} - \omega_0^2 = 0 \iff \gamma = 2\omega_0$.
  Ein Mittelding zwischen totaler Dämpfung und gedämpfter Schwingung ist der sogenannte **aperiodische Grenzfall** $\gamma = 2\omega_0$. In seinem Fall wird die Diskriminante null und damit verschwindet die Wurzel. Die Superposition zweier Lösungen bricht also zusammen, da wir nur eine einzige Lösung aus dem Ansatz herausziehen können: $x(t) \overset{??}{=} e^{-\frac{\gamma}{2}t}$. In diesem Fall muss wie bereits in Kap. 7 erläutert eine Lösung der Form $x(t) = (C_1 + C_2 t)e^{(\cdots)}$ gebaut werden und wir erhalten

$$x(t; \gamma = 2\omega_0) = C_1 e^{-\frac{\gamma}{2}t} + C_2 t e^{-\frac{\gamma}{2}t}. \tag{12.59}$$

Das ist die Lösung beim aperiodischen Grenzfall (Abb. 12.12 Mitte). Er ist technisch sehr interessant, da bei dieser Dämpfungswahl die Schwingung schnellstmöglich zum Stillstand kommt, was bei unerwünschten Schwingungen äußerst hilfreich ist.

- $\frac{\gamma^2}{4} - \omega_0^2 < 0 \Leftrightarrow \gamma < 2\omega_0$.

Im letzten Fall wird die Diskriminante negativ und damit die Wurzel imaginär:

$$\lambda_{1,2} = -\frac{\gamma}{2} \pm \underbrace{\sqrt{\frac{\gamma^2}{4} - \omega_0^2}}_{\text{imaginär!}} = -\frac{\gamma}{2} \pm \sqrt{-\left(\omega_0^2 - \frac{\gamma^2}{4}\right)} = -\frac{\gamma}{2} \pm i\sqrt{\omega_0^2 - \frac{\gamma^2}{4}}.$$

Durch das Umschreiben der Diskrimante kann man schließlich i ausklammern (erinnere: $i^2 = -1$!). Wir erhalten dann als Lösung bei schwacher Dämpfung:

$$x(t; \gamma < 2\omega_0) = C_1 e^{-\frac{\gamma}{2}t} e^{-i\left(\sqrt{\omega_0^2 - \frac{\gamma^2}{4}}\right)t} + C_2 e^{-\frac{\gamma}{2}t} e^{i\left(\sqrt{\omega_0^2 - \frac{\gamma^2}{4}}\right)t}.$$

Hierbei ist in den $e^{i(\dots)}$-Termen die Schwingung versteckt, da wir per Euler-Formel $e^{i\alpha} = \cos(\alpha) + i\sin(\alpha)$ Sinus und Kosinus einführen können (vgl. Abschn. 8.3.2). Allerdings beinhalten diese dann nicht mehr die Frequenz ω_0, sondern die Frequenz der gedämpften Schwingung

$$\omega_D := \sqrt{\omega_0^2 - \frac{\gamma^2}{4}} < \omega_0, \tag{12.60}$$

und diese unterscheidet sich im Falle von Dämpfung von der Eigenkreisfrequenz ω_0 des freien Systems. Das gedämpfte System schwingt folglich langsamer. Mit der neuen Frequenz ergibt sich schließlich die Lösung im Schwingungsfall (Abb. 12.12 rechts):

$$x(t; \gamma < 2\omega_0) = C_1 e^{-\frac{\gamma}{2}t} e^{-i\omega_D t} + C_2 e^{-\frac{\gamma}{2}t} e^{i\omega_D t} \tag{12.61}$$

bzw. reell geschrieben mit geeigneter Konstantenwahl

$$x_{\text{reell}}(t; \gamma < 2\omega_0) = C e^{-\frac{\gamma}{2}t} \cos(\omega_D t + \phi) = \widehat{x}(t) \cos(\omega_D t + \phi). \tag{12.62}$$

Dabei bewirkt $e^{-\frac{\gamma}{2}t}$ ein exponentielles Abklingen der cos-Schwingung, wodurch wir die Amplitude $\widehat{x}(t) = C e^{-\frac{\gamma}{2}t}$ als zeitabhängig betrachten können. Entsprechend stellt man nun fest, dass pro Schwingungsdurchlauf zum einen natürlich die Amplitude abnimmt, zum anderen aber auch die Schwingungsenergie (wegen $V(x_{\text{reell}}) = \frac{m}{2}\omega_D^2 x_{\text{reell}}^2 \propto e^{-\gamma t}$). Bei der gedämpften Schwingung geht somit Energie in Form von Reibung und Wärme verloren und steht dem Bewegungsvorgang dadurch nicht mehr zur Verfügung. Theoretisch würde es allerdings unendlich lange bis zum Stillstand dauern, da $e^{-\frac{\gamma}{2}t} \cos(\omega_D t + \phi) \to 0$ für $t \to \infty$.

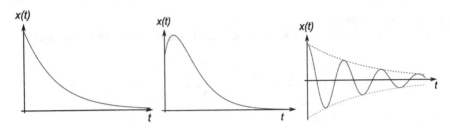

Abb. 12.12 Drei Fälle des gedämpften harmonischen Oszillators. Links: Kriechfall – es kommt zu keinerlei Schwingung. Mitte: Aperiodischer Grenzfall. Rechts: Gedämpfte Schwingung – deutlich erkennt man den exponentiellen Abfall der Amplitude (gestrichelt)

Beispiel 12.18 (Gedämpfte Schwingung einer Flüssigkeitssäule)

▷ Eine Flüssigkeitsschwingung in einem U-Rohr (Abb. 12.13) kommt nach 10 s praktisch zur Ruhe. Die Ausschläge nehmen von Periode zu Periode um jeweils 75 % ab, und insgesamt werden vier Schwingungen ausgeführt. Die Flüssigkeit habe die Dichte ϱ und Länge ℓ und erfahre viskose Dämpfung, das Rohr besitze den kreisrunden Querschnitt A. Wie lautet die Bewegungsgleichung des Flüssigkeitspegels um die Gleichgewichtslage, beschrieben durch die Koordinate $z(t)$ in einem Schenkel? Wie groß ist die Abklingkonstante γ, und mit welcher Periodendauer schwingt das ungedämpfte System? Wie lang ist die Flüssigkeitssäule?

Lösung: Wir stellen über Newton die Bewegungsgleichung mit Hilfe von Abb. 12.13 auf. Die überstehende Säule der Höhe $2z(t)$ (ggü. dem anderen Schenkel) drückt mit dem Gewicht $\Delta mg = \varrho V g = \varrho A \cdot 2z(t) \cdot g$ die Säule im anderen Schenkel hoch (und umgekehrt im Wechsel). Somit erzeugt sie die Rückstellkraft des schwingungsfähigen Systems. Wir finden mit viskosem Dämpfungsterm $-\alpha v$:

$$m_{\text{ges}}\ddot{z}(t) = -2\varrho Agz(t) - \alpha\dot{z}(t) \iff \varrho A\ell\ddot{z}(t) + \alpha\dot{z}(t) + 2\varrho Agz(t) = 0$$

Abb. 12.13 Zur Schwingung der Flüssigkeitssäule. Die Rückstellkraft kommt durch die Gewichtskraft der überstehenden Flüssigkeitssäule ggü. der Ruhelage $z = 0$ (gestrichelt) zustande

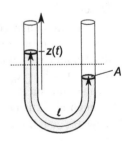

mit der Gesamtmasse der Säule $m_{\text{ges}} = \varrho A \ell$. Umformen liefert die DGL der gedämpften harmonischen Schwingung:

$$\ddot{z}(t) + \frac{\alpha}{\varrho A \ell} \dot{z}(t) + \frac{2g}{\ell} z(t) =: \ddot{z}(t) + \gamma \dot{z}(t) + \omega_0^2 z(t) = 0.$$

Wir können identifizieren: $\gamma = \frac{\alpha}{\varrho A \ell}$ und $\omega_0 = \sqrt{\frac{2g}{\ell}}$ bzw. $T_0 = \frac{2\pi}{\omega_0} = 2\pi \sqrt{\frac{\ell}{2g}}$, wobei hier viele Größen scheinbar nicht bekannt sind. Für die Schwingungsfrequenz des gedämpften Systems gilt aber nach (12.60): $\omega_D = \sqrt{\omega_0^2 - \frac{\gamma^2}{4}}$, und wir kennen $T_D = 2{,}5\,\text{s}$ (Säule macht 4 Schwingungen in 10 s, benötigt für eine Schwingung folglich 2,5 s). Ferner wissen wir, dass die Amplitude pro Schwingung um 75 % abnimmt, dass also gilt $\widehat{x}(T_D) = Ce^{-\frac{\gamma}{2}T_D} = 0{,}25\widehat{x}(0) = 0{,}25C$. Daraus folgt für γ:

$$Ce^{-\frac{\gamma}{2}T_D} = 0{,}25C \iff e^{-\frac{\gamma}{2}T_D} = 0{,}25 \iff \gamma = -\frac{2}{T_D}\ln(0{,}25) \approx 1{,}11\,\tfrac{1}{\text{s}}.$$

Nun können wir direkt ω_0 und über T_0 auch ℓ bestimmen. Es ist

$$\omega_D = \sqrt{\omega_0^2 - \frac{\gamma^2}{4}} \implies \omega_0 = \sqrt{\omega_D^2 + \frac{\gamma^2}{4}} \iff T_0 = \frac{2\pi}{\sqrt{\left(\frac{2\pi}{T_D}\right)^2 + \frac{\gamma^2}{4}}} \approx 2{,}44\,\text{s}$$

mit $\omega_D = \frac{2\pi}{T_D}$, und schließlich $T_0 = 2\pi\sqrt{\frac{\ell}{2g}} \implies \ell = 2g\frac{T_0^2}{(2\pi)^2} \approx 3\,\text{m}$. ∎

Getriebener gedämpfter harmonischer Oszillator

Unsere gedämpft schwingende Feder wird nun zusätzlich kontinuierlich durch einen Exzenter mit Frequenz ω angeregt, welcher eine äußere Kraft $F_{\text{ext}}(t)$ auf den Oszillator überträgt. Diese sei in unserem Fall periodisch: $F_{\text{ext}}(t) = F_0 e^{i\omega t}$. Damit ergibt sich die DGL des **gedämpften getriebenen harmonischen Oszillators** zu:

$$\ddot{x} + \gamma \dot{x} + \omega_0^2 x = \frac{F_{\text{ext}}(t)}{m} = \frac{1}{m} F_0 e^{i\omega t} \tag{12.63}$$

mit der Frequenz ω_0 des freien Oszillators nebst Erregerfrequenz ω. Im Falle $\gamma = 0$ wurde diese DGL bereits per Fourier-Transformation in Kap. 10 gelöst (dort für Anregungsfrequenz ω', um nicht mit dem Integrations-ω durcheinander zu kommen). Da wir aber schon im vorherigen Unterabschnitt für die homogene DGL ($F_{\text{ext}}(t) = 0$) die Lösung bestimmt haben, brauchen wir nur noch *eine* spezielle Lösung der inhomogenen DGL zu bestimmen.

Im Experiment mit der Anregung durch den Exzenter fällt dabei auf, dass die Schwingungsamplitude massiv von der Erregerfrequenz abhängt. Wird z. B. mit sehr niedriger Frequenz an der Feder gewackelt, so folgt sie ganz brav mit gleicher Amplitude wie die Erregeramplitude. Wird man schneller, schaukelt sich das System plötzlich auf, die Feder antwortet mit einer Schwingungsamplitude, die deutlich größer als die Erregeramplitude ist. Geht man zu hohen Erregerfrequenzen, so schafft es die Feder nicht mehr, der Anregung zu folgen, und die Amplitude ist deutlich kleiner als die Erregeramplitude. Wir haben es also mit einer erzwungenen Schwingung zu tun, deren Amplitude von ω abhängt, und genau diesen Ansatz wählen wir nun. Der Exponentialansatz tat es doch bisher eigentlich ganz gut, oder?

$$x_{\text{spez}}(t) = C(\omega)\mathrm{e}^{\mathrm{i}\omega t}, \quad \dot{x}_{\text{spez}}(t) = \mathrm{i}\omega C(\omega)\mathrm{e}^{\mathrm{i}\omega t}, \quad \ddot{x}_{\text{spez}}(t) = -\omega^2 C(\omega)\mathrm{e}^{\mathrm{i}\omega t}.$$

Eingesetzt in (12.63) folgt

$$-\omega^2 C(\omega)\mathrm{e}^{\mathrm{i}\omega t} + \mathrm{i}\omega\gamma C(\omega)\mathrm{e}^{\mathrm{i}\omega t} + \omega_0^2 C(\omega)\mathrm{e}^{\mathrm{i}\omega t} = \frac{F_0}{m}\mathrm{e}^{\mathrm{i}\omega t}$$

$$\Longleftrightarrow \quad -\omega^2 C(\omega) + \mathrm{i}\omega\gamma C(\omega) + \omega_0^2 C(\omega) = \frac{F_0}{m}.$$

Hieraus kann direkt $C(\omega)$ bestimmt werden:

$$C(\omega) = \frac{F_0}{m} \frac{1}{-\omega^2 + \mathrm{i}\gamma\omega + \omega_0^2}.$$

Die gesamte Lösung von (12.63) erhalten wir durch Addition der homogenen und der speziellen Lösung. Damit ergibt sich für die Lösung der Bewegungsgleichung im getriebenen gedämpft schwingenden Fall zu

$$x(t;\omega) = C_1 \mathrm{e}^{-\frac{\gamma}{2}t}\mathrm{e}^{-\mathrm{i}\omega_{\mathrm{D}}t} + C_2 \mathrm{e}^{-\frac{\gamma}{2}t}\mathrm{e}^{\mathrm{i}\omega_{\mathrm{D}}t} + \frac{F_0}{m}\frac{\mathrm{e}^{\mathrm{i}\omega t}}{\omega_0^2 - \omega^2 + \mathrm{i}\gamma\omega}. \qquad (12.64)$$

Für die praktische Anwendung wird dabei wieder oft die reelle Darstellung benötigt. Unter geeigneter Konstantenwahl A ist dies

$$x(t;\omega) = A\mathrm{e}^{-\frac{\gamma}{2}t}\cos(\omega_{\mathrm{D}}t + \phi) + \frac{F_0}{m}\frac{\cos(\omega t)}{\sqrt{(\omega_0^2 - \omega^2)^2 + \gamma^2\omega^2}}, \qquad (12.65)$$

wobei der Nenner mit dem komplex Konjugierten erweitert wurde. Abb. 12.14 zeigt die bereits oben erwähnte Frequenzabhängigkeit $C(\omega)$ bzw. ihren Realteil.

Resonanzkatastrophe

Im Falle von $\omega \to \omega_0$ (d. h., der Exzenter regt mit der Frequenz des freien Oszillators an) verhindert die Dämpfung ein unbegrenztes Wachstum des letzten Terms, da der Nenner in (12.65) für $\gamma \neq 0$ nicht null wird. Nimmt man jedoch die Dämpfung heraus, d. h. $\gamma = 0$, so ergibt sich die Lösung zu

$$x(t;\omega, \gamma = 0) = A\cos(\omega_{\mathrm{D}}t + \phi) + \frac{F_0}{m}\frac{\cos(\omega t)}{\omega_0^2 - \omega^2},$$

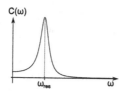

Abb. 12.14 Die Resonanzkurve. Anregungen mit niedriger Frequenz bewirken nur eine kleine Schwingung. Wird dagegen das System mit der Resonanzfrequenz $\omega_{\text{res}} = \sqrt{\omega_0^2 - \frac{1}{2}\gamma^2}$ angeregt, so schwingt sich das System bis zum Maximum auf. Im nicht gedämpften Fall ($\gamma = 0$) kann die Amplitude bis ins Unendliche anwachsen und letztlich dadurch das System zerstören

und hier wird im Falle $\omega \to \omega_0$ der letzte Term unendlich groß. Das bedeutet: Regt man mit der sogenannten **Resonanzfrequenz** des Systems (das ist die Frequenz der freien Schwingung) ω_0 an, so würde sich das schwingende System ohne Dämpfung so weit aufschaukeln, dass es sich im Extremfall selbst zerstört. Dieses Phänomen bei getriebenen harmonischen Oszillatoren ist unter dem Begriff **Resonanzkatastrophe** bekannt. Sie ist auch der Grund, warum Bundeswehrsoldaten nicht im Gleichschritt über eine Brücke marschieren sollten, da es zur Resonanzkatastrophe kommen kann und die Brücke so ungünstig vom Tritt angeregt wird, dass sie einstürzt. Setzt man dagegen den Gleichschritt aus, wird die Brücke mit ganz vielen unterschiedlichen Frequenzen angeregt und kann nicht in Resonanz gelangen.

Allerdings kann es auch bei gedämpften Oszillatoren zur Resonanz kommen, deren Frequenz ω_{res} dann gegenüber der Eigenkreisfrequenz ω_0 verschoben ist:

$$\omega_{\text{res}} = \sqrt{\omega_0^2 - \frac{1}{2}\gamma^2}. \tag{12.66}$$

Wird also mit dieser Frequenz von außen angeregt, so kommt es zur Resonanz, und das System antwortet mit maximaler Amplitude. Abb. 12.14 verdeutlicht dies.

[H28] Pendelei   **(2 + 2 = 4 Punkte)**

Ein Fadenpendel der Länge ℓ mit Pendelmasse m sei wie skizziert an einer Feder mit Federkonstanten κ befestigt. Das Pendel wird nun um einen kleinen Winkel φ aus seiner Ruhelage (gestrichelt) ausgelenkt.

a) Zeigen Sie, dass das Pendel harmonische Schwingungen ausführt mit der Eigenkreisfrequenz

$$\omega_0 = \sqrt{\frac{g}{\ell} + \frac{\kappa}{m}}.$$

b) Das Pendel wird nun angetrieben und mit $\gamma = 0{,}2\omega_0$ gedämpft, die Auslenkung folgt somit (12.65). Man leite (12.65) her und daraus dann die Resonanzfrequenz ω_{res} ab.

12.6.4 Exakte Schwingungsperiode in einem Potenzial

Aus der 1-D-Lösung (12.30) des Energiesatzes,

$$t(x) = t(x_0) + \sqrt{\frac{m}{2}} \int_{x_0}^{x} \frac{\mathrm{d}x'}{\sqrt{E - V(x')}},$$

lässt sich eine Formel für die exakte **Schwingungsperiode** im Potenzial $V(x)$ herleiten, wenn aus der Ruhelage x_0 *beliebig* ausgelenkt wird (Abschn. 12.6.6 behandelt den Fall kleiner Auslenkungen). O. B. d. A. sei $x_0 = 0$ und $t(x_0) = t(0) = 0$ (lenke zum Zeitpunkt $t = 0$ aus), ferner bezeichne a die Auslenkung aus der Ruhelage. Dann folgt für die Dauer T einer Schwingung in Abhängigkeit von der Gesamtenergie

$$T(E) = 2\sqrt{\frac{m}{2}} \int_{0}^{a} \frac{\mathrm{d}x}{\sqrt{E - V(x)}} + 2\sqrt{\frac{m}{2}} \int_{0}^{a} \frac{\mathrm{d}x}{\sqrt{E - V(-x)}}.$$

Der Faktor 2 vor den Integralen taucht jeweils auf, da die Zeiten für Hin- und Rückschwingung im positiven x-Bereich (bzw. negativen x-Bereich) gleich groß sind. Im Falle eines zum Minimum $x_0 = 0$ symmetrischen Potenzials (d. h. $V(-x) = V(x)$) vereinfacht sich die Formel, da man die beiden Summanden addieren kann. Wir erhalten für die Periodendauer in einem *symmetrischen* Potenzial somit

$$T(E) = 4\sqrt{\frac{m}{2}} \int_{0}^{a} \mathrm{d}x \, \frac{1}{\sqrt{E - V(x)}}, \tag{12.67}$$

in Abhängigkeit von der zur Verfügung stehenden Gesamtenergie E.

Beispiel 12.19 (Periodendauer im Oszillatorpotenzial)

▷ Im eindimensionalen, symmetrischen Oszillatorpotenzial $V(x) = \frac{m}{2}\omega_0^2 x^2$ sollte ein um a ausgelenktes Teilchen mit einer Periodendauer $T = \frac{2\pi}{\omega_0}$ schwingen – kommt dies mit obiger Formel auch heraus?

Lösung: Die Energie ist erhalten, da das Potenzial $V(x) = \frac{m}{2}\omega_0^2 x^2$ nicht explizit zeitabhängig ist. Das bedeutet, dass sie für jede Momentaufnahme den gleichen Wert besitzt. Bei maximaler Auslenkung kennen wir die Energie des Teilchens: $E = V(a) = \frac{m\omega_0^2}{2}a^2$, da hier gerade die kinetische Energie verschwindet und die gesamte Energie in Form von potenzieller Energie vorliegt. Hiermit können wir die Schwingungsperiode berechnen:

$$T = 4\sqrt{\frac{m}{2}} \int_0^a \frac{\mathrm{d}x}{\sqrt{\frac{m}{2}\omega_0^2 a^2 - \frac{m}{2}\omega_0^2 x^2}} = 4\sqrt{\frac{m}{2}} \frac{1}{\sqrt{\frac{m}{2}\omega_0^2 a^2}} \int_0^a \frac{\mathrm{d}x}{\sqrt{1 - \frac{x^2}{a^2}}}$$

$$\stackrel{x \to ax}{=} \frac{4}{\omega_0} \int_0^1 \frac{\mathrm{d}x}{\sqrt{1-x^2}} = \frac{4}{\omega_0} \arcsin(x)\Big|_0^1 = \frac{4}{\omega_0}\left(\frac{\pi}{2} - 0\right) = \frac{2\pi}{\omega_0}.$$

Also kommt es tatsächlich heraus. ∎

12.6.5 Gekoppelte Schwingungen

Werden N Massen $m_1, \ldots, m_N$ mit Federn beliebig untereinander zusammengekoppelt und lenkt man eine oder mehrere Massen aus deren Ruhelage aus, so breitet sich diese Störung des Systemgleichgewichts auch auf die anderen Massen und Federn aus – man spricht dann von **gekoppelten Schwingungen**. Wir wollen diese etwas näher beleuchten.

Wie wir aus Gl. (12.21) wissen, gilt für das Potenzial *einer* Feder $V(\vec{r}) = \frac{\kappa}{2}(\vec{r} - \vec{r}_0)^2$, wobei $\vec{r} - \vec{r}_0$ die räumliche Auslenkung aus der Ruhelage $\vec{r}_0$ des Systems bezeichnet. Im Folgenden betrachten wir ein N-Massensystem und nennen die Auslenkung der i-ten Masse aus ihrer Ruhelage zur Vereinfachung η_i. Zur besseren Handhabung werden alle Auslenkungen in einem Vektor $\vec{\eta} = (\eta_1, \ldots, \eta_N)$ zusammengefasst. Dieser ist natürlich nicht mehr räumlich zu interpretieren.

Mit der eingeführten Abkürzung schreibt sich ein beliebiges Federpotenzial von N Massen in der Form

$$V(\vec{\eta}) = \frac{\kappa}{2}\vec{\eta}^{\mathsf{T}} \cdot A \cdot \vec{\eta}, \tag{12.68}$$

wobei die Matrix $A = A^{\mathsf{T}}$ im Allgemeinen nicht diagonal ist und die Dimension $N \times N$ hat. Die Bewegungsgleichungen folgen dann durch Gradientenbildung des Potenzials nach der Auslenkung $\vec{\eta}$ (vergleichbar mit Beispiel 9.4):

$$M \cdot \ddot{\vec{\eta}} = \vec{F}(\vec{\eta}) = -\nabla_{\vec{\eta}} V(\vec{\eta}) = -\kappa A \cdot \vec{\eta}. \tag{12.69}$$

Hier ist M die sogenannte **Massenmatrix,** die Diagonalgestalt

$$M = \begin{pmatrix} m_1 & & 0 \\ & \ddots & \\ 0 & & m_N \end{pmatrix}$$

besitzen muss, damit dadurch in (12.69) links der Vektor $(m_1\ddot{\eta}_1, \ldots, m_N\ddot{\eta}_N)^{\mathsf{T}}$ entsteht. Definiere

$$
\mathcal{M} := \begin{pmatrix} \sqrt{m_1} & & 0 \\ & \ddots & \\ 0 & & \sqrt{m_N} \end{pmatrix}, \quad \mathcal{M}^{-1} := \begin{pmatrix} \frac{1}{\sqrt{m_1}} & & 0 \\ & \ddots & \\ 0 & & \frac{1}{\sqrt{m_N}} \end{pmatrix},
$$

wobei $\mathcal{M}^{-1}$ die Inverse zu $\mathcal{M}$ ist und weiterhin gilt: $M = \mathcal{M} \cdot \mathcal{M}$. Mit dieser Definition ist folgende Umschreibung von (12.69) möglich:

$$
M \cdot \ddot{\vec{\eta}} = \mathcal{M} \cdot \mathcal{M} \cdot \ddot{\vec{\eta}} = -\kappa A \cdot \vec{\eta} \iff (\mathcal{M} \cdot \vec{\eta})^{\cdot\cdot} = -\kappa \mathcal{M}^{-1} \cdot A \cdot \vec{\eta},
$$

bei der von links mit $\mathcal{M}^{-1}$ multipliziert wurde. Führe nun neue Koordinaten

$$
\vec{u} = \mathcal{M} \cdot \vec{\eta} \iff \vec{\eta} = \mathcal{M}^{-1} \cdot \vec{u} \tag{12.70}
$$

ein, dann ergibt sich schließlich

$$
\ddot{\vec{u}} = -\kappa \mathcal{M}^{-1} \cdot A \cdot \mathcal{M}^{-1} \cdot \vec{u} =: -\kappa H \cdot \vec{u} \tag{12.71}
$$

mit Matrix $H = \mathcal{M}^{-1} \cdot A \cdot \mathcal{M}^{-1}$. Hierbei handelt es sich um ein gekoppeltes DGL-System, welches per Diagonalisierung von H und Hauptachsentransformation in neue Koordinaten $\vec{u}'$ gemäß Kap. 7 gelöst wird. Anschließend wird die Lösung (formuliert im System mit Koordinaten $\vec{u}'$) wieder ins Ausgangssystem mit den Koordinaten $\vec{\eta}$ zurücktransformiert. Das folgende Beispiel soll dabei als Kochrezept fungieren, um bei den ganzen Hin- und Rücktransformationen nicht durcheinanderzugeraten.

Beispiel 12.20 (Zwei Massen)

▷ Zwei gleich große Massen $m_1 = m_2 = m$ werden wie in der Skizze mit drei Federn mit Federkonstante κ zwischen zwei Wänden gekoppelt. Welche Eigenfrequenzen und Eigenschwingungen besitzt das System?

Lösung: Wir gehen Schritt für Schritt und sehr ausführlich vor.

1. **Potenzial aufstellen**
   Zum Aufstellen des Potenzials wählen wir geeignete Koordinaten. Hierfür bieten sich die Auslenkungen η_1 und η_2 aus den Ruhelagen (gestrichelte Linien) an.

Dann ergibt sich das Gesamtpotenzial aus der Summe der einzelnen Feder-potenziale zu

$$V(\eta_1, \eta_2) = \tfrac{\kappa}{2}\eta_1^2 + \tfrac{\kappa}{2}(\eta_2 - \eta_1)^2 + \tfrac{\kappa}{2}\eta_2^2.$$

Dies ergibt sich wie folgt (von links nach rechts): Die erste Feder kann nur durch Auslenkung der Masse m_1 aus der Ruhelage gedehnt bzw. gespannt werden (die Wand ist starr und bewegt sich nicht!). Bei der zweiten Feder ist nur die Differenz der Auslenkungen der beiden Massen m_1 und m_2 wichtig. Lenkt man nämlich m_2 ganz weit aus, tut dies aber auch mit m_1 in die gleiche Richtung, so ist der Effekt für die mittlere Feder null. Es kommt einzig auf die Differenz an. Der dritte Term ergibt sich schließlich mit gleicher Argumentation wie der erste. Wir schreiben das Potenzial nun in Matrixform:

$$V(\eta_1, \eta_2) = \tfrac{\kappa}{2}(2\eta_1^2 + 2\eta_2^2 - 2\eta_1\eta_2) = \tfrac{\kappa}{2}(\eta_1, \eta_2) \cdot \underbrace{\begin{pmatrix} 2 & -1 \\ -1 & 2 \end{pmatrix}}_{=A} \cdot \begin{pmatrix} \eta_1 \\ \eta_2 \end{pmatrix}$$

mit symmetrischer Matrix $A = A^{\mathsf{T}}$ und Vektor $\vec{\eta} = (\eta_1, \eta_2)^{\mathsf{T}}$. Wie man an der Zeichnung erkennt, stellt der Vektor $(\eta_1, \eta_2)^{\mathsf{T}}$ wie bereits erwähnt keine räumlichen Komponenten dar, sondern fasst lediglich die beiden 1-D-Auslenkungen der beiden Massen (die ja auch entlang der gleichen Achse zeigen) zusammen.

2. **Bewegungsgleichung bestimmen**

Direkt über den negativen Gradienten des Potenzials (und zwar bzgl. der Auslenkungen $\vec{\eta}$) erhalten wir die Bewegungsgleichung:

$$-\nabla_{\vec{\eta}} V(\vec{\eta}) = -\kappa(2\eta_1 - \eta_2, -\eta_1 + 2\eta_2)^{\mathsf{T}} = -\kappa \begin{pmatrix} 2 & -1 \\ -1 & 2 \end{pmatrix} \cdot \begin{pmatrix} \eta_1 \\ \eta_2 \end{pmatrix} = -\kappa A \cdot \vec{\eta},$$

womit über $M\ddot{\vec{\eta}} = -\nabla_{\vec{\eta}} V(\vec{\eta})$ folgt:

$$\begin{pmatrix} m\ddot{\eta}_1 \\ m\ddot{\eta}_2 \end{pmatrix} = -\kappa A \cdot \begin{pmatrix} \eta_1 \\ \eta_2 \end{pmatrix} \iff \underbrace{\begin{pmatrix} m & 0 \\ 0 & m \end{pmatrix}}_{=:M} \cdot \begin{pmatrix} \ddot{\eta}_1 \\ \ddot{\eta}_2 \end{pmatrix} = -\kappa A \cdot \begin{pmatrix} \eta_1 \\ \eta_2 \end{pmatrix} \quad (*)$$

mit der hier sehr einfachen Massenmatrix $M = m \cdot \mathbb{1}$ und dazugehöriger Matrix $\mathcal{M} = \sqrt{m} \cdot \mathbb{1}$ nebst Inverse $\mathcal{M}^{-1} = \frac{1}{\sqrt{m}} \cdot \mathbb{1}$. $(*)$ ist die zu lösende Bewegungsgleichung.

3. **Gekoppelte DGLs in $\vec{u}$**

In diesem speziellen Beispiel mit gleichen Massen wäre die Trafo $\vec{u} = \mathcal{M} \cdot \vec{\eta}$ unnötig, wir machen sie jedoch trotzdem, um das Schema klar zu machen:

$$\vec{u} = \mathcal{M} \cdot \vec{\eta} \iff \vec{\eta} = \mathcal{M}^{-1} \cdot \vec{u}.$$

Dann folgt eingesetzt in $(*)$ mit $\mathcal{M}^2 = M$ und von links mit $\mathcal{M}^{-1}$ multipliziert wie in der Herleitung von (12.71):

$$\mathcal{M}^2 \cdot (\mathcal{M}^{-1} \cdot \vec{u})^{\cdot\cdot} = -\kappa A \cdot (\mathcal{M}^{-1} \cdot \vec{u}) \iff \ddot{\vec{u}} = -\kappa \underbrace{\mathcal{M}^{-1} \cdot A \cdot \mathcal{M}^{-1}}_{=:\tilde{H}} \cdot \vec{u}.$$

Hierbei ist

$$\tilde{H} = \frac{1}{\sqrt{m}}\begin{pmatrix} 1 & 0 \\ 0 & 1 \end{pmatrix} \cdot \begin{pmatrix} 2 & -1 \\ -1 & 2 \end{pmatrix} \cdot \frac{1}{\sqrt{m}}\begin{pmatrix} 1 & 0 \\ 0 & 1 \end{pmatrix} = \frac{1}{m}\begin{pmatrix} 2 & -1 \\ -1 & 2 \end{pmatrix}.$$

Schließlich folgt die $\vec{u}$-Bewegungsgleichung zu

$$\ddot{\vec{u}} = -\frac{\kappa}{m}\begin{pmatrix} 2 & -1 \\ -1 & 2 \end{pmatrix} \cdot \vec{u} =: -\frac{\kappa}{m}H \cdot \vec{u}.$$

Dies ist ein gekoppeltes DGL-System, welches durch Diagonalisierung von H und anschließende Hauptachsentransformation gelöst wird.

4. **Diagonalisierung von H**

   Die Eigenwerte von H sind

$$\det\begin{pmatrix} 2-\lambda & -1 \\ -1 & 2-\lambda \end{pmatrix} = (2-\lambda)(2-\lambda) - 1 = 4 - 4\lambda + \lambda^2 - 1 = \lambda^2 - 4\lambda + 3 = 0.$$

Damit folgen die Eigenwerte zu $\lambda = 1$ und $\lambda = 3$. Für den ersten Eigenvektor zu $\lambda = 1$ ergibt das LGS

$$\begin{pmatrix} 1 & -1 & | & 0 \\ -1 & 1 & | & 0 \end{pmatrix} \begin{matrix} +|\cdot 1 \\ +|\cdot 1 \end{matrix} \rightarrow \begin{pmatrix} 1 & -1 & | & 0 \\ 0 & 0 & | & 0 \end{pmatrix} \Rightarrow \beta := 1, \alpha = 1 \Longrightarrow \vec{f_1} = \frac{1}{\sqrt{2}}\begin{pmatrix} 1 \\ 1 \end{pmatrix}.$$

Für den zweiten Eigenvektor folgt mit der Überlegung, dass Eigenvektoren senkrecht stehen, $\vec{f_2} = \frac{1}{\sqrt{2}}\begin{pmatrix} -1 \\ 1 \end{pmatrix}$. Damit erhalten wir

$$H' = \begin{pmatrix} 1 & 0 \\ 0 & 3 \end{pmatrix}, \quad D = \begin{pmatrix} \frac{1}{\sqrt{2}} & \frac{1}{\sqrt{2}} \\ -\frac{1}{\sqrt{2}} & \frac{1}{\sqrt{2}} \end{pmatrix}.$$

5. **Hauptachsentransformation**

   Transformiere via $\vec{u}' = D \cdot \vec{u}$ in ein neues System (notiert mit dem Strich), wobei D die soeben bestimmte Drehmatrix ist und die Eigenschaft $D^{-1} = D^\mathsf{T}$ besitzt:

$$\ddot{\vec{u}} = -\frac{\kappa}{m}H \cdot \vec{u} \quad \overset{\vec{u}=D^\mathsf{T}\vec{u}'}{\longrightarrow} \quad \ddot{\vec{u}}' = -\frac{\kappa}{m}H' \cdot \vec{u}'.$$

In diesem Fall führt dies auf

$$\begin{pmatrix} \ddot{u}'_1 \\ \ddot{u}'_2 \end{pmatrix} = -\frac{\kappa}{m}\begin{pmatrix} 1 & 0 \\ 0 & 3 \end{pmatrix} \cdot \begin{pmatrix} u'_1 \\ u'_2 \end{pmatrix} \Longleftrightarrow \begin{matrix} \ddot{u}'_1 = -\frac{\kappa}{m}u'_1 =: -\omega_1^2 u'_1 \\ \ddot{u}'_2 = -\frac{3\kappa}{m}u'_2 =: -\omega_2^2 u'_2 \end{matrix}.$$

Das ist jetzt endlich das entkoppelte DGL-System im günstigen $\vec{u}'$-System, wobei sich beide Gleichungen direkt per trigonometrischem Ansatz lösen lassen. $\omega_1 = \sqrt{\frac{\kappa}{m}}$ und $\omega_2 = \sqrt{\frac{3\kappa}{m}}$ sind dabei die Eigenfrequenzen des Systems. Lösen der entkoppelten DGLs liefert

$$u'_1(t) = A\cos(\omega_1 t + \phi_1), \quad u'_2(t) = B\cos(\omega_2 t + \phi_2),$$

wobei ϕ_1 und ϕ_2 beliebige Phasen sind.

6. **Rücktransformation ins $\vec{u}$-System**

Die Rücktransformation gelingt per $\vec{u} = D^\mathsf{T}\vec{u}'$:

$$\vec{u} = D^\mathsf{T}\vec{u}' = u'_1(t)\vec{f}_1 + \ldots + u'_N(t)\vec{f}_N.$$

Hier sind die Eigenschwingungen

$$\vec{u}(t) = C_1 \cos(\omega_1 t + \phi_1)\begin{pmatrix}1\\1\end{pmatrix} + C_2\cos(\omega_2 t + \phi_2)\begin{pmatrix}-1\\1\end{pmatrix}$$

mit Eigenfrequenzen $\omega_1 = \sqrt{\frac{\kappa}{m}}$ und $\omega_2 = \sqrt{\frac{3\kappa}{m}}$. Die Normierungsfaktoren der Eigenvektoren wurden in die neuen Konstanten C_1 und C_2 gezogen.

7. **Rücktransformation ins $\vec{\eta}$-System**

Im letzten Schritt kehren wir die Transformation (12.70) um und übersetzen das Ergebnis für $\vec{u}$ auf die ursprünglich gewählten Koordinaten $\vec{\eta}$ bzgl. der Ruhelagen. Dies geschieht durch Multiplikation von $\vec{u}$ mit $\mathcal{M}^{-1} = \frac{1}{\sqrt{m}} \cdot \mathbb{1}$:

$$\vec{\eta} = \mathcal{M}^{-1} \cdot \vec{u} = \frac{1}{\sqrt{m}} \cdot \begin{pmatrix}1 & 0\\0 & 1\end{pmatrix} \cdot \begin{pmatrix}u_1\\u_2\end{pmatrix}$$

$$= D_1 \cos\left(\sqrt{\frac{\kappa}{m}}t + \phi_1\right)\begin{pmatrix}1\\1\end{pmatrix} + D_2 \cos\left(\sqrt{\frac{3\kappa}{m}}t + \phi_2\right)\begin{pmatrix}-1\\1\end{pmatrix},$$

wobei hier die Faktoren $\frac{1}{\sqrt{m}}$ in die Konstanten D_1 und D_2 hineingeschoben wurden. Die Kombination aus Lösungen der gekoppelten Schwingungsdifferenzialgleichungen und Eigenvektoren in obiger Form wird Superposition der Normalmoden genannt. Eine Mode ist dabei ein Schwingungszustand.

Wir können $\vec{\eta}(t)$ folgendermaßen interpretieren: Der erste Term beschreibt die Schwingung, wenn beide Massen in die gleiche Richtung $\left(\propto \begin{pmatrix}1\\1\end{pmatrix}\right)$ ausgelenkt und losgelassen werden (d. h. die mittlere Feder ist nicht gedehnt), der zweite Term beschreibt die Schwingung, wenn die Massen entgegengesetzt $\left(\propto \begin{pmatrix}-1\\1\end{pmatrix}\right)$ ausgelenkt und losgelassen werden. Die erste Schwingung ist relativ gemächlich, während die zweite Schwingung um einen Faktor $\sqrt{3}$ schneller schwingt (s. Eigenfrequenzen). Abb. 12.15 verdeutlicht die beiden Schwingungsmoden. ∎

12.6.6 Kleine Schwingungen im Potenzial

Harmonische Schwingungen kommen ganz allgemein dadurch zustande, dass ein System aus seiner stabilen Gleichgewichtslage ausgelenkt wird und eine Rückstellkraft proportional zur Auslenkung wirkt. Die stabile Gleichgewichtslage $\vec{r}_0$ eines Systems mit Potenzial $V(\vec{r})$ ist dadurch charakterisiert, dass es ein Minimum in V an der Stelle der Gleichgewichtslage $\vec{r}_0$ gibt, d. h.

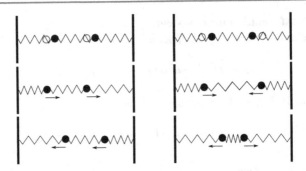

Abb. 12.15 Die zwei möglichen Schwingungsmoden. In den beiden Bildern in der obersten Zeile sind die Auslenkungsrichtungen (nicht gefüllte Kreise) der ruhenden Massen dargestellt; darunter sieht man die Schwingungen

$$1\text{-D}: \quad V'(x_0) = 0 \text{ und } V''(x_0) > 0, \tag{12.72}$$

$$3\text{-D}: \quad \text{grad } V|_{\vec{r}_0} = \vec{0} \text{ und } \text{Hess } V|_{\vec{r}_0} \text{ positiv definit.} \tag{12.73}$$

Dabei spielt es keine Rolle, ob es sich um ein lokales oder globales Minimum handelt.

Taylor-Entwicklung um das Potenzialminimum
Durch Bestimmung der Minima mit Hilfe obiger Gleichungen findet man die stabilen Gleichgewichte eines physikalischen Systems. Lenkt man nun das System nur ein wenig aus dem Gleichgewicht aus (z. B. da es sich um ein kleines, lokales Minimum handelt), so beginnt es harmonisch um das Minimum zu schwingen. Da die Auslenkungen sehr klein sind, können wir das Potenzial um das Minimum in einer Taylor-Reihe (s. Kap. 4) entwickeln und obige Beziehungen verwenden:

$$V(x) = V(x_0) + \underbrace{V'(x_0)}_{=0}(x - x_0) + \frac{V''(x_0)}{2}(x - x_0)^2 + \mathcal{O}(x^3)$$

$$= V(x_0) + \frac{V''(x_0)}{2}(x - x_0)^2 + \mathcal{O}(x^3), \tag{12.74}$$

bzw. in mehreren Dimensionen

$$V(\vec{r}) \approx V(\vec{r}_0) + \underbrace{\text{grad } V|_{\vec{r}_0}}_{=\vec{0}} \cdot (\vec{r} - \vec{r}_0) + \frac{1}{2}(\vec{r} - \vec{r}_0)^\mathsf{T} \cdot \text{Hess } V|_{\vec{r}_0} \cdot (\vec{r} - \vec{r}_0)$$

$$= V(\vec{r}_0) + \frac{1}{2}(\vec{r} - \vec{r}_0)^\mathsf{T} \cdot \text{Hess } V|_{\vec{r}_0} \cdot (\vec{r} - \vec{r}_0). \tag{12.75}$$

Das sind die genäherten Potenziale an den Gleichgewichtslagen.

Vergleicht man jetzt die Näherungen mit dem Potenzial des harmonischen Oszillators $V = \frac{m}{2}\omega^2(\vec{r} - \vec{r}_0)^2$, so kann von einem beliebigen Potenzial V die Schwingungsfrequenz ω um die Gleichgewichtslage berechnet werden. In 1-D folgt dann per Koeffizientenvergleich

$$V(x) \approx V(x_0) + \frac{V''(x_0)}{2}(x - x_0)^2 \;\longleftrightarrow\; V(x) = \frac{m\omega^2}{2}(x - x_0)^2 \;\Rightarrow\; \frac{V''(x_0)}{2} = \frac{m\omega^2}{2}.$$

Ergebnis:

$$\omega^2 = \frac{V''(x_0)}{m}. \tag{12.76}$$

Der Trick ist also, dass wir jedes Potenzialminimum (um das herum kleine Schwingungen vollführt werden und diese dann harmonisch verlaufen) durch ein quadratisches Oszillatorpotenzial annähern und daraus eine zugehörige Schwingungsfrequenz bestimmen. Da die Schwingungen sehr klein sind, ist der Fehler, der dabei durch das lokal nicht immer perfekt quadratisch verlaufende Potenzial gemacht wird, vernachlässigbar klein. Wie man die Eigenfrequenzen im mehrdimensionalen Potenzial bestimmt, sehen wir weiter unten.

Beispiel 12.21 (Kleine Schwingungen im 1-D-Potenzial)

▷ Gegeben sei das Potenzial

$$V(x) = \frac{\alpha}{x^2} - \frac{\beta}{x}$$

für $\alpha, \beta > 0$. Dies möchte zunächst skizziert werden. Wo befindet sich die Gleichgewichtslage x_0 eines Teilchens in diesem Potenzial? Mit welcher Frequenz schwingt das Teilchen, wenn man es geringfügig aus der Gleichgewichtslage auslenkt?

Lösung: Zunächst skizzieren wir das Potenzial (Abb. 12.16). Offensichtlich gibt es nur ein stabiles Gleichgewicht. Für die Gleichgewichtslage muss $V'(x_0) = 0$ gelten. Dies ergibt hier

$$V'(x) = -\frac{2\alpha}{x^3} + \frac{\beta}{x^2} = 0 \iff -2\alpha + \beta x = 0 \Leftrightarrow x = \frac{2\alpha}{\beta}.$$

Somit ist die Stelle der Gleichgewichtslage $x_0 = \frac{2\alpha}{\beta}$ mit Wert

$$V(x_0) = \frac{\alpha}{x_0^2} - \frac{\beta}{x_0} = \frac{\alpha}{\left(\frac{2\alpha}{\beta}\right)^2} - \frac{\beta}{\left(\frac{2\alpha}{\beta}\right)} = \frac{\beta^2}{4\alpha} - \frac{\beta^2}{2\alpha} = -\frac{\beta^2}{4\alpha}.$$

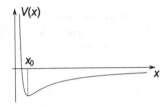

Abb. 12.16 Das Potenzial $V = \frac{\alpha}{x^2} - \frac{\beta}{x}$. Bei x_0 befindet sich das einzige Minimum, um das kleine Schwingungen möglich sind

Zur Bestimmung der Schwingungsfrequenz entwickeln wir das Potenzial bis einschließlich zweite Ordnung. Dafür benötigen wir die zweite Ableitung des Potenzials. Diese ist

$$V''(x) = \frac{6\alpha}{x^4} - \frac{2\beta}{x^3} \, , \quad V''(x_0) = \frac{6\alpha\beta^4}{(2\alpha)^4} - \frac{2\beta^4}{(2\alpha)^3} = \frac{\beta^4}{(2\alpha)^3} > 0$$

für $\alpha, \beta > 0$. Damit handelt es sich bei x_0 tatsächlich um die Stelle eines Minimums (denn $V''(x_0) > 0$ ist ja die hinreichende Bedingung). Es folgt per Taylor-Entwicklung um das Minimum:

$$V(x) \approx V(x_0) + \underbrace{V'(x_0)(x - x_0)}_{=0} + \frac{V''(x_0)}{2}(x - x_0)^2 = -\frac{\beta^2}{4\alpha} + \frac{1}{2}\frac{\beta^4}{(2\alpha)^3}\left(x - \frac{2\alpha}{\beta}\right)^2 ,$$

und die Schwingungskreisfrequenz ergibt sich gemäß (12.76) zu

$$\omega^2 = \frac{V''(x_0)}{m} = \frac{\beta^4}{8m\alpha^3}. \qquad\blacksquare$$

Schwingungen im mehrdimensionalen Potenzial

Was ist los, wenn ein Teilchen der Masse m in einem mehrdimensionalen Potenzial kleine Schwingungen um ein Minimum ausführt? In diesem Fall vergleichen wir das beliebige Potenzial lokal am Minimum erneut mit einem Oszillatorpotenzial, indem V bis zur zweiten Ordnung um das Minimum Taylor-entwickelt wird! Dann hat man eine Quadrik der Form $V = \frac{m\omega^2}{2}(\vec{r} - \vec{r}_0)^{\mathsf{T}} \cdot A \cdot (\vec{r} - \vec{r}_0)$ vorliegen, aus der man per Gradientenbildung die Newton'schen Bewegungsgleichungen $m\ddot{\vec{r}} = -\nabla V(\vec{r})$ aufstellen kann. Dies sind im Allgemeinen gekoppelte Differenzialgleichungen, die mit dem aus Kap. 7 bekannten Verfahren entkoppelt werden müssen.

Beispiel 12.22 (Teilchen im mehrdimensionalen Potenzial)

▷ Ein Teilchen der Masse m befinde sich im 2-D-Potenzial

$$V(x, y) = \frac{m\omega_0^2}{2}\left(-\frac{5}{2}x^2 + \frac{1}{2}e^{x+2y} - \cos(3x + y) + \frac{1}{2}e^{-x-2y} - xy\right)$$

am Ursprung und werde leicht ausgelenkt. Welche Eigenkreisfrequenzen und Eigenschwingungen hat das System?

Lösung: Zunächst müssen wir überprüfen, ob im Ursprung überhaupt ein Potenzialminimum vorliegt. Hierzu schielen wir auf (12.73) und berechnen den Gradienten nebst Hesse-Matrix in $(0, 0)$, welche wir ohnehin für die Taylor-Entwicklung benötigen. Es sind

$$V(0, 0) = \tfrac{m\omega_0^2}{2}\left(0 + \tfrac{1}{2} - 1 + \tfrac{1}{2}\right) = 0,$$

$$\left.\frac{\partial V}{\partial x}\right|_{(0,0)} = \left.\tfrac{m\omega_0^2}{2}\left(-5x + \tfrac{1}{2}e^{x+2y} + 3\sin(3x+y) - \tfrac{1}{2}e^{-x-2y} - y\right)\right|_{(0,0)} = 0,$$

$$\left.\frac{\partial V}{\partial y}\right|_{(0,0)} = \left.\tfrac{m\omega_0^2}{2}\left(e^{x+2y} + \sin(3x+y) - e^{-x-2y} - x\right)\right|_{(0,0)} = 0,$$

$$\left.\frac{\partial^2 V}{\partial x^2}\right|_{(0,0)} = \left.\tfrac{m\omega_0^2}{2}\left(-5 + \tfrac{1}{2}e^{x+2y} + 9\cos(3x+y) + \tfrac{1}{2}e^{-x-2y}\right)\right|_{(0,0)} = \tfrac{5m\omega_0^2}{2},$$

$$\left.\frac{\partial^2 V}{\partial x \partial y}\right|_{(0,0)} = \left.\tfrac{m\omega_0^2}{2}\left(e^{x+2y} + 3\cos(3x+y) + e^{-x-2y} - 1\right)\right|_{(0,0)} = \tfrac{4m\omega_0^2}{2} = \left.\frac{\partial^2 V}{\partial y \partial x}\right|_{(0,0)},$$

$$\left.\frac{\partial^2 V}{\partial y^2}\right|_{(0,0)} = \left.\tfrac{m\omega_0^2}{2}\left(2e^{x+2y} + \cos(3x+y) + 2e^{-x-2y}\right)\right|_{(0,0)} = \tfrac{5m\omega_0^2}{2}.$$

Die notwendige Bedingung $\nabla V|_{(0,0)} = \left(\frac{\partial V}{\partial x}, \frac{\partial V}{\partial y}\right)|_{(0,0)} = \vec{0}$ ist offensichtlich erfüllt, da die ersten partiellen Ableitungen in $(0, 0)$ verschwinden. Als hinreichende Bedingung eines Minimums muss zusätzlich die Hesse-Matrix in $(0, 0)$ positiv definit sein. Sie ist

$$\text{Hess } V|_{(0,0)} = \frac{m\omega_0^2}{2}\begin{pmatrix} 5 & 4 \\ 4 & 5 \end{pmatrix}.$$

Für die Definitheit müssen wir die Eigenwerte bestimmen. Diese ergeben sich aus

$$\det\begin{pmatrix} 5-\lambda & 4 \\ 4 & 5-\lambda \end{pmatrix} = 25 - 10\lambda + \lambda^2 - 16 = \lambda^2 - 10\lambda + 9 = 0,$$

so dass $\lambda_1 = 1$ und $\lambda_2 = 9$ folgen. Wegen $\lambda_1 > 0$ und $\lambda_2 > 0$ ist die Hesse-Matrix des Potenzials bei $(0, 0)$ positiv definit. Damit liegt bei $(0, 0)$ tatsächlich ein lokales Minimum, um das das Teilchen kleine Schwingungen vollführen kann.

Im nächsten Schritt führen wir das Potenzial per Taylor-Entwicklung bis zur zweiten Ordnung auf den sphärisch harmonischen Oszillator zurück und können dann Eigenfrequenzen und Eigenschwingungen bestimmen. Für die Taylor-Näherung um den Ursprung folgt

$$V(x, y) \approx \underbrace{V(0, 0)}_{=0} + \underbrace{\nabla V|_{(0,0)}}_{=\vec{0}} \cdot (x, y)^{\mathsf{T}} + \tfrac{1}{2}(x, y) \cdot \operatorname{Hess} V|_{(0,0)} \cdot (x, y)^{\mathsf{T}}$$

$$= \frac{m\omega_0^2}{2}(x, y) \cdot \underbrace{\begin{pmatrix} \frac{5}{2} & 2 \\ 2 & \frac{5}{2} \end{pmatrix}}_{=A} \cdot \begin{pmatrix} x \\ y \end{pmatrix} = \frac{m\omega_0^2}{2}\left(\tfrac{5}{2}x^2 + 4xy + \tfrac{5}{2}y^2\right).$$

Das ist das quadratisch genäherte Potenzial. Nun kann ganz normal mit Bestimmung der Bewegungsgleichung via $m\ddot{\vec{r}} = -\nabla V = -m\omega_0^2 A\vec{r}$ und anschließender Lösung dieses gekoppelten DGL-Systems durch Hauptachsentransformation weitergemacht werden. Für die Eigenwerte von A findet man

$$\det(A - \lambda \cdot \mathbb{1}) = \left(\tfrac{5}{2} - \lambda\right)^2 - 4 = \frac{9}{4} - 5\lambda + \lambda^2 = 0 \iff \lambda = \tfrac{5}{2} \pm \sqrt{\frac{25}{4} - \frac{9}{4}},$$

also $\lambda_1 = \tfrac{1}{2}, \lambda_2 = \tfrac{9}{2}$. Das LGS für $\lambda_1 = \tfrac{1}{2}$ besteht dann aus zwei Zeilen Zweien und liefert sofort $\vec{f}_1 = \frac{1}{\sqrt{2}}(1, -1)^{\mathsf{T}}$ nebst $\vec{f}_2 = \frac{1}{\sqrt{2}}(1, 1)^{\mathsf{T}}$. Als ge- bzw. entkoppeltes System erhalten wir

$$\begin{aligned} m\ddot{x} &= -m\omega_0^2\left(\tfrac{5}{2}x + 2y\right) \\ m\ddot{y} &= -m\omega_0^2\left(2x + \tfrac{5}{2}y\right) \end{aligned} \implies \begin{aligned} m\ddot{u}_1 &= -m\omega_0^2 \cdot \tfrac{1}{2}u_1 = -\frac{m\omega_0^2}{2}u_1 \\ m\ddot{u}_2 &= -m\omega_0^2 \cdot \tfrac{9}{2}u_2 = -\frac{9m\omega_0^2}{2}u_2 \end{aligned}$$

Diese entkoppelten DGLs lassen sich wieder durch einen Kosinusansatz lösen, und man kann die Eigenfrequenzen direkt bestimmen: $\ddot{u}_1 = -\frac{\omega_0^2}{2}u_1 \Rightarrow \omega_1 = \sqrt{\frac{\omega_0^2}{2}}$ und $\ddot{u}_2 = -\frac{9}{2}\omega_0^2 u_2 \Rightarrow \omega_2 = \sqrt{\frac{9\omega_0^2}{2}}$. Ergebnis: Die Eigenschwingungen als Superposition der Normalmoden ergeben sich im betrachteten System zu

$$\begin{pmatrix} x(t) \\ y(t) \end{pmatrix} = C_1 \cos(\omega_1 t + \phi_1) \cdot \begin{pmatrix} 1 \\ -1 \end{pmatrix} + C_2 \cos(\omega_2 t + \phi_2) \cdot \begin{pmatrix} 1 \\ 1 \end{pmatrix},$$

wobei die Eigenkreisfrequenzen $\omega_1 = \frac{1}{\sqrt{2}}\omega_0$ und $\omega_2 = \frac{3}{\sqrt{2}}\omega_0$ betragen. Die Normierungsfaktoren der Eigenvektoren wurden in die Konstanten gezogen. ∎

[H29] Lineares Molekül   **(5 Punkte)**
Drei Punktmassen $m_1 = m_3 = m$, $m_2 = 4m$ sind über zwei gleiche Federn mit Konstante κ und Ruhelänge ℓ auf der x-Achse gekoppelt. Wie lauten die Eigenfrequenzen und Eigenschwingungen dieses Systems?

Spickzettel zu Schwingungen

- **Freier harmonischer Oszillator**
  Charakterisierung:

$$\text{H.O.} \iff V(r) = \frac{m\omega_0^2}{2}\vec{r}^{\,2} \iff \text{Rückstellkraft } \vec{F}_r \propto -\vec{r} \iff \ddot{\vec{r}} + \omega_0^2\vec{r} = 0;$$

dann Lösung $\vec{r}(t) = \hat{\vec{r}}\cos(\omega_0 t + \phi)$ mit Amplitude $\hat{\vec{r}}$, Eigenkreisfrequenz ω_0 und Phase ϕ; Beim freien Oszillator kein Energieverlust! Prominente Beispiele:
  - Federpendel: $m\ddot{x} = -\kappa x$, Eigenkreisfrequenz $\omega_0 = \sqrt{\frac{\kappa}{m}} = 2\pi f_0 = \frac{2\pi}{T_0}$, dabei T_0 Periodendauer; bei Schwingung in z-Richtung: Gravitation verschiebt nur Ruhelage, Frequenz bleibt gleich.
  - Fadenpendel: $m\ell\ddot{\varphi} = -mg\sin(\varphi)$, nur harmonisch für kleine Winkel $\sin(\varphi) \approx \varphi$, dann $\omega_0 = \sqrt{\frac{g}{\ell}}$, entsprechend f_0, T_0.

- **Gedämpfter und getriebener harmonischer Oszillator**
  Allgemeine DGL: $\ddot{x} + \gamma\dot{x} + \omega_0^2 x = \frac{1}{m}F(t)$, wobei γ Dämpfung und F antreibende Kraft. Unterscheide hierbei:
  - keine Dämpfung, kein externes F: $\ddot{x} + \omega_0^2 x = 0$ mit harmonischen Funktionen als Lösung.
  - Dämpfung, nicht getrieben: $\ddot{x} + \gamma\dot{x} + \omega_0^2 x = 0$, Fallunterscheidung nach Dämpfung in Schwingfall ($\gamma < 2\omega_0$) mit $x(t) = Ce^{-\frac{\gamma}{2}t}\cos(\omega_D t + \phi)$, Kriechfall ($\gamma > 2\omega_0$) und aperiodischer Grenzfall ($\gamma = 2\omega_0$); Schwingungsfrequenz ändert sich unter Dämpfung: $\omega_D = \sqrt{\omega_0^2 - \frac{\gamma^2}{4}} < \omega_0$; Energie ist nicht mehr erhalten, Verlust durch Reibung.
  - Getrieben und gedämpft: $\ddot{x} + \gamma\dot{x} + \omega_0^2 x = \frac{1}{m}F(t)$, Lösung z.B. per Fourier; im Falle $\gamma \to 0$ Gefahr der Resonanzkatastrophe bei periodischer Anregung bei $\omega_{res} = \sqrt{\omega_0^2 - \frac{1}{2}\gamma^2}$; Amplitude generell frequenzabhängig.

- **Exakte Schwingungsperiode im Potenzial**
  Schwingungsperiode in symmetrischem Potenzial bei beliebiger Auslenkung a und zur Verfügung stehender Energie E: $T(E) = 4\sqrt{\frac{m}{2}}\int_0^a dx \frac{1}{\sqrt{E-V(x)}}$.

- **Kleine Schwingungen**
  Schwingung bei kleiner Auslenkung aus Potenzialminimum $\nabla V|_{\vec{r}_0} = \vec{0}$; Vorgehen:
  a) Quadratische Näherung des Potenzials um $\vec{r}_0$:

$$V = V(\vec{r}_0) + \frac{1}{2}(\vec{r} - \vec{r}_0)^\mathsf{T} \cdot \text{Hess } V|_{\vec{r}_0} \cdot (\vec{r} - \vec{r}_0),$$

  $\vec{r}$ Auslenkung aus Gleichgewichtsposition.
  b) Bestimme hieraus via $\vec{F} = -\nabla V$ die (gekoppelten) Newton'schen Bewegungsgleichungen.
  c) Entkoppel DGL-System per Hauptachsentransformation und löse die entkoppelten DGLs; lese Schwingungsfrequenzen ω ab.
  d) Rücktrafo der Lösung.

  1-D, $V = V(x)$: Entwicklung um Minimum, $V(x) = V(x_0) + \frac{1}{2}V''(x_0)(x - x_0)^2$, identifiziere Schwingungsfrequenz $\omega^2 = \frac{V''(x_0)}{m}$.

- **Gekoppelte Schwingungen**
  Schreibe als Matrixpotenzial $V = \frac{\kappa}{2} \vec{\eta}^{\mathsf{T}} \cdot A \cdot \vec{\eta}$ mit Auslenkungen $\vec{\eta} = (\eta_1, \ldots, \eta_N)$ der N gekoppelten Massen, dann Schritt b) der kleinen Schwingungen; Bewegungsgleichungen umformen per $\ddot{\vec{u}} = -\kappa \mathcal{M}^{-1} \cdot A \cdot \mathcal{M}^{-1} \cdot \vec{u}$ über $\vec{u} = \mathcal{M} \cdot \vec{\eta}$; anschließend Schritt c) und d) der kleinen Schwingungen mit $H = \mathcal{M}^{-1} \cdot A \cdot \mathcal{M}^{-1}$; Ergebnis als Superposition der Normalmoden für $\vec{\eta}$ formulieren.

12.7 Kinematik und Dynamik des starren Körpers

Wir werfen abschließend einen Blick auf den **starren Körper**. Bisher haben wir nur Punktmassen und deren Bewegung studiert; jetzt betrachten wir einen ausgedehnten Körper, den wir uns aus N Punktmassen $\Delta m_i, i = 1, \ldots, N$ zusammengesetzt denken. Starr heißt er, weil die Massen des Gebildes mit masselosen, starren Stangen verbunden gedacht werden und alle Teilchen dadurch einen konstanten Abstand voneinander halten – so auch die Punktmassen Δm_i und Δm_j, welche bei $\vec{r}_i$ und $\vec{r}_j$ sitzen:

$$|\vec{r}_i - \vec{r}_j| = \text{const.} \tag{12.77}$$

Das bedeutet, dass interne Schwingungen des Körpers selbst ausgeschlossen sind. Der Körper kann allerdings um drei senkrecht zueinander stehende Achsen rotieren und sich in drei Raumrichtungen bewegen. Ein starrer Körper besitzt folglich sechs Freiheitsgrade.

Wir wollen im Folgenden ein wenig die Kinematik und Dynamik des starren Körpers untersuchen und führen dazu zunächst ein paar charakteristische Größen ein. Die restlichen Unterabschnitte beschäftigen sich dann mit der Formulierung von Energie-, Impuls- und Drehimpulserhaltung sowie mit der Analogie zur Newton-Gleichung. Zentraler Begriff wird dabei der des Trägheitsmomentes sein.

12.7.1 Grundbegriffe

Die **Gesamtmasse** eines starren Körpers ist gemäß Gl. (5.33) gegeben durch

$$\text{diskret: } M = \sum_{i=1}^{N} \Delta m_i, \quad \text{kontinuierlich: } M = \int_{\mathcal{V}} dm = \int_{\mathcal{V}} d^3x \, \varrho(\vec{r}), \tag{12.78}$$

wobei im kontinuierlichen Fall $\varrho(\vec{r})$ die Massendichte des Körpers beschreibt und im diskreten Fall der Körper aus N Punktmassen $\Delta m_i, i = 1, \ldots, N$ besteht.

Den **Schwerpunkt** kennen wir auch schon aus Kap. 1 und 5:

$$\text{diskret: } \vec{R} = \frac{1}{M} \sum_{i=1}^{N} \Delta m_i \vec{r}_i, \quad \text{kontinuierlich: } \vec{R} = \frac{1}{M} \int_{\mathcal{V}} d^3x \, \varrho(\vec{r}) \cdot \vec{r}, \quad (12.79)$$

wobei M die Gesamtmasse des starren Körpers bezeichnet. $\vec{R}$ bezeichnet z. B. in 2-D anschaulich die Stelle, an der wir eine unförmige Fläche einfach mit einer Pinzette von unten stützen könnten und sie nicht von der Pinzette fallen würde.

Gesamtimpuls und Gesamtdrehimpuls des Schwerpunktes

Wie bereits erwähnt, besitzt ein starrer Körper sechs Freiheitsgrade, drei in der Rotation und drei in der Translation. Bewegt sich der Klumpen translatorisch, so kann man ihm den folgenden **Gesamtimpuls** $\vec{P}$ zuordnen:

$$\text{diskret: } \vec{P} = M \dot{\vec{R}}, \quad \text{kontinuierlich: } \vec{P} = \int_{\mathcal{V}} d^3x \, \varrho(\vec{r}) \cdot \dot{\vec{r}}, \quad (12.80)$$

wobei $\dot{\vec{R}} = \vec{V}(t)$ die translatorische Schwerpunktsgeschwindigkeit angibt.

Die letzte fehlende Erhaltungsgröße in unserem Repertoire ist die **Schwerpunktserhaltung:** Der Schwerpunkt bewegt sich stets so, als ob in ihm die gesamte Masse vereinigt ist. Er bewegt sich gleichförmig, wenn sich alle äußeren Kräfte $\vec{F}_{ext}$ auf den Schwerpunkt kompensieren oder keine existieren:

$$\dot{\vec{P}} = M \ddot{\vec{R}} = \vec{F}_{ext} = \vec{0} \iff \ddot{\vec{R}} = \vec{0} \implies \vec{R}(t) = \vec{V} \cdot t + \vec{R}(0) \quad (12.81)$$

mit konstanter Schwerpunktsgeschwindigkeit $\vec{V} = \text{const}$. Externe Kräfte, die abseits der Wirklinie durch den Schwerpunkt angreifen, führen im Allgemeinen zu einem Drehmoment und folglich zur Rotation des starren Körpers.

Beim **Gesamtdrehimpuls** müssen wir aufpassen. Wenn wir einen Drehimpuls für ein N-Massen-System bzw. einen ausgedehnten Körper angeben, dann bezieht dieser sich immer auf den Schwerpunkt:

$$\text{diskret: } \vec{L} = \sum_{i=1}^{N} \vec{L}_i = \sum_{i=1}^{N} \Delta m_i \vec{r}_i \times \vec{v}_i, \quad \text{kontinuierlich: } \vec{L} = \vec{R} \times \vec{P}. \quad (12.82)$$

mit obigem kontinuierlichen $\vec{R}$ und $\vec{P}$ und gemäß der Drehimpulsdefinition $\vec{L} = \vec{r} \times \vec{p} = m\vec{r} \times \vec{v}$ für ein Punktteilchen. Nun gehen wir aber ans Eingemachte und betrachten den *rotierenden* starren Körper.

12.7.2 Trägheitstensor und -moment

Beim starren Körper interessieren uns nun seine Rotationseigenschaften. Hierfür betrachten wir zunächst den Drehimpuls einer einzelnen Punktmasse Δm_i des gesamten Körpers, die abseits einer beliebigen Drehachse (z. B. durch den Schwerpunkt) sitzt und dort mit $\vec{\omega}$ (zusammen mit allen anderen Punktmassen) rotiert. Anschließend werden wir das Resultat dann auf alle N Massen des Körpers verallgemeinern.

Die einzelne Punktmasse am Ort $\vec{r}_i = (x_i, y_i, z_i)^\mathsf{T}$ rotiert mit $\vec{\omega}$ und hat wegen (12.36) die Bahngeschwindigkeit $\vec{v}_i = \vec{\omega} \times \vec{r}_i$. Mit der bac-cab-Formel ergibt sich dann ihr Drehimpuls zu

$$\vec{L}_i = \Delta m_i \cdot (\vec{r}_i \times \vec{v}_i) = \Delta m_i \cdot \vec{r}_i \times (\vec{\omega} \times \vec{r}_i) = \Delta m_i(\vec{\omega}(\vec{r}_i \cdot \vec{r}_i) - \vec{r}_i(\vec{r}_i \cdot \vec{\omega})).$$

Wir wollen $\vec{\omega}$ ausklammern. Im ersten Summanden ist das kein Problem, denn $\vec{r}_i \cdot \vec{r}_i = r_i^2$ ist ein Skalar (nämlich gleich dem Abstandsquadrat der Punktmasse zur Drehachse), an dem $\vec{\omega}$ problemlos vorbeigezogen werden kann. Der zweite Term jedoch bereitet Kopfzerbrechen, müssen wir dem armen $\vec{r}_i$ doch seinen Skalarproduktpartner $\vec{\omega}$ entreißen. Dabei hilft uns aber das dyadische Produkt $\circ$ aus Kap. 2. Von dort kennen wir

$$(\vec{a} \circ \vec{a})\vec{b} \overset{(2.41)}{=} \vec{a}(\vec{a} \cdot \vec{b}), \quad \text{d. h.} \quad \vec{r}_i(\vec{r}_i \cdot \vec{\omega}) = (\vec{r}_i \circ \vec{r}_i)\vec{\omega}.$$

Damit folgt sofort in der Drehimpulsformel

$$\vec{L}_i = \Delta m_i(r_i^2\vec{\omega} - (\vec{r}_i \circ \vec{r}_i)\vec{\omega})) = \underbrace{\Delta m_i(r_i^2 \cdot \mathbb{1} - \vec{r}_i \circ \vec{r}_i)}_{=:I_i} \cdot \vec{\omega} = I_i \cdot \vec{\omega},$$

wobei wir beim zweiten Gleichheitszeichen eine Einheitsmatrix eingefügt haben, so dass der neu eingeführte Faktor I_i vor dem $\vec{\omega}$ insgesamt matrixwertig ist. Explizit ausgeschrieben bedeutet dies mit Position $\vec{r}_i = (x_i, y_i, z_i)^\mathsf{T}$ der Punktmasse Δm_i und $r_i^2 = x_i^2 + y_i^2 + z_i^2$:

$$I_i = \Delta m_i(r_i^2 \cdot \mathbb{1} - \vec{r}_i \circ \vec{r}_i) = \Delta m_i \left[\begin{pmatrix} r_i^2 & 0 & 0 \\ 0 & r_i^2 & 0 \\ 0 & 0 & r_i^2 \end{pmatrix} - \begin{pmatrix} x_i^2 & x_i y_i & x_i z_i \\ x_i y_i & y_i^2 & y_i z_i \\ x_i z_i & y_i z_i & z_i^2 \end{pmatrix} \right]$$

$$= \Delta m_i \begin{pmatrix} y_i^2 + z_i^2 & -x_i y_i & -x_i z_i \\ -x_i y_i & x_i^2 + z_i^2 & -y_i z_i \\ -x_i z_i & -y_i z_i & x_i^2 + y_i^2 \end{pmatrix},$$

wobei der Tensor I_i offensichtlich symmetrisch ist, d. h. $I_i = I_i^\mathsf{T}$. In der Verallgemeinerung für N Massen ergibt sich analog

$$\vec{L} = \sum_{i=1}^{N} \vec{L}_i = \underbrace{\sum_{i=1}^{N} \Delta m_i(\vec{r}_i^2 \cdot \mathbb{1} - \vec{r}_i \circ \vec{r}_i)}_{=:I} \cdot \vec{\omega} = I \cdot \vec{\omega}.$$

Damit ergibt sich für den **Trägheitstensor** eines N-Massensystems die explizite Darstellung

$$I = \sum_{i=1}^{N} \Delta m_i (\vec{r}_i^{\,2} \cdot \mathbb{1} - \vec{r}_i \circ \vec{r}_i) \tag{12.83}$$

$$= \sum_{i=1}^{N} \Delta m_i \begin{pmatrix} y_i^2 + z_i^2 & -x_i y_i & -x_i z_i \\ -x_i y_i & x_i^2 + z_i^2 & -y_i z_i \\ -x_i z_i & -y_i z_i & x_i^2 + y_i^2 \end{pmatrix} = I^{\mathsf{T}}, \tag{12.84}$$

und Drehimpuls und Winkelgeschwindigkeit hängen über ebendiesen Trägheitstensor zusammen:

$$\vec{L} = I \cdot \vec{\omega}. \tag{12.85}$$

Diese Gleichung spiegelt das rotatorische Analogon von $\vec{P} = M\vec{V}$ für den Schwerpunkt wider. Trägheitstensor I und Masse M entsprechen sich ebenfalls, wie wir in Kürze sehen werden. Nun ist es aber erstmal Zeit für ein Beispiel zum Aufstellen des Trägheitstensors.

Beispiel 12.23 (Aufstellen des Trägheitstensors)

▷ Wie lautet der Trägheitstensor von vier gleich großen Massen m, die bei $\vec{r}_1 = r(0, 0, 1)^{\mathsf{T}}$, $\vec{r}_2 = r(1, 0, 0)^{\mathsf{T}}$, $\vec{r}_3 = r\left(-\frac{1}{2}, \frac{\sqrt{3}}{2}, 0\right)^{\mathsf{T}}$ und $\vec{r}_4 = r\left(-\frac{1}{2}, -\frac{\sqrt{3}}{2}, 0\right)^{\mathsf{T}}$ positioniert sind?

Lösung: Wir stellen für jede Masse einzeln den Trägheitstensor auf und summieren anschließend. Im ersten Fall für $m_1 = m$ und $\vec{r}_1 = (x_1, y_1, z_1)^{\mathsf{T}} = (0, 0, r)^{\mathsf{T}}$ gilt nach (12.84):

$$I_1 = m \begin{pmatrix} 0^2 + r^2 & -0 \cdot 0 & -0 \cdot r \\ -0 \cdot 0 & 0^2 + r^2 & -0 \cdot r \\ -0 \cdot r & -0 \cdot r & 0^2 + 0^2 \end{pmatrix} = mr^2 \begin{pmatrix} 1 & 0 & 0 \\ 0 & 1 & 0 \\ 0 & 0 & 0 \end{pmatrix}.$$

Der dritte folgt zu

$$I_3 = m \begin{pmatrix} \left(\frac{\sqrt{3}}{2}r\right)^2 + 0^2 & -(-\frac{1}{2}r) \cdot \frac{\sqrt{3}}{2}r & -(-\frac{1}{2}r) \cdot 0 \\ -(-\frac{1}{2}r) \cdot \frac{\sqrt{3}}{2}r & (-\frac{1}{2}r)^2 + 0^2 & \frac{\sqrt{3}}{2}r \cdot 0 \\ -(-\frac{1}{2}r) \cdot 0 & \frac{\sqrt{3}}{2}r \cdot 0 & (-\frac{1}{2}r)^2 + \left(\frac{\sqrt{3}}{2}r\right)^2 \end{pmatrix}$$

$$= m \begin{pmatrix} \frac{3}{4}r^2 & \frac{\sqrt{3}}{4}r^2 & 0 \\ \frac{\sqrt{3}}{4}r^2 & \frac{1}{4}r^2 & 0 \\ 0 & 0 & r^2 \end{pmatrix} = mr^2 \begin{pmatrix} \frac{3}{4} & \frac{\sqrt{3}}{4} & 0 \\ \frac{\sqrt{3}}{4} & \frac{1}{4} & 0 \\ 0 & 0 & 1 \end{pmatrix}.$$

Die anderen beiden ergeben sich vollkommen analog. Damit folgt der Gesamt-Trägheitstensor nach (12.84) zu

$$I = \sum_{i=1}^{4} I_i = I_1 + I_2 + I_3 + I_4 = mr^2 \begin{pmatrix} \frac{5}{2} & 0 & 0 \\ 0 & \frac{5}{2} & 0 \\ 0 & 0 & 3 \end{pmatrix}. \qquad \blacksquare$$

In Indizes geschrieben findet man für den Trägheitstensor auch oft folgende Darstellung:

$$\text{diskret:} \quad I_{ij} = \sum_{\alpha=1}^{N} \Delta m^{\alpha} (\delta_{ij}(\vec{r}^{\alpha})^2 - x_i^{\alpha} x_j^{\alpha}), \qquad (12.86)$$

$$\text{kontinuierlich:} \quad I_{ij} = \int_{\mathcal{V}} d^3x \, \varrho(\vec{r})(\delta_{ij}\vec{r}^2 - x_i x_j). \qquad (12.87)$$

Man beachte im diskreten Fall, dass nun der Index α die Massen durchzählt. Er steht außerdem oben, um Verwechselungen mit den Indizes i und j zu vermeiden, da diese die Komponenten des gesamten Trägheitstensors bezeichnen. Ferner meinen x_i^{α} und x_j^{α} die i-te bzw. j-te Komponente der Position $\vec{r}^{\alpha}$ der Masse Δm^{α}. Man erinnere ferner die Indexschreibweise für das dyadische Produkt (3.33): $(\vec{r} \circ \vec{r})_{ij} = x_i x_j$. Die Formeln sind daher völlig äquivalent mit der zuvor abgeleiteten expliziten Matrixdarstellung.

Beispiel 12.24 (Aufstellen des Trägheitstensors reloaded)

▷ Man stelle für das Massensystem aus Beispiel 12.23 erneut den Trägheitstensor auf, benutze dafür aber diesmal Gl. (12.86).

Lösung: Wir starten mit I_{11}:

$$I_{11} = \sum_{\alpha=1}^{4} \Delta m^{\alpha}(\delta_{11}(\vec{r}^{\alpha})^2 - x_1^{\alpha} x_1^{\alpha}) = \sum_{\alpha=1}^{4} \Delta m^{\alpha} \left((\vec{r}^{\alpha})^2 - x_1^{\alpha} x_1^{\alpha}\right)$$

$$= m \left((r^2 - 0 \cdot 0) + (r^2 - r \cdot r) + \left(r^2 - \left(-\tfrac{r}{2}\right)\left(-\tfrac{r}{2}\right)\right) + \left(r^2 - \left(-\tfrac{r}{2}\right)\left(-\tfrac{r}{2}\right)\right)\right)$$

$$= m \left(r^2 + 0 + \tfrac{3}{4}r^2 + \tfrac{3}{4}r^2\right) = \tfrac{5}{2}mr^2,$$

was übereinstimmt. Weiterhin

$$I_{12} = \sum_{\alpha=1}^{4} \Delta m^{\alpha} \left(0 - x_1^{\alpha} x_2^{\alpha} \right)$$

$$= m \left(-0 \cdot 0 - r \cdot 0 - \left(-\tfrac{r}{2}\right) \tfrac{\sqrt{3}}{2} r - \left(-\tfrac{r}{2}\right)\left(-\tfrac{\sqrt{3}}{2} r\right) \right) = 0 = I_{21},$$

$$I_{13} = \sum_{\alpha=1}^{4} \Delta m^{\alpha} \left(0 - x_1^{\alpha} x_3^{\alpha} \right) = m \left(-0 - 0 - 0 - 0 \right) = 0 = I_{31},$$

$$I_{23} = \sum_{\alpha=1}^{4} \Delta m^{\alpha} \left(0 - x_2^{\alpha} x_3^{\alpha} \right) = m \left(-0 - 0 - 0 - 0 \right) = 0 = I_{32},$$

$$I_{22} = \sum_{\alpha=1}^{4} \Delta m^{\alpha} \left(\left(\vec{r}^{\,\alpha}\right)^2 - x_2^{\alpha} x_2^{\alpha} \right)$$

$$= m \left(\left(r^2 - 0\right) + \left(r^2 - 0\right) + \left(r^2 - \tfrac{3}{4} r^2\right) + \left(r^2 - \tfrac{3}{4} r^2\right) \right) = \tfrac{5}{2} m r^2,$$

$$I_{33} = \sum_{\alpha=1}^{4} \Delta m^{\alpha} \left(\left(\vec{r}^{\,\alpha}\right)^2 - x_3^{\alpha} x_3^{\alpha} \right)$$

$$= m \left(\left(r^2 - r^2\right) + \left(r^2 - 0\right) + \left(r^2 - 0\right) + \left(r^2 - 0\right) \right) = 3 m r^2.$$

Der Vorteil beim Ausrechnen auf diese Weise ist, dass man sich die Symmetrien des Trägheitstensors $I_{ij} = I_{ji}$ zunutze machen kann und somit nur 6 der 9 Terme berechnen muss. Dafür ist allerdings beim Ausrechnen über (12.86) die Gefahr größer, sich mit den Indizes zu verhaken. ∎

Trägheitsmoment
Ist eine feste Drehachse $\vec{n}$ gegeben (wobei $\vec{n}$ ein Einheitsvektor ist, d. h. $|\vec{n}| = 1$), um die das Massensystem rotiert, so spricht man bei

$$J_{\vec{n}} = \vec{n}^{\mathsf{T}} \cdot I \cdot \vec{n} \tag{12.88}$$

vom **Trägheitsmoment** des Körpers bezüglich der Achse $\vec{n}$. J kann dabei als ein Maß für die Wuchtigkeit (bzw. Unwucht) eines ausgedehnten Körpers verstanden werden und ist das rotatorische Analogon zur (trägen) Masse in der Translation. Es wird minimal, wenn die Massenverteilung um die Drehachse symmetrisch ist. J hängt folglich von der gewählten Achse, der Gesamtmasse und der Massenverteilung ab. Je weiter die Masse von der Drehachse wegliegt, desto größer ist das Trägheitsmoment, da $J \propto \sum \Delta m_i r^2$. Daher ist das Trägheitsmoment eines Hohlzylinders um die Längsachse größer als das eines gleich großen und gleich schweren Vollzylinders, weil beim Hohlzylinder die Masse weit außen sitzt und beim Hohlzylinder um die Drehachse verteilt liegt.

Kennt man das Trägheitsmoment um eine Achse (für die gängigen Körper meist für Drehachsen durch den Schwerpunkt S tabelliert), dreht allerdings um eine dazu parallele Achse $\vec{n}$, so hilft der **Satz von Steiner** aus der Patsche:

$$J_{\vec{n}} = J_S + M d^2, \tag{12.89}$$

wobei J_S das Trägheitsmoment bzgl. einer Schwerpunktsachse ist, M die Gesamtmasse bezeichnet und d den senkrechten Abstand zwischen den Achsen meint.

Beispiel 12.25 (Weihnachtsmarkt)

▷ Nachdem wir in Beispiel 5.16 schon den Schwerpunkt des kegelförmigen Weihnachtsbaums für den günstigen Transport bestimmt haben, kommt kurzfristig die Idee auf, den Baum als Verzierung in der Mitte eines waagerecht rotierenden Karussells auf dem Jahrmarkt zweckzuentfremden. Dazu sollten wir das Trägheitsmoment kennen! Erinnere die Dichte: $\varrho(\vec{x}) = \varrho_0 \left(1 - \frac{z}{H}\right)$ in Zylinderkoordinaten.

Lösung: Die Drehachse ist durch $\vec{n} = (0, 0, 1)^\mathsf{T}$ vorgegeben. Wir suchen also das Trägheitsmoment bezüglich der z-Achse, d.h. $J_{\vec{n}} = \vec{e}_3^\mathsf{T} \cdot I \cdot \vec{e}_3 = I_{33}$. Dieses berechnet sich per Gl. (12.87) über

$$I_{33} = \int_V \mathrm{d}^3x \; \varrho(\vec{r})(\delta_{33}\vec{r}^{\,2} - x_3 x_3) = \int \mathrm{d}^3x \; \varrho(\vec{r})(x_1^2 + x_2^2),$$

wobei hier nun x_i die i-te Komponente von $\vec{r}$ meint; wir haben es ja schließlich nicht mehr mit abzählbaren Massen zu tun, sondern mit einem Kontinuum. Für die Integration wählen wir Zylinderkoordinaten ($x_1^2 + x_2^2 = r^2$, hier mit Koordinate r statt ρ, um nicht mit der Dichte ϱ durcheinander zu kommen):

$$
\begin{aligned}
I_{33} &= \int_0^{2\pi} \mathrm{d}\varphi \int_0^H \mathrm{d}z \int_0^{R(1-\frac{z}{H})} \mathrm{d}r \, r \cdot \varrho_0 \left(1 - \tfrac{z}{H}\right) \cdot r^2 \\
&= 2\pi\varrho_0 \int_0^H \mathrm{d}z \left(1 - \tfrac{z}{H}\right) \underbrace{\int_0^{R(1-\frac{z}{H})} \mathrm{d}r \, r^3}_{= \frac{r^4}{4}\big|_0^{R(1-\frac{z}{H})} = \frac{1}{4}R^4(1-\frac{z}{H})^4} \\
&= \tfrac{\pi\varrho_0 R^4}{2} \int_0^H \mathrm{d}z \left(1 - \tfrac{z}{H}\right)^5 \overset{z \to Hz}{=} \tfrac{\pi\varrho_0 R^4 H}{2} \int_0^1 \mathrm{d}z \,(1 - z)^5 \\
&= -\tfrac{\pi\varrho_0 R^4 H}{12}(1 - z)^6 \Big|_0^1 = \tfrac{\pi\varrho_0 R^4 H}{12}.
\end{aligned}
$$

Da $M = \frac{1}{4}\pi\varrho_0 R^2 H$ (s. Beispiel 5.16), folgt insgesamt

$$I_{33} = \frac{1}{3}MR^2 = J_{\vec{n}}.$$

Das ist das Trägheitsmoment des Baumes bezüglich Rotation um die z-Achse. ∎

12.7.3 Gesamtdrehmoment und Gesamtdrehimpulserhaltung

Wie bereits in Abschn. 12.4 können wir auch hier Drehimpulserhaltung für den komplett rotierenden Körper definieren. Der Gesamtdrehimpuls $\vec{L}$ soll sich dabei nicht ändern, d. h. $\vec{L} = \text{const.}$ oder anders gesagt $\frac{d\vec{L}}{dt} = \vec{0}$. Eine Änderung des Drehimpulses geschieht aber durch von außen angreifende Kräfte und daraus resultierende Drehmomente. Also können wir die **Gesamtdrehimpulserhaltung** für einen starren Körper wie folgt formulieren:

$$\vec{M} = \sum_{i=1}^{N} \vec{M}_i = \sum_{i=1}^{N} \vec{r}_i \times \vec{F}_i = \frac{d\vec{L}}{dt} = \vec{0} \iff \vec{L} = \sum_{i=1}^{N} \Delta m_i \vec{r}_i \times \vec{v}_i = \text{const.}$$

(12.90)

mit dem von außen angreifenden **Gesamtdrehmoment**

$$\vec{M} = \sum_{i=1}^{N} \vec{M}_i = \sum_{i=1}^{N} \vec{r}_i \times \vec{F}_i.$$

(12.91)

Sofern dieses verschwindet, ist der Drehimpuls erhalten, und ein mit $\vec{\omega}$ rotierender Körper würde auf ewig mit dieser konstanten Winkelgeschwindigkeit weiter rotieren. In Praxis hat man aber natürlich Reibung an der Achse, also angreifende Drehmomente, die auf Dauer beispielsweise für das Verlangsamen und schließlich Anhalten der Rotation verantwortlich sind. Angreifende Drehmomente sorgen folglich für (Winkel-)Beschleunigungen, und der Zusammenhang ist gegeben über

$$\vec{M} = I \cdot \vec{\alpha},$$

(12.92)

was über $\vec{L} = I \cdot \vec{\omega}$ direkt per zeitlicher Ableitung für unveränderliche Massenverteilungen folgt. Gl. (12.92) ist das rotatorische Analogon zur Newton'schen Gleichung $\vec{F} = m\vec{a}$ der Translation.

12.7.4 Stabile Rotation

Die Frage aller Fragen ist: Wenn man einen beliebig geformten Körper hat (z. B. eine Kartoffel), wie muss man dann Drehachsen $\vec{\omega}$ durch ihn stechen (etwa einen Zahnstocher), so dass die Rotation um diese Achse stabil ist? Stabile Rotation bedeutet in diesem Fall: ohne Unwucht, also ohne Geeier. Des Rätsels Lösung ist der Trägheitstensor bzw. das Trägheitsmoment bzgl. der Drehachse. Zuvor hatten wir die Formel $\vec{L} = I \cdot \vec{\omega}$ mit dem Trägheitstensor I bekommen. I beschreibt den Körper und seine Eigenschaften unter Drehungen, $\vec{\omega} = \omega \vec{n}$ beinhaltet Winkelgeschwindigkeit und die Drehachse. Diese soll nun fix sein, d. h. sich zeitlich nicht ändern (sonst würde der Körper beim Rotieren eiern!). Dies ist der Fall, wenn $\vec{L} = I \cdot \vec{\omega}$ und $\vec{\omega}$ parallel liegen. Anwenden von I auf $\vec{\omega}$ soll also wieder $\vec{\omega}$ bzw. ein Vielfaches $\lambda \vec{\omega}$ liefern. Das kennen wir aber, nicht wahr?

$$I \cdot \vec{\omega}_i = \lambda_i \cdot \vec{\omega}_i, \quad i = 1, 2, 3.$$

(12.93)

Schau an, ein weiteres Eigenwertproblem! $\vec{\omega}_i$ heißen dabei **Hauptträgheitsachsen,** λ_i **Hauptträgheitsmomente,** und i zählt die drei Raumdimensionen durch. Wie bereits gesagt, besitzt der starre Körper drei Freiheitsgrade bzgl. der Rotation um senkrecht zueinander stehende Drehachsen. Dies sind im idealen Fall die Hauptträgheitsachsen des Systems, die wir nun über (12.93) bestimmen können.

Stabile Drehungen des Körpers finden um die Achsen statt, die das größte und kleinste Trägheitsmoment haben. Ist also nach **stabilen Drehungen** eines Systems – beschrieben durch den Trägheitstensor I – gefragt, so müssen wir die Eigenwerte und Eigenvektoren von I berechnen und können daraus dann die Trägheitsmomente J_1, J_2 und J_3 bezüglich der Achsen $\vec{\omega}_1$, $\vec{\omega}_2$ und $\vec{\omega}_3$ ermitteln. Der Eigenvektor zum größten und kleinsten Eigenwert gibt dann die **stabilen Achsen** an.

Beispiel 12.26 (Stabile Rotationen)

▷ Wie lauten vom System aus Beispiel 12.23 die Achsen, um die eine Rotation stabil verläuft?

Lösung: Wir müssen Eigenwerte und Eigenvektoren von I berechnen. Da I aber schon diagonal ist, können wir die Eigenwerte bzw. Hauptträgheitsmomente direkt ablesen:

$$J_1 = \vec{e}_1^{\mathsf{T}} \cdot I \cdot \vec{e}_1 = \tfrac{5}{2}mr^2 = \vec{e}_2^{\mathsf{T}} \cdot I \cdot \vec{e}_2 = J_2, \quad J_3 = \vec{e}_3^{\mathsf{T}} \cdot I \cdot \vec{e}_3 = 3mr^2$$

mit den zugehörigen Hauptachsen $\vec{\omega}_1 = \omega_1\vec{e}_1$, $\vec{\omega}_2 = \omega_2\vec{e}_2$ und $\vec{\omega}_3 = \omega_3\vec{e}_3$. Stabile Rotationen sind um die Achsen möglich, die das größte bzw. das kleinste Hauptträgheitsmoment besitzen. Da aber $I_1 = I_2$, sind alle Hauptachsen stabile Achsen! ∎

12.7.5 Rotationsenergie

Schließlich fehlt noch die energetische Betrachtung der Rotation bzw. der Translation *plus* Rotation (z. B. bei Abrollvorgängen). Für die **Rotationsenergie** eines Mehrteilchensystems um eine Achse $\vec{\omega}$ gilt mit $\vec{v}^\alpha = \vec{\omega} \times \vec{r}^\alpha$:

$$T_{\text{rot}} = \sum_{\alpha=1}^{N} T_{\alpha,\text{rot}} = \sum_{\alpha=1}^{N} \frac{\Delta m^\alpha}{2} (\dot{\vec{r}}^\alpha)^2 = \frac{1}{2} \sum_{\alpha=1}^{N} \Delta m^\alpha (\vec{\omega} \times \vec{r}^\alpha)^2,$$

wobei der Index α die Teilchen durchzählt und der Übersicht halber (s. u.) wieder nach oben geschrieben wurde. Das Kreuzprodukt haben wir schon in Beispiel 1.20 ausmultipliziert. Es gilt

$$(\vec{\omega} \times \vec{r}^\alpha) \cdot (\vec{\omega} \times \vec{r}^\alpha) = (\vec{\omega} \cdot \vec{\omega})(\vec{r}^\alpha \cdot \vec{r}^\alpha) - (\vec{\omega} \cdot \vec{r}^\alpha)(\vec{\omega} \cdot \vec{r}^\alpha),$$

und entsprechend in Indizes

$$(\vec{\omega} \times \vec{r}^{\,\alpha}) \cdot (\vec{\omega} \times \vec{r}^{\,\alpha}) = \omega_j \omega_j x_m^\alpha x_m^\alpha - \omega_j x_j^\alpha \omega_k x_k^\alpha.$$

Nun möchte man die ω's ausklammern. Dies geht aufgrund der verschiedenen Indizes im zweiten Term nicht. Wir mogeln allerdings im ersten Term ein Kronecker-Symbol hinein, so dass dort auch die Indizes j und k auftauchen:

$$\omega_j \omega_j x_m^\alpha x_m^\alpha - \omega_j \omega_k x_j^\alpha x_k^\alpha = \delta_{jk} \omega_j \omega_k x_m^\alpha x_m^\alpha - \omega_j \omega_k x_j^\alpha x_k^\alpha,$$

womit folgt:

$$(\vec{\omega} \times \vec{r}^{\,\alpha}) \cdot (\vec{\omega} \times \vec{r}^{\,\alpha}) = \delta_{jk} \omega_j \omega_k x_m^\alpha x_m^\alpha - \omega_j \omega_k x_j^\alpha x_k^\alpha = (\delta_{jk} x_m^\alpha x_m^\alpha - x_j^\alpha x_k^\alpha) \omega_j \omega_k.$$

Damit ergibt sich für die Rotationsenergie dank Gl. (12.86), wegen $x_m x_m = \vec{r}^{\,2}$ und $I_{jk} \omega_j \omega_k = \omega_j I_{jk} \omega_k$ (Komponenten können beliebig vertauscht werden):

$$T_{\text{rot}} = \frac{1}{2} \underbrace{\sum_{\alpha=1}^{N} \Delta m^\alpha (\delta_{jk} x_m^\alpha x_m^\alpha - x_j^\alpha x_k^\alpha)}_{= I_{jk}} \omega_j \omega_k = \frac{1}{2} I_{jk} \omega_j \omega_k = \frac{1}{2} \omega_j I_{jk} \omega_k.$$

Ergebnis:

$$T_{\text{rot}} = \frac{1}{2} \vec{\omega}^{\mathsf{T}} \cdot I \cdot \vec{\omega} = \frac{1}{2} (\vec{n}^{\mathsf{T}} \cdot I \cdot \vec{n}) \omega^2 = \frac{1}{2} J_{\vec{n}} \, \omega^2, \qquad (12.94)$$

wobei $J_{\vec{n}}$ das Trägheitsmoment bezüglich der $\vec{n}$-Achse ist. T_{rot} ist die Energie eines mit $\vec{\omega}$ rotierenden starren Körpers.

Beispiel 12.27 (Rotationsenergie)

▷ Wie lautet die Rotationsenergie beim Trägheitstensor aus Beispiel 12.23, wenn um die Achse $\vec{n} = (\frac{1}{\sqrt{2}}, \frac{1}{\sqrt{2}}, 0)^{\mathsf{T}}$ gedreht wird?

Lösung: Wir berechnen die Rotationsenergie mit Hilfe von Gl. (12.94):

$$T_{\text{rot}} = \frac{1}{2} (\vec{n}^{\mathsf{T}} I \vec{n}) \omega^2 = \frac{1}{2} \left(\frac{1}{\sqrt{2}}, \frac{1}{\sqrt{2}}, 0 \right) \cdot \begin{pmatrix} \frac{5}{2} mr^2 & 0 & 0 \\ 0 & \frac{5}{2} mr^2 & 0 \\ 0 & 0 & 3mr^2 \end{pmatrix} \cdot \begin{pmatrix} \frac{1}{\sqrt{2}} \\ \frac{1}{\sqrt{2}} \\ 0 \end{pmatrix} \omega^2$$

$$= \frac{1}{2} \left(\frac{5}{2} mr^2 \cdot \frac{1}{2} + \frac{5}{2} mr^2 \cdot \frac{1}{2} + 0 \right) \omega^2 = \frac{5}{4} mr^2 \omega^2.$$

∎

Obige Rotationsenergie hat nichts mit der (translatorischen) kinetischen Energie eines N-Massensystems zu tun und muss zur gesamten kinetischen Energie hinzugefügt werden, sobald ein starrer Körper nicht nur rotiert, sondern sich (z. B. rollend) durch den Raum bewegt. Damit muss der Energiesatz erweitert werden zu

$$E = T_{\text{trans}} + T_{\text{rot}} + V(\vec{R}) = \frac{M}{2}\dot{\vec{R}}^2 + \frac{1}{2}J_{\vec{n}}\omega^2 + V(\vec{R}). \qquad (12.95)$$

Beispiel 12.28 (Rollende Kugel)

▷ Eine Vollkugel der Masse M, Radius R und Trägheitsmoment $J_S = \frac{2}{5}MR^2$ bezüglich des Schwerpunkts rolle von der Höhe h eine Schräge herunter. Wie schnell ist die Kugel am Ende der Schrägen?

Lösung: Direkt vorweg: Nein, $v = \sqrt{2gh}$ ist nicht die Antwort. Dies wäre nur unter Vernachlässigung der Rotation richtig. Nun müssen wir allerdings die Rotation einbeziehen, da sich die Kugel translatorisch (Schwerpunkt) und rotatorisch (abrollend) bewegt. Die Kugel startet von der Höhe h, alle Energie ist in der Lageenergie Mgh gespeichert. Nun beginnt sie zu rollen, die potenzielle Energie wandelt sich in kinetische (translatorische) Energie und Rotationsenergie um:

$$Mgh = \frac{M}{2}v^2 + \frac{1}{2}J_S\omega^2 = \frac{M}{2}v^2 + \frac{1}{2}\frac{2}{5}MR^2\left(\frac{v}{R}\right)^2 = \left(\frac{M}{2} + \frac{M}{5}\right)v^2 = \frac{7}{10}Mv^2$$

nach Energiesatz. Hierbei haben wir den Zusammenhang beim Abrollen $v = \omega R$ benutzt. Umformen liefert

$$v = \sqrt{\frac{10}{7}gh}.$$

Das ist die Geschwindigkeit am Ende der Bahn. Sie ist offensichtlich kleiner als $\sqrt{2gh}$, was bedeutet, dass nicht die komplette Anfangsenergie in Form von Lageenergie in translatorische Energie des Schwerpunkts umgewandelt wurde (sondern ein Teil auch in Rotationsenergie). ∎

[H30] Der Rotor   **(1,5 + 2,5 + 1 = 5 Punkte)**

Ein Rotor, bestehend aus einer langen dünnen Stange (Masse m_{St}, Länge ℓ) und zwei Kugeln (je Masse M und Radius R), ist in seinem Schwerpunkt S drehbar gelagert. Eine Knetkugel (Masse m, als Massepunkt zu behandeln) fliegt wie skizziert mit einer Geschwindigkeit v_0 auf den rechten Arm des Rotors zu und bleibt dort im Abstand $\ell/4$ zum Schwerpunkt kleben. Der Rotor beginnt sich dadurch zu drehen.

a) Per Steiner: Wie groß ist das Trägheitsmoment des Rotors vor dem Aufprall der Knetkugel? Hinweis: Das Trägheitsmoment der Stange bezüglich Drehachse an einem Ende ist $J = \frac{1}{3} m_{St} \ell^2$.

b) Mit welcher Drehfrequenz f dreht sich der Rotor (mit Knetkugel) unmittelbar nach dem Aufprall der Knete?

c) Welcher Anteil der Energie wird beim Aufprall in innere Energie umgesetzt?

Spickzettel zum starren Körper

- **Modell des starren Körpers**
  Ausgedehnter Körper, bestehend aus N Punktmassen Δm_i an den Orten $\vec{r}_i$, $i = 1, \ldots, N$ mit festen Abständen $|\vec{r}_i - \vec{r}_j| = $ const; 6 Freiheitsgrade (3 Translation, 3 Rotation).

- **Kenngrößen eines Mehrteilchensystems**
  - Gesamtmasse: $M = \sum_{i=1}^{N} \Delta m_i$ bzw. $M = \int_V d^3x\, \varrho(\vec{r})$.
  - Schwerpunkt: $\vec{R} = \frac{1}{M} \sum_{i=1}^{N} \Delta m_i \vec{r}_i$ bzw. $\vec{R} = \frac{1}{M} \int_V d^3x\, \varrho(\vec{r}) \vec{r}$.
  - Schwerpunktsatz (bei Translation): $M \ddot{\vec{R}} = \vec{F}_{ext} = \vec{0} \;\Leftrightarrow\; \vec{R}(t) = \vec{V} \cdot t + \vec{R}(0)$; Schwerpunkt bewegt sich so, als wenn gesamte Masse M in ihm vereint ist.
  - Gesamtimpuls (bei Translation): $\vec{P} = M \dot{\vec{R}}$ bzw. $\vec{P} = \int_V d^3x\, \varrho(\vec{r}) \dot{\vec{r}}$.
  - Gesamtdrehimpuls (auf $\vec{R}$ bezogen): $\vec{L} = \sum_{i=1}^{N} \vec{L}_i = \sum_{i=1}^{N} \Delta m_i \vec{r}_i \times \vec{v}_i$ bzw. $\vec{L} = \vec{R} \times \vec{P}$.

- **Trägheitstensor und Trägheitsmoment**
  - Trägheitstensor I beschreibt das Drehverhalten eines beliebigen Körpers:

$$I_{ij} = \sum_{\alpha=1}^{N} \Delta m^{\alpha} (\delta_{ij} (\vec{r}^{\alpha})^2 - x_i^{\alpha} x_j^{\alpha}) \quad \text{bzw.} \quad I_{ij} = \int_V d^3x\, \varrho(\vec{r}) (\delta_{ij} \vec{r}^2 - x_i x_j).$$

  - Explizit im diskreten Fall:

$$I = \sum_{i=1}^{N} \Delta m_i \begin{pmatrix} y_i^2 + z_i^2 & -x_i y_i & -x_i z_i \\ -x_i y_i & x_i^2 + z_i^2 & -y_i z_i \\ -x_i z_i & -y_i z_i & x_i^2 + y_i^2 \end{pmatrix} = I^{\mathsf{T}}.$$

  - Wichtige Zusammenhänge bei ausgedehnten Körpern: $\vec{L} = I \cdot \vec{\omega}$ für Drehimpuls, $\vec{M} = I \cdot \vec{\alpha}$ für Drehmoment (erzeugt Beschleunigung der Rotation).

- Trägheitsmoment bzgl. $\vec{n}$: $J_{\vec{n}} = \vec{n}^{\mathsf{T}} \cdot I \cdot \vec{n}$ mit $|\vec{n}| = 1$; häufig für Schwerpunkt S gegeben; Umrechnung bzgl. parallelverschobener Drehachse im Abstand d per Steiner: $J_{\vec{n}} = J_S + Md^2$.
- Häufig auftretende Trägheitsmomente (je Masse M, Radius R und ggf. bzgl. Symmetrieachse): Kugel: $J_S = \frac{2}{5}MR^2$, Vollzylinder: $J_S = \frac{1}{2}MR^2$, sehr dünner Hohlzylinder: $J_S \approx MR^2$, dünner Stab der Länge L: $J_S = \frac{1}{12}ML^2$.

- **Stabile Rotation**
  - Gesamtdrehimpulserhaltung: wenn äußeres Gesamtdrehmoment

$$\vec{M} = \sum_{i=1}^{N} \vec{r}_i \times \vec{F}_i = \vec{0},$$

  dann ist $\vec{L} = \text{const.}$
  - Bestimmung der stabilen Achsen $\vec{\omega}$ über: $I\vec{\omega} = \lambda\vec{\omega}$ (Eigenwertproblem); dann sind die Achsen mit kleinstem/größtem Eigenwert bzw. Trägheitsmoment stabil.
  - Rotationsenergie: $T_{\text{rot}} = \frac{1}{2}\vec{\omega}^{\mathsf{T}} \cdot I \cdot \vec{\omega} = \frac{1}{2}J_{\vec{n}}\omega^2$ mit $\vec{\omega} = \omega\vec{n}$.
  - Erweiterung des Energiesatzes unter Rotations- und gleichzeitiger Translationsbewegung zu

$$E = T_{\text{trans}} + T_{\text{rot}} + V = \frac{M}{2}\dot{\vec{R}}^2 + \frac{1}{2}\vec{\omega}^{\mathsf{T}} \cdot I \cdot \vec{\omega} + V(\vec{R}).$$

Ausgewählte Anwendungen in der Elektrodynamik

13

Inhaltsverzeichnis

In diesem letzten Kapitel werden wir die erlernten mathematischen Methoden in ausgesuchten Teilen der Elektrodynamik anwenden. Hierbei wird es vor allem um bewegte geladene Teilchen und das Verhalten elektromagnetischer Felder selbst gehen. Im Vorgehen wird deutlich vom üblichen didaktischen Vorgehen abgewichen, zunächst ruhende Ladungen in der Elektrostatik zu diskutieren, statische Magnetfelder in der Magnetostatik einzuführen und erst dann zeitlich veränderliche Felder zu betrachten. Wir erheben bekanntermaßen mitnichten den Anspruch, vollständig zu sein (deswegen auch der Kapitelname), sondern picken uns spotlightartig ein paar interessante Thematiken heraus, um sie mit unseren Rechenmethoden zu behandeln. Wir starten direkt mit bewegten Ladungen und werden anschließend zu einer vollständigen Formulierung der Elektrodynamik mit Hilfe der Maxwell-Gleichungen vorpreschen.

13.1 Bewegung eines geladenen Teilchens

Ladungen lassen sich zum einen durch eine Potenzialdifferenz, also eine elektrische Spannung, beschleunigen. Sind die Ladungen bereits bewegt, kann man sie zum anderen mit Hilfe von Magnetfeldern aus ihrer geradlinigen Bewegung heraus ablenken (Stichwort Lorentz-Kraft). Wir betrachten dies in diesem Abschnitt nun quantitativ und führen dazu zunächst den Begriff der Ladung ein.

© Springer-Verlag GmbH Deutschland, ein Teil von Springer Nature 2018
M. Otto, *Rechenmethoden für Studierende der Physik im ersten Jahr,*
https://doi.org/10.1007/978-3-662-57793-6_13

13.1.1 Ladung

Irgendwo im Raum gebe es einen Bereich $\mathcal{V}$, in dem sich **Ladungen** Q befinden. Dieser Bereich wird von einer sogenannten **Ladungsdichte** erfüllt:

$$\varrho = \frac{\text{Ladung}}{\text{Volumen}} = \frac{Q}{V} \text{ bzw. infinitesimal } dQ = \varrho \, dV. \qquad (13.1)$$

Diese Definition erinnert uns sehr stark an die Massendichte aus der Mechanik bzw. aus Kap. 5, und in der Tat lässt sich das Konzept hier ähnlich verwenden (abgesehen von dem Fakt, dass es positive und negative Ladungen gibt und Masse nur eine Polarität, nämlich anziehend, besitzt).

Für **Punktladungen** bekommt die Ladungsdichte die folgende Gestalt:

$$\varrho(\vec{r}) = Q \cdot \delta(\vec{r} - \vec{r}\,') \quad \text{(Punktladung bei } \vec{r}\,'), \qquad (13.2)$$

wobei $\delta(\vec{r} - \vec{r}\,')$ die Einheit $\frac{1}{\text{m}^3}$ besitzt. Ist also die Ladungsdichte $\varrho(\vec{r})$ bekannt, so lässt sich durch Volumenintegration die Ladung im Bereich $\mathcal{V}$ finden:

$$Q_{\mathcal{V}} = \int_{\mathcal{V}} d^3x \, \varrho(\vec{r}). \qquad (13.3)$$

Fragt man nach der Gesamtladung Q (oder der Ladung im gesamten Raum), so ist $\mathcal{V} = \mathbb{R}^3$ gemeint und wir müssen über den gesamten Raum integrieren. Ein Beispiel verdeutlicht dies.

Beispiel 13.1 (Ladung entlang einer Bahn)

▷ Eine Ladung liege entlang der Raumkurve $\vec{r}\,'(t)$ gemäß

$$\varrho(\vec{r}, t) = \frac{Qc^3}{8\pi} e^{-c|\vec{r} - \vec{r}\,'(t)|}$$

verteilt. Wie groß ist die Gesamtladung?

Lösung: Hier muss (13.3) über den gesamten Raum berechnet werden. Somit folgt zunächst in kartesischen Koordinaten $\vec{r} = (x, y, z)^{\mathsf{T}}$:

$$Q_{\text{ges}} = \int_{\mathbb{R}^3} d^3x \, \varrho(\vec{r}) = \frac{Qc^3}{8\pi} \int_{-\infty}^{+\infty} dx \int_{-\infty}^{+\infty} dy \int_{-\infty}^{+\infty} dz \, e^{-c|\vec{r} - \vec{r}\,'(t)|}.$$

Wir führen nun den aus Kap. 5 bekannten Verschiebetrick mit $\vec{r} \to \vec{r} + \vec{r}\,'(t)$ (oder analog drei Verschiebungen $x \to x + x'(t)$, $y \to y + y'(t)$ und $z \to z + z'(t)$) durch und erhalten somit

$$Q_{\text{ges}} = \int_{\mathbb{R}^3} \mathrm{d}^3 x \, \varrho(\vec{r}) = \frac{Qc^3}{8\pi} \int_{-\infty}^{+\infty} \mathrm{d}x \int_{-\infty}^{+\infty} \mathrm{d}y \int_{-\infty}^{+\infty} \mathrm{d}z \, \mathrm{e}^{-c|\vec{r}|}.$$

Nun wechseln wir in Kugelkoordinaten und müssten im r-Integral zweimal partiell integrieren. Dies umgehen wir jedoch durch die aus Kap. 5 bekannte Technik des Ableitens nach Parametern:

$$Q_{\text{ges}} = \frac{Qc^3}{8\pi} \int_0^\infty \mathrm{d}r \, r^2 \mathrm{e}^{-cr} \underbrace{\int_{-1}^{+1} \mathrm{d}\cos(\theta) \int_0^{2\pi} \mathrm{d}\varphi}_{=4\pi} = \frac{Qc^3}{2} \int_0^\infty \mathrm{d}r \, r^2 \mathrm{e}^{-cr}$$

$$= \frac{Qc^3}{2} \frac{\partial^2}{\partial c^2} \left(\int_0^\infty \mathrm{d}r \, \mathrm{e}^{-cr} \right) = \frac{Qc^3}{2} \frac{\partial^2}{\partial c^2} \left(\frac{-1}{c} \mathrm{e}^{-cr} \Big|_0^\infty \right)$$

$$= \frac{Qc^3}{2} \underbrace{\frac{\partial^2}{\partial c^2} \left(\frac{1}{c} \right)}_{= \frac{2}{c^3}} = Q.$$

Und das ist die Gesamtladung, also $Q_{\text{ges}} = Q$. ∎

13.1.2 Stromdichte und Strom

Bewegt sich eine Ladungsdichte im Raum mit der Geschwindigkeit $\vec{v}$, so entsteht ein Strom I, der durch eine sogenannte **Stromdichte** $\vec{j}$ charakterisiert wird:

$$\vec{j}(\vec{r}, t) = \frac{\text{Strom}}{\text{Fläche}} \cdot \vec{e}_{\text{Strom}} = \frac{I}{A} \cdot \vec{e}_{\text{Strom}} \quad \text{bzw. infinitesimal} \quad \mathrm{d}I = \vec{j} \cdot \mathrm{d}\vec{f} \quad (13.4)$$

mit $\mathrm{d}\vec{f} = \mathrm{d}A \cdot \vec{e}_{\text{Strom}}$. Hierbei gibt der Einheitsvektor $\vec{e}_{\text{Strom}}$ die Richtung der fließenden Ladungen und $\mathrm{d}A$ das Flächenelement der durchsetzten Fläche A (z. B. Leiterquerschnitt) an. Abb. 13.1 verdeutlicht dies.

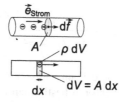

Abb. 13.1 Stromdichte im Leiter. Elektronen bewegen sich von links nach rechts ($\vec{e}_{\text{Strom}} = \vec{e}_1$) und durchsetzen die Fläche A. Der infinitesimale Strom $\mathrm{d}I$ durch das Flächenelement $\mathrm{d}A$ – das ist das Skalarprodukt $\vec{j} \cdot \mathrm{d}\vec{f}$ – wird maximal, wenn $\vec{j}$ und das Oberflächenelement $\mathrm{d}\vec{f}$ parallel liegen (Eigenschaft des Skalarprodukts!). $\mathrm{d}Q = \varrho \, \mathrm{d}V$ beschreibt die Ladung im infinitesimalen Volumen $\mathrm{d}V$

Der **Strom** I entsteht durch eine zeitliche Änderung der Ladung und ist ein Maß für den Ladungstransport pro Zeit. Er entspricht gleichzeitig dem Fluss der Stromdichte durch eine Fläche $\mathcal{F}$:

$$I = \frac{dQ}{dt} \quad \text{bzw.} \quad I = \int_{\mathcal{F}} d\vec{f} \cdot \vec{j}(\vec{r}, t) \quad \text{(Strom durch Fläche } \mathcal{F}\text{)}. \tag{13.5}$$

Der integrale Ausdruck folgt dabei direkt aus (13.4) per Flächenintegral über dI.

Wir können die Stromdichte auch umschreiben und betrachten hierzu den Strom durch die Fläche A. Dann gilt o. B. d. A. mit Abb. 13.1, untere Darstellung:

$$\vec{j}(\vec{r}, t) = \frac{\text{Strom}}{\text{Fläche}} \cdot \vec{e}_{\text{Strom}} \overset{(13.5)}{=} \frac{\frac{dQ}{dt}}{A} \cdot \vec{e}_{\text{Strom}} \overset{(13.1)}{=} \frac{\varrho \, dV}{dt \, A} \cdot \vec{e}_{\text{Strom}} \overset{dV = A \, dx}{=} \varrho \frac{dx}{dt} \cdot \vec{e}_{\text{Strom}}.$$

$\dot{x} = \frac{dx}{dt}$ ist allerdings nichts anderes als die Geschwindigkeit in x-Richtung (als Änderung von x in der Zeit t), ferner zeigt $\vec{e}_{\text{Strom}}$ in Richtung des Ladungsflusses und wir können identifizieren: $\vec{v} = \frac{dx}{dt} \cdot \vec{e}_{\text{Strom}}$. Damit erhält man die wichtige Beziehung zwischen bewegten Ladungsdichten und Strom:

$$\vec{j}(\vec{r}, t) = \varrho(\vec{r}, t) \cdot \vec{v}. \tag{13.6}$$

Beispiel 13.2 (Strom durch Zylinder)

▷ Ein im Ursprung zentrierter Zylinder der Höhe $2h$ und Radius R (ohne Boden und Deckel!) sei konzentrisch zur z-Achse ausgerichtet und werde von einer Stromdichte $\vec{j}(\vec{x}) = \frac{J_0}{4\pi} \frac{\vec{x}}{|\vec{x}|^3}$ durchsetzt. Wie groß ist der Strom I durch die Mantelfläche des Zylinders? Hinweis: $\left[\frac{u}{\sqrt{1+u^2}} \right]' = \frac{1}{\sqrt{1+u^2}^3}$.

Lösung: Den Gesamtstrom I durch den Zylindermantel erhalten wir durch Auswerten des Flächenintegrals (13.5). Wir verwenden Zylinderkoordinaten $\vec{x} = (r\cos(\varphi), r\sin(\varphi), z)^\mathsf{T}$ mit $|\vec{x}| = \sqrt{r^2 + z^2}$ (r statt ρ), um Verwechselung mit der Ladungsdichte zu verhindern, so dass die Stromdichte folgt zu

$$\vec{j}(\vec{x}) = \vec{j}(r, \varphi, z) = \frac{J_0}{4\pi \sqrt{r^2 + z^2}^3} \begin{pmatrix} r\cos(\varphi) \\ r\sin(\varphi) \\ z \end{pmatrix}.$$

Um das Flächenintegral zu berechnen, müssen wir auf der Mantelfläche $\mathcal{M}$ des Zylinders die Tangentialvektoren bestimmen und $d\vec{f}$ aufstellen (s. Kap. 9). Der Zylindermantel ist durch $r = R$ charakterisiert, d. h., als Parametrisierung helfen Zylinderkoordinaten mit konstantem R. Dann sind

$$\vec{t}_\varphi = \frac{\partial \vec{x}}{\partial \varphi} = \begin{pmatrix} -R\sin(\varphi) \\ R\cos(\varphi) \\ 0 \end{pmatrix}, \quad \vec{t}_z = \frac{\partial \vec{x}}{\partial z} = \begin{pmatrix} 0 \\ 0 \\ 1 \end{pmatrix}, \quad \vec{t}_\varphi \times \vec{t}_z = R \begin{pmatrix} \cos(\varphi) \\ \sin(\varphi) \\ 0 \end{pmatrix}$$

und folglich $d\vec{f} = d\varphi\, dz\, (\vec{t}_\varphi \times \vec{t}_z)$. Hiermit können wir den Fluss durch den Zylindermantel $\mathcal{M}$ mit $r = R$ berechnen:

$$I = \int_\mathcal{M} d\vec{f} \cdot \vec{j}(\vec{x}, t) = \int_\mathcal{M} d\varphi\, dz\, (\vec{t}_\varphi \times \vec{t}_z) \cdot \vec{j}(r, \varphi, z)\Big|_{r=R}$$

$$= R \int_0^{2\pi} d\varphi \int_{-h}^{+h} dz \begin{pmatrix} \cos(\varphi) \\ \sin(\varphi) \\ 0 \end{pmatrix} \cdot \frac{J0}{4\pi \sqrt{R^2 + z^2}^3} \begin{pmatrix} R\cos(\varphi) \\ R\sin(\varphi) \\ z \end{pmatrix}$$

$$= \frac{J0 R^2}{4\pi} \int_0^{2\pi} d\varphi \int_{-h}^{+h} dz \frac{c^2 + s^2}{\sqrt{R^2 + z^2}^3} = \frac{J0 R^2}{2} \int_{-h}^{+h} dz \frac{1}{\sqrt{R^2 + z^2}^3}$$

$$= \frac{J0}{2R} \int_{-h}^{+h} dz \frac{1}{\sqrt{1 + \frac{z^2}{R^2}}^3} \overset{z \to Rz}{=} \frac{J0}{2} \int_{-\frac{h}{R}}^{+\frac{h}{R}} dz \frac{1}{\sqrt{1 + z^2}^3}.$$

An dieser Stelle verwenden wir den Hinweis aus der Aufgabe zum Lösen des Integrals:

$$I = \frac{J0}{2} \int_{-\frac{h}{R}}^{+\frac{h}{R}} dz \frac{1}{\sqrt{1 + z^2}^3} = \frac{J0}{2} \frac{z}{\sqrt{1 + z^2}} \Big|_{-\frac{h}{R}}^{+\frac{h}{R}} = \frac{J0 h}{R} \frac{1}{\sqrt{1 + \frac{h^2}{R^2}}} = \frac{J0 h}{\sqrt{R^2 + h^2}}.$$

Das ist der Strom durch die Oberfläche. ∎

13.1.3 Kontinuitätsgleichung

Ladungsdichte ϱ und Stromdichte $\vec{j}$ erfüllen die **Kontinuitätsgleichung**:

$$\nabla \cdot \vec{j} + \frac{\partial \varrho}{\partial t} = 0. \tag{13.7}$$

Diese partielle Differenzialgleichung ist uns in sehr ähnlicher Form schon in Kap. 11 über den Weg gelaufen. Wie dort bereits gesagt, ist sie landläufig bekannt als „Was reingeht, muss auch wieder raus". Diese Aussage bezieht sich nun auf ein von einer Stromdichte $\vec{j}$ durchflossenes Volumen, z.B. ein Teil eines Vollkabels (wie in Abb. 13.1). Sofern keine Verluste im Kabel auftauchen, sollte die Menge Ladungen, die in das Kabel links hineinfließt, auch wieder am rechten Ende ankommen. Wenn sich dagegen die Anzahl der Ladungen zeitlich ändert (bzw. die Ladungsdichte ϱ, also $\frac{\partial \varrho}{\partial t} \neq 0$ gilt), so kann dies nur durch Zu- oder Abfluss von Ladungen im Kabel passieren (das entspricht der Divergenz), d. h. durch einen zusätzlich entstandenen Strom (bzw. Stromdichte).

Die integrale Form der Kontinuitätsgleichung entspricht direkt unserem eben verbal aufgebauten Bild. Sie ergibt sich aus (13.7) durch Integration über ein Volumen V und Anwendung des Satzes von Gauß (Kap. 9):

$$\int_V \mathrm{d}^3 x \, (\nabla \cdot \vec{j}) \overset{\text{Gauß}}{=} \int_{\partial V} \mathrm{d}\vec{f} \cdot \vec{j} \overset{(13.7)}{=} -\int_V \mathrm{d}^3 x \, \frac{\partial \varrho}{\partial t} = -\frac{\partial}{\partial t} \underbrace{\int_V \mathrm{d}^3 x \, \varrho}_{=Q_V},$$

wobei die t-Ableitung aus dem $\mathrm{d}^3 x$-Integral herausgezogen werden kann. Das letzte Integral ergibt nach (13.3) gerade die im Volumen V enthaltene Ladung Q_V. Es folgt somit

$$I = \int_{\partial V} \mathrm{d}\vec{f} \cdot \vec{j} = -\frac{\partial}{\partial t} \int_V \mathrm{d}^3 x \, \varrho = -\frac{\partial Q_V}{\partial t}. \tag{13.8}$$

Das ist die integrale Kontinuitätsgleichung, die auch wieder $|I| = \dot{Q}$ liefert, also den Strom als Ladungsänderung pro Zeit beschreibt.

13.1.4 Ladung in $\vec{E}$- und $\vec{B}$-Feldern

Nun betrachten wir bewegte Punktladungen q in elektrischen Feldern $\vec{E}$ und magnetischen Feldern $\vec{B}$. Aus Kap. 1 wissen wir, dass für die Bewegung geladener Teilchen in einem $\vec{B}$-Feld die Lorentz-Kraft $\vec{F}_\mathrm{L} = q\vec{v} \times \vec{B}$ gilt. Schaltet man zusätzlich ein elektrisches Feld $\vec{E}$ hinzu, so wirkt die **elektrostatische Kraft**

$$\vec{F} = q\vec{E} \tag{13.9}$$

auf die Ladung q. Somit können wir zusammenfassen: Die Bewegung eines geladenen Teilchens der Masse m und Ladung q in elektrischen und magnetischen Feldern $\vec{E}$ und $\vec{B}$ erfolgt gemäß

$$m\ddot{\vec{r}} = q(\vec{E} + \dot{\vec{r}} \times \vec{B}). \tag{13.10}$$

Klassische Fragestellungen sind sowohl die Berechnung der Felder $\vec{E}$ und $\vec{B}$ bei gegebener Bahn $\vec{r}(t)$ als auch die Berechnung der Bahn bei gegebenen Feldern. Zu beidem gibt (13.10) eine Antwort. Folgende Beispiele illustrieren dies.

Beispiel 13.3 (Wien-Filter)

▷ In einem Wien-Filter werden Teilchen nach ihrer Geschwindigkeit sortiert. Dazu schießt man geladene Teilchen mit Masse m und Ladung q in gekreuzte (d. h. senkrecht aufeinanderstehende) $\vec{E}$- und $\vec{B}$-Felder und stellt diese so ein, dass sich die Teilchen geradlinig gleichförmig bewegen. Wie groß ist dann ihre Geschwindigkeit?

Lösung: Ohne Beschränkung der Allgemeinheit geben wir den Feldern eine Vorzugsrichtung. Einzig zu beachten ist, dass $\vec{E}$ und $\vec{B}$ senkrecht aufeinanderstehen. Wir setzen also an: $\vec{E} = (E, 0, 0)^\mathsf{T}$ und $\vec{B} = (0, 0, B)^\mathsf{T}$. Eine geradlinige Bewegung des Teilchens bedeutet, dass keine Beschleunigung wirkt, d. h. in Gl. (13.10) sind $\ddot{\vec{r}} = \vec{0}$ und $\dot{\vec{r}} = \vec{v} = (v_1, v_2, v_3)^\mathsf{T} = \overrightarrow{\text{const}}$. Somit folgt

$$\vec{0} = q(\vec{E} + \dot{\vec{r}} \times \vec{B}) = q \begin{pmatrix} E \\ 0 \\ 0 \end{pmatrix} + q \begin{pmatrix} v_1 \\ v_2 \\ v_3 \end{pmatrix} \times \begin{pmatrix} 0 \\ 0 \\ B \end{pmatrix} = q \begin{pmatrix} E + v_2 B \\ -v_1 B \\ 0 \end{pmatrix}.$$

Dies führt auf drei Gleichungen für die Komponenten:

$$qE + qv_2 B = 0, \quad 0 = -qv_1 B, \quad 0 = 0.$$

Was wollen uns diese Gleichungen sagen? Nun, zunächst schließen wir sofort aus der zweiten Gleichung: $v_1 = 0$. Die erste Gleichung kann umgeformt werden, so dass $v_2 = -\frac{E}{B}$. Aus der Dritten folgt schließlich, dass v_3 beliebig ist und keinen Einfluss aufs Filtern besitzt. Ergebnis:

$$\vec{v} = (0, -\tfrac{E}{B}, v_3)^\mathsf{T}.$$

Im Falle $v_3 = 0$ kann man tatsächlich die Teilchen filtern, denn nur Teilchen mit $|\vec{v}| = \frac{E}{B}$ können den Filter passieren. ∎

Beispiel 13.4 (Geladenes Teilchen im Magnetfeld)

▷ Ein geladenes Teilchen mit Masse m und Ladung q bewege sich im homogenen Magnetfeld $\vec{B} = (0, 0, B)$. Wie lauten die Bewegungsgleichungen? Wie lassen sie sich lösen?

Lösung: Bewegt sich ein geladenes Teilchen in einem Magnetfeld, so gilt (13.10). Allerdings ist $\vec{E} \equiv \vec{0}$, so dass nur die aus Kap. 1 bekannte Lorentz-Kraft $\vec{F}_\mathrm{L} = q\vec{v} \times \vec{B} = q\dot{\vec{r}} \times \vec{B} = q(B\dot{y}, -B\dot{x}, 0)^\mathsf{T}$ wirkt. Also können wir die Newton'schen Bewegungsgleichungen (ohne Anfangsbedingungen, weil nicht gegeben) aufstellen:

$$m\ddot{\vec{r}} = q\dot{\vec{r}} \times \vec{B} \iff \begin{array}{l} m\ddot{x} = qB\dot{y} \\ m\ddot{y} = -qB\dot{x} \\ m\ddot{z} = 0 \end{array} \iff \begin{array}{l} \ddot{x} = \frac{qB}{m}\dot{y}, \\ \ddot{y} = -\frac{qB}{m}\dot{x}, \\ m\ddot{z} = 0. \end{array}$$

Unsere Rechnung führt uns auf ein System gekoppelter Differenzialgleichungen, denn die $\ddot{x}$-Gleichung hängt von $\dot{y}$ ab und umgekehrt. Das ist nicht sehr schön, sind wir am Ende unseres Lateins? Nein, denn wenn man die erste Gleichung einmal nach der Zeit differenziert, dann lässt sich auf der rechten Seite die zweite Gleichung einsetzen. Und wenn wir die zweite Gleichung ein weiteres Mal ableiten, dann können wir die erste Gleichung einsetzen:

$$\dddot{x} = \frac{qB}{m}\ddot{y} \qquad \dddot{x} = \frac{qB}{m}\left(-\frac{qB}{m}\dot{x}\right) = -\frac{q^2B^2}{m^2}\dot{x},$$
$$\dddot{y} = -\frac{qB}{m}\ddot{x} \quad \Longleftrightarrow \quad \dddot{y} = -\frac{qB}{m}\left(\frac{qB}{m}\dot{y}\right) = -\frac{q^2B^2}{m^2}\dot{y},$$
$$\dddot{z} = 0. \qquad\qquad \dddot{z} = 0.$$

Die z-Gleichung lässt sich durch zweifaches Integrieren lösen: $z(t) = A_1 t + A_2$. Bei den anderen beiden machen wir nun den Trick der Reduktion der Ordnung aus Kap. 7. Führe dazu neue Funktionen $\eta(t) = \dot{x}(t)$ und $\xi(t) = \dot{y}(t)$ ein. Dann folgen:

$$\ddot{\eta}(t) = -\frac{q^2B^2}{m^2}\eta(t) =: -\omega^2\eta(t), \quad \ddot{\xi}(t) = -\frac{q^2B^2}{m^2}\xi(t) =: -\omega^2\xi(t).$$

Damit sind $\eta(t)$ und $\xi(t)$ Lösungen eines harmonischen Oszillators mit der Frequenz $\omega = \frac{qB}{m}$. Es ergibt sich

$$\eta(t) = C_1\cos(\omega t + \phi_1) = \dot{x}(t), \quad \xi(t) = C_2\cos(\omega t + \phi_2) = \dot{y}(t).$$

Dies gilt allerdings für die Geschwindigkeitskomponenten des Teilchens. Wir müssen für die Bahn noch einmal integrieren, und es folgt schließlich die Bahnkurve:

$$\vec{r}(t) = (x(t), y(t), z(t))^{\mathsf{T}}$$
$$= \left(\frac{C_1}{\omega}\sin(\omega t + \phi_1) + D_1, \frac{C_2}{\omega}\sin(\omega t + \phi_2) + D_2, A_1 t + A_2\right)^{\mathsf{T}}$$

mit Integrationskonstanten A_1, A_2, C_1, C_2, D_1 und D_2. Das Teilchen bewegt sich somit im Falle $A_1 \neq 0$ und geeigneten Anfangsbedingungen auf einer Spiralbahn, für $A_1 = 0$ auf einer elliptischen oder sogar kreisförmigen Bahn, je nach Wahl der anderen Konstanten sowie der Phasen ϕ_1 und ϕ_2. ∎

[H31] Gewitterwolke   **(2 + 2 = 4 Punkte)**

Eine geladene Gewitterwolke habe näherungsweise die Ladungsdichte

$$\varrho(x, y, z) = \frac{q}{\sqrt{\pi}^3 a^3}\mathrm{e}^{-\frac{(\vec{x}-\vec{x}_0)^2}{a^2}}.$$

a) Wie groß ist die Ladung der Wolke im gesamten Raum?

b) Die Wolke bewege sich nun entlang $\vec{v}_0 = (v_1, 0, -v_3)^{\mathsf{T}}$, so dass $\vec{x}_0 = \vec{v}_0 t$. Welcher Strom I fließt dann durch die x-y-Ebene?

Spickzettel zu Bewegung eines geladenen Teilchens

- **Ladung**
  Ladungsdichte $\varrho = \frac{\text{Ladung}}{\text{Volumen}}$ bzw. differenziell $dQ = \varrho\, dV$, für Punktladung bei $\vec{r}\,'$:
  $\varrho(\vec{r}) = Q\delta(\vec{r} - \vec{r}\,')$; Ladung im Volumen $\mathcal{V}$: $Q_\mathcal{V} = \int_\mathcal{V} d^3x\, \varrho(\vec{r})$.

- **Strom**
  Stromdichte $\vec{j} = \frac{\text{Strom}}{\text{Fläche}} \cdot \vec{e}_{\text{Strom}} = \varrho \cdot \vec{v}$; Strom: entweder durch Fläche $\mathcal{F}$:
  $I_\mathcal{F} = \int_\mathcal{F} d\vec{f} \cdot \vec{j}$; oder über Ladungsänderung pro Zeit: $I = \dot{Q}$.

- **Kontinuitätsgleichung**
  Ladungserhaltung: $\nabla \cdot \vec{j} + \dot{\varrho} = 0$ („Was reingeht, muss auch wieder raus"); Integralformulierung: $I = \int_{\partial\mathcal{V}} d\vec{f} \cdot \vec{j} = -\frac{\partial}{\partial t} \int_\mathcal{V} d^3x\, \varrho = -\frac{\partial Q_\mathcal{V}}{\partial t}$.

- **Bewegung in $\vec{E}/\vec{B}$-Feldern**
  Ladung q im elektrischen Feld: $\vec{F} = q\vec{E}$ (elektrostatische Kraft); im magnetischen Feld:
  $\vec{F} = q\vec{v} \times \vec{B}$ (Lorentz-Kraft); zusammen:

$$m\ddot{\vec{r}} = q(\vec{E} + \dot{\vec{r}} \times \vec{B}).$$

13.2 Maxwell-Gleichungen

Vorhang auf für die vier First Principles der Elektrodynamik – die **Maxwell-Gleichungen**:

$$\nabla \cdot \vec{E} = \frac{\varrho}{\varepsilon_0}, \tag{13.11}$$

$$\nabla \cdot \vec{B} = 0, \tag{13.12}$$

$$\nabla \times \vec{E} = -\dot{\vec{B}}, \tag{13.13}$$

$$\nabla \times \vec{B} = \frac{1}{\varepsilon_0 c^2}\vec{j} + \frac{1}{c^2}\dot{\vec{E}}, \tag{13.14}$$

wobei $\vec{E} = \vec{E}(\vec{r}, t)$ das **elektrische Feld** und $\vec{B} = \vec{B}(\vec{r}, t)$ das **magnetische Feld** meint. $\varrho = \varrho(\vec{r}, t)$ bezeichnet die Ladungsdichte und $\vec{j} = \vec{j}(\vec{r}, t)$ die Stromdichte. c ist hierbei die **Lichtgeschwindigkeit** (Ausbreitungsgeschwindigkeit elektromagnetischer Felder, $c = 299.792.458$ m/s) und ε_0 die elektrische Feldkonstante. Zusammen mit (13.10) determinieren die Maxwell-Gleichungen komplett die elektrodynamische Welt, und es lassen sich alle möglichen elektrodynamischen Phänomene wie z. B. Magnetfeldentstehung durch Ströme, Induktionsprozesse in Spulen, und Sender-/Empfängerprinzipien bei Antennen damit beschreiben. Wir schauen uns jetzt aber erstmal die Gleichungen einzeln an.

13.2.1 Interpretation der Maxwell-Gleichungen

Erinnern wir uns zunächst an Kap. 9: Die Divergenz eines Vektorfeldes gibt an, ob das Feld Quellen oder Senken in dem betrachteten Raumbereich besitzt. Die Rotation eines Vektorfeldes dagegen stellt fest, ob das Feld verwirbelt ist. Diese Auffrischung hilft nun bei der folgenden Anschauung der Maxwell-Gleichungen.

1. $\operatorname{div} \vec{E} = \frac{\varrho}{\varepsilon_0}$.
   Interpretieren wir Stück für Stück: Auf der linken Seite steht die Divergenz des elektrischen Feldes. Es wird also nach Quellen oder Senken des elektrischen Feldes gefragt. Die rechte Seite antwortet darauf: Ja, es gibt Quellen und Senken des elektrischen Feldes (da $\operatorname{div} \vec{E} \neq 0$). Die rechte Seite verrät aber noch mehr. Sie teilt uns sogar mit, wo die elektrischen Felder ihre Quellen und Senken haben – auf Ladungen (bzw. Ladungsdichten) nämlich! Wir haben hier also die mathematische Formulierung der Erkenntnis „Elektrische Felder beginnen und enden auf Ladungen".

2. $\operatorname{div} \vec{B} = 0$.
   Analog lässt sich die zweite Maxwell-Gleichung lesen. Das magnetische Feld ist quellen- und senkenfrei. Oder anders gesagt: „Magnetische Feldlinien sind geschlossen und haben weder Anfangs- noch Endpunkt." Alternativ ist dies auch die Feststellung, dass es keine magnetischen Monopole gibt. Das bedeutet, es gibt keine magnetische Elementarladung (z. B. Nord), sondern Nord und Süd treten *immer* im Paar auf!

3. $\operatorname{rot} \vec{E} = -\dot{\vec{B}}$.
   Auf der linken Seite wird die Frage gestellt: Wie werden elektrische Wirbelfelder erzeugt? Rechts steht die Antwort: Durch Änderung des magnetischen Feldes. Das ist das Faraday'sche Induktionsgesetz.

4. $\operatorname{rot} \vec{B} = \frac{1}{\varepsilon_0 c^2} \vec{j} + \frac{1}{c^2} \dot{\vec{E}}$.
   Und wie werden Magnetfelder erzeugt? Einerseits durch Ströme (bzw. Stromdichten), andererseits durch sich zeitlich ändernde elektrische Felder. Der hintere Term wird **Verschiebungsstrom** genannt und wurde erst durch theoretische Überlegungen gefunden (Forderung der Ladungserhaltung; vgl. Abschn. 13.2.4).

Wir werden im Folgenden auf die unterschiedlichen Maxwell-Gleichungen mit „Max 1 – Max 4" verweisen. Max 2 und Max 3 heißen **homogene Maxwell-Gleichungen,** Max 1 und 4 **inhomogene Maxwell-Gleichungen.** Dies kommt daher, dass Max 2 und Max 3 auch im ladungs- bzw. stromfreien Raum gültig sind, Max 1 und Max 4 jedoch ϱ und $\vec{j}$ beinhalten, also inhomogene partielle Differenzialgleichungen sind, sobald nach den Feldern gefragt ist.

Die Maxwell-Gleichungen beantworten einerseits die Frage, welche Felder durch gegebene Ladungsdichten ϱ und Stromdichten $\vec{j}$ erzeugt werden, umgekehrt können wir aber auch aus existierenden elektrischen und magnetischen Feldern auf die erzeugenden Ladungs- und Stromdichten schließen.

Beispiel 13.5 (Erzeugung elektromagnetischer Felder)

▷ Gegeben sei das elektrische Feld

$$\vec{E}(\vec{r}, t) = \alpha(ctx + 2x^2 - y^2, cty + y^2, ctz - y^2 + 2z^2)^\mathsf{T}.$$

Welches Magnetfeld gehört dazu (als Randbedingung darf $\vec{B}(\vec{r}, 0) = \vec{0}$ gesetzt werden)? Welche Ladungs- und Stromdichte stellen das Feld her? Sind alle Maxwell-Gleichungen erfüllt?

Lösung: Das Magnetfeld lässt sich direkt über die dritte Maxwell-Gleichung bestimmen:

$$\nabla \times \vec{E} = \alpha \begin{pmatrix} \frac{\partial}{\partial x} \\ \frac{\partial}{\partial y} \\ \frac{\partial}{\partial z} \end{pmatrix} \times \begin{pmatrix} ctx + 2x^2 - y^2 \\ cty + y^2 \\ ctz - y^2 + 2z^2 \end{pmatrix} = \alpha \begin{pmatrix} -2y \\ 0 \\ 2y \end{pmatrix} = -\dot{\vec{B}}.$$

Per zeitlicher Integration und Umdrehen der Vorzeichen folgt

$$\vec{B}(\vec{r}, t) = \alpha \begin{pmatrix} 2yt \\ 0 \\ -2yt \end{pmatrix} + \underbrace{\vec{C}}_{=\vec{0}} = \alpha \begin{pmatrix} 2yt \\ 0 \\ -2yt \end{pmatrix}.$$

Die Integrationskonstante $\vec{C}$ ist null wegen der Randbedingung $\vec{B}(\vec{r}, 0) = \vec{C} \stackrel{!}{=} \vec{0}$ aus der Aufgabenstellung. Die Ladungsdichte bekommen wir über die erste Maxwell-Gleichung:

$$\nabla \cdot \vec{E} = \alpha \begin{pmatrix} \frac{\partial}{\partial x} \\ \frac{\partial}{\partial y} \\ \frac{\partial}{\partial z} \end{pmatrix} \cdot \begin{pmatrix} ctx + 2x^2 - y^2 \\ cty + y^2 \\ ctz - y^2 + 2z^2 \end{pmatrix}$$

$$= \alpha((ct + 4x) + (ct + 2y) + (ct + 4z))$$

$$= 3\alpha ct + 2\alpha(2x + y + 2z) = \frac{\varrho(\vec{r}, t)}{\varepsilon_0},$$

woraus die Ladungsdichte folgt:

$$\varrho(\vec{r}, t) = 3\alpha\varepsilon_0 ct + 2\alpha\varepsilon_0(2x + y + 2z).$$

Die Stromdichte können wir über Max 4 bestimmen:

$$\nabla \times \vec{B} = \alpha \begin{pmatrix} \frac{\partial}{\partial x} \\ \frac{\partial}{\partial y} \\ \frac{\partial}{\partial z} \end{pmatrix} \times \begin{pmatrix} 2yt \\ 0 \\ -2yt \end{pmatrix} = \alpha \begin{pmatrix} -2t \\ 0 \\ -2t \end{pmatrix} = \frac{1}{\varepsilon_0 c^2}\vec{j} + \frac{1}{c^2}\dot{\vec{E}}.$$

Dabei ist $\dot{\vec{E}} = \alpha(cx, cy, cz)^{\mathsf{T}}$. Umgeformt ergibt sich für $\vec{j}$:

$$\vec{j}(\vec{r}, t) = \alpha\varepsilon_0 c^2 \begin{pmatrix} -2t \\ 0 \\ -2t \end{pmatrix} - \alpha\varepsilon_0 \begin{pmatrix} cx \\ cy \\ cz \end{pmatrix} = \alpha\varepsilon_0 c \begin{pmatrix} -2ct - x \\ -y \\ -2ct - z \end{pmatrix}.$$

Schließlich bleibt noch zu überprüfen, ob die zweite Maxwell-Gleichung erfüllt ist. Dies ist bei obigem $\vec{B}$-Feld aber einfach:

$$\nabla \cdot \vec{B} = \alpha(\frac{\partial}{\partial x}[2yt] + \frac{\partial}{\partial y}[0] + \frac{\partial}{\partial z}[-2yt]) = 0$$

ist erfüllt!   ∎

13.2.2 Andere Maßsysteme

Obige Maxwell-Gleichungen wurden im SI (Système International) formuliert. Oft findet man sie aber in anderen Maßsystemen formuliert, hauptsächlich Gauß und Heaviside. Damit man über diese Formulierungen nicht stolpert, erläutern wir hier kurz diese beiden Systeme. Für das Umrechnen von SI ins Gauß-System gelten folgende Ersetzungsregeln:

$$\varepsilon_0 \to \frac{1}{4\pi}, \quad \vec{B} \to \frac{1}{c}\vec{B}, \tag{13.15}$$

so dass sich die Maxwell-Gleichungen im **Gauß-System** wie folgt formulieren:

$$\nabla \cdot \vec{E} = 4\pi\varrho, \quad \nabla \cdot \vec{B} = 0, \quad \nabla \times \vec{E} = -\frac{1}{c}\dot{\vec{B}}, \quad \nabla \times \vec{B} = \frac{4\pi}{c}\vec{j} + \frac{1}{c}\dot{\vec{E}}. \tag{13.16}$$

Im Gauß-System sind die Konstanten so gesetzt, dass $\vec{E}$ und $\vec{B}$ die gleichen Einheiten besitzen.

Noch „heavier" ist das sogenannte **Heaviside-System.** Dieses kommt allen Leuten entgegen, die sich keine Konstanten merken wollen. Von SI kommt man ins Heaviside-System durch die Ersetzung

$$\varepsilon_0 \to 1, \quad c \to 1, \tag{13.17}$$

so dass die Maxwell-Gleichungen dadurch die folgende Form annehmen:

$$\nabla \cdot \vec{E} = \varrho, \quad \nabla \cdot \vec{B} = 0, \quad \nabla \times \vec{E} = -\dot{\vec{B}}, \quad \nabla \times \vec{B} = \vec{j} + \dot{\vec{E}}. \tag{13.18}$$

Die Wahl des Systems ist jedem selbst überlassen, allerdings müssen dann *alle* verwendeten Gleichungen (nicht nur die Maxwell-Gleichungen!) in das jeweilige System umgeschrieben werden. Im Rest dieses Kapitels verwenden wir aber wie im gesamten Buch auch weiterhin das SI-System.

13.2.3 Integrale Maxwell-Gleichungen

Bei vielen Problemen insbesondere in der Elektrostatik und Magnetostatik benötigt man die integrale Version der Maxwell-Gleichungen. Mit Hilfe der Integralsätze von Gauß und Stokes aus Kap. 9 schreiben wir die differenziellen Maxwell-Gleichungen (13.11) bis (13.14) um, wobei wir auch Gebrauch von der Definition von Strom und Ladung aus Abschn. 13.1 machen. Erinnere die Integralsätze:

$$\int_{\mathcal{V}} d^3x \, (\nabla \cdot \vec{A}) = \int_{\partial \mathcal{V}} d\vec{f} \cdot \vec{A} \,, \quad \int_{\mathcal{F}} d\vec{f} \cdot (\nabla \times \vec{A}) = \int_{\partial \mathcal{F}} d\vec{r} \cdot \vec{A} = \int_{\mathcal{C}} d\vec{r} \cdot \vec{A},$$

wobei $\mathcal{C}$ die Randkurve der Fläche $\mathcal{F}$ bezeichnet (genau wie $\partial \mathcal{F}$) und dabei im Folgenden immer als ruhend, d. h. fest im Laborsystem verankert, angenommen wird. Dann folgt per Volumenintegration aus (13.11) bis (13.14):

$$\int_{\mathcal{V}} d^3x \, (\nabla \cdot \vec{E}) \overset{\text{Gauß}}{=} \int_{\partial \mathcal{V}} d\vec{f} \cdot \vec{E} \overset{(13.11)}{=} \frac{1}{\varepsilon_0} \int_{\mathcal{V}} d^3x \, \varrho \overset{(13.3)}{=} \frac{Q_{\mathcal{V}}}{\varepsilon_0}, \tag{13.19}$$

$$-\int_{\mathcal{V}} d^3x \, (\nabla \cdot \vec{B}) \overset{\text{Gauß}}{=} \int_{\partial \mathcal{V}} d\vec{f} \cdot \vec{B} \overset{(13.12)}{=} 0, \tag{13.20}$$

$$\int_{\mathcal{F}} d\vec{f} \cdot (\nabla \times \vec{E}) \overset{\text{Stokes}}{=} \int_{\mathcal{C}} d\vec{r} \cdot \vec{E} \overset{(13.13)}{=} -\frac{\partial}{\partial t} \int_{\mathcal{F}} d\vec{f} \cdot \vec{B}, \tag{13.21}$$

$$\int_{\mathcal{F}} d\vec{f} \cdot (\nabla \times \vec{B}) \overset{\text{Stokes}}{=} \int_{\mathcal{C}} d\vec{r} \cdot \vec{B} \overset{(13.14)}{=} \frac{1}{\varepsilon_0 c^2} \int_{\mathcal{F}} d\vec{f} \cdot \vec{j} + \frac{1}{c^2} \frac{\partial}{\partial t} \int_{\mathcal{F}} d\vec{f} \cdot \vec{E}$$

$$\overset{(13.5)}{=} \frac{1}{\varepsilon_0 c^2} I_{\mathcal{F}} + \frac{1}{c^2} \frac{\partial}{\partial t} \int_{\mathcal{F}} d\vec{f} \cdot \vec{E}. \tag{13.22}$$

Das sind die **integralen Maxwell-Gleichungen,** in denen nun nicht mehr Strom- und Ladungsdichten auftauchen, sondern die integrierten Ströme $I_{\mathcal{F}}$ durch die Randkurve der Fläche $\mathcal{F}$ bzw. die im Volumen $\mathcal{V}$ enthaltene Ladung $Q_{\mathcal{V}}$ eingehen und die $\vec{E}$- und $\vec{B}$-Felder erzeugen. Wir werden die integralen Maxwell-Gleichungen in der Elektrostatik und Magnetostatik wiedersehen und mehr mit ihnen arbeiten.

13.2.4 Kontinuitätsgleichung reloaded

Die Ladungsdichte ϱ und Stromdichte $\vec{j}$ in den Maxwell-Gleichungen erfüllen die Kontinuitätsgleichung, wie wir bereits wissen. Sie folgt direkt aus den differenziellen Maxwell-Gleichungen, wie nun gezeigt wird. Bilde dazu die Divergenz von Max 4:

$$\nabla \cdot (\nabla \times \vec{B}) = \nabla \cdot \left(\frac{\vec{j}}{\varepsilon_0 c^2} \right) + \nabla \cdot \left(\frac{1}{c^2} \frac{\partial \vec{E}}{\partial t} \right) = \frac{1}{\varepsilon_0 c^2} (\nabla \cdot \vec{j}) + \frac{1}{c^2} \frac{\partial}{\partial t} (\nabla \cdot \vec{E}).$$

Beim zweiten Gleichheitszeichen wurden Zeitableitung und Divergenz im zweiten Term getauscht und alle Konstanten vor die Ableitungsoperatoren gezogen. Der Ausdruck $\nabla \cdot (\nabla \times \vec{B})$ ist null (Kap. 9), womit folgt:

$$\Longleftrightarrow \quad \frac{1}{\varepsilon_0 c^2}(\nabla \cdot \vec{j}) + \frac{1}{c^2}\frac{\partial}{\partial t}(\nabla \cdot \vec{E}) = 0.$$

Für die Divergenz des elektrischen Feldes im zweiten Summanden können wir aber Max 1 einsetzen. Dann steht es da:

$$\frac{1}{\varepsilon_0}(\nabla \cdot \vec{j}) + \frac{\partial}{\partial t}\left(\frac{\varrho}{\varepsilon_0}\right) = 0 \quad \Longleftrightarrow \quad \nabla \cdot \vec{j} + \frac{\partial \varrho}{\partial t} = 0.$$

Das ist die Kontinuitätsgleichung. Sie sagt aus, dass die Ladung in einem Raumbereich sich ändert, wenn ein Stromfluss (Zu- oder Abfluss) existiert; Quintessenz: **Ladungserhaltung!** Sie gilt für jedes elektromagnetische Feld, das die Maxwell-Gleichungen erfüllt.

Beispiel 13.6 (Ladungserhaltung)

▷ Erfüllen $\varrho(\vec{r}, t)$ und $\vec{j}(\vec{r}, t)$ aus Beispiel 13.5 die Kontinuitätsgleichung?

Lösung: Wir setzen die Ladungsdichte $\varrho(\vec{r}, t) = 3\alpha\varepsilon_0 ct + 2\alpha\varepsilon_0(2x + y + 2z)$ und die Stromdichte $\vec{j}(\vec{r}, t) = \alpha\varepsilon_0 c(-2ct - x, -y, -2ct - z)^{\mathsf{T}}$ direkt in $\nabla \cdot \vec{j} + \dot{\varrho} = 0$ ein. Dann gilt

$$\nabla \cdot \vec{j} + \dot{\varrho} = \alpha\varepsilon_0 c \, \nabla \cdot (-2ct - x, -y, -2ct - z)^{\mathsf{T}} + 3\alpha\varepsilon_0 c$$
$$= \alpha\varepsilon_0 c(-1 - 1 - 1) + 3\alpha\varepsilon_0 c = 0.$$

Damit erfüllen die berechneten ϱ und $\vec{j}$ die Kontinuitätsgleichung und es gilt Ladungserhaltung. ∎

[H32] Herstellaufgabe   **(2,5 + 1,5 = 4 Punkte)**

In einem Raumbereich liege das folgende elektrische Feld vor:

$$\vec{E}(\vec{r}, t) = \alpha e^{-\beta t}(x^2 + z^2, -y^2 + z^2, xy)^{\mathsf{T}}.$$

a) Welches magnetische Feld gehört mindestens dazu? Und welche ϱ und $\vec{j}$ stellen die Felder her?

b) Sind alle Maxwell-Gleichungen und die Kontinuitätsgleichung erfüllt?

Spickzettel zu Maxwell-Gleichungen

- **(Differenzielle) Maxwell-Gleichungen**
  - $\nabla \cdot \vec{E} = \frac{\varrho}{\varepsilon_0}$: Elektrische Felder beginnen und enden auf Ladungen.
  - $\nabla \cdot \vec{B} = 0$: Magnetische Feldlinien sind geschlossen, d. h., es gibt keine magnetischen Monopole.
  - $\nabla \times \vec{E} = -\dot{\vec{B}}$: Faraday'sches Induktionsgesetz, Änderung des magnetischen Feldes erzeugt elektrisches Wirbelfeld.
  - $\nabla \times \vec{B} = \frac{\vec{j}}{\varepsilon_0 c^2} + \frac{\dot{\vec{E}}}{c^2}$: Magnetische Wirbelfelder werden durch Ströme und Änderung des $\vec{E}$-Feldes erzeugt.

  Andere Maßsysteme: CGS, $\varepsilon_0 \to \frac{1}{4\pi}$ und $\vec{B} \to \frac{\vec{B}}{c}$; Heaviside: $c = 1$, $\varepsilon_0 = 1$.

- **Integrale Maxwell-Gleichung**
  Herleitung per Satz von Gauß und Stokes aus den differenziellen Maxwell-Gleichungen:

  $$\int_{\partial V} \mathrm{d}\vec{f} \cdot \vec{E} = \frac{1}{\varepsilon_0} Q_V, \qquad \int_C \mathrm{d}\vec{r} \cdot \vec{E} = -\frac{\partial}{\partial t} \int_{\mathcal{F}} \mathrm{d}\vec{f} \cdot \vec{B},$$

  $$\int_{\partial V} \mathrm{d}\vec{f} \cdot \vec{B} = 0, \qquad \int_C \mathrm{d}\vec{r} \cdot \vec{B} = \frac{1}{\varepsilon_0 c^2} I_{\mathcal{F}} + \frac{1}{c^2} \frac{\partial}{\partial t} \int_{\mathcal{F}} \mathrm{d}\vec{f} \cdot \vec{E}.$$

- **Kontinuitätsgleichung**
  Formuliert die Ladungserhaltung; folgt durch $\nabla \cdot$ Max4 und Max1: $\nabla \cdot \vec{j} + \dot{\varrho} = 0$ bzw. integriert: $\int_{\partial V} \mathrm{d}\vec{f} \cdot \vec{j} = I_{\mathcal{F}} = -\frac{\partial Q_V}{\partial t}$.

13.3 Elemente der Elektrostatik

In diesem Abschnitt beschäftigen wir uns mit dem Grundproblem der Elektrostatik, aus einer gegebenen Ladungsverteilung das zugehörige elektrische Feld zu bestimmen. Dafür werden wir zwei Verfahren anschneiden und am Beispiel erläutern.

13.3.1 Gleichungen der Elektrostatik

Für **Elektrostatik** gilt: Keine Ströme, keine $\vec{B}$-Felder, wodurch die elektrischen Felder zeitlich konstant sind. Dann schreiben sich die relevanten Maxwell-Gleichungen als

$$\nabla \cdot \vec{E} = \frac{\varrho}{\varepsilon_0}, \quad \nabla \times \vec{E} = \vec{0}. \tag{13.23}$$

Wir können somit die erste Gleichung als Bestimmungsgleichung für $\vec{E}$ bei gegebenem ϱ und die zweite Gleichung als Probe für das ermittelte $\vec{E}$-Feld sehen. Eine Hauptaufgabe der Elektrostatik ist wie bereits erwähnt: ϱ gegeben, was ist $\vec{E}$? Zur Lösung dieser Fragestellung werden wir zwei Verfahren demonstrieren:

1. **Lösung durch Ansatz**

Zum Bestimmen des elektrischen Feldes in einem bestimmten Volumen $\mathcal{V}$, in dem sich eine Ladungsdichte ϱ befindet, ist häufig die integrale Maxwell-Gleichung (13.19) hilfreich:

$$\int_{\partial \mathcal{V}} \mathrm{d}\vec{f} \cdot \vec{E} = \frac{1}{\varepsilon_0} \int_{\mathcal{V}} \mathrm{d}^3 x \, \varrho = \frac{Q_{\mathcal{V}}}{\varepsilon_0}.$$

Mit einem cleveren Ansatz $\vec{E} = E(\ldots) \cdot \vec{e}_{\ldots}$ lässt sich dann bei gegebenem ϱ das elektrische Feld $\vec{E}$ bestimmen, wobei die Punkte für geschickt gewählte Koordinaten stehen. Beim Finden des Ansatzes hilft die Tatsache, dass elektrische Feldlinien stets senkrecht auf geladenen Flächen stehen, solange in ihnen keine Ströme fließen (was aber bei der Elektrostatik per Definition der Fall ist).

2. **Lösung über das Skalarpotenzial**

Aus $\nabla \times \vec{E} = \vec{0}$ folgt mit den Erkenntnissen aus Kap. 9, dass sich $\vec{E}$ als Gradientenfeld darstellen lässt (da $\nabla \times (-\nabla \phi) = \vec{0}$):

$$\vec{E}(\vec{r}) = -\nabla \phi(\vec{r}). \tag{13.24}$$

Hierbei heißt $\phi(\vec{r})$ **Skalarpotenzial der Elektrostatik**. Setzt man dies in $\nabla \cdot \vec{E} = \frac{\varrho}{\varepsilon_0}$ ein, so erhält man die **Poisson-Gleichung**

$$\nabla \cdot \vec{E} = -\nabla \cdot (\nabla \phi) = \frac{\varrho}{\varepsilon_0} \iff \Delta \phi = -\frac{\varrho}{\varepsilon_0} \tag{13.25}$$

und löst diese mit den Methoden aus Kap. 11. Dieses Verfahren kommt ohne „cleveren" Ansatz aus, mündet aber oft in ein unangenehmes Integral.

13.3.2 Lösung durch Ansatz

Wir demonstrieren das erste Verfahren direkt an einem Beispiel.

Beispiel 13.7 (Elektrisches Feld einer geladenen Vollkugel I)

▷ Bestimmen Sie das elektrische Feld $\vec{E}$ einer homogen und positiv mit Q geladenen Vollkugel vom Radius R.

Lösung: Homogen geladen bedeutet: $\varrho(\vec{r}) = \varrho_0 = \text{const.}$ Wir können die erste integrale Maxwell-Gleichung benutzen, um daraus das elektrische Feld zu bestimmen. Eine geeignete Koordinatenwahl in diesem Beispiel sind offensichtlich die Kugelkoordinaten $\vec{x}(r, \theta, \varphi) = (r \sin(\theta) \cos(\varphi), r \sin(\theta) \sin(\varphi), r \cos(\theta))^{\mathsf{T}}$.

$\vec{E}$-Feld-Linien stehen immer senkrecht auf geladenen Oberflächen, sofern keine Ströme durch die Oberfläche fließen. Damit wissen wir schon die Richtung des elektrischen Feldes: $\vec{E} \propto \vec{e}_r$ (in Kugelkoordinaten), d. h. radial nach außen. Wie genau sich die Feldstärke E radial ändert, müssen wir ermitteln; da allerdings die

Ladungsdichte kugelsymmetrisch verteilt ist, sollte das resultierende elektrische Feld auch rotationssymmetrisch sein, d.h. $E = E(r)$ gelten. Damit haben wir unseren Ansatz gefunden:

$$\vec{E}(\vec{x}) = E(r)\vec{e}_r.$$

Diesen setzen wir in die erste integrale Maxwell-Gleichung ein. Wir starten mit der linken Seite. Das Oberflächenelement $\mathrm{d}\vec{f}$ in Kugelkoordinaten kann direkt aus Kap. 9 übernommen werden: $\mathrm{d}\vec{f} = r^2\,\mathrm{d}\theta\,\sin(\theta)\,\mathrm{d}\varphi\,\vec{e}_r$ für eine Kugeloberfläche mit allgemeinem Radius r. Dann ergibt das Integral

$$\int_{\partial V}\mathrm{d}\vec{f}\cdot\vec{E}(\vec{x}) = r^2 \underbrace{\int_0^{\pi}\mathrm{d}\theta\,\sin(\theta)}_{=2}\underbrace{\int_0^{2\pi}\mathrm{d}\varphi}_{=2\pi}\underbrace{\vec{e}_r\cdot E(r)\vec{e}_r}_{=E(r)} = 4\pi r^2 E(r),$$

während auf der rechten Seite der integralen Maxwell-Gleichung

$$\frac{1}{\varepsilon_0}\int_V\mathrm{d}^3x\,\varrho(\vec{x}) = \frac{Q_V(r)}{\varepsilon_0}$$

steht, wobei $Q_V(r)$ die Ladung im kugelförmigen Integrationsvolumen V mit Radius r bezeichnet. Also gilt zusammen

$$4\pi r^2 E(r) = \frac{Q_V(r)}{\varepsilon_0} \iff E(r) = \frac{1}{4\pi\varepsilon_0}\frac{Q_V(r)}{r^2}.$$

Nun kommt die Fallunterscheidung ins Spiel. Wir müssen differenzieren, ob das Volumen V die gesamte Ladungsdichte (das wäre für $r \geq R$ der Fall) oder nur einen Teil ($r < R$) erfasst. Abhängig davon ergibt sich die im Integrationsvolumen eingeschlossene Ladung:

$$\frac{Q_V(r)}{Q} = \frac{\varrho_0\cdot V(r)}{\varrho_0\cdot V_{\text{ges}}} = \frac{\varrho_0\cdot\frac{4}{3}\pi r^3}{\varrho_0\cdot\frac{4}{3}\pi R^3} = \frac{r^3}{R^3} \iff Q_V(r) = \frac{r^3}{R^3}Q.$$

Im Falle $r = R$ ergibt sich $Q_V = Q$ (gesamte Ladung), sonst ist Q_V nur ein Bruchteil von Q, der mit der dritten Potenz des Radius skaliert. Wir erhalten insgesamt

$$\vec{E} = E(r)\vec{e}_r \quad\text{mit}\quad E(r) = \begin{cases} \frac{Q}{4\pi\varepsilon_0}\frac{r}{R^3} & \text{für } r \leq R \\[2mm] \frac{Q}{4\pi\varepsilon_0}\frac{1}{r^2} & \text{für } r > R \end{cases}.$$

Abb. 13.2 zeigt die radiale Abhängigkeit des elektrischen Feldes. ∎

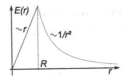

Abb. 13.2 Radiale Abhängigkeit des elektrischen Feldes einer homogen geladenen Kugel vom Radius R. Deutlich ist im Inneren der lineare Anstieg der elektrischen Feldstärke und außerhalb der Kugel der typische, quadratische Abfall der Feldstärke zu erkennen

13.3.3 Lösung per Skalarpotenzial

Das elektrische Feld lässt sich auch über das Skalarpotenzial ermitteln. Hierzu benutzen wir die Poisson-Gleichung $\Delta \phi = -\frac{\varrho}{\varepsilon_0}$. In Kap. 11 wurde diese DGL gelöst (vgl. (11.13), wobei hier nun speziell $f(\vec{r}) = -\frac{\varrho(\vec{r})}{\varepsilon_0}$). Bei gegebenem ϱ errechnet sich das Skalarpotenzial damit im gesamten Raumbereich zu

$$\phi(\vec{r}) = \frac{1}{4\pi\varepsilon_0} \int_{\mathbb{R}^3} \mathrm{d}^3 x' \, \frac{\varrho(\vec{r}\,')}{|\vec{r} - \vec{r}\,'|}. \qquad (13.26)$$

Über $\vec{E} = -\nabla\phi$ bestimmt sich anschließend das elektrische Feld. Wie man leicht sieht, kann das Lösen des Integrals schnell zu Komplikationen führen.

Das Skalarpotenzial hängt mit der Verschiebungsarbeit eines Teilchens mit Ladung q vom Ort $\vec{r}_1$ nach $\vec{r}_2$ gegen ein elektrisches Feld entlang einer Kurve C über

$$W = -q \int_C \mathrm{d}\vec{r} \cdot \vec{E} \overset{(13.24)}{=} -q \int_C \mathrm{d}\vec{r} \cdot (-\nabla\phi) = q(\phi(\vec{r}_2) - \phi(\vec{r}_1)) \qquad (13.27)$$

zusammen. Das verkürzte Ausführen des Kurvenintegrals über einen Gradienten kennen wir aus der Mechanik von der Verschiebungsarbeit in einem Kraftfeld, Gl. (12.29). Sobald das Kraftfeld ein Potenzial besaß, konnte die Arbeit direkt über die Potenzialdifferenz ausgerechnet werden. Dieses funktioniert hier analog, denn $\vec{E} = -\nabla\phi$ sagt ja gerade aus, dass $\vec{E}$ ein Potenzial ϕ besitzt.

Die elektrische Potenzialdifferenz $\phi(\vec{r}_2) - \phi(\vec{r}_1)$ zwischen den beiden Punkten $\vec{r}_1$ und $\vec{r}_2$ wird **elektrische Spannung** genannt und in Volt gemessen:

$$U = \frac{W}{q} = \phi(\vec{r}_2) - \phi(\vec{r}_1). \qquad (13.28)$$

Sie entspricht der dabei verrichteten Arbeit pro Ladung.

Beispiel 13.8 (Elektrisches Feld einer Punktladung)

▷ Wie lautet das elektrische Feld einer positiven Punktladung q an der Position $\vec{r}_0$?

Lösung: Um (13.26) auszuwerten, benötigen wir die Ladungsverteilung einer Punktladung an der Stelle $\vec{r}_0$: $\varrho(\vec{r}) = q\delta(\vec{r} - \vec{r}_0)$. Eingesetzt folgt

$$\phi(\vec{r}) = \frac{1}{4\pi\varepsilon_0} \int_{\mathbb{R}^3} d^3x' \frac{q\delta(\vec{r}' - \vec{r}_0)}{|\vec{r} - \vec{r}'|} = \frac{q}{4\pi\varepsilon_0} \int_{\mathbb{R}^3} d^3x' \frac{\delta(\vec{r}' - \vec{r}_0)}{|\vec{r} - \vec{r}'|}$$

$$= \frac{q}{4\pi\varepsilon_0} \frac{1}{|\vec{r} - \vec{r}_0|},$$

wobei die räumliche Integration über die Delta-Funktion wieder in harmloses Ersetzen von $\vec{r}'$ durch $\vec{r}_0$ im restlichen Integranden mündet. Berechnen des $\vec{E}$-Feldes liefert das elektrische Feld einer Punktladung:

$$\vec{E}(\vec{r}) = -\nabla\phi(\vec{r}) = -\frac{q}{4\pi\varepsilon_0} \nabla \frac{1}{|\vec{r} - \vec{r}_0|} \overset{(9.19)}{=} \frac{q}{4\pi\varepsilon_0} \frac{\vec{r} - \vec{r}_0}{|\vec{r} - \vec{r}_0|^3}. \qquad \blacksquare$$

Die Kraft, die auf eine Probeladung q_0 im Feld der Ladung q wirkt, ist die sogenannte **Coulomb-Kraft** und ergibt sich aus der elektromagnetischen Kraft $\vec{F} = q_0(\vec{E} + \vec{v} \times \vec{B})$ durch $\vec{B} = \vec{0}$ zu

$$\vec{F}(\vec{r}) = q_0\vec{E}(\vec{r}) = \frac{q_0 q}{4\pi\varepsilon_0} \frac{\vec{r} - \vec{r}_0}{|\vec{r} - \vec{r}_0|^3}. \tag{13.29}$$

Sie erinnert der Form nach sehr stark an die Gravitationskraft $\vec{F}_G$, und in der Tat haben Coulomb-Kraft und Gravitationskraft ein paar gemeinsame Eigenschaften. Mit der Coulomb-Kraft kann man generell sehr bequem Kräfte zwischen Punktladungen studieren, so wie man bei der Gravitation die Massenanziehung zwischen Punktmassen gut studieren kann. Wir wollen dies hier aber nicht weiter vertiefen, sondern zeigen stattdessen, dass man auch mit dem elektrostatischen Potenzial das Feld der geladenen Vollkugel aus dem vorherigen Abschnitt bestimmen kann.

Beispiel 13.9 (Elektrisches Feld einer geladenen Vollkugel II)

▷ Ergibt sich für das elektrische Feld der geladenen Vollkugel aus Beispiel 13.7 das gleiche Ergebnis über das Skalarpotenzial?

Lösung: Das Kernstück in Gl. (13.26) ist die Ladungsdichte $\varrho(\vec{r})$. Für diese gilt bei der homogen geladenen Vollkugel

$$\varrho(\vec{r}) = \begin{cases} \varrho_0 & \text{für } r \leq R \\ 0 & \text{für } r > R \end{cases}.$$

Dies setzen wir ein und bestimmen das Skalarpotenzial $\phi(\vec{r})$. Dazu verwenden wir Kugelkoordinaten und integrieren über den gesamten Raum:

$$\phi(\vec{r}) = \frac{1}{4\pi\varepsilon_0} \int_0^\infty dr' \, r'^2 \int_{-1}^1 d\cos(\theta') \int_0^{2\pi} d\varphi' \frac{\varrho(r', \theta', \varphi')}{|\vec{r} - \vec{r}'|}$$

$$= \frac{1}{4\pi\varepsilon_0} \int_0^R dr' r'^2 \int_{-1}^1 d\cos(\theta') \int_0^{2\pi} d\varphi' \frac{\varrho_0}{\sqrt{r^2 + r'^2 - 2\vec{r} \cdot \vec{r}'}},$$

wobei $|\vec{r} - \vec{r}\,'| = \sqrt{(\vec{r} - \vec{r}\,')^2} = \sqrt{\vec{r}^{\,2} + \vec{r}^{\,\prime 2} - 2\vec{r} \cdot \vec{r}\,'}$ im Nenner verwendet wurde und das r-Integral auf den Kugelbereich eingeschränkt werden konnte, da für $r > R$ wegen $\varrho(r > R) \equiv 0$ sowieso nur Nullen aufsummiert werden.

Da die Kugel in alle Richtungen gleich aussieht und auch die Ladungsdichte unabhängig von der Richtung ist, können wir $\vec{r}$ o. B. d. A. entlang der z-Achse zeigen lassen. Dann vereinfacht sich das Skalarprodukt im Nenner zu $\vec{r} \cdot \vec{r}\,' = rr'\cos(\theta')$, wobei θ' den Winkel zwischen z-Achse (also $\vec{r}$) und $\vec{r}\,'$ misst. Der Übersicht halber setzen wir noch $u = \cos(\theta')$, dann folgt durch Auswerten des φ-Integrals für das nur noch von der radialen Koordinate r abhängige Potenzial:

$$
\begin{aligned}
\phi(r) &= \frac{2\pi\varrho_0}{4\pi\varepsilon_0} \int_0^R dr'\, r'^2 \int_{-1}^1 du\, \frac{1}{\sqrt{r^2 + r'^2 - 2rr'u}} \\
&= \frac{\varrho_0}{2\varepsilon_0} \int_0^R dr'\, r'^2 \cdot \frac{1}{-rr'}\sqrt{r^2 + r'^2 - 2rr'u}\,\Big|_{-1}^1 \\
&= -\frac{\varrho_0}{2\varepsilon_0 r} \int_0^R dr'\, r' \left(\sqrt{r^2 + r'^2 - 2rr'} - \sqrt{r^2 + r'^2 + 2rr'}\right).
\end{aligned}
$$

Wegen der Umschreibung $\sqrt{r^2 + r'^2 - 2rr'} = \sqrt{(r - r')^2} = |r - r'|$ und ganz analog $\sqrt{r^2 + r'^2 + 2rr'} = \sqrt{(r + r')^2} = |r + r'|$ folgt:

$$
\begin{aligned}
\phi(r) &= -\frac{\varrho_0}{2\varepsilon_0 r} \int_0^R dr'\, r' \left(|r - r'| - |r + r'|\right) = \frac{\varrho_0}{2\varepsilon_0 r} \int_0^R dr'\, r' \left(|r + r'| - |r - r'|\right) \\
&= \frac{\varrho_0}{2\varepsilon_0 r} \int_0^R dr'\, r' \left(r + r' - |r - r'|\right). \quad (*)
\end{aligned}
$$

Im letzten Schritt konnte das erste Betragszeichen weggelassen werden, da $r + r'$ für *jede* Wahl von r' größer als null ist. Dies ist im zweiten Betrag allerdings offensichtlich nicht mehr so. Daher müssen wir nun eine Fallunterscheidung in $(*)$ machen.

Betrachtet man das Potenzial an einem Punkt *innerhalb* der Kugel, d. h. gilt für seine radiale Komponente $r < R$, so lässt sich das Integral $(*)$ sinnvoll in zwei Teile aufteilen:

$$
\phi(r) = \frac{\varrho_0}{2\varepsilon_0 r} \left(\int_0^r dr'\, r' \left(r + r' - |r - r'|\right) + \int_r^R dr'\, r' \left(r + r' - |r - r'|\right) \right).
$$

Der erste Summand entspricht dabei dem Potenzial, das durch die innere (kleine) Kugel erzeugt wird. Dagegengerechnet wird im zweiten Summanden die Kugelschale nicht berücksichtigter Ladungen außen herum. Im ersten Integral ist durch die Wahl der Grenzen immer $|r - r'| > 0$, da r' von null bis maximal r läuft. Damit gilt im ersten Integral $|r - r'| = r - r'$. Im zweiten Integral dagegen ist durch die Grenzen der Term $|r - r'| < 0$, da r' von r bis R läuft: $|r - r'| = -(r - r') = r' - r$. Es ergibt sich somit

$$\phi(r) = \frac{\varrho_0}{2\varepsilon_0 r} \left(\int_0^r dr' \, r' \left(r + r' - (r - r') \right) + \int_r^R dr' \, r' \left(r + r' - (r' - r) \right) \right)$$

$$= \frac{\varrho_0}{2\varepsilon_0 r} \left(\int_0^r dr' \, 2r'^2 + \int_r^R dr' \, 2rr' \right) = \frac{\varrho_0}{\varepsilon_0 r} \left(\frac{r'^3}{3} \bigg|_0^r + r \frac{r'^2}{2} \bigg|_r^R \right)$$

$$= \frac{\varrho_0}{3\varepsilon_0} r^2 + \frac{\varrho_0}{2\varepsilon_0} (R^2 - r^2) = \frac{\varrho_0}{6\varepsilon_0} (3R^2 - r^2).$$

Das ist das Potenzial innerhalb der Kugel in Abhängigkeit von der radialen Koordinate r.

Das Potenzial *außerhalb* der Kugel ($r \geq R$) ist unkritischer zu berechnen, da dort immer $|r - r'| > 0 \iff |r - r'| = r - r'$ ist und das Integral in (∗) dann nicht aufgeteilt werden muss:

$$r \geq R : \ \phi(r) = \frac{\varrho_0}{2\varepsilon_0 r} \int_0^R dr' \, r' \cdot 2r' = \frac{\varrho_0}{\varepsilon_0 r} \frac{r'^3}{3} \bigg|_0^R = \frac{\varrho_0}{3\varepsilon_0 r} R^3.$$

Das ist das Potenzial im Außenraum der homogen geladenen Kugel.

Schließlich verwenden wir als Dichte $\varrho_0 = \frac{Q}{V} = \frac{Q}{\frac{4}{3}\pi R^3}$, da die Kugel homogen mit Q geladen sein soll. Damit ergibt sich für das Skalarpotenzial insgesamt

$$\phi(r) = \begin{cases} \frac{Q}{8\pi\varepsilon_0 R^3}(3R^2 - r^2), & r < R \\ \frac{Q}{4\pi\varepsilon_0 r}, & r \geq R \end{cases},$$

und es lässt sich das elektrische Feld über $\vec{E} = -\nabla\phi$ bestimmen. Mit der Regel $\nabla\phi(r) = \phi'(r)\frac{\vec{r}}{r} = \phi'(r)\vec{e}_r$ ergibt sich tatsächlich

$$\vec{E} = -\nabla\phi(r) = \begin{cases} +\frac{Q}{4\pi\varepsilon_0} \frac{r}{R^3} \cdot \vec{e}_r, & r < R \\ +\frac{Q}{4\pi\varepsilon_0} \frac{1}{r^2} \cdot \vec{e}_r, & r \geq R \end{cases},$$

und das ist genau das $\vec{E}$-Feld aus Beispiel 13.7. Juhu! ∎

Übrigens ergibt sich für das Gravitationspotenzial einer homogenen Kugel durch analoge Rechnung über das Potenzial

$$V(\vec{r}) = -Gm \int_{\mathbb{R}^3} d^3x' \, \frac{\varrho(\vec{r}\,')}{|\vec{r} - \vec{r}\,'|}.$$

Hieran erkennt man erneut die bereits bei der Coulomb-Kraft angesprochene Ähnlichkeit von elektrostatischer und gravitativer Wechselwirkung.

[H33] Yukawa-Potenzial   **(2 + 2 = 4 Punkte)**
Gegeben ist das Yukawa-Potenzial in Kugelkoordinaten:

$$\phi(r) = \frac{q}{4\pi\varepsilon_0 r} e^{-\frac{r}{a}}.$$

a) Man berechne das elektrische Feld. Wie lautet die zugehörige Ladungsdichte außerhalb des Ursprungs?

b) Welche Gesamtladung Q befindet sich im gesamten Raum? Wie lautet folglich insgesamt die Ladungsdichte?

Beachte dabei Besonderheiten bei $r = 0$.

13.4 Elemente der Magnetostatik

In diesem Abschnitt beschäftigen wir uns mit dem Grundproblem der Magnetostatik,
aus einer gegebenen Stromdichte das zugehörige magnetische Feld zu bestimmen.
Dafür werden wir wieder zum einen das Lösen der zugehörigen integralen Maxwell-
Gleichung erläutern, zum anderen über das Vektorpotenzial und den Satz von Biot-
Savart das Magnetfeld bestimmen.

13.4.1 Gleichungen der Magnetostatik

Nun drehen wir den Spieß um und erlauben die Existenz von Strömen, während
Ladungen nicht betrachtet werden. Hierdurch sind die $\vec{B}$-Felder zeitlich konstant.
Das ist **Magnetostatik** und die relevanten Maxwell-Gleichungen zur Bestimmung
des $\vec{B}$-Feldes sind

$$\nabla \cdot \vec{B} = 0, \quad \nabla \times \vec{B} = \frac{1}{\varepsilon_0 c^2}\vec{j}, \tag{13.30}$$

wobei die erste Gleichung wieder als Probe für das durch die zweite Gleichung
ermittelte Feld fungiert. Eine Hauptaufgabe in der Magnetostatik lautet wie bereits
erwähnt: $\vec{j}$ gegeben, was ist das dazugehörige $\vec{B}$-Feld? Auch hier werden wir wieder
zwei Verfahren zur Bestimmung des Magnetfeldes kennenlernen:

1. **Lösung durch Ansatz**
   Analog zur Elektrostatik müssen wir einen physikalisch sinnvollen Ansatz in
   geeigneten Koordinaten für das Magnetfeld machen: $\vec{B} = B(\ldots) \cdot \vec{e}_{...}$ und anschließend die integrale Maxwell-Gleichung

$$\int_{\mathcal{C}} d\vec{r} \cdot \vec{B} = \frac{1}{\varepsilon_0 c^2} \int_{\mathcal{F}} d\vec{f} \cdot \vec{j} = \frac{1}{\varepsilon_0 c^2} I_{\mathcal{F}}$$

durchexerzieren. Auch hierbei kann ggf. eine Fallunterscheidung auftreten.

2. **Lösung per Vektorpotenzial**

$\nabla \cdot \vec{B} = 0$ impliziert, dass $\vec{B}$ als Rotation dargestellt werden kann (da wir wissen, dass $\nabla \cdot (\nabla \times \vec{A}) = 0$):

$$\vec{B}(\vec{r}) = \nabla \times \vec{A}(\vec{r}), \tag{13.31}$$

wobei $\vec{A}(\vec{r})$ **Vektorpotenzial der Magnetostatik** genannt wird. Ohne Beweis: Bei gegebenem $\vec{j}$ errechnet sich das Vektorpotenzial zu

$$\vec{A}(\vec{r}) = \frac{1}{4\pi\varepsilon_0 c^2} \int_{\mathbb{R}^3} d^3 x' \frac{\vec{j}(\vec{r}\,')}{|\vec{r} - \vec{r}\,'|}. \tag{13.32}$$

Anschließend liefert die Rotation das magnetische Feld: $\vec{B} = \nabla \times \vec{A}$. Diese Methode ist allerdings in vielen Fällen äußerst aufwendig und wird nur im speziellen Fall sehr dünner Leiter (sogenannte Stromfäden) mit Hilfe des Satzes von Biot-Savart einigermaßen gut handhabbar.

13.4.2 Lösung durch Ansatz

Wir demonstrieren das erste Verfahren wieder direkt an einem Beispiel.

Beispiel 13.10 (Stromdurchflossener Leiter)

▷ Ein unendlich langer, zylindrischer Draht (Radius R) verläuft entlang der z-Achse. In ihm fließe ein zeitlich konstanter Strom I in positive z-Richtung. Man bestimme das magnetische Feld innerhalb und außerhalb des Drahtes.

Lösung: Wir benötigen einen geeigneten Ansatz für das Magnetfeld im Innen- und Außenraum. Nach der vierten Maxwell-Gleichung gilt $\nabla \times \vec{B} = \frac{\vec{j}}{\varepsilon_0 c^2}$. Wir setzen eine Zirkulation um die z-Achse für das $\vec{B}$-Feld an (Abb. 13.3), wobei die Stärke nur vom senkrechten Abstand zum Draht abhängt und es egal ist, bei welcher z-Koordinate man das Feld bestimmen möchte (da der Draht unendlich lang ist). In Zylinderkoordinaten $\vec{x}(\rho, \varphi, z) = (\rho\cos(\varphi), \rho\sin(\varphi), z)^{\mathsf{T}}$ bedeutet dies

$$\vec{B}(\vec{x}) = B(\rho)\vec{e}_\varphi.$$

Einsetzen in die vierte integrale Maxwell-Gleichung liefert:

$$\int_{\mathcal{C}} d\vec{r} \cdot \vec{B} = \frac{1}{\varepsilon_0 c^2} \int_{\mathcal{F}} d\vec{f} \cdot \vec{j} = \frac{1}{\varepsilon_0 c^2} I_{\mathcal{F}}(\rho).$$

Hierbei bezeichnet $I_{\mathcal{F}}(\rho)$ den Strom durch die gewählte Integrationsfläche $\mathcal{F}$ parallel zum Querschnitt des Leiters mit Radius ρ. Folglich kommt es wieder darauf an, bis zu welcher radialen Koordinate wir den Strom durch $\mathcal{F}$ berechnen möchten. Betrachten wir z. B. den Strom durch eine Fläche, die nur einen Bruchteil der Querschnittsfläche des Leiters ausmacht, so ist $I_{\mathcal{F}}$ nur ein Bruchteil des Gesamtstroms I, nämlich genau das Verhältnis der von I durchsetzten Flächen:

$$\frac{I_F(\rho)}{I} = \frac{\pi \rho^2}{\pi R^2} \;\Leftrightarrow\; I_F(\rho) = I \frac{\rho^2}{R^2}.$$

Zum Auswerten des Kurvenintegrals auf der linken Seite der integralen Maxwell-Gleichung wählen wir als Weg $\mathcal{C}$ einen kreisförmigen Weg um die z-Achse im variablen Abstand ρ von dieser. Der Weg kann somit per Winkel φ parametrisiert werden als $\vec{r}(\varphi) = \rho(\cos(\varphi), \sin(\varphi), 0)^{\mathsf{T}}$. Mit

$$\frac{\mathrm{d}\vec{r}}{\mathrm{d}\varphi} = \rho(-\sin(\varphi), \cos(\varphi), 0)^{\mathsf{T}} \;\Longleftrightarrow\; \mathrm{d}\vec{r} = \mathrm{d}\varphi\, \rho(-\sin(\varphi), \cos(\varphi), 0)^{\mathsf{T}} = \mathrm{d}\varphi\, \rho\, \vec{e}_\varphi$$

folgt eingesetzt:

$$\int_{\mathcal{C}} \mathrm{d}\vec{r} \cdot \vec{B} = \int_0^{2\pi} \mathrm{d}\varphi\, \rho\, \vec{e}_\varphi \cdot B(\rho)\vec{e}_\varphi = \rho B(\rho) \int_0^{2\pi} \mathrm{d}\varphi\, 1 = 2\pi\rho B(\rho).$$

Ein Vergleich der linken und rechten Seite der integralen Maxwell-Gleichung liefert die Magnetfeldstärke

$$2\pi\rho B(\rho) = \frac{I_{\mathcal{F}}(\rho)}{\varepsilon_0 c^2} \;\Longleftrightarrow\; B(\rho) = \frac{1}{2\pi\varepsilon_0 c^2} \frac{I_{\mathcal{F}}(\rho)}{\rho}. \qquad (*)$$

Nun müssen wir eine Fallunterscheidung machen. Im Innenraum für $\rho \leq R$ ist $I_{\mathcal{F}}(\rho)$ nur der erwähnte Bruchteil des Gesamtstroms I: $I_{\mathcal{F}}(\rho) = I \frac{\rho^2}{R^2}$. Möchte man dagegen das Magnetfeld außerhalb des Drahtes (für $\rho > R$) berechnen, so ist $I_{\mathcal{F}}(\rho) = I$, d. h., der gesamte Strom I erzeugt das Magnetfeld im Außenraum. Damit ergibt sich das magnetische Feld im Innen- und Außenraum zu

$$\vec{B}(\vec{x}) = B(\rho)\vec{e}_\varphi = \begin{cases} \frac{I}{2\pi\varepsilon_0 c^2} \frac{\rho}{R^2} \cdot \vec{e}_\varphi, & \rho \leq R \\[2mm] \frac{I}{2\pi\varepsilon_0 c^2} \frac{1}{\rho} \cdot \vec{e}_\varphi, & \rho > R \end{cases}.$$

Abb. 13.3 zeigt den radialen Verlauf $B(\rho)$ und das zirkulare Aussehen. ∎

Erinnert man sich nun dunkel an Beispiel 9.14, dann wurde dort ein Ansatz gesucht, so dass das Feld $\vec{B} = B(\rho)\vec{e}_\varphi$ wirbelfrei sein sollte. Es ergab sich, dass $B(\rho)$ dafür mit $\frac{1}{\rho}$ abfallen musste, wie auch unser Außenfeld. $\nabla \times \vec{B} = \vec{0}$ gilt aber niemals in der Magnetostatik. Widerspruch? Scheinbar ja, aber wir haben es hier wieder mit einem pathologischen Fall ähnlich wie in der Mechanik in Beispiel 12.11 zu tun.

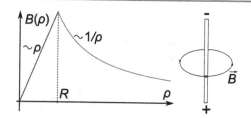

Abb. 13.3 Magnetfeld eines stromdurchflossenen Leiters. Links: Im Inneren steigt das Feld linear an, während es im Außenraum mit $1/\rho$ abfällt. Rechts: Das Magnetfeld liegt konzentrisch um den Leiter und wirbelt gegen den Uhrzeigersinn

Denn dass das Magnetfeld $\vec{B} = B(\rho)\vec{e}_\varphi$ *nicht* wirbelfrei sein kann, sieht man (wie auch in der Mechanik) am Kurvenintegral $\int_C d\vec{r} \cdot \vec{B} = 2\pi\rho B(\rho) \neq 0$. Die Rotation $\nabla \times \vec{B} = \vec{0}$ eines Vektorfeldes $\vec{B}$ ist zur Überprüfung der Wirbelfreiheit erneut mit Vorsicht zu genießen, sicher ist es aber über das Kurvenintegral.

13.4.3 Lösung per Vektorpotenzial, Satz von Biot-Savart

Wir wollen die Rotation des Vektorpotenzials (13.32) im zweiten Verfahren nun einmal explizit ausführen. Hierzu verwenden wir das Konzept der **Stromfäden**. Beschreibt $\vec{j}$ einen Stromfaden (d. h. einen möglichst nicht radial ausgedehnten Leiter), so darf man folgende Ersetzung machen:

$$d^3x'\,\vec{j}(\vec{r}') \longrightarrow d\vec{r}'\,I \qquad (13.33)$$

mit Strom I und Linienelement $d\vec{r}'$. Dies ist mit den Kenntnissen aus Abschn. 13.1 direkt nachvollziehbar. Es ist mit $\vec{j} = \varrho\vec{v}$:

$$d^3x'\,\vec{j} = d^3x'\,\varrho\,\vec{v} = dQ\,\vec{v} = \frac{d\vec{r}'}{dt}dQ = d\vec{r}'\frac{dQ}{dt} = d\vec{r}'\,I.$$

Dann berechnet sich die Rotation des über das Integral bestimmte Vektorpotenzial $\vec{A}$ wie folgt:

$$\vec{B}(\vec{r}) = \nabla \times \vec{A}(\vec{r}) = \frac{1}{4\pi\varepsilon_0 c^2}\nabla_{\vec{r}} \times \int_{\mathbb{R}^3} d^3x'\frac{\vec{j}(\vec{r}')}{|\vec{r}-\vec{r}'|} \overset{(13.33)}{=} \frac{I}{4\pi\varepsilon_0 c^2}\nabla_{\vec{r}} \times \int_C d\vec{r}'\frac{1}{|\vec{r}-\vec{r}'|}.$$

Beim Berechnen der unangenehm aussehenden Rotation hilft uns die Identität

$$\nabla \times (f\vec{A}) = (\nabla f) \times \vec{A} + f(\nabla \times \vec{A})$$

aus Kap. 9, wobei in unserem Fall $\vec{A} = \mathrm{d}\vec{r}\,'$ und $f = \frac{1}{|\vec{r}-\vec{r}\,'|}$. Damit ergibt sich mit $\nabla_{\vec{r}} \times \mathrm{d}\vec{r}\,' = \vec{0}$ ($\nabla_{\vec{r}}$ wirkt nur auf die nicht gestrichenen Koordinaten und kann deswegen auch direkt am Integral vorbeigezogen werden):

$$\vec{B}(\vec{r}) = \frac{I}{4\pi\varepsilon_0 c^2} \int_C \nabla_{\vec{r}} \times \frac{\mathrm{d}\vec{r}\,'}{|\vec{r}-\vec{r}\,'|} = \frac{I}{4\pi\varepsilon_0 c^2} \int_C \underbrace{\left(\nabla_{\vec{r}}\frac{1}{|\vec{r}-\vec{r}\,'|}\right)}_{=-\frac{\vec{r}-\vec{r}\,'}{|\vec{r}-\vec{r}\,'|^3}} \times \mathrm{d}\vec{r}\,' + \vec{0}.$$

Schließlich folgt der **Satz von Biot-Savart:** Das Magnetfeld von Stromfäden, welche entlang einer „Kurve" C orientiert sind (können auch Geraden sein!) ist gegeben durch

$$\vec{B}(\vec{r}) = \frac{I}{4\pi\varepsilon_0 c^2} \int_C \mathrm{d}\vec{r}\,' \times \frac{\vec{r}-\vec{r}\,'}{|\vec{r}-\vec{r}\,'|^3}. \qquad (13.34)$$

Mit Hilfe dieser kompakten Formel lässt sich direkt das Magnetfeld einer Stromdichte angeben. Die Praxis mit dem merkwürdigen Kreuzprodukt im Integral werden wir in einem Beispiel erläutern.

Beispiel 13.11 (Stromdurchflossener Kreisring)

▷ Eine Leiterschleife in der x-y-Ebene (zentriert um den Ursprung) mit Radius R werde von einem Strom I durchflossen. Wie lautet das magnetische Feld auf der z-Achse?

Lösung: Diese Aufgabe kann bequem mit dem Satz von Biot-Savart gelöst werden. Dazu müssen wir zunächst den mit I durchflossenen Stromfaden parametrisieren, um $\vec{r}\,'$ in (13.34) festzulegen. Parametrisiere dazu den Ring durch Zylinderkoordinaten: $\vec{r}\,' = \vec{r}\,'(\varphi)$ (' ist keine Ableitung!), dann erreicht $\vec{r}\,'(\varphi) = R(\cos(\varphi), \sin(\varphi), 0)^\mathsf{T} = R\,\vec{e}_\rho$ mit $\varphi = 0\ldots 2\pi$ alle Punkte auf dem Ring. Daraus folgt ferner $\frac{\mathrm{d}\vec{r}\,'}{\mathrm{d}\varphi} = R(-\sin(\varphi), \cos(\varphi), 0)^\mathsf{T} = R\,\vec{e}_\varphi \Longleftrightarrow \mathrm{d}\vec{r}\,' = \mathrm{d}\varphi\,R\,\vec{e}_\varphi$.

Weiterhin ist in der gewählten Parametrisierung der Ausdruck $|\vec{r}-\vec{r}\,'| = |(0,0,z)^\mathsf{T} - (R\cos(\varphi), R\sin(\varphi), 0)^\mathsf{T}| = \sqrt{R^2+z^2}$ mit $\vec{r} = (0,0,z)^\mathsf{T} = z\,\vec{e}_z$, da wir nur das $\vec{B}$-Feld entlang der z-Achse ermitteln sollen. Alles in (13.34) eingesetzt ergibt sich somit

$$\vec{B}(\vec{r}) = \frac{I}{4\pi\varepsilon_0 c^2} \int_C \mathrm{d}\vec{r}\,' \times \frac{\vec{r}-\vec{r}\,'}{|\vec{r}-\vec{r}\,'|^3} = \frac{I}{4\pi\varepsilon_0 c^2} \int_0^{2\pi} \mathrm{d}\varphi\,R\,\vec{e}_\varphi \times \frac{z\vec{e}_z - R\vec{e}_\rho}{\sqrt{R^2+z^2}^3}$$

$$= \frac{IR}{4\pi\varepsilon_0 c^2} \int_0^{2\pi} \mathrm{d}\varphi\,\frac{z\vec{e}_\rho + R\vec{e}_z}{\sqrt{R^2+z^2}^3} = \frac{IR}{4\pi\varepsilon_0 c^2} \frac{1}{\sqrt{R^2+z^2}^3} \int_0^{2\pi} \mathrm{d}\varphi\,(z\vec{e}_\rho + R\vec{e}_z)$$

$$= \frac{IR}{4\pi\varepsilon_0 c^2} \frac{1}{\sqrt{R^2+z^2}^3} \left(z\int_0^{2\pi} \mathrm{d}\varphi\,(\cos(\varphi), \sin(\varphi), 0)^\mathsf{T} + R\vec{e}_z \int_0^{2\pi} \mathrm{d}\varphi\right).$$

Da aber $\int_0^{2\pi} d\varphi \, (\cos(\varphi), \sin(\varphi), 0)^{\mathsf{T}} = (\sin(\varphi), -\cos(\varphi), 0)^{\mathsf{T}}|_0^{2\pi} = \vec{0}$, folgt schließlich für das $\vec{B}$-Feld auf der z-Achse:

$$\vec{B}(\vec{r}) = \vec{B}(z) = \frac{IR^2}{2\varepsilon_0 c^2} \frac{1}{\sqrt{R^2 + z^2}^3} \cdot \vec{e}_z.$$

∎

[H34] Quadratische Leiterschleife (3 + 1 = 4 Punkte)

In einer quadratischen Leiterschleife (Seitenlänge a) fließe ein Strom I gegen den Uhrzeigersinn.

a) Das Magnetfeld im Mittelpunkt des Quadrats möchte berechnet werden.

Hierbei hilft als Vorbereitung die Berechnung von $\left[\dfrac{y}{\sqrt{y^2+1}}\right]'$.

b) Wie groß ist dort das Magnetfeld verglichen mit einer kreisrunden Leiterschleife mit Radius $R = \frac{a}{2}$?

Spickzettel zu Elektrostatik/Magnetostatik

- **Gleichungen der Elektrostatik und Magnetostatik**

  Elektrostatik = keine Ströme, kein zeitlich veränderliches $\vec{E}$-Feld:

  $\nabla \cdot \vec{E} = \frac{\varrho}{\varepsilon_0}$ und $\nabla \times \vec{E} = \vec{0}$; Magnetostatik = keine Ladungen, kein zeitlich veränderliches $\vec{B}$-Feld: $\nabla \cdot \vec{B} = 0$ und $\nabla \times \vec{B} = \frac{\vec{j}}{\varepsilon_0 c^2}$.

- **Lösungsansätze elektrostatischer Probleme**

  - Entweder $\int_{\partial V} d\vec{f} \cdot \vec{E} = \frac{1}{\varepsilon_0} \int_V d^3x \, \varrho = \frac{Q_V}{\varepsilon_0}$ lösen (Felder auf geladenen Oberflächen senkrecht!)
  - oder $\vec{E}$-Feld per Skalarpotenzial bestimmen: $\phi(\vec{r}) = \frac{1}{4\pi\varepsilon_0} \int_{\mathbb{R}^3} d^3x' \, \frac{\varrho(\vec{r}')}{|\vec{r} - \vec{r}'|}$ und Gradient $\vec{E} = -\nabla\phi$ bilden; Achtung: häufig Fallunterscheidung innen/außen.
  - Spezialfall Punktladung: $\varrho(\vec{r}) = Q\delta(\vec{r})$, $\vec{E} = \frac{Q}{4\pi\varepsilon_0} \frac{\vec{r}}{r^3}$ und $\vec{F} = q\vec{E} = \frac{qQ}{4\pi\varepsilon_0} \frac{\vec{r}}{r^3}$ Coulomb-Kraft zwischen Ladung q und Q.
  - Elektrische Spannung: $U = \frac{W}{q} = -\int_{\vec{r}_1}^{\vec{r}_2} d\vec{r} \cdot \vec{E} = \phi(\vec{r}_2) - \phi(\vec{r}_1)$.

- **Lösungsansätze magnetostatischer Probleme**

  - Entweder $\int_C d\vec{r} \cdot \vec{B} = \frac{1}{\varepsilon_0 c^2} \int_{\mathcal{F}} d\vec{f} \cdot \vec{j} = \frac{I_{\mathcal{F}}}{\varepsilon_0 c^2}$ lösen (als Wirbelfeld ansetzen!); Achtung: häufig Fallunterscheidung;
  - oder $\vec{B}$-Feld über Vektorpotenzial per Integration $\vec{A} = \frac{1}{4\pi\varepsilon_0 c^2} \int_{\mathbb{R}^3} d^3x' \, \frac{\vec{j}(\vec{r}',t)}{|\vec{r} - \vec{r}'|}$ bestimmen und Rotation $\vec{B} = \nabla \times \vec{A}$ berechnen;
  - Spezialfall Stromfäden: $d^3x' \, \vec{j}(\vec{r}') \to I \, d\vec{r}'$ und dann direkt per Biot-Savart:

  $$\vec{B}(\vec{r}) = \frac{I}{4\pi\varepsilon_0 c^2} \int_C d\vec{r}' \times \frac{\vec{r} - \vec{r}'}{|\vec{r} - \vec{r}'|^3}.$$

- **Gängige Feldverteilungen**
  Elektrostatik:
  - Punktladung Q: $\vec{E} = \frac{Q}{4\pi\varepsilon_0}\frac{\vec{r}}{r^3}$.
  - Linienladung (Länge L): $\vec{E} = \frac{Q}{2\pi\varepsilon_0 L}\frac{\vec{e}_\rho}{\rho}$.
  - Flächenladung (Fläche A): $\vec{E} = \frac{Q}{2\varepsilon_0 A}\vec{e}_1$.

  Magnetostatik:
  - Stromdurchflossener Draht: $\vec{B} = \frac{I}{2\pi\varepsilon_0 c^2}\frac{\vec{e}_\varphi}{\rho}$.
  - Kreisring (Radius R), Feld entlang der Symmetrieachse: $\vec{B} = \frac{IR^2}{2\varepsilon_0 c^2}\frac{\vec{e}_z}{\sqrt{\rho^2 + z^2}^3}$.
  - Lange Spule (n Windungen, Länge L): $\vec{B} = \frac{I}{\varepsilon_0 c^2}\frac{n}{L}\vec{e}_z$.

13.5 Elektromagnetische Wellen

Im letzten Abschnitt dieses Kapitels wollen wir uns eine spezielle Gattung zeitabhängiger elektrischer und magnetischer Felder anschauen. Dies sind elektromagnetische Wellen, welche sich direkt aus den Maxwell-Gleichungen ableiten lassen. Wir tun genau dies zunächst für ladungs- und stromfreie Umgebungen und entwickeln anschließend eine Idee für den verallgemeinerten Fall.

13.5.1 Homogene Wellengleichungen

Wir begeben uns weit weg von irgendwelchen Ladungen oder Strömen und versuchen, die Maxwell-Gleichungen zu lösen. Sie lauten im strom- und ladungsfreien Volumen (d. h. $\varrho \equiv 0$ und $\vec{j} \equiv \vec{0}$)

$$\nabla \cdot \vec{E} = 0, \quad \nabla \cdot \vec{B} = 0, \quad \nabla \times \vec{E} = -\frac{\partial \vec{B}}{\partial t}, \quad \nabla \times \vec{B} = \frac{1}{c^2}\frac{\partial \vec{E}}{\partial t}. \tag{13.35}$$

Man nennt sie auch **Maxwell-Gleichungen im Vakuum.** Wir wollen zunächst eine Bestimmungsgleichung für das elektrische Feld finden. Aus der ersten Gleichung können wir leider nicht viel ablesen. Divergenzbildung der dritten Gleichung zeigt zwar die Konsistenz,

$$\nabla \cdot (\nabla \times \vec{E}) = -\nabla \cdot \frac{\partial \vec{B}}{\partial t} \implies 0 = -\frac{\partial}{\partial t} \underbrace{(\nabla \cdot \vec{B})}_{=0} = 0,$$

bringt uns aber nicht weiter. Versuchen wir es mit der Rotation. Die dritte lautet

$$\nabla \times (\nabla \times \vec{E}) = -\nabla \times \frac{\partial \vec{B}}{\partial t} \iff \nabla \underbrace{(\nabla \cdot \vec{E})}_{=0} - \Delta \vec{E} = -\frac{\partial}{\partial t} \underbrace{\nabla \times \vec{B}}_{=\frac{1}{c^2}\frac{\partial \vec{E}}{\partial t}}$$

$$\iff -\Delta \vec{E} = -\frac{1}{c^2}\frac{\partial^2 \vec{E}}{\partial t^2} \iff \frac{1}{c^2}\frac{\partial^2 \vec{E}}{\partial t^2} - \Delta \vec{E} = \vec{0},$$

wobei die erste und vierte Maxwell-Gleichung im Vakuum eingesetzt wurden. Uiii, was steht denn plötzlich da?

$$\left(\frac{1}{c^2}\frac{\partial^2}{\partial t^2} - \Delta \right) \vec{E}(\vec{r}, t) =: \Box \vec{E}(\vec{r}, t) = \vec{0}, \tag{13.36}$$

die aus Kap. 11 bekannte Wellengleichung höchstpersönlich! Gl. (13.36) heißt **homogene Wellengleichung** (homogen, weil die rechte Seite null ist) und beschreibt **elektromagnetische Wellen** im Vakuum (d. h. im ladungs- und stromfreien Raum), die sich mit Lichtgeschwindigkeit c ausbreiten.

Analog folgt die homogene Wellengleichung für das $\vec{B}$-Feld. Bilde dazu die Rotation der vierten Maxwell-Gleichung im Vakuum und verwende anschließend die anderen, um zu vereinfachen und $\vec{E}$ zu eliminieren:

$$\nabla \times (\nabla \times \vec{B}) = \frac{1}{c^2}\frac{\partial}{\partial t}(\nabla \times \vec{E}) \iff \nabla \underbrace{(\nabla \cdot \vec{B})}_{=0} - \Delta \vec{B} = \frac{1}{c^2}\frac{\partial}{\partial t} \underbrace{(\nabla \times \vec{E})}_{=-\frac{\partial \vec{B}}{\partial t}}$$

$$\iff \left(\frac{1}{c^2}\frac{\partial^2}{\partial t^2} - \Delta \right) \vec{B}(\vec{r}, t) = \vec{0}. \tag{13.37}$$

Die einfachsten Lösungen der Wellengleichung $\Box \vec{E} = \vec{0}$ bzw. $\Box \vec{B} = \vec{0}$ sind ebene Wellen (s. Kap. 11). Diese werden wir im folgenden Abschnitt diskutieren.

Beispiel 13.12 (Ebene elektromagnetische Welle im Vakuum)

▷ Gegeben sei das elektrische Feld der ebenen elektromagnetische Welle im Vakuum:

$$\vec{E}(\vec{r}, t) = \mathrm{Re}\left(\vec{E}_0 \mathrm{e}^{i(\vec{k}\cdot\vec{r} - \omega t)} \right)$$

mit konstantem Vektor $\vec{E}_0$ und $\vec{k}$. Unter welcher Bedingung erfüllt $\vec{E}$ die Wellengleichung? Wie lautet das zu $\vec{E}$ gehörige Magnetfeld? Welche Beziehung besteht zwischen $\vec{E}_0$, $\vec{B}_0$ und $\vec{k}$?

Lösung: Zunächst testen wir, ob $\vec{E}$ tatsächlich die Wellengleichung erfüllt. Wir haben bereits in Kap. 11 gezeigt, dass $\phi(x, t) = A\mathrm{e}^{\mathrm{i}(kx-\omega t)}$ die 1-D-Wellengleichung erfüllt. Nun müssen wir die dreidimensionale Version überprüfen. Zeige dazu

$$\left(\frac{1}{c^2}\frac{\partial^2}{\partial t^2} - \Delta\right)\vec{E} = \vec{0} \iff \frac{1}{c^2}\ddot{\vec{E}} = \Delta\vec{E}.$$

Einerseits ist

$$\frac{1}{c^2}\frac{\partial^2}{\partial t^2}\vec{E} = \frac{1}{c^2}\frac{\partial^2}{\partial t^2}\mathrm{Re}\left(\vec{E}_0\mathrm{e}^{\mathrm{i}(\vec{k}\cdot\vec{r}-\omega t)}\right) = \frac{1}{c^2}\mathrm{Re}\left(\vec{E}_0\frac{\partial^2}{\partial t^2}\mathrm{e}^{\mathrm{i}(\vec{k}\cdot\vec{r}-\omega t)}\right)$$

$$= \frac{1}{c^2}\mathrm{Re}\left(-\mathrm{i}\omega\vec{E}_0\frac{\partial}{\partial t}\mathrm{e}^{\mathrm{i}(\vec{k}\cdot\vec{r}-\omega t)}\right) = \frac{1}{c^2}\mathrm{Re}\left((-\mathrm{i}\omega)^2\vec{E}_0\,\mathrm{e}^{\mathrm{i}(\vec{k}\cdot\vec{r}-\omega t)}\right)$$

$$= \frac{1}{c^2}\mathrm{Re}\left(-\omega^2\vec{E}_0\mathrm{e}^{\mathrm{i}(\vec{k}\cdot\vec{r}-\omega t)}\right) = -\frac{\omega^2}{c^2}\vec{E},$$

wobei die Ableitung problemlos am Realteil Re vorbeigezogen werden kann. Andererseits errechnet sich die Ortsableitung in kartesischen Koordinaten mit $\vec{k}\cdot\vec{r} = k_1 x + k_2 y + k_3 z$ zu

$$\Delta\vec{E} = \mathrm{Re}\left(\vec{E}_0\Delta\mathrm{e}^{\mathrm{i}(k_1 x + k_2 y + k_3 z - \omega t)}\right)$$

$$= \mathrm{Re}\left(\vec{E}_0\left(\frac{\partial^2}{\partial x^2} + \frac{\partial^2}{\partial y^2} + \frac{\partial^2}{\partial z^2}\right)\mathrm{e}^{\mathrm{i}(k_1 x + k_2 y + k_3 z - \omega t)}\right)$$

$$= \mathrm{Re}\left(\vec{E}_0\left(\mathrm{i}k_1\frac{\partial}{\partial x} + \mathrm{i}k_2\frac{\partial}{\partial y} + \mathrm{i}k_3\frac{\partial}{\partial z}\right)\mathrm{e}^{\mathrm{i}(k_1 x + k_2 y + k_3 z - \omega t)}\right)$$

$$= \mathrm{Re}\left(\vec{E}_0\left(-k_1^2 - k_2^2 - k_3^2\right)\mathrm{e}^{(\cdots)}\right) = \mathrm{Re}\left(-\vec{E}_0\vec{k}^2\mathrm{e}^{(\cdots)}\right) = -\vec{k}^2\vec{E}.$$

In die umgestellte Wellengleichung folgt eingesetzt

$$\frac{1}{c^2}\ddot{\vec{E}} = \Delta\vec{E} \iff -\frac{\omega^2}{c^2}\vec{E} = -\vec{k}^2\vec{E} \iff \frac{\omega^2}{c^2} = \vec{k}^2 \iff \omega = c|\vec{k}|.$$

Dabei erfolgte bei der zweiten Umformung ein Koeffizientenvergleich. Wir erhalten als zu geltende Beziehung $\omega = c|\vec{k}|$.

Das $\vec{B}$-Feld und die Beziehungen zwischen $\vec{E}_0$, $\vec{B}_0$ und $\vec{k}$ ergeben sich durch Aus-x-en der (Vakuum-)Maxwell-Gleichung mit dem gegebenen elektrischen Feld. Los geht's!

$$\nabla\cdot\vec{E} = \nabla\cdot\left[\mathrm{Re}\left(\vec{E}_0\mathrm{e}^{\mathrm{i}(\vec{k}\cdot\vec{r}-\omega t)}\right)\right] \overset{\nabla\cdot\vec{E}_0=0}{=} \mathrm{Re}\left(\vec{E}_0\cdot\nabla\mathrm{e}^{\mathrm{i}(\vec{k}\cdot\vec{r}-\omega t)}\right)$$

$$= \mathrm{Re}\left(\vec{E}_0\cdot(\mathrm{i}\vec{k})\mathrm{e}^{\mathrm{i}(\vec{k}\cdot\vec{r}-\omega t)}\right) \overset{!}{=} 0$$

wegen ladungsfreier Zone (sonst wäre ja $\nabla\cdot\vec{E} = \frac{\varrho}{\varepsilon_0}$). Hier folgt direkt: $\vec{E}_0\cdot\vec{k} = 0$, denn $\mathrm{e}^{(\cdots)}$ ist immer ungleich null. Somit steht $\vec{E}_0$ senkrecht auf $\vec{k}$.

Die nächste Maxwell-Gleichung liefert

$$\nabla \times \vec{E} = \nabla \times \left[\mathrm{Re} \left(\vec{E}_0 e^{i(\vec{k}\cdot\vec{r}-\omega t)} \right) \right] \overset{\nabla \times \vec{E}_0 = \vec{0}}{=} \mathrm{Re} \left(\nabla e^{i(\vec{k}\cdot\vec{r}-\omega t)} \times \vec{E}_0 \right)$$

$$= \mathrm{Re} \left((i\vec{k}) e^{i(\vec{k}\cdot\vec{r}-\omega t)} \times \vec{E}_0 \right) = \mathrm{Re} \left(i\vec{k} \times \vec{E}_0 e^{i(\vec{k}\cdot\vec{r}-\omega t)} \right) = -\dot{\vec{B}}.$$

Hieraus bestimmt sich per zeitlicher Integration direkt das $\vec{B}$-Feld, da nur der Exponentialterm von der Zeit abhängt:

$$\vec{B}(\vec{r},t) = \mathrm{Re} \left(\frac{\vec{k} \times \vec{E}_0}{\omega} e^{i(\vec{k}\cdot\vec{r}-\omega t)} \right) =: \mathrm{Re} \left(\vec{B}_0 e^{i(\vec{k}\cdot\vec{r}-\omega t)} \right).$$

Analog zu eben ist dann

$$\nabla \cdot \vec{B} = \mathrm{Re} \left(\vec{B}_0 \cdot (i\vec{k}) e^{(\vec{k}\cdot\vec{r}-\omega t)} \right) \overset{!}{=} 0$$

und mit identischer Argumentation ist auch $\vec{B}_0 \perp \vec{k}$. Übrig bleibt noch die letzte Maxwell-Gleichung im ladungs- und stromfreien Raum, deren Rotationsberechnung aber auch genauso wie bei $\nabla \times \vec{E}$ von eben funktioniert:

$$\nabla \times \vec{B} = \mathrm{Re} \left((i\vec{k}) \times \vec{B}_0 e^{i(\vec{k}\cdot\vec{r}-\omega t)} \right) = \mathrm{Re} \left((i\vec{k}) \times \frac{\vec{k} \times \vec{E}_0}{\omega} e^{i(\vec{k}\cdot\vec{r}-\omega t)} \right)$$

$$= \mathrm{Re} \left(\frac{i}{\omega} \left[\vec{k} \times (\vec{k} \times \vec{E}_0) \right] e^{i(\vec{k}\cdot\vec{r}-\omega t)} \right).$$

Nun ist nach bac-cab $\vec{k} \times (\vec{k} \times \vec{E}_0) = \vec{k}(\vec{k} \cdot \vec{E}_0) - \vec{E}_0(\vec{k} \cdot \vec{k})$. Wir haben zuvor aber herausgefunden, dass $\vec{k} \cdot \vec{E}_0 = 0$ ist, d.h. $\vec{E}_0$ und $\vec{k}$ senkrecht aufeinanderstehen. Somit folgt mit dem gegebenen elektrischen Feld $\vec{E}(\vec{r},t)$:

$$-\mathrm{Re} \left(\frac{i}{\omega} k^2 \vec{E}_0 e^{i(\vec{k}\cdot\vec{r}-\omega t)} \right) \overset{!}{=} \frac{1}{c^2} \dot{\vec{E}} = \frac{1}{c^2} \frac{\partial}{\partial t} \mathrm{Re} \left(\vec{E}_0 e^{i(\vec{k}\cdot\vec{r}-\omega t)} \right) = -\mathrm{Re} \left(\frac{i\omega}{c^2} \vec{E}_0 e^{(\dots)} \right).$$

Durch den allseits beliebten Koeffizientenvergleich folgt

$$\frac{i}{\omega} k^2 = \frac{i\omega}{c^2} \Leftrightarrow \omega^2 = c^2 k^2 \Rightarrow \omega(k) = c|\vec{k}|,$$

was konform mit der Wellengleichung ist. ∎

13.5.2 Ebene elektromagnetische Wellen

Die in Beispiel 13.12 ermittelten Beziehungen werden wir uns noch einmal durch den Kopf gehen lassen. Zunächst zeigt die Rechnung, dass der Ansatz $\vec{E}(\vec{r}, t) = \mathrm{Re}(\vec{E}_0 \mathrm{e}^{\mathrm{i}(\vec{k}\cdot\vec{r}-\omega t)})$ und entsprechend für $\vec{B}(\vec{r}, t)$ tatsächlich die Maxwell-Gleichungen sowie die Wellengleichungen im Vakuum erfüllt. Man merke sich daher: Die einfachste Lösung der Maxwell-Gleichungen im Vakuum für elektrische und magnetische Feldkomponente ist

$$\vec{E}(\vec{r}, t) = \vec{E}_0 \mathrm{e}^{\mathrm{i}(\vec{k}\cdot\vec{r}-\omega t)} \quad \text{bzw.} \quad \vec{B}(\vec{r}, t) = \vec{B}_0 \mathrm{e}^{\mathrm{i}(\vec{k}\cdot\vec{r}-\omega t)}, \tag{13.38}$$

was eine **ebene elektromagnetische Welle** beschreibt. Dabei gibt $\vec{k}$ mit $k = \frac{2\pi}{\lambda}$ die Ausbreitungsrichtung der Welle sowie die Wellenlänge λ – das ist der Abstand zweier Wellenberge – an. $\vec{E}_0$ und $\vec{B}_0$ beinhalten die Feldamplituden des $\vec{E}$- und $\vec{B}$-Feldes, $\omega = 2\pi f$ die Schwingungsfrequenz f der Welle.

Im obigen Beispiel ergab sich weiterhin, dass $\vec{E}_0 \cdot \vec{k} = 0$, d. h. $\vec{E}_0 \perp \vec{k}$ und somit auch $\vec{E} \perp \vec{k}$. Analoges galt auch für das Magnetfeld. Weiterhin hingen Magnetfeld- und $\vec{E}$-Feld-Amplitude über $\vec{B}_0 = \frac{\vec{k} \times \vec{E}_0}{\omega}$ zusammen. Alle Erkenntnisse zusammen genommen schwingen folglich $\vec{E}$ und $\vec{B}$ senkrecht zur Ausbreitungsrichtung $\vec{k}$ (d. h., elektromagnetische Wellen sind **Transversalwellen**) und stehen überdies auch senkrecht (wegen $\vec{B}_0 \sim \vec{k} \times \vec{E}_0$), so dass sich das Bild aus Abb. 13.4 ergibt.

Das Bild ist allerdings nur in einem Spezialfall richtig, und zwar wenn $\vec{E}$ und $\vec{B}$ für sich jeweils in einer Ebene schwingen. Man sagt dann, die elektromagnetische Welle (z. B. Licht) sei linear polarisiert. Es gibt noch weitere Fälle, die wir hier aber nicht weiter besprechen wollen.

Eine weitere wichtige Relation wurde in obigem Beispiel ebenfalls hergeleitet – die sogenannte **Dispersionsrelation**

$$\omega(k) = c \cdot |\vec{k}|, \tag{13.39}$$

d. h. eine Abhängigkeit der Frequenz von der Größe k.

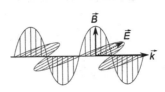

Abb. 13.4 Elektromagnetische Welle. Elektrisches Feld $\vec{E}$ und magnetisches Feld $\vec{B}$ stehen senkrecht aufeinander und senkrecht zur Ausbreitungsrichtung $\vec{k}$. Letzteres bedeutet, dass elektromagnetische Wellen Transversalwellen sind

Poynting-Vektor

Jede Welle transportiert Energie. Für die elektromagnetische Welle definiert man den sogenannten **Poynting-Vektor,** der einer **Energiestromdichte** entspricht. Da sowohl $\vec{E}$ als auch $\vec{B}$ Anteile an der Energie besitzen und sich die Energie mit der Welle entlang $\vec{k} \sim \vec{E} \times \vec{B}$ bewegt, definiert man den Poynting-Vektor zu

$$\vec{S} := \varepsilon_0 c^2 \vec{E} \times \vec{B}. \qquad (13.40)$$

Mit ihm kann man errechnen, wohin die Energie transportiert wird (nicht nur bei Wellen, wie wir noch sehen werden).

Beispiel 13.13 (Poynting-Vektor für ebene elektromagnetische Welle)

▷ Wie lautet der Poynting-Vektor für die ebene elektromagnetische Welle aus Beispiel 13.12, wenn $\vec{E}_0$ reell ist?

Lösung: Wir hatten $\vec{E} = \mathrm{Re}\left(\vec{E}_0 \mathrm{e}^{\mathrm{i}(\vec{k}\cdot\vec{r}-\omega t)}\right)$ und $\vec{B} = \mathrm{Re}\left(\frac{\vec{k}\times\vec{E}_0}{\omega}\mathrm{e}^{\mathrm{i}(\vec{k}\cdot\vec{r}-\omega t)}\right)$. Dann ergibt sich für den Poynting-Vektor:

$$\vec{S} = \varepsilon_0 c^2 \vec{E} \times \vec{B} = \frac{\varepsilon_0 c^2}{\omega}\mathrm{Re}\left(\vec{E}_0 \mathrm{e}^{(\dots)}\right) \times \mathrm{Re}\left((\vec{k} \times \vec{E}_0)\mathrm{e}^{(\dots)}\right)$$

$$= \frac{\varepsilon_0 c^2}{\omega}[\vec{E}_0 \times (\vec{k} \times \vec{E}_0)] \cdot \mathrm{Re}(\mathrm{e}^{(\dots)})\mathrm{Re}(\mathrm{e}^{(\dots)}),$$

da $\vec{E}_0$ und $\vec{k} \times \vec{E}_0$ reell sind und somit aus dem Re herausgezogen werden können. Ferner ist $\mathrm{Re}(\mathrm{e}^{\mathrm{i}(\vec{k}\cdot\vec{r}-\omega t)}) = \cos(\vec{k} \cdot \vec{r} - \omega t)$ nach der Euler-Formel aus Kap. 8, so dass folgt:

$$\vec{S} = \frac{\varepsilon_0 c^2}{\omega}[\vec{k}E_0^2 - \vec{E}_0 \underbrace{(\vec{E}_0 \cdot \vec{k})}_{=0}] \cos^2(\vec{k} \cdot \vec{r} - \omega t) = \frac{\varepsilon_0 E_0^2 c^2}{\omega}\cos^2(\vec{k} \cdot \vec{r} - \omega t)\vec{k}.$$

Die Energie wird bei einer ebenen elektromagnetischen Welle somit in Ausbreitungsrichtung transportiert (d. h. in $\vec{k}$-Richtung). ■

Beispiel 13.14 (Energiestrom beim durchflossenen Leiter)

▷ Wohin strömt die Energie beim stromdurchflossenen Leiter aus Beispiel 13.10? Besitzt der Energiefluss Quellen/Senken?

Lösung: Um eine Aussage über den Energiestrom tätigen zu können, berechnen wir den Poynting-Vektor $\vec{S} = \varepsilon_0 c^2(\vec{E} \times \vec{B})$ gemäß Gl. (13.40). Hierzu benötigen wir auch das elektrische Feld $\vec{E}$, aber wo tritt es in Erscheinung? Das $\vec{E}$-Feld ist tatsächlich dafür verantwortlich, dass ein Strom im Leiter in $\vec{e}_3$-Richtung von Plus nach Minus fließt. Da dieser laut Aufgabe zeitlich konstant sein soll, ist auch das angelegte $\vec{E}$-Feld konstant und wir finden $\vec{E} = E \cdot \vec{e}_3$. Jetzt können wir den Poynting-Vektor berechnen und Auskunft darüber bekommen, wohin die Energie fließt.

innen: $\vec{S} = \varepsilon_0 c^2 E \begin{pmatrix} 0 \\ 0 \\ 1 \end{pmatrix} \times \frac{I}{2\pi \varepsilon_0 c^2} \frac{\rho}{R^2} \begin{pmatrix} -\sin(\varphi) \\ \cos(\varphi) \\ 0 \end{pmatrix} = \frac{EI}{2\pi R^2} \rho \begin{pmatrix} -\cos(\varphi) \\ -\sin(\varphi) \\ 0 \end{pmatrix} \sim -\rho \vec{e}_\rho,$

außen: $\vec{S} = \varepsilon_0 c^2 E \begin{pmatrix} 0 \\ 0 \\ 1 \end{pmatrix} \times \frac{I}{2\pi \varepsilon_0 c^2} \frac{1}{\rho} \begin{pmatrix} -\sin(\varphi) \\ \cos(\varphi) \\ 0 \end{pmatrix} = \frac{EI}{2\pi R^2} \frac{1}{\rho} \begin{pmatrix} -\cos(\varphi) \\ -\sin(\varphi) \\ 0 \end{pmatrix} \sim -\frac{\vec{e}_\rho}{\rho},$

Die Energie strömt also innen und außen radial zur z-Achse hin. Die Divergenz des Poynting-Vektors gibt Aufschluss darüber, was mit dem Energiestrom passiert:

innen: $\quad \nabla \cdot \vec{S} \sim \nabla \cdot \begin{pmatrix} -\rho \cos(\varphi) \\ -\rho \sin(\varphi) \\ 0 \end{pmatrix} = \nabla \cdot \begin{pmatrix} -x \\ -y \\ 0 \end{pmatrix} = -2 \neq 0,$

außen: $\quad \nabla \cdot \vec{S} \sim \nabla \cdot \begin{pmatrix} -\frac{\cos(\varphi)}{\rho} \\ -\frac{\sin(\varphi)}{\rho} \\ 0 \end{pmatrix} = \nabla \cdot \begin{pmatrix} -\frac{x}{x^2 + y^2} \\ -\frac{y}{x^2 + y^2} \\ 0 \end{pmatrix}$

$$= -\left(\frac{1(x^2 + y^2) - x \cdot 2x}{(x^2 + y^2)^2} + \frac{1(x^2 + y^2) - y \cdot 2y}{(x^2 + y^2)^2} \right) = 0,$$

wobei die Koordinatentrafo $x = \rho \cos(\varphi)$ und $y = \rho \sin(\varphi)$ der Zylinderkoordinaten mehrmals rückwärts verwendet wurde.

Im Außenraum gibt es keine Quellen/Senken der Energiestromdichte $\vec{S}$ – das bedeutet, dass alle Energie von $\vec{E}$ und $\vec{B}$ im Feld gespeichert ist (elektromagnetische Feldenenergie). Interessant ist jedoch, dass es im Leiter eine Senke der Energiestromdichte gibt (da $\nabla \cdot \vec{S} = 0$). Hier fließt Energie zur z-Achse und verpufft auf dem Weg dorthin gleichmäßig im Leiter (Divergenz räumlich konstant!). Überlegen wir uns jedoch, was passiert, wenn man durch einen Leiter Strom jagt, so kommen wir auf des Rätsels Lösung: Der Draht erwärmt sich! Die elektromagnetische Energie wandelt sich im Inneren des Leiters in Wärme um. ∎

13.5.3 Lösung der allgemeinen Maxwell-Gleichungen

Wir werden abschließend skizzieren, wie man die Maxwell-Gleichungen allgemein lösen kann. Dabei werden wir zeigen, dass unter Einführung von Hilfsgrößen die inhomogene Wellengleichung aus den Maxwell-Gleichungen herausplumpst.

Skalar- und Vektorpotenzial

Das Skalar- und Vektorpotenzial sind die o. g. einzuführenden Hilfsgrößen und erscheinen wie folgt. Wie wir bereits wissen, bedeutet

$$\nabla \cdot \vec{B} = 0 \rightarrow \vec{B} = \nabla \times \vec{A}.$$

Setze dies in die dritte Maxwell-Gleichung ein und forme um:

$$\nabla \times \vec{E} \overset{(13.33)}{=} -\frac{\partial \vec{B}}{\partial t} = -\frac{\partial}{\partial t}(\nabla \times \vec{A}) = -\nabla \times \frac{\partial \vec{A}}{\partial t}$$

$$\Longleftrightarrow \nabla \times \vec{E} + \nabla \times \dot{\vec{A}} = \vec{0} \Longleftrightarrow \nabla \times (\vec{E} + \dot{\vec{A}}) = \vec{0}.$$

Hieraus folgt, dass $\vec{E} + \dot{\vec{A}}$ in den meisten Fällen als Gradientenfeld dargestellt werden kann:

$$\vec{E} + \dot{\vec{A}} = -\nabla\phi$$

(vgl. in der Mechanik $\nabla \times \vec{F} = \vec{0} \Longrightarrow \vec{F} = -\nabla V$). Damit haben wir eine Redefinition des elektrischen und magnetischen Feldes erreicht:

$$\vec{E} = -\nabla\phi - \dot{\vec{A}}, \quad \vec{B} = \nabla \times \vec{A} \qquad (13.41)$$

mit **Skalarpotenzial** $\phi = \phi(\vec{r}, t)$ und **Vektorpotenzial** $\vec{A} = \vec{A}(\vec{r}, t)$. Sie führen zur Lösung der Maxwell-Gleichungen.

Eichung

$\vec{A}$ und ϕ besitzen Eichfreiheit. Anders gesagt: Es gibt Transformationen der Potenziale, unter denen die elektrischen und magnetischen Felder invariant bleiben. Diese sind von folgender Gestalt:

$$\phi \to \phi' = \phi - \dot{\chi}, \quad \vec{A} \to \vec{A}' = \vec{A} + \nabla\chi \quad \text{(Eichfreiheit)}, \qquad (13.42)$$

wobei $\chi = \chi(\vec{r}, t)$ eine (beliebige) sogenannte Eichfunktion ist. $\vec{E}$ und $\vec{B}$ bleiben unter der Transformation (13.42) invariant, wie folgende Rechnung zeigt:

$$\vec{E}' = -\nabla\phi' - \dot{\vec{A}}' = -\nabla(\phi - \dot{\chi}) - \frac{\partial}{\partial t}(\vec{A} + \nabla\chi) = -\nabla\phi + \nabla\dot{\chi} - \dot{\vec{A}} - \nabla\dot{\chi}$$

$$= -\nabla\phi - \dot{\vec{A}} = \vec{E},$$

$$\vec{B}' = \nabla \times \vec{A}' = \nabla \times (\vec{A} + \nabla\chi) = \nabla \times \vec{A} + \underbrace{\nabla \times (\nabla\chi)}_{=\vec{0}} = \nabla \times \vec{A} = \vec{B}.$$

Physikalisch bedeutet dies, dass $\vec{A}$ und ϕ wirklich rein mathematische Größen sind und nicht im Experiment gemessen werden können. Die Eichfreiheit wird uns gleich noch wiederbegegnen.

Inhomogene Wellengleichung

Mit Hilfe der sogenannten **Lorenz-Eichbedingung**

$$\nabla \cdot \vec{A} + \frac{1}{c^2}\frac{\partial \phi}{\partial t} = 0 \qquad (13.43)$$

lassen sich die Maxwell-Gleichungen unter Nutzung des Vektor- und Skalarpotenzials auf die inhomogene Wellengleichung reduzieren (deren Lösung wir schon aus Kap. 11 kennen). Wir werden dies nun demonstrieren, indem wir (13.41) in die Maxwell-Gleichungen einsetzen und umschreiben. Wir starten mit Max 4:

$$\nabla \times \vec{B} \overset{(13.41)}{=} \nabla \times (\nabla \times \vec{A}) \overset{(13.14)}{=} \frac{1}{\varepsilon_0 c^2} \vec{j} + \frac{1}{c^2} \dot{\vec{E}}$$

$$\overset{(13.41)}{=} \frac{1}{\varepsilon_0 c^2} \vec{j} + \frac{1}{c^2} \frac{\partial}{\partial t} (-\nabla \phi - \dot{\vec{A}})$$

und formen geschickt um:

$$\Longleftrightarrow \nabla(\nabla \cdot \vec{A}) - \Delta \vec{A} = \frac{1}{\varepsilon_0 c^2} \vec{j} - \frac{1}{c^2} \nabla \dot{\phi} - \frac{1}{c^2} \ddot{\vec{A}}$$

$$\Longleftrightarrow \nabla(\nabla \cdot \vec{A}) + \frac{1}{c^2} \nabla \dot{\phi} - \Delta \vec{A} + \frac{1}{c^2} \ddot{\vec{A}} = \frac{1}{\varepsilon_0 c^2} \vec{j}$$

$$\Longleftrightarrow \nabla \left(\nabla \cdot \vec{A} + \frac{1}{c^2} \dot{\phi} \right) + \frac{1}{c^2} \ddot{\vec{A}} - \Delta \vec{A} = \frac{1}{\varepsilon_0 c^2} \vec{j}.$$

Durch das Ausklammern taucht exakt der Term der Lorenz-Eichung (13.43) wieder auf. Damit können die ersten beiden Terme weggeeicht werden und wir verbleiben mit der inhomogenen Wellengleichung

$$\left(\frac{1}{c^2} \frac{\partial^2}{\partial t^2} - \Delta \right) \vec{A}(\vec{r}, t) = \frac{1}{\varepsilon_0 c^2} \vec{j}(\vec{r}, t). \tag{13.44}$$

Eine ähnliche Rechnung führt auch für ϕ auf eine inhomogene Wellengleichung. Wir setzen dazu die Potenziale in Max 1 ein und ziehen auf beiden Seiten $-\frac{1}{c^2} \ddot{\phi}$ ab. Dann folgt

$$\nabla(-\nabla \phi - \dot{\vec{A}}) = \frac{\varrho}{\varepsilon_0} \Longleftrightarrow -\Delta \phi - \frac{\partial}{\partial t}(\nabla \cdot \vec{A}) - \frac{1}{c^2} \frac{\partial^2 \phi}{\partial t^2} = \frac{\varrho}{\varepsilon_0} - \frac{1}{c^2} \frac{\partial^2 \phi}{\partial t^2}.$$

Nun klammern wir links eine Zeitableitung aus und erhalten

$$-\Delta \phi - \frac{\partial}{\partial t} \left(\nabla \cdot \vec{A} + \frac{1}{c^2} \dot{\phi} \right) + \frac{1}{c^2} \ddot{\phi} = \frac{\varrho}{\varepsilon_0}.$$

Durch Lorenz-Eichung fällt der Klammerterm wiederum weg und es folgt auch für ϕ die inhomogene Wellengleichung:

$$\left(\frac{1}{c^2} \frac{\partial^2}{\partial t^2} - \Delta \right) \phi(\vec{r}, t) = \frac{\varrho(\vec{r}, t)}{\varepsilon_0}. \tag{13.45}$$

Verwenden wir statt der Lorenz-Eichung die sogenannte **Coulomb-Eichung,**

$$\nabla \cdot \vec{A} = 0, \tag{13.46}$$

so ergibt sich in Max 1 die aus aus der Elektrostatik bekannte Poisson-Gleichung:

$$\nabla(-\nabla\phi - \dot{\vec{A}}) = \frac{\varrho}{\varepsilon_0} \iff -\Delta\phi - \underbrace{(\nabla\cdot\vec{A})}_{=0}{}^{\displaystyle \cdot} = \frac{\varrho}{\varepsilon_0} \iff \Delta\phi = -\frac{\varrho}{\varepsilon_0}.$$

Durch Kenntnis von ϱ kann somit direkt auf das Skalarpotenzial ϕ geschlossen werden, wie wir in Abschn. 13.3 gesehen haben.

Lösung der Maxwell-Gleichungen

Wir haben durch Einführung der Potenziale gezeigt, dass sich die Maxwell-Gleichungen auf inhomogene Wellengleichungen eben dieser Potenziale zurückführen lassen. Die Lösung der inhomogenen Wellengleichungen (13.44) und (13.45) liefert daher über die Rückrechnung (13.41) auch die elektrischen und magnetischen Felder als Lösung der Maxwell-Gleichungen. Ohne Beweis:

$$\vec{A}(\vec{r},t) = \vec{A}_0^+ e^{i(\vec{k}\cdot\vec{r}-\omega t)} + \vec{A}_0^- e^{-i(\vec{k}\cdot\vec{r}-\omega t)} + \frac{1}{4\pi\varepsilon_0 c^2}\int_{\mathbb{R}^3} d^3x' \, \frac{\vec{j}\left(\vec{r}\,',t-\frac{|\vec{r}-\vec{r}\,'|}{c}\right)}{|\vec{r}-\vec{r}\,'|},$$
$$(13.47)$$

$$\phi(\vec{r},t) = \phi_0^+ e^{i(\vec{k}\cdot\vec{r}-\omega t)} + \phi_0^- e^{-i(\vec{k}\cdot\vec{r}-\omega t)} + \frac{1}{4\pi\varepsilon_0}\int_{\mathbb{R}^3} d^3x' \, \frac{\varrho\left(\vec{r}\,',t-\frac{|\vec{r}-\vec{r}\,'|}{c}\right)}{|\vec{r}-\vec{r}\,'|}.$$
$$(13.48)$$

Bevor wir nun schreiend das Buch zuklappen, schauen wir uns die beiden Gleichungen genauer an. Sie sehen beide vom Prinzip gleich aus und bestehen aus ebenen Wellen und einem merkwürdigen Integralteil. Der erste Term beschreibt eine ebene auslaufende Welle, der zweite Term eine ebene einlaufende Welle (beachte das Vorzeichen im Exponenten). Diese beiden Terme beschreiben zusammen die homogene Lösung der Wellenleichung $\Box\vec{A} = \vec{0}$ bzw. $\Box\phi = 0$.

Nun steht beiden Gleichungen noch ein dritter Term – eine spezielle Lösung der inhomogenen Wellengleichung – an. Dieser Teil nennt sich **retardiertes Potenzial** und beschreibt den Einfluss von Ladungen und Stromdichten. Dieser ist für weit entfernte ϱ und $\vec{j}$ um die Laufzeit $|\vec{r}-\vec{r}\,'|/c$ retardiert bzw. verzögert, wirkt somit also nicht instantan. Im Fall stationärer Felder verschwinden jeweils die ersten beiden Terme und übrig bleiben die aus der Elektrostatik bzw. Magnetostatik bekannten Integralformeln für ϕ und $\vec{A}$ (Coulomb, Biot-Savart).

Hiermit beschließen wir unseren kleinen Ausblick in die Elektrodynamik. Richtig behandelt füllt sie locker ein Semester Vorlesung. Wir haben hier spotlightartig einige Themen herausgepickt und daran gezeigt, wie wir unsere erlernten Werkzeuge anwenden können.

[H35] Paraxiale Wellengleichung   **(4 Punkte)**

Eine wichtige Wellenform in der Optik ist die der Gauß'schen Lichtwelle. Bei dieser ist das Profil der Wellenfront nicht mehr flach, sondern gaußförmig:

$$f(\vec{r}) = \frac{q(0)}{q(z)} \exp\left(-ik\frac{x^2+y^2}{2q(z)}\right) \exp(ikz)$$

mit $q(z) = z + iz_0$. Dann erfüllt der zeitunabhängige Anteil des elektrischen Feldes, $\vec{\mathcal{E}}(\vec{r}) = \vec{E}_0 f(\vec{r}) e^{-ikz}$, die sogenannte paraxiale Wellengleichung

$$\left(\frac{\partial^2}{\partial x^2} + \frac{\partial^2}{\partial y^2} - i \cdot 2k\frac{\partial}{\partial z}\right) \vec{\mathcal{E}}(\vec{r}) = \vec{0}.$$

Zeigen!

Spickzettel zu elektromagnetischen Wellen

- **Elektromagnetische Wellen**
  - Maxwell-Gleichungen im Vakuum:

$$\nabla \cdot \vec{E} = 0, \quad \nabla \cdot \vec{B} = 0, \quad \nabla \times \vec{E} = -\frac{\partial \vec{B}}{\partial t}, \quad \nabla \times \vec{B} = \frac{1}{c^2}\frac{\partial \vec{E}}{\partial t}.$$

  Hieraus folgen durch Kombination die homogene Wellengleichung für $\vec{E}/\vec{B}$-Feld: $\Box \vec{E} = \vec{0}$ und $\Box \vec{B} = \vec{0}$ mit $\Box := \frac{1}{c^2}\frac{\partial^2}{\partial t^2} - \Delta$.
  - Lösungen sind ebene Wellen $\vec{E}(\vec{r}, t) = \vec{E}_0 e^{i(\vec{k}\cdot\vec{r}-\omega t)}$ (analog für $\vec{B}$), wobei $\vec{k}$ Ausbreitungsrichtung, ω Frequenz und $\vec{E}_0$ Amplitude mit bestimmter Schwingungsrichtung ist (Polarisation); elektromagnetische Wellen breiten sich im Vakuum mit c aus, sind transversal ($\vec{E}_0 \perp \vec{k}$, $\vec{B}_0 \perp \vec{k}$); $\vec{E}$- und $\vec{B}$-Feld schwingen zueinander orthogonal, $\vec{E} \perp \vec{B}$; Dispersionsrelation $\omega(k) = c|\vec{k}|$.
  - Poynting-Vektor $\vec{S} = \varepsilon_0 c^2 \vec{E} \times \vec{B}$ gibt Energiefluss der Welle an.

- **Lösung der Maxwell-Gleichungen**
  Reduziere Maxwell-Gleichungen durch Einführung von Skalar- und Vektorpotenzial via $\vec{E} = -\nabla\phi - \dot{\vec{A}}$ und $\vec{B} = \nabla \times \vec{A}$; $\vec{A}$ und ϕ sind eichinvariant unter bestimmter Transformation, führe deswegen Lorenz-Eichbedingung $\nabla \cdot \vec{A} + \frac{1}{c^2}\dot{\phi} = 0$ ein; es folgen die inhomogenen Wellengleichungen

$$\Box \vec{A} = \frac{\vec{j}}{\varepsilon_0 c^2}, \quad \Box \phi = \frac{\varrho}{\varepsilon_0}.$$

  Lösung sind ebene Wellen plus ein retardierter Anteil von Ladungen/Strömen, die von weit weg wirken.

Anhang A: Klausur „spielen"

Zum Abschluss besteht nun die Möglichkeit, sein Wissen zu testen. Hierzu gibt es zwei Klausuren, die vom Niveau her repräsentativ für das erste bzw. zweite Semester sind. Die Bearbeitungszeit jeder Klausur beträgt zwei Stunden. 12 Punkte, also etwa 40 %, reichen jeweils zum Bestehen. Auf der Rückseite jeder Klausur befinden sich Kurzlösungen zur Selbstkontrolle. Hierbei ist auch eine Bepunktung vorgegeben. ● heißt dabei 1 Punkt, ◑ bedeutet 0,5 Punkte.

Die erste Klausur benötigt Wissen aus Kap. 1 bis 3, Abschn. 4.1 bis 4.3, 5.1 bis 5.2, Kap. 6, Abschn. 9.1 bis 9.2 sowie aus Kap. 12. In der zweiten Klausur wird dann das Wissen der verbliebenen Kapitel und Abschnitte benötigt. Natürlich können diese beiden Klausuren nur eine kleine Auswahl des Stoffes abprüfen, aber sie sind vom Schwierigkeitsgrad und Umfang her durchaus repräsentativ für eine „echte" Klausur.

Es ist in vielen Universitäten mittlerweile üblich geworden, handbeschriebene Zettel als Hilfsmittel in der Klausur zuzulassen. Dies ist auch hier so. Für das Lösen der Klausur darf man sich einen handbeschriebenen DIN-A4-Zettel mit beliebigem Inhalt anfertigen.

Na dann, viel Erfolg!

© Springer-Verlag GmbH Deutschland, ein Teil von Springer Nature 2018
M. Otto, *Rechenmethoden für Studierende der Physik im ersten Jahr,*
https://doi.org/10.1007/978-3-662-57793-6

Klausur I

[K1]   **Die Straßenlaterne**   (3 Punkte)
Eine Straßenlaterne (Masse m) ist über zwei Stahlseile an zwei gegenüberliegenden Häusern unter den Winkeln α (rechtes Haus) und β (linkes Haus) gegenüber der Horizontalen befestigt. In welche Richtung wirken dann Kräfte auf die Befestigungen an den Häusern, und wie groß sind diese?

[K2]   **Lineare Transformation**   (2 Punkte)
Die lineare Transformation, die $\vec{e}_1$, $\vec{e}_2$ und $\vec{e}_3$ einmal zyklisch vertauscht, wird durch die Matrix $A = ?$ beschrieben. Ist A eine Drehmatrix? Man bestimme ggf. Drehachse $\vec{b}$ und Drehwinkel φ.

[K3]   **Indizes**   (2 Punkte)
Man zeige mit Hilfe der Indexrechnung:

$$(\vec{a} \times \vec{b}) \cdot (\vec{c} \times \vec{d}) = (\vec{a} \cdot \vec{c})(\vec{b} \cdot \vec{d}) - (\vec{a} \cdot \vec{d})(\vec{b} \cdot \vec{c}).$$

[K4]   **Trägheitstensor**   (4 Punkte)
Der Trägheitstensor eines Massensystems sei durch $I_{11} = 2I_0 = I_{22}$, $I_{21} = I_0 = I_{12}$ und $I_{33} = 4I_0$, der Rest null, gegeben. Welche Hauptachsen hat das System? Welche sind stabil? Wie lauten die zugehörigen Rotationsenergien?

[K5]   **Teilchen im Potenzial**   (3 Punkte)
Ein Teilchen vollführe im dimensionslosen 1-D-Potenzial $V(x) = \alpha(x^2 - 2)e^{x^2}$ mit $\alpha > 0$ kleine Schwingungen um das Minimum. Man zeige, dass es drei Extrema gibt, und bestimme die Minima. Per Taylor-Entwicklung bestimme man die Schwingungsfrequenz ω des Teilchens um das Minimum bei $x = 1$.

[K6]   **Das Ende der Welt?**   (1 + 2 = 3 Punkte)
Im Ursprung sei die Sonne mit Radius $R \ll r_0$ zentriert. Die Erde (punktförmig) kreise auf der folgenden Bahn um die Sonne: $\vec{r}(t) = r_0 e^{-\omega t} \begin{pmatrix} \cos(\omega t) \\ \sin(\omega t) \end{pmatrix}$.

a)   Welche Kurve beschreibt $\vec{r}(t)$? Wann ($t = ?$) wird die Erde die Sonne erreichen?
b)   Wie lang ist die Bahn der Erde um die Sonne für den ersten Umlauf?

[K7]   **Arbeit**   (1 + 3 = 4 Punkte)
Gegeben sei das Kraftfeld

$$\vec{F}(x, y, z) = \alpha(x, y, 2z)e^{-x^2 - y^2 - 2z^2}$$

und die Punkte $\vec{a} = (2, 0, 1)$ sowie $\vec{b} = (1, 1, 0)$.

a)   Ist $\vec{F}$ konservativ?
b)   Man berechne die Arbeit, die aufgewendet werden muss, um ein Teilchen von $\vec{a}$ nach $\vec{b}$ zu verschieben.

[K8]   **Sphärisches Pendel**   (1 + 2,5 + 1,5 = 5 Punkte)
Ein Fadenpendel (Masse m, Länge ℓ) werde im Wohnzimmer an die Decke gehängt und in eine beliebige Richtung ausgelenkt.

a)   Welche Symmetrien und Erhaltungsgrößen gibt es bei diesem System?
b)   Man berechne die Erhaltungsgrößen in geeigneten Koordinaten.
c)   Wie lautet das effektive Potenzial?

Lösungen zur Klausur I

[K1] Kräfte wirken entlang der Seile ❶: $\vec{G} = \begin{pmatrix} 0 \\ -mg \end{pmatrix}$, $\vec{F} = \lambda \begin{pmatrix} \cos(\alpha) \\ \sin(\alpha) \end{pmatrix}$ (nach rechts) und $\vec{K} = \mu \begin{pmatrix} -\cos(\beta) \\ \sin(\beta) \end{pmatrix}$ (nach links) ❶. In $\vec{F} + \vec{K} + \vec{G} = \vec{0}$ folgen $\lambda = \frac{mg}{\sin(\alpha) + \tan(\beta)\cos(\alpha)}$ ❶ und $\mu = \frac{mg}{\sin(\beta) + \tan(\alpha)\cos(\beta)}$ ❶. Ergebnis: $F = \lambda$ und $K = \mu$ ❶.

[K2] Abbildung bedeutet: $\vec{e}_1 \to \vec{e}_2$, $\vec{e}_2 \to \vec{e}_3$ und $\vec{e}_3 \to \vec{e}_1$. Spaltenweises Einschreiben der Bildvektoren gibt dann $A = \begin{pmatrix} 0 & 0 & 1 \\ 1 & 0 & 0 \\ 0 & 1 & 0 \end{pmatrix}$ ❶. Es gilt $A \cdot A^{\mathsf{T}} = \mathbb{1}$ und $\det(A) = +1$, also ist A Drehmatrix ❶. Drehwinkel folgt aus $\mathrm{Spur}(A) = 0 = 1 + 2\cos(\varphi)$, d.h. $\cos(\varphi) = -\frac{1}{2} \Rightarrow \varphi = \frac{2\pi}{3}$ ❶. Drehachse ergibt sich aus $A \cdot \vec{b} = \vec{b}$ zu $\vec{b} = \frac{1}{\sqrt{3}}(1, 1, 1)^{\mathsf{T}}$ ❶.

[K3] Ansatz des Skalarprodukt in Indizes und Vereinfachung:

$$\begin{aligned}
(\vec{a} \times \vec{b})_i (\vec{c} \times \vec{d})_i &= (\varepsilon_{ijk} a_j b_k)(\varepsilon_{i\ell m} c_\ell d_m)\text{❶} = \varepsilon_{ijk} \varepsilon_{i\ell m} a_j b_k c_\ell d_m \\
&= (\delta_{j\ell}\delta_{km} - \delta_{jm}\delta_{k\ell}) a_j b_k c_\ell d_m \text{❶} = a_\ell b_m c_\ell d_m - a_m b_\ell c_\ell d_m \\
&= (a_\ell c_\ell)(b_m d_m) - (a_m d_m)(b_\ell c_\ell) = (\vec{a} \cdot \vec{c})(\vec{b} \cdot \vec{d}) - (\vec{a} \cdot \vec{d})(\vec{b} \cdot \vec{c})\text{❶}.
\end{aligned}$$

[K4] $I = I_0 \begin{pmatrix} 2 & 1 & 0 \\ 1 & 2 & 0 \\ 0 & 0 & 4 \end{pmatrix}$ ❶. Hauptachsen = Eigenvektoren von I ❶. Löse $\det(I - \lambda \cdot \mathbb{1}) = 0$, $\lambda_1 = 4I_0$, $\lambda_2 = 3I_0$ und $\lambda_3 = I_0$ ❶. Bestimme im LGS $(I - \lambda \cdot \mathbb{1})\vec{n} = \vec{0}$ die EV: $\vec{n}_1 = \vec{e}_3$, $\vec{n}_2 = \frac{1}{\sqrt{2}}(1, 1, 0)^{\mathsf{T}}$ und $\vec{n}_3 = \frac{1}{\sqrt{2}}(-1, 1, 0)^{\mathsf{T}}$ ❶. Stabile Drehungen um Achsen mit kleinstem und größtem Trägheitsmoment, d.h. um $\vec{n}_1$ und $\vec{n}_3$ ❶. Rotationsenergien folgen aus $T_i = \frac{1}{2}(\vec{n}_i^{\mathsf{T}} \cdot I \cdot \vec{n}_i)\omega^2$ zu $T_1 = 2I_0\omega^2$ und $T_3 = \frac{I_0}{2}\omega^2$ ❶.

[K5] Extrema: $V'(x) = \alpha e^{x^2}(2x^3 - 2x) = \alpha e^{x^2} 2x(x^2 - 1) = 0 \Rightarrow x = 0$ oder $x = \pm 1$ ❶. Wegen $V''(0) = 2\alpha e^{x^2}(2x^4 + x^2 - 1)|_{x=0} < 0$ und $V''(1) = 4\alpha e > 0$ sowie $V''(-1) > 0$ liegen MIN bei $(1, -\alpha e^1)$ und $(-1, -\alpha e^1)$ ❶. Taylor: $V(x) \approx -\alpha e + 0 + \frac{4\alpha e}{2}(x - 1)^2$ ❶. Vgl. mit $\frac{m\omega^2}{2}(x - x_0)^2$ liefert $\frac{m\omega^2}{2} = \frac{4\alpha e}{2}$, d.h. $\omega = \sqrt{\frac{4\alpha e}{m}}$ ❶.

[K6] a) Spiralförmig verengende Kreisbahn zum Ursprung hin (Radius $r(t) = r_0 e^{-\omega t}$ exponentiell abnehmend) ❶. Sonne wird erreicht, wenn $|\vec{r}(t)| = R$, d.h. $r_0 e^{-\omega t} = R \Leftrightarrow t = \frac{1}{\omega} \ln\left(\frac{r_0}{R}\right)$ ❶.

b) Bilde $\dot{\vec{r}} = -r_0 \omega e^{-\omega t} \begin{pmatrix} c \\ s \end{pmatrix} + r_0 e^{-\omega t} \omega \begin{pmatrix} -s \\ c \end{pmatrix}$ und folglich $|\dot{\vec{r}}| = \sqrt{2} r_0 \omega e^{-\omega t}$ ❶. Mit Integralgrenzen $t_0 = 0$ und $t_1 = \frac{2\pi}{\omega}$ folgt $L = \int_0^{2\pi/\omega} dt\, |\dot{\vec{r}}| = \sqrt{2} r_0 (1 - e^{-2\pi})$ ❶.

[K7] a) $\nabla \times \vec{F} = \alpha(\nabla e^{-x^2-y^2-2z^2}) \times \begin{pmatrix} x \\ y \\ 2z \end{pmatrix} + \alpha e^{\cdots} \nabla \times \begin{pmatrix} x \\ y \\ 2z \end{pmatrix} = -2\alpha e^{\cdots} \begin{pmatrix} x \\ y \\ 2z \end{pmatrix} \times \begin{pmatrix} x \\ y \\ 2z \end{pmatrix} = \vec{0}$, also $\vec{F}$ wirbelfrei ●.

b) $\vec{F} = -\nabla V$, $\alpha x e^{-x^2-y^2-2z^2} = -\frac{\partial}{\partial x} V \Rightarrow V = \frac{\alpha}{2} e^{-x^2-y^2-2z^2} + A(y, z)$ ●; die anderen beiden Komponenten liefern $A(y, z) = B(z) = 0$ ❶, also $V = \frac{\alpha}{2} e^{-x^2-y^2-2z^2}$ ❶. Damit $W = -V(1, 1, 0) + V(2, 0, 1)❶ = \frac{\alpha}{2}(-e^{-2} + e^{-6})$ ❶.

[K8] a) Rotationssymmetrie $\Rightarrow \vec{L}$ erhalten ❶, Zeitunabhängigkeit $\Rightarrow E$ erhalten ❶.

b) Wähle Kugelkoordinaten $\vec{r}(r = \ell, \theta, \varphi) = \ell(Sc, Ss, C)$ und $\dot{\vec{r}} = \ell\dot{\theta}(Cc, Cs, -S) + \ell\dot{\varphi}S(-s, c, 0)$ ●. $\vec{L} = m\vec{r} \times \dot{\vec{r}} = m\ell^2 S\dot{\varphi}\vec{e}_3$, d.h. $L_z = m\ell^2 \sin^2(\theta)\dot{\varphi}$ ●. Erhaltene Energie: $E = \frac{m}{2}\ell^2\dot{\theta}^2 + \frac{m}{2}\ell^2 \sin^2(\theta)\dot{\varphi}^2 + mg\ell\cos(\theta)$ ❶.

c) Eliminiere $\dot{\varphi}$ mit $\dot{\varphi} = \frac{L_z}{m\ell^2 \sin^2(\theta)}$ ❶. $E = \frac{m}{2}\ell^2\dot{\theta}^2 + \frac{L_z^2}{2m\ell^2 \sin^2(\theta)} + mg\ell\cos(\theta)$ ❶ mit $V_{\text{eff}}(\theta) = \frac{L_z^2}{2m\ell^2 \sin^2(\theta)} + mg\ell\cos(\theta)$ ❶.

Klausur II

[K1] Parabolische Zylinderkoordinaten   **(1 + 1 + 2 = 4 Punkte)**
Es seien x_1, x_2 und x_3 die kartesischen Koordinaten. Aus der Transformation $x_1 = \frac{1}{2}(u^2 - v^2)$, $x_2 = uv$ und $x_3 = z$
erhält man die parabolischen Zylinderkoordinaten (u, v, z).

a) Die drei Einheitsvektoren $\vec{e}_u$, $\vec{e}_v$ und $\vec{e}_z$ möchten bestimmt werden. Bilden sie die Achsen eines Koordinatensystems?
b) Wie lautet Nabla in parabolischen Zylinderkoordinaten?
c) Ein Planet (Masse m) bewege sich entlang der Bahn $\vec{r}(t) = (x_1(t), x_2(t), x_3(t))^\mathsf{T}$ durch Wechselwirkung mit
einem Stern (Masse M) im Ursprung. Wie lautet der Energiesatz?

[K2] Trägheitsmoment einer Vollkugel   **(3 Punkte)**
Wie groß ist die 3-3-Komponente des Trägheitstensors einer homogenen Kugel mit Masse M und Radius R?

[K3] Diffusion und Wellen   **(2 + 2 = 4 Punkte)**

a) Eine Teilchendichte sei zum Zeitpunkt $t = 0$ gegeben durch

$$n(x, 0) = n_1 - n_0 \sin(2kx).$$

Wie lautet die zeitliche Entwicklung $n(x, t) = ?$
b) Wie löst sich die 3-D-Wellengleichung im radialsymmetrischen Fall? Welche Koordinaten sind wohl hilfreich?

[K4] Teilchen in gekreuzten $\vec{E}$- und $\vec{B}$-Feldern   **(3 Punkte)**
In gekreuzten Feldern $\vec{E} = (0, E(t), 0)$ und $\vec{B} = (0, 0, B(t))$ soll sich ein Teilchen (Masse m, Ladung q) auf der
Bahn $\vec{r}(t) = \frac{1}{2}a(1 + \omega t)^2 \cdot (2, 1, 0)^\mathsf{T}$ bewegen. Welche Funktionen $E(t)$ und $B(t)$ bewirken dies?

[K5] Kugelkondensator   **(4 Punkte)**
Zwei leitende Kugeln mit den Radien R_1 und R_2 ($R_1 < R_2$) sind konzentrisch ineinandergeschachtelt und mit
Ladung $+Q$ innen bzw. $-Q$ außen geladen. Wir können diese Konstellation als Kondensator auffassen. Per Gauß:
Wie lautet das elektrische Feld? Welche Kapazität $C = \frac{Q}{U}$ besitzt der Kondensator? Hierbei hilft Auswerten des
Wegintegrals $U = \int d\vec{r} \cdot \vec{E}$ (Spannung).

[K6] Maxwell-Gleichungen   **(3 + 1 = 4 Punkte)**
In einem Raumbereich liege das folgende elektrische Feld vor:

$$\vec{E}(\vec{r}, t) = \alpha \cos(2\omega t)(x^2 + z^2, -y^2 + z^2, xy)^\mathsf{T}.$$

a) Welches magnetische Feld gehört dazu (Anfangsbedingung: $\vec{B}(\vec{r}, 0) = \vec{0}$)? Welche Ladungs- und Stromdichten erzeugen die Felder?
b) Probe zum a)-Resultat: Sind alle Maxwell-Gleichungen erfüllt? Gilt Ladungserhaltung?

[K7] Wellenpaket und Fourier-Transformation   **(1 + 3 = 4 Punkte)**
Ein Wellenpaket sei gegeben durch $u(x, t) = \frac{1}{\sqrt{2\pi}} \int dk\, A(k) e^{i(kx - \omega t)}$.

a) Man zeige, dass $u(x, t)$ die 1-D-Wellengleichung erfüllt, wenn die Dispersionsrelation $\omega(k) = ck$ gilt.
b) Wie zeigt sich, dass $A(k) = \widetilde{u(x, 0)}$, $A(k)$ somit die Fourier-Transformierte von $u(x, 0)$ ist? Man berechne die
Amplitude $A(k)$, wenn $u(x, 0) = Ce^{-x^2}$.

Lösungen zur Klausur II

[K1] a) $\vec{e}_u = \frac{\frac{\partial \vec{x}}{\partial u}}{\left|\frac{\partial \vec{x}}{\partial u}\right|} = \frac{1}{\sqrt{u^2+v^2}}\begin{pmatrix} u \\ v \\ 0 \end{pmatrix}$, $\vec{e}_v = \frac{1}{\sqrt{u^2+v^2}}\begin{pmatrix} -v \\ u \\ 0 \end{pmatrix}$, $\vec{e}_z = \begin{pmatrix} 0 \\ 0 \\ 1 \end{pmatrix}$ ◑. Vektoren per definitionem normiert,

$\vec{e}_u \cdot \vec{e}_v = 0 = \vec{e}_u \cdot \vec{e}_z = \vec{e}_v \cdot \vec{e}_z$ und $\vec{e}_u \cdot (\vec{e}_v \times \vec{e}_z) = +1 \Rightarrow$ KS ◑.

b) $\nabla = \sum \vec{e}_{u_i} \left|\frac{\partial \vec{x}}{\partial u_i}\right|^{-1} \frac{\partial}{\partial u_i} = \frac{\vec{e}_u}{\sqrt{u^2+v^2}} \frac{\partial}{\partial u} + \frac{\vec{e}_v}{\sqrt{u^2+v^2}} \frac{\partial}{\partial v} + \vec{e}_z \frac{\partial}{\partial z} = \begin{pmatrix} \frac{u}{u^2+v^2}\frac{\partial}{\partial u} - \frac{v}{u^2+v^2}\frac{\partial}{\partial v} \\ \frac{v}{u^2+v^2}\frac{\partial}{\partial u} + \frac{u}{u^2+v^2}\frac{\partial}{\partial v} \\ \frac{\partial}{\partial z} \end{pmatrix}$ ●.

c) Gravitationspotenzial: $V(x_1, x_2, x_3) = -\gamma \frac{mM}{|\vec{r}|} = -\gamma m M \left[\left(\frac{u^2+v^2}{2}\right)^2 + z^2\right]^{-\frac{1}{2}}$ ●.

$T = \frac{m}{2}\dot{\vec{r}}^2 = \frac{m}{2}\begin{pmatrix} u\dot{u}-v\dot{v} \\ \dot{u}v+u\dot{v} \\ \dot{z} \end{pmatrix}^2 = \frac{m}{2}(\dot{u}^2(u^2+v^2) + \dot{v}^2(u^2+v^2) + \dot{z}^2)$ ●, $E = T + V$.

[K2] $I_{33} = \int d^3x\, \rho(\vec{r})(\vec{r}^2 - z^2) = \rho_0 \int d^3x\, (x^2+y^2)$ ◑. Kugelkoord. $x = rSc$, $y = rSs$:

$I_{33} = 2\pi\rho_0 \int_0^R dr'\, r'^4 \int_0^\pi d\theta\, \sin^3(\theta) = \frac{2}{5}\pi\rho_0 R^5 \int_0^\pi d\theta\, \sin^3(\theta)$●, entweder partielle Integration $u = \sin^2(\theta)$,

$v' = \sin(\theta)$ oder per Euler-Formel $\sin^3(\theta) = \left(\frac{e^{i\theta}-e^{-i\theta}}{2i}\right)^3$, dann $I_{33} = \frac{2}{5}\pi\rho_0 R^5 \int_0^\pi d\theta\, \sin^3(\theta) =$

$\frac{2}{5}\pi\rho_0 R^5 \cdot \frac{4}{3}$ ●, $\rho_0 = \frac{M}{\frac{4}{3}\pi R^3} \Rightarrow I_{33} = \frac{2}{5}MR^2$ ◑.

[K3] a) $n(x,t) = e^{tD\frac{\partial^2}{\partial x^2}} n(x,0)$ ◑, $\frac{\partial^2}{\partial x^2}\sin(2kx) = -4k^2\sin(2kx)$ mit EW $-4k^2$ von

$\frac{\partial^2}{\partial x^2} \Rightarrow e^{tD\frac{\partial^2}{\partial x^2}}\sin(2kx) = e^{-tD4k^2}\sin(2kx)$ ◑, $n(x,t) = e^{tD\frac{\partial^2}{\partial x^2}}(n_1 - n_0\sin(2kx)) =$

$1 \cdot n_1 - n_0 e^{-4tDk^2}\sin(2kx)$ ●.

b) Radialsymmetrisch, d.h. benutze Kugelkoordinaten: $\frac{1}{c^2}\ddot{\phi} = \frac{1}{r}\partial_r^2(r\phi)$ ◑, Separation: $\phi(r,t) = f(r)g(t)$:

$\frac{\ddot{g}}{g} = -\omega^2 = c^2\frac{(rf)''}{rf}$, damit $\ddot{g} = -\omega^2 g \Rightarrow g(t) = A\cos(\omega t + \phi)$ ◑ und $(rf)'' = -\frac{\omega^2}{c^2}rf \Rightarrow rf =$

$B\cos(\frac{\omega}{c}r + \delta)$ ◑; Ergebnis: $\phi(r,t) = \frac{const.}{r}\cos(\omega t + \phi)\cos\left(\frac{\omega}{c}r + \delta\right)$ (Kugelwelle) ◑.

[K4] Bewegung gemäß Lorentz: $m\ddot{\vec{r}} = q(\vec{E} + \dot{\vec{r}} \times \vec{B})$, $\dot{\vec{r}} = a\omega(1+\omega t)(2,1,0)^\mathsf{T}$, $\ddot{\vec{r}} = a\omega^2(2,1,0)^\mathsf{T}$ ◑. Damit

$ma\omega^2\begin{pmatrix} 2 \\ 1 \\ 0 \end{pmatrix} = q\left[\begin{pmatrix} 0 \\ E(t) \\ 0 \end{pmatrix} + a\omega(1+\omega t)B\begin{pmatrix} 1 \\ -2 \\ 0 \end{pmatrix}\right]$ ●. KV: $B(t) = \frac{2m\omega}{q}\frac{1}{1+\omega t}$ ◑, $E = \frac{5ma\omega^2}{q}$ ◑.

Ergebnis: $\vec{E} = \left(0, \frac{5ma\omega^2}{q}, 0\right)^\mathsf{T}$, $\vec{B}(t) = \left(0, 0, \frac{2m\omega}{q}\frac{1}{1+\omega t}\right)^\mathsf{T}$ ◑.

[K5] Ansatz: $\vec{E}(\vec{x}) = E(r)\vec{e}_r$ zwischen den Kugelschalen, sonst null ◑, dann $d\vec{f} = r^2 d\theta\,\sin(\theta)\,d\varphi\,\vec{e}_r$, $\int d\vec{f} \cdot \vec{E} =$

$4\pi r^2 E(r)$, $R_1 < r < R_2$ ●, $\int d^3x \frac{\rho}{\varepsilon_0} = \frac{Q}{\varepsilon_0}$ ◑. Ergebnis: $\vec{E} = \frac{Q}{4\pi\varepsilon_0}\frac{1}{r^2}\vec{e}_r$, $R_1 < r < R_2$ ◑. Spannung

$U = \int d\vec{r} \cdot \vec{E} = \int_{R_1}^{R_2} dr\,\vec{e}_r E(r) \cdot \vec{e}_r = \frac{Q}{4\pi\varepsilon_0}\int_{R_1}^{R_2} dr\,\frac{1}{r^2} = \frac{Q}{4\pi\varepsilon_0}\left(\frac{1}{R_1} - \frac{1}{R_2}\right)$ ●, $C = \frac{Q}{U} = \frac{4\pi\varepsilon_0}{\frac{1}{R_1}-\frac{1}{R_2}}$ ◑.

[K6] a) $\nabla \times \vec{E} = \alpha\cos(2\omega t)\begin{pmatrix} x-2z \\ 2z-y \\ 0 \end{pmatrix} = -\dot{\vec{B}} \Rightarrow \vec{B} = -\frac{\alpha}{2\omega}\sin(2\omega t)\begin{pmatrix} x-2z \\ 2z-y \\ 0 \end{pmatrix}$ ●,

$\nabla \cdot \vec{E} = \alpha\cos(2\omega t)(2x - 2y) = \frac{\rho}{\varepsilon_0} \Rightarrow \rho = 2\alpha\varepsilon_0\cos(2\omega t)(x-y)$ ◑, $\nabla \times \vec{B} = \ldots = \frac{\vec{j}}{\varepsilon_0 c^2} + \frac{\dot{\vec{E}}}{c^2}$ ◑, mit

$\dot{\vec{E}} = -2\alpha\omega\sin(2\omega t)\begin{pmatrix} x^2+z^2 \\ -y^2+z^2 \\ xy \end{pmatrix}$ folgt $\vec{j} = 2\varepsilon_0\alpha\omega\sin(2\omega t)\begin{pmatrix} x^2+z^2 \\ -y^2+z^2 \\ xy \end{pmatrix} + \frac{\alpha\varepsilon_0 c^2}{2\omega}\sin(2\omega t)\begin{pmatrix} 1 \\ 1 \\ 0 \end{pmatrix}$ ●.

b) $\nabla \cdot \vec{B} = -\frac{\alpha}{2\omega}\sin(2\omega t)(1 - 1 + 0) = 0$,

$\dot{\rho} + \nabla \cdot \vec{j} = -4\alpha\omega\varepsilon_0\sin(2\omega t)(x-y) + 2\varepsilon_0\alpha\omega\sin(2\omega t)(2x-2y) = 0$ ●.

[K7] a) $\frac{\partial^2 u}{\partial x^2} = \frac{1}{\sqrt{2\pi}}\int dk\, A(k)e^{\cdots}(-k^2)$, $\frac{\partial^2 u}{\partial t^2} = \frac{1}{\sqrt{2\pi}}\int dk\, A(k)e^{\cdots}(-\omega^2(k))$ ◑, in Wellengleichung mit $\omega = ck$:

$\frac{1}{c^2}\frac{\partial^2 u}{\partial t^2} - \frac{\partial^2 u}{\partial x^2} = \frac{1}{2\pi}\int dk\, A(k)e^{\cdots}\left(\frac{-\omega^2(k)}{c^2} + k^2\right) = 0$ ◑.

b) $u(x,0) = \frac{1}{\sqrt{2\pi}}\int dk\, A(k)e^{ikx} = \widetilde{A(k)}$, damit $A(k) = \widetilde{u(x,0)} = \frac{1}{\sqrt{2\pi}}\int dx\, e^{-ikx}u(x,0)$ ●. Mit $u(x,0) = Ce^{-x^2}$:

$A(k) = \frac{C}{\sqrt{2\pi}}\int dx\, e^{-(x^2+ikx)} = \frac{C}{\sqrt{2\pi}}\int dx\, e^{-\left(x+\frac{ik}{2}\right)^2}e^{-\frac{k^2}{2}}$ per quadratischer Ergänzung ●, $A(k) =$

$\frac{C}{\sqrt{2\pi}}e^{-\frac{k^2}{2}}\int dx\, e^{-x^2} = \frac{C}{\sqrt{2}}e^{-\frac{k^2}{2}}$ ●.

Anhang B: Lösungen zu den „Hausübungsaufgaben"

[H1] Der Bergsteiger (3 + 1 = 4 Punkte)

Lösung:

a) Zunächst fällt auf, dass je nach Position (x, z) die aufzubringende Zugkraft $\vec{F}$ variiert. Außerdem hängen die Koordinaten des Bergsteigers x und z über die Seillänge L zusammen. Nach Pythagoras gilt nämlich:

$$x^2 + (L - z)^2 = L^2.$$

Beachte hierbei, dass der Ursprung unten im Tal liegt (wie in der Aufgabe skizziert). Umstellen liefert

$$\Longleftrightarrow (L - z)^2 = L^2 - x^2 \Longleftrightarrow z = L \mp \sqrt{L^2 - x^2}.$$

$z > L$ ergibt bei dieser Aufgabenstellung keinen Sinn (dann würde sich der Bergsteiger über dem Zugplateau befinden!), somit folgt

$$z(x) = L - \sqrt{L^2 - x^2}. \text{ ◐}$$

Mit den Vektoren $\vec{r}_S = (0, L), \vec{r}_P = (a, L)$ und $\vec{r} = (x, z) = (x, L - \sqrt{L^2 - x^2})$ können wir nun die Verbindungsvektoren zwischen $\vec{r}$ und $\vec{r}_S$ sowie $\vec{r}$ und $\vec{r}_P$ aufstellen, daraus die Richtungsvektoren $\vec{e}_H$ und $\vec{e}_Z$ der Kräfte $\vec{F}_H$ und $\vec{F}$ (entlang Halte- und Zugseil) ableiten und dann das Kräftegleichgewicht für jeden Punkt (x, z) aufstellen und lösen. Los geht's:

$$\vec{r}_S - \vec{r} = (-x, \sqrt{L^2 - x^2}), \quad \vec{r}_P - \vec{r} = (a - x, \sqrt{L^2 - x^2})$$

© Springer-Verlag GmbH Deutschland, ein Teil von Springer Nature 2018
M. Otto, *Rechenmethoden für Studierende der Physik im ersten Jahr,*
https://doi.org/10.1007/978-3-662-57793-6

entlang Halte- und Zugseil. Die Richtungsvektoren ergeben sich dann direkt über Normierung:

$$\vec{e}_H = \frac{\vec{r}_S - \vec{r}}{|\vec{r}_S - \vec{r}|} = \frac{(-x, \sqrt{L^2 - x^2})}{\sqrt{(-x)^2 + \sqrt{L^2 - x^2}^2}} = \frac{(-x, \sqrt{L^2 - x^2})}{L} \quad \text{❶}$$

und weiterhin

$$\vec{e}_Z = \frac{\vec{r}_P - \vec{r}}{|\vec{r}_P - \vec{r}|} = \frac{(a - x, \sqrt{L^2 - x^2})}{\sqrt{(a - x)^2 + L^2 - x^2}} =: \frac{(a - x, \sqrt{L^2 - x^2})}{u} \quad \text{❶}$$

mit der Abkürzung $u = u(x) := \sqrt{(a - x)^2 + L^2 - x^2}$ (dient lediglich der Schreibarbeitsersparnis). Es gelten dann $\vec{F}_H = F_H \vec{e}_H$ sowie $\vec{F} = F_Z \vec{e}_Z$ (Vektor = Betrag mal Richtung), und wir können den Statikansatz benutzen, um F_Z zu bestimmen. Es gilt dann $\vec{F}_H + \vec{F} + \vec{G} = \vec{0}$ bzw. komponentenweise und $\vec{G} = (0, -mg)$ bereits nach rechts geschaufelt:

$$-F_H \frac{x}{L} + F_Z \frac{a - x}{u} = 0, \quad \text{(I)}$$

$$F_H \frac{\sqrt{L^2 - x^2}}{L} + F_Z \frac{\sqrt{L^2 - x^2}}{u} = mg. \quad \text{(II)} \ \text{❶}$$

Wir haben wie in Beispiel 1.9 wieder zwei Gleichungen mit zwei Unbekannten (wobei uns nur F_Z interessiert), also lösen wir wie gewohnt mit Hilfe des Einsetzverfahrens. Aus (I) folgt $F_H = \frac{a - x}{u} \frac{L}{x} F_Z$, und dies wird in (II) eingesetzt:

$$\frac{a - x}{u} \frac{L}{x} \frac{\sqrt{L^2 - x^2}}{L} F_Z + \frac{\sqrt{L^2 - x^2}}{u} F_Z = mg \iff \frac{a - x}{x} F_Z + F_Z = mg \frac{u}{\sqrt{L^2 - x^2}}.$$

Wir klammern schließlich F_Z aus, vereinfachen die Klammer und teilen durch diese:

$$\iff \left(\frac{a - x}{x} + 1\right) F_Z = \frac{a}{x} F_Z = mg \frac{u}{\sqrt{L^2 - x^2}} \iff F_Z(x) = mg \frac{x}{a} \frac{\sqrt{(a - x)^2 + L^2 - x^2}}{\sqrt{L^2 - x^2}}. \ \bullet$$

Das ist die Kraft, mit der die Leute auf dem Plateau ziehen müssen (in Abhängigkeit von x).

b) Bezüglich des a)-Resultats wird nun nach Grenzfällen gefragt. Für $x = a$ kollabiert F_Z zu

$$F_Z(x = a) = mg \frac{a}{a} \frac{\sqrt{(a - a)^2 + L^2 - a^2}}{\sqrt{L^2 - a^2}} = mg \cdot 1 \cdot 1 = mg, \quad \text{❶}$$

was auch stimmig mit der Anschauung ist, denn in diesem Fall hängt der Kletterer senkrecht im Seil, und das gesamte Gewicht muss durch das Zugseil kompensiert werden. Für $L \gg x$ und entsprechend auch $L \gg a$ dominiert jeweils L^2 unter der Wurzel, und Terme mit a und x können vernachlässigt werden:

$$F_Z \to mg\frac{x}{a}\frac{\sqrt{L^2}}{\sqrt{L^2}} = mg\frac{x}{a}. \ \text{◑}$$

Dies entspricht dem Fall eines tiefen Schachts.

[H2] Die Radarfalle   **(4 Punkte)**

Lösung: Wir fertigen zunächst eine Skizze an.

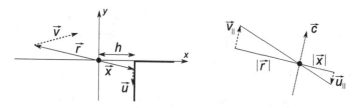

Gesucht ist der Betrag der Geschwindigkeit v unseres Autos. Für den Geschwindigkeitsvektor gilt $\vec{v} = v \cdot \vec{e}_v = v \cdot \frac{1}{\sqrt{8^2+1^2}}(8, 1)$. Ferner sind $\vec{r} = (-100, 10)\,\text{m} = 10(-10, 1)\,\text{m}$ und $\vec{u} = (0, -u)$ (Schatten bewegt sich in Richtung negativer y-Achse, siehe linkes Bild). ◑

Wir müssen nun die Geschwindigkeiten $\vec{v}$ und $\vec{u}$ zueinander ins Verhältnis setzen. Hierbei hilft die Verbindungslinie zwischen Auto und Wandauftreffpunkt entlang $\vec{r}$ bzw. $\vec{x}$. Wir konstruieren gemäß Gl. (1.33) auf der Verbindungslinie eine senkrechte Projektionsfläche $\vec{c} = (1, +10)$ und zerlegen bezüglich dieser beide Geschwindigkeiten (rechte Abbildung). Der Parallelanteil von $\vec{v}$ bezüglich $\vec{c}$ beträgt dann

$$v_\parallel = \frac{\vec{v} \cdot \vec{c}}{c} = v \cdot \frac{1}{\sqrt{65}}\begin{pmatrix}8\\1\end{pmatrix} \cdot \frac{1}{\sqrt{101}}\begin{pmatrix}1\\10\end{pmatrix} = \frac{v}{\sqrt{6565}}(8 \cdot 1 + 1 \cdot 10) = \frac{18v}{\sqrt{6565}} \ ●$$

mit zu bestimmendem $v = \frac{\sqrt{6565}\,v_\parallel}{18}$. Für den Parallelanteil von $\vec{u}$ bezüglich der Projektionsfläche $\vec{c}$ erhalten wir mit $u = 50\,\frac{\text{cm}}{\text{s}} = 0{,}5\,\frac{\text{m}}{\text{s}}$:

$$u_\parallel = \frac{\vec{u} \cdot \vec{c}}{c} = \begin{pmatrix}0\\-u\end{pmatrix} \cdot \frac{1}{\sqrt{101}}\begin{pmatrix}1\\10\end{pmatrix} = \frac{-10u}{\sqrt{101}} = -\frac{5}{\sqrt{101}}\,\frac{\text{m}}{\text{s}}. \ \text{◑}$$

Nun kommt zweimal ein Strahlensatz ins Spiel, um $v_\parallel$ und darüber v zu bestimmen. Wir haben gerade Parallelkomponenten der Geschwindigkeiten zu $\vec{c}$ ermittelt. $\vec{c}$ selbst steht aber senkrecht auf der Verbindungslinie, so dass $\vec{v}_\parallel$ und $\vec{u}_\parallel$ auch senkrecht auf der Verbindungslinie stehen. Per Strahlensatz folgt (vgl. Abbildung rechts):

$$\frac{|\vec{r}|}{|\vec{v}_\parallel|} = \frac{|\vec{x}|}{|\vec{u}_\parallel|} \iff v_\parallel = u_\parallel\frac{r}{x} \ \text{◑} \quad (*)$$

mit $r = \sqrt{(-100\,\text{m})^2 + (10\,\text{m})^2} = \sqrt{10.100}\,\text{m}$. x wiederum ist der Abstand zum Auftreffpunkt des Schattens auf die Hauswand vom Ursprung aus. Der Horizontalabstand zum Haus ist mit $h = 10\,\text{m}$ bekannt, allerdings fehlt der vertikale Abstand von der x-Achse zum Auftreffpunkt, um den Betrag von $\vec{x}$ ausrechnen zu können. Dieses können wir aber mit einem weiteren Strahlensatz umgehen und setzen an:

$$\frac{|\vec{r}|}{|r_1|} = \frac{|\vec{x}|}{|h|} \iff x = \frac{|\vec{r}|}{|r_1|}h, \; \textcircled{0}$$

wobei $r_1 = -100\,\text{m}$ die Komponente von $\vec{r}$ in x-Richtung ist. Einsetzen von x in $(*)$ liefert

$$v_\| = |u_\||\frac{r}{x} = |u_\||\frac{|r_1|}{h} = \frac{5}{\sqrt{101}}\,\frac{\text{m}}{\text{s}} \cdot \frac{100\,\text{m}}{10\,\text{m}} = \frac{5}{\sqrt{101}} \cdot \frac{100}{10}\,\frac{\text{m}}{\text{s}} \approx 5\,\frac{\text{m}}{\text{s}}, \; \textcircled{0}$$

und somit folgt für die gesuchte Größe

$$v = \frac{\sqrt{6565}\,v_\|}{18} = \frac{\sqrt{6565}}{18} \cdot 5\,\frac{\text{m}}{\text{s}} \approx 22{,}5\,\frac{\text{m}}{\text{s}} = 81\,\frac{\text{km}}{\text{h}}, \; \textcircled{0}$$

was in einer 60er-Zone zu einem netten Foto führt.

[H3] Der Meteorit (4 Punkte)

Lösung: Den nächstgelegenen Punkt $\vec{a}$ des Meteoriten vom Loch aus kann man sich wie in Abb. 1.29 grafisch konstruieren. Die Gerade des Meteorits, $\vec{x} = \vec{w} + \lambda\vec{v} = \vec{w} + \lambda v\vec{e}$, steht dann senkrecht auf $\vec{a}$, somit gilt $\vec{e} \cdot \vec{a} = 0$. $\textcircled{0}$

Die Gerade kann aber andererseits auch per Kreuzprodukt eindeutig definiert werden:

$$\vec{e} \times \vec{w} = \vec{e} \times \vec{a}. \; \textcircled{0}$$

Sowohl der Vektor $\vec{e} \times \vec{w}$ als auch der Vektor $\vec{e} \times \vec{a}$ zeigen in die gleiche Richtung und definieren dadurch die Ebene der Gerade. Hieraus können wir $\vec{a}$ bzw. den gesuchten Abstand $a = |\vec{a}|$ ermitteln. Doch wie? Man darf ja schließlich nicht durch Vektoren teilen. Die Antwort liefert hier die bac-cab-Regel, die wir nun künstlich hineinmogeln. Multipliziere hierzu $\cdot(\vec{e}\times)$ von links analog zu Beispiel 1.21, dann folgt:

$$\vec{e} \times (\vec{e} \times \vec{w}) = \vec{e} \times (\vec{e} \times \vec{a}) \iff \vec{e}(\vec{e} \cdot \vec{w}) - \vec{w}(\vec{e} \cdot \vec{e}) = \vec{e}(\vec{e} \cdot \vec{a}) - \vec{a}(\vec{e} \cdot \vec{e}).$$

Der Mehrwert ergibt sich, wenn wir verwenden, dass $\vec{e} \cdot \vec{e} = 1$ ($\vec{e}$ ist ja ein Einheitsvektor) und ferner $\vec{e} \cdot \vec{a} = 0$ (siehe Betrachtung oben). Dann fällt obige Gleichung in sich zusammen, und es verbleibt

$$\vec{e}(\vec{e} \cdot \vec{w}) - \vec{w} = -\vec{a} \iff \vec{a} = \vec{w} - \vec{e}(\vec{e} \cdot \vec{w}). \; \bullet$$

Hieraus können wir direkt den minimalen Abstand des Meteorits vom Loch melken:

$$a = |\vec{w} - \vec{e}(\vec{e} \cdot \vec{w})| = \sqrt{(\vec{w} - \vec{e}(\vec{e} \cdot \vec{w})) \cdot (\vec{w} - \vec{e}(\vec{e} \cdot \vec{w}))}$$

$$= \sqrt{w^2 - (\vec{w} \cdot \vec{e})(\vec{e} \cdot \vec{w}) - \vec{e}(\vec{e} \cdot \vec{w}) \cdot \vec{w} + \vec{e}(\vec{e} \cdot \vec{w}) \cdot \vec{e}(\vec{e} \cdot \vec{w})}$$

$$= \sqrt{w^2 - (\vec{e} \cdot \vec{w})^2 - (\vec{e} \cdot \vec{w})^2 + \vec{e}^{\,2}(\vec{e} \cdot \vec{w})^2} = \sqrt{w^2 - (\vec{e} \cdot \vec{w})^2}. \; ◗$$

Die unbekannte Geschwindigkeit v lässt sich über die Projektion des Kometen durch das Loch auf den Boden berechnen. Hierzu müssen wir die Geschwindigkeiten $\vec{v}$ und $\vec{u}$ geometrisch ins Verhältnis setzen. Nutze daher wie in [H2] wieder einen Strahlensatz, um die Geometrie ins Spiel zu bringen:

$$\frac{\vec{u} \cdot \vec{e}}{b} = \frac{\vec{v} \cdot \vec{e}}{a} = \frac{v}{a} \; ◗$$

mit $\vec{b} = -\mu\vec{a}$ (gestrichelte Verbindung von Loch zu $\vec{u}$) und $\vec{e}_3 \cdot \vec{b} = -H$, was wiederum $\vec{e}_3 \cdot \vec{b} = -\mu\vec{e}_3 \cdot \vec{a} = -H$ ergibt ($\vec{e}_3$ ist der übliche, in z-Richtung zeigende Einheitsvektor). Entsprechendes Einsetzen liefert schließlich

$$v = \frac{a}{b}|\vec{u} \cdot \vec{e}| = \frac{a}{|-\mu\vec{a}|}|\vec{u} \cdot \vec{e}| = \frac{|\vec{u} \cdot \vec{e}|}{\mu} = \frac{(\vec{e}_3 \cdot \vec{a})}{H}|\vec{e} \cdot \vec{u}|. \; ●$$

Im letzten Schritt wurde dabei von oben $\mu = \frac{H}{(\vec{e}_3 \cdot \vec{a})}$ eingesetzt. Das ist die gesuchte Geschwindigkeit des Meteoriten.

[H4] Rechnen mit Kugelkoordinaten   **(2 + 2 = 4 Punkte)**

Lösung:

a) Die Basisvektoren zeigen wie in der Abbildung links dargestellt entlang zunehmendem r, θ und φ und stehen paarweise senkrecht aufeinander, wie in b) gezeigt wird.

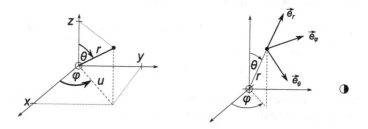

Zum geometrischen Aufstellen der Transformationsgleichungen für x, y und z benutzen wir die linke Abbildung. Wir starten mit der z-Koordinate. Diese hängt bei konstantem r nur vom Winkel θ ab. Für $\theta = 0$ ist $z = r$, für $\theta > 0$ nimmt z von r auf 0 (bei $\theta = \frac{\pi}{2}$) bzw. $-r$ bei $\theta = \pi$ ab. Dies wird folglich durch

den Kosinus beschrieben: $z = r\cos(\theta)$ ◑ (oder Kosinus am rechtwinkligen Dreieck aufstellen).
Die x- bzw. y-Koordinate ist etwas diffiziler. Sie hängt natürlich zum einen von φ ab, allerdings gleichzeitig auch von θ, denn für $\theta = \frac{\pi}{2}$ ist die Projektion u des Vektors $\vec{r}$ maximal, nämlich r, ansonsten variiert natürlich u mit θ. Entsprechend sind die Koordinaten $x = u(\theta)\cos(\varphi)$ und $y = u(\theta)\sin(\varphi)$ mit Funktion $u(\theta)$. Die Funktion $u(\theta)$, also die Länge der Projektion von $\vec{r}$ in die x-y-Ebene ergibt sich über trigonometrische Beziehungen zu $\sin(\theta) = \frac{u(\theta)}{r}$, d. h., $u(\theta) = r\sin(\theta)$. Somit folgt insgesamt tatsächlich

$$x = u(\theta)\cos(\varphi) = r\sin(\theta)\cos(\varphi),$$

$$y = u(\theta)\sin(\varphi) = r\sin(\theta)\sin(\varphi),$$

$$z = r\cos(\theta). \ \bullet$$

b) Wir müssen hier wie in Beispiel 1.28 nachweisen, dass die Basisvektoren

$$\vec{e}_r = (\sin(\theta)\cos(\varphi), \sin(\theta)\sin(\varphi), \cos(\theta)),$$

$$\vec{e}_\theta = (\cos(\theta)\cos(\varphi), \cos(\theta)\sin(\varphi), -\sin(\theta)) \text{ und}$$

$$\vec{e}_\varphi = (-\sin(\varphi), \cos(\varphi), 0)$$

die ONB-Definition (1.60) sowie die Rechtssystem-Bedingung (1.61) erfüllen. Hierfür führen wir der Lesbarkeit halber wieder Abkürzungen $S := \sin(\theta)$ und $s := \sin(\varphi)$ ein (analog für die Kosinüsse). Zunächst überprüfen wir die Normierung, wobei mehrmals der trigonometrische Pythagoras (1.22) in der Form $S^2 + C^2 = 1$ bzw. $s^2 + c^2 = 1$ helfen wird:

$$\vec{e}_r \cdot \vec{e}_r = S^2 c^2 + S^2 s^2 + C^2 = S^2(c^2 + s^2) + C^2 = S^2 + C^2 = 1,$$

$$\vec{e}_\theta \cdot \vec{e}_\theta = C^2 c^2 + C^2 s^2 + S^2 = C^2(c^2 + s^2) + S^2 = C^2 + S^2 = 1,$$

$$\vec{e}_\varphi \cdot \vec{e}_\varphi = s^2 + c^2 = 1. \ ◑$$

Normierung ist also erfüllt. Weiterhin müssen sie paarweise senkrecht stehen, also jeweils die Skalarprodukte verschwinden:

$$\vec{e}_r \cdot \vec{e}_\theta = Sc\,Cc + Ss\,Cs + C(-S) = SC(c^2 + s^2) - SC = SC - SC = 0,$$

$$\vec{e}_r \cdot \vec{e}_\varphi = Sc\,(-s) + Ss\,c + 0 = -Ssc + Ssc = 0,$$

$$\vec{e}_\theta \cdot \vec{e}_\varphi = Cc\,(-s) + Cs\,c + 0 = -Csc + Csc = 0. \ ◑$$

Schließlich fehlt noch der Nachweis, dass die Einheitsvektoren ein Rechtssystem bilden. Berechne dazu das Spatprodukt:

$$\vec{e}_r \cdot (\vec{e}_\theta \times \vec{e}_\varphi) = \begin{pmatrix} Sc \\ Ss \\ C \end{pmatrix} \cdot \left[\begin{pmatrix} Cc \\ Cs \\ -S \end{pmatrix} \times \begin{pmatrix} -s \\ c \\ 0 \end{pmatrix} \right] = \begin{pmatrix} Sc \\ Ss \\ C \end{pmatrix} \cdot \begin{pmatrix} 0 - (-Sc) \\ Ss - 0 \\ Cc^2 + Cs^2 \end{pmatrix}$$

$$= S^2 c^2 + S^2 s^2 + C^2 c^2 + C^2 s^2 = S^2(c^2 + s^2) + C^2(c^2 + s^2)$$

$$= S^2 + C^2 = +1. \bullet$$

Damit bilden die Einheitsvektoren $\vec{e}_r$, $\vec{e}_\theta$ und $\vec{e}_\varphi$ tatsächlich die Achsen eines Koordinatensystems.

[H5] LGS mit zwei Parametern   **(3 + 1 = 4 Punkte)**

Lösung:

a) Es wird zunächst die Matrix $A(\alpha, \beta)$ in gewohnter Darstellung bestimmt. Wir setzen ein und interpretieren das Konstrukt $A(\alpha, \beta) = (\,,\,,\,,\,,\,)$ als matrixweise Zusammenfassung von fünf Spaltenvektoren

$$(1 - \alpha)\vec{e}_1 + \alpha\vec{b} = ((1 - \alpha) + \alpha, \alpha, \alpha, \alpha, \alpha)^\mathsf{T} = (1, \alpha, \alpha, \alpha, \alpha)^\mathsf{T},$$

ferner $\vec{e}_2 = (0, 1, 0, 0, 0)^\mathsf{T}$, $\vec{e}_3 = (0, 0, 1, 0, 0)^\mathsf{T}$, $\vec{e}_4 = (0, 0, 0, 1, 0)^\mathsf{T}$ und schließlich

$$(1 - \beta)\vec{e}_5 + \beta\vec{b} = (\beta, \beta, \beta, \beta, (1 - \beta) + \beta)^\mathsf{T} = (\beta, \beta, \beta, \beta, 1)^\mathsf{T}.$$

Mit diesen Vorbereitungen ergibt sich als Matrix $A(\alpha, \beta) = \begin{pmatrix} 1 & 0 & 0 & 0 & \beta \\ \alpha & 1 & 0 & 0 & \beta \\ \alpha & 0 & 1 & 0 & \beta \\ \alpha & 0 & 0 & 1 & \beta \\ \alpha & 0 & 0 & 0 & 1 \end{pmatrix}$. ◑

Nun lösen wir das LGS per Gauß-Algorithmus. Multipliziere dazu die erste Zeile mit $(-\alpha)$ und addiere dies dann zu allen anderen Zeilen:

$$\left(\begin{array}{ccccc|c} 1 & 0 & 0 & 0 & \beta & 1 \\ \alpha & 1 & 0 & 0 & \beta & 1 \\ \alpha & 0 & 1 & 0 & \beta & 1 \\ \alpha & 0 & 0 & 1 & \beta & 1 \\ \alpha & 0 & 0 & 0 & 1 & 1 \end{array}\right) \begin{array}{l} + | \cdot (-\alpha) \\ + \\ + \\ + \\ + \end{array} \longrightarrow \left(\begin{array}{ccccc|c} 1 & 0 & 0 & 0 & \beta & 1 \\ 0 & 1 & 0 & 0 & \beta(1-\alpha) & 1-\alpha \\ 0 & 0 & 1 & 0 & \beta(1-\alpha) & 1-\alpha \\ 0 & 0 & 0 & 1 & \beta(1-\alpha) & 1-\alpha \\ 0 & 0 & 0 & 0 & 1-\alpha\beta & 1-\alpha \end{array}\right). ◑$$

Aus der letzten Zeile folgen nun verschiedene Fälle. Es ergibt sich eine Nullzeile, wenn $1 - \alpha\beta = 0$ und $1 - \alpha = 0$. Aus der zweiten Bedingung folgt sofort, dass $\alpha = 1$, und aus der ersten folgt entsprechend auch, dass $\beta = 1$. Da auch die anderen Gleichungen im LGS für diesen Fall keinen Widerspruch liefern, hat das LGS für $\alpha = \beta = 1$ unendlich viele Lösungen ◑, also lässt sich eine Lösungsschar angeben.

Wenn nun aber in der letzten Zeile links alles null ist, rechts aber ungleich null, dann haben wir einen Widerspruch und das LGS ist nicht lösbar. Dafür muss rechts zum einen $\alpha \neq 1$ sein, links aber zum anderen $1 - \alpha\beta = 0 \iff \alpha\beta = 1$ erfüllt sein. In diesem Fall ist das LGS nicht lösbar. Da sonst in den anderen Gleichungen linkerhand nirgends eine Null entstehen kann, ist dies der einzige Fall, dass das LGS nicht lösbar ist. ◑

Ist weder $\alpha = \beta = 1$ noch die Bedingung $\alpha\beta = 1$ für $\alpha \neq 1$ erfüllt, ist das LGS für eine feste Wahl von α und β eindeutig lösbar. ◑

Schließlich verbleibt noch die Bestimmung der Lösungsschar. Hier gilt $\alpha = \beta = 1$, d.h. zeilenweise $x_1 + 1 = 1 \iff x_1 = 0$, $x_2 = 0$, $x_3 = 0$, $x_4 = 0$, $x_5 := t$. Ergebnis ist dann die Lösungsschar: $\vec{x} = (x_1, x_2, x_3, x_4, x_5)^\mathsf{T} = t\,(0, 0, 0, 0, 1)^\mathsf{T}$ mit $t \in \mathbb{R}$. ◑

b) Eine Matrix ist nach Gl. (2.30) invertierbar, wenn ihre Determinante ungleich null ist. Zur Beantwortung der Fragestellung interessiert uns hier folglich, wann die Determinante gleich null ist. Berechne also $\det(A(\alpha, \beta))$ gemäß Laplace'schem Entwicklungssatz (hier mehrmals nach der zweiten Spalte):

$$\det(A(\alpha, \beta)) = \begin{vmatrix} 1 & 0^- & 0 & 0 & \beta \\ \alpha & 1^+ & 0 & 0 & \beta \\ \alpha & 0^- & 1 & 0 & \beta \\ \alpha & 0^+ & 0 & 1 & \beta \\ \alpha & 0^- & 0 & 0 & 1 \end{vmatrix} = +1 \cdot \begin{vmatrix} 1 & 0^- & 0 & \beta \\ \alpha & 1^+ & 0 & \beta \\ \alpha & 0^- & 1 & \beta \\ \alpha & 0^+ & 0 & 1 \end{vmatrix}$$

$$= +1 \cdot \begin{vmatrix} 1 & 0^- & \beta \\ \alpha & 1^+ & \beta \\ \alpha & 0^- & 1 \end{vmatrix} = +1 \cdot \begin{vmatrix} 1 & \beta \\ \alpha & 1 \end{vmatrix} = 1 - \alpha\beta.$$

Wann wird dies null? Nun, wenn $\alpha\beta = 1$ ist, und dann ist die Matrix $A(\alpha, \beta)$ nicht mehr invertierbar! ●

[H6] Der Schuhstreich   **(4 Punkte)**

Lösung: Das Vorgehen der Schurken lässt sich mit Hilfe einer Abbildungsmatrix M (von einer sogenannten Markow-Kette) beschreiben. Dazu stellen wir wie gewohnt die Matrix durch Bestimmen der Bilder der Basisvektoren auf. Dies sind nun jedoch keine räumlichen Vektoren mehr, sondern fassen die Eigenschaften der Schuhe zusammen. So meinen die „Koordinaten" eines Vektors im Folgenden Wahrscheinlichkeiten, nämlich:

$$\vec{a} = \begin{pmatrix} \text{Übergangswahrscheinlichkeit für geordnet} \\ \text{Übergangswahrscheinlichkeit für ungeordnet} \\ \text{Übergangswahrscheinlichkeit für einzeln} \end{pmatrix},$$

wobei als Darstellungsbasis wieder die kanonischen Basisvektoren $\vec{e}_1$, $\vec{e}_2$ und $\vec{e}_3$ herhalten müssen. Damit kann M aufgestellt werden:

$$\vec{e}_1' = (0{,}2, 0{,}6, 0{,}2)^\mathsf{T}, \quad \vec{e}_2' = (0, 0{,}7, 0{,}3)^\mathsf{T}, \quad \vec{e}_3' = (0, 0{,}9, 0{,}1)^\mathsf{T}. ●$$

Dies versteht sich wie folgt. Der Startzustand, beschrieben durch $\vec{e}_1 = (1, 0, 0)^\mathsf{T}$ (d.h. 100 % der Schuhe – sprich alle – stehen geordnet, keiner ungeordnet, keiner einzeln) ändert sich nach einmaliger Schurkenabbildung dahin ab, dass nur noch 20 % $= 0{,}2$ der Schuhe geordnet stehen (daher die erste Koordinate bei $\vec{e}_1'$), 60 % $= 0{,}6$ durcheinander gewürfelt im Paar und 20 % $= 0{,}2$ einzeln gestellt werden. $\vec{e}_2'$ ergibt sich nun durch die alleinige Betrachtung aller ungeordneten Paare, d.h. durch die Abbildung von $\vec{e}_2 = (0, 1, 0)^\mathsf{T}$. Sie werden nicht wieder geordnet (daher die 0 in der ersten Komponente), 70 % verbleiben auch ungeordnet, aber die restlichen 30 %

werden einzeln gestellt. Analog ergibt sich der dritte Bildvektor. Ab jetzt ist alles wie gewohnt. Schreibe die Bildvektoren spaltenweise, schon haben wir M:

$$M = \begin{pmatrix} 0{,}2 & 0 & 0 \\ 0{,}6 & 0{,}7 & 0{,}9 \\ 0{,}2 & 0{,}3 & 0{,}1 \end{pmatrix} \cdot \mathbb{O}$$

Dreimalige Schurkenprozedur bedeutet dreimaliges Anwenden der Matrix M auf den Startvektor $\vec{a} = \vec{e}_1 = (1, 0, 0)^\mathsf{T}$ und liefert dann

$$\vec{a}\,' = M^3 \cdot \vec{a} = \begin{pmatrix} 0{,}2 & 0 & 0 \\ 0{,}6 & 0{,}7 & 0{,}9 \\ 0{,}2 & 0{,}3 & 0{,}1 \end{pmatrix}^3 \cdot \begin{pmatrix} 1 \\ 0 \\ 0 \end{pmatrix} = \begin{pmatrix} 0{,}008 \\ 0{,}744 \\ 0{,}248 \end{pmatrix} \cdot \mathbb{O}$$

Es verhält sich also wie im richtigen Leben: Das Chaos regiert, und nach dreimaligem Durchführen der Schurkenprozedur stehen so gut wie keine Schuhe mehr geordnet (gerade mal mickrige 0,8 %). Bei den anderen beiden Zuständen scheint sich ein $\frac{3}{4}$-zu-$\frac{1}{4}$-Verhältnis einzustellen. Wir erwarten also auf lange Sicht (d. h. für vielfache Anwendung der Prozedur) den sogenannten Fixvektor $\vec{x} = \left(0, \frac{3}{4}, \frac{1}{4}\right)^\mathsf{T}$. Dieser soll sich dann nicht mehr ändern unter M. Moment, das kennen wir doch: $M \cdot \vec{x} = \vec{x}$ – so bestimmte man die Drehachse bei Drehabbildungen mit Matrix D (dort $D \cdot \vec{b} = \vec{b}$)! Dies führte auf ein zu lösendes LGS. Das ist hier auch so:

$$\begin{pmatrix} 0{,}2 & 0 & 0 \\ 0{,}6 & 0{,}7 & 0{,}9 \\ 0{,}2 & 0{,}3 & 0{,}1 \end{pmatrix} \cdot \begin{pmatrix} x_1 \\ x_2 \\ x_3 \end{pmatrix} = \begin{pmatrix} x_1 \\ x_2 \\ x_3 \end{pmatrix} \iff \left(\begin{array}{ccc|c} -0{,}8 & 0 & 0 & 0 \\ 0{,}6 & -0{,}3 & 0{,}9 & 0 \\ 0{,}2 & 0{,}3 & -0{,}9 & 0 \end{array}\right) \cdot \bullet$$

Aus der ersten Zeile folgt sofort $x_1 = 0$, was wir ja auch erwartet haben. Setzt man dies allerdings in die zweite und dritte Zeile ein, so folgt in beiden $0{,}3x_2 = 0{,}9x_3 \Leftrightarrow x_2 = 3x_3$. Wir dürfen nun aber nicht frei wählen, denn die Summe aller Wahrscheinlichkeiten ist immer eins (siehe Hinweis). $x_1 + x_2 + x_3 = 1$ ist somit die fehlende Gleichung und ergibt $0 + 3x_3 + x_3 = 1 \Leftrightarrow x_3 = \frac{1}{4}$ und weiterhin $x_2 = 3 \cdot \frac{1}{4} = \frac{3}{4}$. Ergebnis: Auf lange Sicht hin stellt sich tatsächlich die Verteilung $\vec{x} = \left(0, \frac{3}{4}, \frac{1}{4}\right)^\mathsf{T}$ ein, d. h., 75 % der Schuhe stehen im falschen Paar, und 25 % stehen einzeln. $\bullet$

[H7] Ärger mit dem Bauamt   **(5 Punkte)**

Lösung: Hauptachsentransformation.

1. **Vorbereitung:** Zunächst muss man erkennen, dass sich die gegebene Außenfläche $-3x^2 + 4y^2 - 3z^2 - 10xz = 8$ bzw. $-3x^2 + 4y^2 - 3z^2 - 10xz - 8 = 0$ durch eine Quadrik der uns bekannten Form, d. h. $\vec{x}^\mathsf{T} \cdot A \cdot \vec{x} + c = 0$ mit $c = -8 < 0$ und Matrix $A = \begin{pmatrix} -3 & 0 & -5 \\ 0 & 4 & 0 \\ -5 & 0 & -3 \end{pmatrix} = A^\mathsf{T}$ formulieren lässt. $\mathbb{O}$

2. **Diagonalisierung von A:**

a) Eigenwerte: Löse $\det(A - \lambda\mathbb{1}) = 0$. Hier:

$$\begin{vmatrix} -3-\lambda & 0 & -5 \\ 0 & 4-\lambda & 0 \\ -5 & 0 & -3-\lambda \end{vmatrix} = +(4-\lambda)\begin{vmatrix} -3-\lambda & -5 \\ -5 & -3-\lambda \end{vmatrix} = (4-\lambda)(9+6\lambda+\lambda^2-25) \overset{!}{=} 0, \text{❶}$$

und dies wird für $\lambda = 4$ und $\lambda^2 + 6\lambda - 16 = 0 \Leftrightarrow \lambda = -3 \pm \sqrt{9+16} = -3 \pm 5$ null. Ergebnis: $\lambda_1 = -8$, $\lambda_2 = 2$ und $\lambda_3 = 4$ (mit Spurprobe $-8 + 2 + 4 = -2 = -3 + 4 - 3$, check). ❶

b) Bestimmung der Eigenvektoren. Erstes LGS für $\lambda_1 = -8$:

$$\begin{pmatrix} 5 & 0 & -5 & | & 0 \\ 0 & 12 & 0 & | & 0 \\ -5 & 0 & 5 & | & 0 \end{pmatrix} \begin{matrix} +|:5 \\ |:12 \\ +|:5 \end{matrix} \longrightarrow \begin{pmatrix} 1 & 0 & -1 & | & 0 \\ 0 & 1 & 0 & | & 0 \\ 0 & 0 & 0 & | & 0 \end{pmatrix} \implies \vec{f}_1 = \frac{1}{\sqrt{2}}\begin{pmatrix} 1 \\ 0 \\ 1 \end{pmatrix}. \text{❶}$$

Zweites LGS für $\lambda_2 = 2$:

$$\begin{pmatrix} -5 & 0 & -5 & | & 0 \\ 0 & 2 & 0 & | & 0 \\ -5 & 0 & -5 & | & 0 \end{pmatrix} \begin{matrix} +|:(-5) \\ |:2 \\ +|:5 \end{matrix} \longrightarrow \begin{pmatrix} 1 & 0 & 1 & | & 0 \\ 0 & 1 & 0 & | & 0 \\ 0 & 0 & 0 & | & 0 \end{pmatrix} \implies \vec{f}_2 = \frac{1}{\sqrt{2}}\begin{pmatrix} -1 \\ 0 \\ 1 \end{pmatrix}. \text{❶}$$

Den dritten Eigenvektor erhalten wir entweder durch erneutes Lösen des zugehörigen LGS oder direkt über das Kreuzprodukt: $\vec{f}_3 := \vec{f}_1 \times \vec{f}_2 = (0, -1, 0)^\mathsf{T}$. ❶

c) Zwischenergebnis: $A' = \begin{pmatrix} -8 & 0 & 0 \\ 0 & 2 & 0 \\ 0 & 0 & 4 \end{pmatrix}$ und $D = \begin{pmatrix} \frac{1}{\sqrt{2}} & 0 & \frac{1}{\sqrt{2}} \\ -\frac{1}{\sqrt{2}} & 0 & \frac{1}{\sqrt{2}} \\ 0 & -1 & 0 \end{pmatrix}$ ❶. Auf den

Drehwinkel wird hier verzichtet, da für eine geeignete Interpretation auch die Drehachse bekannt sein muss. Dies sparen wir uns hier aber.

3. **Hauptachsentransformation:** In neuen Koordinaten $\vec{u} = (u, v, w)^\mathsf{T}$ schreibt sich per Trafo $\vec{x} = D^\mathsf{T} \cdot \vec{u}$ dann die Quadrik als

$$\lambda_1 \cdot u^2 + \lambda_2 \cdot v^2 + \lambda_3 \cdot w^2 + c = 0 \iff -8u^2 + 2v^2 + 4w^2 - 8 = 0\,\text{❶}.$$

4. **Art der Quadrik:** Da $\lambda_1 < 0$ und ferner $\lambda_2, \lambda_3 > 0$, also zwei Eigenwerte größer und einer kleiner als null sowie $c < 0$ ist, handelt es sich nach Tab. 2.1 um ein einschaliges Hyperboloid. Und das bedeutet, dass das Gebäude, was errichtet werden soll, sehr wahrscheinlich ein *Kühlturm* ist! ●

[H8] Indexrechnung   (2 + 2 = 4 Punkte)

Lösung:

a) Schaue zunächst die Struktur der Gleichung an. Wir betrachten erstmal den rechten Teil. In der Klammer steht ein doppeltes Kreuzprodukt, was nach der 'bac-cab-Regel einen Vektor liefert. Dies wird mit einem Vektor multipliziert, also kommt eine Zahl heraus. Der linke Term muss das auch liefern. Die Dyade ∘ ergibt eine Matrix, die Matrix mit einem Vektor multipliziert (hier von links, kann man aber genauso gut nach rechts schreiben oder in eine andere Dyade umwandeln) ergibt einen Vektor, und dieser mit $\vec{a}$ multipliziert ergibt ebenfalls eine Zahl. Also kommt insgesamt ein Skalar heraus. Wir schreiben in Indizes:

$$X := \vec{a} \cdot (\vec{b} \cdot (\vec{c} \circ \vec{d})) - \vec{a} \cdot (\vec{b} \times (\vec{c} \times \vec{d})) = a_i [\vec{b} \cdot (\vec{c} \circ \vec{d})]_i - a_i [\vec{b} \times (\vec{c} \times \vec{d})]_i . \; ◑$$

Die Dyade schreibt sich in Indizes als $(\vec{c} \circ \vec{d})_{jk} = c_j d_k$ nach (3.3). Damit kürzt sich die i-te Komponente des Matrix-Vektor-Produkts ab zu $[\vec{b} \cdot (\vec{c} \circ \vec{d})]_i = [(\vec{c} \circ \vec{d}) \cdot \vec{b}]_i = c_i d_j b_j$, und mit der Umschreibung des doppelten Kreuzprodukts per Levi-Civita-Symbol folgt

$$
\begin{aligned}
X &= a_i [\vec{b} \cdot (\vec{c} \circ \vec{d})]_i - a_i [\vec{b} \times (\vec{c} \times \vec{d})]_i = a_i c_i d_j b_j - a_i \varepsilon_{ijk} b_j (\vec{c} \times \vec{d})_k \; ◑ \\
&= a_i c_i b_j d_j - a_i \varepsilon_{ijk} b_j \varepsilon_{k\ell m} c_\ell d_m = a_i c_i b_j d_j - \varepsilon_{ijk} \varepsilon_{\ell m k} a_i b_j c_\ell d_m \\
&= a_i c_i b_j d_j - (\delta_{i\ell}\delta_{jm} - \delta_{im}\delta_{j\ell}) a_i b_j c_\ell d_m = a_i c_i b_j d_j - a_i b_j c_i d_j + a_i b_j c_j d_i \\
&= a_i c_i b_j d_j - a_i c_i b_j d_j + a_i d_i b_j c_j = a_i d_i b_j c_j = (\vec{a} \cdot \vec{d})(\vec{b} \cdot \vec{c}) . \; ●
\end{aligned}
$$

b) Das Gemeine hier ist, dass es am einfachsten ist, wenn man die Identität $D \cdot (\vec{a} \times \vec{b}) = (D \cdot \vec{a}) \times (D \cdot \vec{b})$ von rechts nach links zeigt. Wir starten also:

$$\left[(D \cdot \vec{a}) \times (D \cdot \vec{b}) \right]_i = \varepsilon_{ijk} (D \cdot \vec{a})_j (D \cdot \vec{b})_k = \varepsilon_{ijk} D_{j\ell} a_\ell D_{km} b_m . \; ◑$$

Bisher können wir leider noch nicht den Hinweis verwenden, dass

$$\varepsilon_{i_1 i_2 i_3} M_{i_1 j_1} M_{i_2 j_2} M_{i_3 j_3} = \varepsilon_{j_1 j_2 j_3} \det(M),$$

da wir drei Indizes am ε-Tensor haben, aber nur zwei Abbildungsmatrizen (bzw. Drehmatrizen). Wir müssen eine weitere hineinmogeln. Dazu erinnern wir uns an die Drehmatrix-Eigenschaft $D \cdot D^{\mathsf{T}} = \mathbb{1}$ bzw. in Indizes $D_{ij} D_{kj} = \delta_{ij}$. Somit ist es nun schlau, ein Kronecker-Symbol bezüglich des einzelnen Index i hineinzumogeln und dadurch Komponenten von zwei weiteren Drehmatrizen zur Verfügung zu haben:

$$
\begin{aligned}
\left[(D \cdot \vec{a}) \times (D \cdot \vec{b}) \right]_i &= \varepsilon_{ijk} D_{j\ell} a_\ell D_{km} b_m = \delta_{in} \varepsilon_{njk} D_{j\ell} D_{km} a_\ell b_m \; ◑ \\
&= D_{ir} D_{nr} \varepsilon_{njk} D_{j\ell} D_{km} a_\ell b_m = D_{ir} \left[\varepsilon_{njk} D_{nr} D_{j\ell} D_{km} \right] a_\ell b_m \\
&= D_{ir} \varepsilon_{r\ell m} \det(D) a_\ell b_m = D_{ir} \varepsilon_{r\ell m} \cdot 1 \cdot a_\ell b_m = D_{ir} (\vec{a} \times \vec{b})_r \\
&= \left[D \cdot (\vec{a} \times \vec{b}) \right]_i \; ●
\end{aligned}
$$

bzw. ausgeschrieben $(D \cdot \vec{a}) \times (D \cdot \vec{b}) = D \cdot (\vec{a} \times \vec{b})$. In der dritten Zeile wurde dabei der Hinweis auf [...] angewendet und überdies vom Wissen Gebrauch gemacht, dass die Determinante einer Drehmatrix immer eins ist!

[H9] Die Wasserleitung   **(4 Punkte)**

Lösung: Minimum der Baukosten bestimmen. Wir machen zunächst eine Skizze:

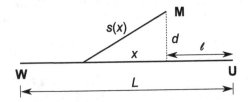

Als Nächstes stellen wir eine Funktion für die zu erwartenden Kosten auf. Es seien $p_1 = 700\,\frac{€}{m}$, $p_2 = 300\,\frac{€}{m}$ und $p_3 = 500\,\frac{€}{m}$ die Kosten pro Meter für die Hauptleitung, die entlastete Hauptleitung und die Nebenleitung. Ferner seien die Längen $L = 3\,\text{km}$, $\ell = 500\,\text{m}$, $d = 300\,\text{m}$, $s(x)$ und x wie skizziert. Die Gesamtkosten K für den Bau in Abhängigkeit vom Abstand x bezogen auf den Lotpunkt sind dann

$$K(x) = (L - \ell - x) \cdot p_1 + (\ell + x) \cdot p_2 + s(x) \cdot p_3$$
$$= (L - \ell - x) \cdot p_1 + (\ell + x) \cdot p_2 + \sqrt{d^2 + x^2} \cdot p_3, \; \bullet$$

wobei $s(x)$ mit Hilfe des Satzes des Pythagoras aufgestellt wurde. Von der Kostenfunktion $K(x)$ bestimmen wir nun das Minimum (für möglichst niedrige Kosten). Setze dazu die erste Ableitung null und löse nach x:

$$K'(x) = -p_1 + p_2 + 2x \cdot \frac{1}{2}(d^2 + x^2)^{-\frac{1}{2}} p_3 = p_2 - p_1 + \frac{x}{\sqrt{d^2 + x^2}} \cdot p_3 \stackrel{!}{=} 0 \; \mathbb{O}$$

bzw. per Multiplikation mit $\sqrt{d^2 + x^2}$:

$$(p_2 - p_1)\sqrt{d^2 + x^2} + xp_3 = 0 \iff \sqrt{d^2 + x^2} = -\frac{xp_3}{p_2 - p_1}.$$

Durch Quadrieren werden wir die nervige Wurzel los und können nach x umstellen:

$$\implies d^2 + x^2 = \frac{p_3^2}{(p_2 - p_1)^2}x^2 \iff \left(\frac{p_3^2}{(p_2 - p_1)^2} - 1\right)x^2 = d^2.$$

Es folgt schließlich

$$\implies x = \sqrt{\frac{d^2}{\frac{p_3^2}{(p_2-p_1)^2} - 1}} \; \bullet = \sqrt{\frac{(300\,\text{m})^2}{\frac{(500\,\frac{€}{m})^2}{(300\,\frac{€}{m} - 700\,\frac{€}{m})^2} - 1}} = 400\,\text{m}. \; \mathbb{O}$$

Ein negativer x-Wert macht hier keinen Sinn, da x eine Strecke und keine Koordinate bezeichnet. Der Abzweig sollte also 400 m vom Lot entfernt gebaut werden. Die Gesamtbaukosten sind dann

$$K(400\,\text{m}) = 2100\,\text{m} \cdot 700\,\tfrac{\text{€}}{\text{m}} + 900\,\text{m} \cdot 300\,\tfrac{\text{€}}{\text{m}} + 500\,\text{m} \cdot 500\,\tfrac{\text{€}}{\text{m}} = 1{,}99 \cdot 10^6\,\text{€}. \; \text{◑}$$

Ferner muss es sich bei x um die Stelle eines Minimums handeln, da z. B. für den Fall des senkrechten Baus ($x = 0\,\text{m}$, $s = 300\,\text{m}$) sich aus der Kostenfunktion ein Wert von 2,05 Mio. EUR ergibt und folglich über den berechneten Minimalkosten liegt, und ebenso ergibt sich für z. B. $x = 500\,\text{m}$ ein Kostenwert größer als der für $x = 400\,\text{m}$. Da es nur eine Extremstelle insgesamt gibt und diese wegen soeben erfolgter Überlegungen auch nicht die eines Sattelpunktes ist, kann $x = 400\,\text{m}$ folglich nur ein Minimum sein ◑ (oder untersuche zweite Ableitung).

Ergebnis: Baut man den Abzweig der Nebenleitung 400 m vom Lot entfernt in Richtung Wasserwerk (also 900 m vor der Uni), so kostet das gesamte Vorhaben 1,99 Mio. EUR.

[H10] Wanderung im Harz (4 Punkte)

Lösung: Der steilste Anstieg wird durch den Gradienten angegeben. Diesen müssen wir bestimmen, und zwar an der Position $\vec{c} = (a, a, h(a, a))^\mathsf{T}$ bzw. der Stelle $\vec{c}^* = (a, a)$ des Molkenhauses (in der x-y-Ebene, da der Gradient ja auch in der x-y-Ebene lebt). Wir berechnen dafür die partiellen Ableitungen an der Stelle $\vec{c}^*$. Für die Ableitung nach x nutzen wir die Quotientenregel:

$$\frac{\partial h}{\partial x}\bigg|_{\vec{c}^*} = \frac{\partial}{\partial x}\left[H\left(\frac{a^2 x^2}{a^4 + x^4} + \frac{y^2}{a^2}\right)e^{-\frac{y^2}{a^2}}\right]\bigg|_{\vec{c}^*} = H\,\frac{2a^2 x \cdot (a^4 + x^4) - a^2 x^2 \cdot 4x^3}{(a^4 + x^4)^2}e^{-\frac{y^2}{a^2}}\bigg|_{(a,a)}$$

$$= H\,\frac{4a^7 - 4a^7}{4a^8}e^{-1} = 0. \; \text{◑}$$

Bei der Ableitung nach y müssen wir die Produkt- und Kettenregel beherzigen:

$$\frac{\partial h}{\partial y}\bigg|_{\vec{c}^*} = \frac{\partial}{\partial y}\left[H\left(\frac{a^2 x^2}{a^4 + x^4} + \frac{y^2}{a^2}\right)e^{-\frac{y^2}{a^2}}\right]\bigg|_{\vec{c}^*}$$

$$= H\left(\frac{2y}{a^2}e^{-\frac{y^2}{a^2}} + \left(\frac{a^2 x^2}{a^4 + x^4} + \frac{y^2}{a^2}\right)\frac{-2y}{a^2}e^{-\frac{y^2}{a^2}}\right)\bigg|_{(a,a)}$$

$$= H\left(\frac{2}{a}e^{-1} - \frac{3}{2}\frac{2}{a}e^{-1}\right) = -\frac{H}{ae}. \; \text{◑}$$

Ergebnis: Der Gradient ist $\nabla h|_{(a,a)} = \left(0, -\frac{H}{ae}\right)^\mathsf{T}$, und die Richtung ist entsprechend durch den Einheitsvektor $\vec{u}$ gegeben:

$$\vec{u} = \frac{\nabla h|_{(a,a)}}{|\nabla h|_{(a,a)}|} = \frac{\frac{H}{ae}(0, -1)^\mathsf{T}}{\frac{H}{ae}} = (0, -1)^\mathsf{T}. \; \text{◑}$$

Für mögliche Extremstellen $\vec{x}_E$ muss als notwendige Bedingung der Gradient verschwinden ◑. Dies führt auf

$$\frac{\partial h}{\partial x} = H \frac{2a^2x \cdot (a^4 + x^4) - a^2x^2 \cdot 4x^3}{(a^4 + x^4)^2} e^{-\frac{y^2}{a^2}} \overset{!}{=} 0 \iff 2a^6x + 2a^2x^5 - 4a^2x^5 = 0$$

$$\iff x(a^4 - x^4) = 0.$$

Dies wird gelöst durch $x = 0$ oder $x = \pm a$ ◑. Aus der y-Ableitung ergibt sich als weitere Bedingung

$$\frac{\partial h}{\partial y} = H \left(\frac{2y}{a^2} e^{-\frac{y^2}{a^2}} + \left(\frac{a^2x^2}{a^4 + x^4} + \frac{y^2}{a^2} \right) \frac{-2y}{a^2} e^{-\frac{y^2}{a^2}} \right) \overset{!}{=} 0$$

$$\iff \frac{2y}{a^2} - \frac{2ya^2x^2}{a^6 + a^2x^4} - \frac{2y^3}{a^4} = 0.$$

Für $x = 0$ liefert dies als Bedingung

$$\frac{2y}{a^2} - 0 - \frac{2y^3}{a^4} = 0 \iff y(a^2 - y^2) = 0 \iff y = 0 \lor y = \pm a \; ◑.$$

Für $x = \pm a$ ergibt sich als Bedingung

$$\frac{2y}{a^2} - \frac{y}{a^2} - \frac{2y^3}{a^4} = 0 \iff a^2y - 2y^3 = 0 \iff y \left(a^2 - 2y^2 \right) = 0$$

bzw. $y = 0$ oder $y = \pm\sqrt{\frac{1}{2}}a$ ◑. Ergebnis: Die Extremstellen liegen bei $(0, 0)$, $(0, a)$, $(0, -a)$, $(-a, 0)$, $\left(-a, \sqrt{\frac{1}{2}}a \right)$, $\left(-a, -\sqrt{\frac{1}{2}}a \right)$, $(a, 0)$, $\left(a, \sqrt{\frac{1}{2}}a \right)$ und $\left(a, -\sqrt{\frac{1}{2}}a \right)$ ◑.

[H11] 3-D-Taylor-Entwicklung   (4 Punkte)

Lösung: Bevor wir die Ableitungen für die Taylor-Entwicklung nach $\vec{y}$ ausrechnen, schreiben wir $f(\vec{x}, \vec{y})$ in einer handlicheren Form (erinnere: $|\vec{a}| = \sqrt{(\vec{a} \cdot \vec{a})}$):

$$|\vec{x} - \vec{y}| = \sqrt{(\vec{x} - \vec{y}) \cdot (\vec{x} - \vec{y})} = \sqrt{\vec{x}^2 - 2\vec{x} \cdot \vec{y} + \vec{y}^2} =: \sqrt{(\ldots)},$$

was ausführlich $\sqrt{x_1^2 + x_2^2 + x_3^2 - 2(x_1y_1 + x_2y_2 + x_3y_3) + y_1^2 + y_2^2 + y_3^2}$ und offensichtlich symmetrisch in den Indizes ist. Dann folgt für den Gradienten bezüglich $\vec{y}$:

$$\nabla_{\vec{y}} f(\vec{x}, \vec{y}) = \nabla_{\vec{y}} \frac{A}{\sqrt{\vec{x}^2 - 2\vec{x} \cdot \vec{y} + \vec{y}^2}} = A \nabla_{\vec{y}} (\vec{x}^2 - 2\vec{x} \cdot \vec{y} + \vec{y}^2)^{-\frac{1}{2}},$$

also nach Kettenregel

$$\nabla_{\vec{y}} f(\vec{x}, \vec{y}) = -\frac{A}{2}(\vec{x}^2 - 2\vec{x} \cdot \vec{y} + \vec{y}^2)^{-\frac{3}{2}} \cdot (-2\vec{x} + 2\vec{y}) = A\frac{\vec{x} - \vec{y}}{\sqrt{(\ldots)}^3} = A\frac{\vec{x} - \vec{y}}{|\vec{x} - \vec{y}|^3}. \; \bullet$$

Dies ist an der Stelle $\vec{y} = \vec{0}$ ausgewertet folglich $\nabla_{\vec{y}} f(\vec{x}, \vec{y})|_{\vec{y}=\vec{0}} = A\frac{\vec{x}}{|\vec{x}|^3}$. Für die Taylor-Entwicklung bis zur zweiten Ordnung benötigen wir die Hesse-Matrix. Berechnen der zweiten Ableitungen liefert dann per Ketten- und Produktregel:

$$\frac{\partial^2}{\partial y_1^2} f(\vec{x}, \vec{y}) = A\frac{\partial}{\partial y_1}\left(\frac{x_1 - y_1}{|\vec{x} - \vec{y}|^3}\right) = A\frac{\partial}{\partial y_1}(x_1 - y_1)(\vec{x}^2 - 2\vec{x} \cdot \vec{y} + \vec{y}^2)^{-\frac{3}{2}}$$

$$= A \cdot (-1) \cdot (\ldots)^{-\frac{3}{2}} + A(x_1 - y_1)(-2x_1 + 2y_1)(-\tfrac{3}{2})(\ldots)^{-\frac{5}{2}}$$

$$= -\frac{A}{|\vec{x} - \vec{y}|^3} + 3A\frac{(x_1 - y_1)^2}{|\vec{x} - \vec{y}|^5} = \frac{A}{|\vec{x} - \vec{y}|^5}\left(3(x_1 - y_1)^2 - |\vec{x} - \vec{y}|^2\right), \; \bullet$$

und um $\vec{y} = \vec{0}$ ist dies $\frac{\partial^2 f}{\partial y_1^2}\Big|_{\vec{y}=\vec{0}} = \frac{A}{|\vec{x}|^5}(3x_1^2 - |\vec{x}|^2)$. Die reinen zweiten Ableitungen nach y_2 und y_3 folgen zyklisch. Es fehlen nun die gemischten zweiten Ableitungen. Wir beginnen mit

$$\frac{\partial}{\partial y_2}\frac{\partial}{\partial y_1} f(\vec{x}, \vec{y}) = A\frac{\partial}{\partial y_2}(x_1 - y_1)(\vec{x}^2 - 2\vec{x} \cdot \vec{y} + \vec{y}^2)^{-\frac{3}{2}}$$

$$= A(x_1 - y_1)(-2x_2 + 2y_2) \cdot (-\tfrac{3}{2})(\ldots)^{-\frac{5}{2}} = 3A\frac{(x_1 - y_1)(x_2 - y_2)}{|\vec{x} - \vec{y}|^5} \; \circ$$

bzw. $\frac{\partial^2 f}{\partial y_1 \partial y_2}\Big|_{\vec{y}=\vec{0}} = 3A\frac{x_1 x_2}{|\vec{x}|^5}$. Alle anderen Ableitungen sind wieder zyklisch. Damit finden wir insgesamt als Hesse-Matrix:

$$\text{Hess } f(\vec{x}, \vec{y})|_{\vec{y}=\vec{0}} = \frac{A}{|\vec{x}^5|}\begin{pmatrix} 3x_1^2 - |\vec{x}|^2 & 3x_1 x_2 & 3x_1 x_3 \\ 3x_1 x_2 & 3x_2^2 - |\vec{x}|^2 & 3x_2 x_3 \\ 3x_1 x_3 & 3x_2 x_3 & 3x_3^2 - |\vec{x}|^2 \end{pmatrix} = \frac{A}{|\vec{x}|^5}(3\vec{x} \circ \vec{x} - |\vec{x}|^2 \mathbb{1}). \; \bullet$$

Mit dem Gradienten $\nabla_{\vec{y}} f(\vec{x}, \vec{y})|_{\vec{y}=\vec{0}} = A\frac{\vec{x}}{|\vec{x}|^3}$ und $f(\vec{x}, \vec{y})|_{\vec{y}=\vec{0}} = \frac{A}{|\vec{x}|}$ folgt schließlich die Taylor-Entwicklung gemäß (4.38) zu

$$f(\vec{x}, \vec{y})|_{\vec{y}=\vec{0}} \approx \frac{A}{|\vec{x}|} + A\frac{\vec{x}}{|\vec{x}|^3} \cdot \vec{y} + \frac{1}{2}\vec{y}^{\mathsf{T}} \cdot \frac{A}{|\vec{x}|^5}(3\vec{x} \circ \vec{x} - |\vec{x}|^2 \mathbb{1}) \cdot \vec{y} + \mathcal{O}(\vec{y}^3). \; \circ$$

[H12] Kugelkoordinaten reloaded   **(3,5 + 1,5 = 5 Punkte)**

Lösung:

a) Es sind $\vec{x} = (x, y, z)^\mathsf{T}$ und $\vec{u} = (r, \theta, \varphi)$, und die Koordinatentrafo $\vec{x}(\vec{u})$ ist bekannt:

$$x = r\sin(\theta)\cos(\varphi) =: rSc, \quad y = r\sin(\theta)\sin(\varphi) =: rSs, \quad z = r\cos(\theta) =: rC$$

gemäß den bekannten Abkürzungskonventionen. Die Umkehrtransformation $\vec{u}(\vec{x})$ der Kugelkoordinaten in geeigneten Intervallen ist durch Gl. (1.70) gegeben:

$$r = \sqrt{x^2 + y^2 + z^2}, \qquad \theta = \arctan\left(\frac{\sqrt{x^2+y^2}}{z}\right), \qquad \varphi = \arctan\left(\frac{y}{x}\right).$$

Hiervon müssen für die Jacobi-Matrix $N := \mathcal{J}_{\vec{x}}(\vec{u}(\vec{x}))$ nun alle ersten partiellen Ableitungen nach $\vec{x}$, d. h. x, y und z, gebildet werden und die Gleichungen der Hin-Trafo eingesetzt werden. Los geht's:

$$\left.\frac{\partial r}{\partial x}\right|_{\vec{x}(\vec{u})} = \left.\tfrac{1}{2}(x^2+y^2+z^2)^{-\frac{1}{2}} \cdot (2x)\right|_{\vec{x}(\vec{u})} = \left.\frac{x}{\sqrt{x^2+y^2+z^2}}\right|_{\vec{x}(\vec{u})} = \frac{rSc}{r} = Sc \;\text{❶}$$

und ebenso

$$\left.\frac{\partial r}{\partial y}\right|_{\vec{x}(\vec{u})} = \left.\frac{y}{\sqrt{x^2+y^2+z^2}}\right|_{\vec{x}(\vec{u})} = \frac{rSs}{r} = Ss, \quad \left.\frac{\partial r}{\partial z}\right|_{\vec{x}(\vec{u})} = \left.\frac{z}{\sqrt{x^2+y^2+z^2}}\right|_{\vec{x}(\vec{u})} = C. \;\text{❶}$$

Der Arcus-Tangens bei θ ist etwas umständlicher abzuleiten:

$$\left.\frac{\partial \theta}{\partial x}\right|_{\vec{x}(\vec{u})} = \left.\frac{1}{1+\left(\frac{\sqrt{x^2+y^2}}{z}\right)^2} \cdot \frac{1}{z}\,\frac{x}{\sqrt{x^2+y^2}}\right|_{\vec{x}(\vec{u})} = \left.\frac{x}{1+\left(\frac{\sqrt{x^2+y^2}}{z}\right)^2} \cdot \frac{1}{z^2}\,\frac{z}{\sqrt{x^2+y^2}}\right|_{\vec{x}(\vec{u})}$$

$$= \frac{rSc}{1+\tan(\theta)^2}\,\frac{1}{r^2C^2}\,\frac{1}{\tan(\theta)} = \frac{Sc}{C^2+S^2}\,\frac{1}{r\frac{S}{C}} = \frac{Cc}{r}. \;\text{❶}$$

Die anderen Ableitungen folgen entsprechend. Es ergibt sich schließlich die Jacobi-Matrix der Umkehrtransformation:

$$N = \mathcal{J}_{\vec{x}}(\vec{u}(\vec{x})) = \begin{pmatrix} \sin(\theta)\cos(\varphi) & \sin(\theta)\sin(\varphi) & \cos(\theta) \\ \frac{\cos(\theta)\cos(\varphi)}{r} & \frac{\cos(\theta)\sin(\varphi)}{r} & -\frac{\sin(\theta)}{r} \\ -\frac{\sin(\varphi)}{r\sin(\theta)} & \frac{\cos(\varphi)}{r\sin(\theta)} & 0 \end{pmatrix} \;\text{❶}$$

mit Funktionaldeterminante (nach Sarrus):

$$\det(\mathcal{J}_{\vec{x}}(\vec{u}(\vec{x}))) = 0 + \frac{Ss^2}{r^2} + \frac{C^2c^2}{r^2S} - \left(-\frac{C^2s^2}{r^2S}\right) - \left(-\frac{Sc^2}{r^2}\right) - 0$$

$$= \frac{Ss^2}{r^2} + \frac{Sc^2}{r^2} + \frac{C^2c^2}{r^2S} + \frac{C^2s^2}{r^2S} = \frac{S}{r^2} + \frac{C^2}{r^2S} = \frac{S^2+C^2}{r^2S} = \frac{1}{r^2S}.$$

Ergebnis: Die Funktionaldeterminante lautet $\det(\mathcal{J}_{\vec{x}}\,(\vec{u}(\vec{x}))) = \frac{1}{r^2\sin(\theta)}$. ◖

Schließlich fehlt noch die Überprüfung von $M \cdot N = \mathbb{1}$ mit $M := \mathcal{J}_{\vec{u}}\,\vec{x}(\vec{u})$ aus Beispiel 4.28:

$$
\begin{aligned}
M \cdot N &= \begin{pmatrix} Sc & rCc & -rSs \\ Ss & rCs & rSc \\ C & -rS & 0 \end{pmatrix} \cdot \begin{pmatrix} Sc & Ss & C \\ \frac{Cc}{r} & \frac{Cs}{r} & -\frac{s}{r} \\ -\frac{s}{rS} & \frac{c}{rS} & 0 \end{pmatrix} \\[2mm]
&= \begin{pmatrix} S^2c^2 + C^2c^2 + s^2 & S^2sc + C^2sc - sc & SCc - SCc + 0 \\ S^2sc + C^2sc - sc & S^2s^2 + C^2s^2 + c^2 & SCs - SCs + 0 \\ SCc - SCc + 0 & SCs - SCs + 0 & C^2 + S^2 + 0 \end{pmatrix} \\[2mm]
&= \begin{pmatrix} c^2 + s^2 & sc - sc & 0 \\ sc - sc & s^2 + c^2 & 0 \\ 0 & 0 & 1 \end{pmatrix} = \begin{pmatrix} 1 & 0 & 0 \\ 0 & 1 & 0 \\ 0 & 0 & 1 \end{pmatrix} = \mathbb{1}, \text{ juhu! } \bullet
\end{aligned}
$$

b) Um das Bogenelement $ds^2 = d\vec{x} \cdot d\vec{x}$ auszurechnen, benötigen wir zunächst das totale Differenzial $d\vec{x}$. Berechne dies mit Hilfe der Jacobi-Matrix: $d\vec{x} = \mathcal{J}_{\vec{u}}\,\vec{x} \cdot d\vec{u}$. Hier:

$$
\begin{aligned}
\begin{pmatrix} dx \\ dy \\ dz \end{pmatrix} &= \begin{pmatrix} Sc & rCc & -rSs \\ Ss & rCs & rSc \\ C & -rS & 0 \end{pmatrix} \cdot \begin{pmatrix} dr \\ d\theta \\ d\varphi \end{pmatrix} = \begin{pmatrix} Sc\,dr + rCc\,d\theta - rSs\,d\varphi \\ Ss\,dr + rCs\,d\theta + rSc\,d\varphi \\ C\,dr - rS\,d\theta \end{pmatrix} \\[2mm]
&= \begin{pmatrix} Sc \\ Ss \\ C \end{pmatrix} dr + \begin{pmatrix} rCc \\ rCs \\ -rS \end{pmatrix} d\theta + \begin{pmatrix} -rSs \\ rSc \\ 0 \end{pmatrix} d\varphi \\[2mm]
&= \vec{e}_r\,dr + r\vec{e}_\theta\,d\theta + rS\vec{e}_\varphi\,d\varphi. \quad ◖
\end{aligned}
$$

Nun können wir schließlich das Bogenelement $ds^2 = d\vec{x} \cdot d\vec{x}$ ausrechnen. Da hier die Basisvektoren der Kugelkoordinaten auftauchen und wir wissen, dass diese eine ONB bilden, vereinfacht sich die Rechnung stark, da alle Skalarprodukte mit verschiedenen Basisvektoren verschwinden und alle mit gleichnamigen eins sind:

$$
\begin{aligned}
ds^2 &= (\vec{e}_r\,dr + r\vec{e}_\theta\,d\theta + rS\vec{e}_\varphi\,d\varphi) \cdot (\vec{e}_r\,dr + r\vec{e}_\theta\,d\theta + rS\vec{e}_\varphi\,d\varphi) \\
&= (\vec{e}_r \cdot \vec{e}_r)\,dr^2 + r^2(\vec{e}_\theta \cdot \vec{e}_\theta)\,d\theta^2 + r^2 S^2 (\vec{e}_\varphi \cdot \vec{e}_\varphi)\,d\varphi^2 \\
&= dr^2 + r^2\,d\theta^2 + r^2 \sin^2(\theta)\,d\varphi^2, \quad \text{check! } \bullet
\end{aligned}
$$

[H13] Der Kanal   **(2,5 + 1,5 = 4 Punkte)**

Lösung:

a) Zunächst müssen wir eine Gleichung für den gesuchten Flächeninhalt $F(d)$ aufstellen. Integration der Randkurvenfunktion $h(x)$ im Intervall von $-d$ bis d würde die Fläche(nbilanz) *unter* der Kurve geben, allerdings sind wir an der Fläche oberhalb der Randkurve $h(x) = h_0 \frac{|x|}{\sqrt{a^2+x^2}}$ interessiert. Wir müssen folglich die Fläche unter der Kurve vom Rechteck $2d \cdot h(d)$ abziehen und bekommen dann die Fläche über der Kurve bis zum Wasserstand bei $h(d)$:

$$F(d) = 2d \cdot h(d) - \int_{-d}^{d} dx\, h(x) = 2d \cdot h_0 \frac{|d|}{\sqrt{a^2 + d^2}} - \int_{-d}^{d} dx\, h_0 \frac{|x|}{\sqrt{a^2 + x^2}}. \quad \text{(*)}$$

Es gilt nun, das Integral zu knacken. Dafür entledigen wir uns zuerst des Betrags, wofür es zwei Möglichkeiten gibt. Einerseits können wir über Symmetrieargumente gehen, denn es herrscht Achsensymmetrie zur z-Achse: $h(-x) = h(x)$, da sich das Vorzeichen dank des Betrags im Zähler weghebt und im Nenner wegquadriert wird. Andererseits können wir das Integral in zwei Teile gemäß der Betragsdefinition aus Abschn. 4.1 aufspalten, denn es ist

$$\int_{-d}^{d} dx\, h_0 \frac{|x|}{\sqrt{a^2 + x^2}} = \int_{-d}^{0} dx\, h_0 \frac{-x}{\sqrt{a^2 + x^2}} + \int_{0}^{d} dx\, h_0 \frac{x}{\sqrt{a^2 + x^2}},$$

wobei wir die Zerlegung der Integrale (5.6) benutzt haben. Da bis aufs Vorzeichen aber wieder die gleichen Integrale zu knacken sind, gehen wir über die Symmetrie und berechnen

$$\int_{-d}^{d} dx\, h_0 \frac{|x|}{\sqrt{a^2 + x^2}} = 2h_0 \int_{0}^{d} dx\, \frac{x}{\sqrt{a^2 + x^2}} = h_0 \int_{0}^{d} dx\, \frac{2x}{\sqrt{a^2 + x^2}}. \quad \bullet$$

Hierbei ist der Faktor 2 aus der Symmetrieargumentation wieder in den Integranden gezogen, denn nun erkennen wir: Im Zähler steht die Ableitung der Funktion unter der Wurzel. Es riecht folglich nach Substitution Typ 1: $u(x) := a^2 + x^2$ mit Ableitung $\frac{du}{dx} = 2x$ bzw. Differenzial $du = dx\, 2x$. Die Grenzen ändern sich natürlich auch unter Substitution: $u(0) = a^2 + 0^2 = a^2$ und $u(d) = a^2 + d^2$. Es folgt

$$h_0 \int_{0}^{d} dx\, \frac{2x}{\sqrt{a^2 + x^2}} = h_0 \int_{a^2}^{a^2 + d^2} du\, \frac{1}{\sqrt{u}} \; \bullet = h_0 \int_{a^2}^{a^2 + d^2} du\, u^{-\frac{1}{2}} = h_0\, 2u^{\frac{1}{2}} \Big|_{a^2}^{a^2 + d^2},$$

was durch die Substitution elementar integrierbar wird. In $F(d)$ aus (*) eingesetzt ergibt sich schließlich

$$F(d) = 2d \cdot h_0 \frac{|d|}{\sqrt{a^2 + d^2}} - 2h_0 \left(\sqrt{a^2 + d^2} - \sqrt{a^2} \right)$$

$$= 2h_0 \left(\frac{d^2}{\sqrt{a^2 + d^2}} - \sqrt{a^2 + d^2} + a \right), \quad \bullet$$

wobei $|d| = d$ wegen $d > 0$ ist. $F(d)$ ist der gesuchte Flächeninhalt.

b) Die Fläche wird umso größer, je größer d wird. Im Maximalfall ist $d \to \infty$. Diesen Grenzwert gilt es zu untersuchen. In obiger Form von $F(d)$ bekommen wir aber schnell Probleme, denn die ersten beiden Terme liefern für $d \to \infty$ etwas à la „$\infty - \infty$", was so nicht direkt auswertbar ist. Wir müssen somit $F(d)$ algebraisch umformen, bis wir sinnvoll den Grenzwert berechnen können. Dazu bringen wir die ersten beiden Terme in der Klammer auf einen Nenner (der dritte Summand ist bei der Grenzwertbildung ungefährlich):

$$\frac{d^2}{\sqrt{a^2+d^2}} - \sqrt{a^2+d^2} = \frac{d^2}{\sqrt{a^2+d^2}} - \frac{a^2+d^2}{\sqrt{a^2+d^2}} = \frac{d^2 - (a^2+d^2)}{\sqrt{a^2+d^2}} = -\frac{a^2}{\sqrt{a^2+d^2}}.$$

Es ergibt sich

$$F(d) = 2h_0 \left(-\frac{a^2}{\sqrt{a^2+d^2}} + a \right) = 2h_0 a \left(1 - \frac{a}{\sqrt{a^2+d^2}} \right). \bullet$$

Nun ist es problemlos möglich, den Grenzwert für $d \to \infty$ zu berechnen, denn dann geht der zweite Summand einfach gegen 0, und wir erhalten die maximal mögliche Fläche:

$$F_{\max} = \lim_{d\to\infty} F(d) = \lim_{d\to\infty} 2h_0 a \left(1 - \frac{a}{\sqrt{a^2+d^2}} \right) = 2h_0 a(1 - 0) = 2h_0 a. \quad \text{①}$$

[H14] Orbitalmodell des Wasserstoffatoms   **(2,5 + 2,5 = 5 Punkte)**

Lösung:

a) Das Elektron ist nirgends anzutreffen, wenn $w(\vec{r}) = 0$ ist. Dies bedeutet für die Koordinaten

$$w(\vec{r}) = 0 \iff A \cdot \frac{e^{-\frac{1}{a_0}\sqrt{x^2+y^2+z^2}}}{32\pi} z^2 = 0 \iff e^{-\frac{1}{a_0}\sqrt{x^2+y^2+z^2}} z^2 = 0,$$

wobei durch $A \neq 0$ geteilt wurde ($A = 0$ macht keinen Sinn, siehe b)). Die linke Seite der Gleichung kann nur null werden, wenn $z = 0$, denn $e^{\cdots}$ wird niemals null. Somit können wir durch den ersten Faktor teilen und erhalten $z^2 = 0$ bzw. $z = 0$ und x, y beliebig. Also kann das Elektron niemals in der $z = 0$-Ebene bzw. x-y-Ebene beobachtet werden. ①

Die zweite Frage kann beantwortet werden, indem wir nach dem lokalen Maximum von $w(\vec{r})$ suchen. Dies lässt sich mit Hilfe des Gradienten finden:

$$\nabla w(\vec{r}) = \vec{0} \iff \begin{aligned} \frac{\partial w}{\partial x} &= \frac{A}{32\pi}\left(-\frac{1}{a_0}\right) \cdot \frac{x}{r} \cdot e^{-\frac{r}{a_0}} \cdot z^2 = 0 \\ \frac{\partial w}{\partial y} &= \frac{A}{32\pi}\left(-\frac{1}{a_0}\right) \cdot \frac{y}{r} \cdot e^{-\frac{r}{a_0}} \cdot z^2 = 0 \\ \frac{\partial w}{\partial z} &= \frac{A}{32\pi}\left[\left(-\frac{1}{a_0}\right) \cdot \frac{z}{r} \cdot e^{-\frac{r}{a_0}} \cdot z^2 + e^{-\frac{r}{a_0}} \cdot 2z\right] = 0, \end{aligned} \quad \text{①}$$

wobei die Abkürzung $r = \sqrt{x^2 + y^2 + z^2}$ benutzt wurde. Nun kann nacheinander durch $e^{-\frac{r}{a_0}} > 0$ geteilt und die ersten beiden Gleichungen mit r multipliziert werden, dann vereinfacht sich das System stark zu

$$xz^2 = 0, \quad yz^2 = 0, \quad -\frac{z^3}{a_0 r} + 2z = 0.$$

Wegen obiger Überlegung zu verbotenen Gebieten für das Elektron muss $z \neq 0$ sein, und das erzwingt $x = y = 0$ in den ersten beiden Gleichungen. ◑
Eingesetzt in die dritte (r vereinfacht sich dann zu $r = z$) folgt:

$$-\frac{z^3}{a_0 z} + 2z = 0 \iff -z^2 + 2a_0 z = 0 \iff z(-z + 2a_0) = 0.$$

Dies wird für $z = 0$ (verboten!) und $z = 2a_0$ erfüllt. ◑
Ein Minimum kann es nicht sein, denn die Wahrscheinlichkeit ist immer ≥ 0, und den Null-Fall haben wir zuvor schon berechnet. ◑
Ergebnis: Die maximale Aufenthaltswahrscheinlichkeit für das Elektron ist bei $x = y = 0$ und $z = 2a_0$.

b) Im gesamten Raum ist natürlich die Wahrscheinlichkeit eins, dass wir das Elektron irgendwo antreffen. Da $w(\vec{r})$ eine Wahrscheinlichkeitsdichte angibt (quasi Wahrscheinlichkeit pro Volumen, das Elektron dort anzutreffen), ergibt die Integration dieser über den gesamten Raum $W_{\text{ges}} = \int_{\mathbb{R}^3} d^3x\, w(\vec{r}) = 1$. ◑
Mit dieser Vorüberlegung lässt sich die Normierung A bestimmen, denn sie muss dergestalt sein, dass das Integral von $w(\vec{r})$ über den gesamten Raum eins liefert. Dazu werten wir das Integral aus:

$$W_{\text{ges}} = \int_{\mathbb{R}^3} d^3x\, w(\vec{r}) = \int_{-\infty}^{+\infty} dx \int_{-\infty}^{+\infty} dy \int_{-\infty}^{+\infty} dz\, A \cdot \frac{e^{-\frac{1}{a_0}\sqrt{x^2+y^2+z^2}}}{32\pi} z^2$$

$$= \frac{A}{32\pi} \int_{-\infty}^{+\infty} dx \int_{-\infty}^{+\infty} dy \int_{-\infty}^{+\infty} dz\, e^{-\frac{1}{a_0}\sqrt{x^2+y^2+z^2}} z^2.$$

Dies wird offensichtlich sehr unangenehm, daher liegt ein Koordinatenwechsel nahe. Man schiele auf Aufgabe a), wo wir bereits $r = \sqrt{x^2 + y^2 + z^2}$ eingeführt haben. Richtig, Kugelkoordinaten sollten hier helfen:

$$W_{\text{ges}} = \frac{A}{32\pi} \int_0^\infty dr\, r^2 \int_{-1}^{+1} d\cos(\theta) \int_0^{2\pi} d\varphi\, e^{-\frac{r}{a_0}} r^2 \cos^2(\theta) \quad ◑$$

$$= \frac{A}{16} \int_0^\infty dr\, r^4 e^{-\frac{r}{a_0}} \underbrace{\int_{-1}^{+1} d\cos(\theta) \cos^2(\theta)}_{=\left[\frac{1}{3}\cos^3(\theta)\right]_{\cos(\theta)=-1}^{\cos(\theta)=+1} = \frac{2}{3}} = \frac{A}{24} \int_0^\infty dr\, r^4 e^{-\frac{r}{a_0}}. \quad ◑$$

Wir können dann die vierfache partielle Integration umgehen, da wir aus Beispiel 5.9 wissen, dass $\int_0^\infty dx\, x^n e^{-x} = n!$ ist. Per Schnellsubstitution $r \to a_0 r$ folgt nämlich genau die gewünschte Form:

$$W_{ges} \stackrel{r \to a_0 r}{=} \frac{A}{24} a_0^5 \int_0^\infty dr\, r^4 e^{-r} = \frac{A}{24} a_0^5 \cdot 4! = A a_0^5. \ \text{◐}$$

Dieses muss gleich eins sein laut Vorüberlegung, also ist die Normierungskonstante $A = \frac{1}{a_0^5}$. ◐

[H15] Unkonventioneller Kirchengang   (0,5 + 3 + 1,5 = 5 Punkte)

Lösung: Schräger Wurf, d. h., die Anfangsgeschwindigkeit $\vec{v}_0$ in Gl. (6.10) schließt mit der Horizontalen einen Winkel $\alpha = 30°$ ein. Betrachte dies in 2-D durch geeignete x-Achsenwahl und lege Ursprung in Abhebepunkt, also $\vec{r}_0 = \vec{0}$.

a)

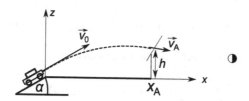

b) Für den schrägen Wurf gilt nach Gl. (6.10) mit $\vec{r}_0 = \vec{0}$ und schräger Anfangsgeschwindigkeit $\vec{v}_0 = v_0(\cos(\alpha), \sin(\alpha))$:

$$\vec{r}(t) = \frac{1}{2}\vec{g}t^2 + \vec{v}_0 t + \vec{0} = \begin{pmatrix} 0 \\ -\frac{1}{2}gt^2 \end{pmatrix} + \begin{pmatrix} v_0\cos(\alpha)t \\ v_0\sin(\alpha)t \end{pmatrix} = \begin{pmatrix} v_0\cos(\alpha)t \\ -\frac{1}{2}gt^2 + v_0\sin(\alpha)t \end{pmatrix}. \ \text{◐}$$

Hier sind jedoch sowohl v_0 als auch t unbekannt. Eliminiere die Zeit mit Hilfe der x-Komponente:

$$x(t) = v_0\cos(\alpha)t \implies t = \frac{x}{v_0\cos(\alpha)}$$

Eingesetzt in die Gleichung von $z(t)$ folgt:

$$z\left(t = \frac{x}{v_0\cos(\alpha)}\right) = -\frac{1}{2}g\frac{x^2}{v_0^2\cos^2(\alpha)} + v_0\sin(\alpha)\frac{x}{v_0\cos(\alpha)} = -\frac{1}{2}g\frac{x^2}{v_0^2\cos^2(\alpha)} + x\tan(\alpha). \ \text{◐}$$

Hieraus kann v_0 bestimmt werden, da wir den Aufprallort des Autos in der Kirche mit $x_A = 35\,\text{m}$ und $z(x_A) = 7\,\text{m} =: h$ kennen:

$$z(x_A) = h = -\frac{1}{2}g\frac{x_A^2}{v_0^2\cos^2(\alpha)} + x_A\tan(\alpha). \ \text{◐}$$

Löse dies nach v_0:

$$\Longleftrightarrow \tfrac{1}{2}g\,\frac{x_A^2}{v_0^2\cos^2(\alpha)} = x_A\tan(\alpha) - h \Longleftrightarrow \frac{2}{g}\,\frac{v_0^2\cos^2(\alpha)}{x_A^2} = \frac{1}{x_A\tan(\alpha)-h}$$

$$\Longrightarrow v_0 = \sqrt{\frac{g x_A^2}{2\cdot(x_A\sin(\alpha)\cos(\alpha)-h\cos^2(\alpha))}} \approx 25\,\tfrac{m}{s}, \; \bullet$$

und das entspricht 90 km/h! Bis zum Aufschlag sind folglich

$$t_A = \frac{x_A}{v_0\cos(\alpha)} \approx 1{,}6\,\mathrm{s}$$

vergangen, was der Flugzeit des Autos in der Luft entspricht. ◑

c) Die Momentangeschwindigkeit des Autos ist nach (6.10) oder per Ableitung:

$$\vec{v}(t) = \dot{\vec{r}}(t) = (v_0\cos(\alpha),\, -gt + v_0\sin(\alpha)),$$

entsprechend zum Aufprallzeitpunkt

$$\vec{v}_A := \vec{v}(t_A) = (v_0\cos(\alpha),\, -gt_A + v_0\sin(\alpha)). \; ◑$$

Gefragt ist hier jedoch nach dem Betrag, so dass folgt:

$$|\vec{v}_A| = \sqrt{v_0^2\cos^2(\alpha) + (-gt_A + v_0\sin(\alpha))^2} \approx 22\,\frac{m}{s}. \; ◑$$

Der Einschlag geschieht unter dem Winkel β, welcher sich über das Verhältnis der Geschwindigkeitskomponenten berechnet:

$$\tan(\beta) = \frac{v_z(t_A)}{v_x(t_A)} = \frac{|-gt_A + v_0\sin(\alpha)|}{|v_0\cos(\alpha)|} \Longrightarrow \beta \approx 9{,}2°. \; ◑$$

[H16] Brauereibesuch   **(0,5 + 1,5 + 2 = 4 Punkte)**

Lösung:

a) Das Fass rolle o. B. d. A. in x-Richtung, wir haben es also mit einer Überlagerung einer gleichförmigen Bewegung $\vec{r}_S(t)$ mit v_0 nach rechts (Mittel- bzw. Schwerpunkt S des Fasses in Höhe R über Auflagefläche) plus Rotation mit ω im Uhrzeigersinn um diesen Schwerpunkt zu tun. Zusammen ergibt sich die Bahnkurve:

$$\vec{r}(t) = \vec{r}_S(t) + \vec{r}_{\mathrm{rot}}(t) = \begin{pmatrix} v_0 t \\ R \end{pmatrix} + \begin{pmatrix} -R\sin(\omega_0 t) \\ -R\cos(\omega_0 t) \end{pmatrix} = \begin{pmatrix} v_0 t - R\sin(\omega_0 t) \\ R - R\cos(\omega_0 t) \end{pmatrix}. \; ◑$$

Hierbei wurden die Komponenten der Rotation so gewählt, dass der Startpunkt der Rotation aus Sicht des Drehzentrums bei $(0, -R)$ ist und sich ein gedachter Punkt auf dem Rand dann im Uhrzeigersinn nach einer Vierteldrehung nach $(-R, 0)$ bewegt. Probe: $\vec{r}(0) = (0, 0)$, check.

b) Der Bogen des Fasses wird auf dem Boden abgerollt, d. h., es gilt $s = R\varphi$ bzw. $\dot{s} = v = R\dot{\varphi} = R\omega$, also hier $v_0 t = R\omega_0 t$ bzw. $v_0 = R\omega_0$. ❶ Dies ist die Bedingung dafür, dass das Fass ohne Schlupf abrollt. Mit Hilfe dieser Abrollbedingung folgt in $\vec{r}(t)$ eingesetzt die Bahnkurve eines Randpunktes mit zugehöriger Geschwindigkeit und Beschleunigung zu:

$$\vec{r}(t) = \begin{pmatrix} R\omega_0 t - R\sin(\omega_0 t) \\ R - R\cos(\omega_0 t) \end{pmatrix}, \quad \vec{v} = \dot{\vec{r}} = \begin{pmatrix} R\omega_0 - R\omega_0 \cos(\omega_0 t) \\ R\omega_0 \sin(\omega_0 t) \end{pmatrix}, \quad \vec{a} = \ddot{\vec{r}} = \begin{pmatrix} R\omega_0^2 \sin(\omega_0 t) \\ R\omega_0^2 \cos(\omega_0 t) \end{pmatrix}. ●$$

c) Wir müssen die Bogenlänge berechnen. Da bereits $\vec{v} = \dot{\vec{r}}$ bekannt ist und wir wissen, dass eine Umdrehung $T = \frac{2\pi}{\omega_0}$ lang dauert bei gleichförmiger Drehung (ist hier wegen der gleichförmigen Translationsbewegung des Schwerpunktes aber auch der Fall!), können wir direkt in Gl. (6.17) einsetzen:

$$\begin{aligned}
L &= \int_0^T dt\, |\dot{\vec{r}}| = \int_0^{\frac{2\pi}{\omega_0}} dt\, \sqrt{(R\omega_0 - R\omega_0 \cos(\omega_0 t))^2 + (R\omega_0 \sin(\omega_0 t))^2} \\
&= \int_0^{\frac{2\pi}{\omega_0}} dt\, \sqrt{R^2\omega_0^2 - 2R^2\omega_0^2 \cos(\omega_0 t) + R^2\omega_0^2 \cos^2(\omega_0 t) + R^2\omega_0^2 \sin^2(\omega_0 t)} \\
&= \int_0^{\frac{2\pi}{\omega_0}} dt\, \sqrt{2R^2\omega_0^2 - 2R^2\omega_0^2 \cos(\omega_0 t)} = \sqrt{2}R\omega_0 \int_0^{\frac{2\pi}{\omega_0}} dt\, \sqrt{1 - \cos(\omega_0 t)} \; ❶ \\
&\overset{t \to \frac{1}{\omega_0}t}{=} \sqrt{2}R \int_0^{2\pi} dt\, \sqrt{1 - \cos(t)} = 2\sqrt{2}R \int_0^{\pi} dt\, \sqrt{1 - \cos(t)}. \; ❶
\end{aligned}$$

Der Faktor 2 wurde im letzten Schritt eingeführt, da der Vorgang und folglich auch die Bahnkurve symmetrisch ist (und wir ohne diesen Trick als Bogenlänge null herausbekommen würden und das keinen Sinn macht). Es wäre ja nun schon schöner zu integrieren, wenn der Kosinus nicht da wäre …Also führen wir eine Substitution Typ II mit neuer Funktion $t := \arccos(u)$ durch. Es sind $\frac{dt}{du} = -\frac{1}{\sqrt{1-u^2}} \Longleftrightarrow dt = -du\frac{1}{\sqrt{1-u^2}}$ nach Tab. 4.2 und ferner $\underline{u} = 1$ und $\bar{u} = -1$ (wegen Umkehrung $u = \cos(t)$). Dann folgt:

$$\begin{aligned}
L &= 2\sqrt{2}R \int_0^{\pi} dt\, \sqrt{1 - \cos(t)} = -2\sqrt{2}R \int_1^{-1} du\, \frac{\sqrt{1 - \cos(\arccos(u))}}{\sqrt{1 - u^2}} \\
&= +2\sqrt{2}R \int_{-1}^{1} du\, \frac{\sqrt{1 - u}}{\sqrt{1 - u^2}} \; ❶ = 2\sqrt{2}R \int_{-1}^{1} du\, \frac{1}{\sqrt{1 + u}} = 2\sqrt{2}R \cdot 2\sqrt{1 + u}\Big|_{-1}^{1} \\
&= 4\sqrt{2}R\sqrt{2} = 8R, \; ❶
\end{aligned}$$

wobei in der zweiten Zeile beim Vereinfachen des Bruches und der Wurzeln die dritte binomische Formel mit $1 - u^2 = (1 - u)(1 + u)$ Anwendung fand. Ergebnis: Die Bogenlänge eines Randpunktes für eine Umdrehung beträgt $L = 8R$.

[H17] Populationsvorhersage (4 Punkte)

Lösung: Wir versuchen es mit Trennung der Variablen. Es ist

$$\frac{dN}{dt} = \alpha N - \beta N^2 \iff dt = \frac{dN}{\alpha N - \beta N^2} \iff \alpha \, dt = \frac{dN}{N\left(1 - \frac{\beta}{\alpha}N\right)} \cdot \text{\textcircled{\scriptsize 1}}$$

Die linke Seite lässt sich sehr leicht integrieren. Rechter Integrand sperrt sich allerdings. Wir machen eine Partialbruchzerlegung und setzen gemäß Abschn. 5.2.4 an:

$$\frac{1}{N\left(1 - \frac{\beta}{\alpha}N\right)} = \frac{1}{\frac{\beta}{\alpha}N\left(\frac{\alpha}{\beta} - N\right)} \overset{!}{=} \frac{A}{N} + \frac{B}{N - \frac{\alpha}{\beta}}.$$

Dies wird mit dem Hauptnenner der rechten Seite multipliziert:

$$-\frac{\alpha}{\beta} \overset{!}{=} A\left(N - \frac{\alpha}{\beta}\right) + BN = AN - A\frac{\alpha}{\beta} + BN.$$

Koeffizientenvergleich liefert $-\frac{\alpha}{\beta} = -A\frac{\alpha}{\beta} \iff A = 1$ und weiter $0 = AN + BN \iff B = -A = -1$. Somit folgt

$$\frac{1}{N\left(1 - \frac{\beta}{\alpha}N\right)} = \frac{1}{N} - \frac{1}{N - \frac{\alpha}{\beta}}, \quad \text{\textcircled{\scriptsize $\bullet$}}$$

und das lässt sich integrieren! Wir erhalten:

$$\int dt\, \alpha = \int dN \left(\frac{1}{N} - \frac{1}{N - \frac{\alpha}{\beta}}\right) \iff \alpha t = \ln(N) - \ln(N - \frac{\alpha}{\beta}) + C_1$$

$$= \ln\left(\frac{N}{N - \frac{\alpha}{\beta}}\right) + C_1 \cdot \text{\textcircled{\scriptsize 1}}$$

Dies wird nach $N(t)$ gelöst:

$$\iff e^{\alpha t} = e^{\ln\left(\frac{N}{N - \frac{\alpha}{\beta}}\right) + C_1} = e^{C_1} e^{\ln\left(\frac{N}{N - \frac{\alpha}{\beta}}\right)} =: C\frac{N}{N - \frac{\alpha}{\beta}}$$

$$\iff Ne^{\alpha t} - \frac{\alpha}{\beta}e^{\alpha t} = CN \overset{:e^{\alpha t}\neq 0}{\iff} N(Ce^{-\alpha t} - 1) = -\frac{\alpha}{\beta}.$$

Umstellen liefert schließlich als allgemeine Lösung

$$N(t) = -\frac{\alpha}{\beta}\frac{1}{Ce^{-\alpha t} - 1} \cdot \text{\textcircled{\scriptsize $\bullet$}}$$

Laut Anfangsbedingung soll $N(0) = \frac{\alpha}{\beta}$ sein. Das bedeutet hier:

$$N(0) = -\frac{\alpha}{\beta}\frac{1}{C - 1} \overset{!}{=} \frac{\alpha}{\beta},$$

was jedoch nur für $C = 0$ erfüllt sein kann. ◑ Dann ist aber $N(t) = -\frac{\alpha}{\beta}\frac{1}{0-1} \equiv \frac{\alpha}{\beta}$, und das ist zeitlich konstant. Die Population bleibt folglich für alle Zeiten gleich: Ratten eben! ◑

[H18] Pauli-Matrizen   (2 + 2 + 1 = 5 Punkte)

Lösung: Bei dieser Aufgabe kombiniert sich das Wissen über Matrizen, Indexrechnung und komplexe Zahlen.

a) Wir berechnen exemplarisch das Produkt für $i = j = 1$:

$$\sigma_1 \cdot \sigma_1 = \begin{pmatrix} 0 & 1 \\ 1 & 0 \end{pmatrix} \cdot \begin{pmatrix} 0 & 1 \\ 1 & 0 \end{pmatrix} = \mathbb{1} \overset{!}{=} \delta_{11}\mathbb{1} + iX_{11k}\sigma_k = \mathbb{1} + iX_{11k}\sigma_k.$$

Dies wurde mit dem rechten Teil der zu zeigenden Identität gleichgesetzt, wobei $i = j = 1$ direkt eingesetzt wurde. Nach Einstein steht nun jedoch im letzten Term eine Summe über k, d. h., der letzte Term lautet ausgeschrieben:

$$iX_{11k}\sigma_k = iX_{111}\sigma_1 + iX_{112}\sigma_2 + iX_{113}\sigma_3.$$

Wir benutzen hier nun den Hinweis, dass sich die Pauli-Matrizen nicht dergestalt linear kombinieren lassen, so dass sich die Nullmatrix ergibt. Somit kann obige Identität nur gelten, wenn $X_{111} = X_{112} = X_{113} = 0$ sind. ◑
Als Nächstes berechnen wir exemplarisch ein Produkt mit ungleichen Indizes, z. B. für $i = 1$ und $j = 2$:

$$\sigma_1 \cdot \sigma_2 = \begin{pmatrix} 0 & 1 \\ 1 & 0 \end{pmatrix} \cdot \begin{pmatrix} 0 & -i \\ i & 0 \end{pmatrix} = \begin{pmatrix} i & 0 \\ 0 & -i \end{pmatrix}$$

$$\overset{!}{=} \delta_{12}\mathbb{1} + iX_{12k}\sigma_k = iX_{121}\sigma_1 + iX_{122}\sigma_2 + iX_{123}\sigma_3,$$

da $\delta_{12} = 0$. Im Vergleich mit den Pauli-Matrizen fällt sofort auf: $\begin{pmatrix} i & 0 \\ 0 & -i \end{pmatrix} = i\sigma_3$, was entsprechend $X_{121} = X_{122} = 0$ und $X_{123} = 1$ bedeutet. ◑
Analog berechnet man alle anderen Produkte (das wird als Übungsaufgabe überlassen, wie es immer so schön heißt) und findet für $\sigma_1 \cdot \sigma_3$, dass $X_{131} = X_{133} = 0$ und $X_{132} = -1$, damit die Identität erfüllt ist. Aus den anderen Produkten folgt $X_{123} = X_{231} = X_{312} = 1$, $X_{132} = X_{213} = X_{321} = -1$, alle anderen null ◑.
Sobald also zwei oder mehr Indizes gleich sind, liefert X_{ijk} null. Für zyklische Permutationen von paarweise verschiedenen i, j, k liefert $X_{ijk} = +1$ und für antizyklische Permutationen ist $X_{ijk} = -1$. Klingelt es irgendwo? Genau, das ist exakt das gleiche Verhalten, wie es der Levi-Civita-Tensor an den Tag legt. Ergebnis: $\sigma_i\sigma_j = \delta_{ij}\mathbb{1} + i\varepsilon_{ijk}\sigma_k$. ◑

b) Bevor wir uns Gedanken machen, wie wir mit der Exponentialfunktion umgehen sollen, betrachten wir zuallererst das Skalarprodukt $\vec{n} \cdot \vec{\sigma}$. Dies liefert eine Matrix:

$$\vec{n} \cdot \vec{\sigma} = n_1\sigma_1 + n_2\sigma_2 + n_3\sigma_3 = \begin{pmatrix} n_3 & n_1 - in_2 \\ n_1 + in_2 & -n_3 \end{pmatrix}$$

mit der netten Eigenschaft

$$(\vec{n} \cdot \vec{\sigma})^2 = \begin{pmatrix} n_3 & n_1 - in_2 \\ n_1 + in_2 & -n_3 \end{pmatrix} \cdot \begin{pmatrix} n_3 & n_1 - in_2 \\ n_1 + in_2 & -n_3 \end{pmatrix}$$

$$= \begin{pmatrix} n_3^2 + (n_1 - in_2)(n_1 + in_2) & n_3(n_1 - in_2) - n_3(n_1 - in_2) \\ (n_1 + in_2)n_3 - n_3(n_1 + in_2) & (n_1 + in_2)(n_1 - in_2) + n_3^2 \end{pmatrix}$$

$$= \begin{pmatrix} n_3^2 + n_1^2 + n_2^2 & 0 \\ 0 & n_1^2 + n_2^2 + n_3^2 \end{pmatrix} = \begin{pmatrix} 1 & 0 \\ 0 & 1 \end{pmatrix} = \mathbb{1}. \; \textcircled{\small{}}$$

Die letzte Umformung gilt wegen der gegebenen Voraussetzung $|\vec{n}| = 1$ bzw. ebenso $\vec{n}^2 = n_1^2 + n_2^2 + n_3^2 = 1$.
Nun können wir – unter Schielen auf Abschn. 4.3.3 – die Exponentialfunktion in einer Reihe entwickeln. Es ist

$$e^{i\frac{\alpha}{2}(\vec{n}\cdot\vec{\sigma})} = \mathbb{1} + i\frac{\alpha}{2}(\vec{n}\cdot\vec{\sigma}) + \frac{1}{2}\left(i\frac{\alpha}{2}(\vec{n}\cdot\vec{\sigma})\right)^2 + \frac{1}{3!}\left(i\frac{\alpha}{2}(\vec{n}\cdot\vec{\sigma})\right)^3 + \frac{1}{4!}\left(i\frac{\alpha}{2}(\vec{n}\cdot\vec{\sigma})\right)^4 + \ldots$$

$$= \mathbb{1} + i\frac{\alpha}{2}(\vec{n}\cdot\vec{\sigma}) + \frac{i^2}{2}\left(\frac{\alpha}{2}\right)^2 (\vec{n}\cdot\vec{\sigma})^2 + \frac{i^3}{3!}\left(\frac{\alpha}{2}\right)^3 (\vec{n}\cdot\vec{\sigma})^3 + \frac{i^4}{4!}\left(\frac{\alpha}{2}\right)^4 (\vec{n}\cdot\vec{\sigma})^4 + \ldots$$

$$= \mathbb{1} + i\frac{\alpha}{2}(\vec{n}\cdot\vec{\sigma}) - \frac{1}{2}\left(\frac{\alpha}{2}\right)^2 \mathbb{1} - \frac{i}{3!}\left(\frac{\alpha}{2}\right)^3 (\vec{n}\cdot\vec{\sigma}) + \frac{1}{4!}\left(\frac{\alpha}{2}\right)^4 \mathbb{1} + \ldots,$$

wobei wir die Kenntnis $(\vec{n} \cdot \vec{\sigma})^2 = \mathbb{1}$ von oben benutzt haben. Schließlich können die Matrizen ausgeklammert werden und wir erhalten

$$e^{i\frac{\alpha}{2}(\vec{n}\cdot\vec{\sigma})} = \left[1 - \frac{1}{2}\left(\frac{\alpha}{2}\right)^2 + \frac{1}{4!}\left(\frac{\alpha}{2}\right)^4 \mp \ldots\right]\mathbb{1} + i\left[\frac{\alpha}{2} - \frac{1}{3!}\left(\frac{\alpha}{2}\right)^3 \pm \ldots\right](\vec{n}\cdot\vec{\sigma})$$

$$= \sum_{k=0}^{\infty} \frac{(-1)^k}{(2k)!}\left(\frac{\alpha}{2}\right)^{2k} \cdot \mathbb{1} + i\sum_{k=0}^{\infty} \frac{(-1)^k}{(2k+1)!}\left(\frac{\alpha}{2}\right)^{2k+1} \cdot (\vec{n}\cdot\vec{\sigma}). \; \textcircled{\small{}}$$

Die Summen entsprechen aber genau den Taylor-Reihen für Kosinus und Sinus aus Abschn. 4.3. Ergebnis:

$$e^{i\frac{\alpha}{2}(\vec{n}\cdot\vec{\sigma})} = \cos\left(\tfrac{\alpha}{2}\right)\mathbb{1} + i\sin\left(\tfrac{\alpha}{2}\right)(\vec{n}\cdot\vec{\sigma}), \; \textcircled{\small{}}$$

und speziell für $\vec{n} = (1, 0, 0)$ folgt

$$e^{i\frac{\alpha}{2}(\vec{n}\cdot\vec{\sigma})} = e^{i\frac{\alpha}{2}\sigma_1} = \cos\left(\tfrac{\alpha}{2}\right)\mathbb{1} + i\sin\left(\tfrac{\alpha}{2}\right)\sigma_1 = \begin{pmatrix} \cos\left(\tfrac{\alpha}{2}\right) & i\sin\left(\tfrac{\alpha}{2}\right) \\ i\sin\left(\tfrac{\alpha}{2}\right) & \cos\left(\tfrac{\alpha}{2}\right) \end{pmatrix}. \; \textcircled{\small{}}$$

c) Mit Hilfe der a)-Identität lässt sich der Zusammenhang recht schnell in Indizes zeigen. Wir starten mit dem Umschreiben der Skalarprodukte in Indizes und verwenden dazu natürlich zwei verschiedene Indizes:

$$(\vec{a} \cdot \vec{\sigma})(\vec{b} \cdot \vec{\sigma}) = (a_i\sigma_i)(b_j\sigma_j) = a_i b_j \sigma_i \sigma_j.$$

Im zweiten Schritt wurden die Vektorkomponenten a_i und b_j (Zahlen!) umgestellt, so dass nun die $\sigma_i\sigma_j$-Formel genutzt werden kann. Eingesetzt folgt dann mit $a_i b_j \delta_{ij} = a_i b_i$:

$$(\vec{a} \cdot \vec{\sigma})(\vec{b} \cdot \vec{\sigma}) = a_i b_j (\delta_{ij}\mathbb{1} + i\varepsilon_{ijk}\sigma_k) = a_i b_i \mathbb{1} + i\varepsilon_{ijk} a_i b_j \sigma_k$$

$$= a_i b_i \mathbb{1} + i(\vec{a} \times \vec{b})_k \sigma_k = (\vec{a} \cdot \vec{b})\mathbb{1} + i(\vec{a} \times \vec{b}) \cdot \vec{\sigma}. \; \textcolor{black}{\bullet}$$

Beim Übergang in die zweite Zeile wurde schließlich $\varepsilon_{ijk}a_ib_j$ als k-te Komponente des Kreuzprodukts $\vec{a} \times \vec{b}$ interpretiert und in beiden Termen dann das Skalarprodukt rückwärts wieder eingeführt.

[H19] Feld eines magnetischen Dipols   (5 Punkte)

Lösung: Ein Feld ist quellenfrei, wenn die Divergenz verschwindet. Berechne also die Divergenz von $\vec{B}$ und bestimme den Wert von λ, so dass $\nabla \cdot \vec{B} = 0$ wird. Hierfür werden wir die aus Abschn. 9.2.3 bekannten Rechenregeln verwenden und uns dadurch das Leben deutlich erleichtern. Wir schreiben zunächst den Bruch um und ziehen die Konstanten am Differenzialoperator vorbei:

$$\nabla \cdot \vec{B} = \frac{\mu_0}{4\pi} \nabla \left(\frac{\lambda(\vec{p} \cdot \vec{r})\vec{r} - \vec{p}r^2}{r^5} \right) = \frac{\mu_0}{4\pi} \nabla \left(\lambda r^{-5}(\vec{p} \cdot \vec{r})\vec{r} - \vec{p}r^{-3} \right).$$

Nun kann mehrfach die Produktregel auf den ersten Term losgelassen werden:

$$\nabla \cdot \vec{B} = \frac{\mu_0}{4\pi} \left(\lambda(\nabla r^{-5}) \cdot (\vec{p} \cdot \vec{r})\vec{r} + \lambda r^{-5}\nabla(\vec{p} \cdot \vec{r}) \cdot \vec{r} + \lambda r^{-5}(\vec{p} \cdot \vec{r})(\nabla \cdot \vec{r}) - \nabla \cdot (\vec{p}r^{-3}) \right)$$

Wir schauen uns nun die abzuleitenden Terme einzeln an:

- ∇r^{-5} kann über Gl. (9.18) direkt berechnet werden. Es ist dann

$$\nabla r^{-5} = -5r^{-6} \cdot \frac{\vec{r}}{r} = -5\frac{\vec{r}}{r^7}.$$

- $\nabla(\vec{p} \cdot \vec{r})$ lässt sich am besten im Fall des explizit ausgeschriebenen Skalarprodukts ausrechnen (und nicht falsch per Produktregel – siehe Warnhinweis in Abschn. 9.2.3). Wir schreiben $\vec{p} = (p_1, p_2, p_3)^\mathsf{T}$ und $\vec{r} = (x, y, z)^\mathsf{T}$, also ist $\vec{p} \cdot \vec{r} = p_1x + p_2y + p_3z$ und folglich

$$\nabla(\vec{p} \cdot \vec{r}) = \nabla(p_1x + p_2y + p_3z) = (p_1, p_2, p_3)^\mathsf{T} = \vec{p}.$$

- $\nabla \cdot \vec{r} = 3$.
- $\nabla \cdot (\vec{p}r^{-3})$ wiederum kann per (9.10) bestimmt werden. Es ist

$$\nabla \cdot (\vec{p}r^{-3}) = \underbrace{(\nabla \cdot \vec{p})}_{=0,\ \text{da } \vec{p}=\text{const.}} r^{-3} + \vec{p} \cdot (\nabla r^{-3}) = \vec{p} \cdot (-3)r^{-4}\frac{\vec{r}}{r} = -3\frac{\vec{p} \cdot \vec{r}}{r^5}.$$

Nun setzen wir oben in die Divergenzberechnung ein und vereinfachen:

$$\nabla \cdot \vec{B} = \frac{\mu_0}{4\pi} \left[\lambda \left(-5\frac{\vec{r}}{r^7} \right) \cdot (\vec{p} \cdot \vec{r})\vec{r} + \lambda r^{-5}(\vec{p} \cdot \vec{r}) + 3\lambda r^{-5}(\vec{p} \cdot \vec{r}) - \left(-3\frac{\vec{p} \cdot \vec{r}}{r^5} \right) \right]$$

$$= \frac{\mu_0}{4\pi} \left(-5\lambda \frac{\vec{p} \cdot \vec{r}}{r^7} \underbrace{(\vec{r} \cdot \vec{r})}_{=r^2} + \lambda \frac{\vec{p} \cdot \vec{r}}{r^5} + 3\lambda \frac{\vec{p} \cdot \vec{r}}{r^5} + 3\frac{\vec{p} \cdot \vec{r}}{r^5} \right)$$

$$= \frac{\mu_0}{4\pi} \left(-\lambda \frac{\vec{p} \cdot \vec{r}}{r^5} + 3\frac{\vec{p} \cdot \vec{r}}{r^5} \right) \overset{!}{=} 0 \iff \lambda = 3.$$

Das $\vec{B}$-Feld wird also quellenfrei, wenn $\lambda = 3$ ist! ◑

Nun müssen wir noch überprüfen, ob das Feld für die Wahl von $\lambda = 3$ auch wirbelfrei ist, d. h., ob $\nabla \times \vec{B} = \vec{0}$ gilt. Auf ein Neues in die Ableitungsschlacht, nun mit $\lambda = 3$:

$$\nabla \times \vec{B} = \frac{\mu_0}{4\pi} \left(3\nabla \times \left[r^{-5}(\vec{p} \cdot \vec{r})\vec{r} \right] - \nabla \times \left[\vec{p}r^{-3} \right] \right).$$

Hier wird nun die Regel (9.12), $\nabla \times (\phi \vec{A}) = (\nabla \phi) \times \vec{A} + \phi(\nabla \times \vec{A})$, für beide Summanden verwendet. Dann ist nämlich

$$\nabla \times \vec{B} = \frac{\mu_0}{4\pi} \left(3\nabla \left[r^{-5}(\vec{p} \cdot \vec{r}) \right] \times \vec{r} + 3r^{-5}(\vec{p} \cdot \vec{r})\nabla \times \vec{r} - (\nabla r^{-3}) \times \vec{p} - r^{-3}\nabla \times \vec{p} \right). ◑$$

Es verschwinden direkt der zweite und vierte Term, da $\nabla \times \vec{r} = \vec{0}$ und $\nabla \times \vec{p} = \vec{0}$. Außerdem kennen wir von oben auch $\nabla r^{-3} = -3\frac{\vec{r}}{r^5}$. Auf die erste eckige Klammer kann wie zuvor wieder die Produktregel losgelassen werden. Sodann folgt:

$$\nabla \times \vec{B} = \frac{\mu_0}{4\pi} \left(3 \left[(\nabla r^{-5})(\vec{p} \cdot \vec{r}) + r^{-5}\nabla(\vec{p} \cdot \vec{r}) \right] \times \vec{r} + \vec{0} + 3\frac{\vec{r}}{r^5} \times \vec{p} - \vec{0} \right) ●$$

$$= \frac{\mu_0}{4\pi} \left(3 \left[-5\frac{\vec{r}}{r^7}(\vec{p} \cdot \vec{r}) + r^{-5}\vec{p} \right] \times \vec{r} + 3\frac{\vec{r}}{r^5} \times \vec{p} \right)$$

$$= \frac{\mu_0}{4\pi} \left(-15\frac{\vec{p} \cdot \vec{r}}{r^7}\vec{r} \times \vec{r} + \frac{3}{r^5}\vec{p} \times \vec{r} + \frac{3}{r^5}\vec{r} \times \vec{p} \right). ◑$$

Wir sind hier tatsächlich fertig. Das Kreuzprodukt $\vec{r} \times \vec{r}$ im ersten Term liefert null, und wie wir aus Kap. 1 wissen, können wir das Kreuzprodukt in seiner Reihenfolge tauschen, wenn ein zusätzliches Minus spendiert wird, so dass $\vec{p} \times \vec{r} = -\vec{r} \times \vec{p}$ wird. Dadurch heben sich der zweite und dritte Term final weg, und es gilt tatsächlich $\nabla \times \vec{B} = \vec{0}$. ◑

[H20] Rechnen mit Rettungsring   **(1,5 + 1,5 + 2 = 5 Punkte)**

Lösung:

a) Da die Parametrisierung $\vec{x}(\vartheta, \phi)$ des Torus bereits gegeben ist, können wir die Metrik G direkt über die Tangentialvektoren bestimmen. Führe wieder Abkürzungen $C := \cos(\vartheta)$ und $c := \cos(\phi)$ ein (analog für die Sini). Dann ist

$$\vec{t}_\vartheta = \frac{\partial \vec{x}}{\partial \vartheta} = \frac{\partial}{\partial \vartheta} \begin{pmatrix} (R + rC)c \\ (R + rC)s \\ rS \end{pmatrix} = \begin{pmatrix} -rSc \\ -rSs \\ rC \end{pmatrix}, \quad \vec{t}_\phi = \frac{\partial \vec{x}}{\partial \phi} = \begin{pmatrix} -(R + rC)s \\ (R + rC)c \\ 0 \end{pmatrix}.$$

Die Skalarprodukte der Tangentialvektoren geben nun die Komponenten des metrischen Tensors. Es sind

$$\vec{t}_\vartheta \cdot \vec{t}_\vartheta = r^2S^2c^2 + r^2S^2s^2 + r^2C^2 = r^2S^2(c^2 + s^2) + r^2C^2 = r^2S^2 + r^2C^2 = r^2,$$

$$\vec{t}_\vartheta \cdot \vec{t}_\phi = r(R + rC)Ssc - r(R + rC)Ssc = 0 = \vec{t}_\phi \cdot \vec{t}_\vartheta,$$

$$\vec{t}_\phi \cdot \vec{t}_\phi = (R + rC)^2s^2 + (R + rC)^2c^2 = (R + rC)^2.$$

Damit ergibt sich die Metrik zu

$$G = \begin{pmatrix} \vec{t}_\vartheta \cdot \vec{t}_\vartheta & \vec{t}_\vartheta \cdot \vec{t}_\phi \\ \vec{t}_\phi \cdot \vec{t}_\vartheta & \vec{t}_\phi \cdot \vec{t}_\phi \end{pmatrix} = \begin{pmatrix} r^2 & 0 \\ 0 & (R + r\cos(\vartheta))^2 \end{pmatrix}, \quad \bullet$$

und das Linienelement $ds^2 = G_{ij}\, du_i\, du_j$ für $i, j = 1, 2$ folgt wegen $G_{12} = G_{21} = 0$ zu

$$ds^2 = G_{11}du_1^2 + 0 + 0 + G_{22}du_2^2 = r^2 d\vartheta^2 + (R + r\cos(\vartheta))^2 d\phi^2. \quad \circ$$

b) Die Oberfläche F des Torus erhalten wir durch Integration über die infinitesimalen Flächenstückchen $|d\vec{f}|$. Diese sind hier nach (9.27):

$$|d\vec{f}| = d\vartheta\, d\phi\, |\vec{t}_\vartheta \times \vec{t}_\phi| = d\vartheta\, d\phi\, \left| \begin{pmatrix} -rSc \\ -rSs \\ rC \end{pmatrix} \times \begin{pmatrix} -(R+rC)s \\ (R+rC)c \\ 0 \end{pmatrix} \right|$$

$$= d\vartheta\, d\phi\, \left| \begin{pmatrix} -r(R+rC)Cc \\ -r(R+rC)Cs \\ -r(R+rC)S \end{pmatrix} \right|$$

$$= d\vartheta\, d\phi\, r(R+rC)\sqrt{C^2c^2 + C^2s^2 + S^2} = d\vartheta\, d\phi\, r(R+rC)\sqrt{C^2 + S^2}$$

$$= d\vartheta\, d\phi\, r(R + r\cos(\vartheta)). \quad \bullet$$

So folgt schließlich die Oberfläche:

$$F = \int_{\partial V} |d\vec{f}| = \int_0^{2\pi} d\vartheta \int_0^{2\pi} d\phi\, r(R + r\cos(\vartheta)) = 2\pi r \int_0^{2\pi} d\vartheta\, (R + r\cos(\vartheta))$$

$$= 2\pi r(R\vartheta|_0^{2\pi} + r\sin(\vartheta)|_0^{2\pi}) = (2\pi r)(2\pi R) = 4\pi^2 rR. \quad \circ$$

c) Für das Volumen benötigen wir die Funktionaldeterminante, da wir per Integraltransformationssatz d^3x in die Koordinaten des Torus übersetzen müssen. Allerdings werden *drei* Koordinaten $\vec{u}$ gebraucht, und die dritte ist hier die lokale, radiale Koordinate $\bar{r}$ des Torus mit $\bar{r} = 0 \ldots r$. Also haben wir nun als Parametrisierung des Volumens

$$\vec{x}(\vartheta, \phi, \bar{r}) = \begin{pmatrix} (R + \bar{r}\cos(\vartheta))\cos(\phi) \\ (R + \bar{r}\cos(\vartheta))\sin(\phi) \\ \bar{r}\sin(\vartheta) \end{pmatrix}.$$

Nun wird die Jacobi-Matrix aufgestellt:

$$\frac{\partial \vec{x}(\vartheta, \phi, \bar{r})}{\partial(\vartheta, \phi, \bar{r})} = \begin{pmatrix} \frac{\partial x_1}{\partial \vartheta} & \frac{\partial x_1}{\partial \phi} & \frac{\partial x_1}{\partial \bar{r}} \\ \frac{\partial x_2}{\partial \vartheta} & \frac{\partial x_2}{\partial \phi} & \frac{\partial x_2}{\partial \bar{r}} \\ \frac{\partial x_3}{\partial \vartheta} & \frac{\partial x_3}{\partial \phi} & \frac{\partial x_3}{\partial \bar{r}} \end{pmatrix} = \begin{pmatrix} -\bar{r}Sc & -(R+\bar{r}C)s & Cc \\ -\bar{r}Ss & (R+\bar{r}C)c & Cs \\ \bar{r}C & 0 & S \end{pmatrix}, \quad \circ$$

deren Determinante wir per Laplace'schem Entwicklungssatz nach der dritten
Zeile entwickeln. Dann ist

$$
\det\left(\frac{\partial \vec{x}}{\partial \vec{u}}\right) = +\bar{r}C \begin{vmatrix} -(R+\bar{r}C)s & Cc \\ (R+\bar{r}C)c & Cs \end{vmatrix} - 0 + S \begin{vmatrix} -\bar{r}Sc & -(R+\bar{r}C)s \\ -\bar{r}Ss & (R+\bar{r}C)c \end{vmatrix}
$$

$$
= \bar{r}(R+\bar{r}C)C^2 \begin{vmatrix} -s & c \\ c & s \end{vmatrix} + \bar{r}(R+\bar{r}C)S^2 \begin{vmatrix} -c & -s \\ -s & c \end{vmatrix}
$$

$$
= -\bar{r}(R+\bar{r}C)C^2 - \bar{r}(R+\bar{r}C)S^2 = -\bar{r}(R+\bar{r}C).
$$

Hier wurden im Übergang zur zweiten Zeile aus einzelnen Spalten gemeinsame
Vielfache vor die Determinante gezogen. Ergebnis der Vorbereitung:

$$
d^3x = \left|\det\left(\frac{\partial \vec{x}}{\partial \vec{u}}\right)\right| d^3u = \bar{r}(R+\bar{r}\cos(\vartheta))\,d\vartheta\,d\phi\,d\bar{r}\,. \; \bullet
$$

Schließlich können wir das Volumen des Torus bestimmen:

$$
V = \int_V d^3x = \int_0^r d\bar{r}\,\bar{r} \int_0^{2\pi} d\vartheta \int_0^{2\pi} d\phi\,(R+\bar{r}\cos(\vartheta))
$$

$$
= 2\pi \int_0^r d\bar{r}\,\bar{r} \int_0^{2\pi} d\vartheta\,(R+\bar{r}\cos(\vartheta)) = 2\pi \int_0^r d\bar{r}\,\bar{r}\,(R\vartheta|_0^{2\pi} + \bar{r}\sin(\vartheta)|_0^{2\pi})
$$

$$
= 4\pi^2 R \int_0^r d\bar{r}\,\bar{r} = 2\pi^2 r^2 R = (2\pi R)(\pi r^2). \; \circlearrowright
$$

Sowohl die Formel für die Oberfläche wie auch für das Volumen kann man
sich bildlich direkt vorstellen, wenn man nämlich den Torus an einer Stelle
durchschneidet und zum Zylinder (mit Länge $2\pi R$) geradebiegt.

[H21] Integralsätze $\qquad$ **(2 + 3 = 5 Punkte)**

Lösung:

a) Wir zeigen anhand des gegebenen Szenarios den Satz von Gauß. Berechne zu-
nächst das Volumenintegral über die Divergenz $\nabla \cdot \vec{E} = 3\alpha x^2 + 2\beta y$. Aus Geo-
metriegründen bietet es sich nun natürlich an, Zylinderkoordinaten zu benutzen.
Wir können direkt die Divergenz über das Volumen integrieren:

$$
\int_V d^3x\,(\nabla \cdot \vec{E}) = \int_0^R d\rho\,\rho \int_0^{2\pi} d\varphi \int_{-h}^{+h} dz\,[3\alpha(\rho\cos(\varphi))^2 + 2\beta\rho\sin(\varphi)] \; \circlearrowright
$$

$$
= 6\alpha h \int_0^R d\rho\,\rho^3 \int_0^{2\pi} d\varphi\,\cos^2(\varphi) + 4\beta h \int_0^R d\rho\,\rho^2 \int_0^{2\pi} d\varphi\,\sin(\varphi)
$$

$$
= 6\alpha h \frac{R^4}{4} \cdot \frac{1}{2}2\pi + 4\beta h \frac{R^3}{3}(-\cos(\varphi))|_0^{2\pi} = \tfrac{3}{2}\alpha h \pi R^4, \; \circlearrowright
$$

wobei beim Übergang zur dritten Zeile das $\cos^2$-Integral mit Hilfe von (5.19)
erschlagen wurde und der zweite Term beim Einsetzen der Integrationsgrenzen verschwindet. Nun berechnen wir die rechte Seite des Gauß-Satzes, wobei

wir das Oberflächenelement $\mathrm{d}\vec{f} = R\,\mathrm{d}\varphi\,\mathrm{d}z\,\vec{e}_\rho$ für den Zylindermantel direkt aus (9.31) übernehmen können. Da das Vektorfeld nur in der x-y-Ebene strömt, brauchen wir Deckel und Boden des Zylinders nicht weiter betrachten und können loslegen:

$$\int_{\partial V} \mathrm{d}\vec{f} \cdot \vec{E} = R \int_0^{2\pi} \mathrm{d}\varphi \int_{-h}^{+h} \mathrm{d}z \begin{pmatrix} \cos(\varphi) \\ \sin(\varphi) \\ 0 \end{pmatrix} \cdot \begin{pmatrix} \alpha(R\cos(\varphi))^3 \\ \beta(R\sin(\varphi))^2 \\ 0 \end{pmatrix} \; ❶$$

$$= 2hR \int_0^{2\pi} \mathrm{d}\varphi\,[\alpha R^3 \cos^4(\varphi) + \beta R^2 \sin^3(\varphi)]$$

$$= 2\alpha h R^4 \int_0^{2\pi} \mathrm{d}\varphi\,\cos^4(\varphi) + 2h\beta R^3 \int_0^{2\pi} \mathrm{d}\varphi\,\sin^3(\varphi)$$

$$= 2\alpha h R^4 \cdot \tfrac{3}{4}\pi + 0 = \tfrac{3}{2}\alpha h \pi R^4, \; ❶$$

was das Gleiche wie das Volumenintegral über die Divergenz liefert und den Satz von Gauß verifiziert. Beim $\cos^4$-Integral konnte schließlich der Hinweis verwendet werden, während das $\sin^3$-Integral verschwindet, da wie auch beim Sinus exakt die Hälfte der Fläche unter der Achse und die andere Hälfte der Fläche über der Achse liegt, das Integral über eine Periode folglich in Bilanz null liefert!

b) Wir starten mit der linken Seite des Stokes-Satzes und integrieren über die Rotation $\nabla \times \vec{v} = (1, 1, 1)^{\mathsf{T}}$. Als Oberfläche ergibt sich im Kartesischen dann

$$\vec{x}(x, y) = (x, y, x^2 - y^2)^{\mathsf{T}},$$

was mit dem aus Kap. 9 bekannten Verfahren die Tangentialvektoren $\vec{t}_x = \frac{\partial \vec{x}}{\partial x} = (1, 0, 2x)^{\mathsf{T}}$ und $\vec{t}_y = \frac{\partial \vec{x}}{\partial y} = (0, 1, -2y)^{\mathsf{T}}$ ergibt. Für das Oberflächenelement $\mathrm{d}\vec{f}$ folgt dann:

$$\mathrm{d}\vec{f} = \mathrm{d}x\,\mathrm{d}y\,(\vec{t}_x \times \vec{t}_y) = \mathrm{d}x\,\mathrm{d}y\,(-2x, 2y, 1)^{\mathsf{T}}. \; ❶$$

Nun können wir losintegrieren. Man beachte für die Grenzen dabei die Definitionsmenge der Oberfläche $\mathcal{F}$, gegeben durch die Punktmenge $x^2 + y^2 \leq a^2$, was den Punkten einer Kreisscheibe vom Radius a in der x-y-Ebene entspricht. Wir haben folglich wie in Beispiel 5.8 bei der Fläche eines Kreises als Grenzen $-a \leq x \leq +a$ und $-\sqrt{a^2 - x^2} \leq y(x) \leq +\sqrt{a^2 - x^2}$. Dann ergibt sich

$$\int_{\mathcal{F}} \mathrm{d}\vec{f} \cdot (\nabla \times \vec{v}) = \int_{-a}^{+a} \mathrm{d}x \int_{-\sqrt{a^2-x^2}}^{+\sqrt{a^2-x^2}} \mathrm{d}y \begin{pmatrix} -2x \\ 2y \\ 1 \end{pmatrix} \cdot \begin{pmatrix} 1 \\ 1 \\ 1 \end{pmatrix} \; ❶$$

$$= \int_{-a}^{+a} \mathrm{d}x \int_{-\sqrt{\cdots}}^{+\sqrt{\cdots}} \mathrm{d}y\,(-2x + 2y + 1)$$

$$= \int_{-a}^{+a} \mathrm{d}x \left[(-2x)y\big|_{-\sqrt{\cdots}}^{+\sqrt{\cdots}} + y^2\big|_{-\sqrt{\cdots}}^{+\sqrt{\cdots}} + y\big|_{-\sqrt{\cdots}}^{+\sqrt{\cdots}} \right]$$

$$= \int_{-a}^{+a} \mathrm{d}x\,(-2x)2\sqrt{a^2-x^2} + 0 + \int_{-a}^{+a} \mathrm{d}x\,2\sqrt{a^2-x^2}. \; ❶$$

Das erste Integral kann durch Substitution oder Hingucken gelöst werden, das zweite haben wir in Beispiel 5.8 schon für $a = R$ gelöst. Dann folgt:

$$\int_{\mathcal{F}} d\vec{f} \cdot (\nabla \times \vec{v}) = \int_{-a}^{+a} dx \frac{d}{dx} \left[\frac{4}{3} \sqrt{a^2 - x^2}^3 \right] + 4 \int_0^a dx \sqrt{a^2 - x^2}$$

$$= \frac{4}{3} \sqrt{a^2 - x^2}^3 \Big|_{-a}^{+a} + 4a^2 \int_0^1 dx \sqrt{1 - x^2} = 0 + 4a^2 \cdot \frac{\pi}{4} = \pi a^2. \; \blacklozenge$$

Beim Übergang zur zweiten Zeile wurde das zweite Integral per Schnellsubstitution $x \rightarrow ax$ auf die aus Beispiel 5.8 bekannte Form umgeschrieben. Nun fehlt noch das Kurvenintegral auf der rechten Seite des Satzes von Stokes. Dazu parametrisieren wir entsprechend die Fläche $\mathcal{F}$ durch Polarkoordinaten $r = 0 \ldots a$ und $\varphi = 0 \ldots 2\pi$. Die Oberfläche $\mathcal{F}$ kann dann mit Hilfe des Hinweises $\cos^2(\varphi) - \sin^2(\varphi) = \cos(2\varphi)$ beschrieben werden durch

$$\vec{x}(\vec{u}) = \vec{x}(r, \varphi) = \begin{pmatrix} x \\ y \\ x^2 - y^2 \end{pmatrix}\Bigg|_{\vec{u}} = \begin{pmatrix} r\cos(\varphi) \\ r\sin(\varphi) \\ r^2\cos^2(\varphi) - r^2\sin^2(\varphi) \end{pmatrix} = \begin{pmatrix} r\cos(\varphi) \\ r\sin(\varphi) \\ r^2\cos(2\varphi) \end{pmatrix}.$$

Wir laufen allerdings nur am Rand der Oberfläche bei $r = a = $ const herum, daher ist eine geeignete Parametrisierung des Weges $\vec{r}(\varphi) = (a\cos(\varphi), a\sin(\varphi), a^2\cos(2\varphi))^\mathsf{T}$ mit Ableitung $\frac{d\vec{r}}{d\varphi} = (-a\sin(\varphi), a\cos(\varphi), -2a^2\sin(2\varphi))^\mathsf{T}$, woraus wir sofort $d\vec{r}$ gewinnen. Dann ist das Integral entlang des Randes

$$\int_C d\vec{r} \cdot \vec{v}(\vec{r}) = \int_0^{2\pi} d\varphi \begin{pmatrix} -a\sin(\varphi) \\ a\cos(\varphi) \\ -2a^2\sin(2\varphi) \end{pmatrix} \cdot \begin{pmatrix} a^2\cos(2\varphi) \\ a\cos(\varphi) \\ a\sin(\varphi) \end{pmatrix} \; \blacklozenge$$

$$= -a^3 \int_0^{2\pi} d\varphi \, \sin(\varphi)\cos(2\varphi) + a^2 \int_0^{2\pi} d\varphi \, \cos^2(\varphi)$$

$$-2a^3 \int_0^{2\pi} d\varphi \, \sin(2\varphi)\sin(\varphi)$$

$$= 0 + a^2 \cdot \frac{1}{2} \cdot 2\pi + 0 = \pi a^2, \; \blacklozenge$$

und das ergibt mit Hilfe der Hinweise aus der Aufgabe erfreulicherweise das Gleiche wie oben.

[H22] Fourier-Trafo der gedämpften Schwingung   (4 Punkte)

Lösung: Wir führen die Fourier-Transformation mit der gegebenen Funktion $x(t)$ durch. Auf geht's:

$$\tilde{x}(\omega) = \frac{1}{\sqrt{2\pi}} \int_{-\infty}^{+\infty} dt \, e^{-i\omega t} x(t) = \frac{1}{\sqrt{2\pi}} \int_{-\infty}^{+\infty} dt \, e^{-i\omega t} e^{-\delta t} \cos(\omega_0 t) \Theta(t)$$

Zunächst können wir die Θ-Funktion einbeziehen. Sie liefert nur für $t \geq 0$ einen Wert ungleich null (nämlich eins). Damit folgt

$$\widetilde{x}(\omega) = \frac{1}{\sqrt{2\pi}} \int_0^\infty dt \, e^{-i\omega t} e^{-\delta t} \cos(\omega_0 t) \; \mathbb{O} = \frac{1}{\sqrt{2\pi}} \int_0^\infty dt \, e^{-i\omega t} e^{-\delta t} \frac{e^{i\omega_0 t} + e^{-i\omega_0 t}}{2},$$

wobei die komplexe Umschreibung $\cos(\varphi) = \frac{e^{i\varphi} + e^{-i\varphi}}{2}$ benutzt wurde, wodurch wir im Wesentlichen nur e-Funktionen zu integrieren haben. Wir fassen zusammen und führen das Integral aus:

$$\widetilde{x}(\omega) = \frac{1}{2\sqrt{2\pi}} \int_0^\infty dt \, \left(e^{-i\omega t - \delta t + i\omega_0 t} + e^{-i\omega t - \delta t - i\omega_0 t} \right) \; \mathbb{O}$$

$$= \frac{1}{2\sqrt{2\pi}} \int_0^\infty dt \, \left(e^{-(i(\omega - \omega_0) + \delta)t} + e^{-(i(\omega + \omega_0) + \delta)t} \right)$$

$$= \frac{1}{2\sqrt{2\pi}} \left(\frac{e^{-i(\omega - \omega_0)t} e^{-\delta t}}{-(i(\omega - \omega_0) + \delta)} \Big|_0^\infty + \frac{e^{-i(\omega + \omega_0)t} e^{-\delta t}}{-(i(\omega + \omega_0) + \delta)} \Big|_0^\infty \right) \cdot \mathbb{O}$$

Der Zähler besteht in beiden Termen jeweils aus einem Zeiger auf dem Einheitskreis ($e^{-i(\omega - \omega_0)t}$ bzw. $e^{-i(\omega + \omega_0)t}$) und einem exponentiellen Abfall $e^{-\delta t}$. Durch Letzteren wird das Integral konvergent und das Einsetzen der oberen Grenze liefert jeweils null. $\mathbb{O}$

Somit bleibt jeweils nur der Term mit der unteren Grenze übrig. Wir erhalten:

$$\widetilde{x}(\omega) = \frac{1}{2\sqrt{2\pi}} \left(\frac{1}{i(\omega - \omega_0) + \delta} + \frac{1}{i(\omega + \omega_0) + \delta} \right) \cdot \mathbb{O}$$

Das ist vom Prinzip die Fourier-Transformierte, allerdings bringen wir beide Brüche auf einen Nenner:

$$\frac{1}{i(\omega - \omega_0) + \delta} + \frac{1}{i(\omega + \omega_0) + \delta} = \frac{i(\omega + \omega_0) + \delta + i(\omega - \omega_0) + \delta}{[i(\omega - \omega_0) + \delta][i(\omega + \omega_0) + \delta]}$$

$$= \frac{2i\omega + 2\delta}{-(\omega^2 - \omega_0^2) + i\delta\omega - i\delta\omega_0 + i\delta\omega + i\delta\omega_0 + \delta^2}$$

$$= 2\frac{i\omega + \delta}{-\omega^2 + 2i\delta\omega + \delta^2 + \omega_0^2} = 2\frac{i\omega + \delta}{(i\omega + \delta)^2 + \omega_0^2} \cdot \bullet$$

Damit folgt insgesamt mit $s := i\omega + \delta$:

$$\widetilde{x}(\omega) = \frac{1}{\sqrt{2\pi}} \frac{i\omega + \delta}{(i\omega + \delta)^2 + \omega_0^2} = \frac{1}{\sqrt{2\pi}} \frac{s}{s^2 + \omega_0^2} \cdot \mathbb{O}$$

[H23] Dampfleitung   (3 Punkte)

Lösung: Beim stationären Temperaturprofil ist nach $T(\vec{r})$ gefragt, d. h. nach einer zeitlich unveränderlichen Verteilung, bei der $\frac{\partial T}{\partial t} = 0$ ist. Zu lösen ist dann die Laplace-Gleichung: $\left(\frac{\partial}{\partial t} - D\Delta\right) T(\vec{r}) = -D\Delta T(\vec{r}) = 0$ bzw. $\Delta T = 0$. Da die Dampfleitung zylindrisch ist und folglich kreisförmigen Querschnitt hat, reicht es aus Symmetriegründen, nur eine ganz dünne Scheibe davon zu betrachten. Wir benutzen folglich Polarkoordinaten und lösen die radiale 2-D-Laplace-Gleichung $\Delta T(r) = 0$ mit $\Delta = \frac{1}{r}\frac{\partial}{\partial r}\left(r\frac{\partial}{\partial r}\right) + \frac{1}{r^2}\frac{\partial^2}{\partial \varphi^2}$ aus Kap. 9:

$$\Delta T(r) = \left[\frac{1}{r}\frac{\partial}{\partial r}\left(r\frac{\partial}{\partial r}\right) + \frac{1}{r^2}\frac{\partial^2}{\partial \varphi^2}\right] T(r) = \frac{1}{r}\frac{\partial}{\partial r}\left(r\frac{\partial}{\partial r}\right) T(r) = 0, \; \bullet$$

da die gesuchte Funktion $T(r)$ keine Winkelabhängigkeit besitzt und folglich die partielle Ableitung nach φ verschwindet. Somit ist

$$\frac{\partial}{\partial r}\left[r\frac{\partial T}{\partial r}\right] = 0 \iff r\frac{\partial T}{\partial r} = \text{const} =: A \iff \frac{\partial T}{\partial r} = \frac{A}{r}$$

und damit $T(r) = A\ln(r) + B$. ◑

Nun kommen die Randbedingungen ins Spiel. Es sind

$$T(r_0) = T_0 \stackrel{!}{=} A\ln(r_0) + B \iff B = T_0 - A\ln(r_0), \; ◑$$

$$T(r_1) = T_1 \stackrel{!}{=} A\ln(r_1) + T_0 - A\ln(r_0) \iff A = \frac{T_1 - T_0}{\ln(r_1) - \ln(r_0)}. \; ◑$$

Ergebnis: Das statische Temperaturprofil ist gegeben durch

$$\begin{aligned}
T(r) &= A\ln(r) + B \\
&= \frac{T_1 - T_0}{\ln(r_1) - \ln(r_0)}\ln(r) + T_0 - \frac{T_1 - T_0}{\ln(r_1) - \ln(r_0)}\ln(r_0) \\
&= T_0 + (T_1 - T_0)\frac{\ln(r) - \ln(r_0)}{\ln(r_1) - \ln(r_0)} = T_0 + (T_1 - T_0)\frac{\ln\left(\frac{r}{r_0}\right)}{\ln\left(\frac{r_1}{r_0}\right)}. \; ◑
\end{aligned}$$

[H24] Designer-Wanduhr   (1 + 3 = 4 Punkte)

Lösung:

a) Das Gesamtpotenzial setzt sich aus den Potenzialen der Einzelmassen zusammen, d. h., $V_{\text{ges}}(z) = V_{\text{Uhr}}(z) + 2 \cdot V_m(z)$. Dabei ist der Faktor 2 des Potenzials eines Gegengewichts m aus Symmetriegründen vorhanden, und das Potenzial der Uhr ergibt sich direkt zu

$$V_{\text{Uhr}}(z) = -Mgz \qquad (V = 0 \text{ bei } z = 0).$$

Das Potenzial der Gewichte hängt ebenso von z ab. Da der Draht die Länge L hat und die Strecke von der Aufhängung zur Rolle nach Pythagoras $\sqrt{z^2 + d^2}$ ist, gilt für die potenzielle Energie jedes Gewichts $V_m(z) = -mg\left(\frac{L}{2} - \sqrt{z^2 + d^2}\right)$. Zusammen erhalten wir:

$$V_{\text{ges}}(z) = -Mgz - 2mg\left(\frac{L}{2} - \sqrt{z^2 + d^2}\right). \; \bullet$$

b) Wir untersuchen das Potenzial $V_{\text{ges}}(z)$ auf Extremstellen und stellen die notwendige Bedingung $V'_{\text{ges}}(z) \overset{!}{=} 0$ auf. In unserem Fall also:

$$V'_{\text{ges}}(z_E) = -Mg + 2mg\,\frac{1}{2}\left(z_E^2 + d^2\right)^{-\frac{1}{2}} \cdot 2z_E = -Mg + \frac{2mgz_E}{\sqrt{z_E^2 + d^2}} \overset{!}{=} 0. \; \mathbb{O}$$

Für die Extremstellen folgt dann durch Umstellen:

$$\Longleftrightarrow \frac{z_E}{\sqrt{z_E^2 + d^2}} = \frac{M}{2m} \Longrightarrow z_E^2 = \frac{M^2}{4m^2}\left(z_E^2 + d^2\right) \Longleftrightarrow z_E^2 = \frac{\frac{M^2}{4m^2}d^2}{1 - \frac{M^2}{4m^2}} = d^2\frac{M^2}{4m^2 - M^2}$$

$$\Longrightarrow z_E = d\sqrt{\frac{M^2}{4m^2 - M^2}}. \; \mathbb{O}$$

Dabei macht der Fall $z_E < 0$ keinen Sinn (z ist eine Länge laut Zeichnung, keine Koordinate) und wird daher vernachlässigt. Untersuchen wir nun mit $V''_{\text{ges}}(z_E)$ das Extremum unter Verwendung der Quotientenregel:

$$V''_{\text{ges}}(z_E) = 0 + 2mg\frac{\mathrm{d}}{\mathrm{d}z}\left(\frac{z}{\sqrt{z^2 + d^2}}\right)\Bigg|_{z_E} = 2mg\frac{1 \cdot \sqrt{z^2 + d^2} - z\frac{1}{2\sqrt{z^2 + d^2}}2z}{z^2 + d^2}\Bigg|_{z_E} \; \mathbb{O}$$

$$= 2mg\frac{z^2 + d^2 - z^2}{\sqrt{z^2 + d^2}^{\,3}}\Bigg|_{z_E} = \frac{2mgd^2}{\sqrt{z^2 + d^2}^{\,3}}\Bigg|_{z_E} = \frac{2mgd^2}{\sqrt{d^2\frac{M^2}{4m^2 - M^2} + d^2}^{\,3}} > 0. \; \mathbb{O}$$

Das > 0 folgt, da $m, g, d, M > 0$ sind. Ergebnis: Für $V''_{\text{ges}}(z_E) > 0$ (hinreichendes Kriterium) hat V_{ges} bei $z_E = d\sqrt{\frac{M^2}{4m^2 - M^2}}$ ein Minimum $\mathbb{O}$ mit dem Wert

$$V_{\text{ges}}(z_E) = -Mgd\sqrt{\frac{M^2}{4m^2 - M^2}} - 2mg\left(\frac{L}{2} - \sqrt{d^2\frac{M^2}{4m^2 - M^2} + d^2}\right). \; \mathbb{O}$$

Anschaulich: Zieht man an der Uhr nach unten, so ändert sich der Winkel, mit dem der Draht an der Aufhängung zieht. Die vertikale Komponente der Zugkraft durch die Gewichte wird größer und die Uhr wird wieder hochgezogen. Umgekehrt nimmt beim Hochheben der Uhr die vom Draht ausgeübte Kraftkomponente ab (Winkel!), was beim Loslassen ebenfalls zu einer Rückkehr ins Gleichgewicht führt.

[H25] Energie-Impuls-Erhaltung   (2,5 + 1,5 = 4 Punkte)

Lösung: Wie die Überschrift verrät: Energie-Impuls-Erhaltung benutzen!

a) x ist die horizontale Auslenkung. Für $x = 0$ (linkes Bild in der Aufgabe) haben beide Federn jeweils die Ruhelänge ℓ_0, d. h. der Abstand zwischen den Wänden ist $2\ell_0$. Die Ausdehnung b einer Feder aus ihrer Ruhelage heraus (rechtes Bild) ist dann nach Pythagoras

$$\ell_0^2 + x^2 = (\ell_0 + b)^2 \implies b = \pm\sqrt{\ell_0^2 + x^2} - \ell_0,$$

wobei negatives b physikalisch natürlich hier nicht passt (das wäre Stauchung, wir dehnen aber). Daraus folgt aus Symmetriegründen das Potenzial des Sandsacks zu

$$V(x) = 2 \cdot \frac{\kappa}{2} b^2(x) = 2 \cdot \frac{\kappa}{2} \left(\sqrt{\ell_0^2 + x^2} - \ell_0\right)^2 . \; \textcircled{\scriptsize$\bullet$}$$

Direkt nach dem vollständig inelastischen Stoß des Projektils mit dem Sandsack, bei dem es natürlich steckenbleibt, haben beide nur kinetische Energie $\frac{1}{2}(m + M)u^2$, die sich dann in Federspannenergie umwandelt. Da alles auf gleicher Höhe passiert, geht das Lagepotenzial nicht ein, und der Energiesatz für die Federdehnung *nach* dem Stoß formuliert sich zu

$$\frac{1}{2}(m + M)u^2 = \kappa \left(\sqrt{\ell_0^2 + x_{\max}^2} - \ell_0\right)^2 , \; \textcircled{\scriptsize$\bullet$} \quad (*)$$

wobei u die Geschwindigkeit von Sandsack und eingedrungenem Projektil direkt nach dem Aufprall beschreibt und $x_{\max}$ die gesuchte maximale horizontale Auslenkung ist. u ist noch unbekannt, kann aber über den Impulssatz beim Stoß mit dem zunächst ruhenden Sandsack ermittelt werden:

$$mv_0 + 0 = (m + M)u \iff u = \frac{mv_0}{m + M} . \; \textcircled{\scriptsize$\bullet$}$$

Wir setzen u in den Energiesatz ($*$) ein und können schließlich nach x auflösen:

$$\implies \frac{(m + M)m^2 v_0^2}{2(m + M)^2} = \frac{m^2 v_0^2}{2(m + M)} = \kappa \left(\sqrt{\ell_0^2 + x_{\max}^2} - \ell_0\right)^2 .$$

Wurzelziehen, umstellen, quadrieren und erneut umstellen liefert die zu zeigende Formel:

$$\implies \frac{mv_0}{\sqrt{2(m+M)}} = \sqrt{\kappa}\left(\sqrt{\ell_0^2 + x_{max}^2} - \ell_0\right)$$

$$\iff \frac{mv_0}{\sqrt{2\kappa(m+M)}} + \ell_0 = \sqrt{\ell_0^2 + x_{max}^2}$$

$$\implies x_{max}^2 = \left(\frac{mv_0}{\sqrt{2\kappa(m+M)}} + \ell_0\right)^2 - \ell_0^2,$$

und entsprechend ist die maximale Auslenkung bei gegebenen Massen, Längen und Geschwindigkeiten

$$x_{max} = \sqrt{\left(\frac{mv_0}{\sqrt{2\kappa(m+M)}} + \ell_0\right)^2 - \ell_0^2}. \; \bullet$$

b) Beim Aufprall ist $V = 0$, da die Feder noch nicht gedehnt ist, und der Energiesatz beim vollständig inelastischen Stoß formuliert sich via

$$\frac{1}{2}mv_0^2 + 0 = \frac{1}{2}(m+M)u^2 + \Delta W \iff \Delta W = \frac{m}{2}v_0^2 - \frac{m+M}{2}u^2, \; \bullet$$

wobei ΔW den Energie „verlust" in Form von Deformation bezeichnet. Wir wissen aber aus a), dass $u = \frac{mv_0}{m+M}$ ist und setzen dies ein, wodurch sich direkt ein $(m+M)$ kürzt:

$$\Delta W = \frac{m}{2}v_0^2 - \frac{1}{2}\frac{m^2v_0^2}{(m+M)} = \frac{mv_0^2(m+M) - m^2v_0^2}{2(m+M)} = \frac{1}{2}\frac{mM}{m+M}v_0^2 =: \frac{1}{2}\mu v_0^2, \; \bullet$$

wobei wir im letzten Schritt gemäß Aufgabenstellung die sogenannte reduzierte Masse $\mu := \frac{mM}{m+M}$ ◗ eingeführt haben. Diese ist in der Mechanik bei Zweikörperproblemen von allergrößter Wichtigkeit.

[H26] Arbeit und Energie   (4 Punkte)

Lösung: Sofern das Kraftfeld ein Potenzial besitzt, können wir uns das allgemeine Arbeitsintegral sparen und stattdessen die Arbeit über die Potenzialdifferenz ausrechnen. Also zunächst Probe, ob $\nabla \times \vec{F} = \vec{0}$:

$$\nabla \times \vec{F} = \begin{pmatrix}\frac{\partial}{\partial x}\\\frac{\partial}{\partial y}\\\frac{\partial}{\partial z}\end{pmatrix} \times \begin{pmatrix}e^x\sqrt{y^2-1}\\e^x\frac{y}{\sqrt{y^2-1}}\\0\end{pmatrix} = \begin{pmatrix}0\\0\\\frac{\partial}{\partial x}\left[e^x\frac{y}{\sqrt{y^2-1}}\right] - \frac{\partial}{\partial y}\left[e^x\sqrt{y^2-1}\right]\end{pmatrix}$$

$$= \left(0, 0, e^x\frac{y}{\sqrt{y^2-1}} - e^x \cdot \frac{1}{2\sqrt{y^2-1}} \cdot 2y\right)^T = \vec{0}.$$

Folglich existiert ein Potenzial, welches wir per $\vec{F} = -\nabla V$ bestimmen. ◑
Es ist in der ersten Koordinate

$$F_1 = e^x \sqrt{y^2 - 1} = -\frac{\partial V}{\partial x} \iff V(x, y, z) = -e^x \sqrt{y^2 - 1} + A(y, z). \text{◑}$$

Durch Ableiten nach y und Vergleich mit F_2 können wir die „Konstante" $A(y, z)$ weiter spezifizieren:

$$\frac{\partial V}{\partial y} = -e^x \frac{y}{\sqrt{y^2 - 1}} + \frac{\partial A(y, z)}{\partial y} = -F_2 = -e^x \frac{y}{\sqrt{y^2 - 1}} \iff \frac{\partial A(y, z)}{\partial y} = 0,$$

woraus sofort $A(y, z) = B(z)$ folgt. ◑
Da die Kraft aber gar nicht von z abhängt, machen wir uns das Leben möglichst einfach und setzen $B(z) := 0$ und folglich $A(y, z) = 0$. Ergebnis:

$$V(x, y, z) = -e^x \sqrt{y^2 - 1}. \text{◑}$$

Somit ist die verrichtete Arbeit wegunabhängig, und wir können W über die Potenzialdifferenz ausrechnen:

$$W = -V\left(1, \tfrac{1}{2}(e + e^{-1}), 0\right) + V\left(-1, \tfrac{1}{2}(e + e^{-1}), 0\right) \text{◑}$$

$$= e^1 \sqrt{\tfrac{1}{4}(e + e^{-1})^2 - 1} - e^{-1} \sqrt{\tfrac{1}{4}(e + e^{-1})^2 - 1}$$

$$= \sqrt{\tfrac{1}{4}(e^2 + 1)^2 - e^2} - \sqrt{\tfrac{1}{4}(1 + e^{-2})^2 - e^{-2}}$$

$$= \sqrt{\tfrac{1}{4}e^4 + \tfrac{1}{2}e^2 + \tfrac{1}{4} - e^2} - \sqrt{\tfrac{1}{4} + \tfrac{1}{2}e^{-2} + \tfrac{1}{4}e^{-4} - e^{-2}}$$

$$= \sqrt{\tfrac{1}{4}(e^2 - 1)^2} - \sqrt{\tfrac{1}{4}(1 - e^{-2})^2} = \tfrac{1}{2}e^2 - \tfrac{1}{2} - \tfrac{1}{2} + \tfrac{1}{2}e^{-2} = \frac{e^2 + e^{-2} - 2}{2}$$

$$= \frac{(e - e^{-1})^2}{2}. \text{◑}$$

Schließlich formulieren wir noch den Energiesatz entlang des gegebenen Weges $\vec{r}(t) = \left(t, \frac{e^t + e^{-t}}{2}, 0\right)^{\mathsf{T}}$. Es ist $\dot{\vec{r}} = \left(1, \frac{e^t - e^{-t}}{2}, 0\right)^{\mathsf{T}}$ und entsprechend

$$E = \frac{m}{2}\dot{\vec{r}}^2 + V(\vec{r}(t)) = \frac{m}{2}\left[1 + \left(\frac{e^t - e^{-t}}{2}\right)^2\right] - e^t \sqrt{\left(\frac{e^t + e^{-t}}{2}\right)^2 - 1}. \text{●}$$

[H27] Kepler-Potenzial   **(1,5 + 2,5 = 4 Punkte)**

Lösung:

a) Das Potenzial $V(r) = -\frac{\alpha}{r}$ ist offensichtlich kugelsymmetrisch (hängt nur von radialer Koordinate r ab), somit ist der Drehimpuls erhalten. Ebenso ist das Potenzial zeitunabhängig, also ist auch die Energie erhalten. ◗
Aufgrund der Kugelsymmetrie wählen wir Kugelkoordinaten und stellen die Erhaltungsgrößen auf. Es sind

$$E = \frac{m}{2}\dot{\vec{r}}^2 + V(r) = \frac{m}{2}(\dot{r}^2 + r^2\dot{\theta}^2 + r^2\sin^2(\theta)\dot{\varphi}^2) - \frac{\alpha}{r}, \quad |\vec{L}| = mr^2\dot{\varphi}, \quad ◗$$

wobei wir $\dot{\vec{r}}^2$ für Kugelkoordinaten aus Kap. 6 und $|\vec{L}|$ aus Beispiel 12.14 übernommen haben. Zur Bestimmung des effektiven Potenzials können wir erneut argumentieren, dass sich bei Drehimpulserhaltung die Bahn (z. B. eines Planeten) wieder in einer Ebene befindet und wir entsprechend $\theta = \frac{\pi}{2}$ fest wählen können. Dann ist $\dot{\theta} = 0$ sowie $\sin(\theta) = 1$, und mit dem Drehimpuls können wir auch $\dot{\varphi}$ in E eliminieren:

$$E = \frac{m}{2}\left(\dot{r}^2 + r^2\frac{L^2}{m^2r^4}\right) - \frac{\alpha}{r} = \frac{m}{2}\dot{r}^2 + \frac{L^2}{2mr^2} - \frac{\alpha}{r} \quad \text{mit} \quad V_{\text{eff}} = \frac{L^2}{2mr^2} - \frac{\alpha}{r}. \quad ◗$$

b) Wenn $\vec{\mathcal{M}}$ zeitlich erhalten ist, muss $\frac{d\vec{\mathcal{M}}}{dt} = \vec{0}$ sein. Dies ist zu überprüfen:

$$\frac{d\vec{\mathcal{M}}}{dt} = \frac{d}{dt}\left(\dot{\vec{r}} \times \vec{L} - \alpha\frac{\vec{r}}{r}\right) = \ddot{\vec{r}} \times \vec{L} + \dot{\vec{r}} \times \dot{\vec{L}} - \alpha\frac{\dot{\vec{r}}}{r} + \alpha\dot{r}\frac{\vec{r}}{r^2},$$

wobei der zweite Term verschwindet, da ja der Drehimpuls (zeitlich) erhalten und folglich $\dot{\vec{L}} = \vec{0}$ ist. Im ersten Term taucht die Beschleunigung auf, die wir jedoch über $m\ddot{\vec{r}} = -\nabla V$ umschreiben können. Es ist $-\nabla V = +\alpha\nabla\frac{1}{r} = -\alpha\frac{1}{r^2}\frac{\vec{r}}{r}$, und somit folgt

$$\frac{d\vec{\mathcal{M}}}{dt} = -\frac{\alpha}{mr^2}\frac{\vec{r}}{r} \times [m(\vec{r} \times \dot{\vec{r}})] - \alpha\frac{\dot{\vec{r}}}{r} + \alpha\dot{r}\frac{\vec{r}}{r^2} = -\frac{\alpha}{r^3}\vec{r} \times (\vec{r} \times \dot{\vec{r}}) - \alpha\frac{\dot{\vec{r}}}{r} + \alpha\dot{r}\frac{\vec{r}}{r^2}. \quad ●$$

Die bac-cab-Regel hilft beim doppelten Kreuzprodukt:

$$\frac{d\vec{\mathcal{M}}}{dt} = -\frac{\alpha}{r^3}(\vec{r}(\vec{r} \cdot \dot{\vec{r}}) - \dot{\vec{r}}r^2) - \alpha\frac{\dot{\vec{r}}}{r} + \alpha\dot{r}\frac{\vec{r}}{r^2}$$

$$= -\frac{\alpha}{r^3}\vec{r}(\vec{r} \cdot \dot{\vec{r}}) + \frac{\alpha\dot{\vec{r}}}{r} - \frac{\alpha\dot{\vec{r}}}{r} + \alpha\dot{r}\frac{\vec{r}}{r^2} = -\frac{\alpha}{r^3}\vec{r}(\vec{r} \cdot \dot{\vec{r}}) + \alpha\dot{r}\frac{\vec{r}}{r^2}. \quad ◗$$

Schließlich können wir verwenden (vgl. Kap. 6), dass $\dot{r} = \frac{d}{dt}|\vec{r}| = \frac{\vec{r} \cdot \dot{\vec{r}}}{|\vec{r}|} = \frac{\vec{r} \cdot \dot{\vec{r}}}{r}$, und es folgt

$$\frac{d\vec{\mathcal{M}}}{dt} = -\frac{\alpha}{r^3}\vec{r}(\vec{r} \cdot \dot{\vec{r}}) + \alpha\frac{(\vec{r} \cdot \dot{\vec{r}})}{r}\frac{\vec{r}}{r^2} = -\frac{\alpha}{r^3}\vec{r}(\vec{r} \cdot \dot{\vec{r}}) + \frac{\alpha}{r^3}\vec{r}(\vec{r} \cdot \dot{\vec{r}}) = 0. \quad ◗$$

Damit ist der Runge-Lenz-Vektor erhalten und steht ferner senkrecht auf dem Drehimpuls:

$$\vec{L} \cdot \vec{\mathcal{M}} = \vec{L} \cdot (\dot{\vec{r}} \times \vec{L}) - \frac{\alpha(\vec{L} \cdot \vec{r})}{r} = \dot{\vec{r}} \cdot (\vec{L} \times \vec{L}) - \frac{m\alpha}{r}((\vec{r} \times \dot{\vec{r}}) \cdot \vec{r})$$

$$= 0 - \frac{m\alpha}{r}(\vec{r} \times \vec{r}) \cdot \dot{\vec{r}} = 0 \quad \Longleftrightarrow \quad \vec{L} \perp \vec{\mathcal{M}}. \; \mathbb{O}$$

[H28] Pendelei   **(2 + 2 = 4 Punkte)**

Lösung:

a)   Lenkt man das Pendel wie in der Aufgabenstellung skizziert aus der Ruhelage nach rechts aus, so wird zum einen die Feder gestaucht, zum anderen wird das Fadenpendel angehoben, und die Masse gewinnt an Lageenergie. Im Kraftbild gesprochen: Die Masse erfährt zwei Rückstellkräfte, einmal die „Hangabtriebskraft" vom Fadenpendel und einmal die Federkraft,

$$-mg \sin(\varphi(t)) - \kappa s(t) = m\ddot{s}(t), \; \mathbb{O}$$

wobei $s(t)$ die translatorische Auslenkung aus der Ruhelage beschreibt (im Bild der Aufgabe entlang der horizontalen Achse). Nun besteht jedoch das Problem, dass Winkel $\varphi(t)$ und translatorische Koordinate $s(t)$ gleichzeitig auftauchen. Wir können aber über die Beziehung $s(t) = \ell\varphi(t)$ entlang des Bogens die Gleichung komplett auf die Winkelauslenkung $\varphi(t)$ ummünzen. Wegen $\ddot{s}(t) = \ell\ddot{\varphi}(t)$ folgt dann

$$-mg \sin(\varphi(t)) - \kappa\ell\varphi(t) = m\ell\ddot{\varphi}(t). \; \mathbb{O}$$

Sofern die Winkelauslenkung allerdings zu groß wird, entspricht der Bogen entlang der Pendelbahn nicht mehr der horizontalen Koordinate, weswegen der Hinweis der Aufgabe, dass um *kleine* Winkel $\varphi(t)$ ausgelenkt wird, hier schon das erste Mal wichtig ist. Umstellen liefert:

$$\ddot{\varphi} = -\frac{g}{\ell} \sin(\varphi) - \frac{\kappa}{m}\varphi,$$

was jedoch noch nicht nach $\ddot{\varphi} = -\omega_0^2\varphi$, nämlich der DGL des harmonischen Oszillators, aussieht. Wir können aber die Kleinwinkelnäherung des Sinus benutzen: $\sin(\varphi) \approx \varphi$, und dann folgt

$$\ddot{\varphi} \simeq -\frac{g}{\ell}\varphi - \frac{\kappa}{m}\varphi = -\left(\frac{g}{\ell} + \frac{\kappa}{m}\right)\varphi =: -\omega_0^2\varphi. \; \mathbb{O}$$

Ergebnis: Für kleine Winkel schwingt das System harmonisch mit der Eigenkreisfrequenz $\omega_0 = \sqrt{\frac{g}{\ell} + \frac{\kappa}{m}}$. $\mathbb{O}$

b) Wir müssen schauen, für welche Frequenz die Schwingungsgröße $x(t; \omega)$ aus Gl. (12.65) maximal wird. Schaut man sich diese an,

$$x(t; \omega) = A\mathrm{e}^{-\frac{\gamma}{2}t}\cos(\omega_\mathrm{D} t + \phi) + \frac{F_0}{m}\frac{\cos(\omega t)}{\sqrt{(\omega_0^2 - \omega^2)^2 + \gamma^2\omega}^2},$$

so ist der erste Term schon mal beschränkt (beschreibt ja die abklingende, gedämpfte Schwingung). Der Zähler des zweiten Terms ist ebenfalls beschränkt (zwischen -1 und $+1$). Wir müssen also schauen, wann der Nenner minimal wird. Eine Wurzel wird genau dann minimal, wenn der Term unter der Wurzel minimal wird (ist aber hier immer größer null durch die Quadrate). Wir bestimmen daher das Minimum aus der Funktion $f(\omega) = (\omega_0^2 - \omega^2)^2 + \gamma^2\omega^2$. ◗
Es sind

$$f'(\omega) = 2(-2\omega)(\omega_0^2 - \omega^2) + 2\gamma^2\omega = -4\omega\omega_0^2 + 4\omega^3 + 2\gamma^2\omega = 0$$
$$\Longleftrightarrow \omega(-2\omega_0^2 + 2\omega^2 + \gamma^2) = 0, \quad ◗$$

was durch $\omega = 0$ (Randmaximum) oder durch $(\dots) = 0$ gelöst wird. Löst man die zweite Bedingung nach ω, so erhält man:

$$2\omega^2 = 2\omega_0^2 - \gamma^2 \implies \omega_\mathrm{res} = \sqrt{\omega_0^2 - \frac{\gamma^2}{2}}. \quad ◗$$

Dies ist die Frequenz, bei der der Nenner minimal und folglich die Schwingungsgröße maximal wird. Mit den gegebenen bzw. in a) abgeleiteten Größen ergibt sich schließlich hier für die Resonanzfrequenz

$$\omega_\mathrm{res} = \sqrt{\omega_0^2 - \frac{0{,}04\omega_0^2}{2}} = \sqrt{0{,}98\omega_0^2} = \sqrt{0{,}98}\sqrt{\frac{g}{\ell} + \frac{\kappa}{m}}. \quad ◗$$

[H29] Lineares Molekül   **(5 Punkte)**

Lösung: Abklappern des gesamten Fahrplans wie in Abschn. 12.6.5. Wir beginnen mit dem Aufstellen des Potenzials und bezeichnen mit η_1, η_2 und η_3 die Auslenkungen der einzelnen Massen aus der Ruhelage. Dadurch brauchen wir uns um die Ruhelängen ℓ nicht zu scheren. Sofern $\eta_1 = \eta_2$, wird die linke Feder nicht ausgelenkt, für $\eta_2 = \eta_3$ wird entsprechend die rechte Feder nicht ausgelenkt. Dadurch folgt das Potenzial zu

$$V(\eta_1, \eta_2, \eta_3) = \frac{\kappa}{2}((\eta_1 - \eta_2)^2 + (\eta_2 - \eta_3)^2) = \frac{\kappa}{2}(\eta_1^2 - 2\eta_1\eta_2 + 2\eta_2^2 - 2\eta_2\eta_3 + \eta_3^2).$$

Wir führen den abstrakten Vektor $\vec{\eta} = (\eta_1, \eta_2, \eta_3)^{\mathsf{T}}$ ein und schreiben das Potenzial in Matrixdarstellung:

$$V(\vec{\eta}) = \frac{\kappa}{2}(\eta_1, \eta_2, \eta_3) \cdot \begin{pmatrix} 1 & -1 & 0 \\ -1 & 2 & -1 \\ 0 & -1 & 1 \end{pmatrix} \cdot \begin{pmatrix} \eta_1 \\ \eta_2 \\ \eta_3 \end{pmatrix} = \frac{\kappa}{2}\vec{\eta}^{\mathsf{T}} \cdot A \cdot \vec{\eta}, \; \text{❶}$$

hierbei darauf achtend, dass die Vorfaktoren der gemischten Terme der V-Quadrik symmetrisch in der Matrix aufgeteilt werden. Hiermit können wir nun die Bewegungsgleichungen per $M\ddot{\vec{\eta}} = -\nabla_{\vec{\eta}}V(\vec{\eta})$ aufstellen (M nun Massenmatrix):

$$\begin{pmatrix} m & 0 & 0 \\ 0 & 4m & 0 \\ 0 & 0 & m \end{pmatrix} \cdot \begin{pmatrix} \ddot{\eta}_1 \\ \ddot{\eta}_2 \\ \ddot{\eta}_3 \end{pmatrix} = -\kappa \begin{pmatrix} 1 & -1 & 0 \\ -1 & 2 & -1 \\ 0 & -1 & 1 \end{pmatrix} \cdot \begin{pmatrix} \eta_1 \\ \eta_2 \\ \eta_3 \end{pmatrix} \cdot \text{❶}$$

Wir führen die „gewurzelten" Matrizen

$$\mathcal{M} = \sqrt{m}\begin{pmatrix} 1 & 0 & 0 \\ 0 & 2 & 0 \\ 0 & 0 & 1 \end{pmatrix}, \quad \mathcal{M}^{-1} = \frac{1}{\sqrt{m}}\begin{pmatrix} 1 & 0 & 0 \\ 0 & \frac{1}{2} & 0 \\ 0 & 0 & 1 \end{pmatrix}$$

ein und kommen per $\vec{u} = \mathcal{M} \cdot \vec{\eta}$ auf Gl. (12.71): $\ddot{\vec{u}} = -\kappa\mathcal{M}^{-1} \cdot A \cdot \mathcal{M}^{-1} \cdot \vec{u}$. Dabei ist $\mathcal{M}^{-1} \cdot A \cdot \mathcal{M}^{-1}$

$$\frac{1}{m}\begin{pmatrix} 1 & 0 & 0 \\ 0 & \frac{1}{2} & 0 \\ 0 & 0 & 1 \end{pmatrix} \cdot \begin{pmatrix} 1 & -1 & 0 \\ -1 & 2 & -1 \\ 0 & -1 & 1 \end{pmatrix} \cdot \begin{pmatrix} 1 & 0 & 0 \\ 0 & \frac{1}{2} & 0 \\ 0 & 0 & 1 \end{pmatrix} = \frac{1}{m}\begin{pmatrix} 1 & -\frac{1}{2} & 0 \\ -\frac{1}{2} & \frac{1}{2} & -\frac{1}{2} \\ 0 & -\frac{1}{2} & 1 \end{pmatrix} \cdot$$

Zwischenergebnis:

$$\begin{pmatrix} \ddot{u}_1 \\ \ddot{u}_2 \\ \ddot{u}_3 \end{pmatrix} = -\frac{\kappa}{2m}\begin{pmatrix} 2 & -1 & 0 \\ -1 & 1 & -1 \\ 0 & -1 & 2 \end{pmatrix} \cdot \begin{pmatrix} u_1 \\ u_2 \\ u_3 \end{pmatrix} =: -\frac{\kappa}{2m}H \cdot \vec{u}. \; \text{❶}$$

Wir lösen dieses gekoppelte DGL-System nun per Diagonalisierung von H und Hauptachsentransformation. Eigenwerte von H sind:

$$\det(H - \lambda\mathbb{1}) = \det\begin{pmatrix} 2-\lambda & -1 & 0 \\ -1 & 1-\lambda & -1 \\ 0 & -1 & 2-\lambda \end{pmatrix} = (2-\lambda)^2(1-\lambda) - 2(2-\lambda)$$

$$= (2-\lambda)[(2-\lambda)(1-\lambda) - 2] = (2-\lambda)\lambda(\lambda - 3) = 0.$$

Damit folgen als Eigenwerte $\lambda_1 = 0$, $\lambda_2 = 2$ und $\lambda_3 = 3$. ❶
Für den Eigenvektor mit $\lambda_1 = 0$ ergibt sich:

$$\begin{pmatrix} 2 & -1 & 0 & | & 0 \\ -1 & 1 & -1 & | & 0 \\ 0 & -1 & 2 & | & 0 \end{pmatrix} \begin{matrix} + \\ + & | \cdot 2 \\ {} \end{matrix} \longrightarrow \begin{pmatrix} 2 & -1 & 0 & | & 0 \\ 0 & 1 & -2 & | & 0 \\ 0 & -1 & 2 & | & 0 \end{pmatrix} \begin{matrix} + \\ {} \\ + \end{matrix} \longrightarrow \begin{pmatrix} 2 & -1 & 0 & | & 0 \\ 0 & 1 & -2 & | & 0 \\ 0 & 0 & 0 & | & 0 \end{pmatrix},$$

also folgt der normierte Eigenvektor $\vec{f}_1 = \frac{1}{\sqrt{6}}(1, 2, 1)^\mathsf{T}$. ◗
Für $\lambda_2 = 2$ erhalten wir das LGS

$$
\begin{pmatrix} 0 & -1 & 0 & \big| & 0 \\ -1 & -1 & -1 & \big| & 0 \\ 0 & -1 & 0 & \big| & 0 \end{pmatrix} \begin{matrix} + \\ \\ + \mid \cdot (-1) \end{matrix} \longrightarrow \begin{pmatrix} 0 & -1 & 0 & \big| & 0 \\ -1 & -1 & -1 & \big| & 0 \\ 0 & 0 & 0 & \big| & 0 \end{pmatrix},
$$

womit sich $\vec{f}_2 = \frac{1}{\sqrt{2}}(-1, 0, 1)^\mathsf{T}$ ergibt. ◗
Den dritten erhalten wir per Kreuzprodukt: $\vec{f}_1 \times \vec{f}_2 = \frac{1}{\sqrt{12}}(2, -2, 2)^\mathsf{T}$, d.h. $\vec{f}_3 = \frac{1}{\sqrt{3}}(1, -1, 1)^\mathsf{T}$. Nun kann ins Hauptachsensystem per Drehmatrix mit Eigenvektoren als Zeilen gewechselt werden, und wir erhalten das entkoppelte DGL-System $\ddot{\vec{u}}' = -\frac{\kappa}{2m} H' \cdot \vec{u}'$:

$$
\begin{pmatrix} \ddot{u}_1' \\ \ddot{u}_2' \\ \ddot{u}_3' \end{pmatrix} = -\frac{\kappa}{2m} \begin{pmatrix} 0 & 0 & 0 \\ 0 & 2 & 0 \\ 0 & 0 & 3 \end{pmatrix} \cdot \begin{pmatrix} u_1' \\ u_2' \\ u_3' \end{pmatrix} \iff \begin{matrix} \ddot{u}_1'(t) = 0 \\ \ddot{u}_2'(t) = -\frac{\kappa}{m} u_2'(t) \\ \ddot{u}_3'(t) = -\frac{3\kappa}{2m} u_3'(t) \end{matrix} \ ◗
$$

mit den Lösungen

$$
u_1'(t) = At + B, \quad u_2'(t) = C\cos(\omega_2 t + \phi_2), \quad u_3'(t) = D\cos(\omega_3 t + \phi_3) \ ◗
$$

sowie den Eigenfrequenzen $\omega_2 = \sqrt{\frac{\kappa}{m}}$ und $\omega_3 = \sqrt{\frac{3\kappa}{2m}}$. $\omega_1 = 0$ bedeutet keine Schwingung, sondern Translation, wie wir gleich sehen werden. ◗
Zunächst transformieren wir zurück ins $\vec{u}$-System via $\vec{u} = D^\mathsf{T} \vec{u}'$ und erhalten sofort

$$
\vec{u}(t) = u_1'(t)\vec{f}_1 + u_2'(t)\vec{f}_2 + u_3'(t)\vec{f}_3
$$
$$
= (C_1 t + C_2) \begin{pmatrix} 1 \\ 2 \\ 1 \end{pmatrix} + C_3\cos(\omega_2 t + \phi_2) \begin{pmatrix} -1 \\ 0 \\ 1 \end{pmatrix} + C_4\cos(\omega_3 t + \phi_3) \begin{pmatrix} 1 \\ -1 \\ 1 \end{pmatrix},
$$

wobei wir Normierungsfaktoren der Einheitsvektoren in die neuen Konstanten C_1, C_2, C_3, C_4 gezogen haben. Das ist die Lösung im abstrakten $\vec{u}$-Raum. Letzter Schritt: Transformiere in den $\vec{\eta}$-Raum per $\vec{\eta} = \mathcal{M}^{-1} \cdot \vec{u}$ und interpretiere die Lösung:

$$
\vec{\eta} = \mathcal{M}^{-1} \cdot \vec{u} = \frac{1}{\sqrt{m}} \begin{pmatrix} 1 & 0 & 0 \\ 0 & \frac{1}{2} & 0 \\ 0 & 0 & 1 \end{pmatrix} \cdot \begin{pmatrix} u_1 \\ u_2 \\ u_3 \end{pmatrix}
$$
$$
= (D_1 t + D_2) \begin{pmatrix} 1 \\ 1 \\ 1 \end{pmatrix} + D_3\cos(\omega_2 t + \phi_2) \begin{pmatrix} -1 \\ 0 \\ 1 \end{pmatrix} + D_4\cos(\omega_3 t + \phi_3) \begin{pmatrix} 1 \\ -\frac{1}{2} \\ 1 \end{pmatrix}. \ ◗
$$

Das sind die Eigenmoden des Systems mit Eigenfrequenzen $\omega_2 = \sqrt{\frac{\kappa}{m}}$ und $\omega_3 = \sqrt{\frac{3\kappa}{2m}}$. Der erste Term beschreibt die Verschiebung der Gleichgewichtslagen aller drei Massen in die gleiche Richtung um den gleichen Betrag, was nichts anderes als die Translation der Gesamtkonstellation darstellt. Die anderen beiden Terme beschreiben Schwingungen.

[H30] Der Rotor   **(1,5 + 2,5 + 1 = 5 Punkte)**

Lösung:

a) Das Gesamtträgheitsmoment des Rotors vor dem Stoß ergibt sich aus dem der Stange plus der beiden (ausgedehnten!) Kugeln: $J_{ges,vor} = J_{St} + 2 \cdot J_K$, wobei der Faktor 2 aus Symmetriegründen folgt. ◐
   Das Trägheitsmoment J der Stange aus dem Hinweis bezieht sich leider auf eine Drehachse, die nicht durch den Schwerpunkt geht. Über Steiner bekommen wir aber das Trägheitsmoment bzgl. des Schwerpunktes:

$$J = J_{St} + m_{St}\left(\frac{\ell}{2}\right)^2 \iff J_{St} = J - m_{St}\left(\frac{\ell}{2}\right)^2 = \frac{1}{3}m_{St}\ell^2 - \frac{1}{4}m_{St}\ell^2 = \frac{1}{12}m_{St}\ell^2. ◐$$

Für die Kugeln benutzen wir ebenfalls Steiner: $J_K = J_{K,S} + md^2$, wobei $J_{K,S} = \frac{2}{5}MR^2$ aus Beispiel 12.28 das Trägheitsmoment bzgl. der Schwerpunktsrotation ist und $d = \frac{\ell}{2} + R$ den Abstand des Kugelschwerpunktes vom Drehpunkt des Systems (= Schwerpunkt des Gesamtsystems) bezeichnet. Es folgt:

$$J_{ges,vor} = J_{St} + 2J_K = \frac{1}{12}m_{St}\ell^2 + 2 \cdot \frac{2}{5}MR^2 + 2 \cdot M\left(\frac{\ell}{2} + R\right)^2. ◐$$

b) Der Rotor ruht, also ist sein Drehimpuls vor dem Stoß $\vec{L}_{rot,vor} = \vec{0}$. Der Drehimpuls der Knetkugel unmittelbar vor dem Aufprall ist:

$$\vec{L}_{m,vor} = \vec{r}_{m,vor} \times \vec{p}_{m,vor} = \frac{\ell}{2}\vec{e}_1 \times mv_0(-\vec{e}_2) = -\frac{m}{2}\ell v_0\vec{e}_3,$$

und dies ist gleichzeitig der gesamte Drehimpuls vorher:

$$\vec{L}_{ges,vor} = \vec{L}_{m,vor} = -\frac{m}{2}\ell v_0\vec{e}_3. ●$$

Das Massenträgheitsmoment nach dem Aufprall und Klebenbleiben der kleinen Knetkugel ändert sich nach dem Stoß zu

$$J_{ges,nach} = J_{ges,vor} + m\left(\frac{\ell}{4}\right)^2 = \frac{1}{12}m_{St}\ell^2 + 2 \cdot \frac{2}{5}MR^2 + 2 \cdot M\left(\frac{\ell}{2} + R\right)^2 + m\frac{\ell^2}{16}.$$

Der Drehimpuls für den Rotor mit der Knetkugel nach dem Stoß beträgt dann

$$\vec{L}_{ges,nach} = J_{ges,nach} \cdot \vec{\omega} = -J_{ges,nach} \cdot 2\pi f\vec{e}_3, ◐$$

da im Uhrzeigersinn gedreht wird und folglich $\vec{L}_{\text{ges,nach}}$ bzw. $\vec{\omega}$ in Richtung $-\vec{e}_3$ zeigt. Aus der Drehimpulserhaltung folgt schließlich die Rotationsfrequenz f:

$$\vec{L}_{\text{ges,vor}} = \vec{L}_{\text{ges,nach}} \iff -\frac{m}{2}\ell v_0 \vec{e}_3 = -J_{\text{ges,nach}} \cdot 2\pi f \vec{e}_3 \; \circ$$

$$\implies f = \frac{m\ell v_0}{4\pi J_{\text{ges,nach}}} = \frac{m\ell v_0}{4\pi\left(\frac{1}{12}m_{\text{St}}\ell^2 + 2\cdot\frac{2}{5}MR^2 + 2\cdot M\left(\frac{\ell}{2}+R\right)^2 + m\frac{\ell^2}{16}\right)} \; . \; \circ$$

c) Die innere Energie ΔW ist die Differenz aus der Energie vor und nach dem Aufprall: $\Delta W = E_{\text{ges,vor}} - E_{\text{ges,nach}}$. Der gesuchte Anteil ergibt sich aus dem Quotienten von innerer Energie und der Energie vor dem Aufprall. Die Energie des Systems vor dem Aufprall besteht nur aus der kinetischen Energie der Knetkugel, hinterher aus der Rotationsenergie von Hantel und Knetkugel:

$$\frac{\Delta W}{E_{\text{ges,vor}}} = \frac{E_{\text{ges,vor}} - E_{\text{ges,nach}}}{E_{\text{ges,vor}}} = 1 - \frac{E_{\text{ges,nach}}}{E_{\text{ges,vor}}} = 1 - \frac{\frac{1}{2}J_{\text{ges,nach}}\omega^2}{\frac{1}{2}mv_0^2}$$

$$= 1 - \frac{J_{\text{ges,nach}}(2\pi f)^2}{mv_0^2} = 1 - \frac{J_{\text{ges,nach}}4\pi^2\left(\frac{m\ell v_0}{4\pi J_{\text{ges,nach}}}\right)^2}{mv_0^2} = 1 - \frac{\frac{m\ell^2}{4}}{J_{\text{ges,nach}}} \; . \; \bullet$$

[H31] Gewitterwolke   **(2 + 2 = 4 Punkte)**

Lösung:

a) Die Gesamtladung im Raum ergibt sich als Integral über die Ladungsdichte:

$$Q_{\text{ges}} = \int_{\mathbb{R}^3} \mathrm{d}^3 x\, \varrho(\vec{x}) = \frac{q}{\sqrt{\pi}^3 a^3} \int_{-\infty}^{+\infty} \mathrm{d}x \int_{-\infty}^{+\infty} \mathrm{d}y \int_{-\infty}^{+\infty} \mathrm{d}z\, \mathrm{e}^{-\frac{(x-x_0)^2 + (y-y_0)^2 + (z-z_0)^2}{a^2}} .$$

Nun folgt ein dreifacher Verschiebetrick $x \to x + x_0$, $y \to y + y_0$, und $z \to z + z_0$ und es folgt:

$$Q_{\text{ges}} = \frac{q}{\sqrt{\pi}^3 a^3} \int_{-\infty}^{+\infty} \mathrm{d}x \int_{-\infty}^{+\infty} \mathrm{d}y \int_{-\infty}^{+\infty} \mathrm{d}z\, \mathrm{e}^{-\frac{x^2 + y^2 + z^2}{a^2}} \; . \; \circ$$

Offensichtlich bieten sich nun Kugelkoordinaten mit $r^2 = x^2 + y^2 + z^2$ und $\mathrm{d}^3 x = \mathrm{d}r\, r^2\, \mathrm{d}\cos(\theta)\, \mathrm{d}\varphi$ an:

$$Q_{\text{ges}} = \frac{q}{\sqrt{\pi}^3 a^3} \int_0^\infty \mathrm{d}r\, r^2 \int_{-1}^{+1} \mathrm{d}\cos(\theta) \int_0^{2\pi} \mathrm{d}\varphi\, \mathrm{e}^{-\frac{r^2}{a^2}}$$

$$= \frac{4\pi q}{\sqrt{\pi}^3 a^3} \int_0^\infty \mathrm{d}r\, r^2 \mathrm{e}^{-\frac{r^2}{a^2}} \overset{r \to ar}{=} \frac{4\pi q}{\sqrt{\pi}^3} \int_0^\infty \mathrm{d}r\, r^2 \mathrm{e}^{-r^2} \; . \; \circ$$

Dieses Integral kann nun per Ableiten nach Parametern gelöst werden:

$$Q_{\text{ges}} = -\frac{4\pi q}{\sqrt{\pi}^3} \frac{\partial}{\partial \alpha} \int_0^\infty \mathrm{d}r \, e^{-\alpha r^2} \Bigg|_{\alpha=1} .$$

Das Integral $\int_{-\infty}^\infty \mathrm{d}r \, e^{-\alpha r^2} = \sqrt{\frac{\pi}{\alpha}}$ kennen wir aus Kap. 5. Da die Funktion $e^{-\alpha r^2}$ aber achsensymmetrisch ist (Gauß-Kurve!), folgt $\int_0^\infty \mathrm{d}r \, e^{-\alpha r^2} = \frac{1}{2}\sqrt{\frac{\pi}{\alpha}}$, und wir erhalten die Gesamtladung:

$$Q_{\text{ges}} = -\frac{4\pi q}{\sqrt{\pi}^3} \frac{\partial}{\partial \alpha} \left[\frac{1}{2}\sqrt{\frac{\pi}{\alpha}} \right]\Bigg|_{\alpha=1} = -\frac{2\pi q \sqrt{\pi}}{\sqrt{\pi}^3} \frac{\partial}{\partial \alpha} \alpha^{-\frac{1}{2}} \Bigg|_{\alpha=1}$$

$$= -2q \left(-\frac{1}{2} \right) \alpha^{-\frac{3}{2}} \Bigg|_{\alpha=1} = q. \ \bullet$$

b) Es ist nun $\vec{x}_0 = \vec{v}_0 t$ mit $\vec{v}_0 = (v_1, 0, -v_3)^\mathsf{T}$. Da sich die gesamte Ladungsverteilung mit $\vec{v}_0$ bewegt, lässt sich eine Stromdichte $\vec{j} = \varrho \vec{v}_0$ zuordnen. Dann können wir den Strom I durch die x-y-Ebene bzw. $z = 0$-Ebene per Oberflächenintegral berechnen, wobei $\mathrm{d}\vec{f} = \mathrm{d}x \, \mathrm{d}y \, \vec{e}_3$ benutzt werden kann:

$$I = \int_{\mathcal{F}} \mathrm{d}\vec{f} \cdot \vec{j} = \int_{-\infty}^{+\infty} \mathrm{d}x \int_{-\infty}^{+\infty} \mathrm{d}y \underbrace{\vec{e}_3 \cdot \varrho \vec{v}_0}_{=-\varrho v_3} \Big|_{z=0}$$

$$= -\frac{q v_3}{\sqrt{\pi}^3 a^3} \int_{-\infty}^{+\infty} \mathrm{d}x \int_{-\infty}^{+\infty} \mathrm{d}y \, e^{-\frac{(x-v_1 t)^2 + (y-0)^2 + (0+v_3 t)^2}{a^2}} . \ \mathbb{O}$$

Per Verschiebetrick $x \to x + v_1 t$ können wir das erste Quadrat im Exponenten vereinfachen, ferner kann $e^{-\left(\frac{v_3 t}{a}\right)^2}$ aus dem Integral herausgezogen werden. Für das Lösen des Integrals wählen wir Polarkoordinaten:

$$I = -\frac{q v_3}{\sqrt{\pi}^3 a^3} e^{-\left(\frac{v_3 t}{a}\right)^2} \int_{-\infty}^{+\infty} \mathrm{d}x \int_{-\infty}^{+\infty} \mathrm{d}y \, e^{-\frac{x^2+y^2}{a^2}}$$

$$= -\frac{q v_3}{\sqrt{\pi}^3 a^3} e^{-\left(\frac{v_3 t}{a}\right)^2} \int_0^\infty \mathrm{d}r \, r \int_0^{2\pi} \mathrm{d}\varphi \, e^{-\frac{r^2}{a^2}} \ \mathbb{O}$$

$$\overset{r \to ar}{=} -\frac{2\pi q v_3}{\sqrt{\pi}^3 a} e^{-\left(\frac{v_3 t}{a}\right)^2} \int_0^\infty \mathrm{d}r \, r e^{-r^2} = +\frac{2\pi q v_3}{\sqrt{\pi}^3 a} e^{-\left(\frac{v_3 t}{a}\right)^2} \frac{1}{2} e^{-r^2} \Bigg|_0^\infty$$

$$= -\frac{q v_3}{\sqrt{\pi} a} e^{-\left(\frac{v_3 t}{a}\right)^2} . \ \bullet$$

Das ist der Strom durch die x-y-Ebene.

[H32] Herstellaufgabe **(2,5 + 1,5 = 4 Punkte)**

Lösung: Maxwell-Gleichungen abklappern.

a) Wir starten mit Max3:

$$\nabla \times \vec{E} = \begin{pmatrix} \frac{\partial}{\partial x} \\ \frac{\partial}{\partial y} \\ \frac{\partial}{\partial z} \end{pmatrix} \times \alpha e^{-\beta t} \begin{pmatrix} x^2 + z^2 \\ -y^2 + z^2 \\ xy \end{pmatrix} = \alpha e^{-\beta t} \begin{pmatrix} x - 2z \\ 2z - y \\ 0 \end{pmatrix} \overset{!}{=} -\frac{\partial \vec{B}}{\partial t}.$$

Integration liefert mit $\vec{B}(\vec{r}, 0) = \vec{0}$, da das einfachst mögliche Feld gefragt ist:

$$\vec{B}(\vec{r}, t) = \frac{\alpha}{\beta} e^{-\beta t} (x - 2z, 2z - y, 0)^{\mathsf{T}}. \; \bullet$$

Nun geht es weiter mit Max1 und der Ladungsdichte-Bestimmung:

$$\nabla \cdot \vec{E} = \alpha e^{-\beta t} (2x - 2y + 0) = 2\alpha e^{-\beta t} (x - y) \overset{!}{=} \frac{\varrho}{\varepsilon_0}.$$

Umstellen liefert die das $\vec{E}$-Feld erzeugende Ladungsdichte:

$$\varrho(\vec{r}, t) = 2\alpha \varepsilon_0 e^{-\beta t} (x - y). \; \circ$$

Die das $\vec{B}$-Feld herstellende Stromdichte bekommen wir über Max4:

$$\nabla \times \vec{B} = \frac{1}{c^2} \frac{\partial \vec{E}}{\partial t} + \frac{1}{\varepsilon_0 c^2} \vec{j} \iff \vec{j} = \varepsilon_0 c^2 \nabla \times \vec{B} - \varepsilon_0 \dot{\vec{E}}.$$

Wir setzen die beiden Felder ein und erhalten die Stromdichte:

$$\vec{j} = \varepsilon_0 c^2 \begin{pmatrix} \frac{\partial}{\partial x} \\ \frac{\partial}{\partial y} \\ \frac{\partial}{\partial z} \end{pmatrix} \times \frac{\alpha}{\beta} e^{-\beta t} \begin{pmatrix} x - 2z \\ 2z - y \\ 0 \end{pmatrix} - \varepsilon_0 \frac{\partial}{\partial t} \alpha e^{-\beta t} \begin{pmatrix} x^2 + z^2 \\ -y^2 + z^2 \\ xy \end{pmatrix}$$

$$= \frac{\alpha}{\beta} \varepsilon_0 c^2 e^{-\beta t} (-2, -2, 0)^{\mathsf{T}} + \varepsilon_0 \alpha \beta e^{-\beta t} (x^2 + z^2, -y^2 + z^2, xy)^{\mathsf{T}}. \; \bullet$$

b) Wir müssen noch Max4 überprüfen:

$$\nabla \cdot \vec{B} = \frac{\alpha}{\beta} e^{-\beta t} \nabla \cdot (x - 2z, 2z - y, 0)^{\mathsf{T}} = \frac{\alpha}{\beta} e^{-\beta t} (1 - 1) = 0, \; \circ$$

passt! Und die Konti-Gleichung? Da ist

$$\nabla \cdot \vec{j} = \nabla \cdot \left(\frac{\alpha}{\beta} \varepsilon_0 c^2 e^{-\beta t} (-2, -2, 0)^{\mathsf{T}} + \varepsilon_0 \alpha \beta e^{-\beta t} (x^2 + z^2, -y^2 + z^2, xy)^{\mathsf{T}} \right)$$

$$= 0 + \varepsilon_0 \alpha \beta e^{-\beta t} \nabla \cdot (x^2 + z^2, -y^2 + z^2, xy)^{\mathsf{T}} = \varepsilon_0 \alpha \beta e^{-\beta t} (2x - 2y) \; \circ$$

und $\dot{\varrho} = -2\alpha\beta\varepsilon_0 e^{-\beta t}(x - y)$, was in Summe

$$\nabla \cdot \vec{j} + \dot{\varrho} = \varepsilon_0 \alpha\beta e^{-\beta t}(2x - 2y) - 2\alpha\beta\varepsilon_0 e^{-\beta t}(x - y)$$
$$= 2\varepsilon_0 \alpha\beta e^{-\beta t}(x - y) - 2\varepsilon_0 \alpha\beta e^{-\beta t}(x - y) = 0 \; \mathbb{O}$$

ist. Also ist die Konti-Gleichung auch erfüllt.

[H33] Yukawa-Potenzial   **(2 + 2 = 4 Punkte)**

Lösung:

a) Das elektrische Feld des Yukawa-Potenzials $\phi(r) = \frac{q}{4\pi\varepsilon_0 r} e^{-\frac{r}{a}}$ folgt über $\vec{E} = -\nabla\phi$. Da das Potenzial nur von der radialen Koordinate abhängt, wird der Gradient glücklicherweise recht einfach per $\nabla\phi = \phi'(r)\frac{\vec{r}}{r}$ berechnet:

$$\vec{E} = -\nabla\phi = -\frac{q}{4\pi\varepsilon_0}\left(-\frac{1}{r^2}e^{-\frac{r}{a}} - \frac{1}{ar}e^{-\frac{r}{a}}\right)\frac{\vec{r}}{r} = \frac{q}{4\pi\varepsilon_0}\left(1 + \frac{r}{a}\right)e^{-\frac{r}{a}}\frac{\vec{r}}{r^3}. \; \mathbb{O}$$

Das ist das elektrische Feld. Die zugehörige Ladungsdichte ϱ lässt sich über Max1 bzw. die Poisson-Gleichung $\Delta\phi = -\frac{\varrho}{\varepsilon_0}$ berechnen. Allerdings muss man nun wieder die Fälle $r = 0$ und $r \neq 0$ (außerhalb des Ursprungs) unterscheiden. Wir starten mit dem Außenraum, dann ergibt sich die Ladungsdichte durch erneutes Ableiten des $\vec{E}$-Feldes:

$$\nabla \cdot \vec{E} = \frac{q}{4\pi\varepsilon_0}\nabla\left[\left(1 + \frac{r}{a}\right)e^{-\frac{r}{a}}\right] \cdot \frac{\vec{r}}{r^3} + \frac{q}{4\pi\varepsilon_0}\left(1 + \frac{r}{a}\right)e^{-\frac{r}{a}}\left[\nabla \cdot \frac{\vec{r}}{r^3}\right].$$

Wir berechnen zunächst die Divergenz im letzten Term und sehen:

$$\nabla \cdot \frac{\vec{r}}{r^3} = \left(\nabla\frac{1}{r^3}\right) \cdot \vec{r} + \frac{1}{r^3}\nabla \cdot \vec{r} = -\frac{3}{r^4}\frac{\vec{r}}{r} \cdot \vec{r} + \frac{1}{r^3} \cdot 3 = -\frac{3}{r^3} + \frac{3}{r^3} = 0.$$

Damit folgt

$$\nabla \cdot \vec{E} = \frac{q}{4\pi\varepsilon_0}\nabla\left[\left(1 + \frac{r}{a}\right)e^{-\frac{r}{a}}\right] \cdot \frac{\vec{r}}{r^3} + 0 \; \mathbb{O}$$

$$= \frac{q}{4\pi\varepsilon_0}\left[\frac{1}{a}\frac{\vec{r}}{r}e^{-\frac{r}{a}} + \left(1 + \frac{r}{a}\right)\left(-\frac{1}{a}\right)e^{-\frac{r}{a}}\frac{\vec{r}}{r}\right] \cdot \frac{\vec{r}}{r^3}$$

$$= -\frac{q}{4\pi\varepsilon_0}\frac{r}{a^2}e^{-\frac{r}{a}}\frac{\vec{r}}{r} \cdot \frac{\vec{r}}{r^3} = -\frac{q}{4\pi\varepsilon_0 a^2 r}e^{-\frac{r}{a}} \stackrel{!}{=} \frac{\varrho_{\text{außen}}}{\varepsilon_0}. \; \mathbb{O}$$

Ergebnis: Außerhalb des Ursprungs ist $\varrho_{\text{außen}}(r) = -\frac{q}{4\pi a^2 r}e^{-\frac{r}{a}}$. $\mathbb{O}$

b) Wir ignorieren zunächst den Ursprung und berechnen die Gesamtladung für $r \neq 0$, hier natürlich in Kugelkoordinaten, mit Hilfe partieller Integration:

$$Q_{\text{außen}} = \int_{\mathbb{R}^3 \setminus \{\vec{0}\}} d^3x \, \varrho = -\frac{q}{4\pi a^2} \int_0^\infty dr \, r \, e^{-\frac{r}{a}} \int_0^\pi d\theta \, \sin(\theta) \int_0^{2\pi} d\varphi$$

$$= -\frac{4\pi q}{4\pi a^2} \int_0^\infty dr \, re^{-\frac{r}{a}} = -\frac{q}{a^2} \left(\left[-are^{-\frac{r}{a}} \right]_0^\infty - \int_0^\infty dr \, (-a)e^{-\frac{r}{a}} \right)$$

$$= -\frac{q}{a^2} \left(0 + a(-a)e^{-\frac{r}{a}} \Big|_0^\infty \right) = -\frac{q}{a^2} \cdot a^2 = -q. \; \bullet$$

Für den Fall $r = 0$ verwenden wir wie in Abschn. 11.2.3 den Satz von Gauß über das Kugelvolumen $\mathcal{K}$ mit zugehörigem $d\vec{f} = r^2 \, d\cos(\theta) \, d\varphi \, \vec{e}_r = r^2 \, d\cos(\theta) \, d\varphi \, \frac{\vec{r}}{r}$ und ziehen anschließend den Radius auf $r = 0$ zusammen:

$$\int_{\mathcal{K}} d^3x \, \Delta\phi = \int_{\mathcal{K}} d^3x \, \nabla \cdot (\nabla\phi) = \int_{\partial\mathcal{K}} d\vec{f} \cdot (\nabla\phi)$$

$$= \int_{-1}^1 d\cos(\theta) \int_0^{2\pi} d\varphi \, \frac{\vec{r}}{r} \cdot r^2 \left(-\frac{q}{4\pi\varepsilon_0} \left(1 + \frac{r}{a} \right) e^{-\frac{r}{a}} \frac{\vec{r}}{r^3} \right)$$

$$= -\frac{q}{4\pi\varepsilon_0} \int_{-1}^1 d\cos(\theta) \int_0^{2\pi} d\varphi \left(1 + \frac{r}{a} \right) e^{-\frac{r}{a}}$$

$$= -\frac{q}{\varepsilon_0} \left(1 + \frac{r}{a} \right) e^{-\frac{r}{a}} \overset{!}{=} -\frac{Q_{\text{innen}}}{\varepsilon_0}, \; \mathbb{O}$$

wobei das letzte Gleichheitszeichen aus der integralen Maxwell-Gleichung 1 folgt. Umstellen liefert $Q_{\text{innen}} = q \left(1 + \frac{r}{a} \right) e^{-\frac{r}{a}}$, und dies geht im Grenzwert $r \to 0$ gegen $Q(r = 0) = +q$, also positiv, während außerhalb des Ursprungs eine negative Gesamtladung zu finden ist! Die Gesamtladung über den gesamten Raum (inklusive Ursprung) ist somit $Q = q - q = 0$. Damit dies die Ladungsdichte möglich macht, muss schließlich für ϱ gelten:

$$\varrho = q\delta(\vec{r}) - \frac{q}{4\pi a^2 r} e^{-\frac{r}{a}}. \; \mathbb{O}$$

Wir haben es hier folglich mit einer abgeschirmten Punktladung im Ursprung zu tun.

[H34] Quadratische Leiterschleife   (3 + 1 = 4 Punkte)

Lösung: Satz von Biot-Savart (13.34).

a) Wir legen die quadratische Leiterschleife o. B. d. A. in die x-y-Ebene und zerlegen sie in vier Teilstücke. Berechne zunächst das Magnetfeld in $\vec{r} = \vec{0}$, welches vom Teilstück $x = \frac{a}{2} = \text{const.}$ und $-\frac{a}{2} \le y \le \frac{a}{2}$, d. h. vom „östlichen" Leiter, erzeugt wird. Als Parametrisierung bietet sich dann an:

$$\vec{r}\,' = \left(\frac{a}{2}, y, 0\right)^{\mathsf{T}}, \quad -\frac{a}{2} \le y \le \frac{a}{2} \text{ mit } \mathrm{d}\vec{r}\,' = \vec{e}_2\,\mathrm{d}y.$$

Nun können wir das Integral (13.34) aufstellen und erhalten

$$\vec{B}_{\mathrm{Ost}}(\vec{0}) = \frac{I}{4\pi\varepsilon_0 c^2} \int_C \mathrm{d}\vec{r}\,' \times \frac{\vec{0} - \vec{r}\,'}{|\vec{0} - \vec{r}\,'|^3} = -\frac{I}{4\pi\varepsilon_0 c^2} \int_{-\frac{a}{2}}^{+\frac{a}{2}} \mathrm{d}y\,\vec{e}_2 \times \frac{\left(\frac{a}{2}, y, 0\right)^{\mathsf{T}}}{\sqrt{\frac{a^2}{4} + y^2}^3}$$

$$= +\frac{I}{4\pi\varepsilon_0 c^2} \int_{-\frac{a}{2}}^{+\frac{a}{2}} \mathrm{d}y\, \frac{\frac{a}{2}\vec{e}_3}{\sqrt{\frac{a^2}{4} + y^2}^3} = \frac{I\frac{a}{2}\vec{e}_3}{4\pi\varepsilon_0 c^2 (\frac{a}{2})^3} \int_{-\frac{a}{2}}^{+\frac{a}{2}} \mathrm{d}y\, \frac{1}{\sqrt{1 + \frac{4}{a^2}y^2}^3}$$

$$\overset{y \to \frac{a}{2} y}{=} \frac{I(\frac{a}{2})^2}{4\pi\varepsilon_0 c^2 (\frac{a}{2})^3}\vec{e}_3 \int_{-1}^{1} \mathrm{d}y\, \frac{1}{\sqrt{1 + y^2}^3} = \frac{I}{2\pi\varepsilon_0 c^2 a}\vec{e}_3 \int_{-1}^{1} \mathrm{d}y\, \frac{1}{\sqrt{1 + y^2}^3}. \; \bullet$$

Dieses Integral sperrt sich heftig. Wir haben jedoch den Hinweis in der Aufgabe sträflich vernachlässigt und holen die „Vorbereitung" nun schnell nach. Es folgt per Quotientenregel:

$$\left[\frac{y}{\sqrt{y^2 + 1}}\right]' = \frac{1 \cdot \sqrt{y^2 + 1} - y \cdot \frac{2y}{2\sqrt{y^2+1}}}{y^2 + 1} = \frac{1}{\sqrt{y^2 + 1}} - \frac{y^2}{\sqrt{y^2 + 1}^3}$$

$$= \frac{y^2 + 1 - y^2}{\sqrt{y^2 + 1}^3} = \frac{1}{\sqrt{1 + y^2}^3}. \; \bullet$$

Schau mal an! Da kommt genau unser sperriger Integrand heraus. Das ist doch nett, somit folgt sofort:

$$\vec{B}_{\mathrm{Ost}}(\vec{0}) = \frac{I}{2\pi\varepsilon_0 c^2 a}\vec{e}_3 \int_{-1}^{1} \mathrm{d}y\, \frac{1}{\sqrt{1 + y^2}^3} = \frac{I}{2\pi\varepsilon_0 c^2 a}\vec{e}_3 \left. \frac{y}{\sqrt{y^2 + 1}} \right|_{-1}^{1} = \frac{I}{\sqrt{2}\pi\varepsilon_0 c^2 a}\vec{e}_3. \; \bullet$$

Da das Problem allerdings symmetrisch ist und alle vier Seiten entsprechend das gleiche $\vec{B}$-Feld beisteuern (sowohl vom Betrag als auch von der Richtung her), ist insgesamt

$$\vec{B}(\vec{0}) = 4 \cdot \vec{B}_{\mathrm{Ost}}(\vec{0}) = 2\sqrt{2}\frac{I}{\pi\varepsilon_0 c^2 a}\vec{e}_3. \; \bullet$$

b) Das Magnetfeld der Leiterschleife mit Radius $R = \frac{a}{2}$ können wir aus Beispiel 13.11 übernehmen. Dort war das Feld auf der z-Achse $\vec{B}_{\mathrm{L}}(z) = \frac{IR^2}{2\varepsilon_0 c^2} \frac{1}{\sqrt{R^2+z^2}^3} \cdot \vec{e}_3$. Für den Ursprung bedeutet dies

$$\vec{B}_{\mathrm{L}}(\vec{0}) = \frac{IR^2}{2\varepsilon_0 c^2} \frac{1}{R^3} \cdot \vec{e}_3 = \frac{I}{2\varepsilon_0 c^2 R} \cdot \vec{e}_3 = \frac{I}{\varepsilon_0 c^2 a} \cdot \vec{e}_3. \; \bullet$$

Nun vergleichen wir die Stärken der Magnetfelder, also deren Beträge:

$$\frac{B(\vec{0})}{B_L(\vec{0})} = \frac{2\sqrt{2}\frac{I}{\pi\varepsilon_0 c^2 a}}{\frac{I}{\varepsilon_0 c^2 a}} = \frac{2\sqrt{2}}{\pi} \iff \vec{B}(\vec{0}) = \frac{2\sqrt{2}}{\pi}B_L(\vec{0}).$$

Ergebnis: Das Feld der quadratischen Schleife ist um den Faktor $\frac{2\sqrt{2}}{\pi} \approx 0,9$ schwächer als das Feld, welches durch die kreisrunde Leiterschleife erzeugt wird. ◐

[H35] Paraxiale Wellengleichung   (4 Punkte)

Lösung: Setzt man $f(\vec{r})$ in den zeitunabhängigen Teil $\mathcal{E}(\vec{r}) = \vec{E}_0 f(\vec{r}) e^{-ikz}$ ein, so fällt der e^{ikz}-Teil schon mal weg:

$$\vec{\mathcal{E}}(\vec{r}) = \vec{E}_0 \frac{q(0)}{q(z)}\exp\left(-ik\frac{x^2+y^2}{2q(z)}\right)e^{ikz}e^{-ikz} = \vec{E}_0 \frac{q(0)}{q(z)}\exp\left(-ik\frac{x^2+y^2}{2q(z)}\right). \; ◐$$

Dies wird nun in die paraxiale Wellengleichung $\left(\frac{\partial^2}{\partial x^2} + \frac{\partial^2}{\partial y^2} - i \cdot 2k\frac{\partial}{\partial z}\right)\vec{\mathcal{E}}(\vec{r}) = \vec{0}$ eingesetzt und ihre Gültigkeit gezeigt. Wir müssen also „nur" ableiten. Los geht es:

$$\frac{\partial^2 \vec{\mathcal{E}}}{\partial x^2} = \vec{E}_0 \frac{q(0)}{q(z)}\frac{\partial^2}{\partial x^2}\left[e^{-ik\frac{x^2+y^2}{2q(z)}}\right] = \vec{E}_0 \frac{q(0)}{q(z)}\frac{\partial}{\partial x}\left[-\frac{ik}{2q(z)}\cdot 2x \cdot e^{-ik\frac{x^2+y^2}{2q(z)}}\right]$$

$$= \vec{E}_0 \frac{q(0)}{q(z)}\left(-\frac{ik}{q(z)}e^{-ik\frac{x^2+y^2}{2q(z)}} + \frac{i^2k^2}{q^2(z)}x^2 e^{-ik\frac{x^2+y^2}{2q(z)}}\right)$$

$$= \vec{E}_0 \frac{q(0)}{q(z)}\left(-\frac{ik}{q(z)} - \frac{k^2 x^2}{q^2(z)}\right)e^{-ik\frac{x^2+y^2}{2q(z)}}. \; ●$$

Die zweifache Ableitung nach y ist zyklisch, und es folgt sofort

$$\frac{\partial^2 \vec{\mathcal{E}}}{\partial y^2} = \vec{E}_0 \frac{q(0)}{q(z)}\left(-\frac{ik}{q(z)} - \frac{k^2 y^2}{q^2(z)}\right)e^{-ik\frac{x^2+y^2}{2q(z)}}. \; ◐$$

Nun ist die einfache z-Ableitung an der Reihe:

$$\frac{\partial \vec{\mathcal{E}}}{\partial z} = \vec{E}_0 q(0)\frac{\partial}{\partial z}\left[\frac{1}{q(z)}e^{-ik\frac{x^2+y^2}{2q(z)}}\right]$$

$$= \vec{E}_0 q(0)\left(-\frac{q'(z)}{q^2(z)}e^{-ik\frac{x^2+y^2}{2q(z)}} + \frac{1}{q(z)}\left(-\frac{ik(x^2+y^2)}{2}\right)\left(-\frac{q'(z)}{q^2(z)}\right)e^{-ik\frac{x^2+y^2}{2q(z)}}\right).$$

$q(z) = z + iz_0$ ist aber explizit gegeben, weshalb wir sofort $q'(z) = 1$ ableiten können. Setzt man dies ein, wird es schon deutlich freundlicher:

$$\frac{\partial \vec{\mathcal{E}}}{\partial z} = \vec{E}_0 \frac{q(0)}{q(z)}\left(-\frac{1}{q(z)} + \frac{ik(x^2+y^2)}{2}\frac{1}{q^2(z)}\right)e^{-ik\frac{x^2+y^2}{2q(z)}}, \; ●$$

wobei wir ein $\frac{1}{q(z)}$ aus der Klammer gezogen haben, um wieder die Ursprungsform zu erreichen. Dies wird sich jetzt auch direkt als nützlich erweisen, denn nun setzen wir in die paraxiale Wellengleichung ein:

$$\vec{E}_0 \frac{q(0)}{q(z)} \left(-\frac{ik}{q(z)} - \frac{k^2 x^2}{q^2(z)} \right) e^{-ik\frac{x^2+y^2}{2q(z)}} + \vec{E}_0 \frac{q(0)}{q(z)} \left(-\frac{ik}{q(z)} - \frac{k^2 y^2}{q^2(z)} \right) e^{-ik\frac{x^2+y^2}{2q(z)}}$$

$$-i \cdot 2k \cdot \vec{E}_0 \frac{q(0)}{q(z)} \left(-\frac{1}{q(z)} + \frac{ik(x^2+y^2)}{2} \frac{1}{q^2(z)} \right) e^{-ik\frac{x^2+y^2}{2q(z)}} = 0$$

$$\Longleftrightarrow \vec{E}_0 \frac{q(0)}{q(z)} \left(-\frac{2ik}{q(z)} - \frac{k^2(x^2+y^2)}{q^2(z)} + \frac{2ik}{q(z)} + \frac{k^2(x^2+y^2)}{q^2(z)} \right) e^{-ik\frac{x^2+y^2}{2q(z)}} = 0. \; \bullet$$

Alle Terme heben sich, damit erfüllt $\vec{\mathcal{E}}(\vec{r})$ tatsächlich die paraxiale Wellengleichung!

Literatur

Bronstein I, Semendjajew K (2000) Taschenbuch der Mathematik. Harry Deutsch Verlag, Frankfurt a. M

Dragon N (2010) Stichworte und Ergänzungen zu Rechenmethoden der Physik. http://www.itp. uni-hannover.de/dragon.html

Korsch HJ (2002) Mathematische Ergänzungen zur Einführung in die Physik. Binomi Verlag, Springe

Lang C, Pucker N (2005) Mathematische Methoden in der Physik. Spektrum Akademischer Verlag, Heidelberg

Merziger G, Mühlbach G, Wille D, Wirth T (1999) Repetitorium zur Höheren Mathematik. Binomi Verlag, Springe

Merziger G, Mühlbach G, Wille D, Wirth T (2000) Formeln und Hilfen zur Höheren Mathematik. Binomi Verlag, Springe

Mühlbach G (2005) Vorkurs zur Mathematik. Binomi Verlag, Barsinghausen

Nolting W (2004) Grundkurs Theoretische Physik 1. Springer, Berlin

Schulz H (2006) Physik mit Bleistift. Harry Deutsch Verlag, Frankfurt a. M

Walz G, Zeilfelder F, Rießinger T (2007) Brückenkurs Mathematik. Spektrum Akademischer Verlag, Heidelberg

Wille D (2010) Mathematik-Vorkurs für Studienanfänger. Binomi Verlag, Springe

© Springer-Verlag GmbH Deutschland, ein Teil von Springer Nature 2018
M. Otto, *Rechenmethoden für Studierende der Physik im ersten Jahr,*
https://doi.org/10.1007/978-3-662-57793-6

Sachverzeichnis

© Springer-Verlag GmbH Deutschland, ein Teil von Springer Nature 2018
M. Otto, *Rechenmethoden für Studierende der Physik im ersten Jahr,*
https://doi.org/10.1007/978-3-662-57793-6

Printed in the United States
By Bookmasters